Handbook of Organic Compounds
NIR, IR, Raman, and UV-Vis Spectra Featuring
Polymers and Surfactants (a 3-volume set)

Volume 2
UV-Vis and NIR Spectra

Handbook of Organic Compounds
NIR, IR, Raman, and UV-Vis Spectra Featuring Polymers and Surfactants (a 3-volume set)

Volume 2
UV-Vis and NIR Spectra

Jerry Workman, Jr.
Kimberly-Clark Corporation
Neenah, WI

ACADEMIC PRESS

A Harcourt Science and Technology Company

San Diego   San Francisco   New York   Boston
London   Sydney   Tokyo

This book is printed on acid-free paper. ∞

COPYRIGHT © 2001 BY ACADEMIC PRESS
All rights reserved.
No part of this publication may be reproduced or transmitted in any form or by any means, electronic or mechanical, including photocopy, recording, or any information storage and retrieval system, without permission in writing from the publisher.

Requests for permission to make copies of any part of the work should be mailed to the following address: Permissions Department, Harcourt, Inc., 6277 Sea Harbor Drive, Orlando, Florida, 32887-6777.

ACADEMIC PRESS
A Harcourt Science and Technology Company
525 B Street, Suite 1900, San Diego, CA 92101-4495, USA
http://www.academicpress.com

ACADEMIC PRESS
Harcourt Place, 32 Jamestown Road, London, NW1 7BY, UK

Library of Congress Catalog Card Number: 00-105503
International Standard Book Number: 0-12-763562-9

PRINTED IN THE UNITED STATES OF AMERICA
00 01 02 03 04 IP 9 8 7 6 5 4 3 2 1

CONTENTS

Preface vii
Measurement Conditions for Spectral Charts (Vol. 2) ix

SPECTRAL ATLAS VOLUME 2

Spectra Numbers 1–560

UV-Vis (200–900 nm) and SW-NIR (650–850 nm)
        Organic Compounds (Spectra Numbers 1–203)
        Polymers (Spectra Numbers 204–560)

Spectra Numbers 561–592

SW-NIR (800–1100 nm)
        Organic Compounds (Spectra Numbers 561–592)

Spectra Numbers 593–1006

LW-NIR (1000–2600 nm)
        Organic Compounds (Spectra Numbers 593–810)
        Polymers (Spectra Numbers 811–1006)

PREFACE

This *Handbook of Organic Compounds: NIR, IR, Raman, and UV-Vis Spectra Featuring Polymers and Surfactants* is a compendium of practical spectroscopic methodology, comprehensive reviews, and basic information for organic materials, surfactants, and polymer spectra covering the ultraviolet, visible, near-infrared, infrared, Raman, and dielectric measurement techniques. It represents the first comprehensive multivolume handbook to provide basic coverage for UV-Vis, 4th-overtone NIR, 3rd-overtone NIR, NIR, infrared, and Raman spectra and dielectric data for organic compounds, polymers, surfactants, contaminants and inorganic materials commonly encountered in the laboratory. The text includes a description and reviews of interpretive and chemometric techniques used for spectral data analysis. The spectra found within the atlas are useful for identification purposes as well as for instruction in the various interpretive and data-processing methods discussed. This work is designed to be of help to students and vibrational spectroscopists in their daily efforts at spectral interpretation and data processing of organic spectra, polymers, and surfactants. All spectra are presented in terms of wavenumber and transmittance; ultraviolet, visible, 4th-overtone NIR, 3rd-overtone NIR, and NIR spectra are also presented in terms of nanometers and absorbance space. In addition, horizontal ATR spectra are presented in terms of wavenumber and absorbance space. All spectra are shown with essential peaks labeled in their respective units. Several individuals contributed to the material in this handbook, and comments were received from a variety of workers in the field of molecular spectroscopy. This handbook can provide a valuable reference for the daily activities of students and professionals working in modern molecular spectroscopy laboratories.

MEASUREMENT CONDITIONS FOR SPECTRAL CHARTS (VOL. 2)

VOLUME 2

Ultraviolet-Visible Region

Liquids

Spectral Region: 174 nm to 900 nm
1456 data points
Source: deuterium (to 350 nm), quartz-tungsten-halogen (to 900 nm)
Detector: R-928 photomultiplier (red sensitive)
Scan rate: 200 nm/min.
Integration time: 0.30
Slit height: 1/3 full
2 nm resolution (slit bandwidth)
Varian Cary 5G in transmittance mode with 1 cm pathlength cells for liquids. The measurements for liquids were made using a dual channel optical geometry with dry air as the initial and second channel background reference.

Solids

Spectral Region: 174 nm to 900 nm
1456 data points
Source: deuterium (to 350 nm), quartz-tungsten-halogen (to 900 nm)
Detector: R-928 photomultiplier (red sensitive)
Scan rate: 200 nm/min.
Integration time: 0.30
Slit height: 1/3 full
2 nm resolution (slit bandwidth)
Varian Cary 5G in reflectance mode for solids using Labsphere DRA CA-50, 150 mm (inner diameter) integrating sphere with photomultiplier and PbS detectors (useful range 250 – 2500 nm). The measurements for solids were made using a Spectralon® coated sphere with a background reference of Spectralon® SRS-99 (99% reflectance).

MEASUREMENT CONDITIONS FOR SPECTRAL CHARTS (VOL. 2)

Short wave-Near Infrared Region

Liquids only

Spectral Region: 800 nm to 1080 nm
799 data points
Source: tungsten-halogen (Vis-NIR)
Detector: 1024-element silicon DA
3.3 nm resolution
Default measurement values
Integration time per spectrum: 128 ms, 20 second data collection time.
Perkin-Elmer PIONIR 1024 Diode-Array transmittance with 10 cm pathlength for liquids; 1024 element silicon linear diode array detector. Self-referencing dual-path liquid cell was used. Dry air was used as initial background reference.

Long wave-Near Infrared Region

Liquids

Spectral Range A: 12000 cm^{-1} to 3500.17 cm^{-1}
6377 data points
Source: tungsten-halogen
Detector: NIR-PE
Beamsplitter: KBr
Phase resolution: 128
Phase correction: Power spectrum
Apodization: Blackman-Harris 4-term
Zero filling factor: 4
8 cm^{-1} resolution
1.0 mm aperture
1 cm pathlength quartz cell for liquids
Bruker Model FTS-66 FT-NIR, 3 minute data collection (215 co-added scans per measurement). Dry air was used as background reference.

Solids

Spectral Range B: 12000 cm^{-1} to 3498 cm^{-1}
3498 data points
Source: tungsten-halogen
Detector: NIR-PE
Beamsplitter: KBr
Phase resolution: 128
Phase correction: Power spectrum
Apodization: Blackman-Harris 4-term
Zero filling factor: 4
16 cm^{-1} resolution
Bruker Model FTS-66 FT-NIR
Specular Reflectance Accessory (30° incidence and reflectance angle)
3 minute data collection (215 co-added scans per measurement)
Polymer pellets and powders were measured "as received" using a cylindrical sample cell with silica windows. A gold-coated reflectance mirror was used for the background reference.

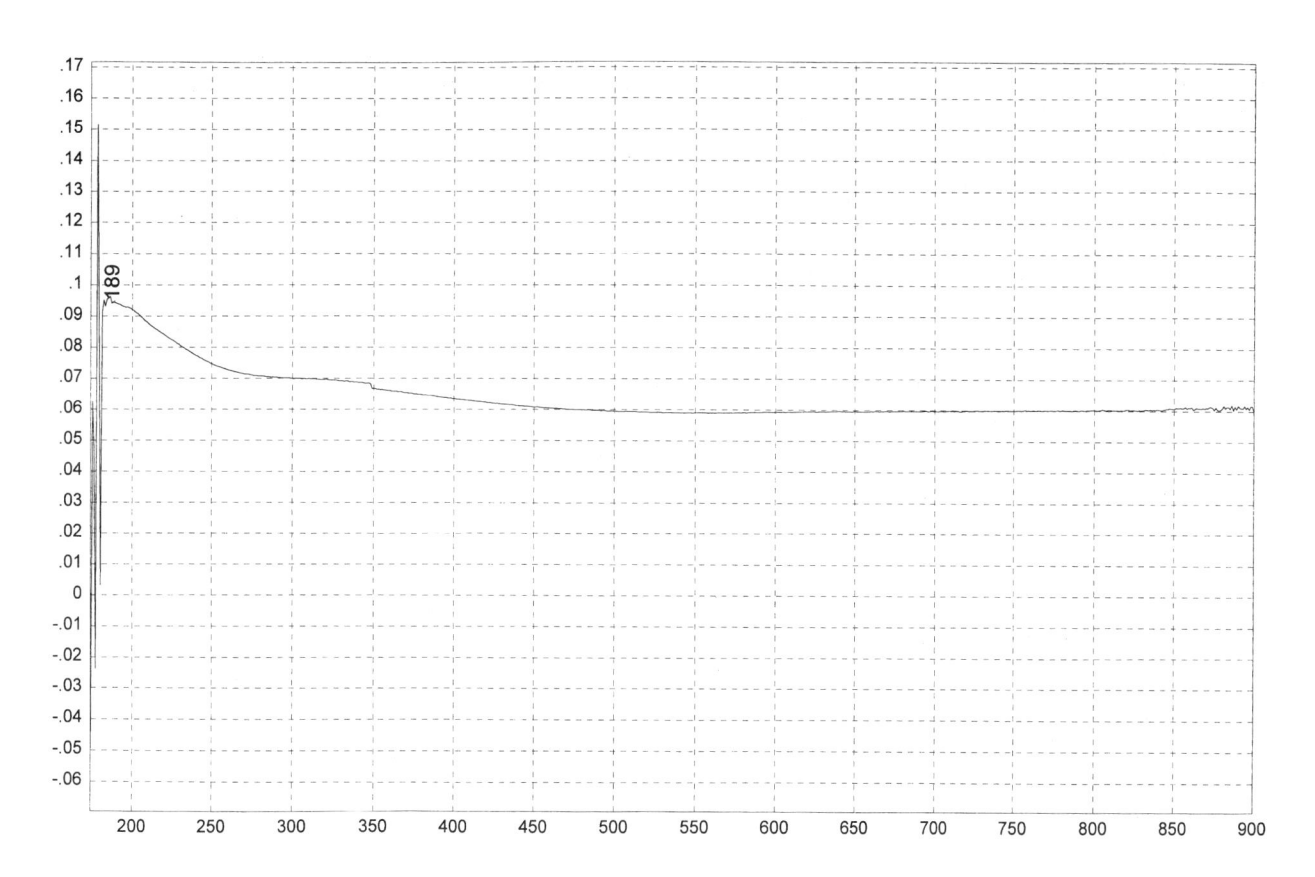

1 Quartz cuvet

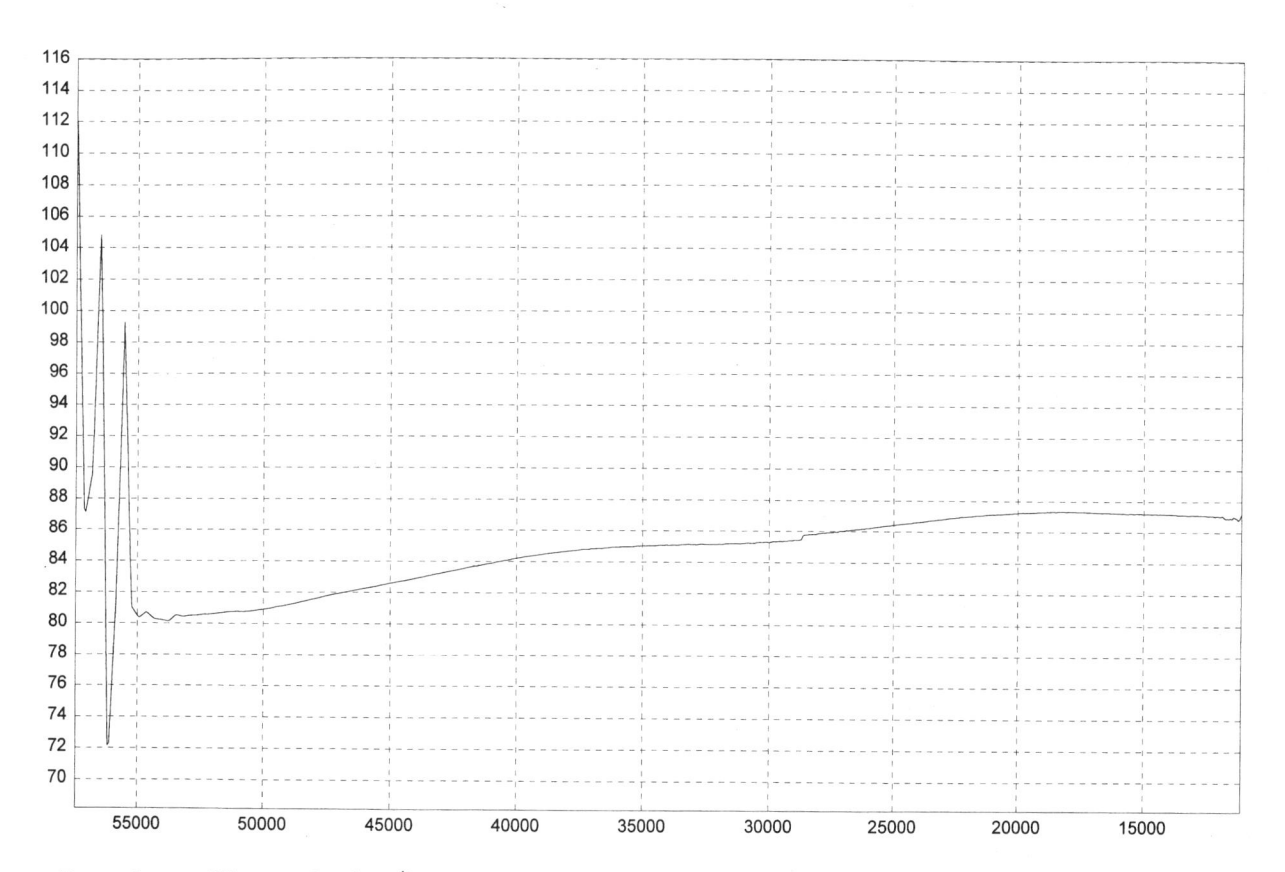

2 Quartz cuvet

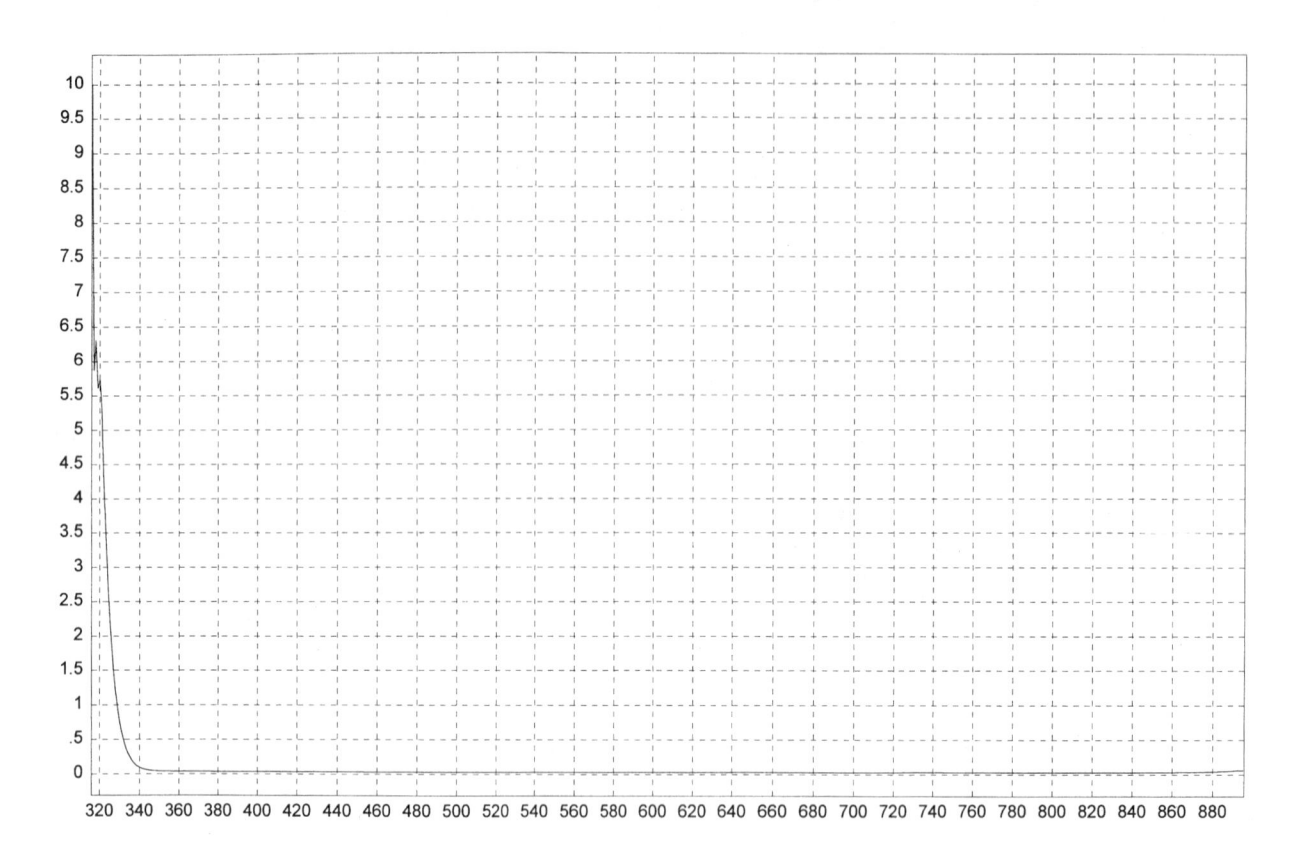

Absorbance / Nanometers

3   **Acetone**

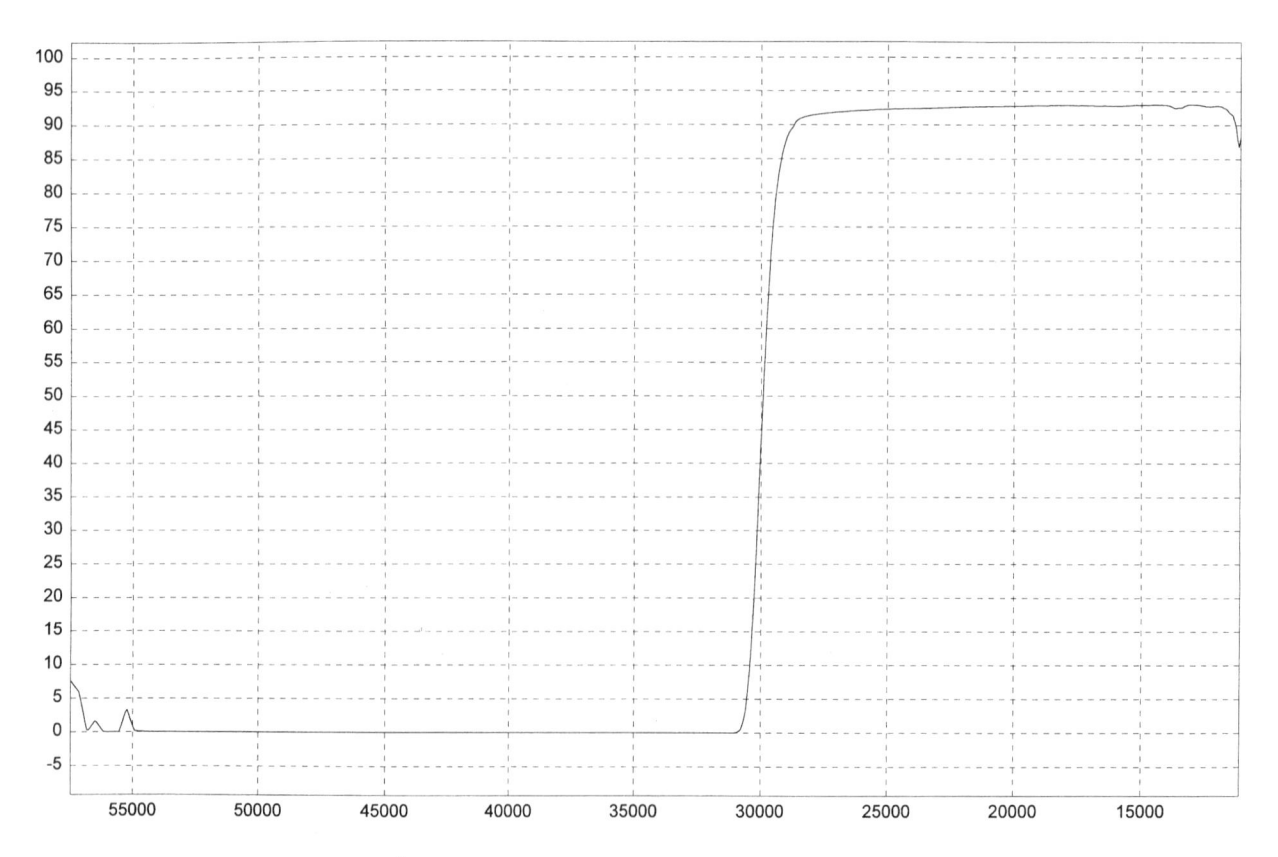

Transmittance / Wavenumber (cm^{-1})

4   **Acetone**

Absorbance / Nanometers

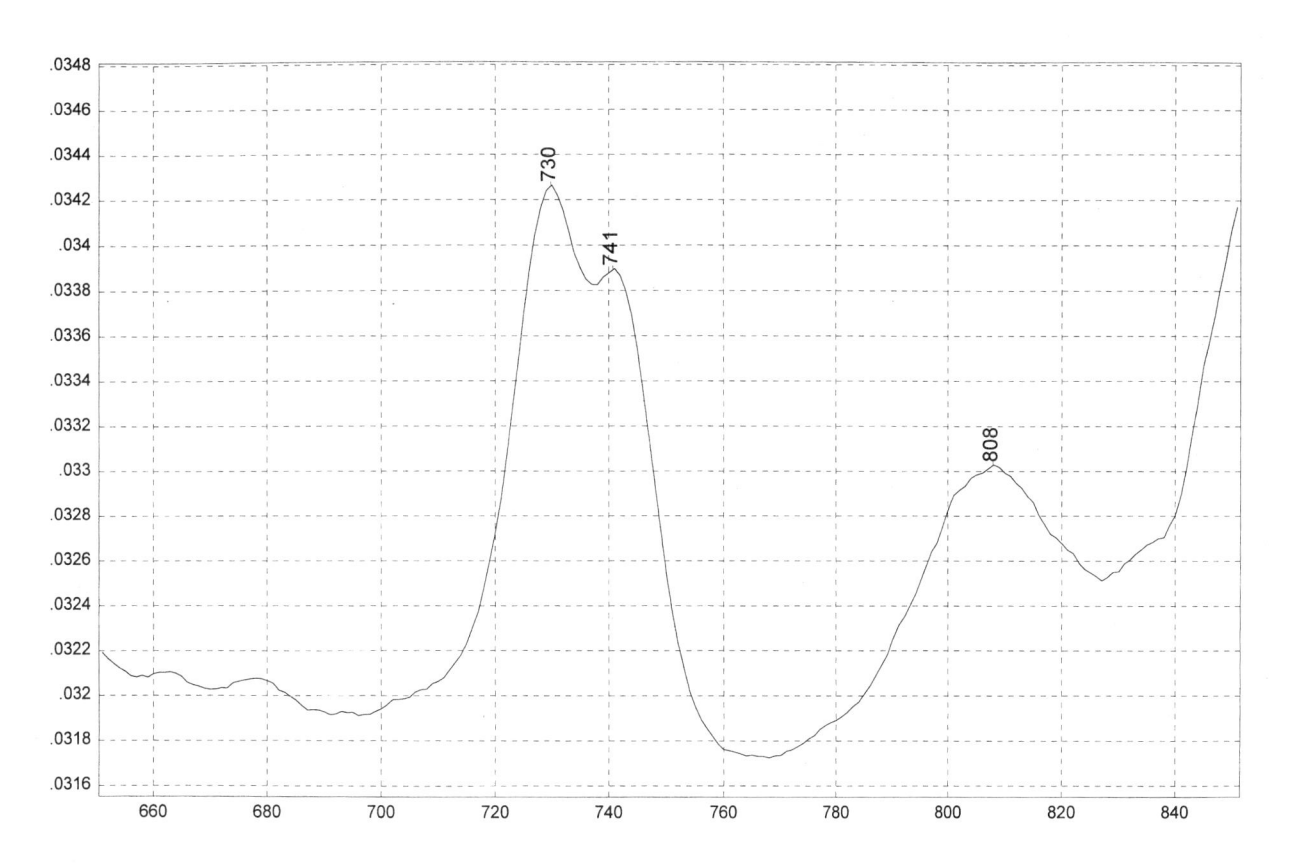

5 — Acetone

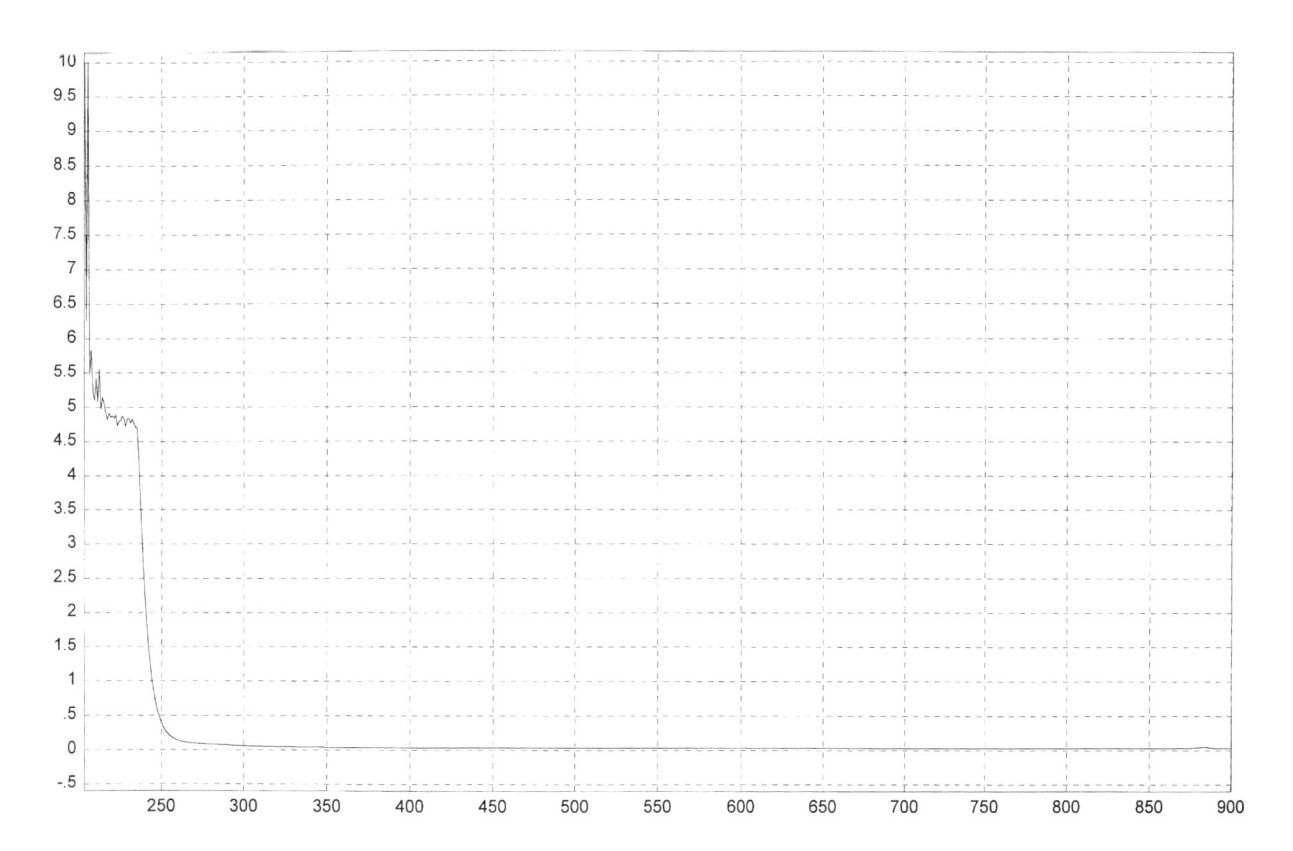

Absorbance / Nanometers

6 — Chloroform

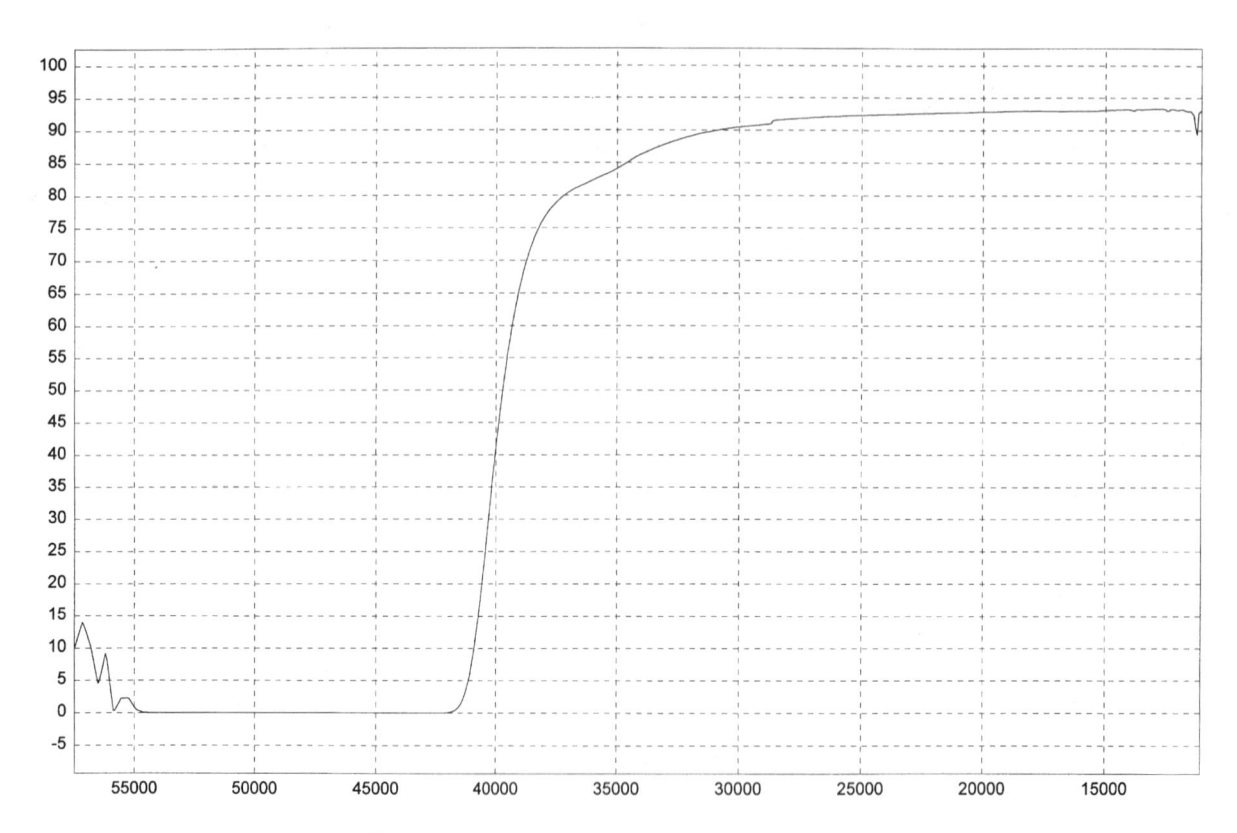

Transmittance / Wavenumber (cm⁻¹)

| 7 | Chloroform |

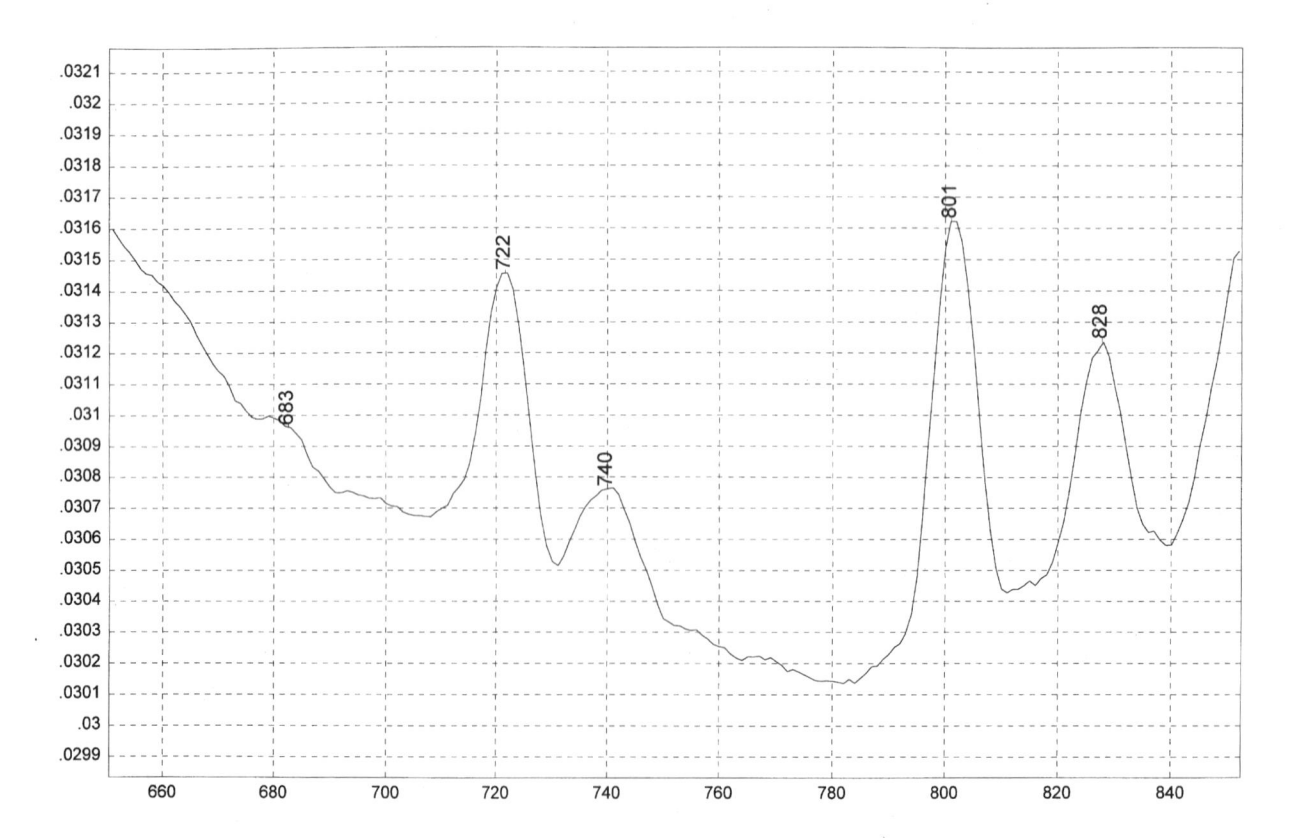

Absorbance / Nanometers

| 8 | Chloroform |

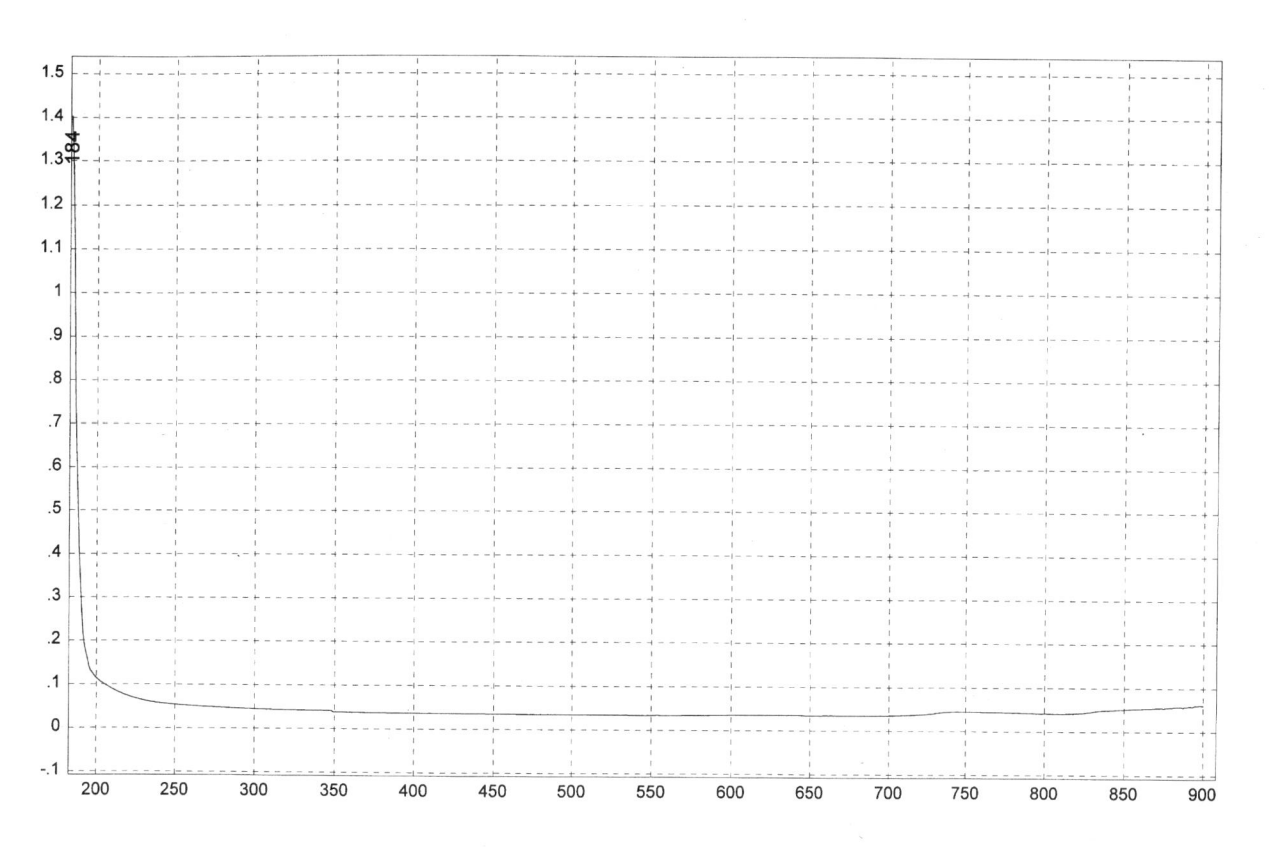

Absorbance / Nanometers

| 9 | Water, deionized |

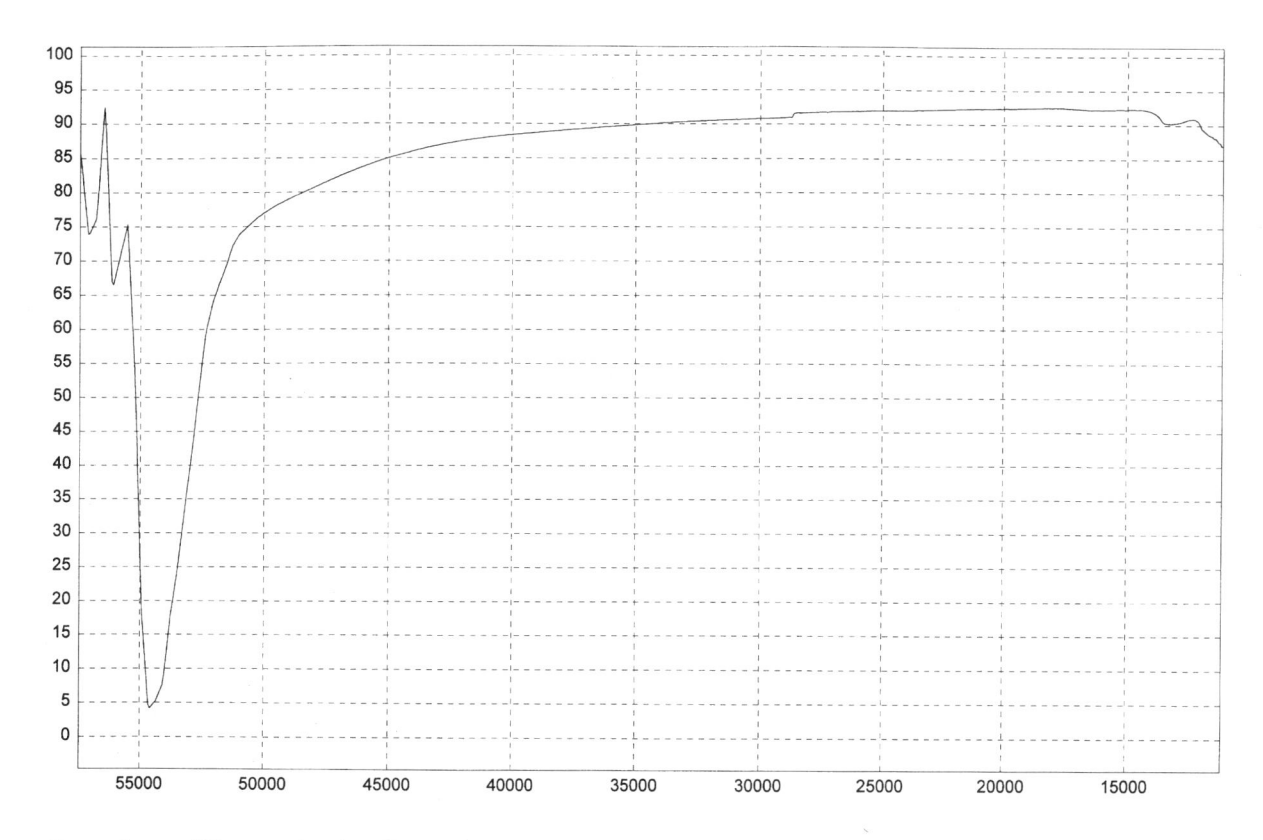

Transmittance / Wavenumber (cm⁻¹)

| 10 | Water, deionized |

Absorbance / Nanometers

11   Water, deionized

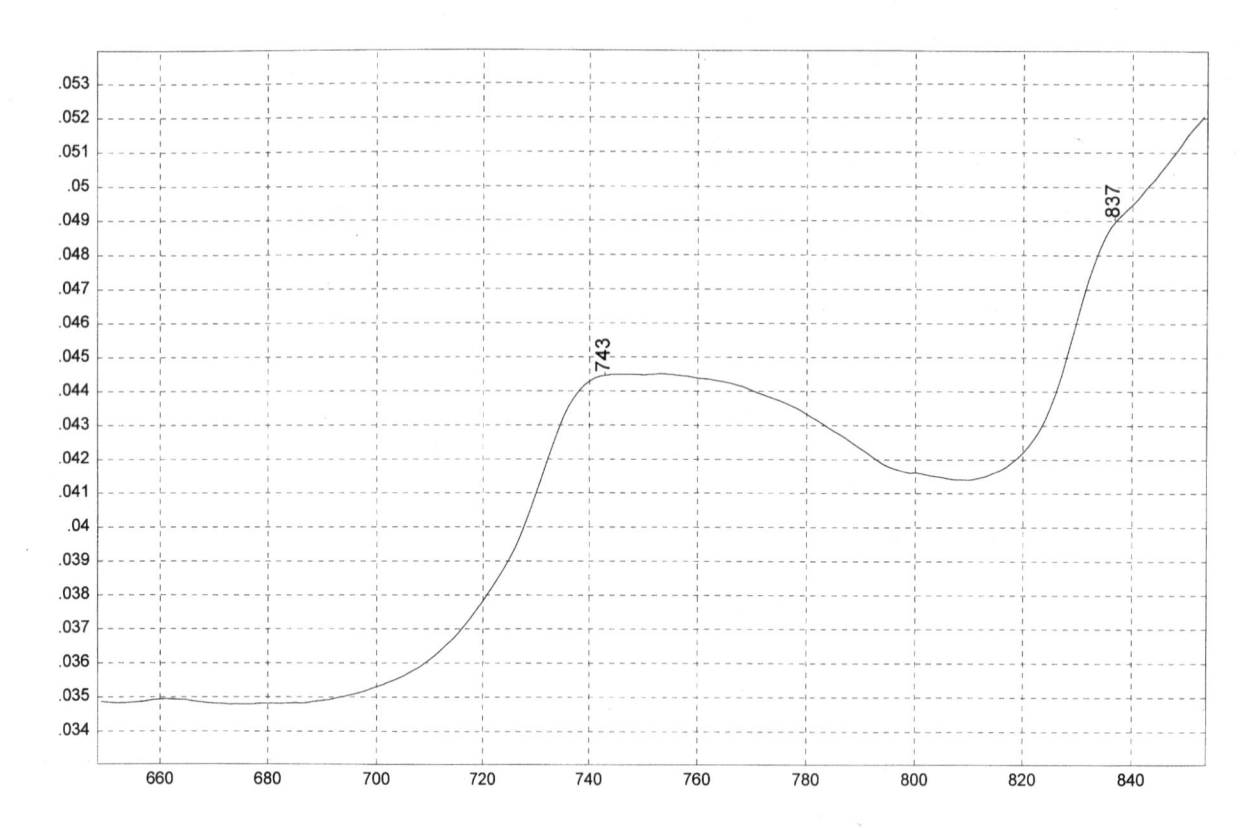

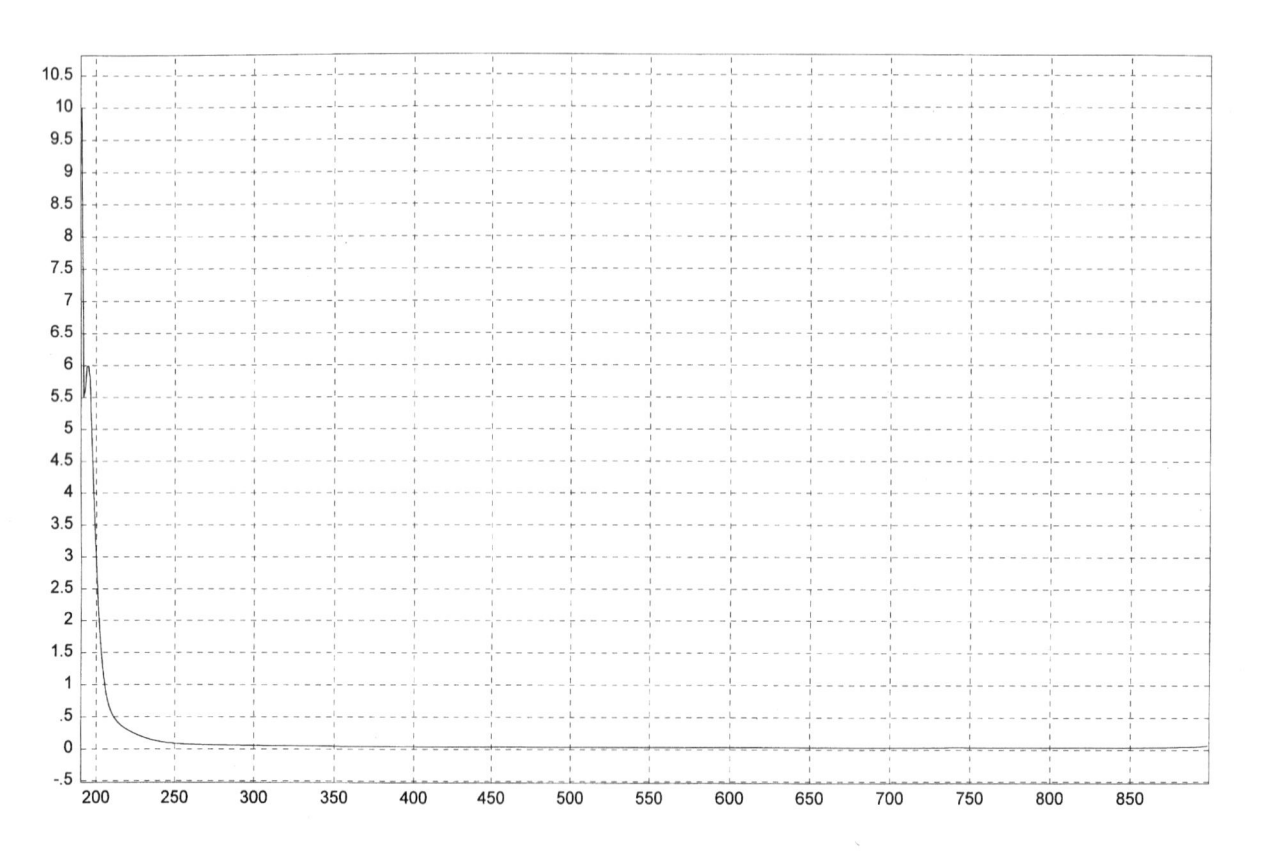

Absorbance / Nanometers

12   Isopropanol

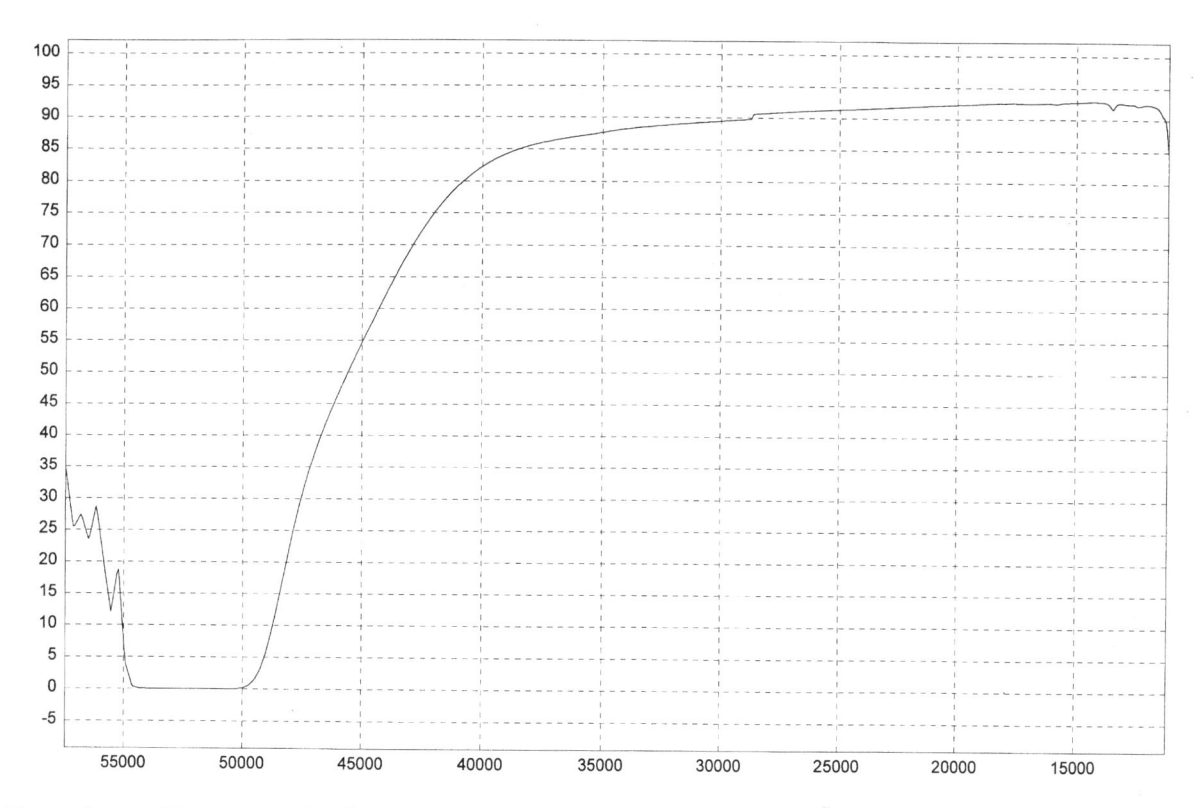

Transmittance / Wavenumber (cm^{-1})

13 Isopropanol

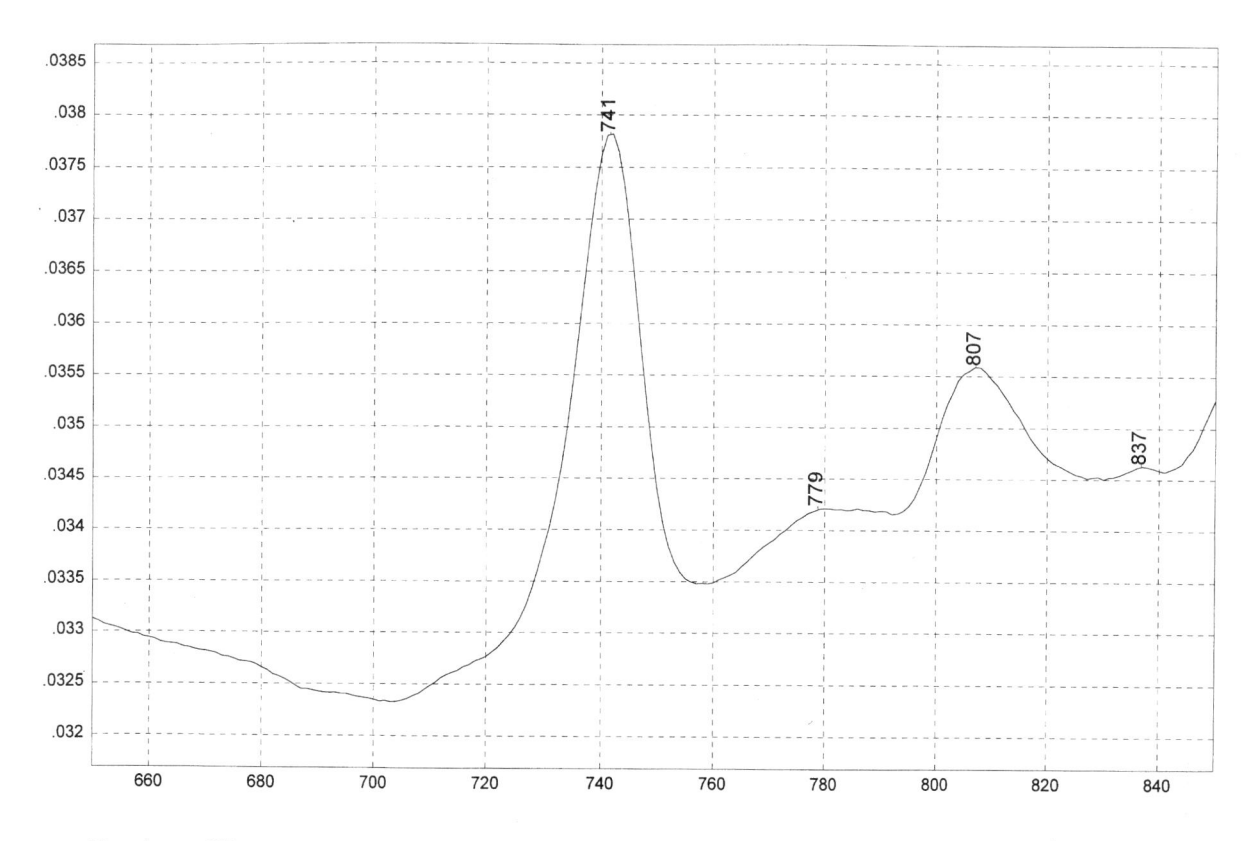

Absorbance / Nanometers

14 Isopropanol

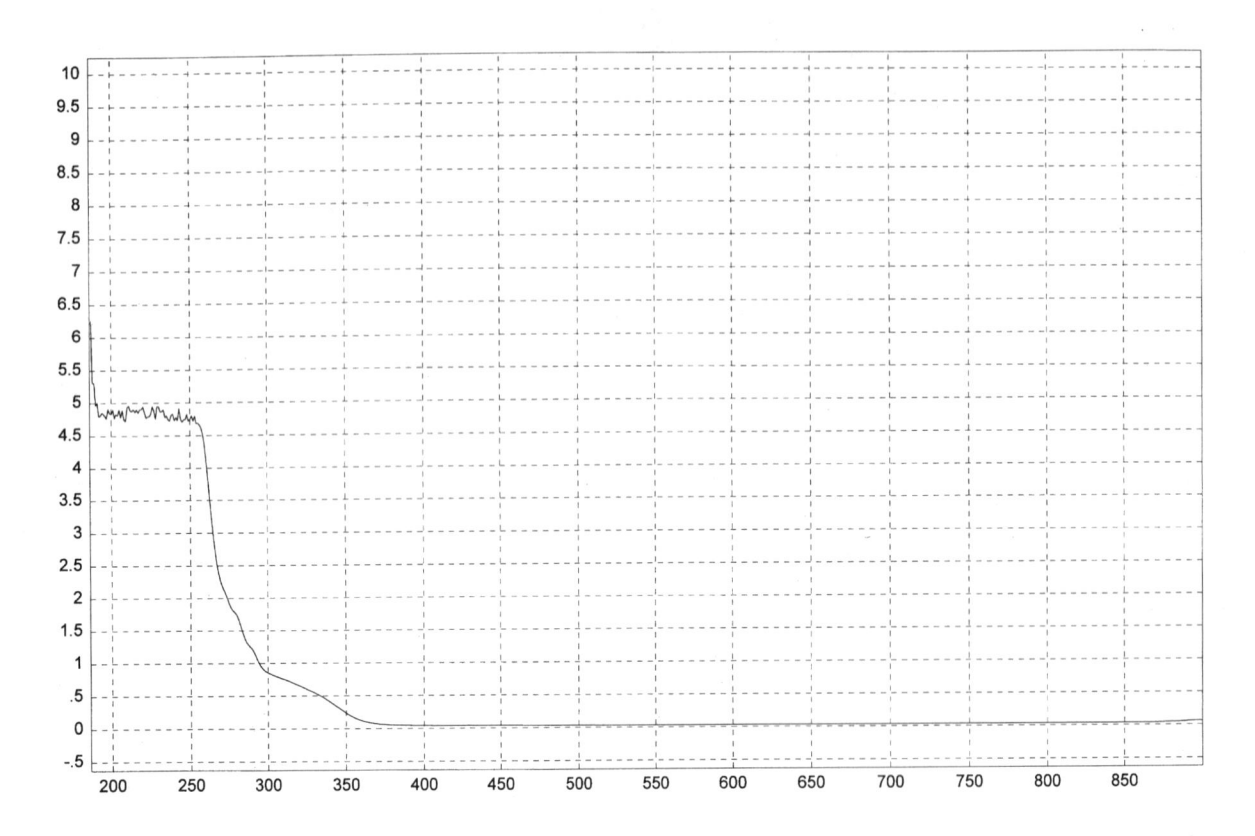

Absorbance / Nanometers

15 Methylal

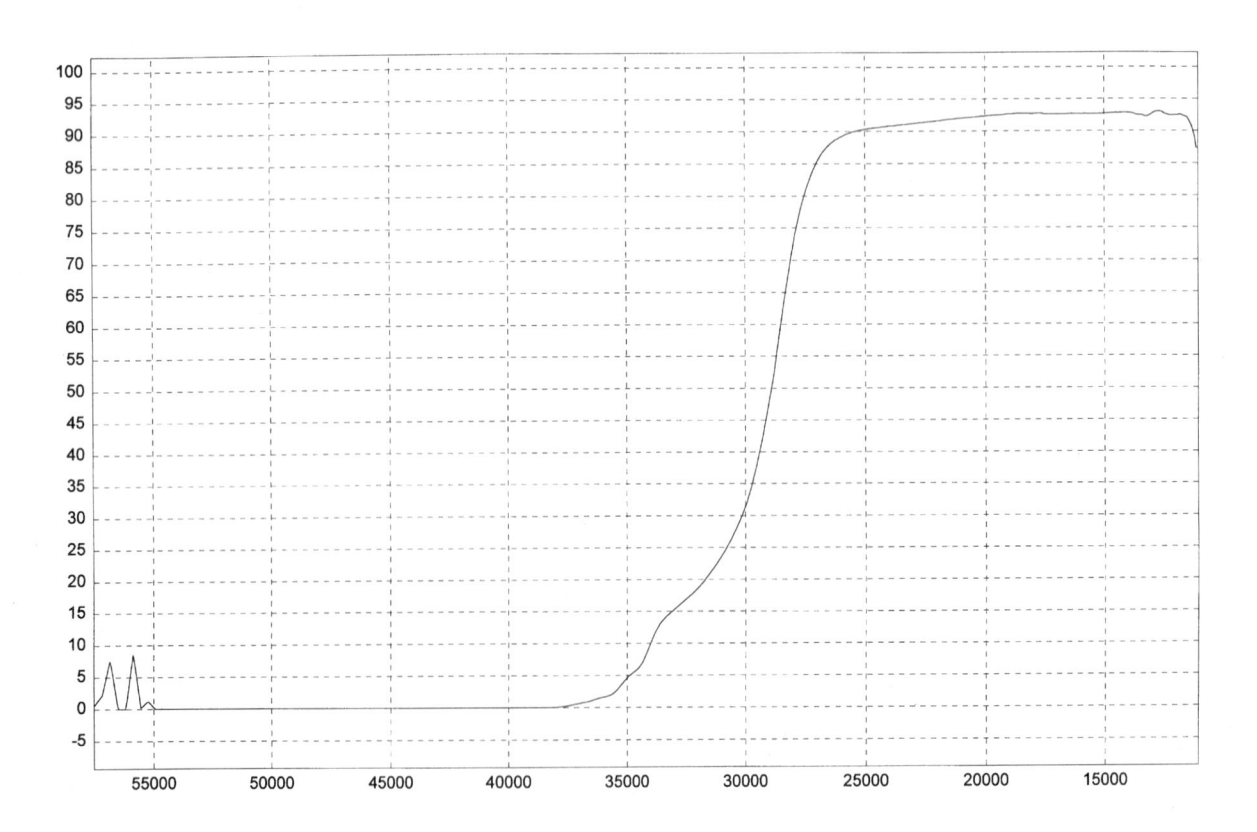

Transmittance / Wavenumber (cm⁻¹)

16 Methylal

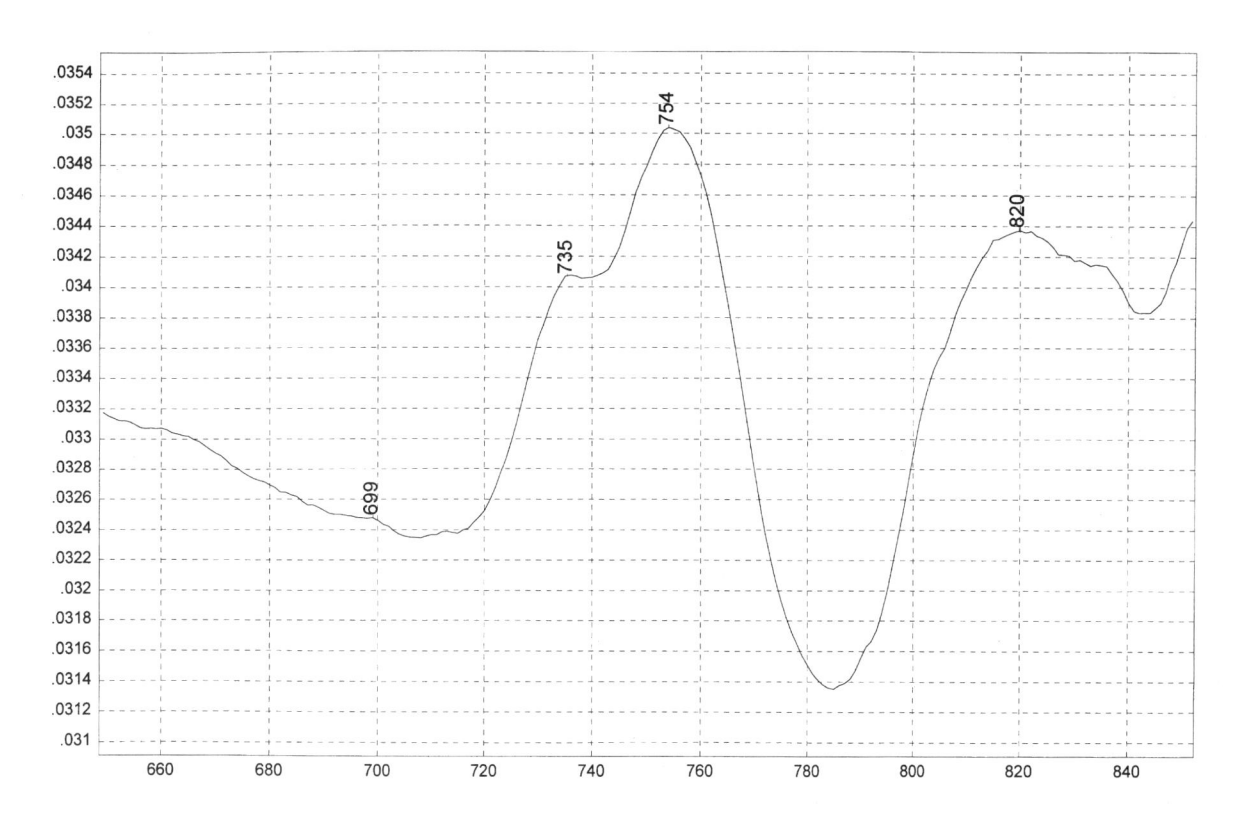

17 **Methylal**

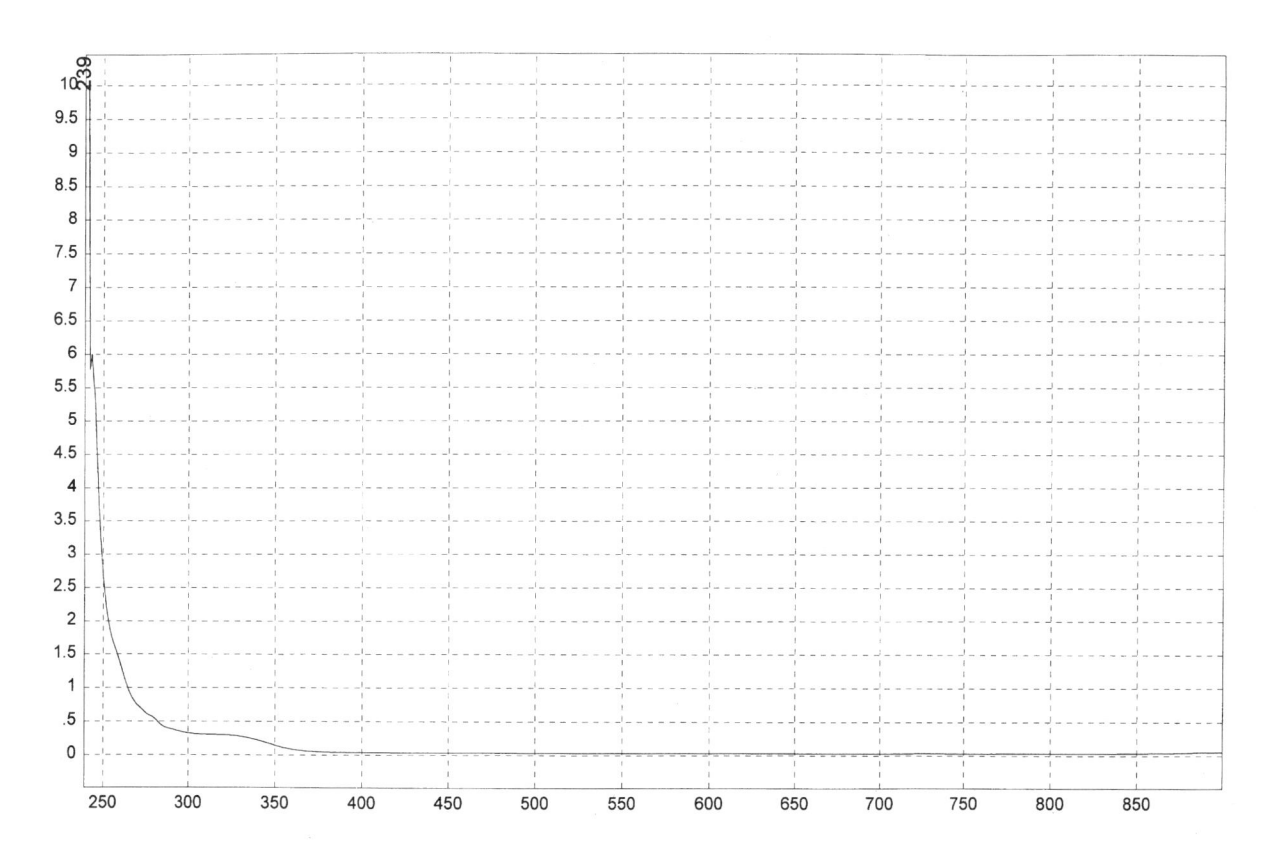

Absorbance / Nanometers

18 **Acetic Acid**

Absorbance / Nanometers

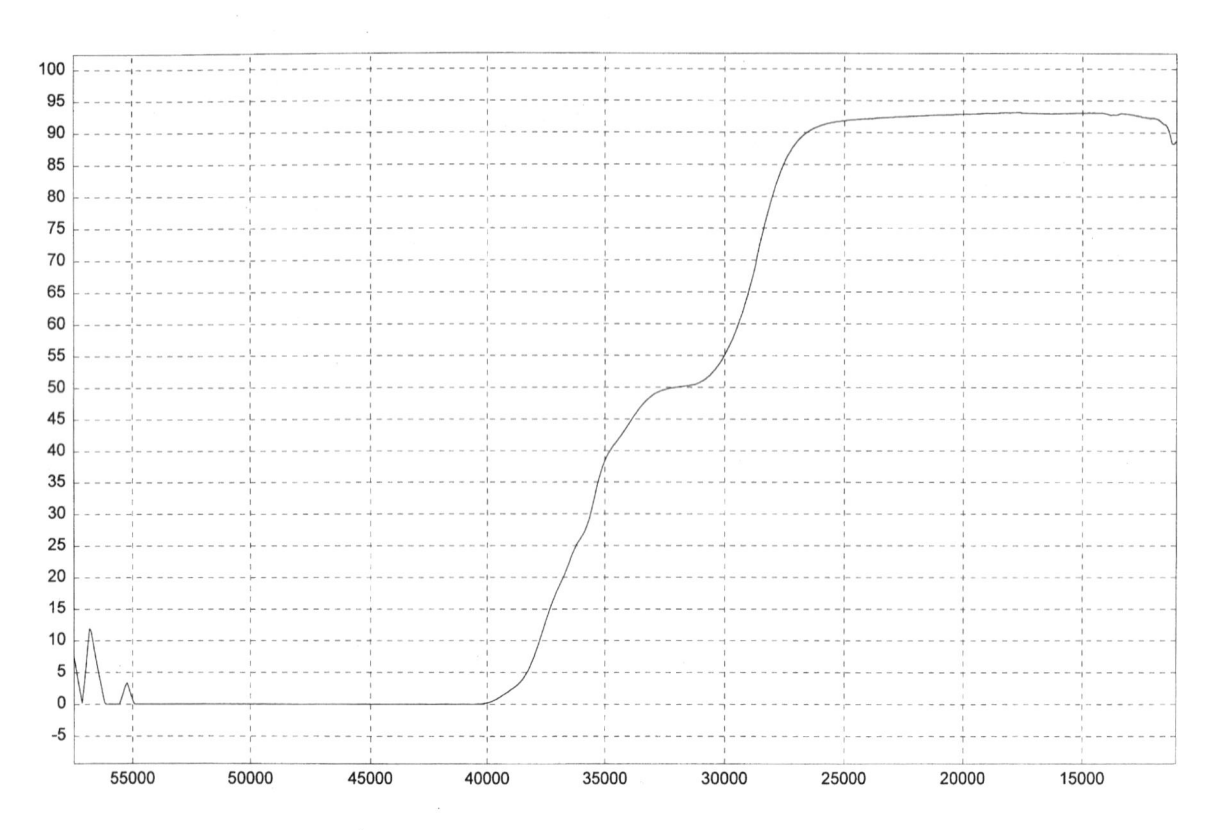

Transmittance / Wavenumber (cm⁻¹)

19   **Acetic Acid**

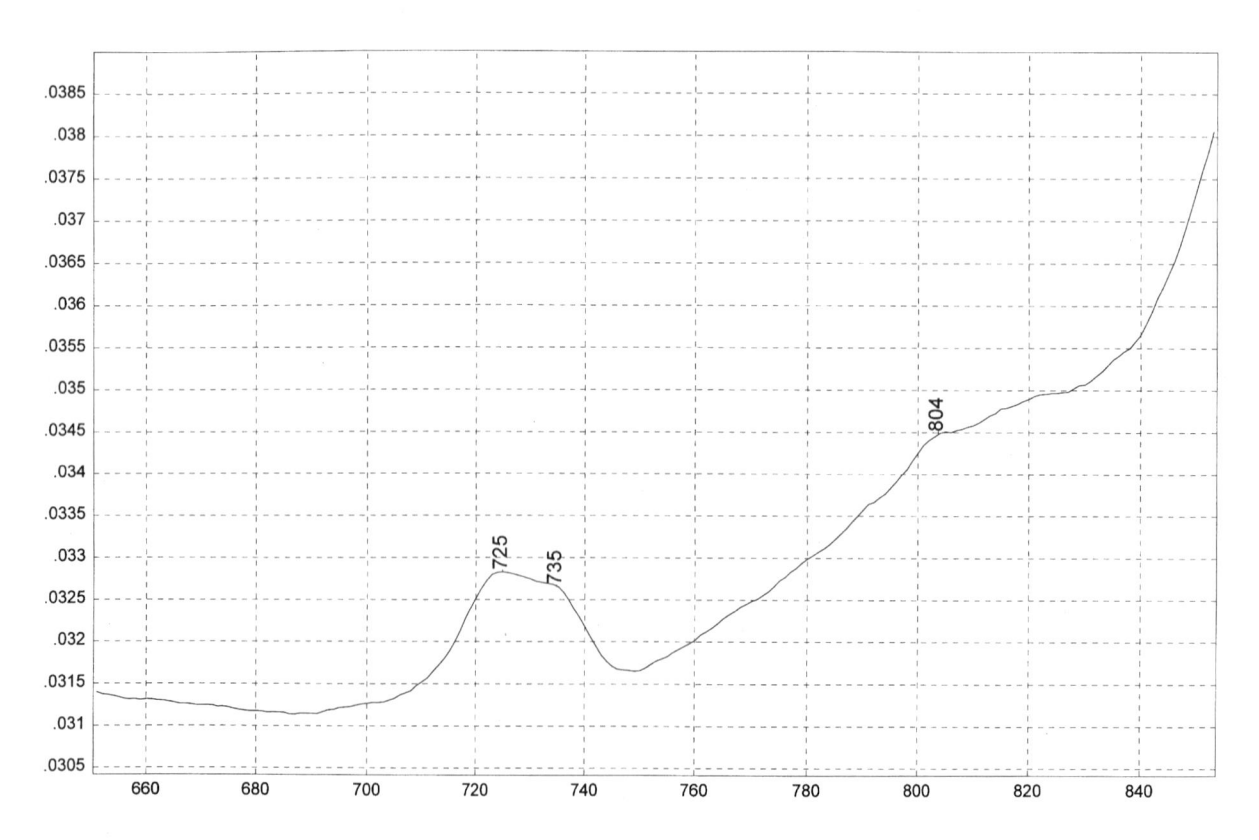

Absorbance / Nanometers

20   **Acetic Acid**

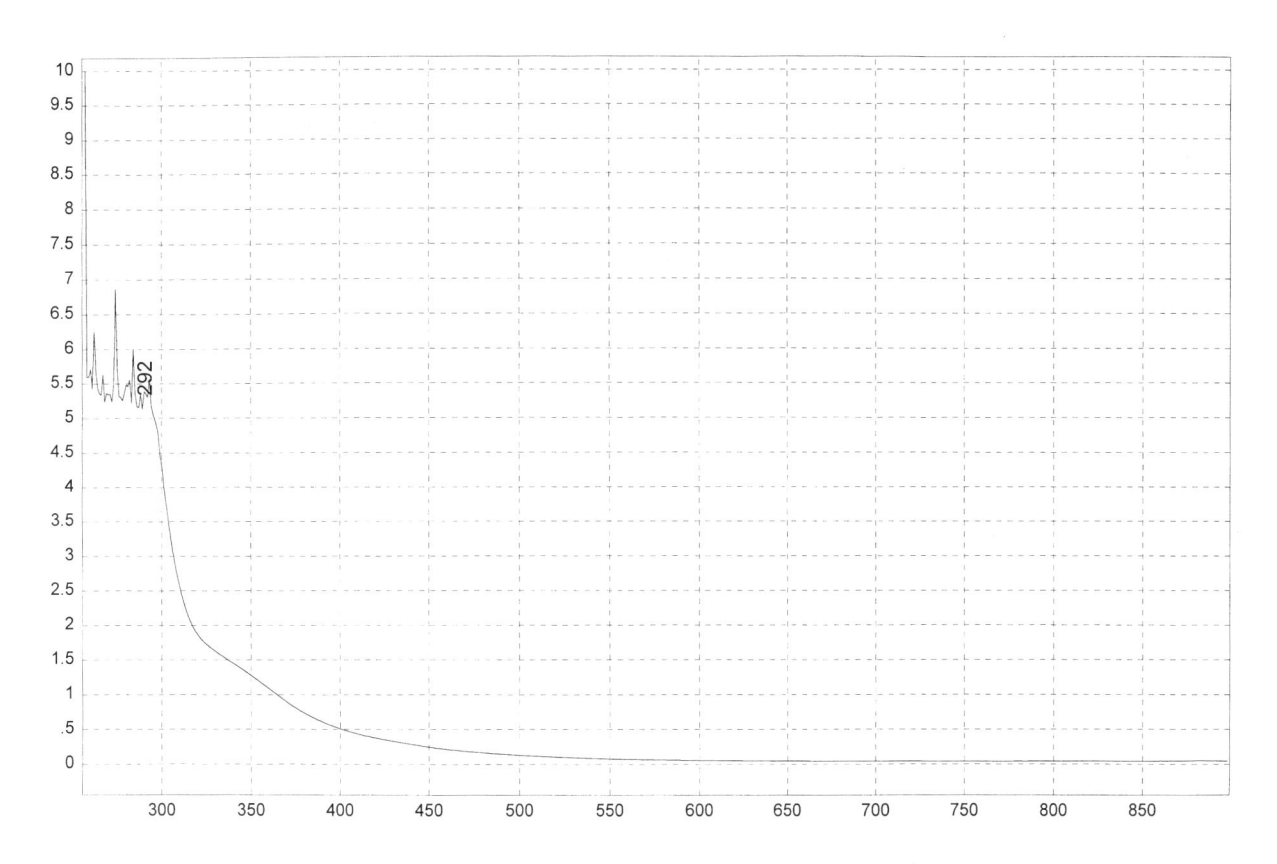

Absorbance / Nanometers

| 21 | **DiChloroacetic Acid** |

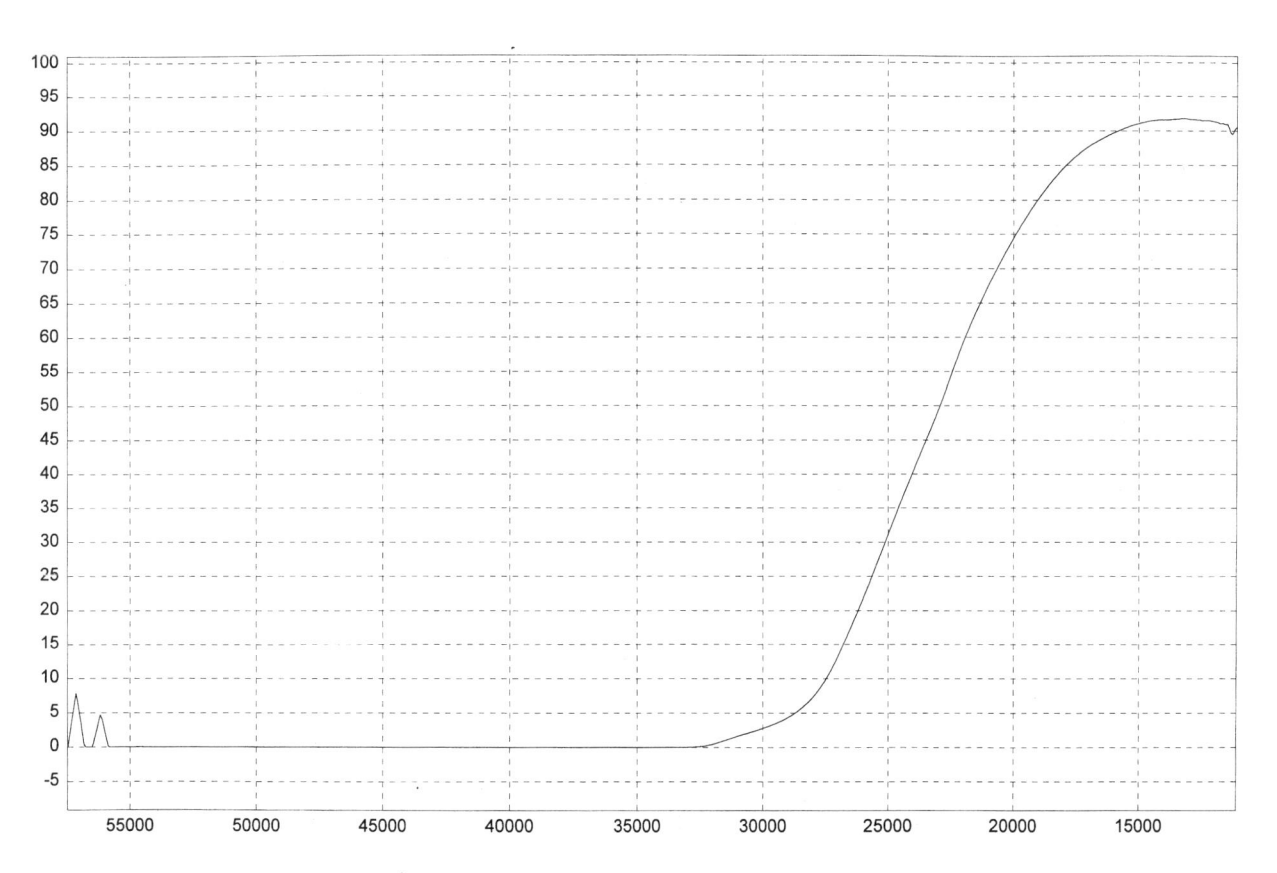

Transmittance / Wavenumber (cm⁻¹)

| 22 | **DiChloroacetic Acid** |

Absorbance / Nanometers

| 23 | **DiChloroacetic Acid** |

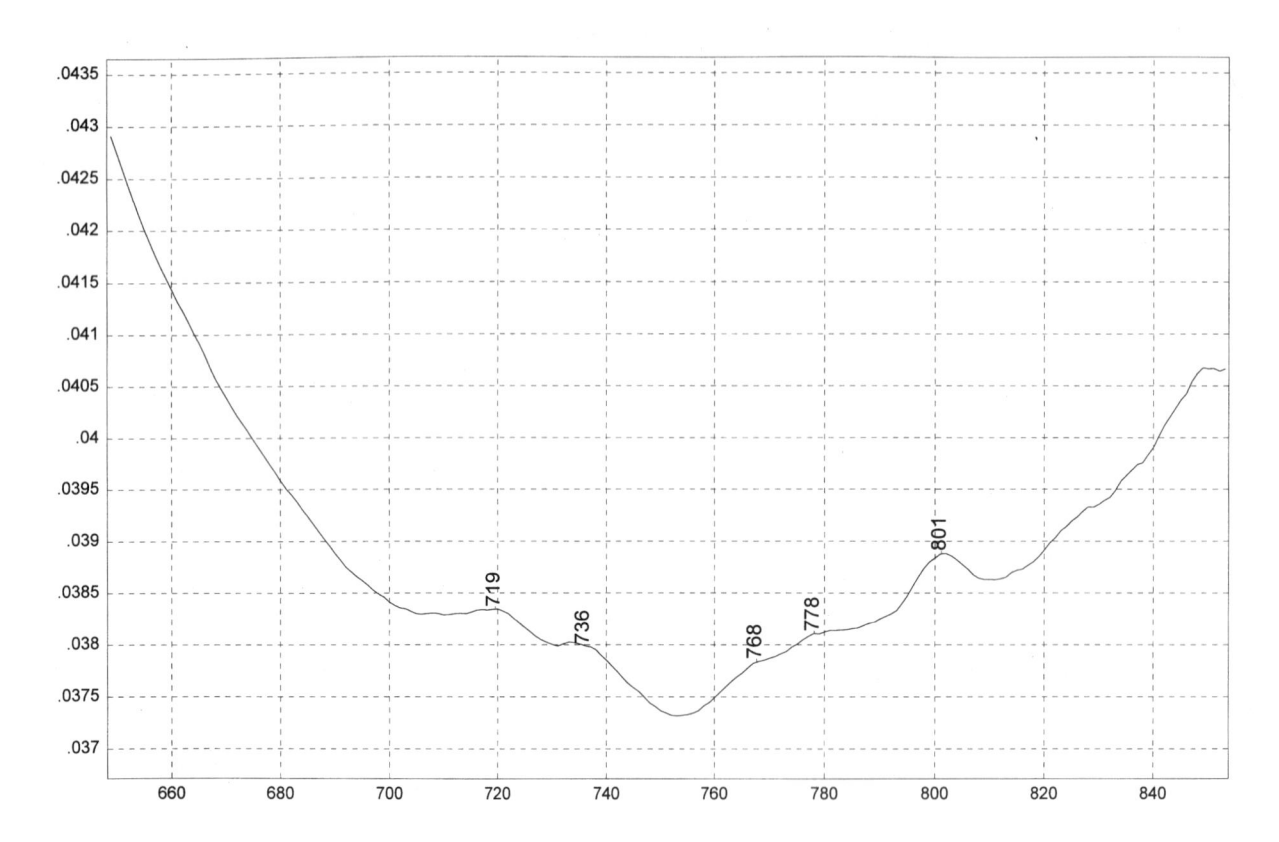

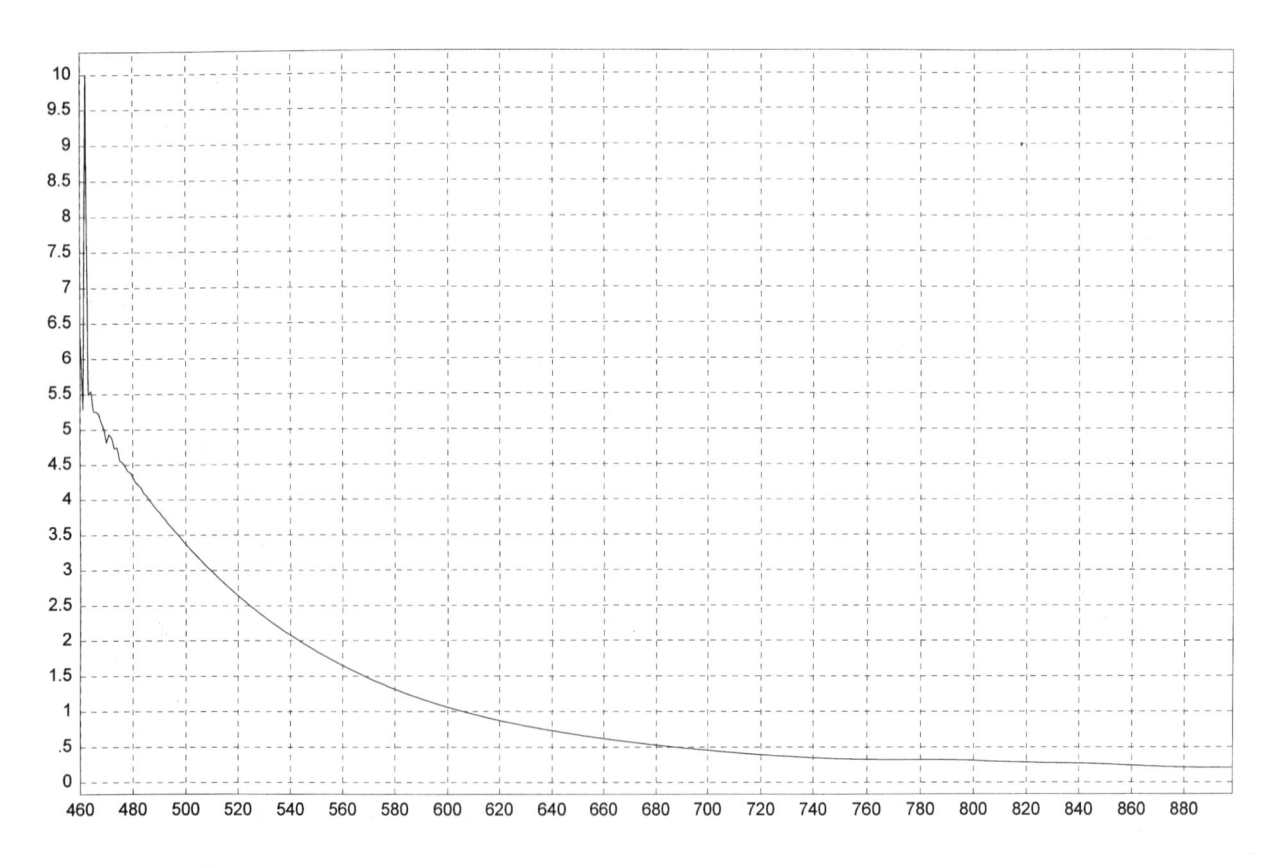

Absorbance / Nanometers

| 24 | **Gluconic Acid** |

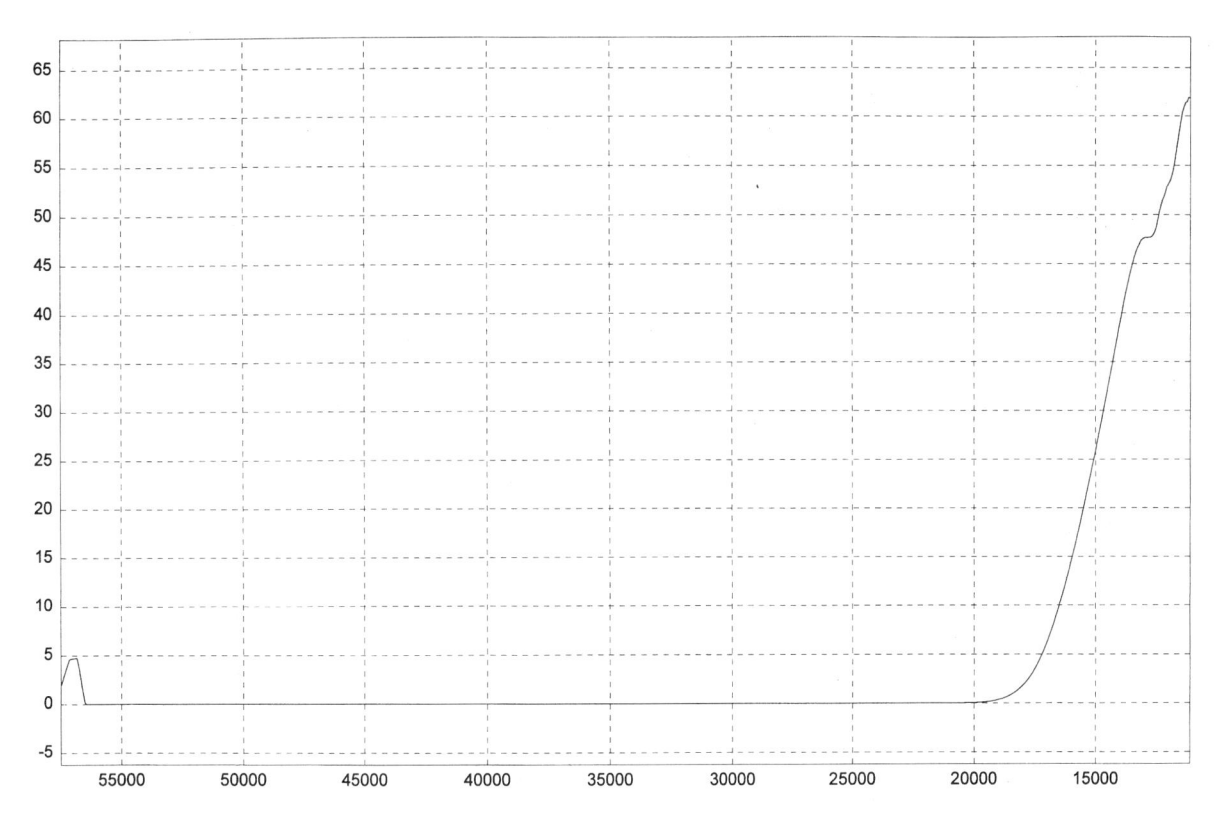

Transmittance / Wavenumber (cm⁻¹)

| 25 | **Gluconic Acid** |

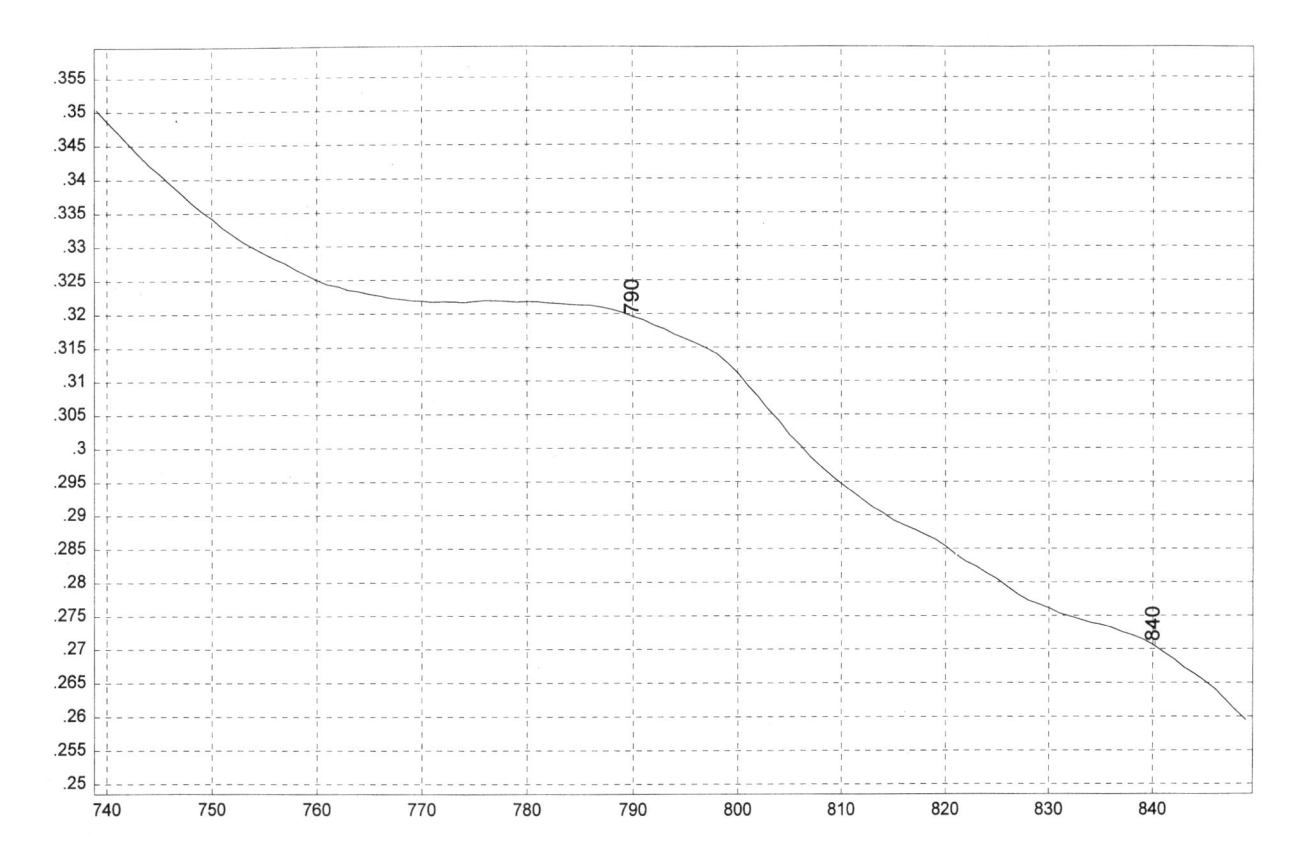

Absorbance / Nanometers

| 26 | **Gluconic Acid** |

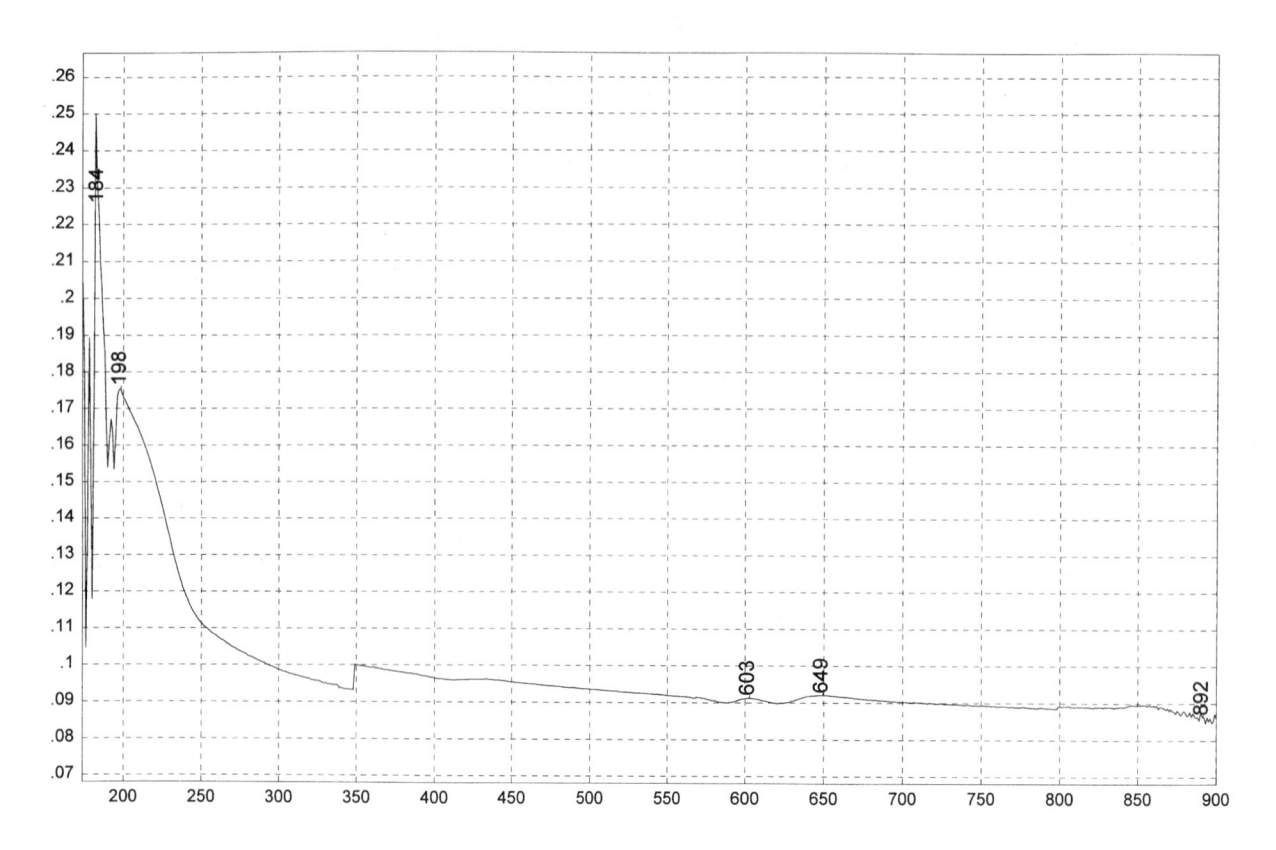

Absorbance / Nanometers

27   **Methoxacetic Acid**

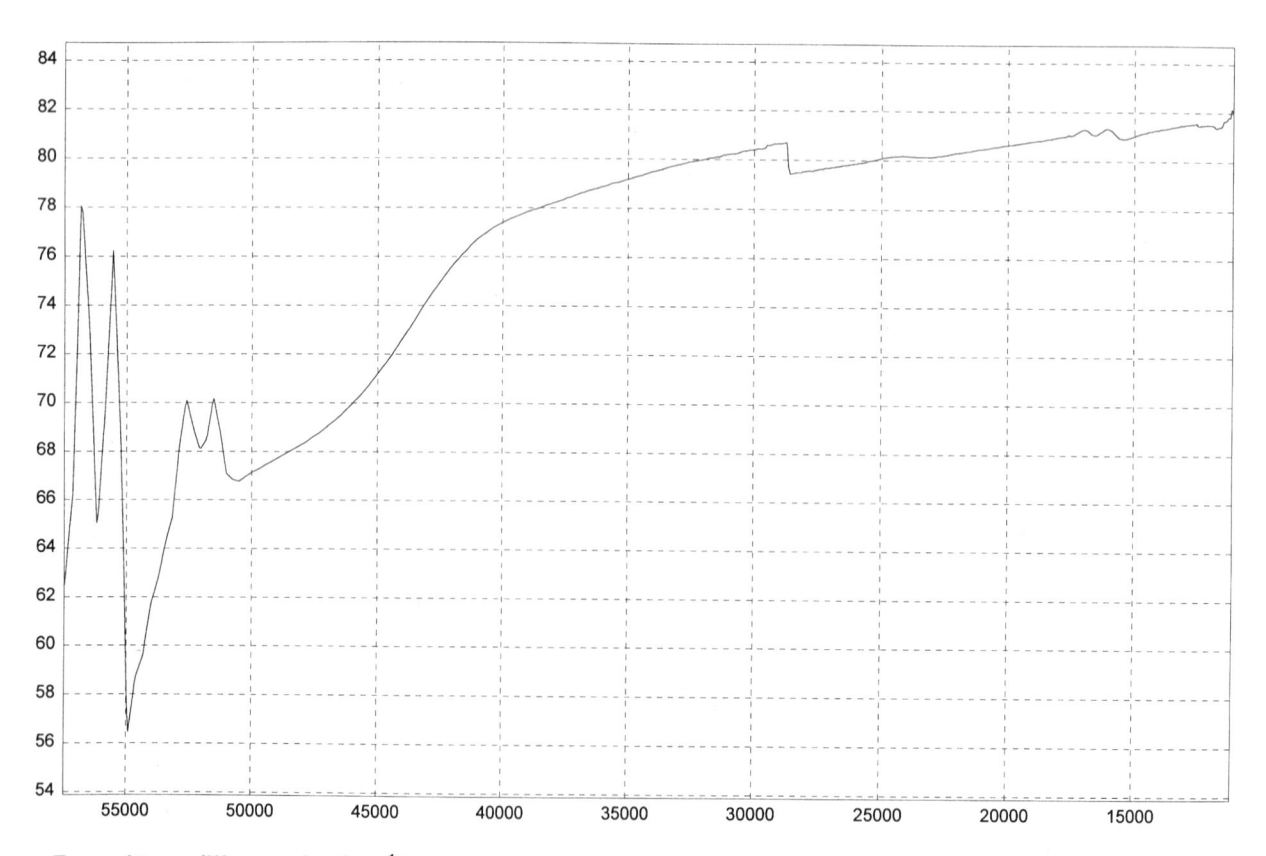

Transmittance / Wavenumber (cm⁻¹)

28   **Methoxacetic Acid**

Absorbance / Nanometers

29 **Methoxacetic Acid**

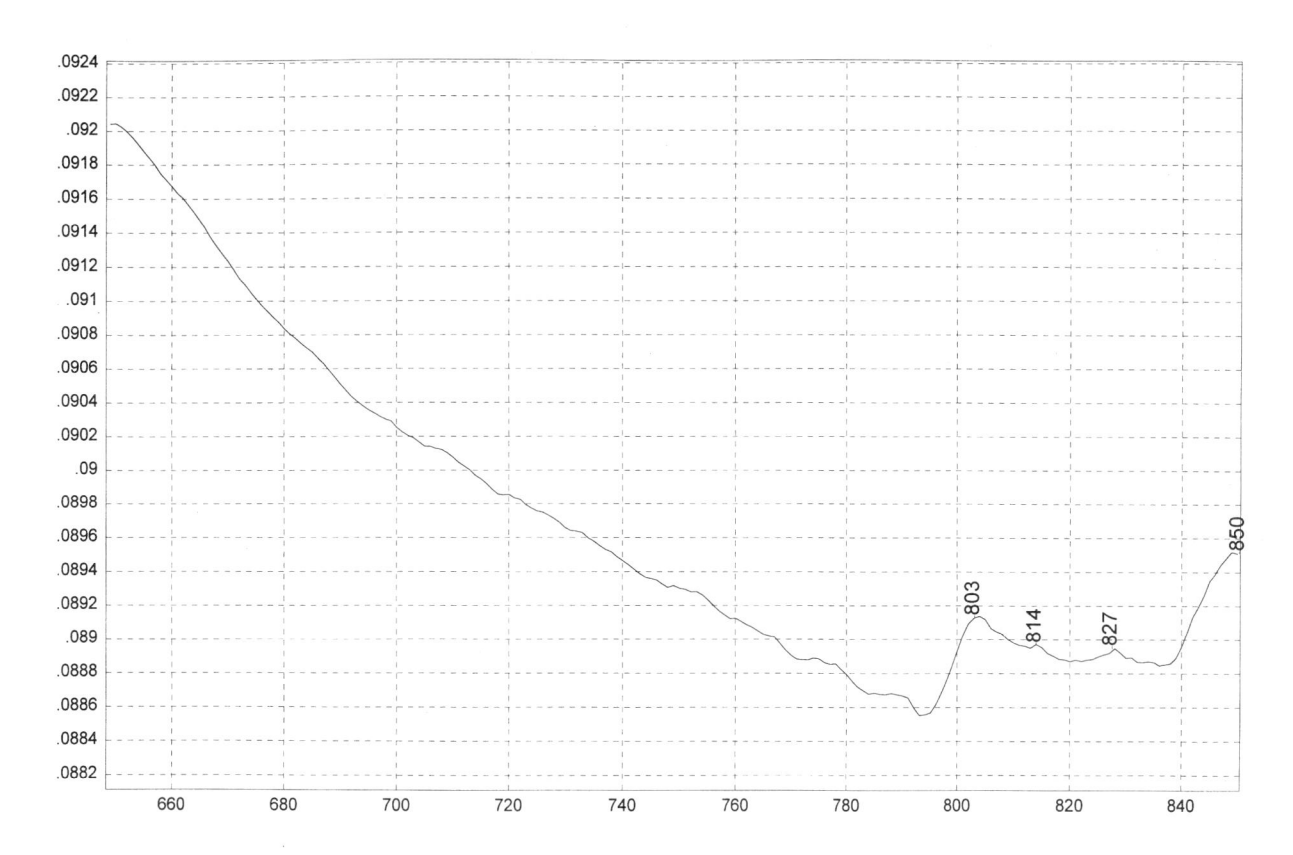

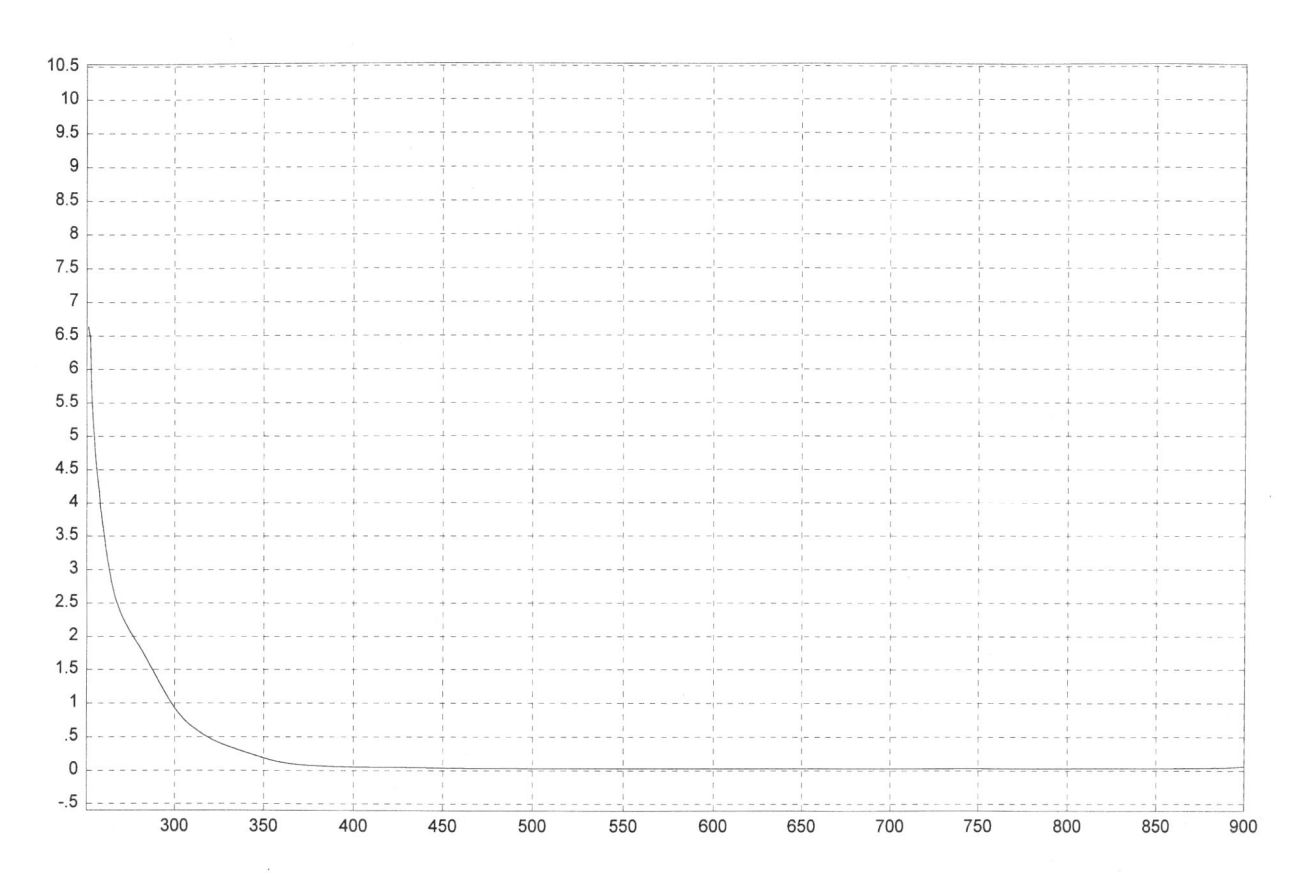

Absorbance / Nanometers

30 **Butyric Acid**

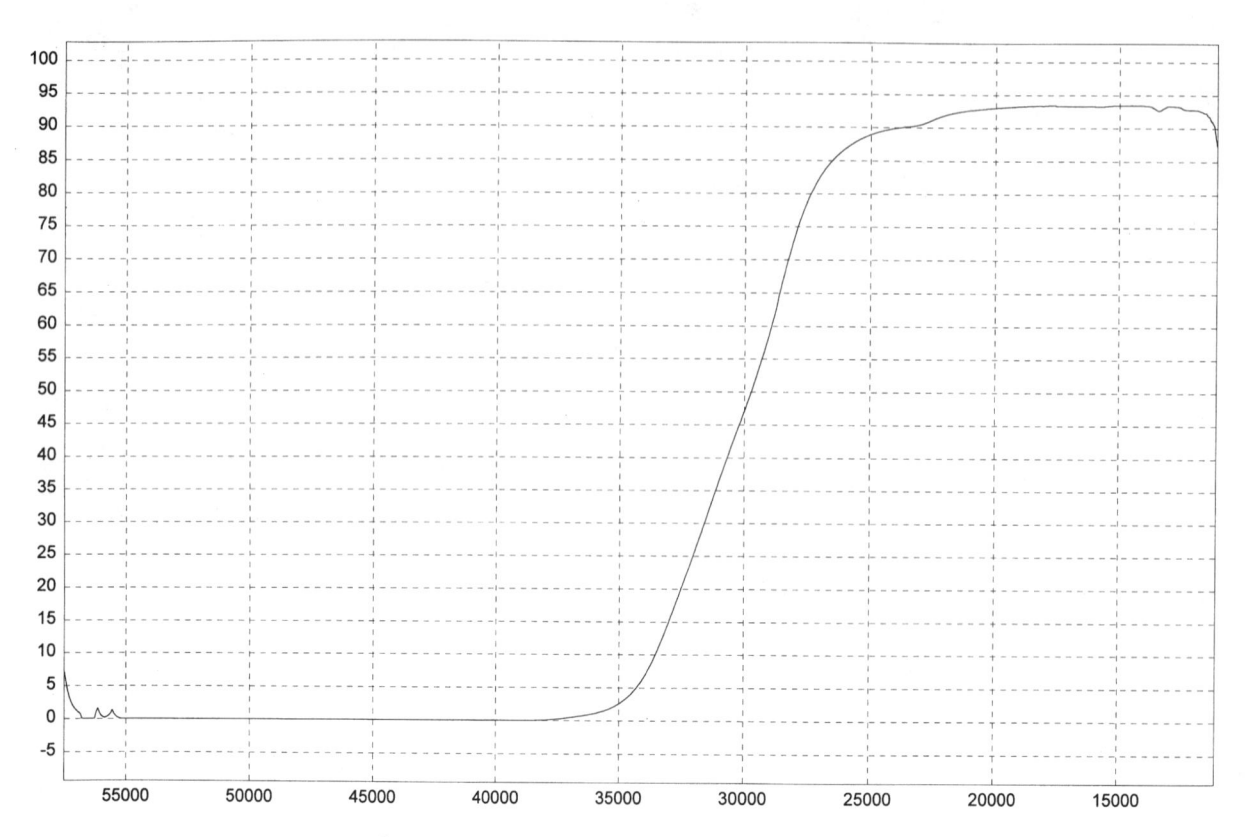

Transmittance / Wavenumber (cm⁻¹)

| 31 | **Butyric Acid** |

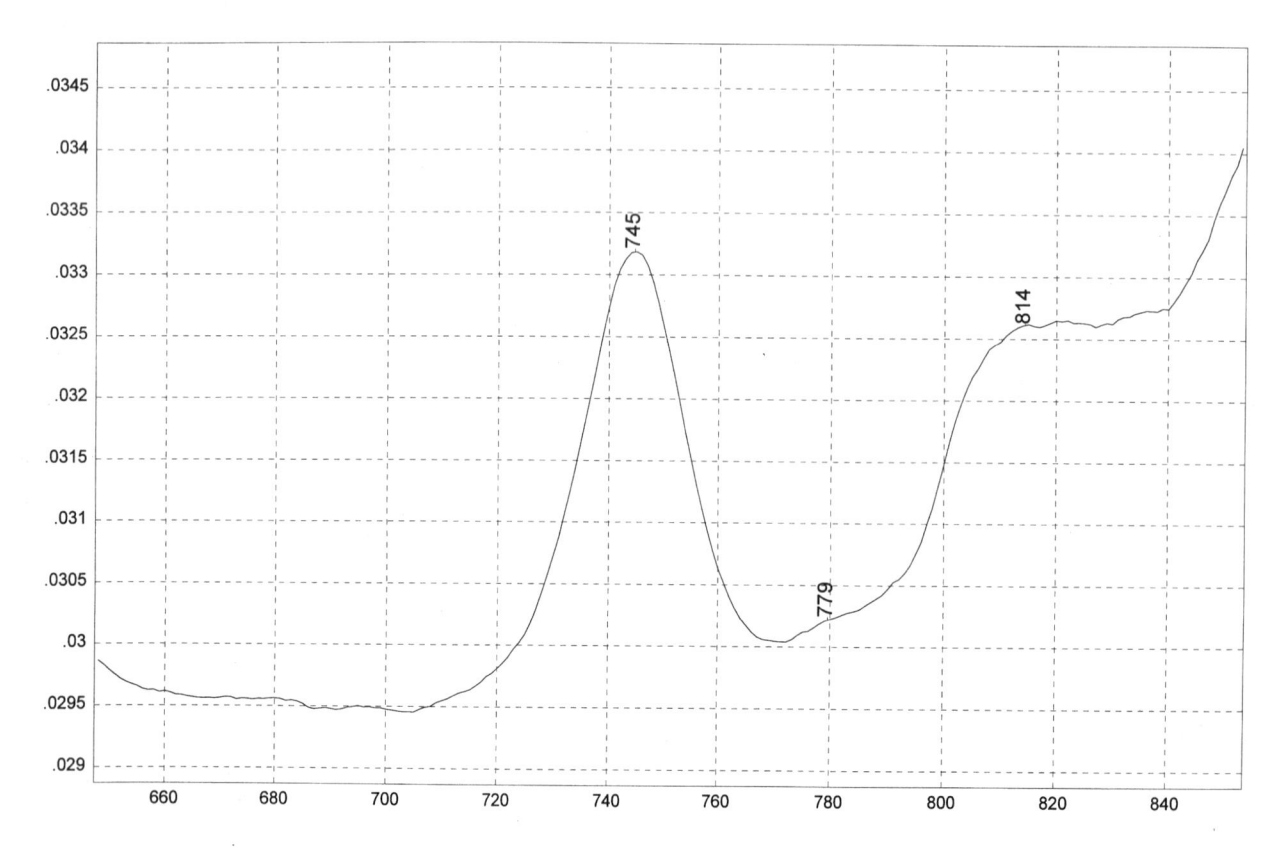

Absorbance / Nanometers

| 32 | **Butyric Acid** |

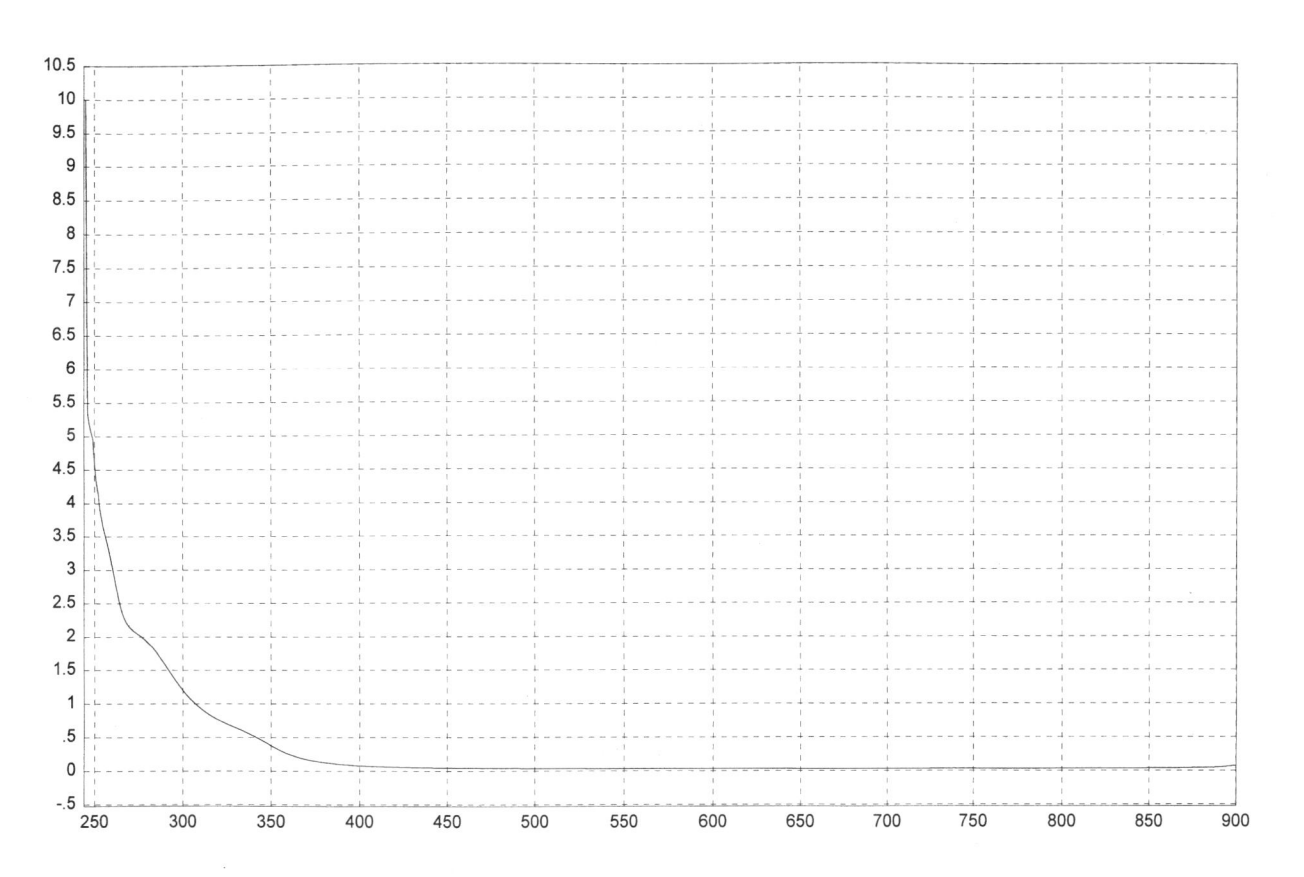

Absorbance / Nanometers

| 33 | iso-Butyric Acid |

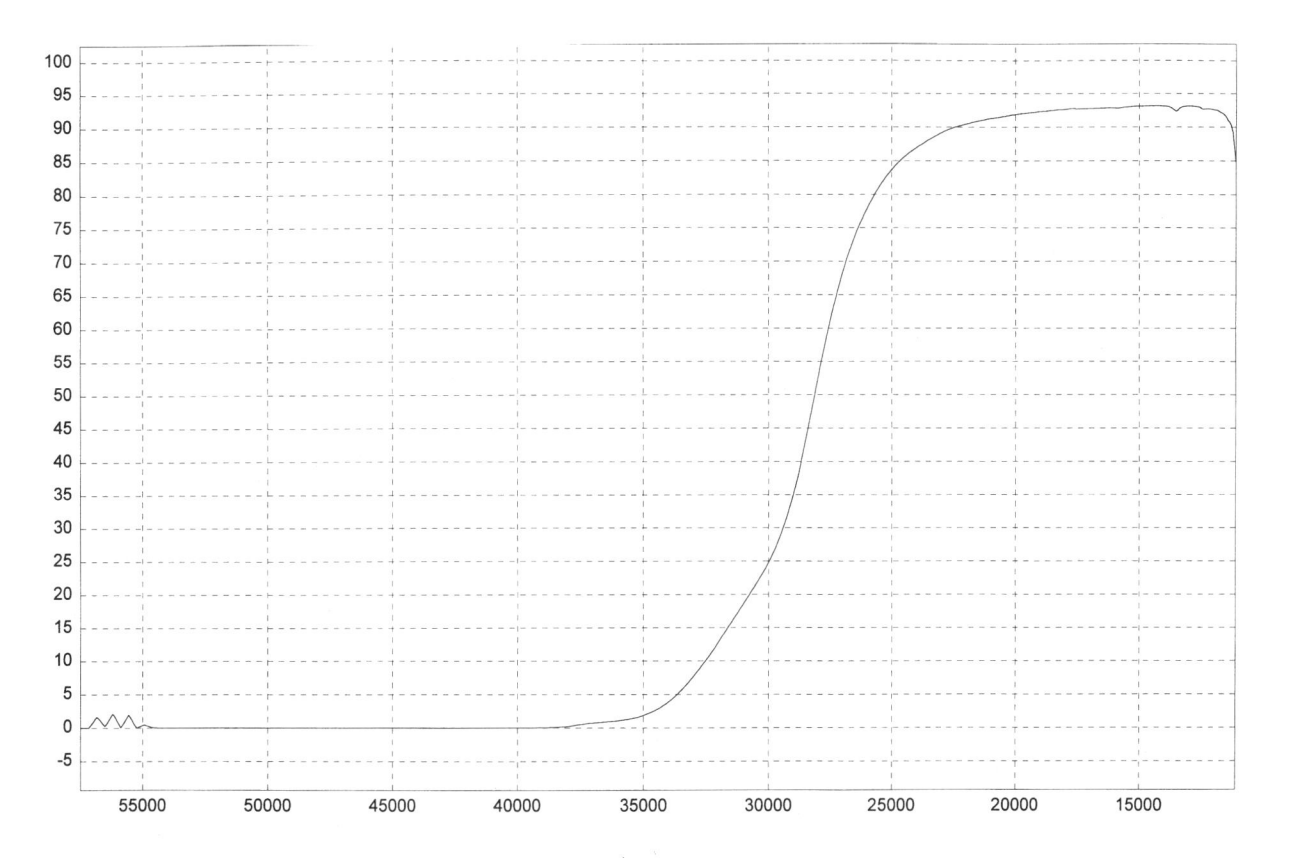

Transmittance / Wavenumber (cm⁻¹)

| 34 | iso-Butyric Acid |

Absorbance / Nanometers

35   **iso-Butyric Acid**

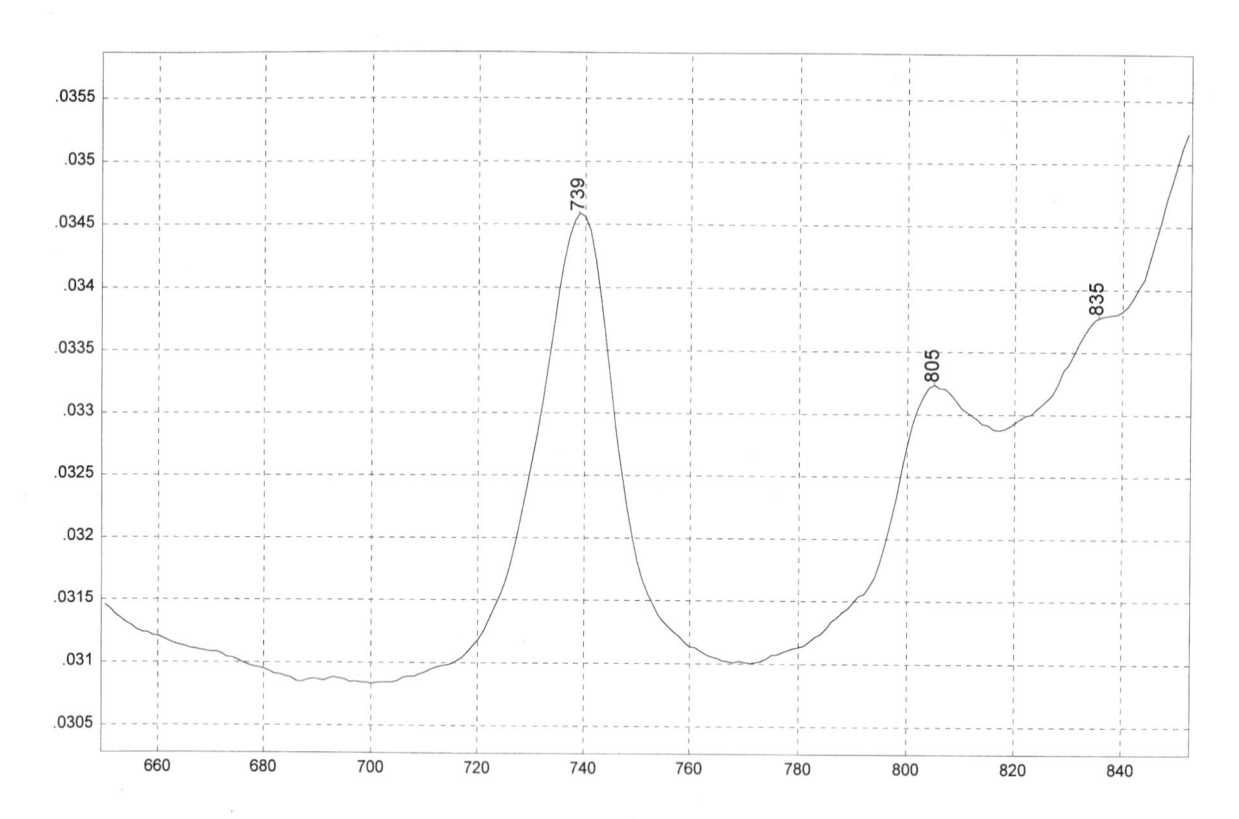

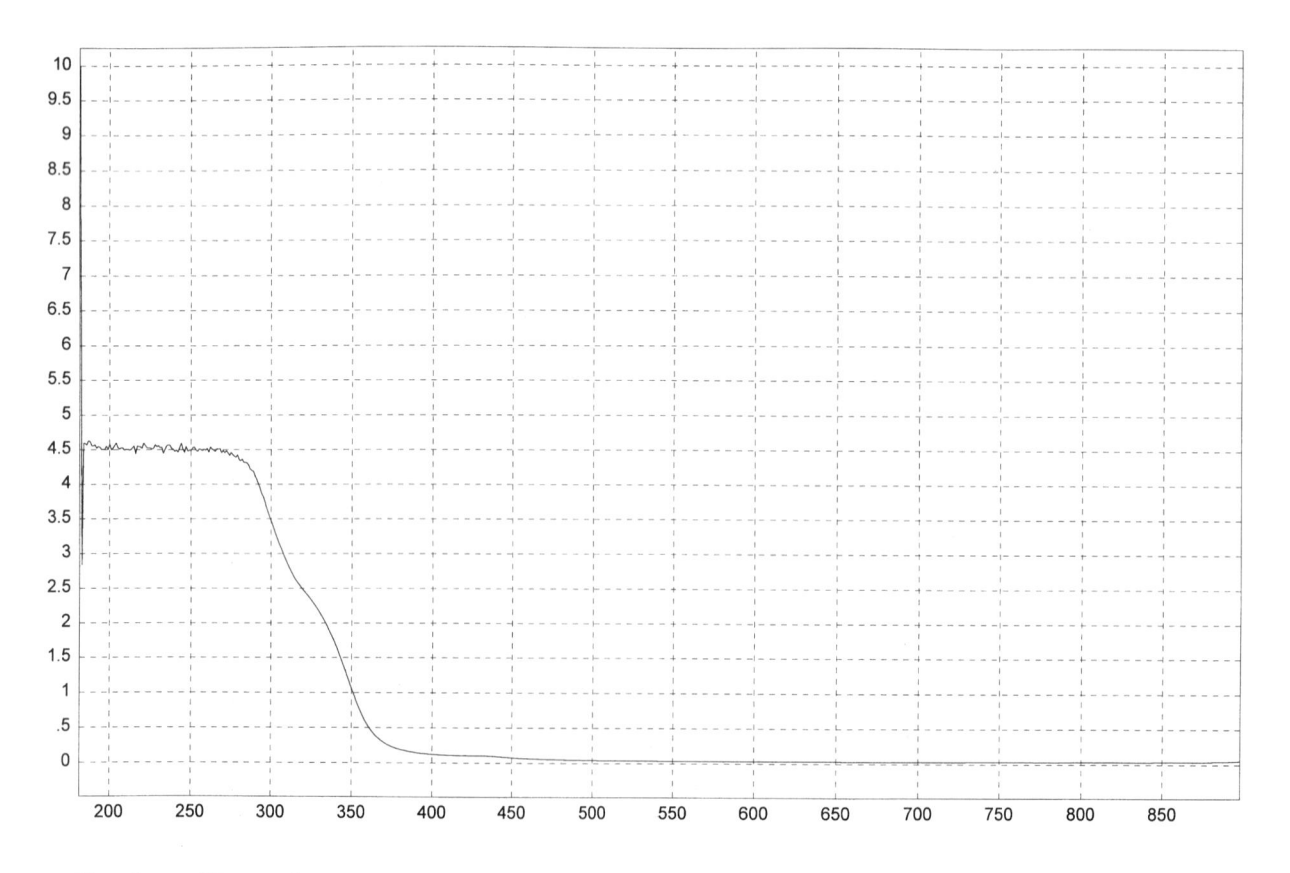

Absorbance / Nanometers

36   **Hexanoic Acid**

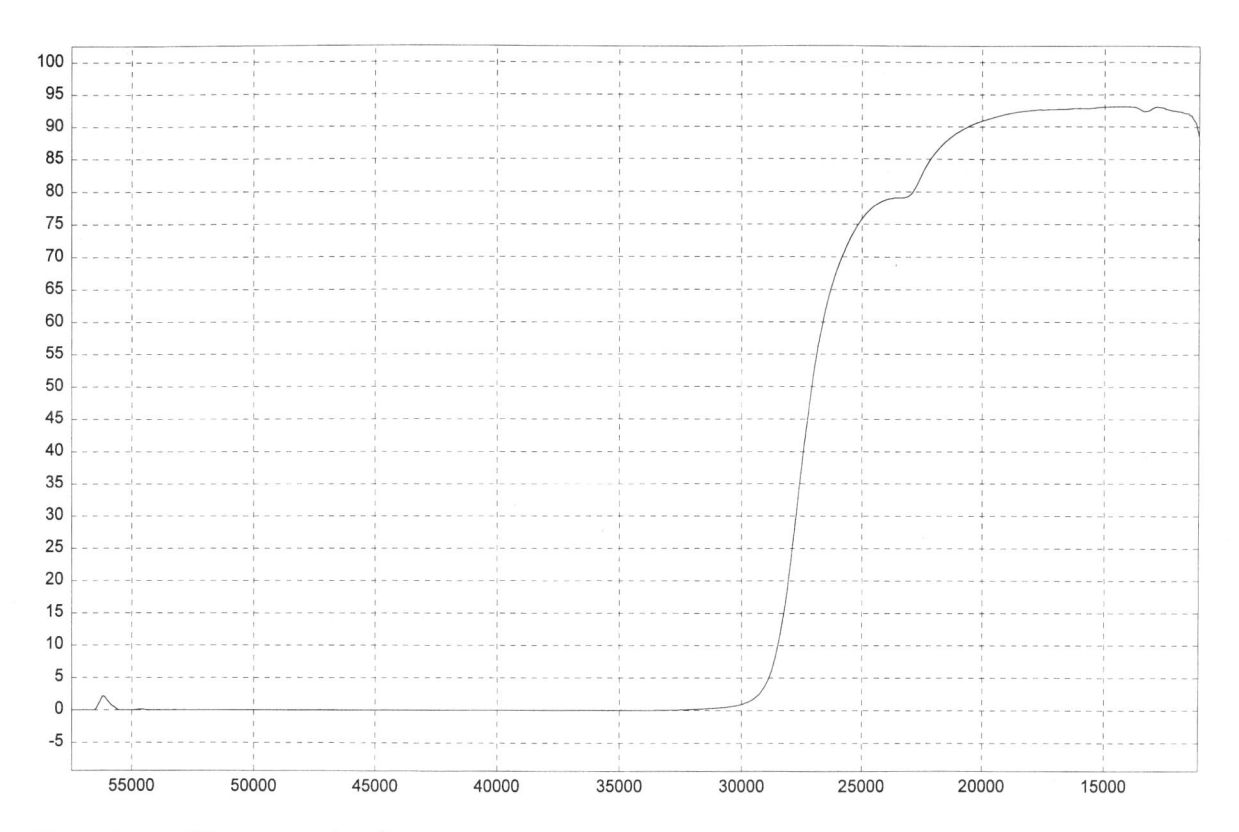

Transmittance / Wavenumber (cm⁻¹)

| 37 | **Hexanoic Acid** |

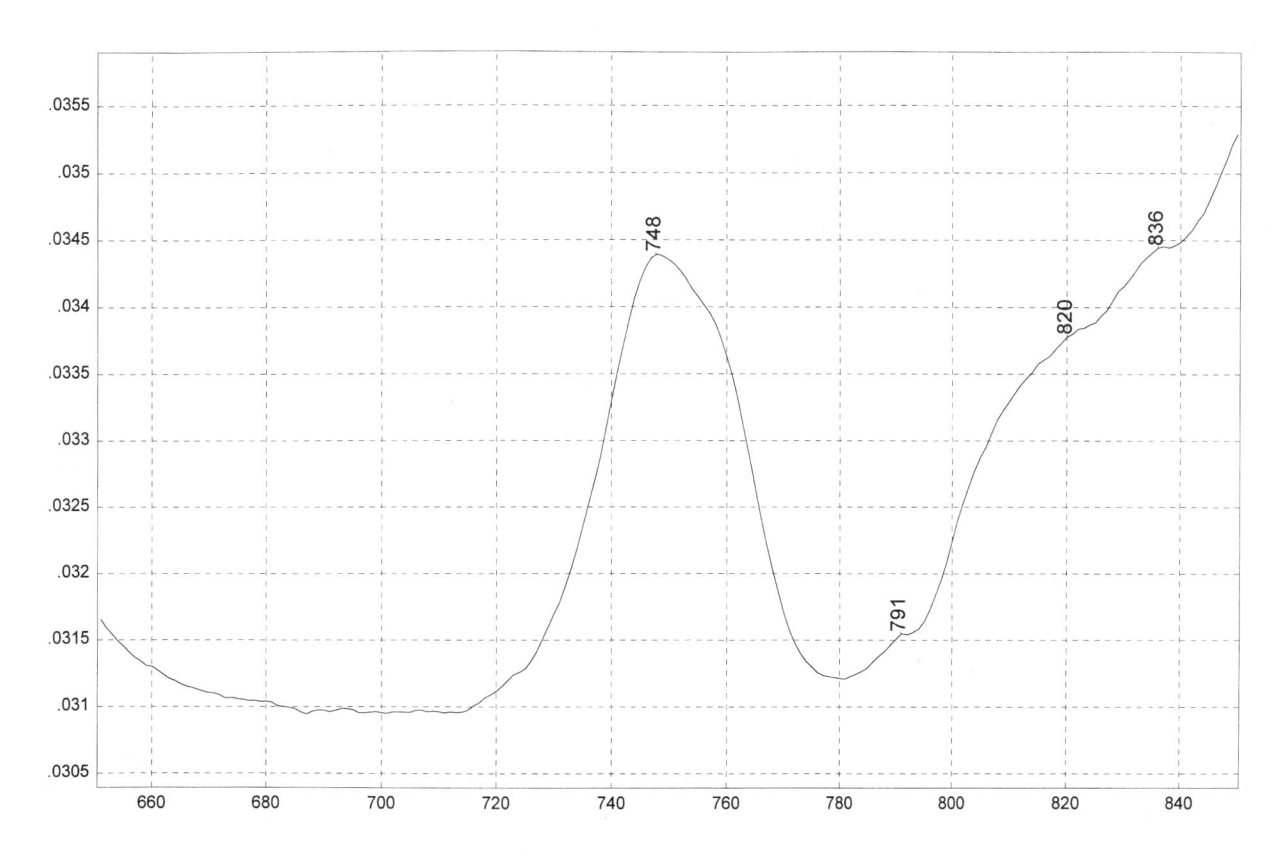

Absorbance / Nanometers

| 38 | **Hexanoic Acid** |

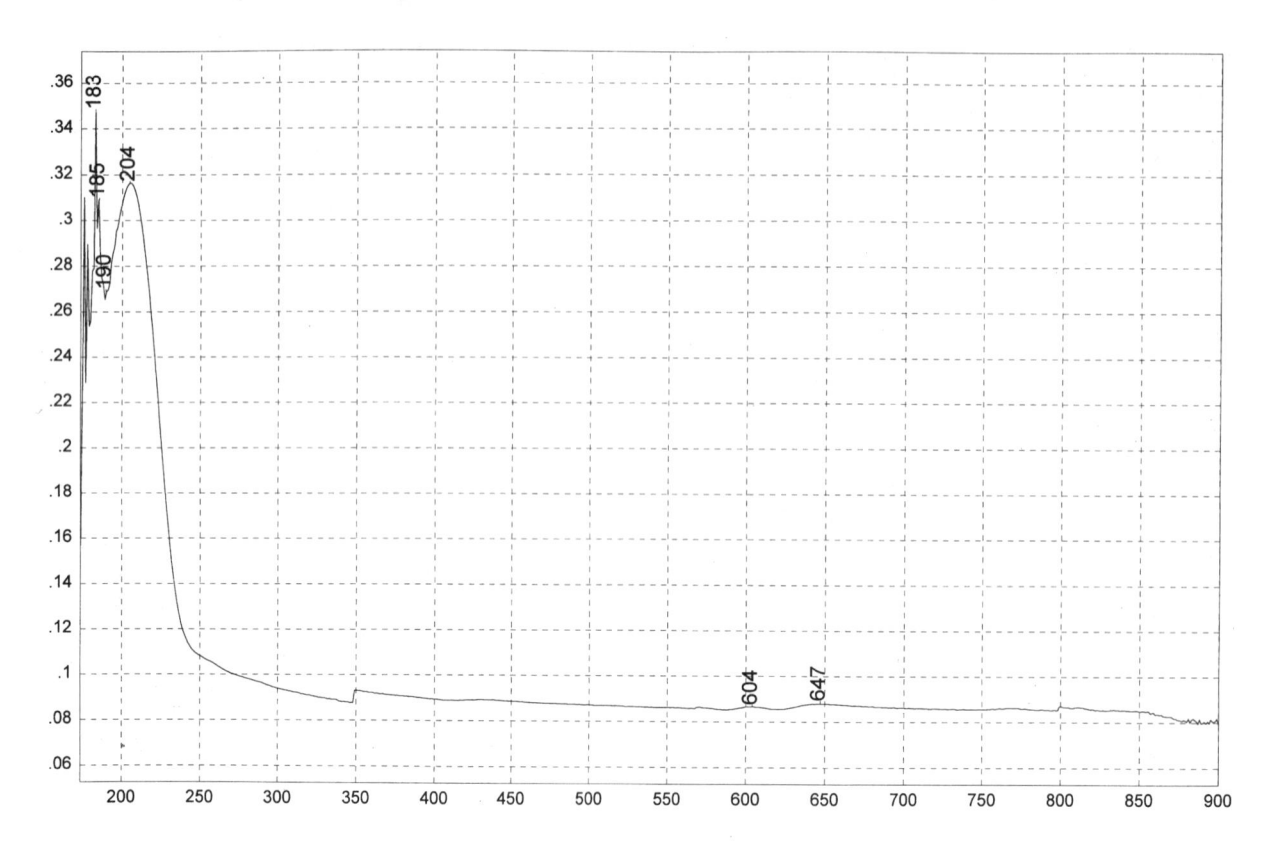

Absorbance / Nanometers

39   **2-Ethylbutyric Acid**

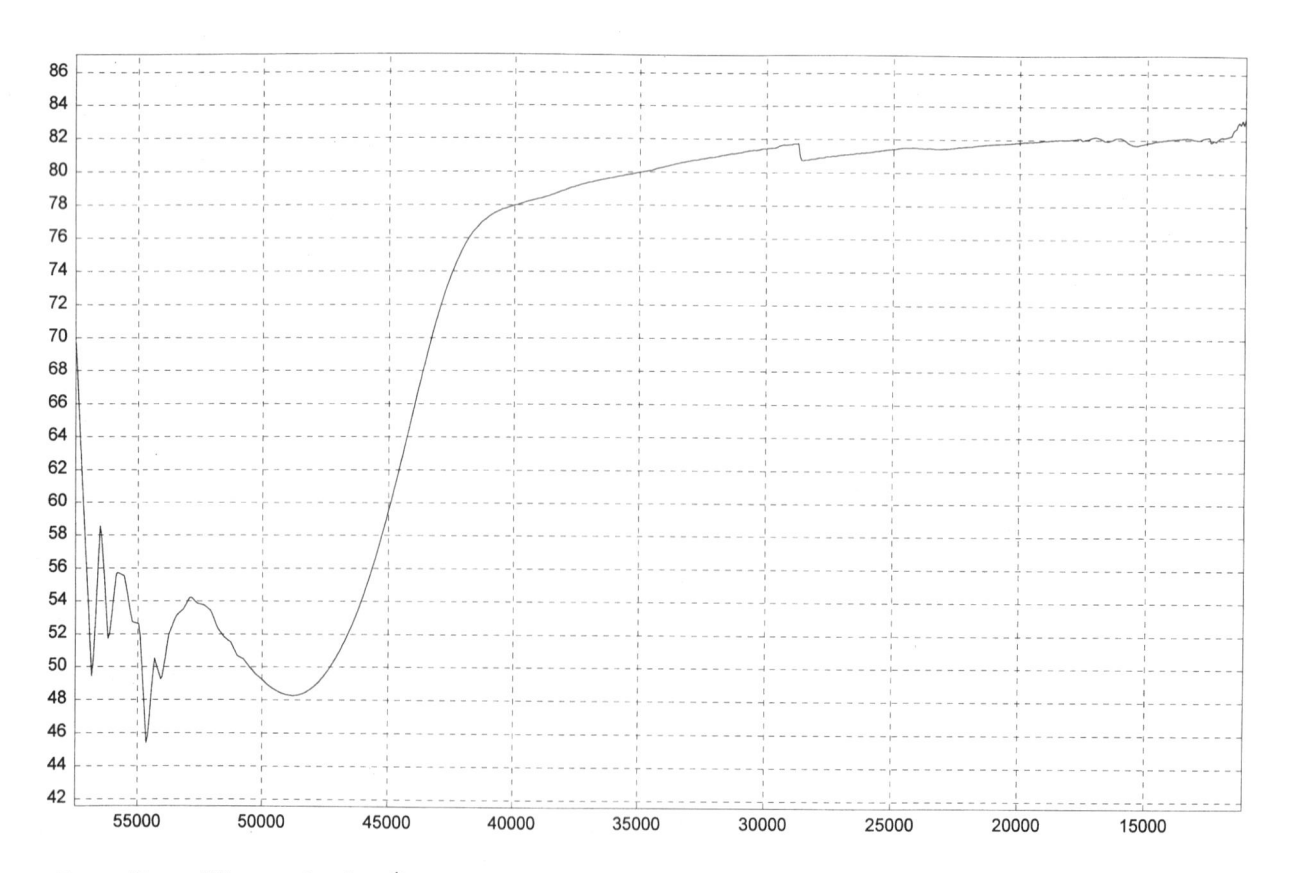

Transmittance / Wavenumber (cm^{-1})

40   **2-Ethylbutyric Acid**

Absorbance / Nanometers

41   **2-Ethylbutyric Acid**

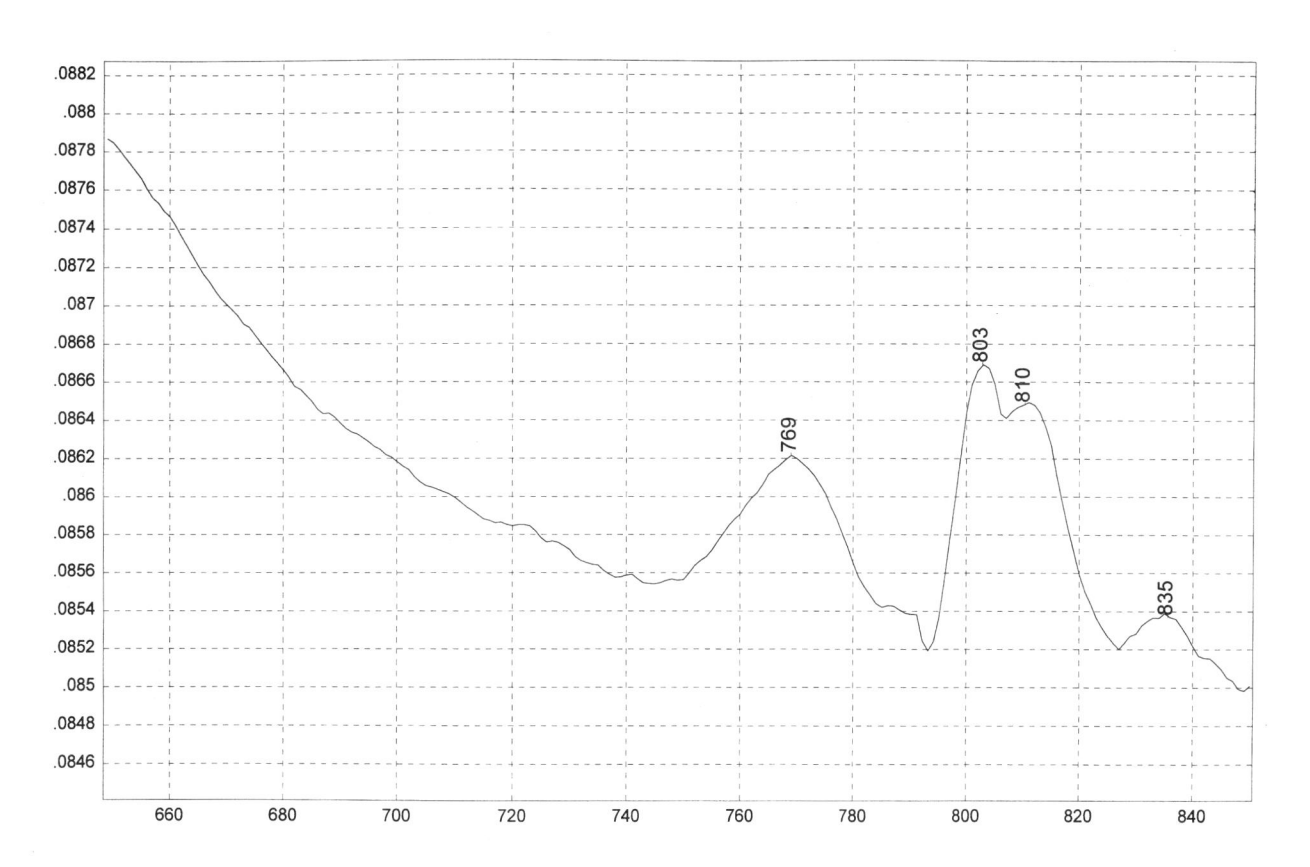

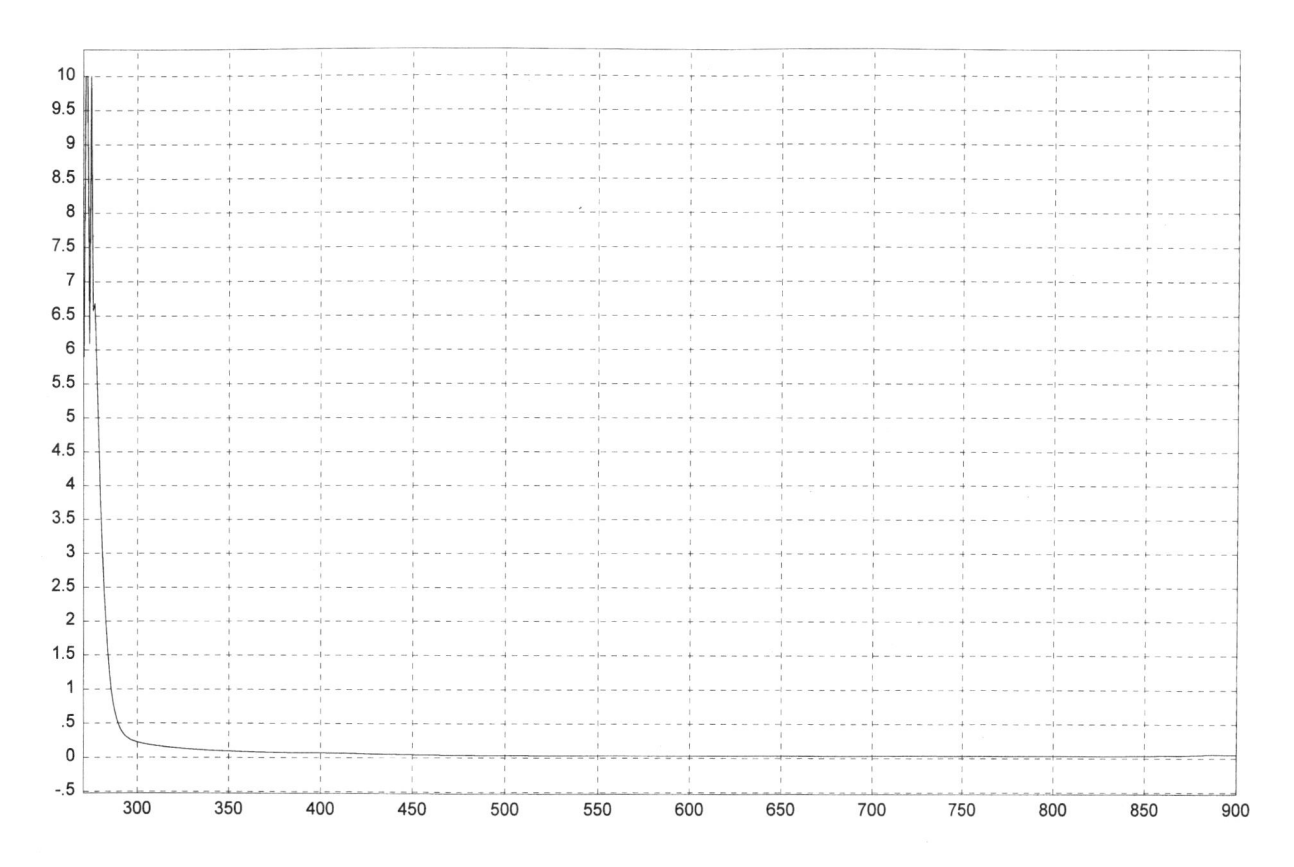

Absorbance / Nanometers

42   **Acetic anhydride**

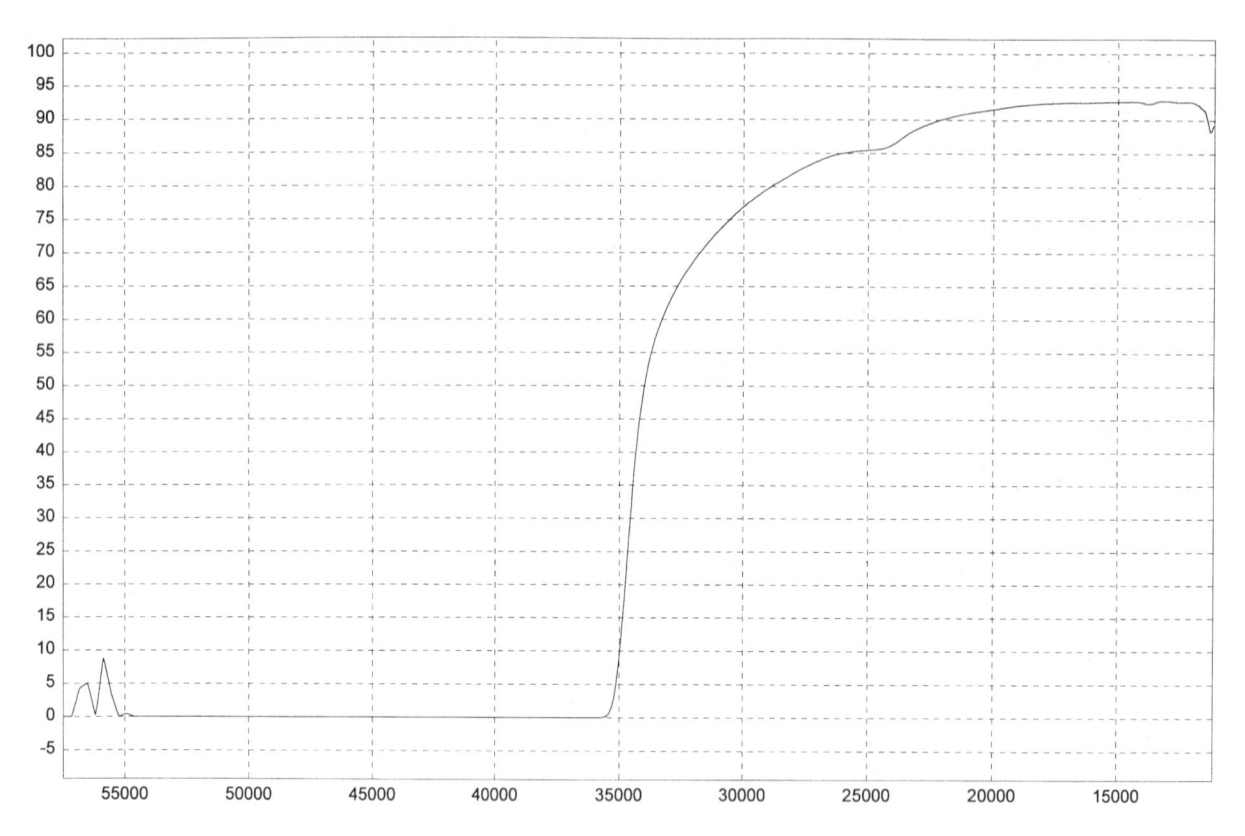

Transmittance / Wavenumber (cm⁻¹)

| 43 | Acetic anhydride |

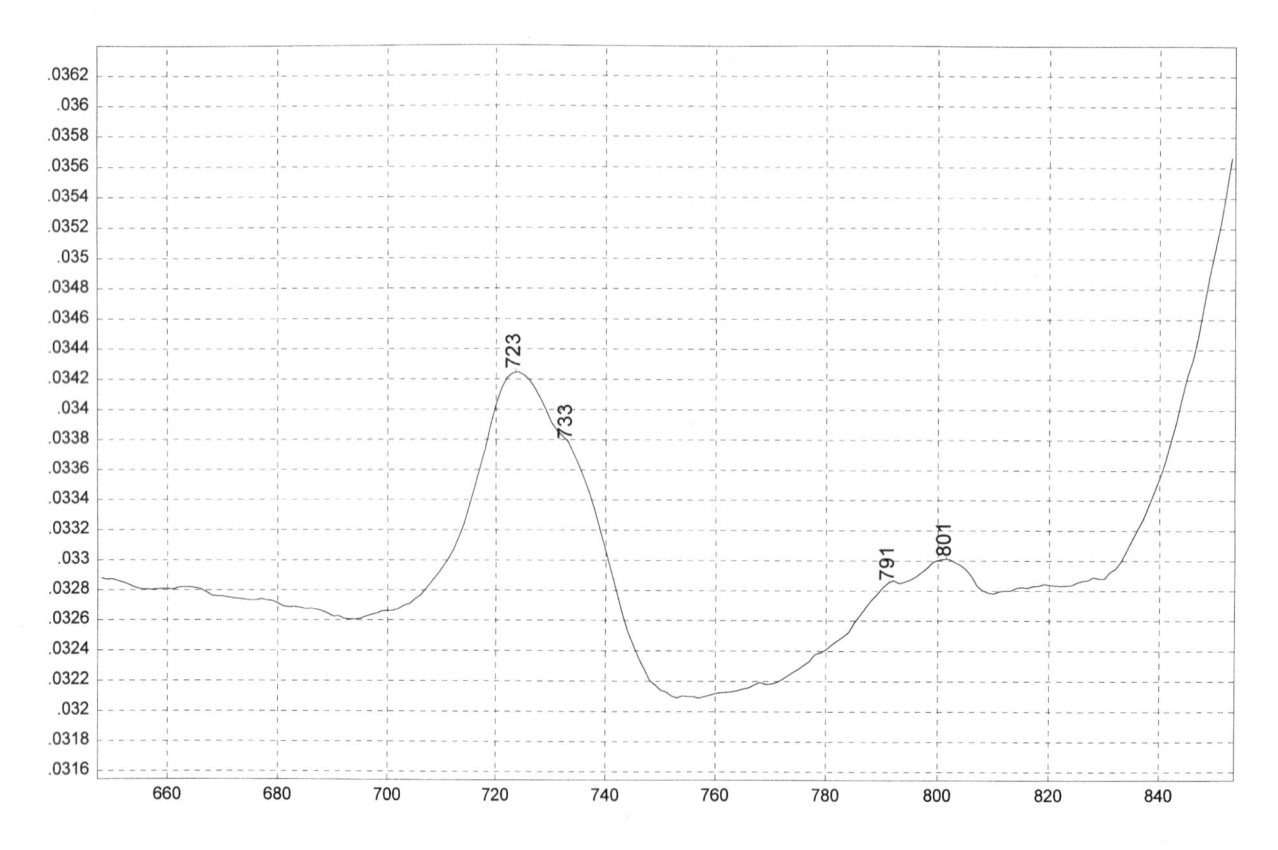

Absorbance / Nanometers

| 44 | Acetic anhydride |

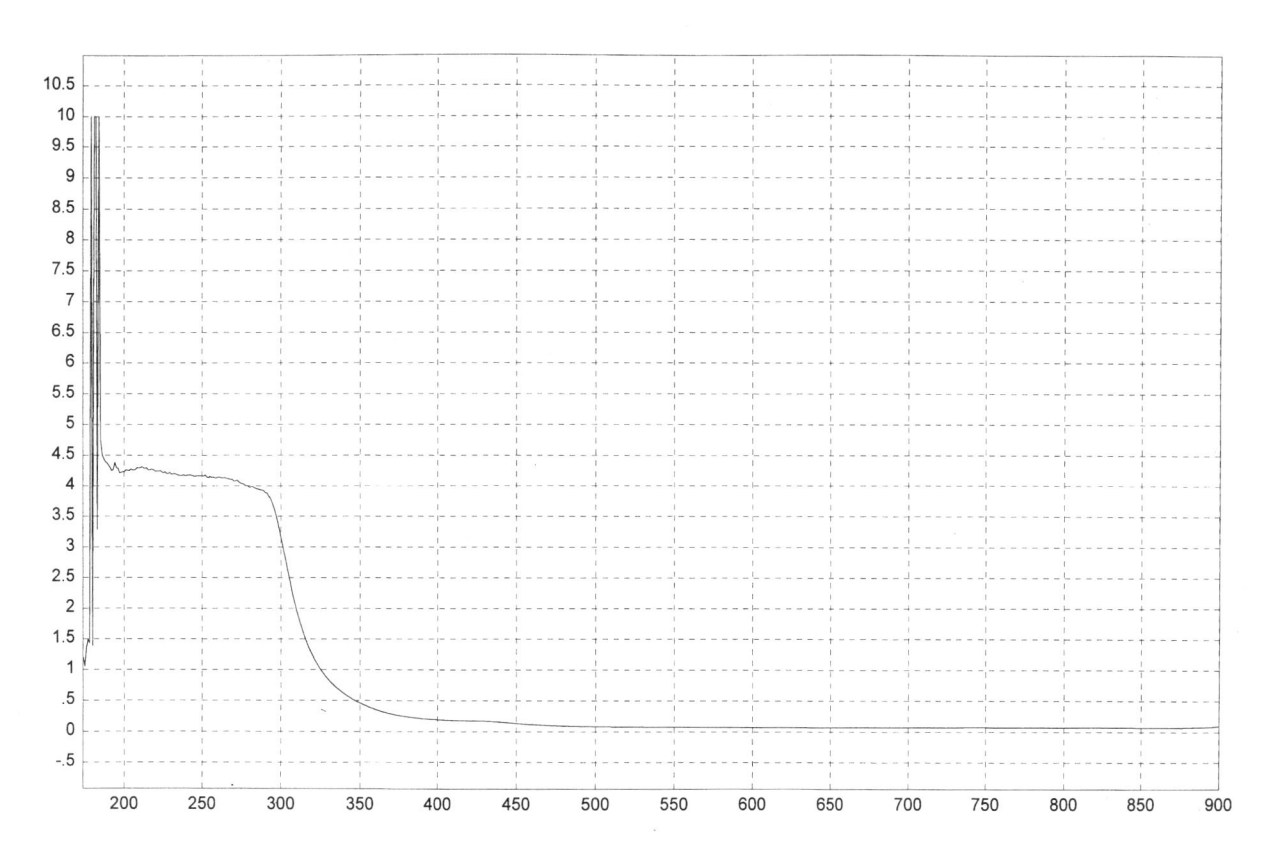

Absorbance / Nanometers

45   **Butyric anhydride**

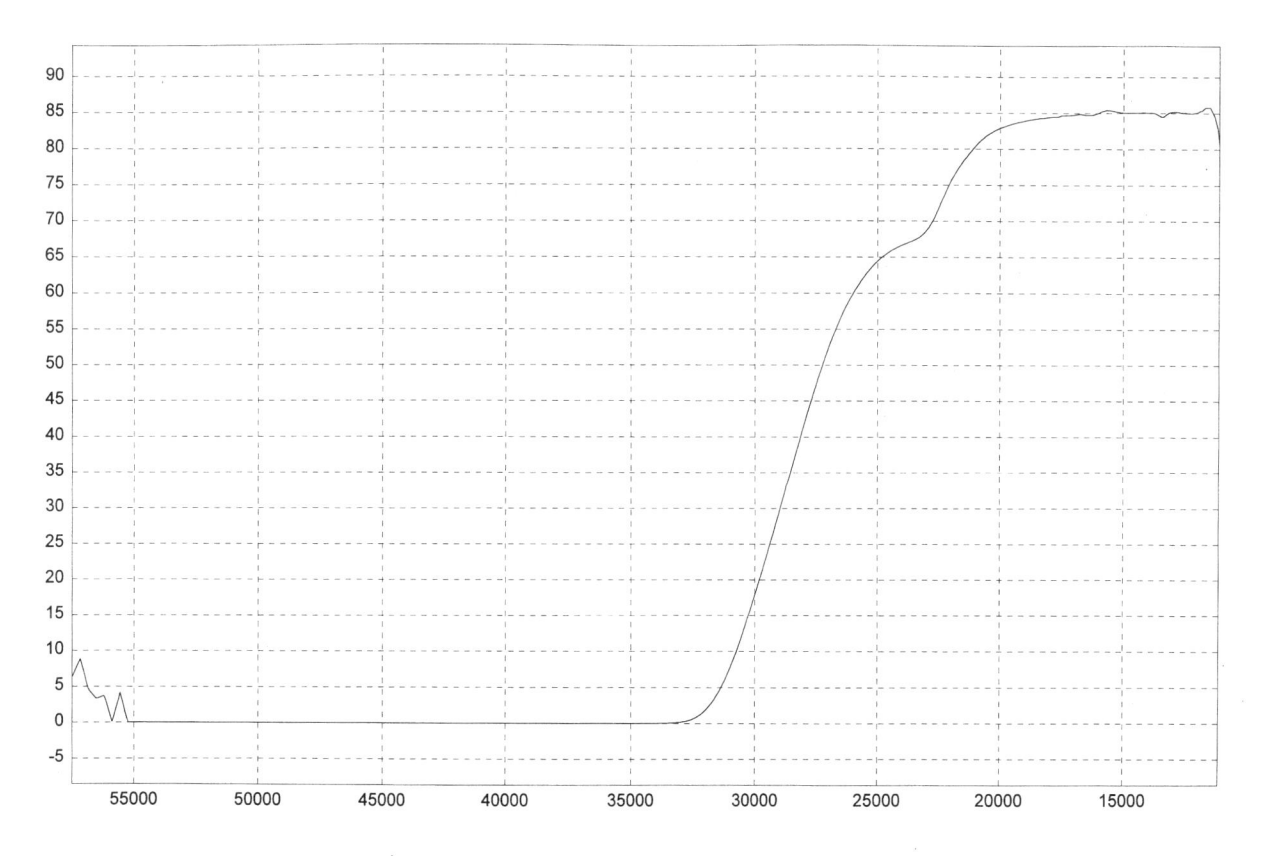

Transmittance / Wavenumber (cm^{-1})

46   **Butyric anhydride**

Absorbance / Nanometers

47 | Butyric anhydride

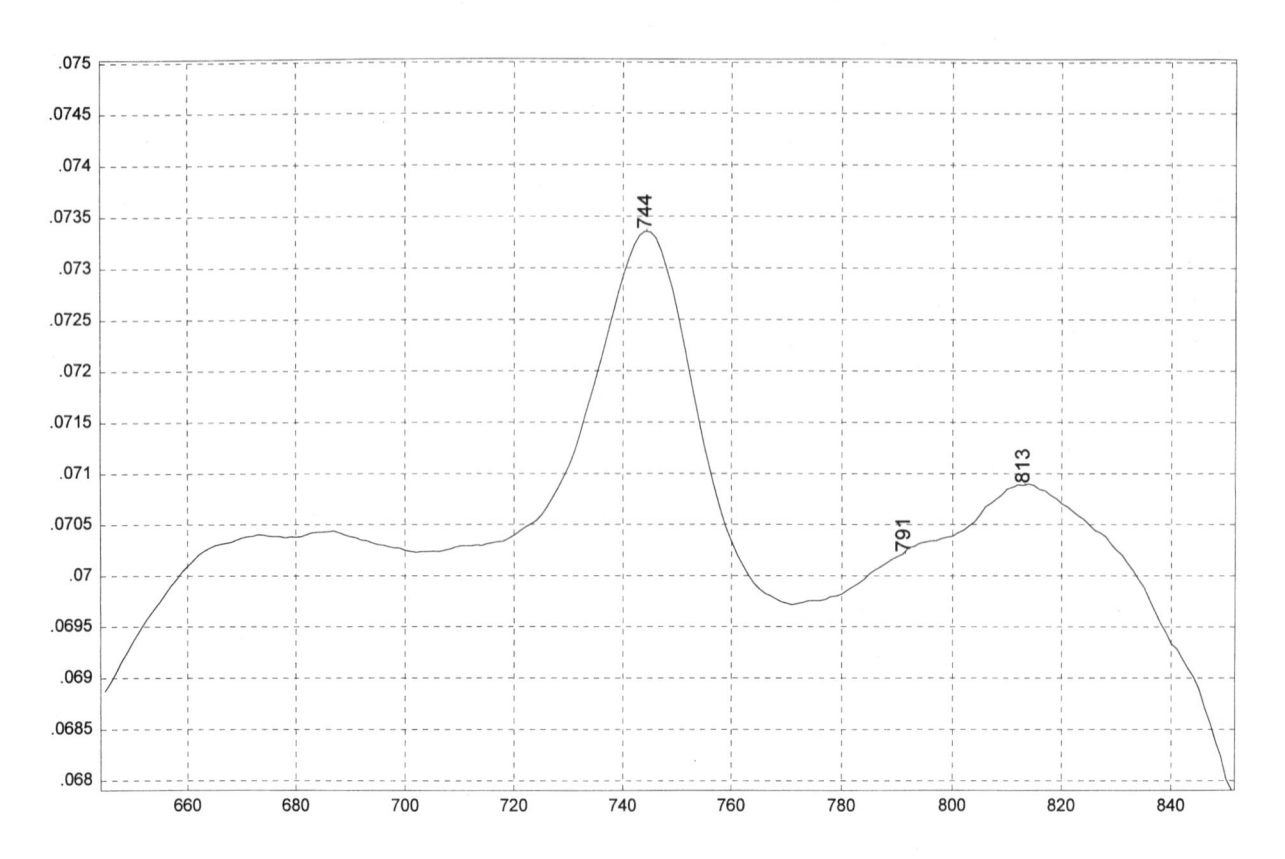

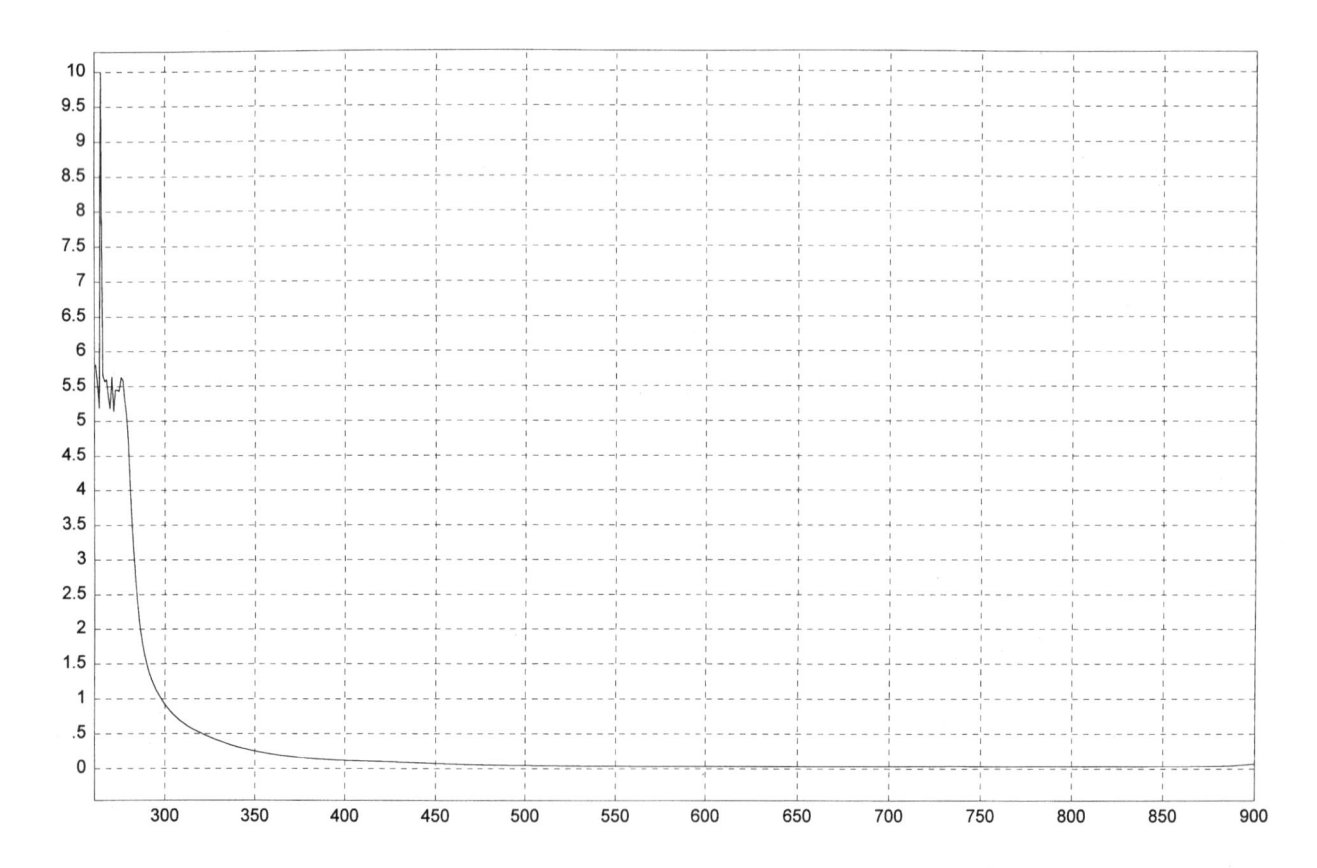

Absorbance / Nanometers

48 | Propionic anhydride

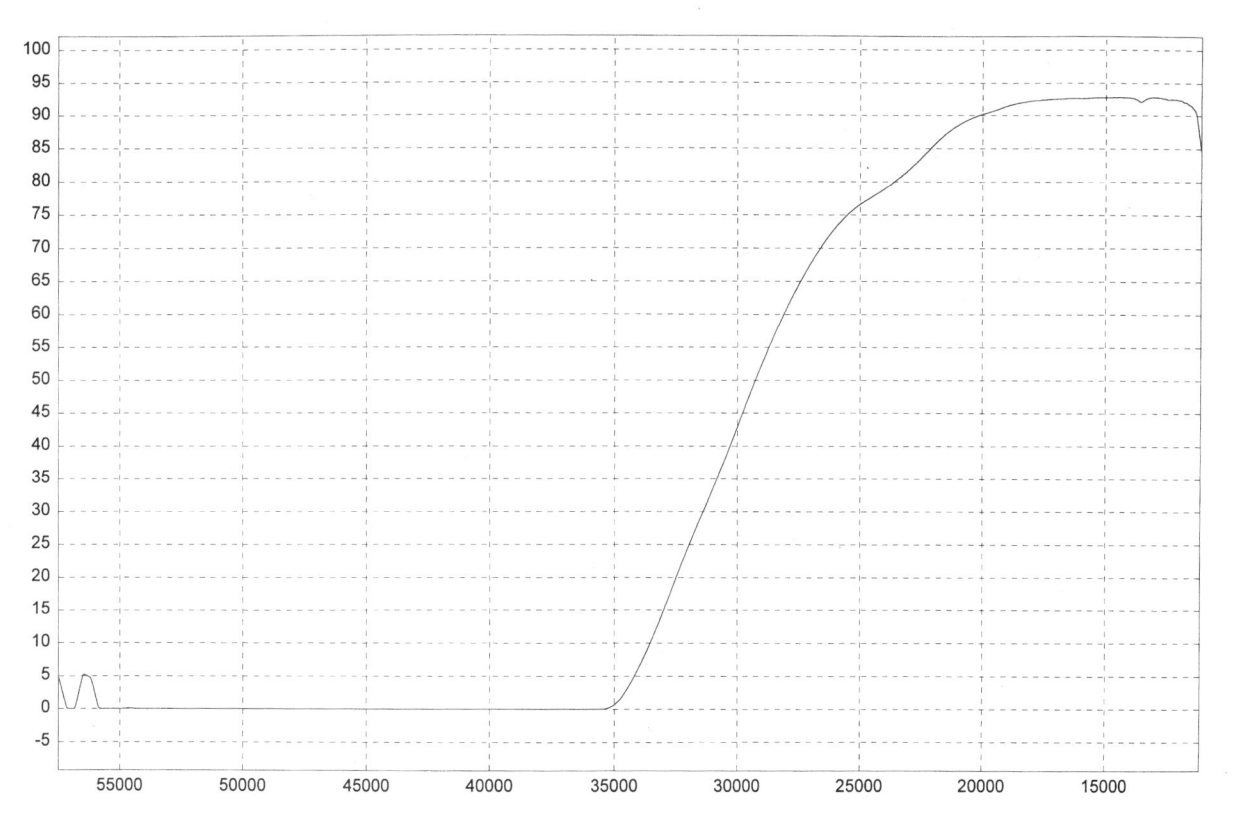

Transmittance / Wavenumber (cm^{-1})

49 Propionic anhydride

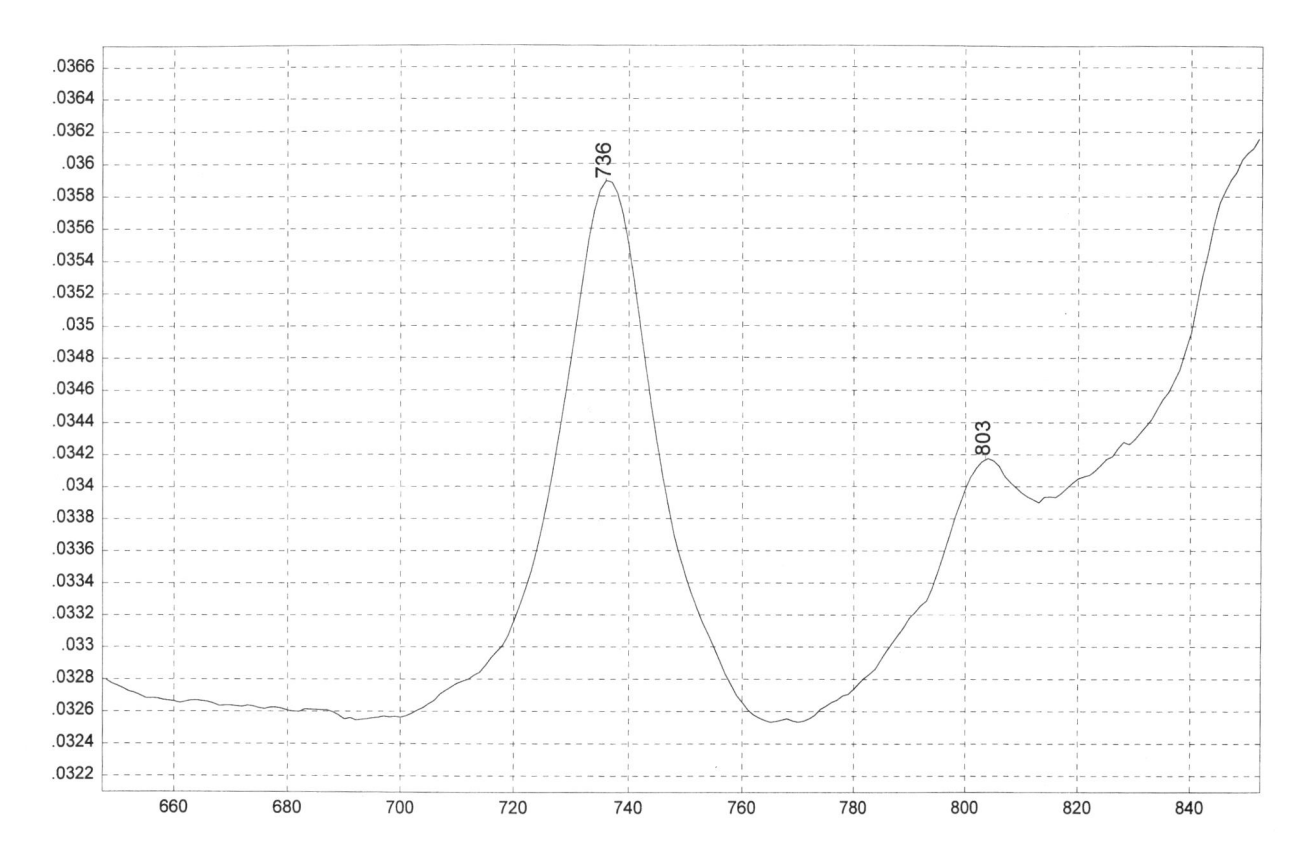

Absorbance / Nanometers

50 Propionic anhydride

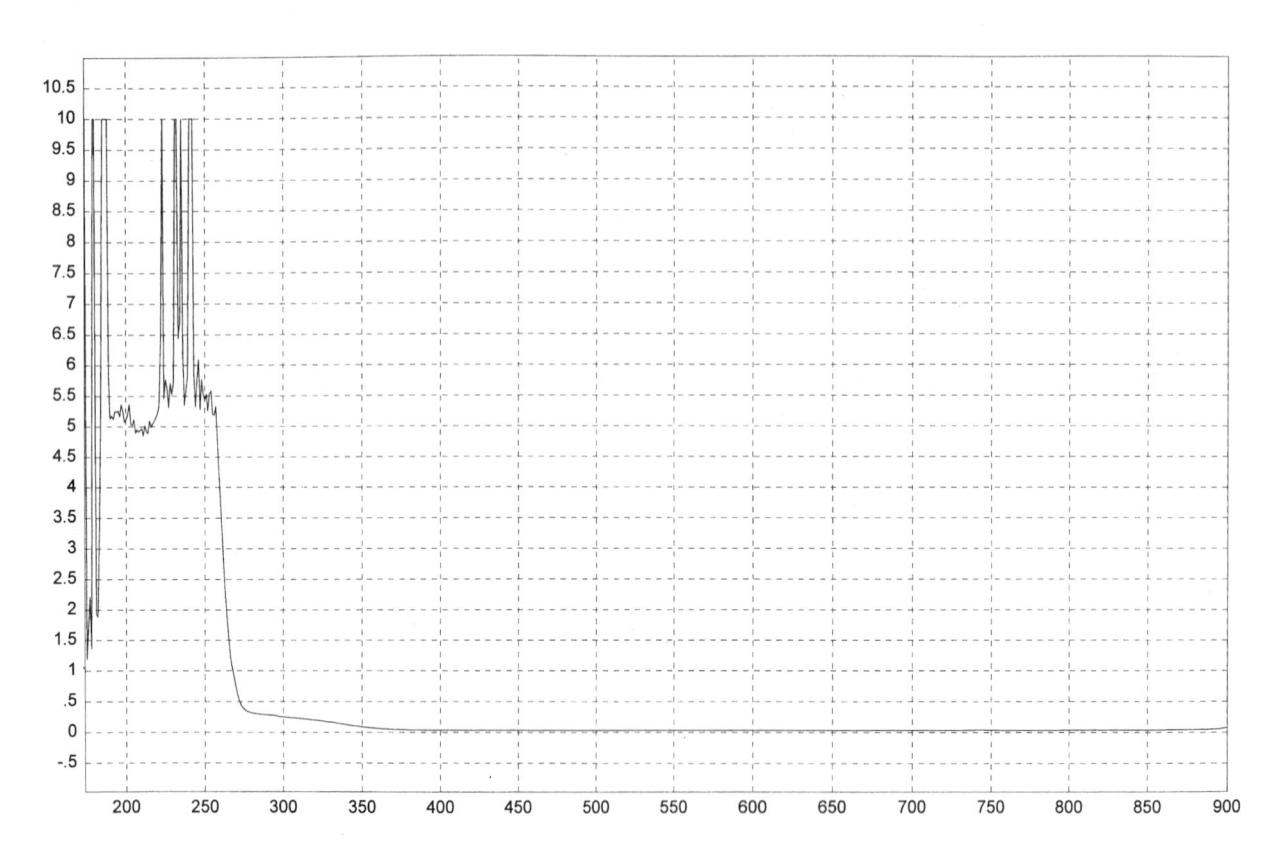

Absorbance / Nanometers

| 51 | tert-Amyl Alcohol |

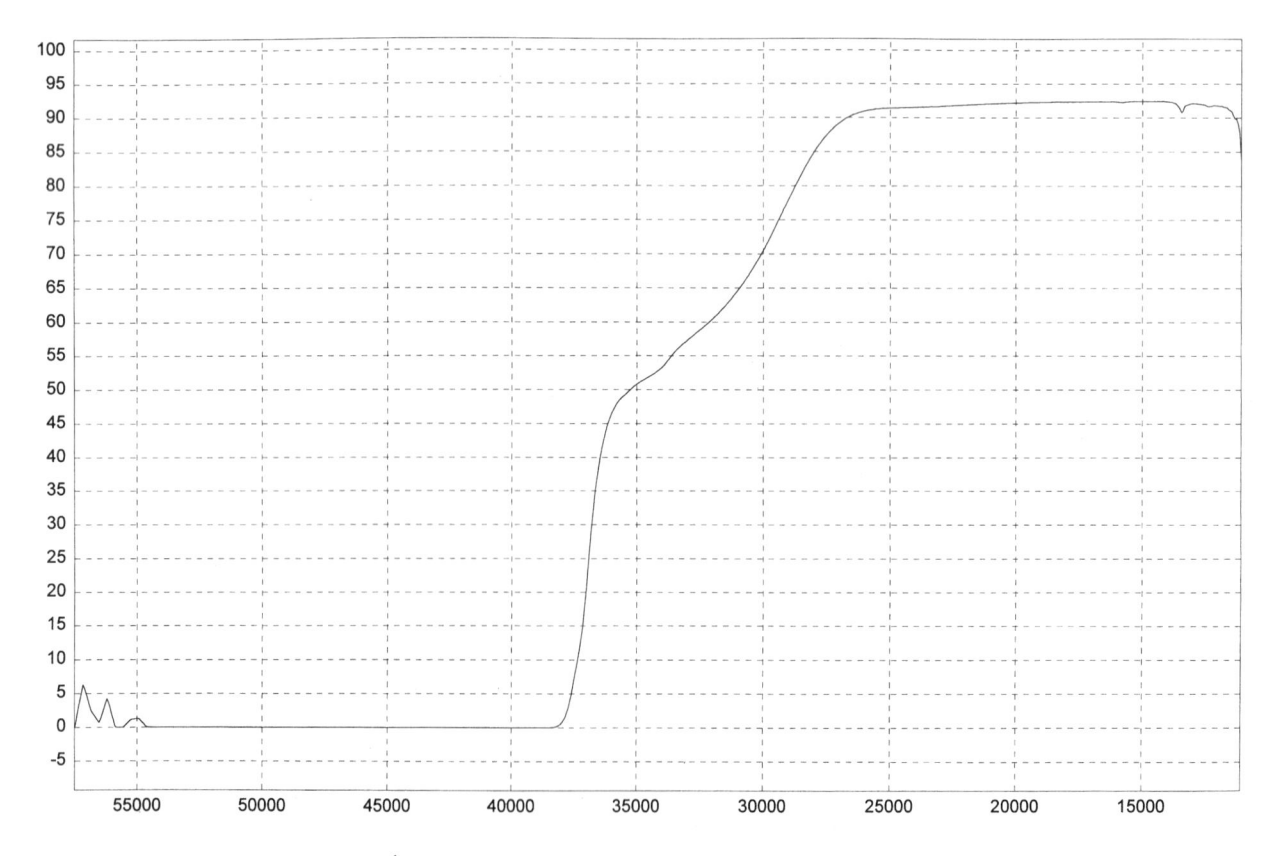

Transmittance / Wavenumber (cm⁻¹)

| 52 | tert-Amyl Alcohol |

Absorbance / Nanometers

tert-Amyl Alcohol

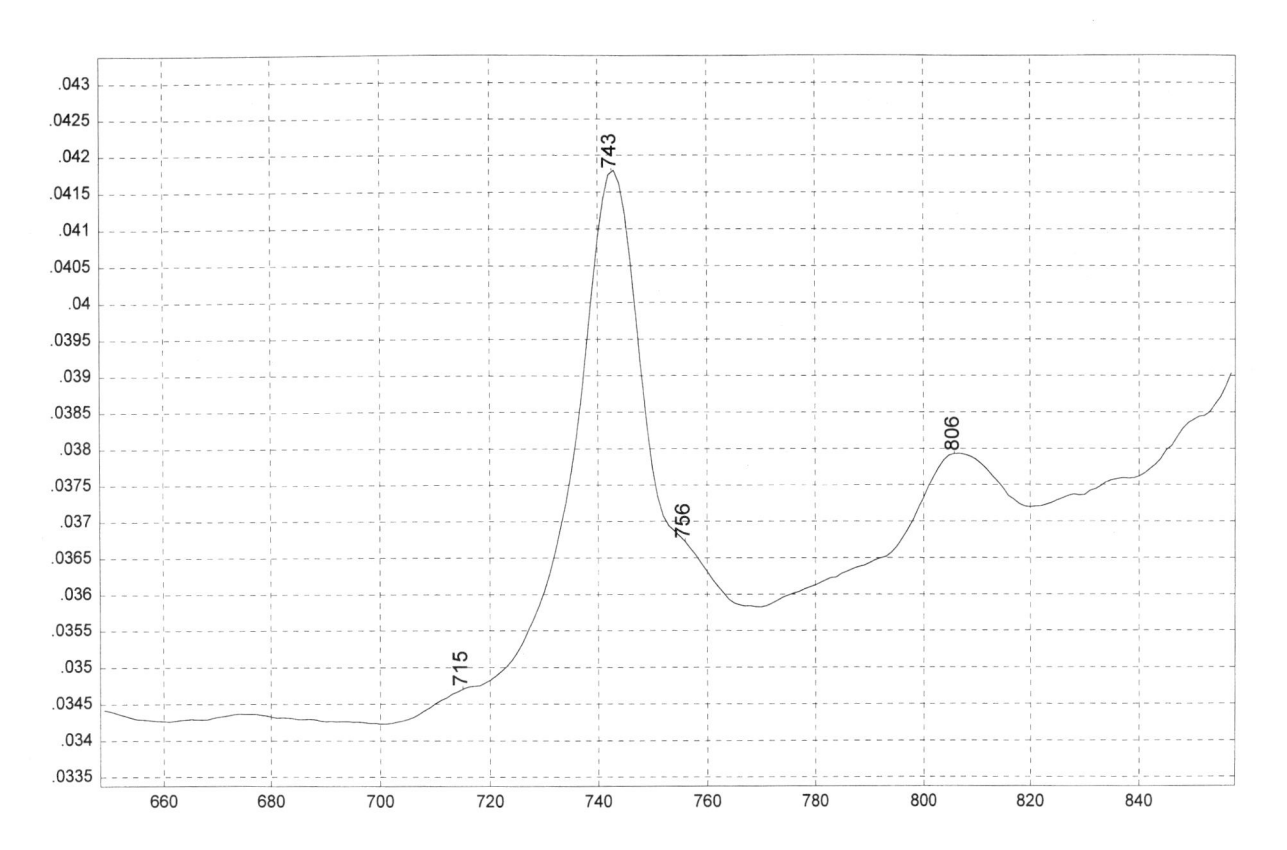

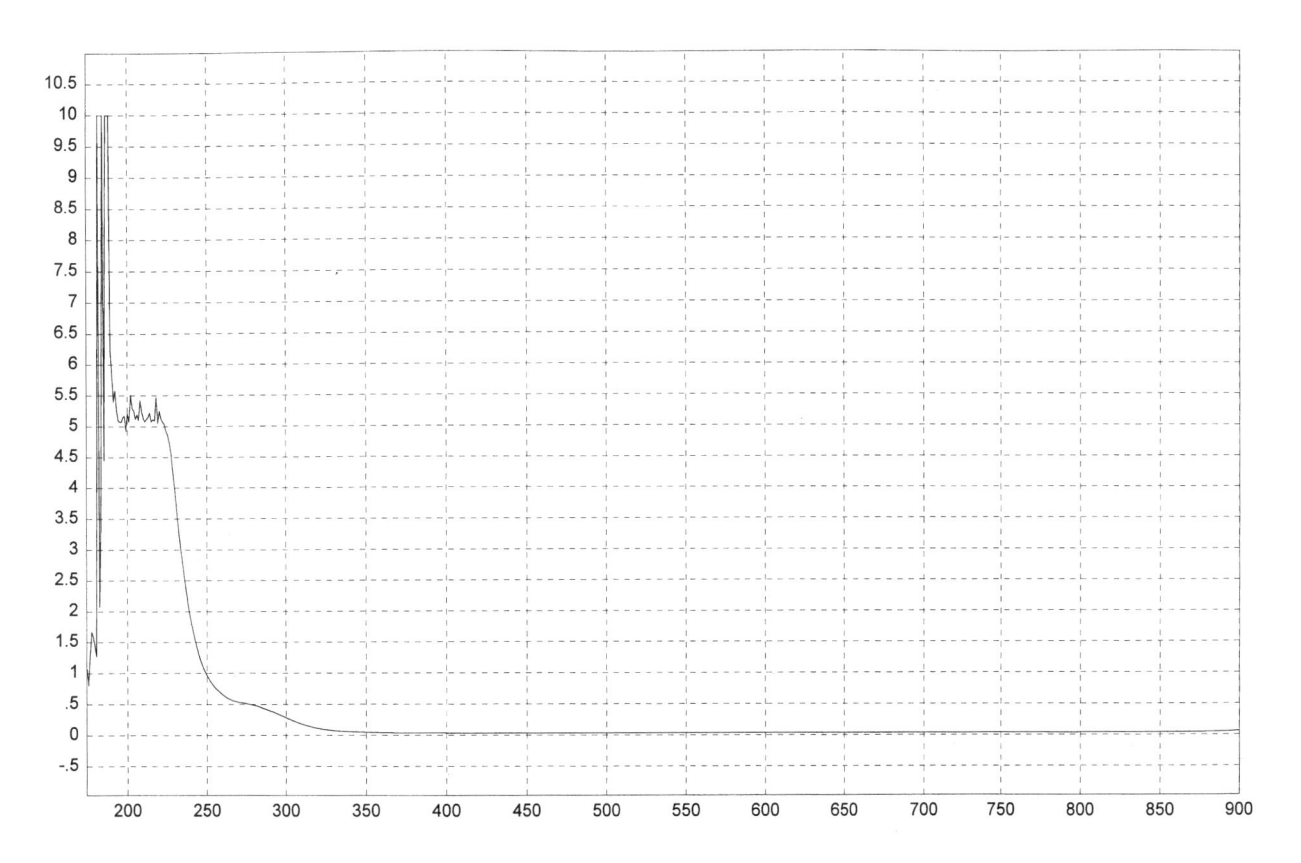

53

Absorbance / Nanometers

Butyl Alcohol

54

Transmittance / Wavenumber (cm⁻¹)

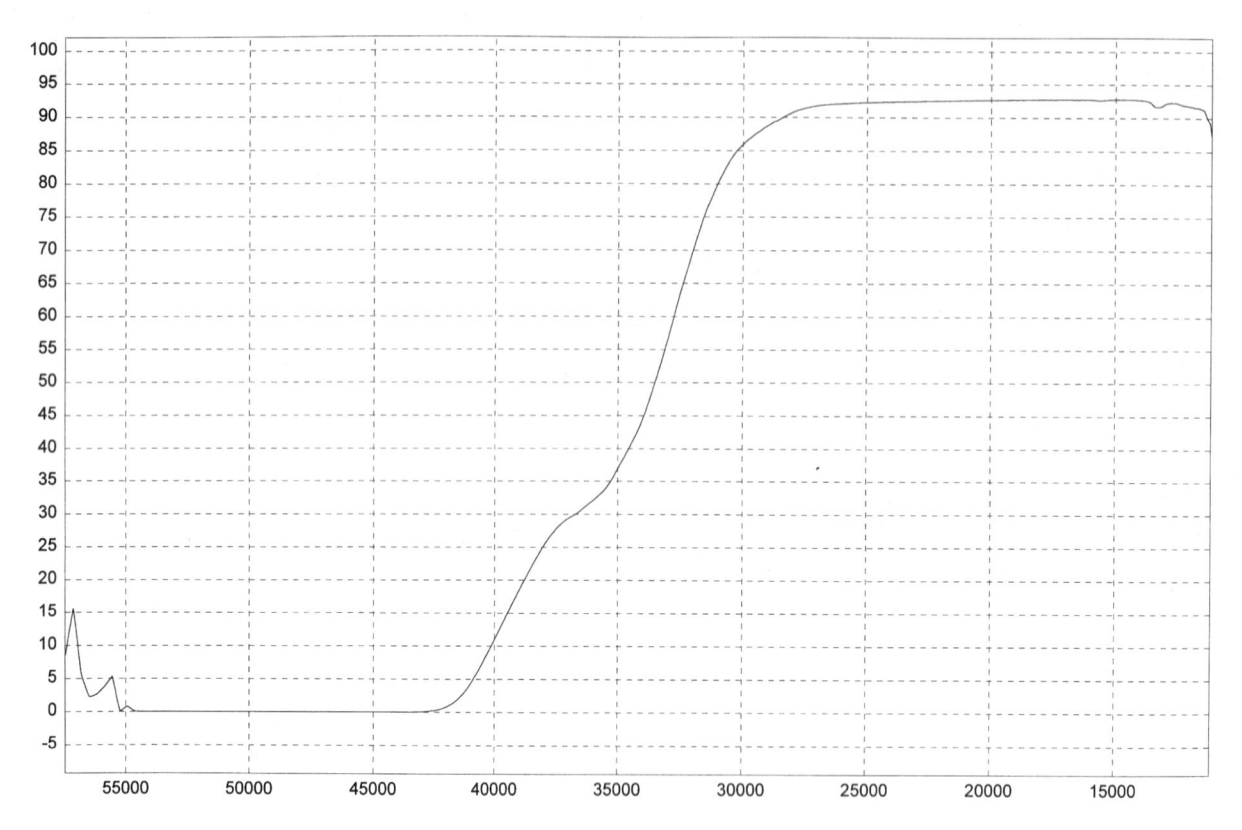

55 **Butyl Alcohol**

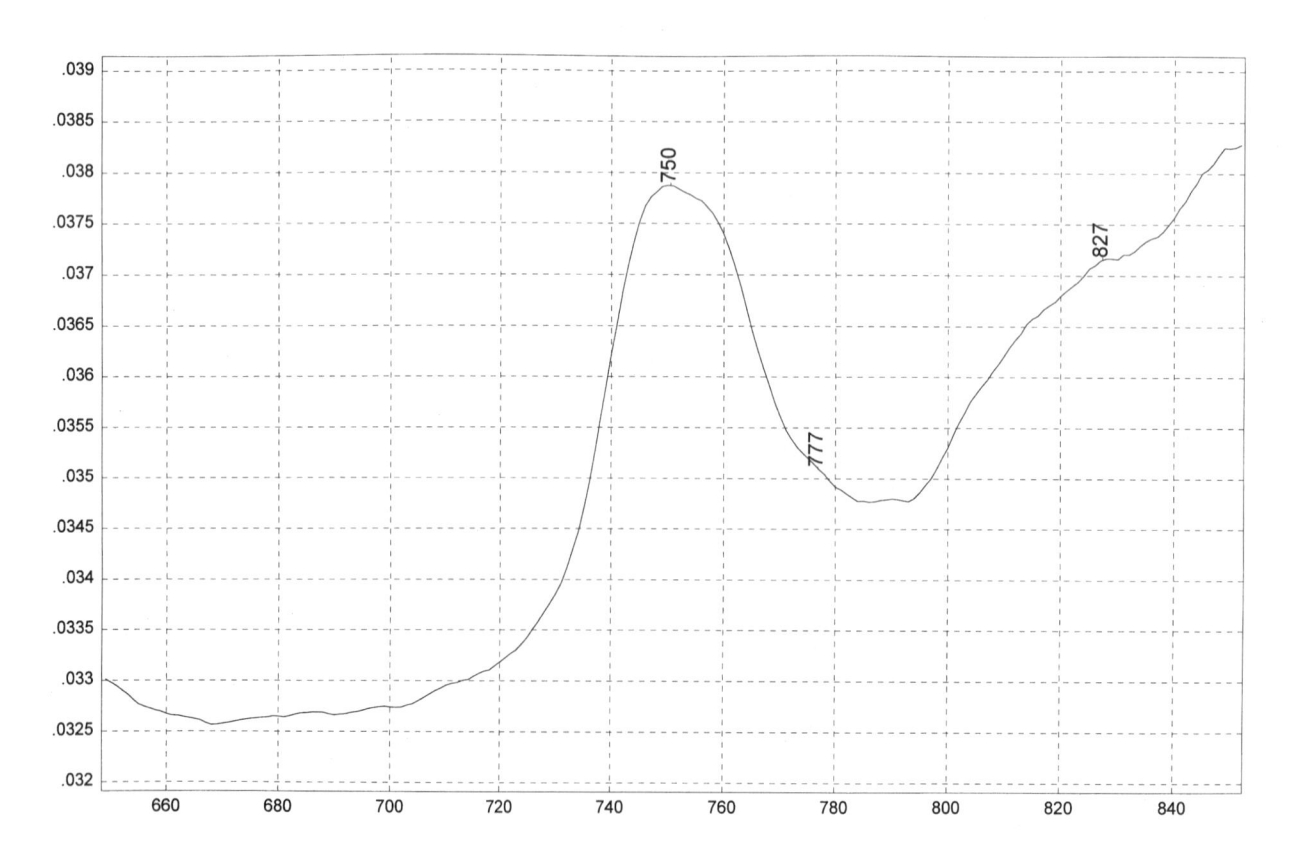

Absorbance / Nanometers

56 **Butyl Alcohol**

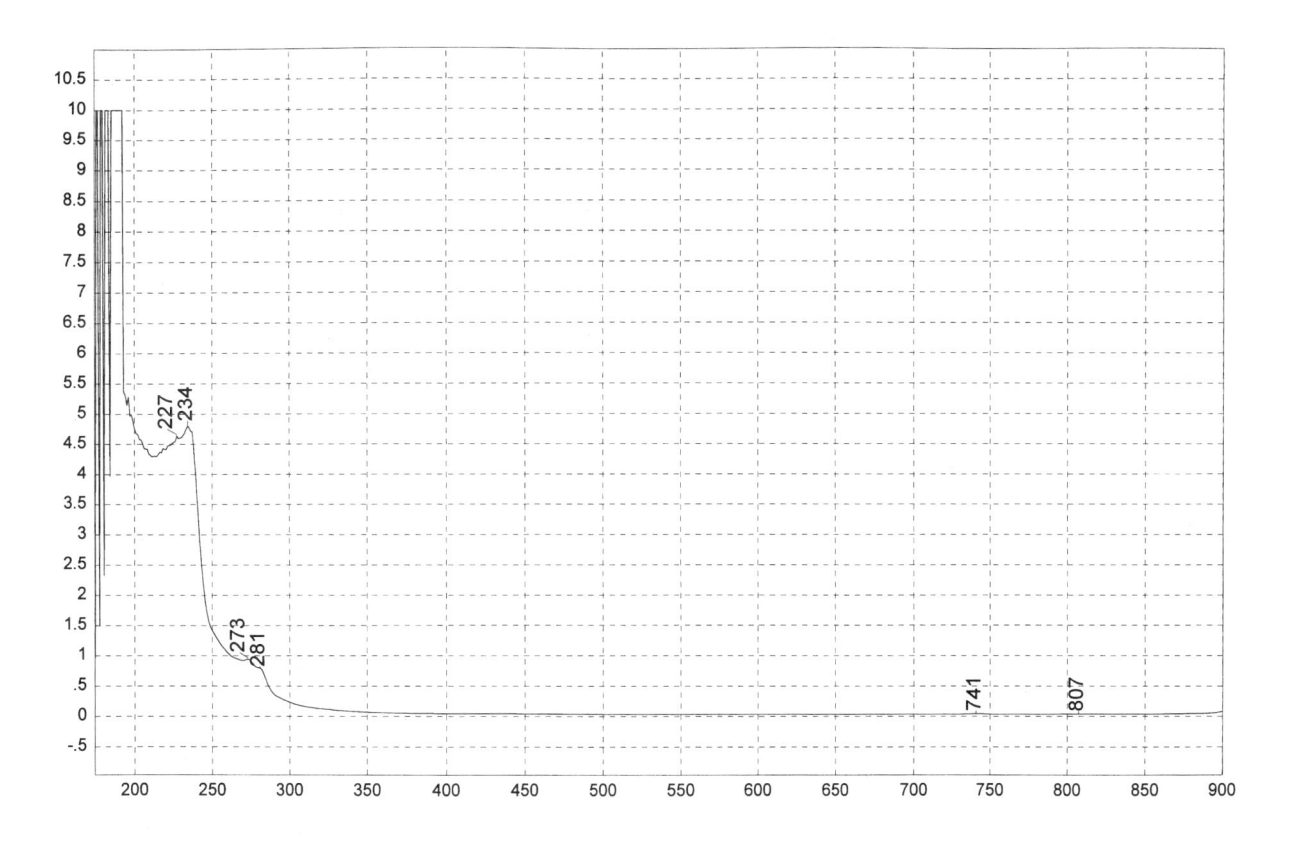

Absorbance / Nanometers

57 tert-Butyl Alcohol

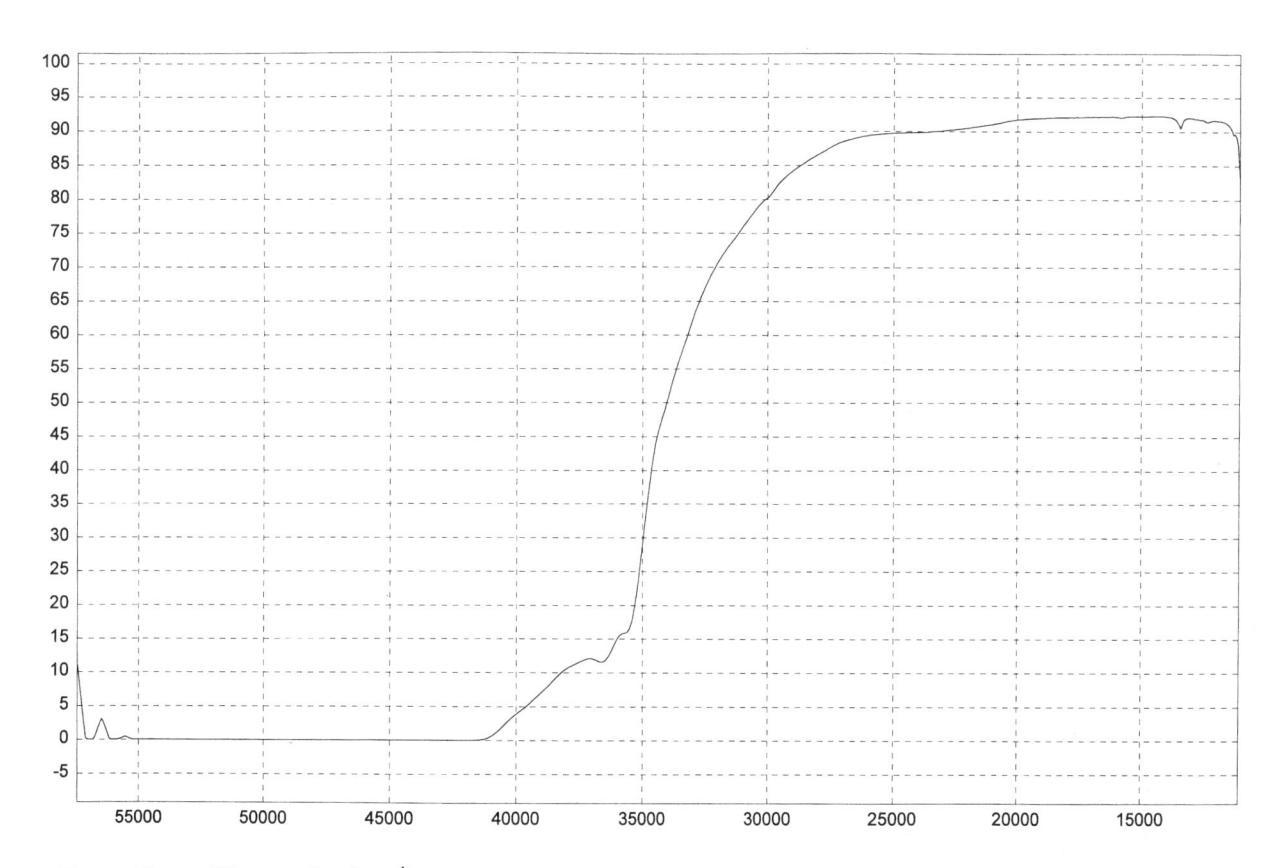

Transmittance / Wavenumber (cm⁻¹)

58 tert-Butyl Alcohol

Absorbance / Nanometers

59 **tert-Butyl Alcohol**

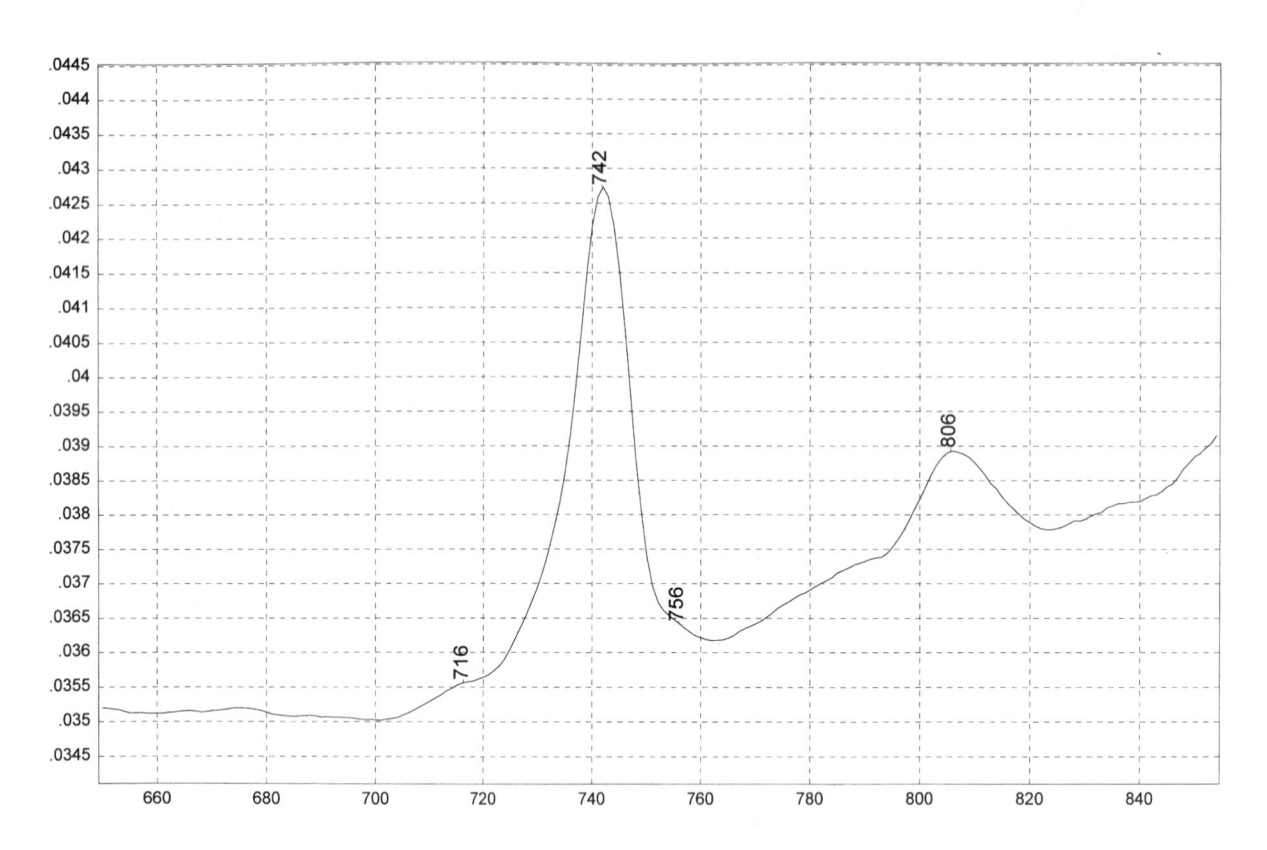

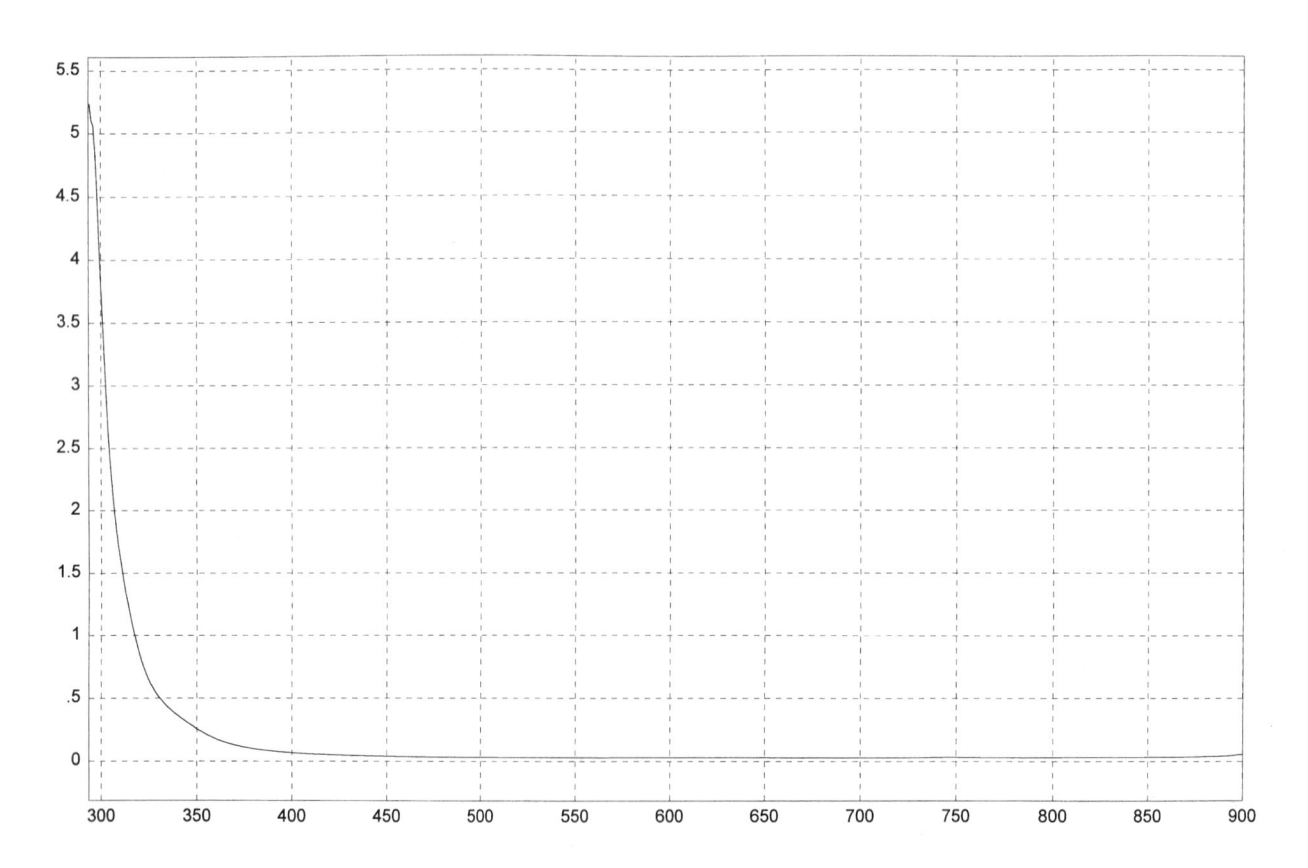

Absorbance / Nanometers

60 **2-Ethylhexanoic Acid**

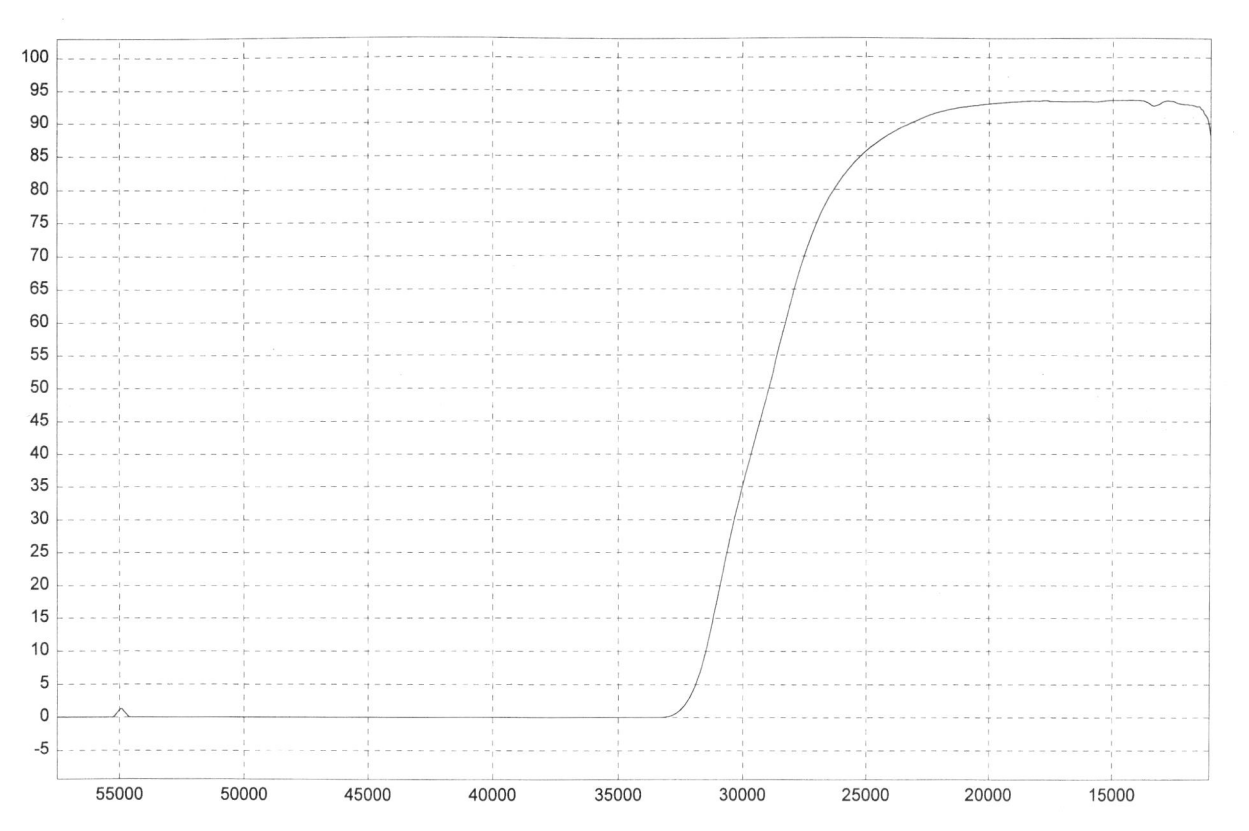

Transmittance / Wavenumber (cm⁻¹)

61   **2-Ethylhexanoic Acid**

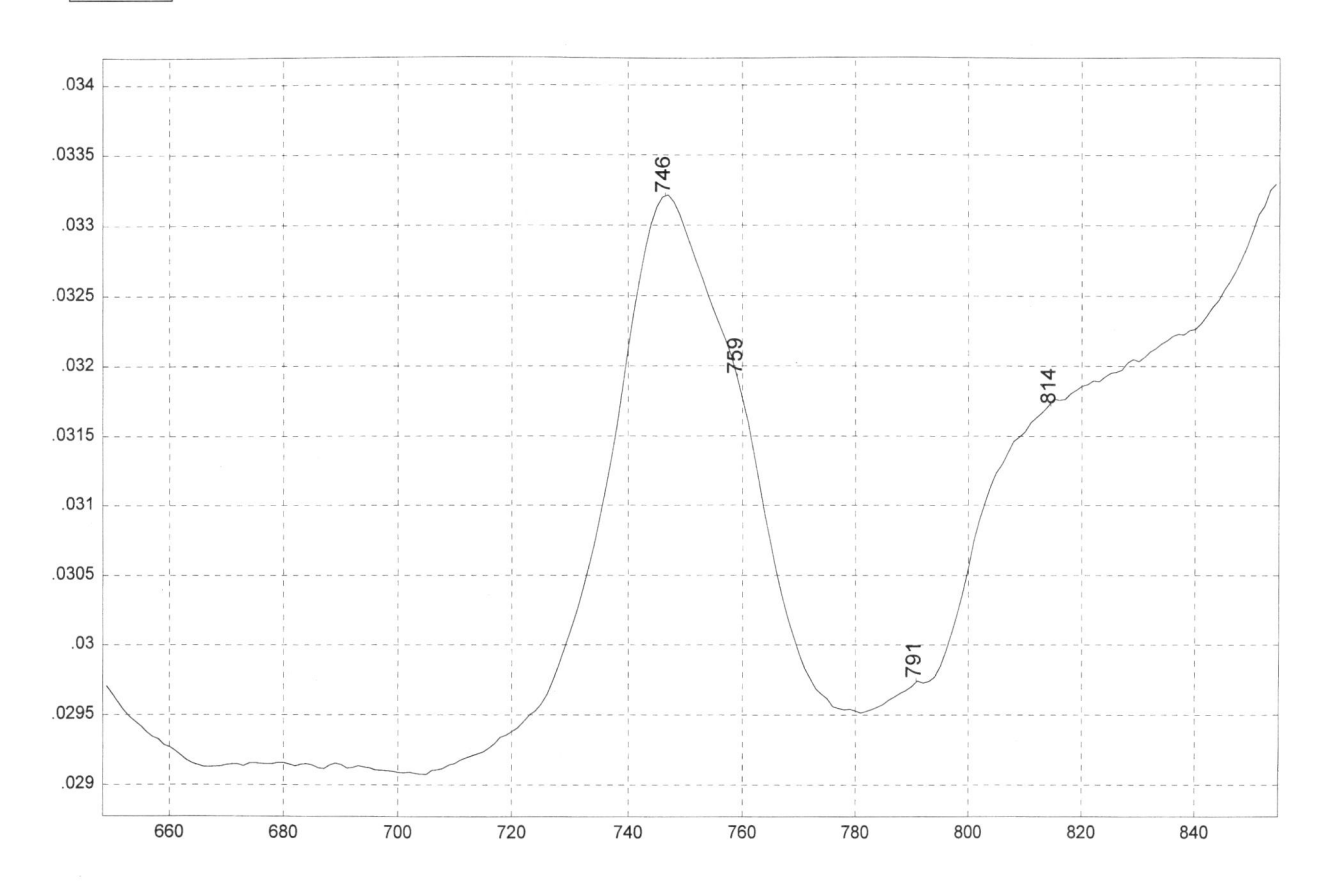

Absorbance / Nanometers

62   **2-Ethylhexanoic Acid**

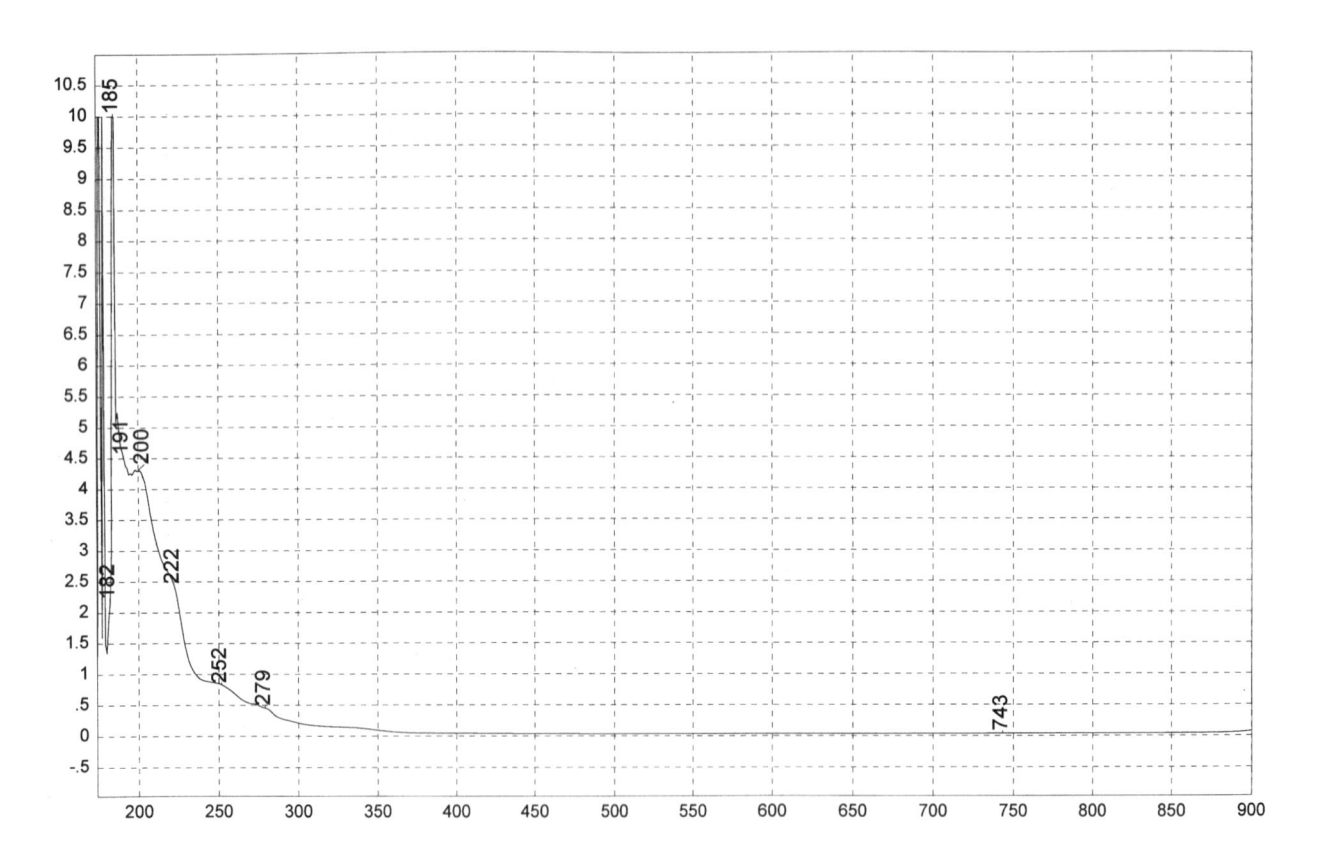

Absorbance / Nanometers

63 Ethanol

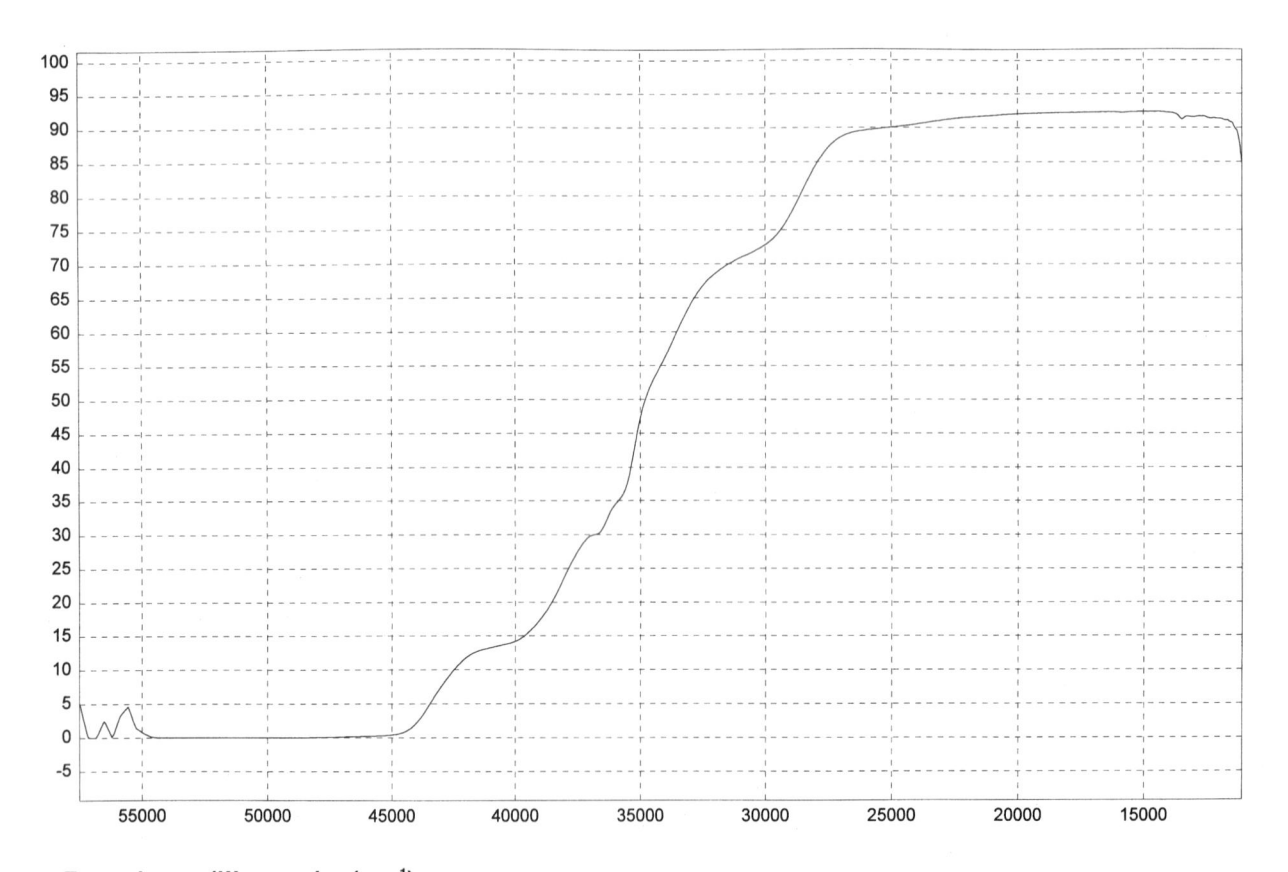

Transmittance / Wavenumber (cm⁻¹)

64 Ethanol

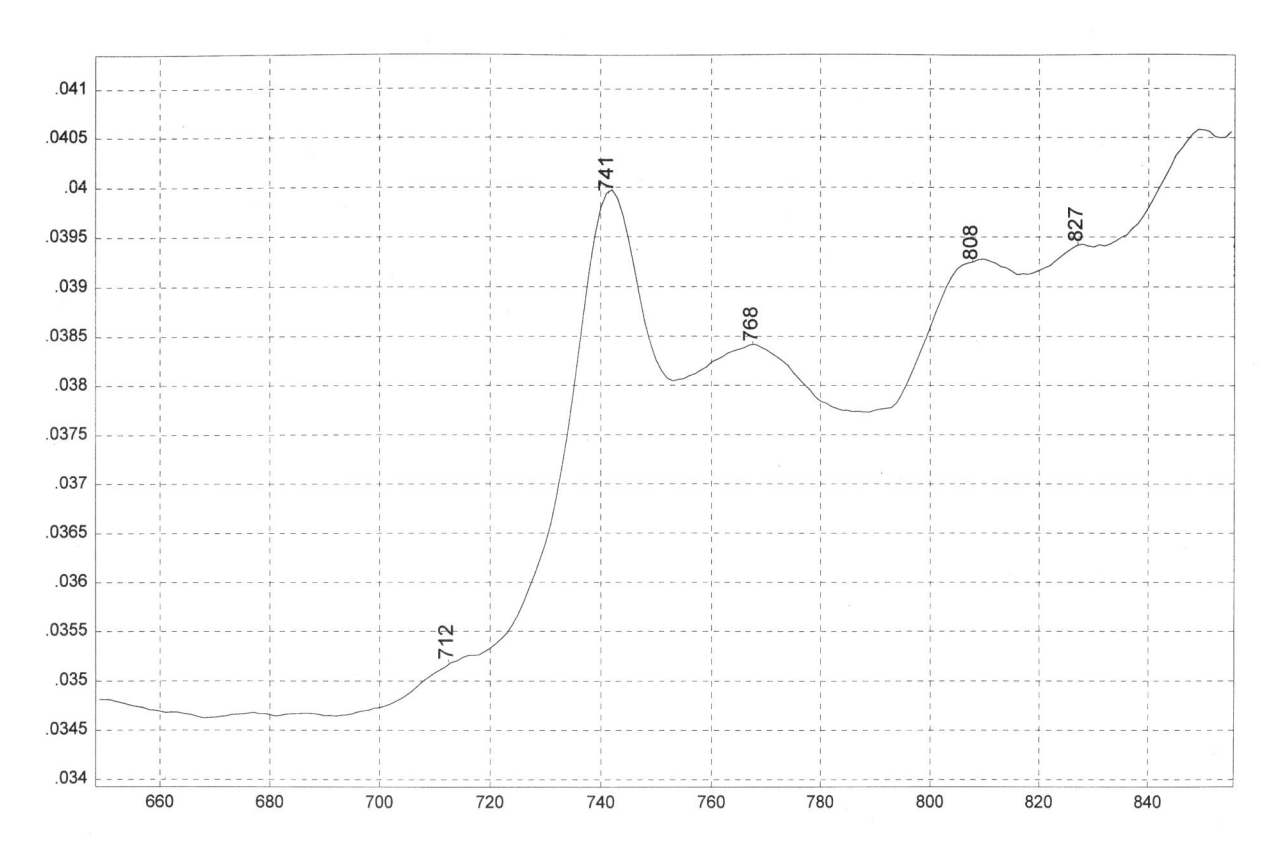

Absorbance / Nanometers

65 **Ethanol**

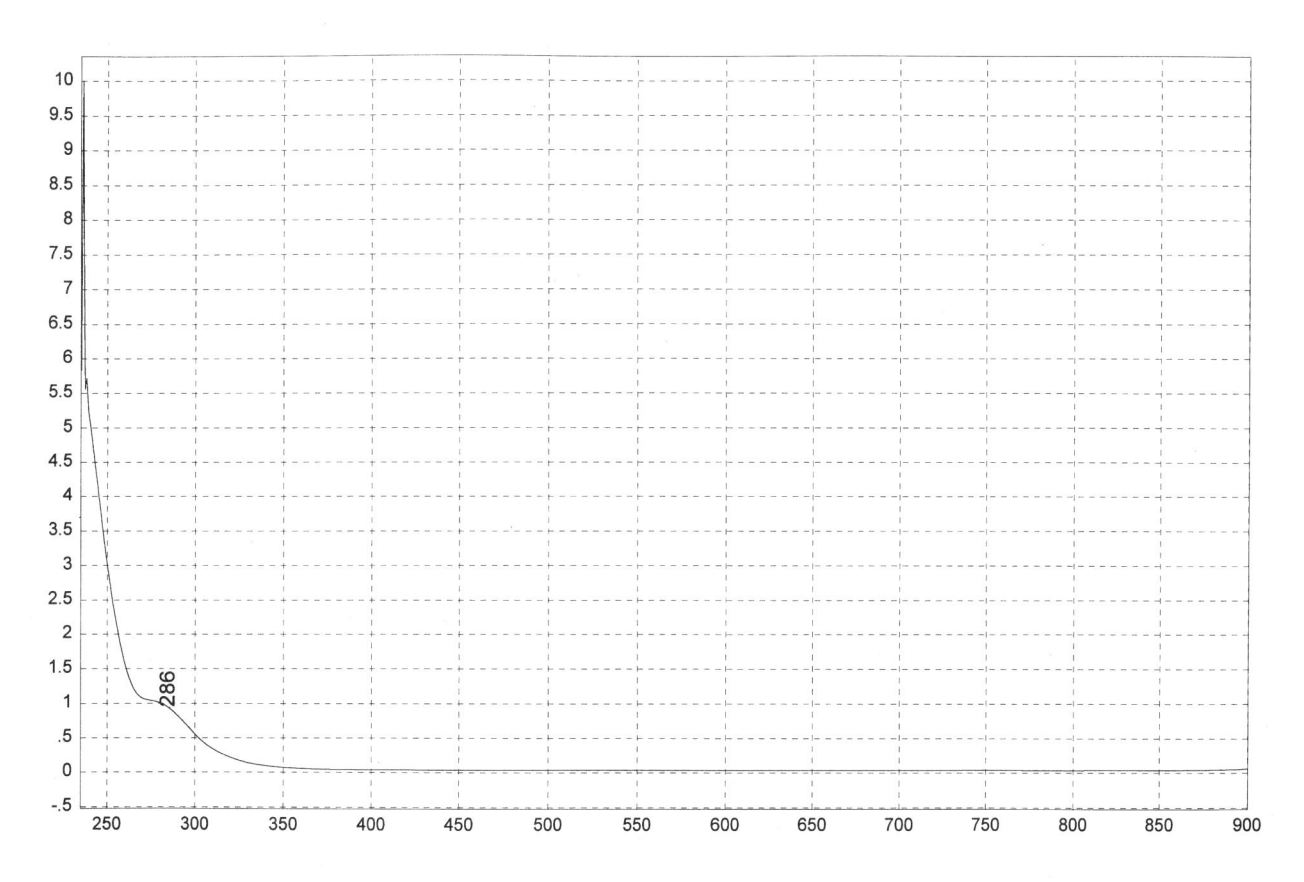

Absorbance / Nanometers

66 **2-Ethyl-1-butanol**

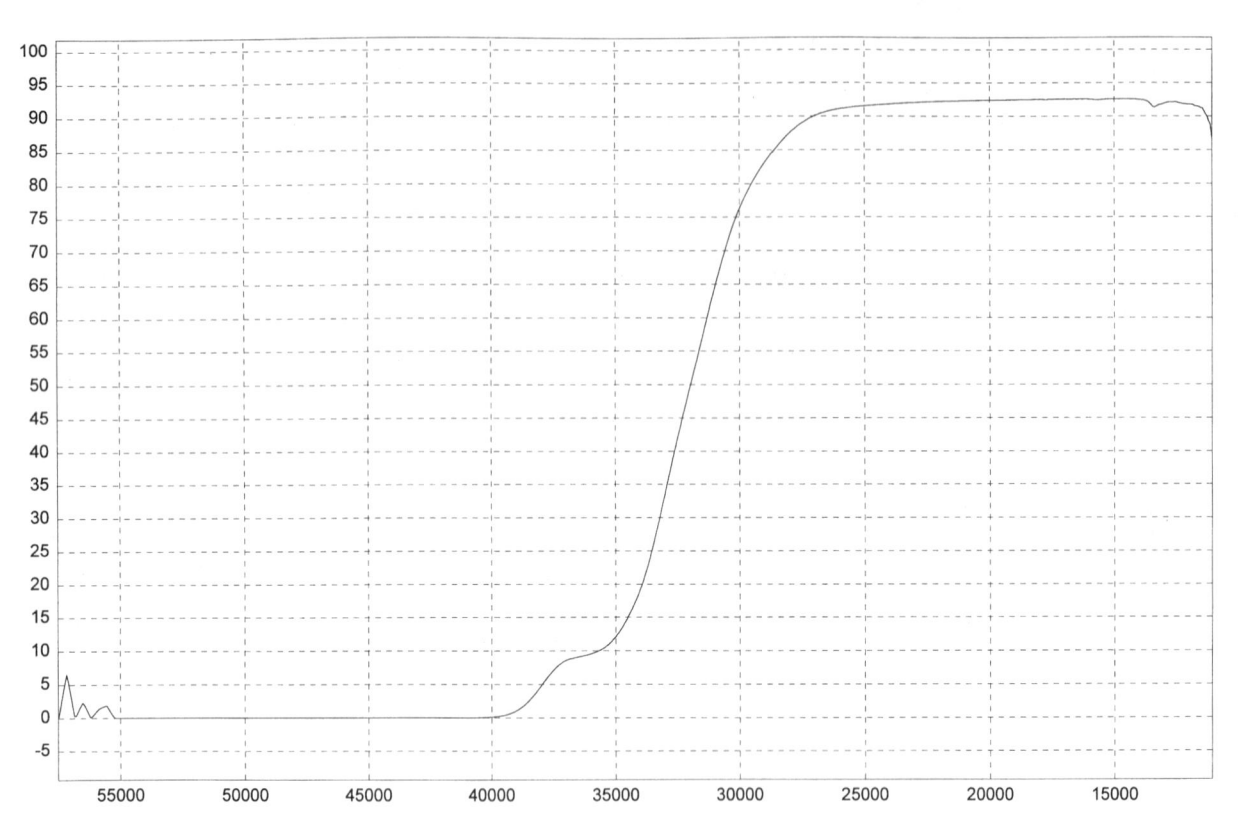

Transmittance / Wavenumber (cm⁻¹)

67 2-Ethyl-1-butanol

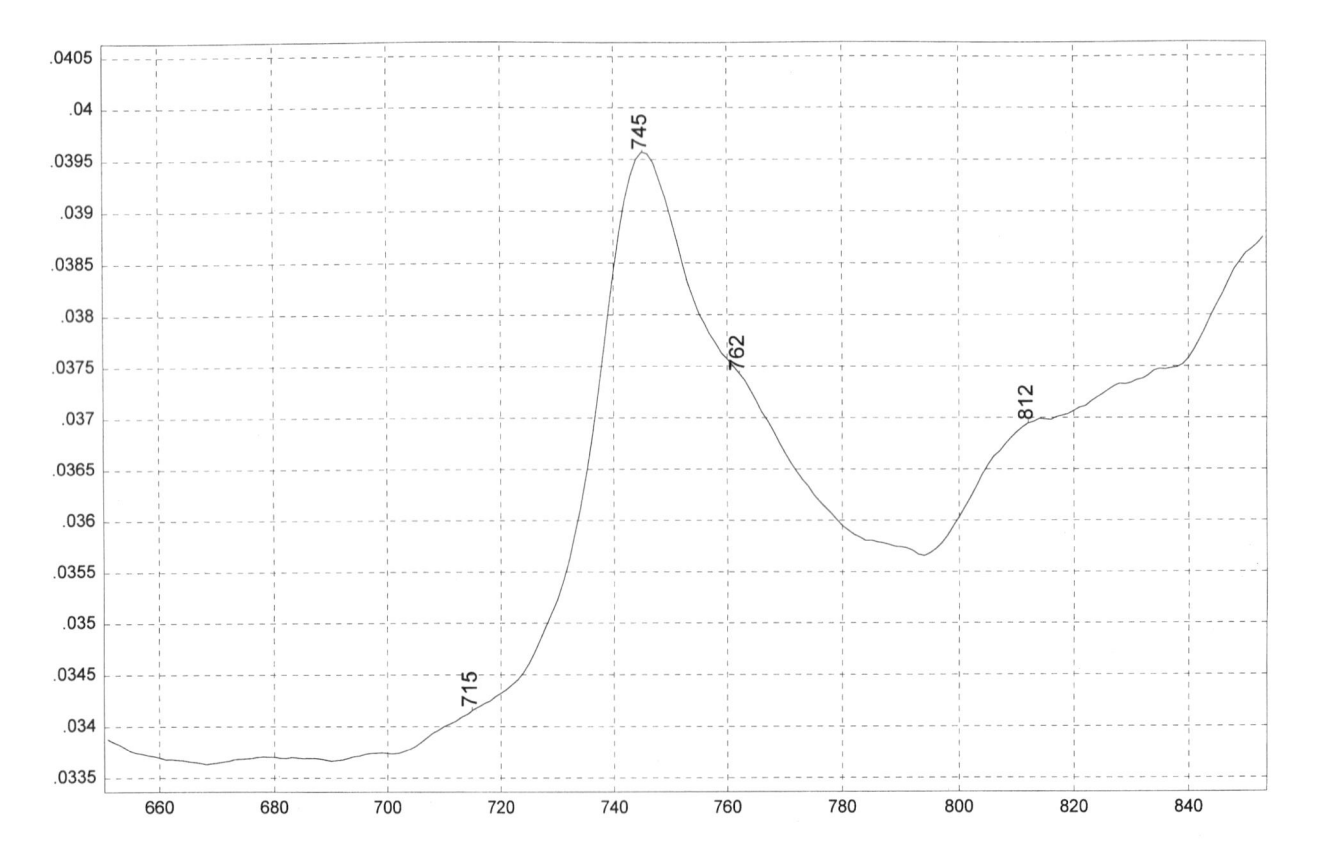

Absorbance / Nanometers

68 2-Ethyl-1-butanol

34

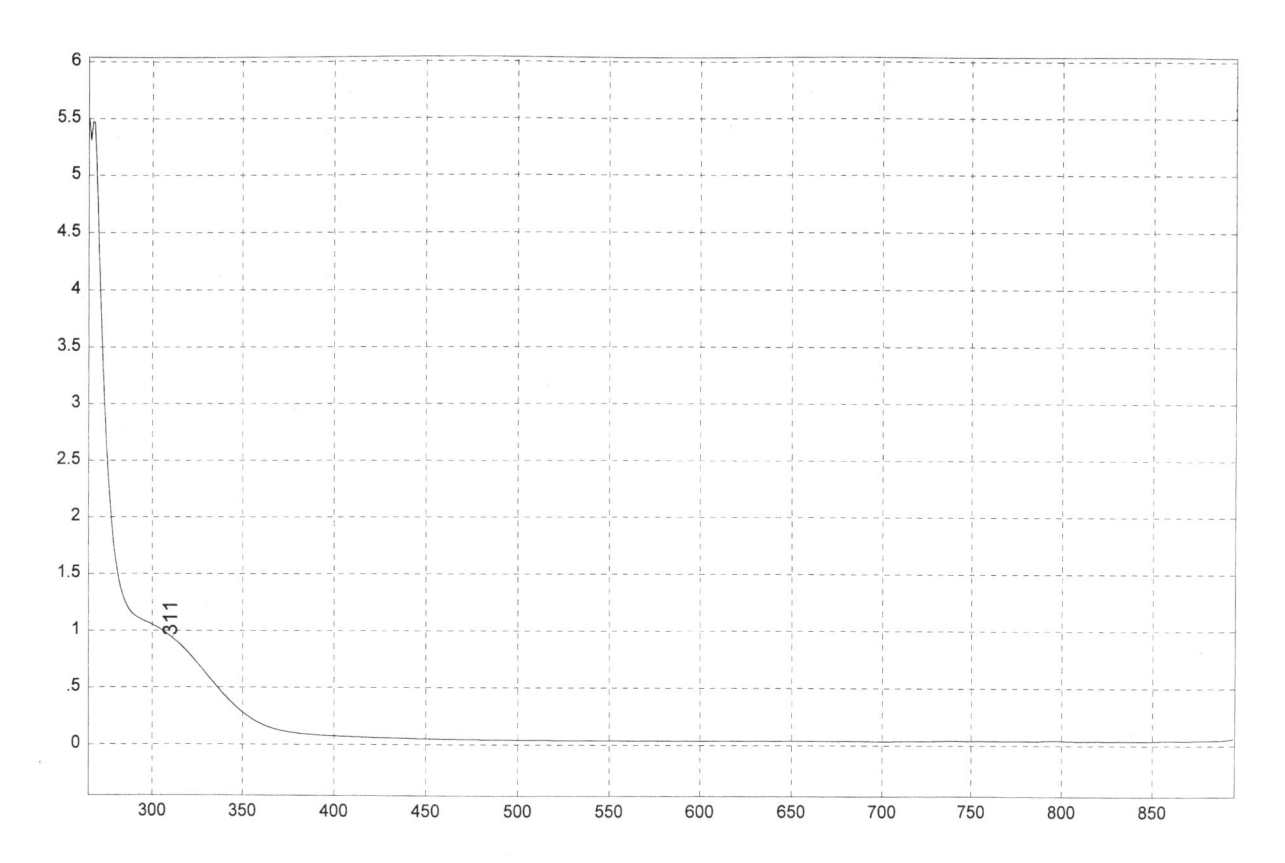

Absorbance / Nanometers

69 2-Methyl-1-butyn-2-ol

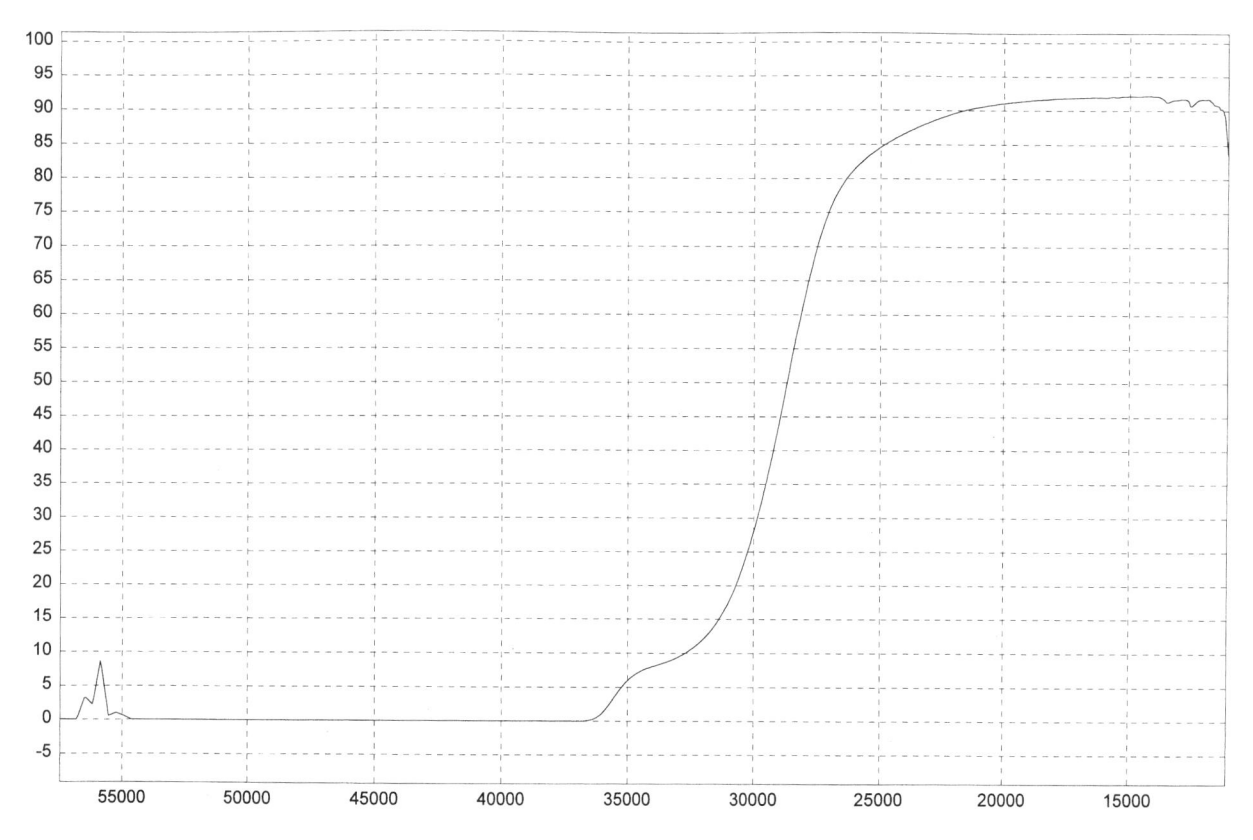

Transmittance / Wavenumber (cm^{-1})

70 2-Methyl-1-butyn-2-ol

Absorbance / Nanometers

71   **2-Methyl-1-butyn-2-ol**

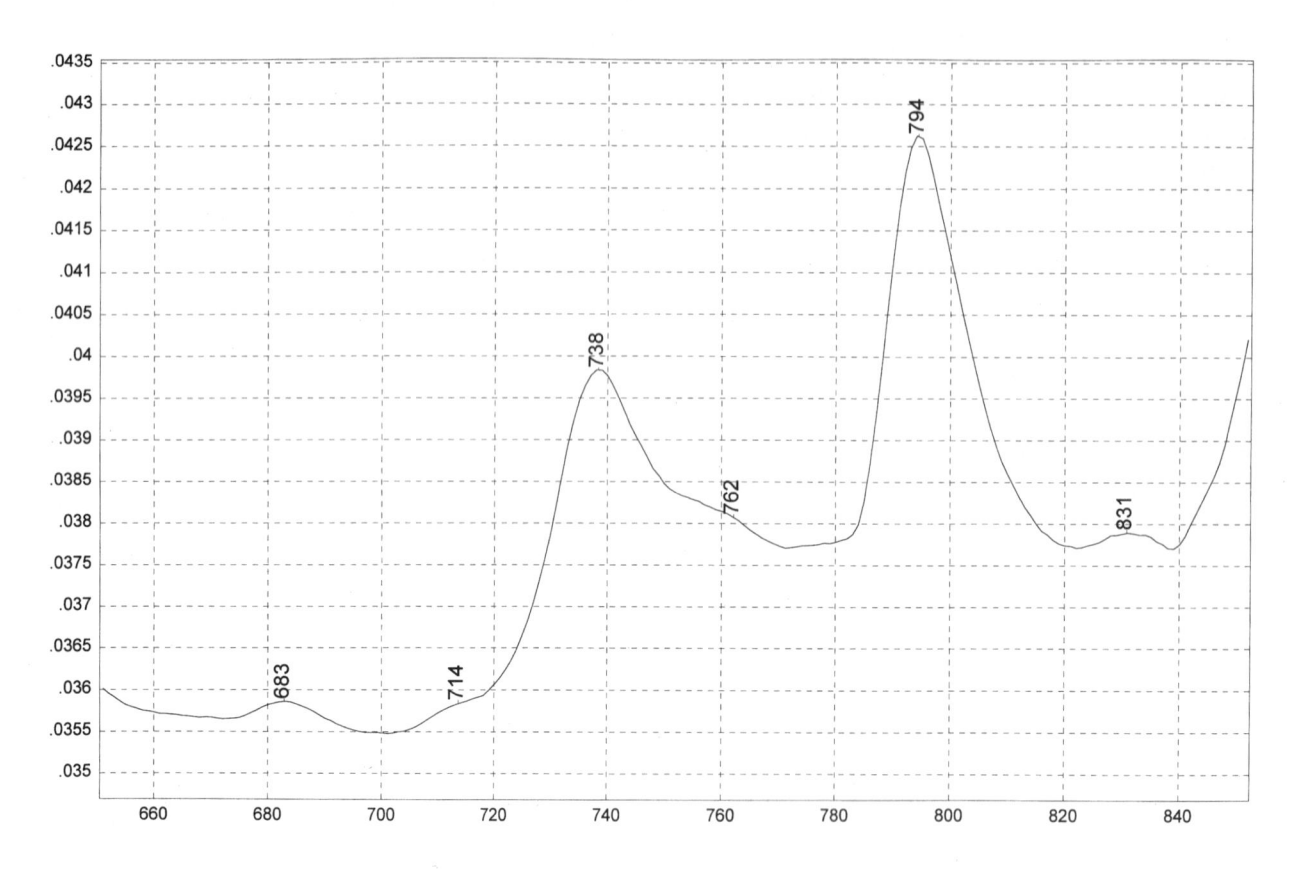

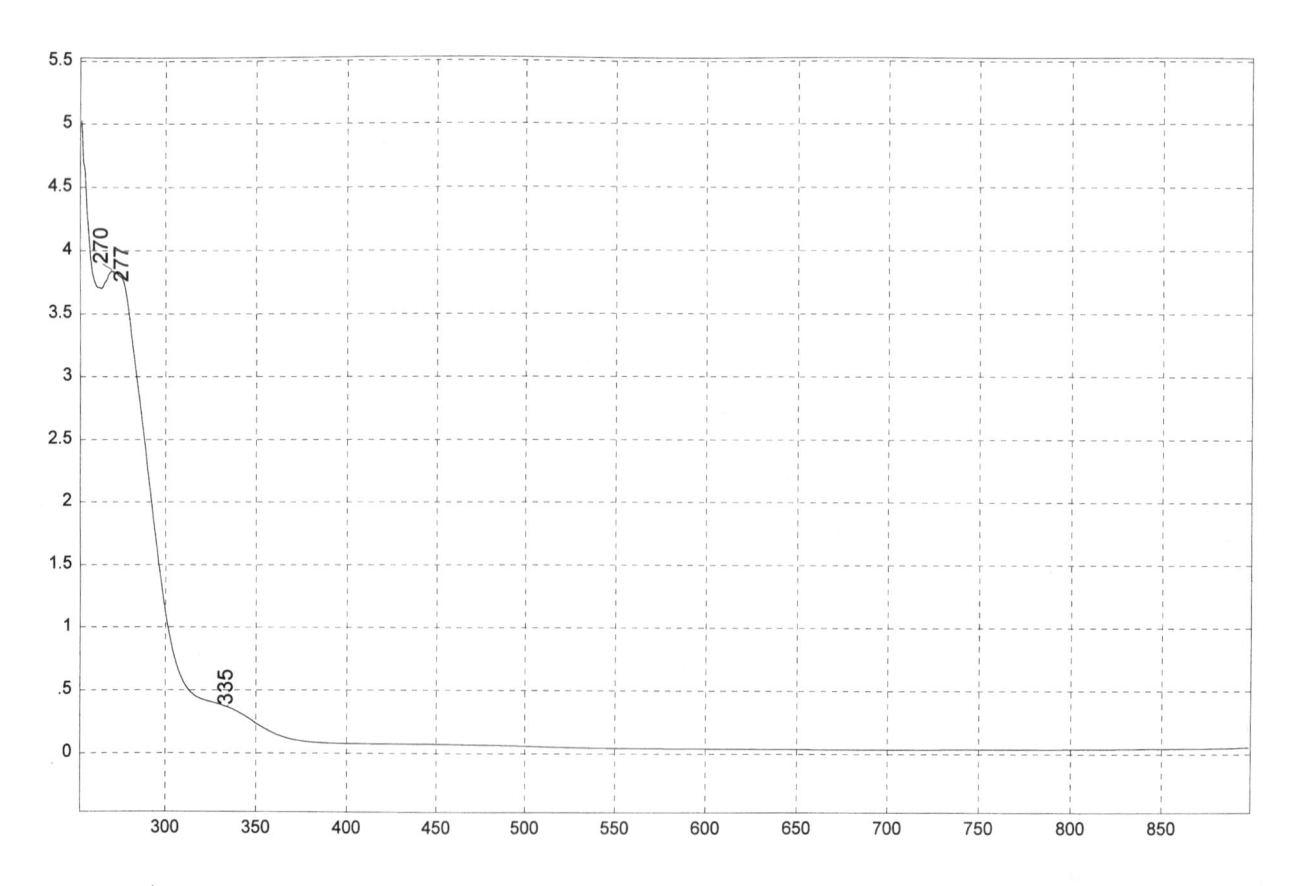

Absorbance / Nanometers

72   **Formic Acid**

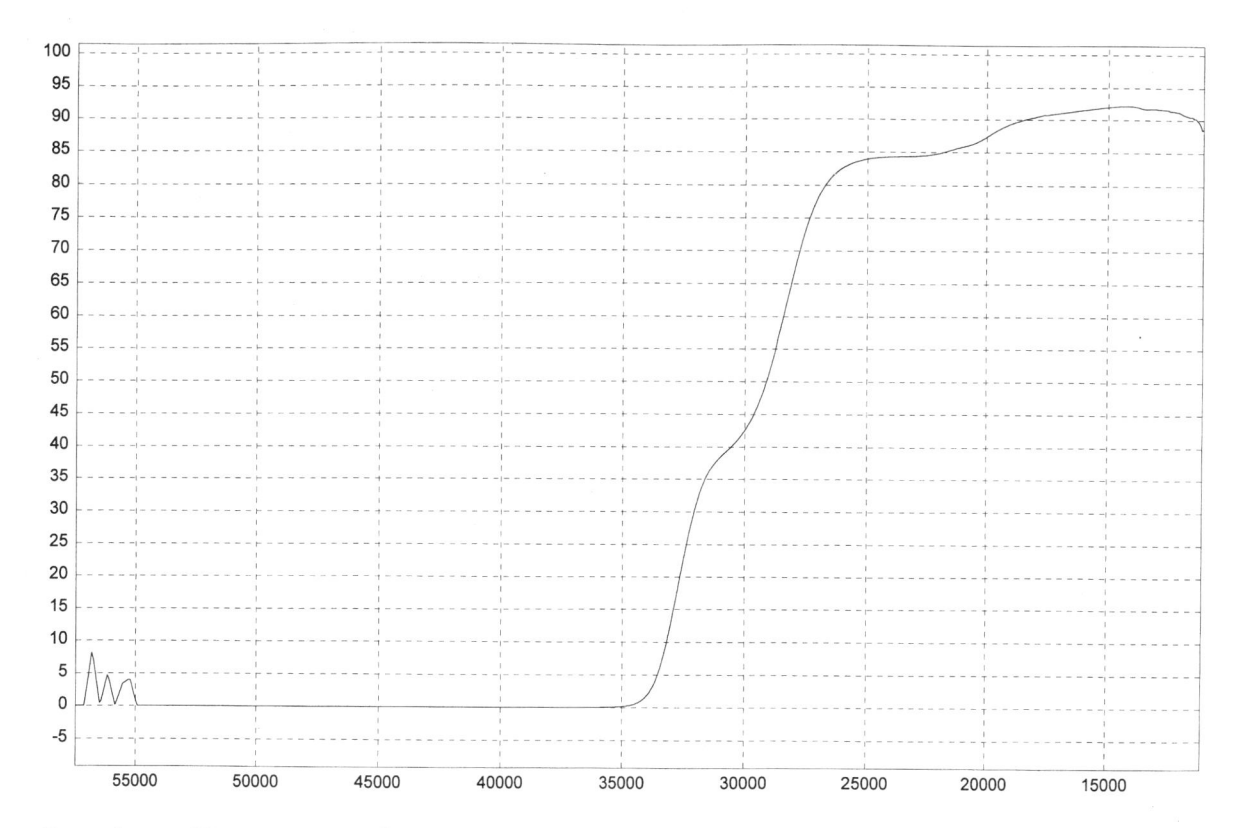

Transmittance / Wavenumber (cm⁻¹)

73   Formic Acid

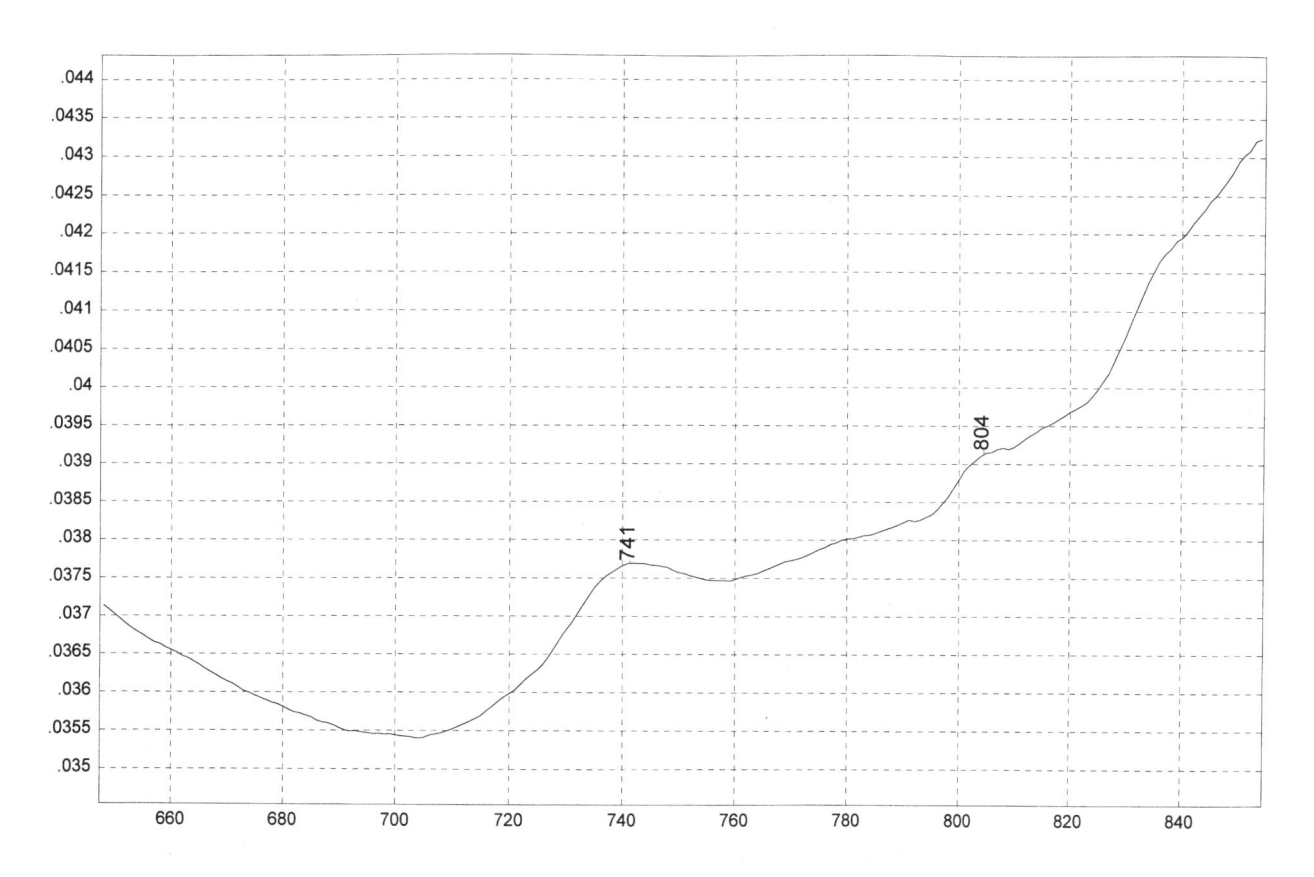

Absorbance / Nanometers

74   Formic Acid

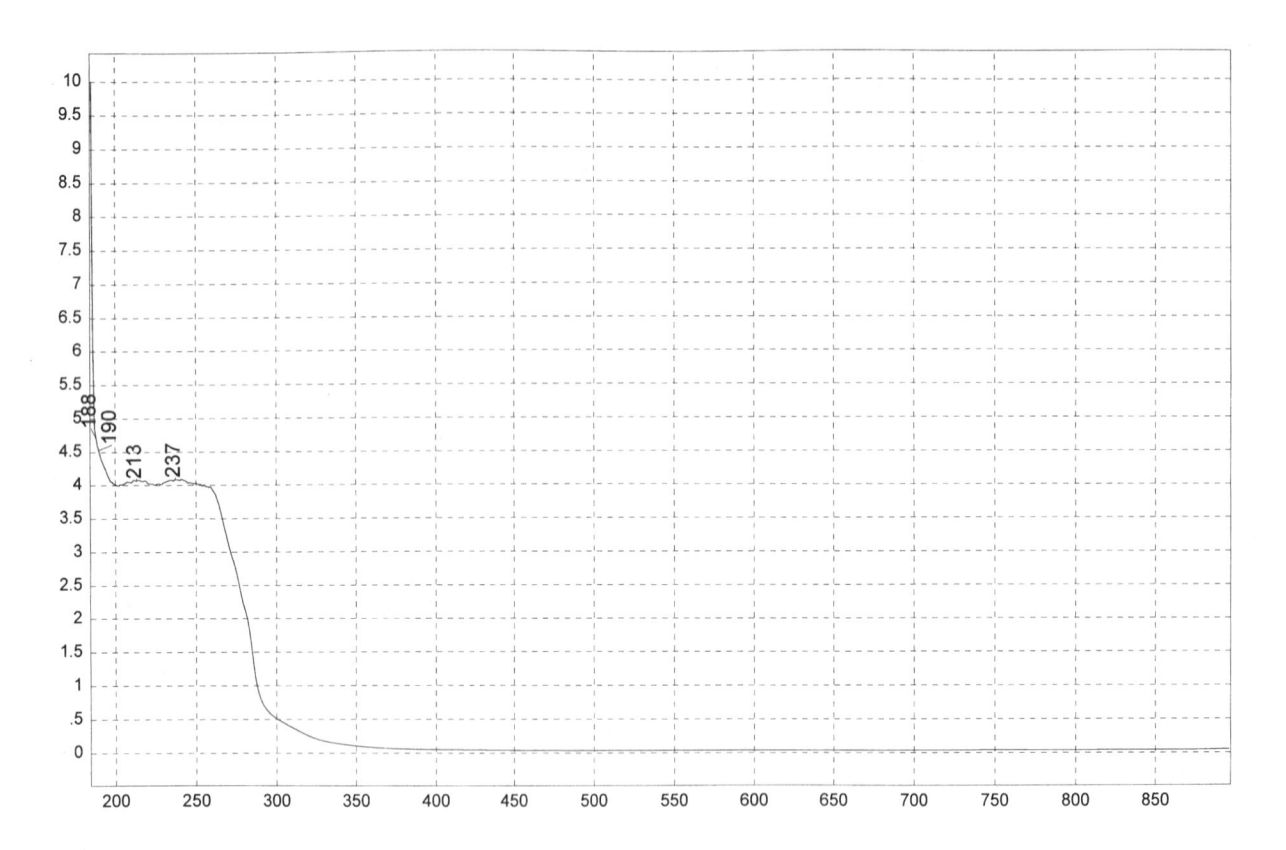

Absorbance / Nanometers

75   **3-Methylcyclohexanol**

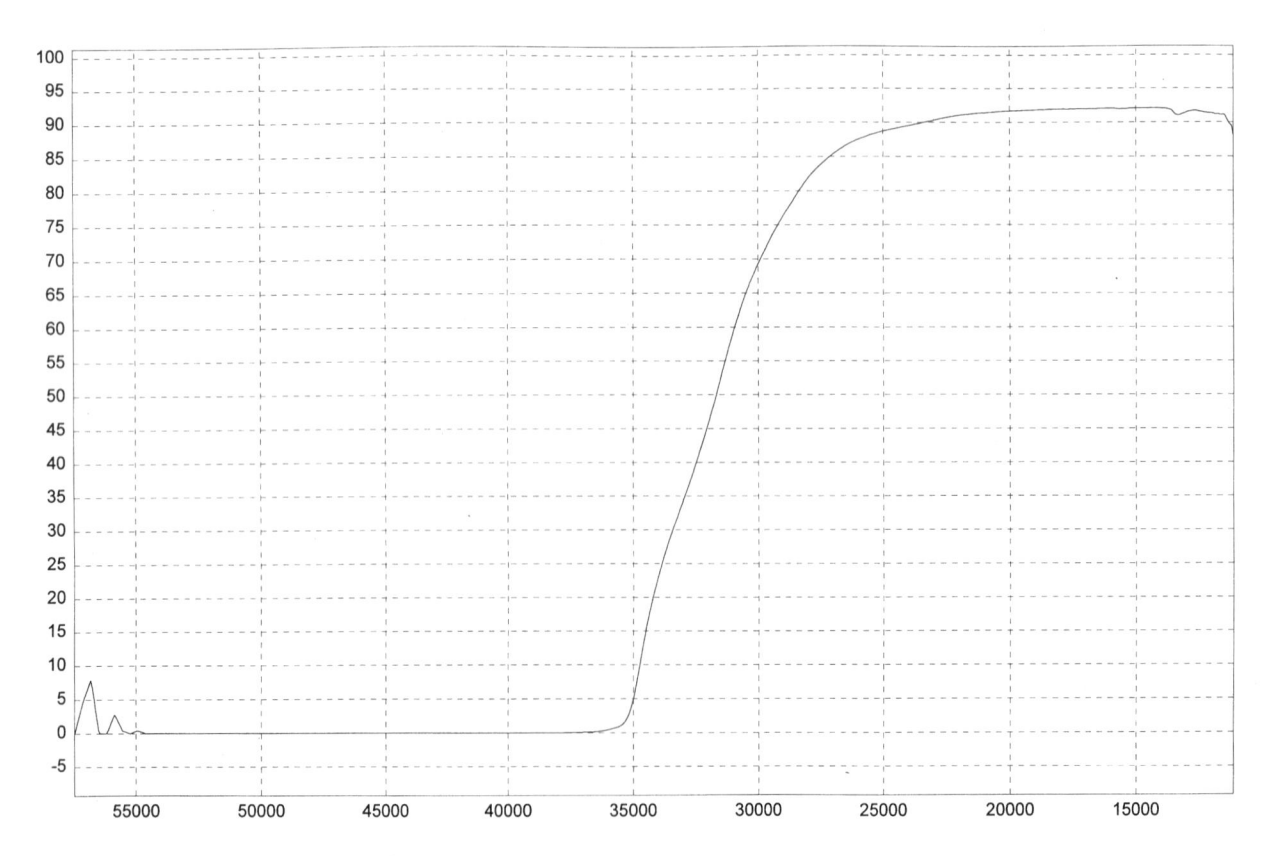

Transmittance / Wavenumber (cm^{-1})

76   **3-Methylcyclohexanol**

Absorbance / Nanometers

77 **3-Methylcyclohexanol**

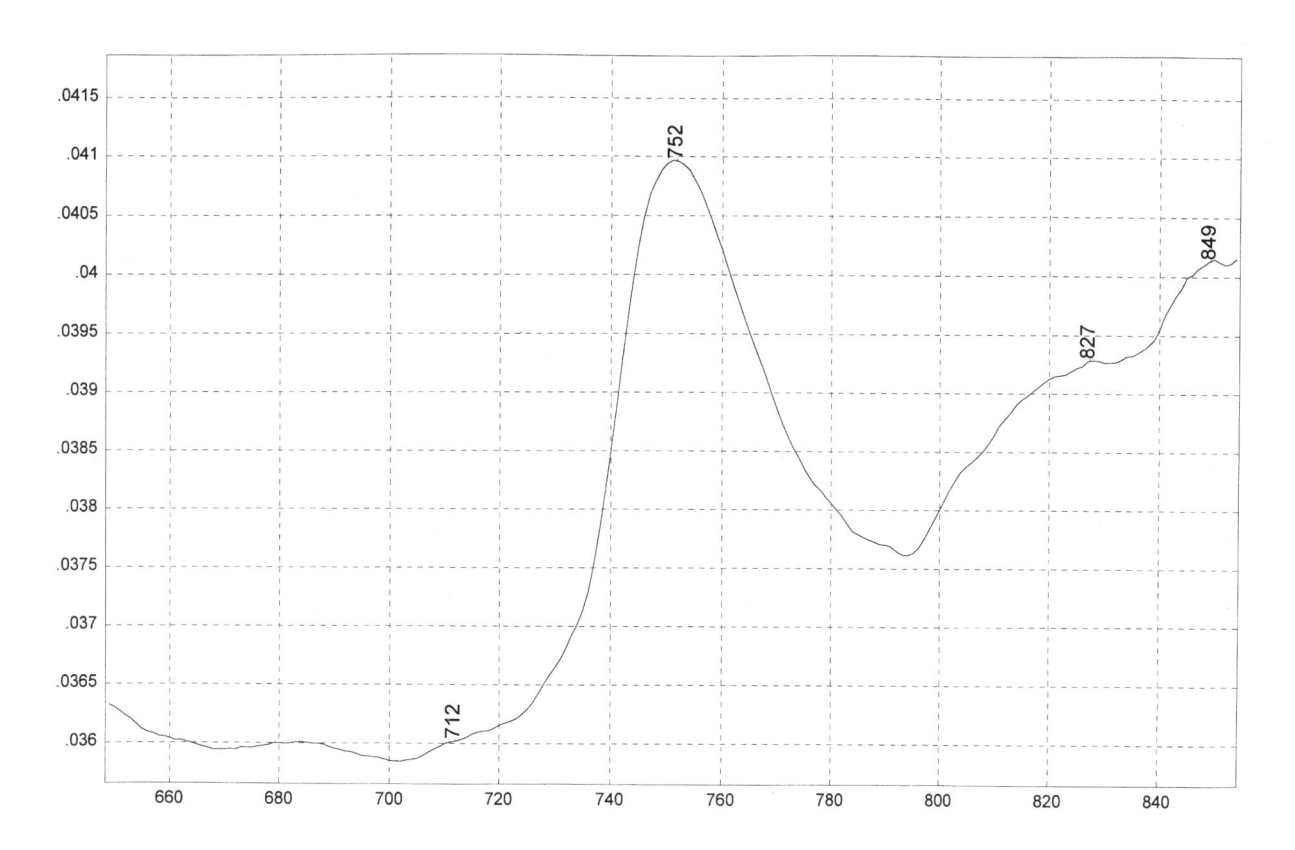

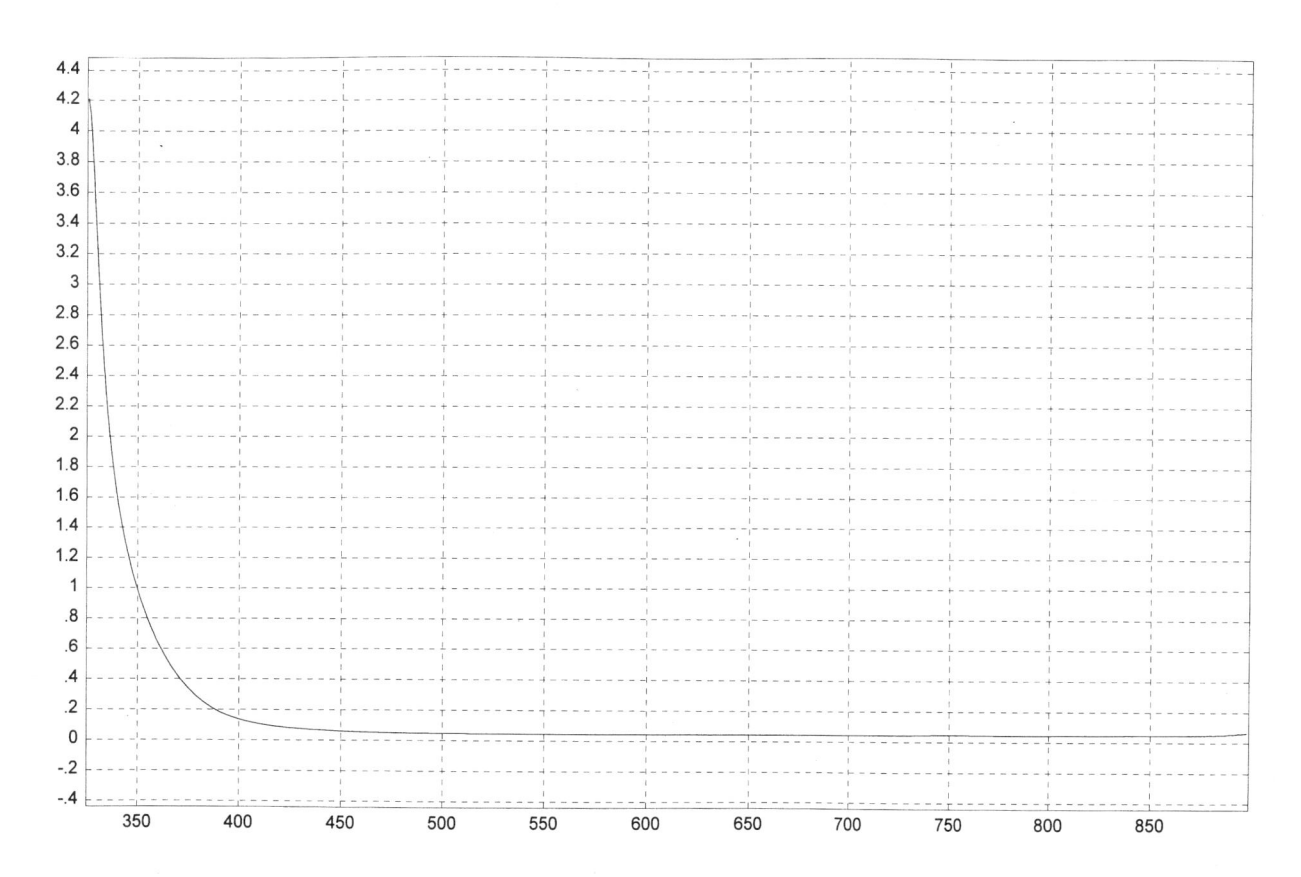

Absorbance / Nanometers

78 **4-Methylcyclohexanol**

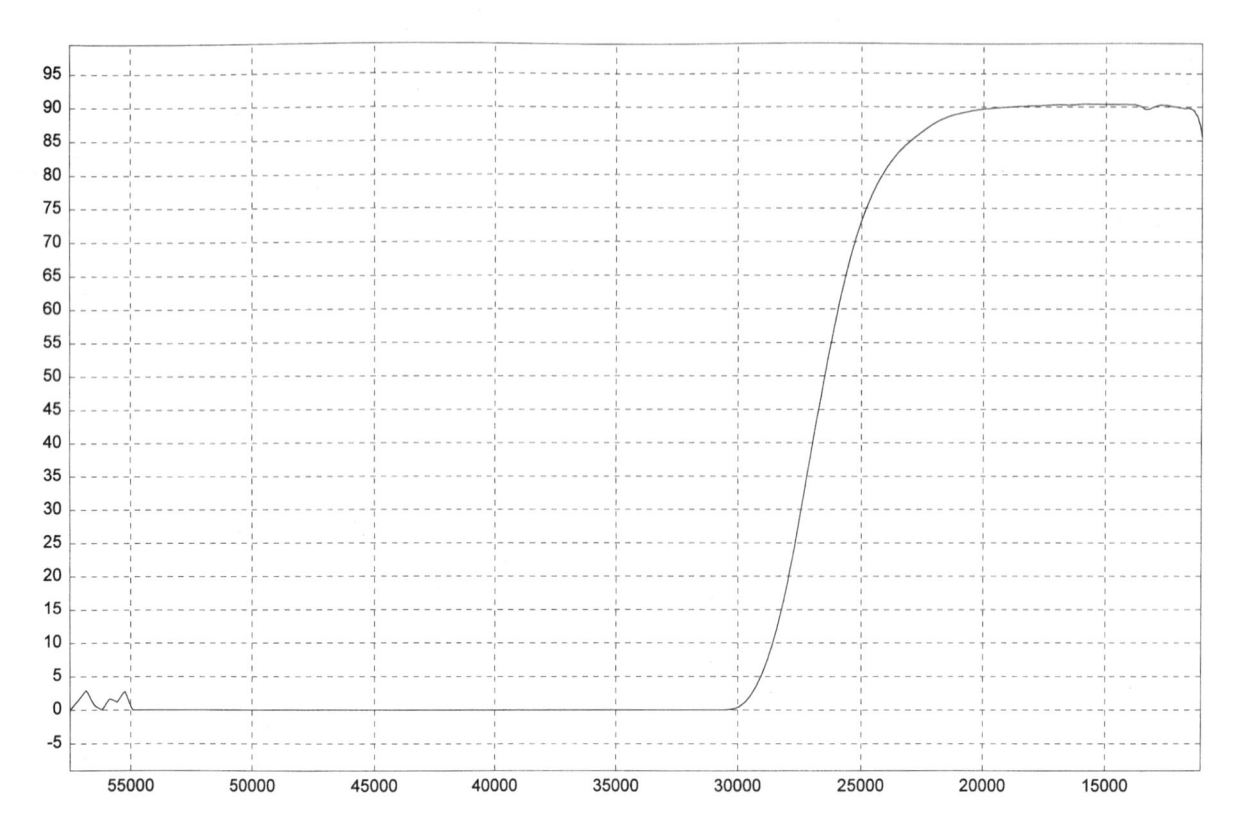

Transmittance / Wavenumber (cm⁻¹)

79 **4-Methylcyclohexanol**

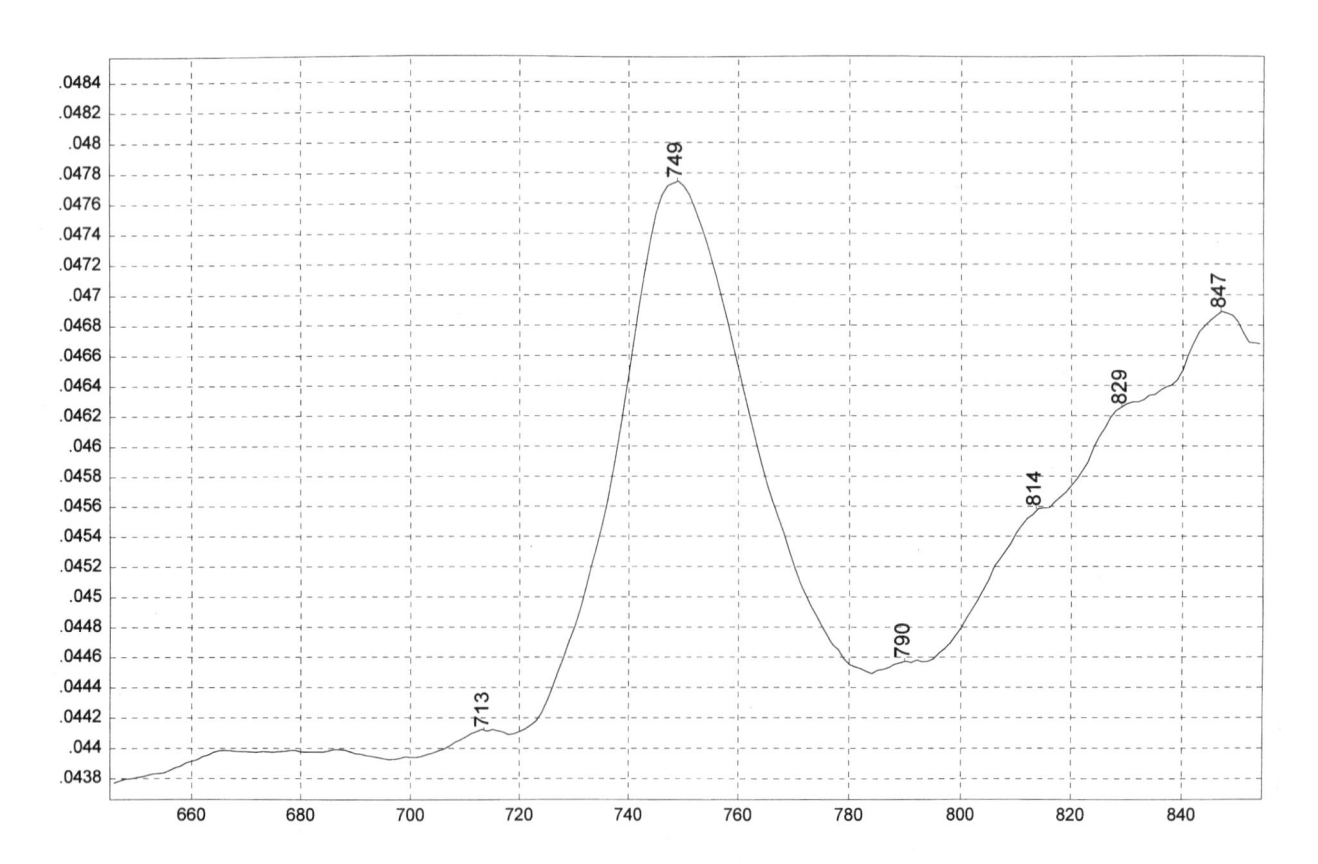

Absorbance / Nanometers

80 **4-Methylcyclohexanol**

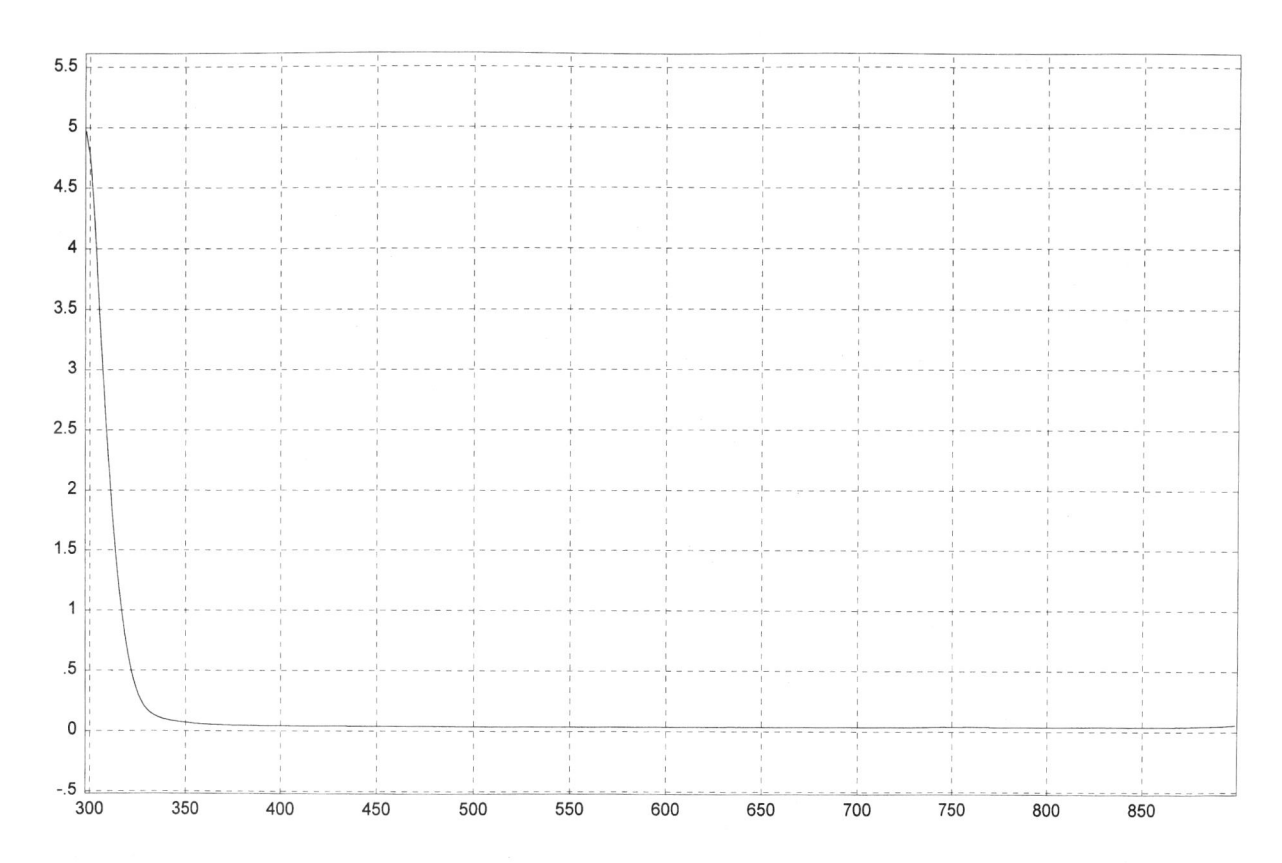

Absorbance / Nanometers

81 2-Octanol

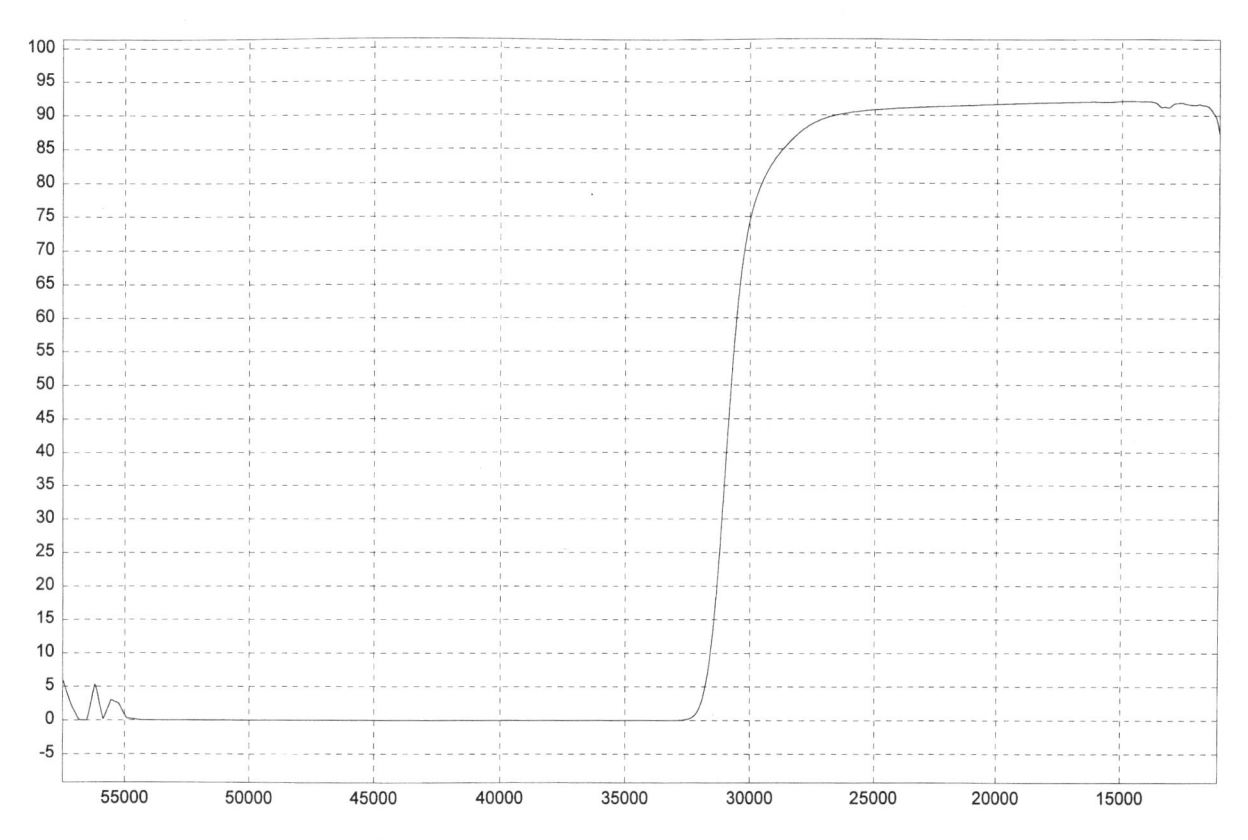

Transmittance / Wavenumber (cm⁻¹)

82 2-Octanol

41

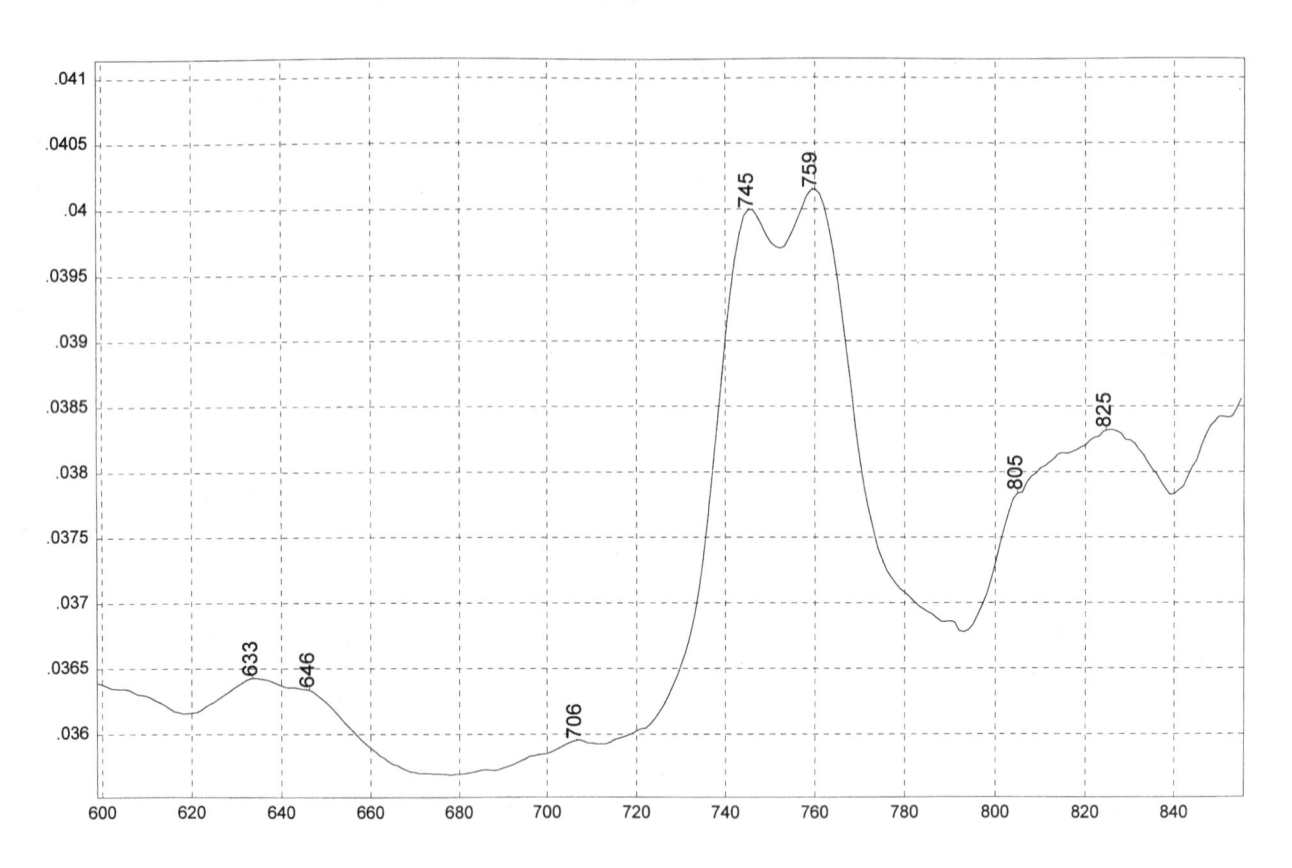

Absorbance / Nanometers

83   **2-Octanol**

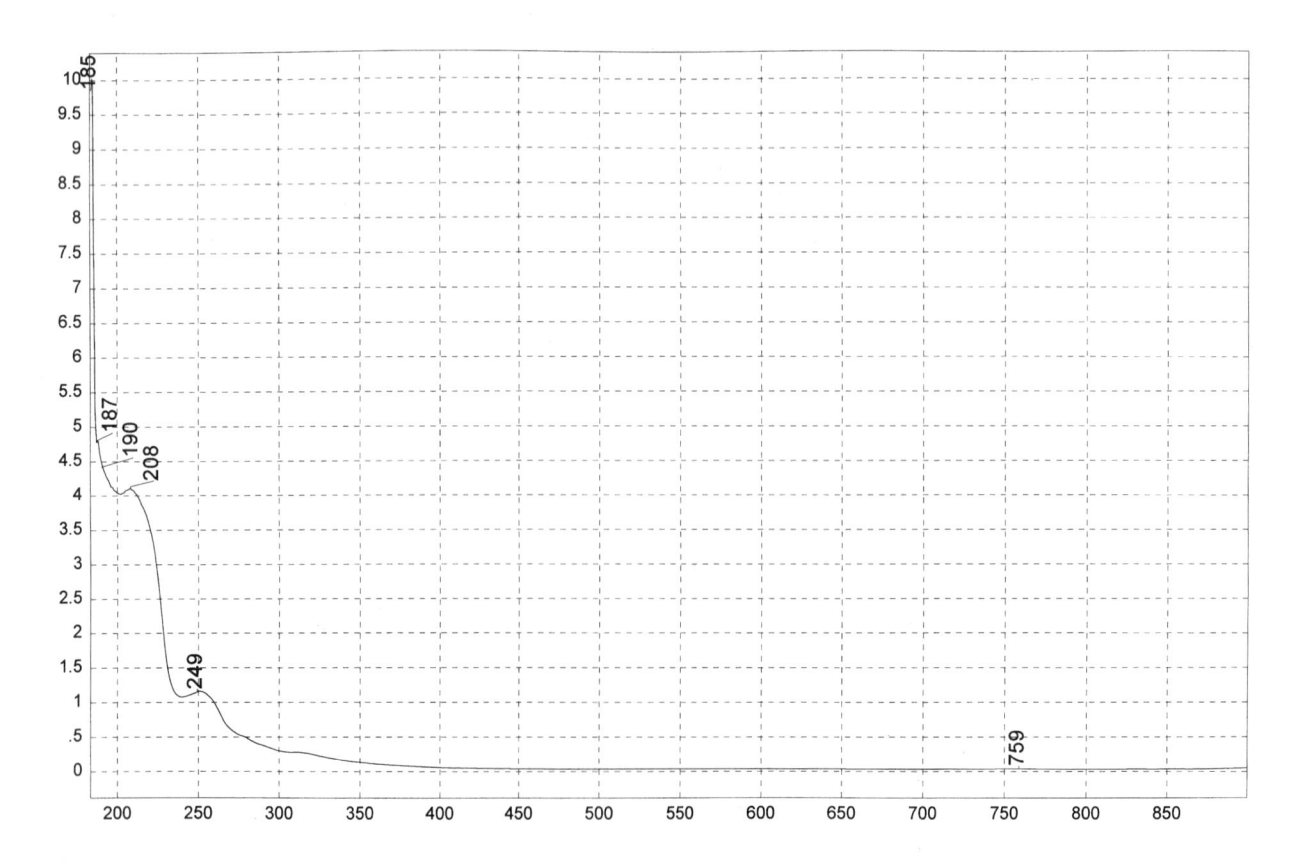

Absorbance / Nanometers

84   **Octyl Alcohol**

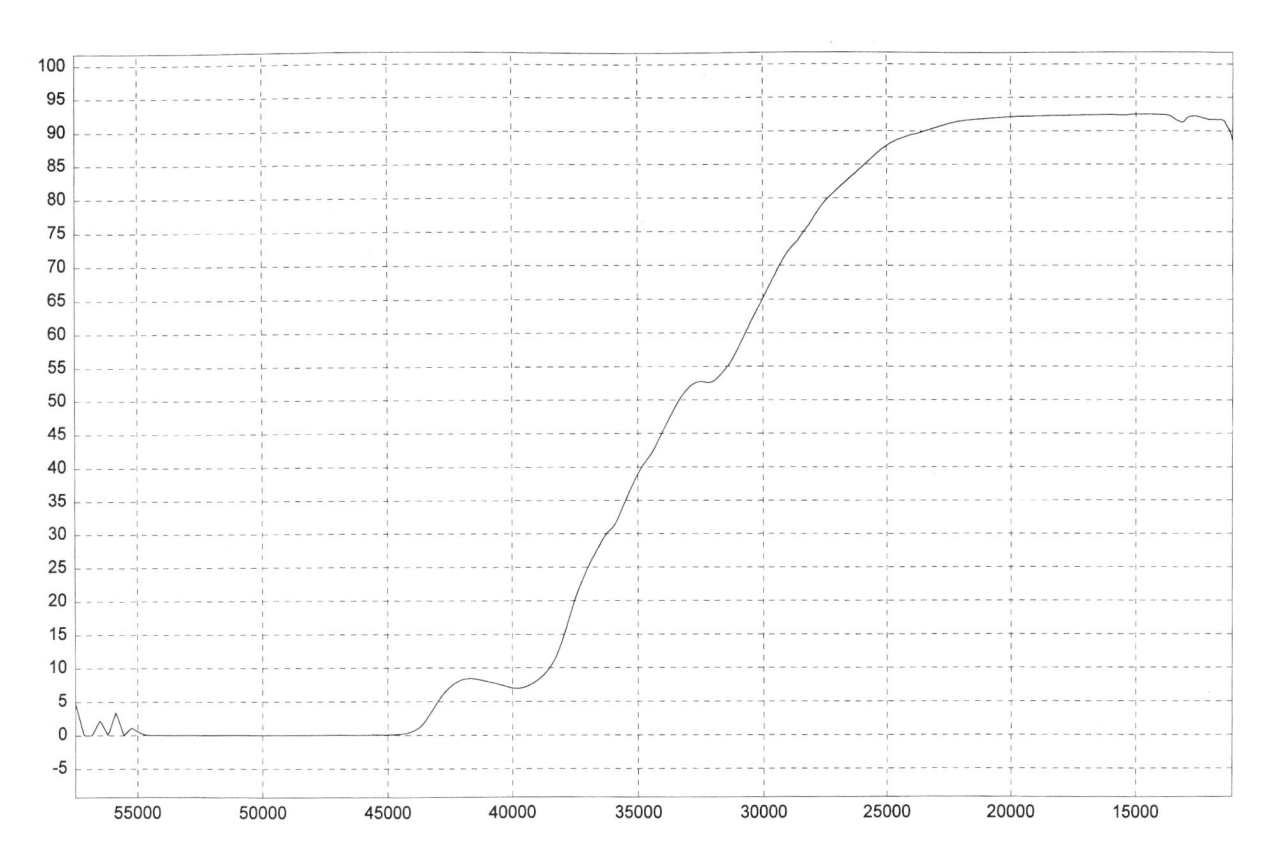

Transmittance / Wavenumber (cm⁻¹)

85　　　　Octyl Alcohol

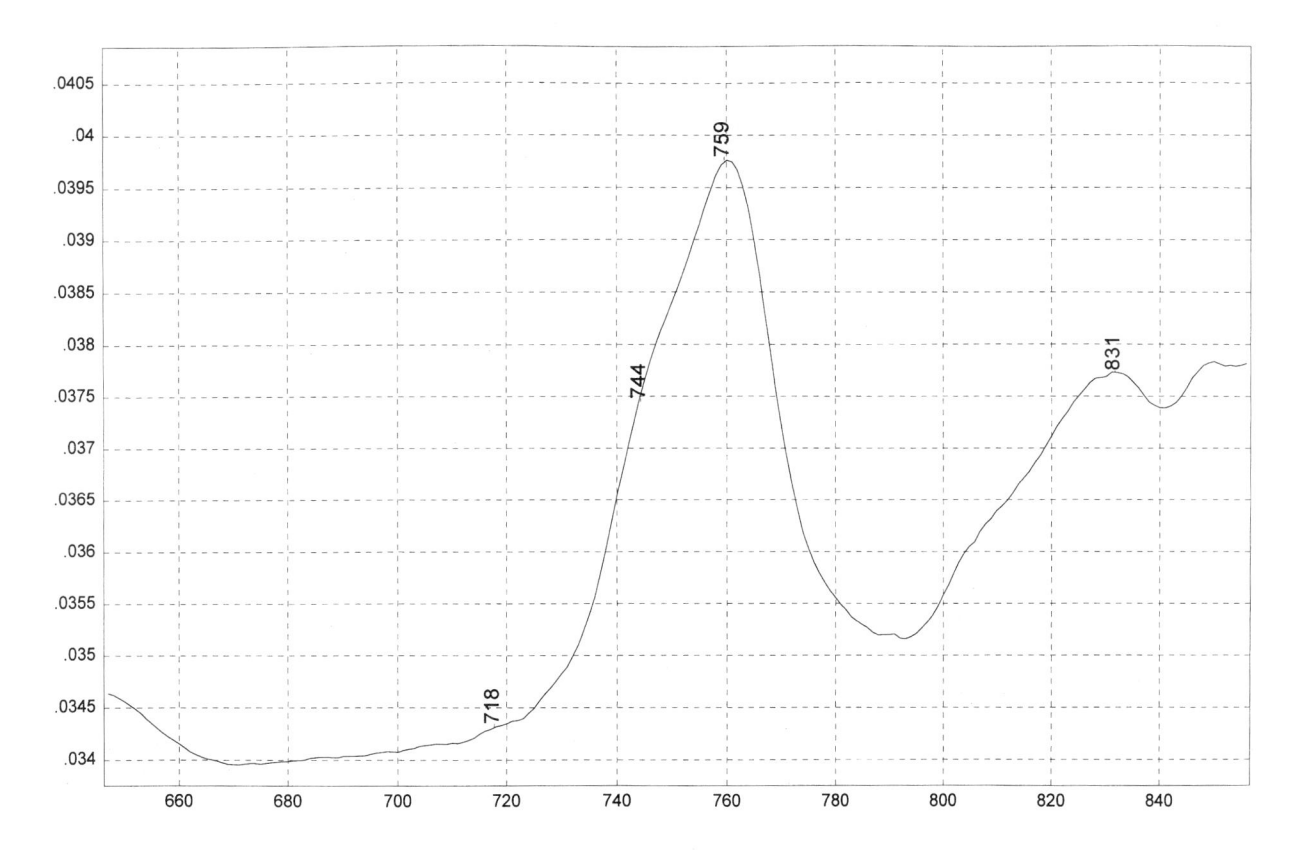

Absorbance / Nanometers

86　　　　Octyl Alcohol

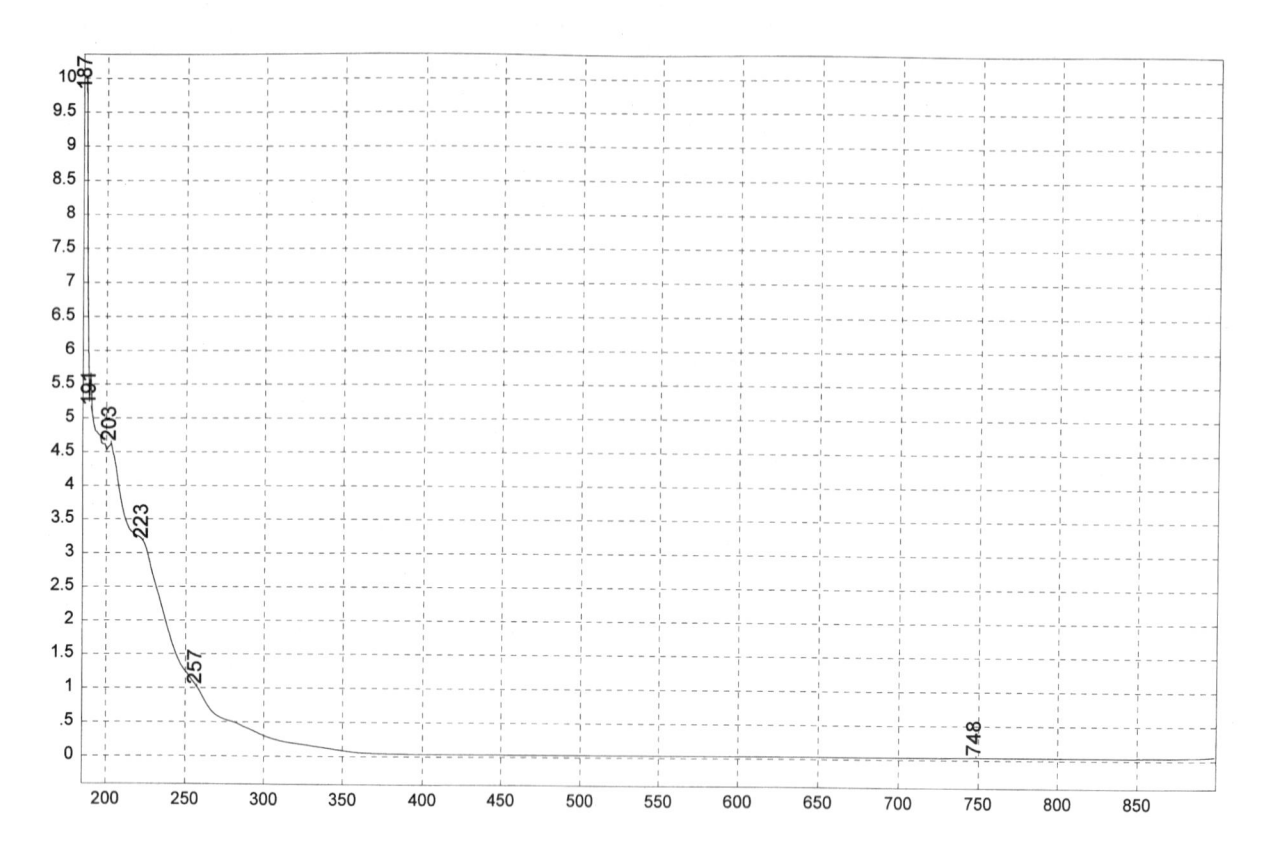

Absorbance / Nanometers

87   Propyl Alcohol

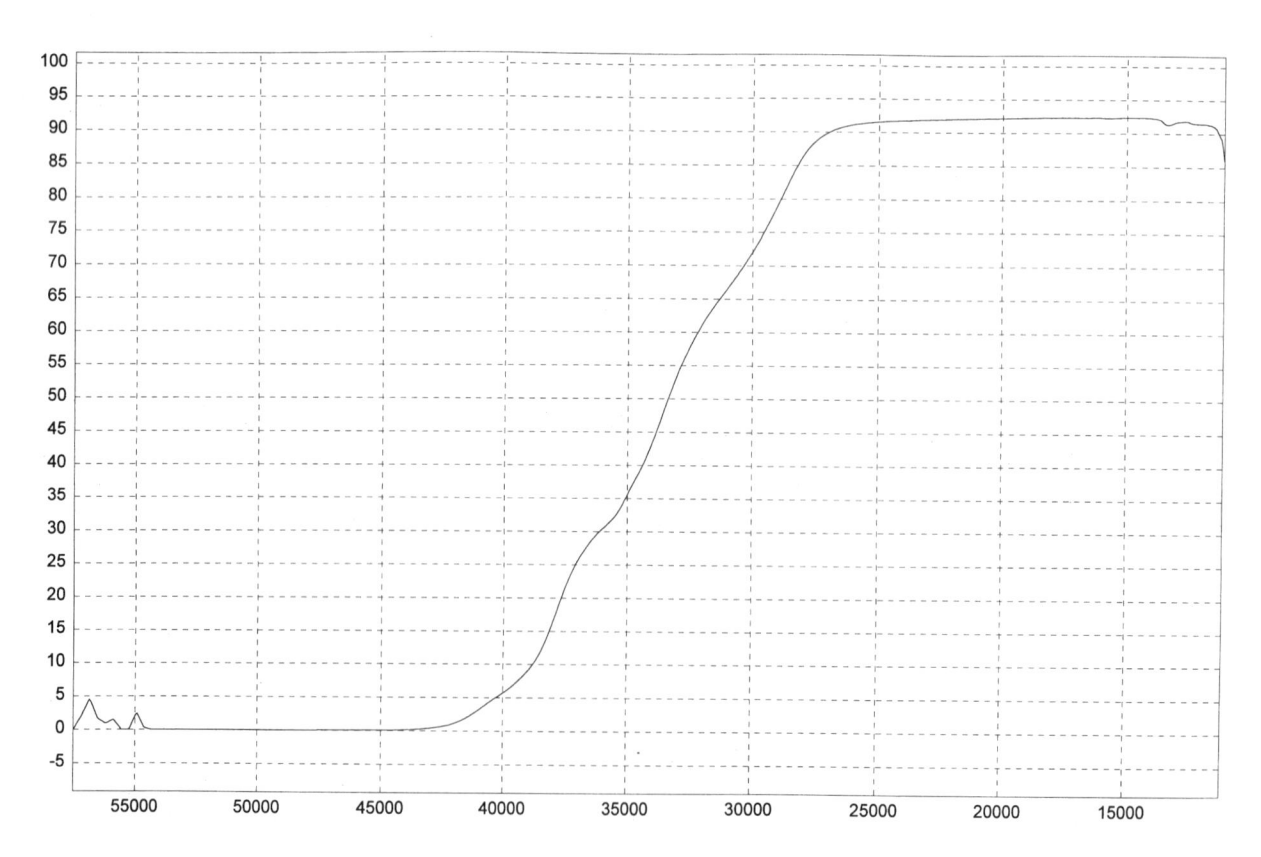

Transmittance / Wavenumber (cm^{-1})

88   Propyl Alcohol

44

Propyl Alcohol

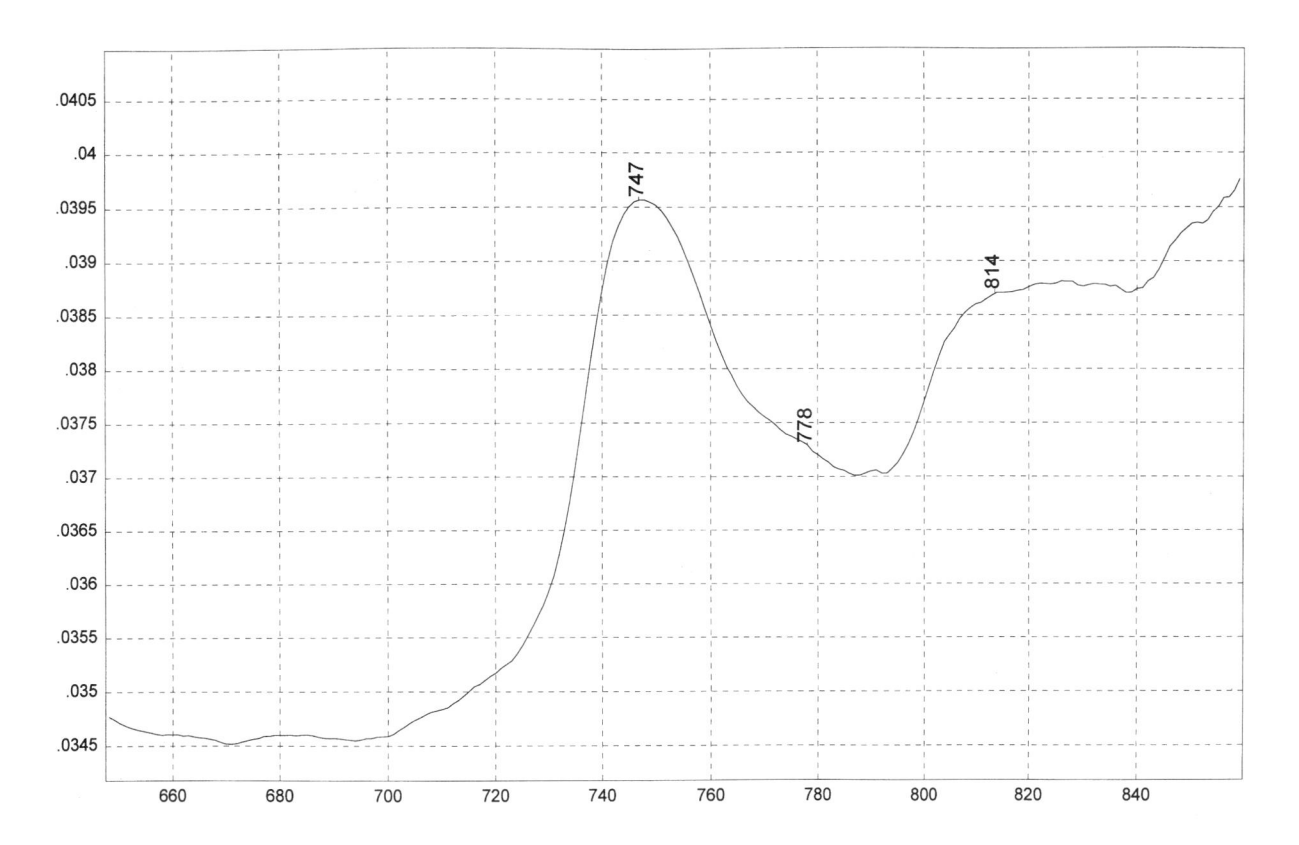

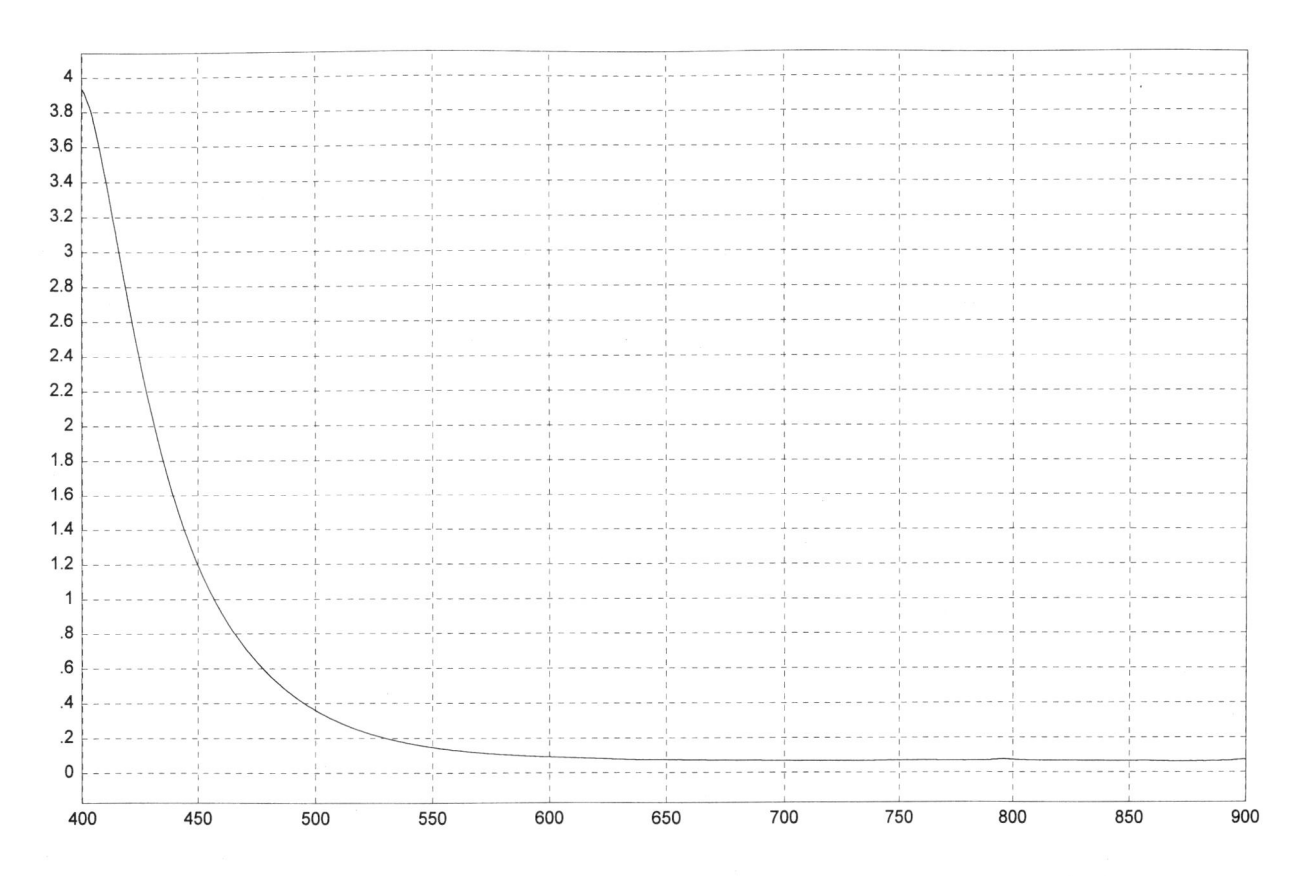

89

2-Propyn-1-ol

90

45

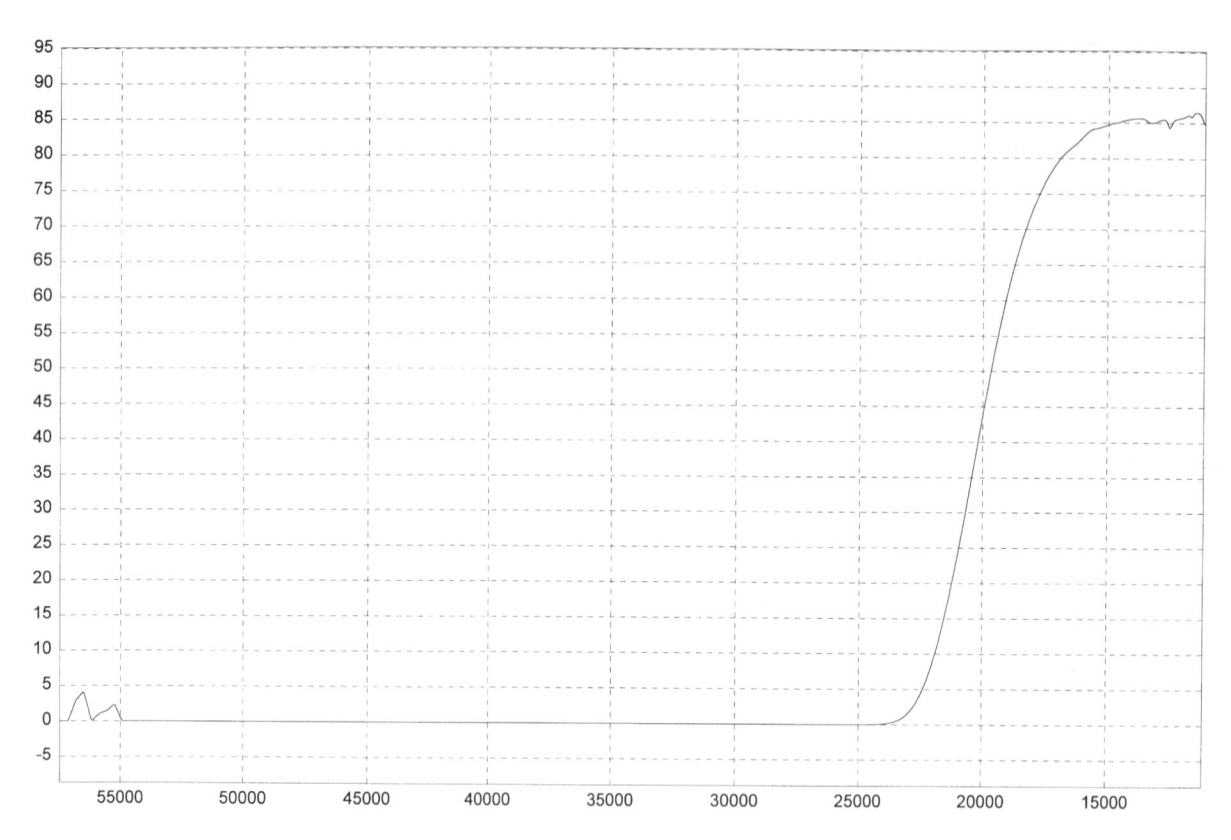

Transmittance / Wavenumber (cm⁻¹)

91 2-Propyn-1-ol

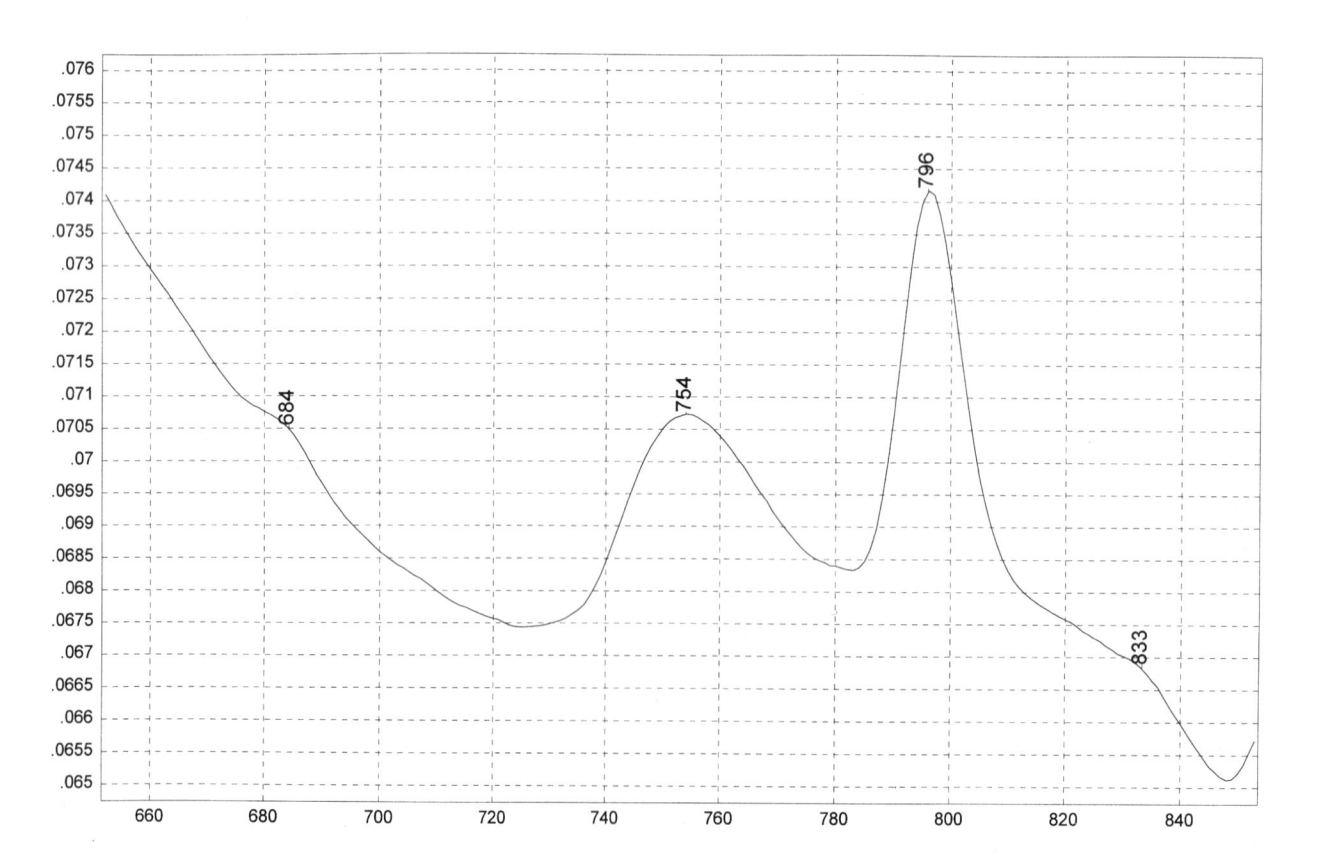

Absorbance / Nanometers

92 2-Propyn-1-ol

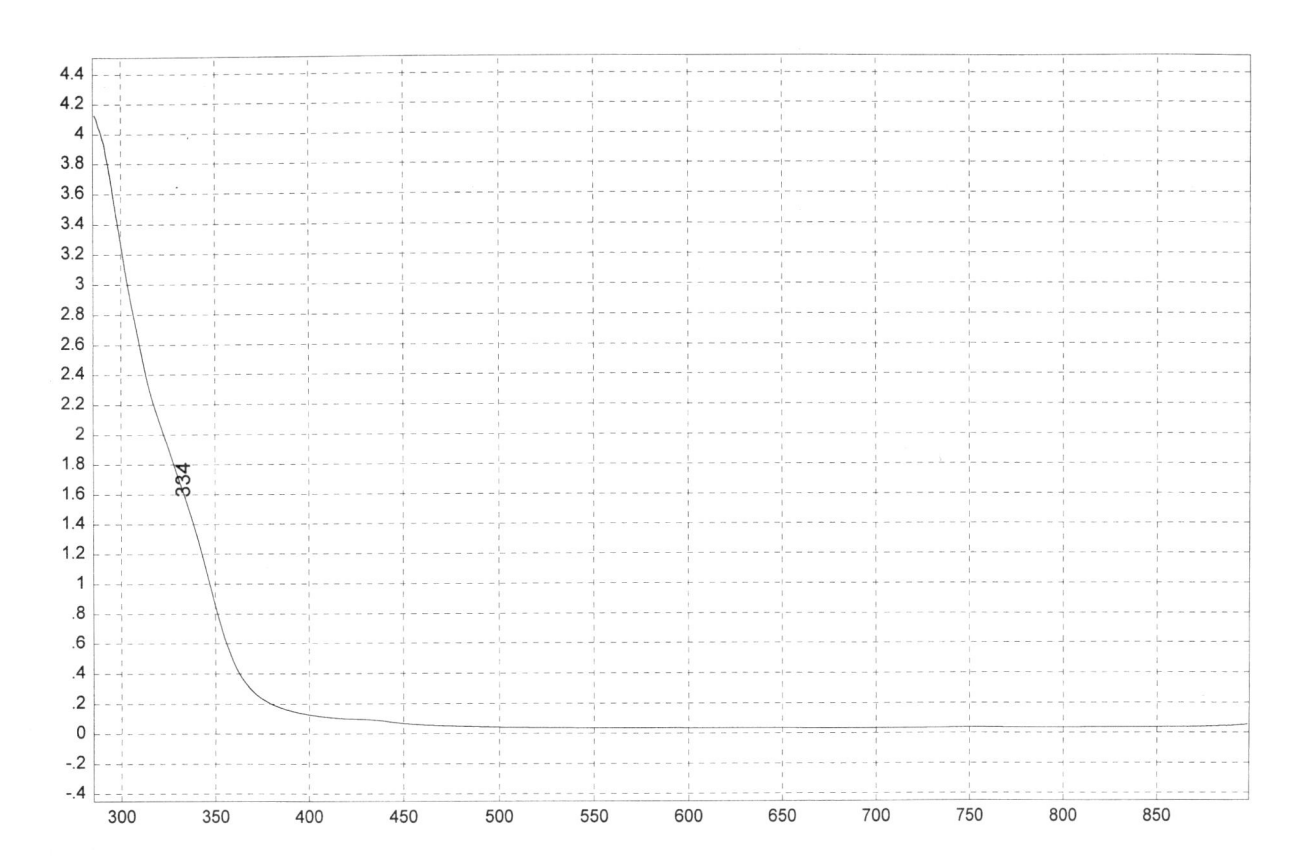

Absorbance / Nanometers

93   **Heptanoic Acid**

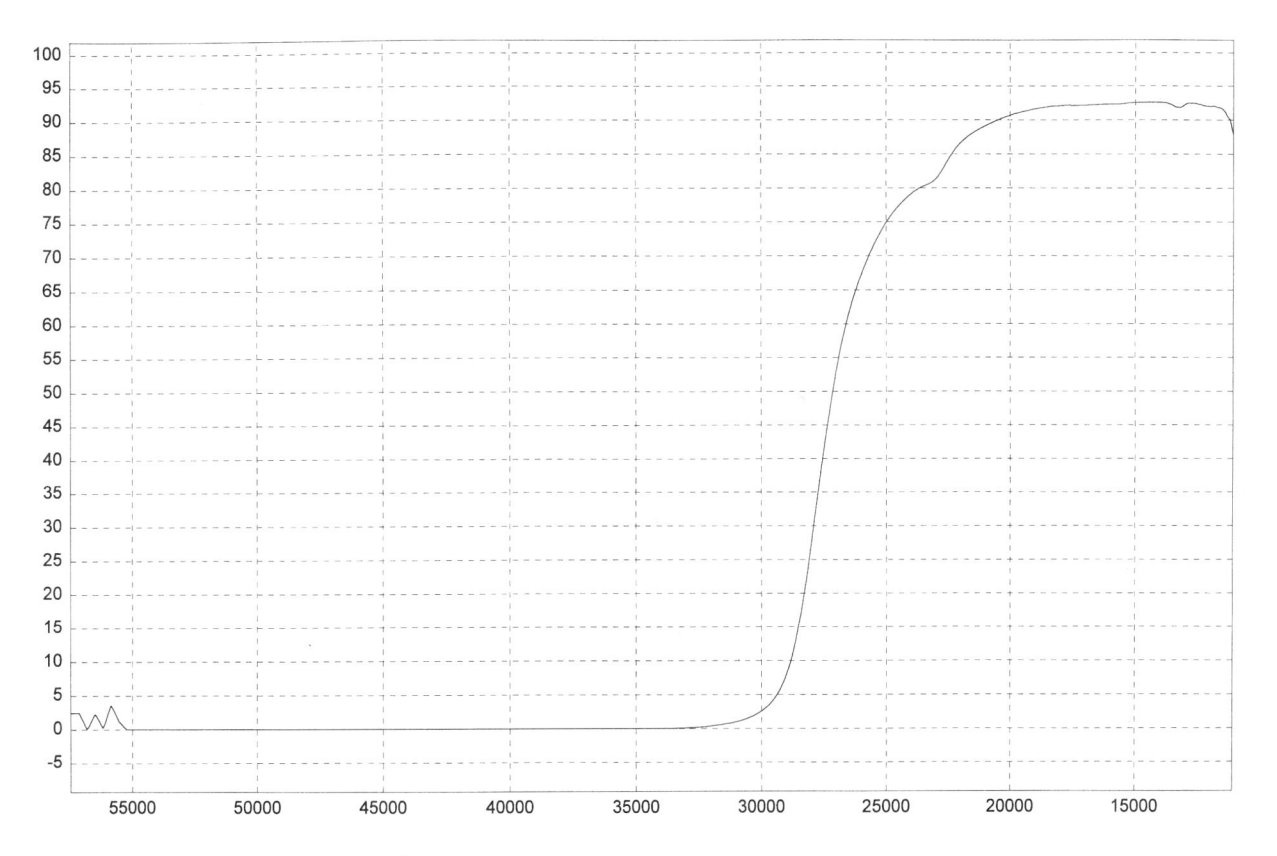

Transmittance / Wavenumber (cm^{-1})

94   **Heptanoic Acid**

Absorbance / Nanometers

| 95 | **Heptanoic Acid** |

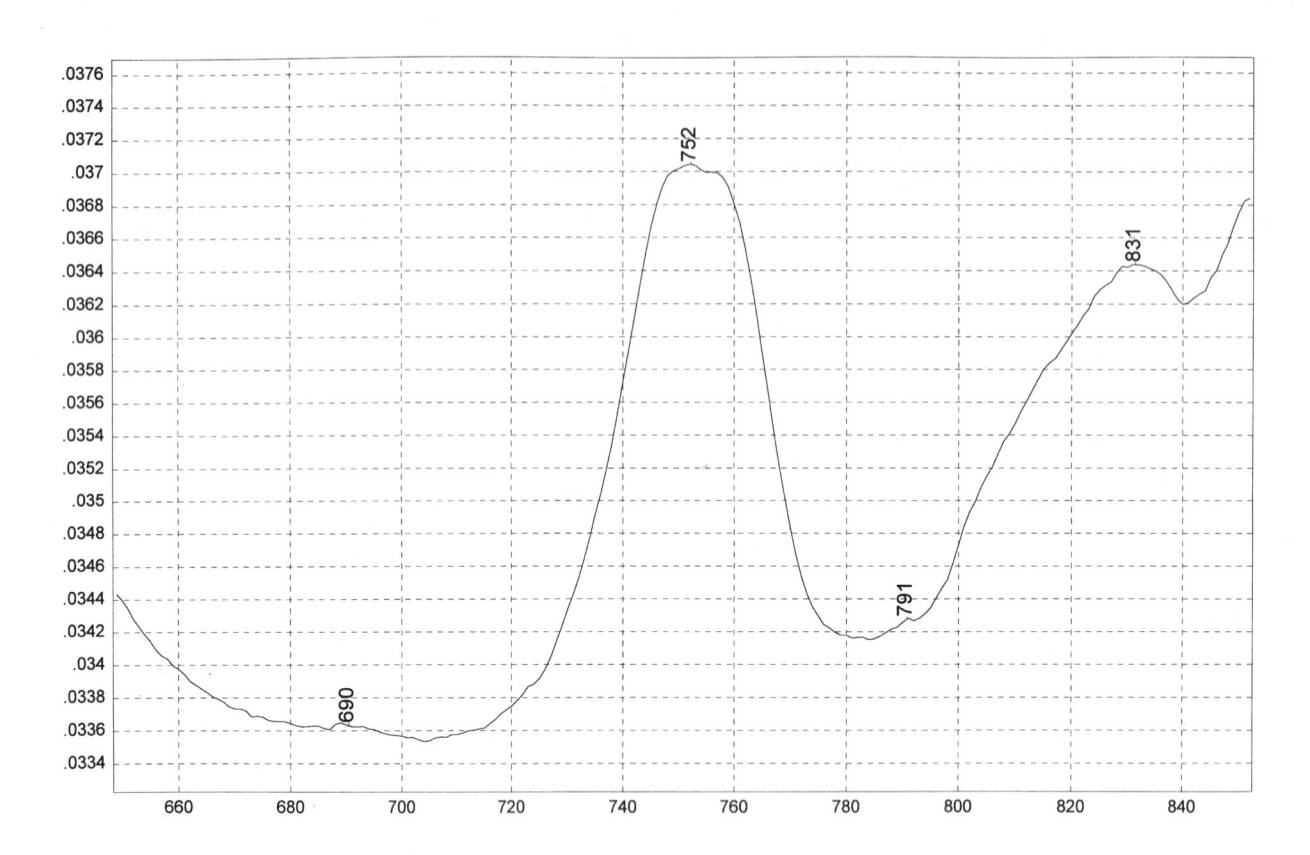

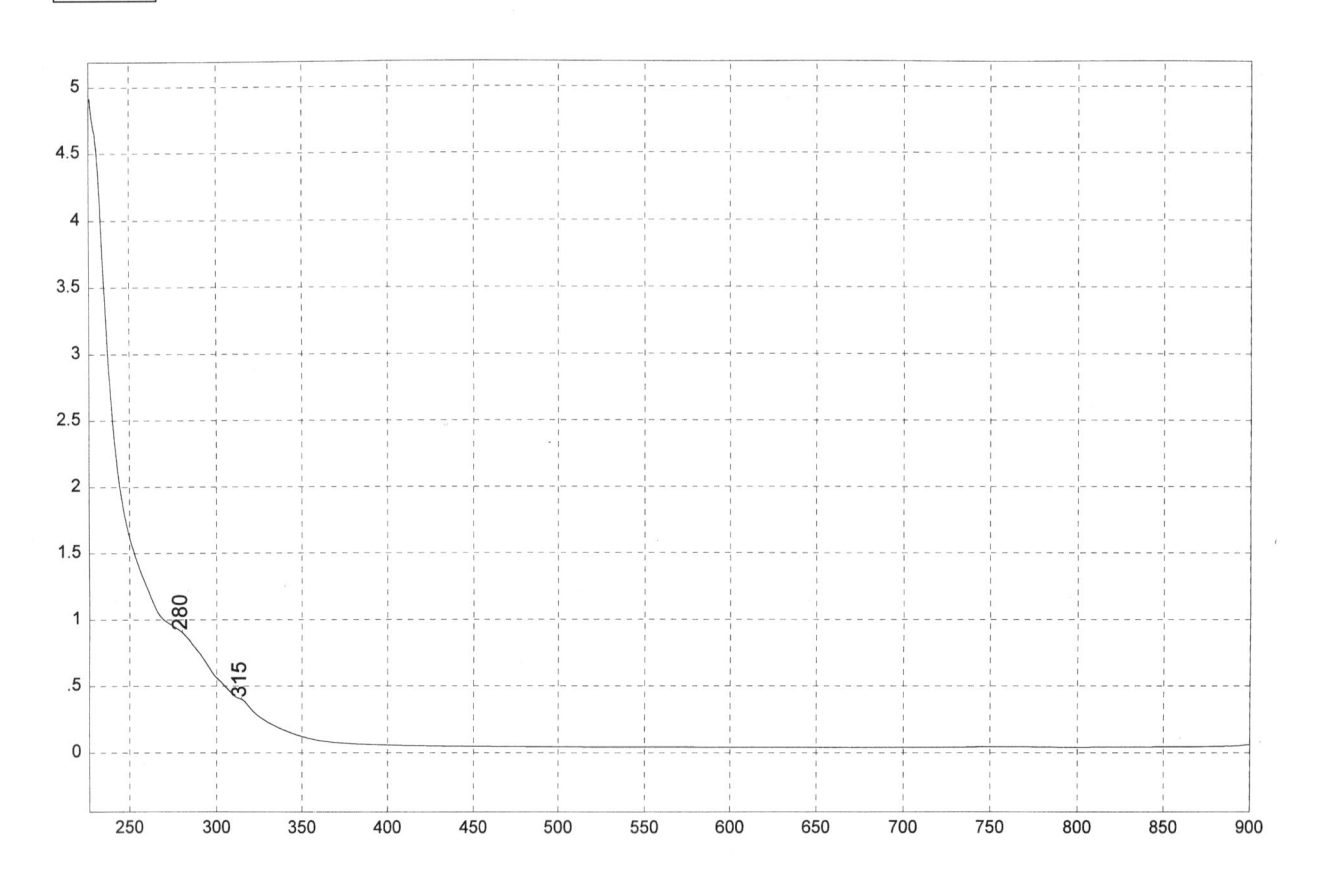

Absorbance / Nanometers

| 96 | **Diethylene Glycol Monobutyl Ether** |

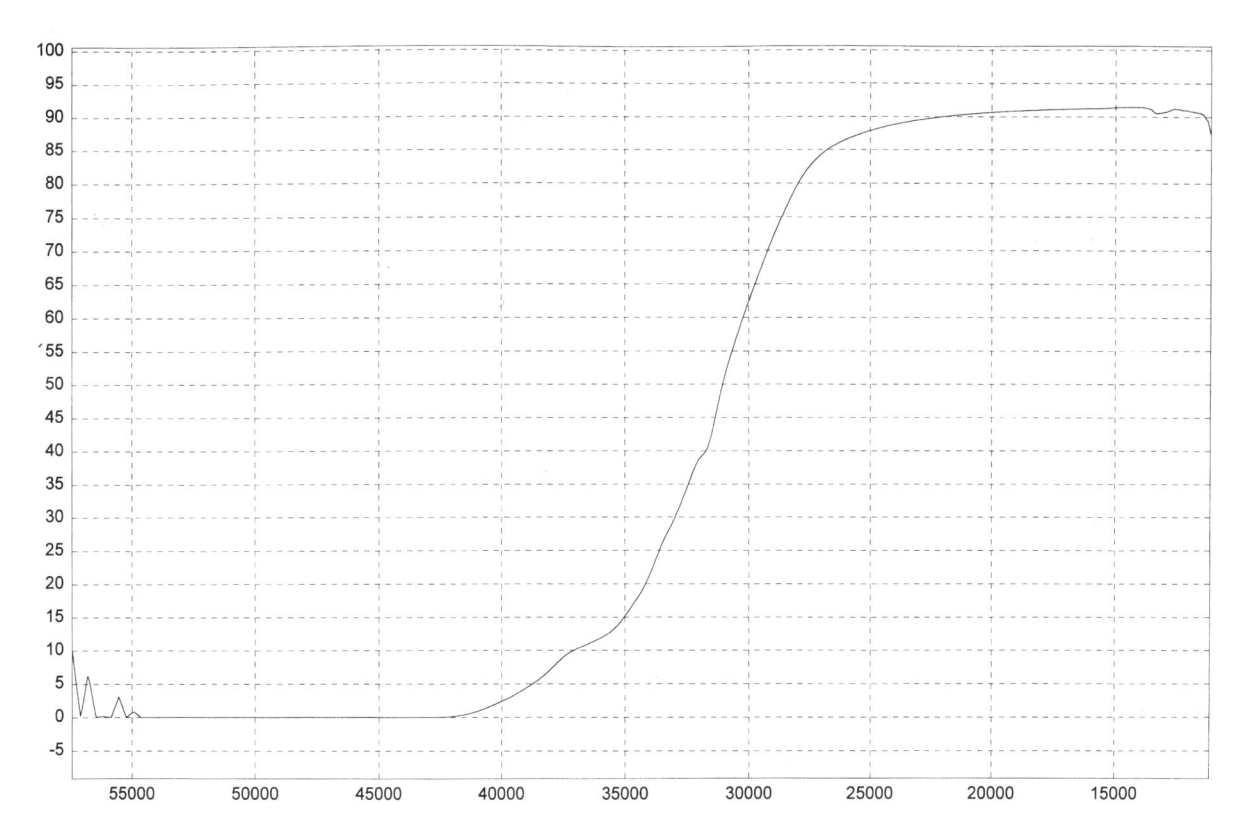

Transmittance / Wavenumber (cm⁻¹)

97 **Diethylene Glycol Monobutyl Ether**

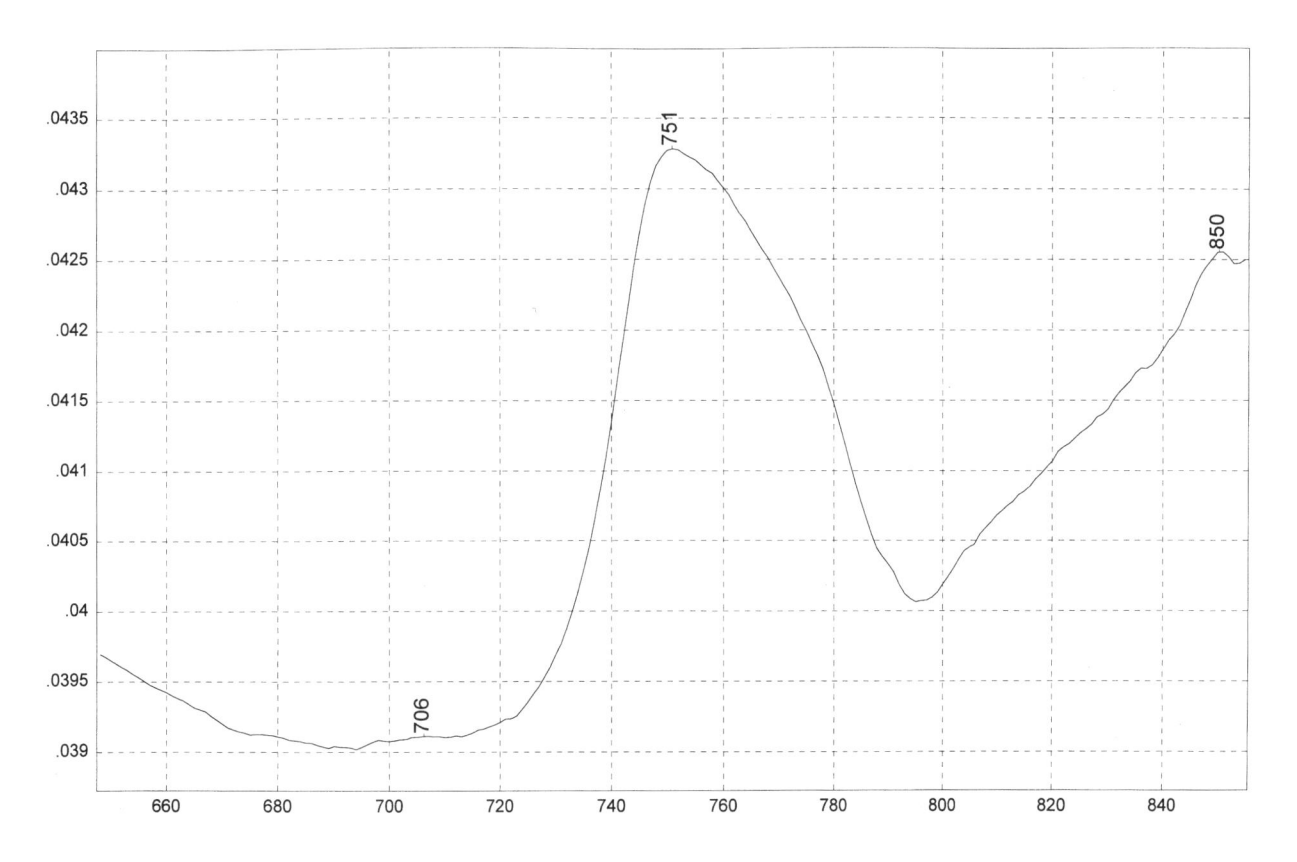

Absorbance / Nanometers

98 **Diethylene Glycol Monobutyl Ether**

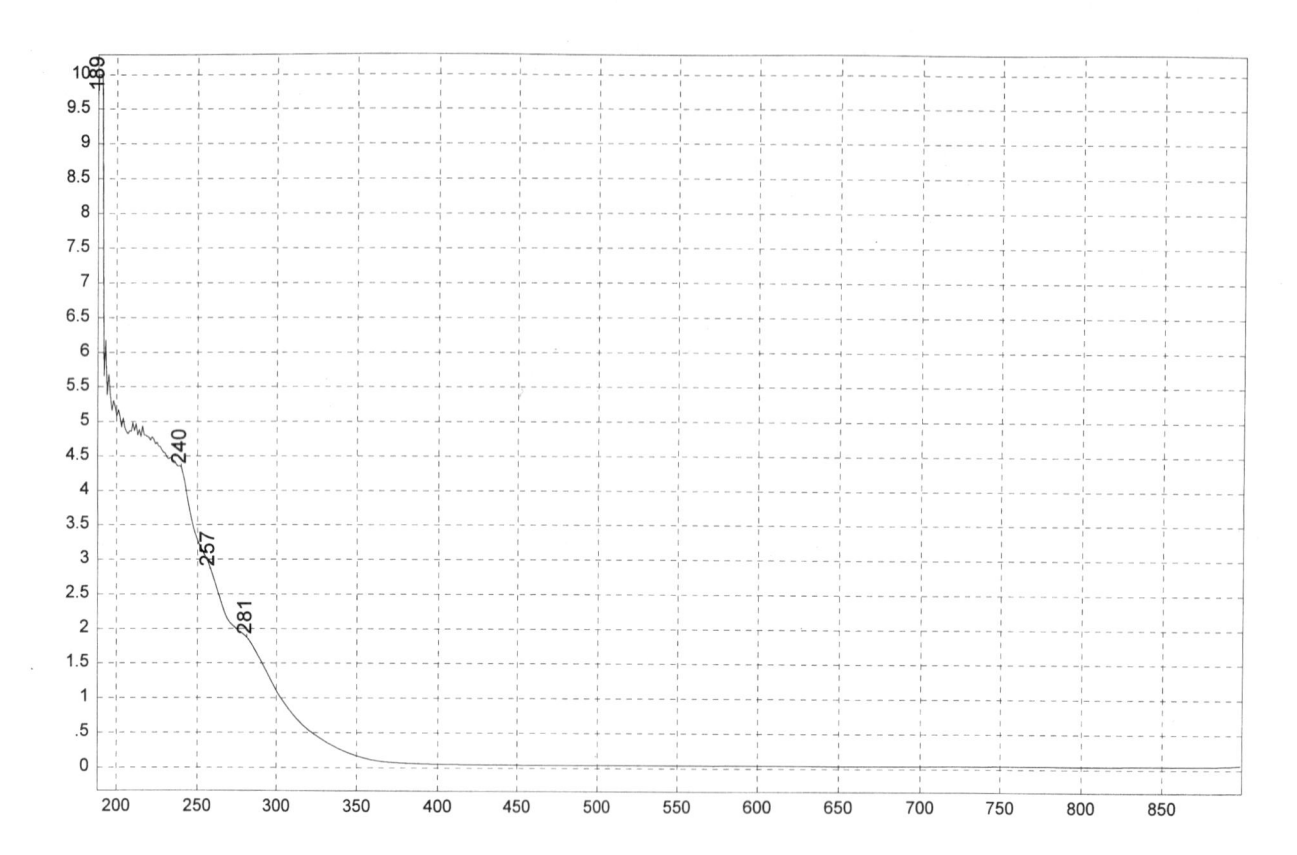

Absorbance / Nanometers

99   **Diethylene Glycol Monoethyl Ether**

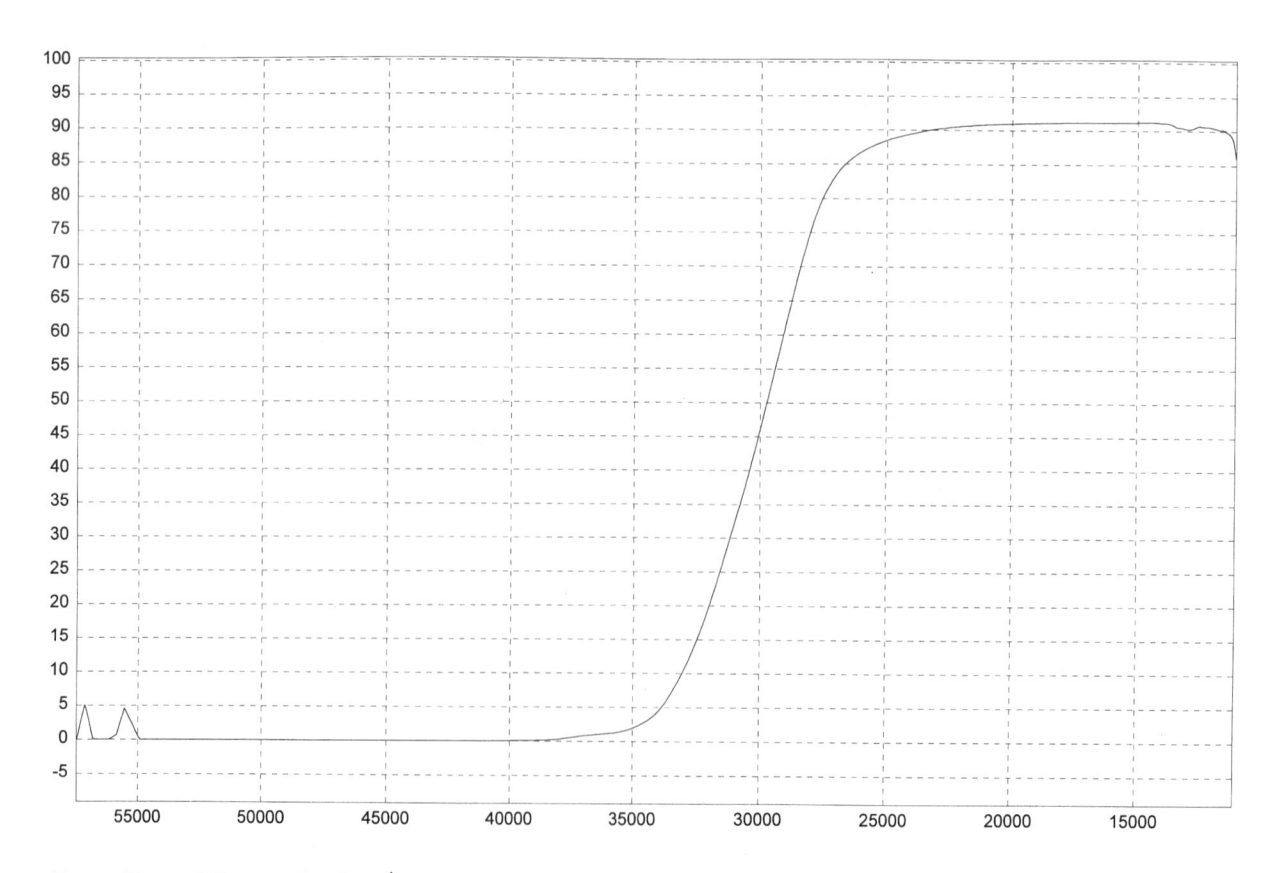

Transmittance / Wavenumber (cm^{-1})

100   **Diethylene Glycol Monoethyl Ether**

Absorbance / Nanometers

101 **Diethylene Glycol Monoethyl Ether**

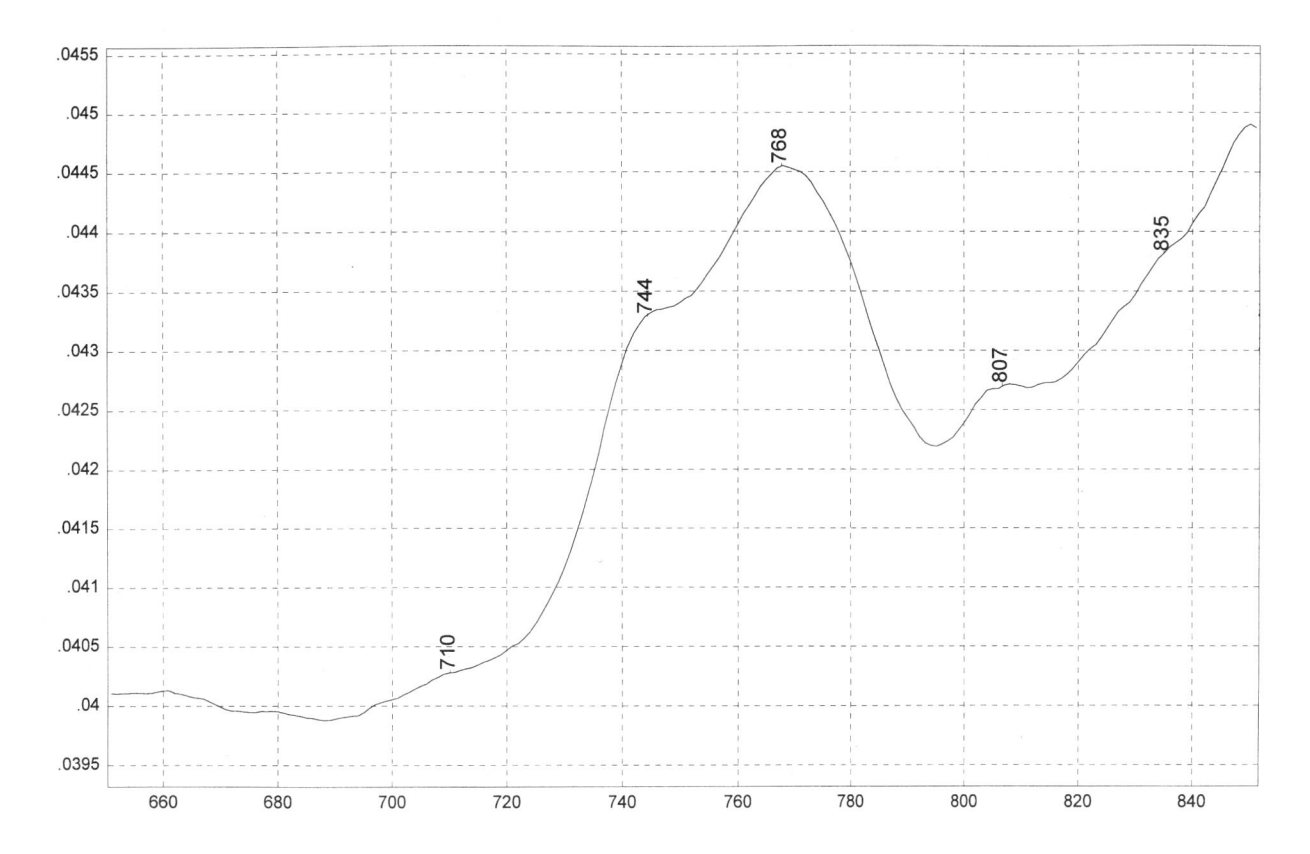

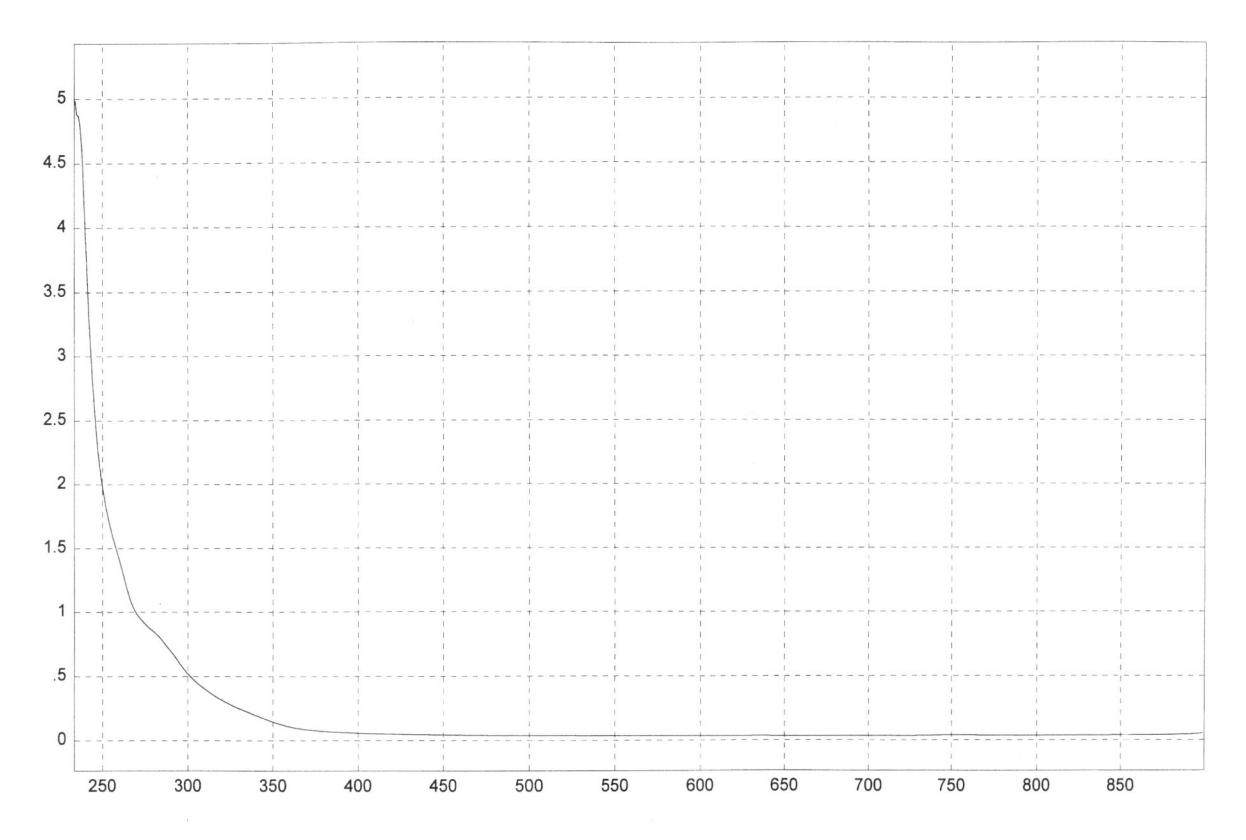

Absorbance / Nanometers

102 **Ethylene Glycol Monobutyl Ether**

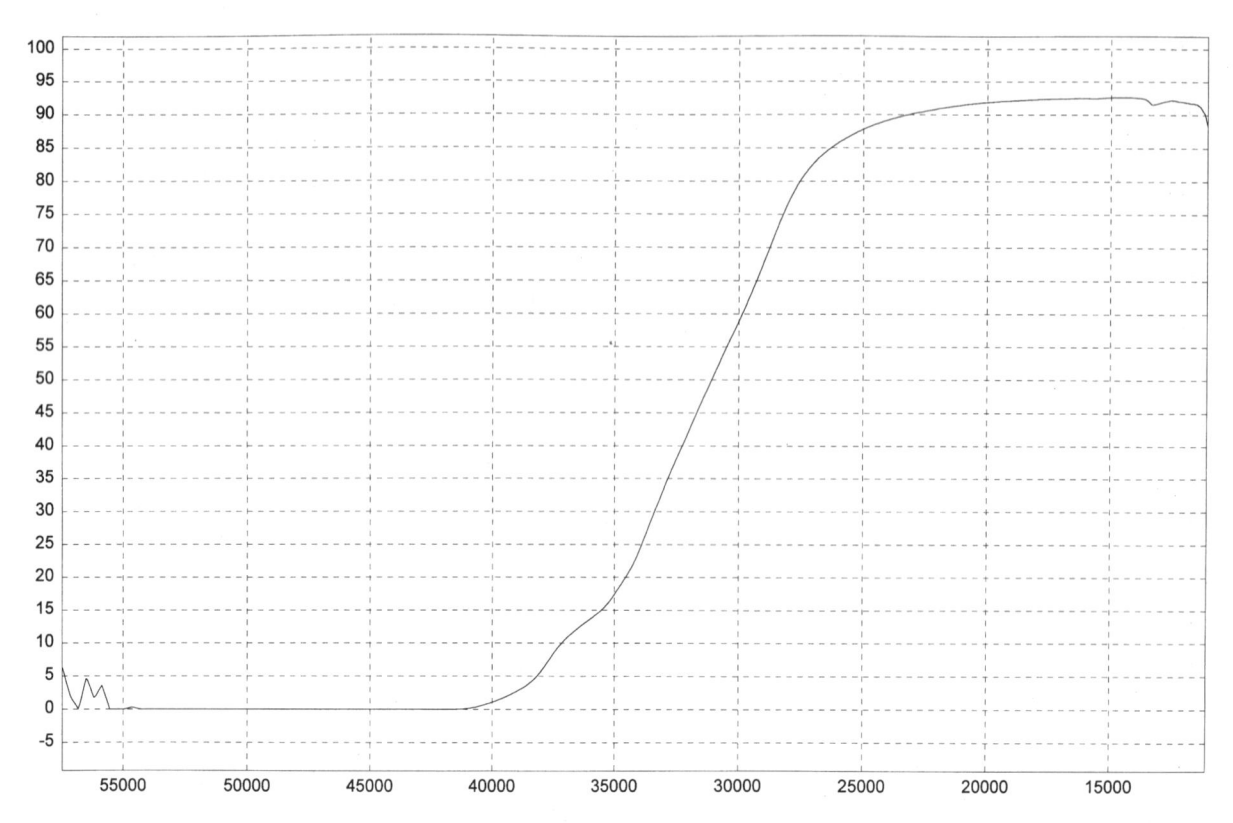

Transmittance / Wavenumber (cm⁻¹)

103 **Ethylene Glycol Monobutyl Ether**

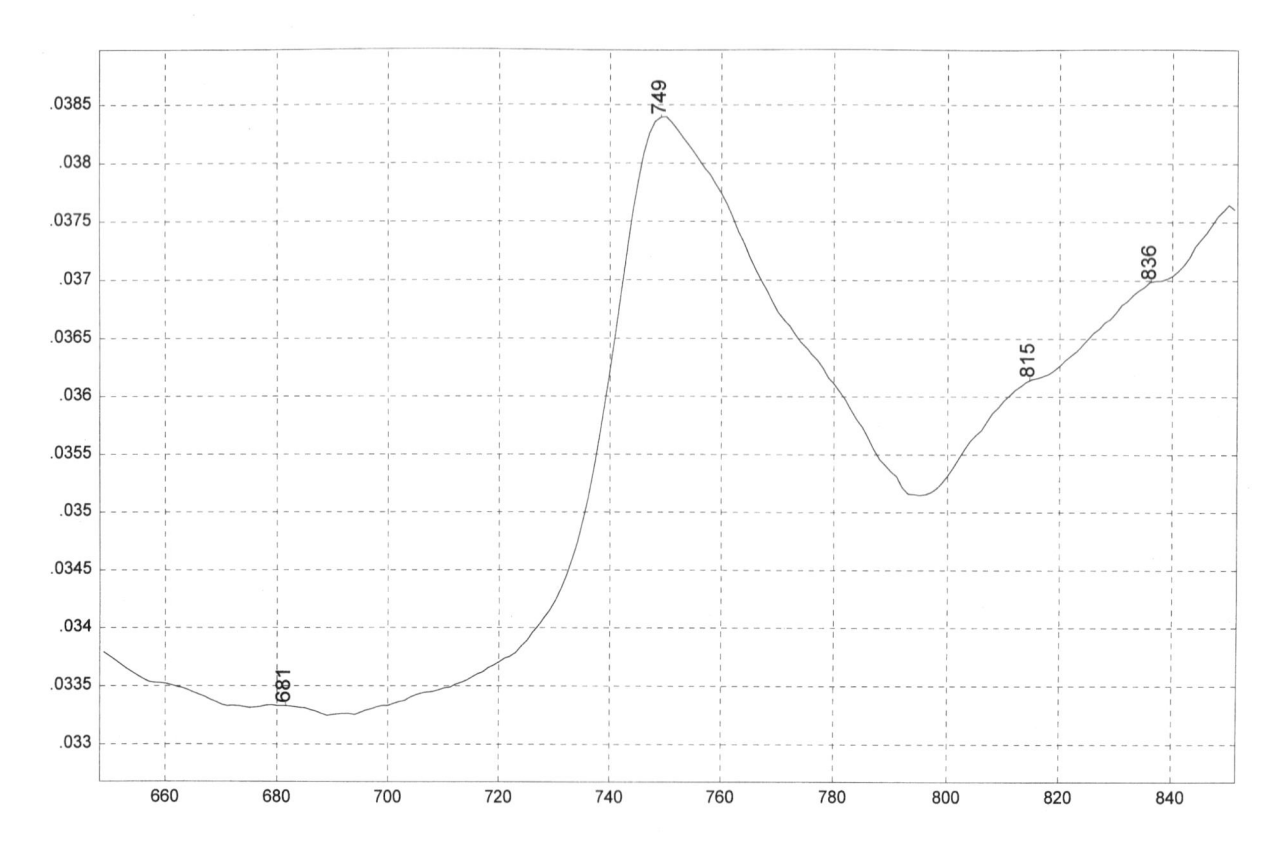

Absorbance / Nanometers

104 **Ethylene Glycol Monobutyl Ether**

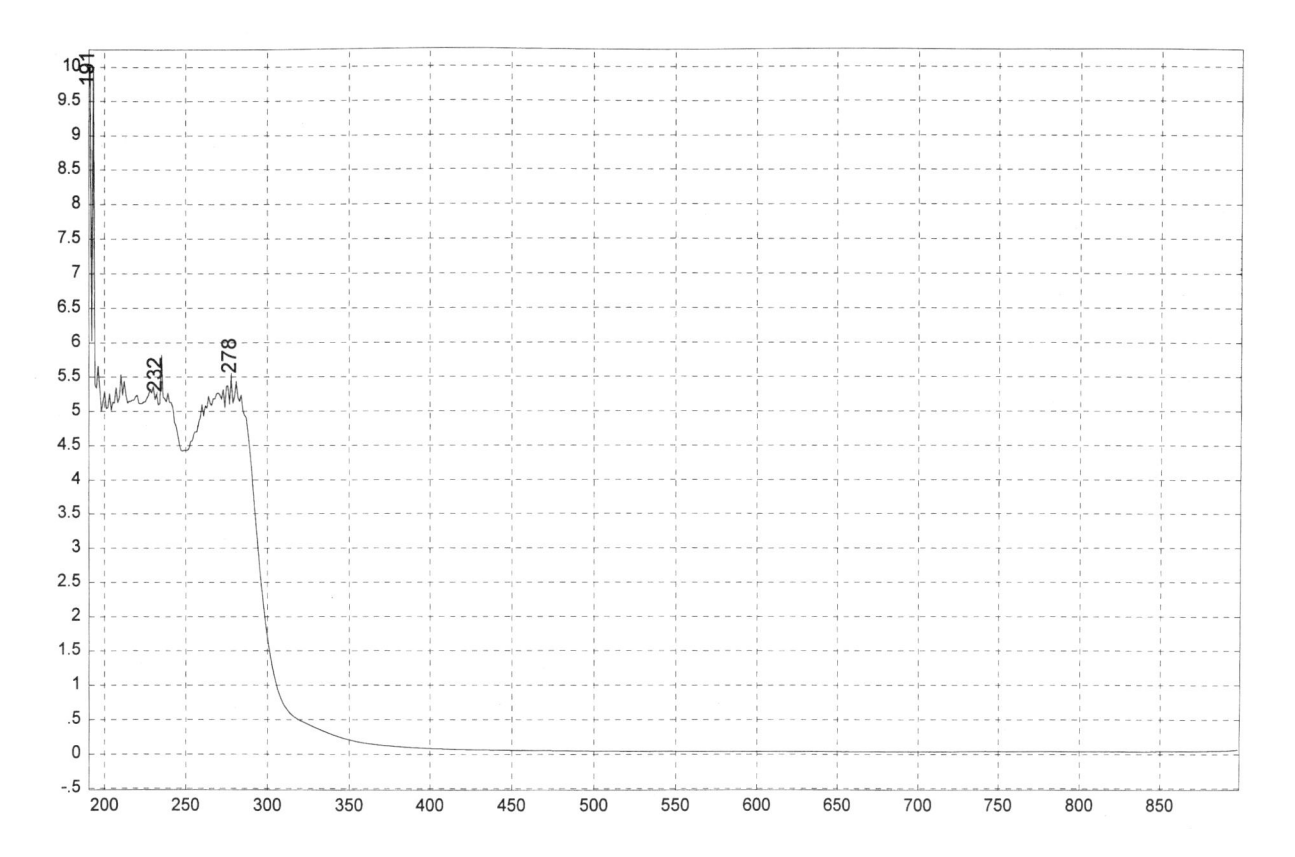

Absorbance / Nanometers

105   **3-Methoxy-1-butanol**

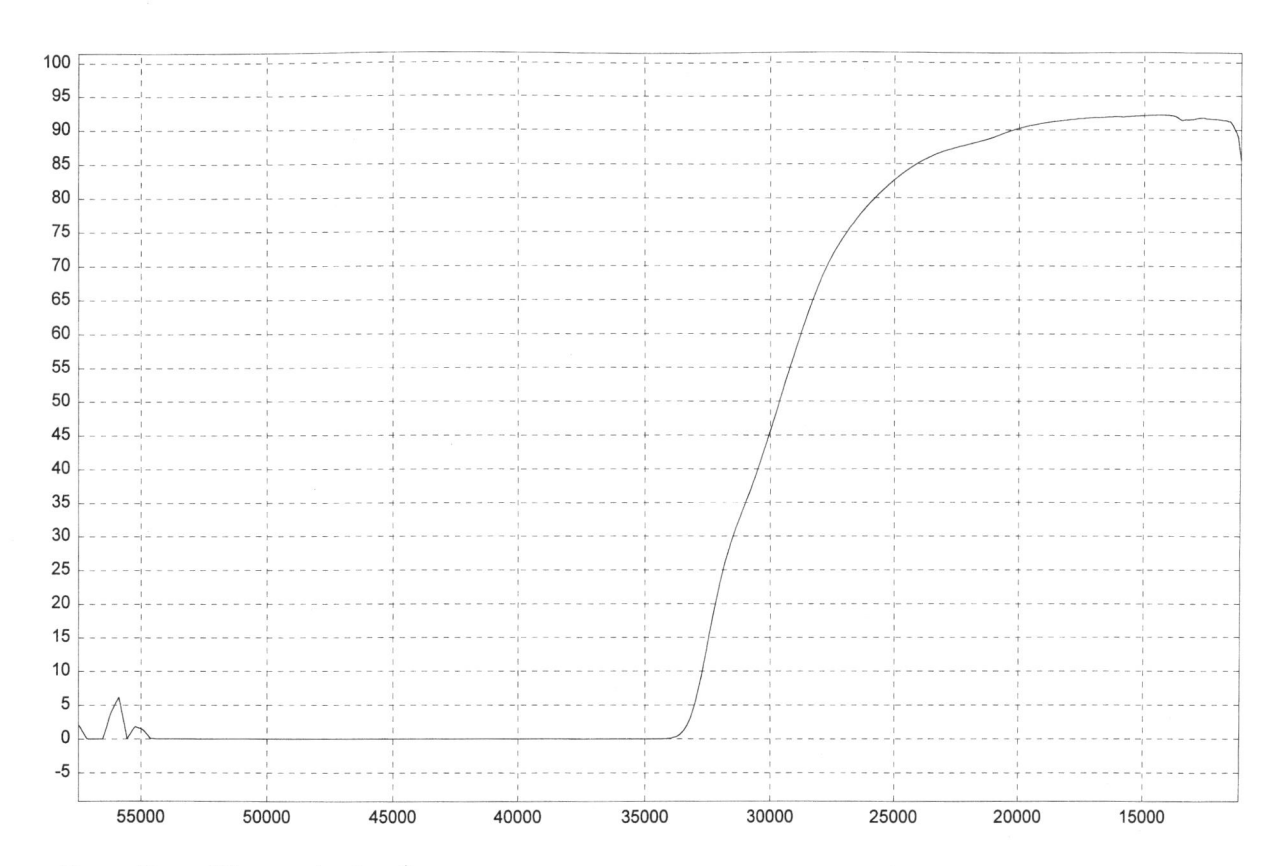

Transmittance / Wavenumber (cm^{-1})

106   **3-Methoxy-1-butanol**

Absorbance / Nanometers

107 **3-Methoxy-1-butanol**

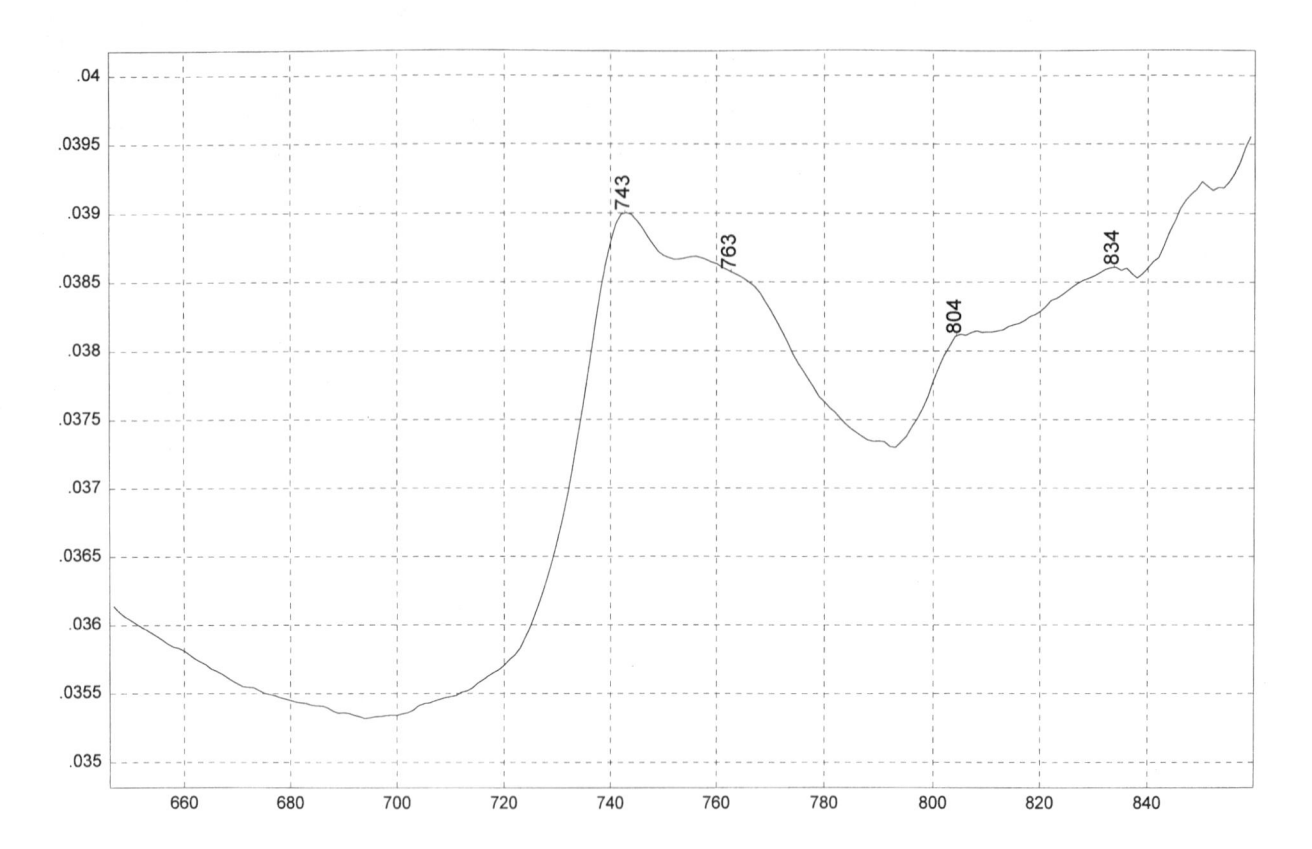

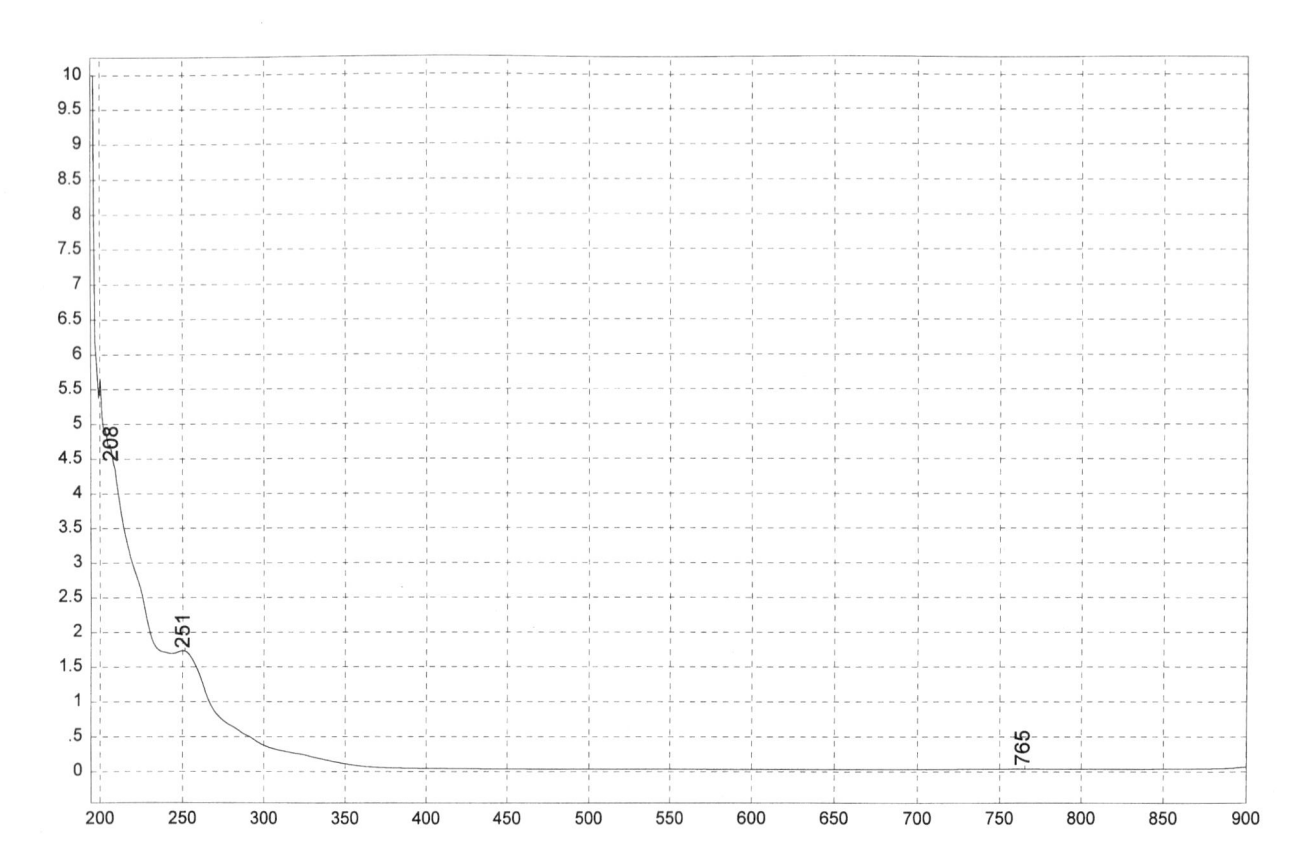

Absorbance / Nanometers

108 **1-Methoxy-2-propanol**

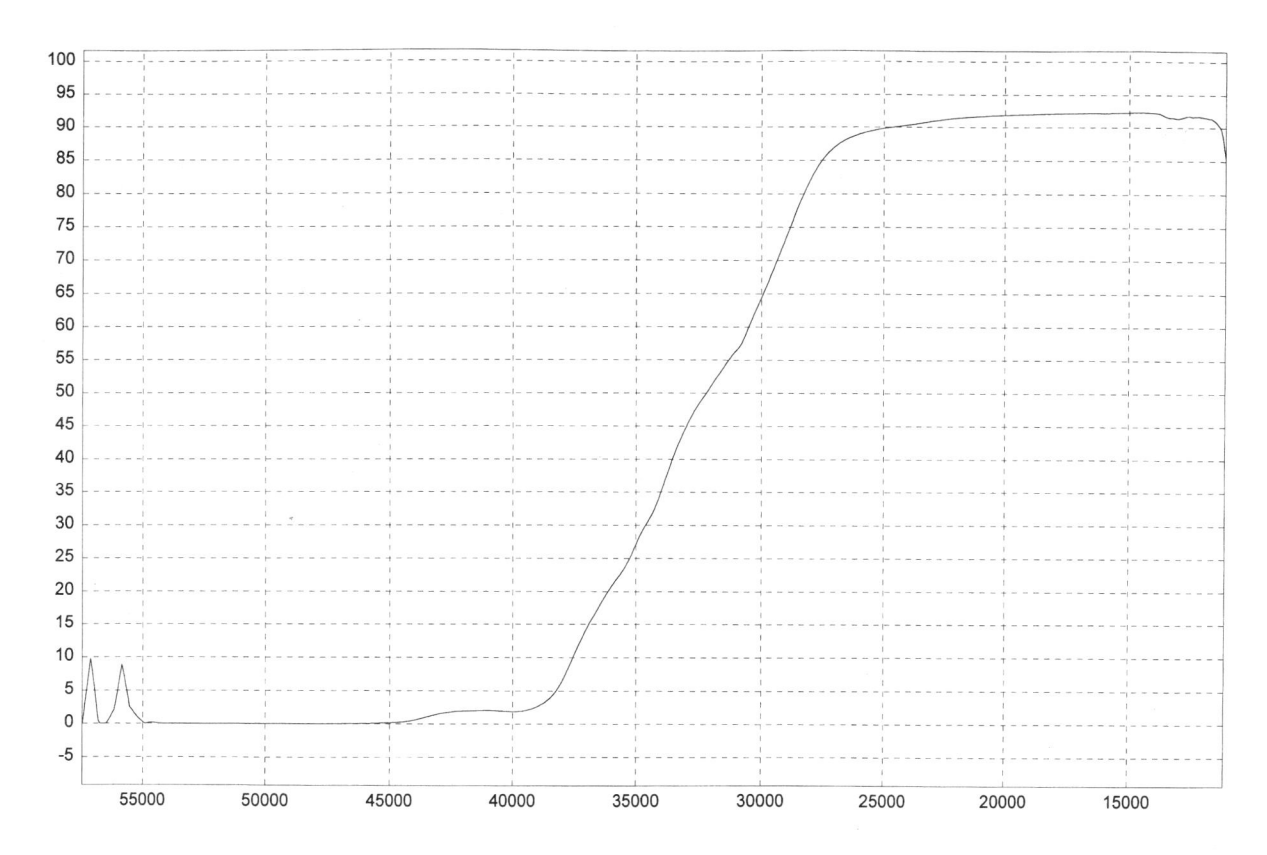

Transmittance / Wavenumber (cm⁻¹)

109   **1-Methoxy-2-propanol**

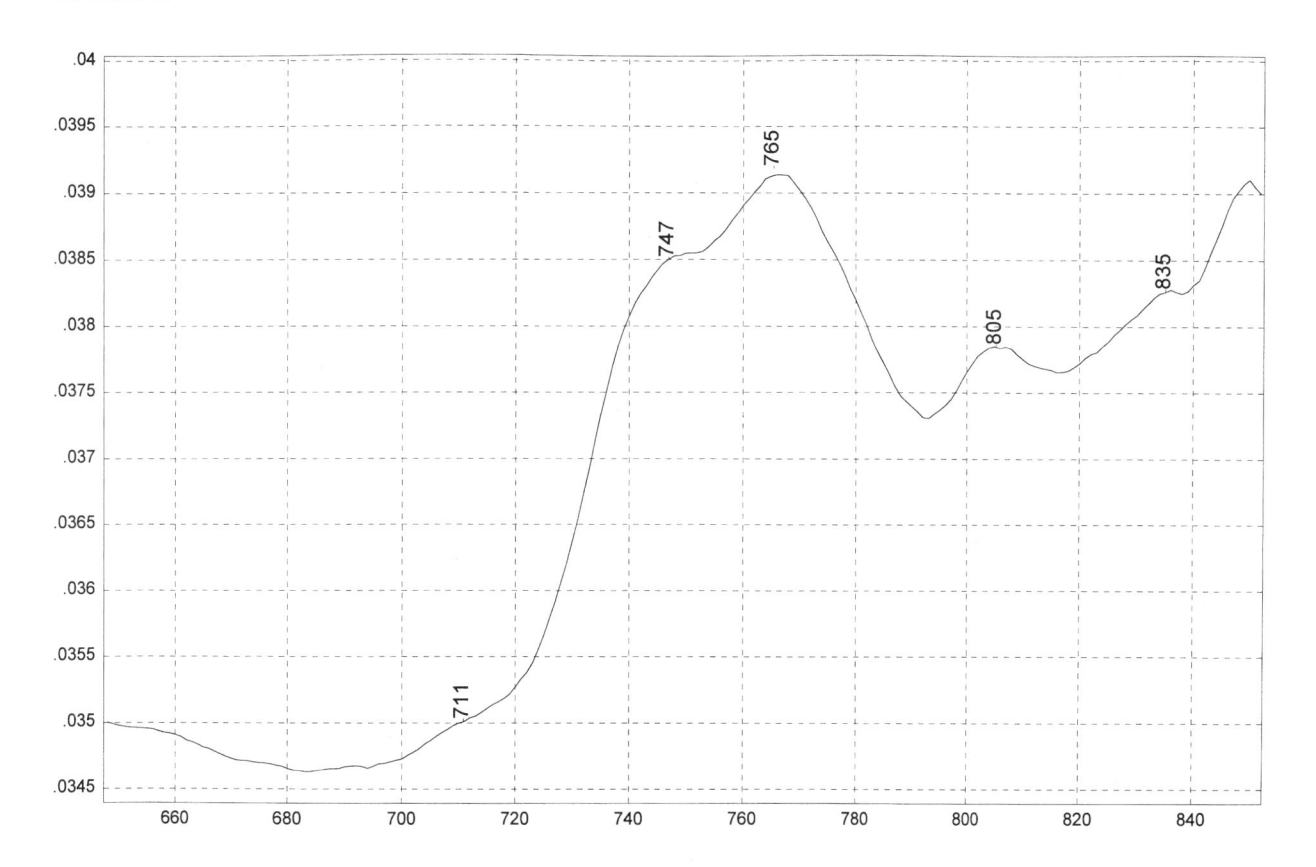

Absorbance / Nanometers

110   **1-Methoxy-2-propanol**

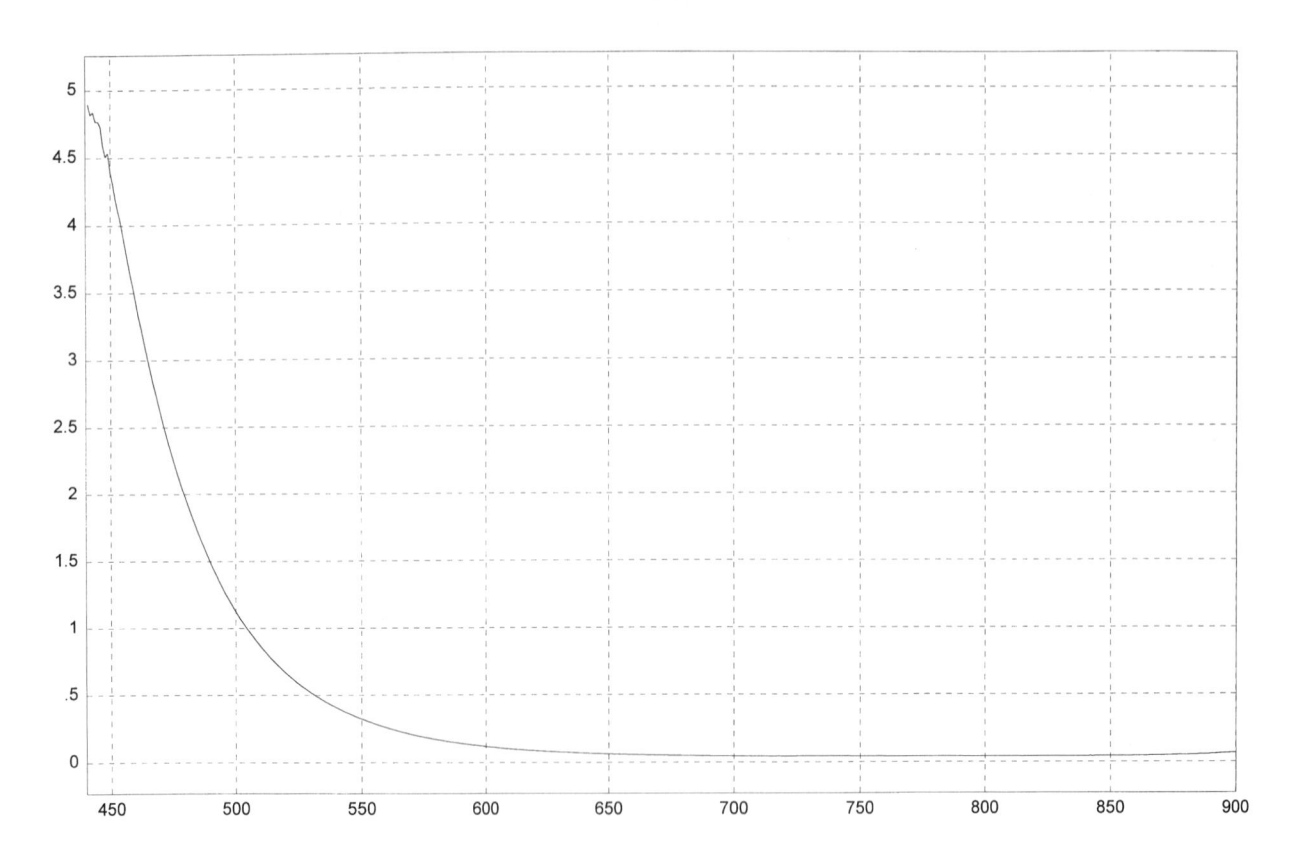

Absorbance / Nanometers

111 **Diacetone Alcohol**

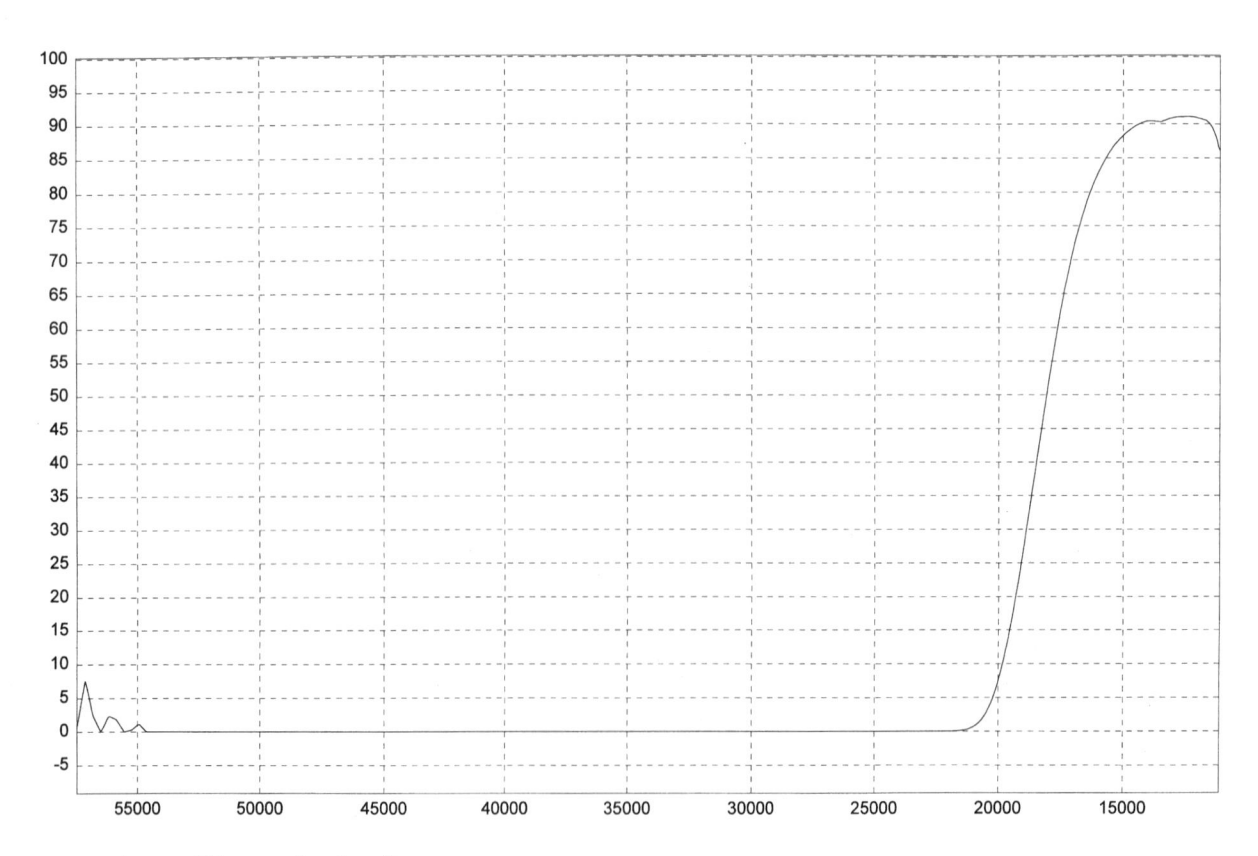

Transmittance / Wavenumber (cm^{-1})

112 **Diacetone Alcohol**

Absorbance / Nanometers

| 113 | **Diacetone Alcohol** |

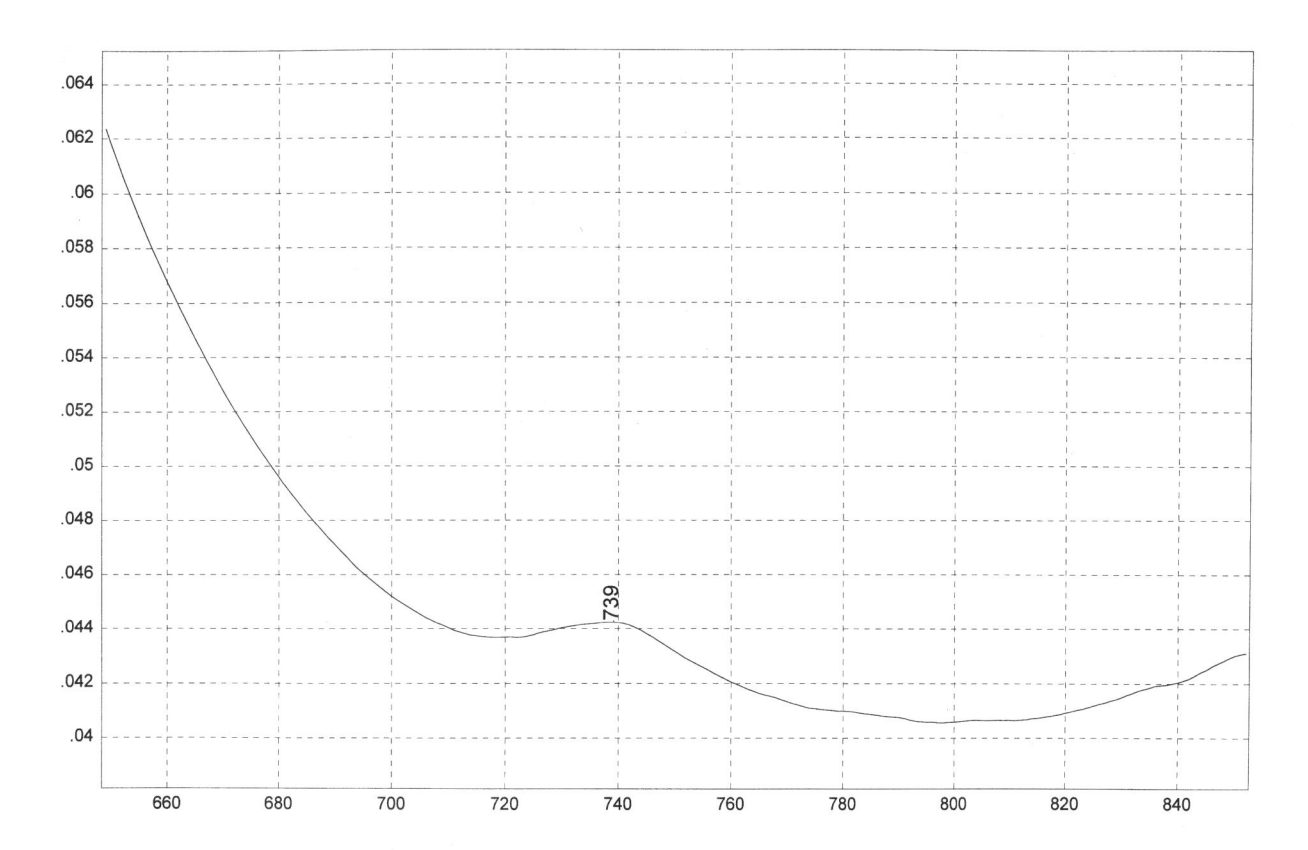

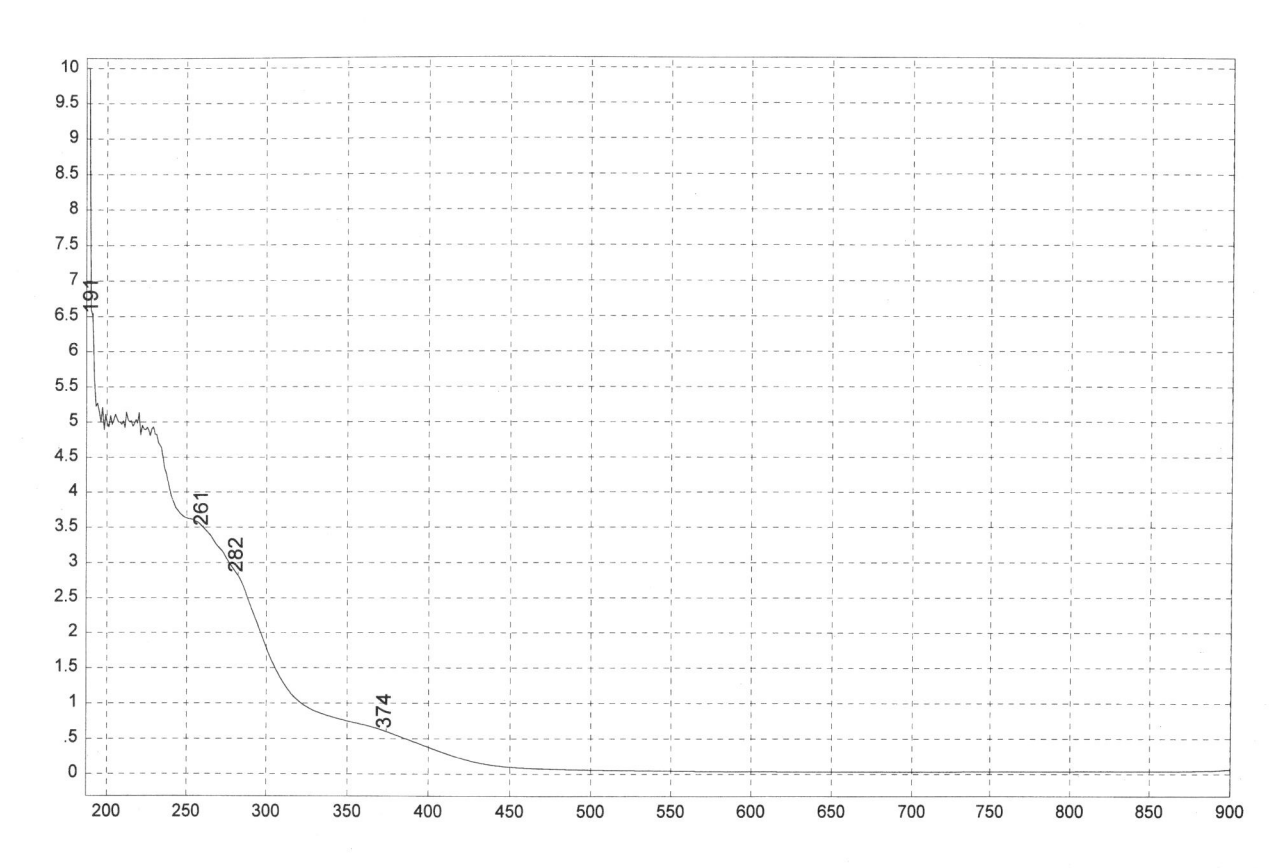

Absorbance / Nanometers

| 114 | **1,3-Butanediol** |

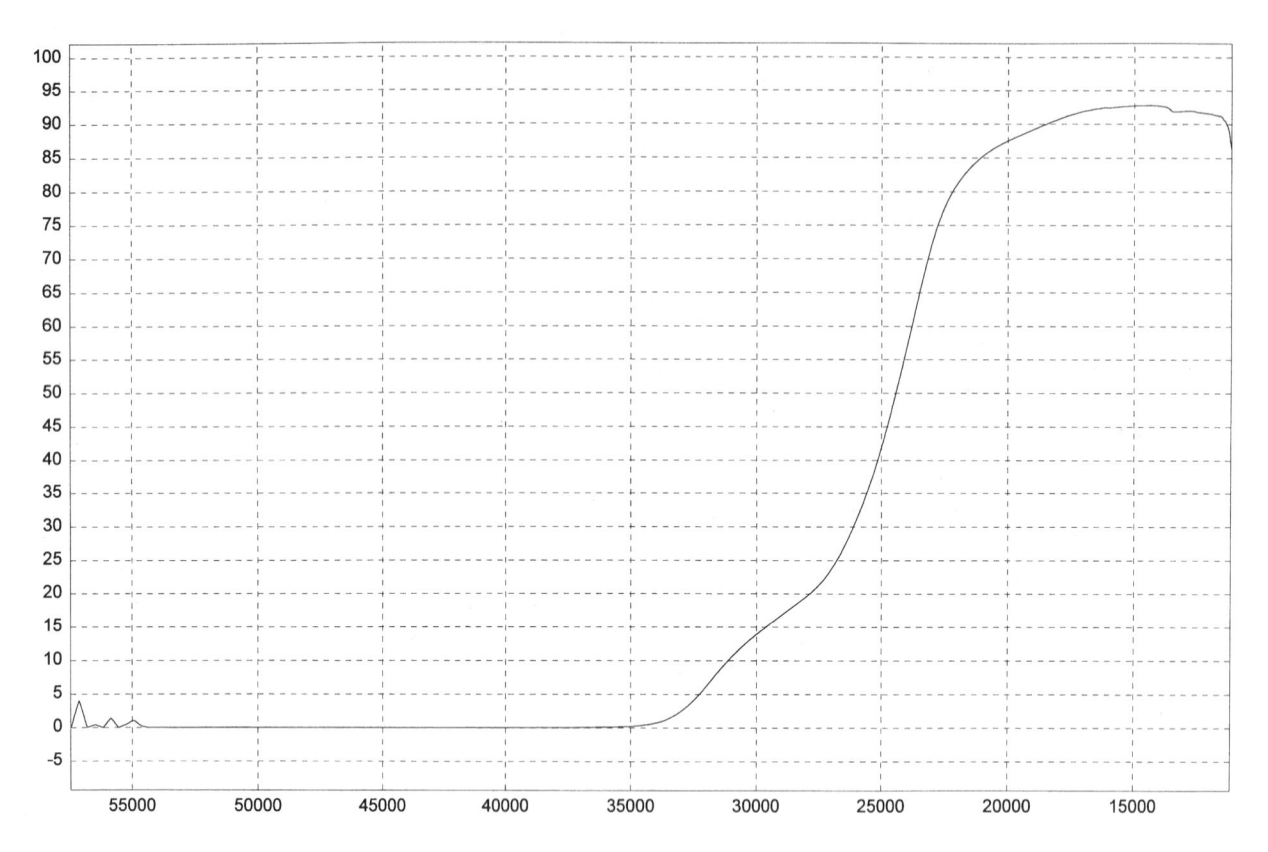

Transmittance / Wavenumber (cm⁻¹)

115   **1,3-Butanediol**

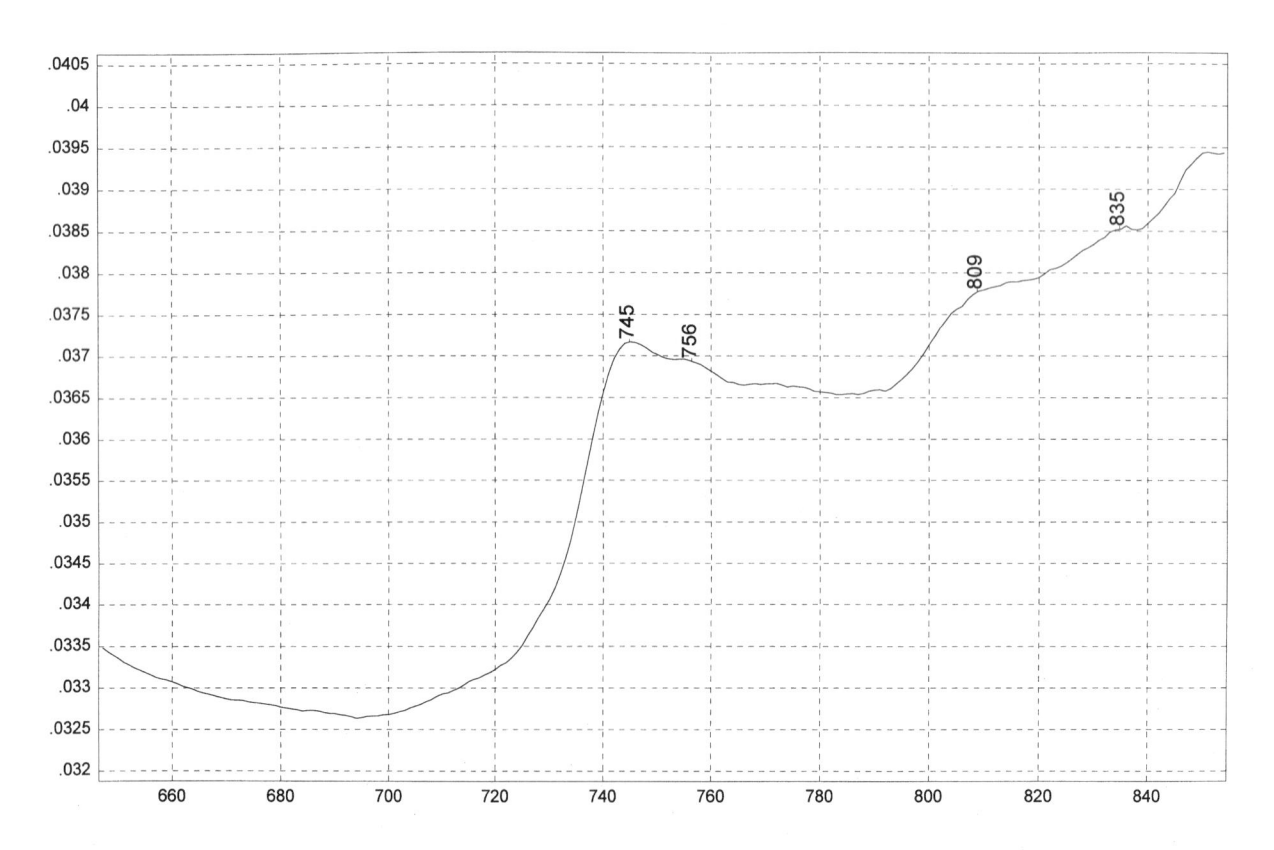

Absorbance / Nanometers

116   **1,3-Butanediol**

Absorbance / Nanometers

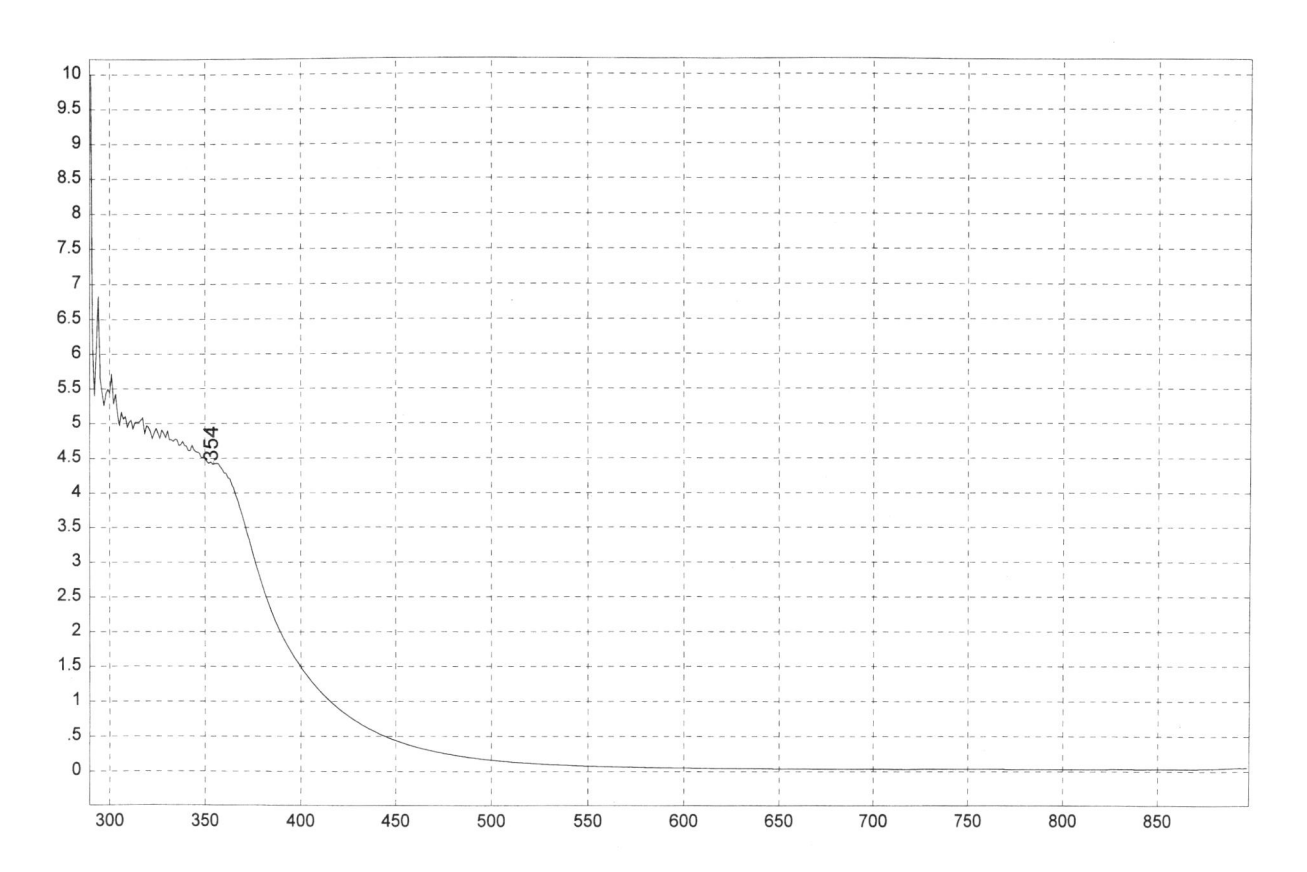

117

Linoleic Acid

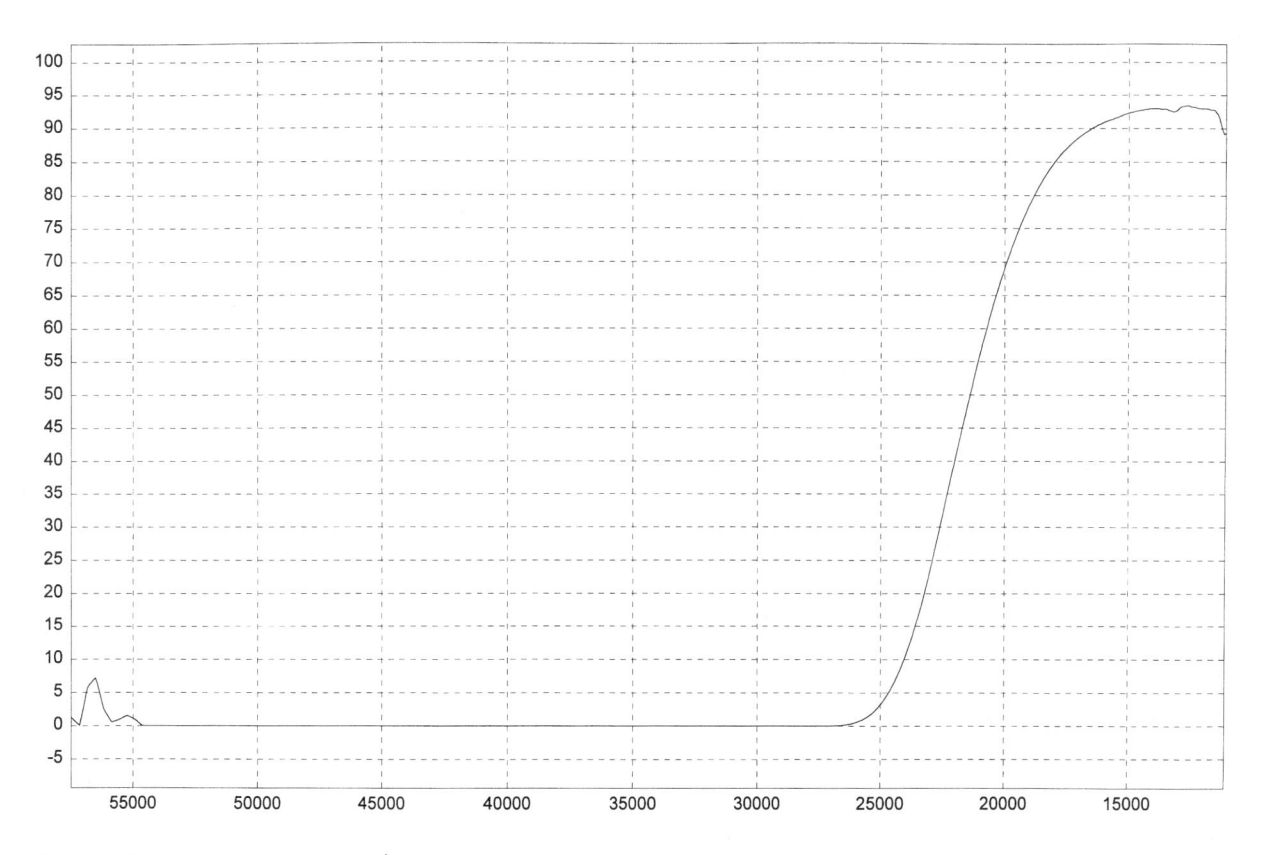

Transmittance / Wavenumber (cm⁻¹)

118

Linoleic Acid

Absorbance / Nanometers

119 **Linoleic Acid**

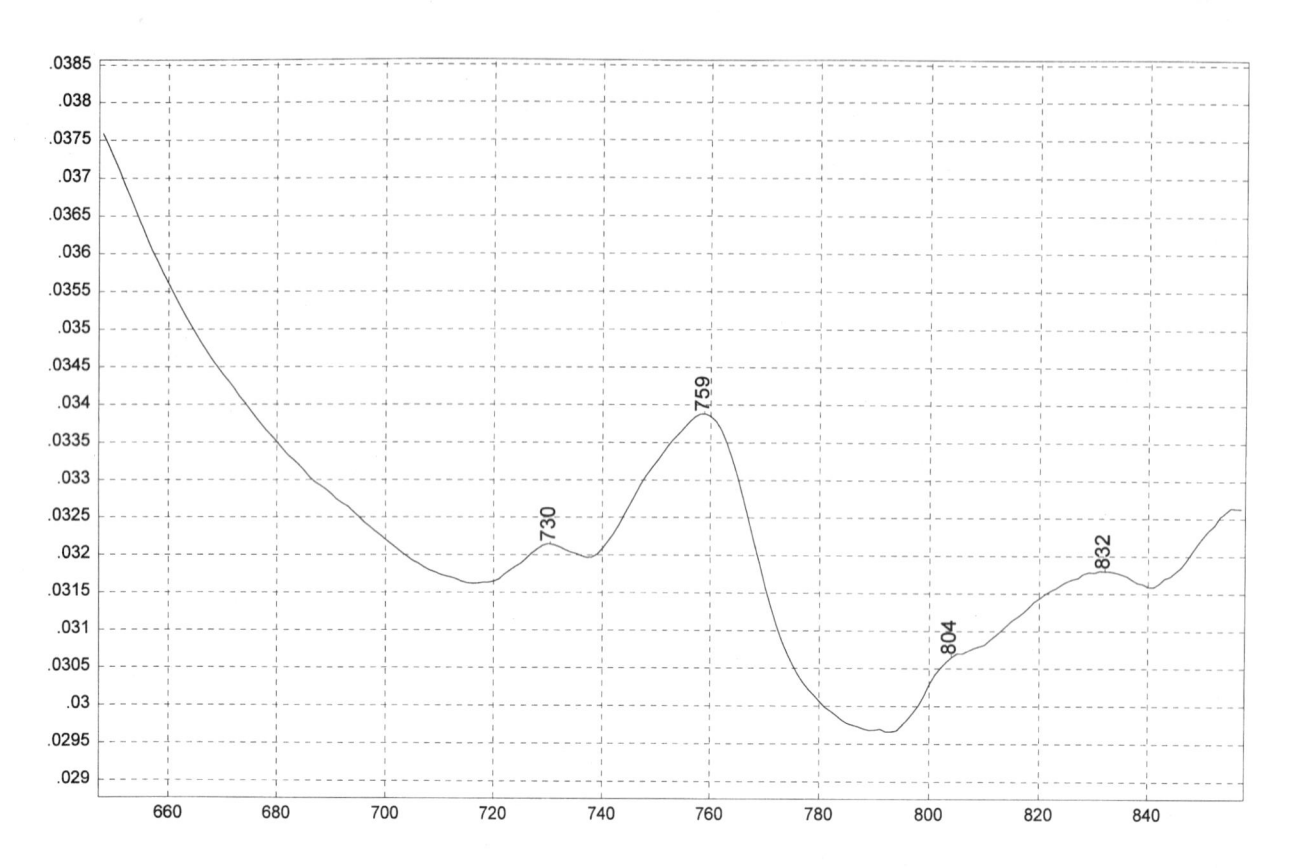

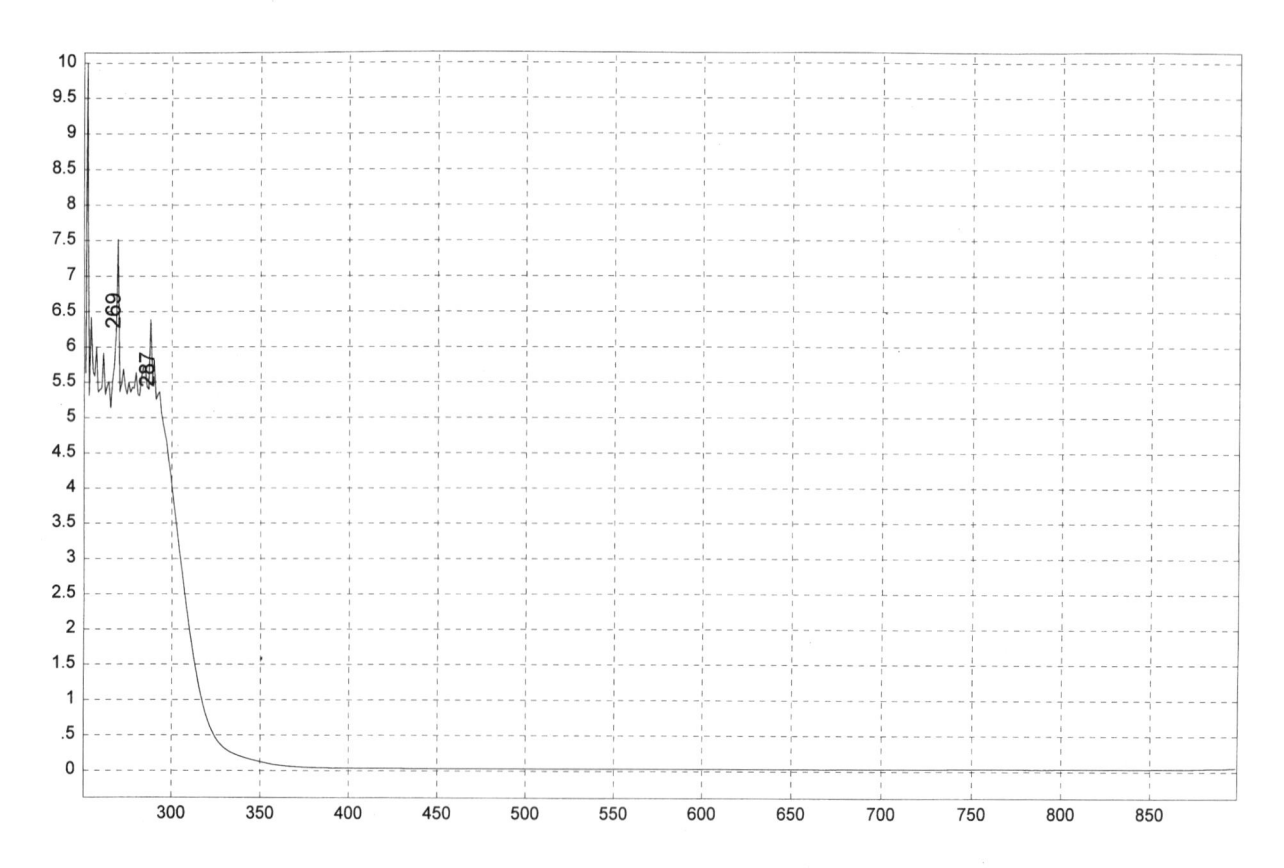

Absorbance / Nanometers

120 **2-Ethyl-1,3-hexanediol**

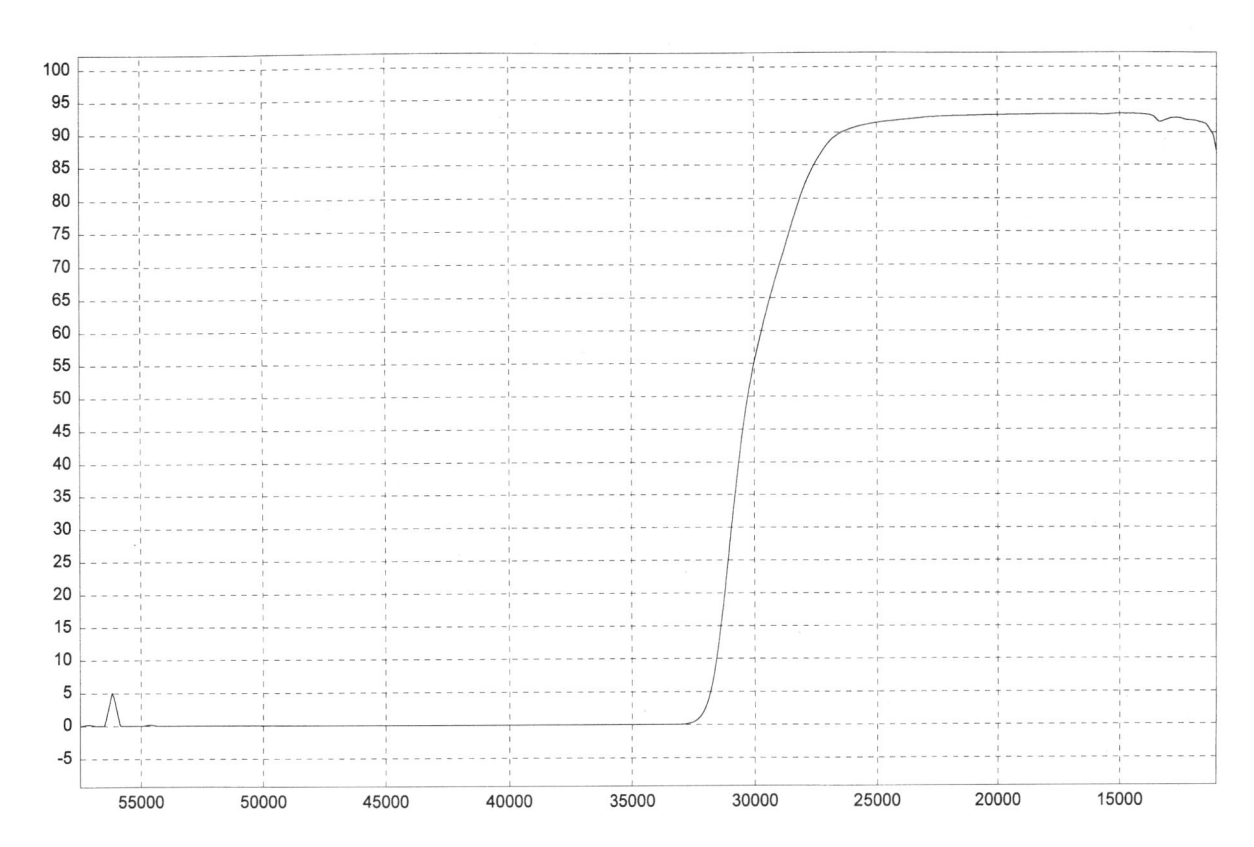

Transmittance / Wavenumber (cm⁻¹)

121　　**2-Ethyl-1,3-hexanediol**

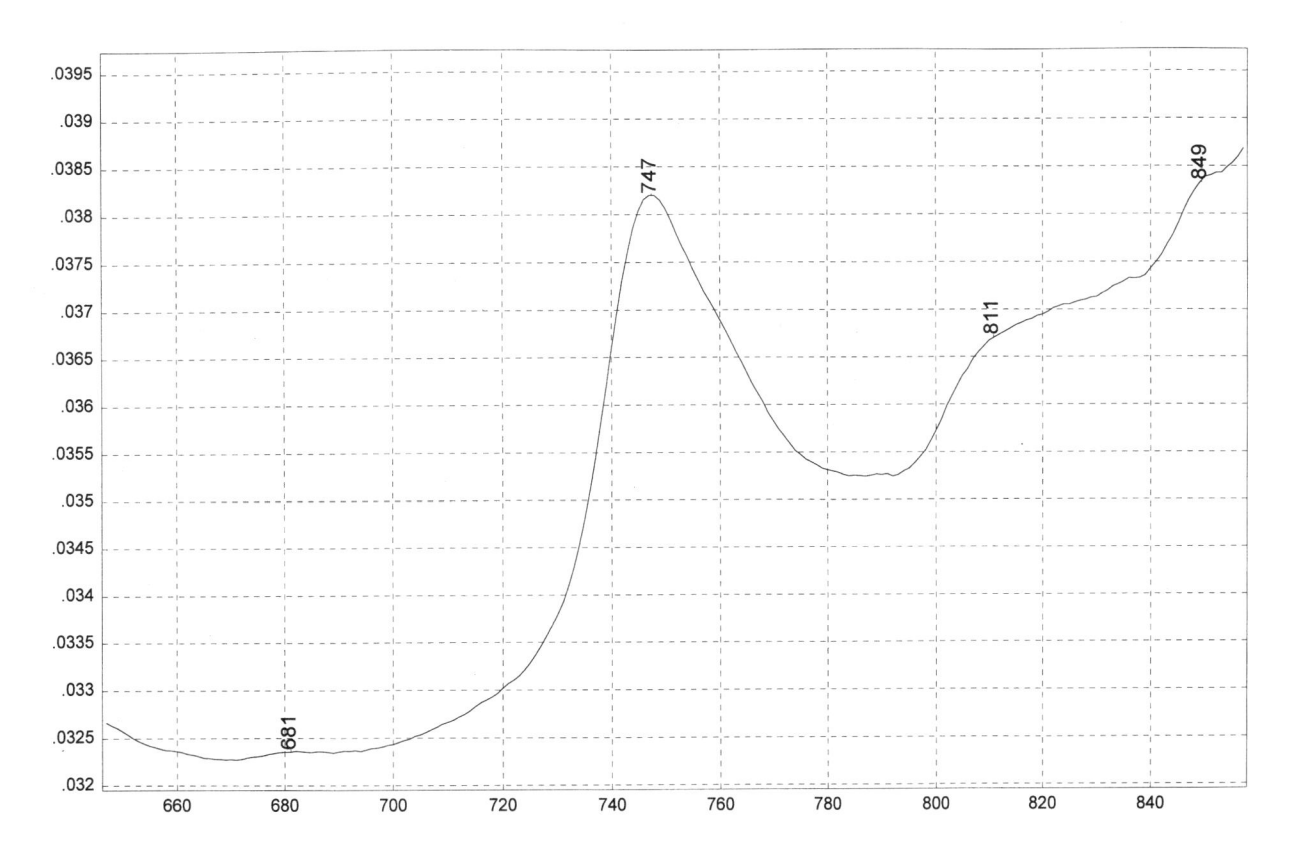

Absorbance / Nanometers

122　　**2-Ethyl-1,3-hexanediol**

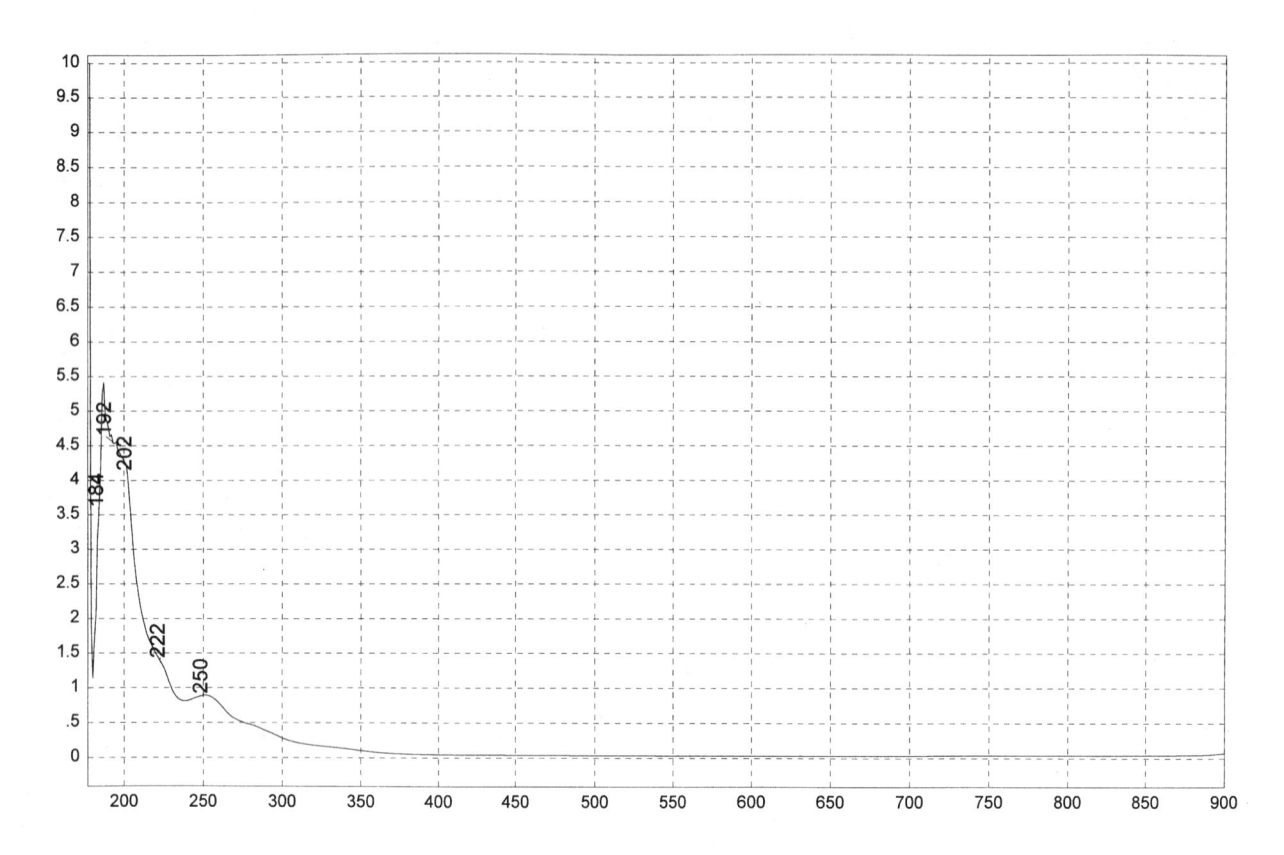

Absorbance / Nanometers

123 **Propylene glycol**

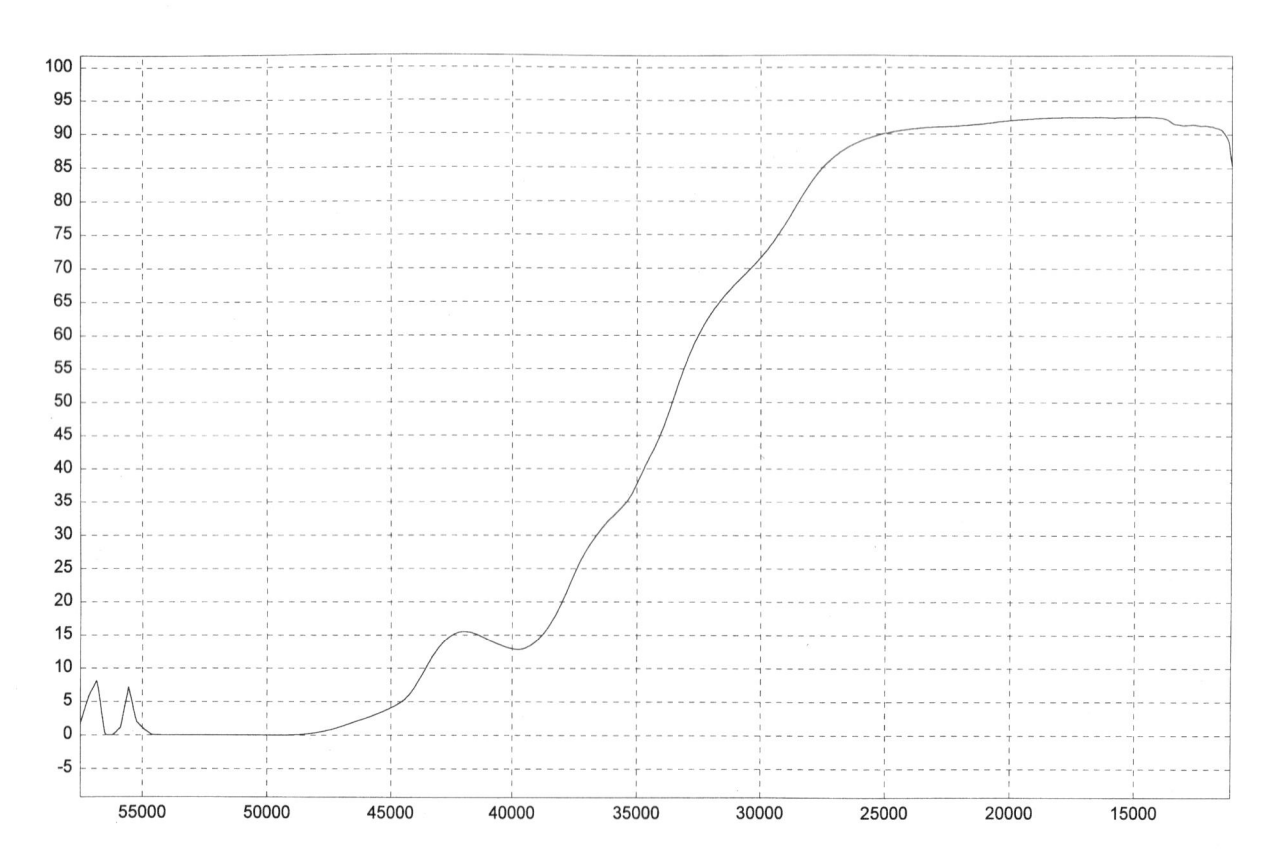

Transmittance / Wavenumber (cm⁻¹)

124 **Propylene glycol**

Absorbance / Nanometers

125 **Propylene glycol**

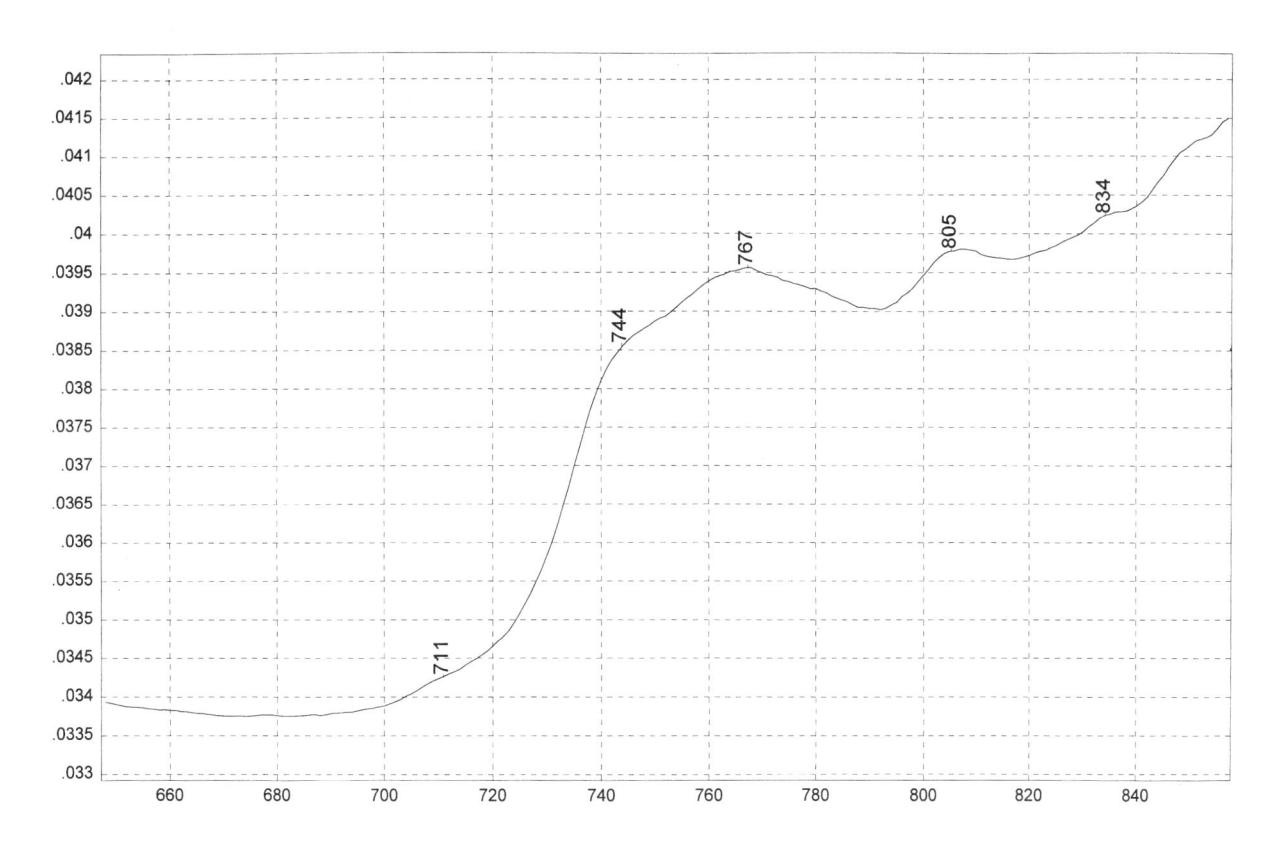

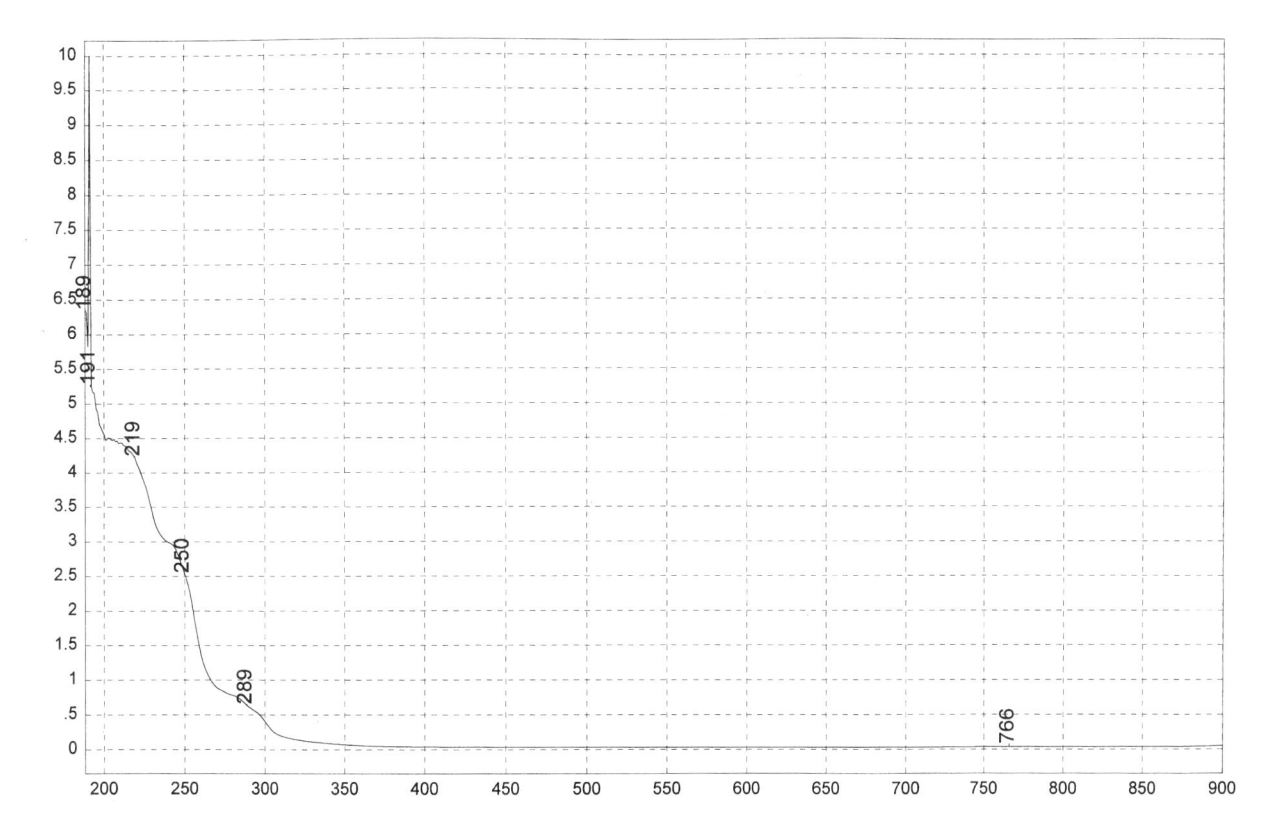

Absorbance / Nanometers

126 **Diethylene Glycol**

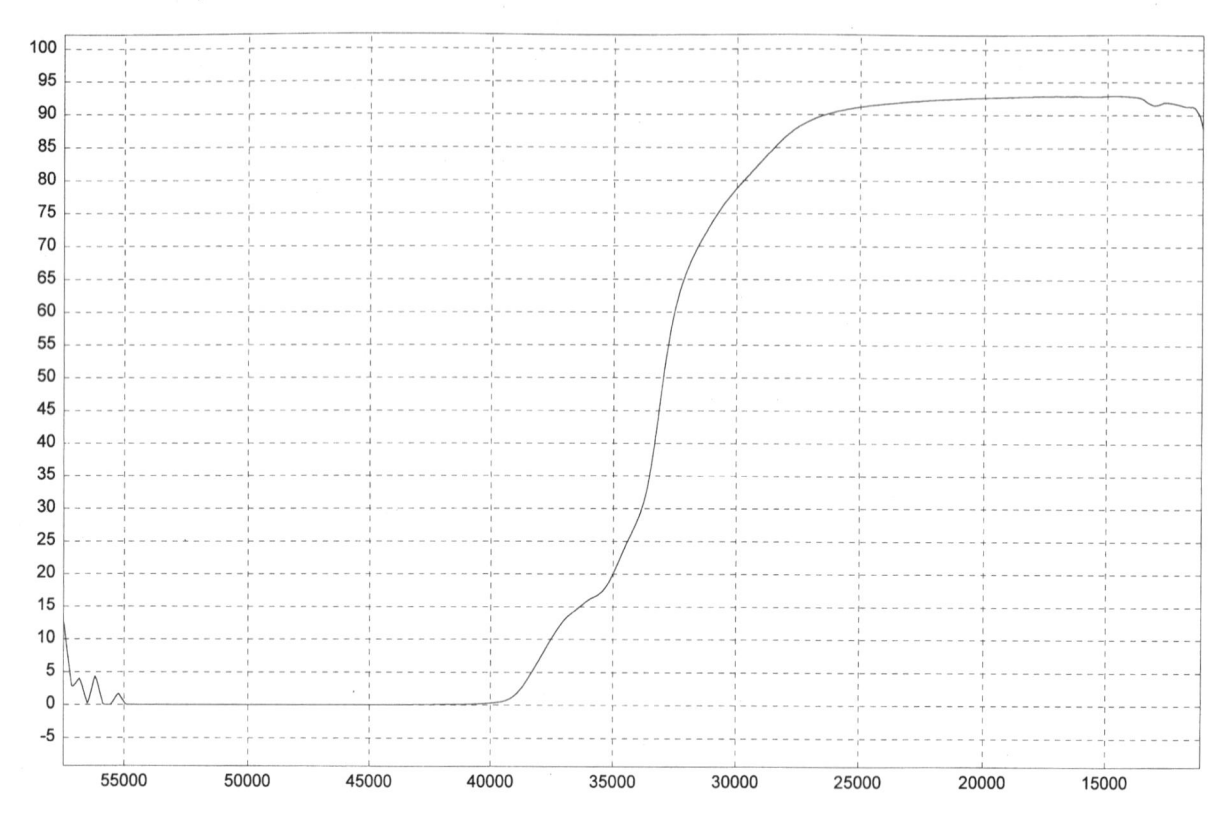

Transmittance / Wavenumber (cm⁻¹)

| 127 | **Diethylene Glycol** |

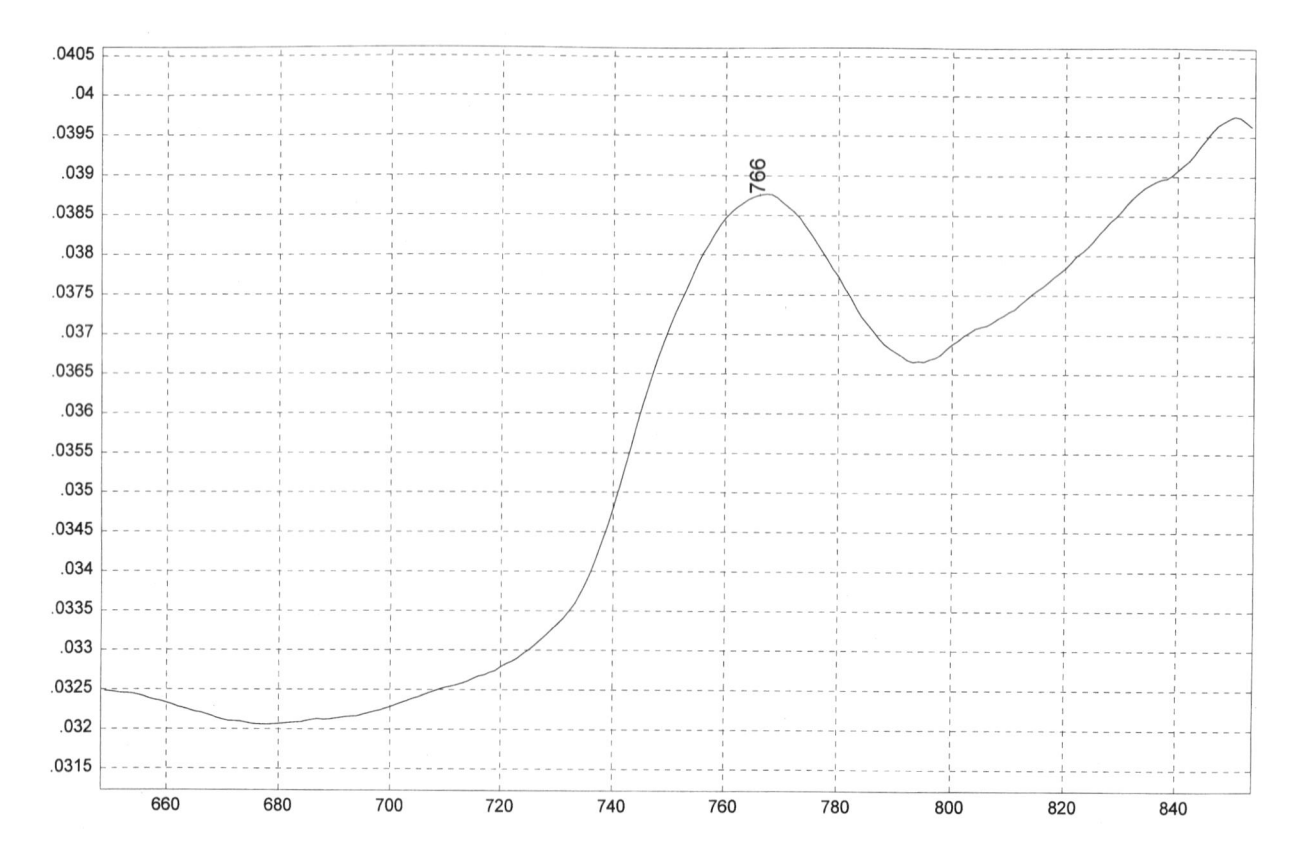

Absorbance / Nanometers

| 128 | **Diethylene Glycol** |

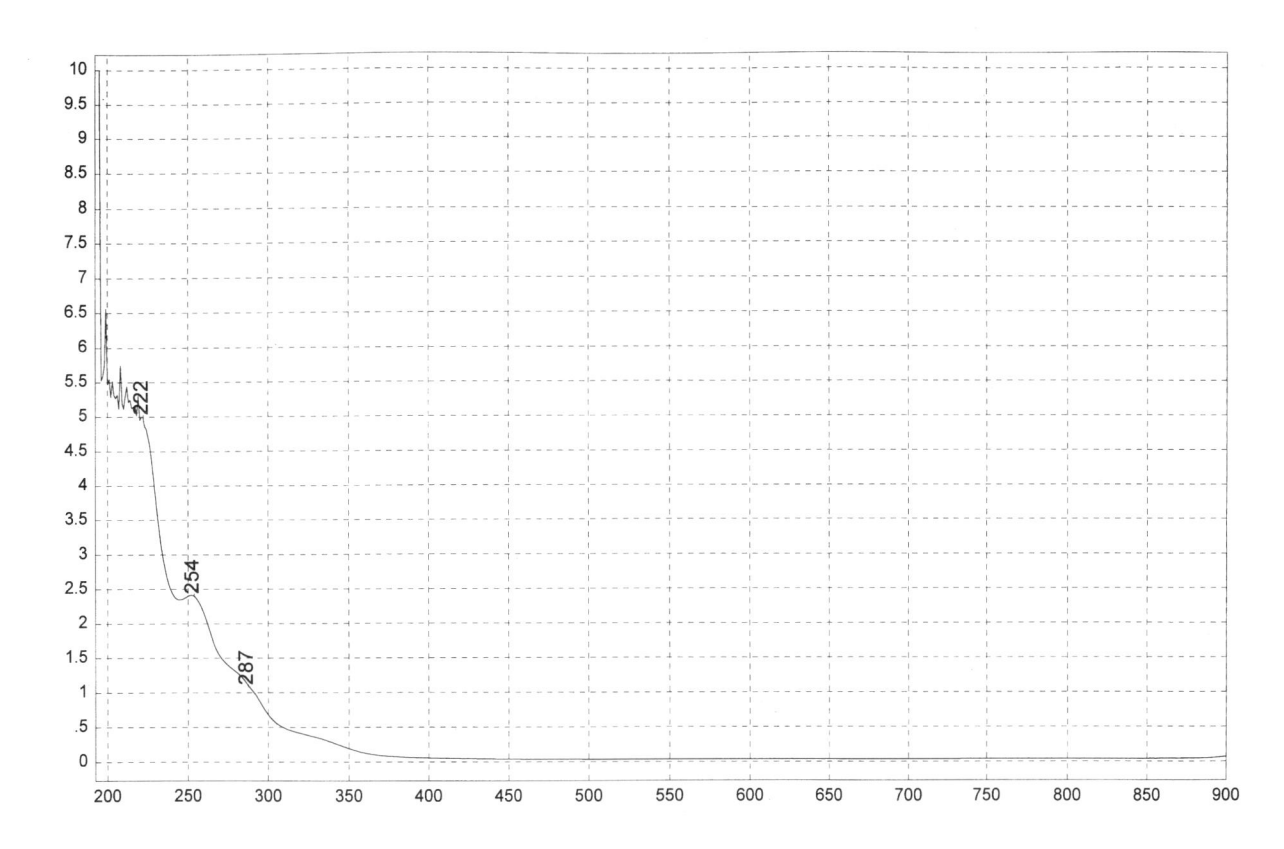

Absorbance / Nanometers

129 Dipropylene Glycol

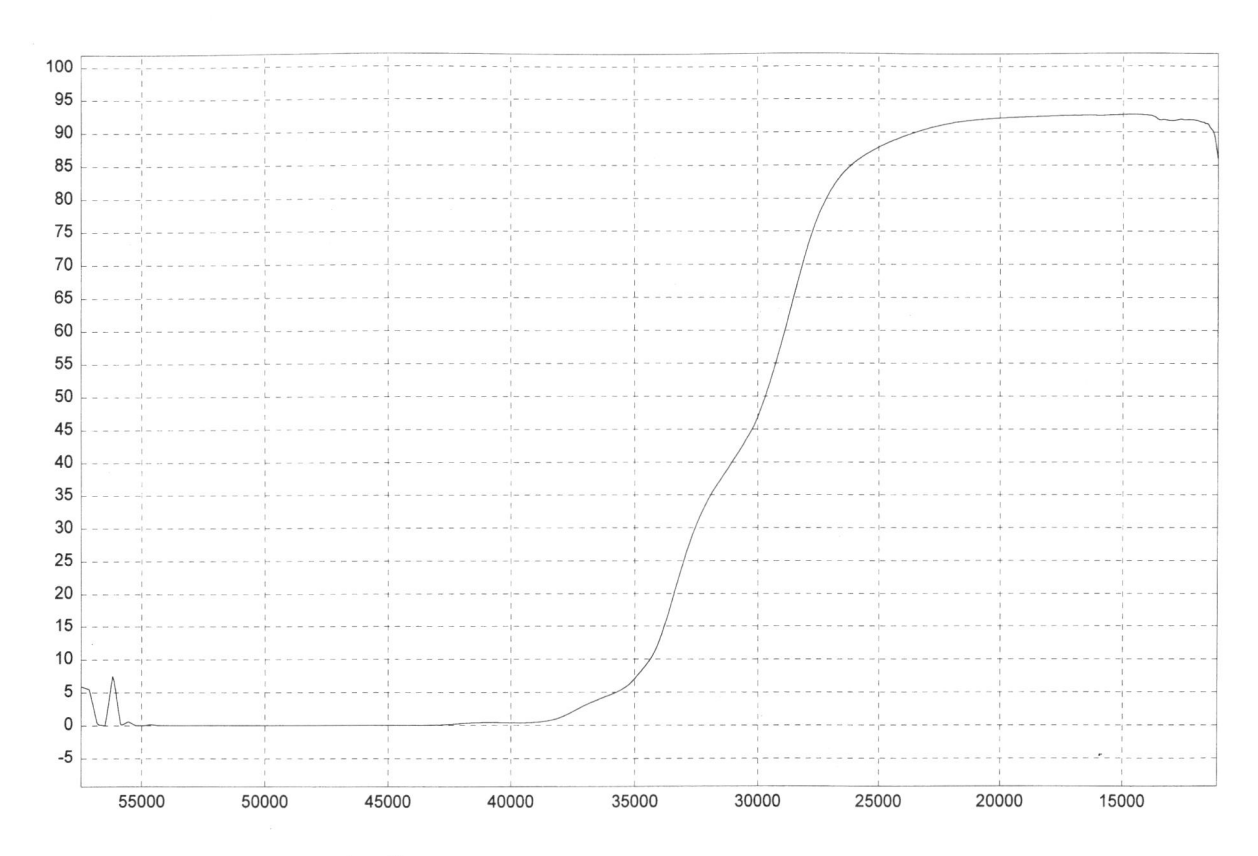

Transmittance / Wavenumber (cm^{-1})

130 Dipropylene Glycol

Absorbance / Nanometers

131 **Dipropylene Glycol**

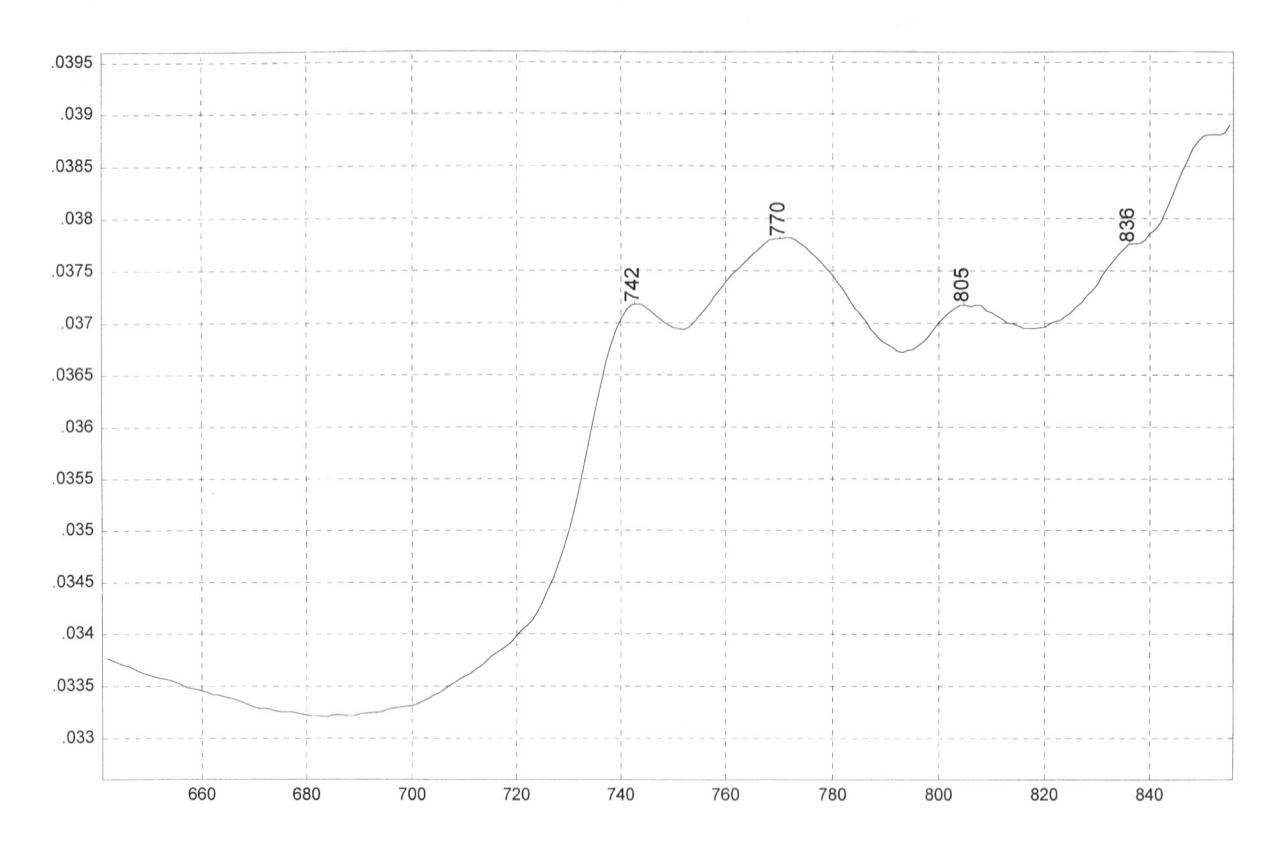

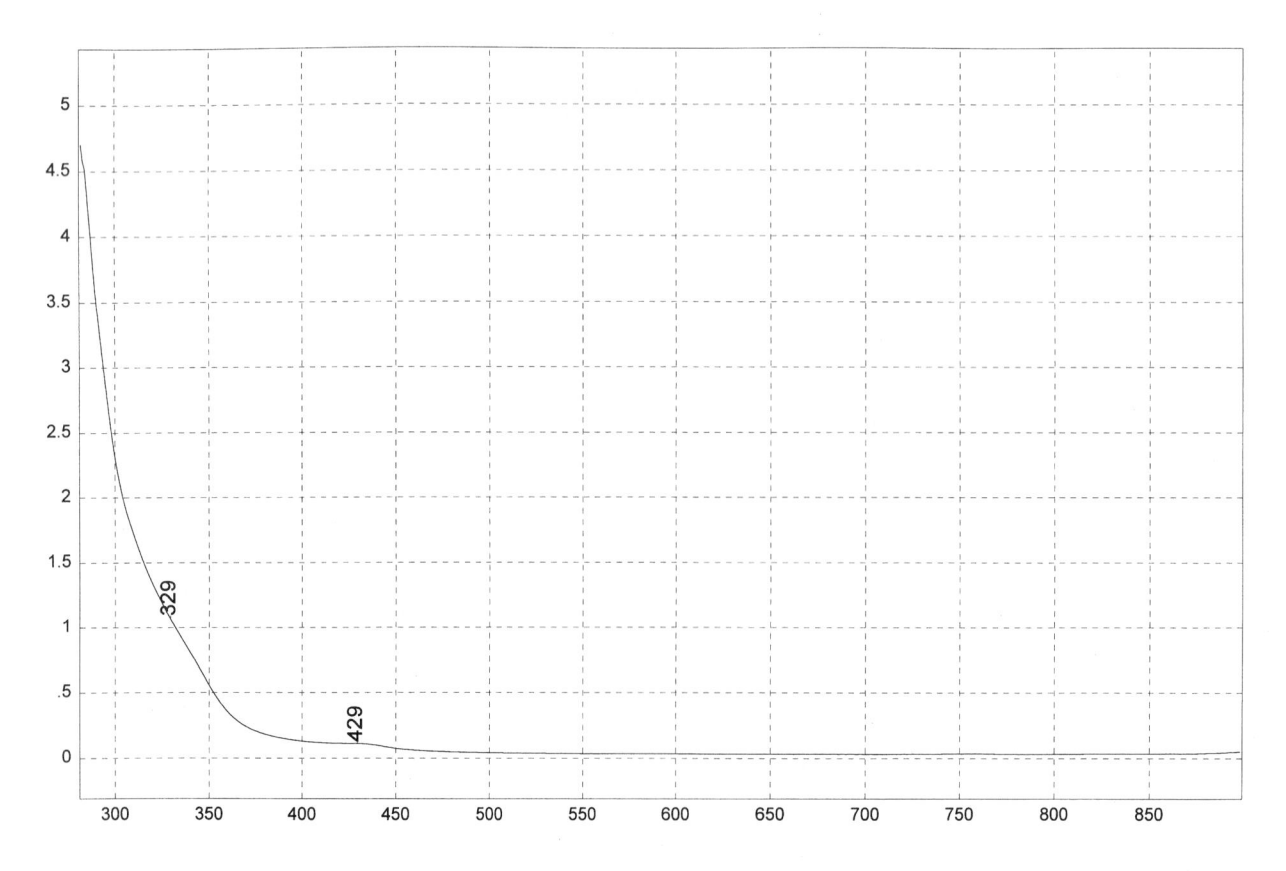

Absorbance / Nanometers

132 **Nonanoic Acid**

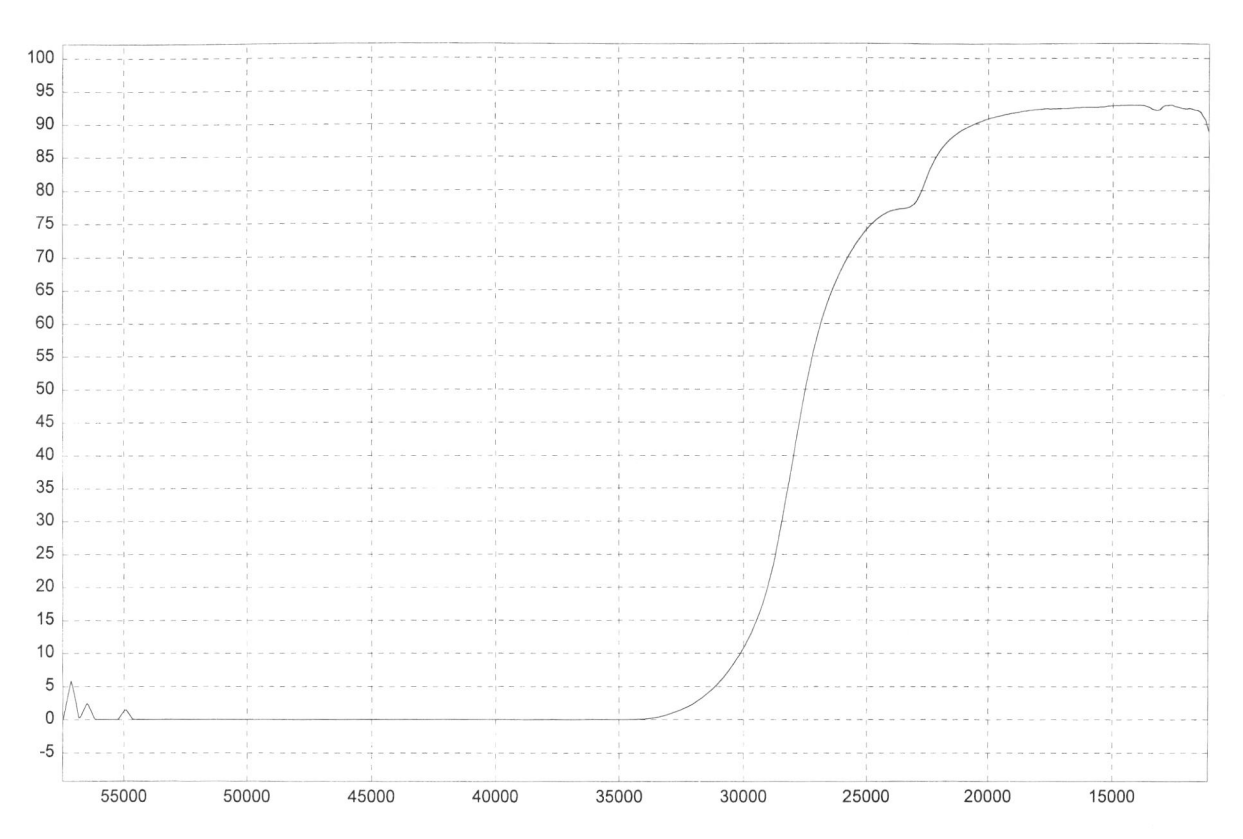

Transmittance / Wavenumber (cm⁻¹)

| 133 | **Nonanoic Acid** |

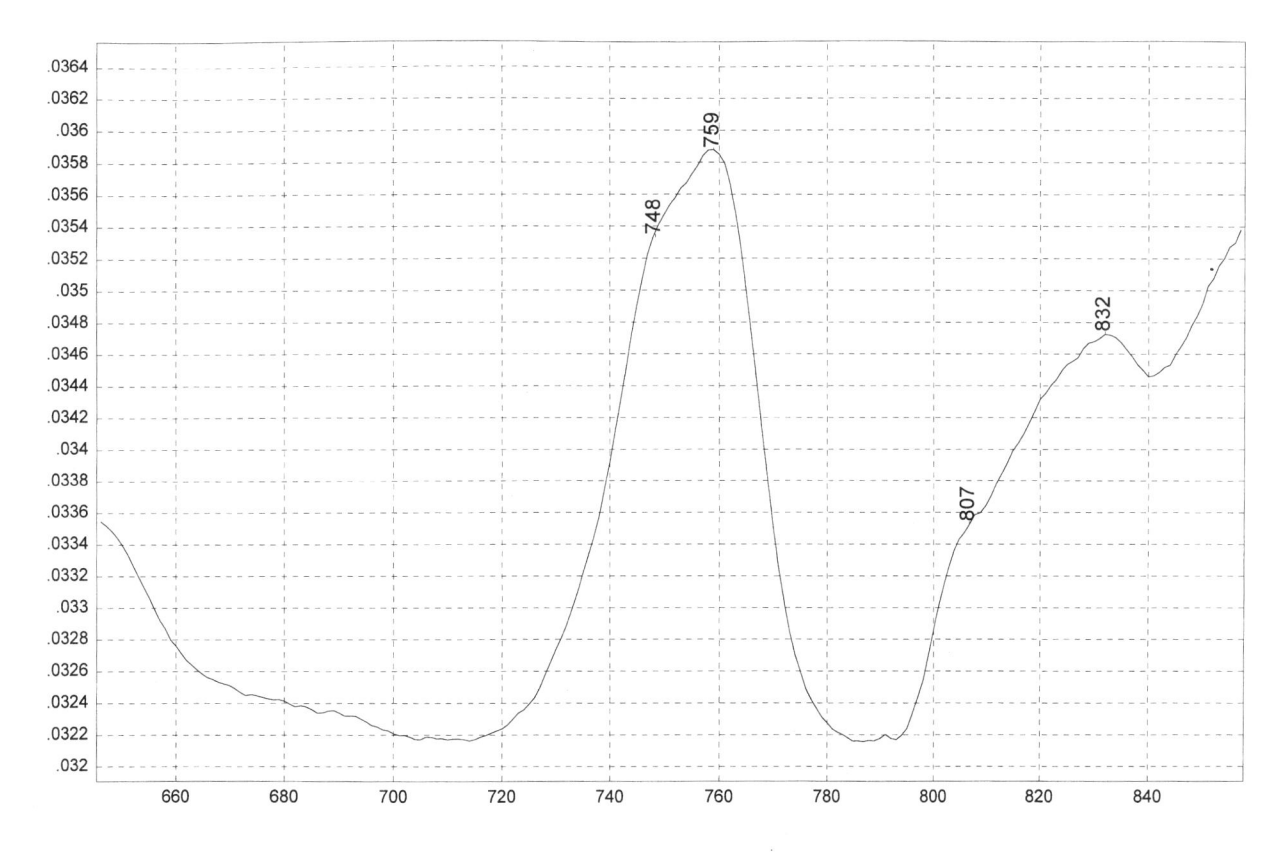

Absorbance / Nanometers

| 134 | **Nonanoic Acid** |

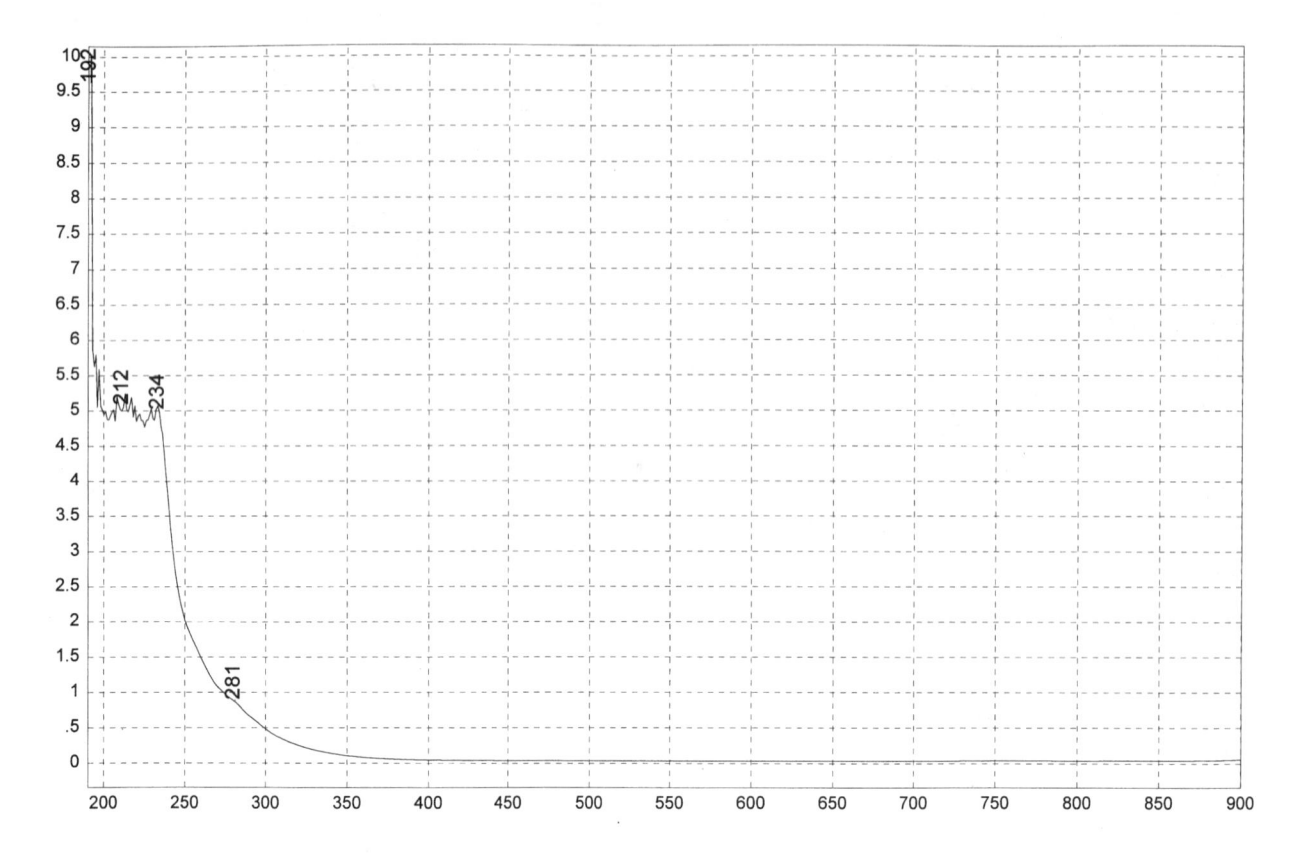

Absorbance / Nanometers

| 135 | Triethylene Glycol |

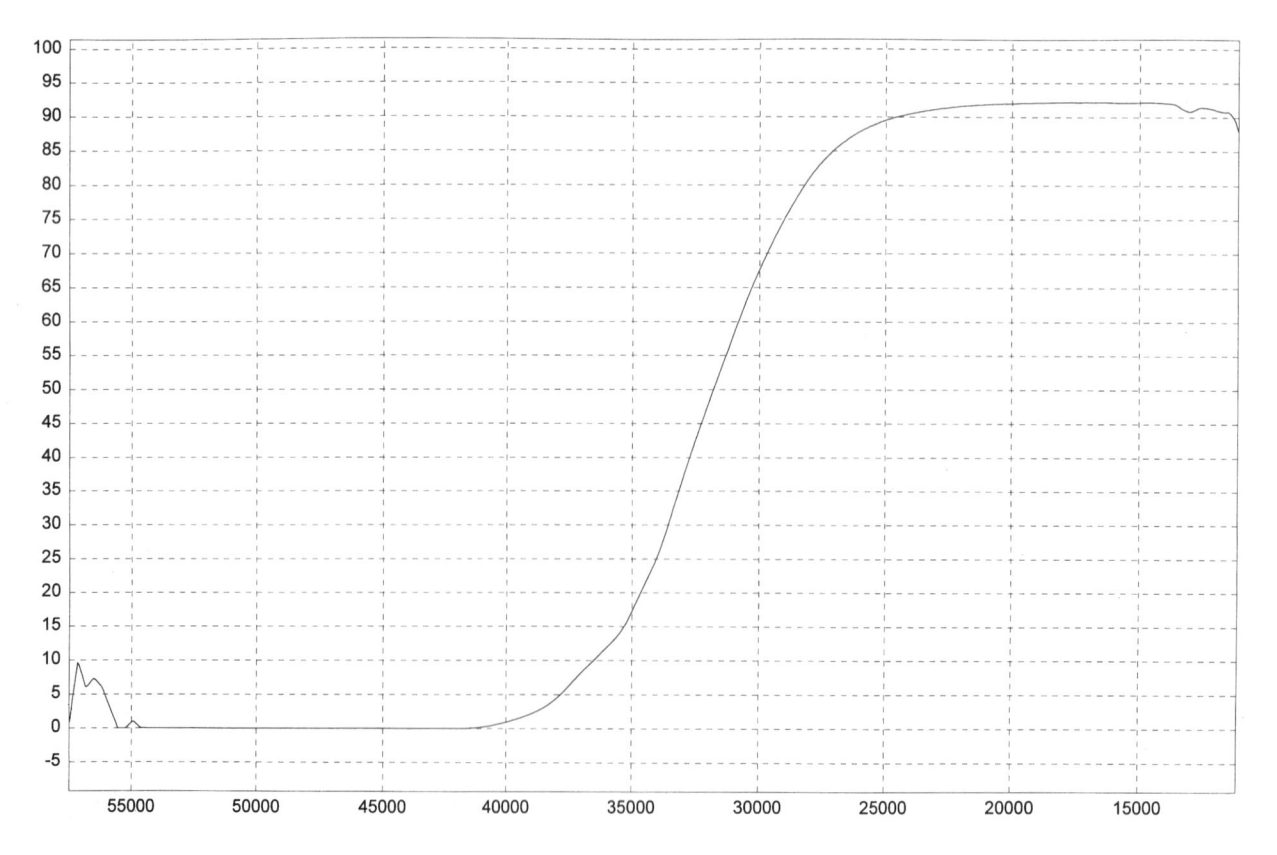

Transmittance / Wavenumber (cm^{-1})

| 136 | Triethylene Glycol |

Absorbance / Nanometers

137 **Triethylene Glycol**

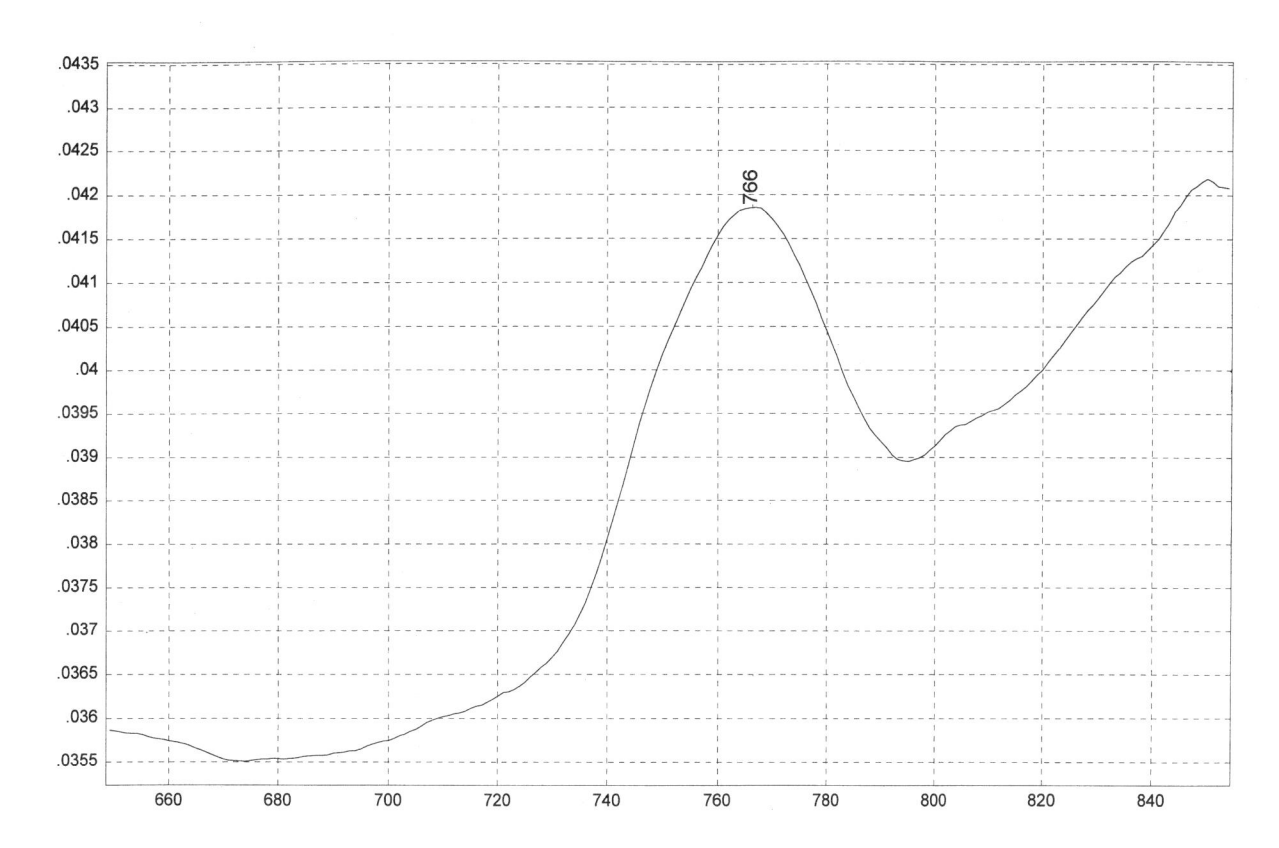

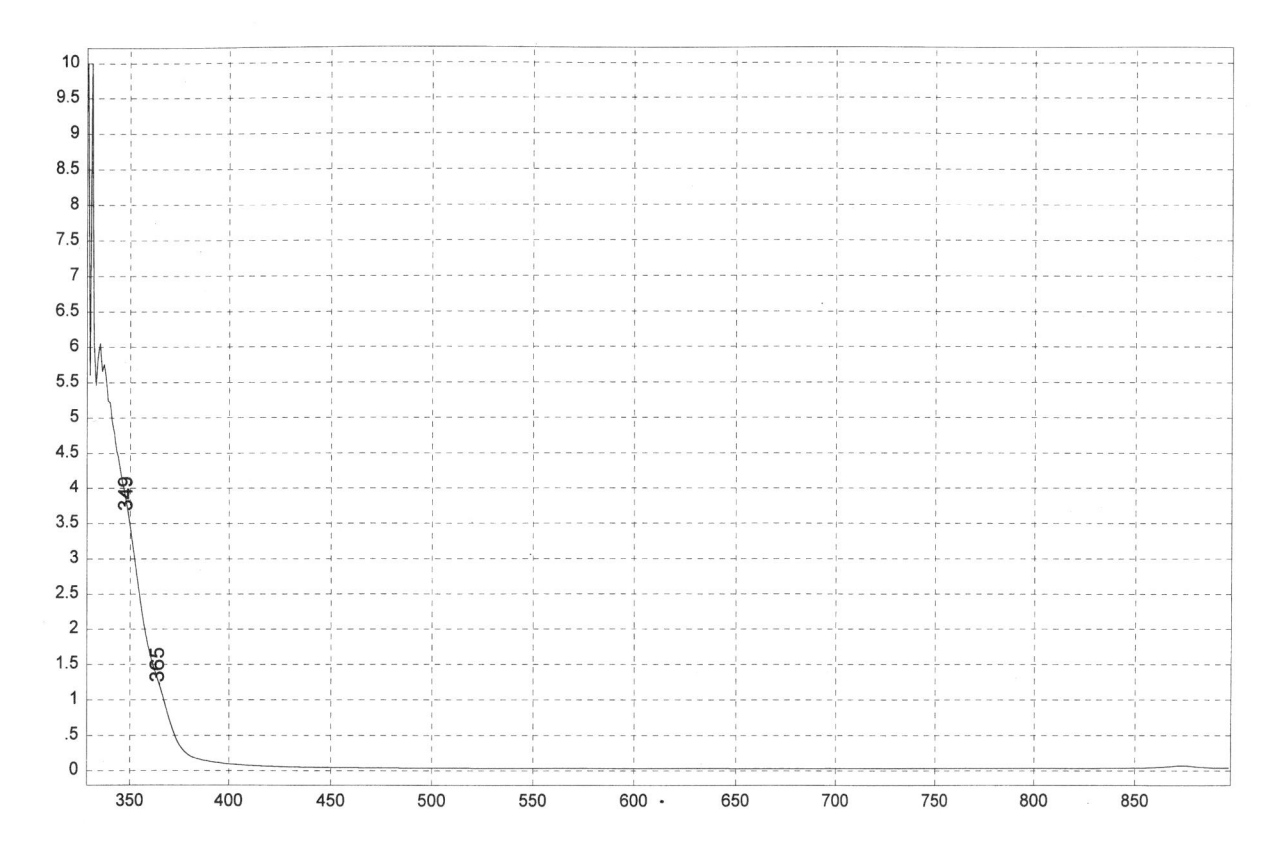

Absorbance / Nanometers

138 **Benzyl Alcohol**

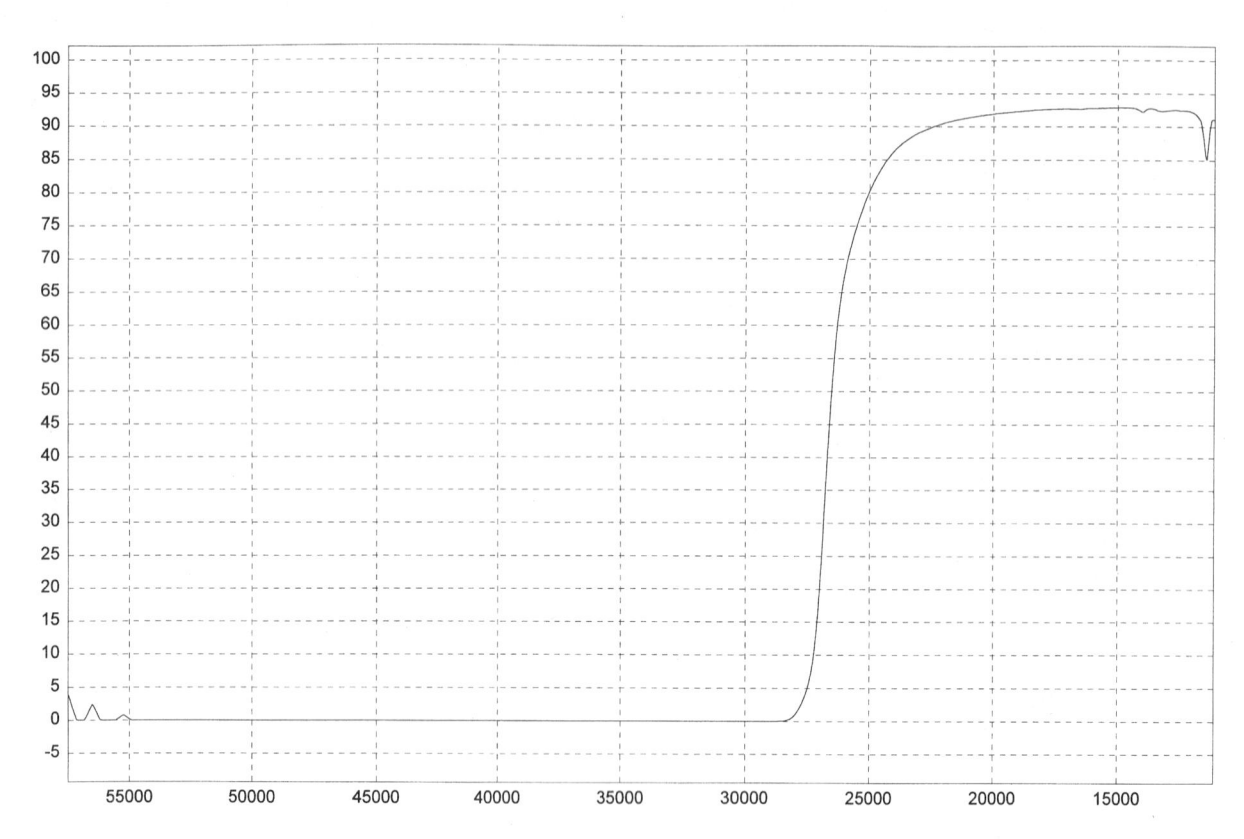

Transmittance / Wavenumber (cm⁻¹)

| 139 | Benzyl Alcohol |

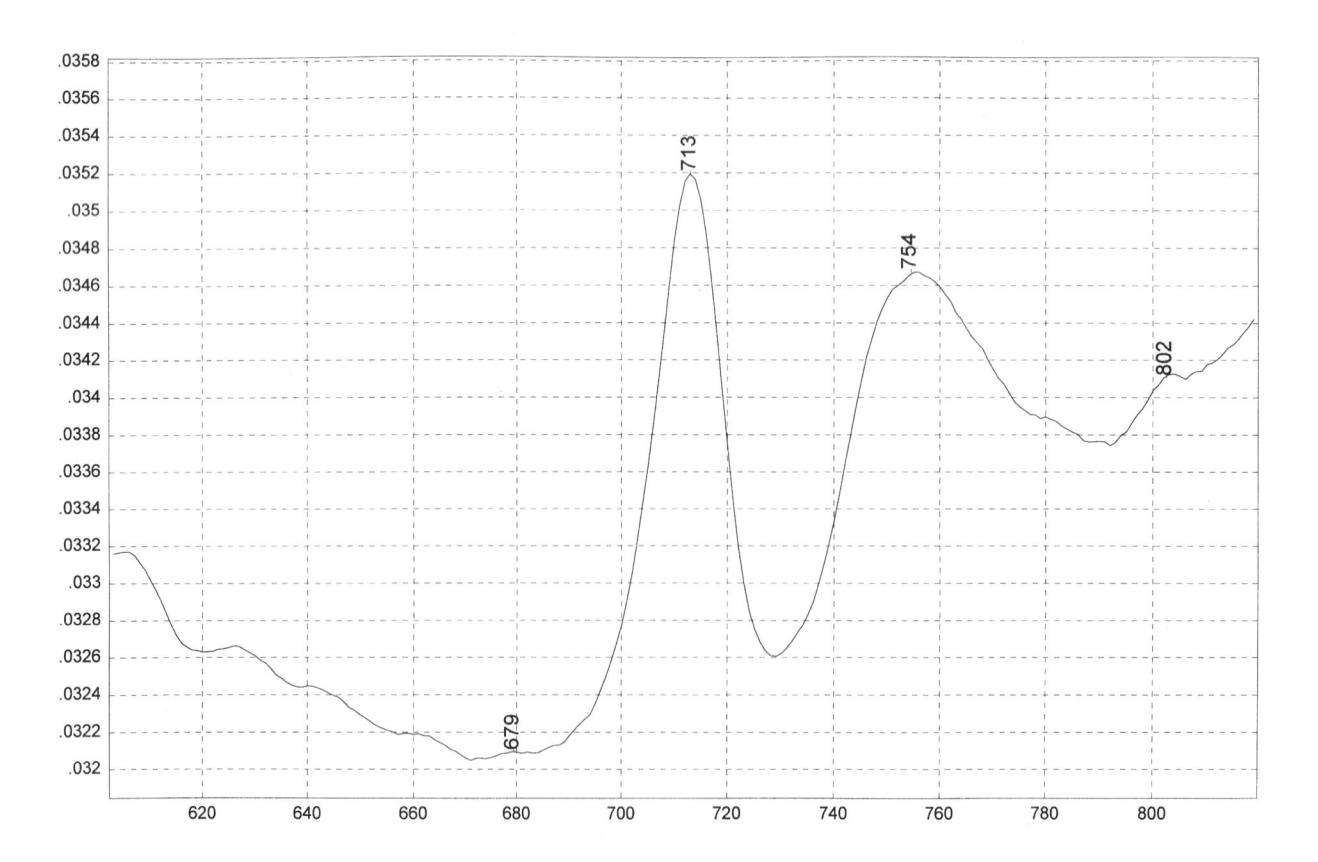

Absorbance / Nanometers

| 140 | Benzyl Alcohol |

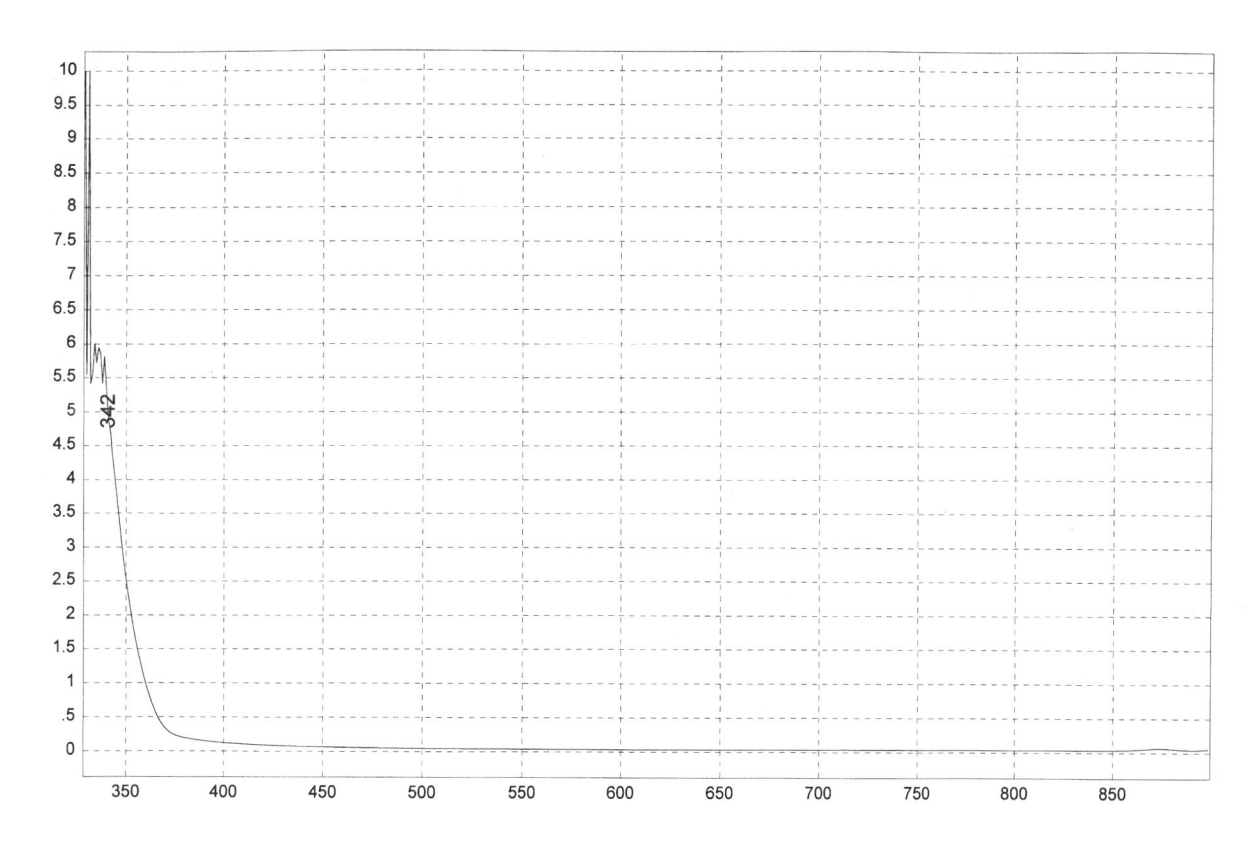

Absorbance / Nanometers

141 DL-a-Methylbenzyl Alcohol

Transmittance / Wavenumber (cm^{-1})

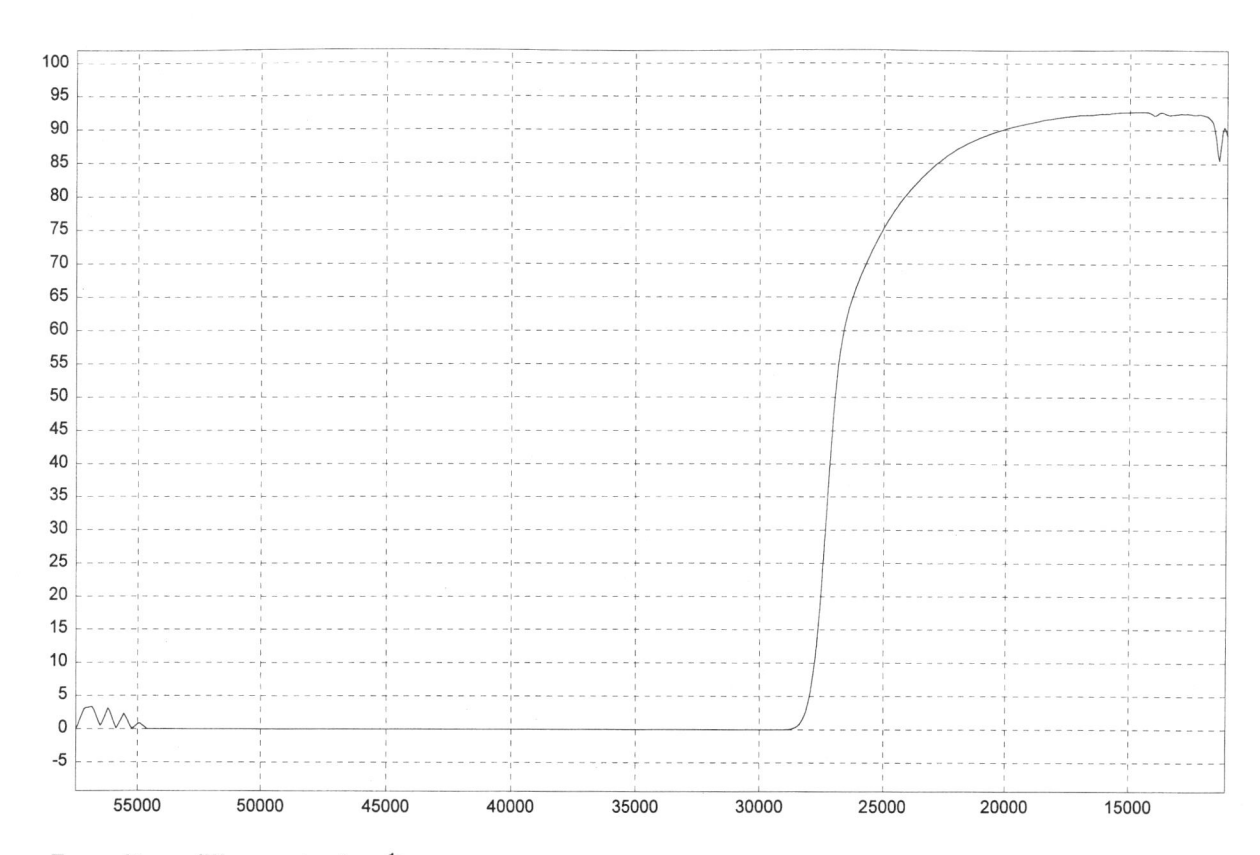

142 DL-a-Methylbenzyl Alcohol

143 DL-a-Methylbenzyl Alcohol

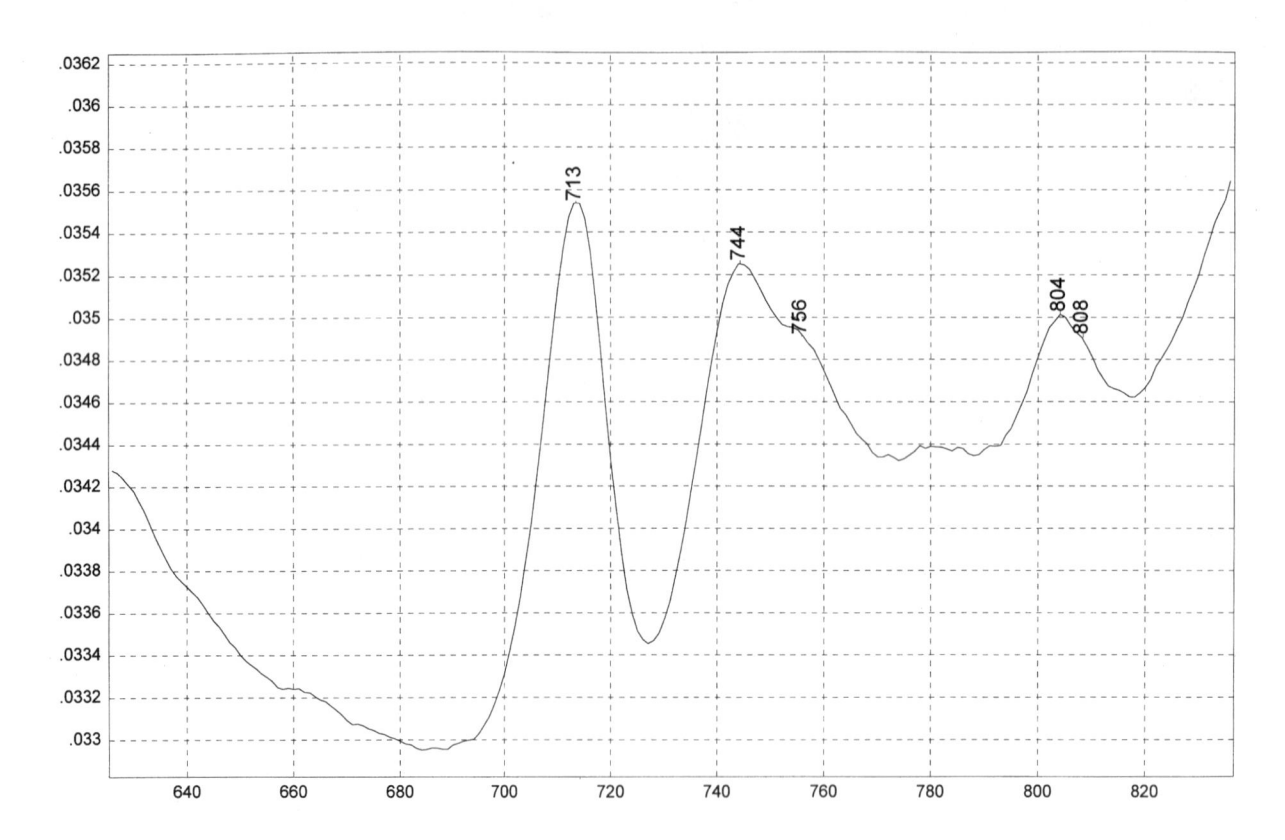

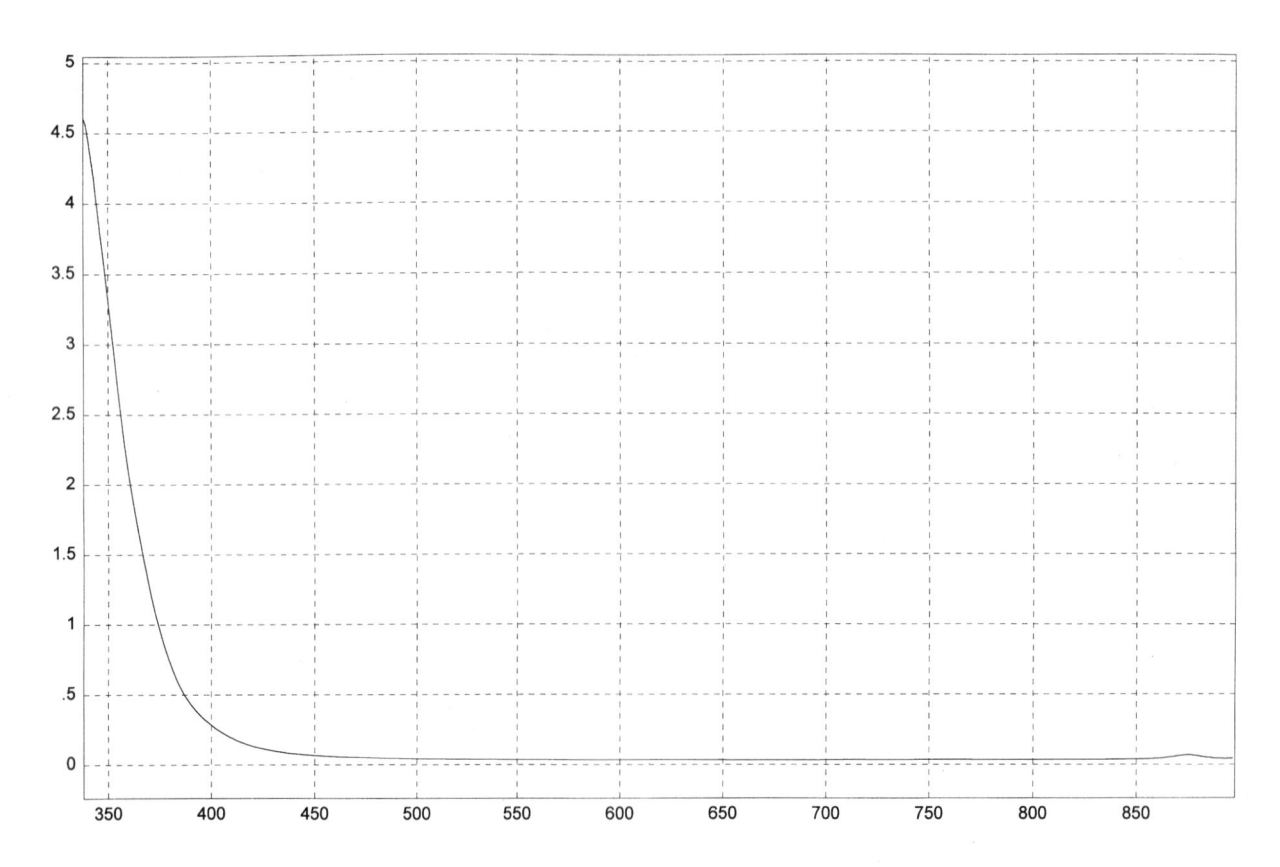

144 2-Phenylethyl Alcohol

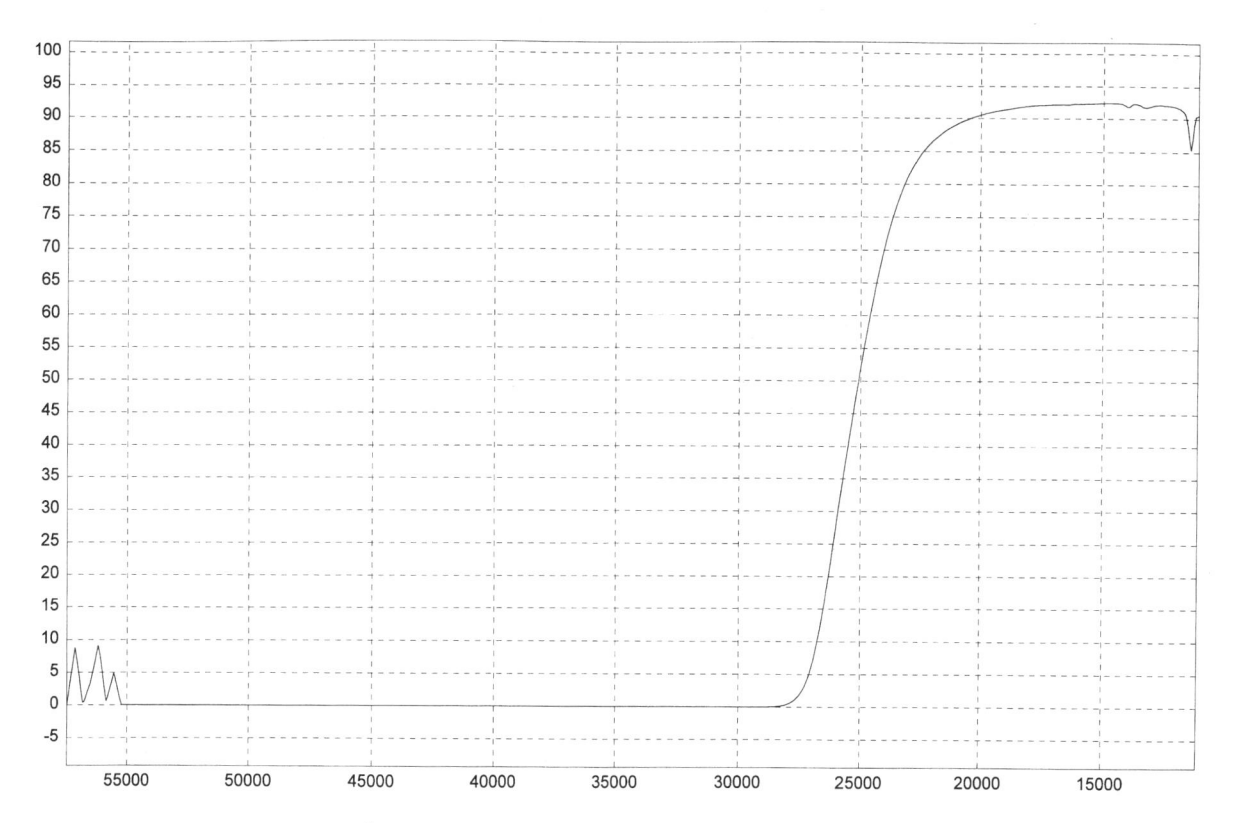

Transmittance / Wavenumber (cm⁻¹)

145 2-Phenylethyl Alcohol

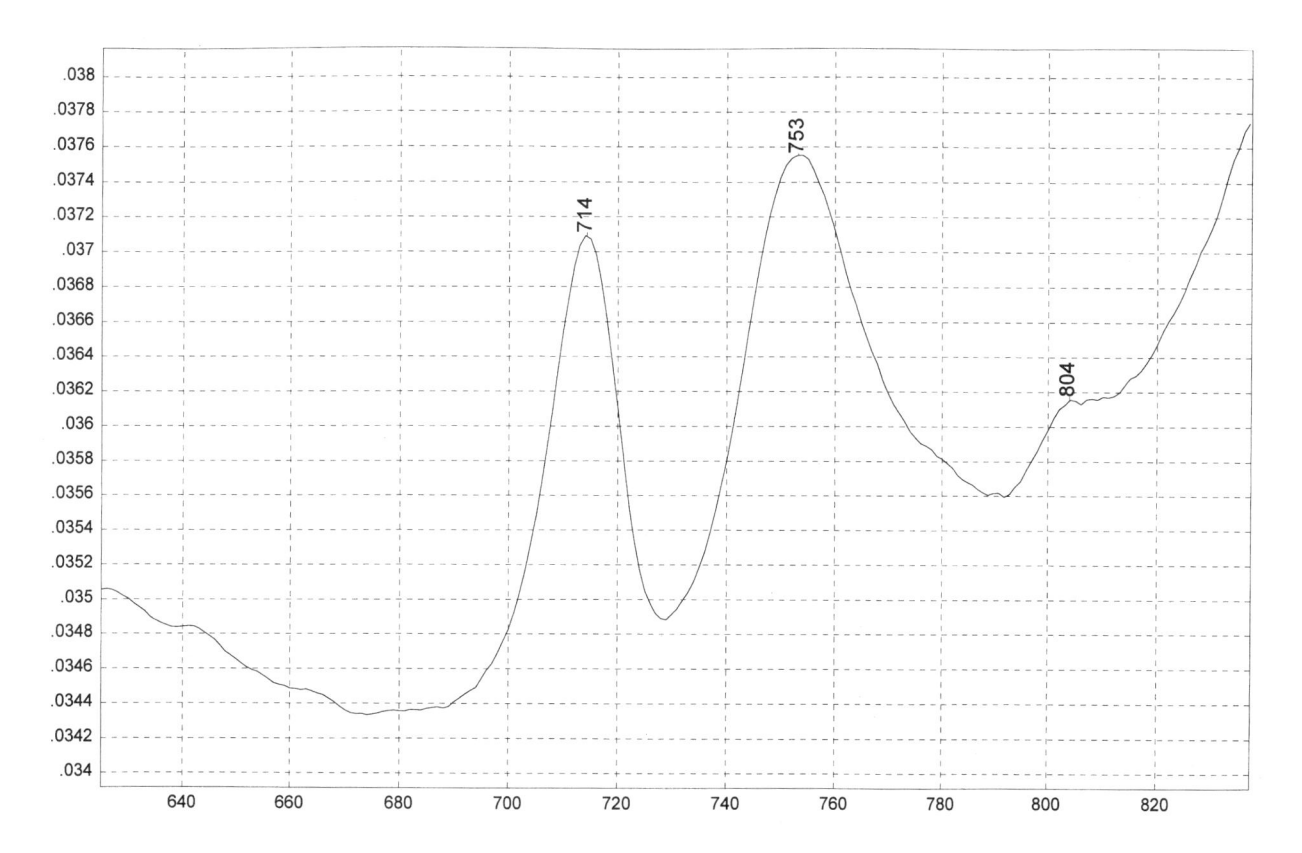

Absorbance / Nanometers

146 2-Phenylethyl Alcohol

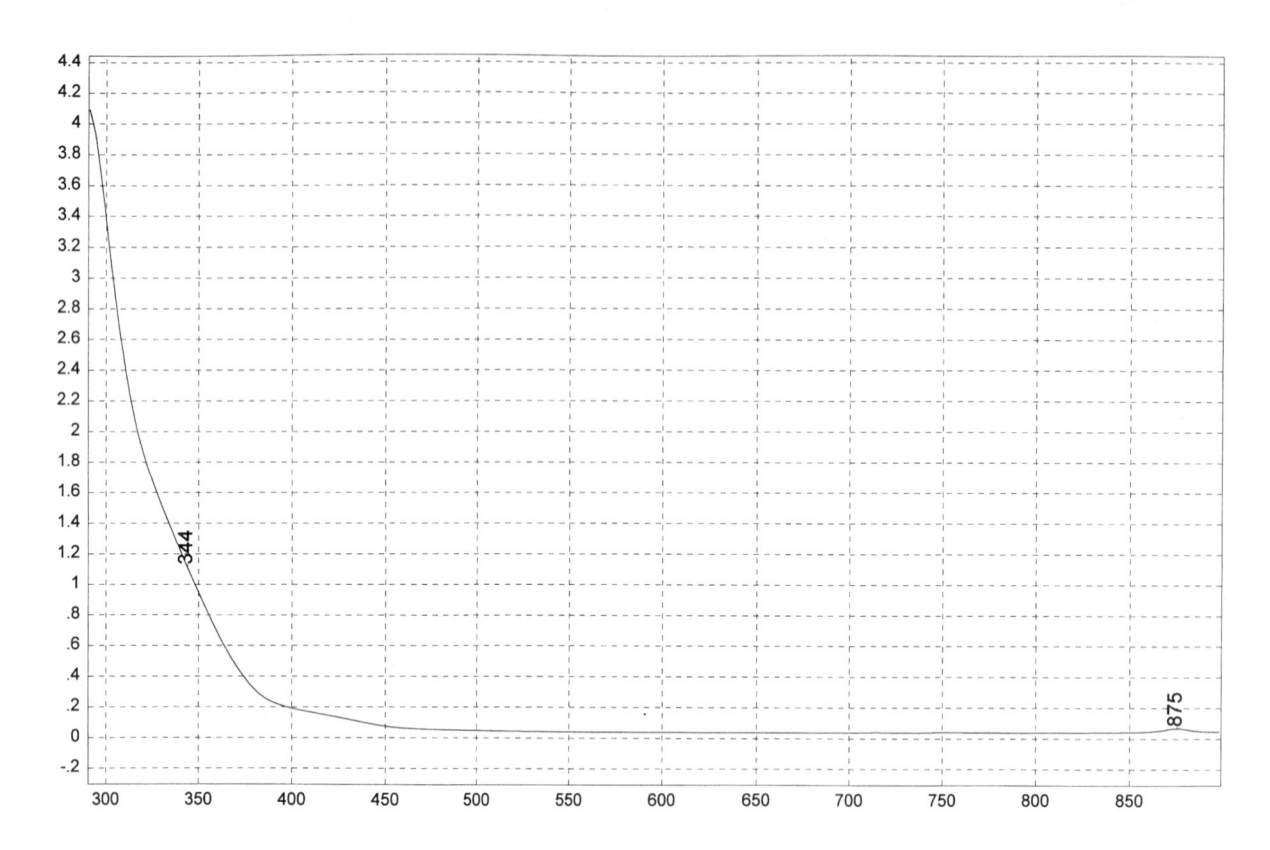

Absorbance / Nanometers

147   **3-Phenyl-1-propanol**

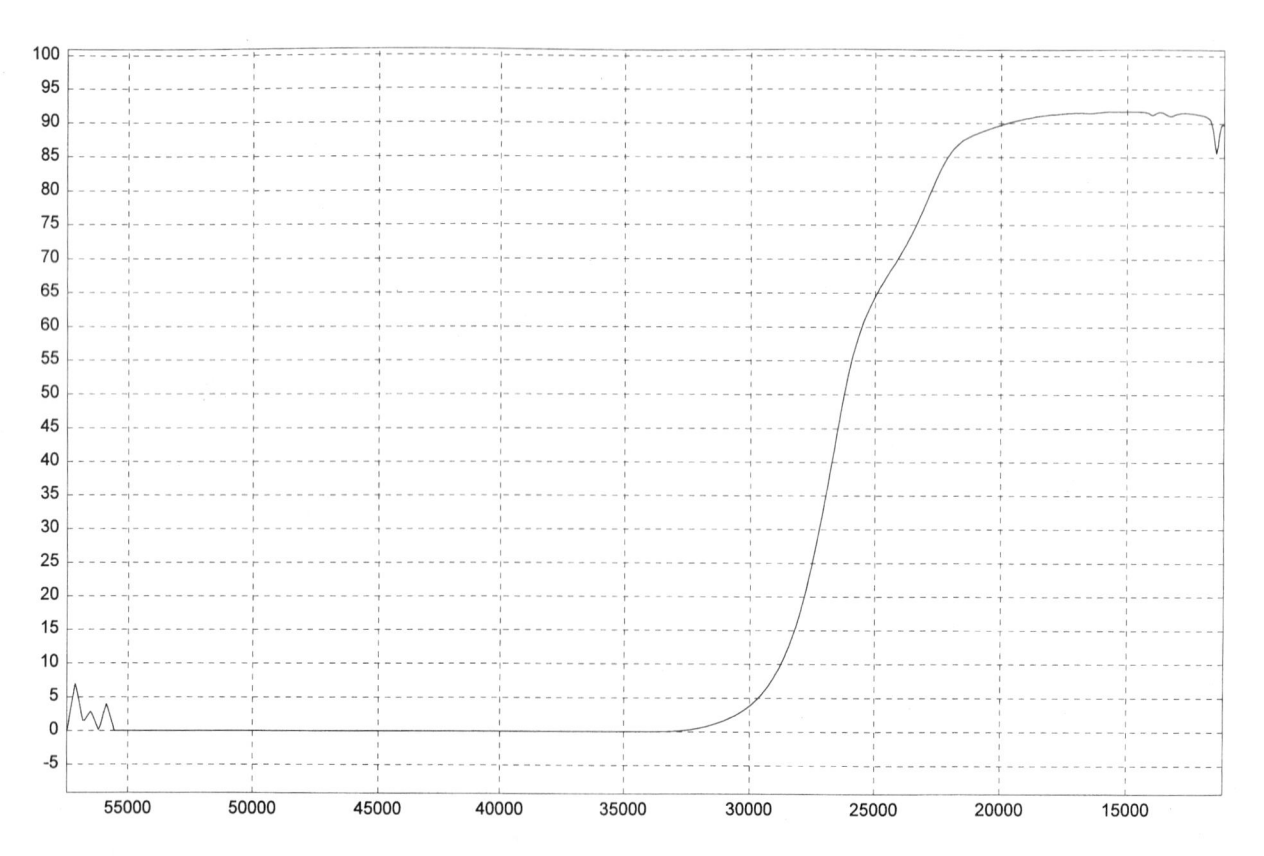

Transmittance / Wavenumber (cm⁻¹)

148   **3-Phenyl-1-propanol**

Absorbance / Nanometers

149   **3-Phenyl-1-propanol**

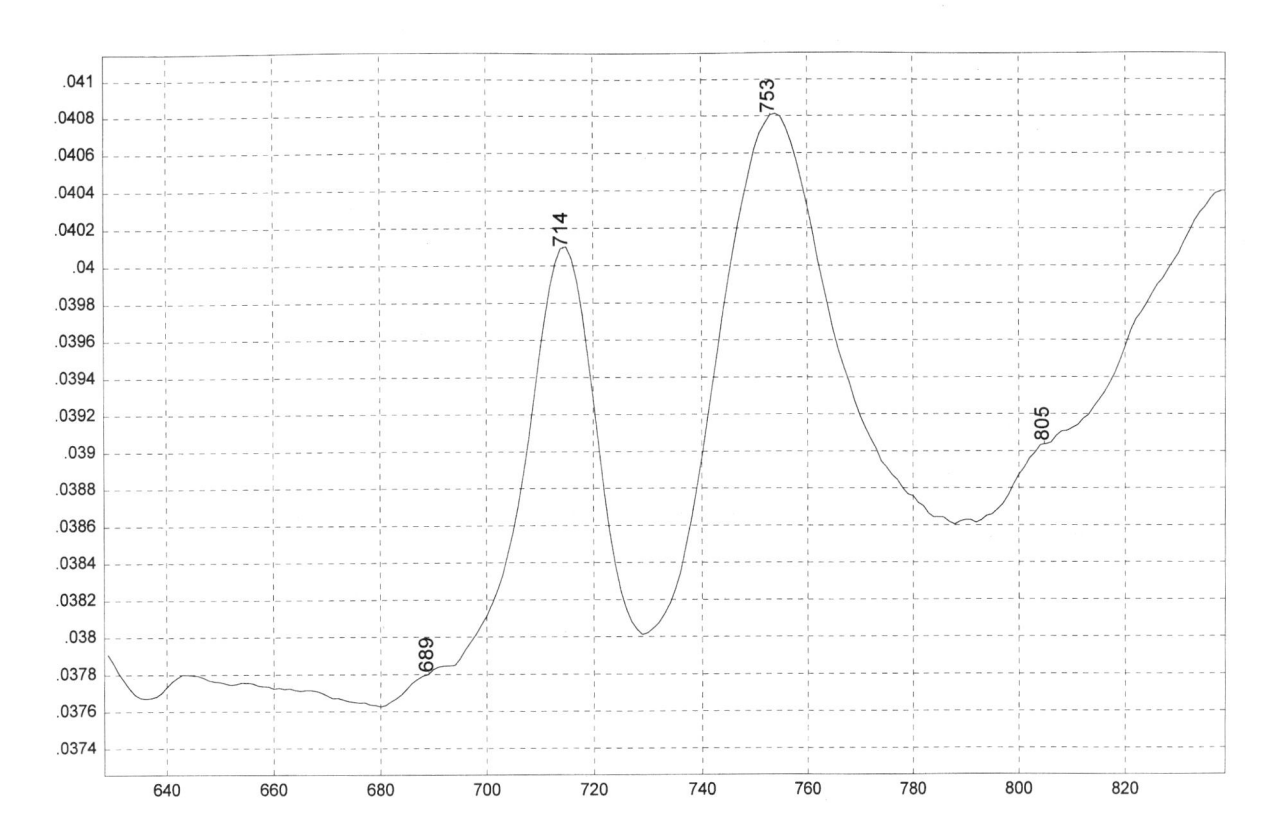

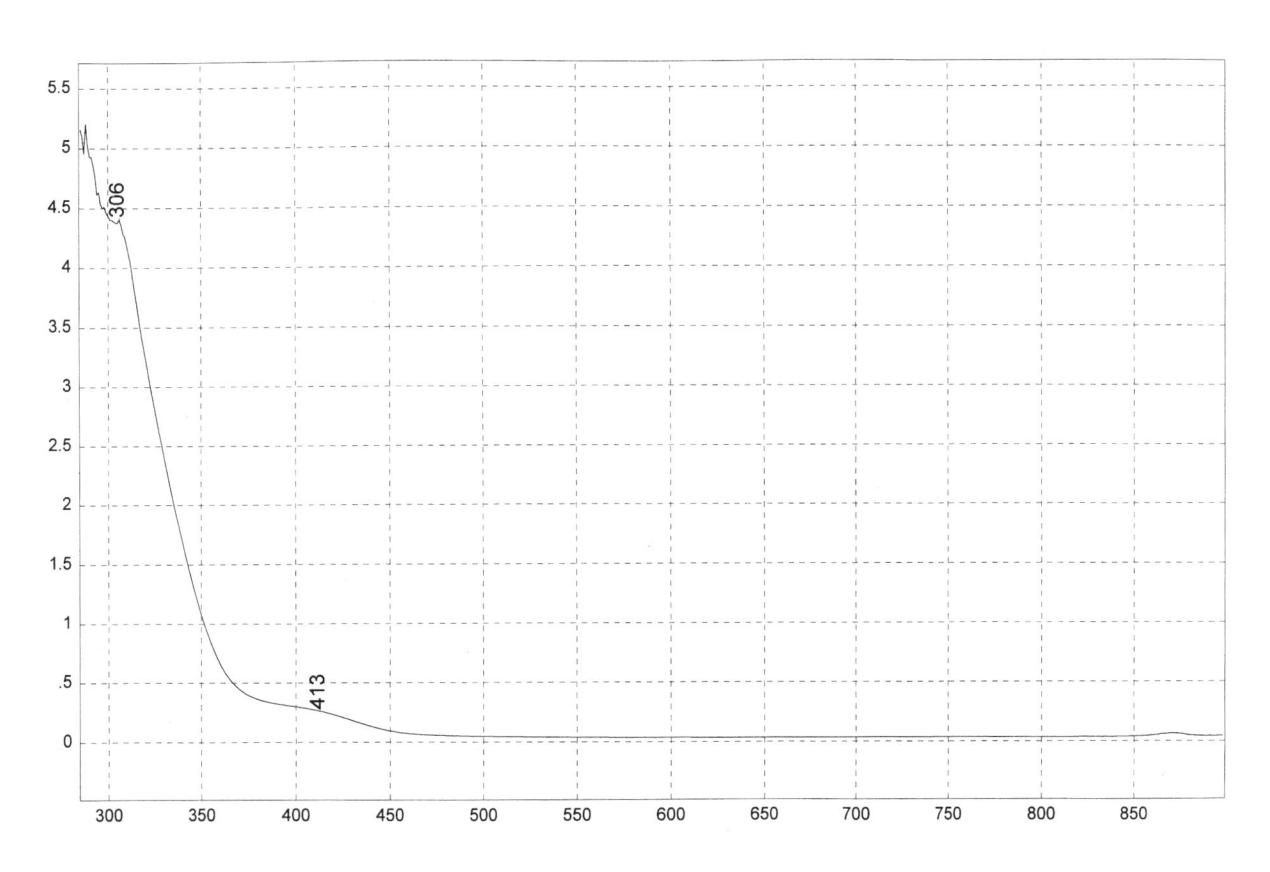

Absorbance / Nanometers

150   **2-Phenoxyethanol**

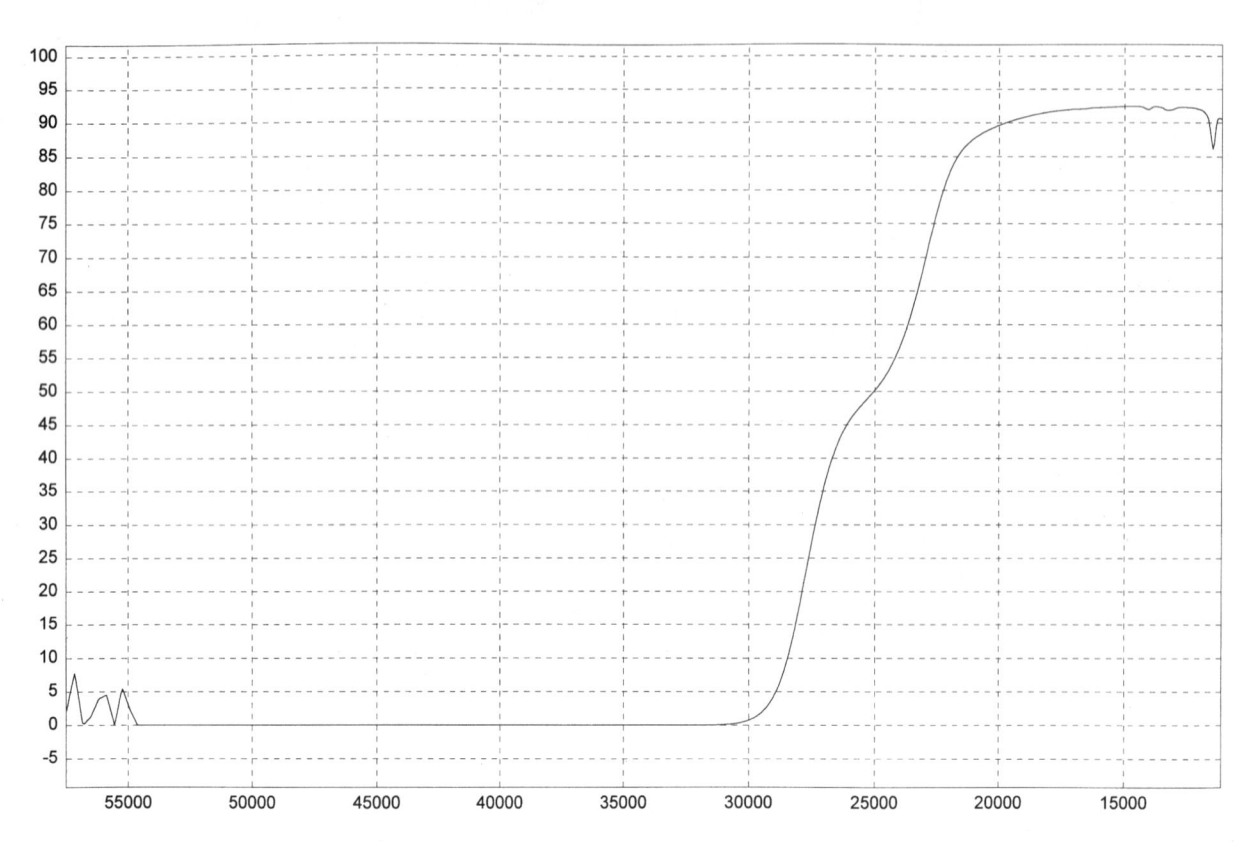

Transmittance / Wavenumber (cm^{-1})

151   **2-Phenoxyethanol**

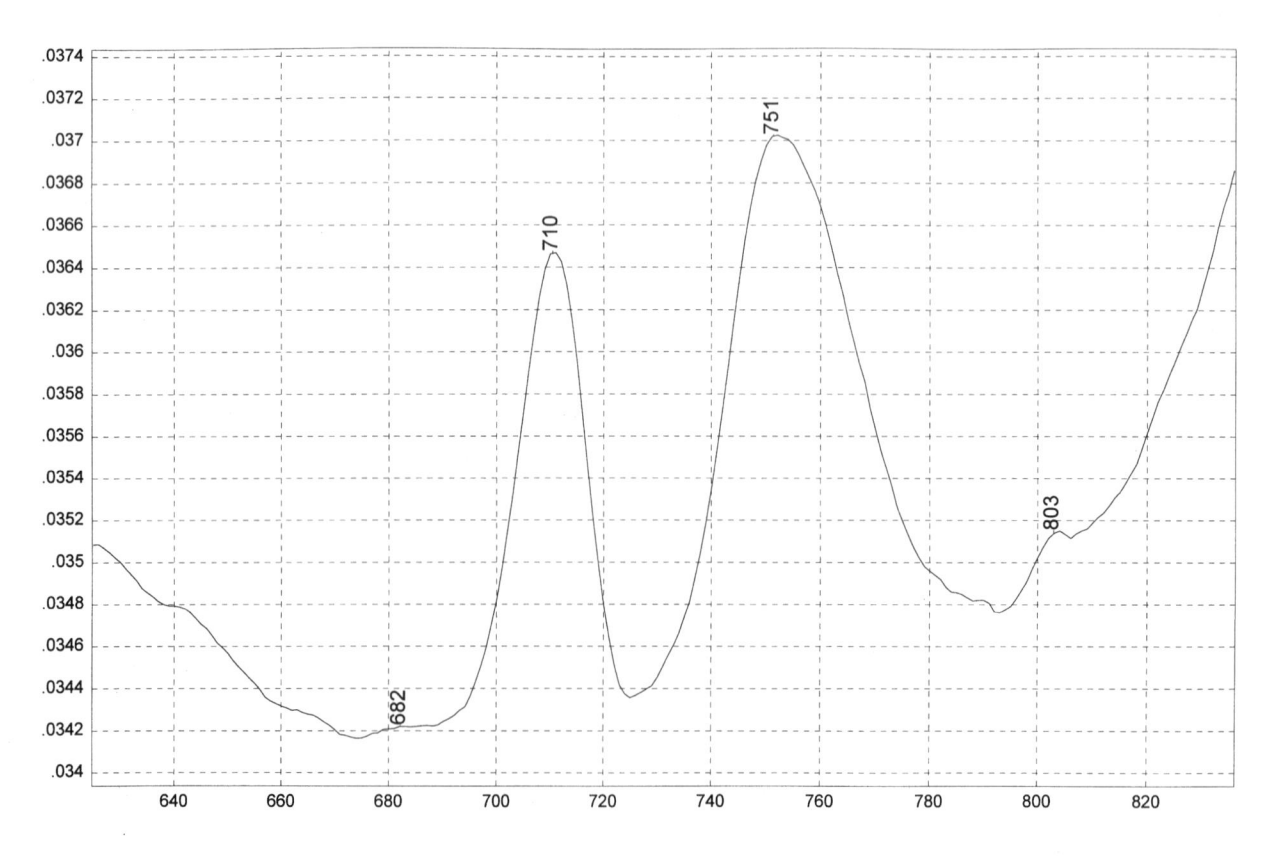

Absorbance / Nanometers

152   **2-Phenoxyethanol**

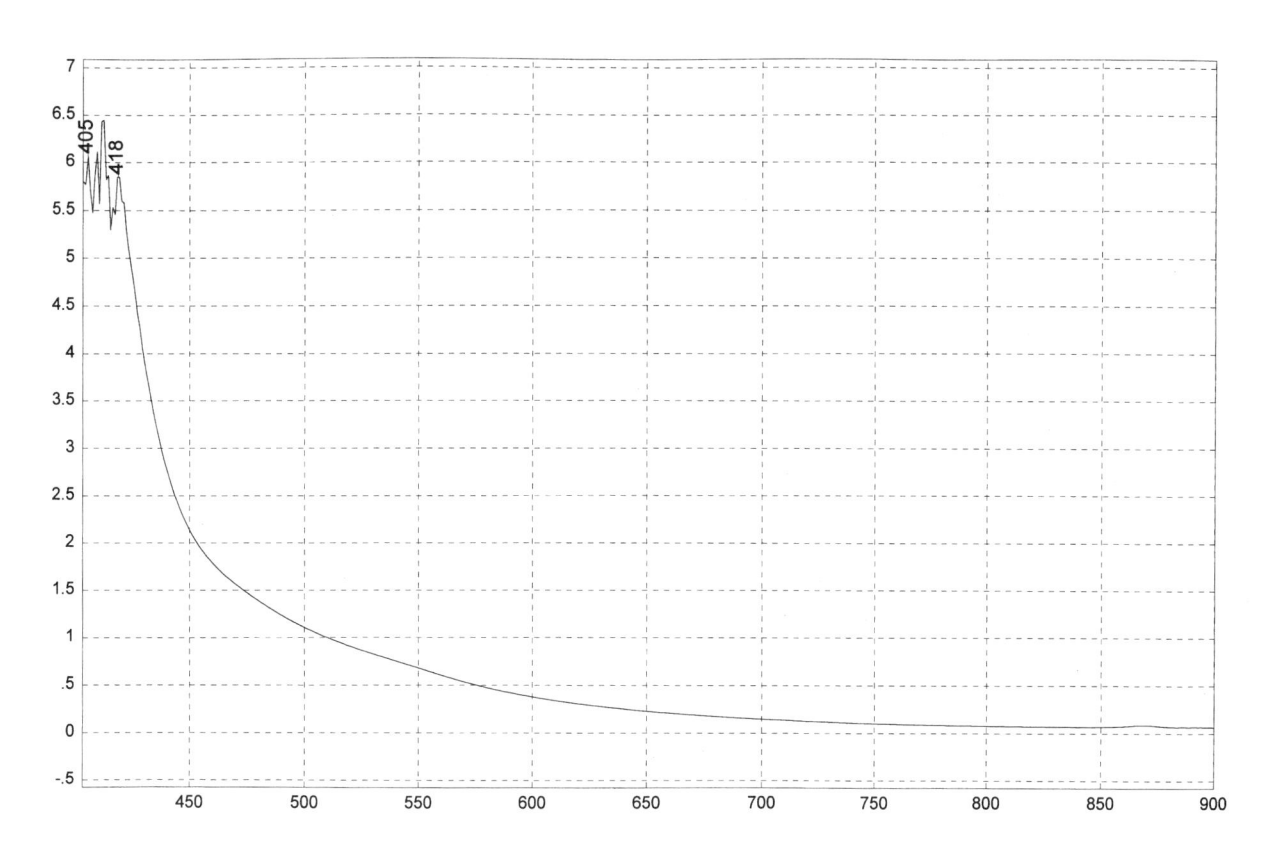

Absorbance / Nanometers

153 o-Hydroxyacetophenone

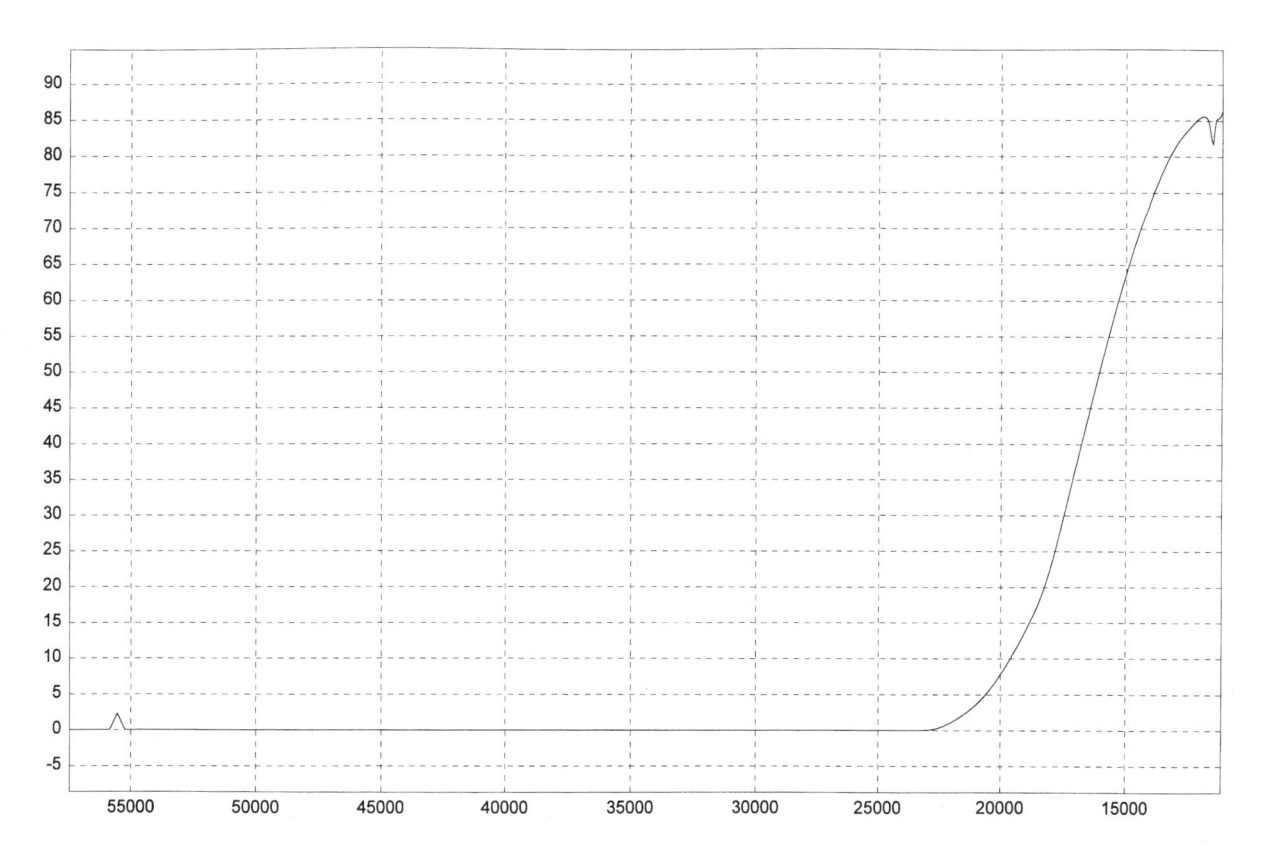

Transmittance / Wavenumber (cm^{-1})

154 o-Hydroxyacetophenone

Absorbance / Nanometers

155 **o-Hydroxyacetophenone**

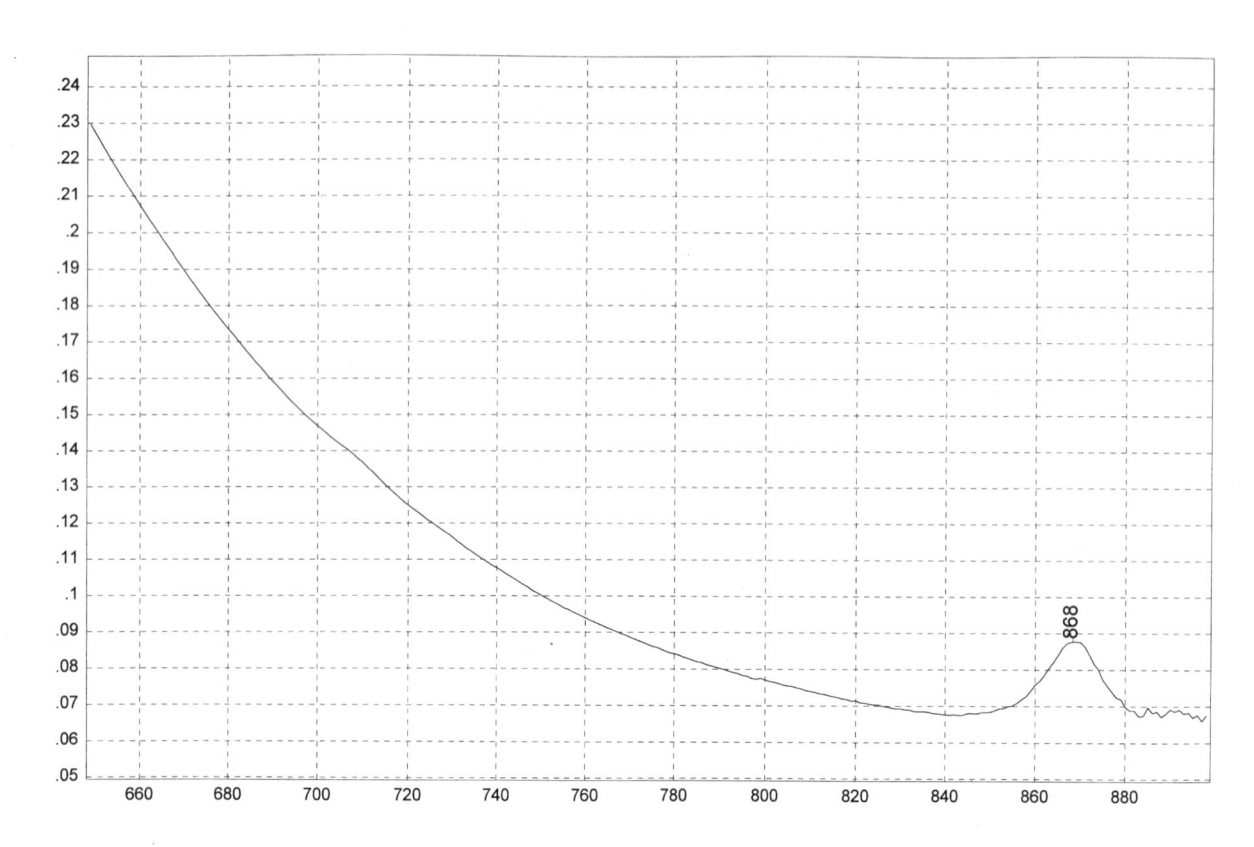

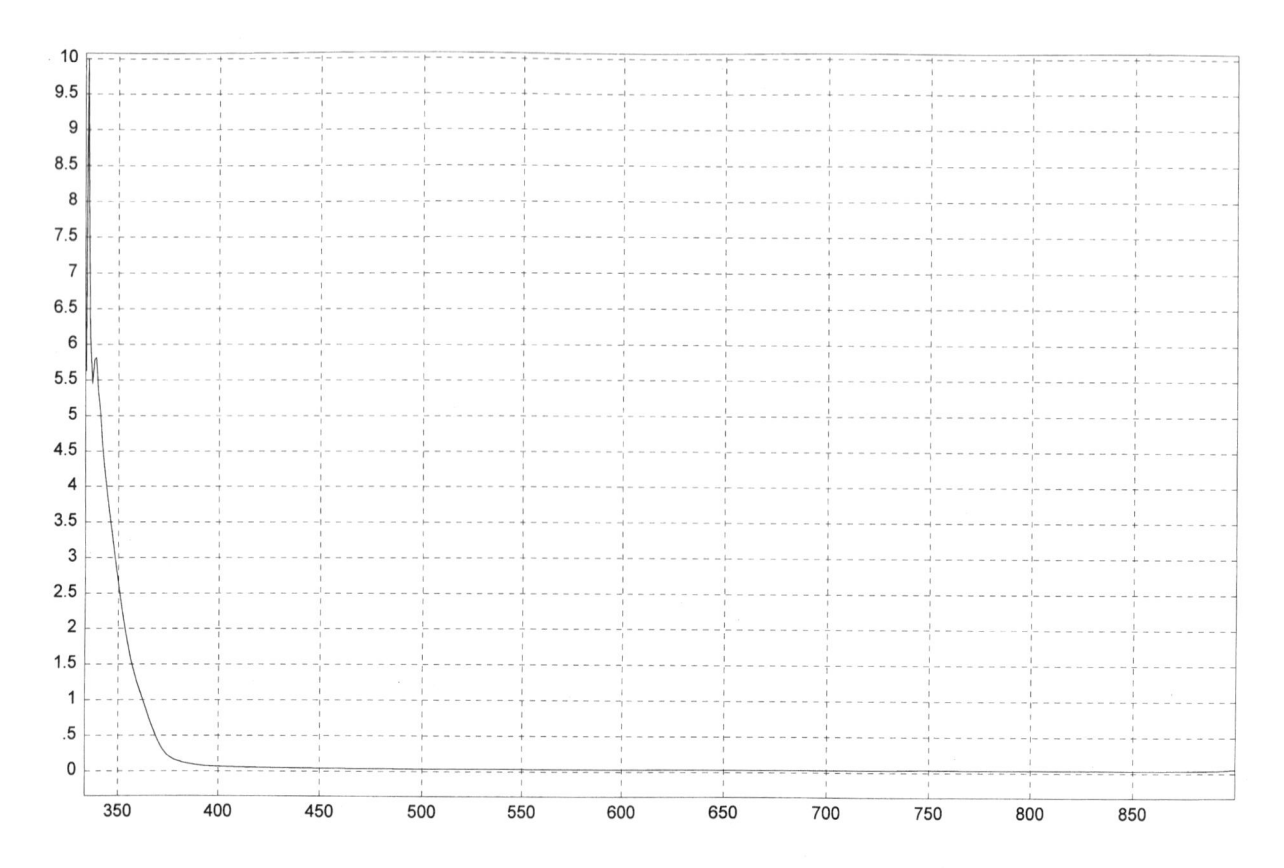

Absorbance / Nanometers

156 **n-Butyraldehyde**

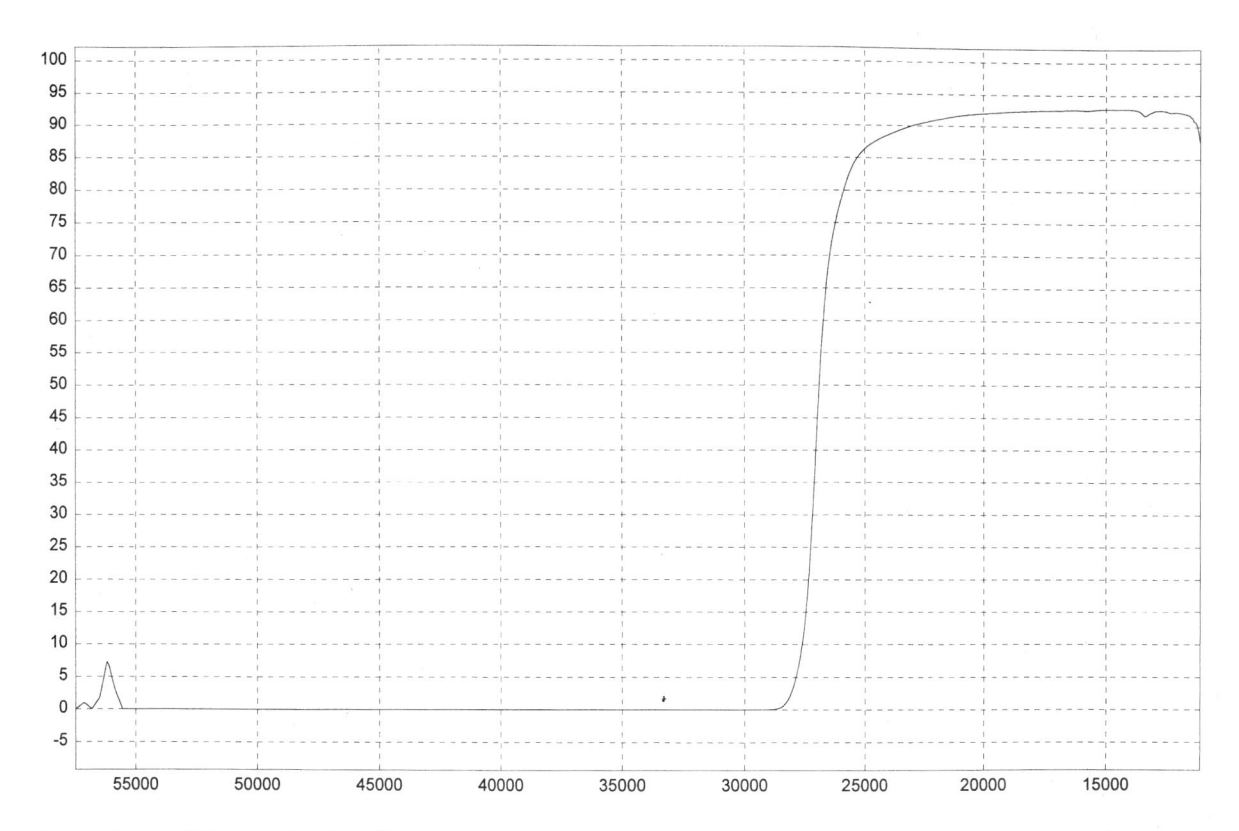

Transmittance / Wavenumber (cm^{-1})

157   **n-Butyraldehyde**

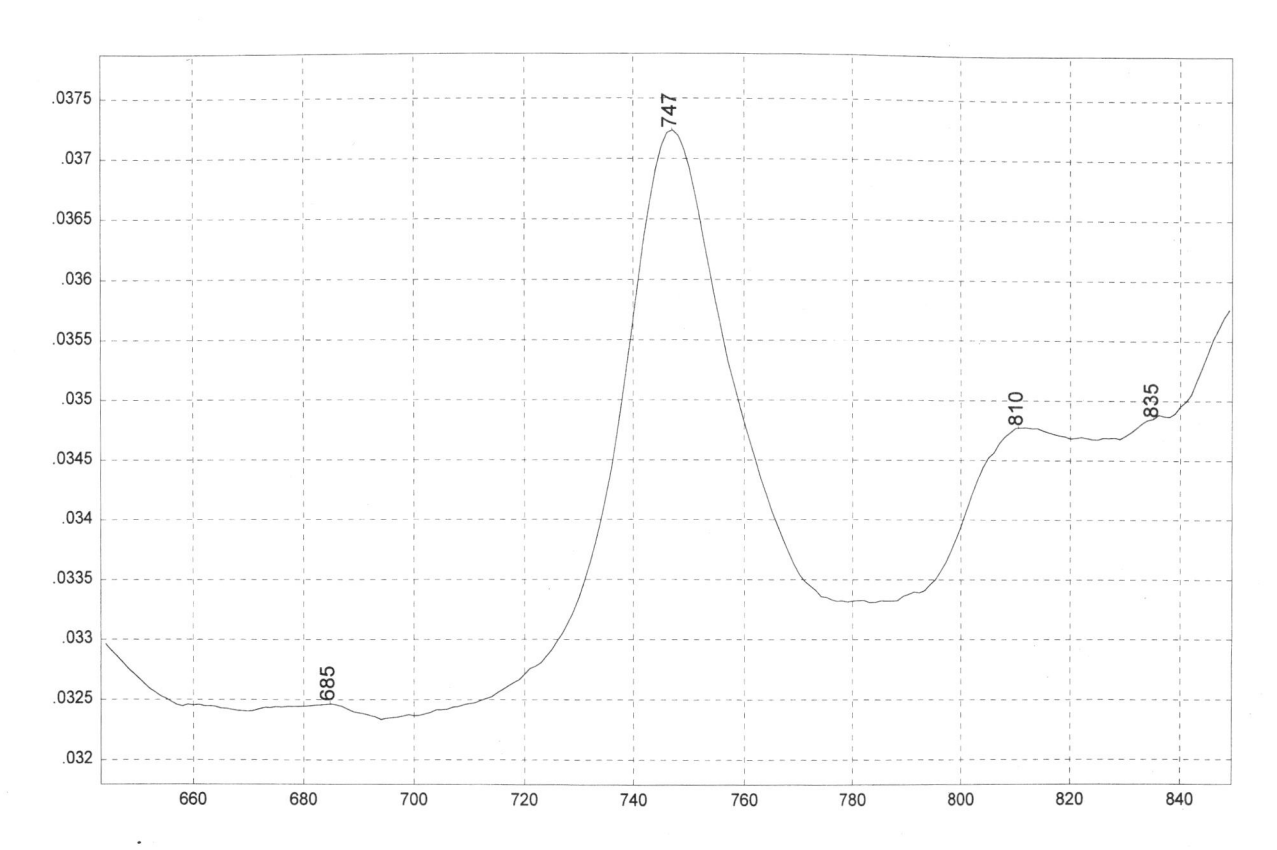

Absorbance / Nanometers

158   **n-Butyraldehyde**

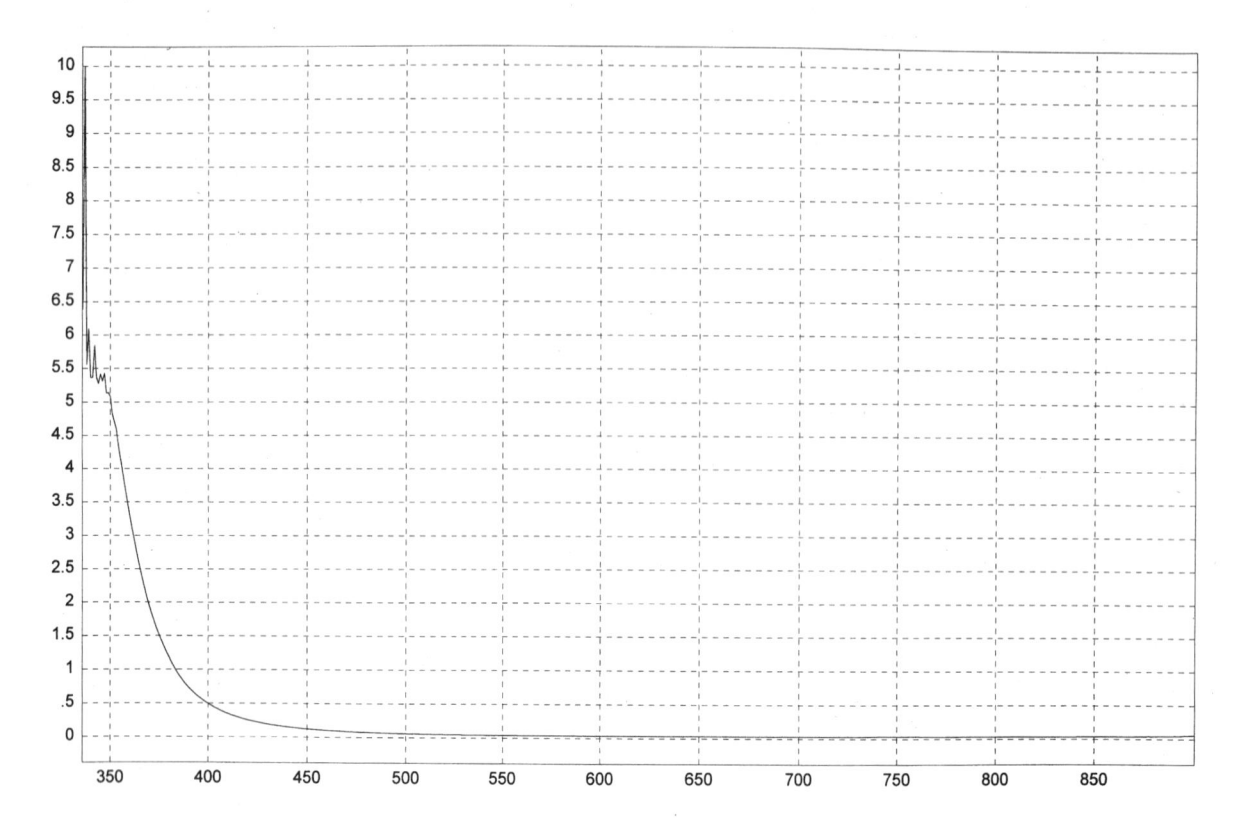

Absorbance / Nanometers

159   **Citronellal**

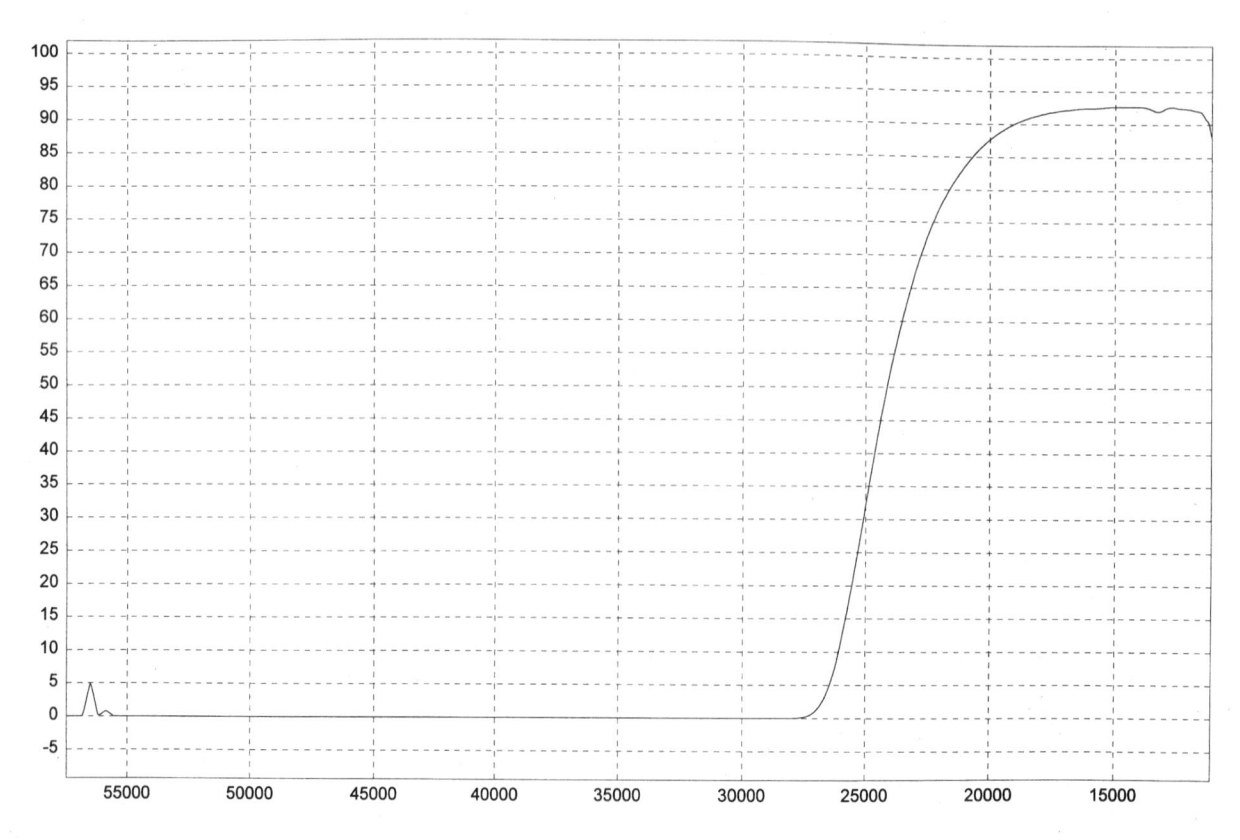

Transmittance / Wavenumber (cm^{-1})

160   **Citronellal**

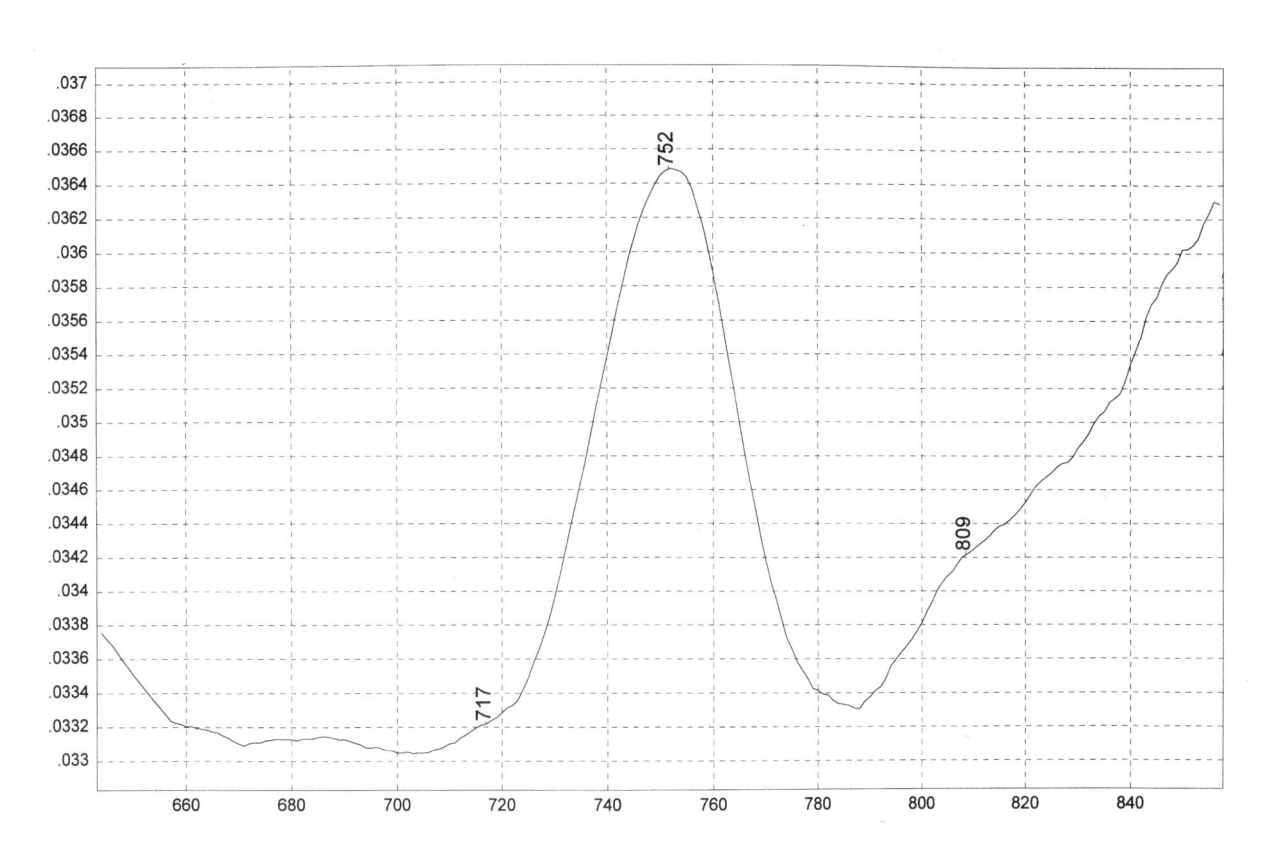

Absorbance / Nanometers

161   **Citronellal**

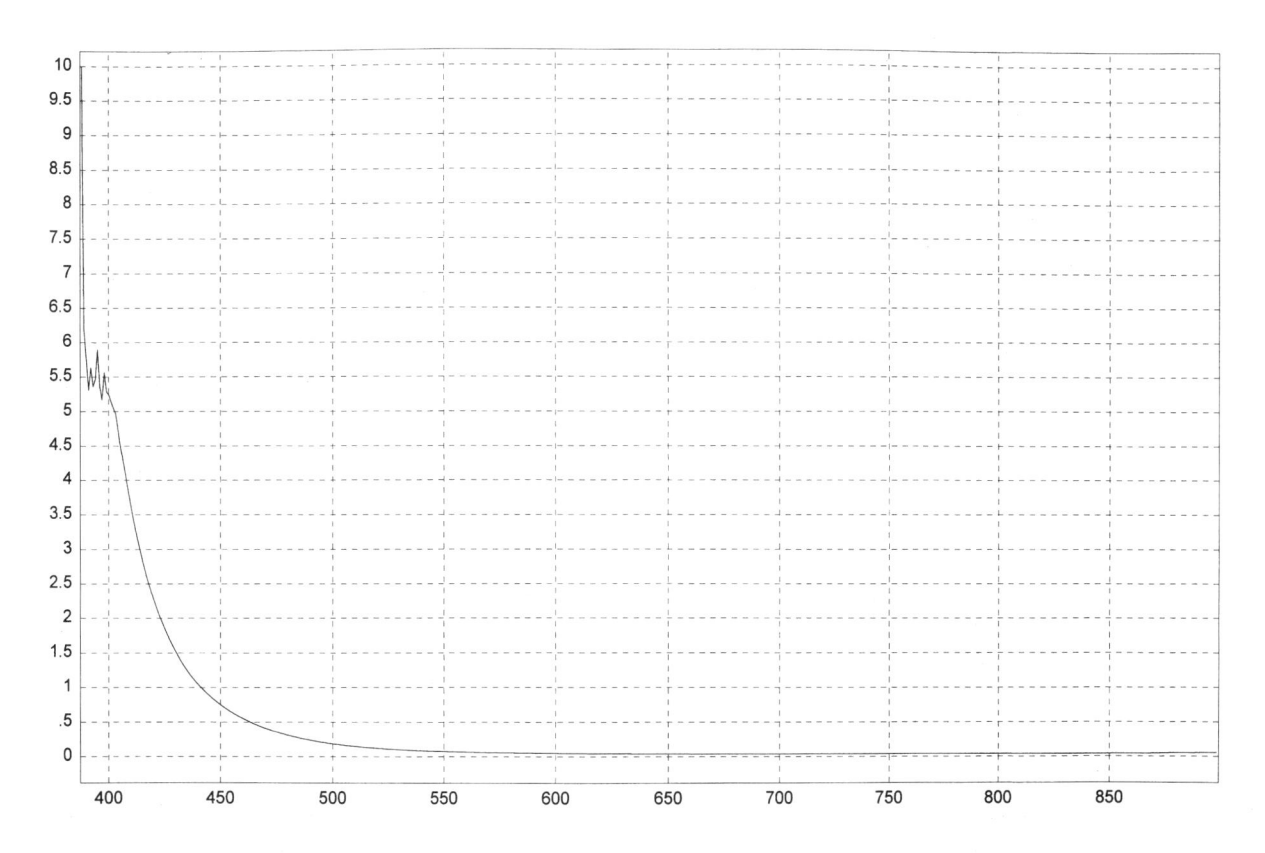

Absorbance / Nanometers

162   **Crotonaldehyde**

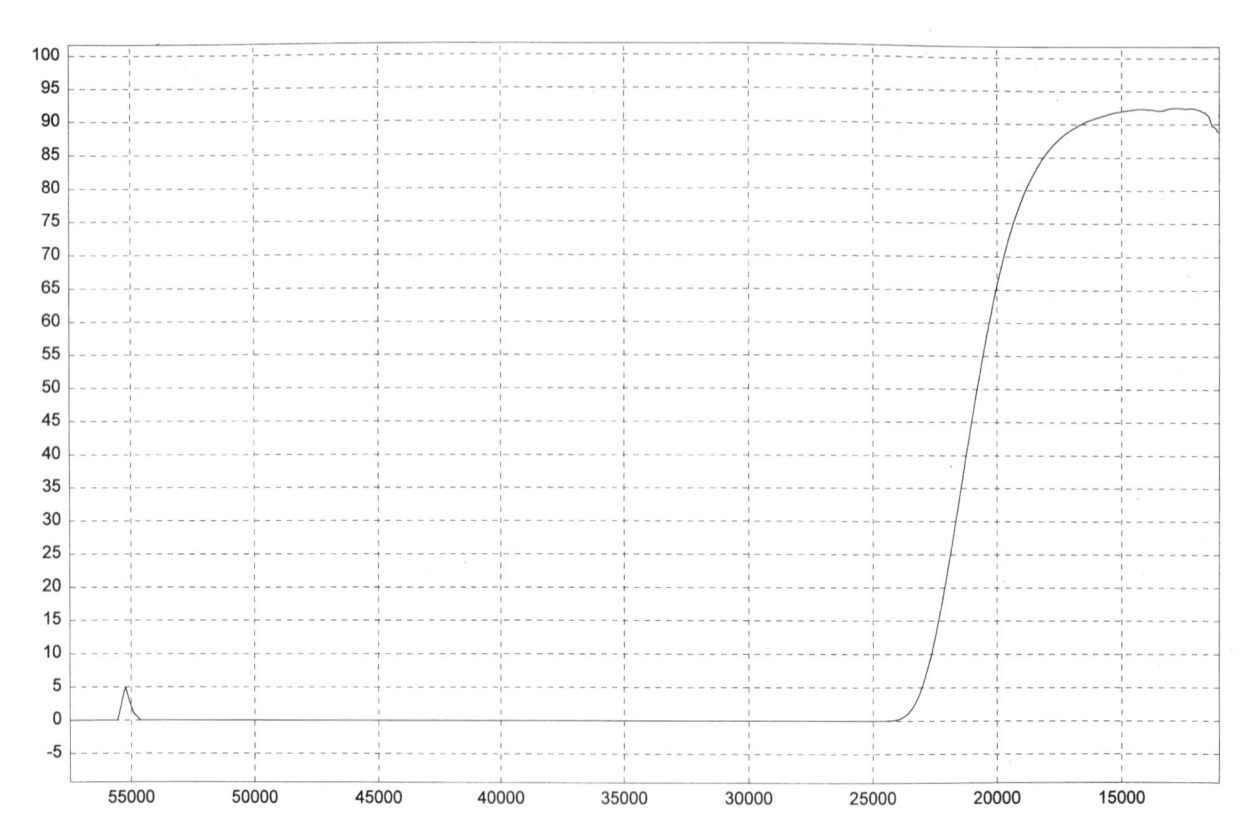

Transmittance / Wavenumber (cm⁻¹)

163 Crotonaldehyde

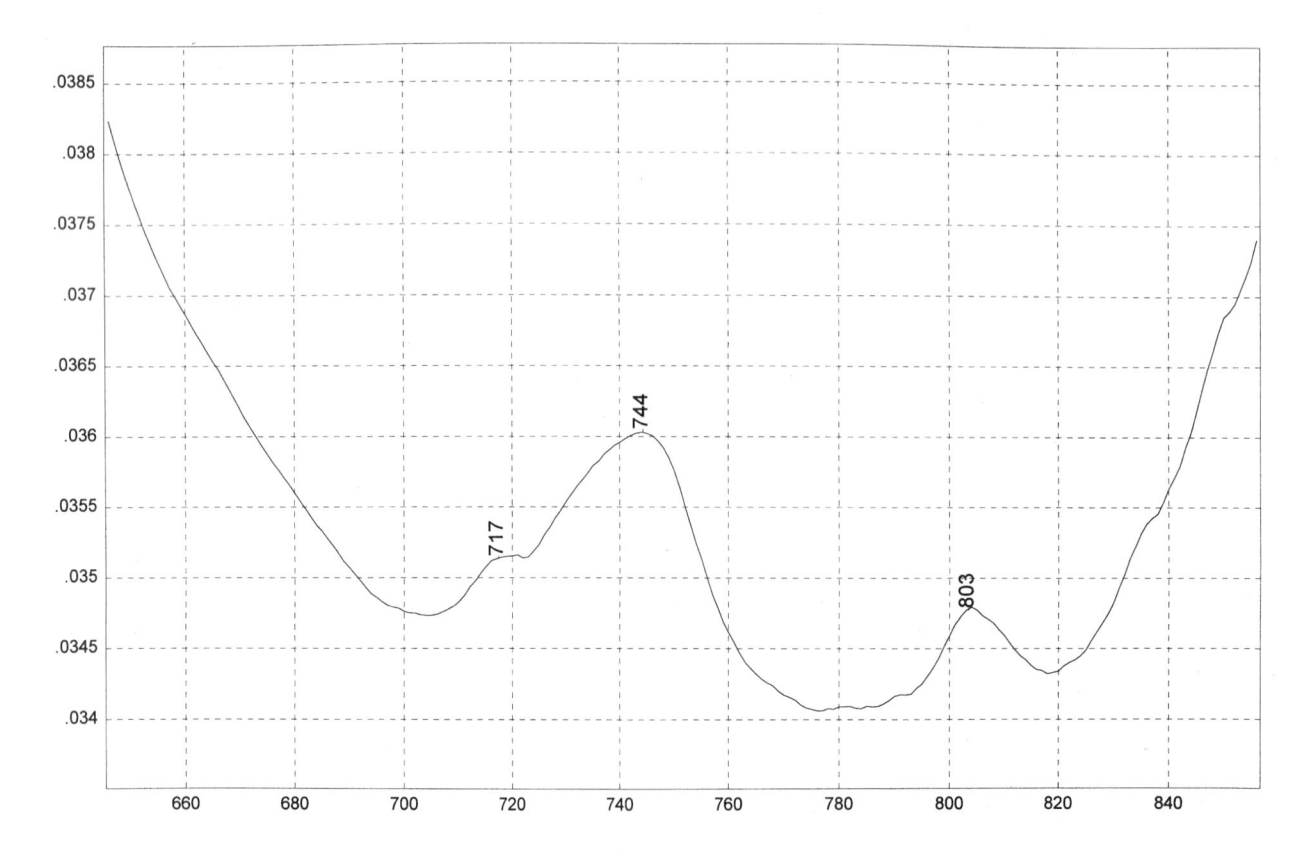

Absorbance / Nanometers

164 Crotonaldehyde

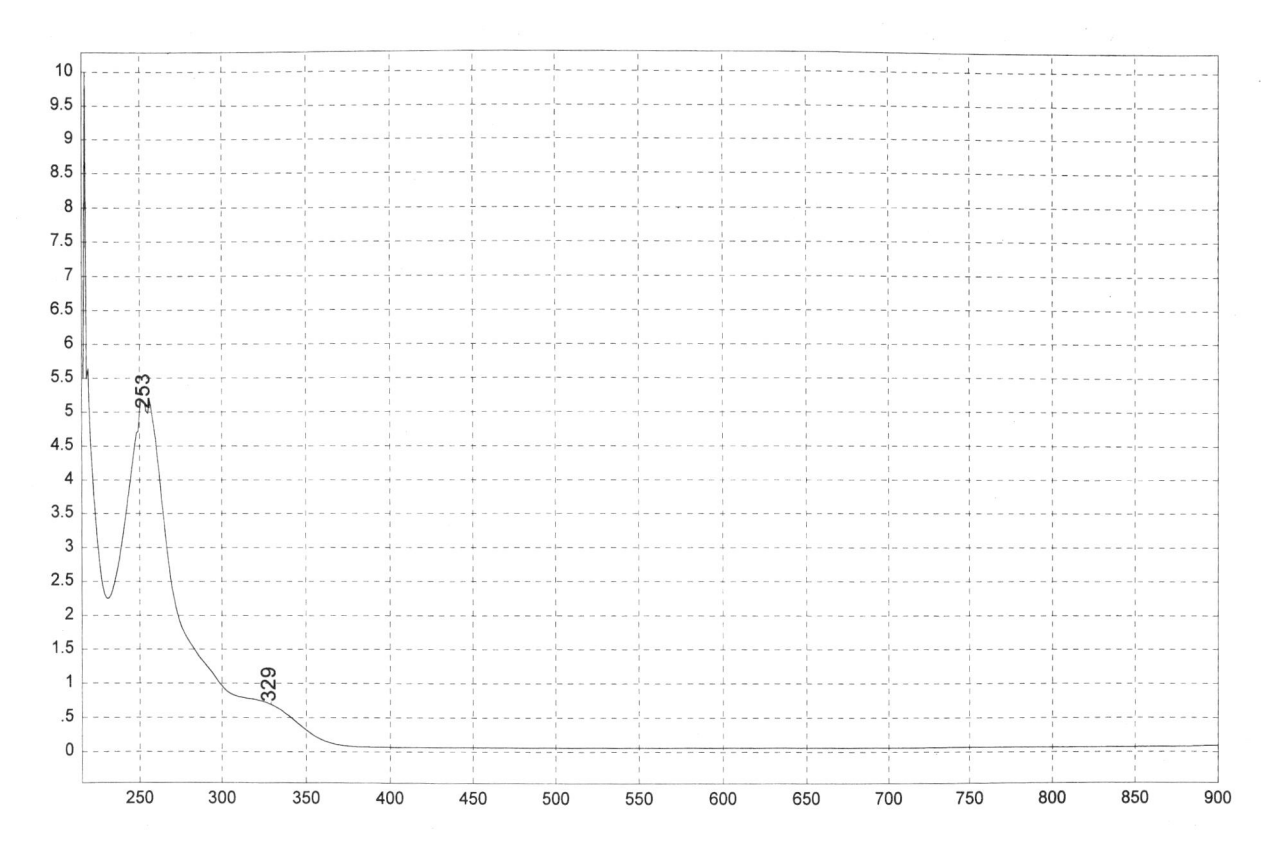

Absorbance / Nanometers

165 Formaldehyde

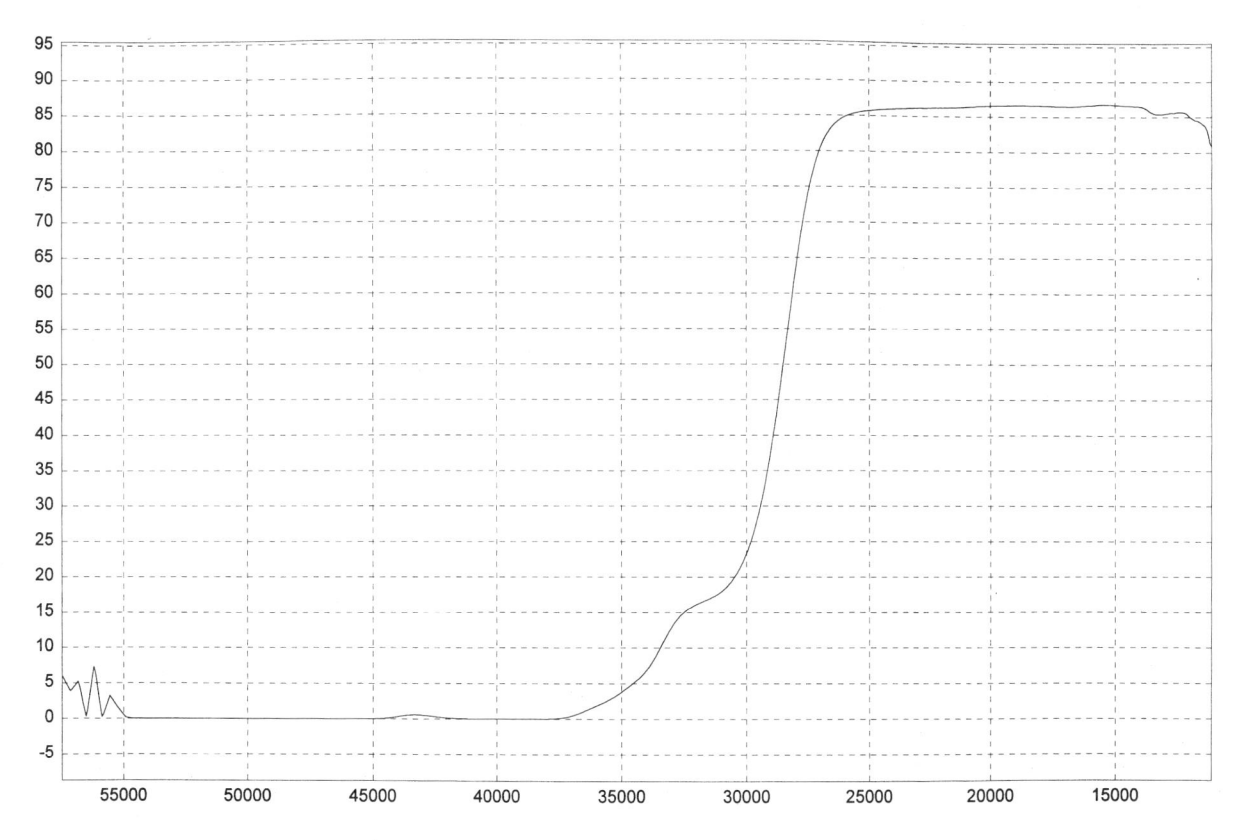

Transmittance / Wavenumber (cm⁻¹)

166 Formaldehyde

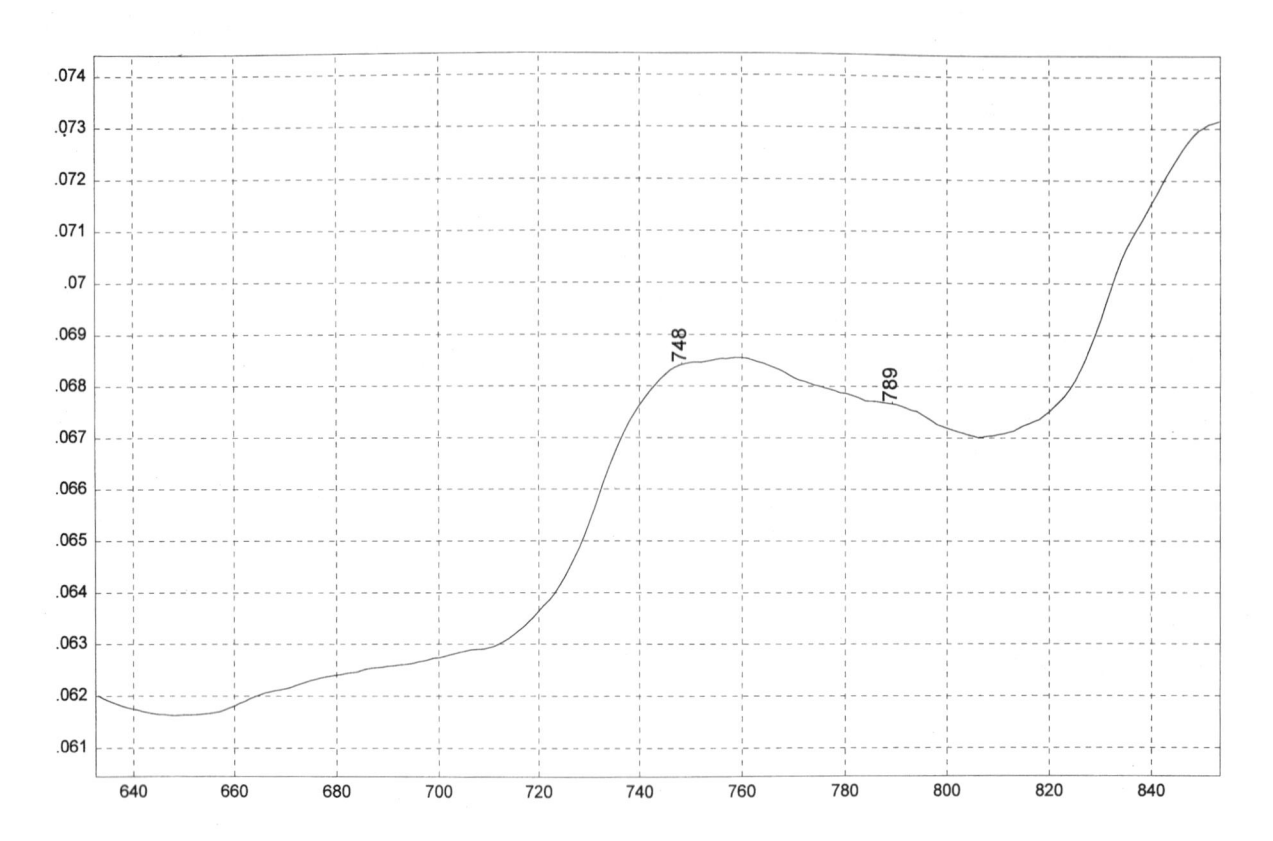

Absorbance / Nanometers

167

Formaldehyde

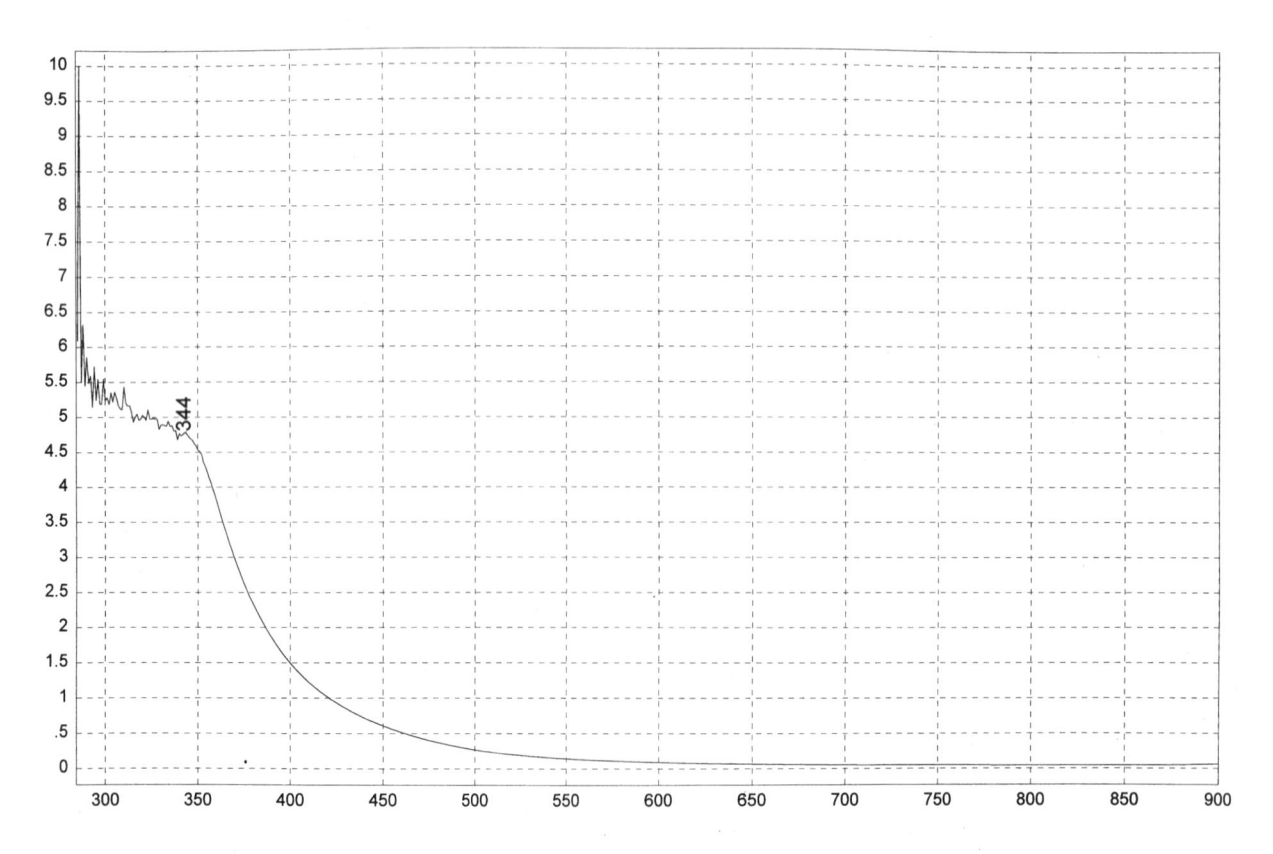

Absorbance / Nanometers

168

Oleic Acid

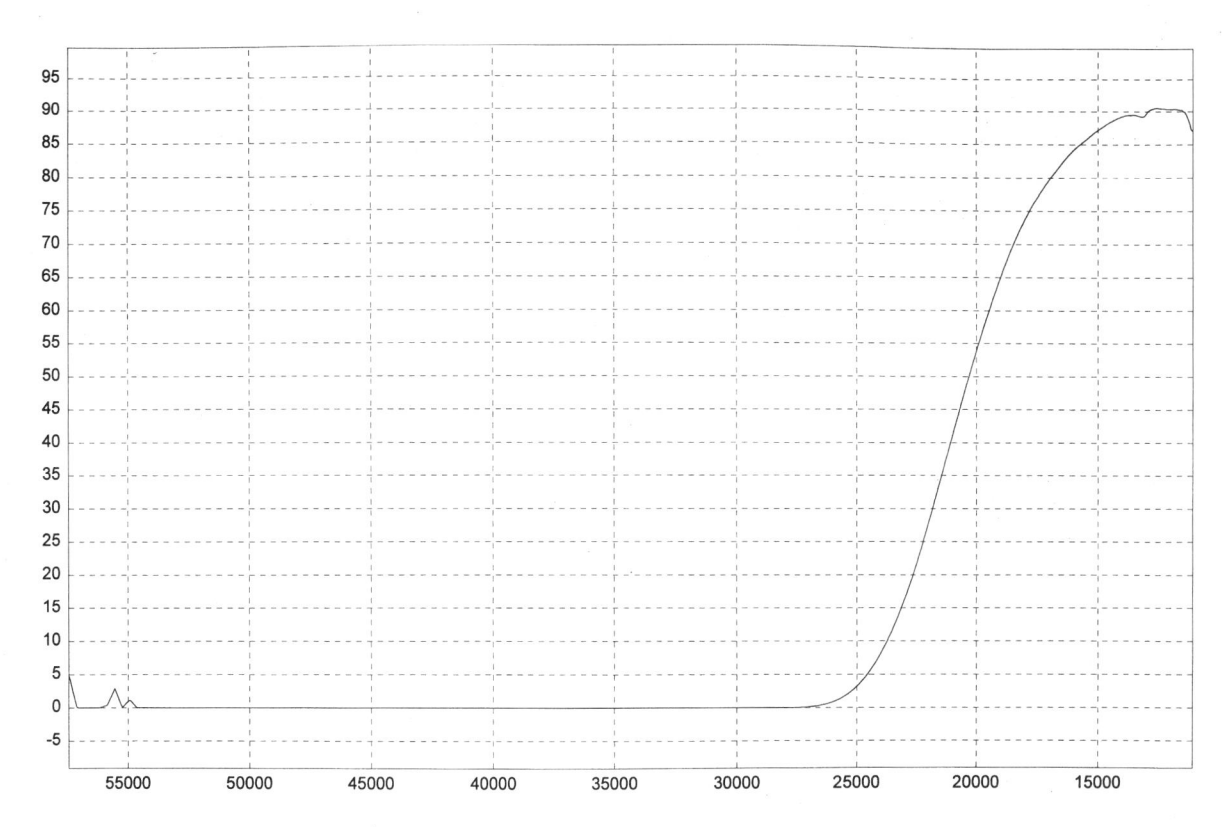

Transmittance / Wavenumber (cm⁻¹)

169   **Oleic Acid**

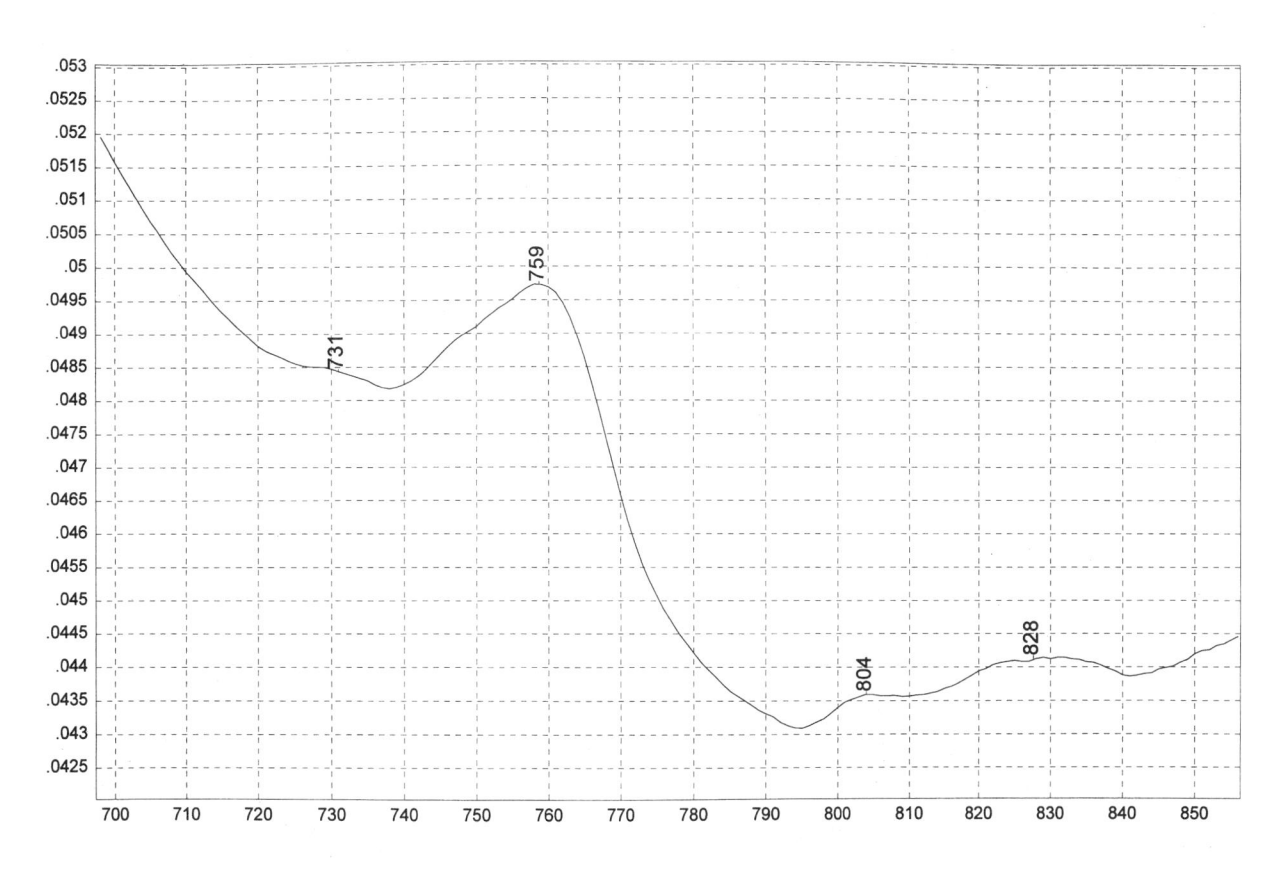

Absorbance / Nanometers

170   **Oleic Acid**

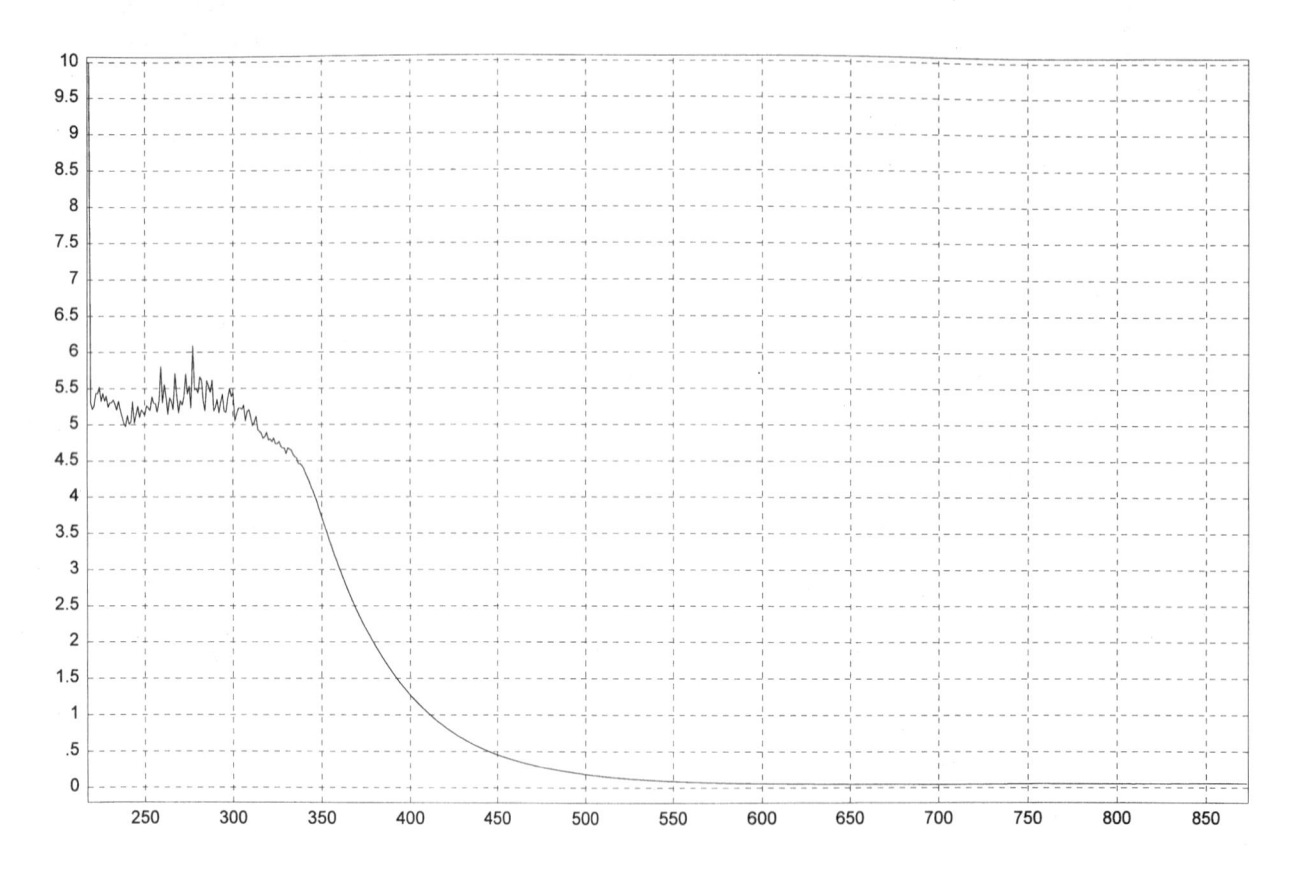

Absorbance / Nanometers

171　　　　　　　　　Glyoxal

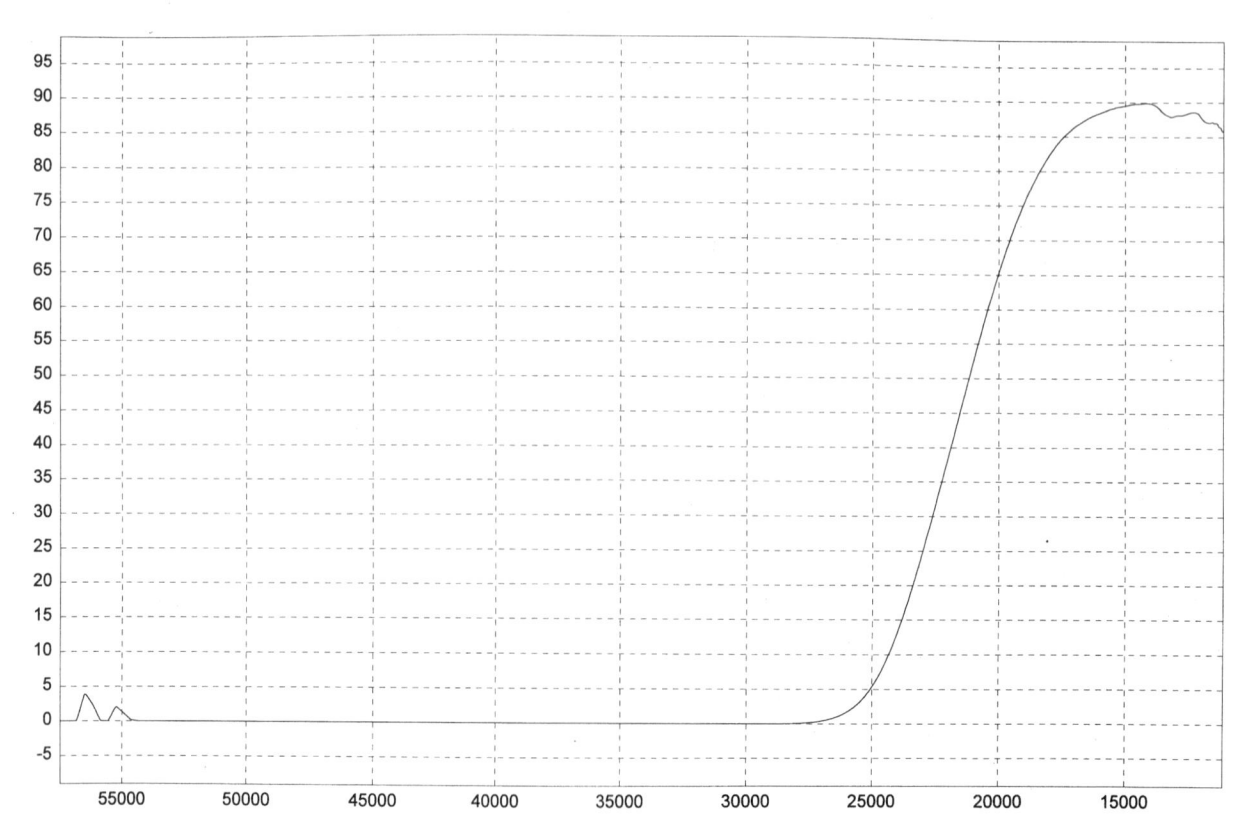

Transmittance / Wavenumber (cm⁻¹)

172　　　　　　　　　Glyoxal

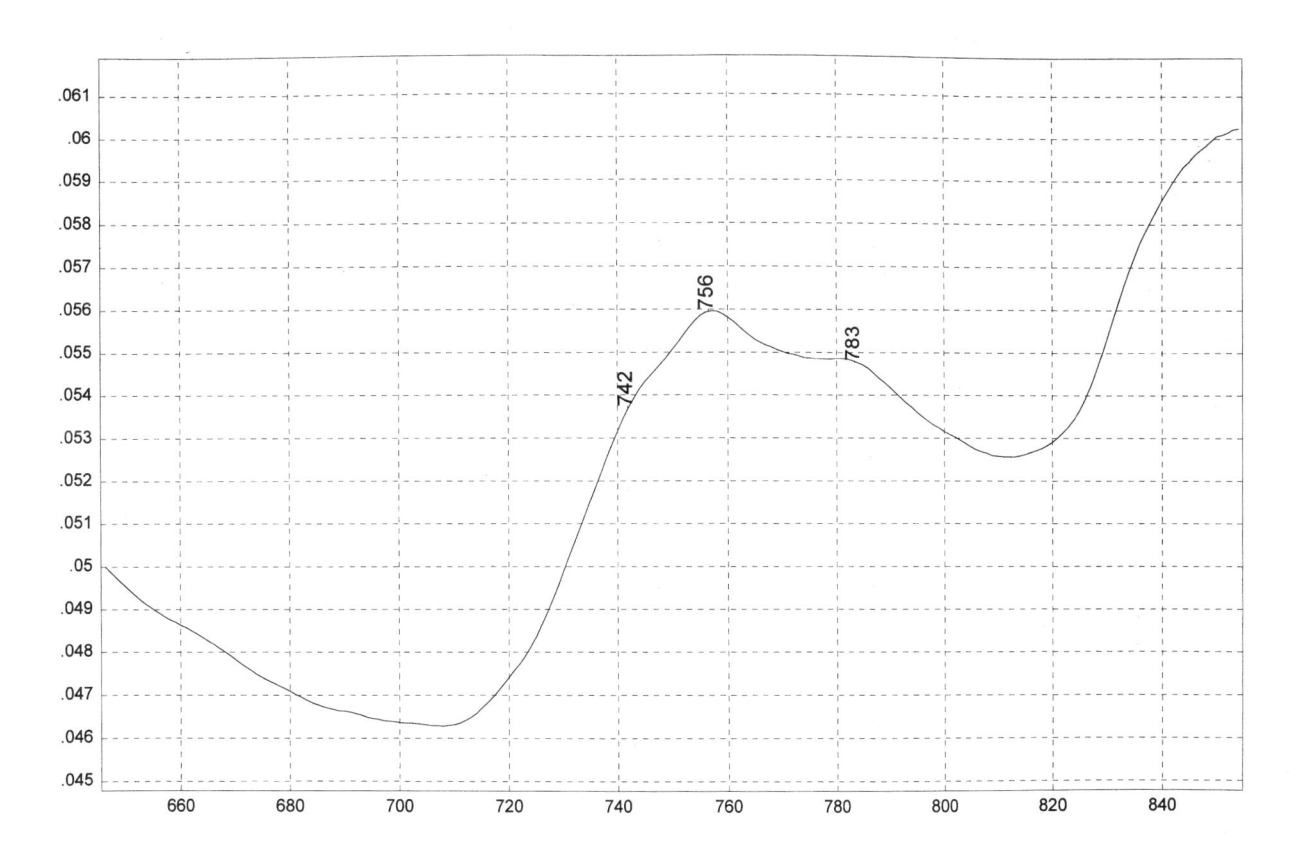

Absorbance / Nanometers

173 **Glyoxal**

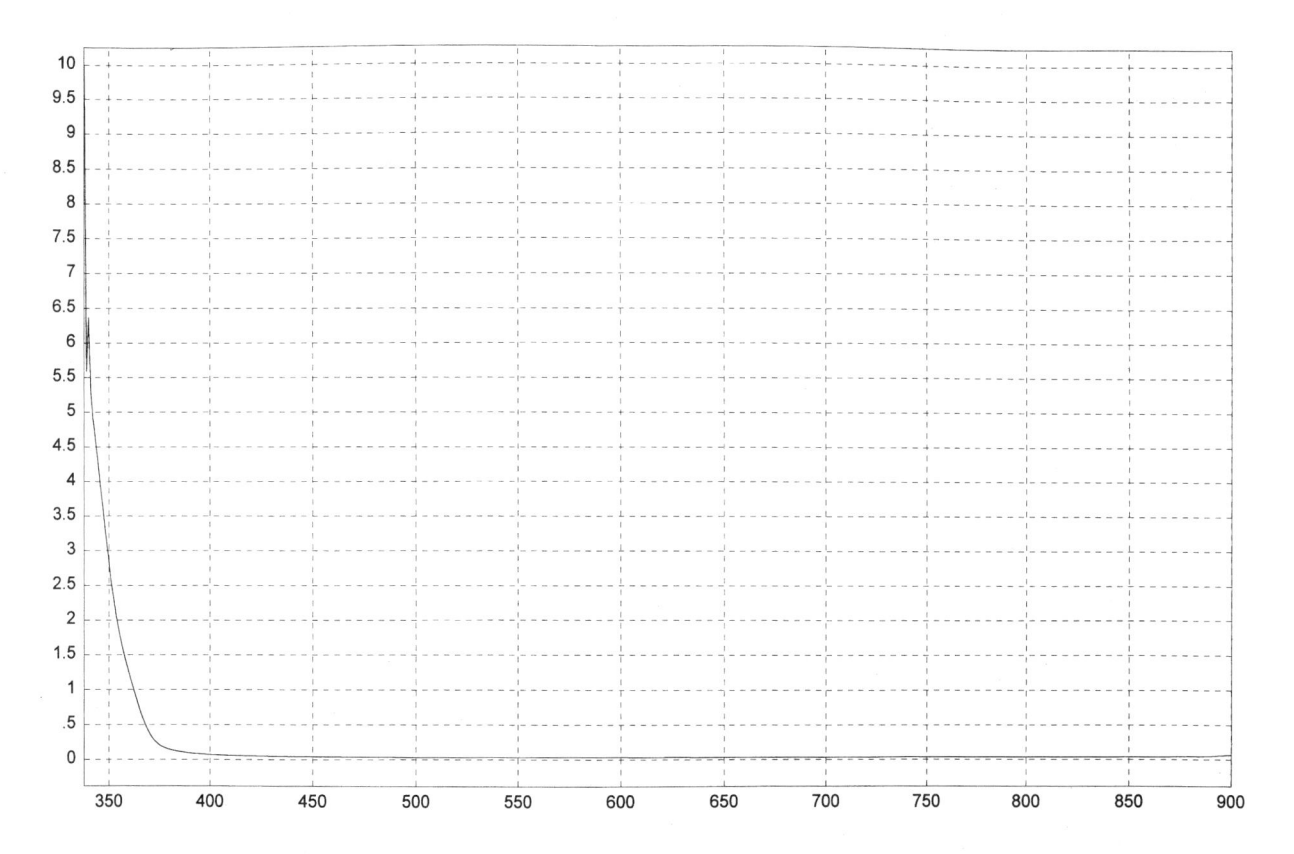

Absorbance / Nanometers

174 **Propionaldehyde**

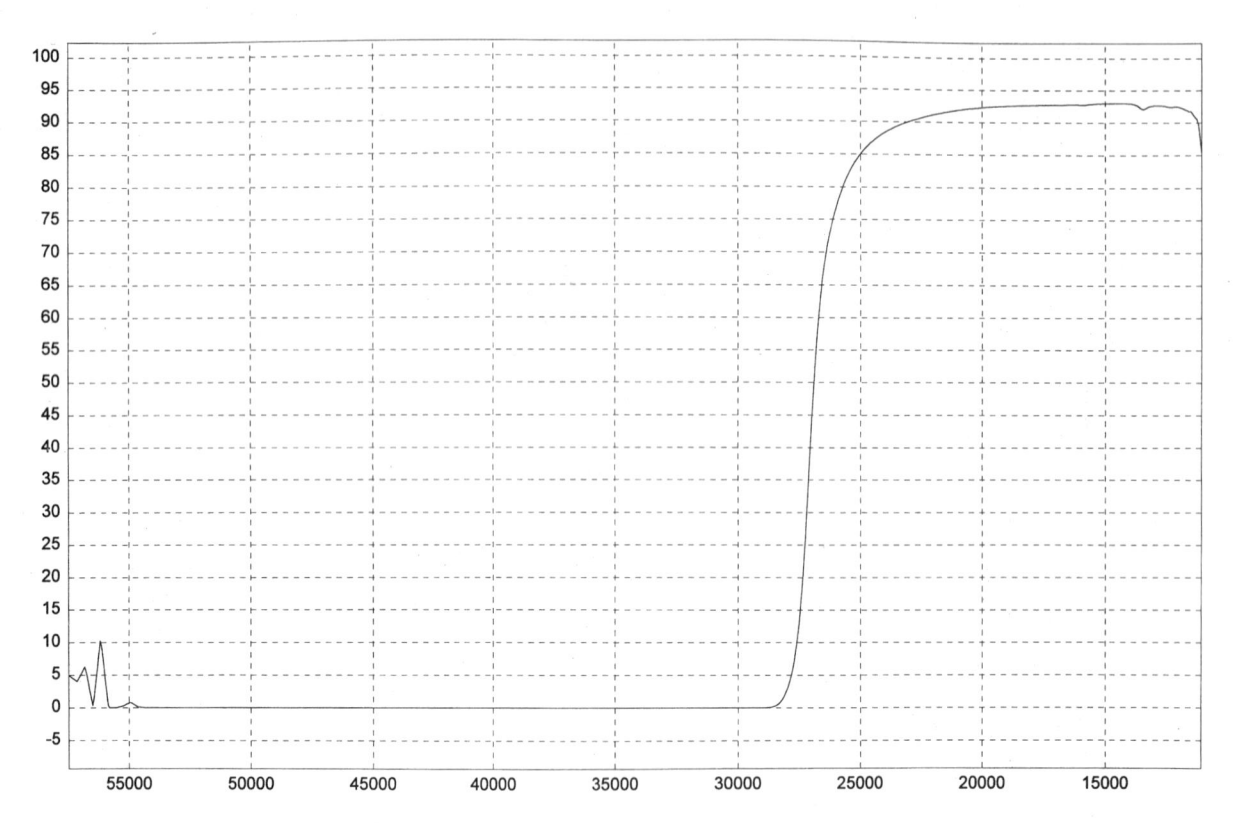

Transmittance / Wavenumber (cm⁻¹)

175 Propionaldehyde

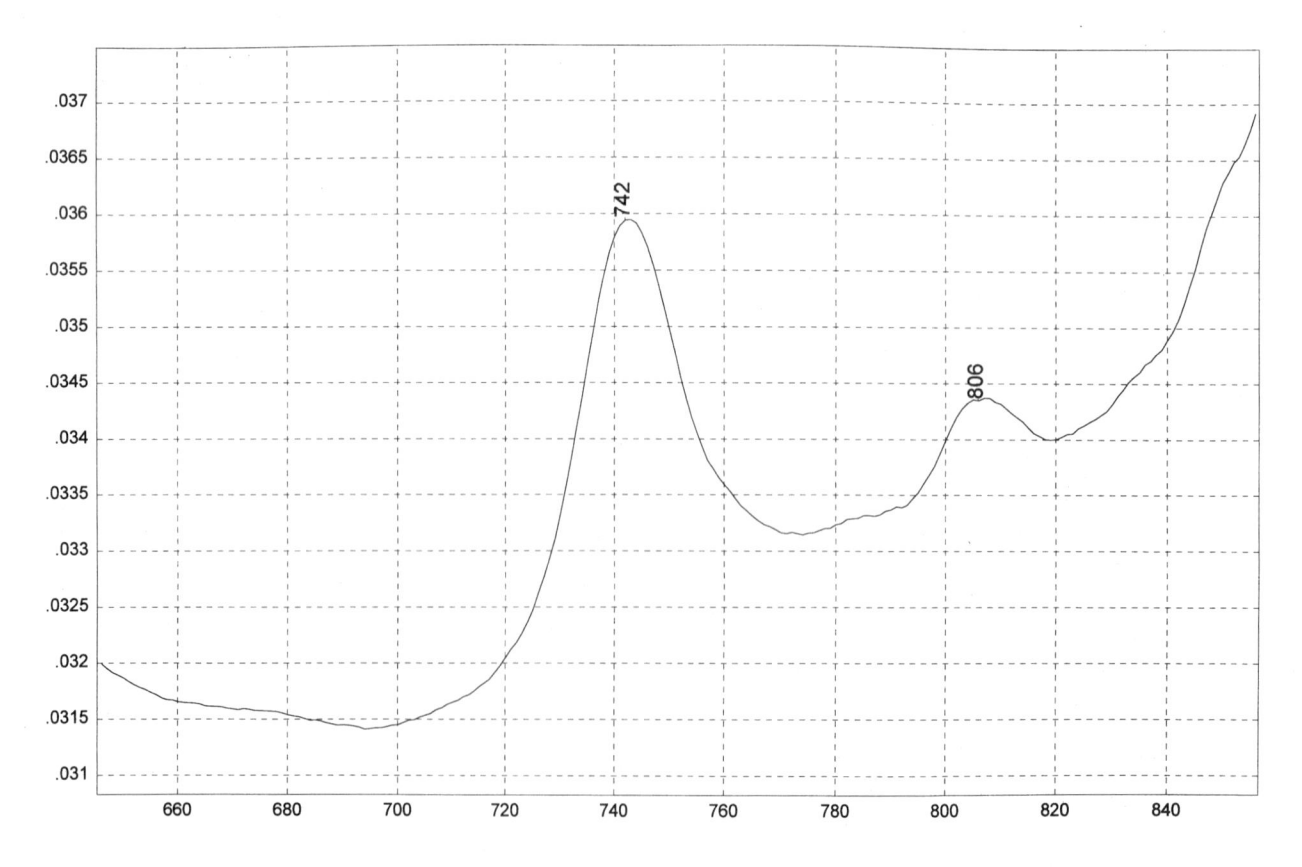

Absorbance / Nanometers

176 Propionaldehyde

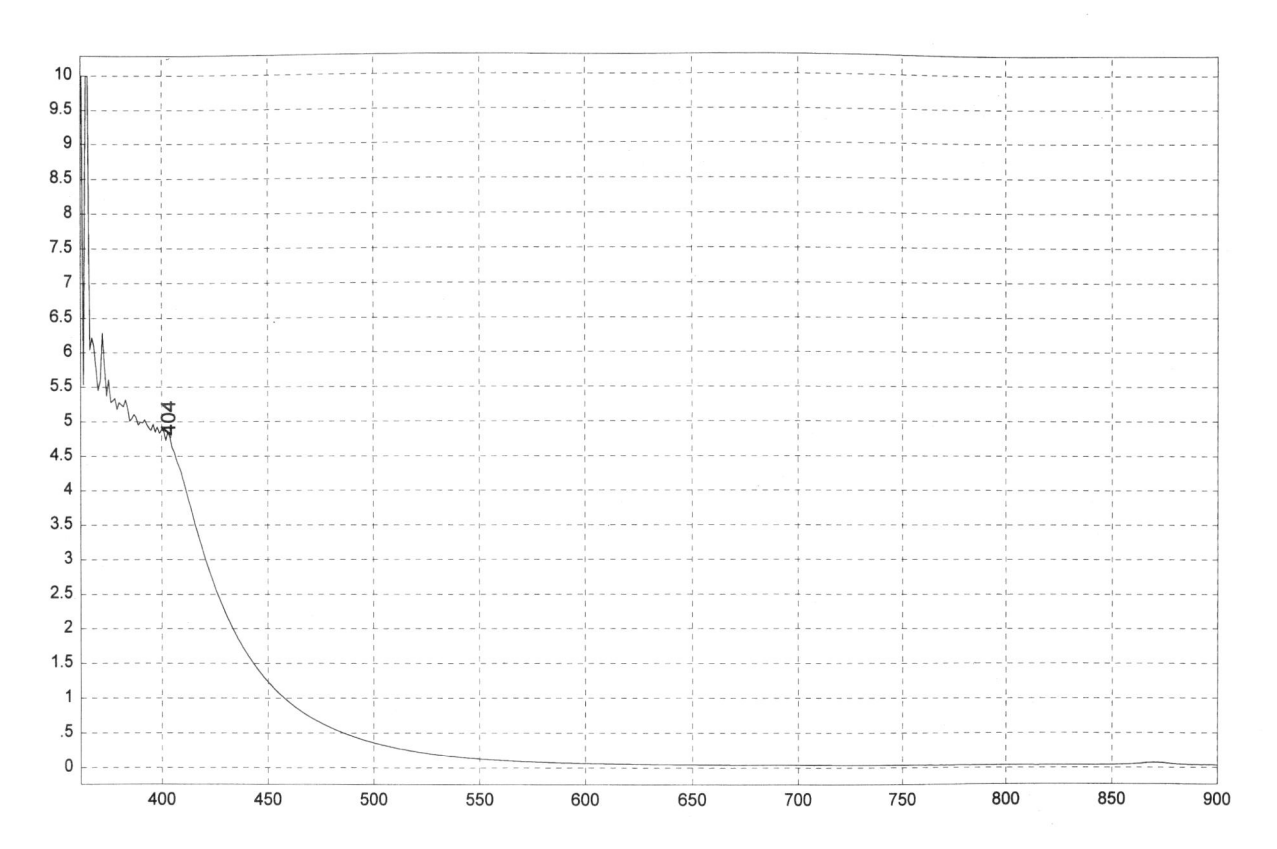

Absorbance / Nanometers

177 **Benzaldehyde**

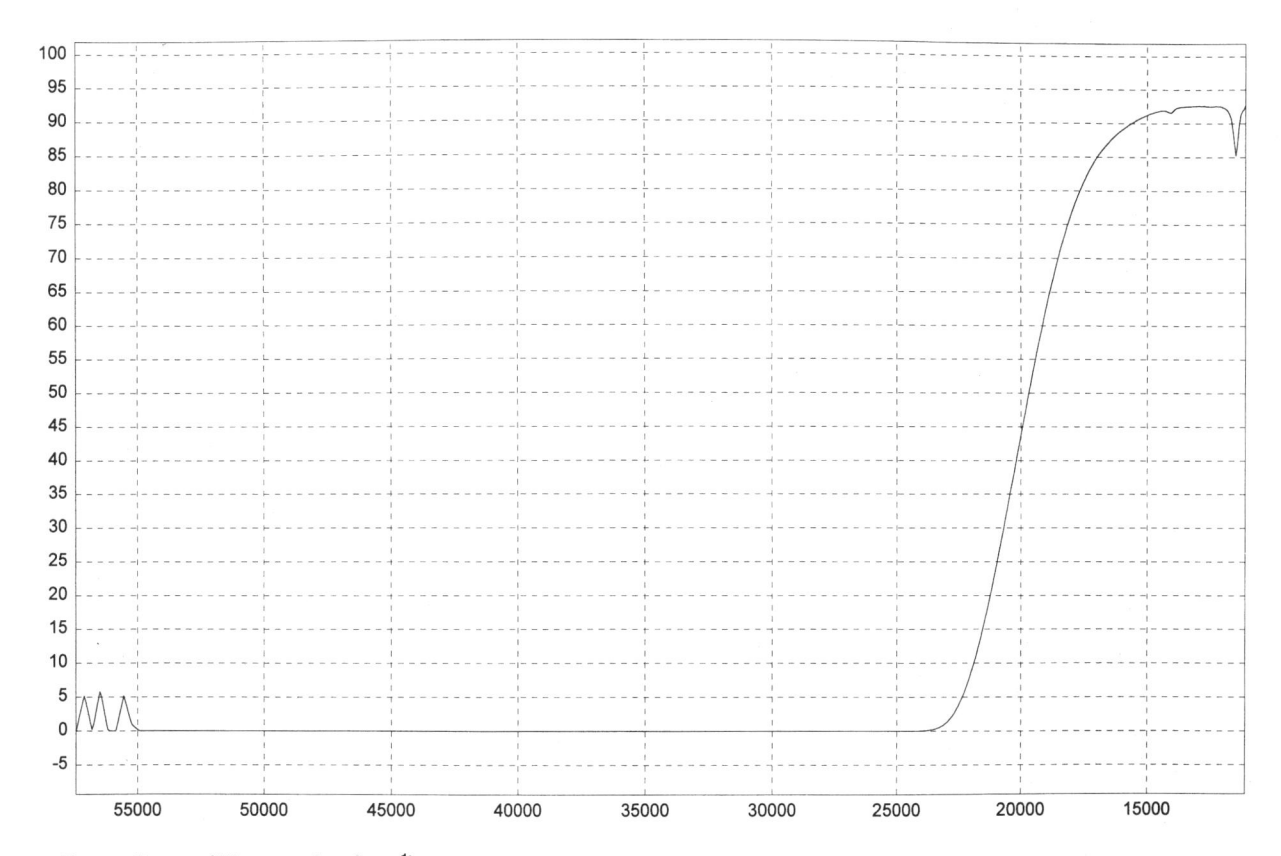

Transmittance / Wavenumber (cm⁻¹)

178 **Benzaldehyde**

Absorbance / Nanometers

179 **Benzaldehyde**

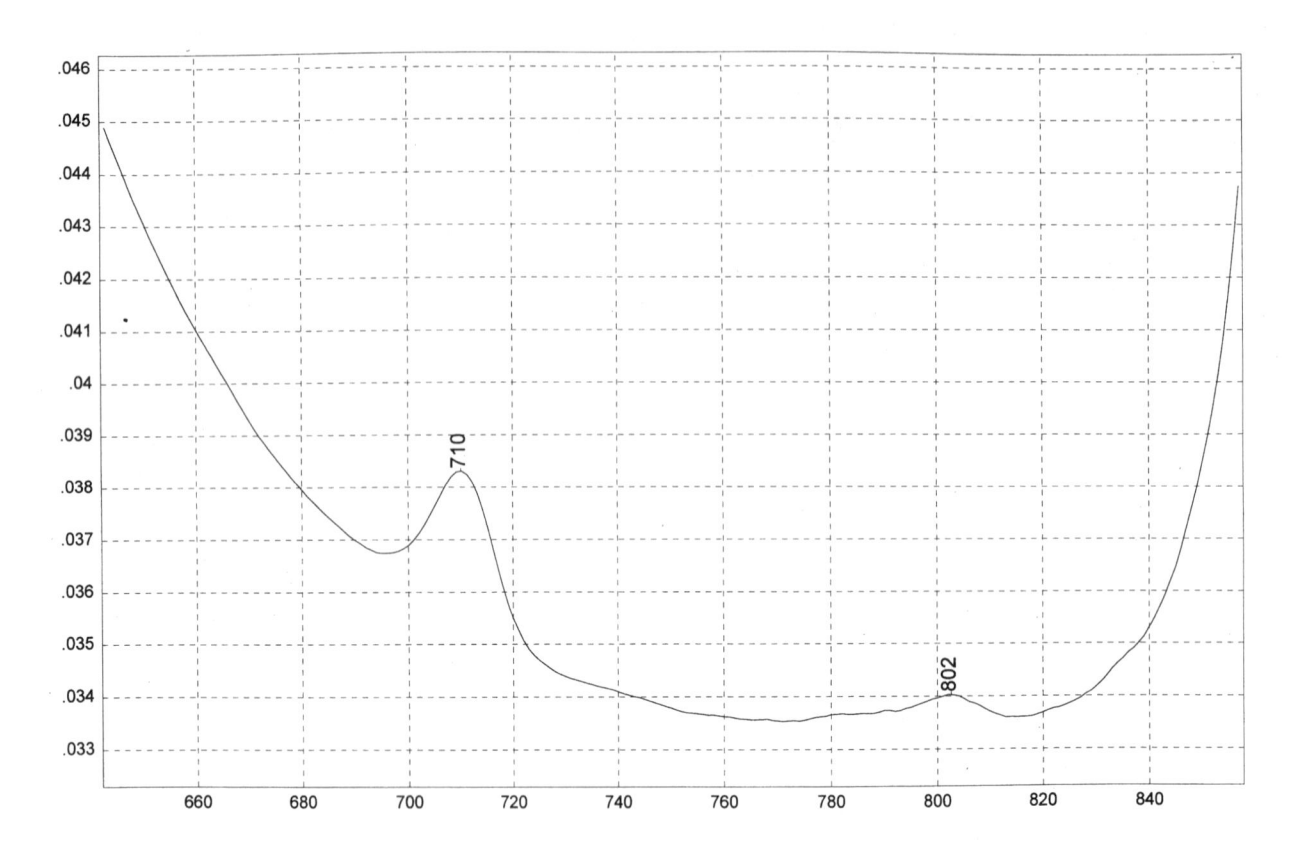

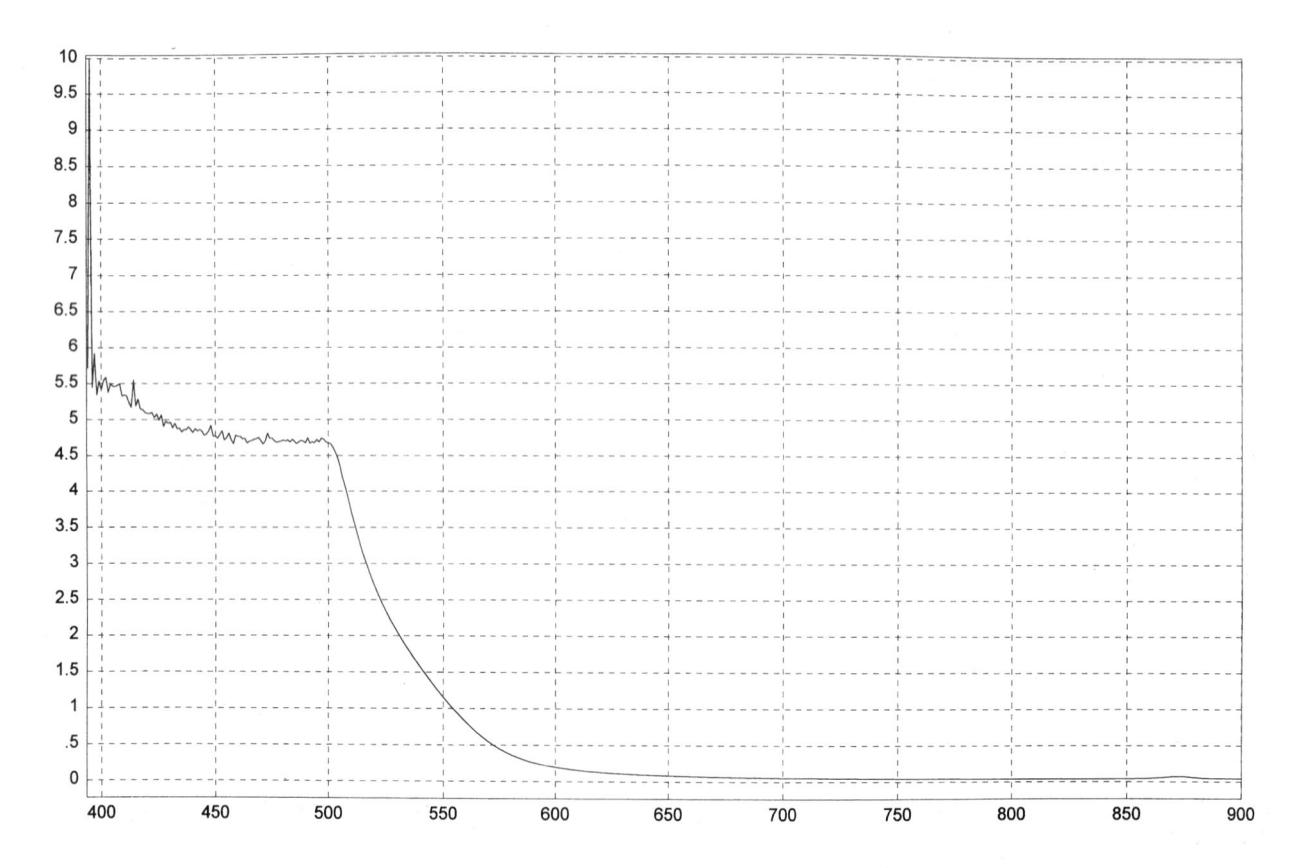

Absorbance / Nanometers

180 **Trans Cinnamaldehyde**

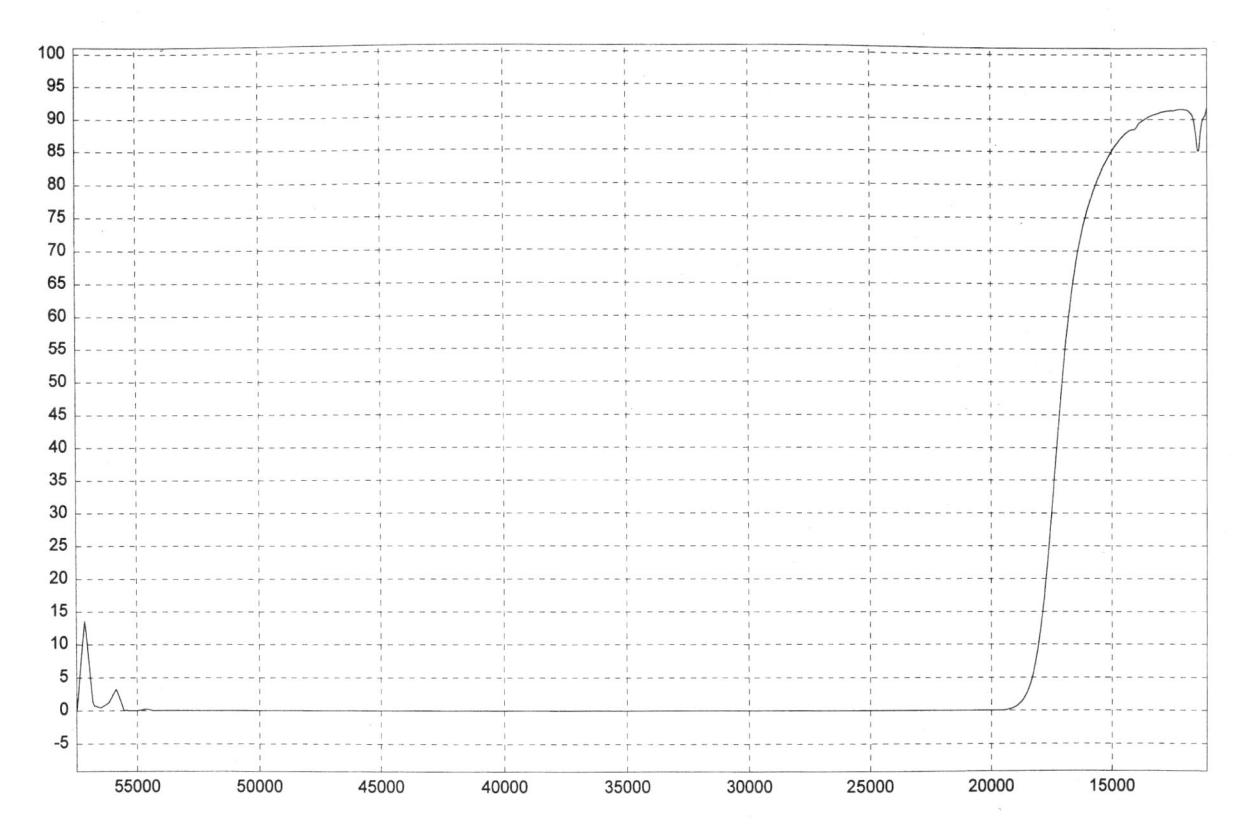

Transmittance / Wavenumber (cm^{-1})

181 **Trans Cinnamaldehyde**

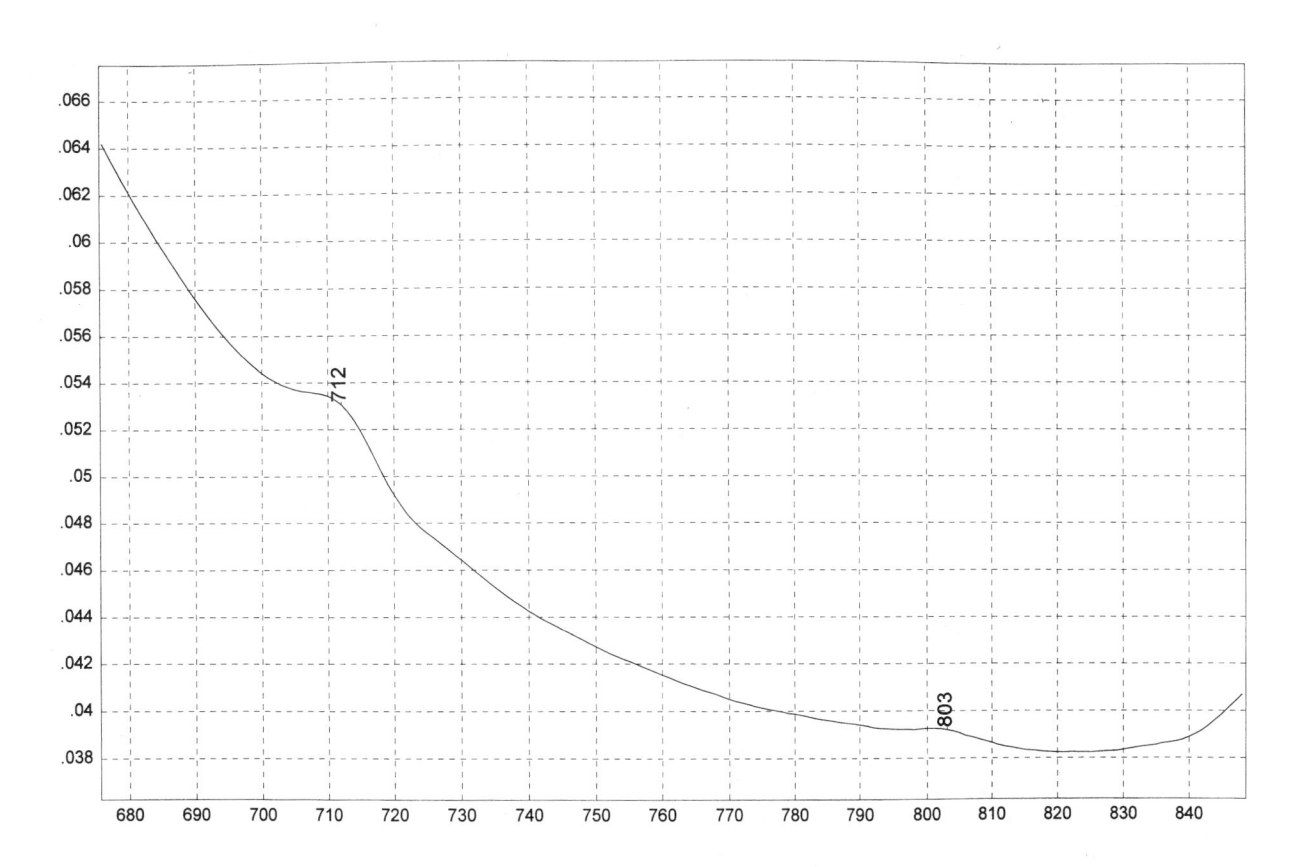

Absorbance / Nanometers

182 **Trans Cinnamaldehyde**

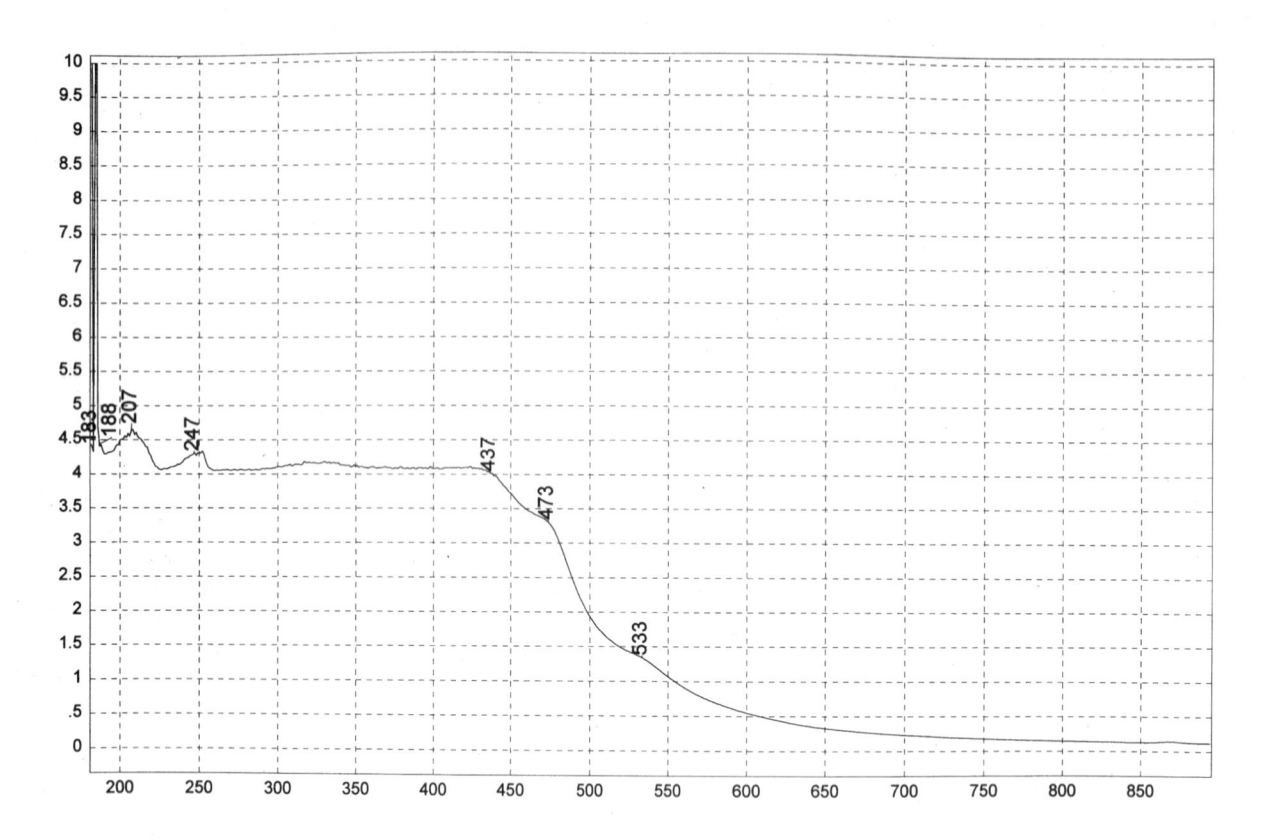

Absorbance / Nanometers

183 **Salicylaldehyde**

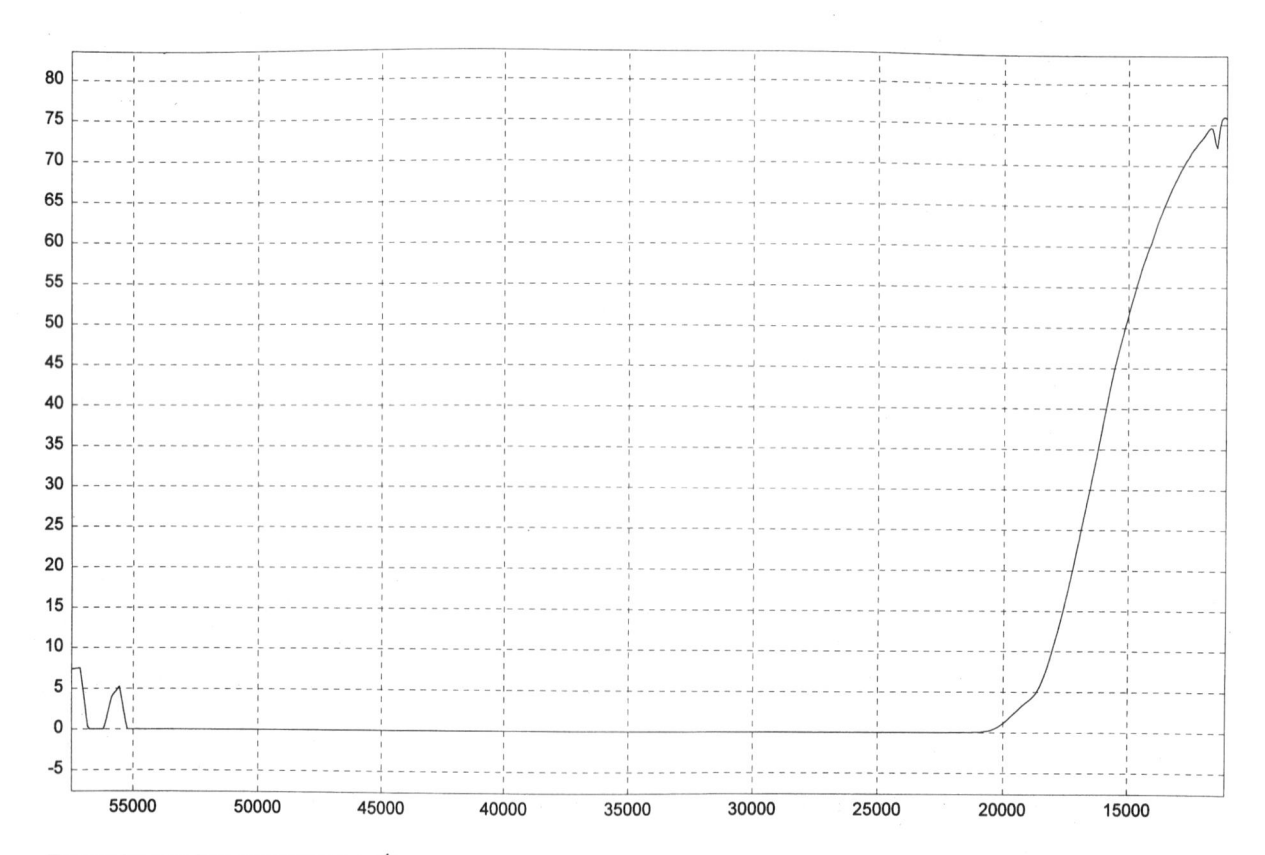

Transmittance / Wavenumber (cm⁻¹)

184 **Salicylaldehyde**

Salicylaldehyde

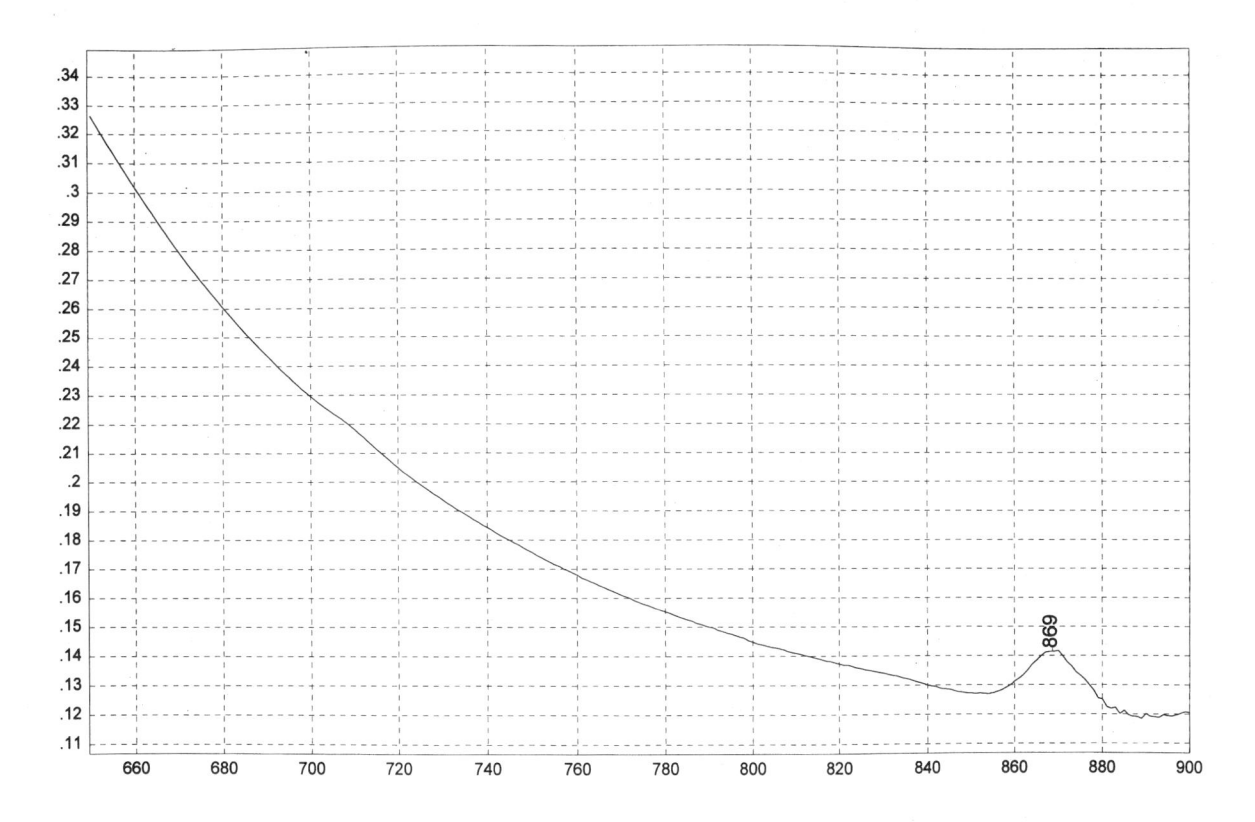

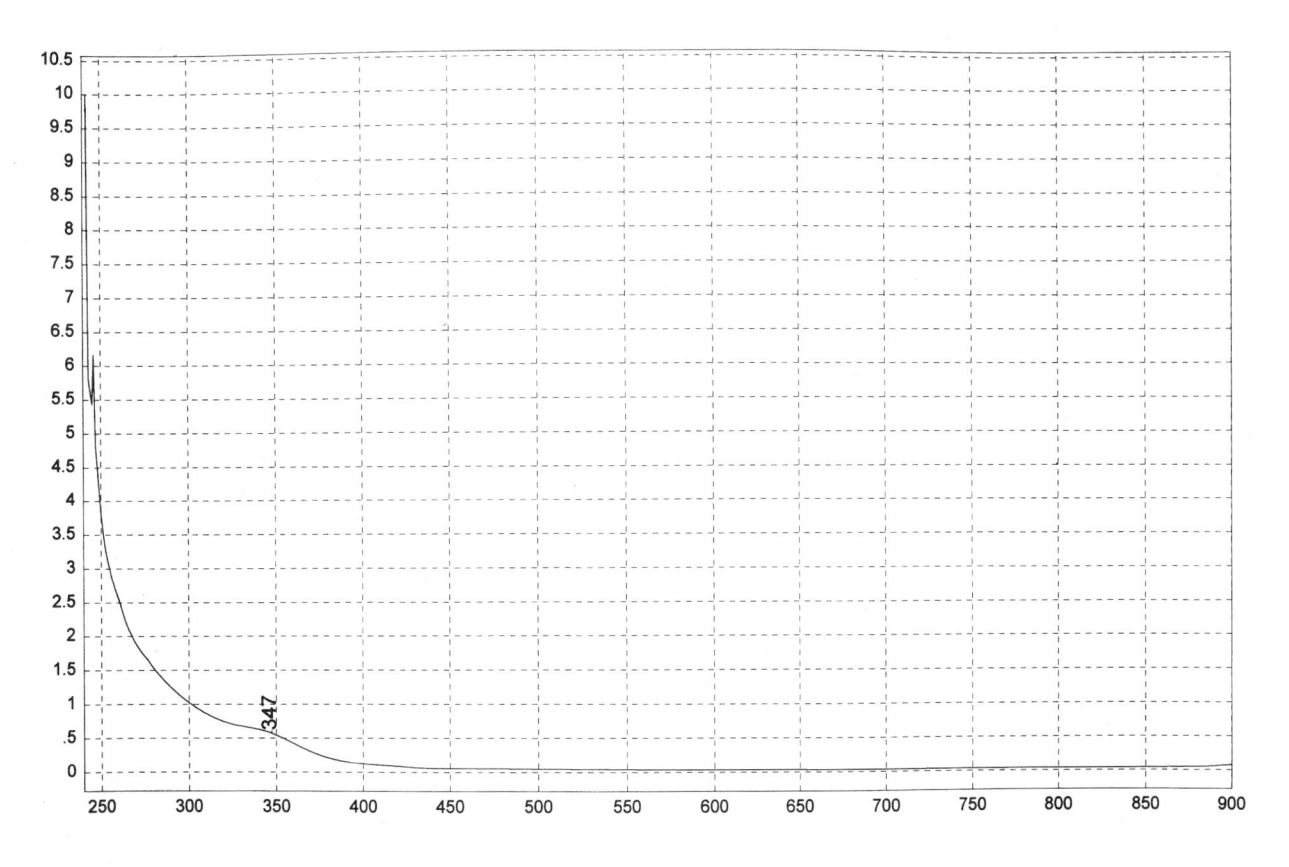

185

Propionic Acid

186

Transmittance / Wavenumber (cm⁻¹)

Propionic Acid

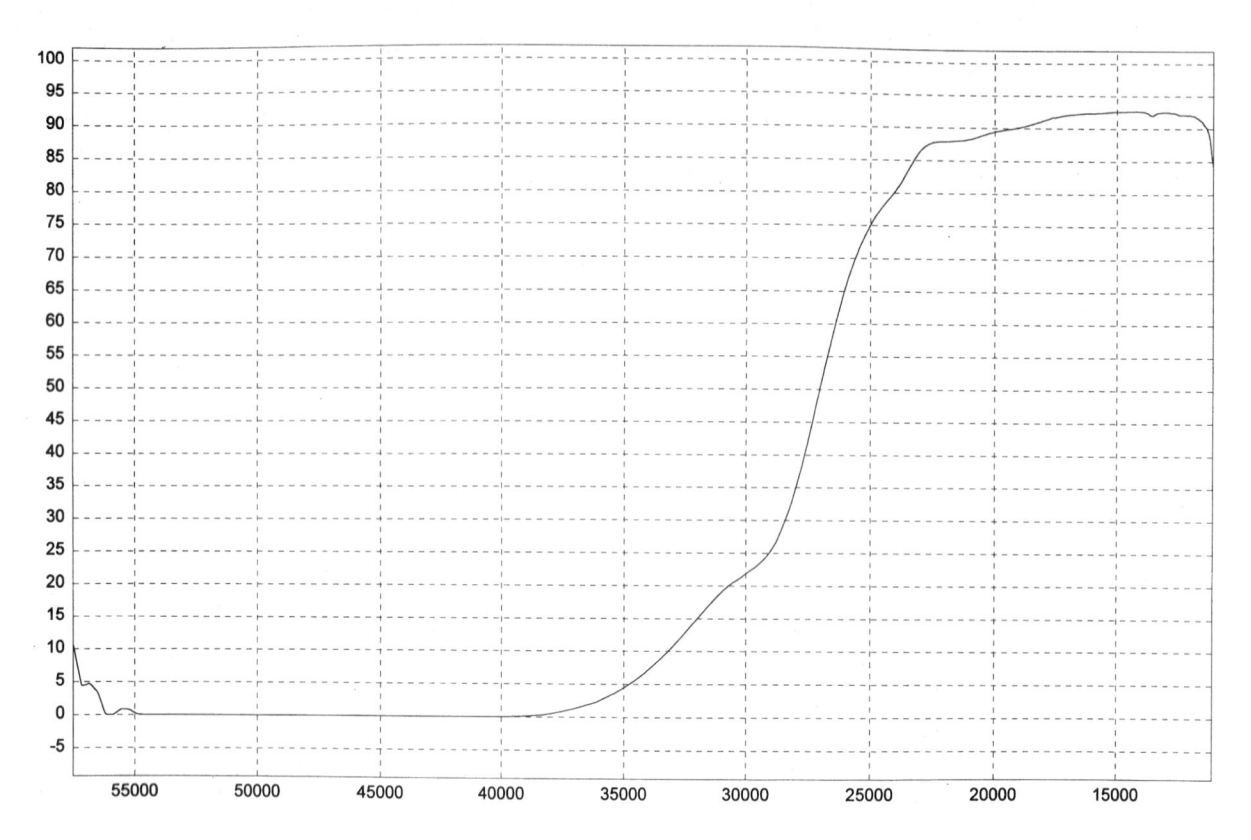

187

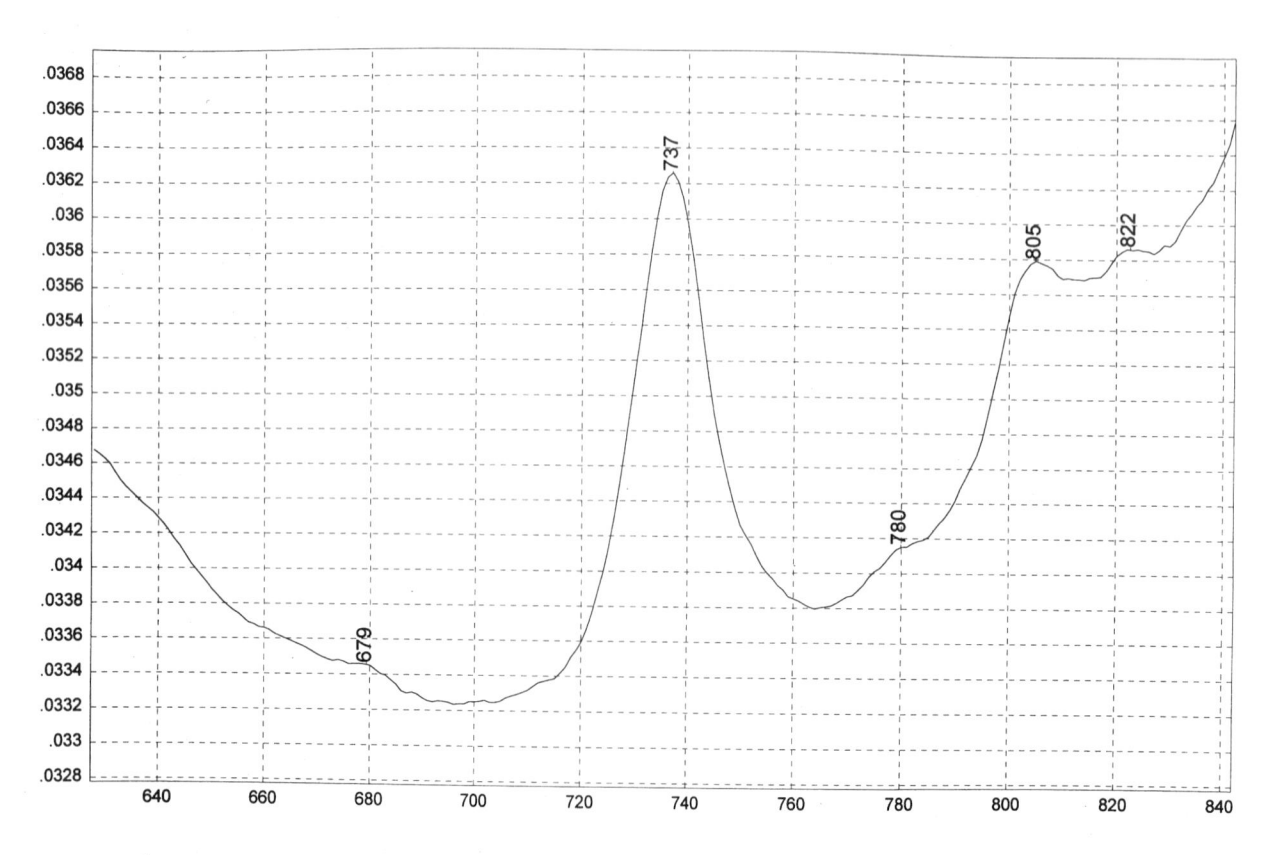

Absorbance / Nanometers

Propionic Acid

188

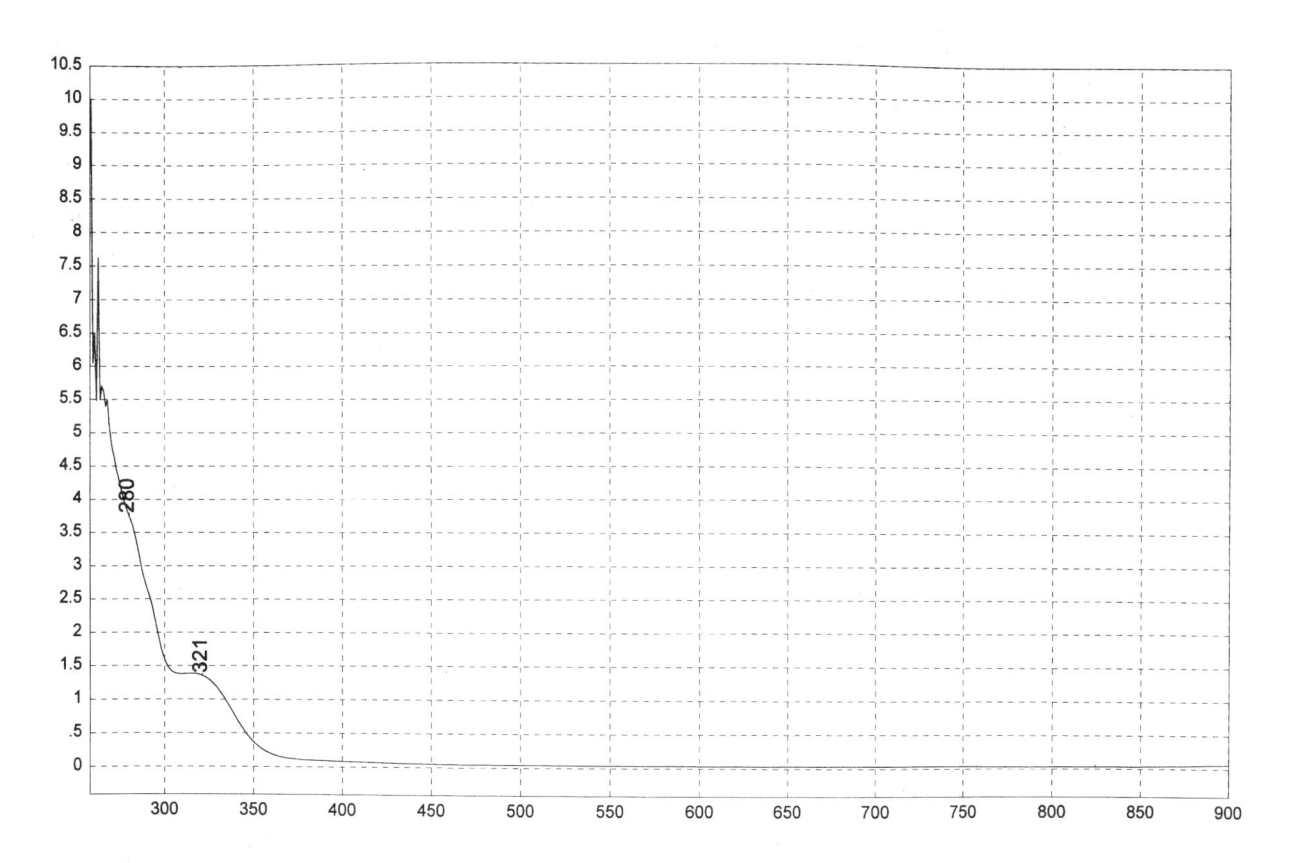

Absorbance / Nanometers

189　　**N,N-Dimethylacetamide**

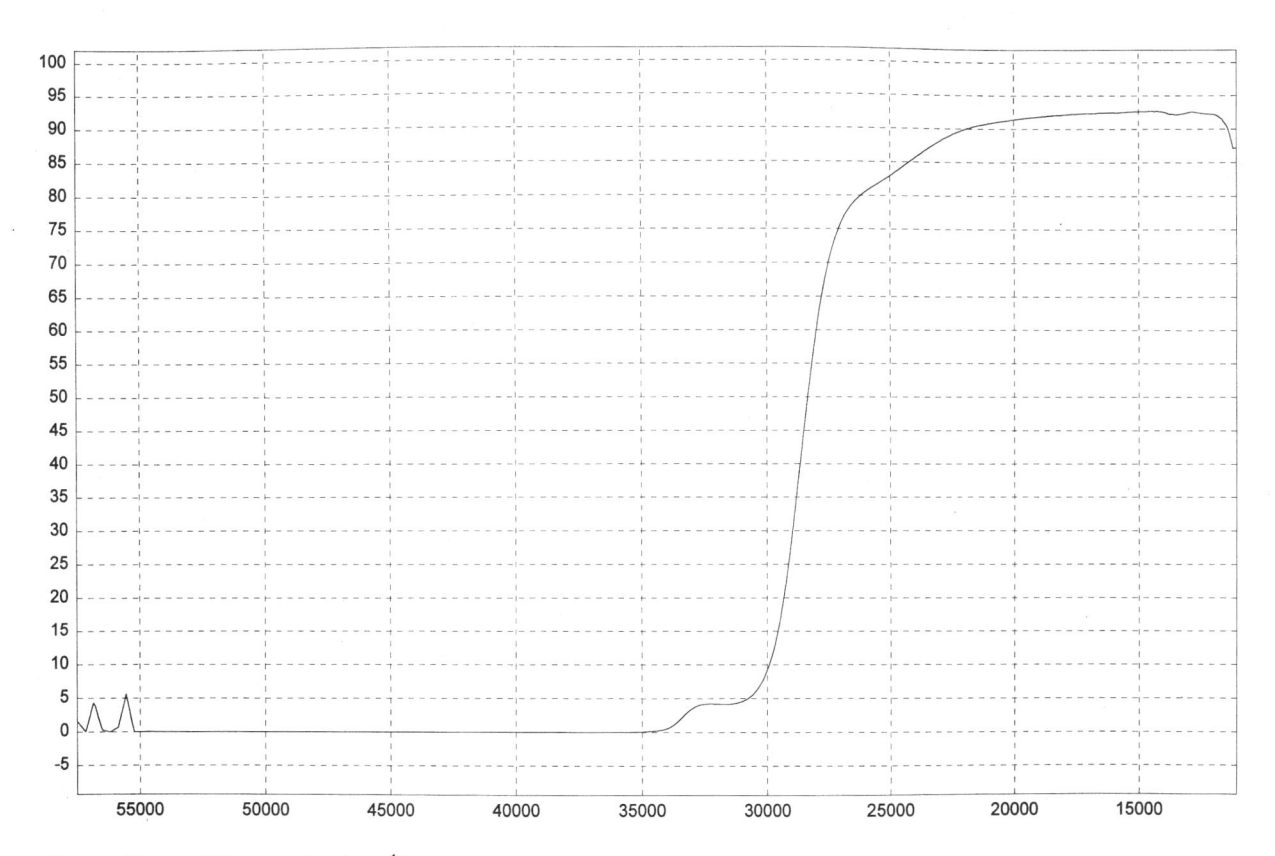

Transmittance / Wavenumber (cm⁻¹)

190　　**N,N-Dimethylacetamide**

Absorbance / Nanometers

191   **N,N-Dimethylacetamide**

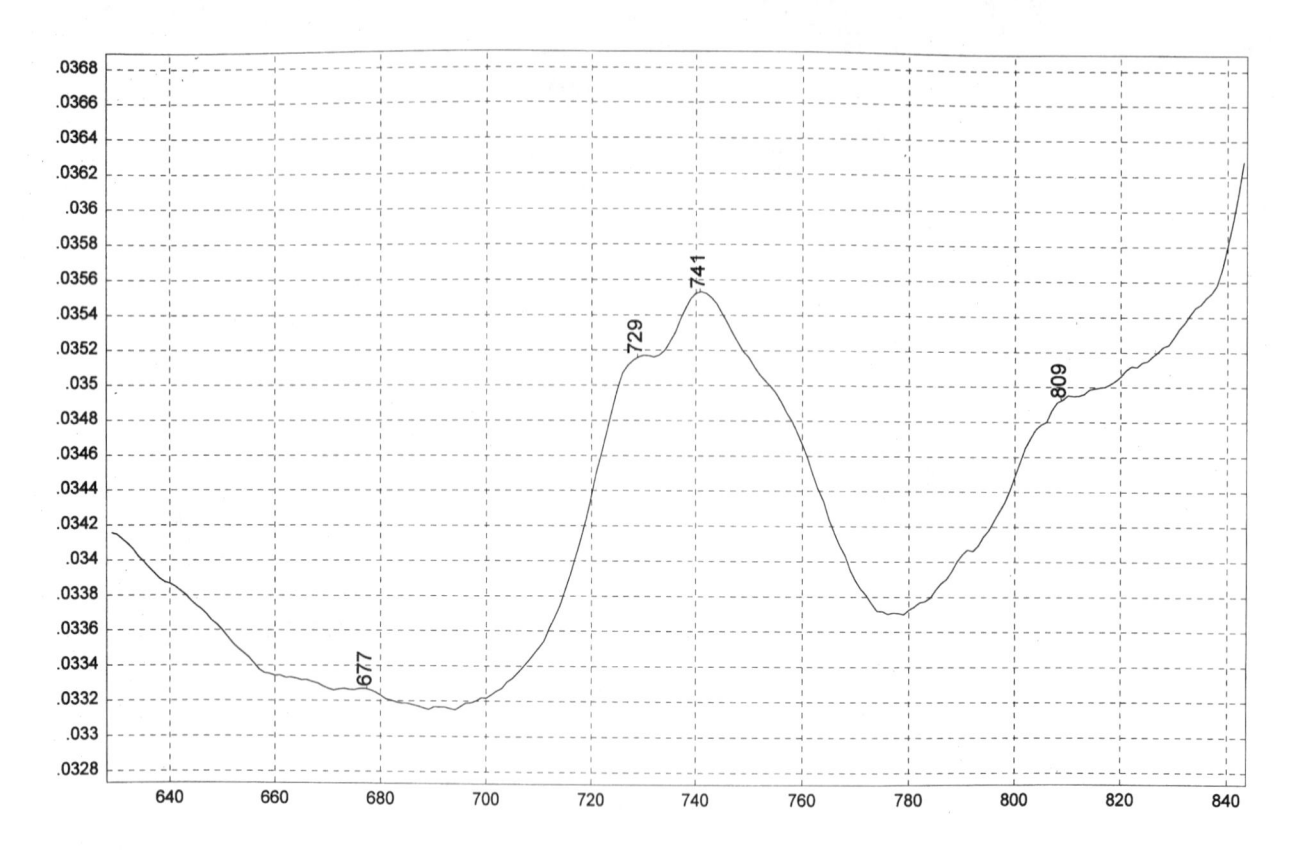

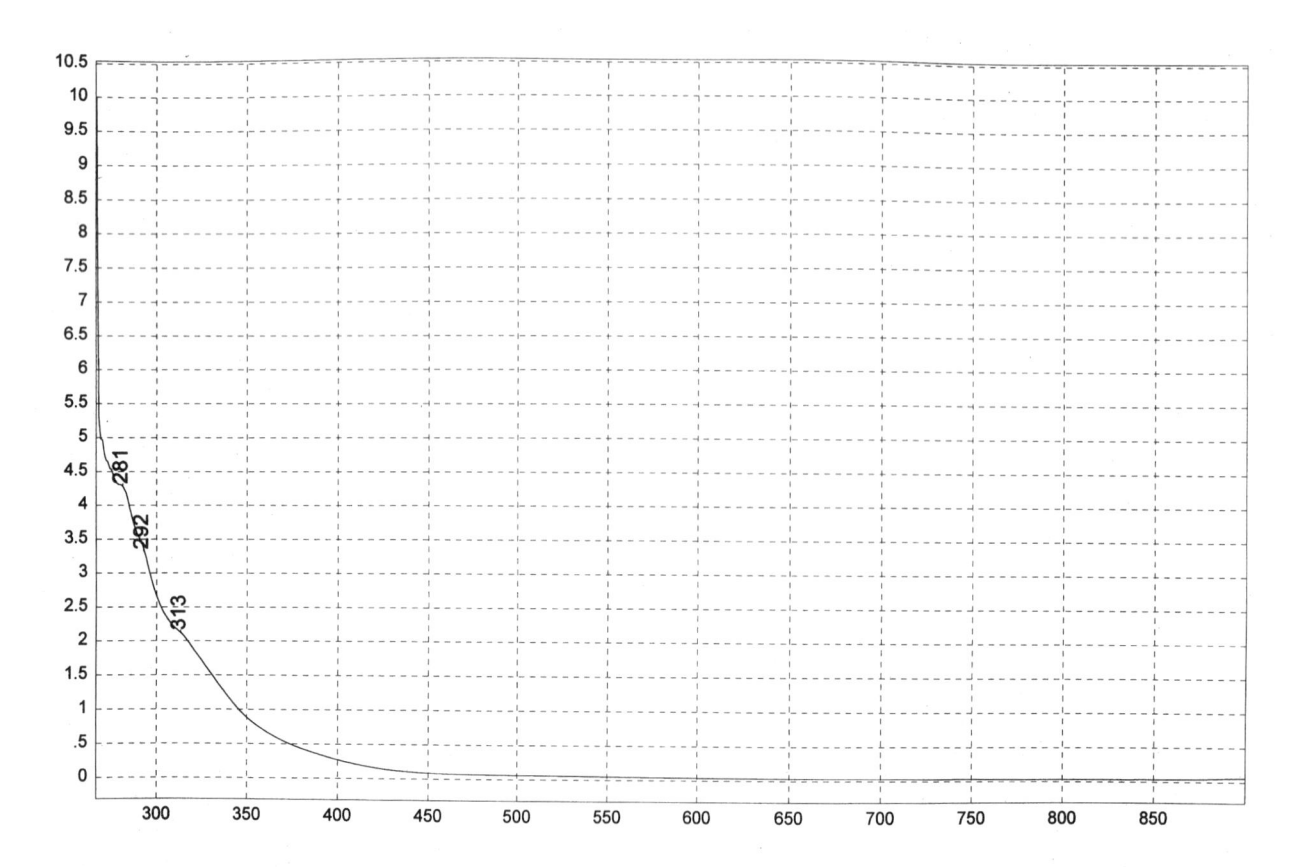

Absorbance / Nanometers

192   **N,N-Dimethylformamide**

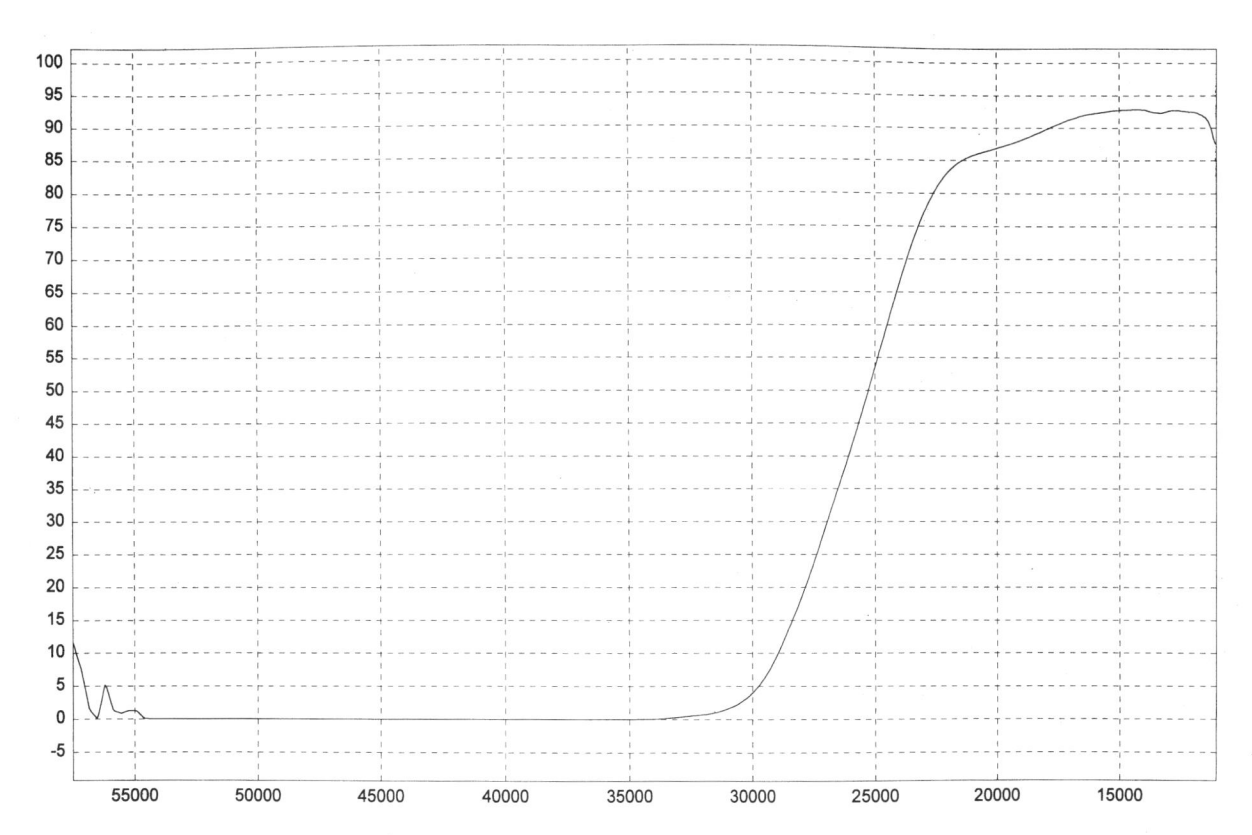

Transmittance / Wavenumber (cm⁻¹)

193   **N,N-Dimethylformamide**

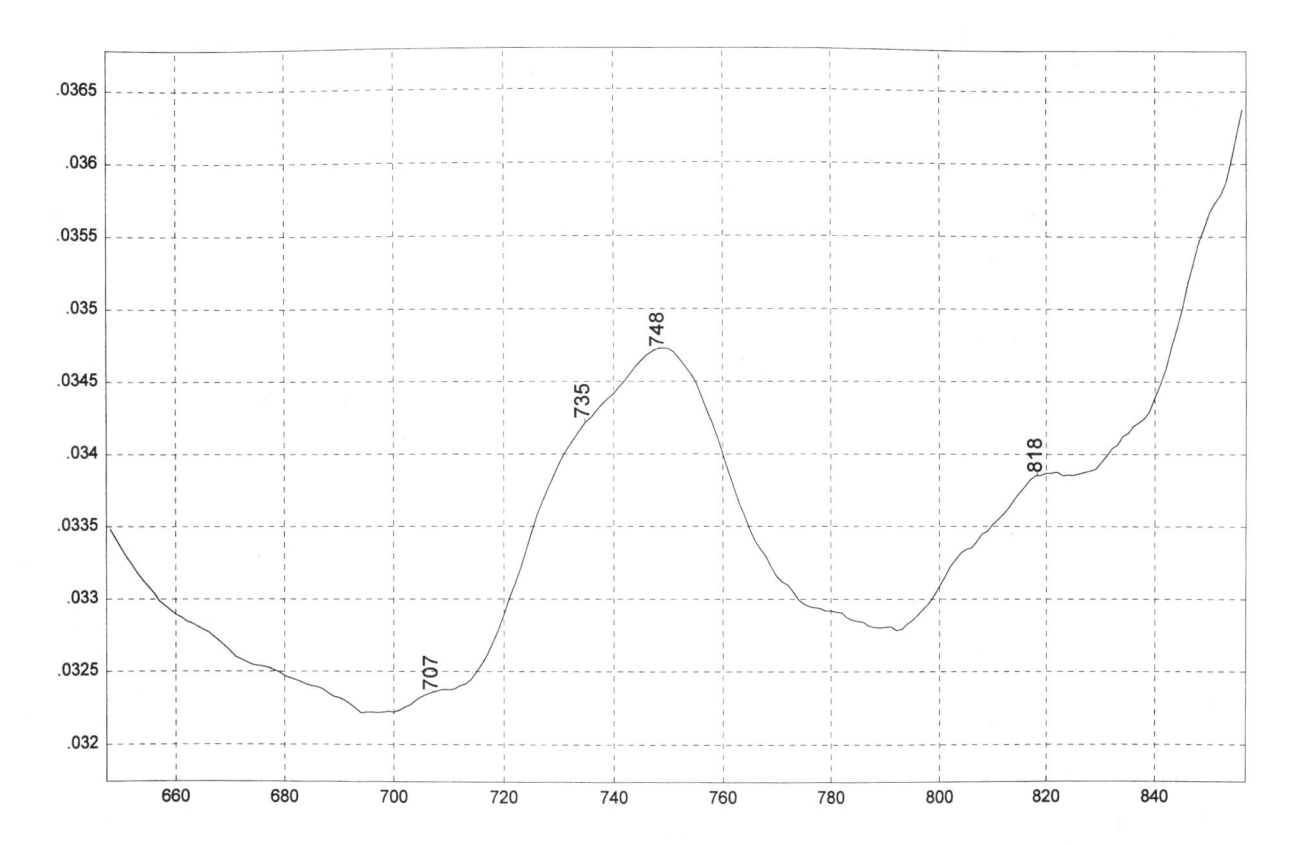

Absorbance / Nanometers

194   **N,N-Dimethylformamide**

Absorbance / Nanometers

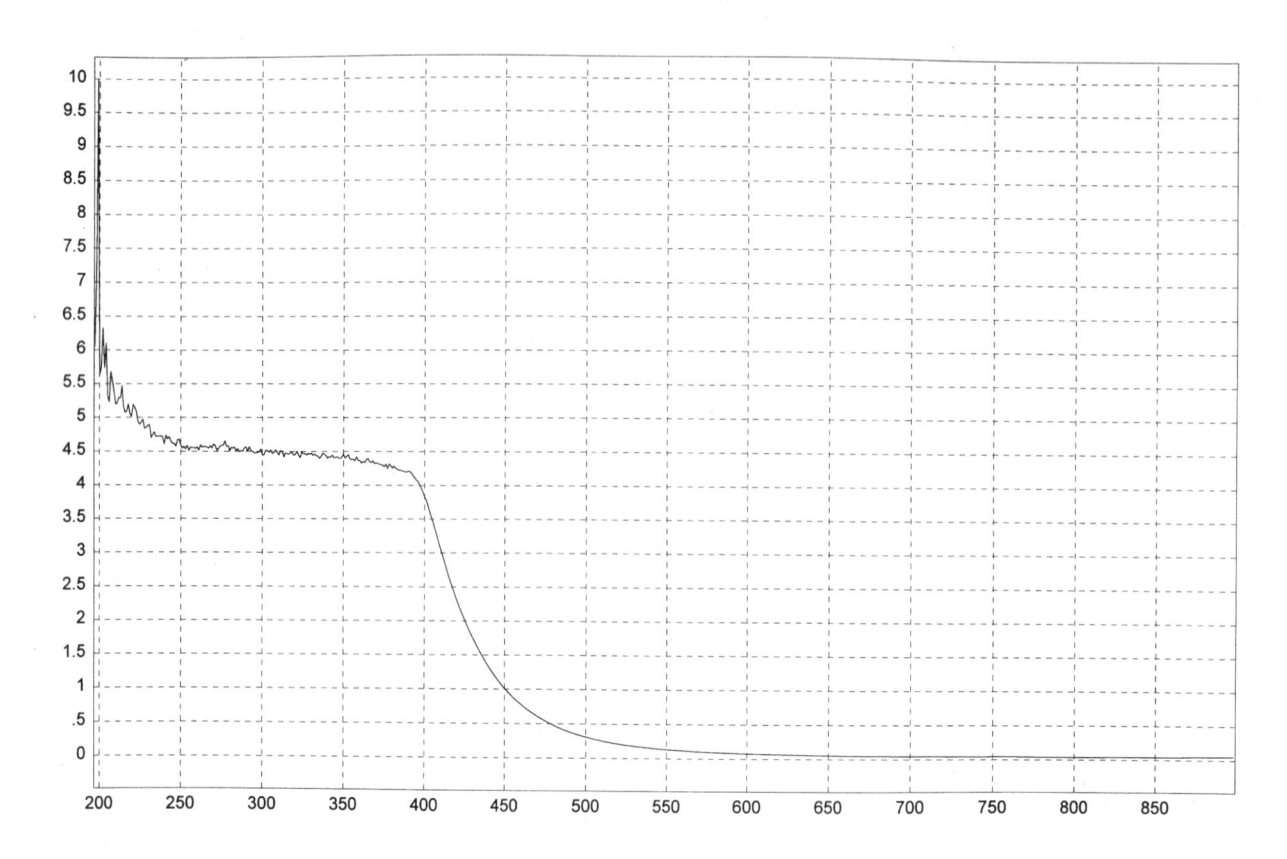

195

10-Undecenoic Acid

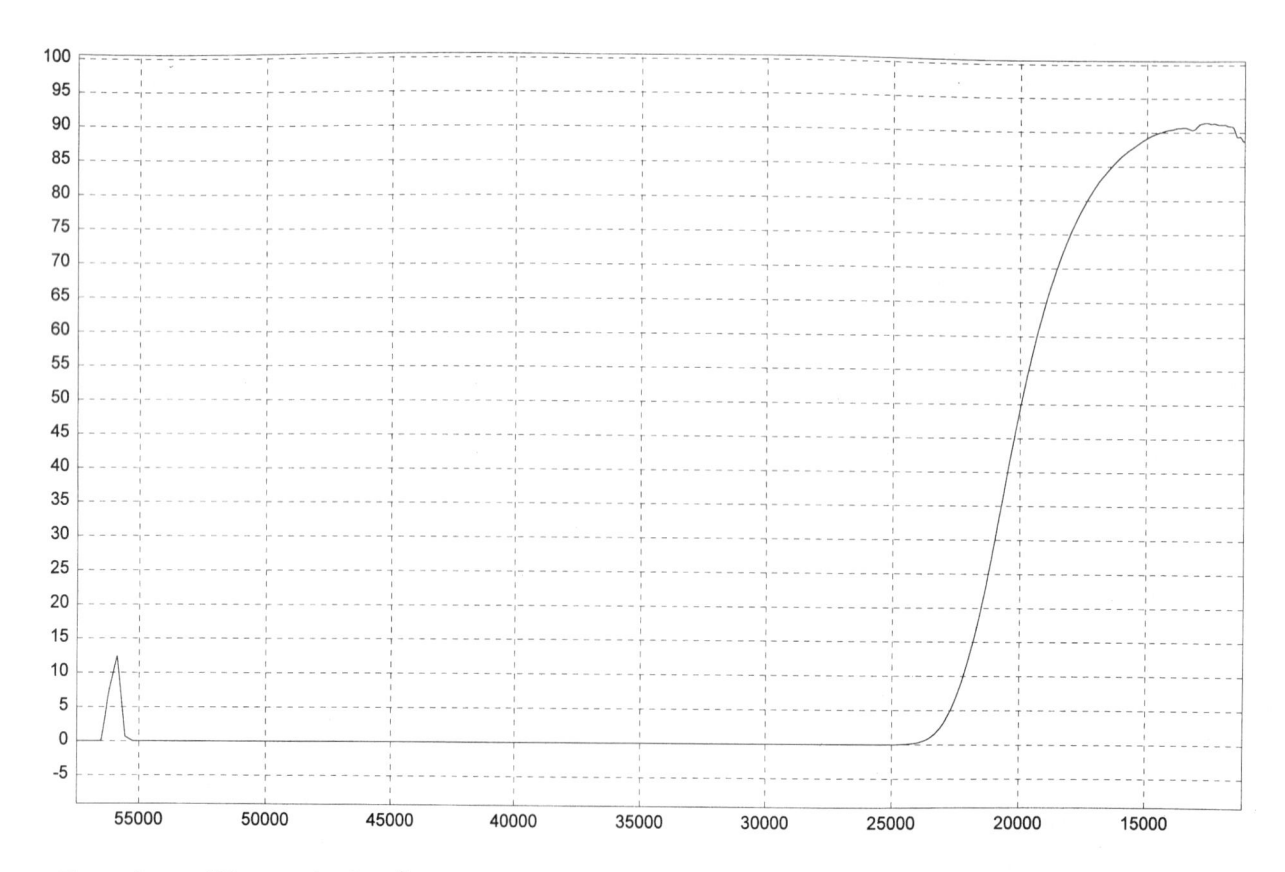

Transmittance / Wavenumber (cm⁻¹)

196

10-Undecenoic Acid

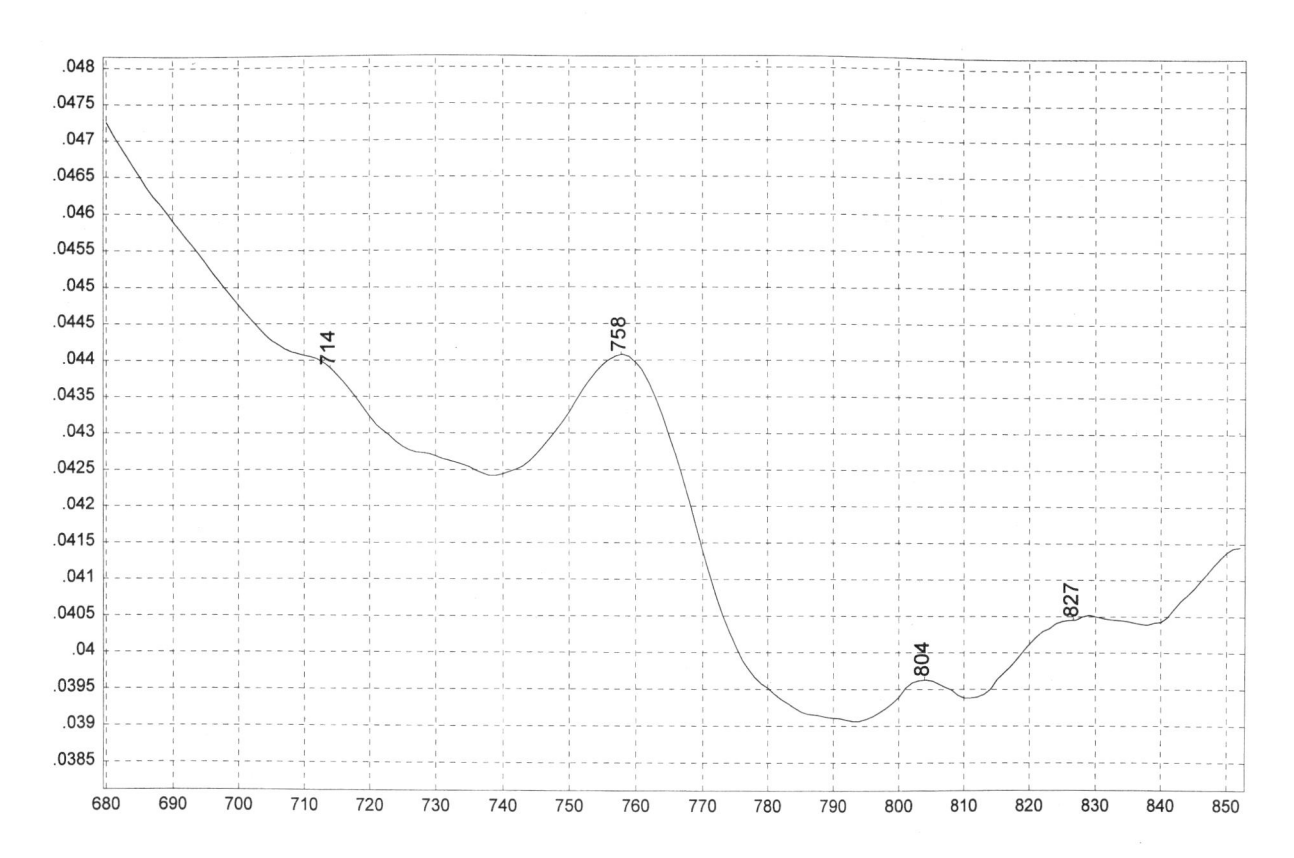

Absorbance / Nanometers

197

10-Undecenoic Acid

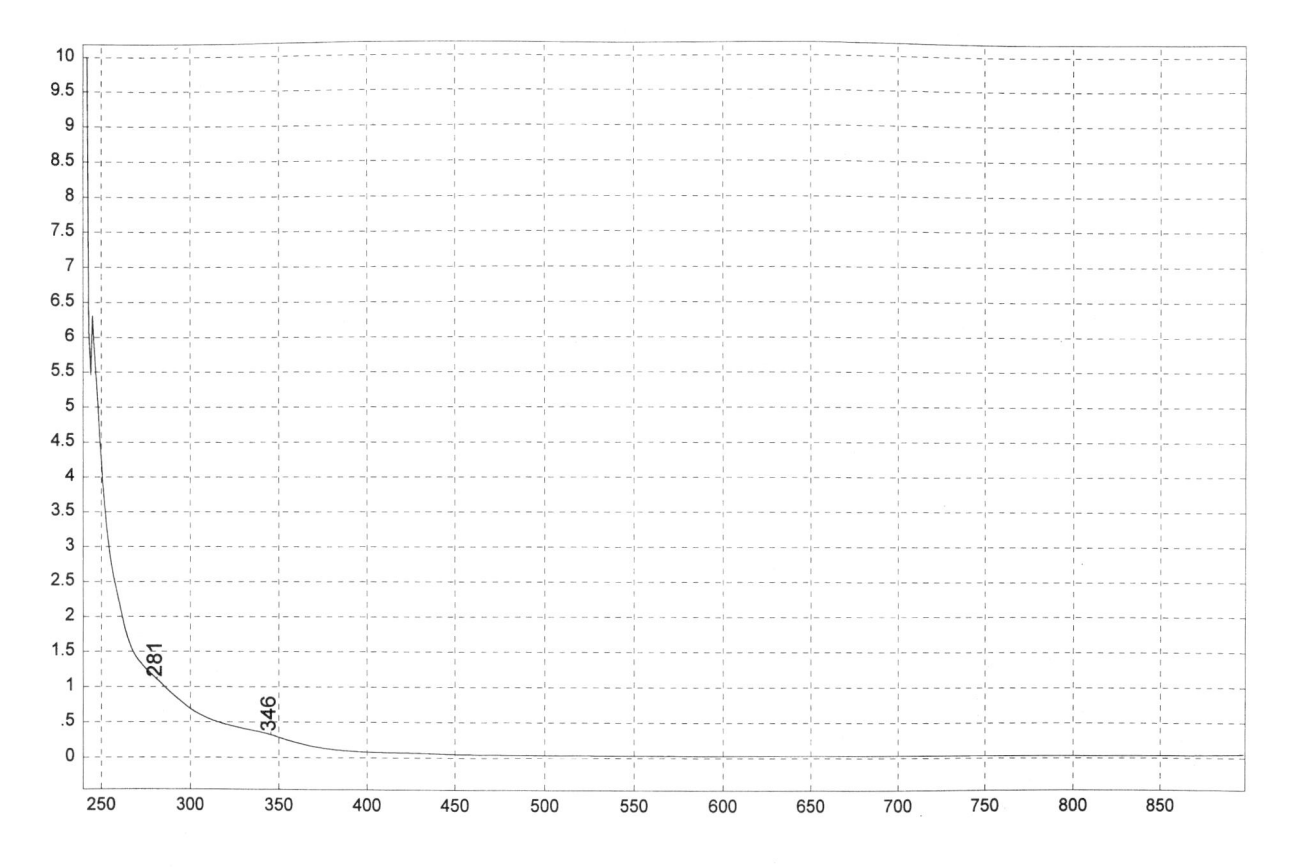

Absorbance / Nanometers

198

Valeric Acid

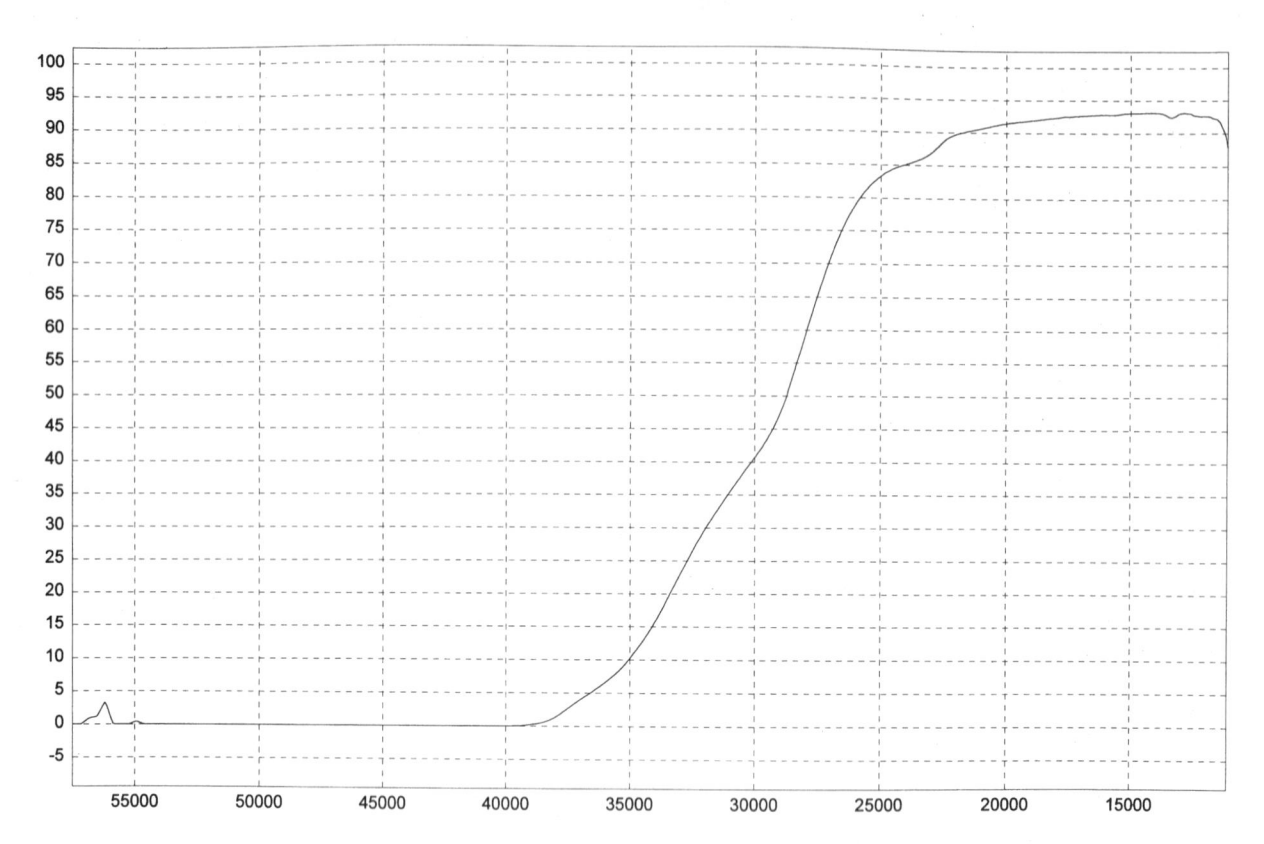

Transmittance / Wavenumber (cm^{-1})

199 Valeric Acid

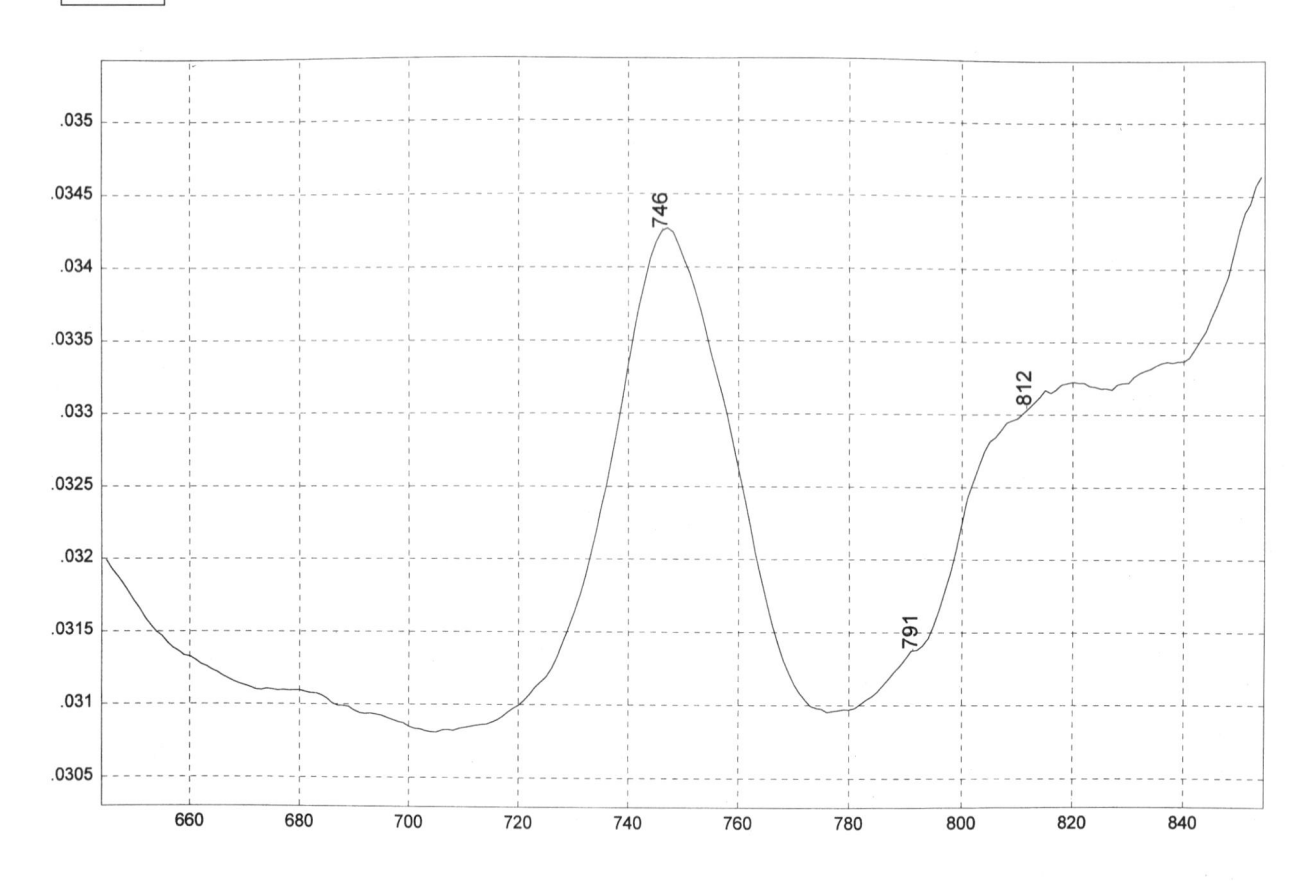

Absorbance / Nanometers

200 Valeric Acid

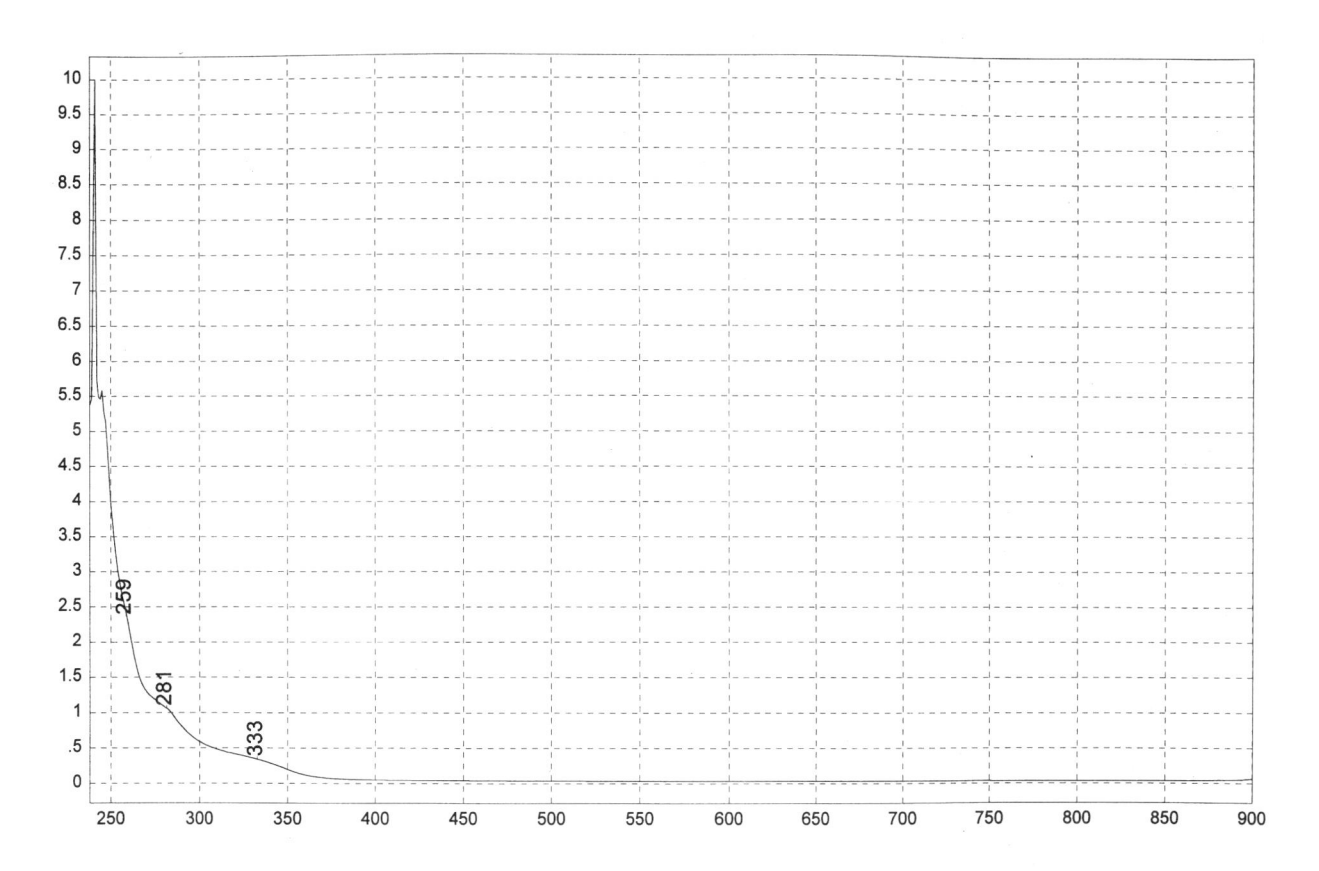

Absorbance / Nanometers

| 201 | **iso-Valeric Acid** |

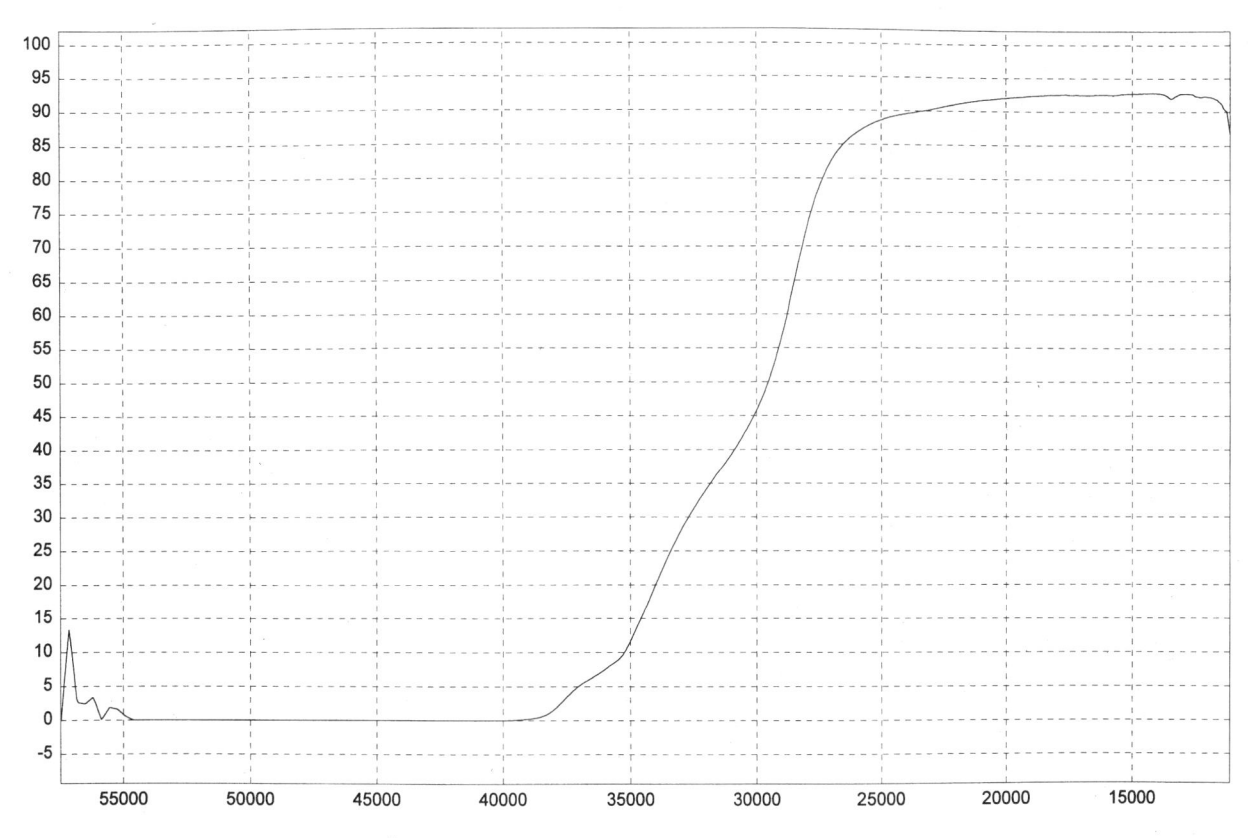

Transmittance / Wavenumber (cm⁻¹)

| 202 | **iso-Valeric Acid** |

Absorbance / Nanometers

203 **iso-Valeric Acid**

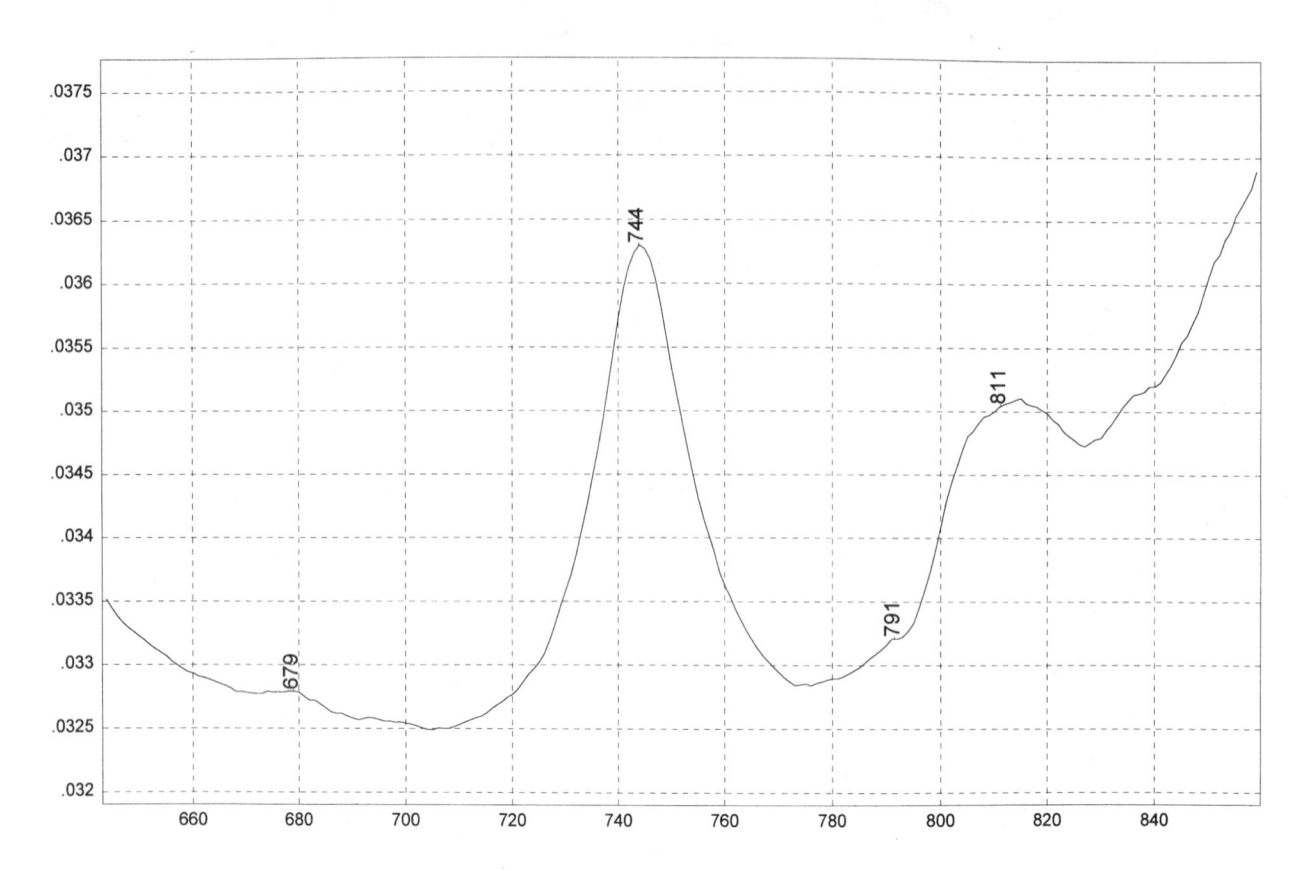

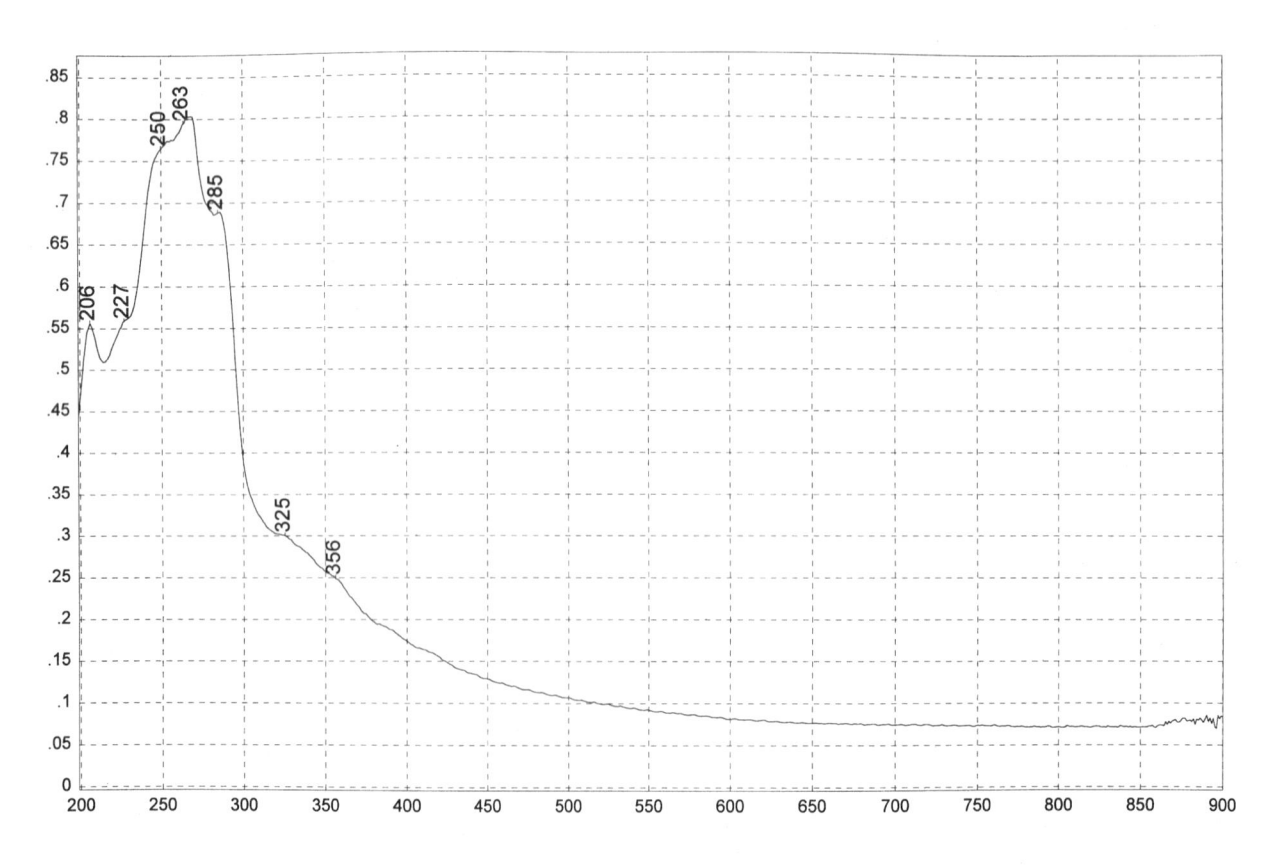

Absorbance / Nanometers

204 **ACRYLONITRILE/BUTADIENE/STYRENE RESIN**

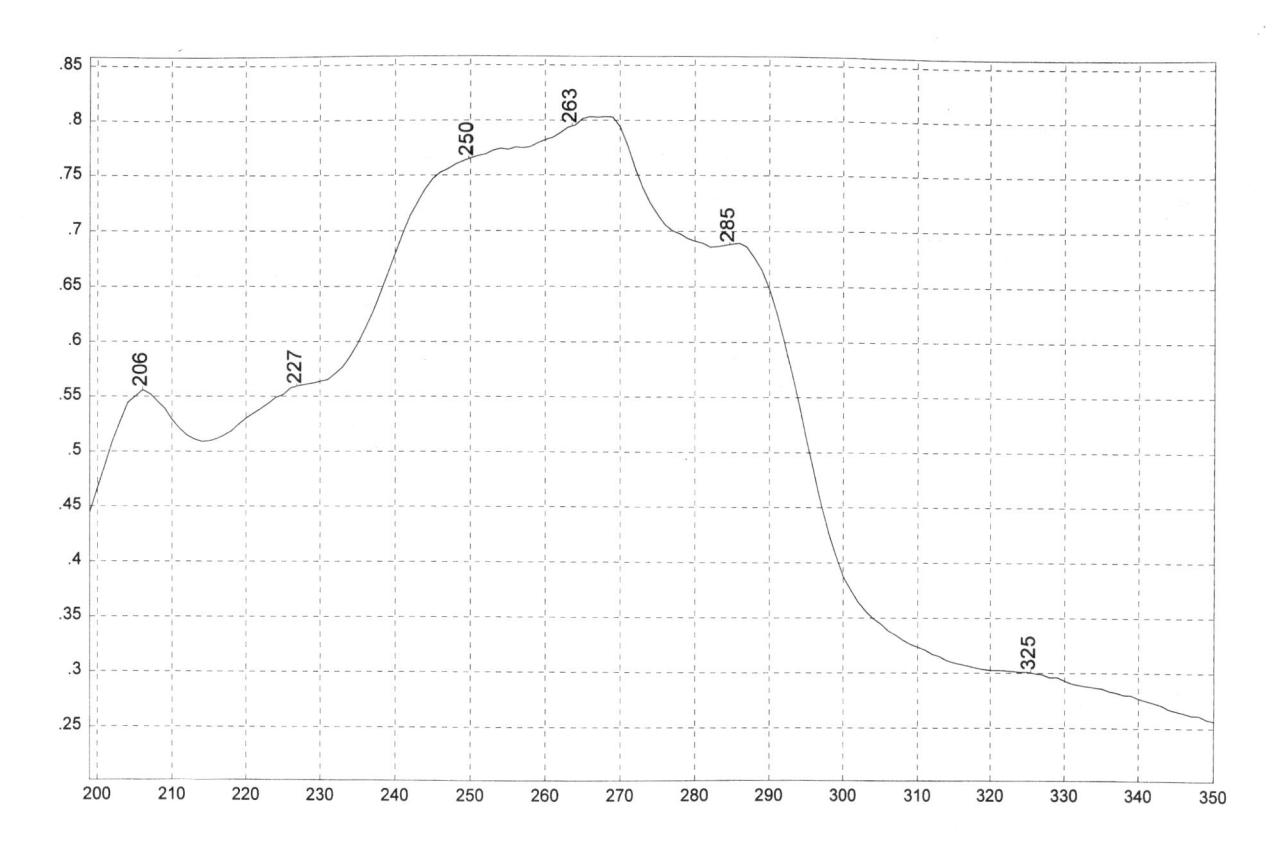

Absorbance / Nanometers

| 205 | ACRYLONITRILE/BUTADIENE/STYRENE RESIN |

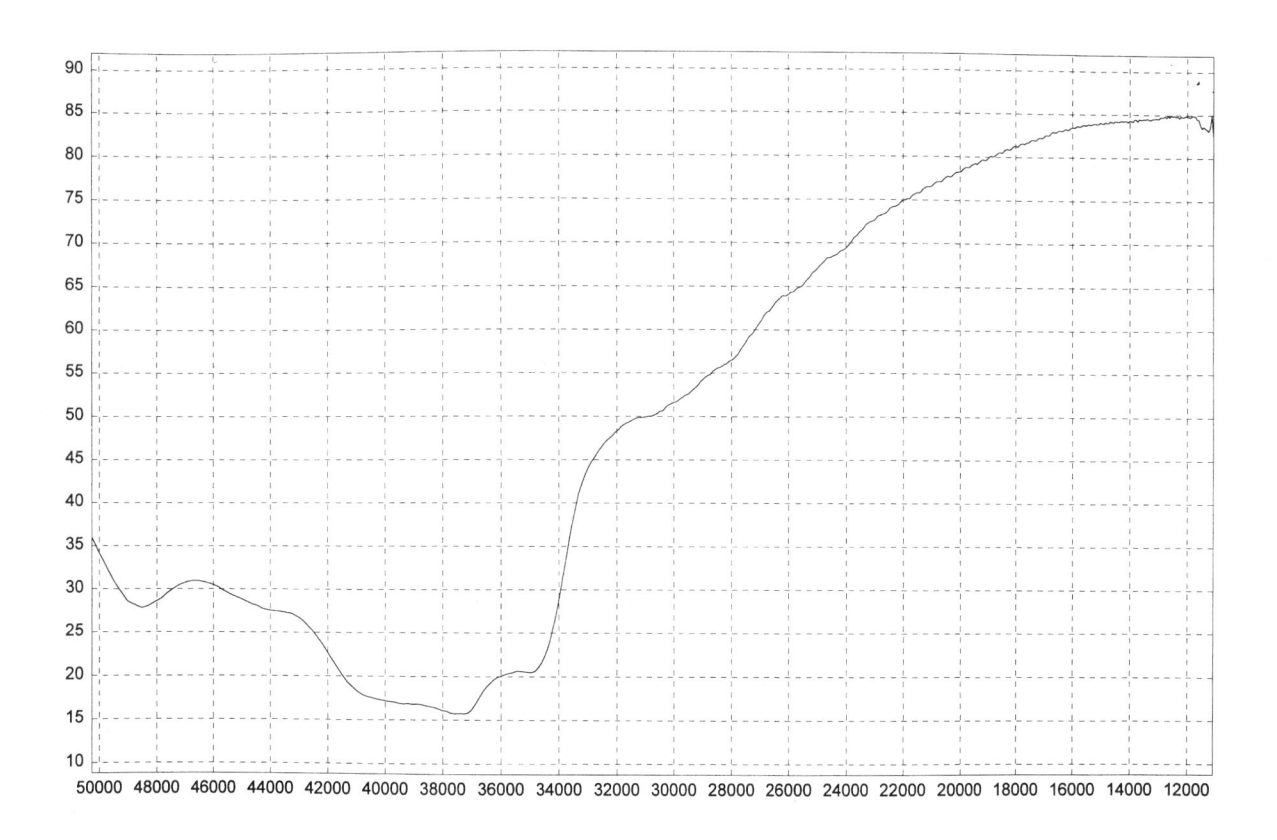

Reflectance / Wavenumber (cm^{-1})

| 206 | ACRYLONITRILE/BUTADIENE/STYRENE RESIN |

207 ACRYLONITRILE/BUTADIENE/STYRENE RESIN

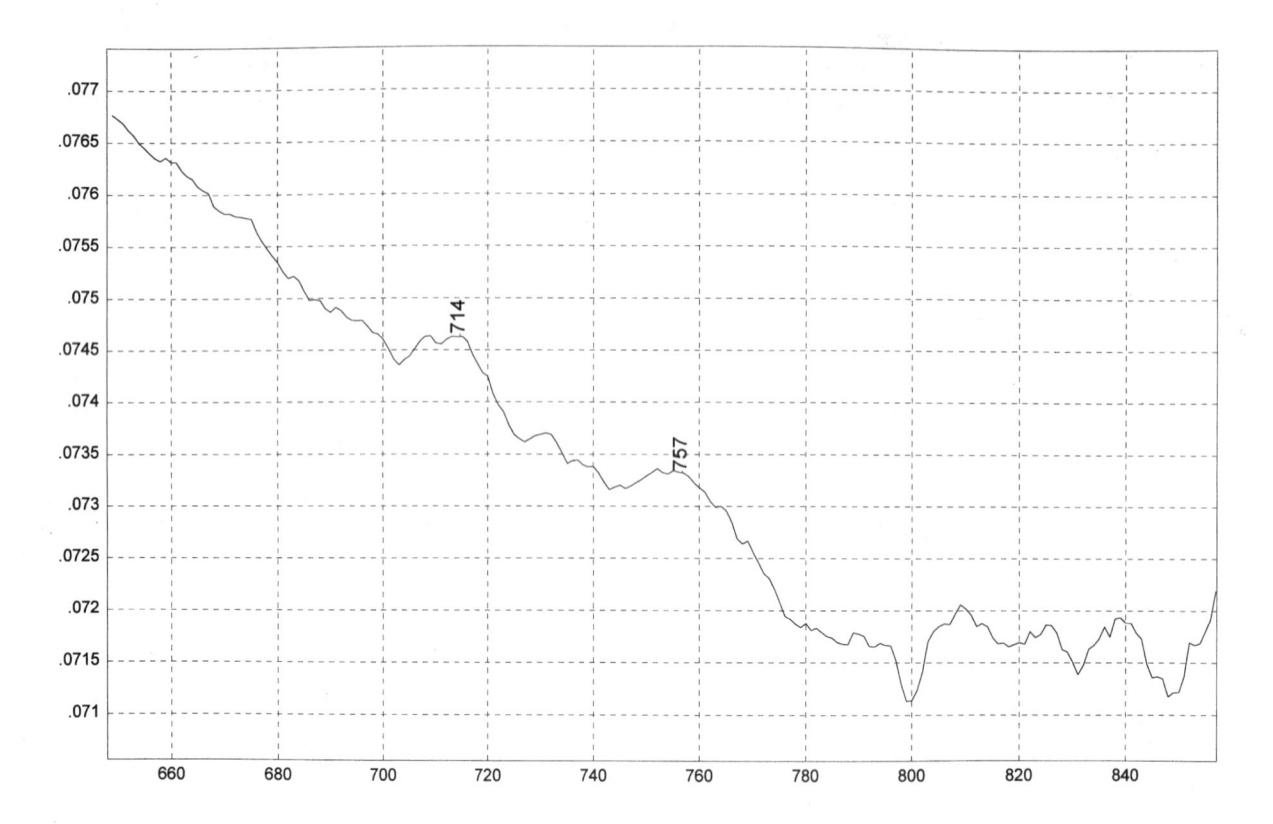

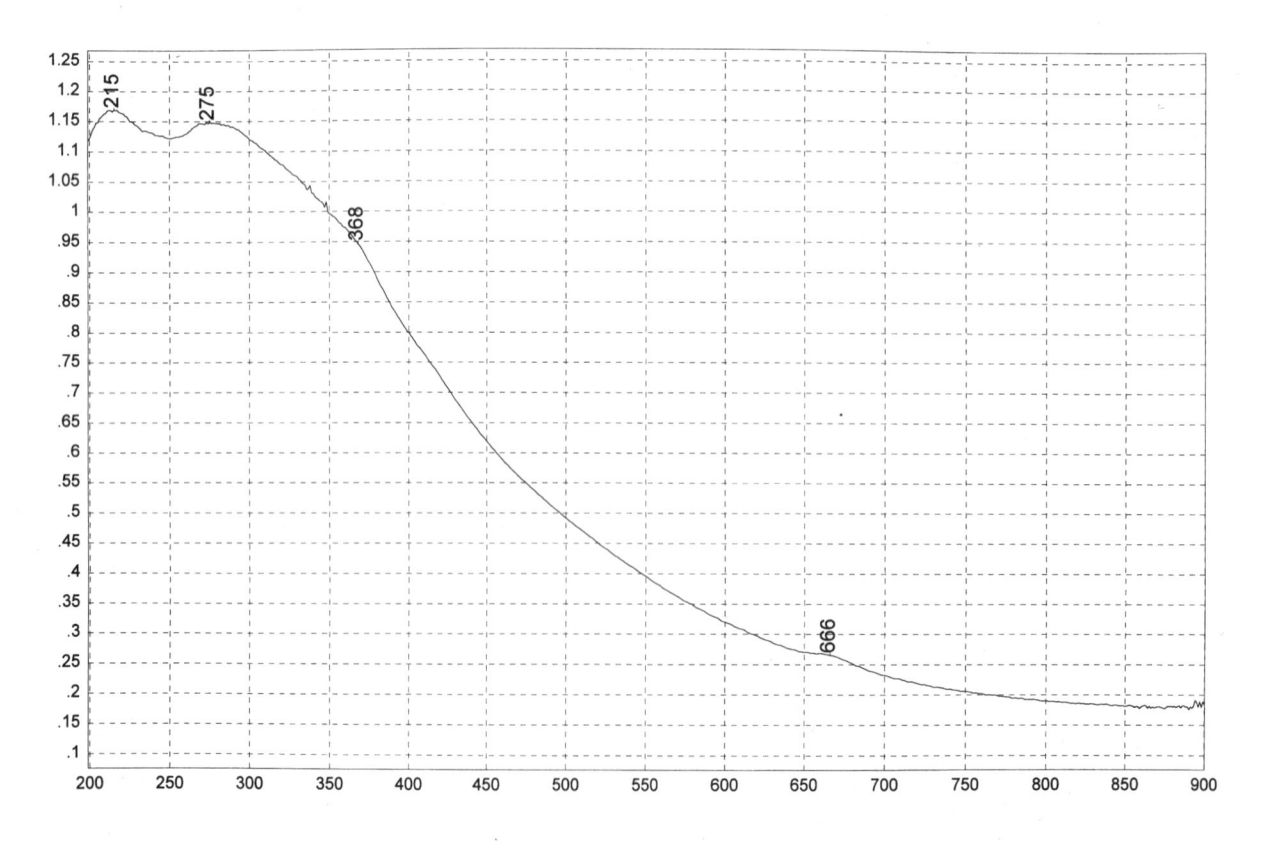

208 ALGINIC ACID, SODIUM SALT

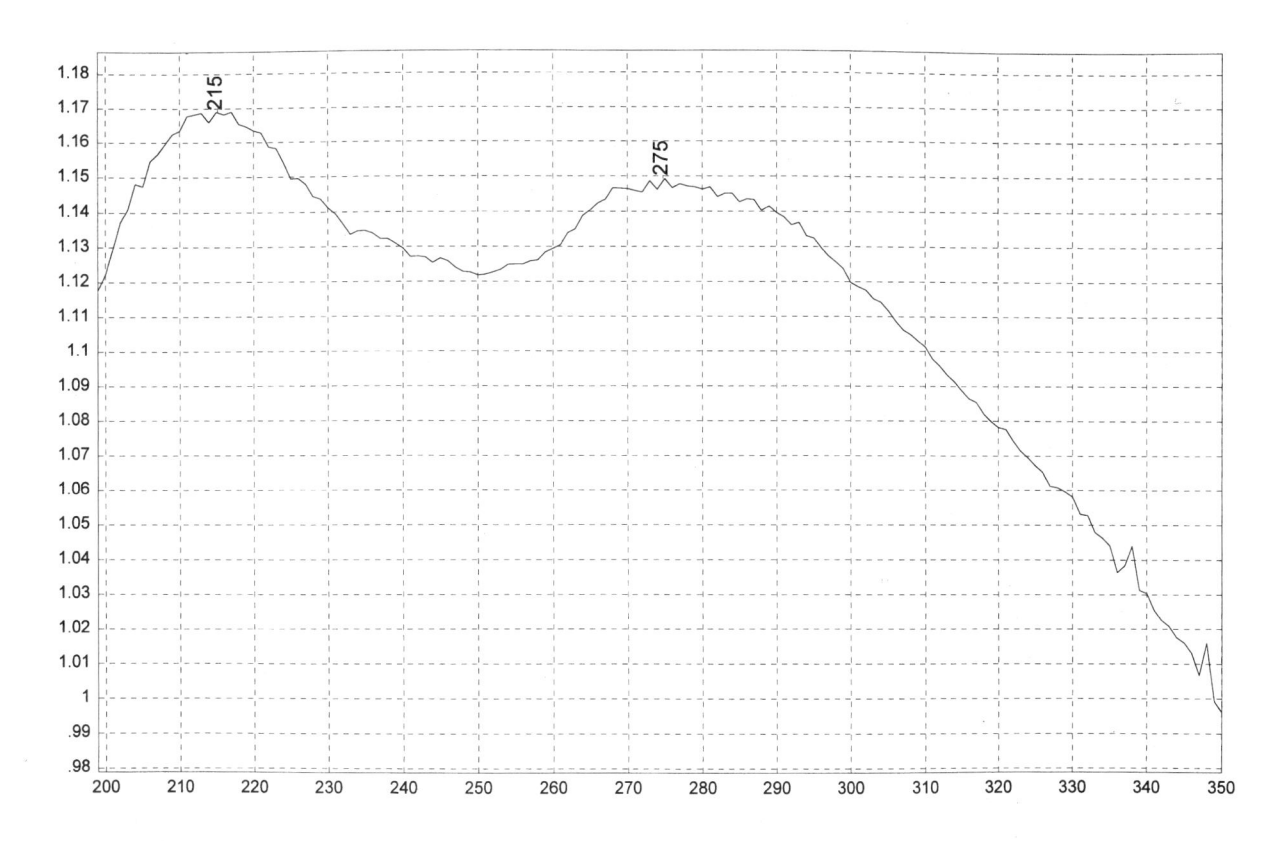

Absorbance / Nanometers

209   **ALGINIC ACID, SODIUM SALT**

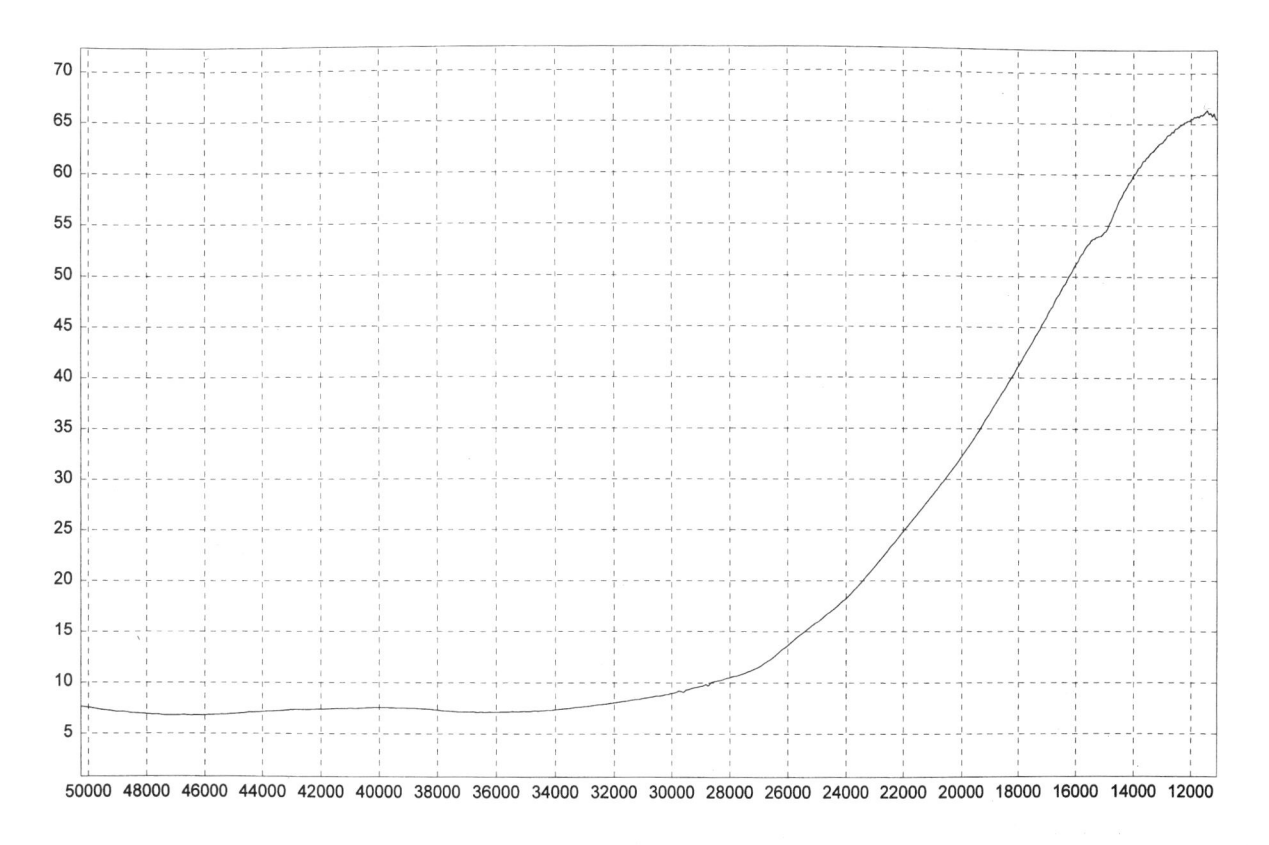

Reflectance / Wavenumber (cm^{-1})

210   **ALGINIC ACID, SODIUM SALT**

Absorbance / Nanometers

| 211 | **ALGINIC ACID, SODIUM SALT** |

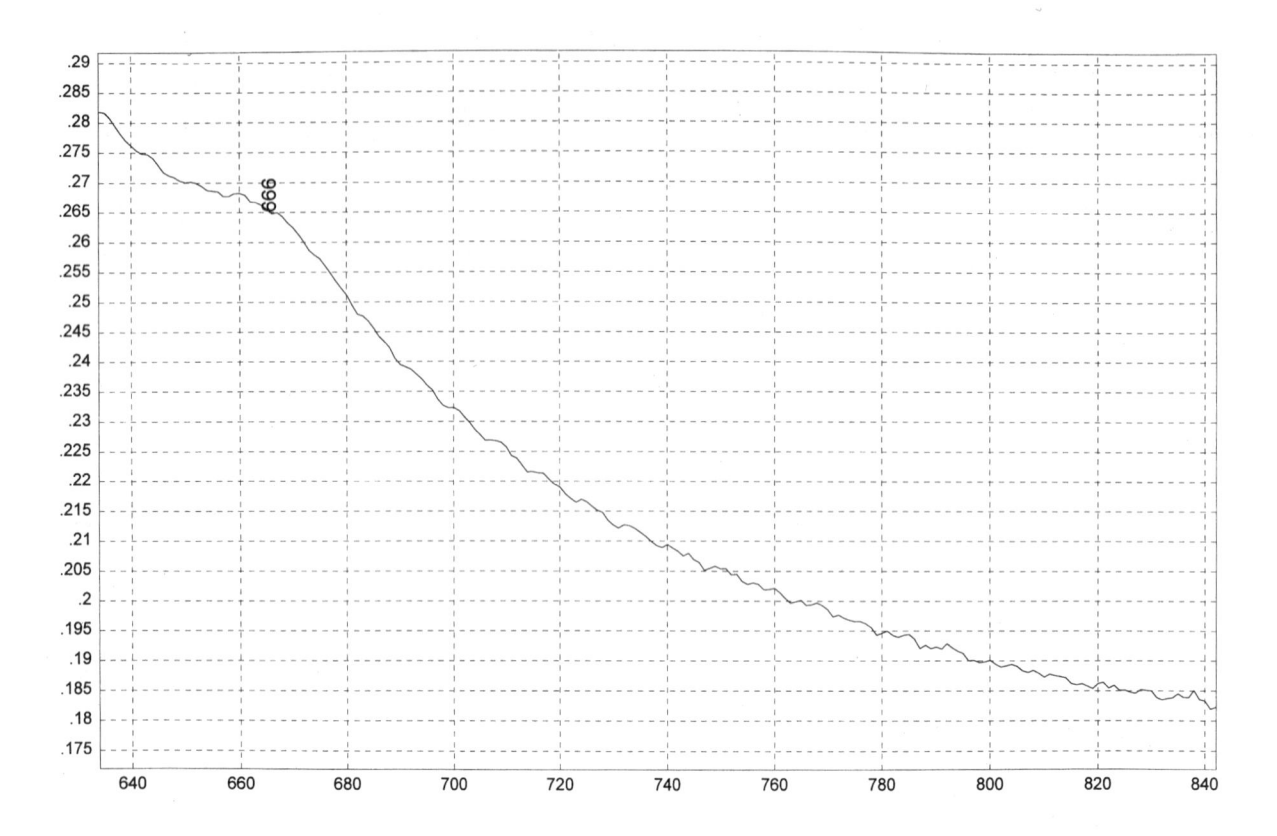

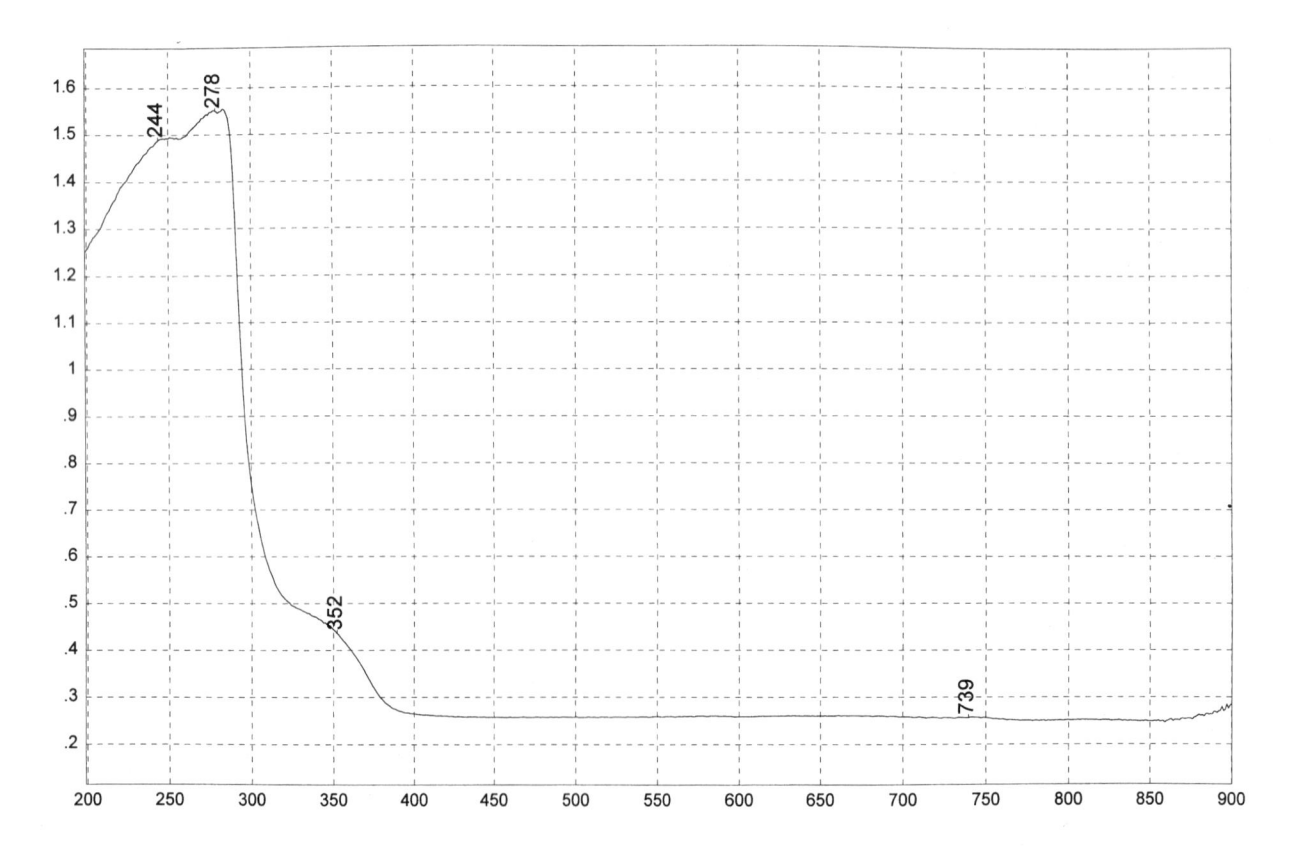

Absorbance / Nanometers

| 212 | **BUTYL METHACRYLATE/ISOBUTYL METHACRYLATE COPOLYMER** |

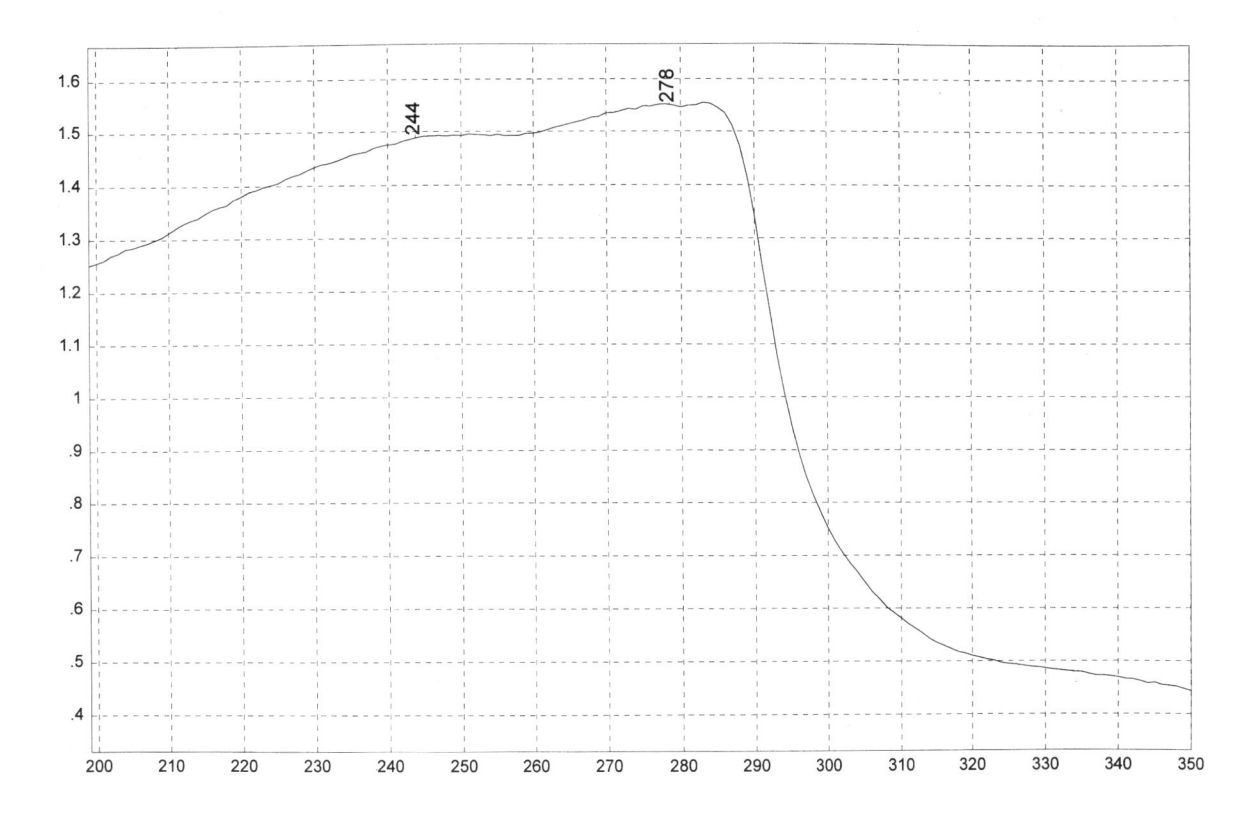

Absorbance / Nanometers

213   **BUTYL METHACRYLATE/ISOBUTYL METHACRYLATE COPOLYMER**

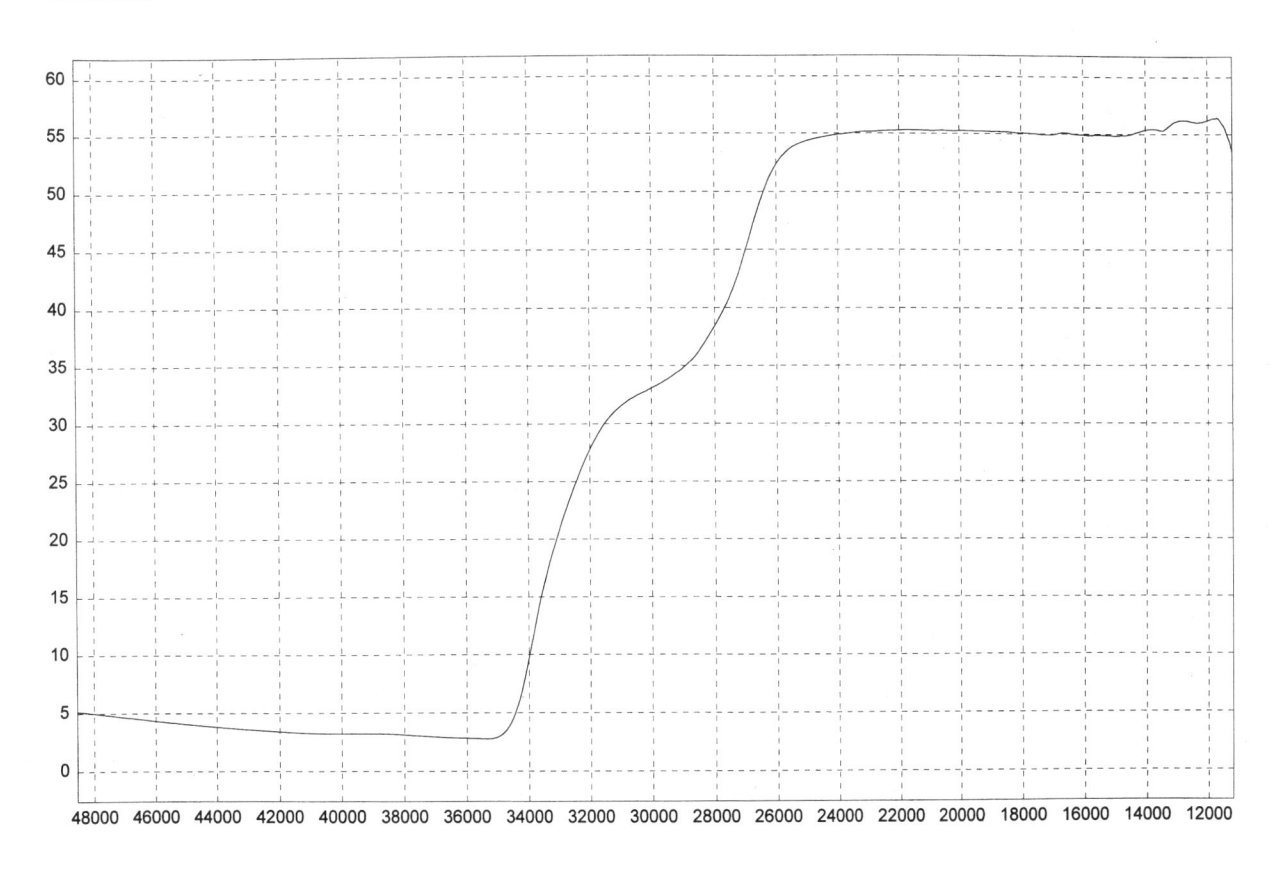

Reflectance / Wavenumber (cm^{-1})

214   **BUTYL METHACRYLATE/ISOBUTYL METHACRYLATE COPOLYMER**

Absorbance / Nanometers

215   **BUTYL METHACRYLATE/ISOBUTYL METHACRYLATE COPOLYMER**

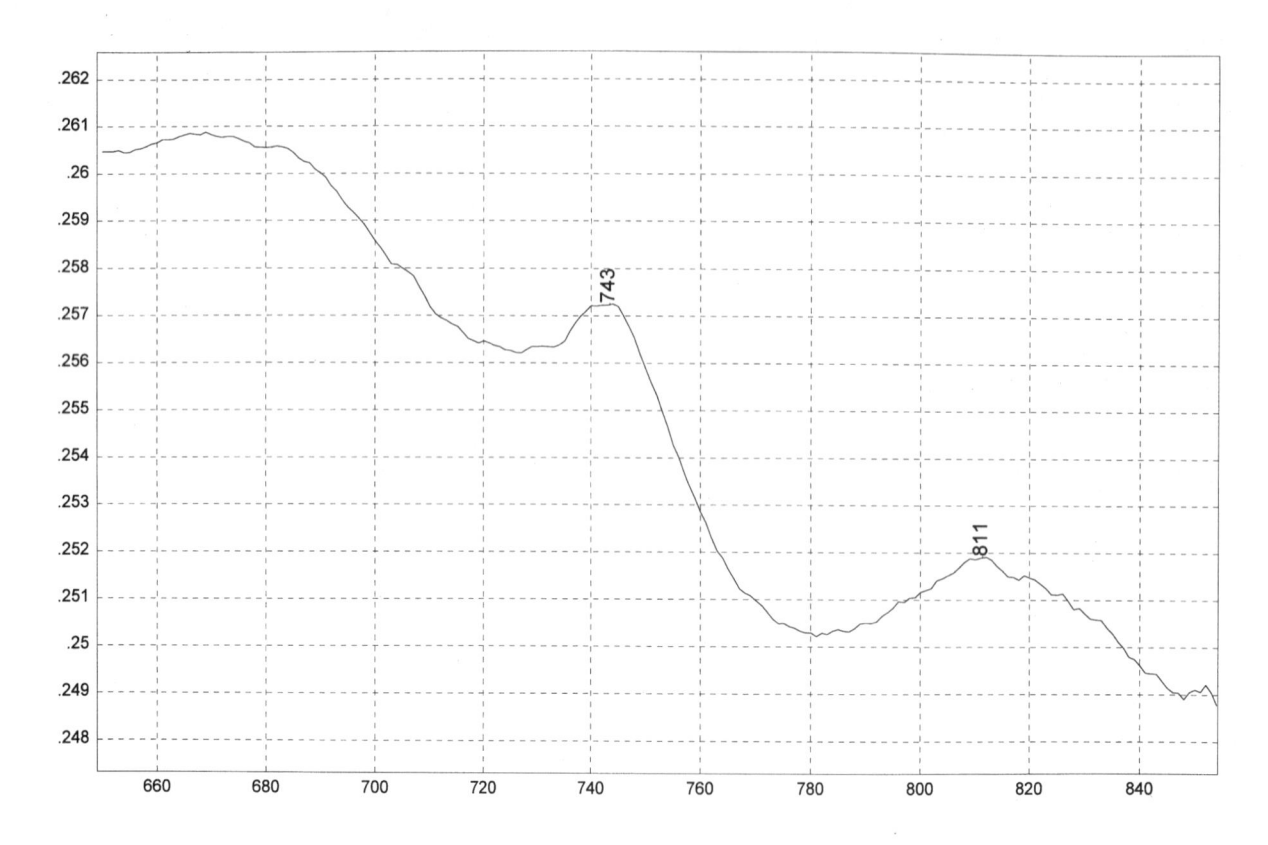

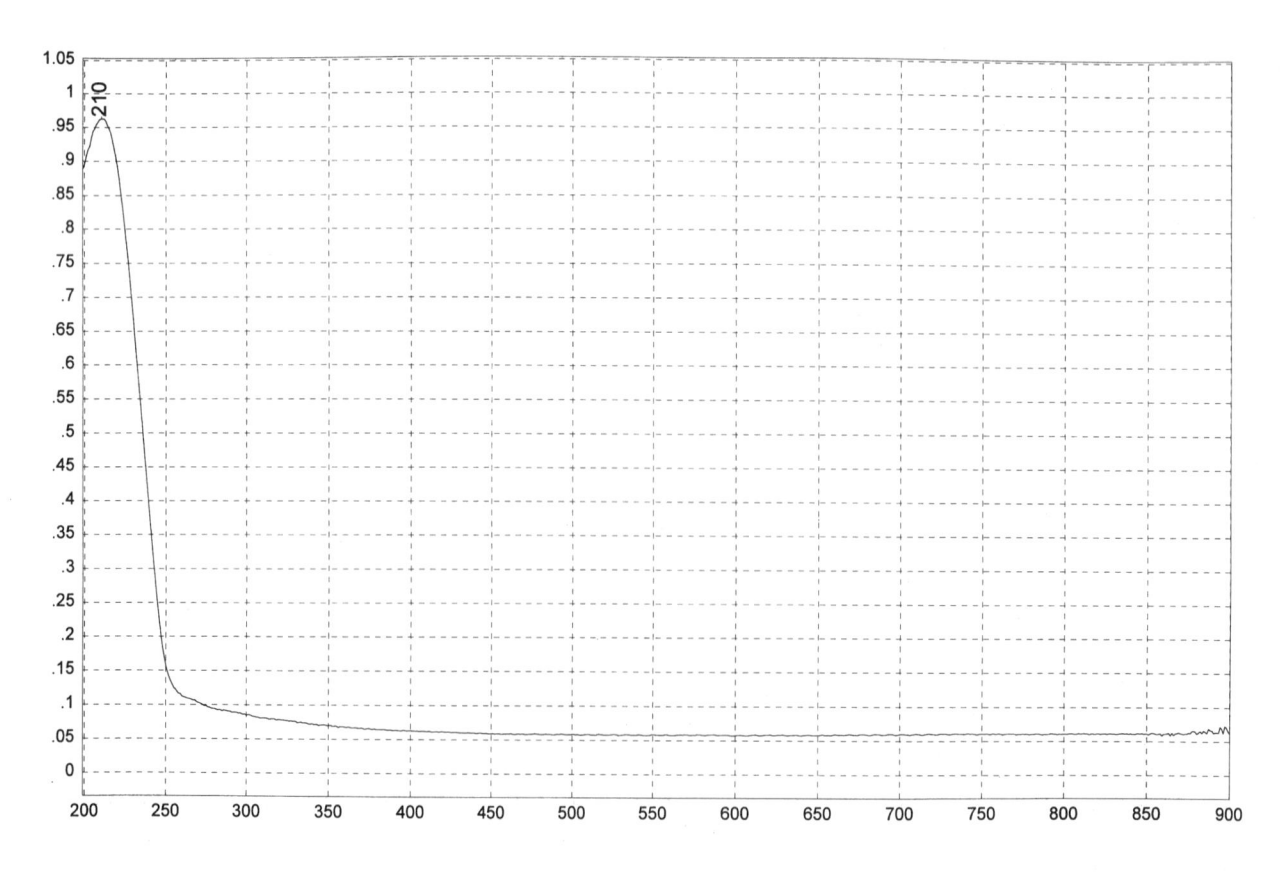

Absorbance / Nanometers

216   **CELLULOSE ACETATE**

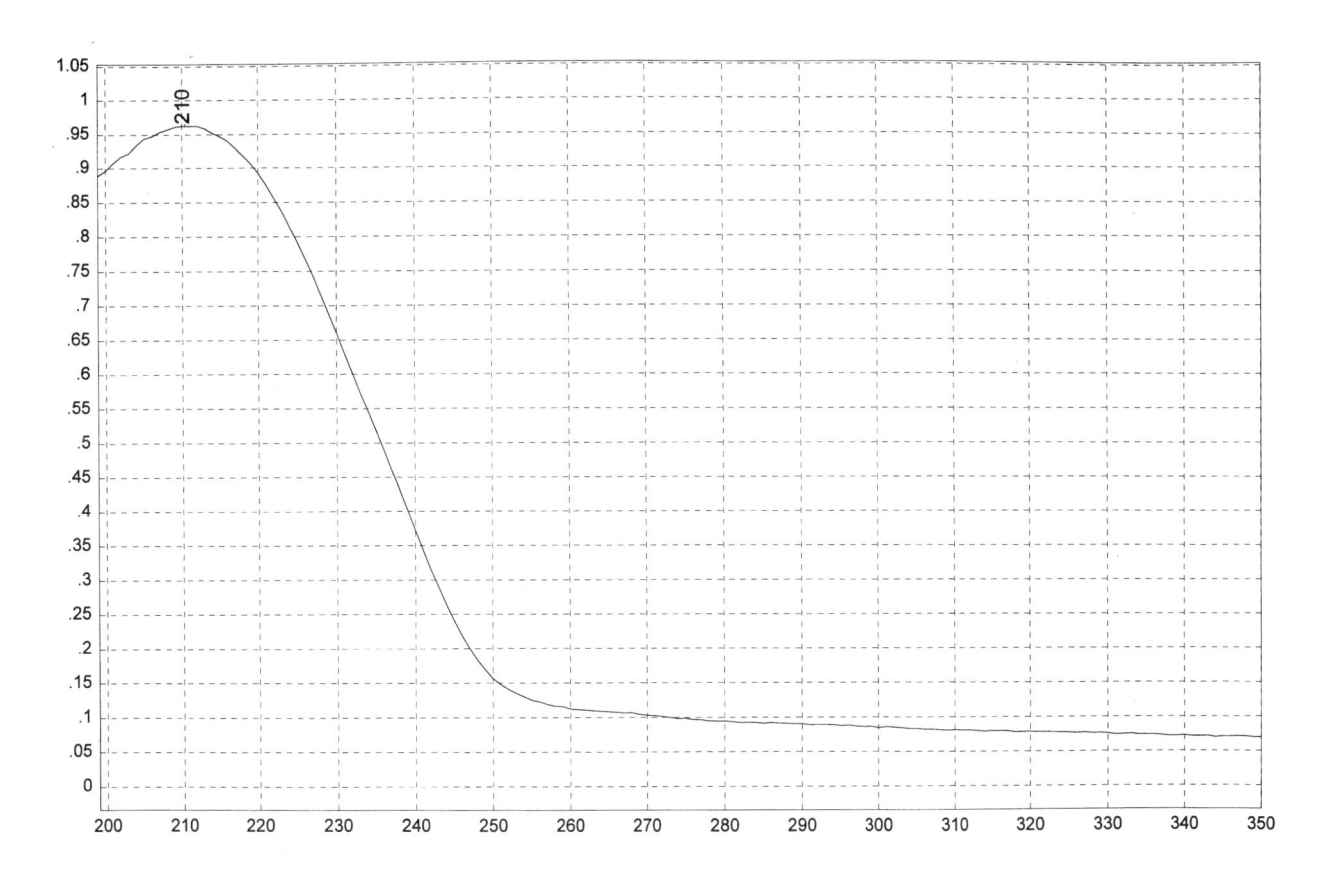

Absorbance / Nanometers

217 CELLULOSE ACETATE

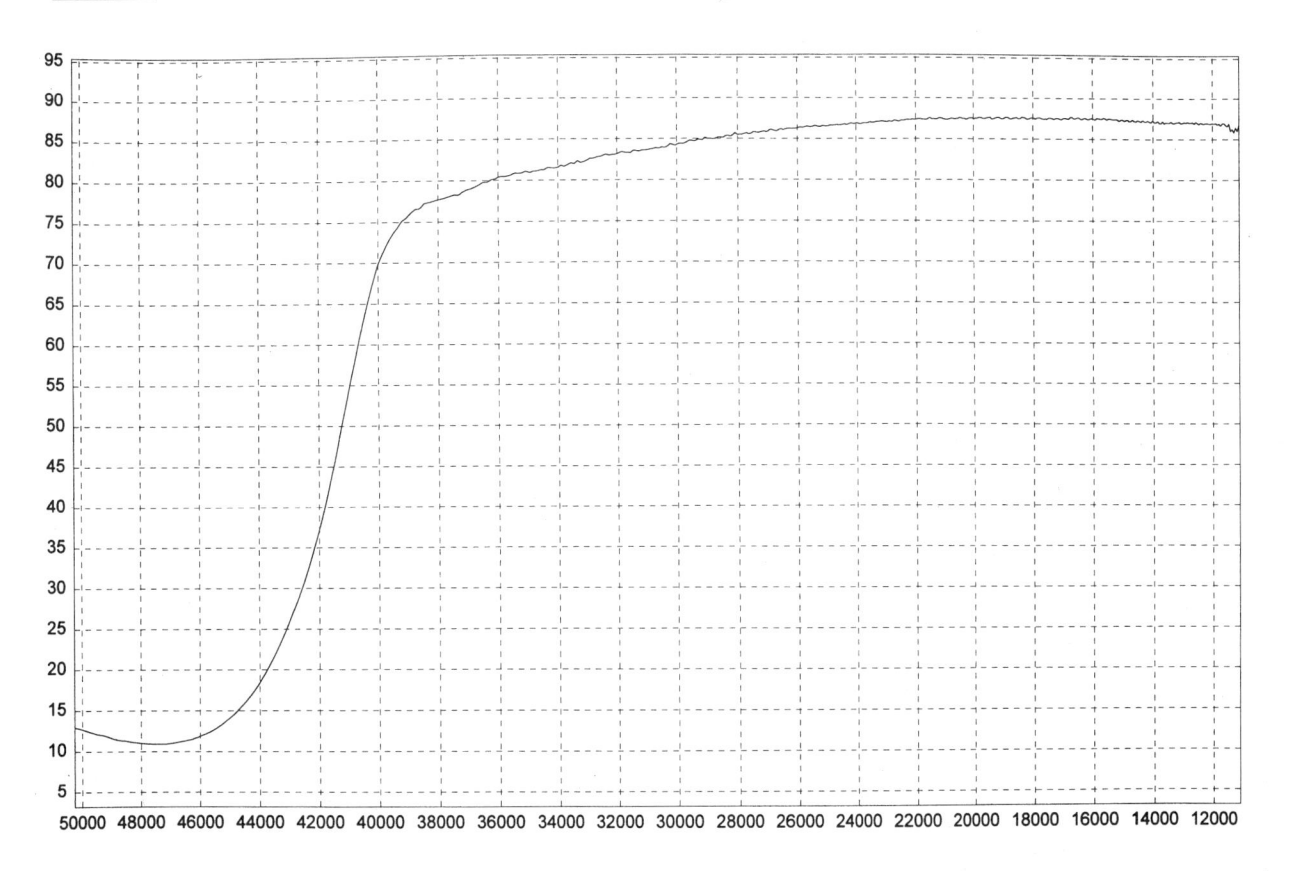

Reflectance / Wavenumber (cm^{-1})

218 CELLULOSE ACETATE

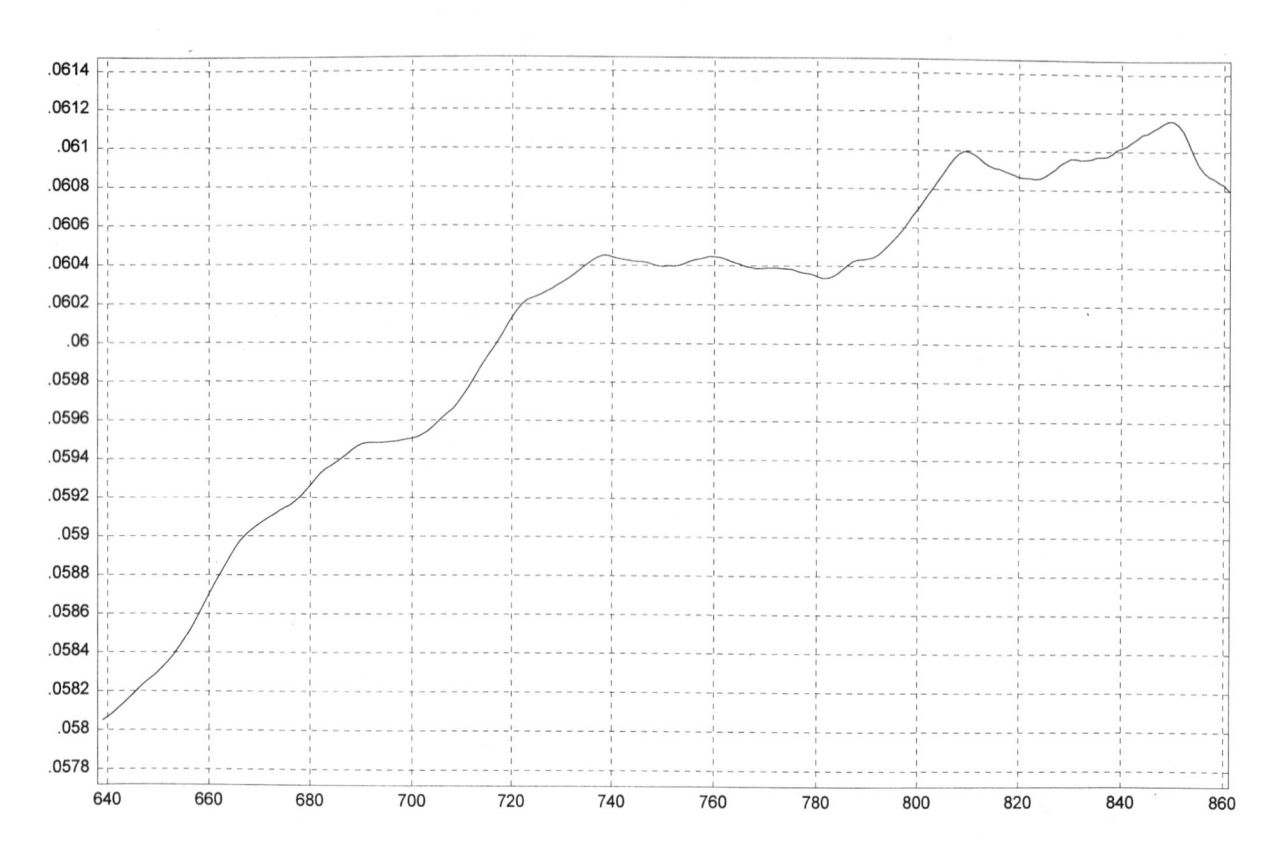

Absorbance / Nanometers

219 **CELLULOSE ACETATE**

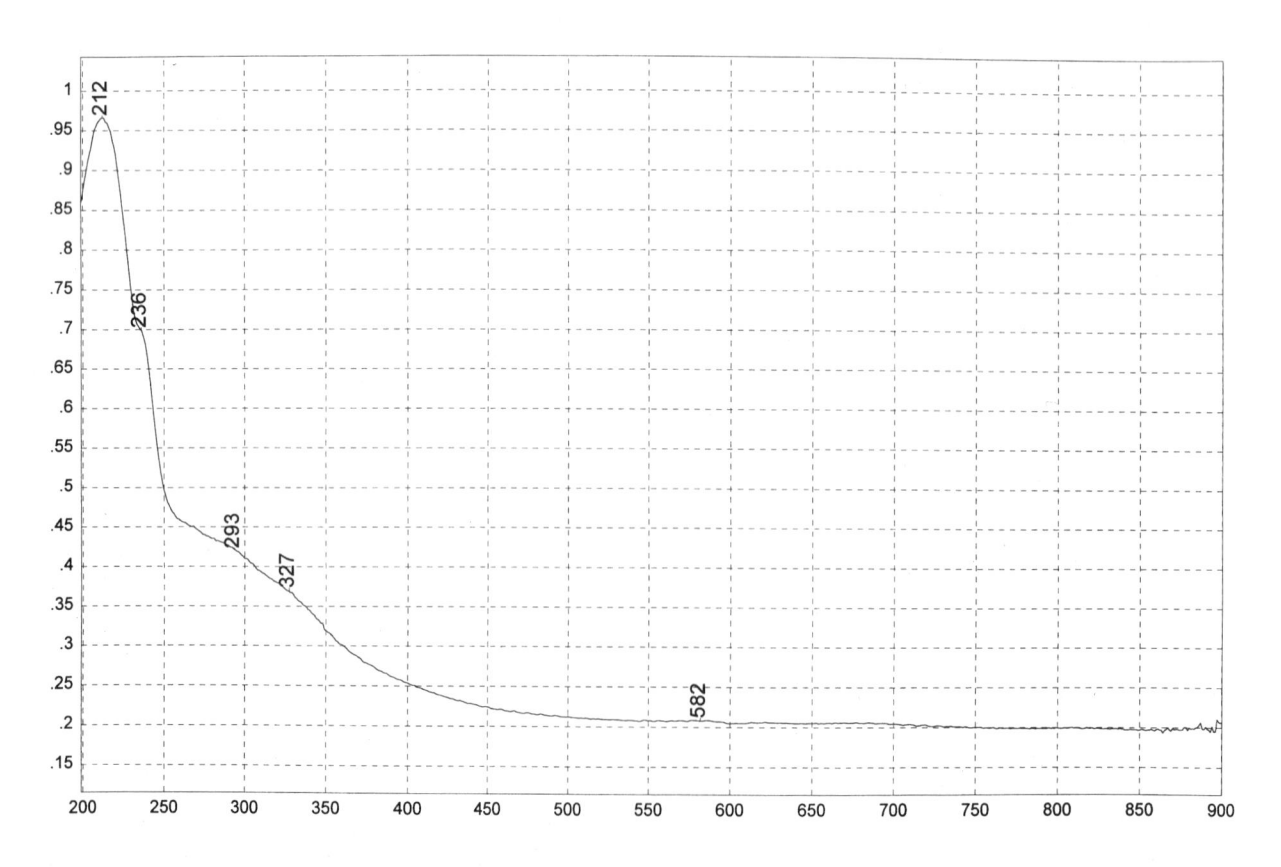

Absorbance / Nanometers

220 **CELLULOSE ACETATE BUTYRATE**

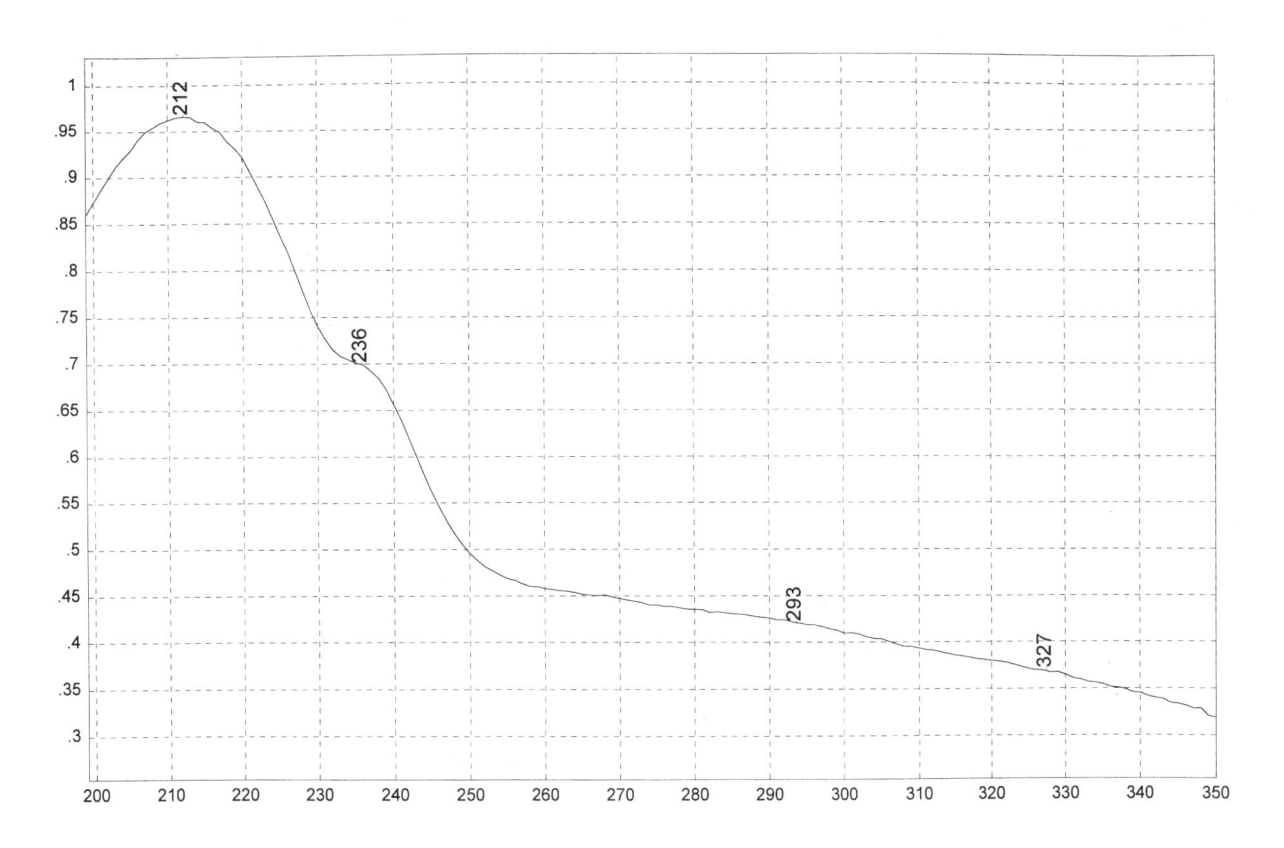

Absorbance / Nanometers

221   **CELLULOSE ACETATE BUTYRATE**

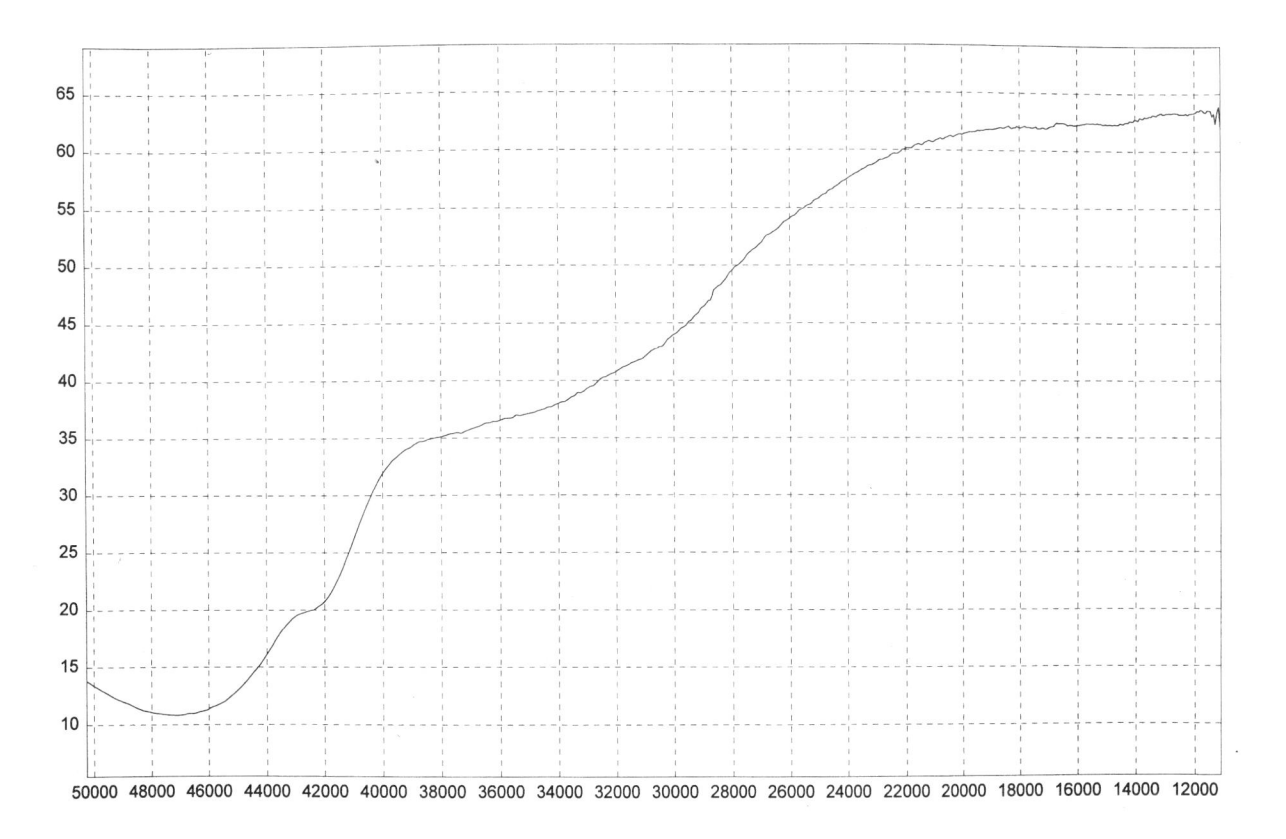

Reflectance / Wavenumber (cm^{-1})

222   **CELLULOSE ACETATE BUTYRATE**

Absorbance / Nanometers

223   **CELLULOSE ACETATE BUTYRATE**

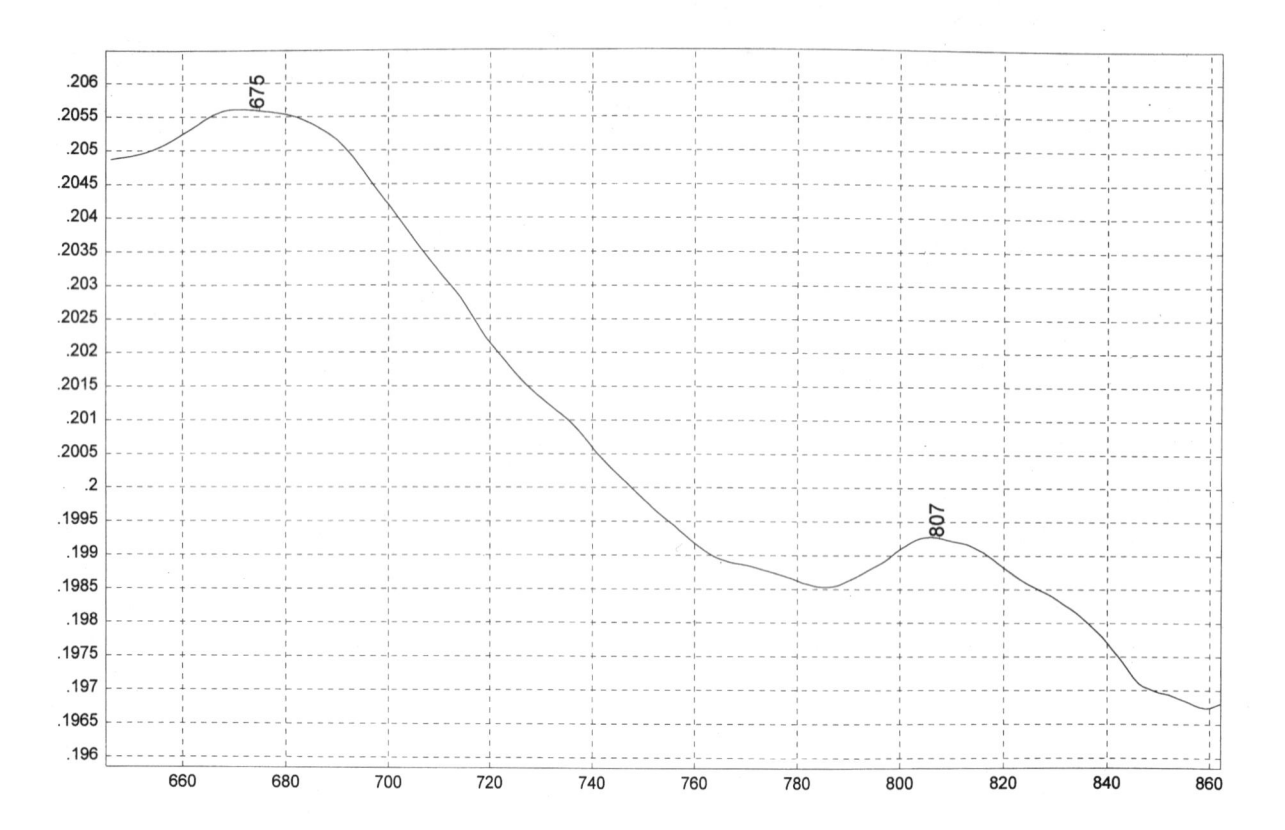

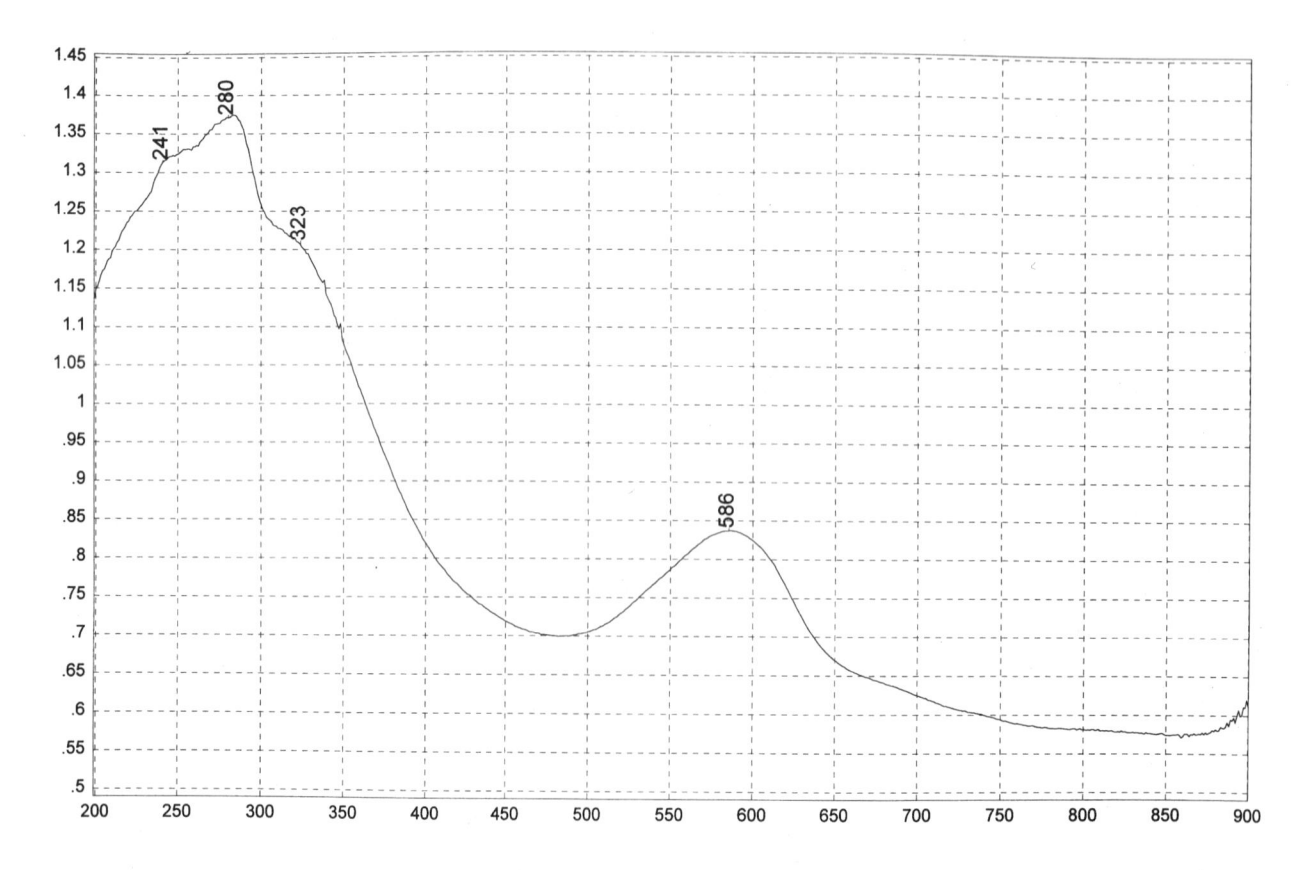

Absorbance / Nanometers

224   **CELLULOSE PROPIONATE**

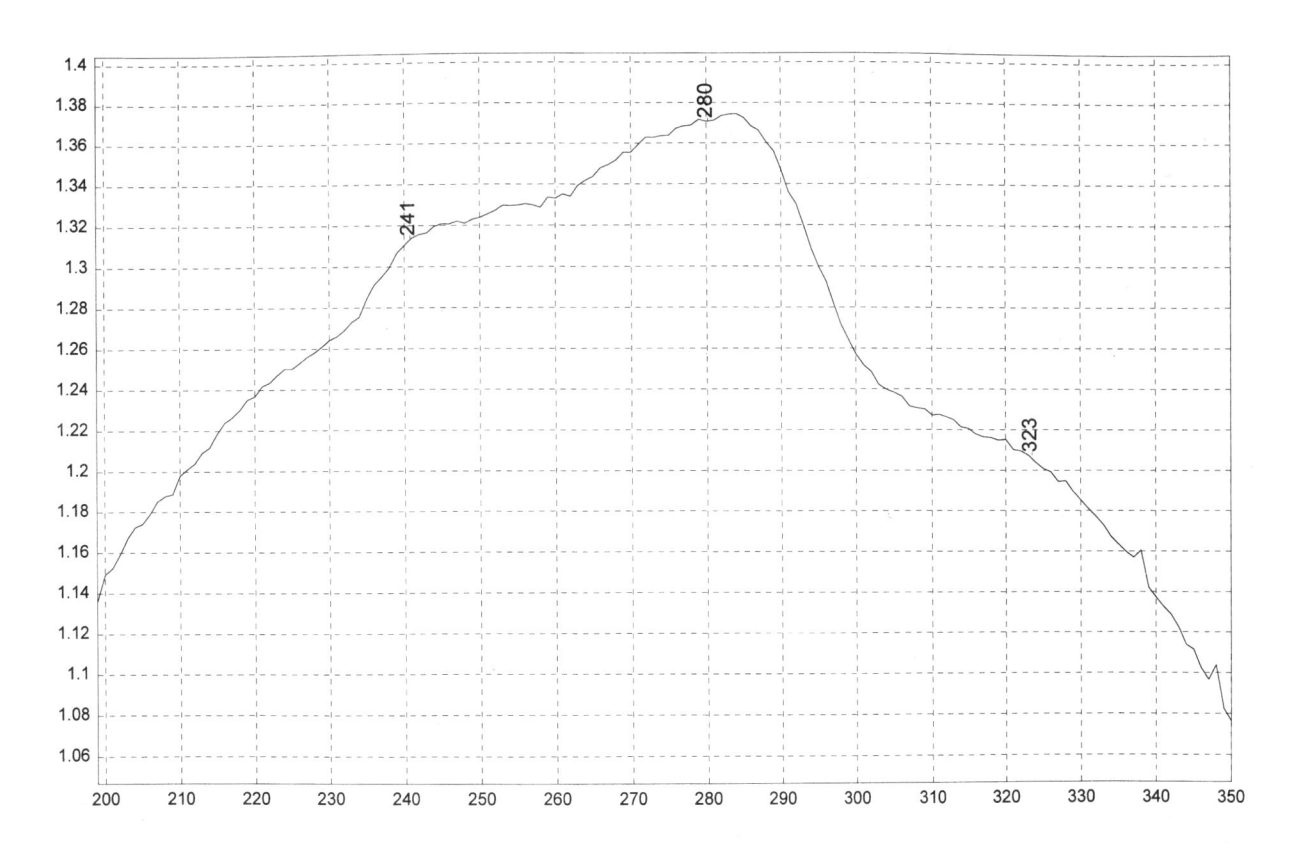

Absorbance / Nanometers

225 **CELLULOSE PROPIONATE**

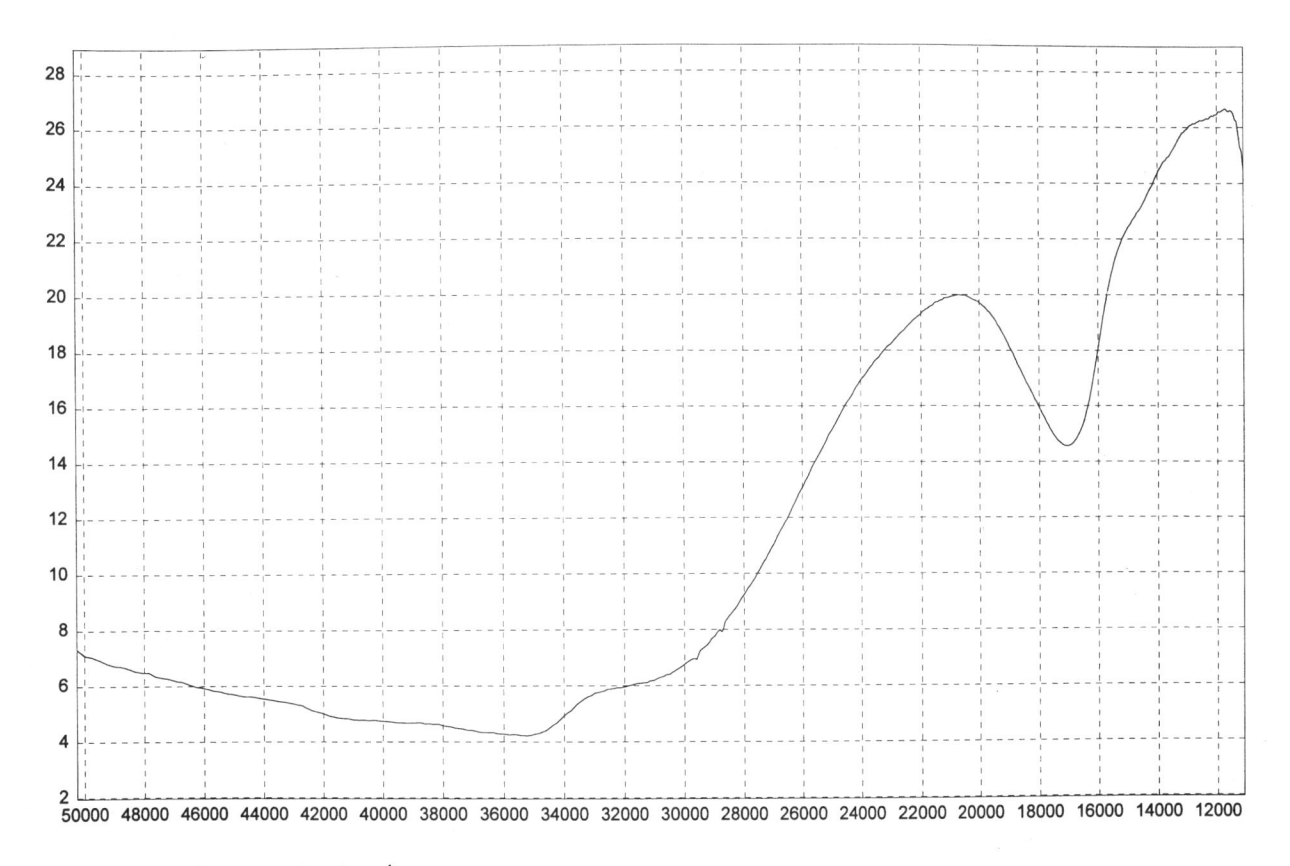

Reflectance / Wavenumber (cm⁻¹)

226 **CELLULOSE PROPIONATE**

Absorbance / Nanometers

227   **CELLULOSE PROPIONATE**

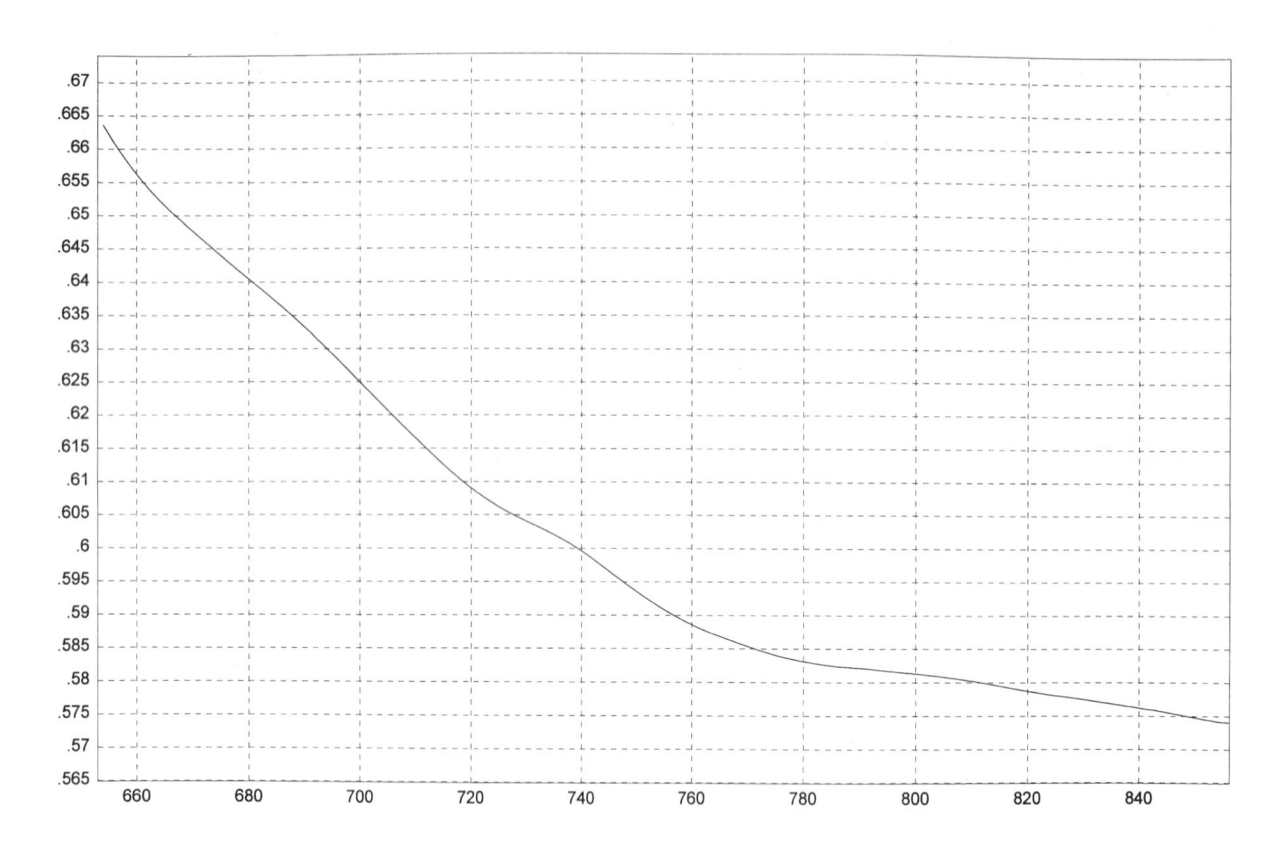

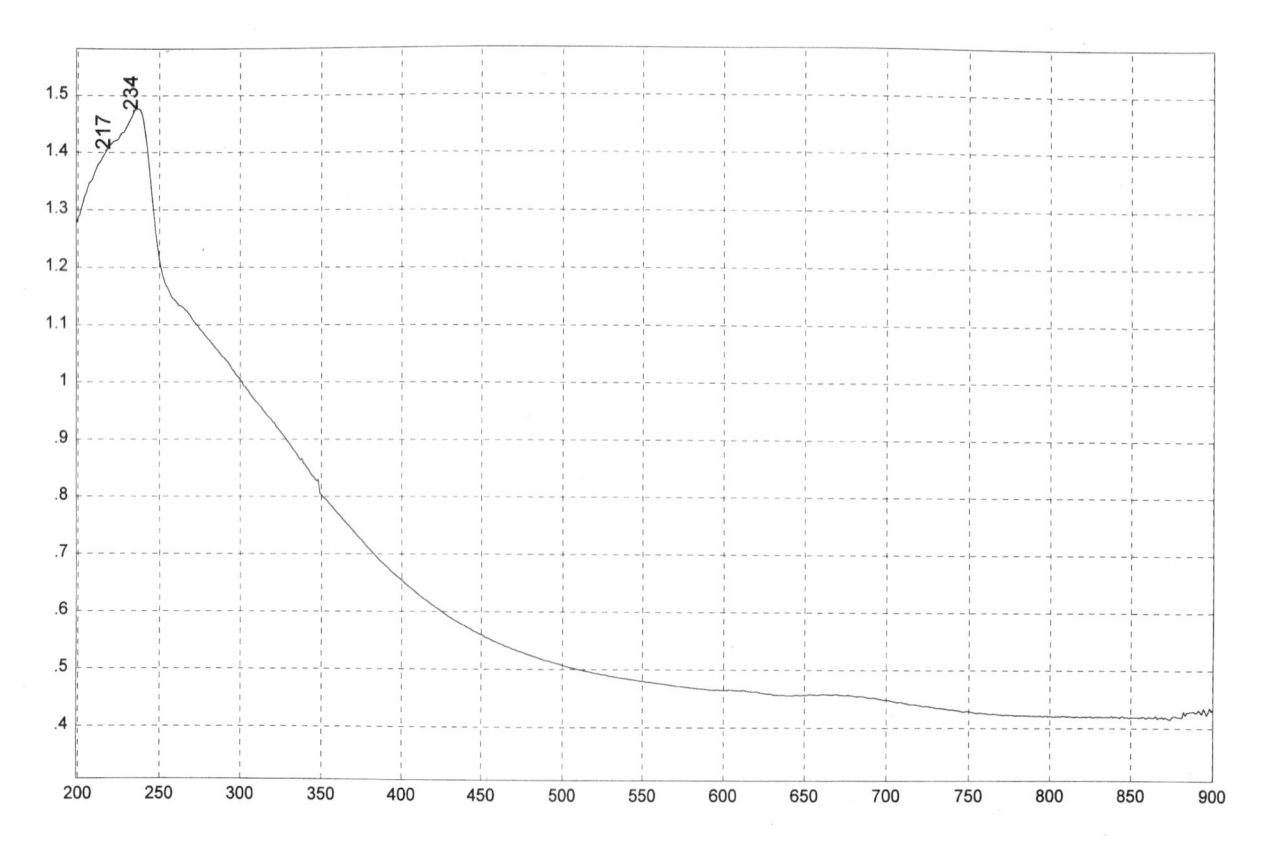

Absorbance / Nanometers

228   **CELLULOSE TRIACETATE**

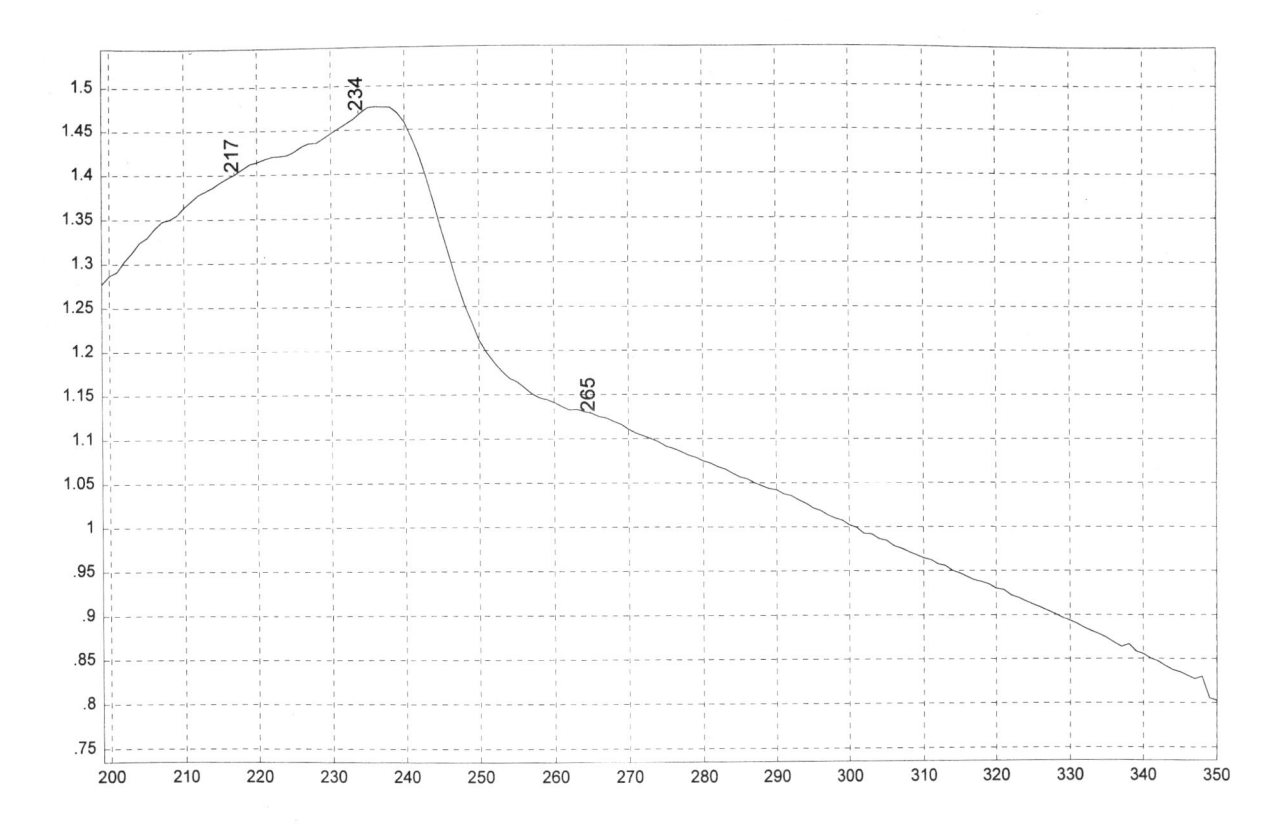

Absorbance / Nanometers

229   **CELLULOSE TRIACETATE**

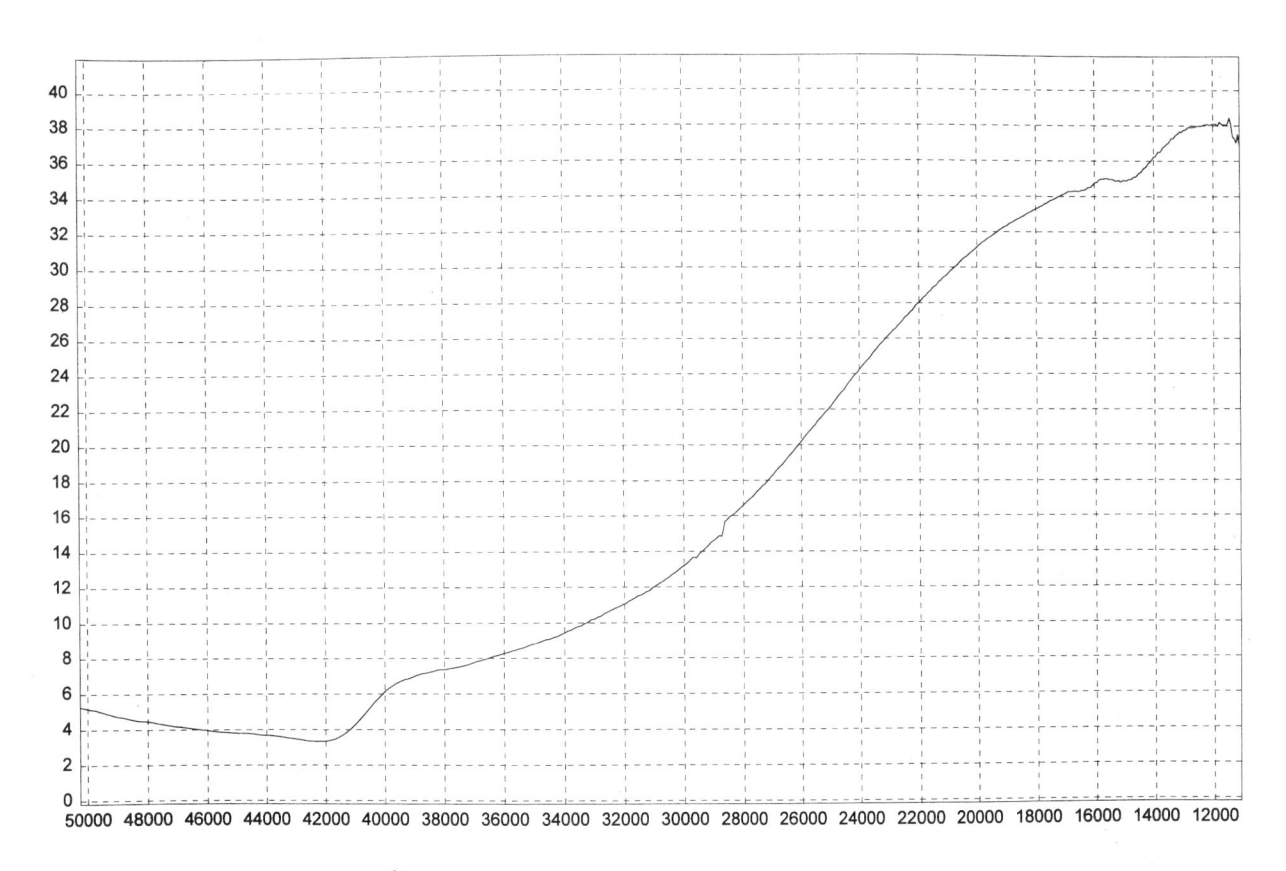

Reflectance / Wavenumber (cm^{-1})

230   **CELLULOSE TRIACETATE**

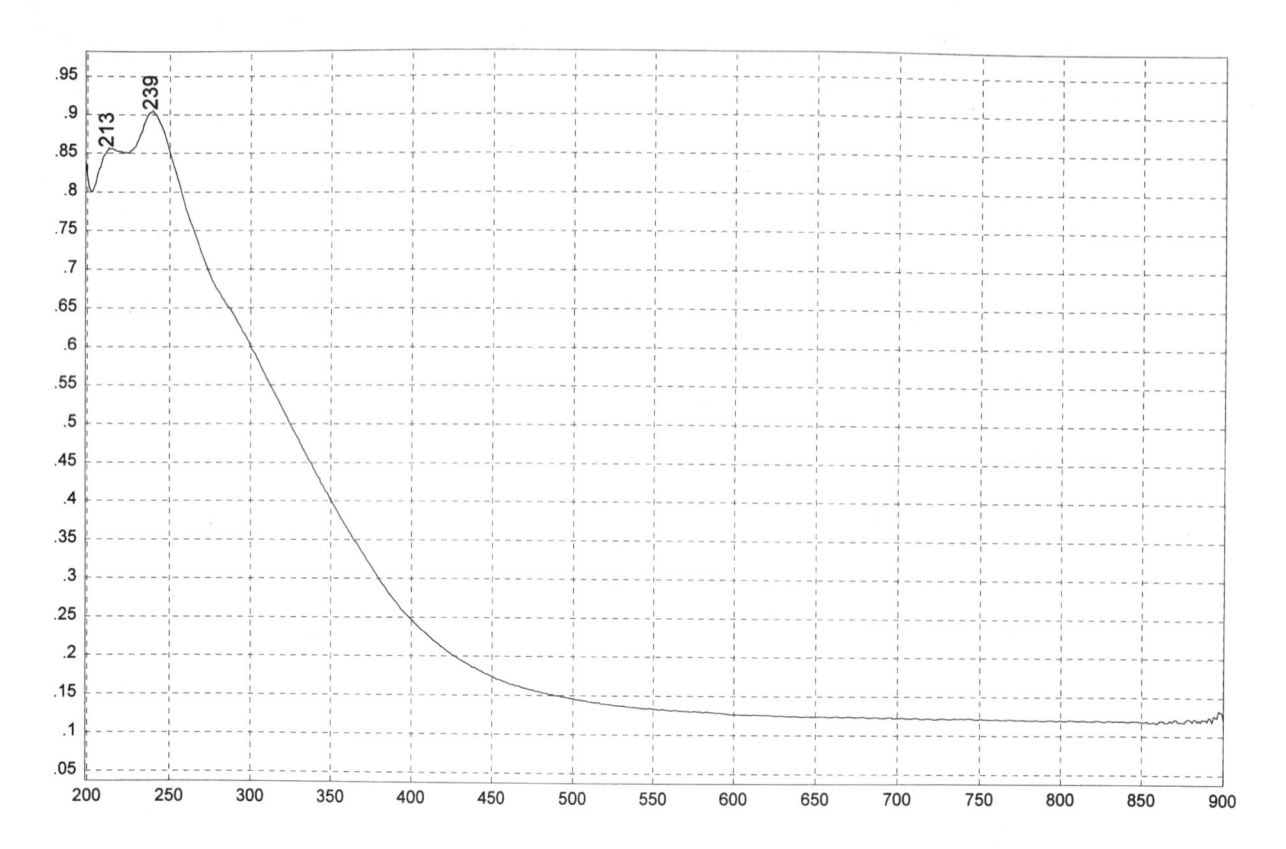

Absorbance / Nanometers

231 ETHYL CELLULOSE

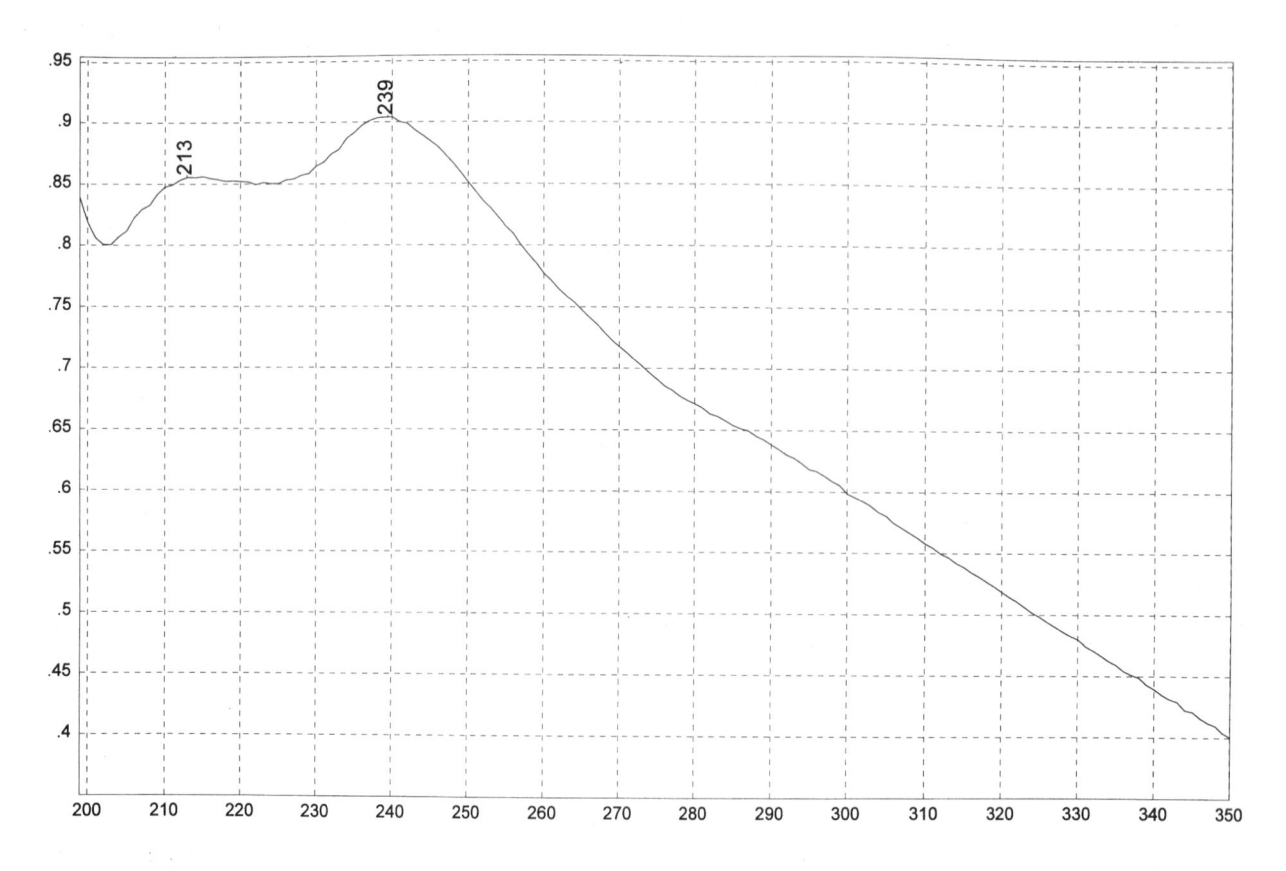

Absorbance / Nanometers

232 ETHYL CELLULOSE

Reflectance / Wavenumber (cm^{-1})

233 ETHYL CELLULOSE

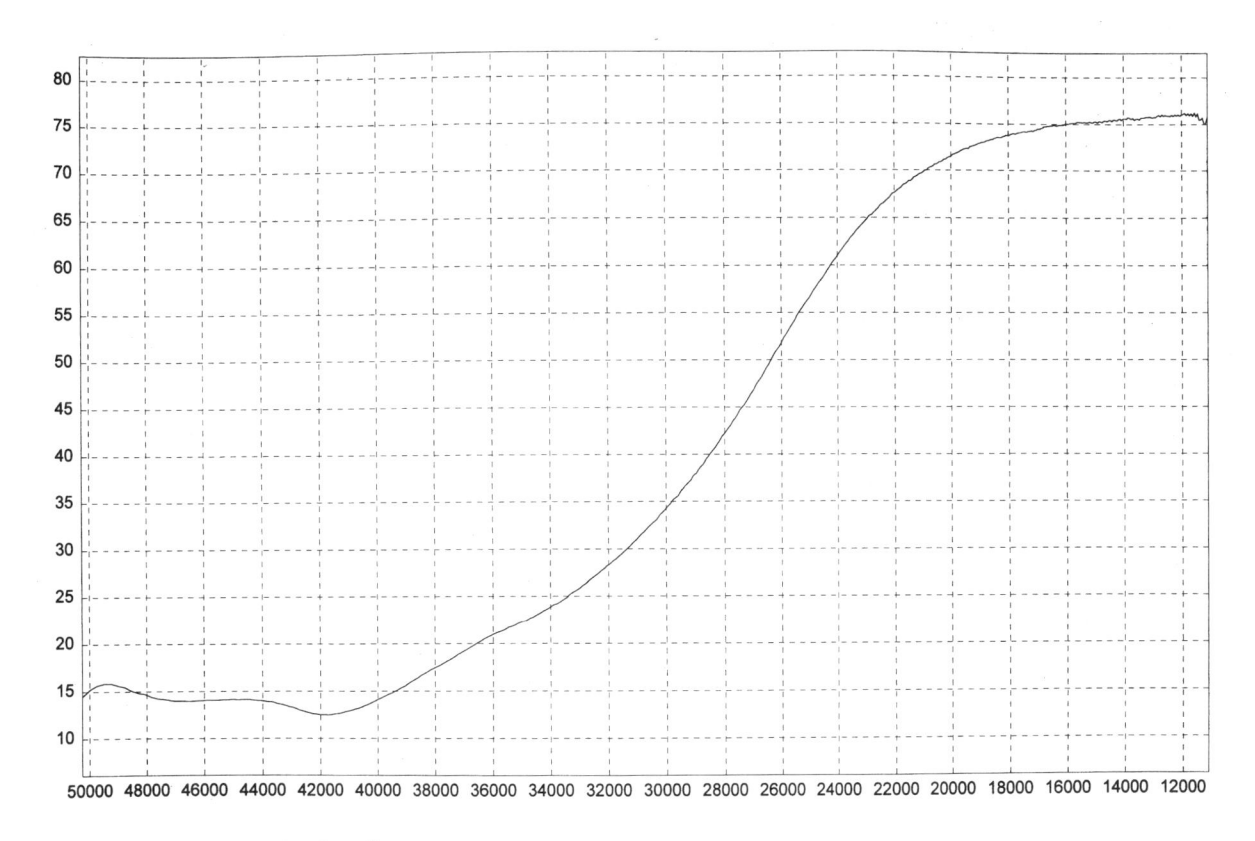

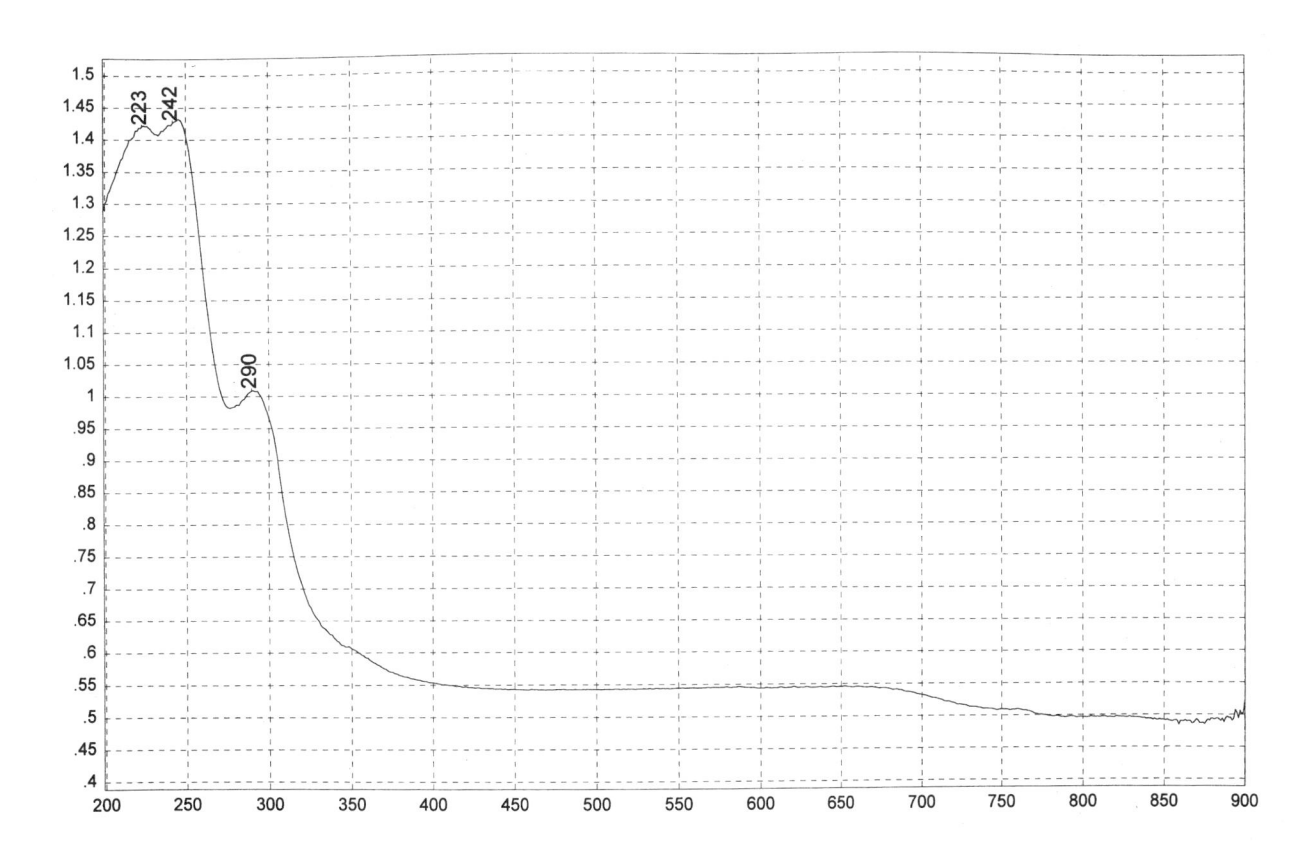

Absorbance / Nanometers

234 ETHYLENE/ ACRYLIC ACID COPOLYMER

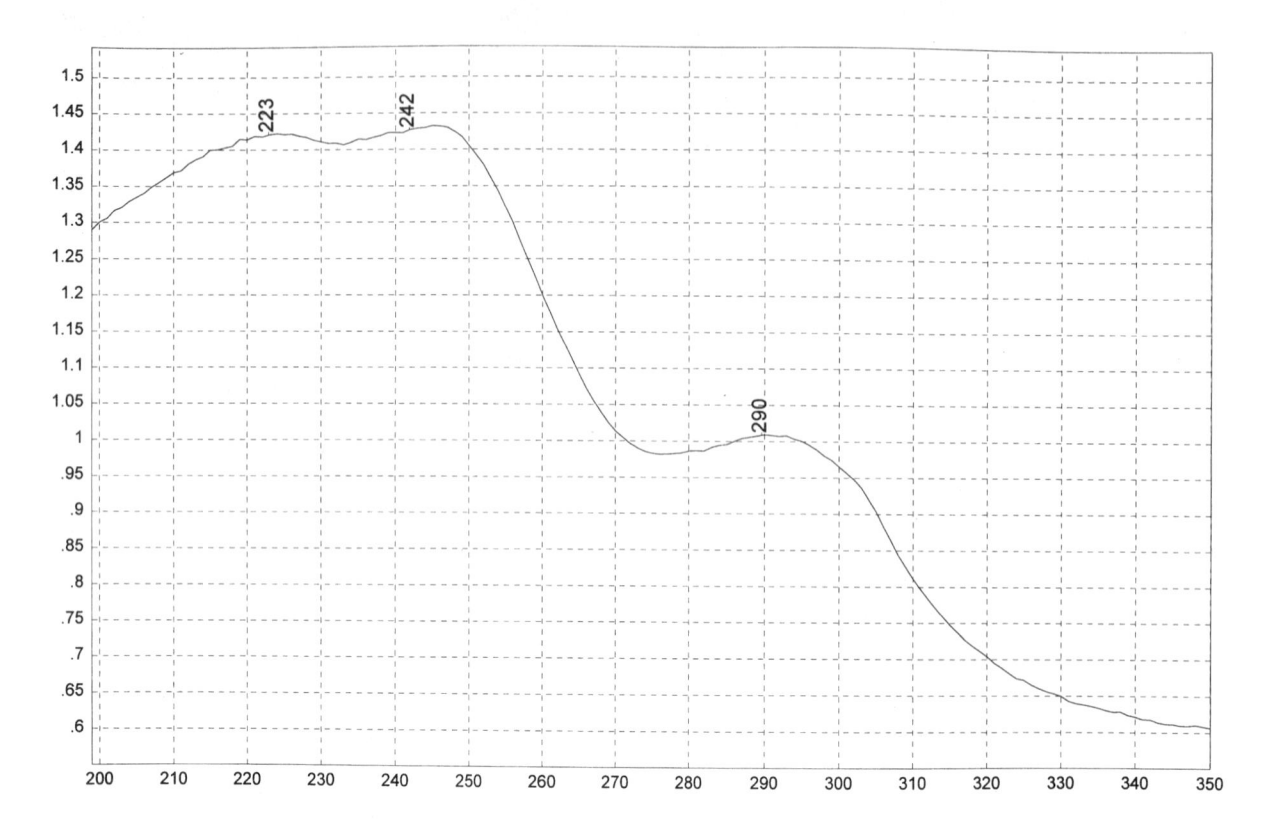

Absorbance / Nanometers

235 | ETHYLENE/ ACRYLIC ACID COPOLYMER

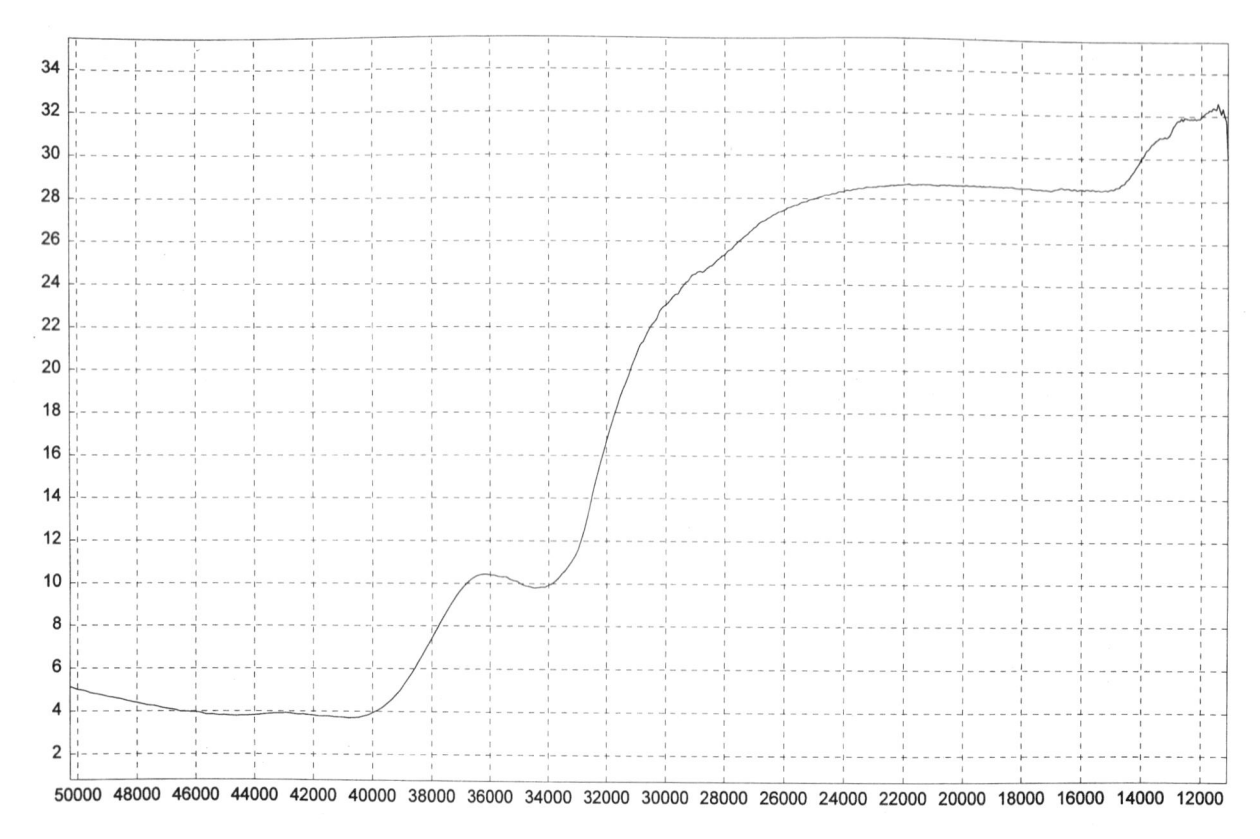

Reflectance / Wavenumber (cm⁻¹)

236 | ETHYLENE/ ACRYLIC ACID COPOLYMER

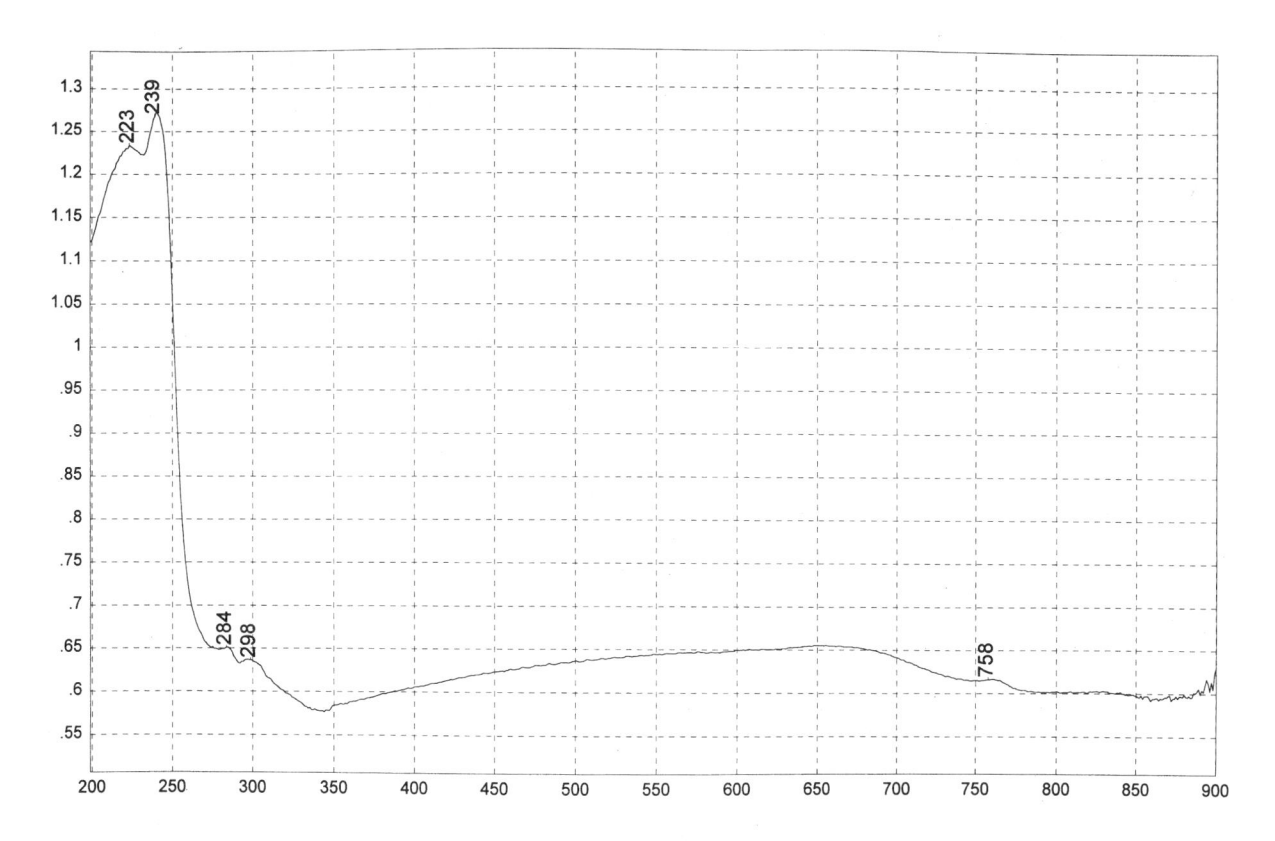

Absorbance / Nanometers

237   **ETHYLENE/ETHYL ACRYLATE, 82/18 COPOLYMER**

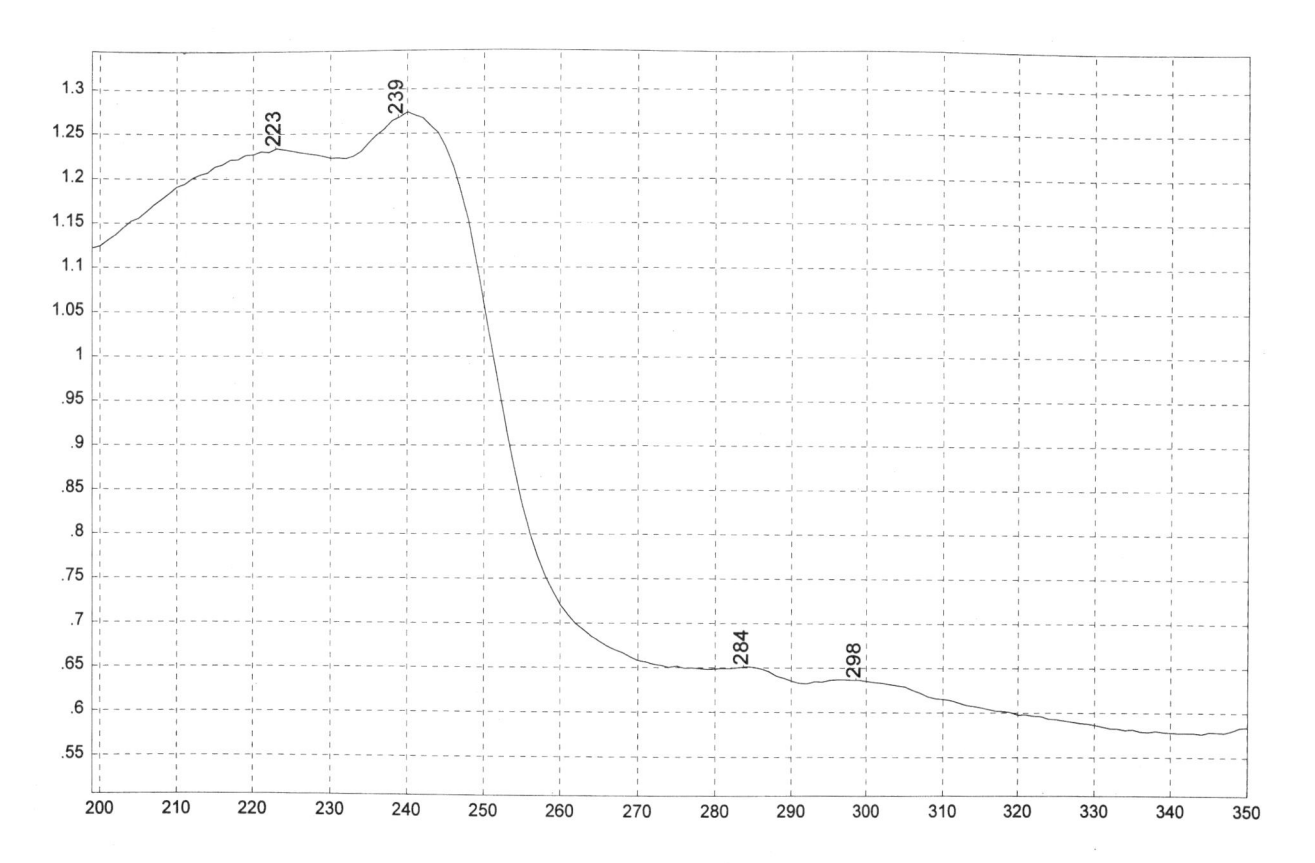

Absorbance / Nanometers

238   **ETHYLENE/ETHYL ACRYLATE, 82/18 COPOLYMER**

Reflectance / Wavenumber (cm^{-1})

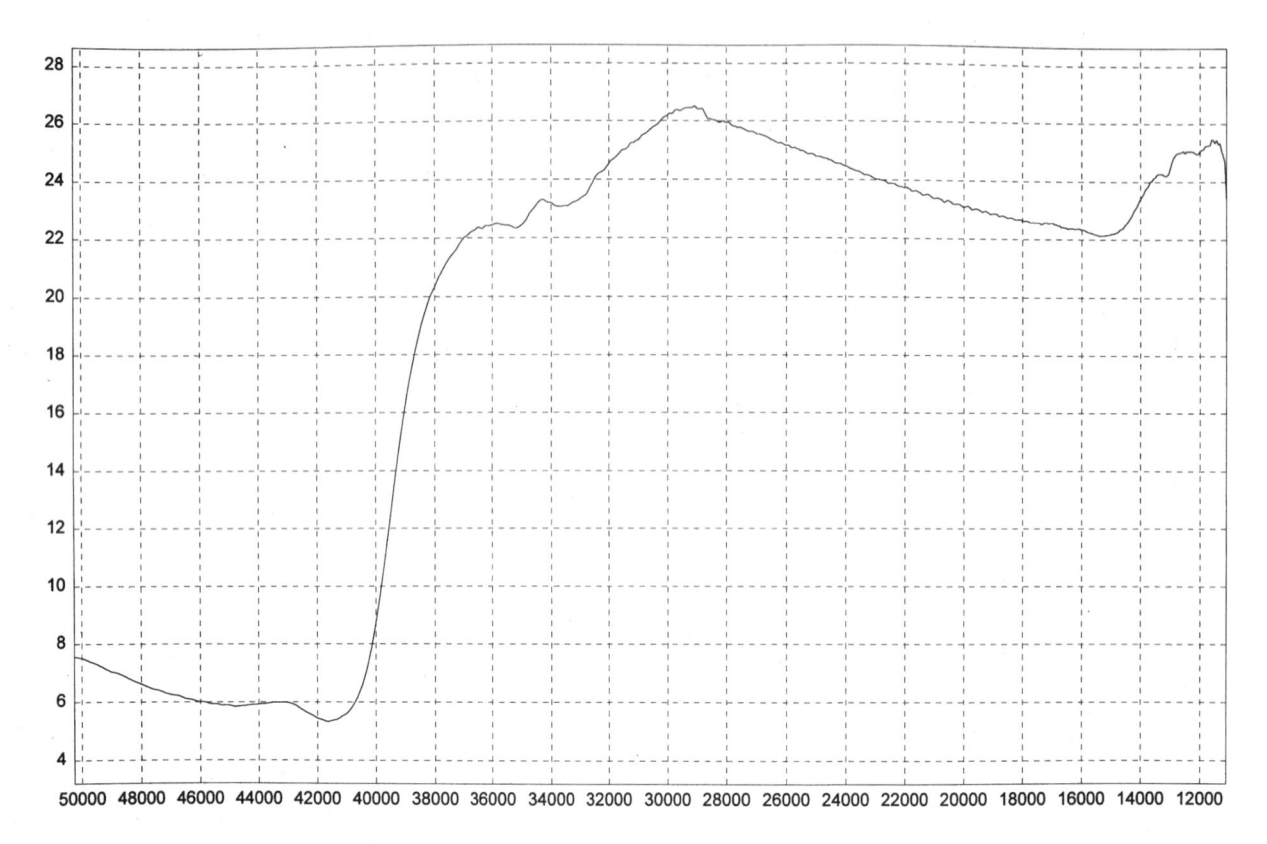

239   **ETHYLENE/ETHYL ACRYLATE, 82/18 COPOLYMER**

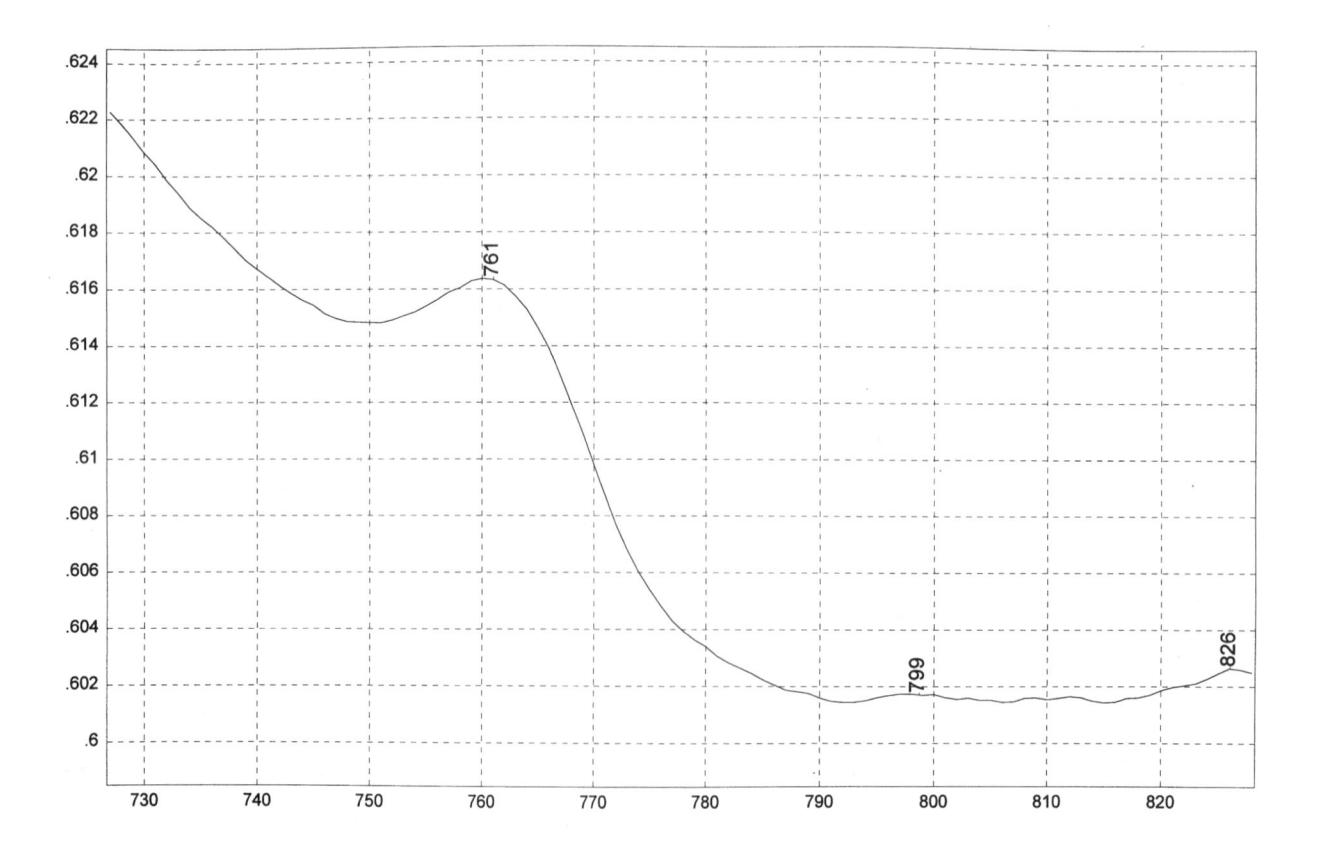

Absorbance / Nanometers

240   **ETHYLENE/ETHYL ACRYLATE, 82/18 COPOLYMER**

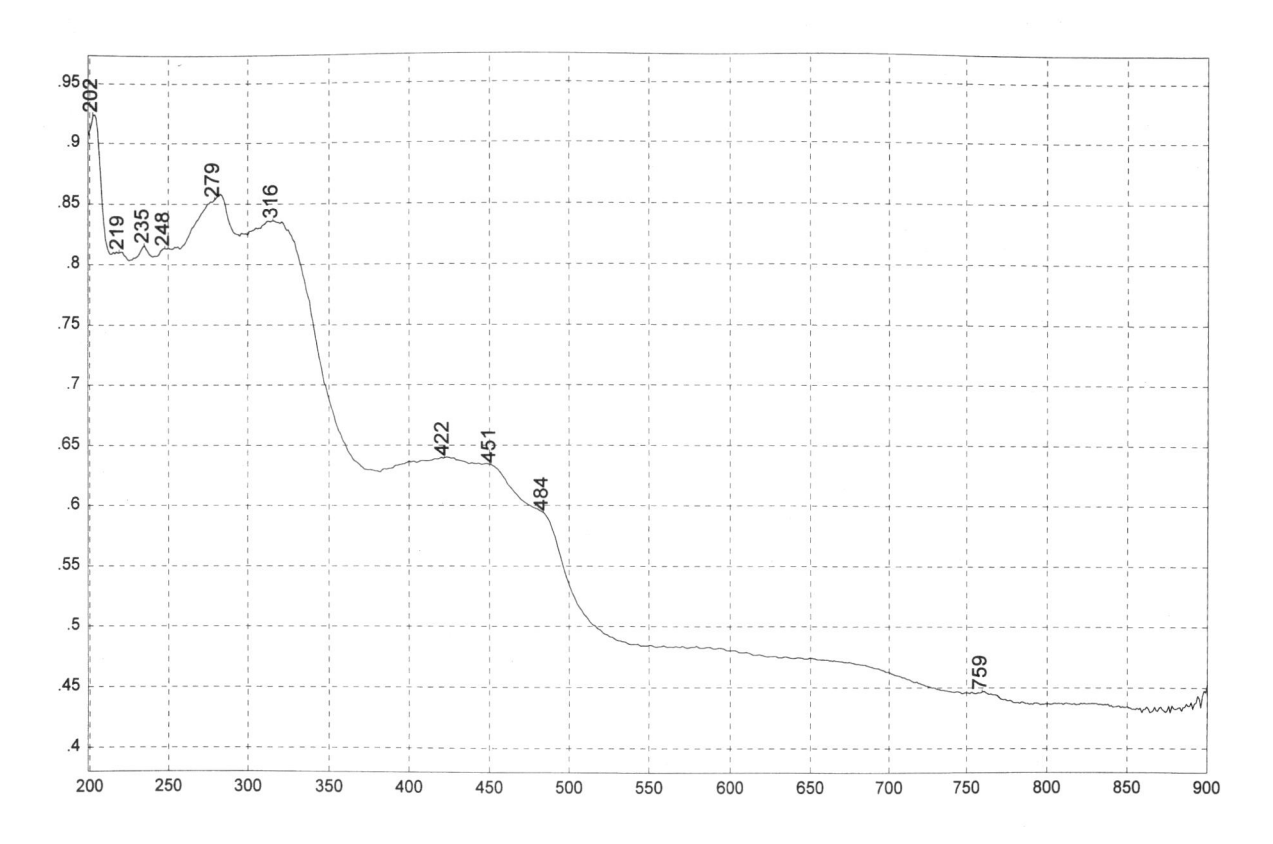

241 ETHYLENE/PROPYLENE, 60/40 COPOLYMER

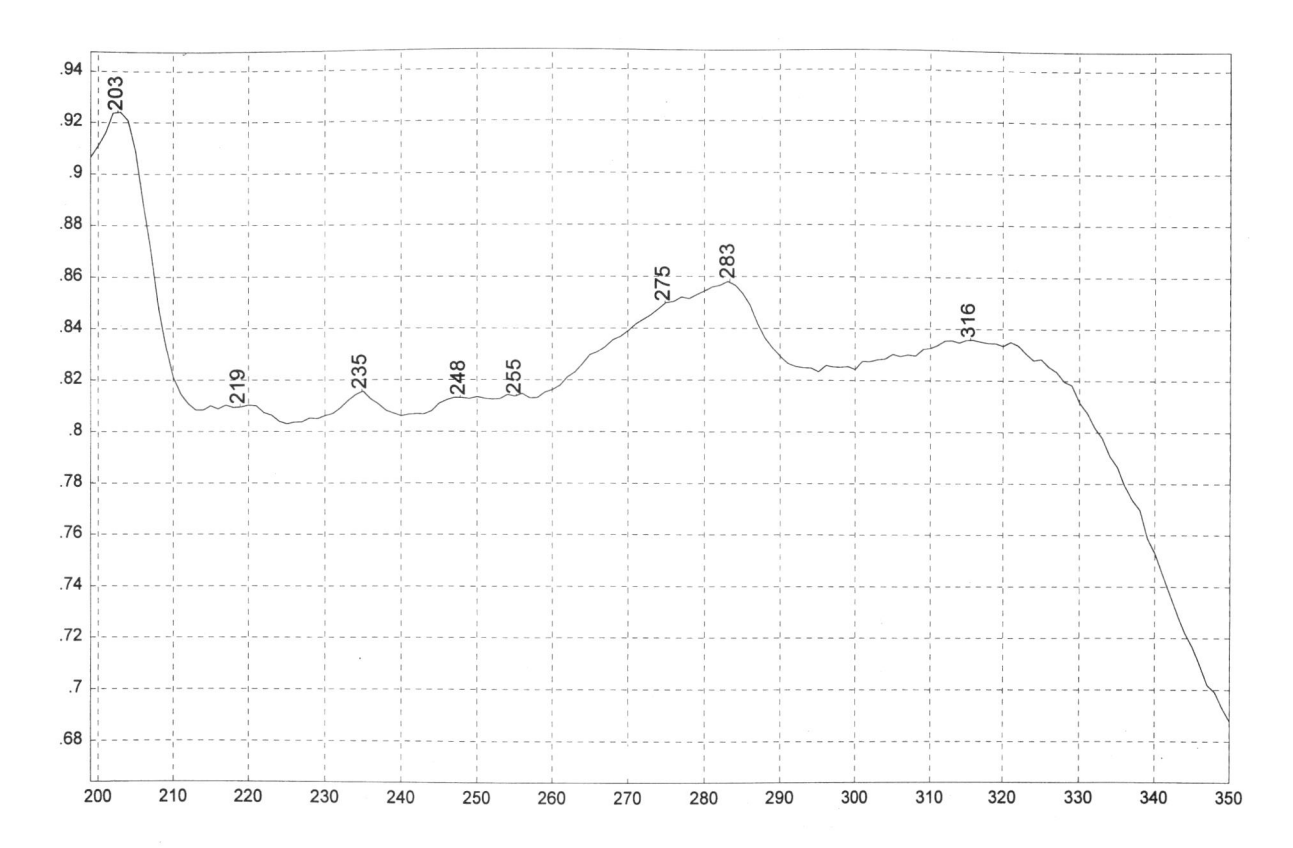

242 ETHYLENE/PROPYLENE, 60/40 COPOLYMER

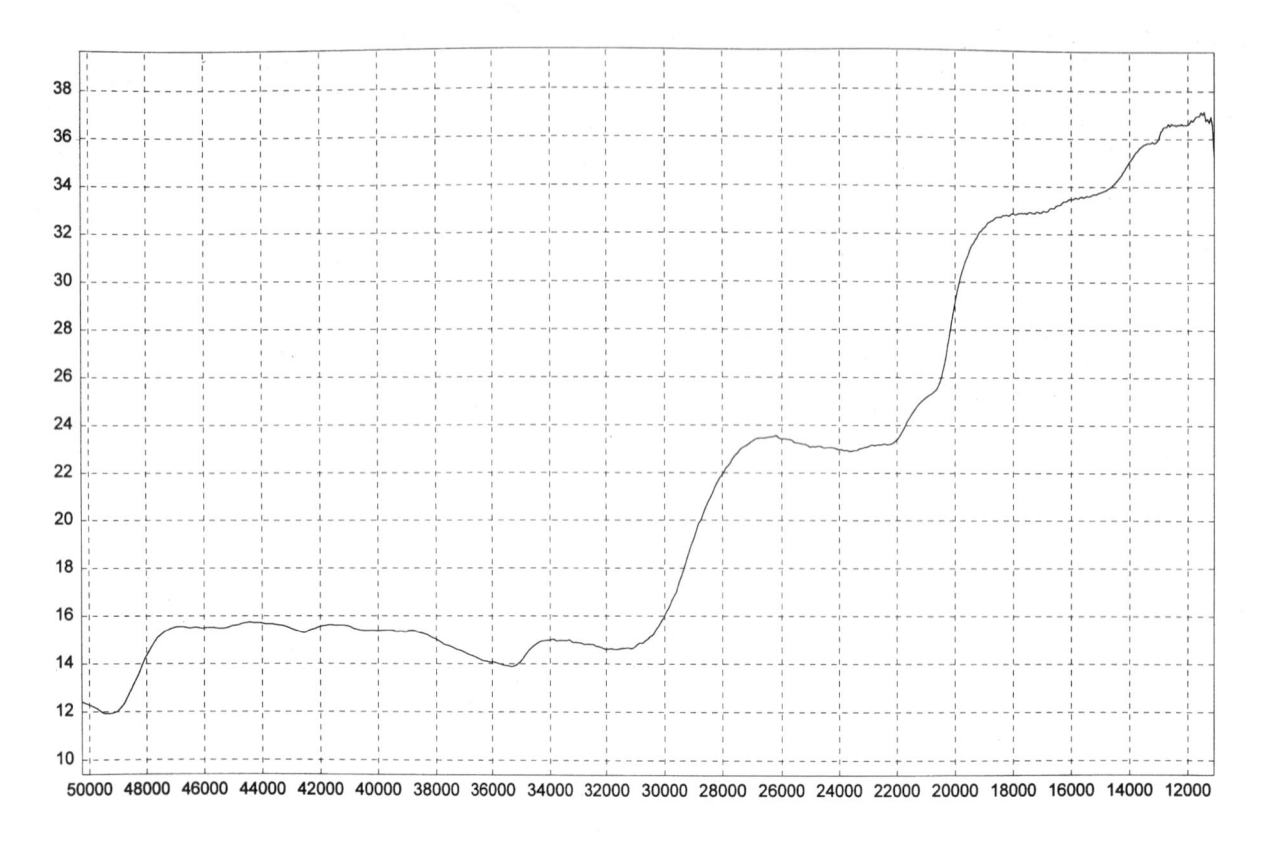

Reflectance / Wavenumber (cm^{-1})

243   **ETHYLENE/PROPYLENE, 60/40 COPOLYMER**

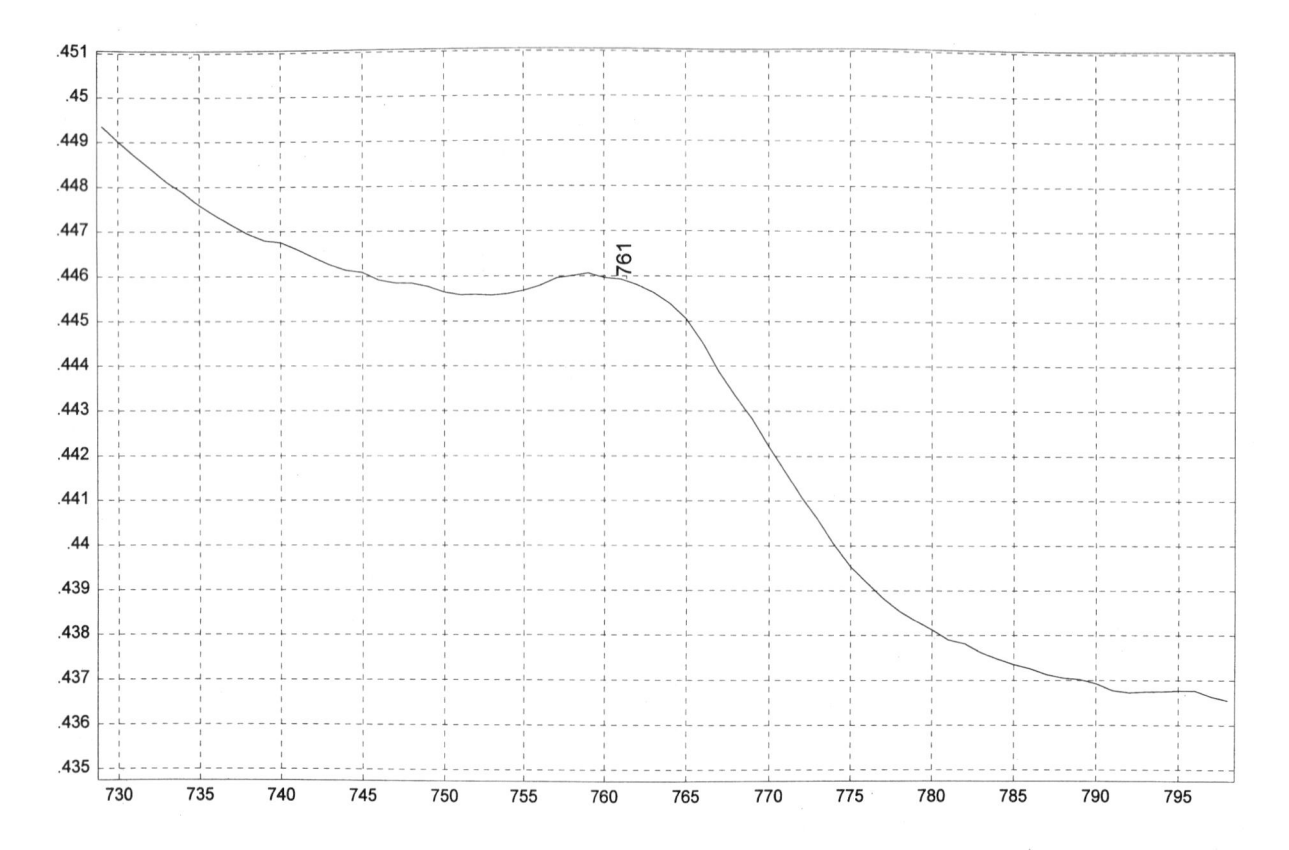

Absorbance / Nanometers

244   **ETHYLENE/PROPYLENE, 60/40 COPOLYMER**

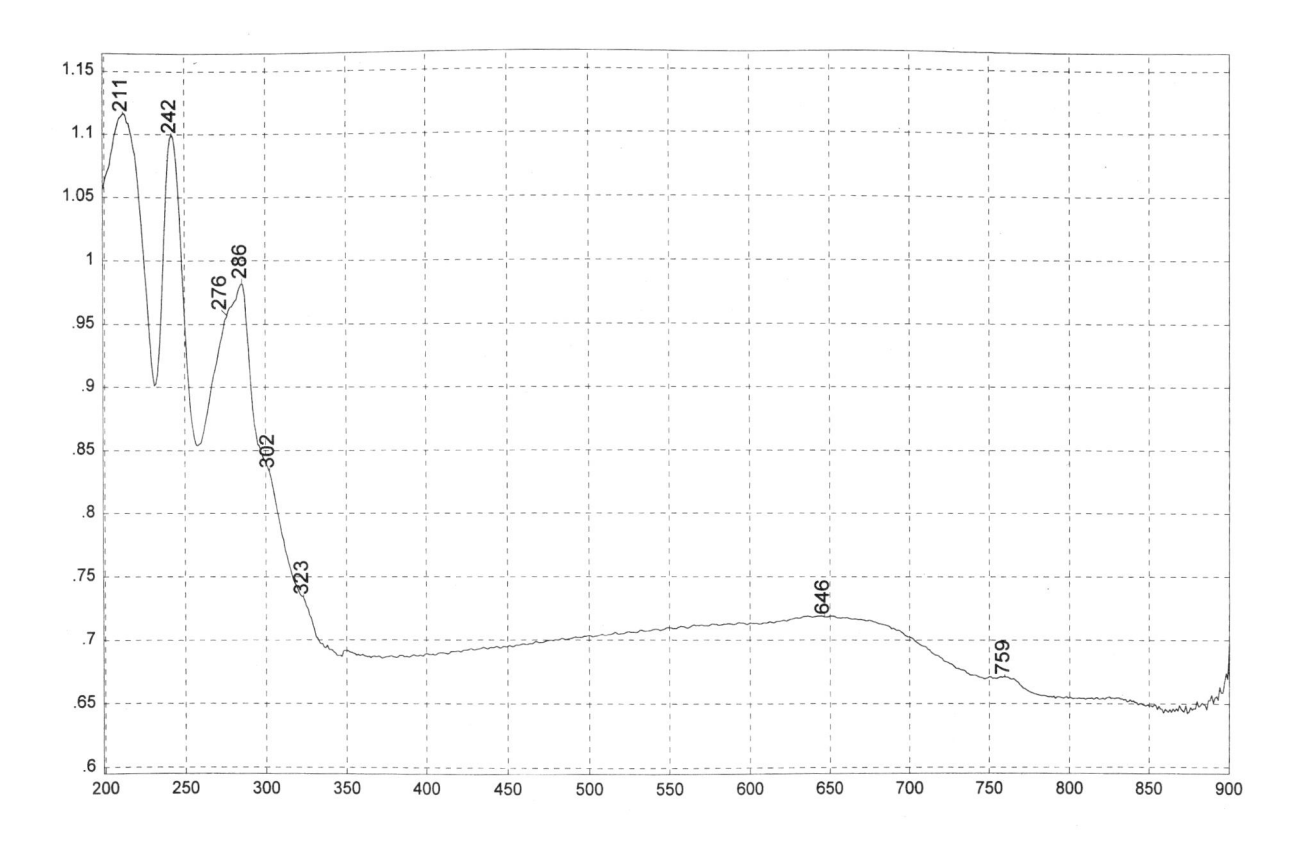

Absorbance / Nanometers

245   **ETHYLENE/VINYL ACETATE, 86/14 COPOLYMER**

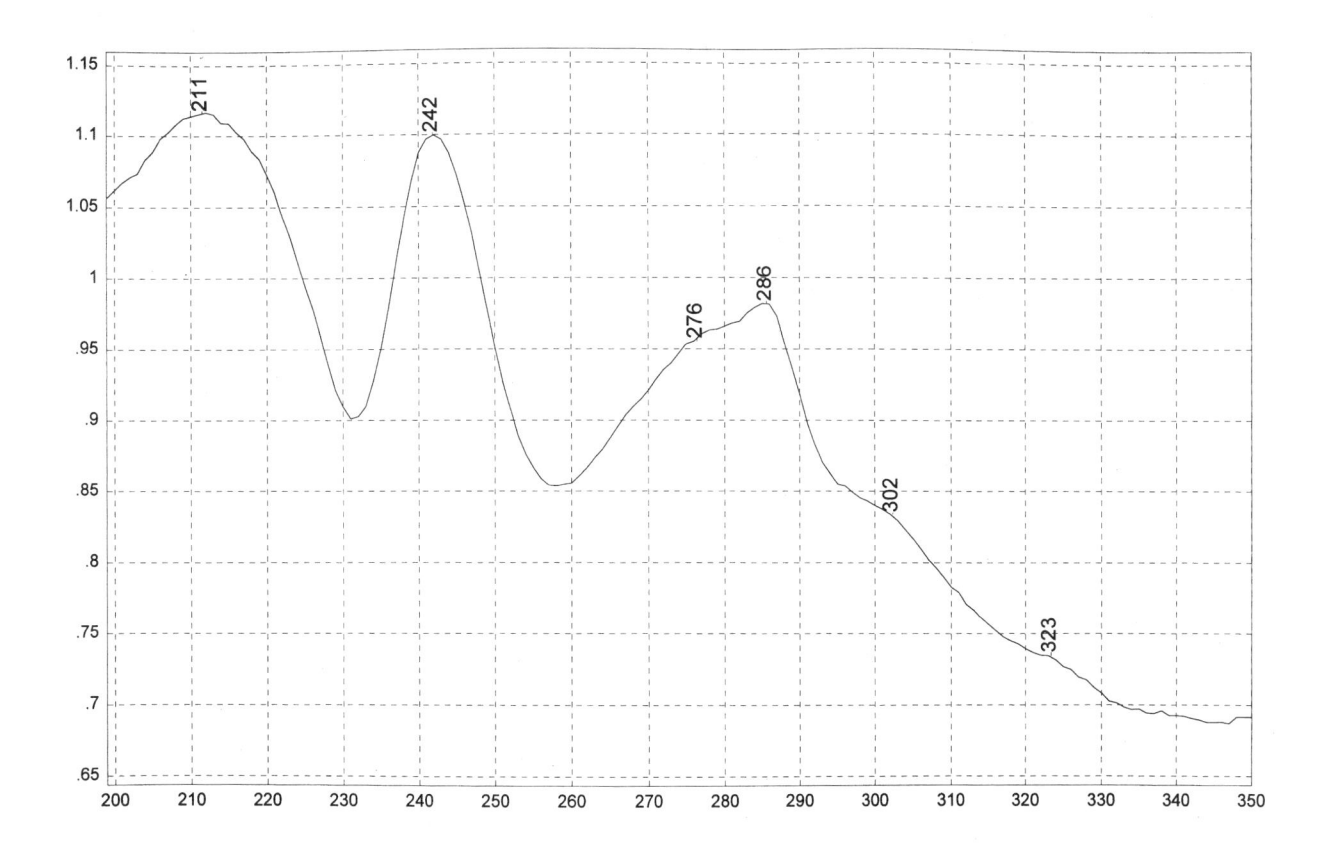

Absorbance / Nanometers

246   **ETHYLENE/VINYL ACETATE, 86/14 COPOLYMER**

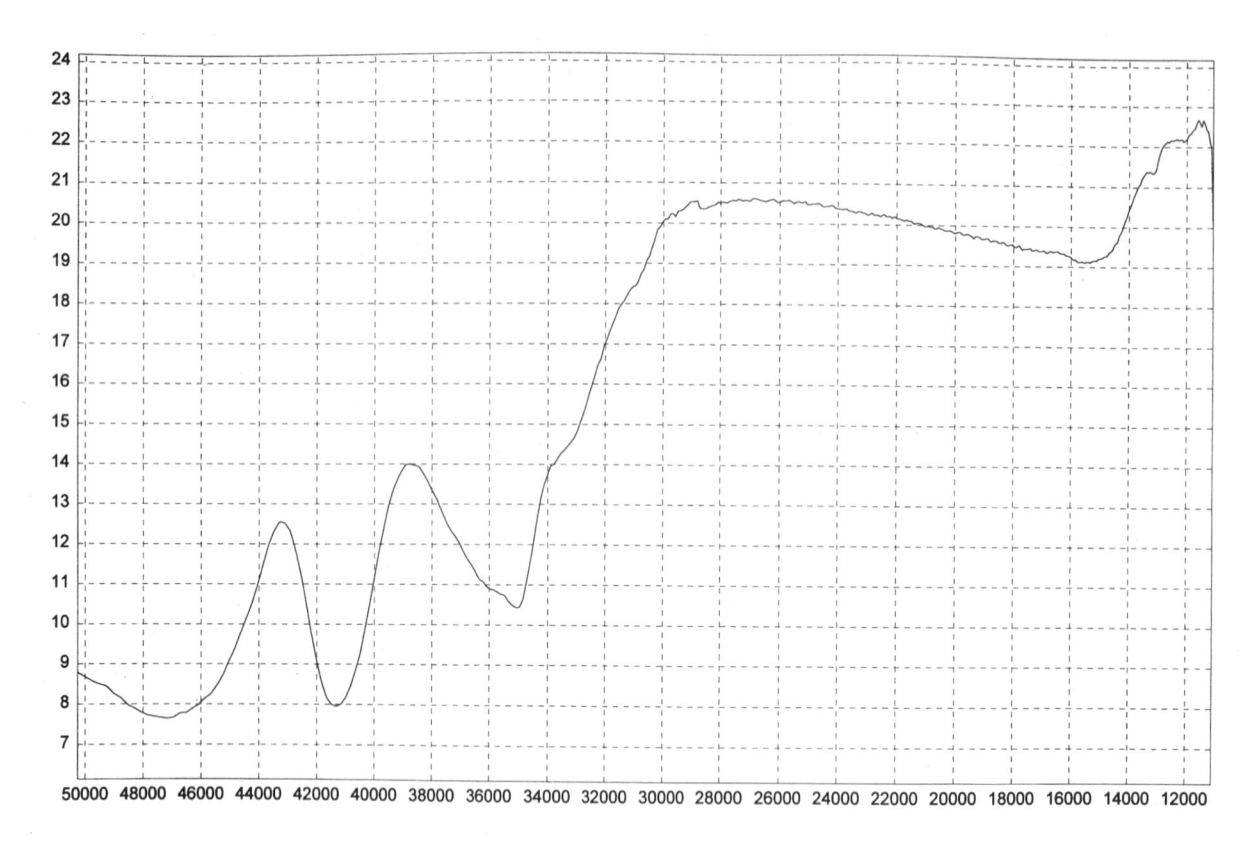

Reflectance / Wavenumber (cm^{-1})

247   ETHYLENE/VINYL ACETATE, 86/14 COPOLYMER

Absorbance / Nanometers

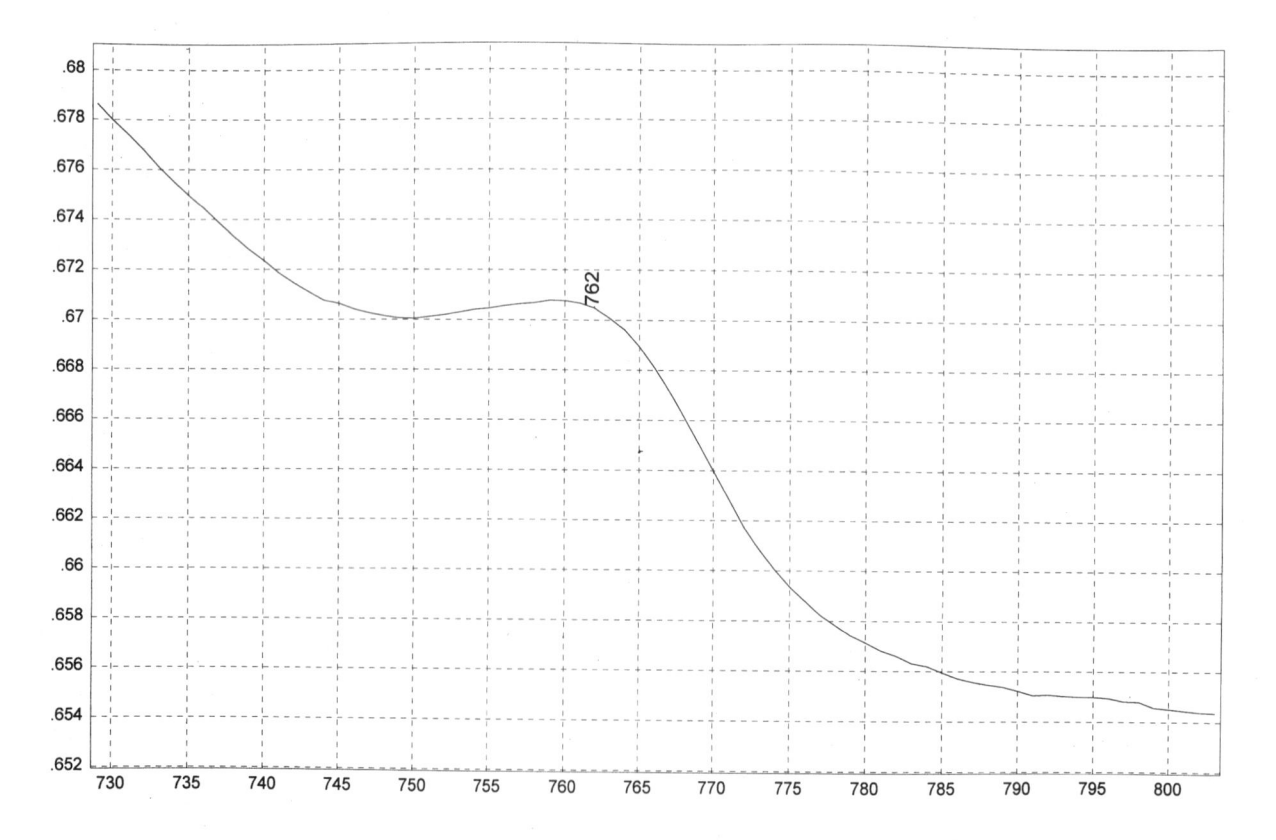

248   ETHYLENE/VINYL ACETATE, 86/14 COPOLYMER

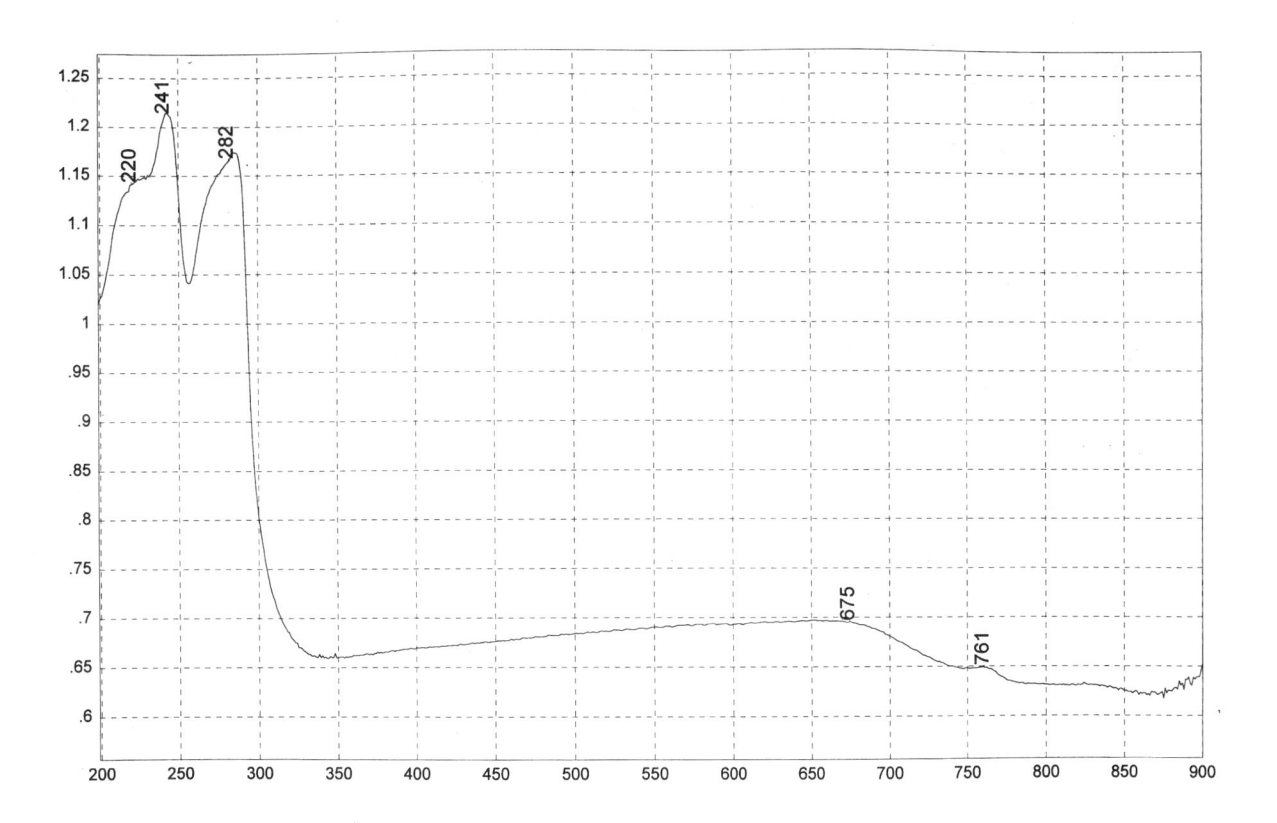

ETHYLENE/VINYL ACETATE, 82/18 COPOLYMER

249

ETHYLENE/VINYL ACETATE, 82/18 COPOLYMER

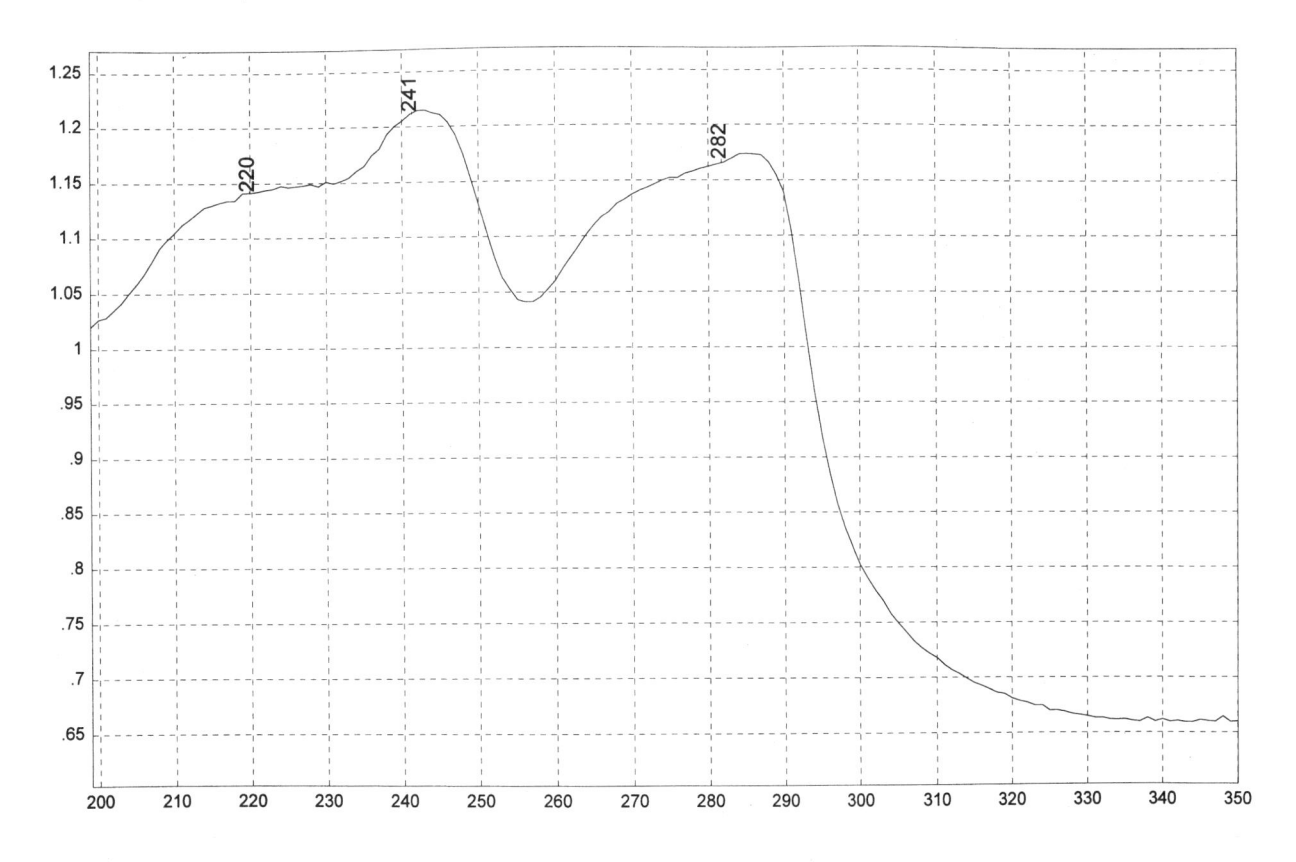

250

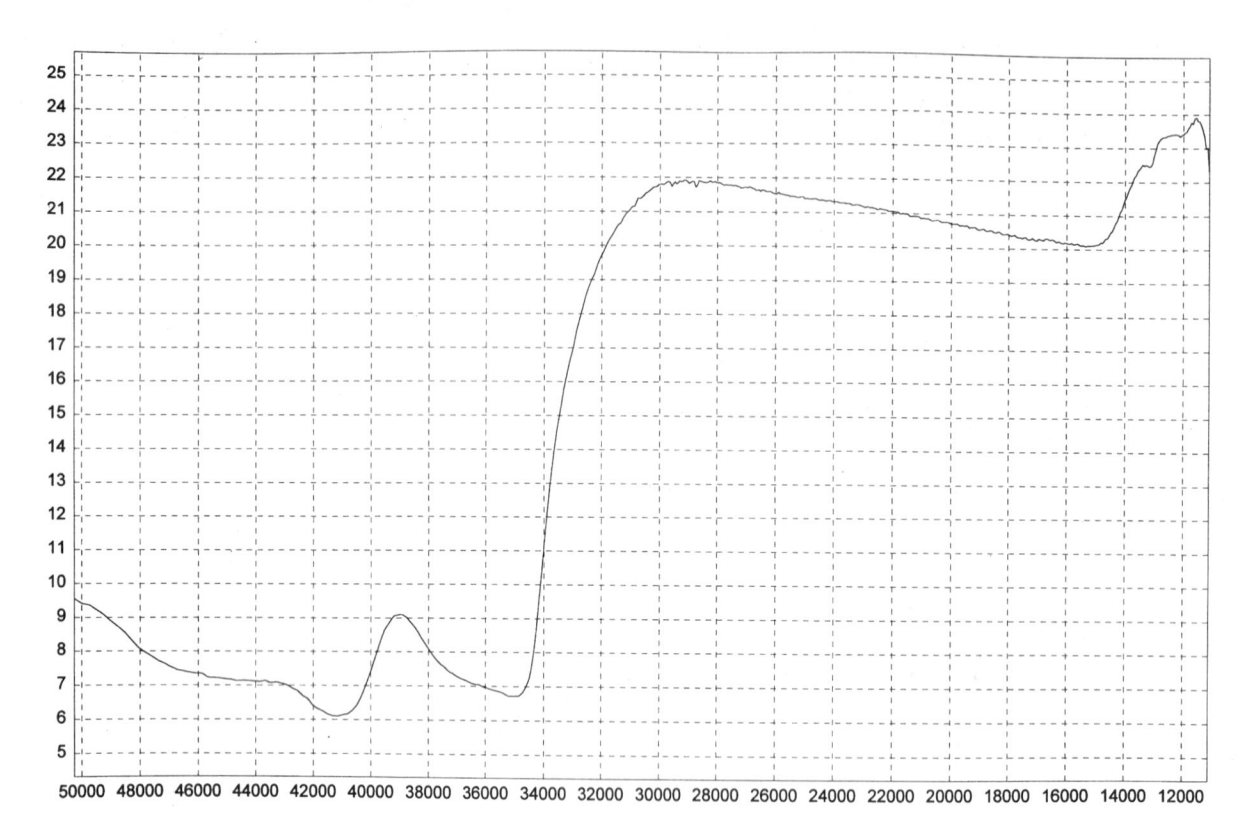

Reflectance / Wavenumber (cm⁻¹)

251   **ETHYLENE/VINYL ACETATE, 82/18 COPOLYMER**

Absorbance / Nanometers

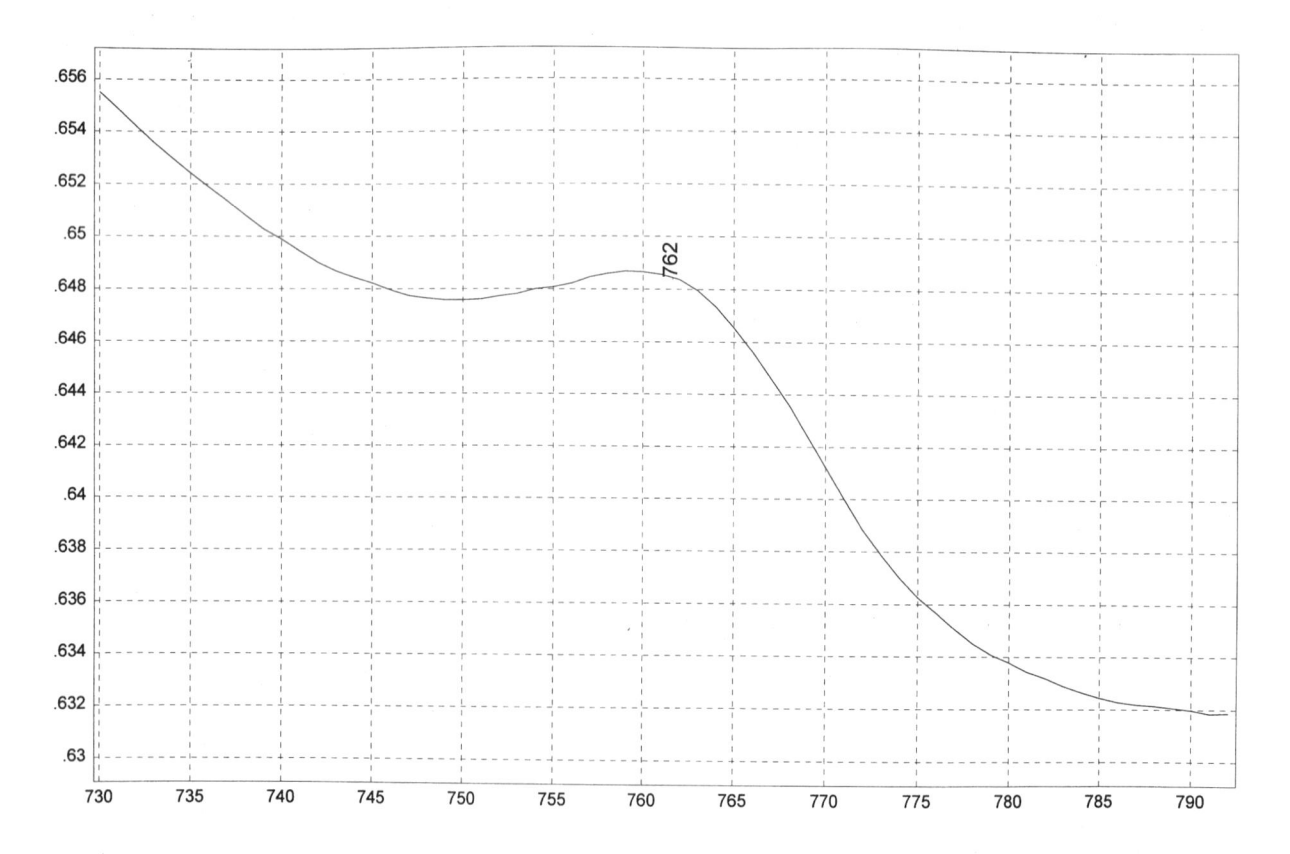

252   **ETHYLENE/VINYL ACETATE, 82/18 COPOLYMER**

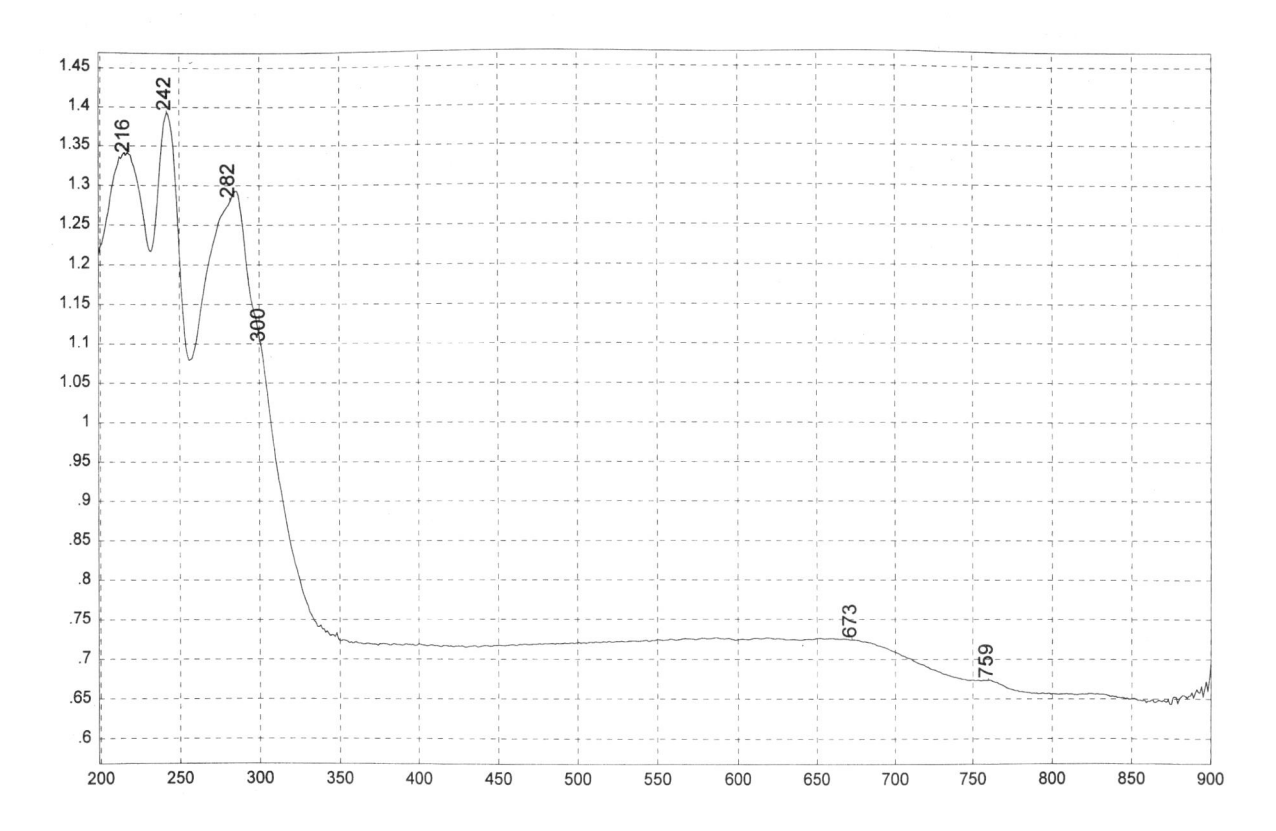

Absorbance / Nanometers

253   ETHYLENE/VINYL ACETATE, 75/25 COPOLYMER

Absorbance / Nanometers

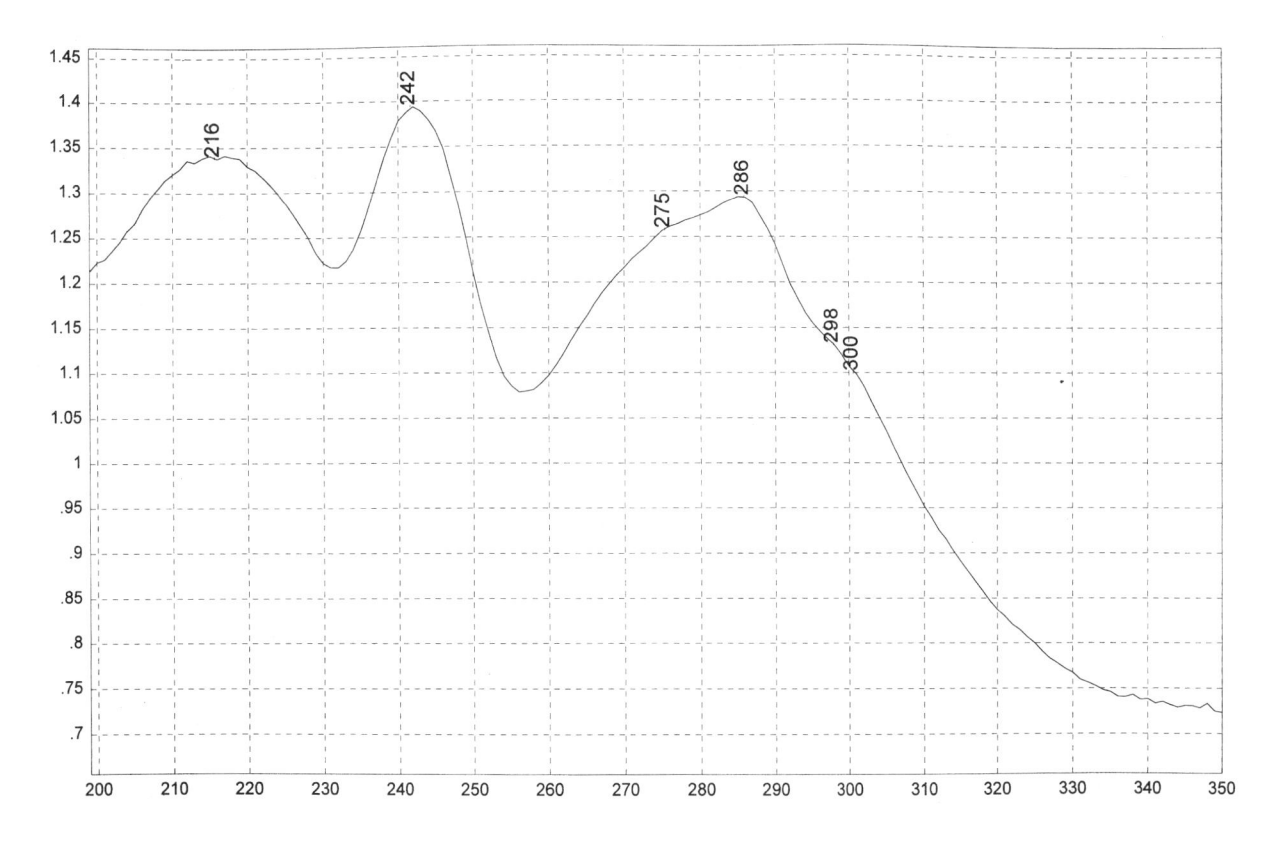

254   ETHYLENE/VINYL ACETATE, 75/25 COPOLYMER

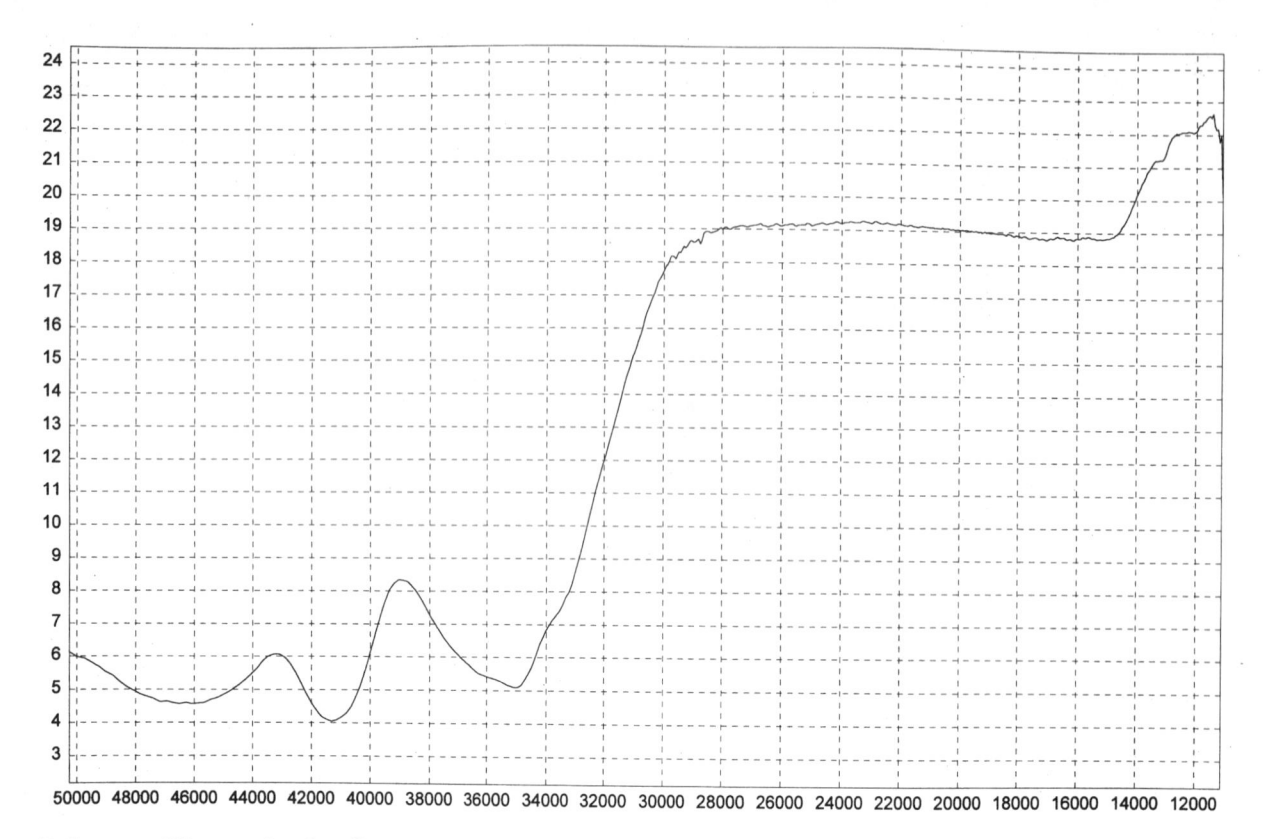

Reflectance / Wavenumber (cm⁻¹)

| 255 | **ETHYLENE/VINYL ACETATE, 75/25 COPOLYMER** |

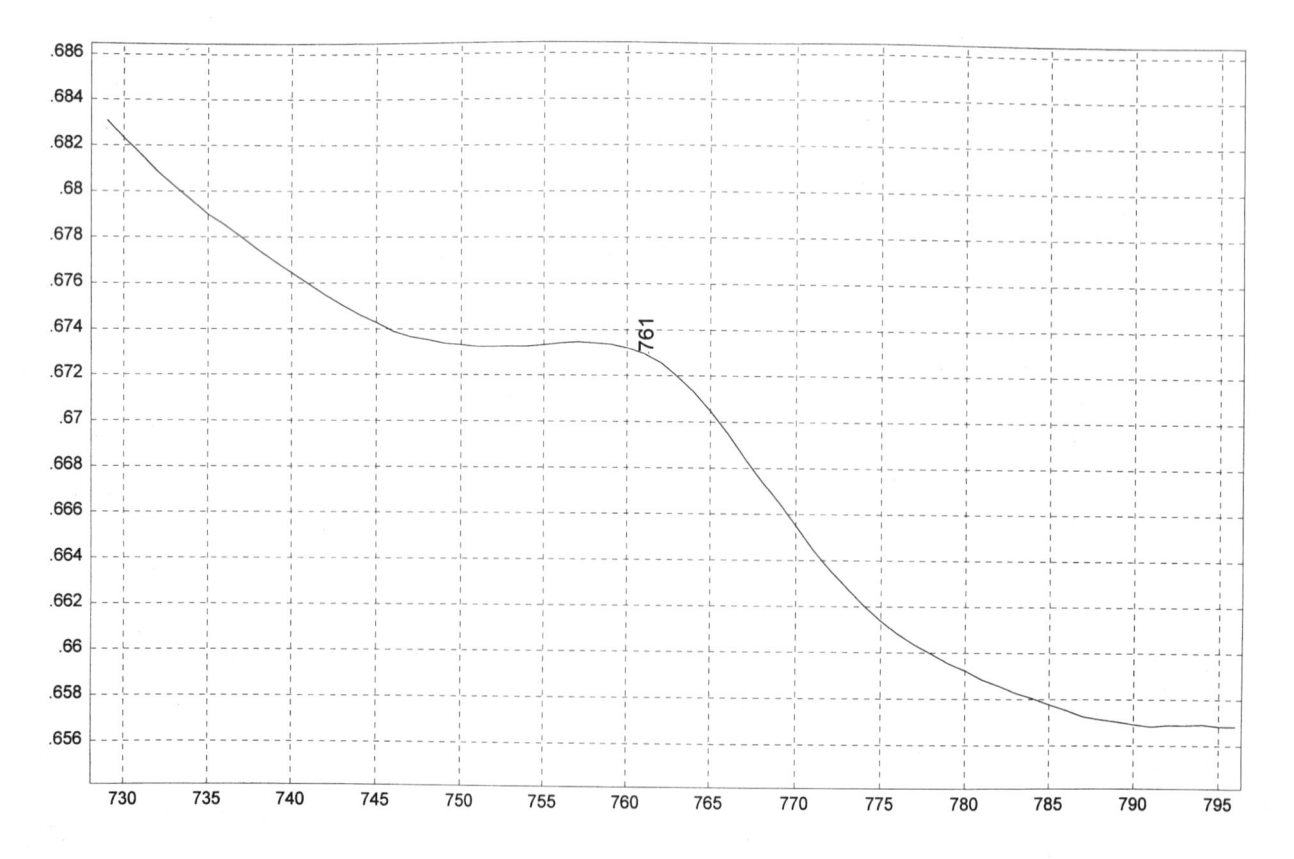

Absorbance / Nanometers

| 256 | **ETHYLENE/VINYL ACETATE, 75/25 COPOLYMER** |

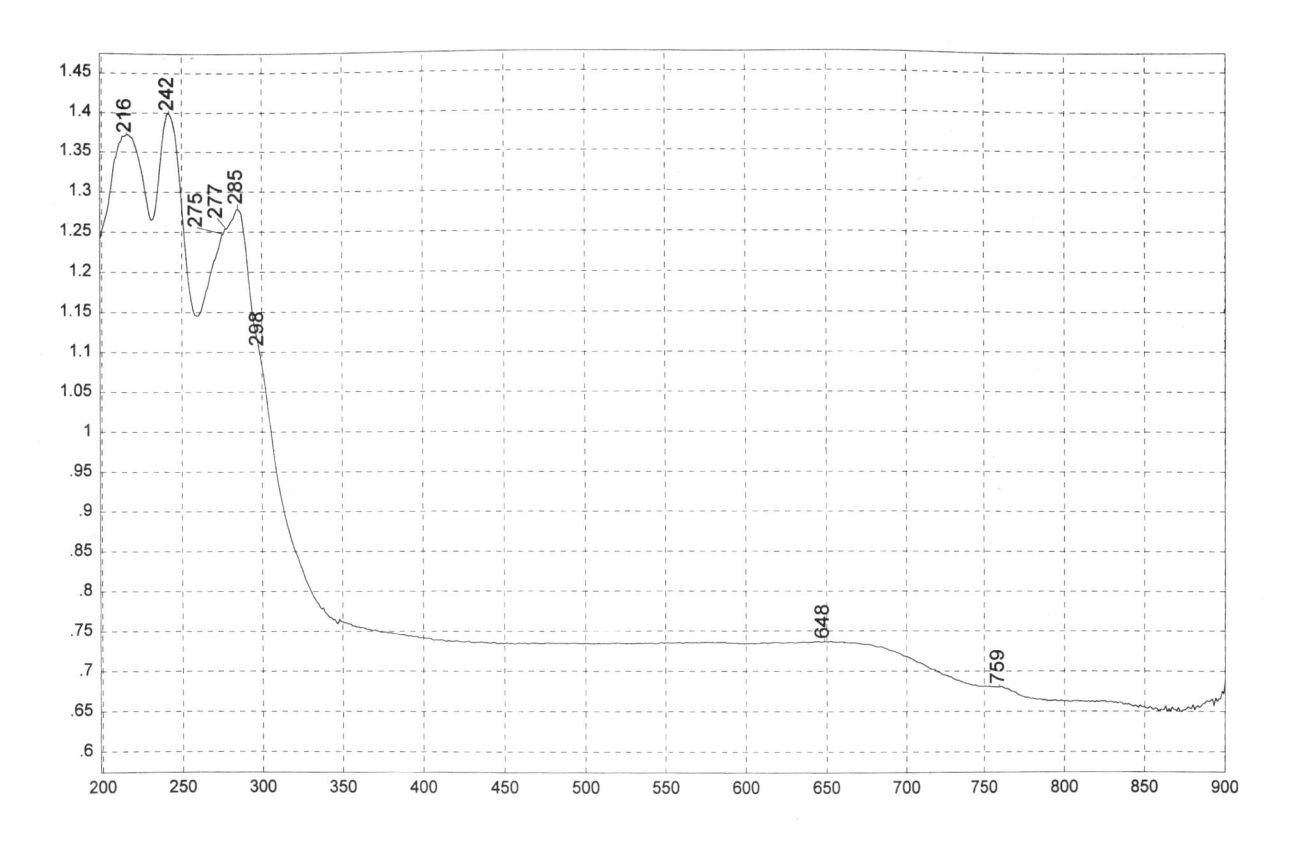

257 ETHYLENE/VINYL ACETATE, 72/28 COPOLYMER

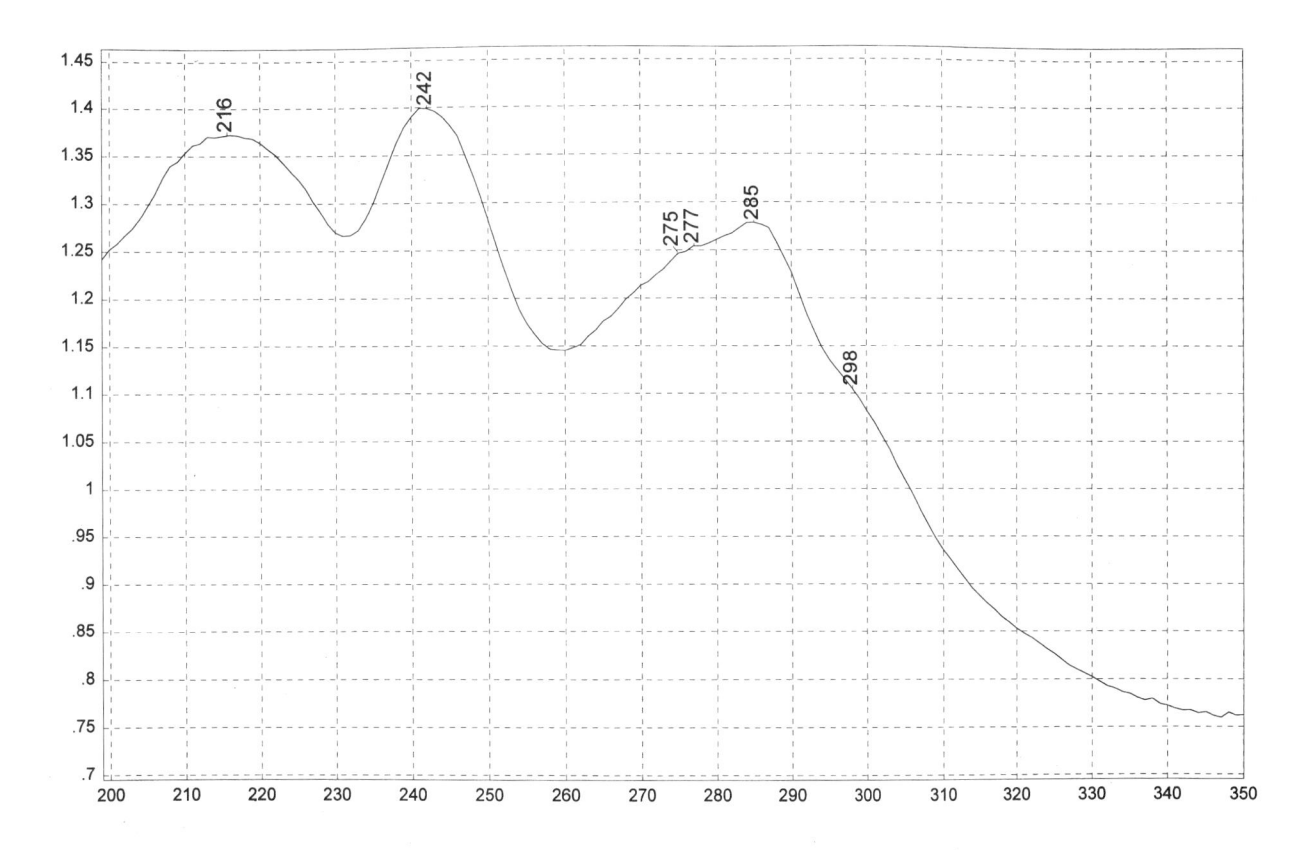

258 ETHYLENE/VINYL ACETATE, 72/28 COPOLYMER

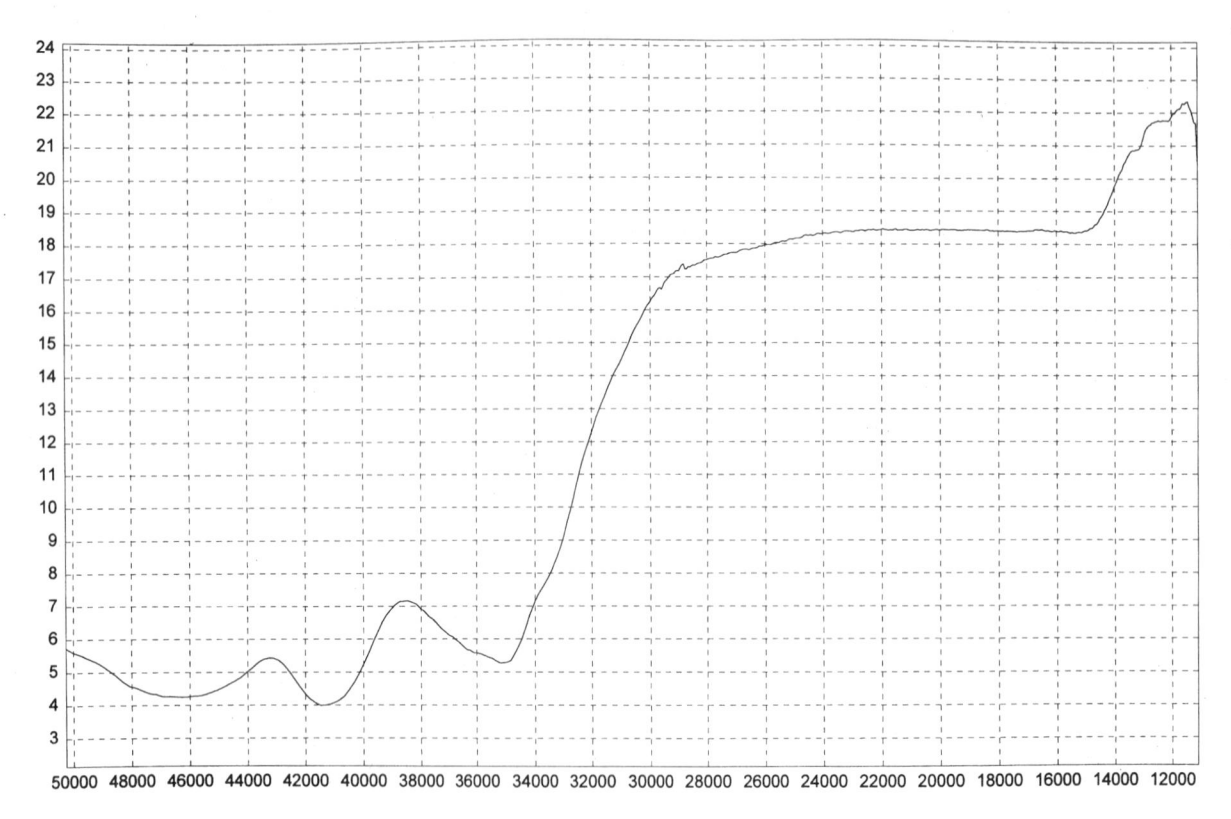

Reflectance / Wavenumber (cm⁻¹)

259   ETHYLENE/VINYL ACETATE, 72/28 COPOLYMER

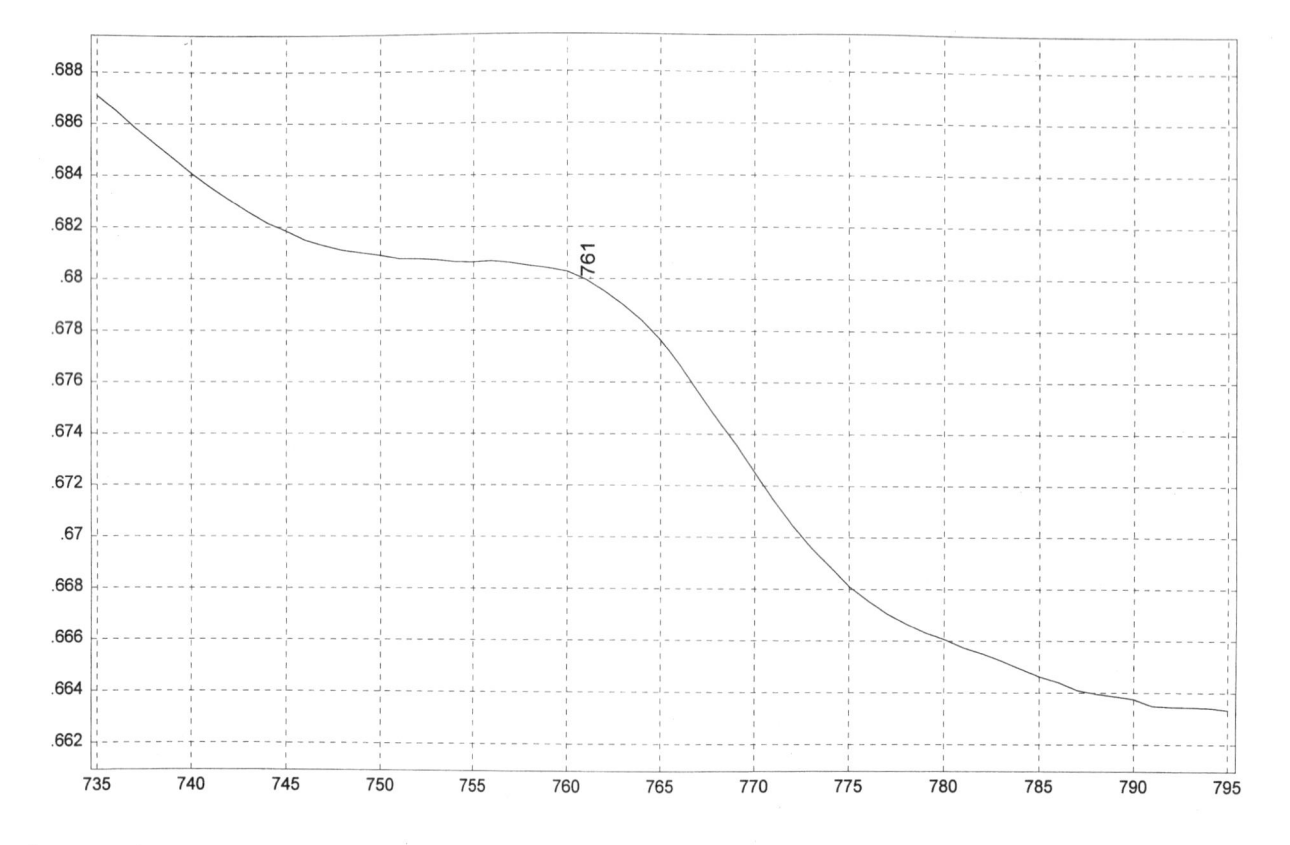

Absorbance / Nanometers

260   ETHYLENE/VINYL ACETATE, 72/28 COPOLYMER

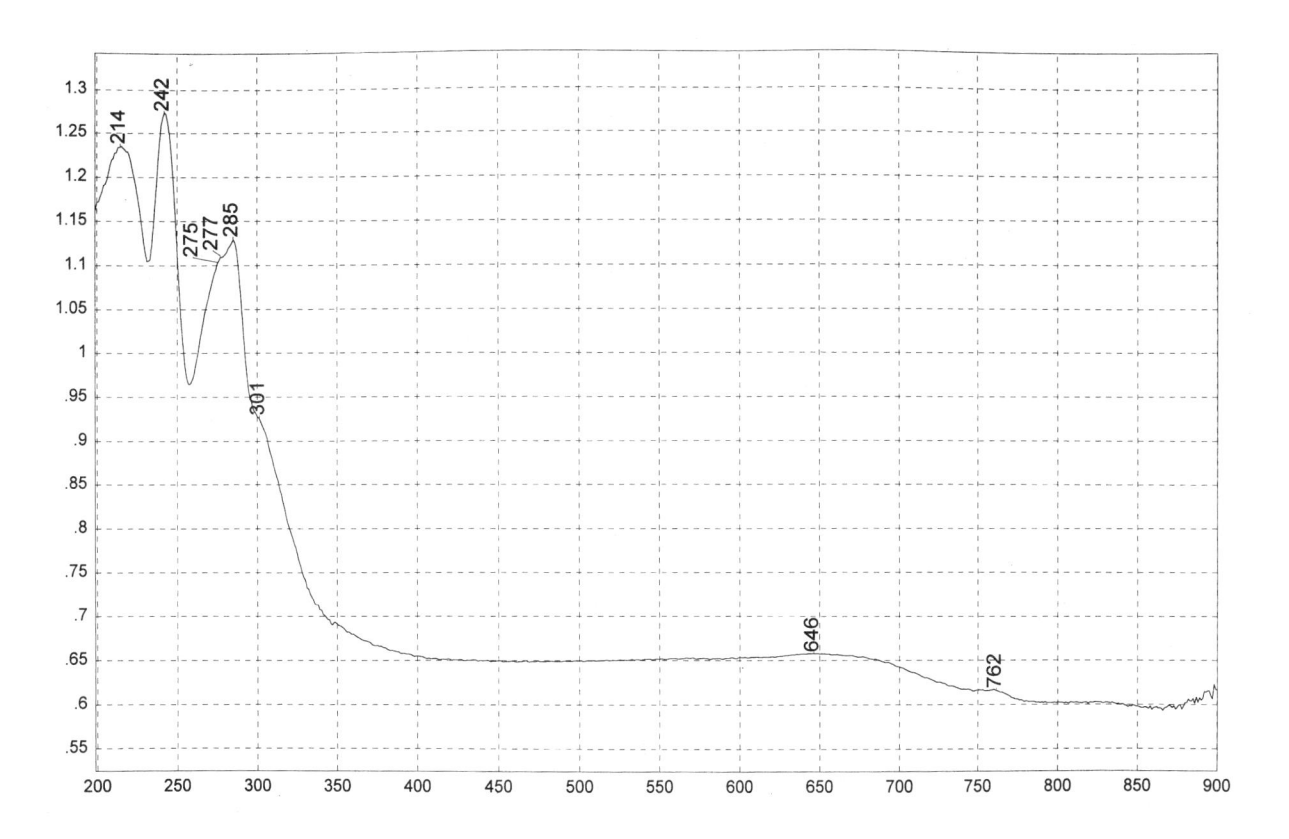

Absorbance / Nanometers

261   ETHYLENE/VINYL ACETATE, 67/33 COPOLYMER

Absorbance / Nanometers

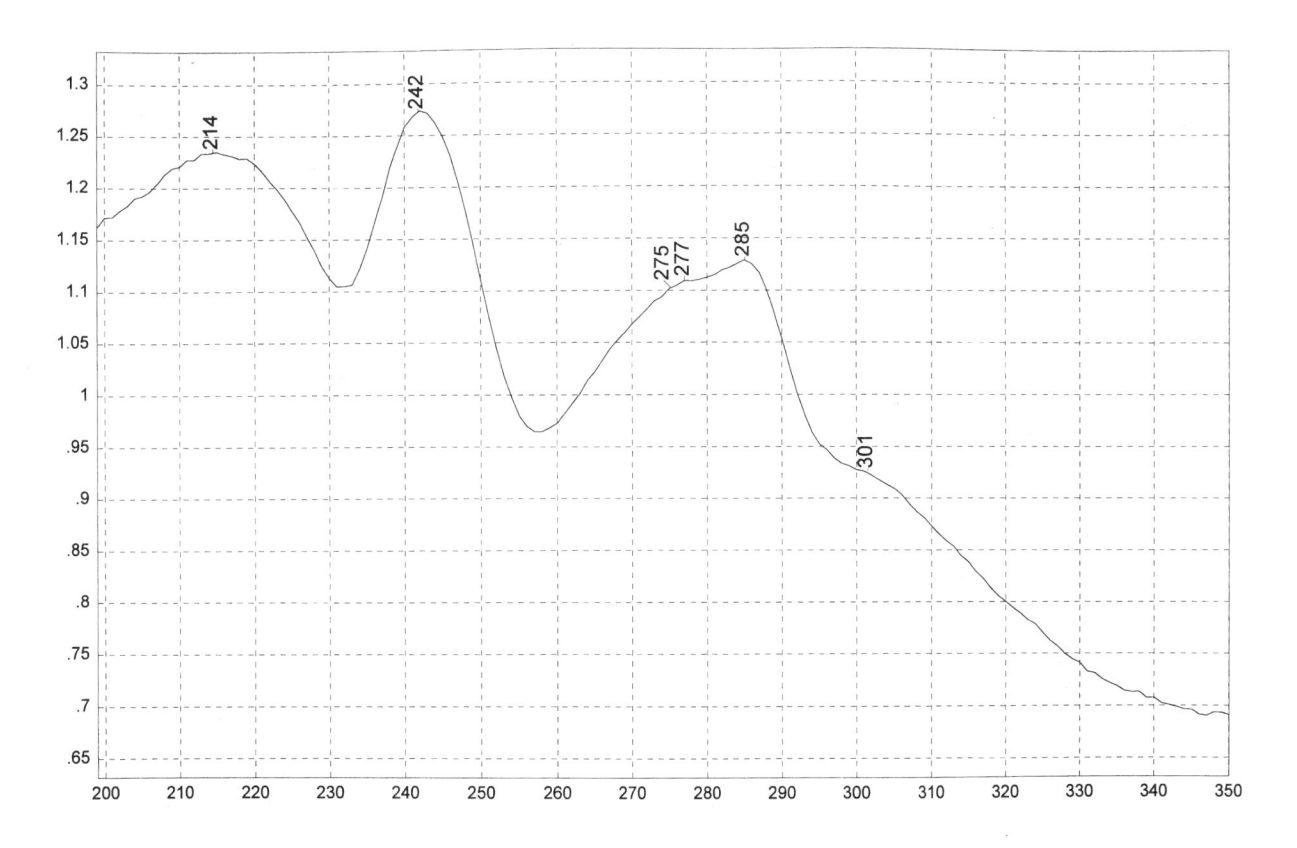

262   ETHYLENE/VINYL ACETATE, 67/33 COPOLYMER

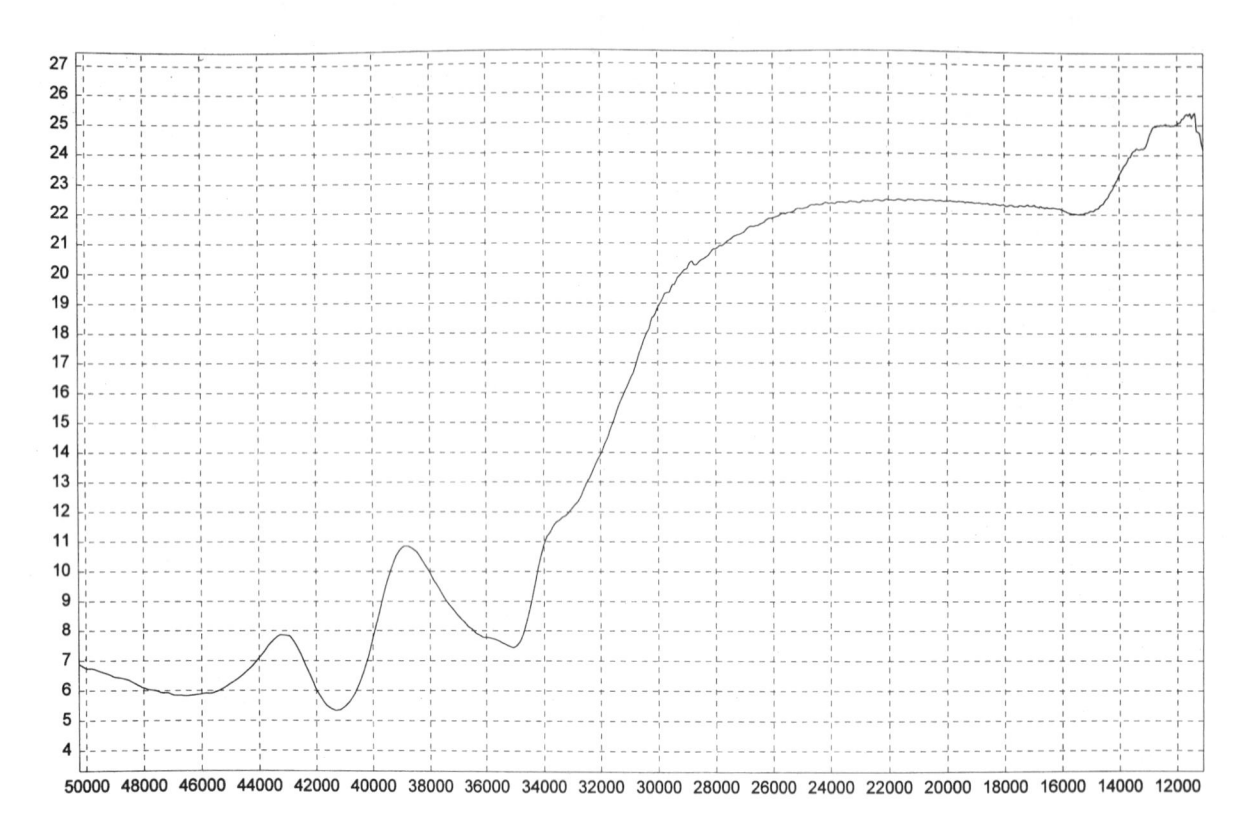

Reflectance / Wavenumber (cm⁻¹)

263 ETHYLENE/VINYL ACETATE, 67/33 COPOLYMER

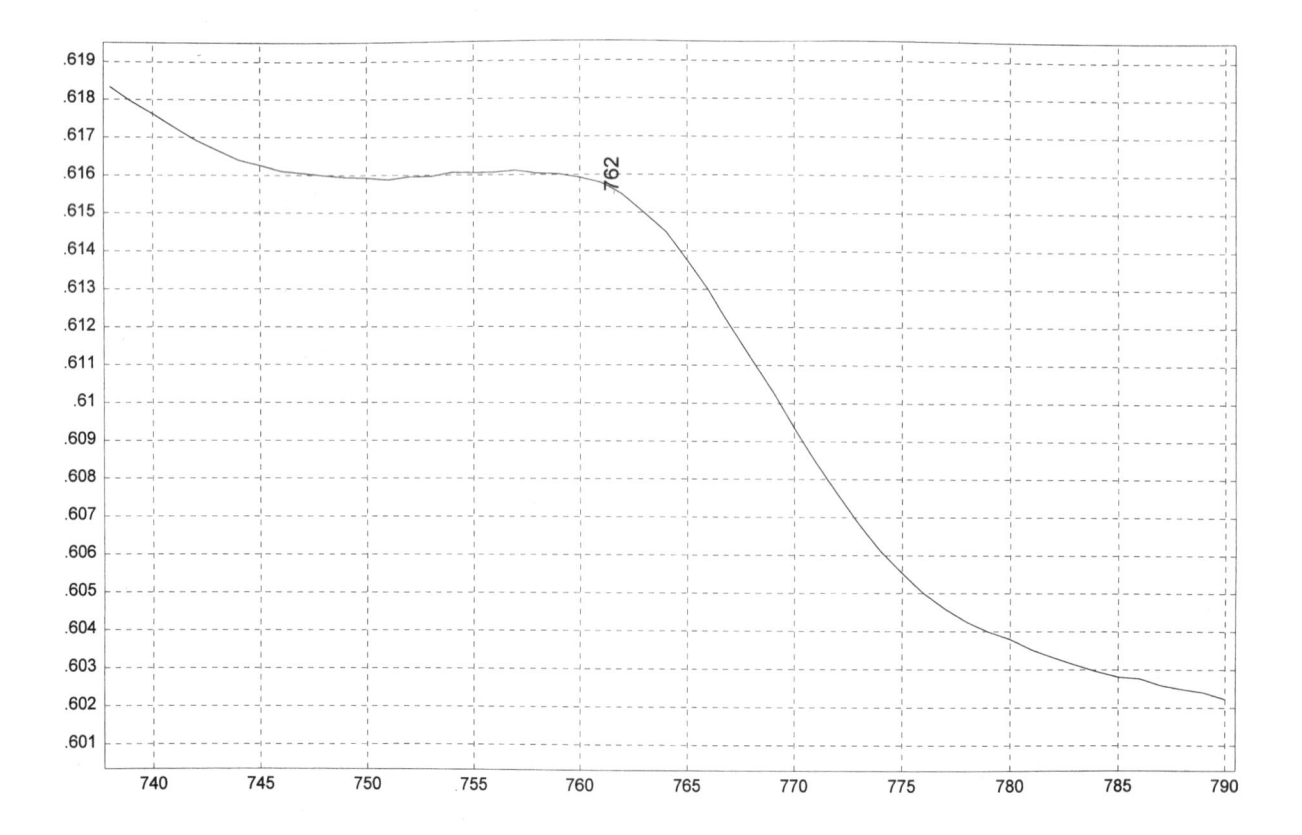

Absorbance / Nanometers

264 ETHYLENE/VINYL ACETATE, 67/33 COPOLYMER

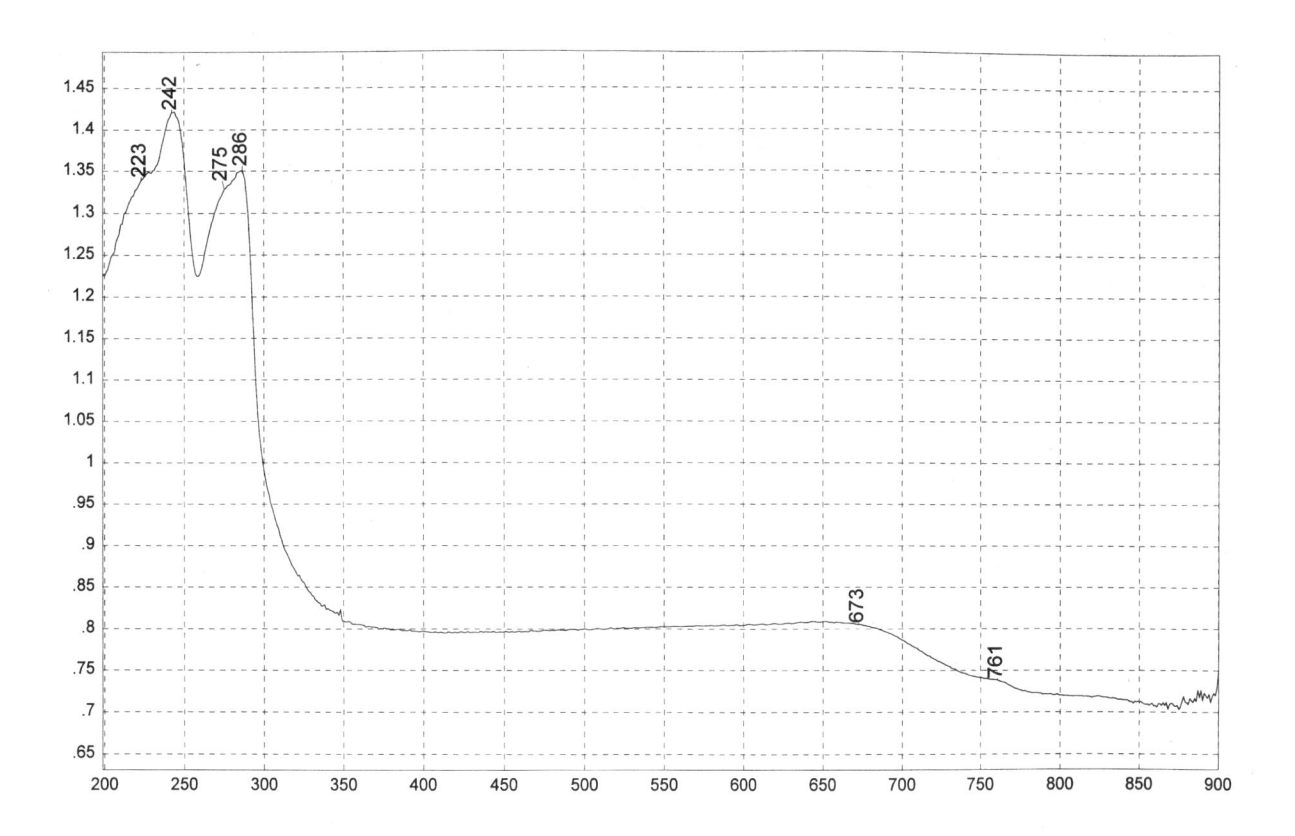

Absorbance / Nanometers

265 ETHYLENE/VINYL ACETATE, 60/40 COPOLYMER

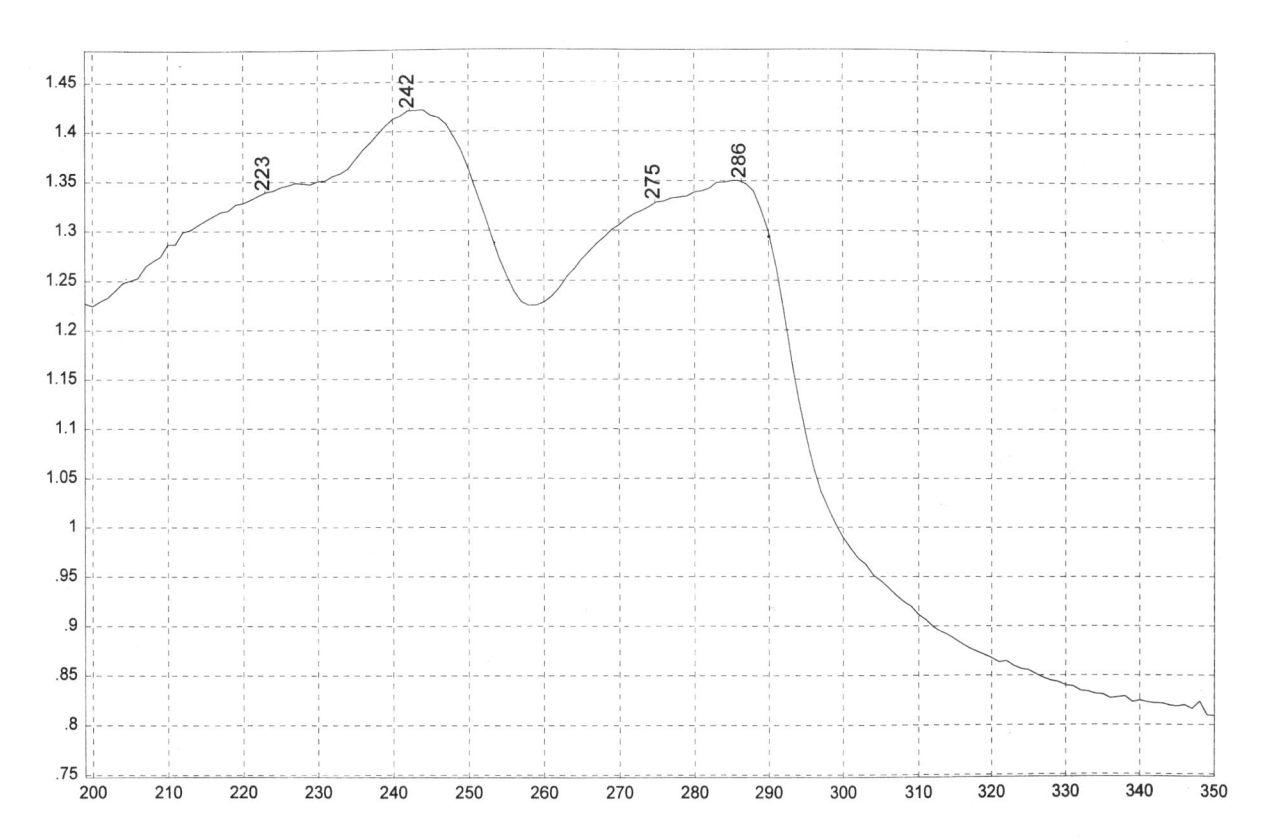

Absorbance / Nanometers

266 ETHYLENE/VINYL ACETATE, 60/40 COPOLYMER

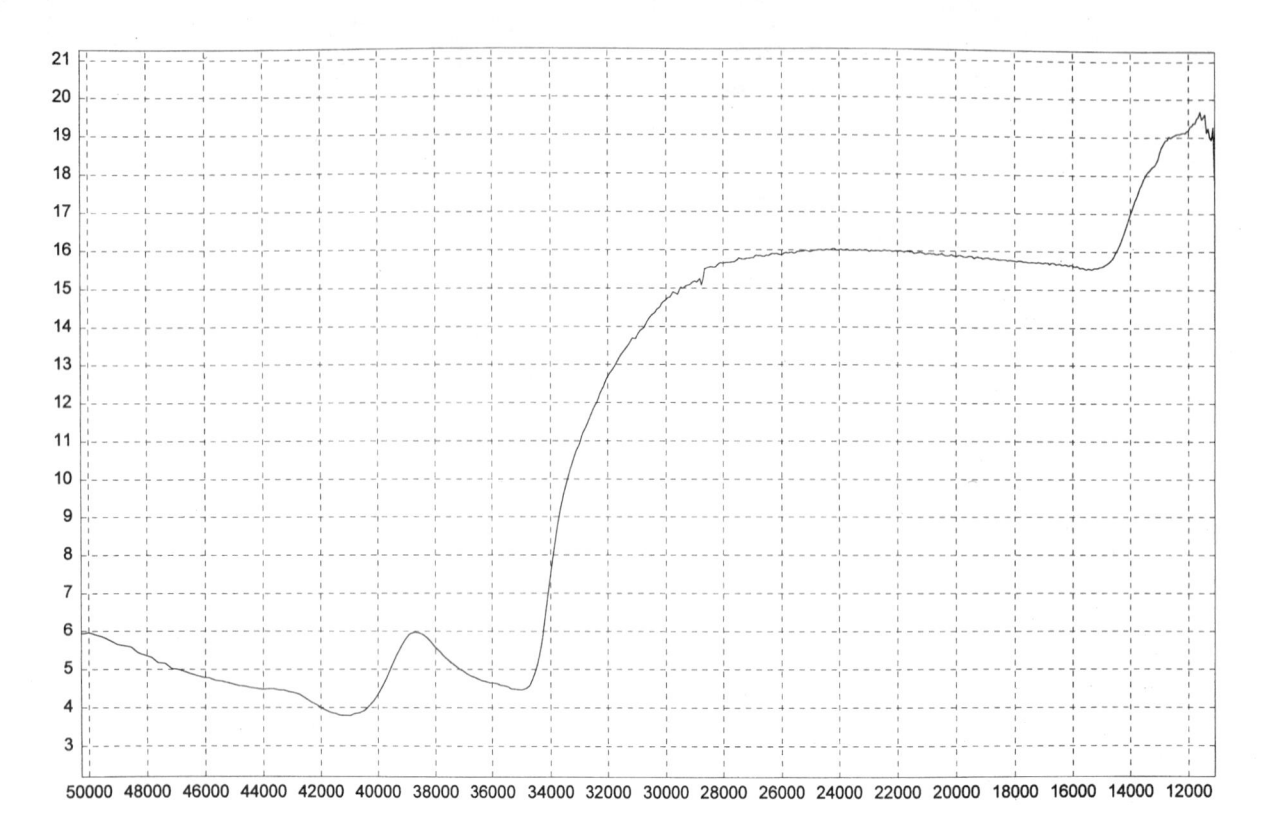

Reflectance / Wavenumber (cm^{-1})

267 | ETHYLENE/VINYL ACETATE, 60/40 COPOLYMER

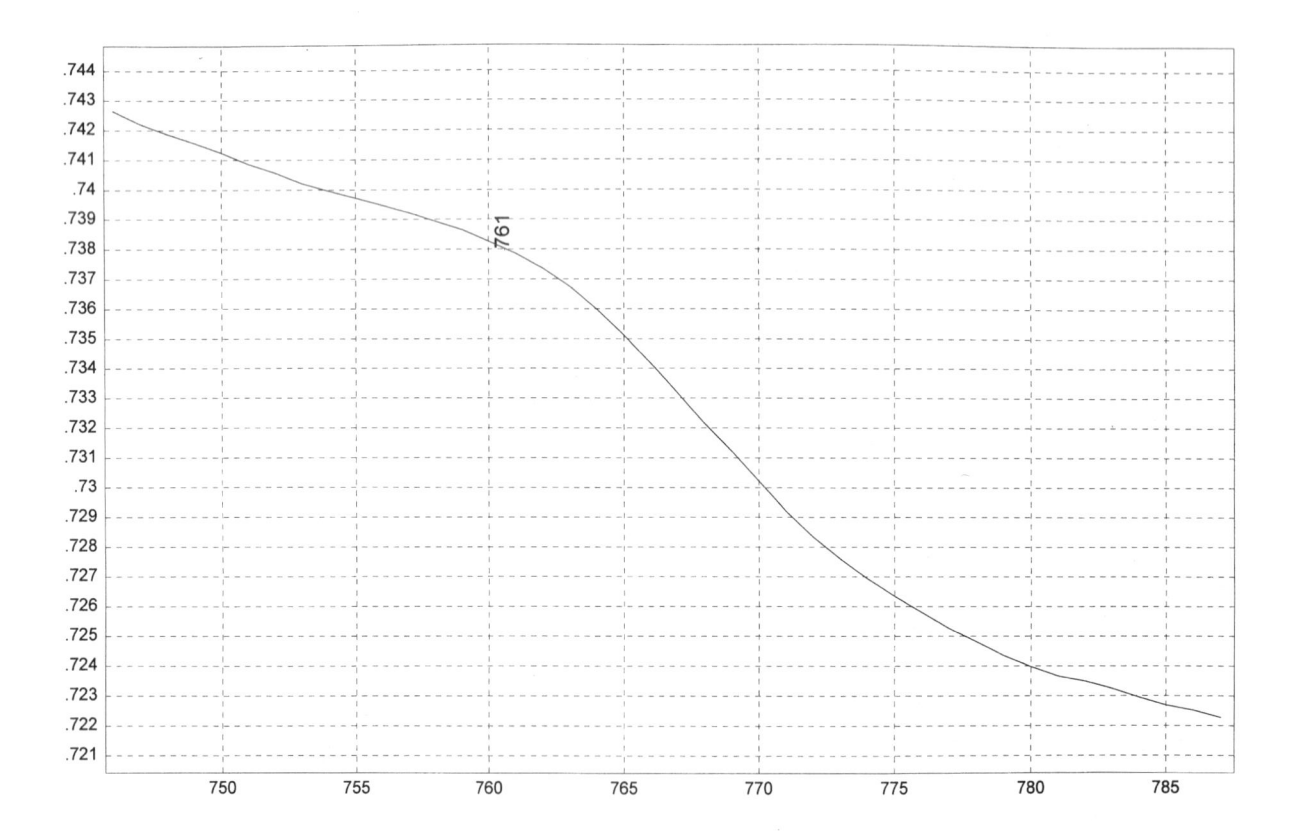

Absorbance / Nanometers

268 | ETHYLENE/VINYL ACETATE, 60/40 COPOLYMER

Absorbance / Nanometers

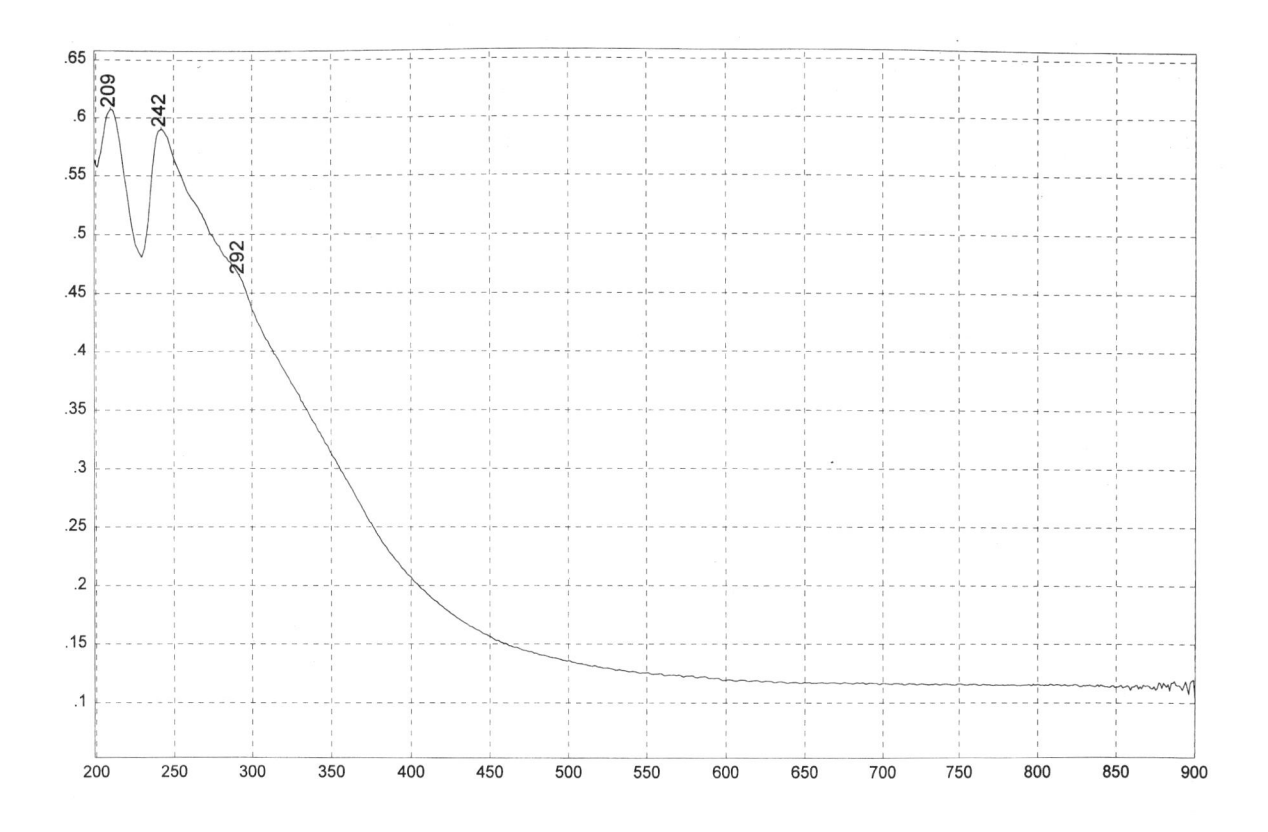

| 269 | HYDROXYBUTYL METHYL CELLULOSE, 8% HYDROXYBUTYL, 20% METHOXYL |

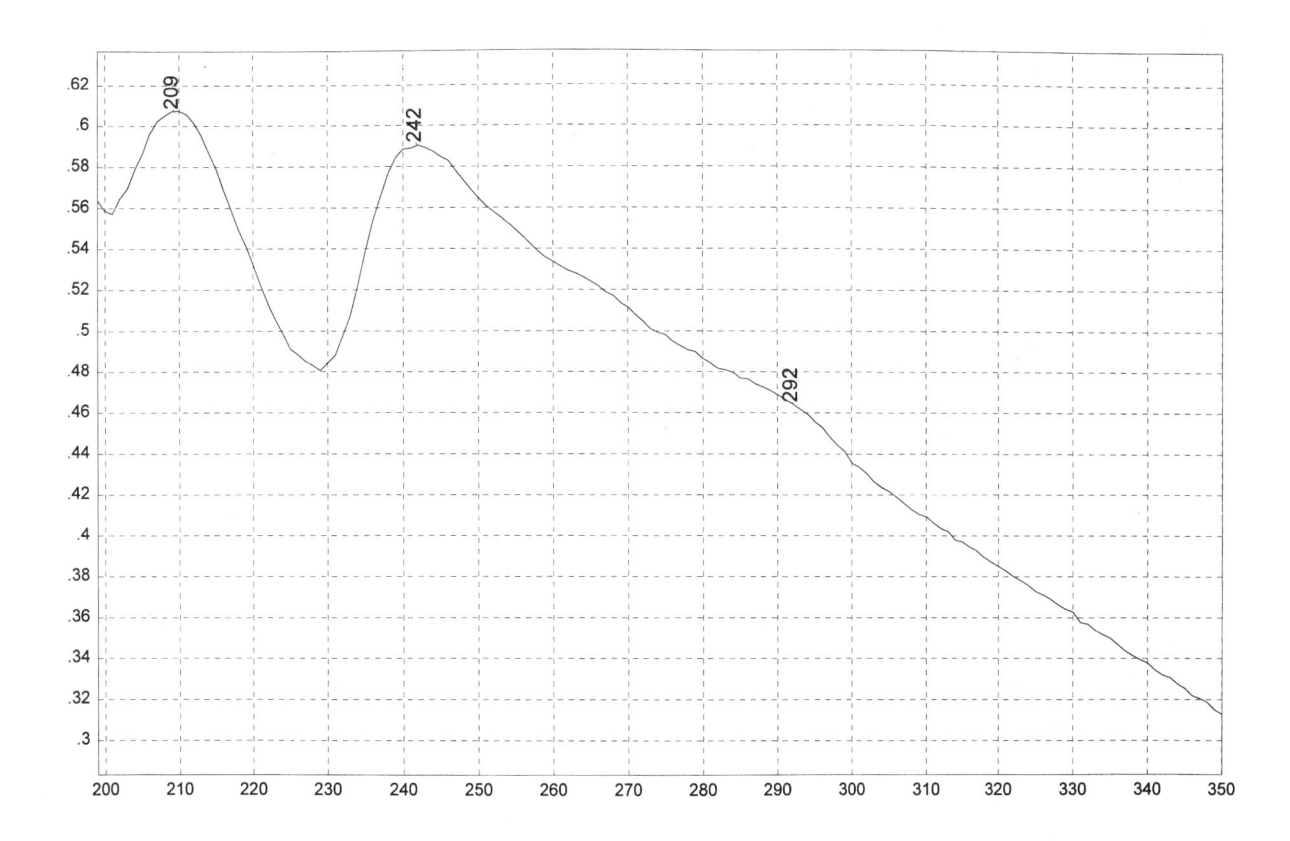

Absorbance / Nanometers

| 270 | HYDROXYBUTYL METHYL CELLULOSE, 8% HYDROXYBUTYL, 20% METHOXYL |

Reflectance / Wavenumber (cm⁻¹)

271   **HYDROXYBUTYL METHYL CELLULOSE, 8% HYDROXYBUTYL, 20% METHOXYL**

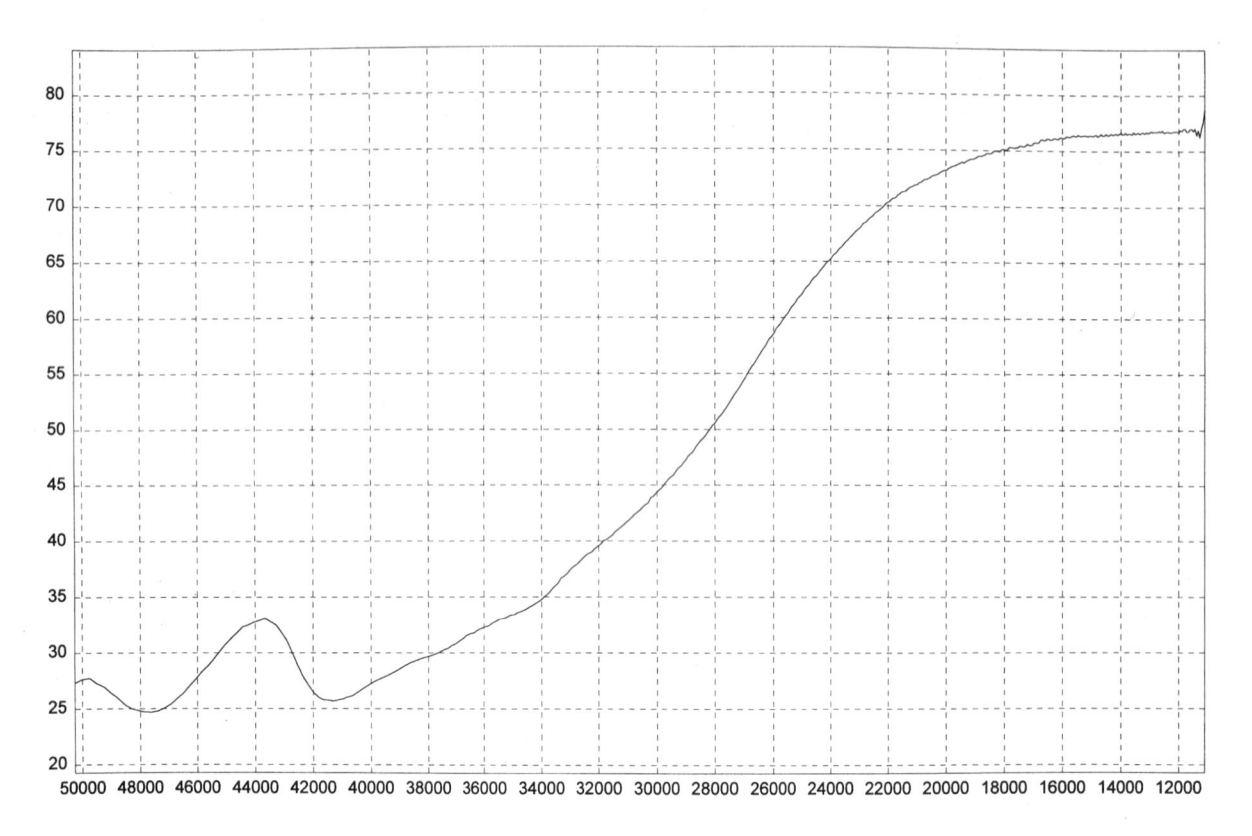

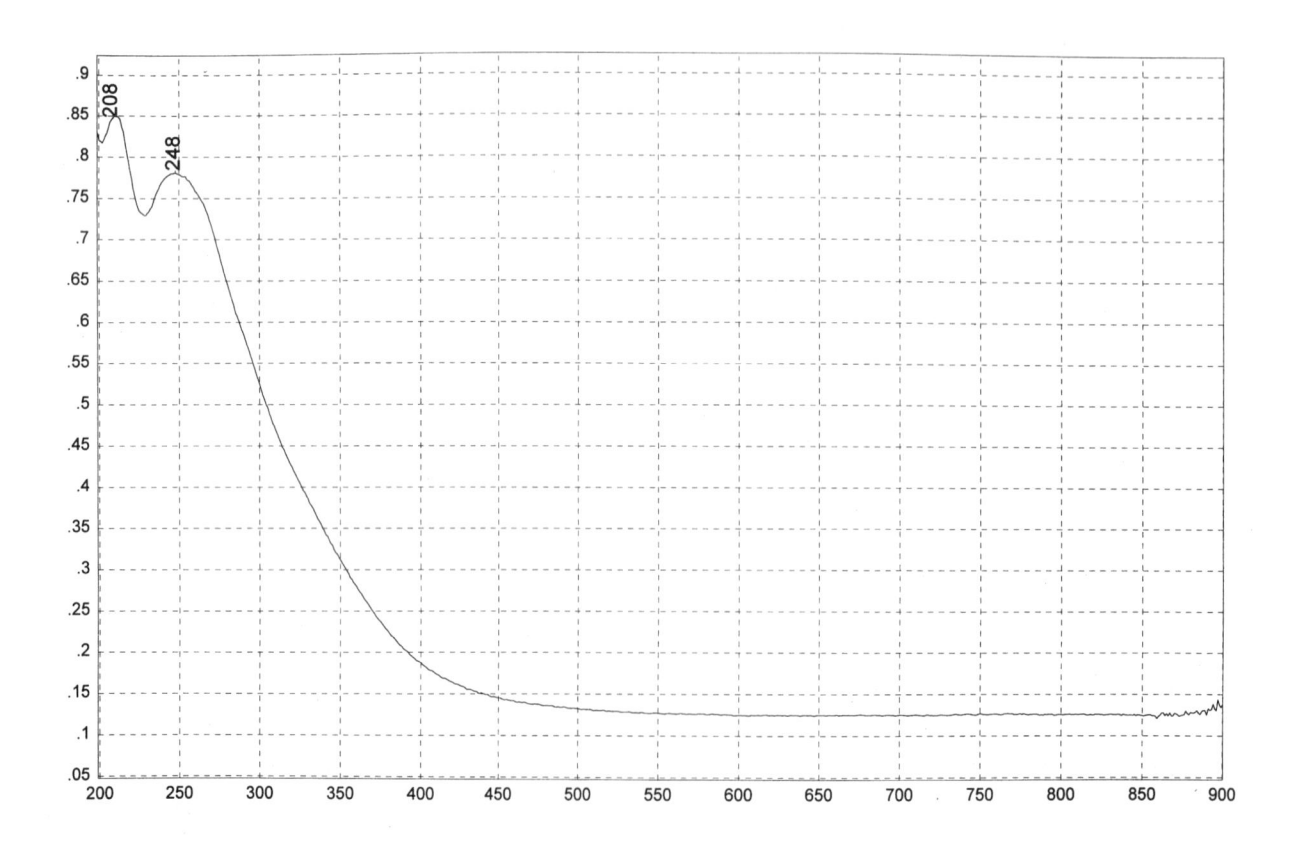

Absorbance / Nanometers

272   **HYDROXYPROPYL CELLULOSE**

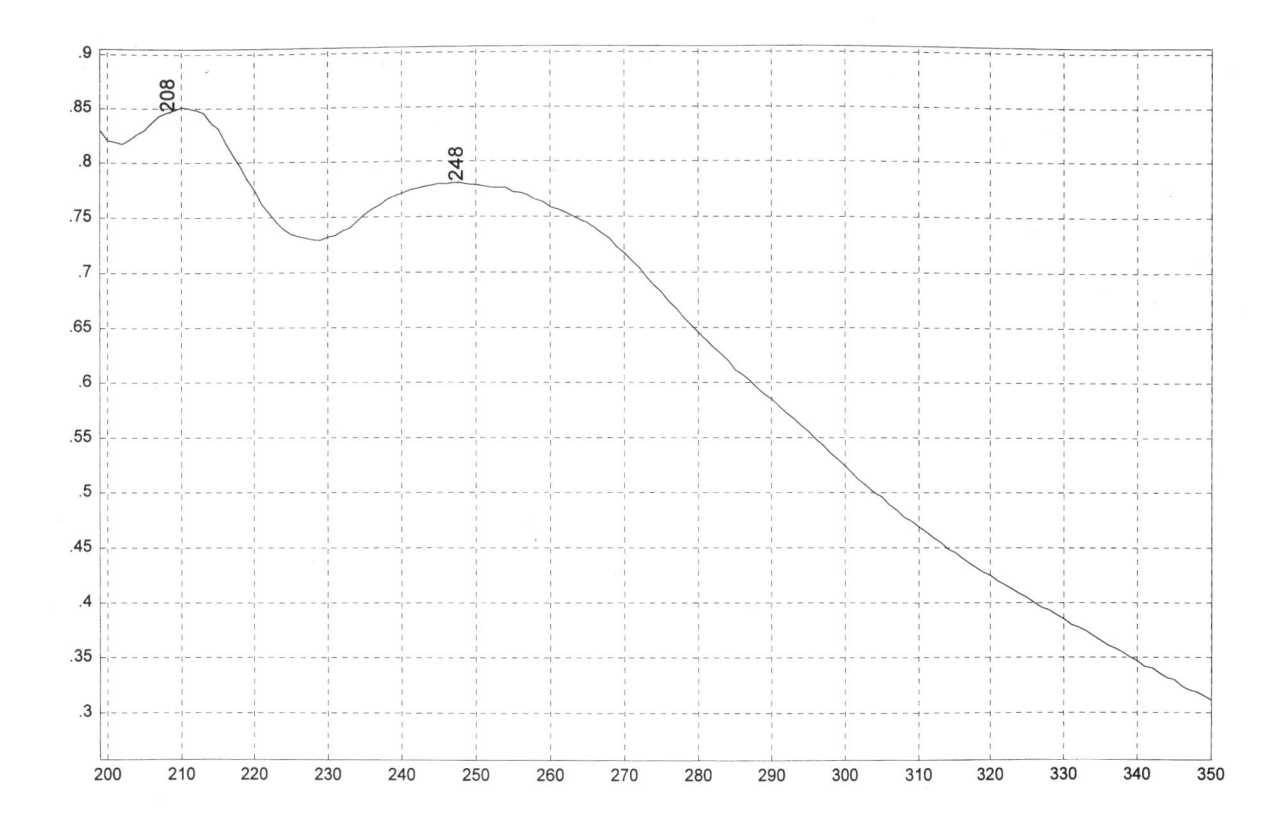

Absorbance / Nanometers

273 HYDROXYPROPYL CELLULOSE

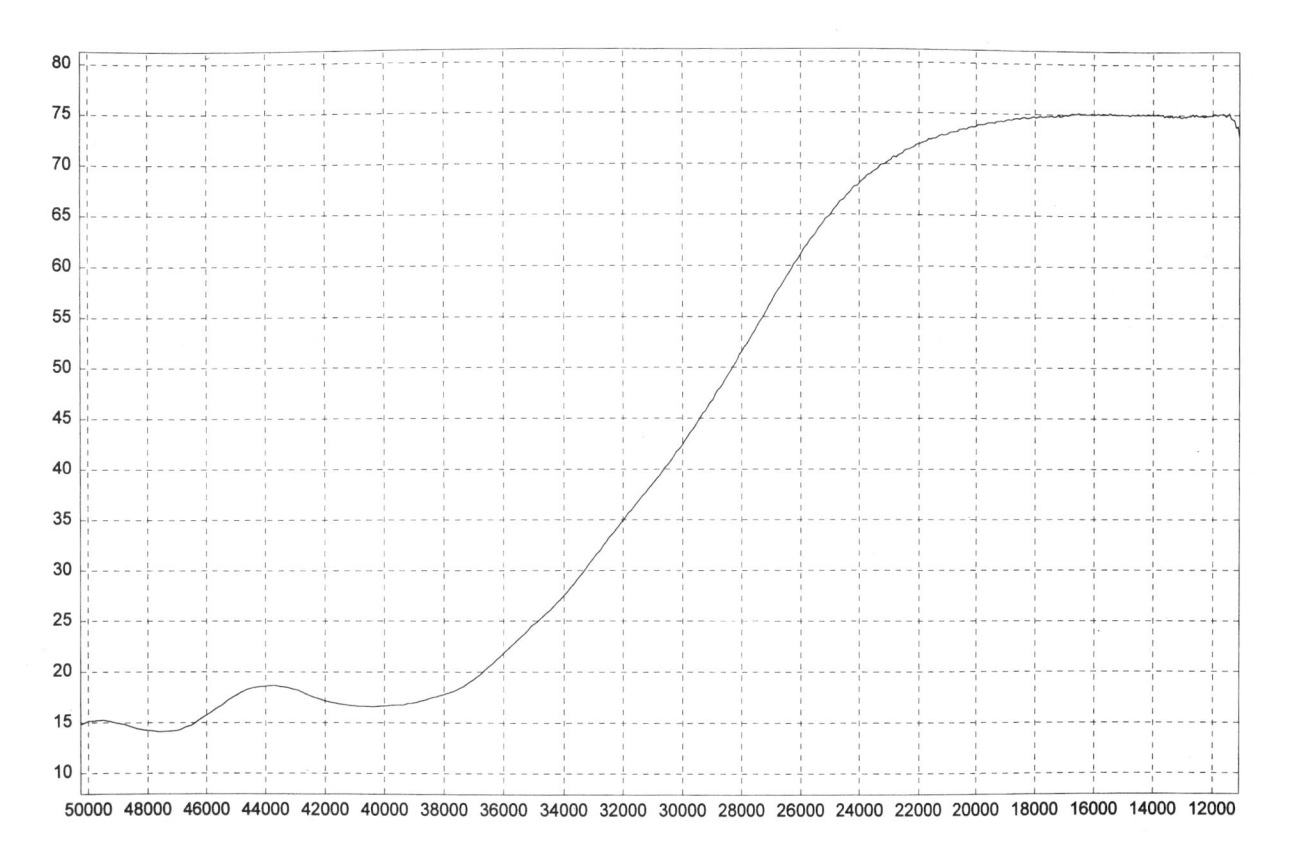

Reflectance / Wavenumber (cm^{-1})

274 HYDROXYPROPYL CELLULOSE

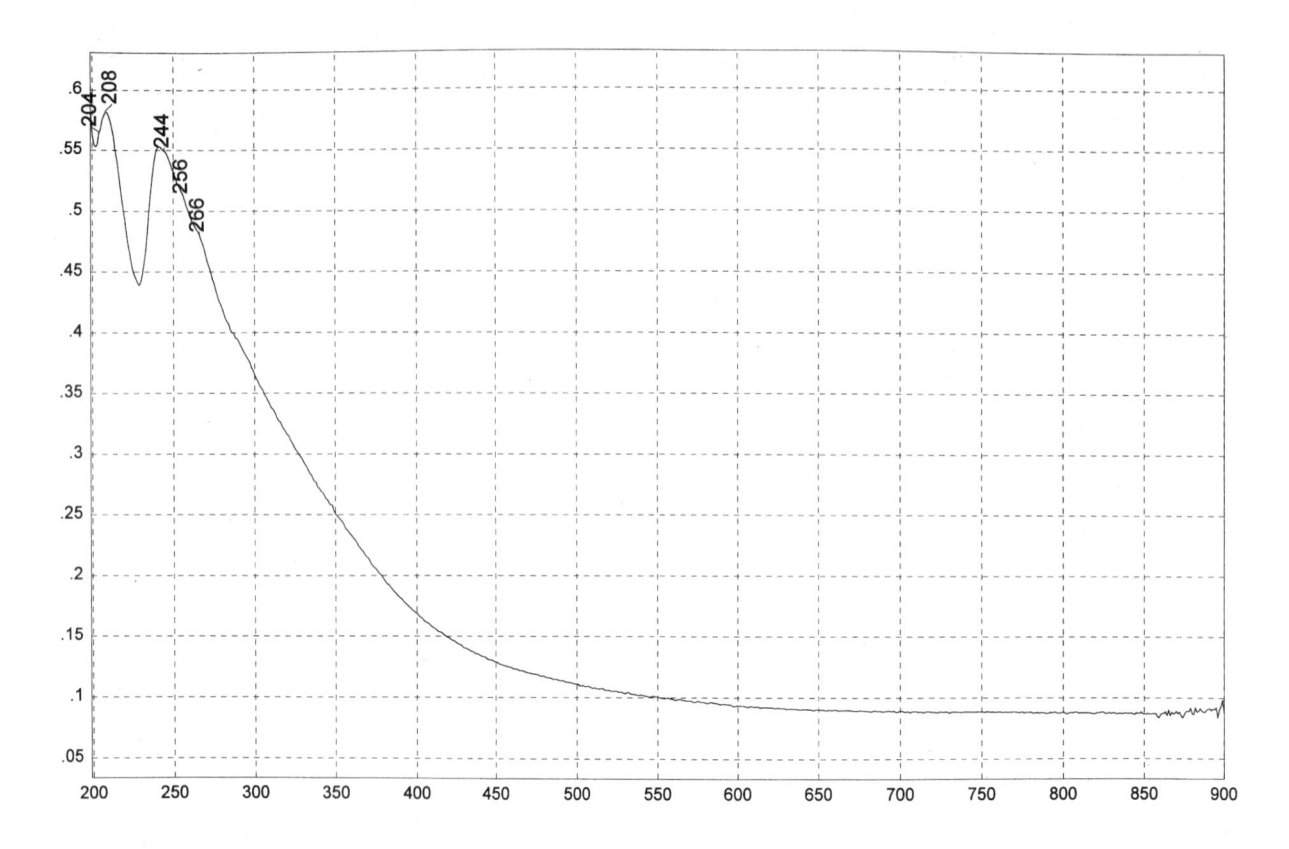

Absorbance / Nanometers

| 275 | HYDROXYBUTYL METHYL CELLULOSE, 10% HYDROXYBUTYL, 30% METHOXYL |

Absorbance / Nanometers

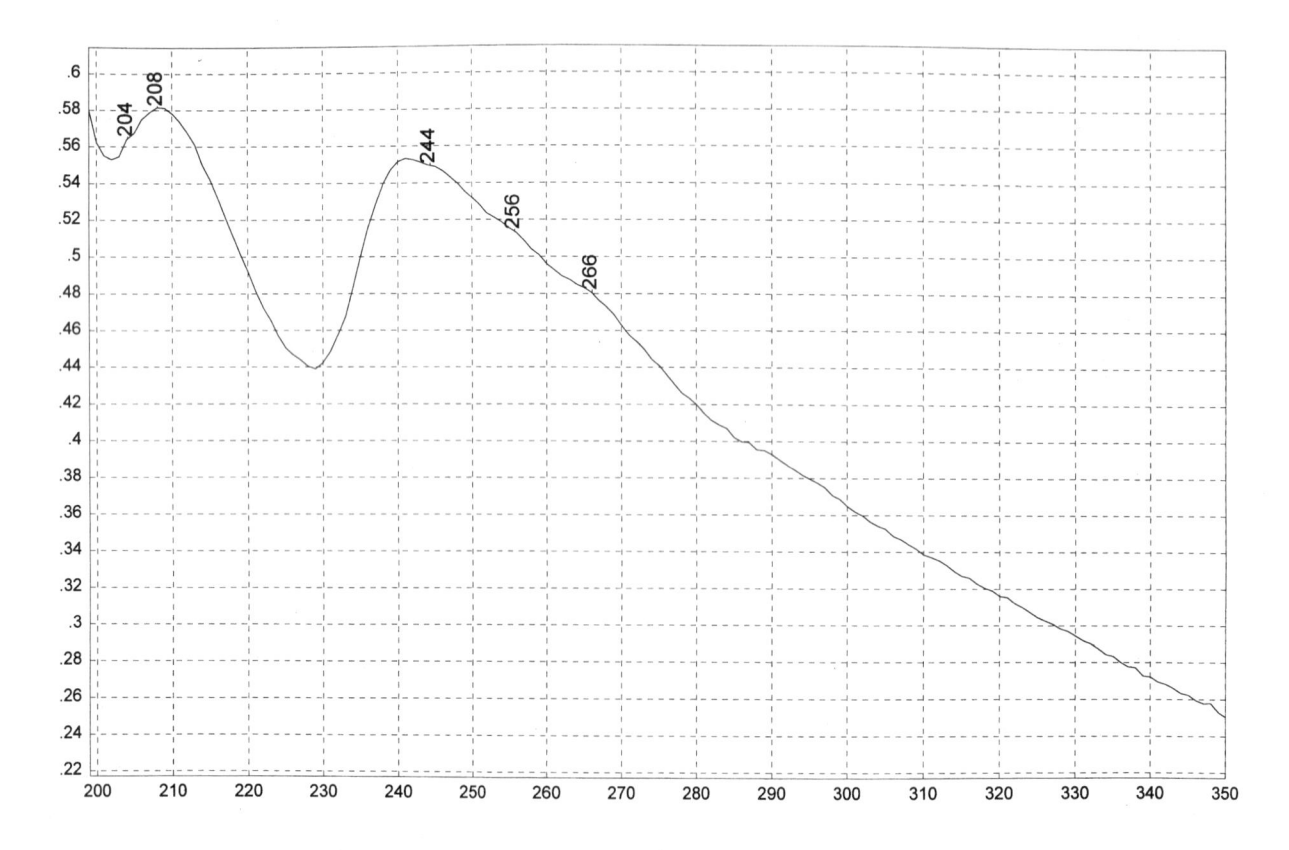

| 276 | HYDROXYBUTYL METHYL CELLULOSE, 10% HYDROXYBUTYL, 30% METHOXYL |

Reflectance / Wavenumber (cm^{-1})

| 277 | **HYDROXYBUTYL METHYL CELLULOSE, 10% HYDROXYBUTYL, 30% METHOXYL** |

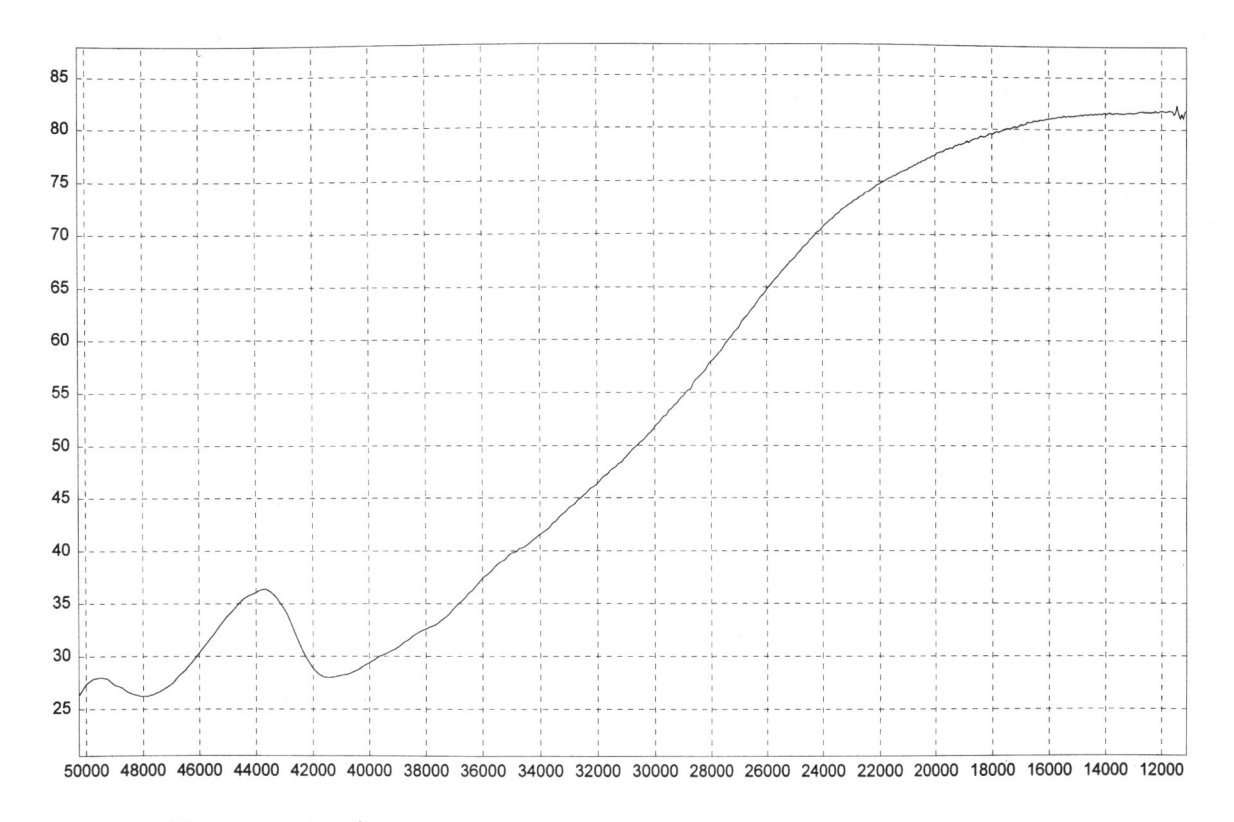

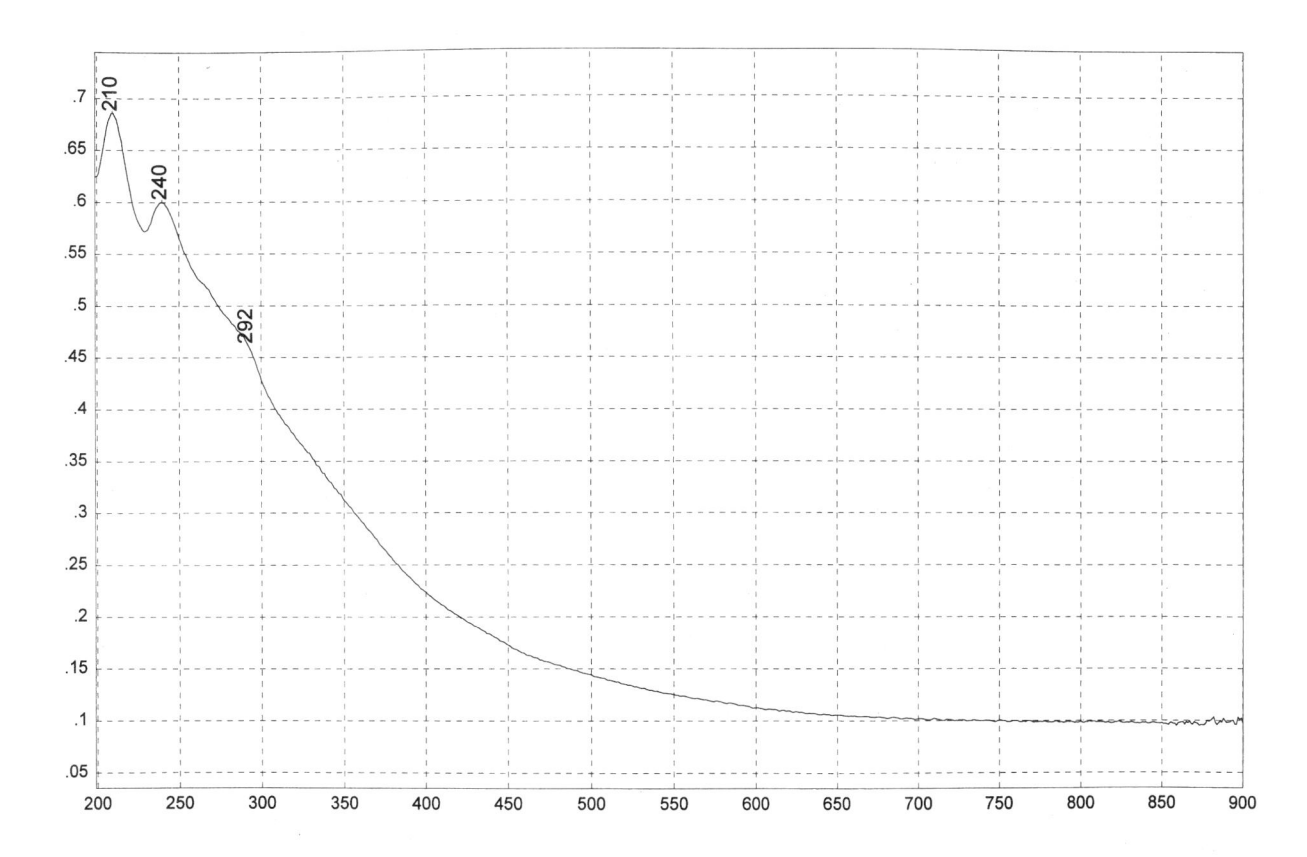

Absorbance / Nanometers

| 278 | **METHYL CELLULOSE** |

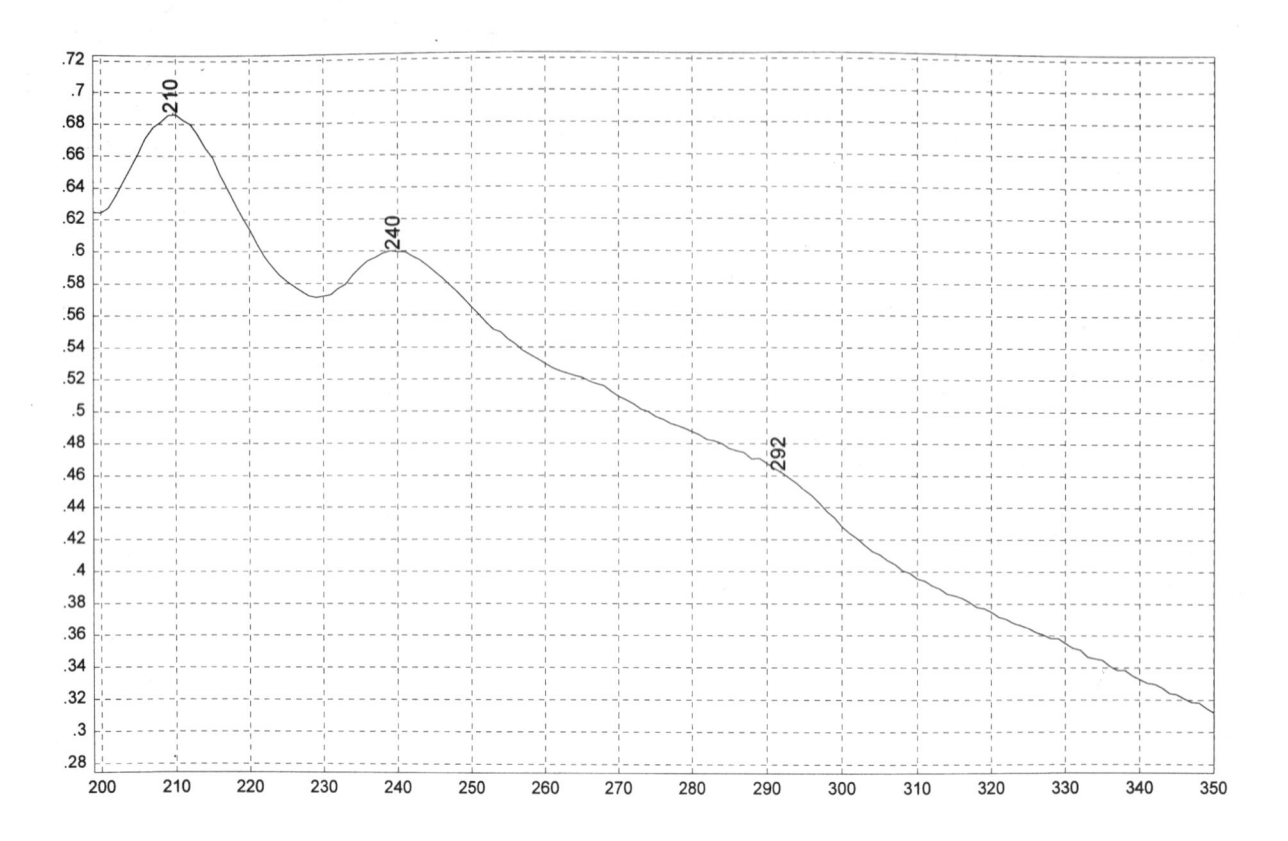

Absorbance / Nanometers

279 METHYL CELLULOSE

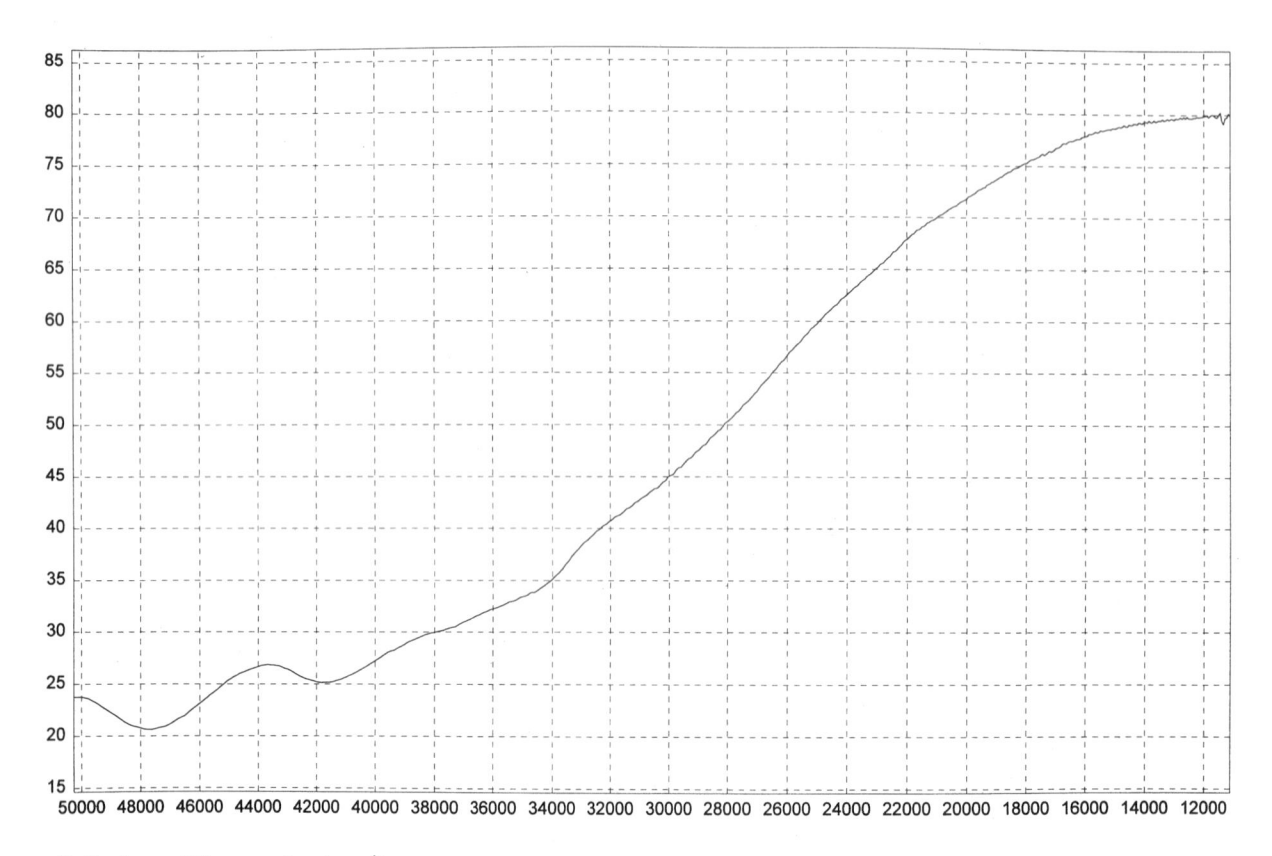

Reflectance / Wavenumber (cm^{-1})

280 METHYL CELLULOSE

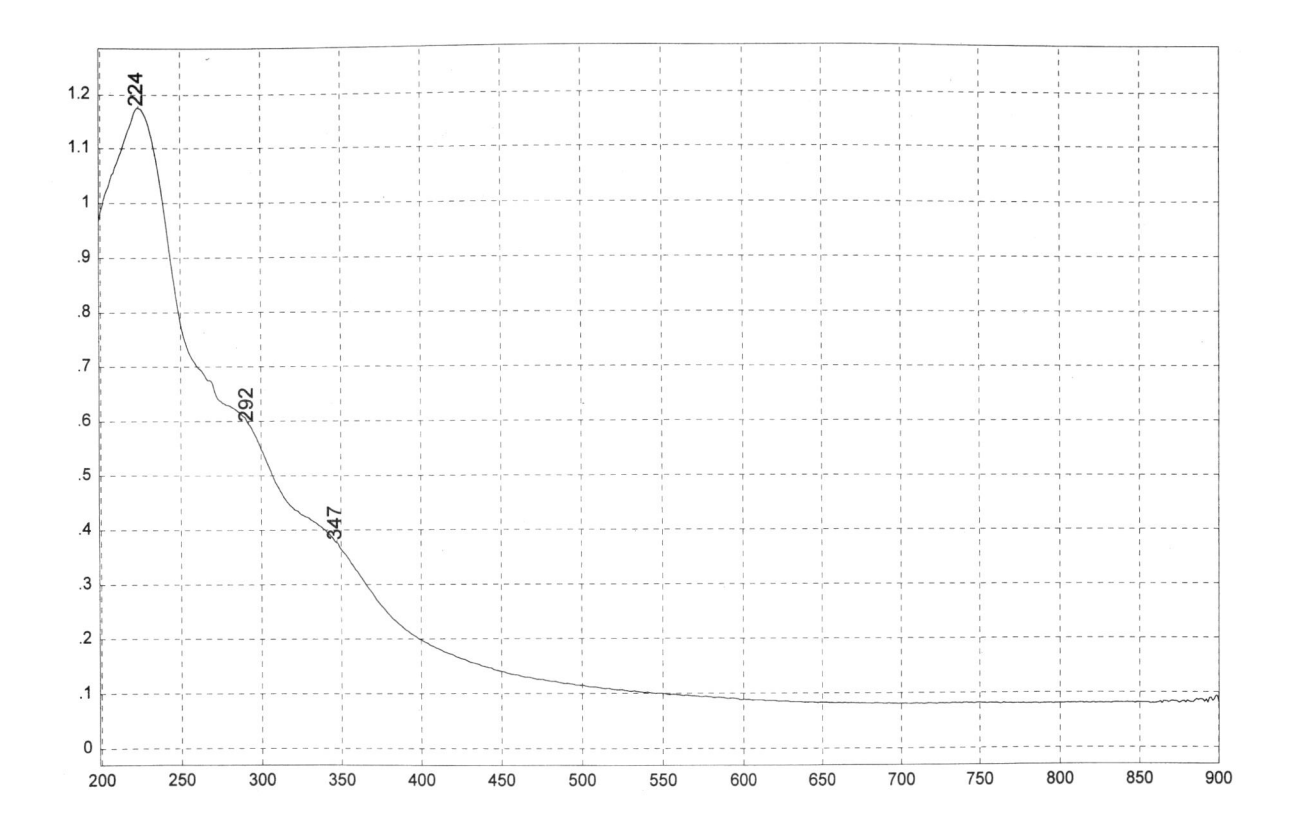

Absorbance / Nanometers

281   **METHYL VINYL ETHER/MALEIC ACID, 50/50 COPOLYMER**

Absorbance / Nanometers

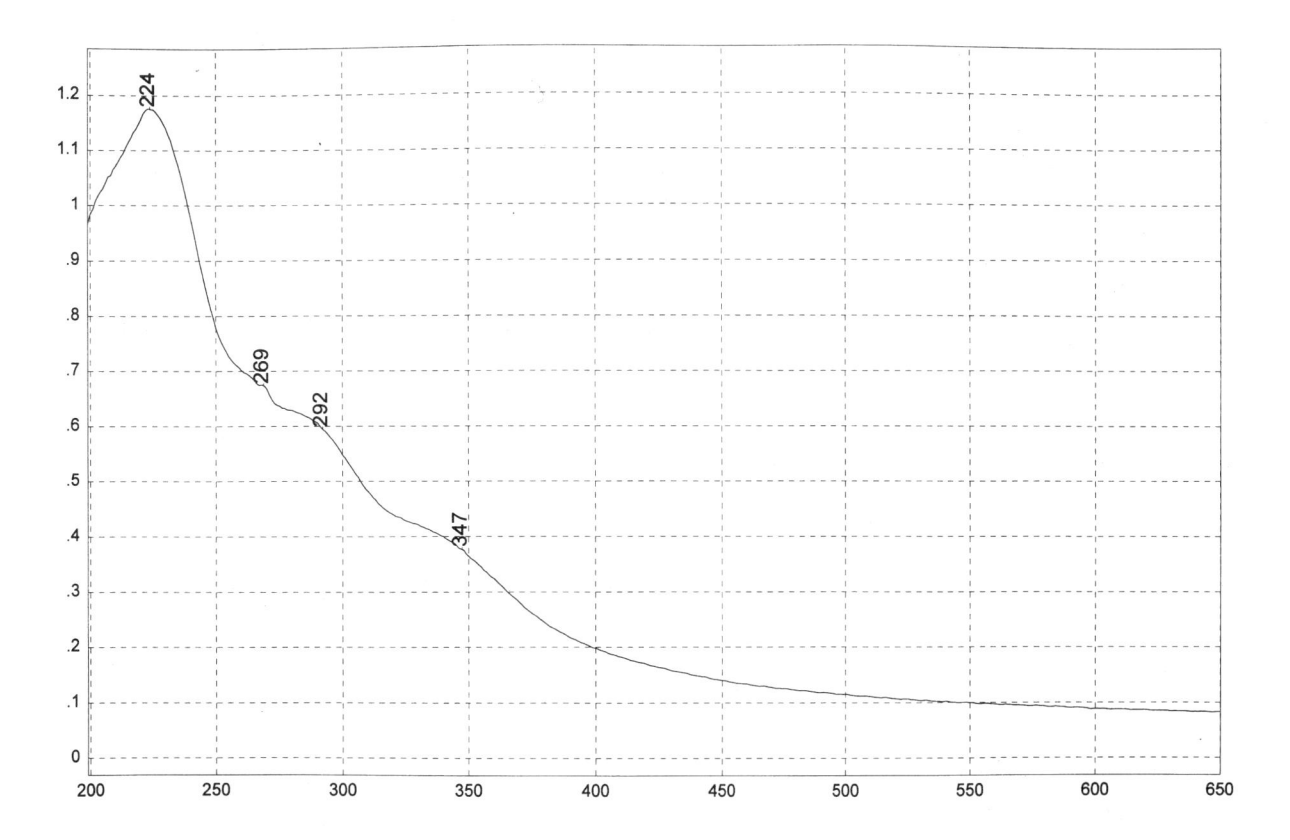

282   **METHYL VINYL ETHER/MALEIC ACID, 50/50 COPOLYMER**

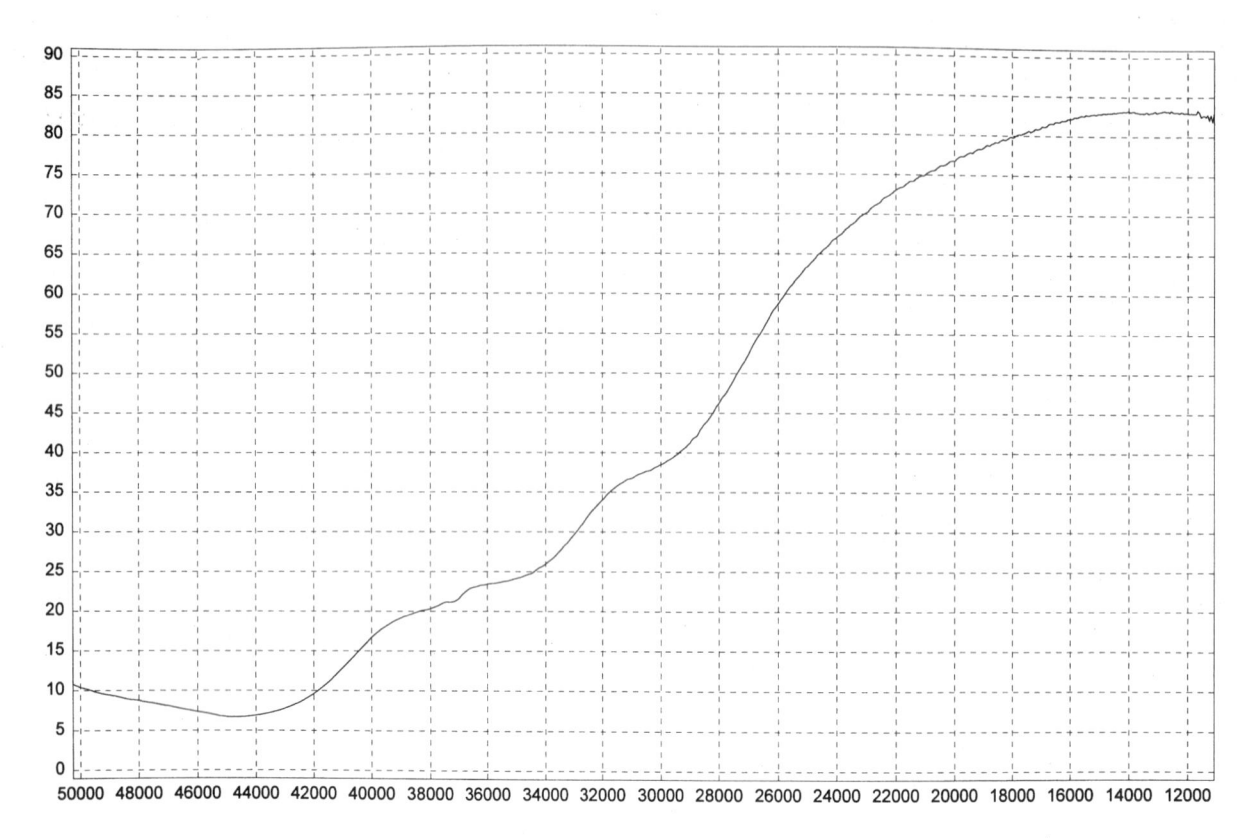

283 METHYL VINYL ETHER/MALEIC ACID, 50/50 COPOLYMER

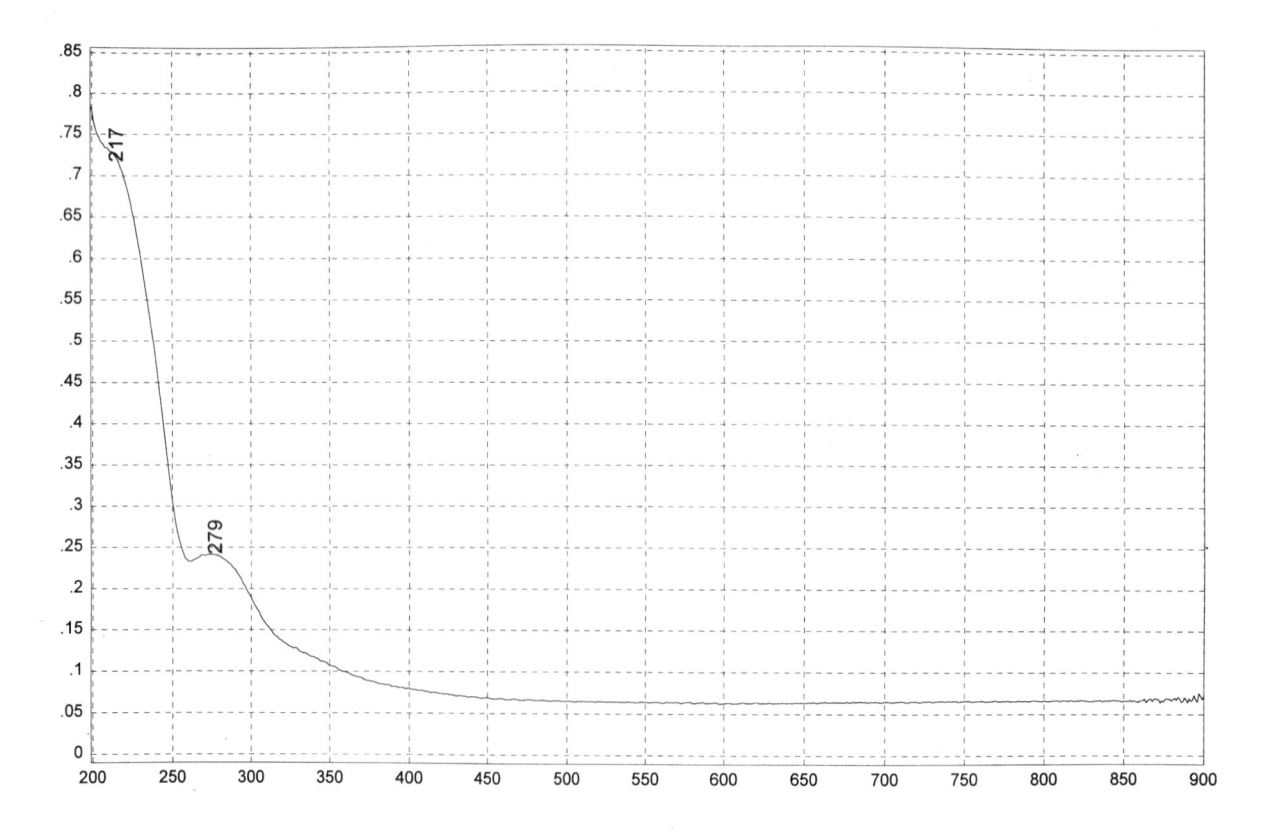

284 METHYL VINYL ETHER/MALEIC ANHYDRIDE, 50/50 COPOLYMER

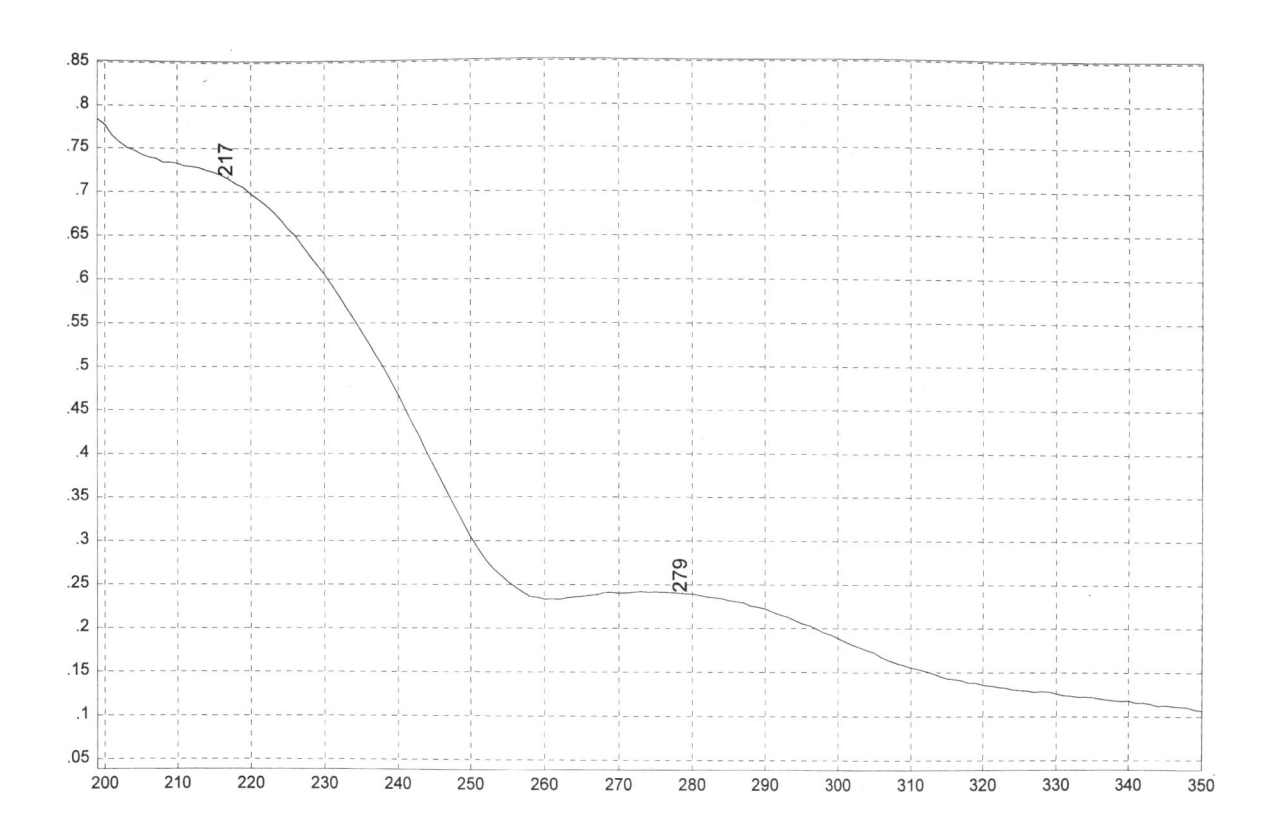

285 METHYL VINYL ETHER/MALEIC ANHYDRIDE, 50/50 COPOLYMER

Absorbance / Nanometers

286 METHYL VINYL ETHER/MALEIC ANHYDRIDE, 50/50 COPOLYMER

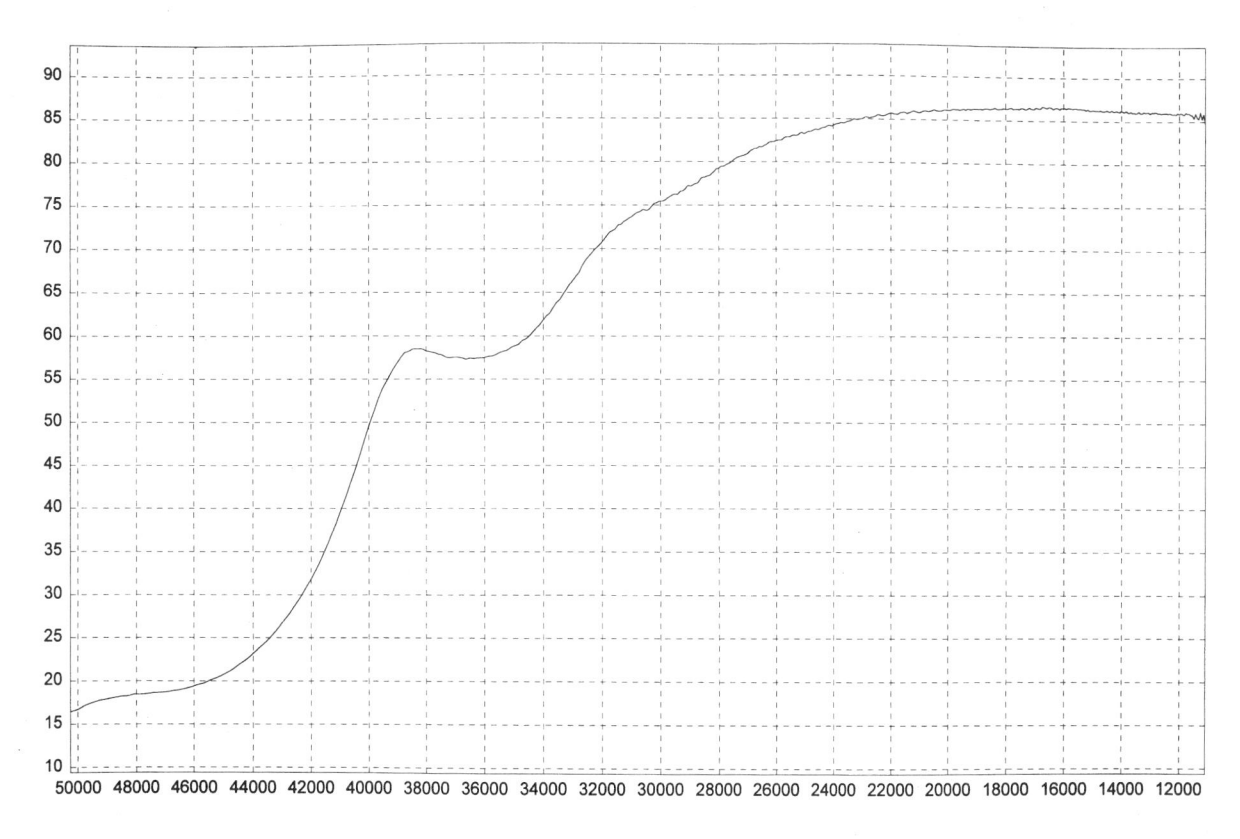

Reflectance / Wavenumber (cm^{-1})

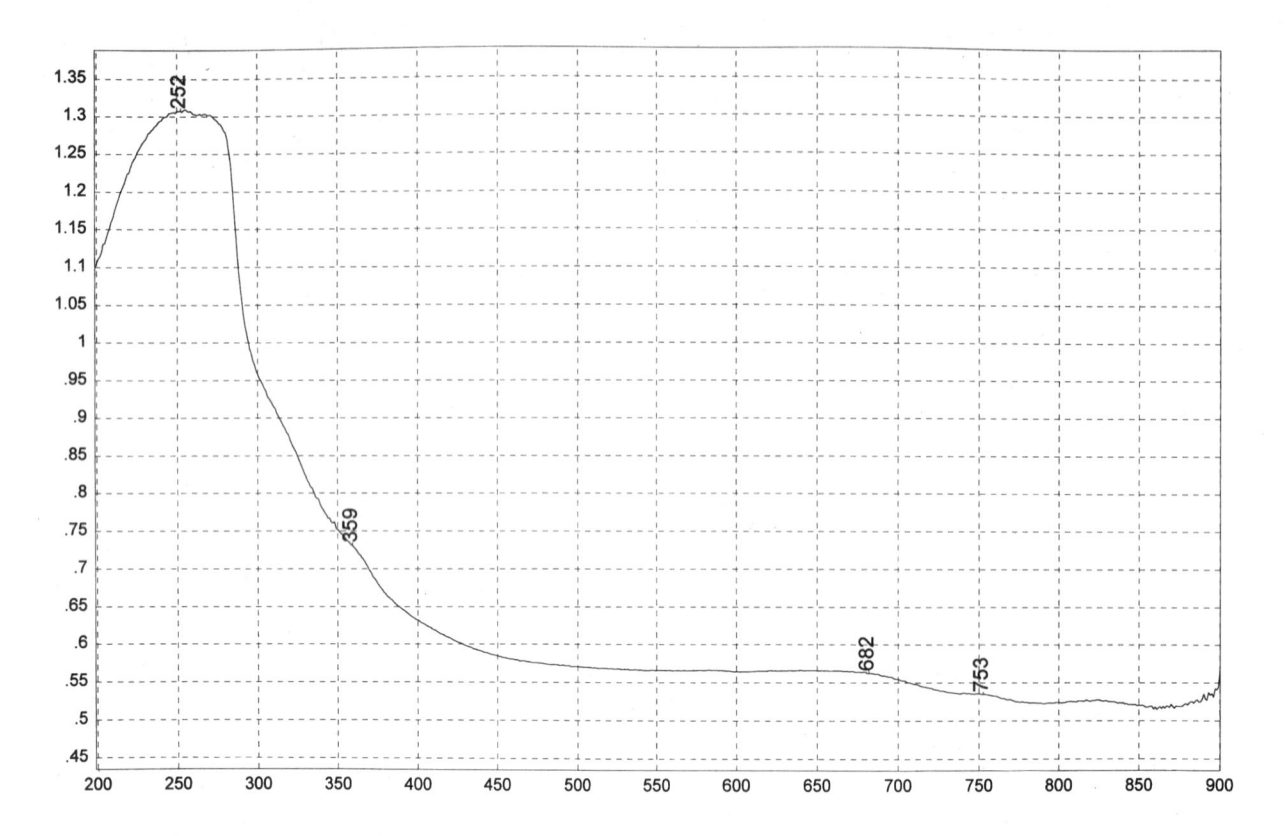

Absorbance / Nanometers

287   **NYLON 6 (POLYCAPROLACTAM)**

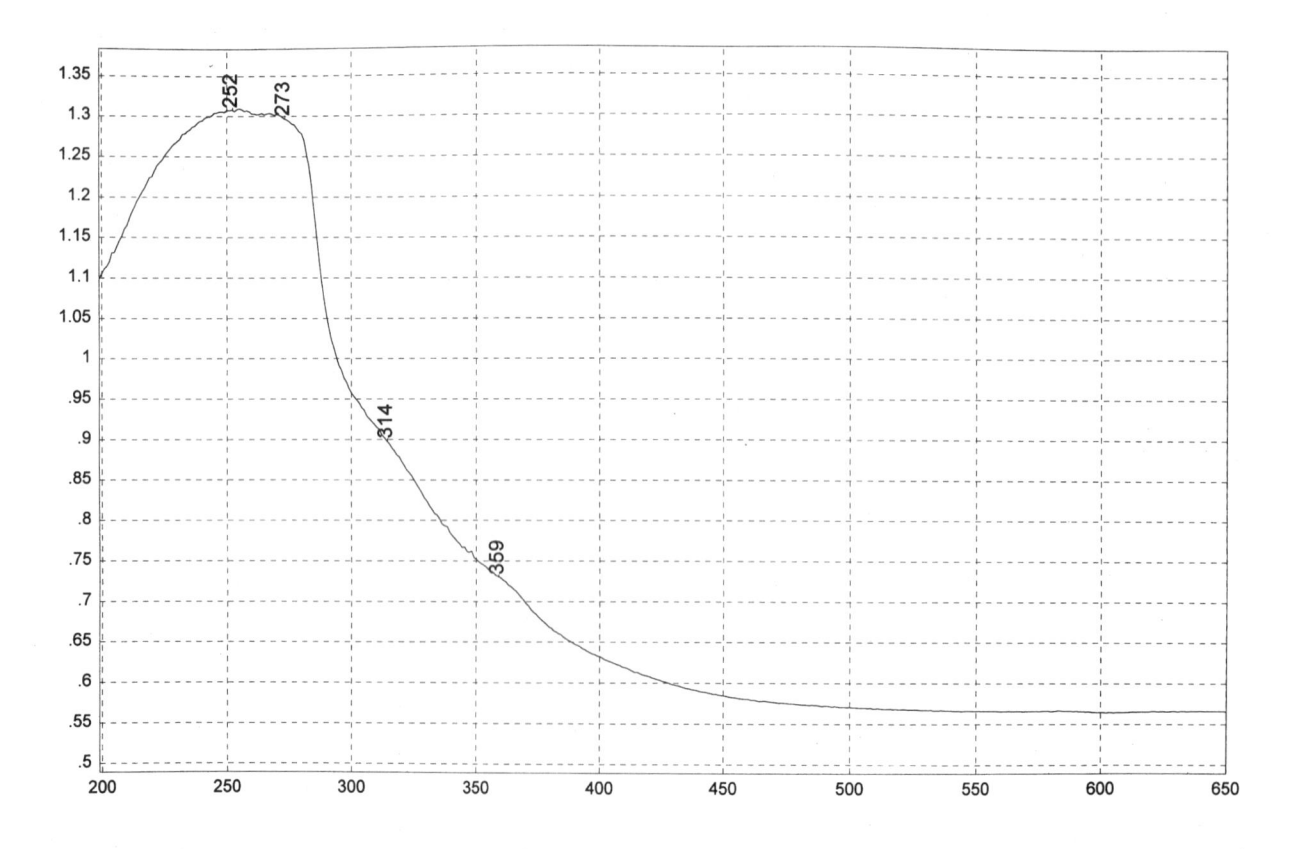

Absorbance / Nanometers

288   **NYLON 6 (POLYCAPROLACTAM)**

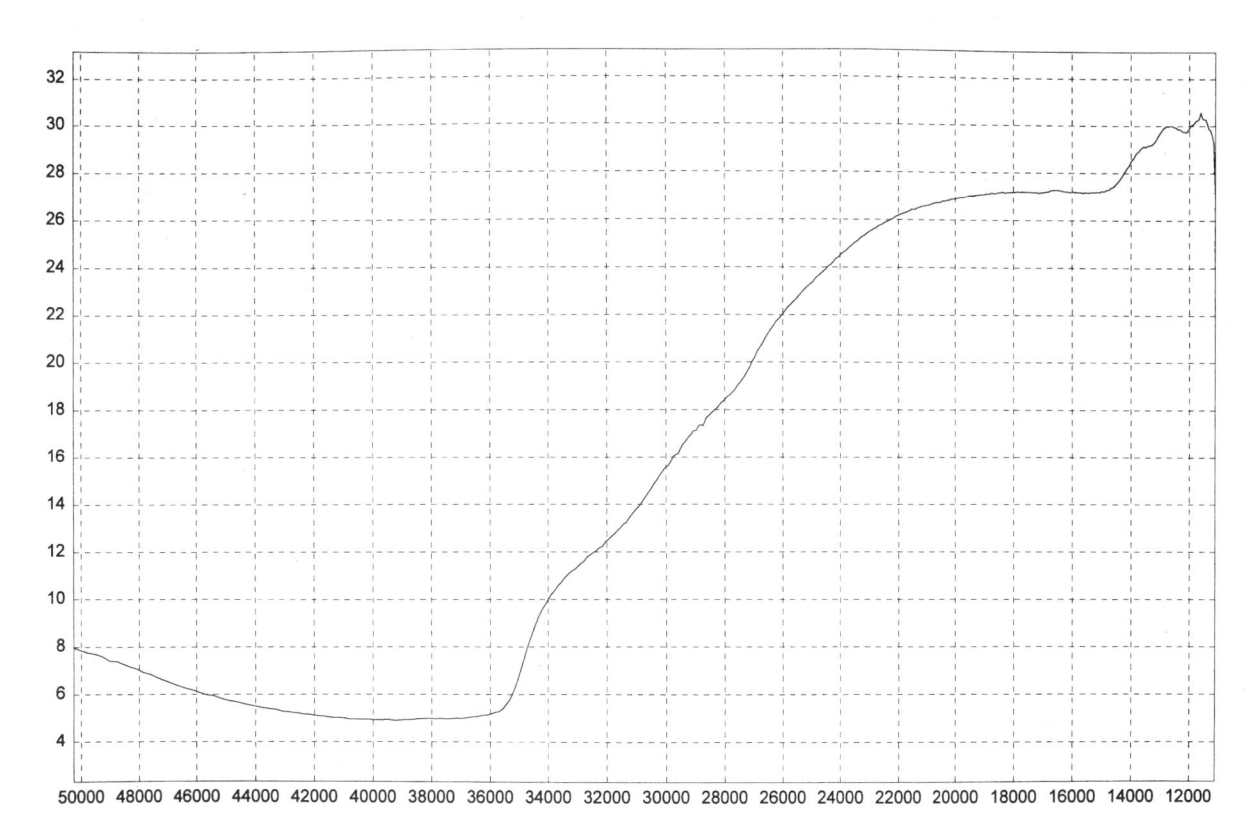

Reflectance / Wavenumber (cm^{-1})

289   **NYLON 6 (POLYCAPROLACTAM)**

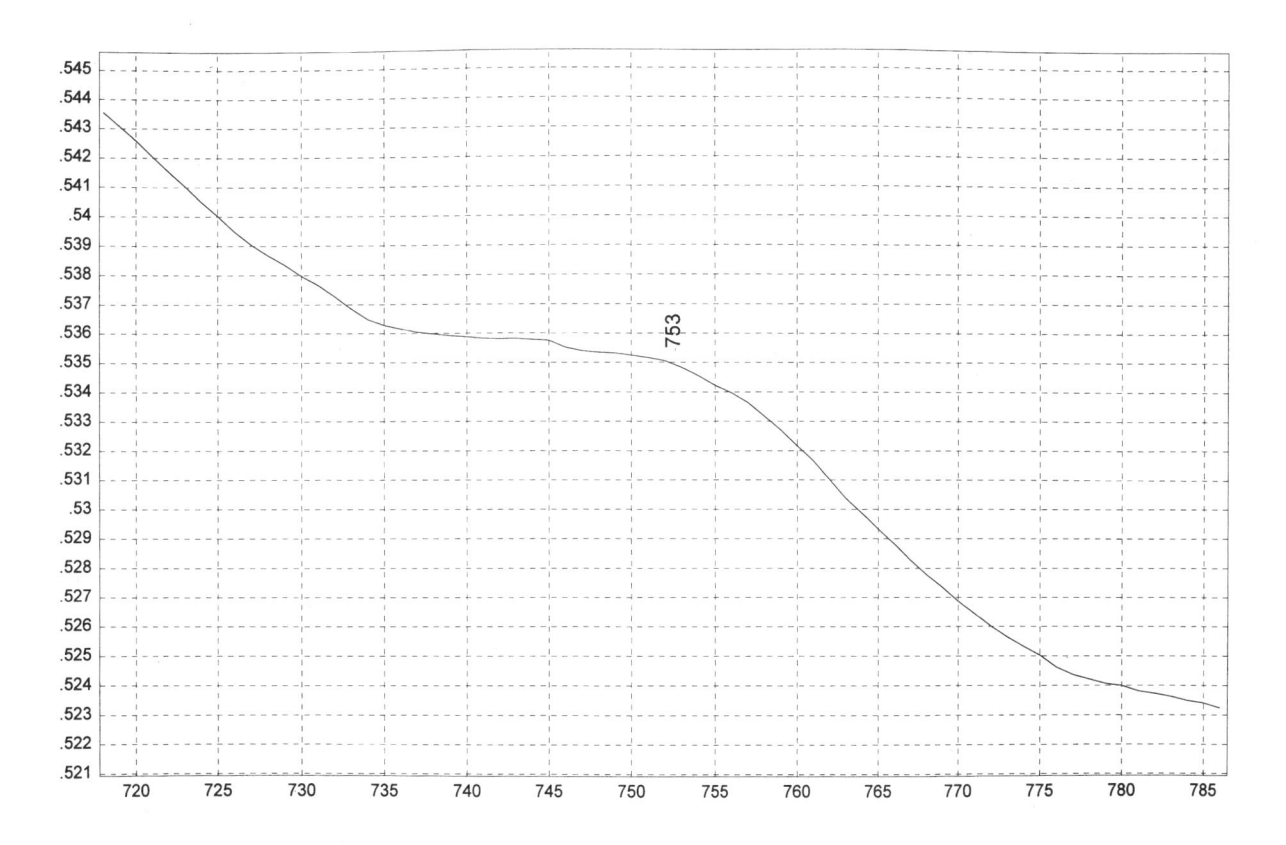

Absorbance / Nanometers

290   **NYLON 6 (POLYCAPROLACTAM)**

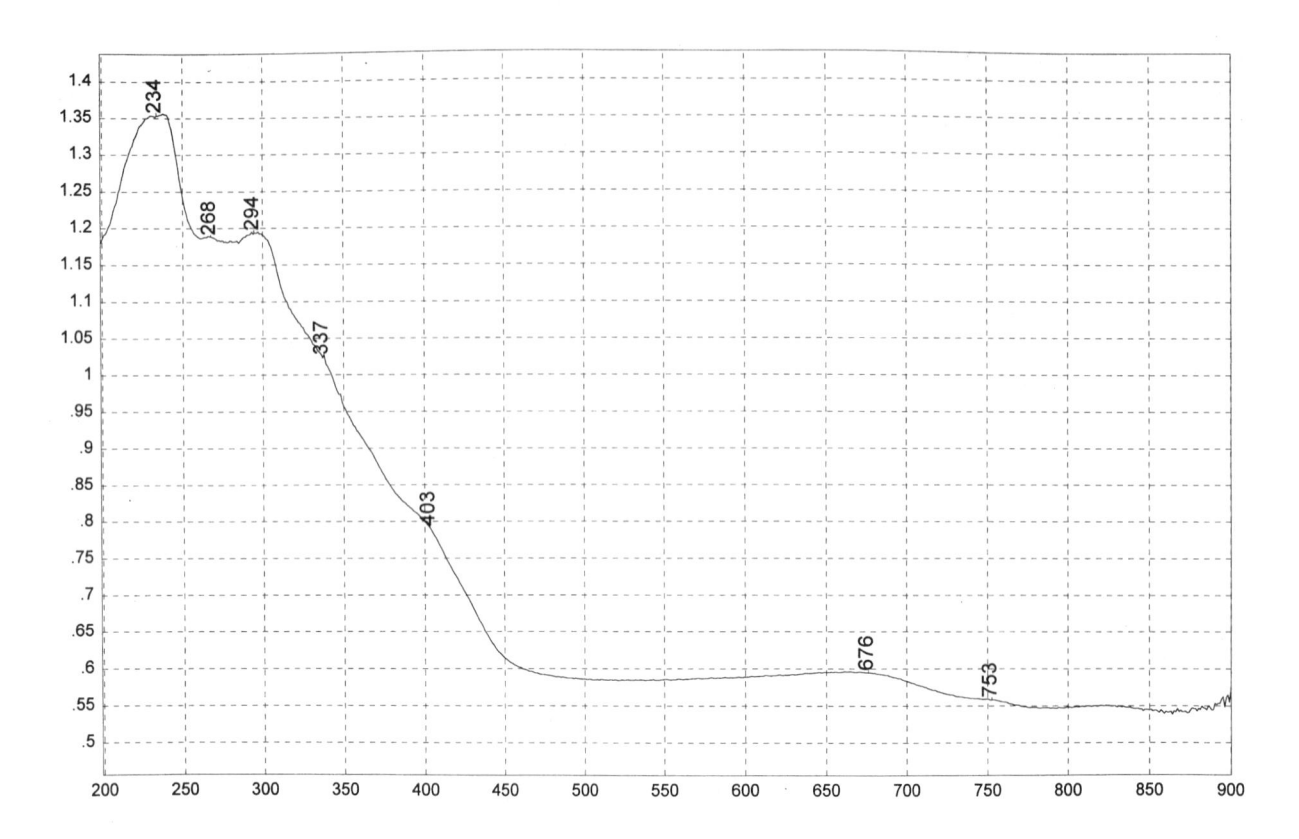

291   NYLON 6/6 (POLYEXAMETHYLENE ADIPAMIDE)

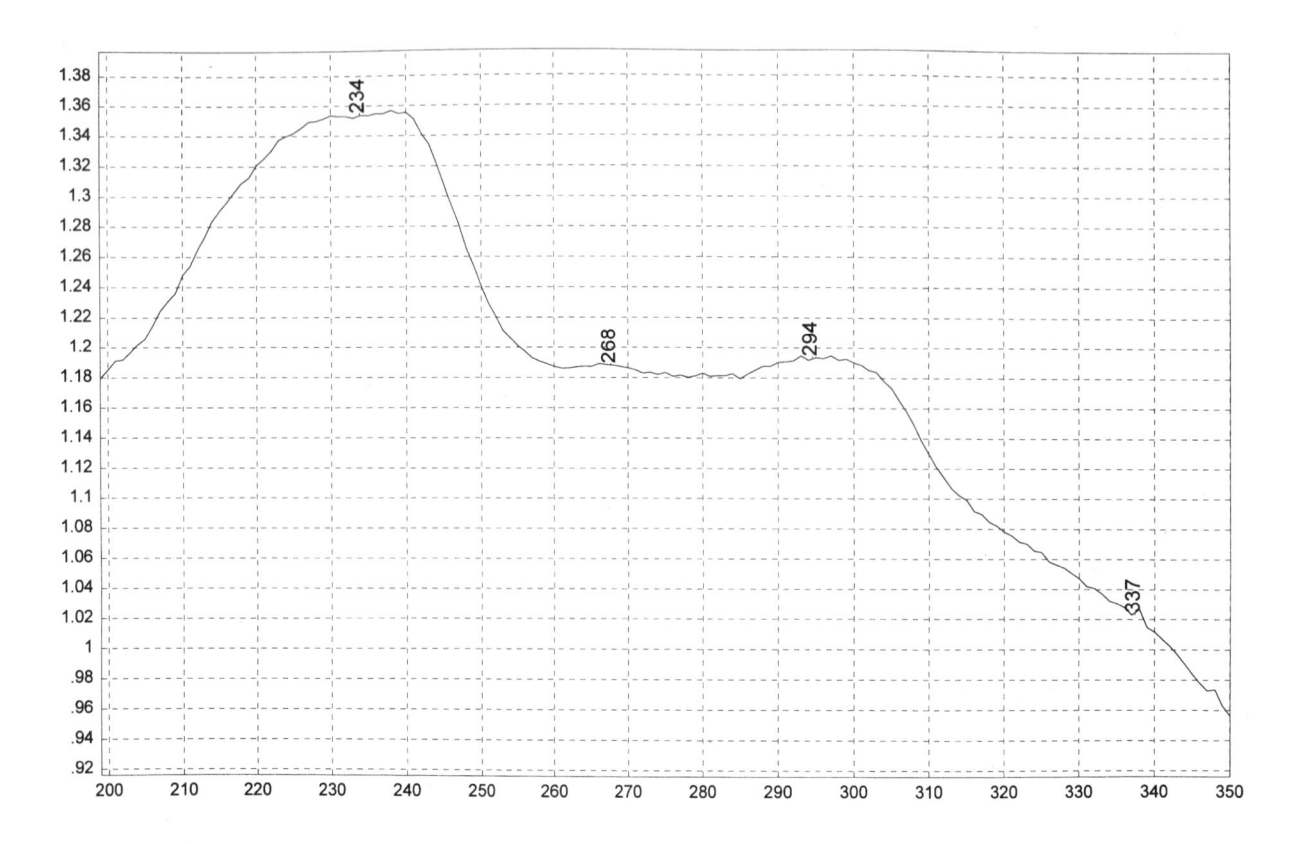

292   NYLON 6/6 (POLYEXAMETHYLENE ADIPAMIDE)

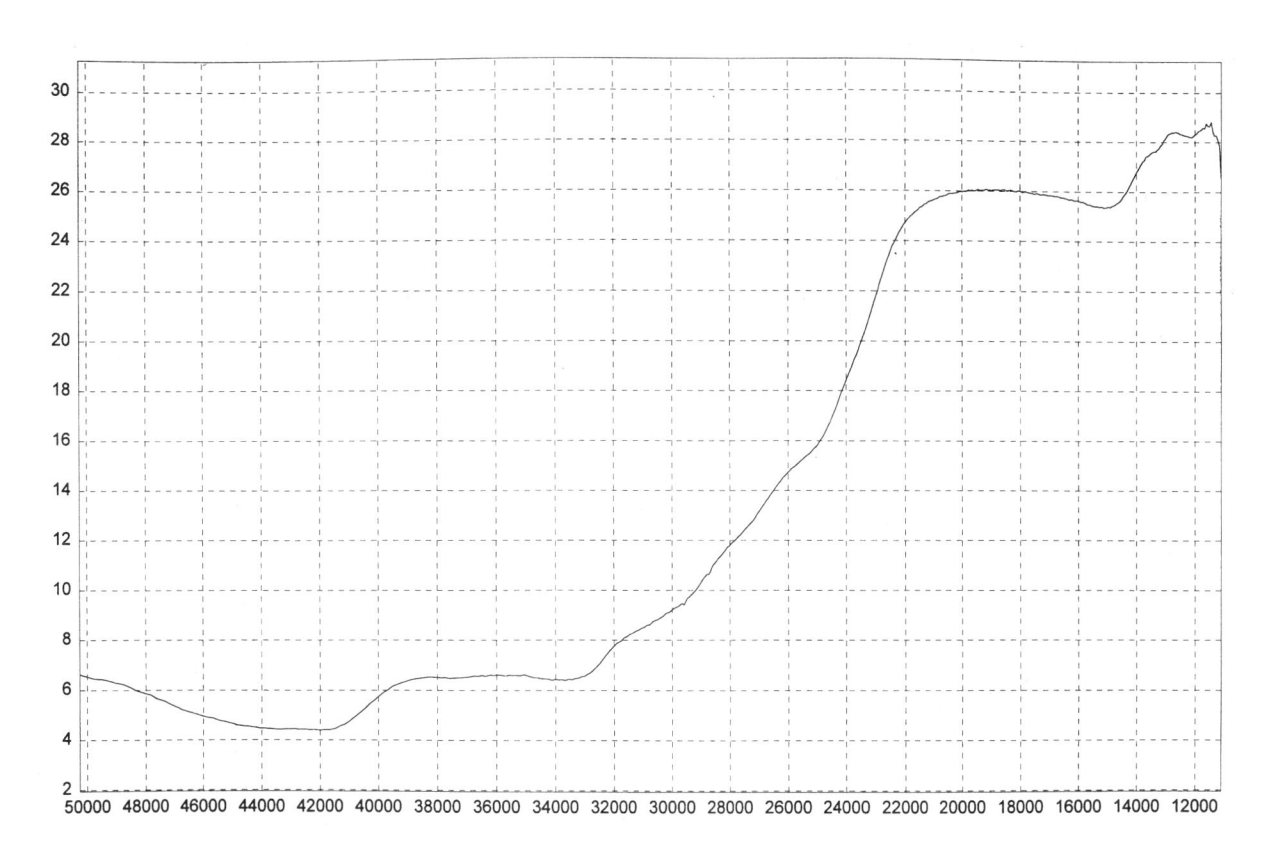

Reflectance / Wavenumber (cm^{-1})

293   **NYLON 6/6 (POLYEXAMETHYLENE ADIPAMIDE)**

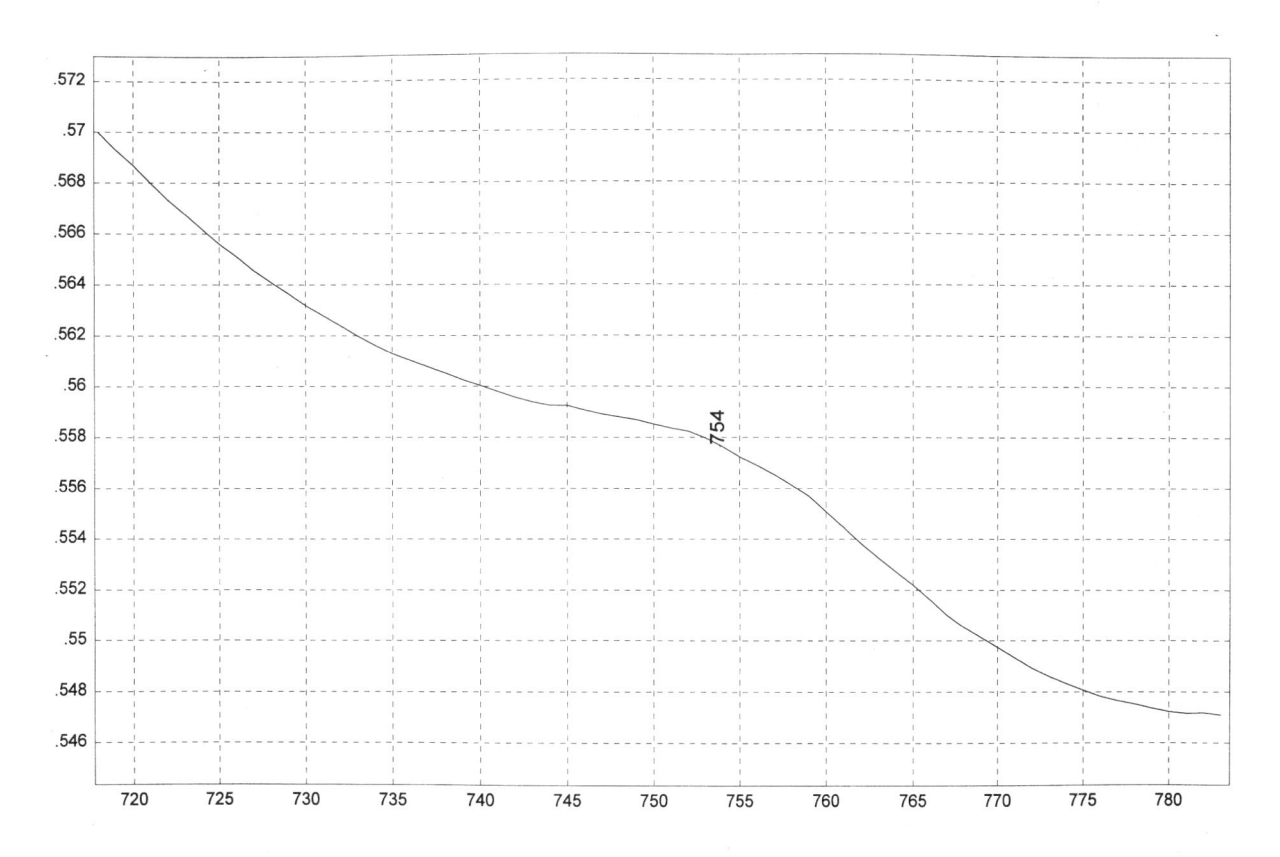

Absorbance / Nanometers

294   **NYLON 6/6 (POLYEXAMETHYLENE ADIPAMIDE)**

Absorbance / Nanometers

295   **NYLON 6/6 (POLYEXAMETHYLENE ADIPAMIDE)**

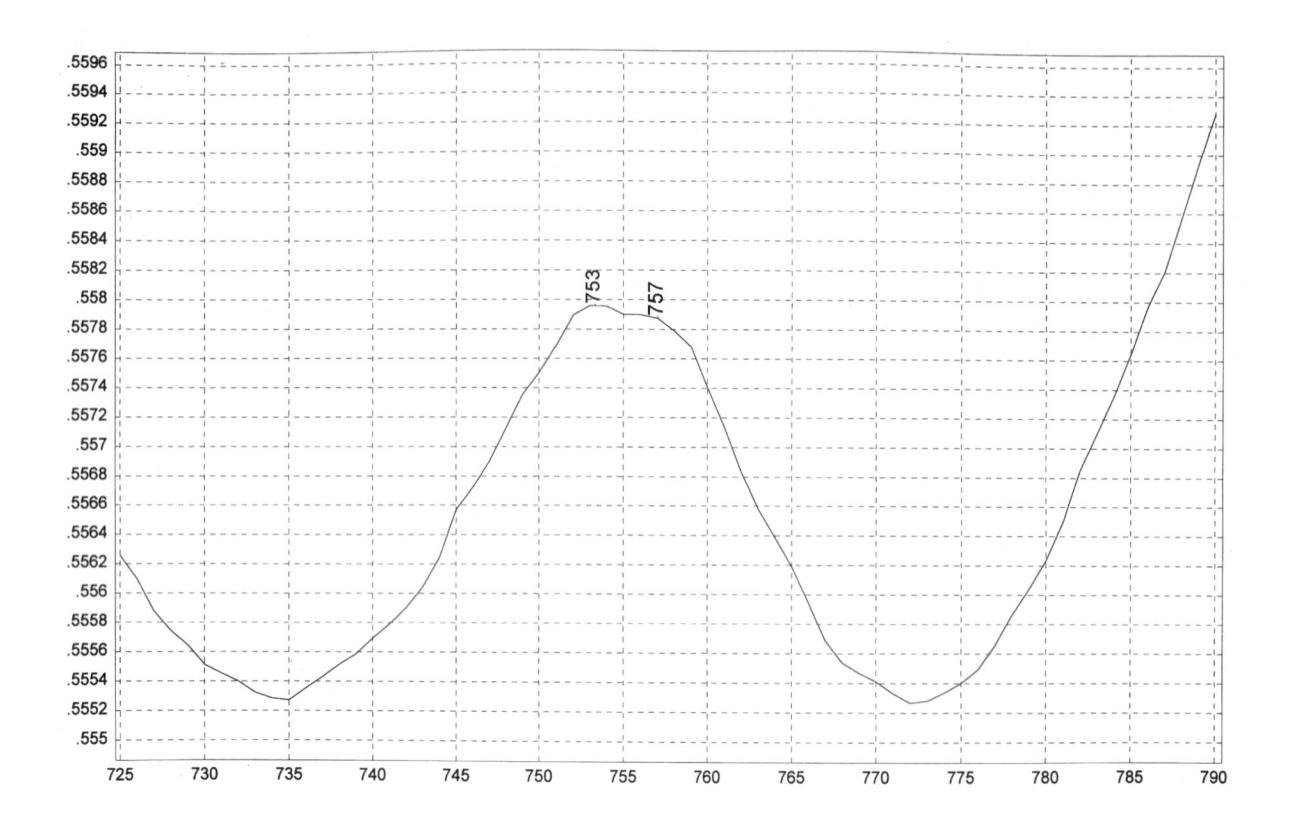

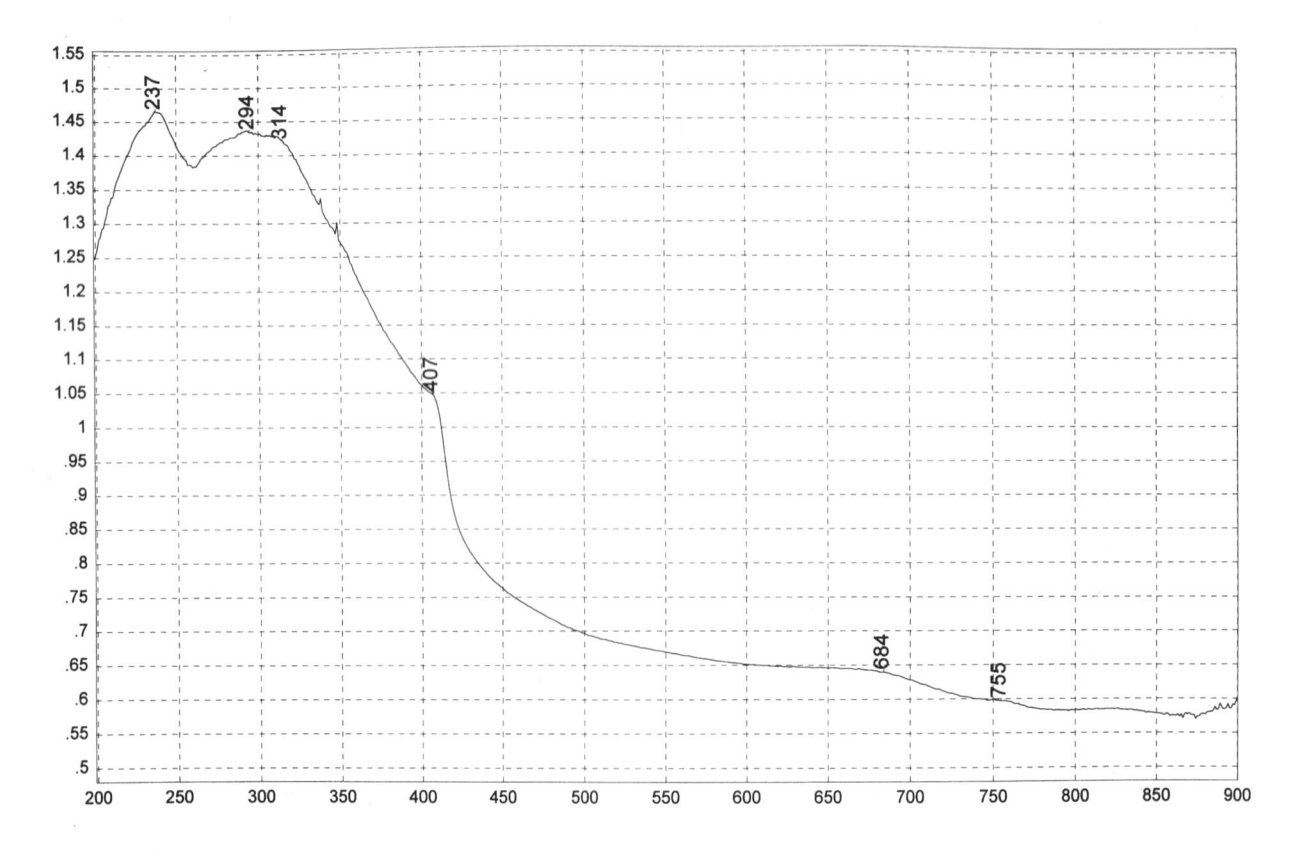

Absorbance / Nanometers

296   **NYLON 6/9 (POLYEXAMETHYLENE NONANEDIAMIDE)**

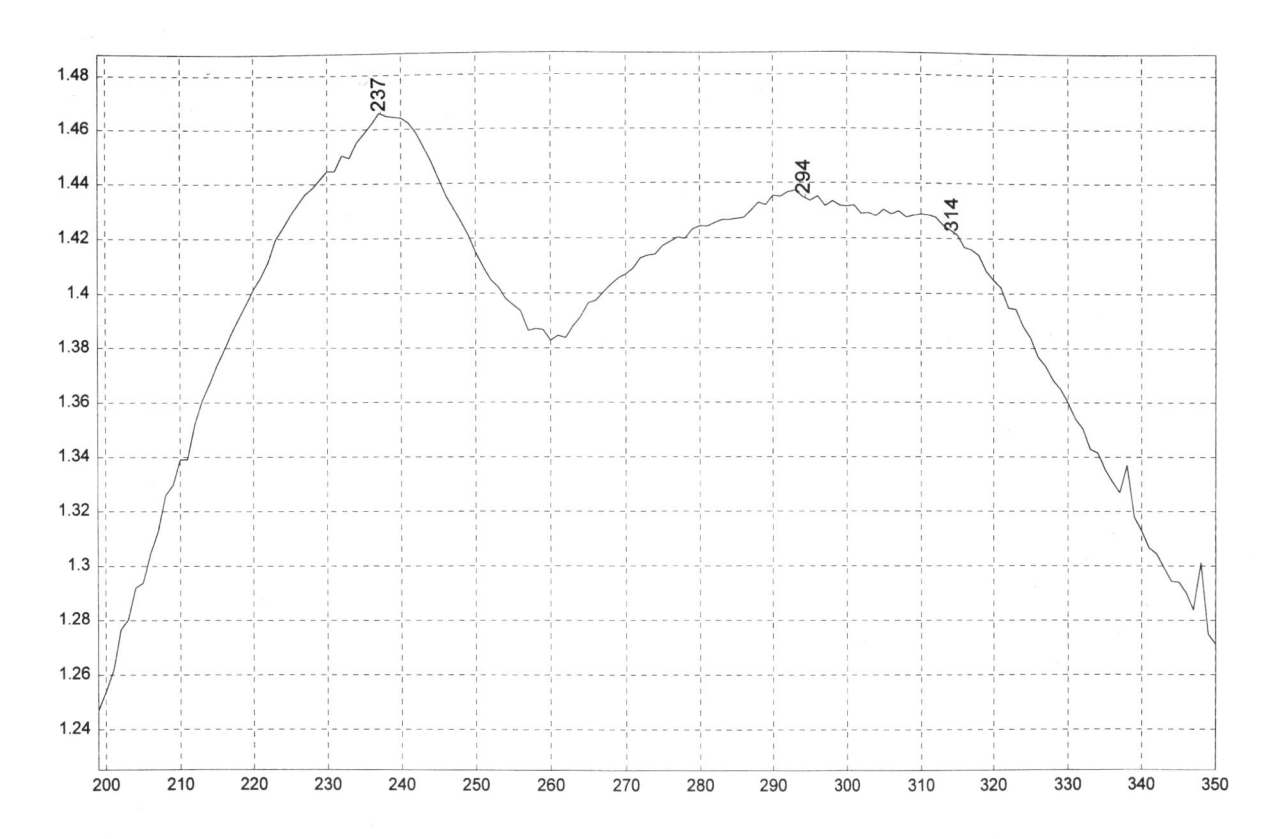

Absorbance / Nanometers

297 **NYLON 6/9 (POLYEXAMETHYLENE NONANEDIAMIDE)**

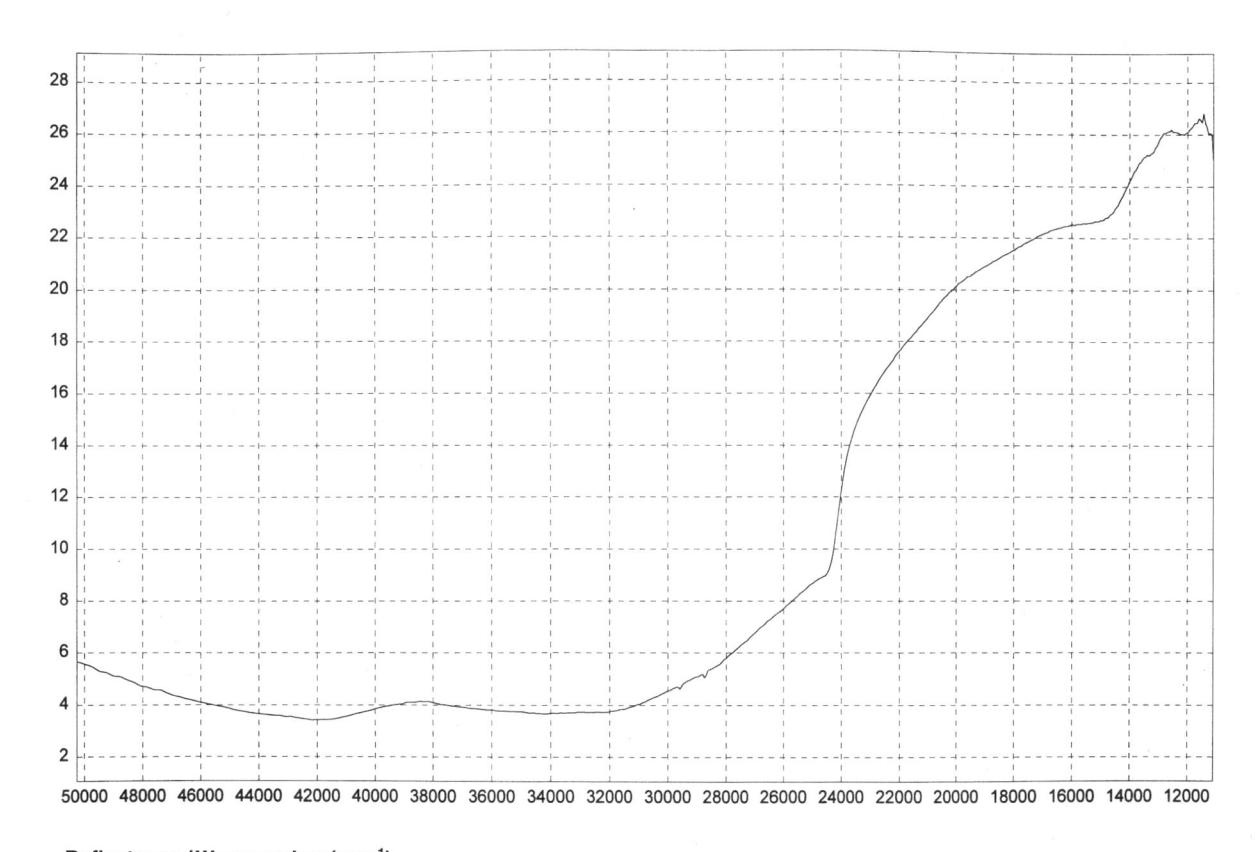

Reflectance / Wavenumber (cm^{-1})

298 **NYLON 6/9 (POLYEXAMETHYLENE NONANEDIAMIDE)**

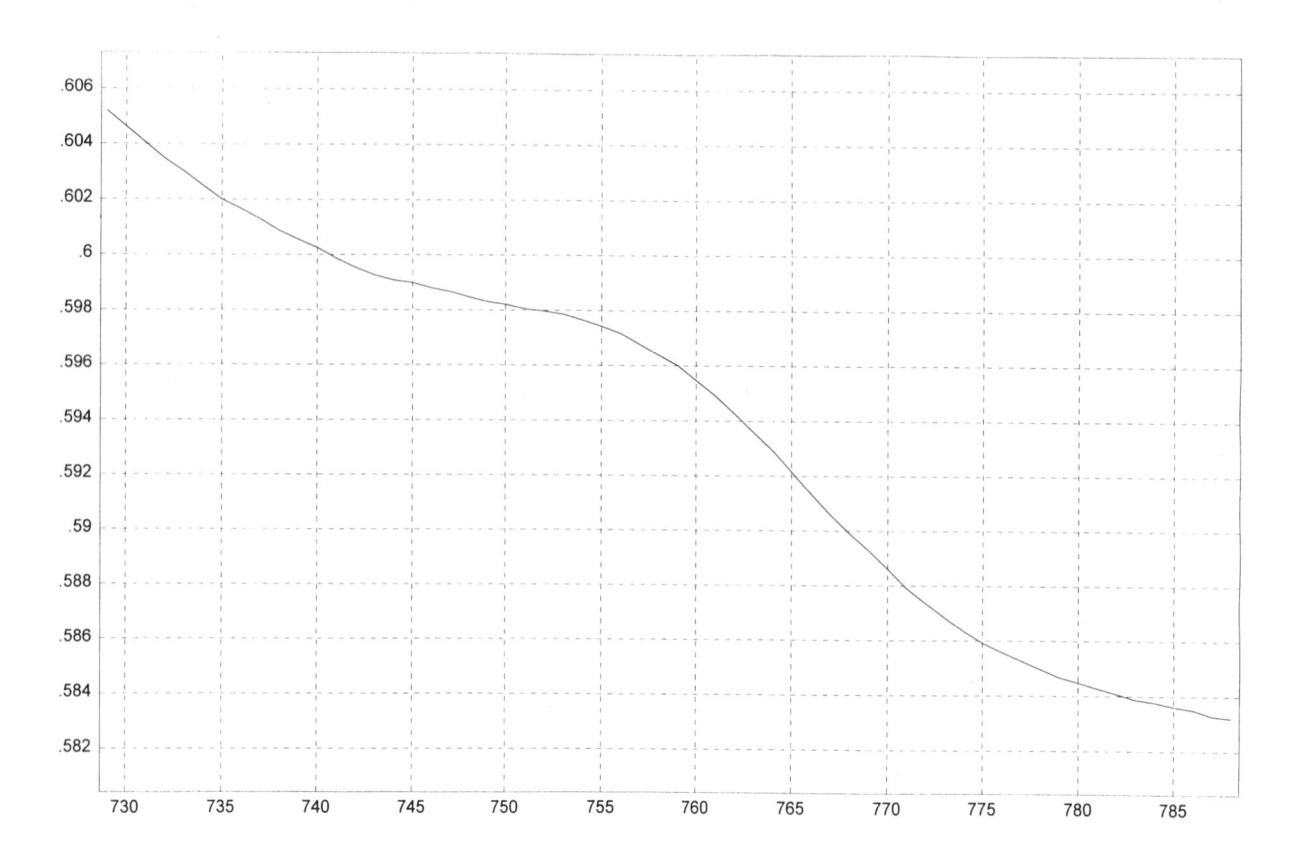

299 NYLON 6/9 (POLYEXAMETHYLENE NONANEDIAMIDE)

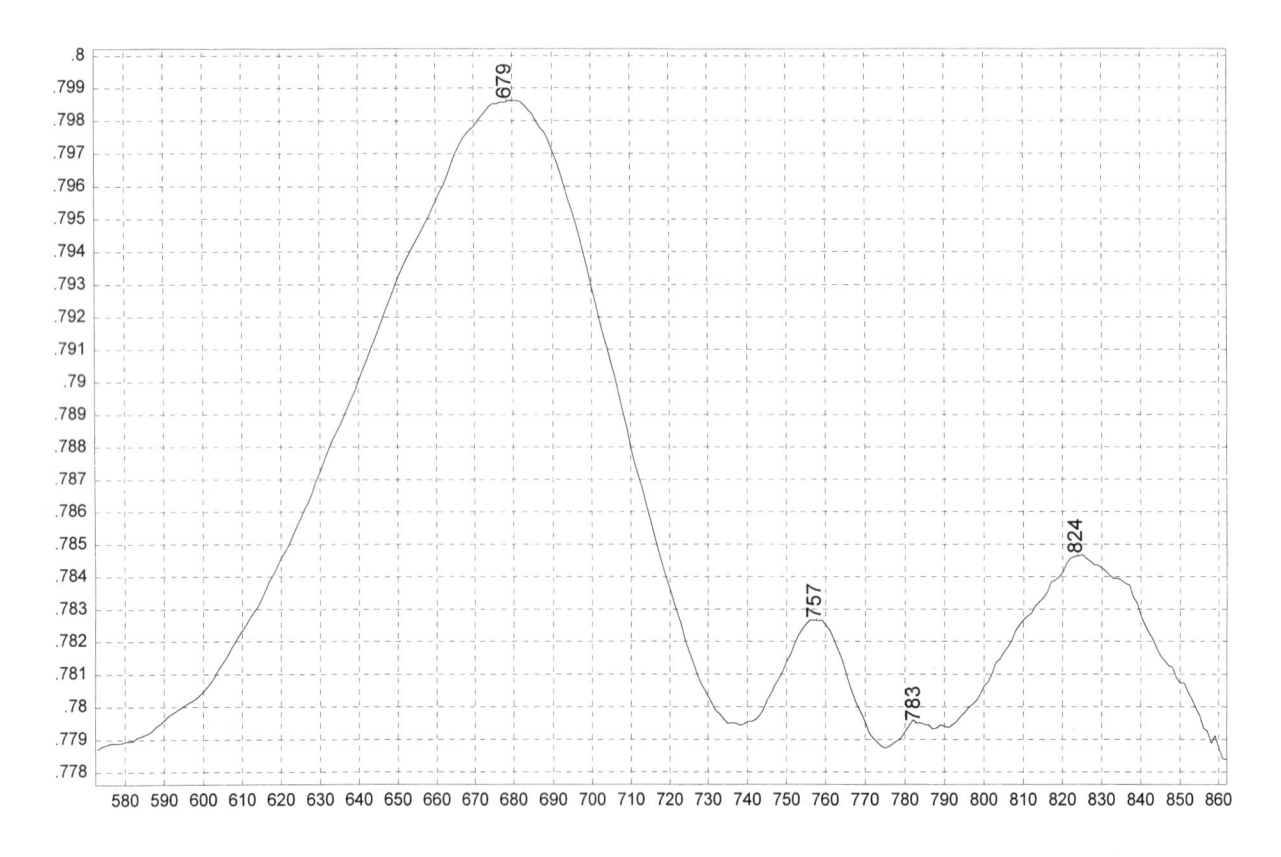

300 NYLON 6/9 (POLYEXAMETHYLENE NONANEDIAMIDE)

| 301 | **NYLON 6/9 (POLYEXAMETHYLENE NONANEDIAMIDE)** |

| 302 | **NYLON 6/10 (POLYHEXAMETHYLENE SEBACAMIDE)** |

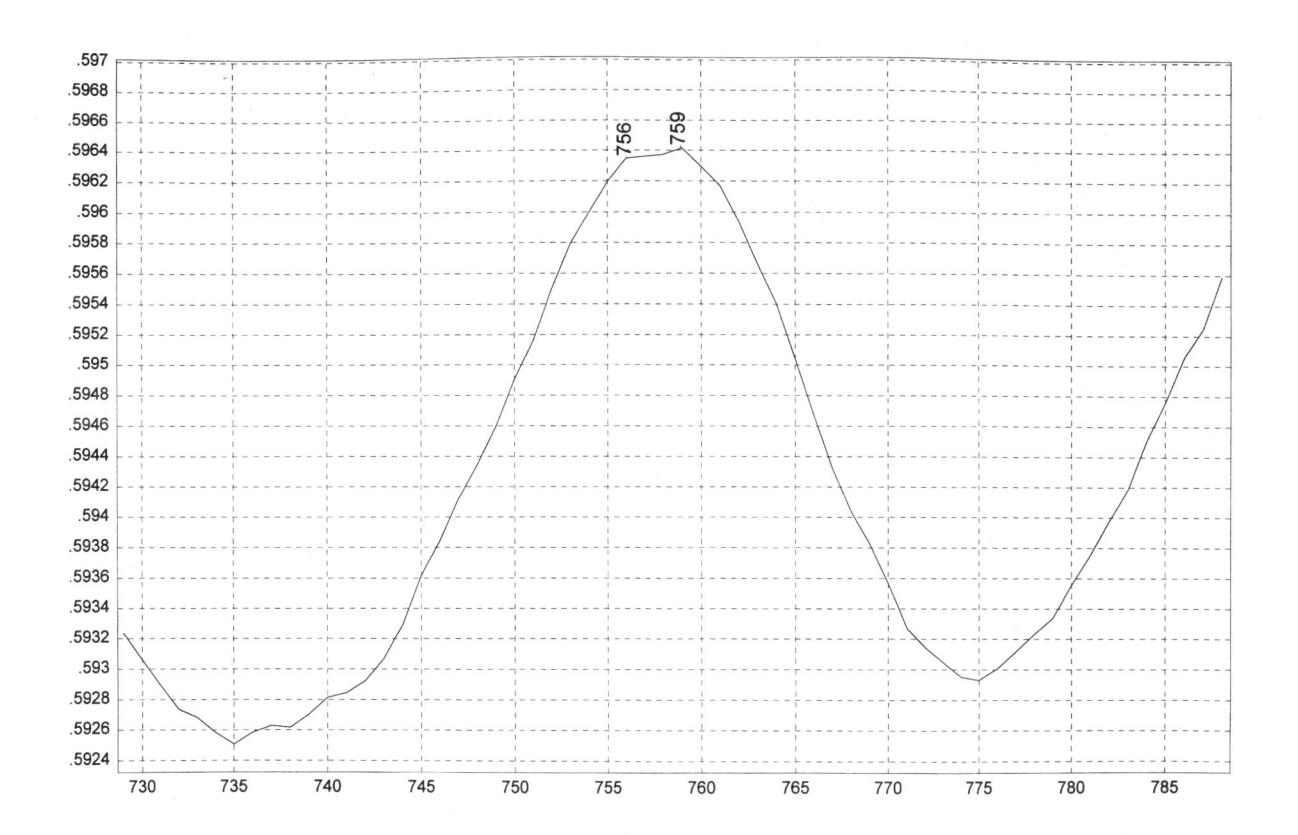

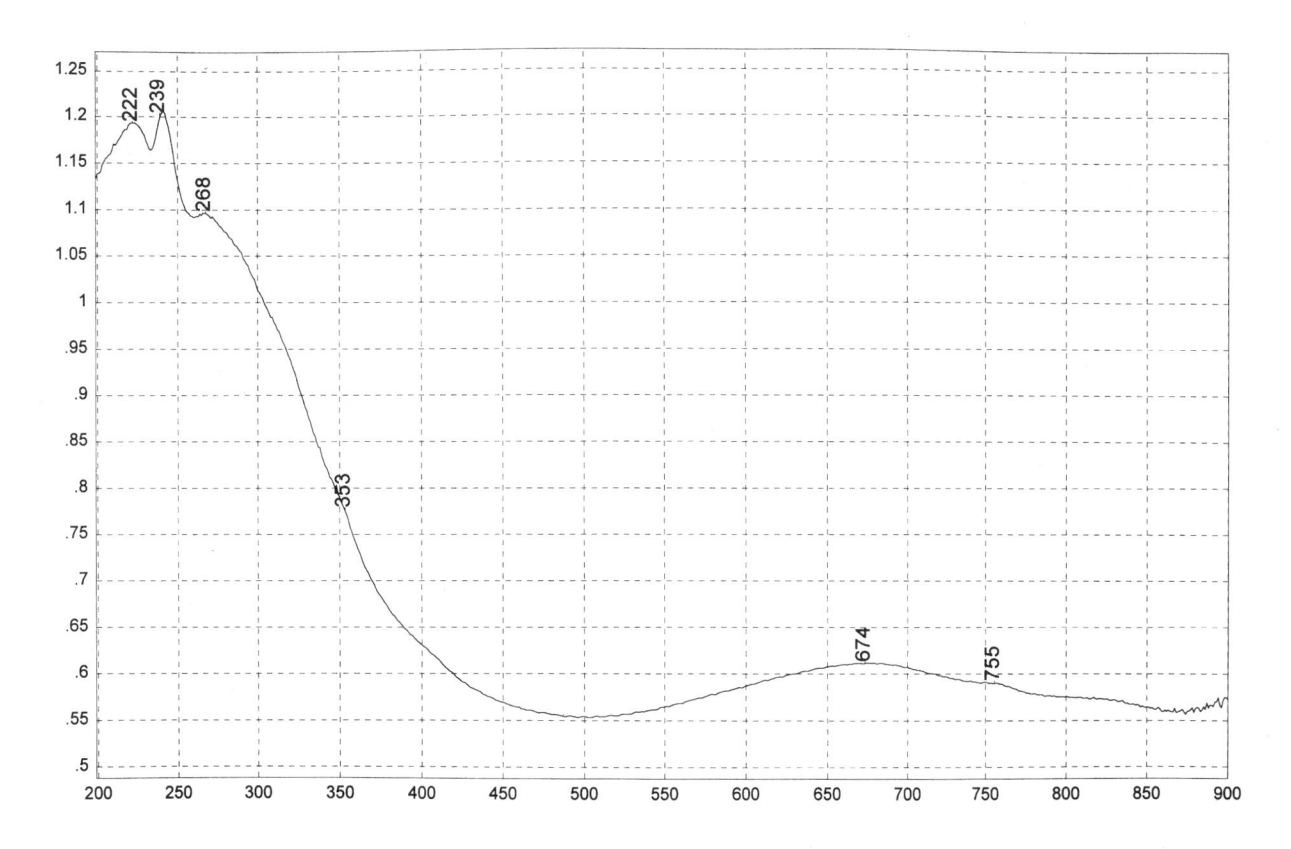

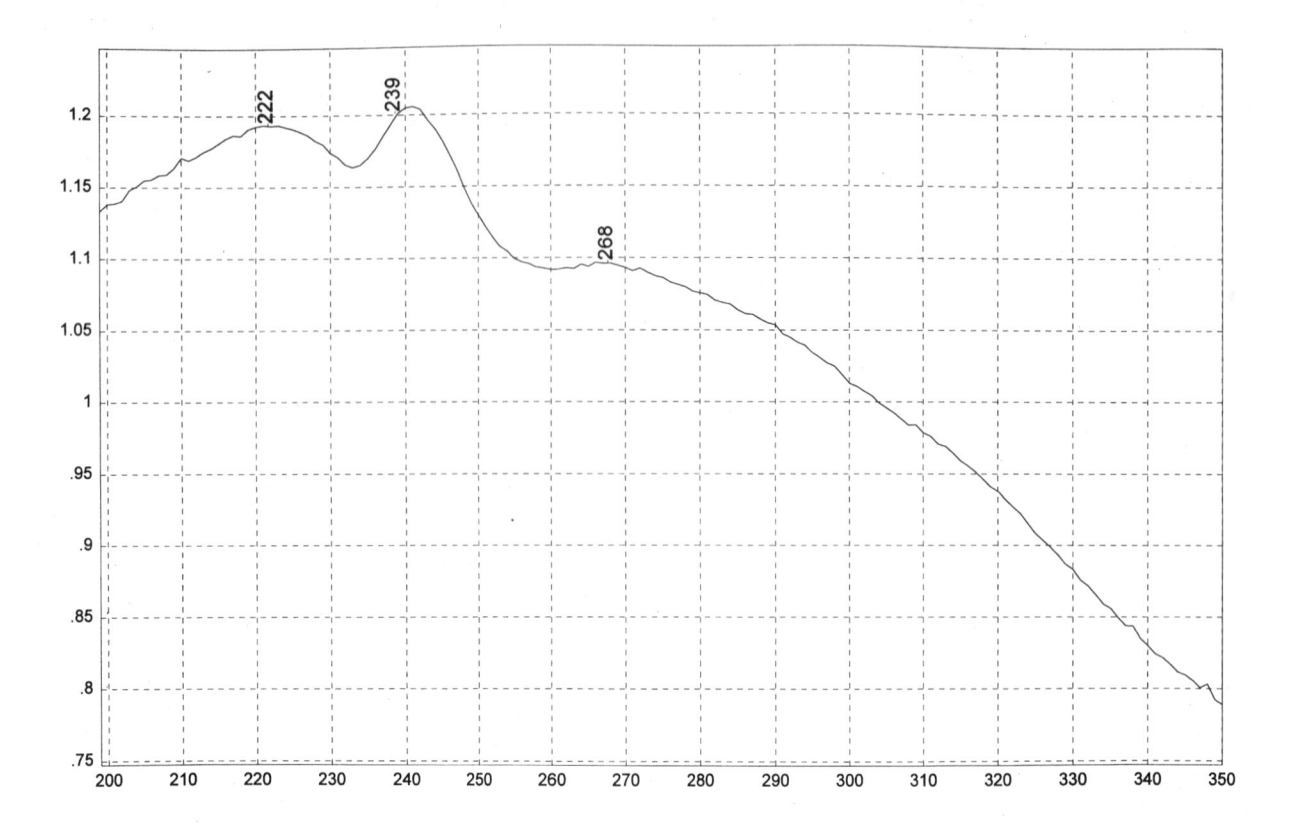

Absorbance / Nanometers

303   **NYLON 6/10 (POLYHEXAMETHYLENE SEBACAMIDE)**

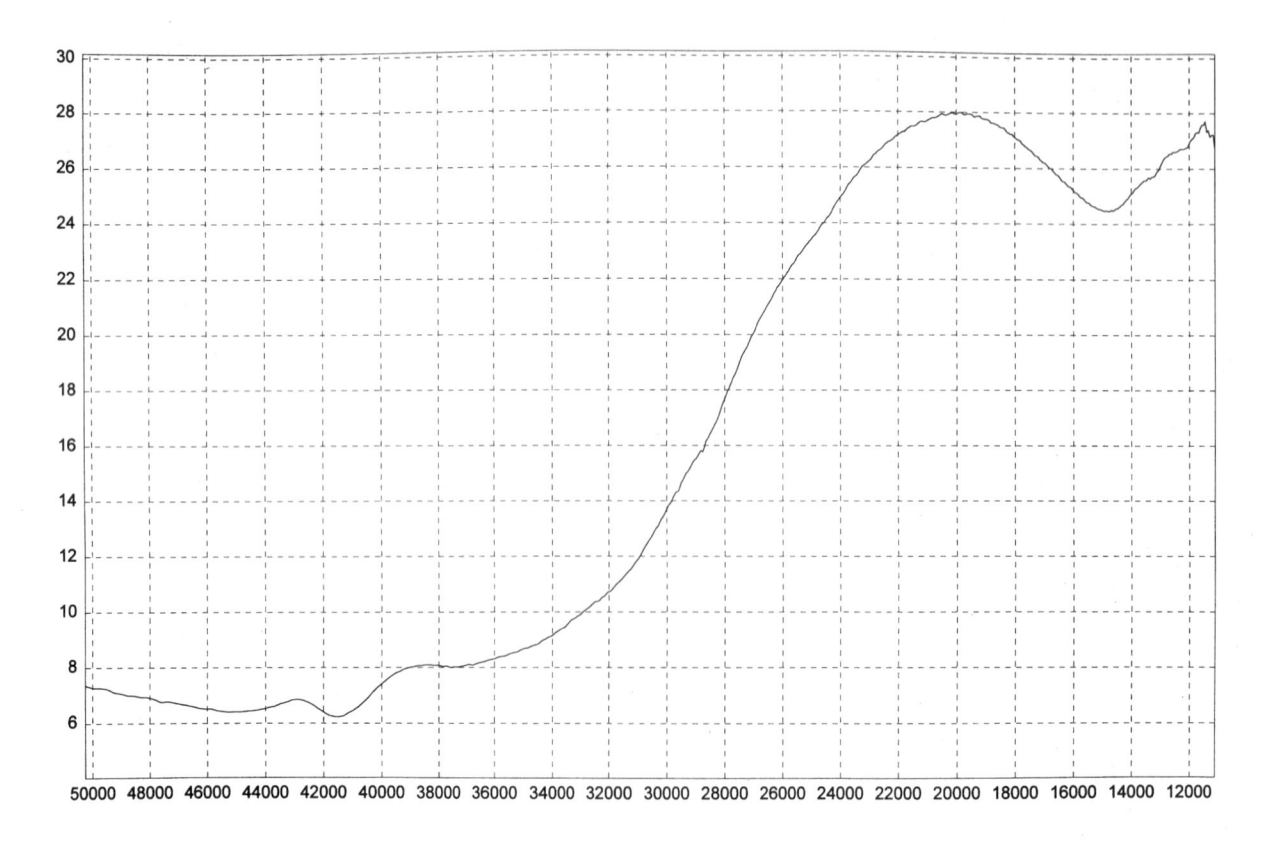

Reflectance / Wavenumber (cm^{-1})

304   **NYLON 6/10 (POLYHEXAMETHYLENE SEBACAMIDE)**

305 NYLON 6/10 (POLYHEXAMETHYLENE SEBACAMIDE)

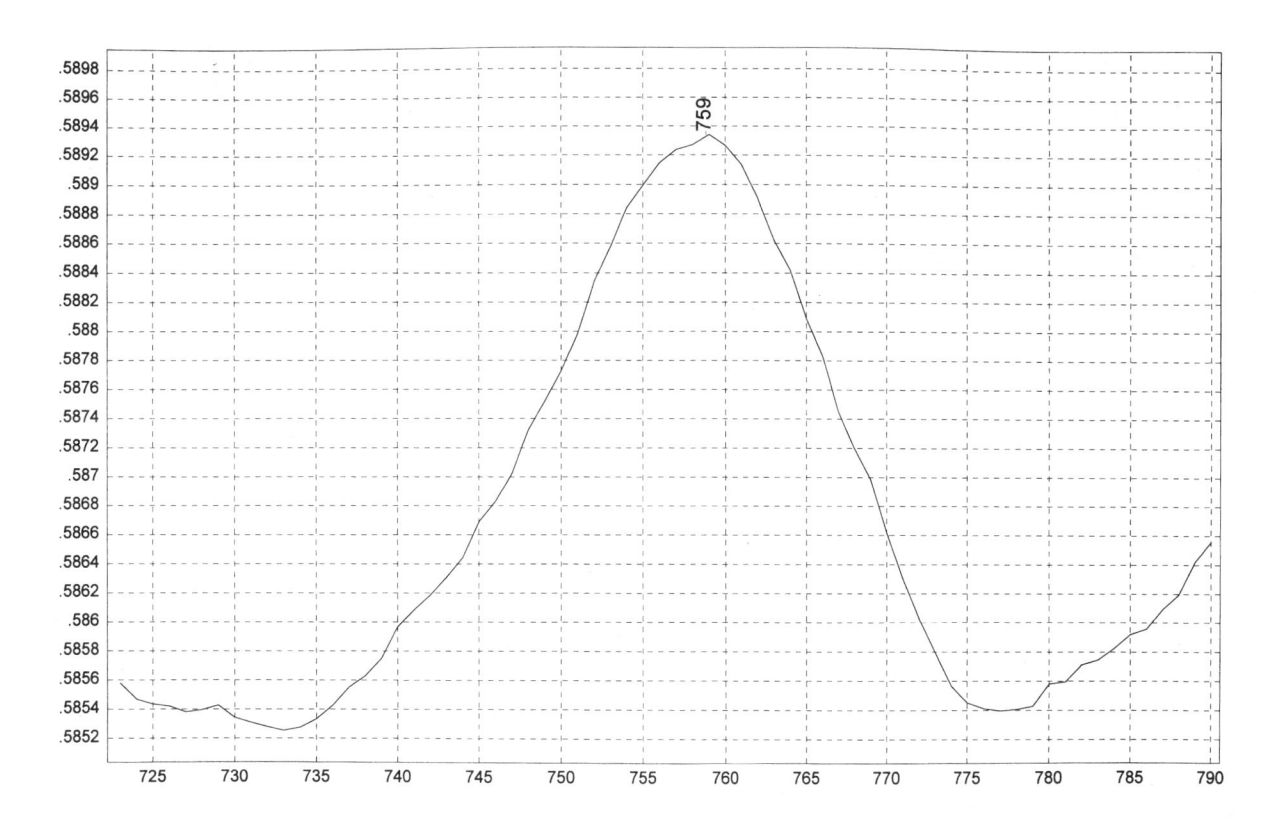

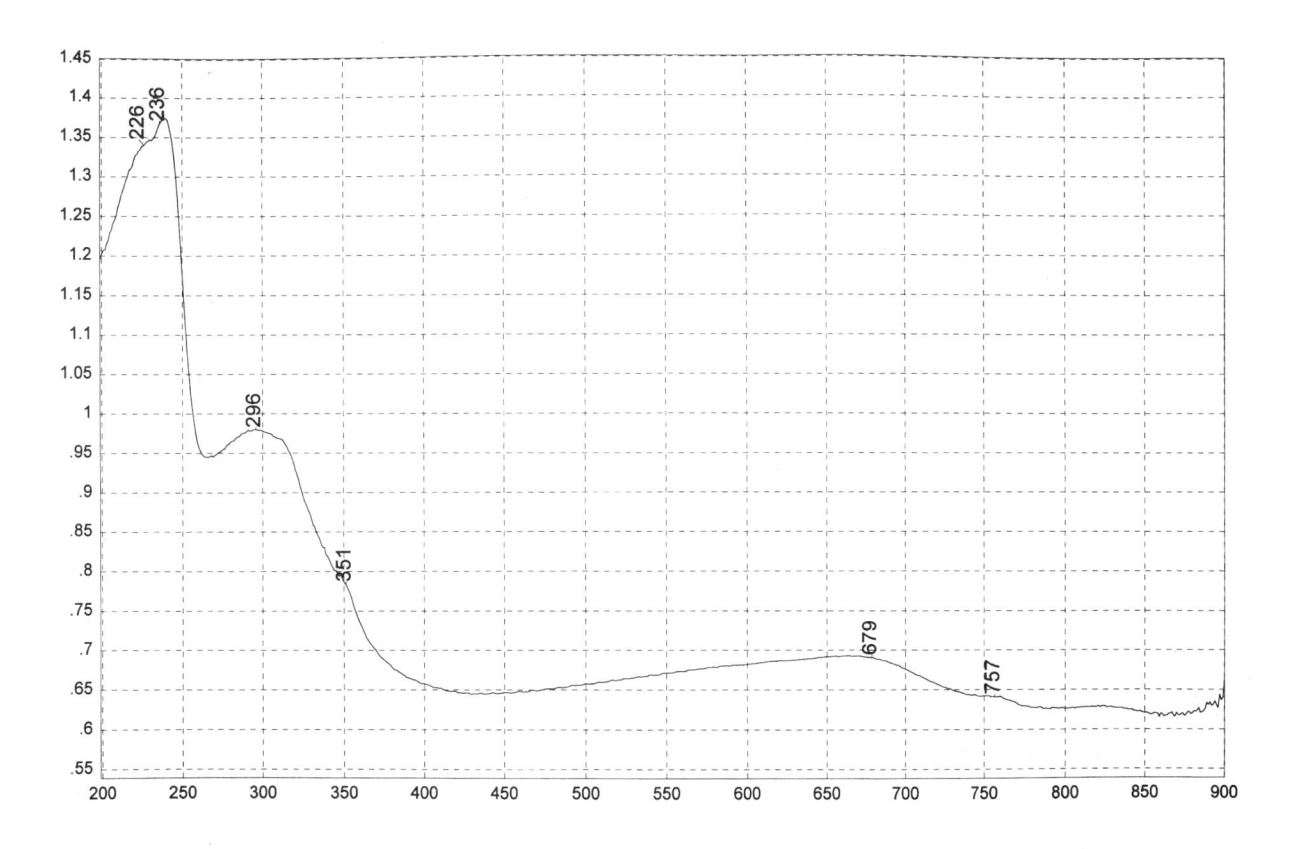

306 NYLON 6/12 (POLYHEXAMETHYLENE DODECANEDIAMIDE)

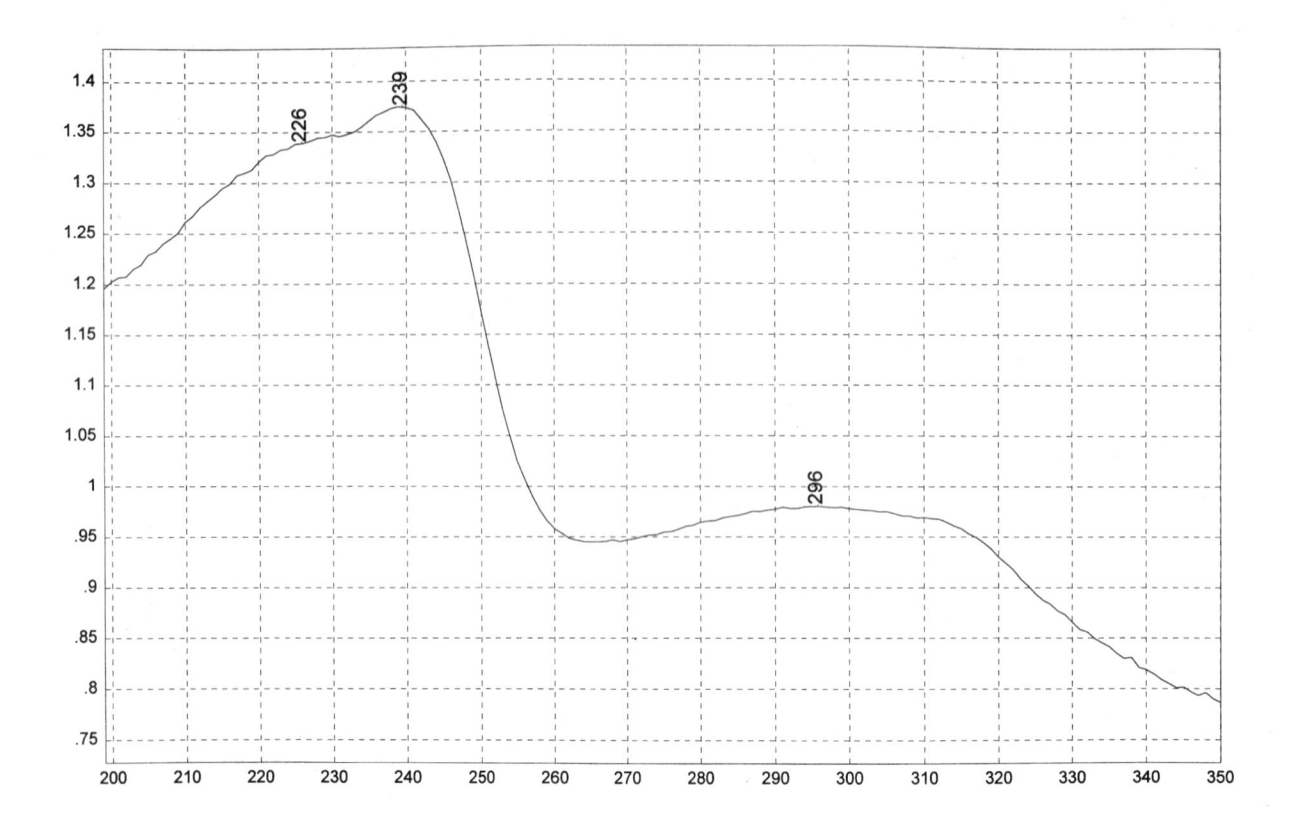

Absorbance / Nanometers

307   **NYLON 6/12 (POLYHEXAMETHYLENE DODECANEDIAMIDE)**

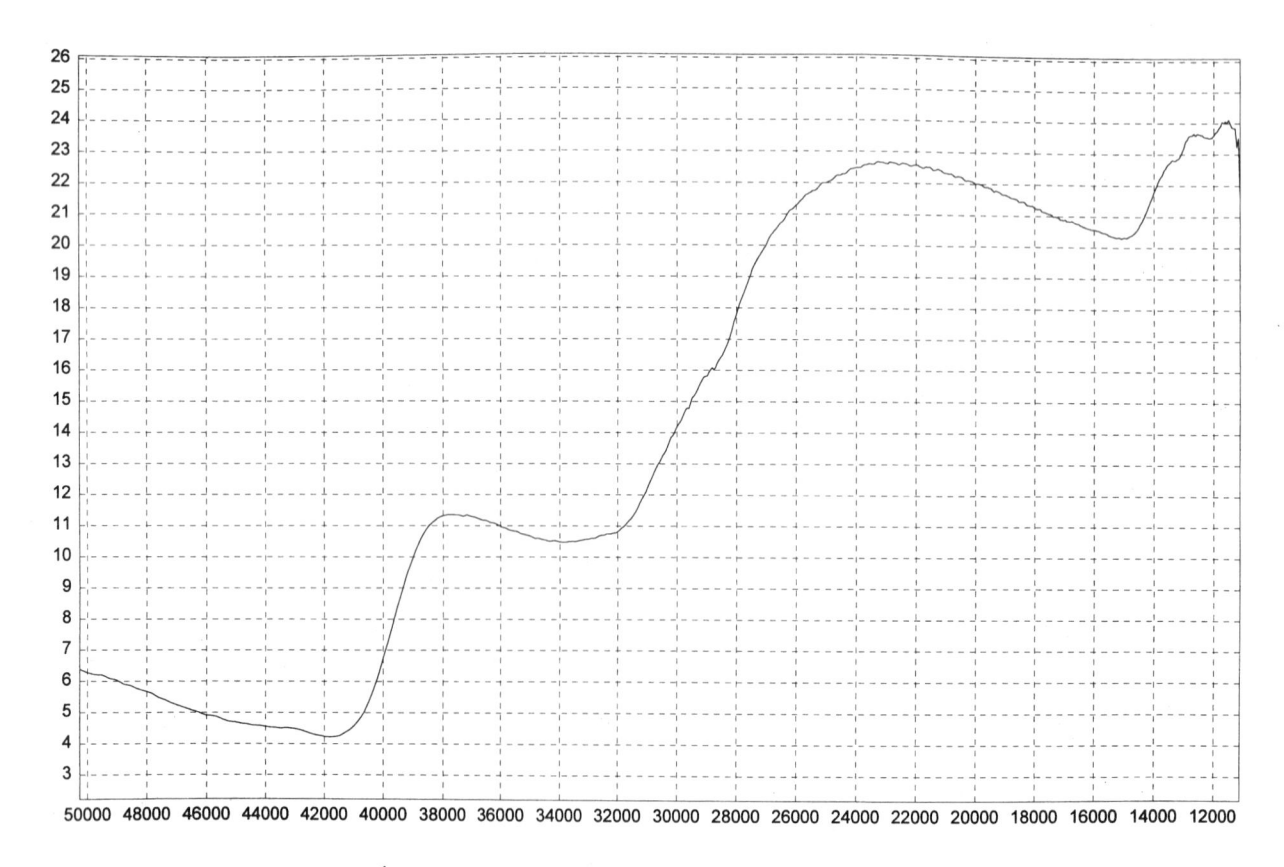

Reflectance / Wavenumber (cm⁻¹)

308   **NYLON 6/12 (POLYHEXAMETHYLENE DODECANEDIAMIDE)**

Absorbance / Nanometers

309   **NYLON 6/12 (POLYHEXAMETHYLENE DODECANEDIAMIDE)**

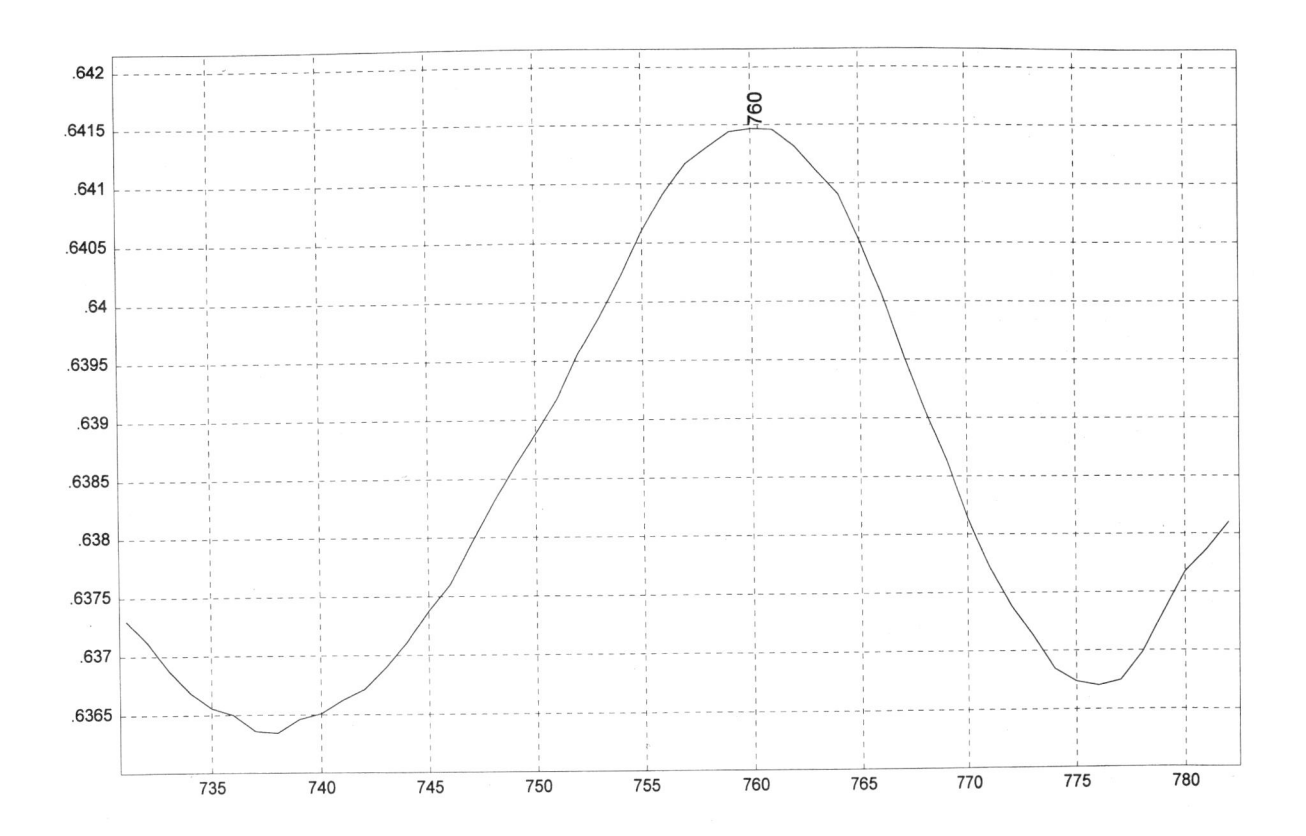

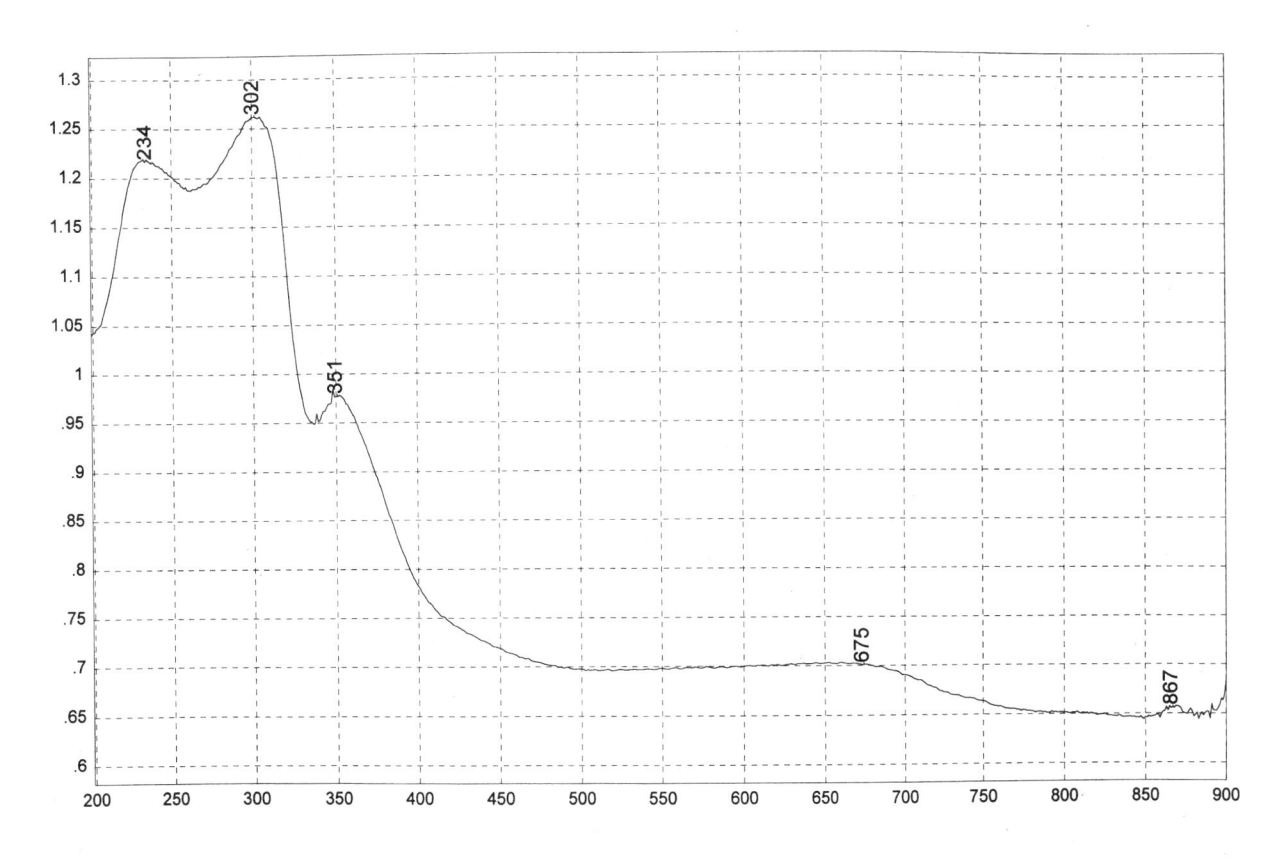

Absorbance / Nanometers

310   **NYLON 6/T (POLYTRIMETHYL HEXAMETHYLENE TEREPHTHALAMIDE)**

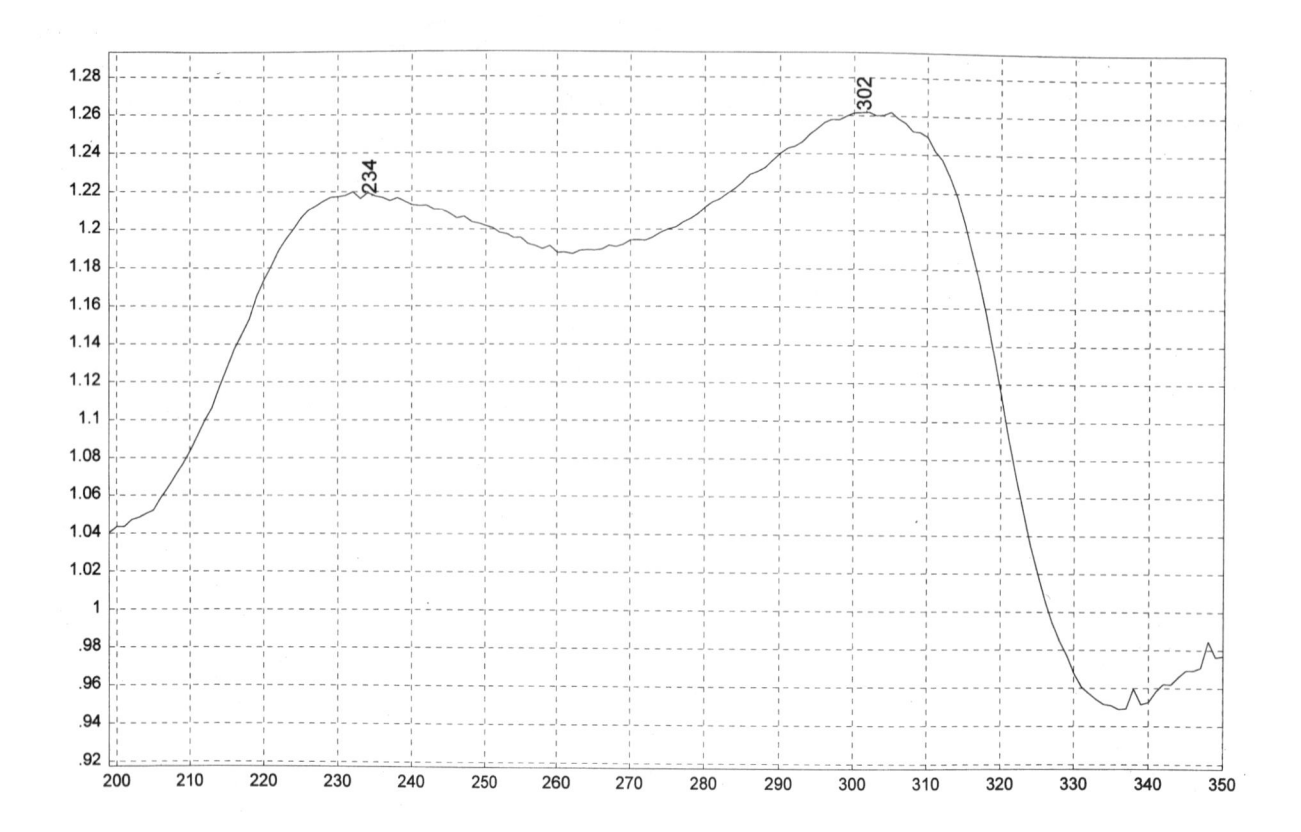

Absorbance / Nanometers

311   **NYLON 6/T (POLYTRIMETHYL HEXAMETHYLENE TEREPHTHALAMIDE)**

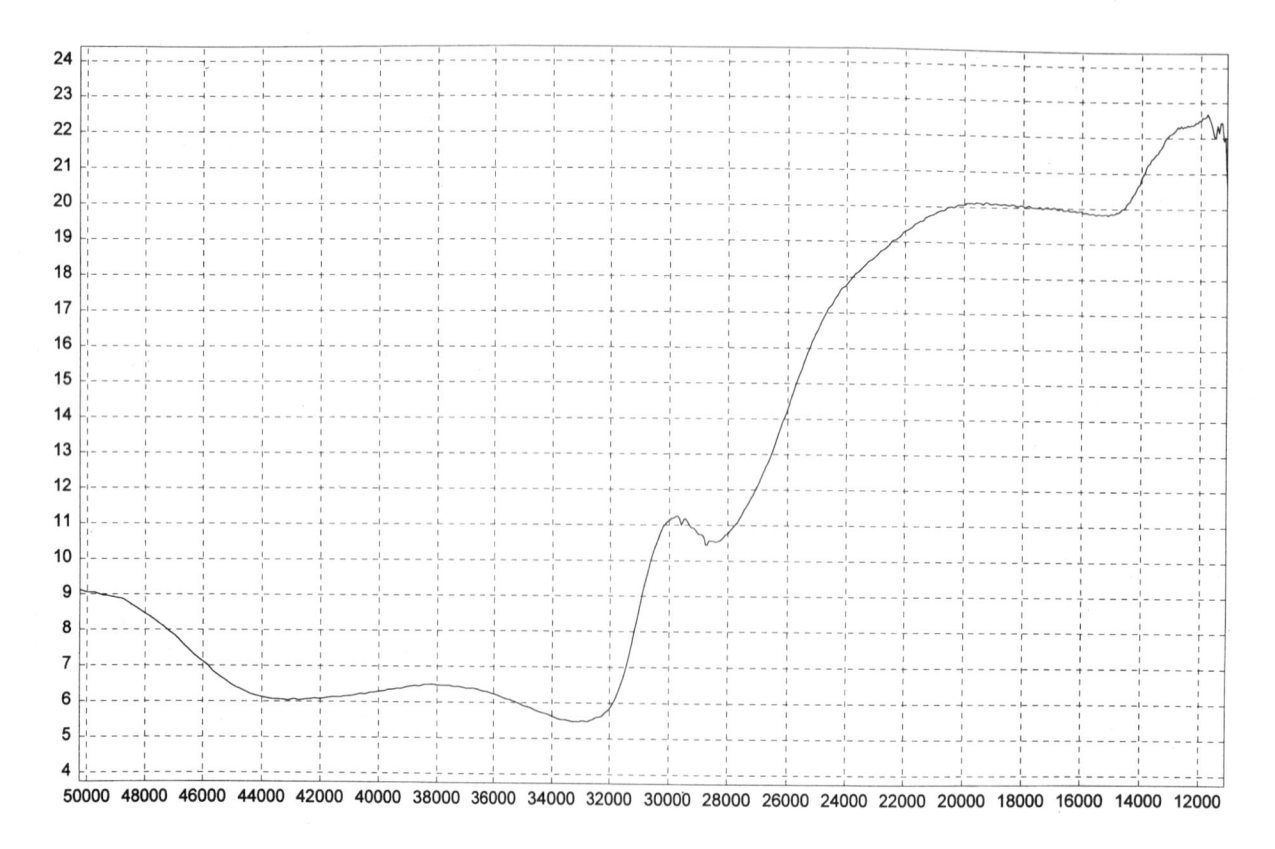

Reflectance / Wavenumber (cm^{-1})

312   **NYLON 6/T (POLYTRIMETHYL HEXAMETHYLENE TEREPHTHALAMIDE)**

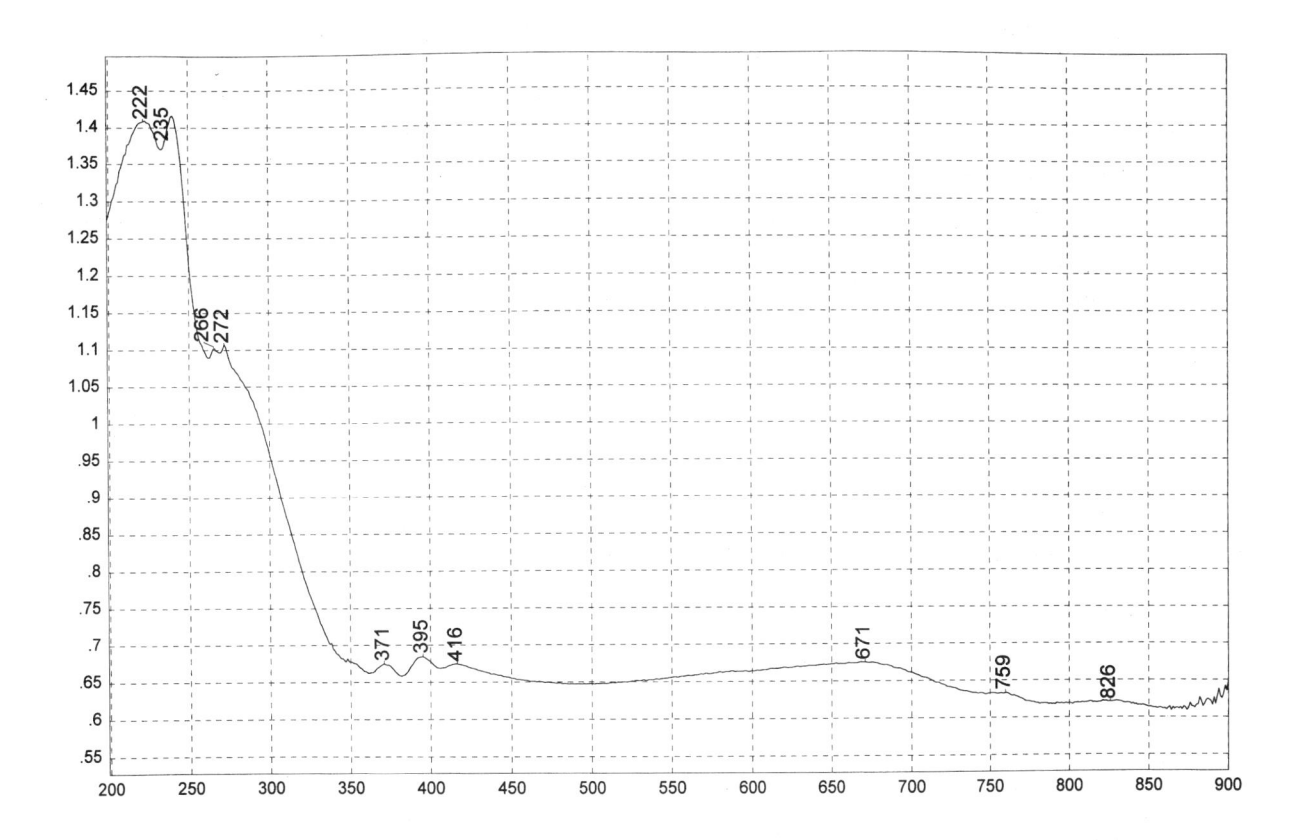

313 NYLON 11 (POLYUNDECANOAMIDE)

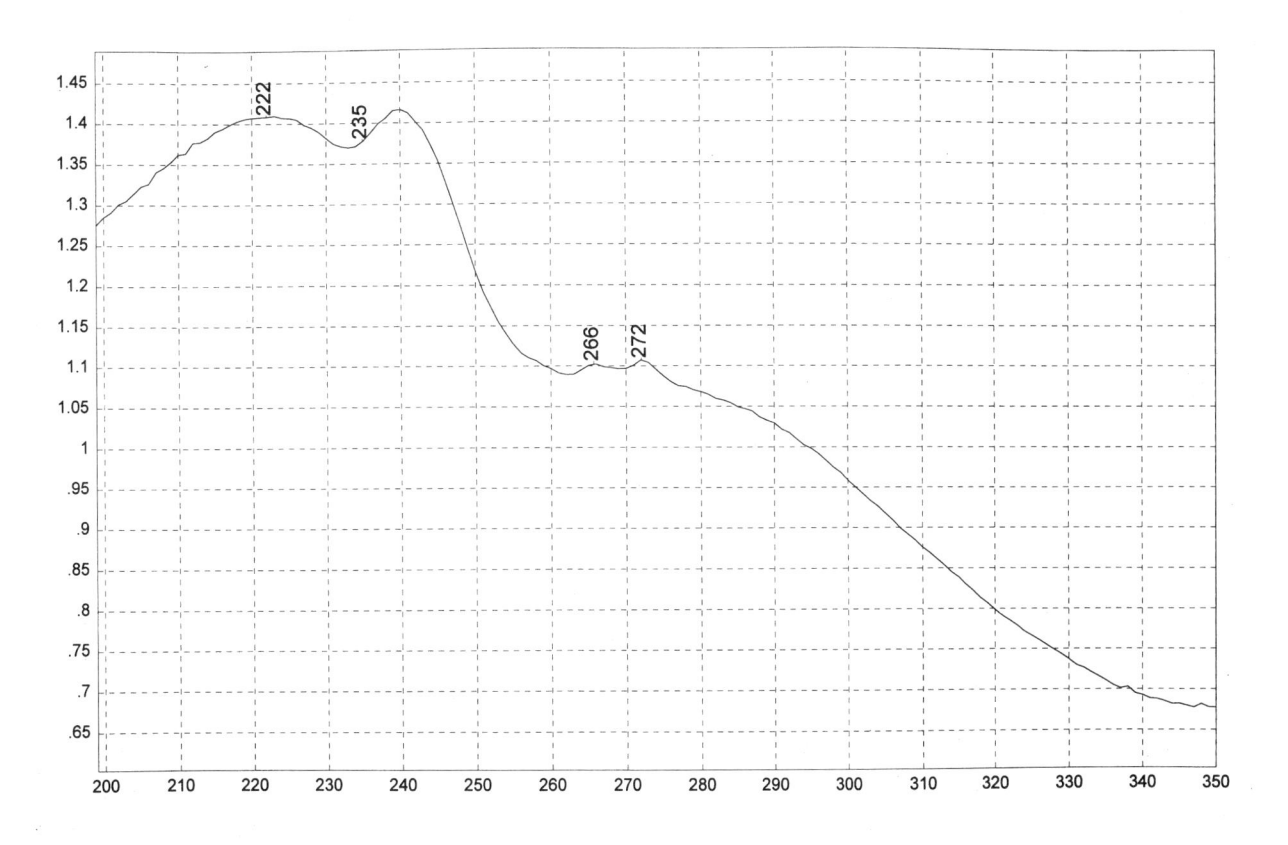

314 NYLON 11 (POLYUNDECANOAMIDE)

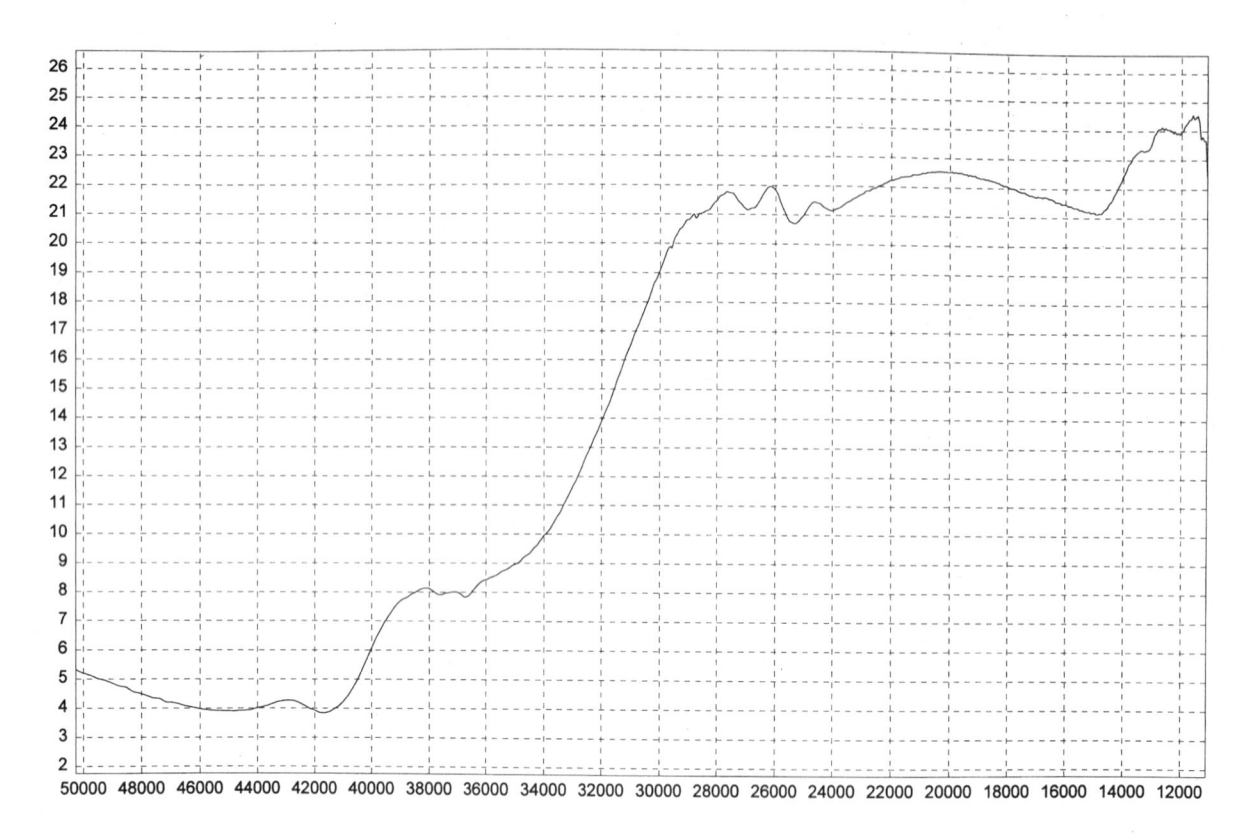

Reflectance / Wavenumber (cm⁻¹)

315   **NYLON 11 (POLYUNDECANOAMIDE)**

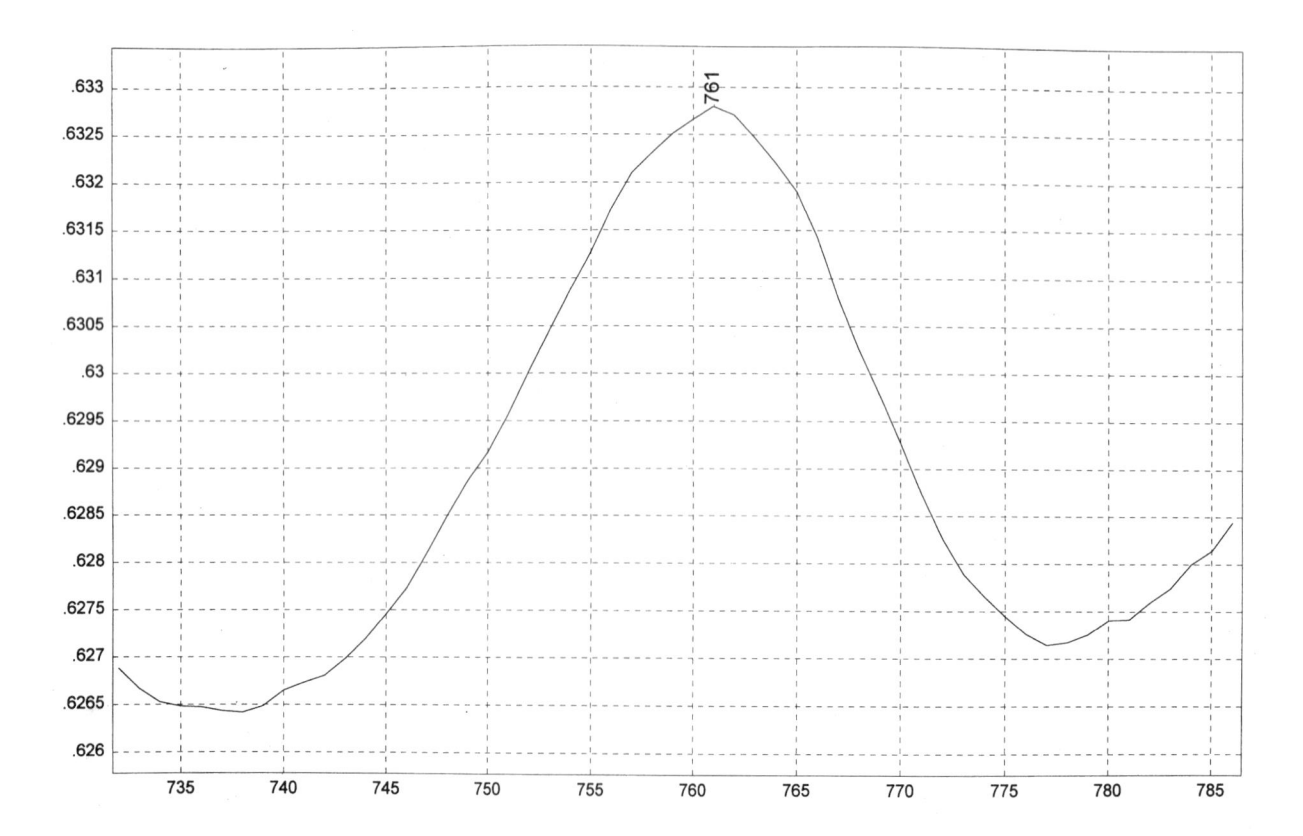

Absorbance / Nanometers

316   **NYLON 11 (POLYUNDECANOAMIDE)**

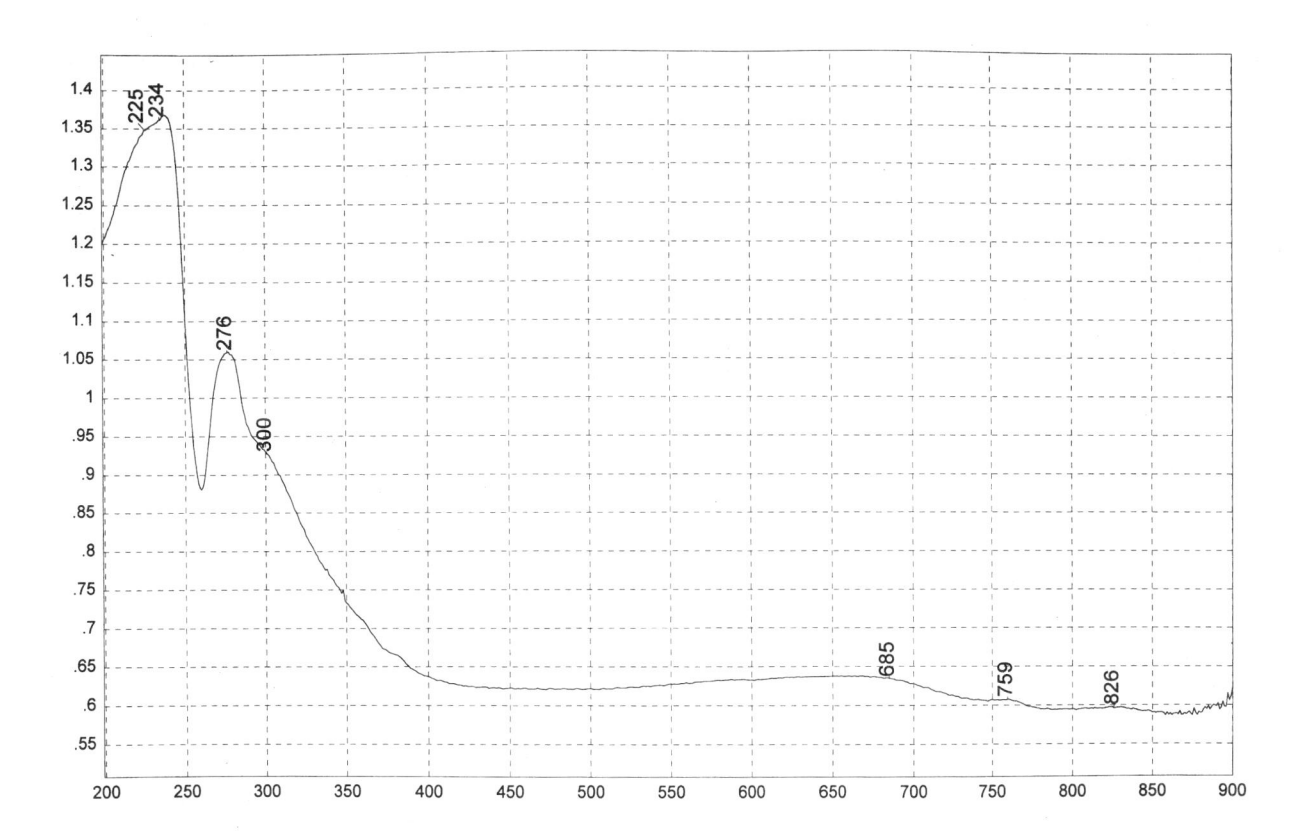

Absorbance / Nanometers

317 NYLON 12 (POLYLAURYLACTAM)

Absorbance / Nanometers

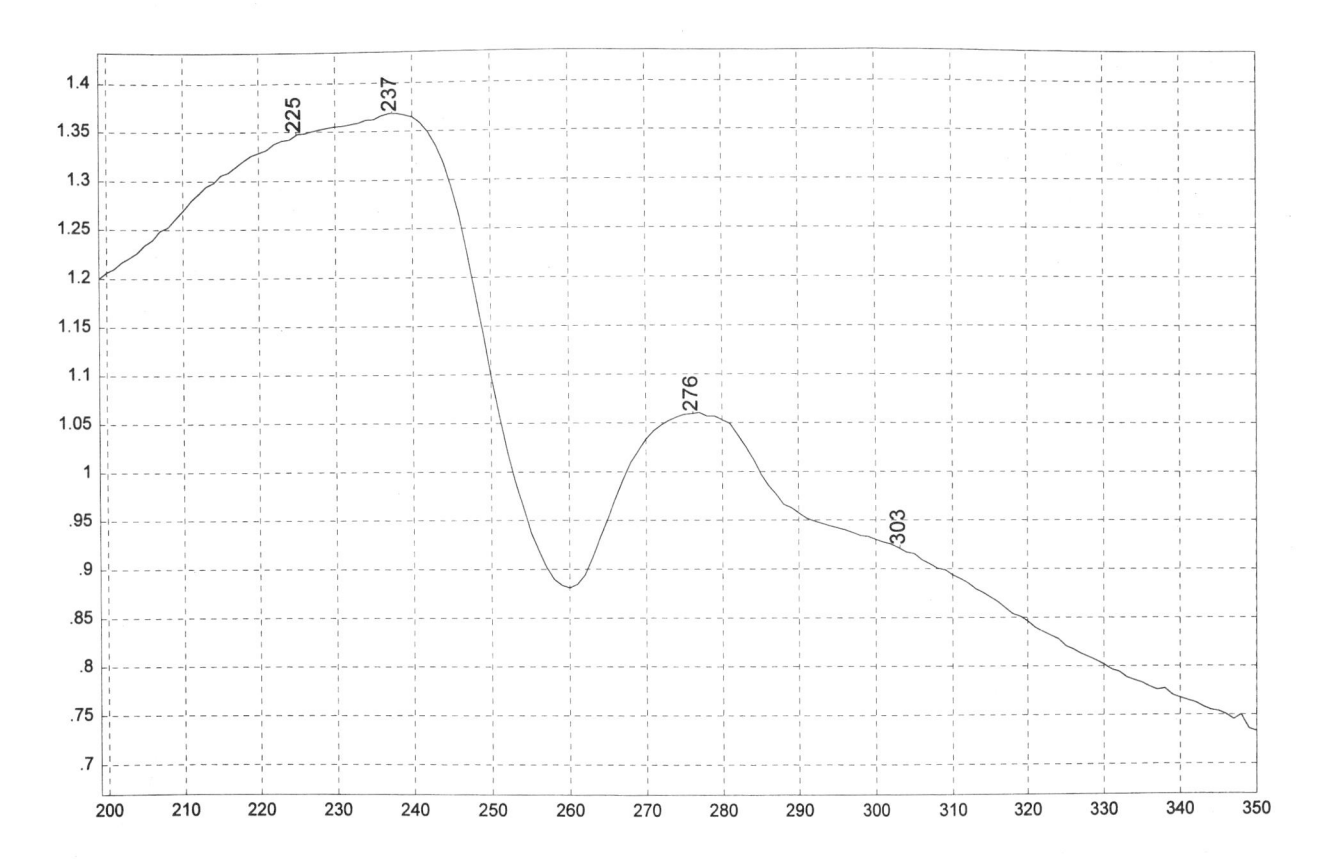

318 NYLON 12 (POLYLAURYLACTAM)

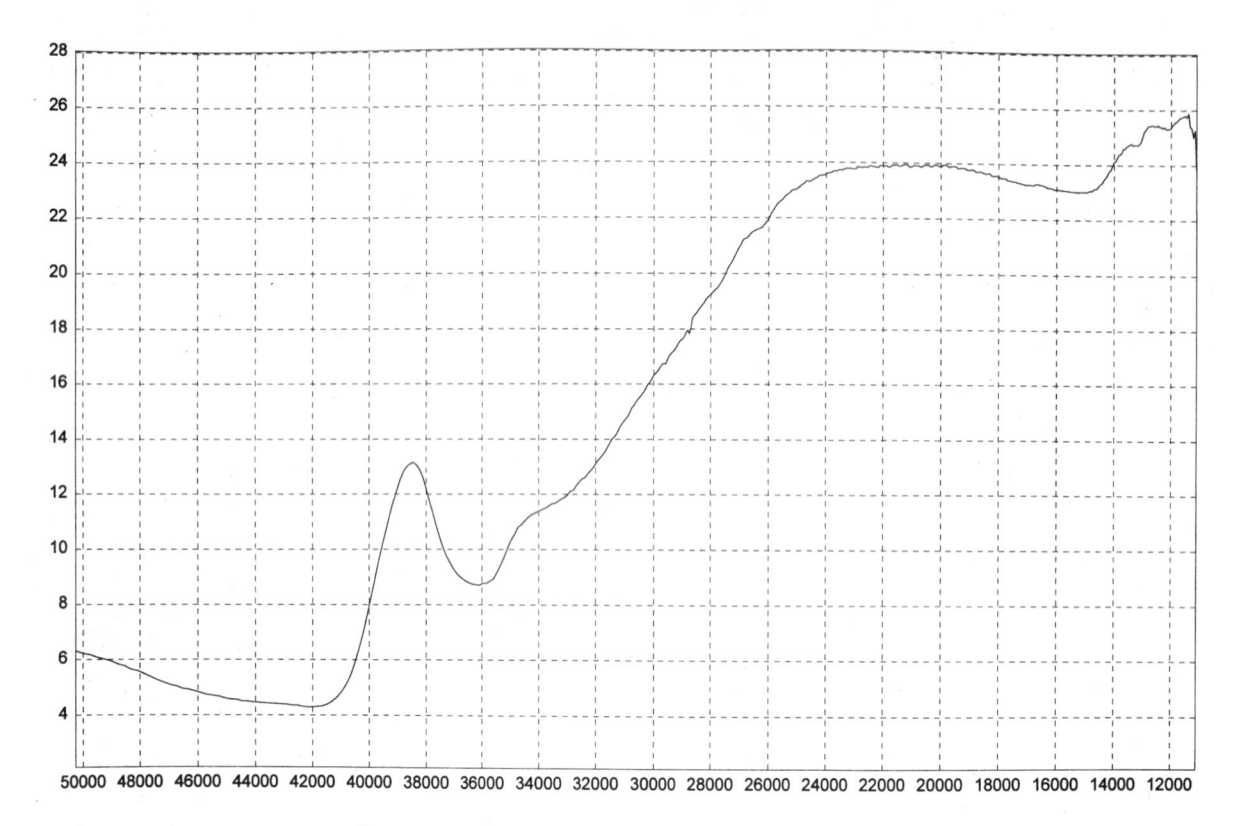

Reflectance / Wavenumber (cm^{-1})

319   **NYLON 12 (POLYLAURYLACTAM)**

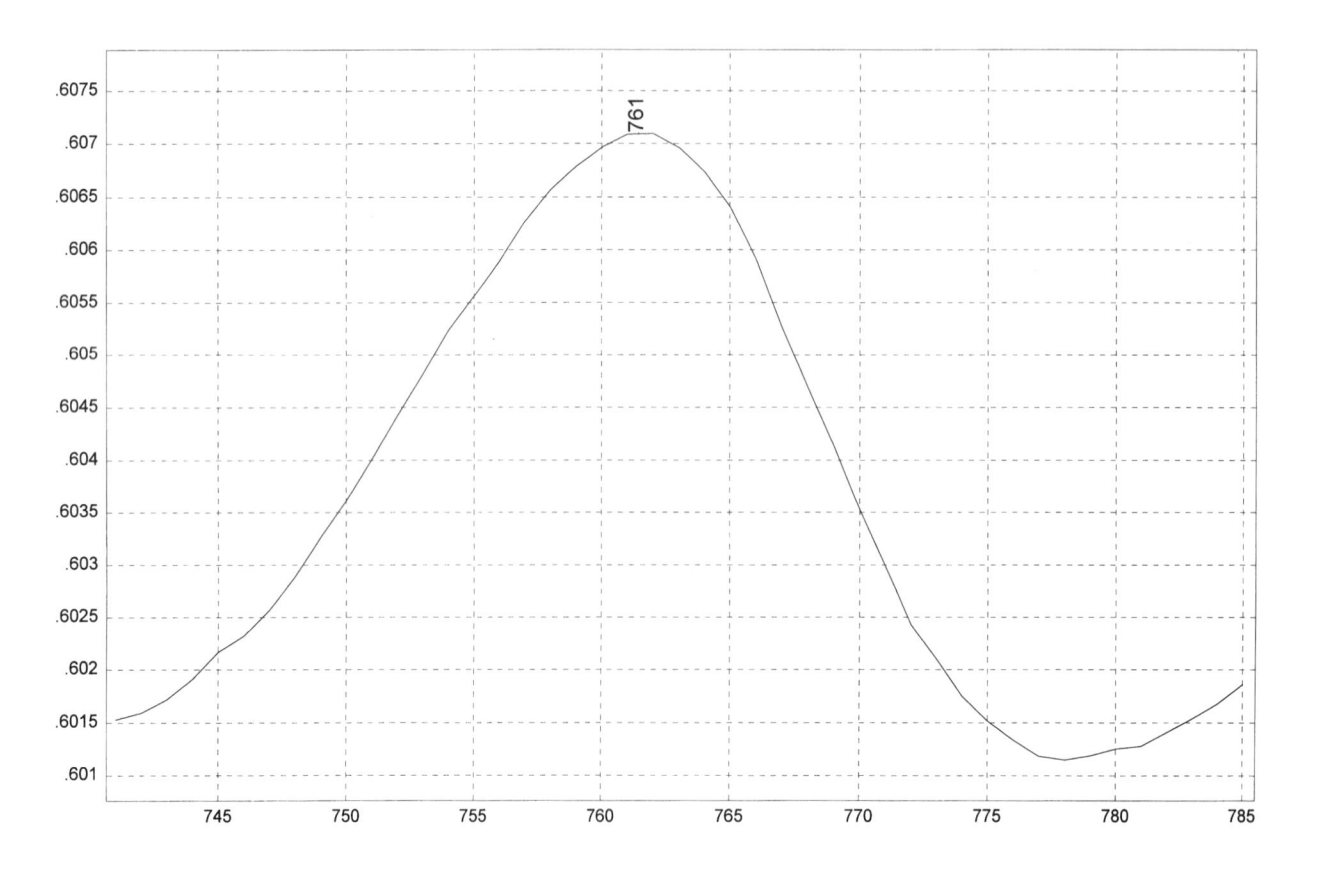

Absorbance / Nanometers

320   **NYLON 12 (POLYLAURYLACTAM)**

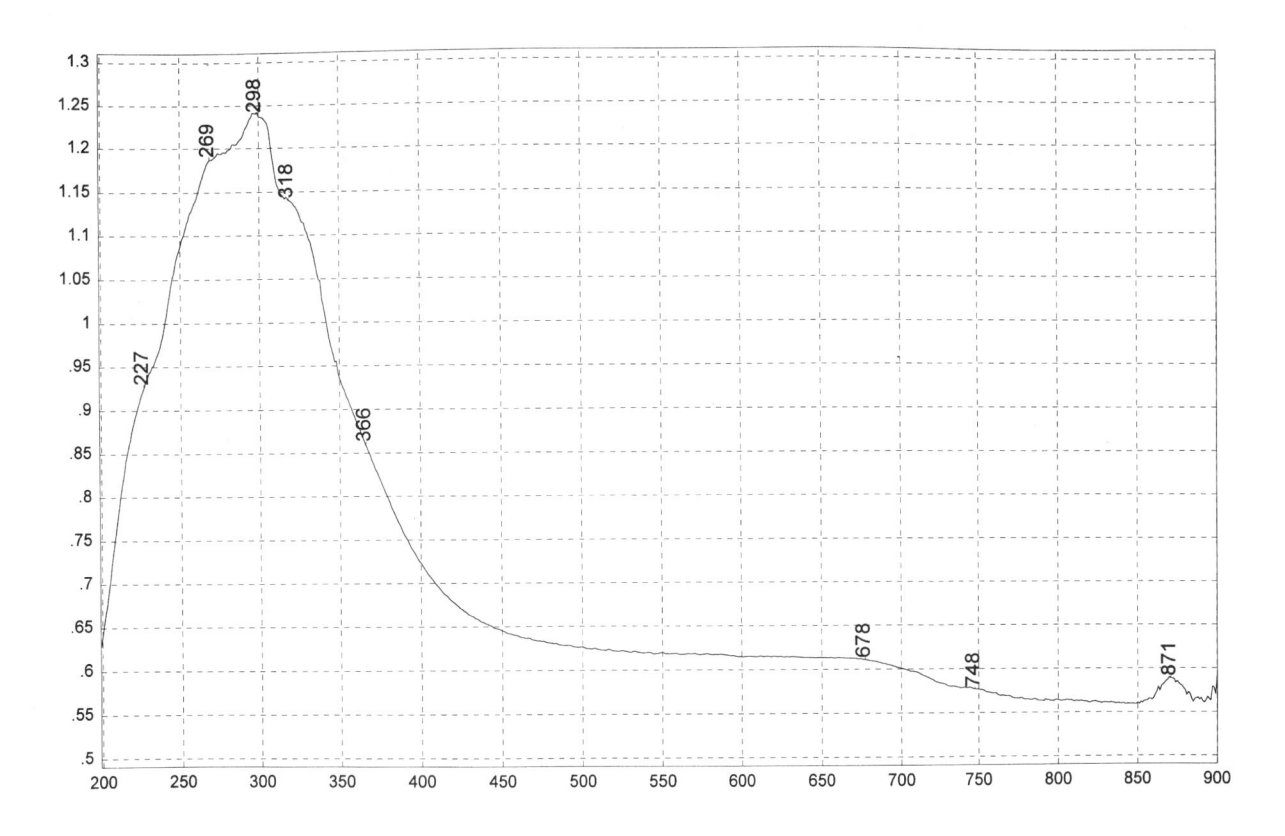

Absorbance / Nanometers

321 PHENOXY RESIN

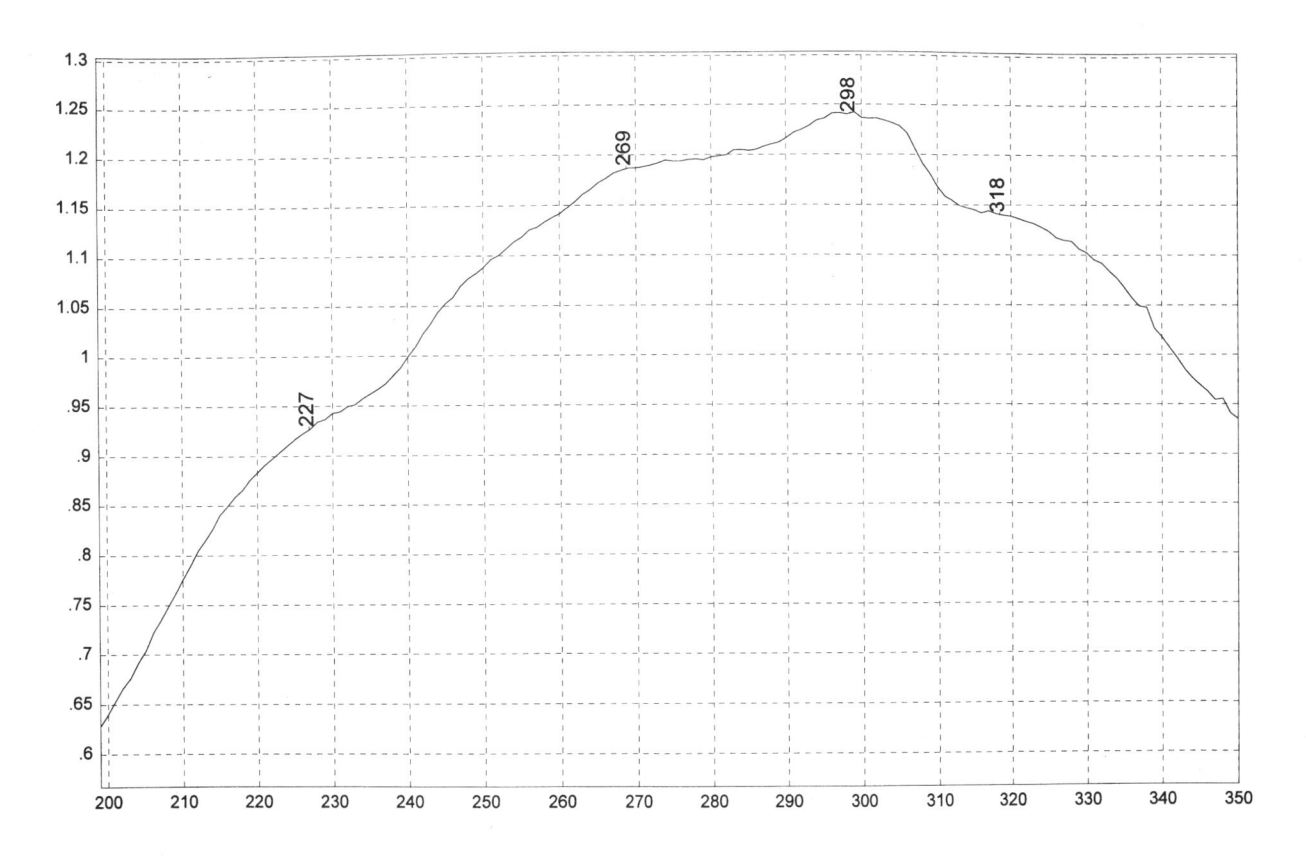

Absorbance / Nanometers

322 PHENOXY RESIN

161

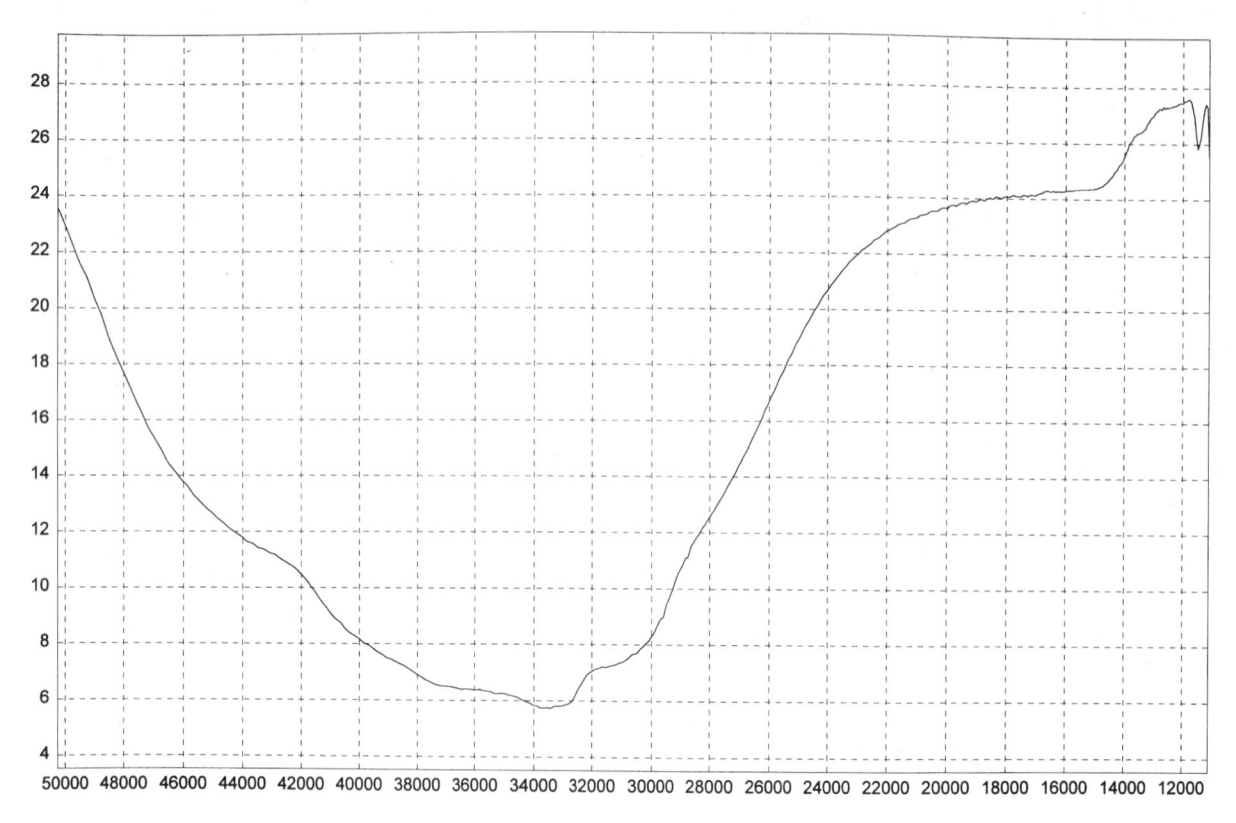

Reflectance / Wavenumber (cm⁻¹)

323   PHENOXY RESIN

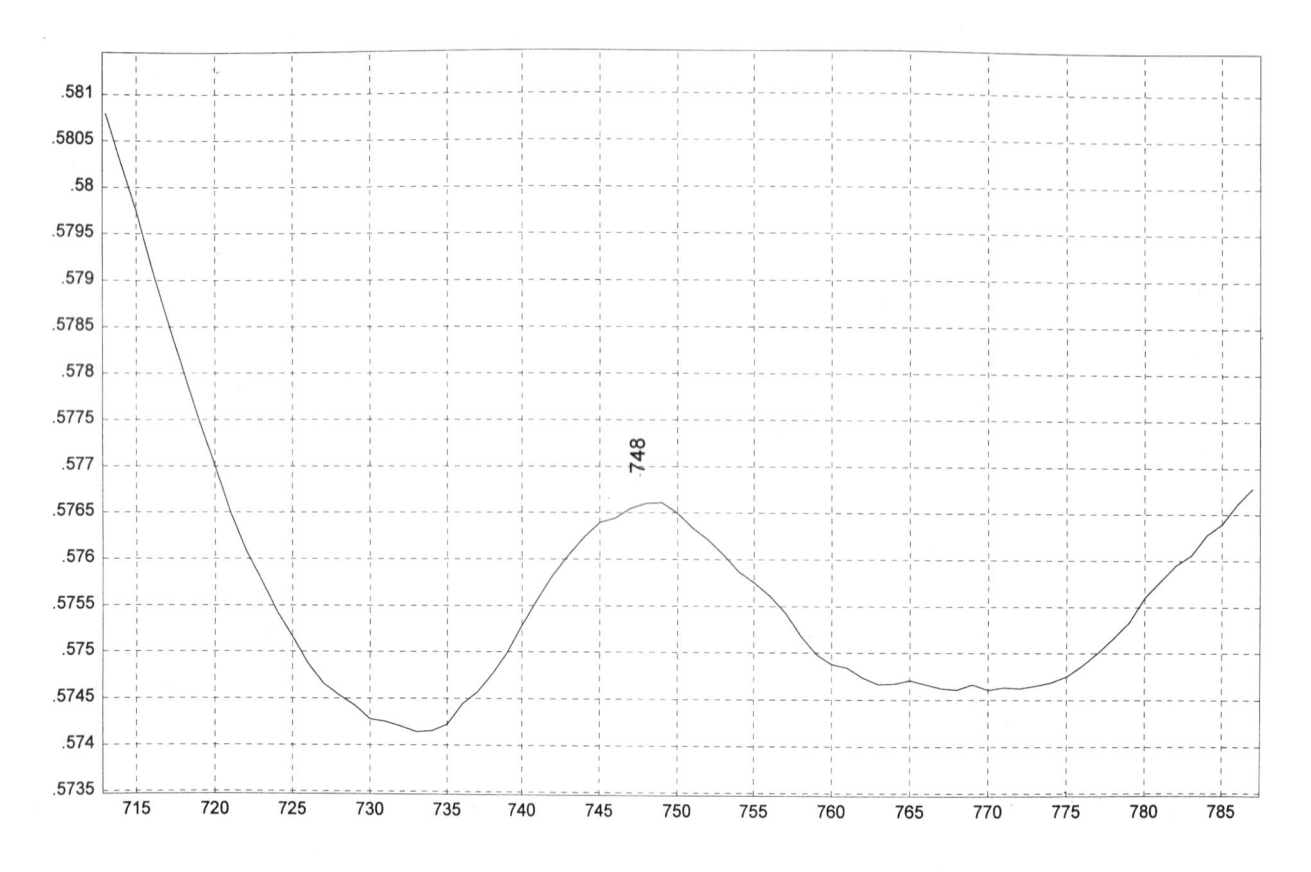

Absorbance / Nanometers

324   PHENOXY RESIN

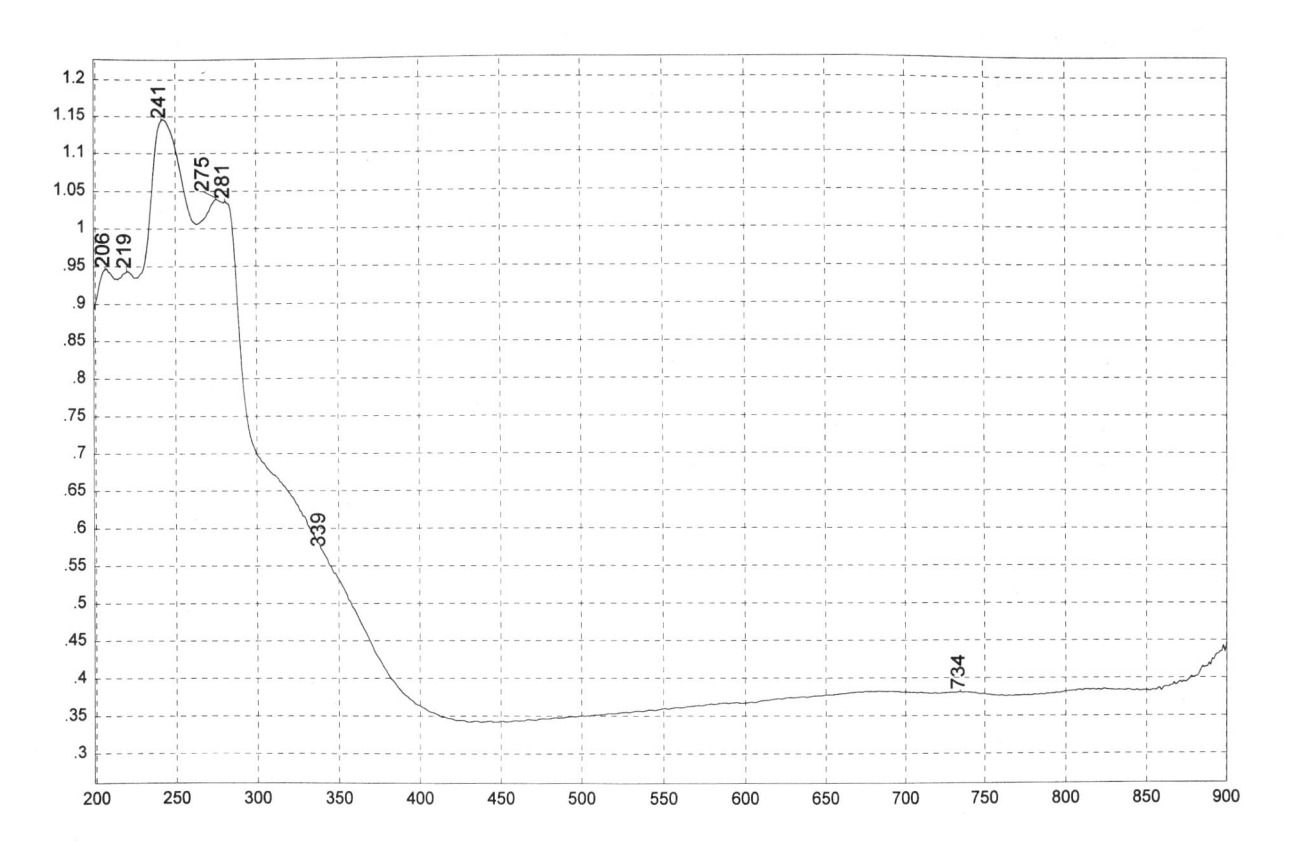

Absorbance / Nanometers

325 POLYACETAL

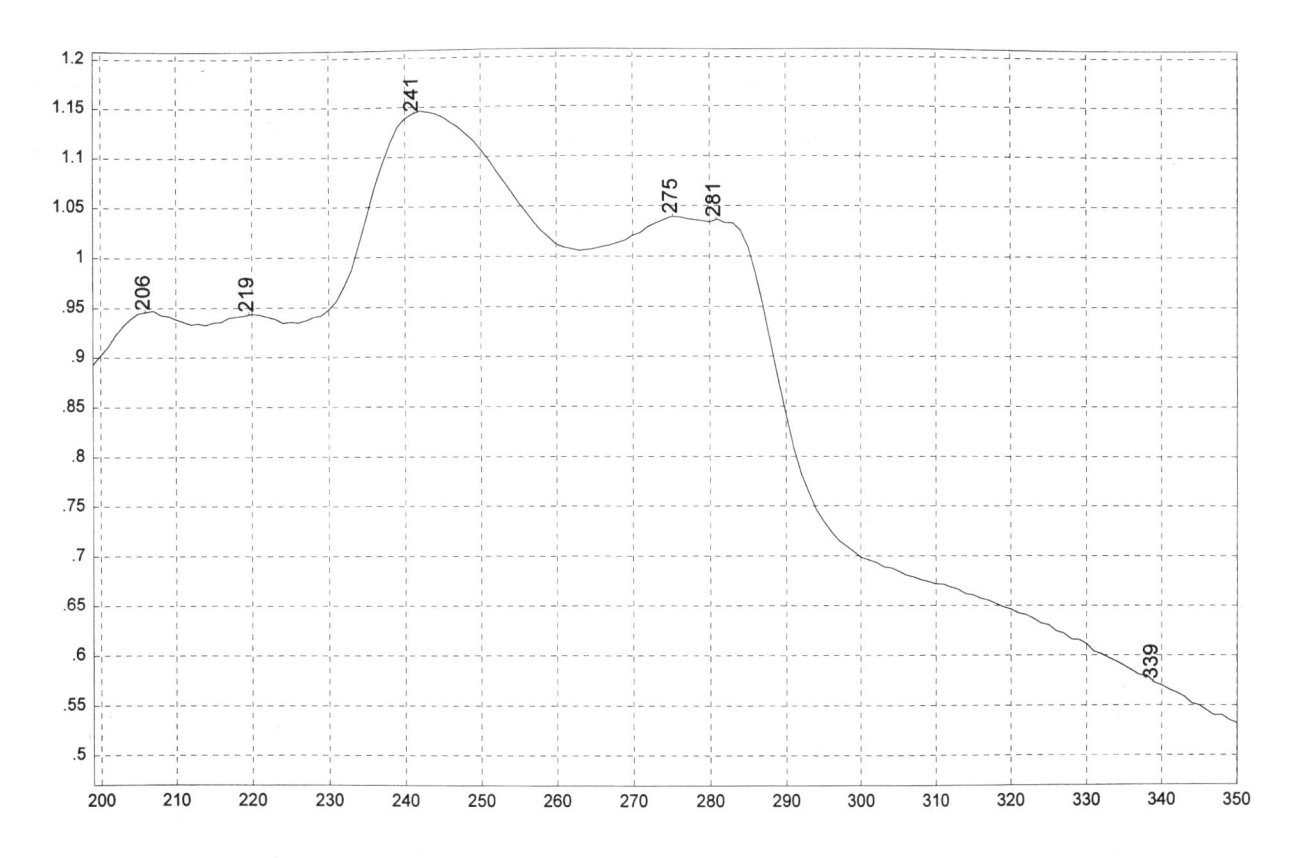

Absorbance / Nanometers

326 POLYACETAL

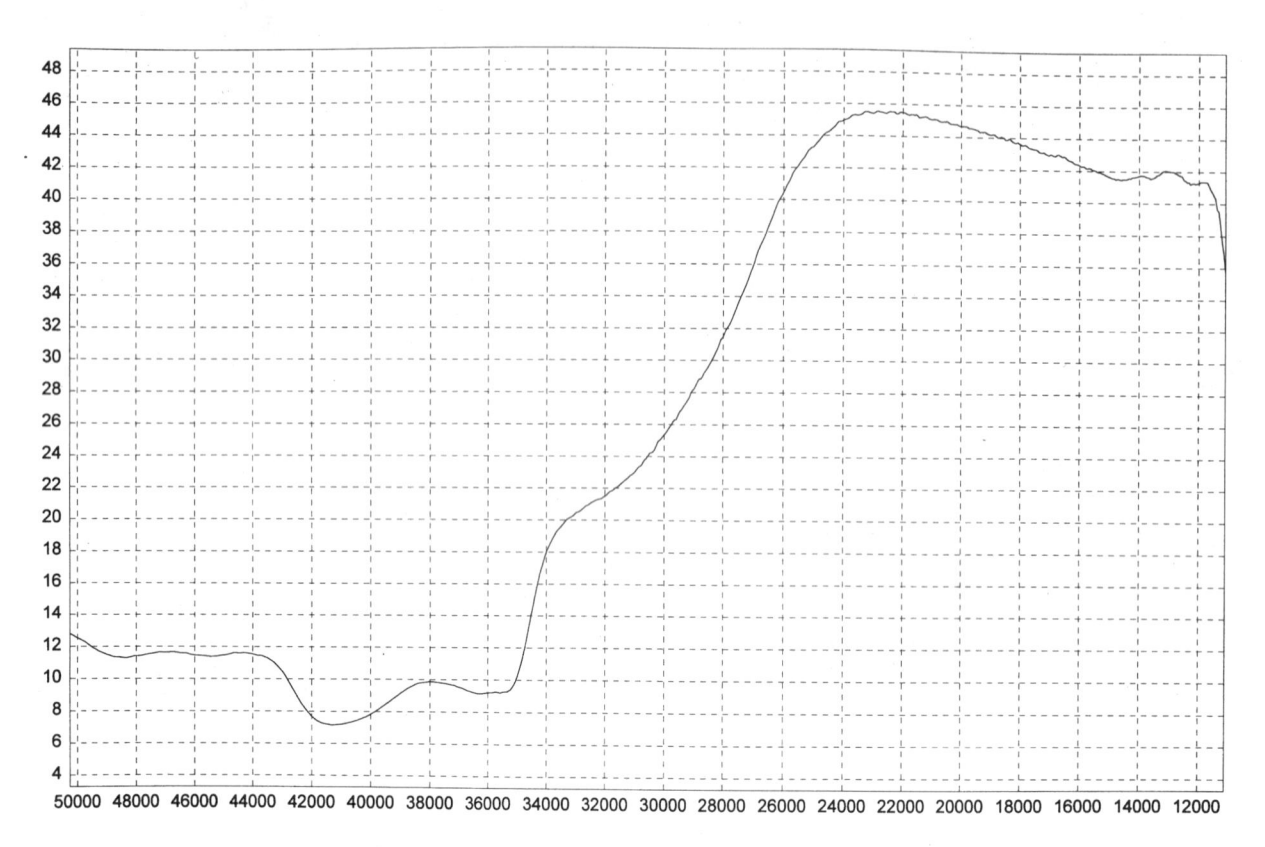

Reflectance / Wavenumber (cm^{-1})

327 POLYACETAL

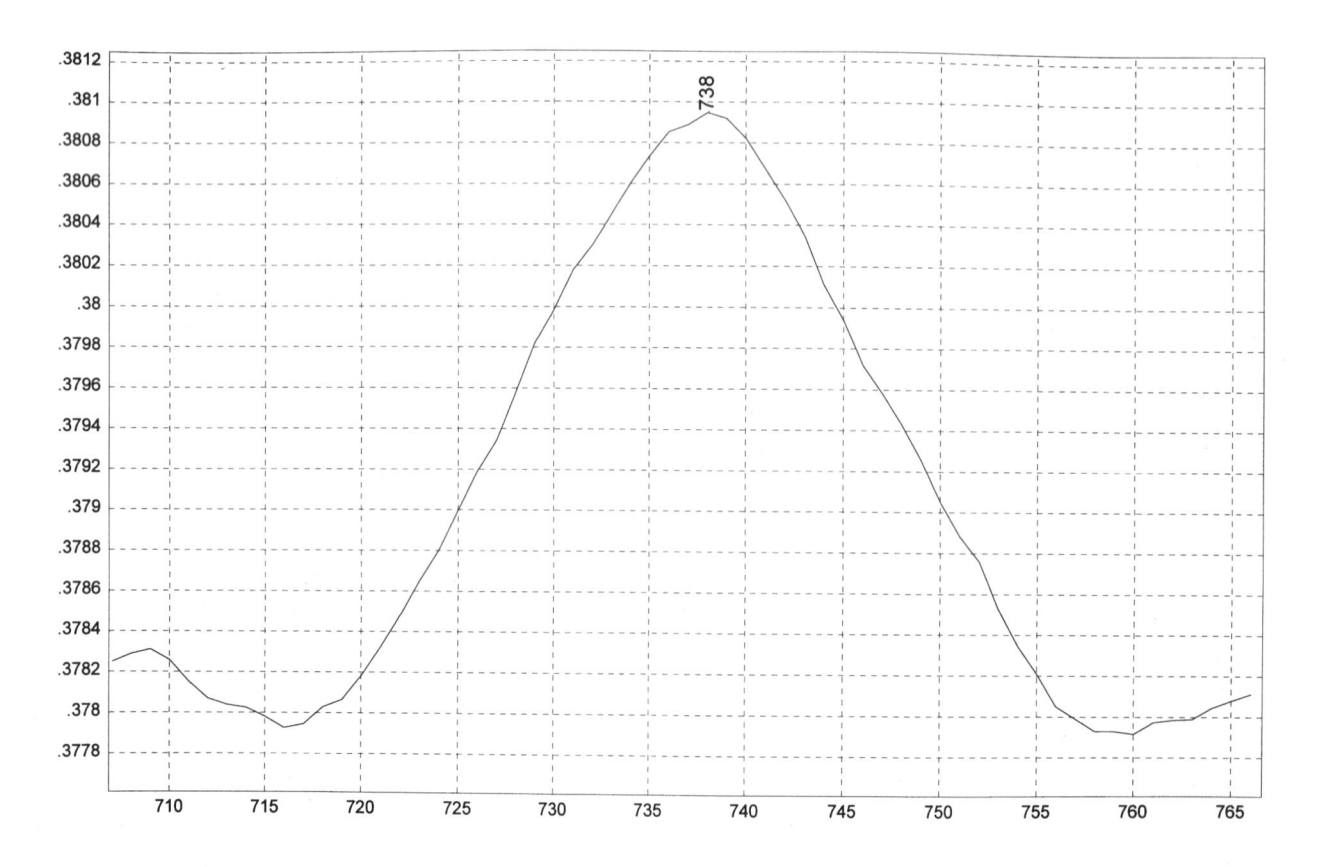

Absorbance / Nanometers

328 POLYACETAL

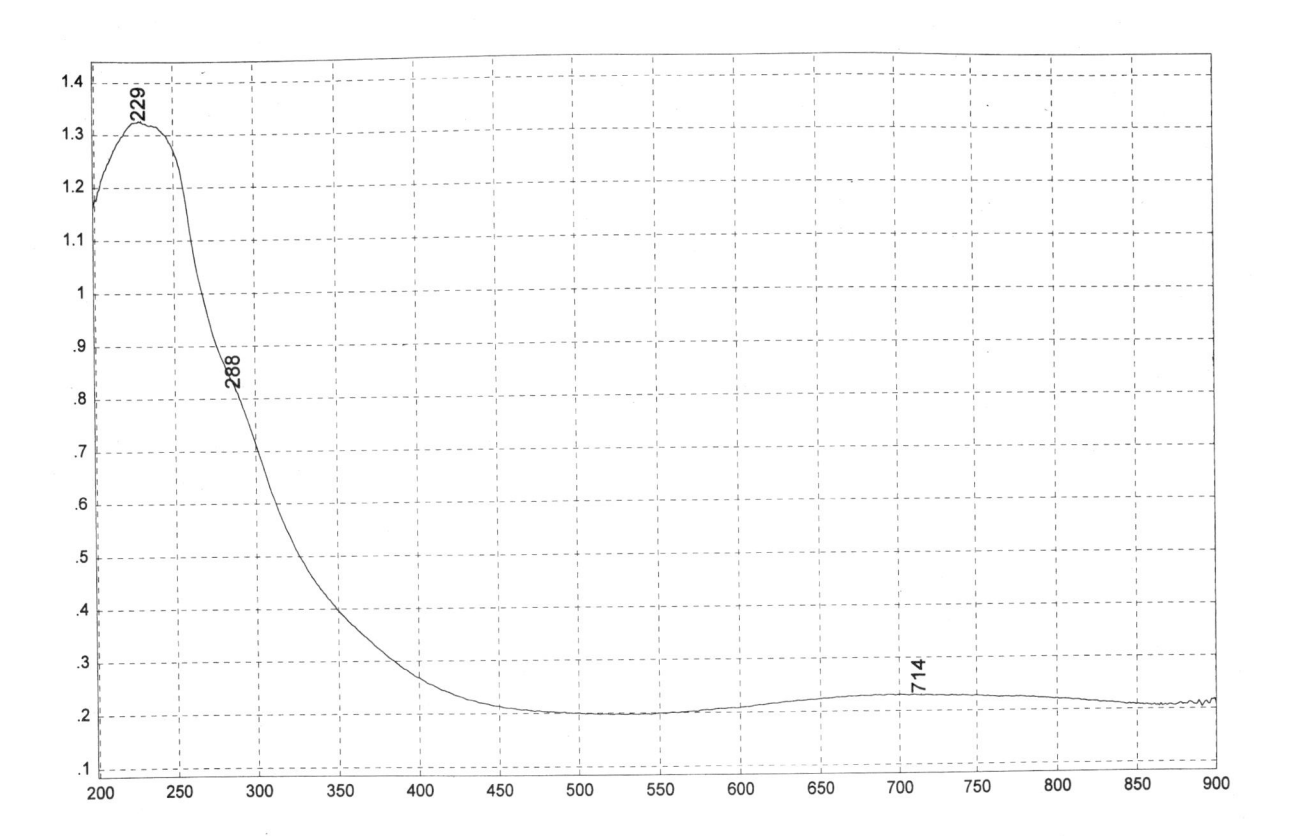

Absorbance / Nanometers

329 POLYACRYLAMIDE

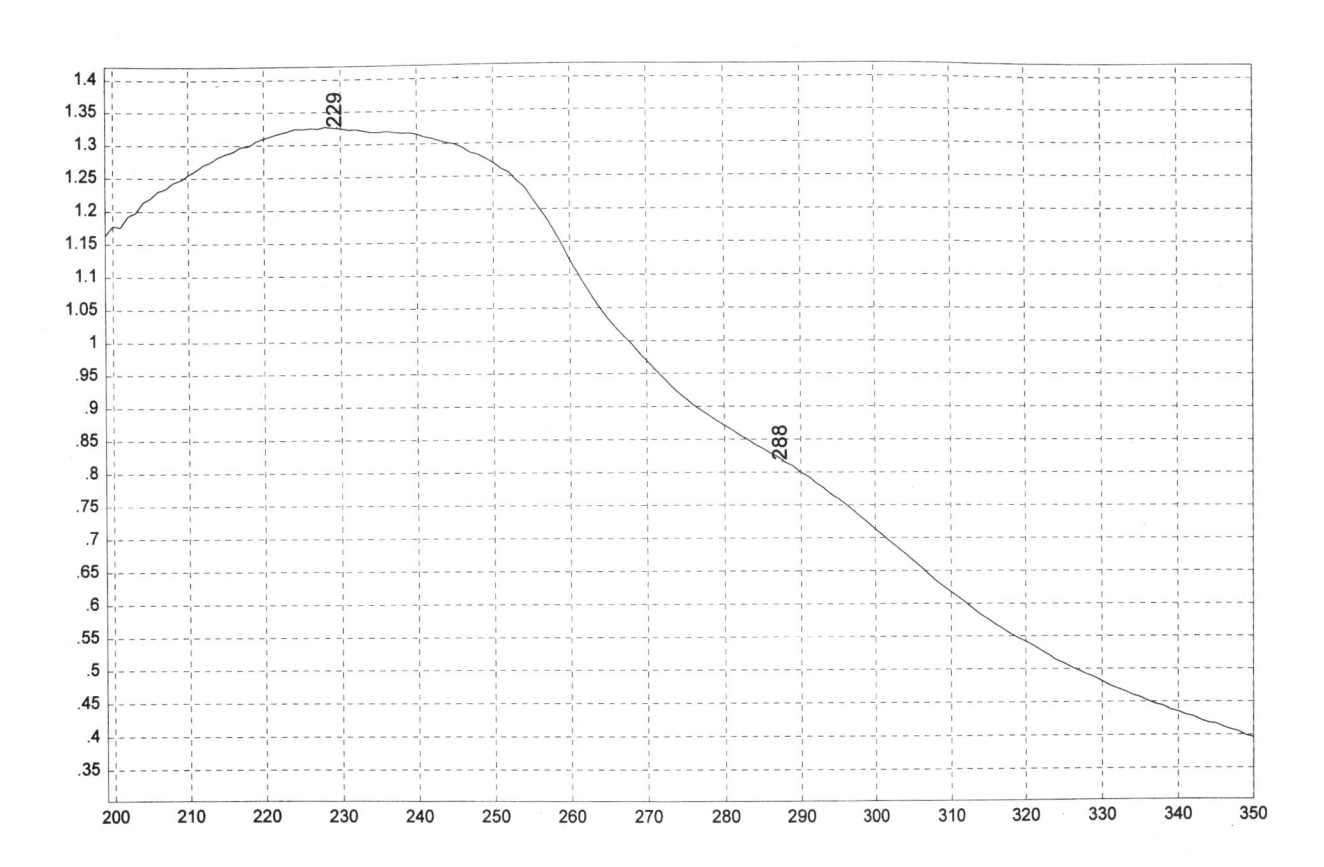

Absorbance / Nanometers

330 POLYACRYLAMIDE

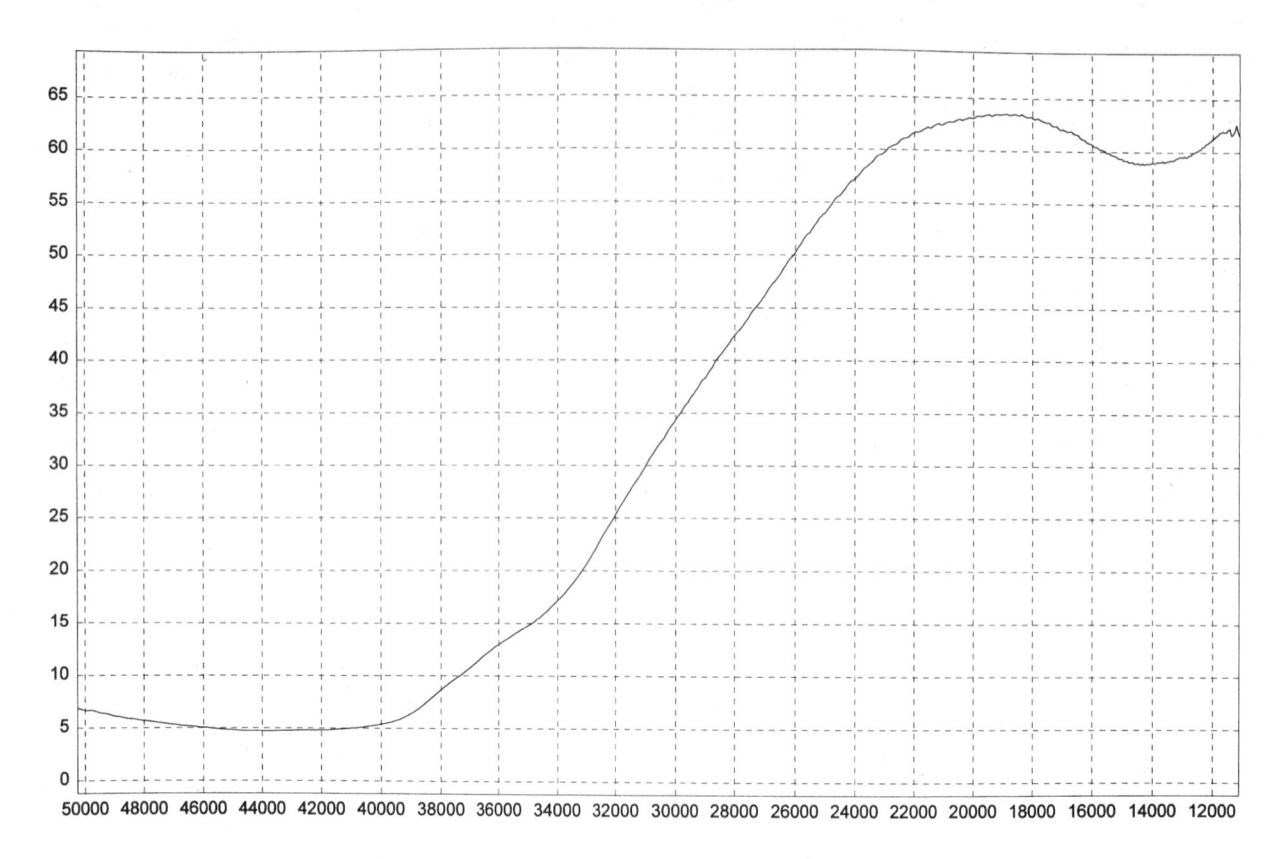

331 POLYACRYLAMIDE

Reflectance / Wavenumber (cm⁻¹)

332 POLYACRYLAMIDE, CARBOXYL MODIFIED (LOW CONTENT)

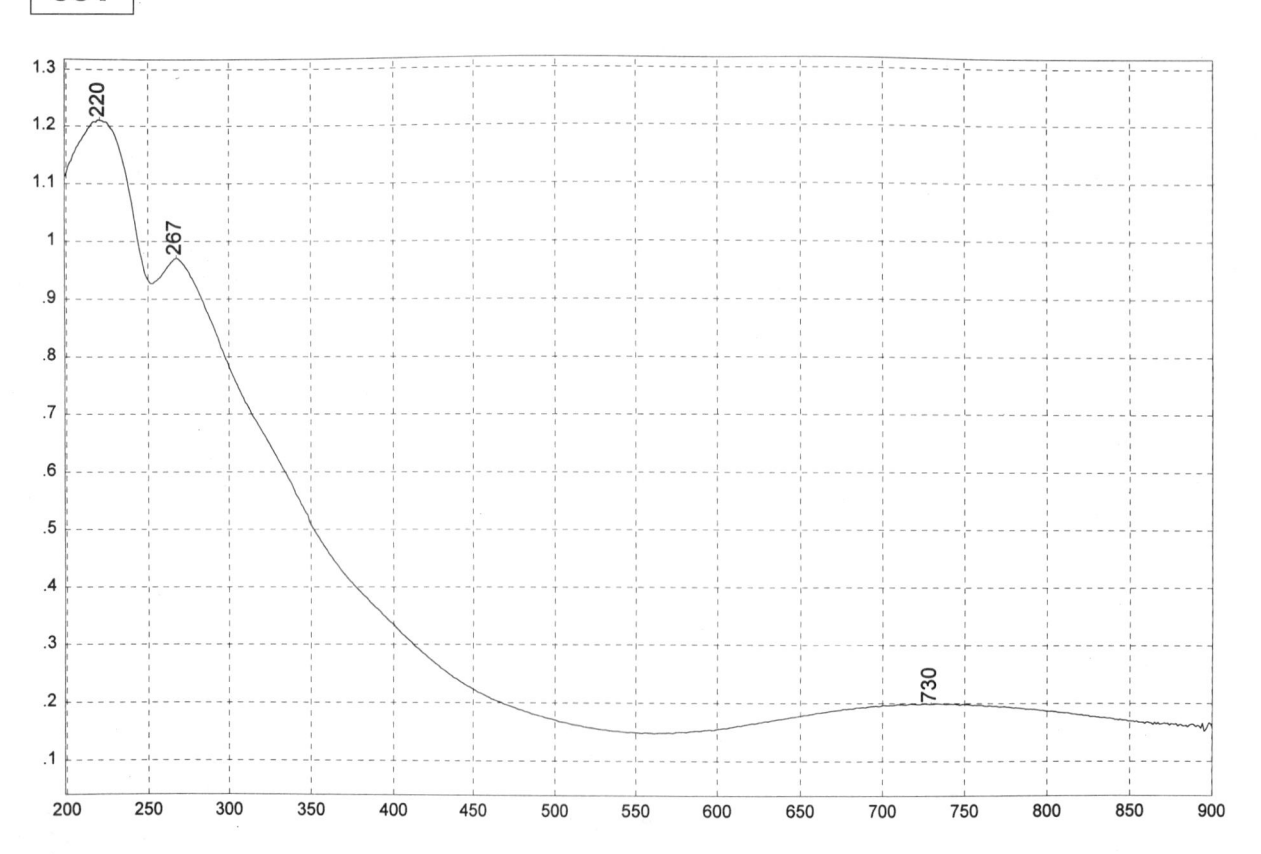

Absorbance / Nanometers

166

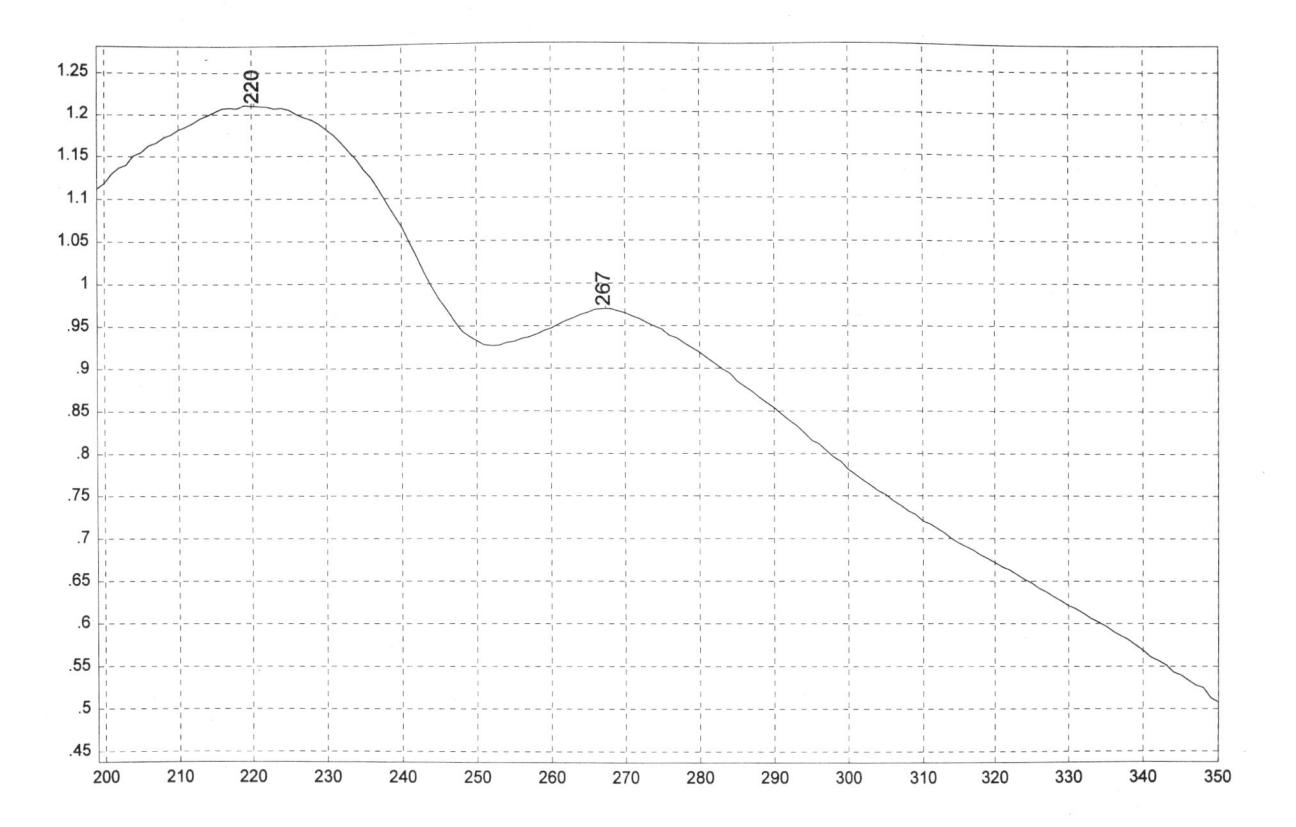

Absorbance / Nanometers

| 333 | **POLYACRYLAMIDE, CARBOXYL MODIFIED (LOW CONTENT)** |

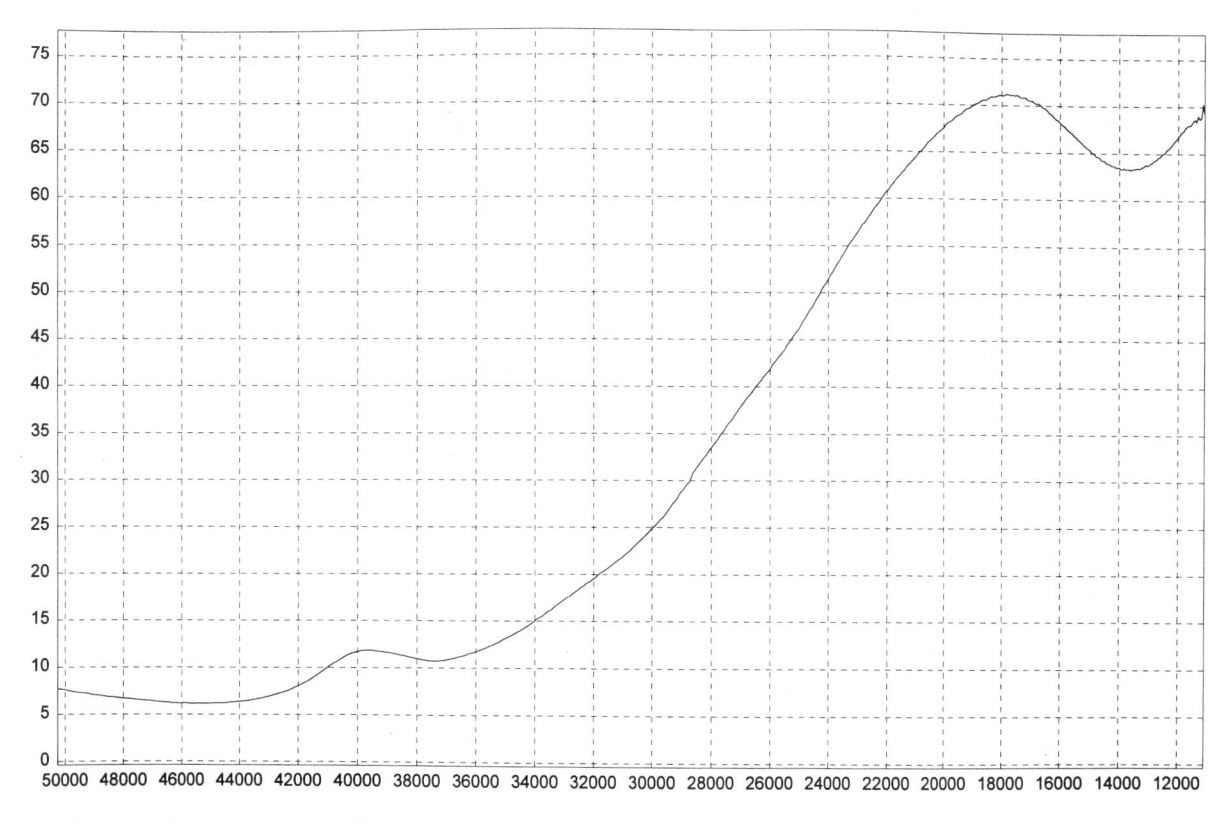

Reflectance / Wavenumber (cm^{-1})

| 334 | **POLYACRYLAMIDE, CARBOXYL MODIFIED (LOW CONTENT)** |

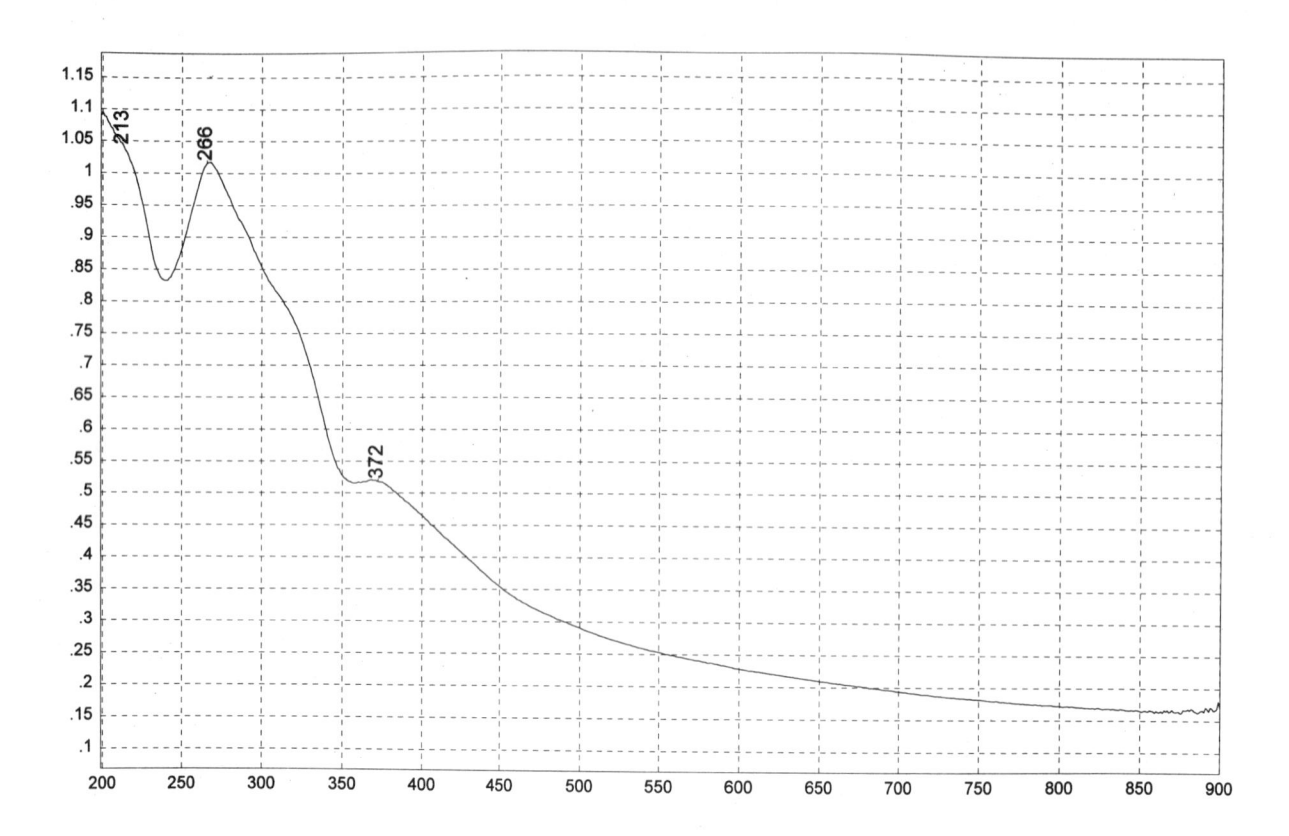

335 POLYACRYLAMIDE, CARBOXYL MODIFIED (HIGH CONTENT)

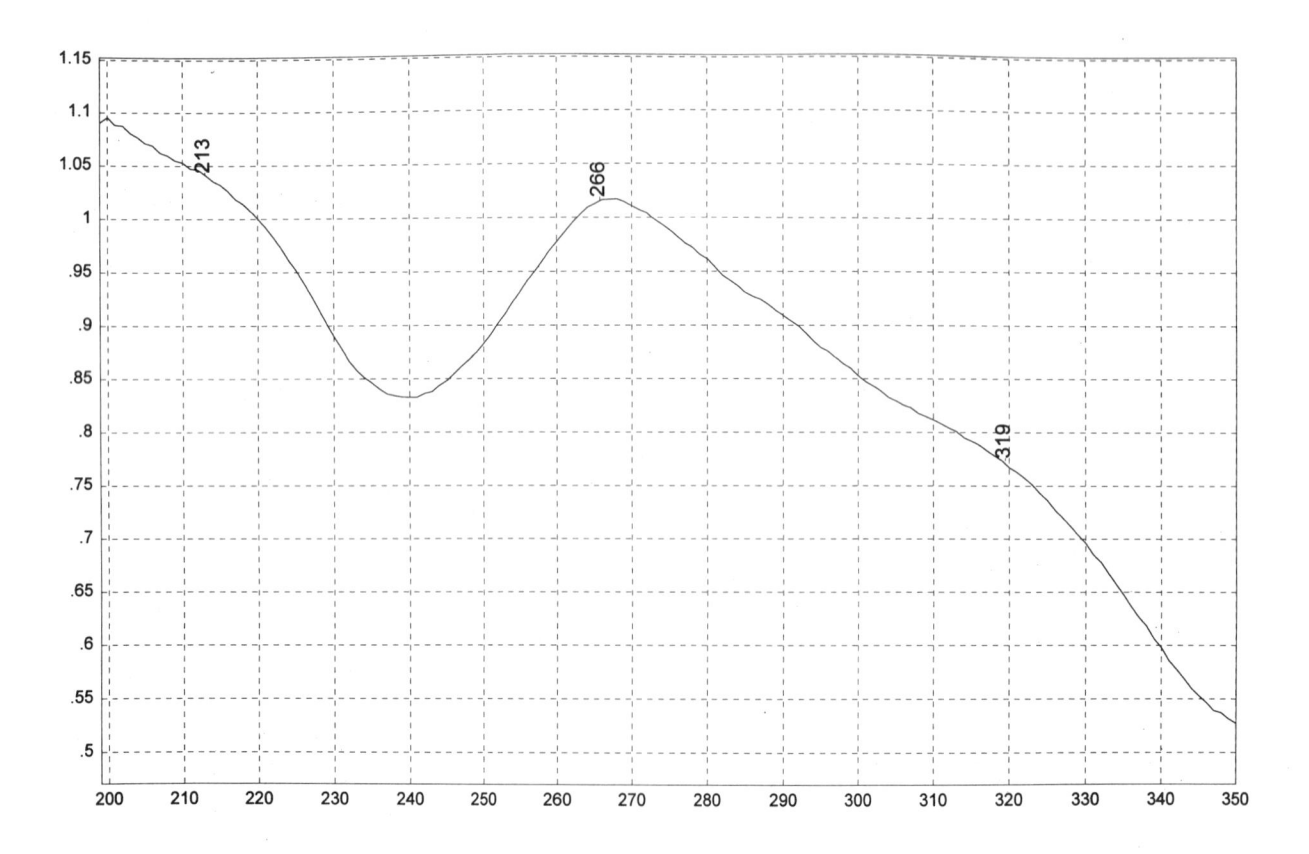

336 POLYACRYLAMIDE, CARBOXYL MODIFIED (HIGH CONTENT)

Reflectance / Wavenumber (cm⁻¹)

| 337 | **POLYACRYLAMIDE, CARBOXYL MODIFIED (HIGH CONTENT)** |

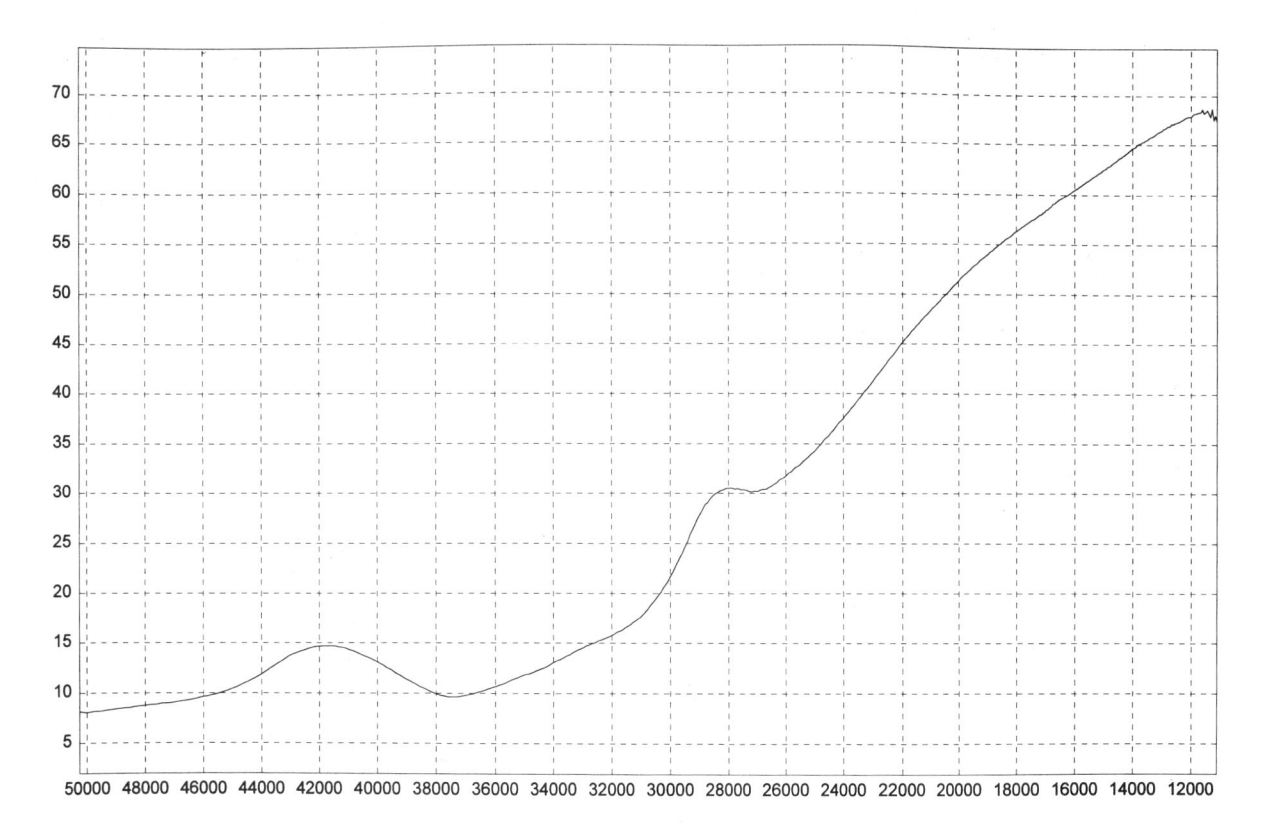

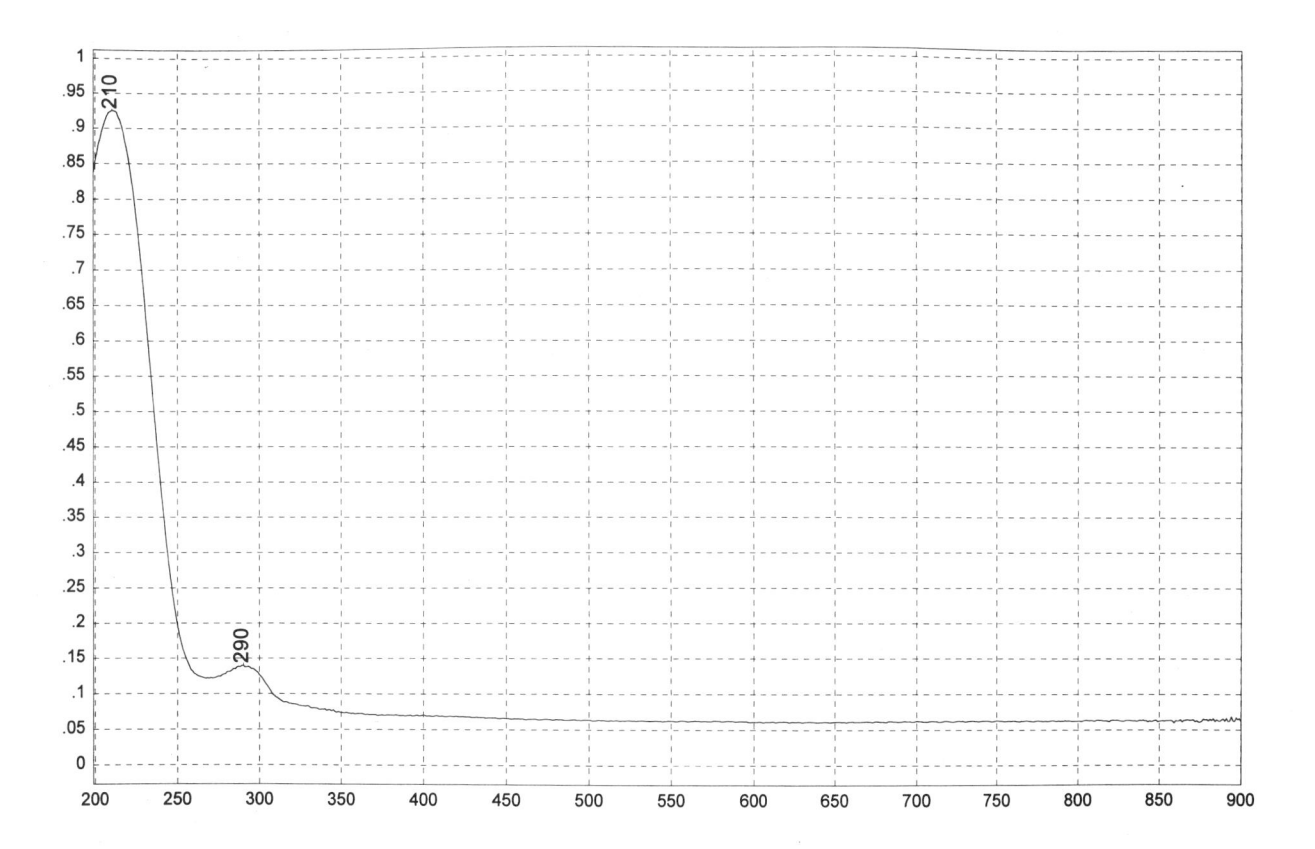

Absorbance / Nanometers

| 338 | **POLY(ACRYLIC ACID)** |

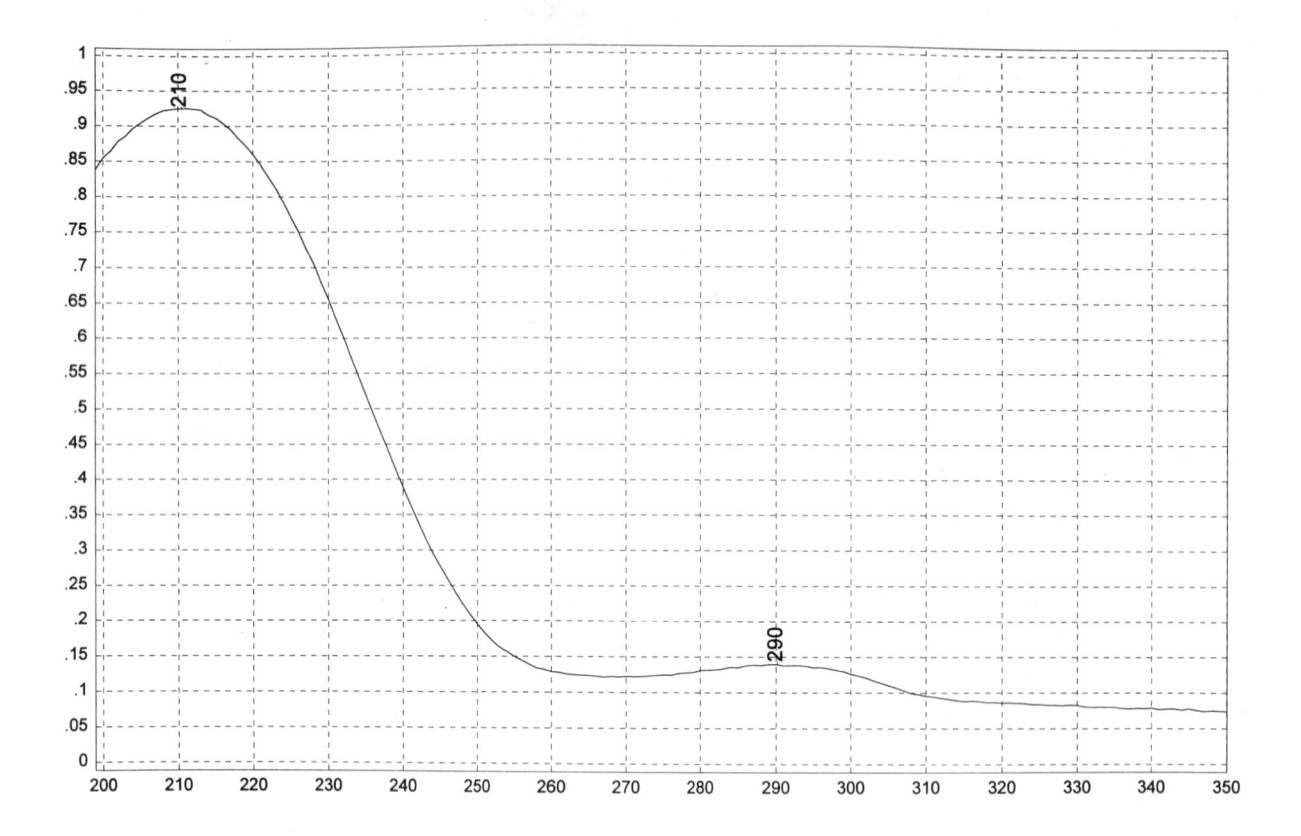

Absorbance / Nanometers

339 POLY(ACRYLIC ACID)

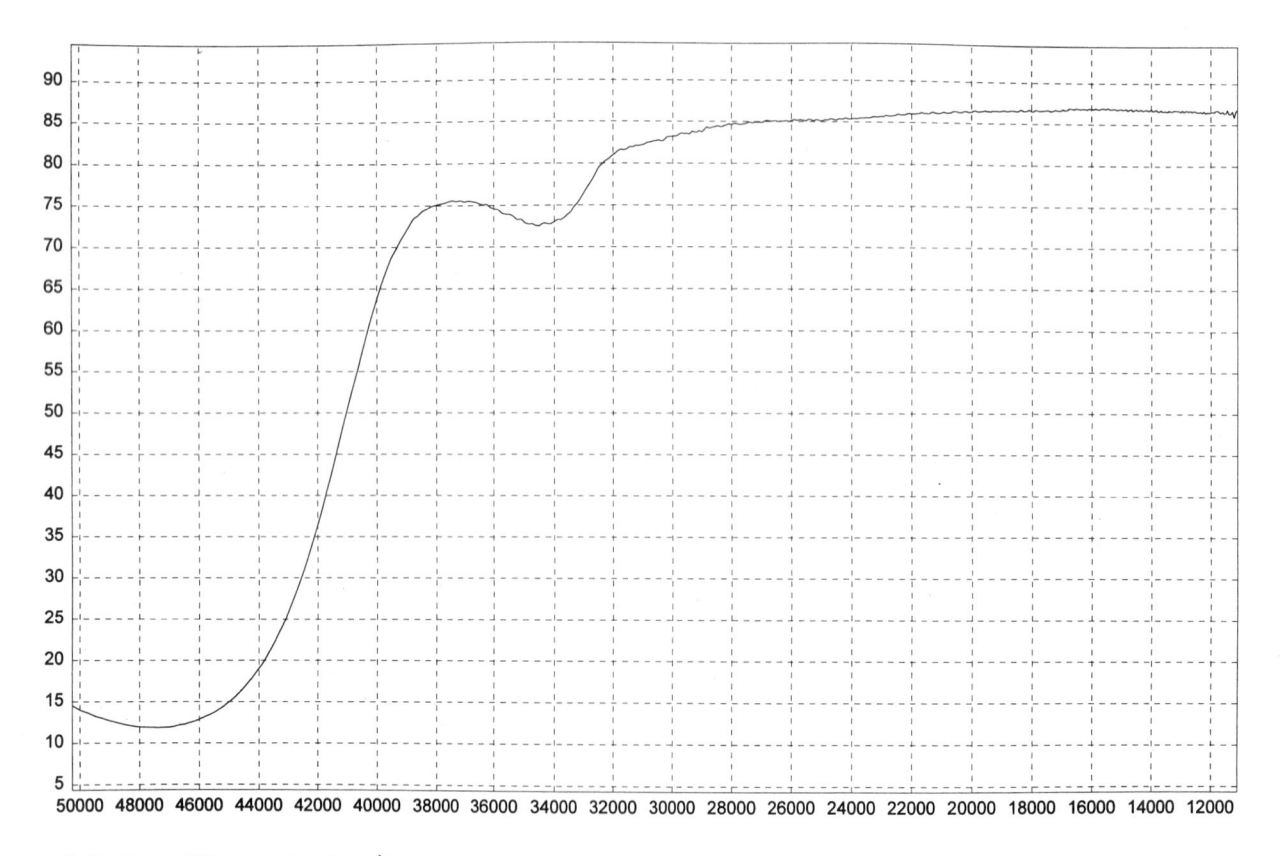

Reflectance / Wavenumber (cm⁻¹)

340 POLY(ACRYLIC ACID)

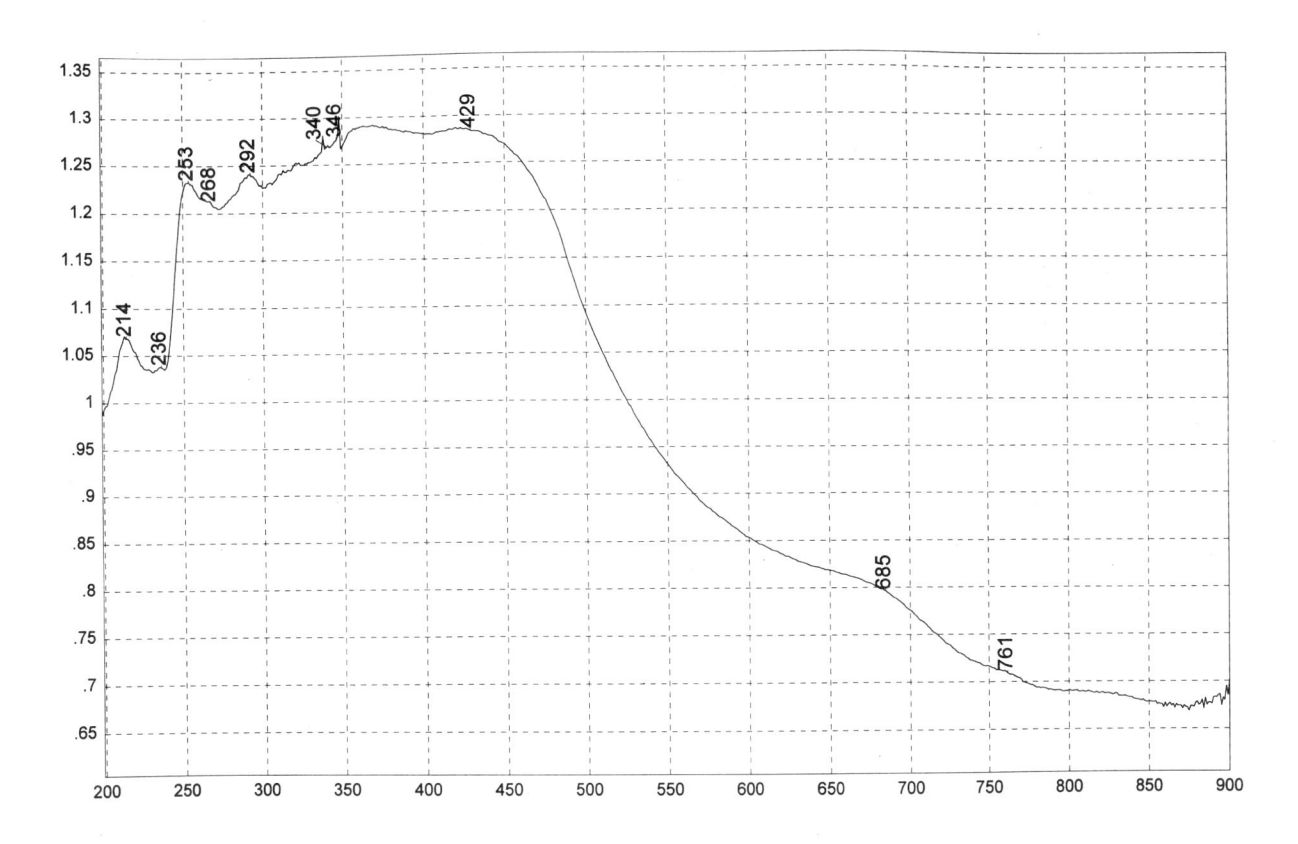

Absorbance / Nanometers

341   POLYAMIDE RESIN

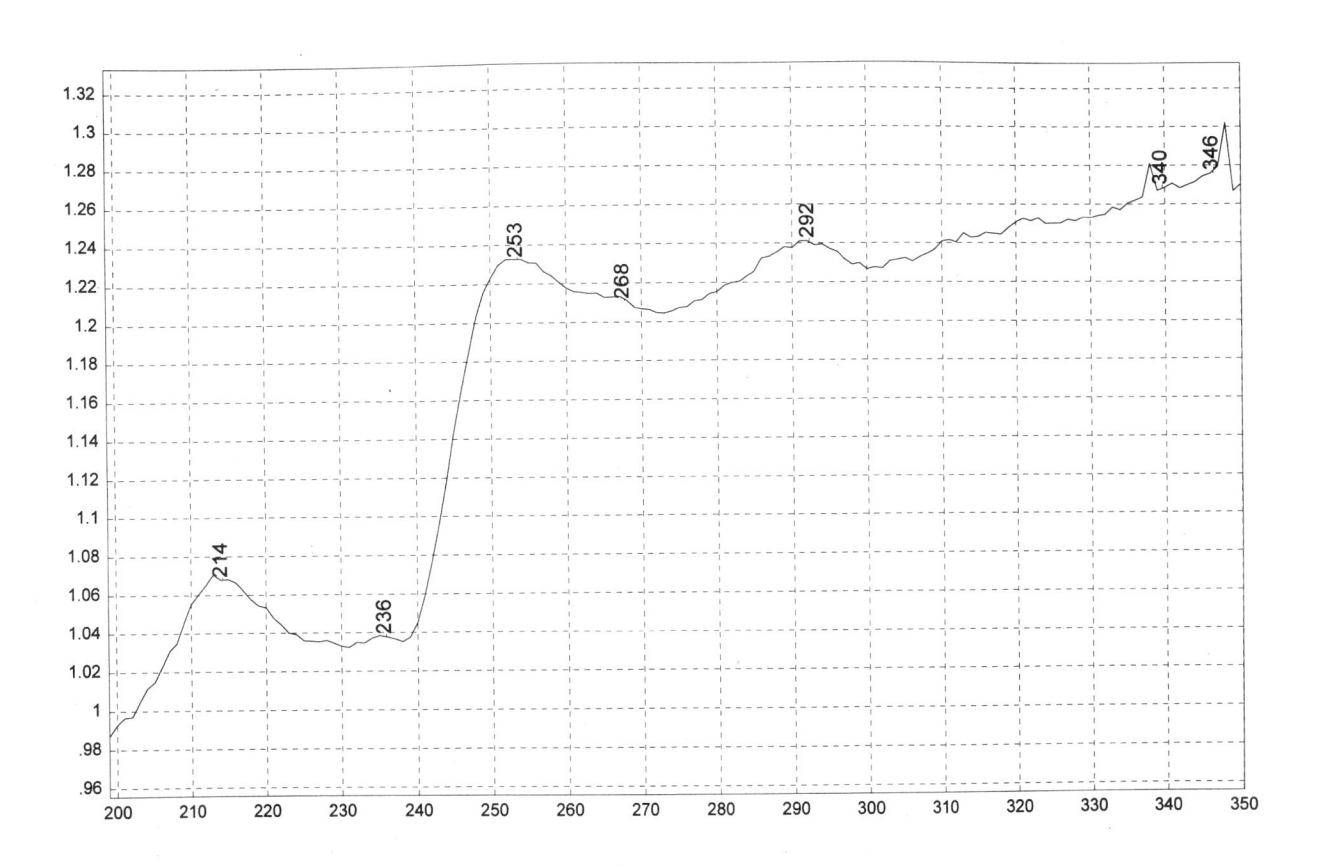

Absorbance / Nanometers

342   POLYAMIDE RESIN

343 POLYAMIDE RESIN

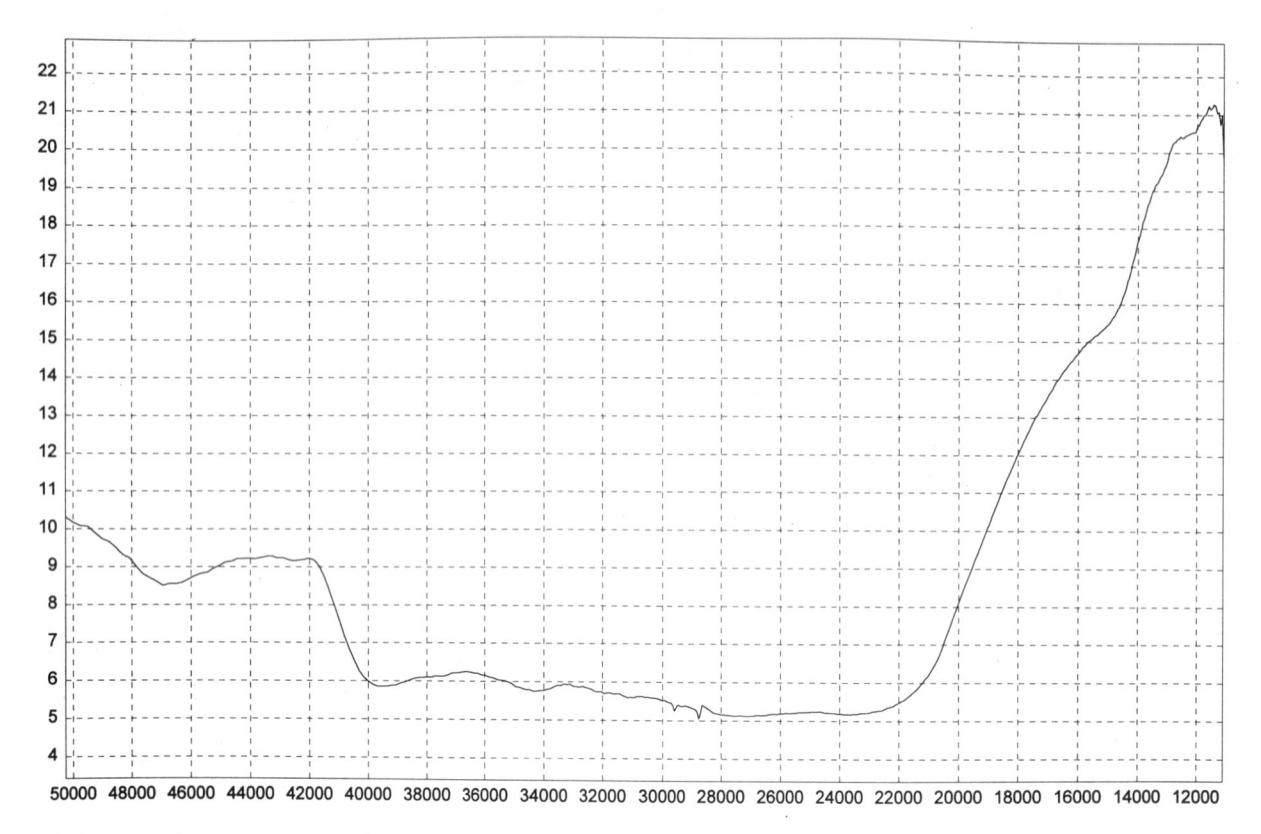

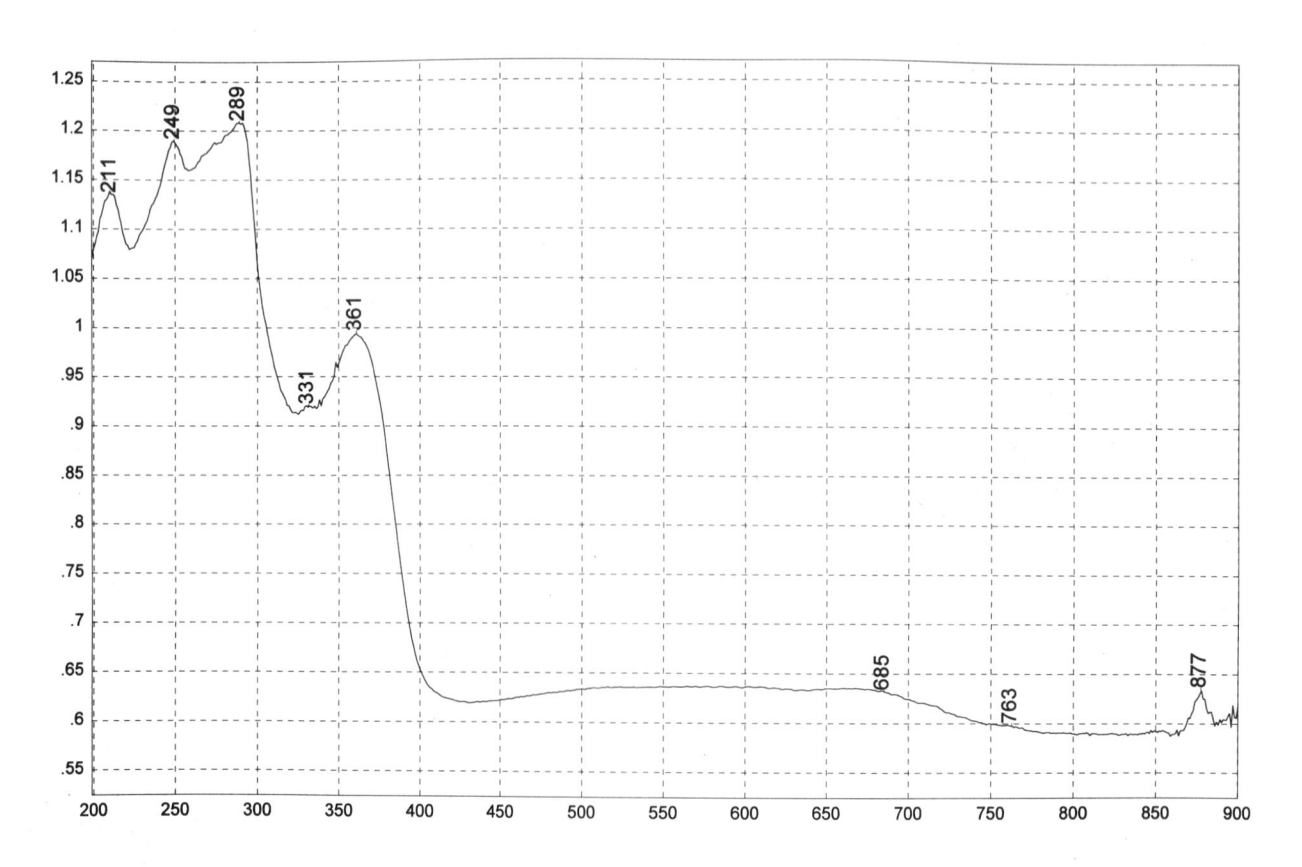

344 1,2-POLYBUTADIENE

Absorbance / Nanometers

1,2-POLYBUTADIENE

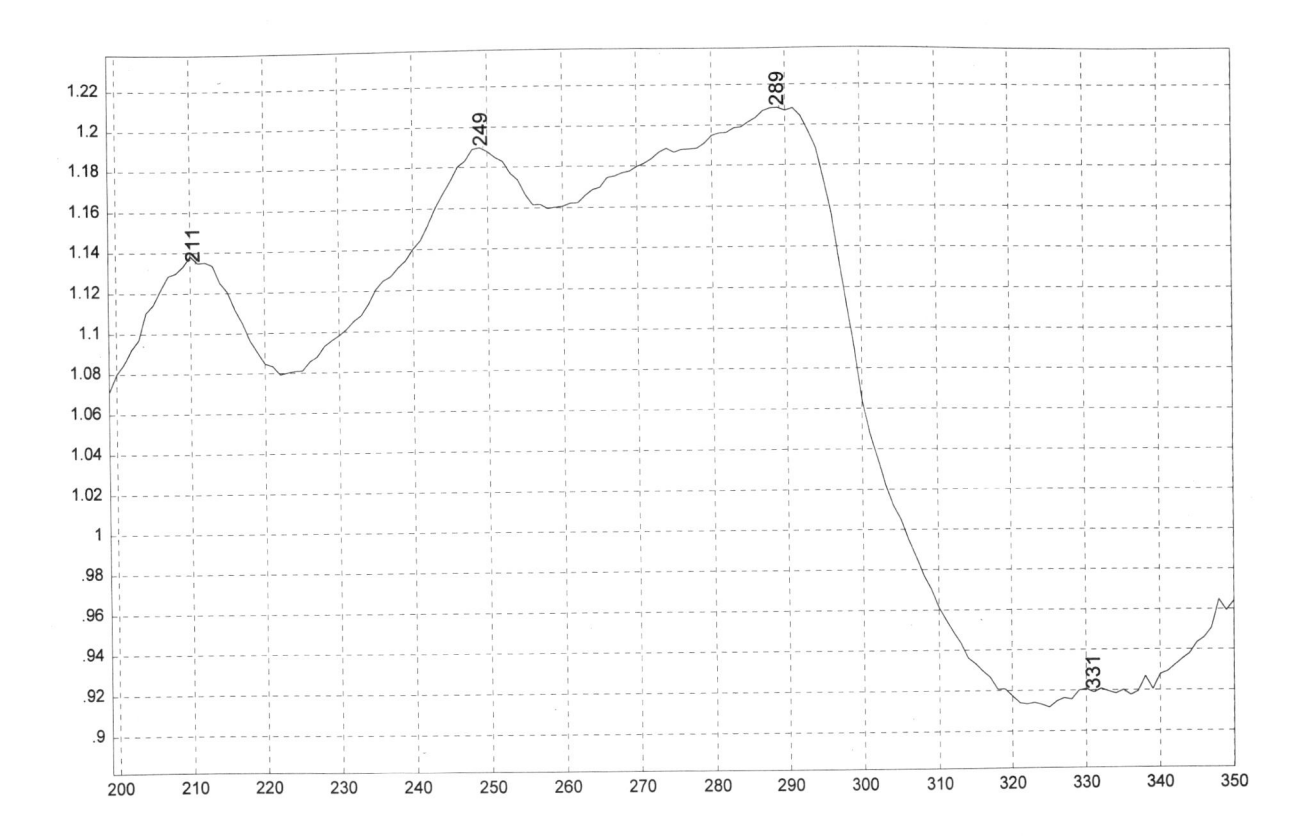

345

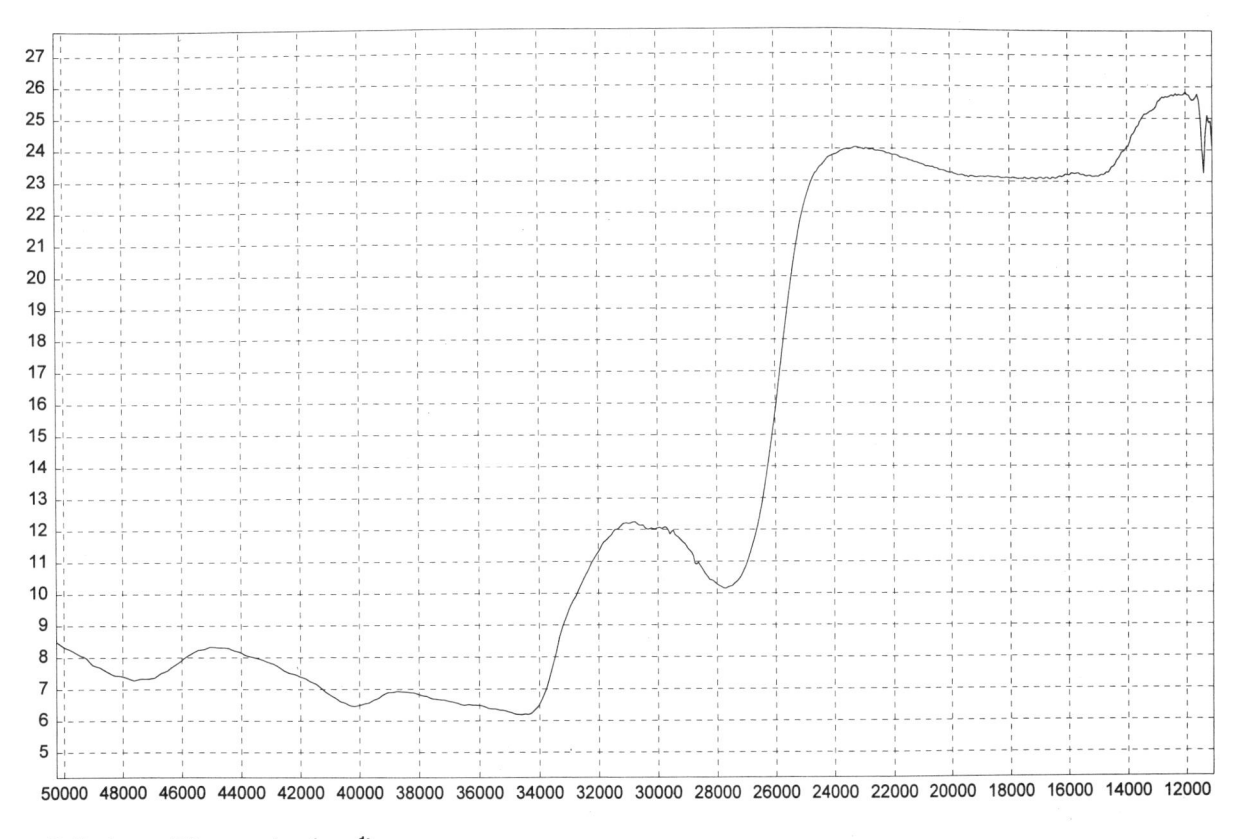

Reflectance / Wavenumber (cm⁻¹)

1,2-POLYBUTADIENE

346

Absorbance / Nanometers

347   **1,2-POLYBUTADIENE**

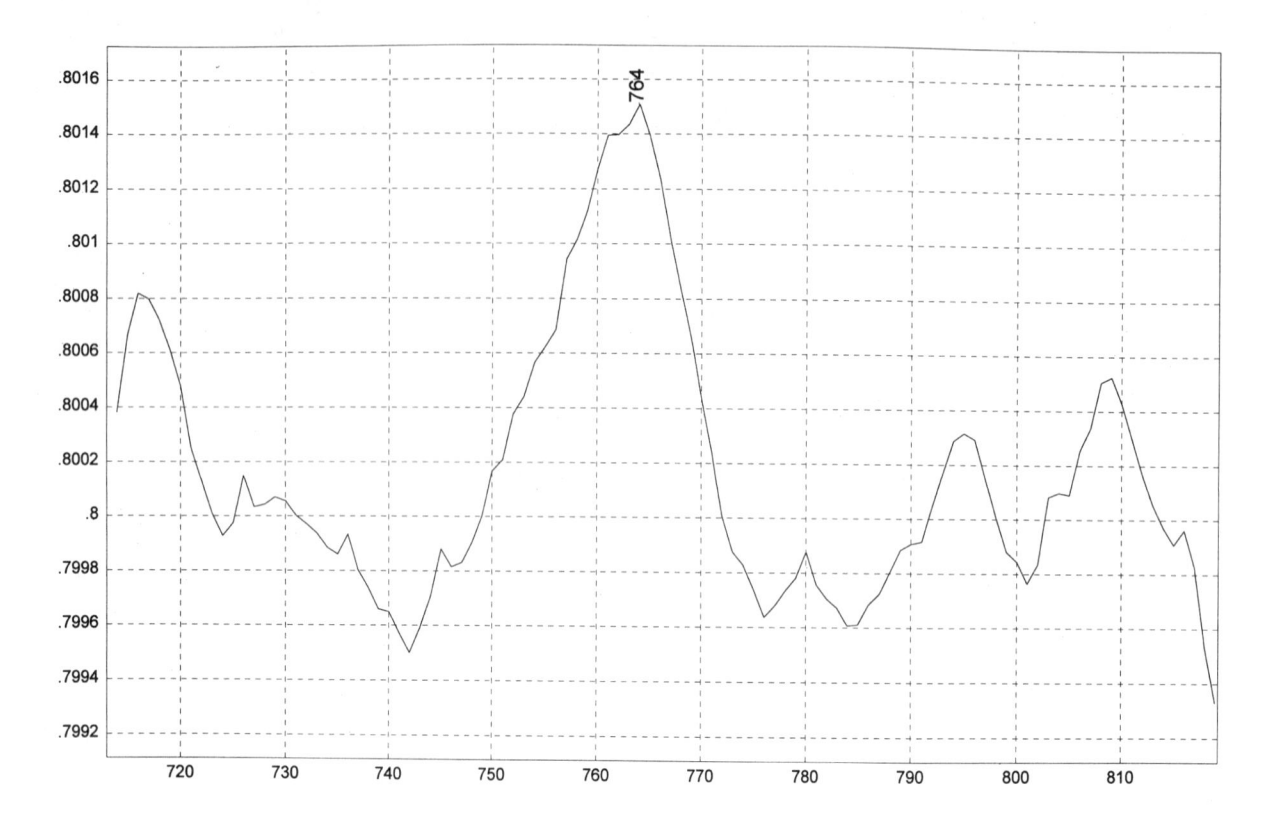

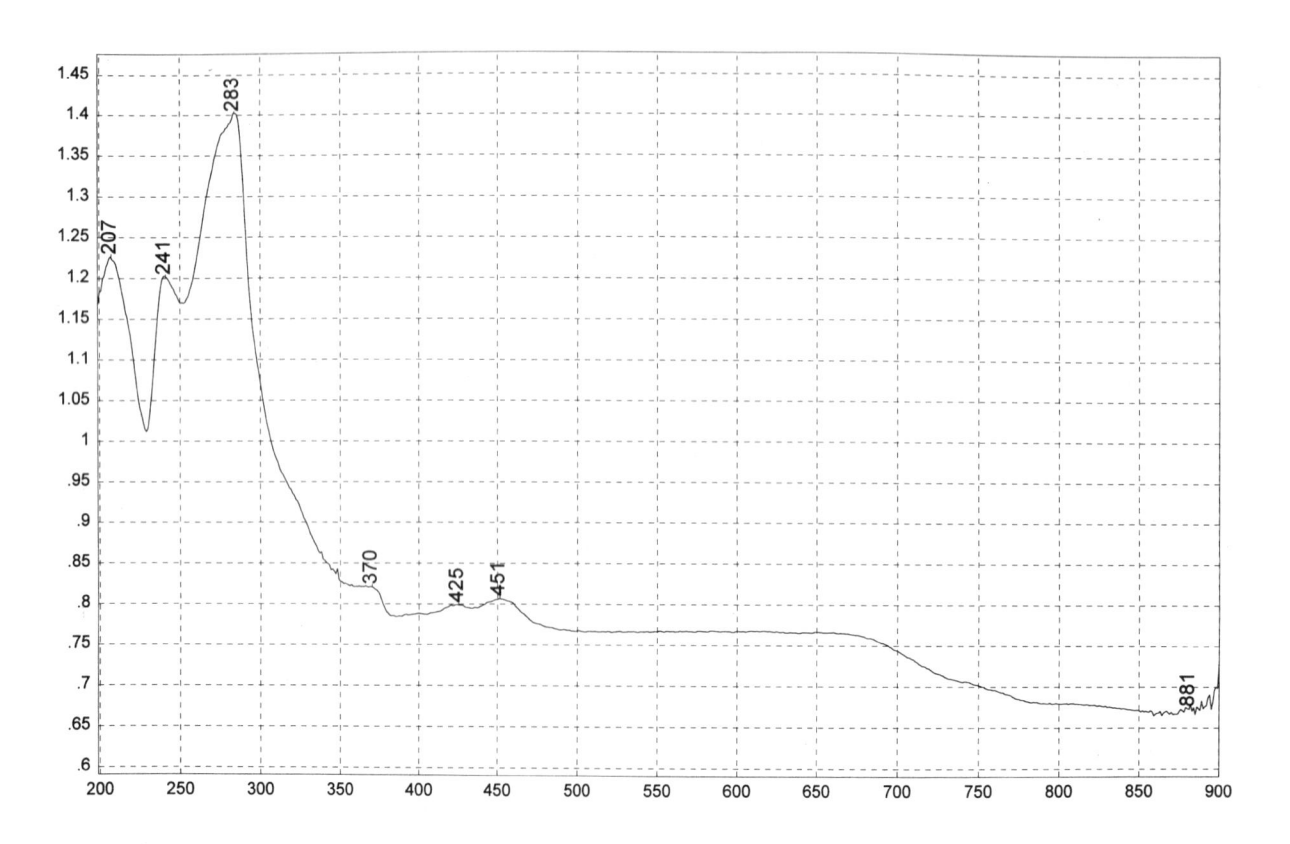

Absorbance / Nanometers

348   **POLY(1-BUTENE), ISOTACTIC**

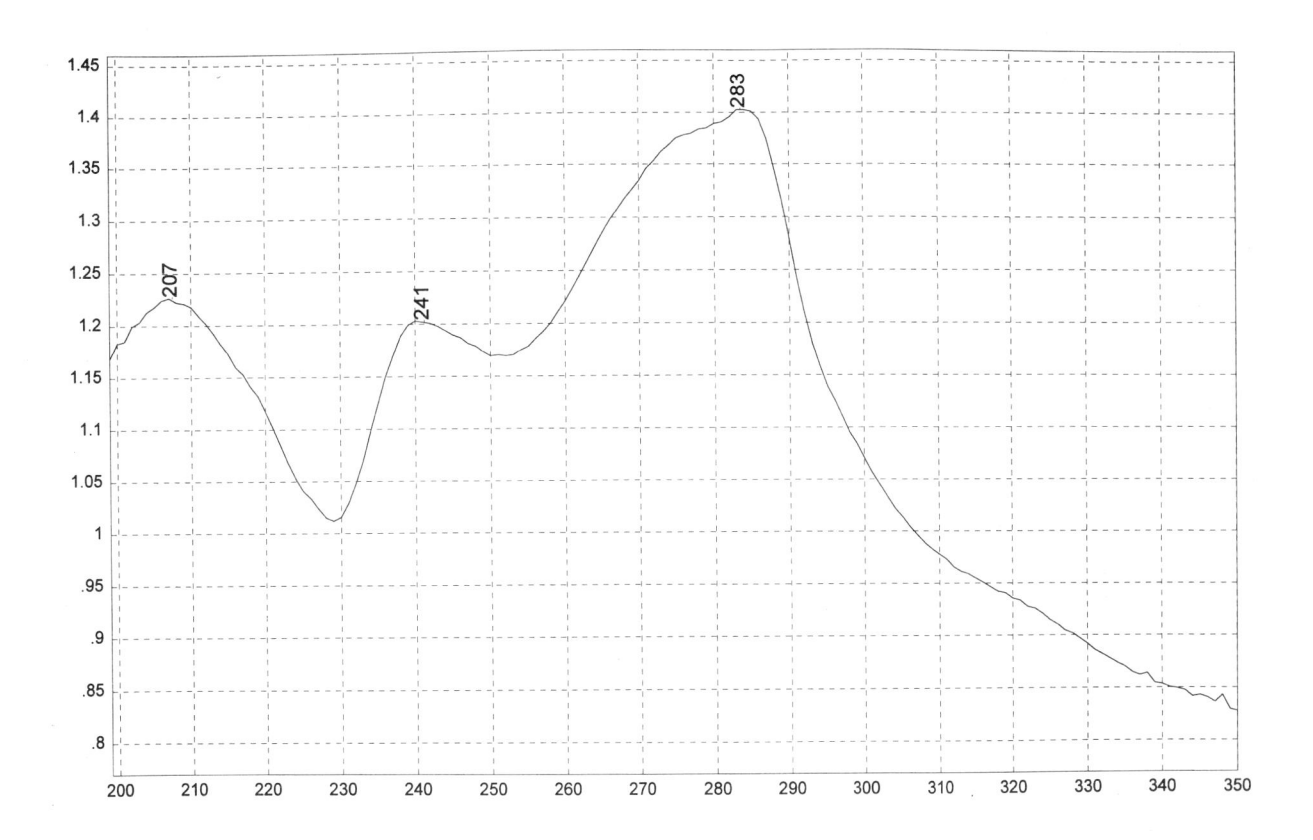

Absorbance / Nanometers

349 POLY(1-BUTENE), ISOTACTIC

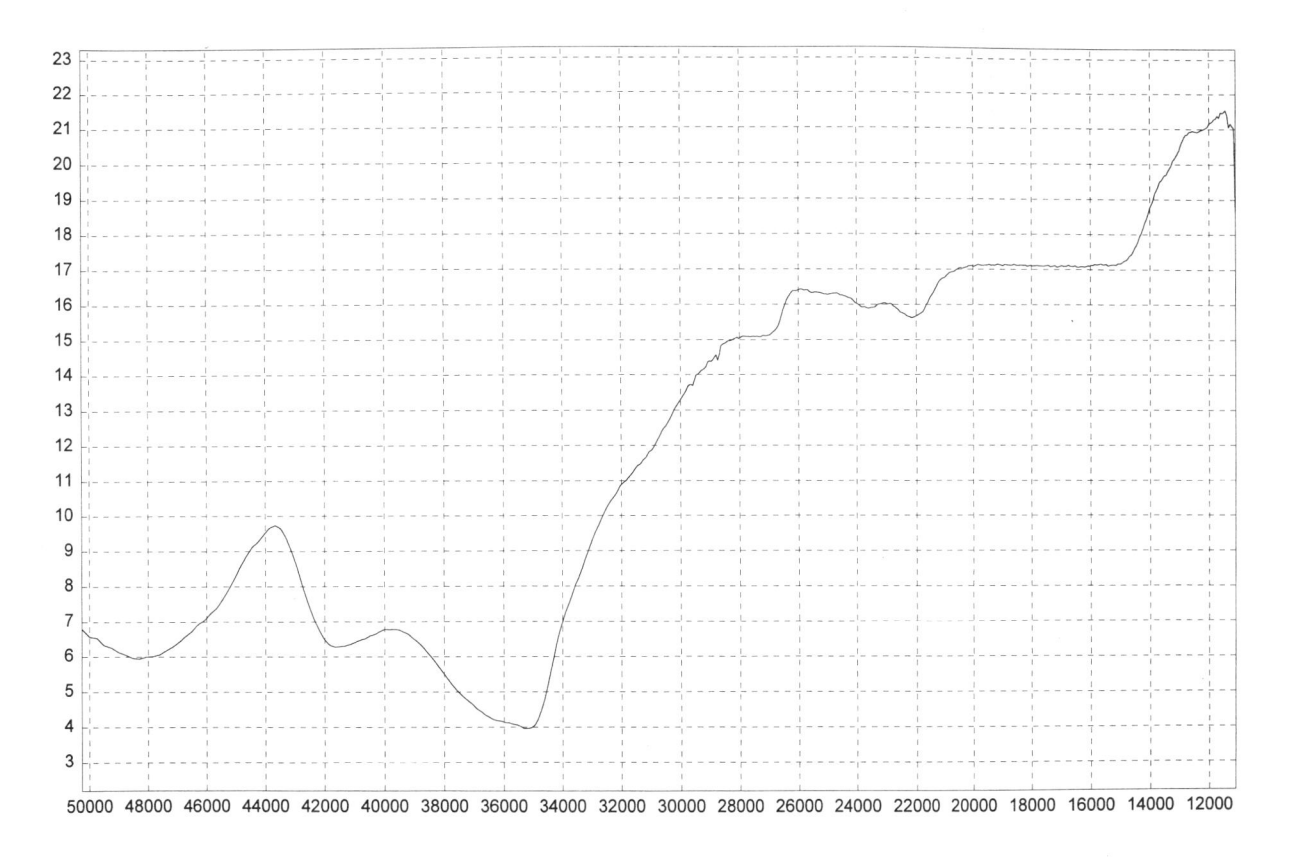

Reflectance / Wavenumber (cm⁻¹)

350 POLY(1-BUTENE), ISOTACTIC

Absorbance / Nanometers

351

POLY(1-BUTENE), ISOTACTIC

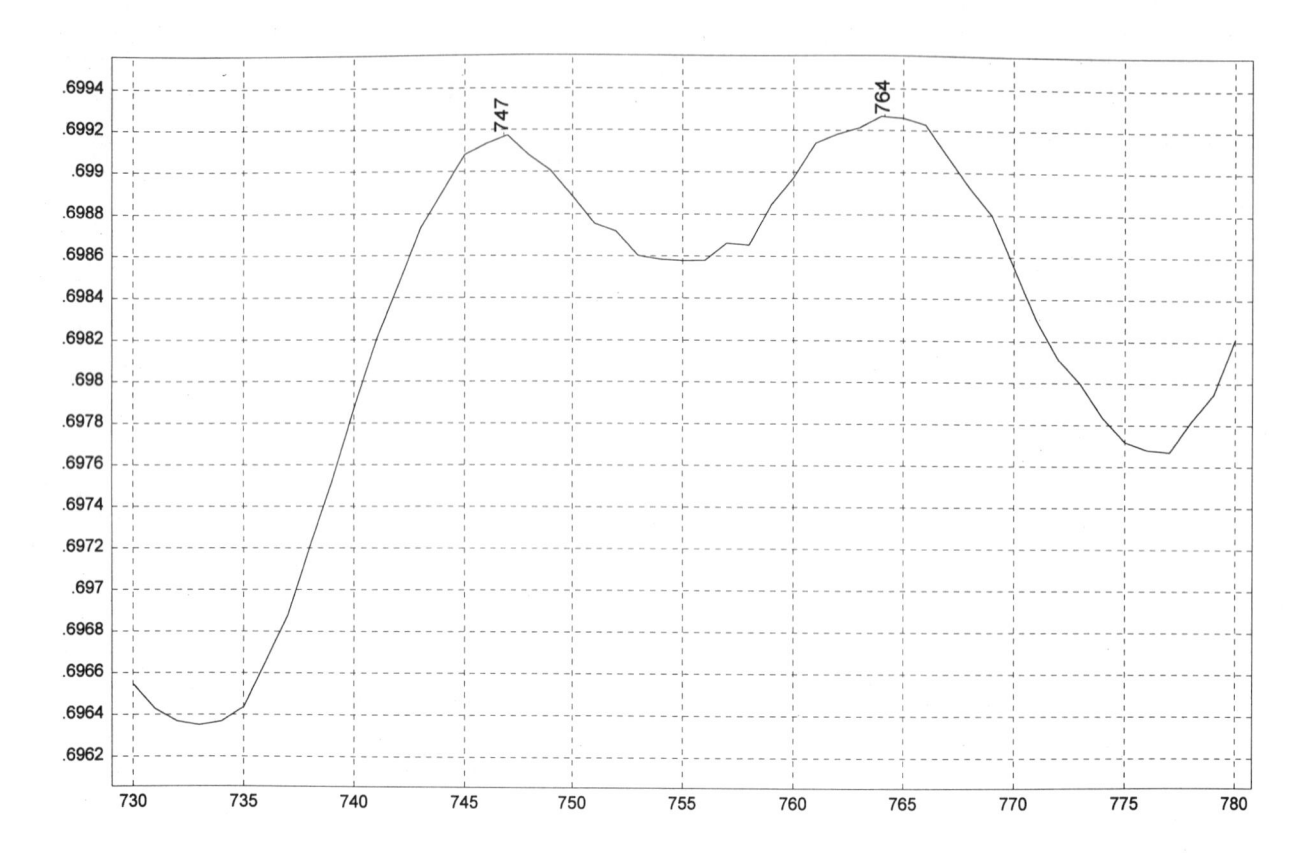

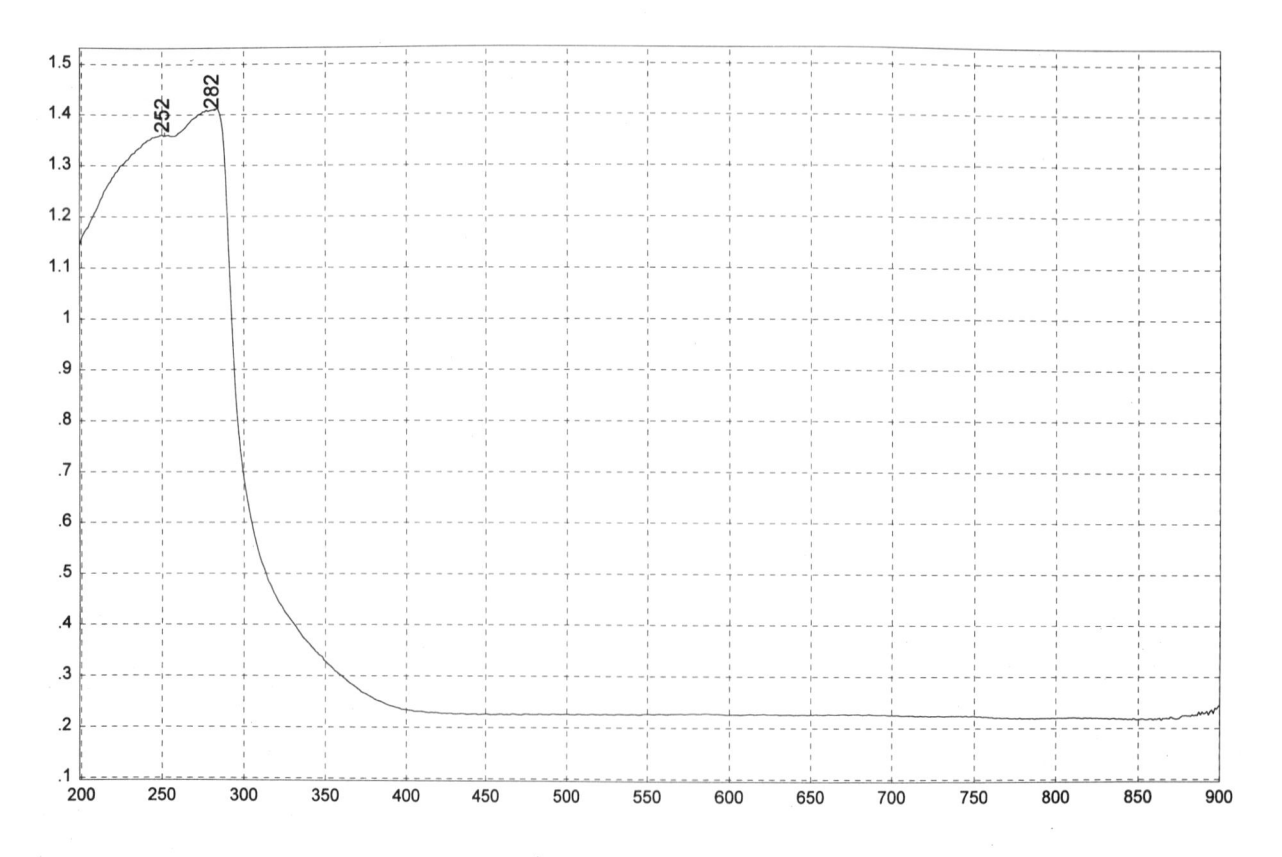

Absorbance / Nanometers

352

POLY(n-BUTYL METHACRYLATE)

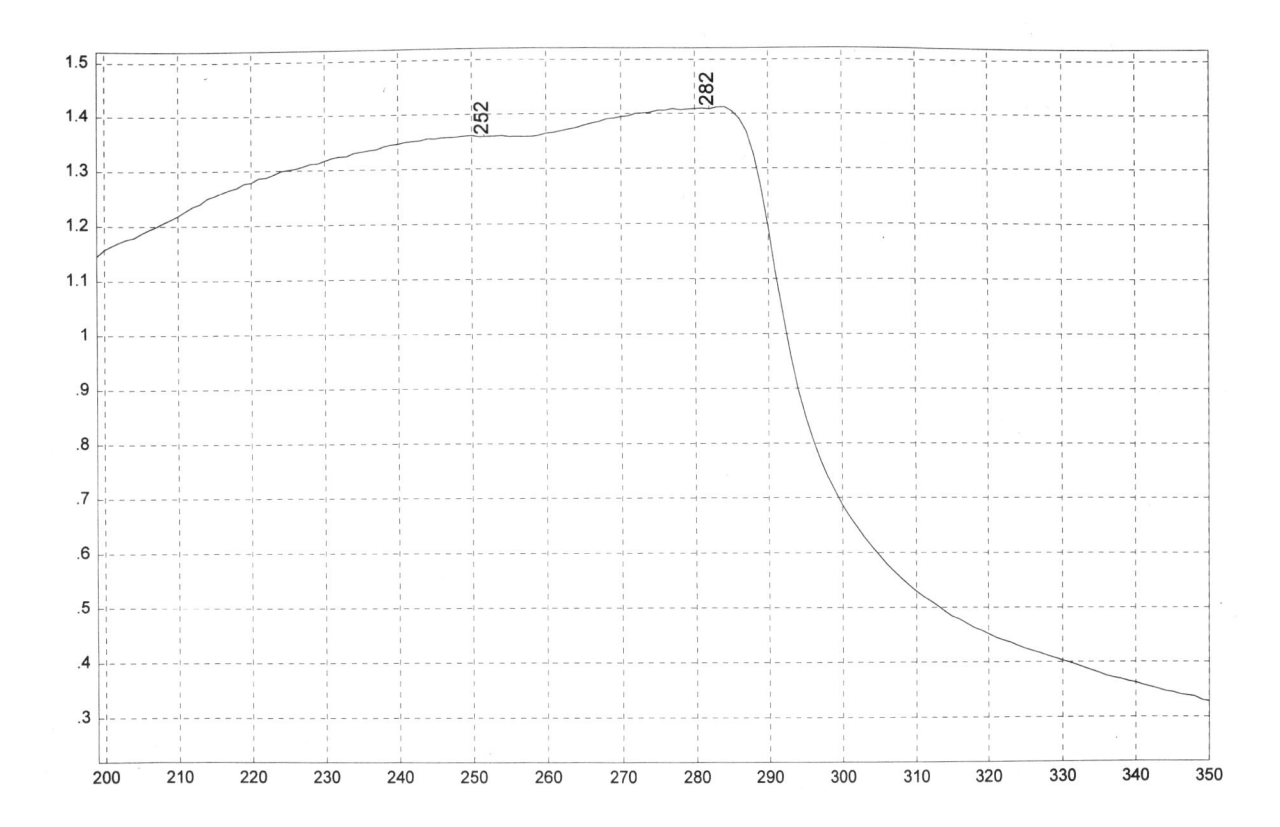

Absorbance / Nanometers

353 POLY(n-BUTYL METHACRYLATE)

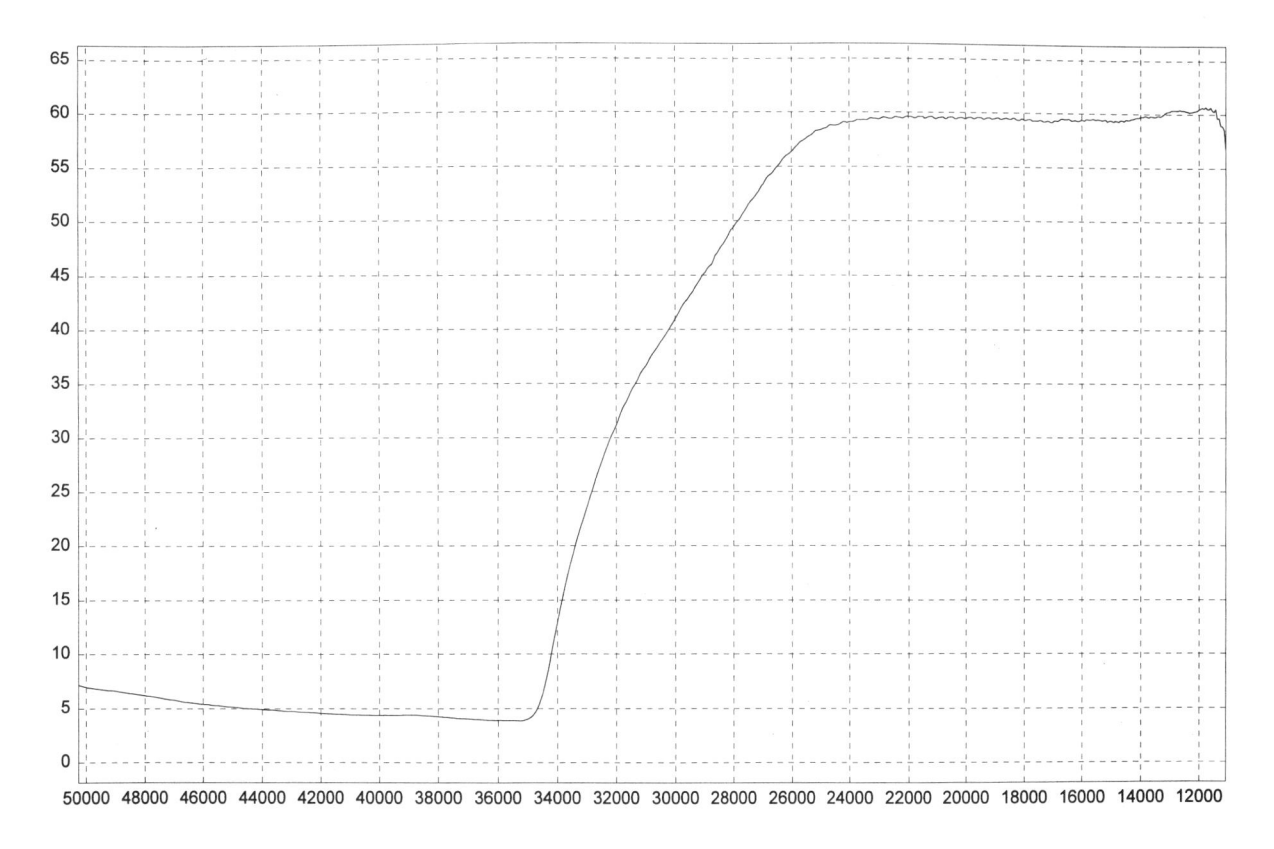

Reflectance / Wavenumber (cm⁻¹)

354 POLY(n-BUTYL METHACRYLATE)

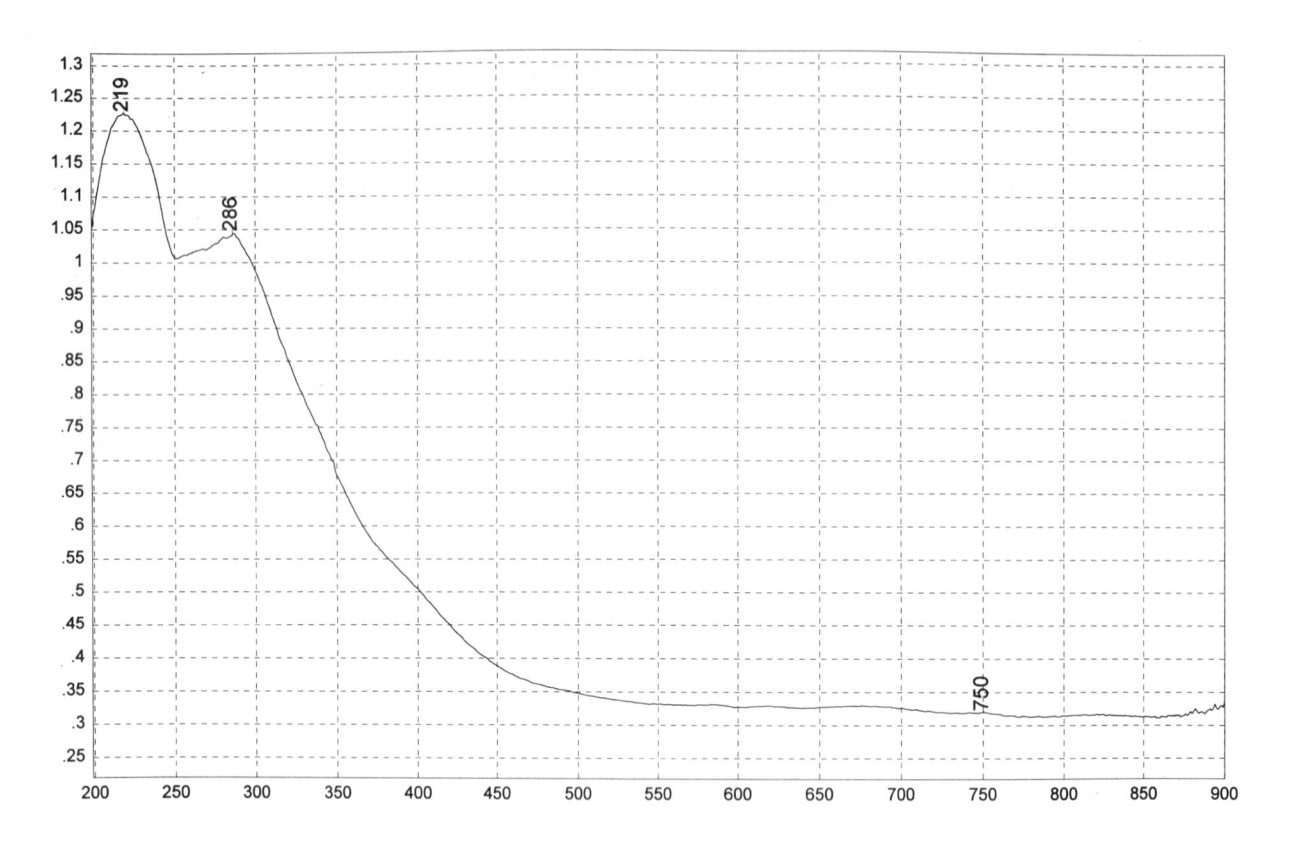

355 POLYCAPROLACTONE

356 POLYCAPROLACTONE

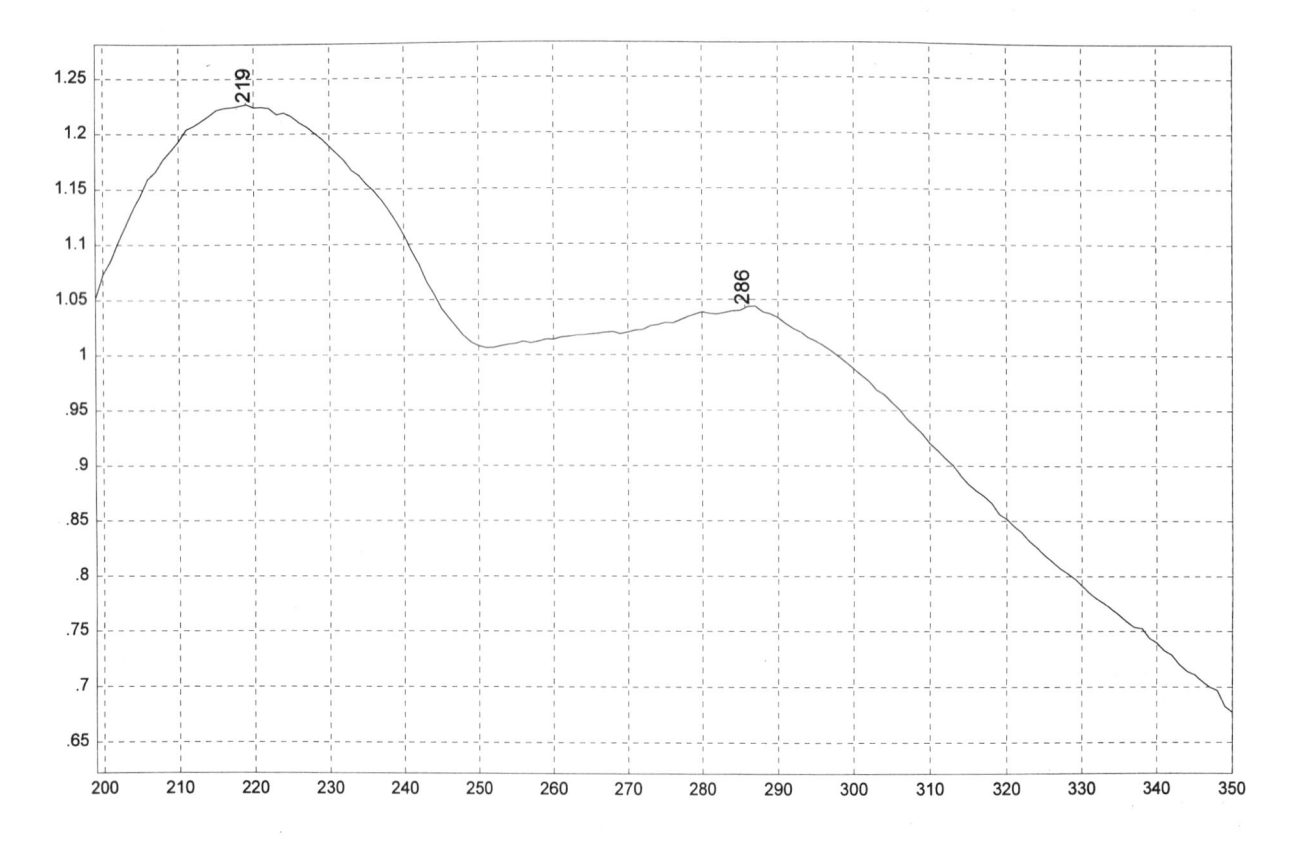

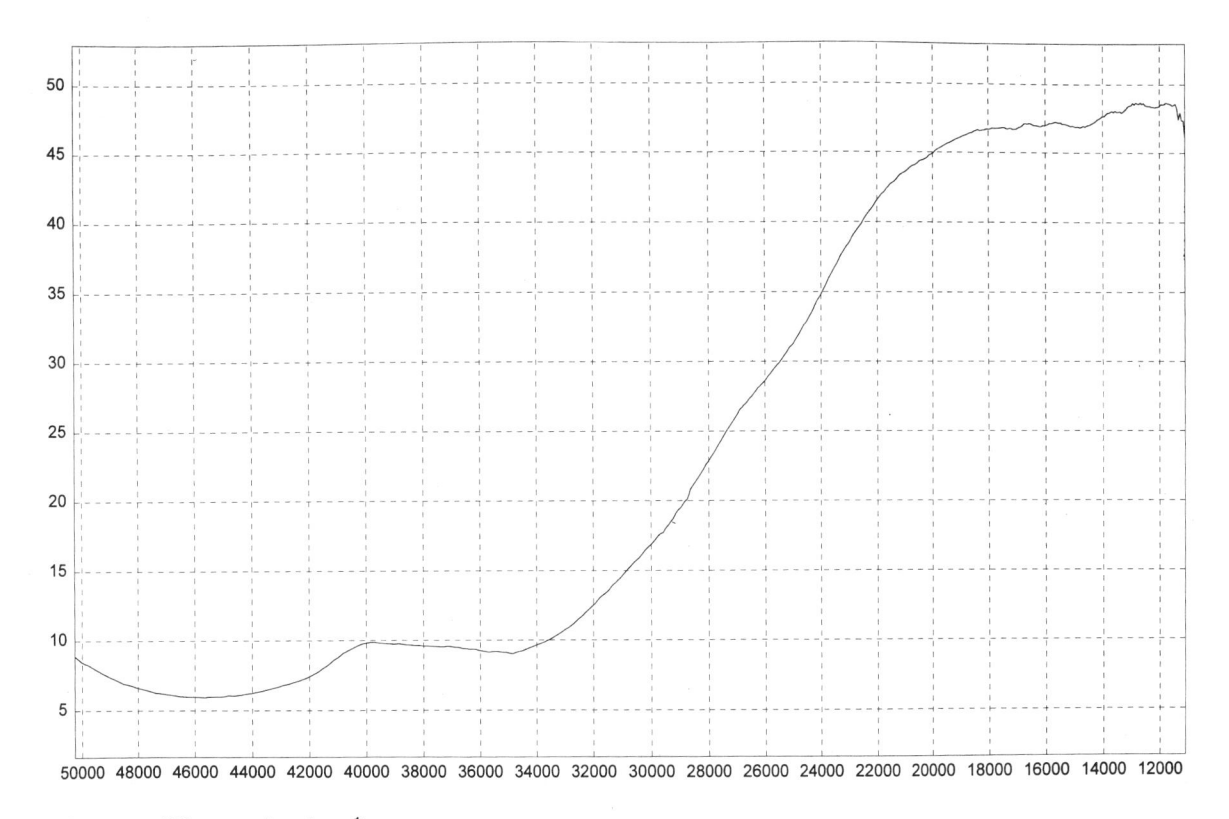

Reflectance / Wavenumber (cm⁻¹)

POLYCAPROLACTONE

357

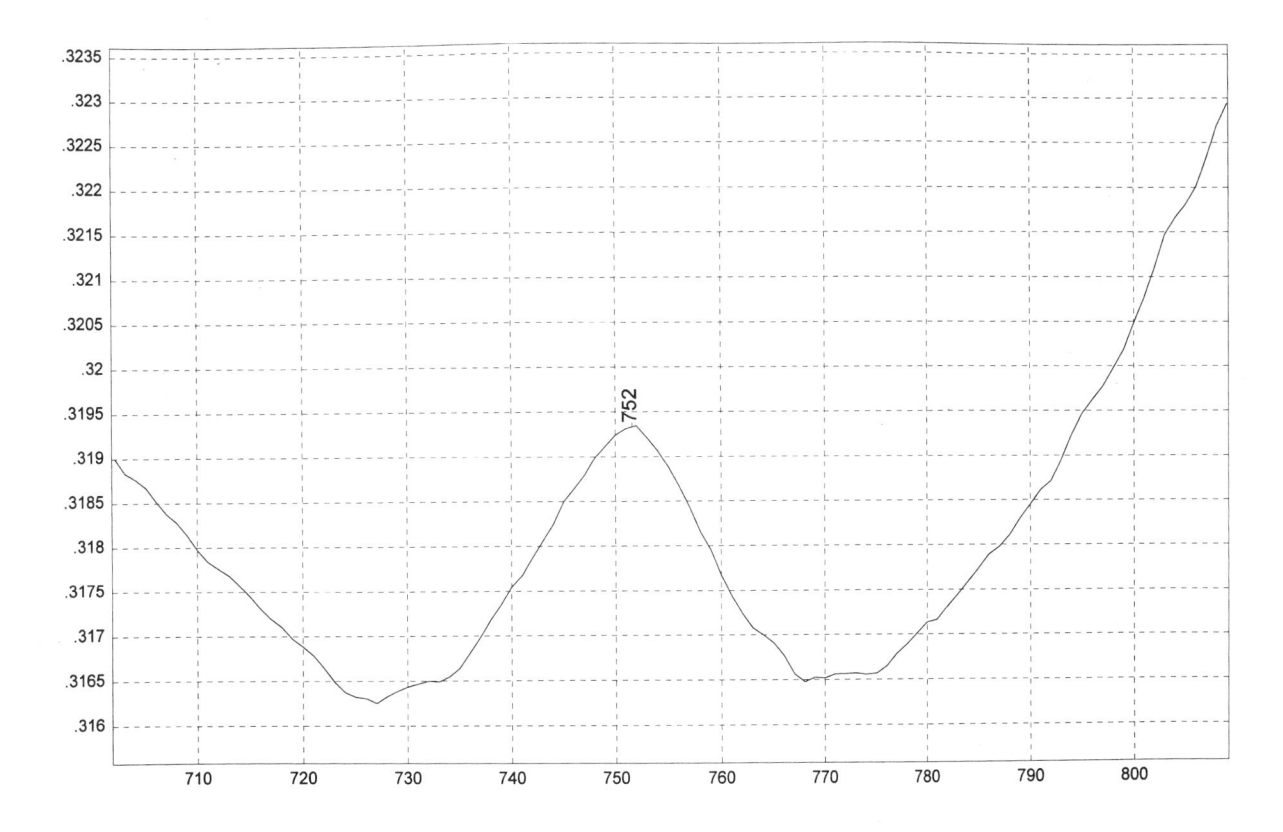

Absorbance / Nanometers

POLYCAPROLACTONE

358

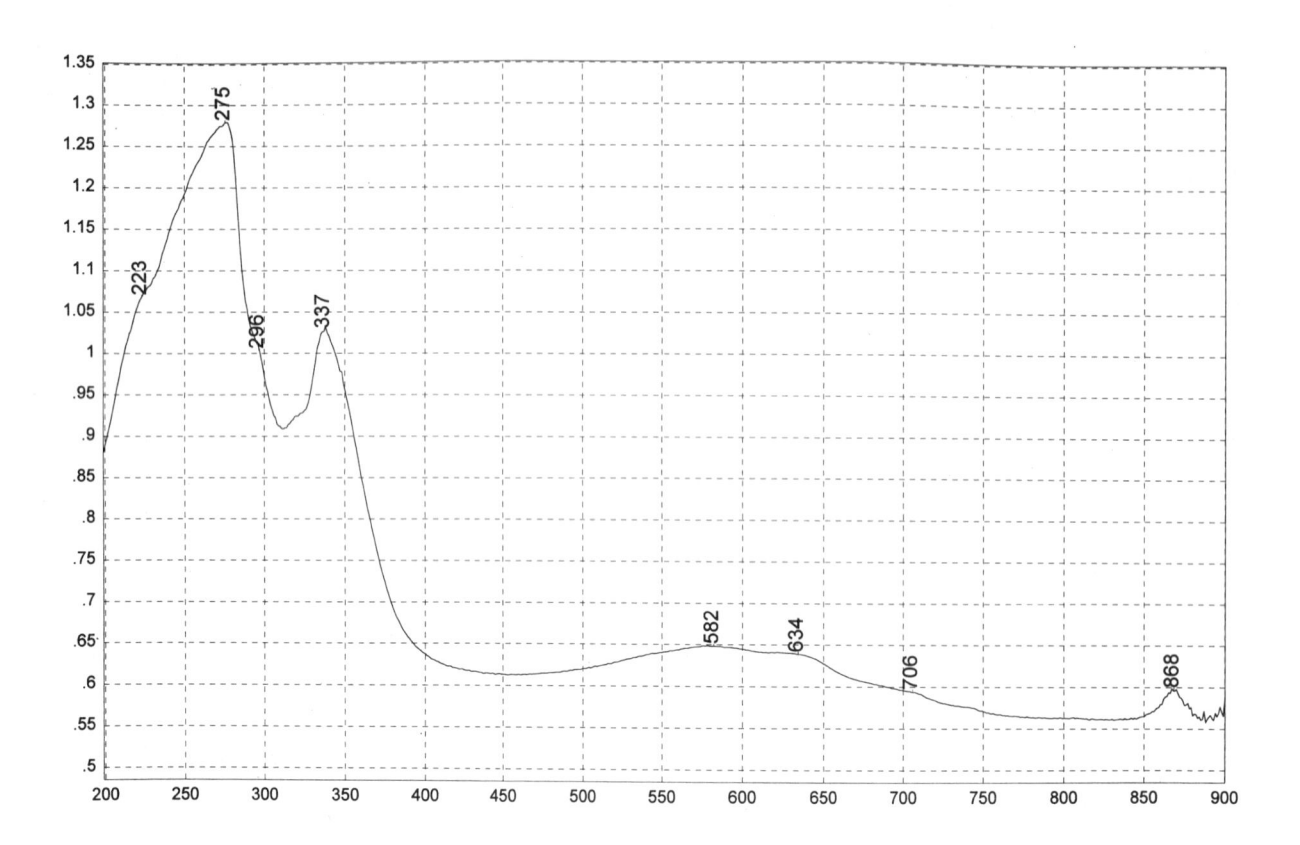

POLYCARBONATE RESIN

359

POLYCARBONATE RESIN

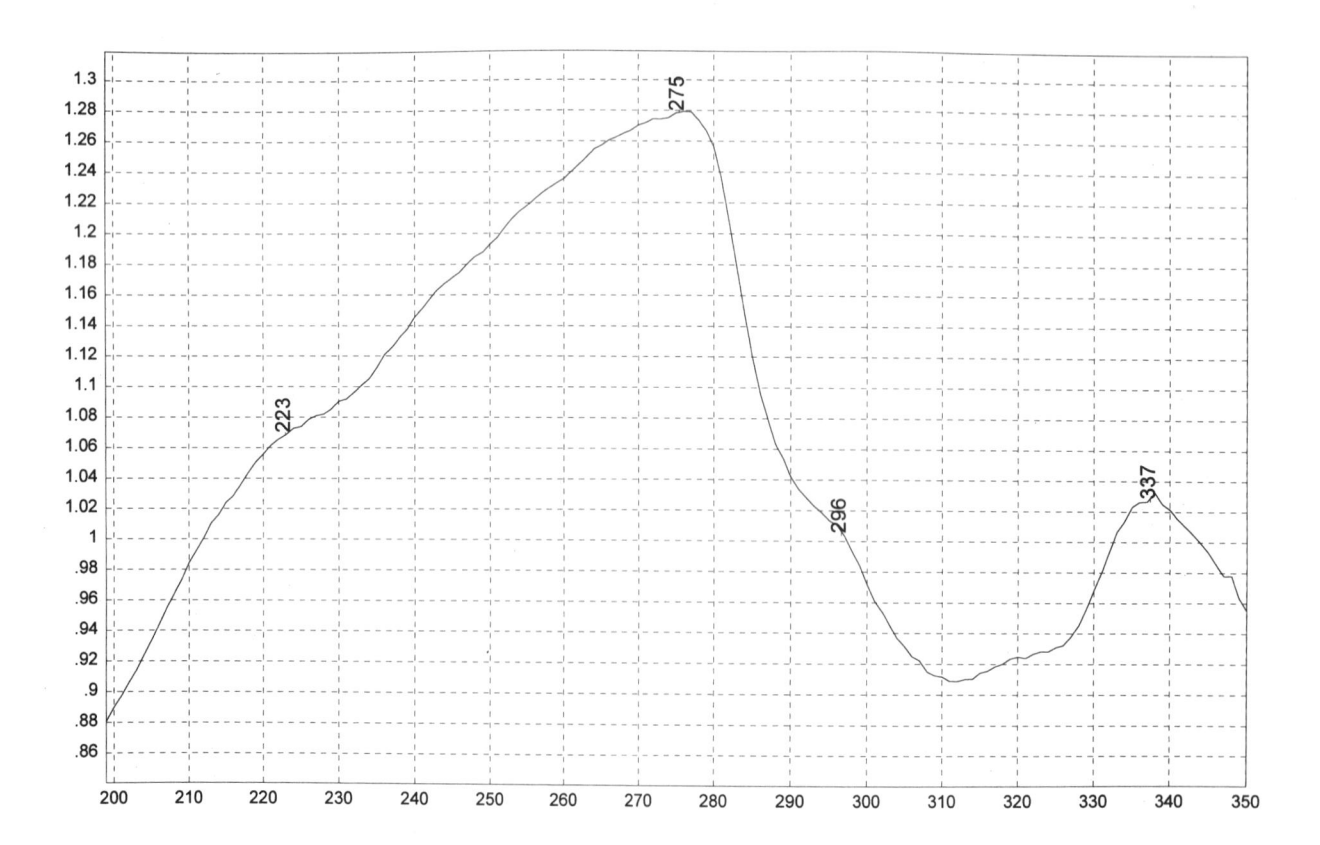

360

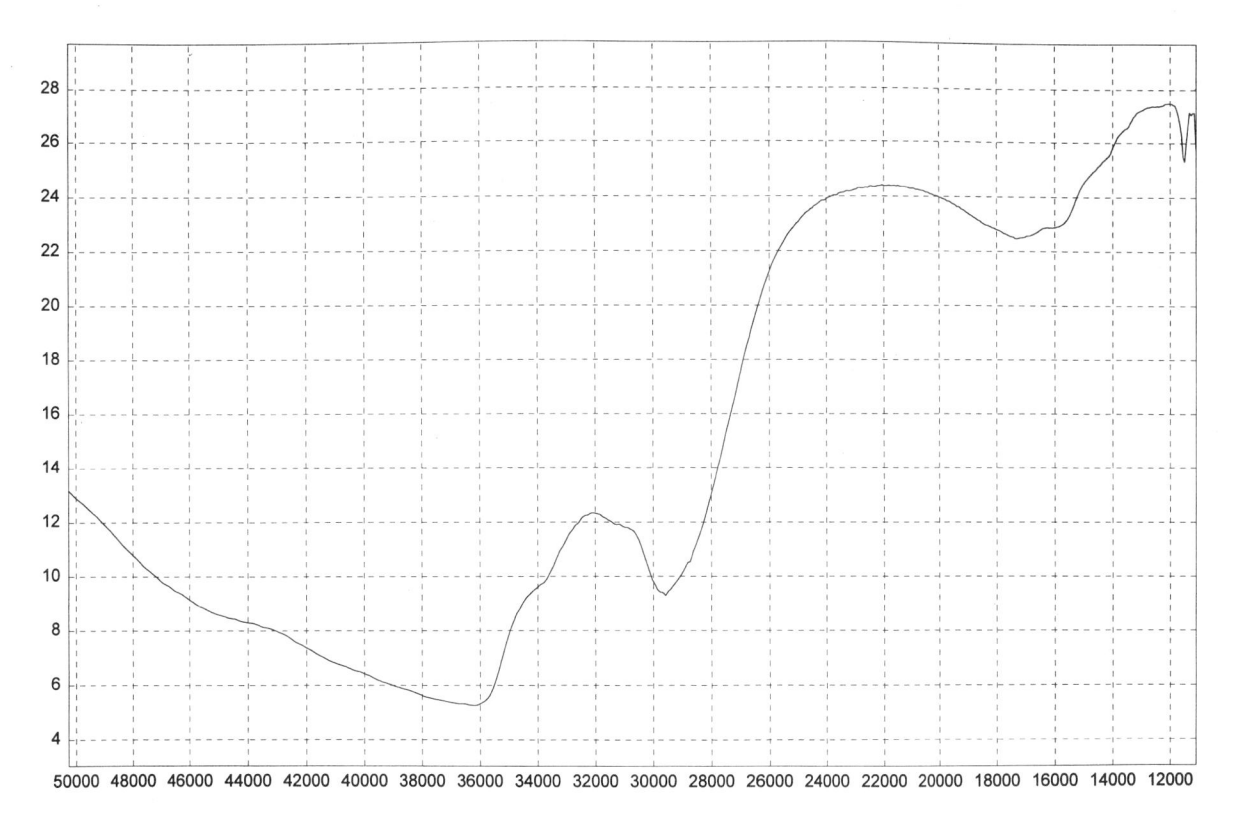

Reflectance / Wavenumber (cm⁻¹)

POLYCARBONATE RESIN

361

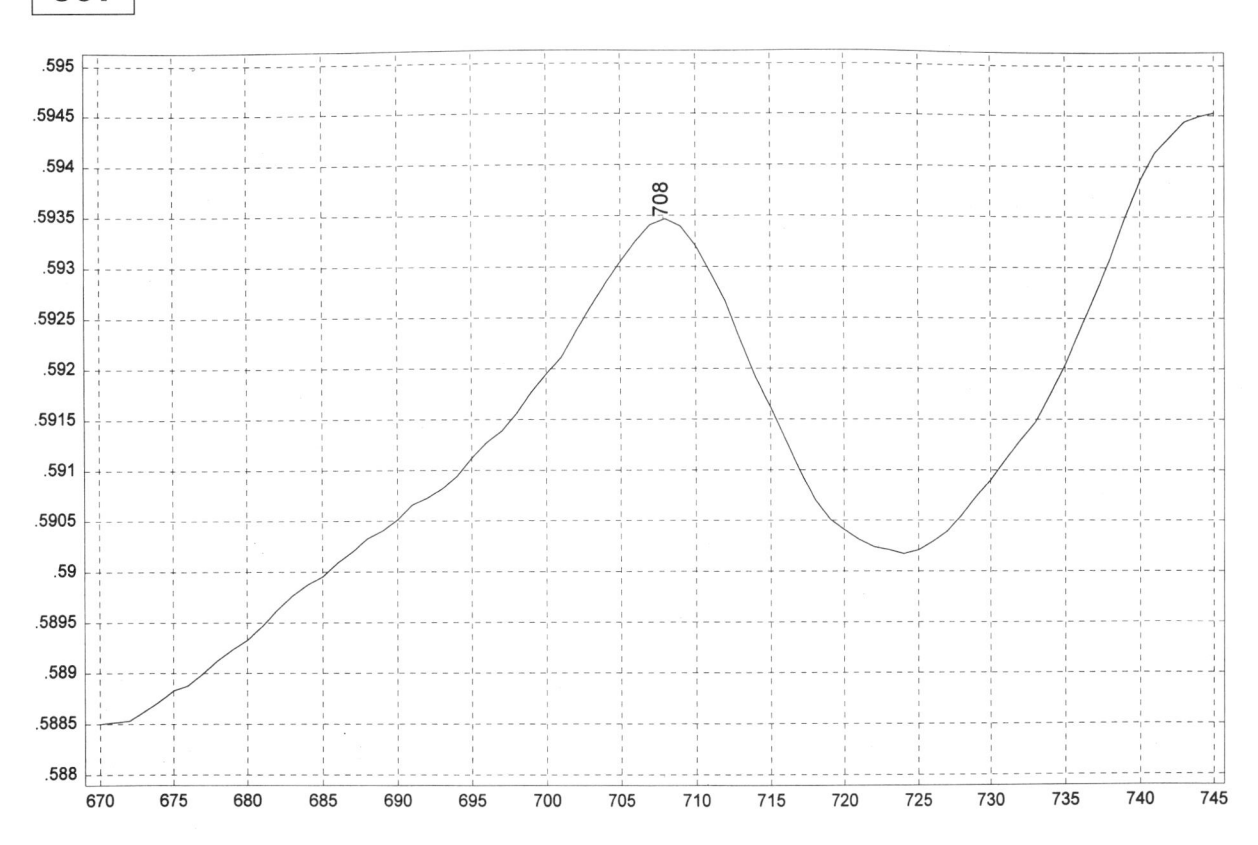

Absorbance / Nanometers

POLYCARBONATE RESIN

362

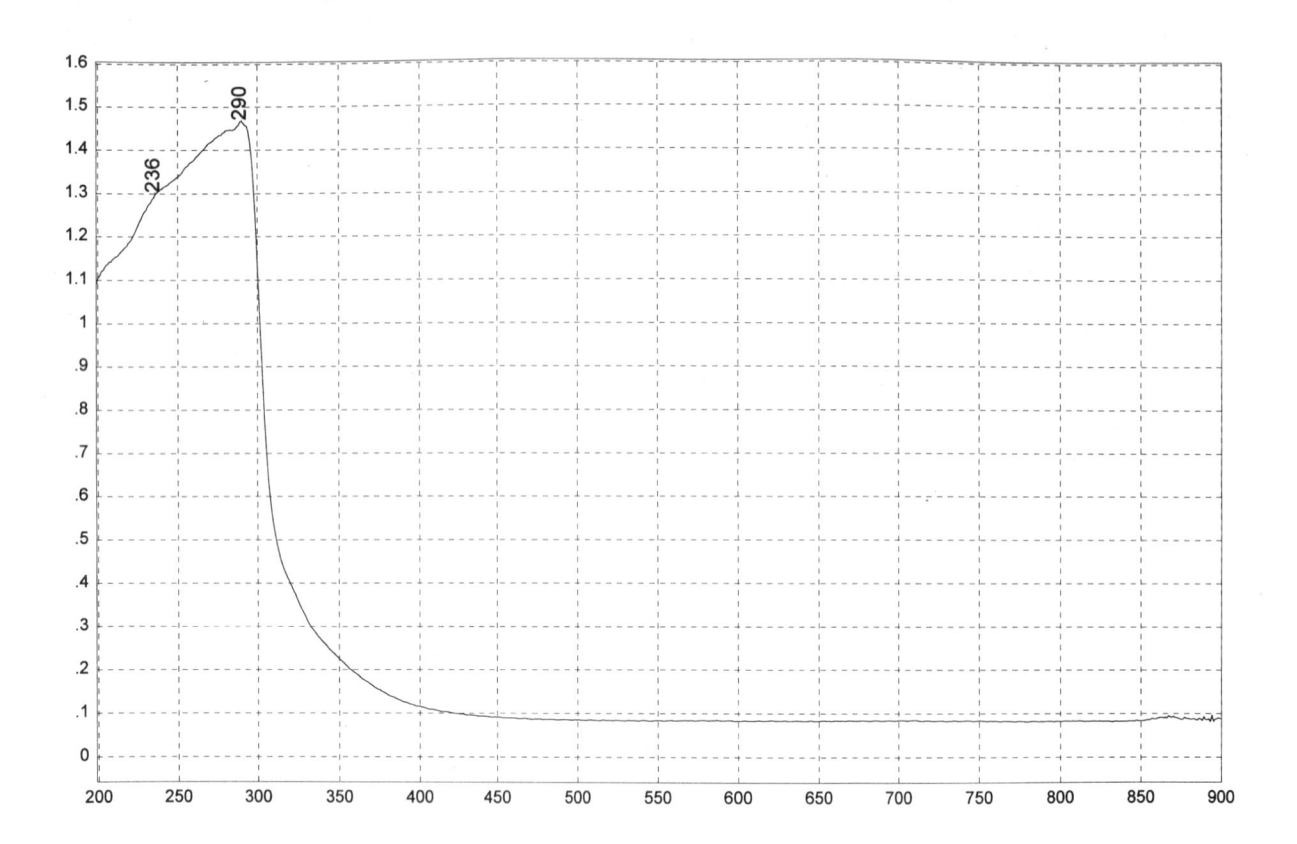

363

POLY(DIALLYL ISOPHTHALATE)

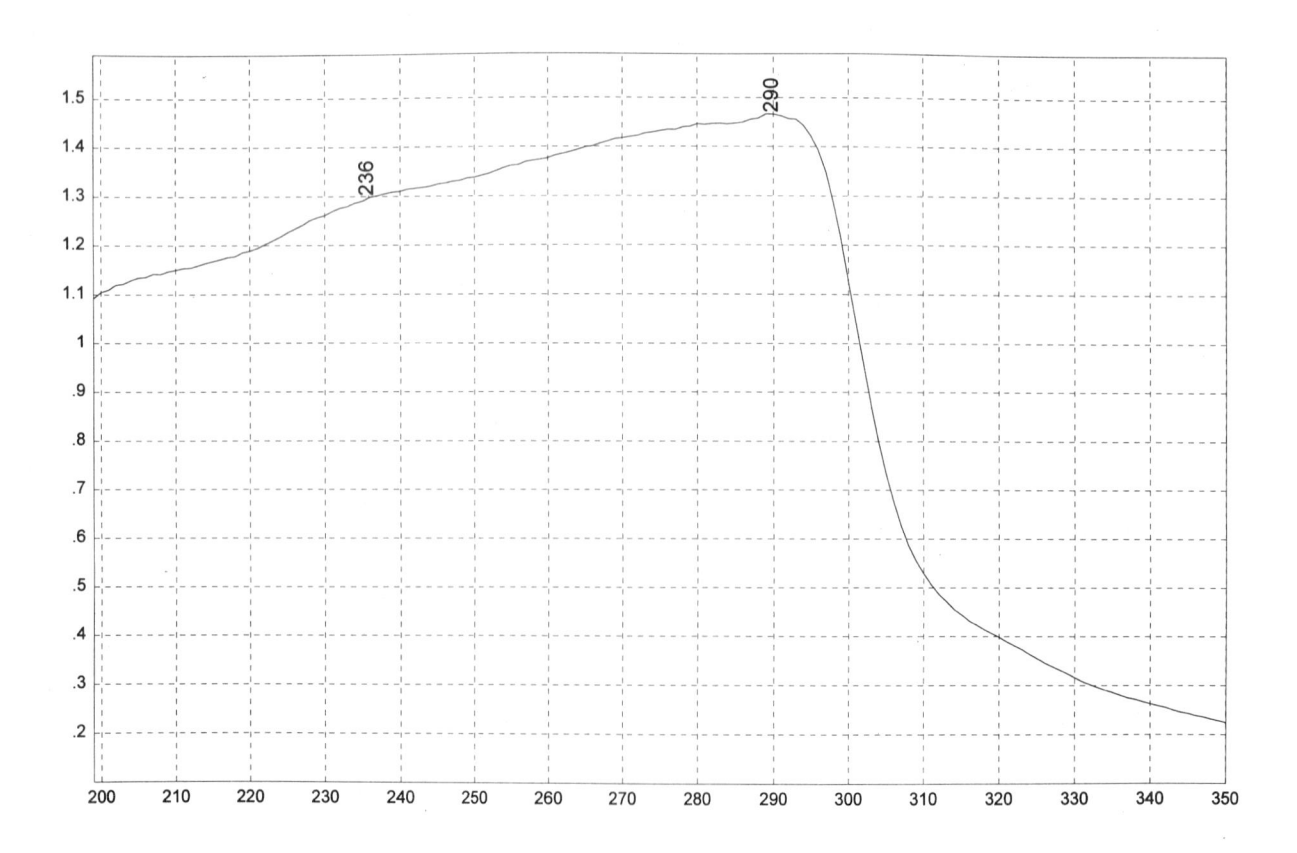

364

POLY(DIALLYL ISOPHTHALATE)

Reflectance / Wavenumber (cm^{-1})

365   POLY(DIALLYL ISOPHTHALATE)

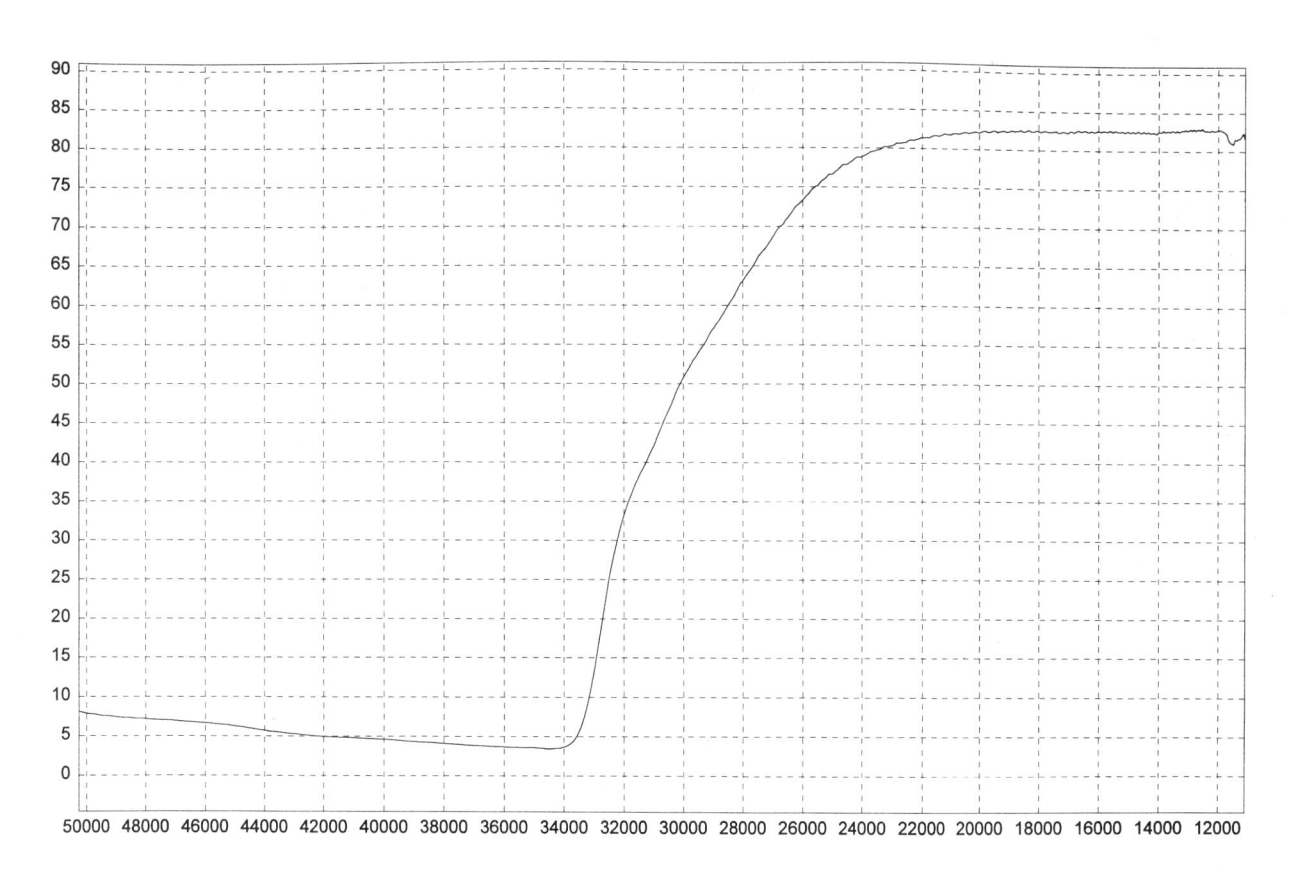

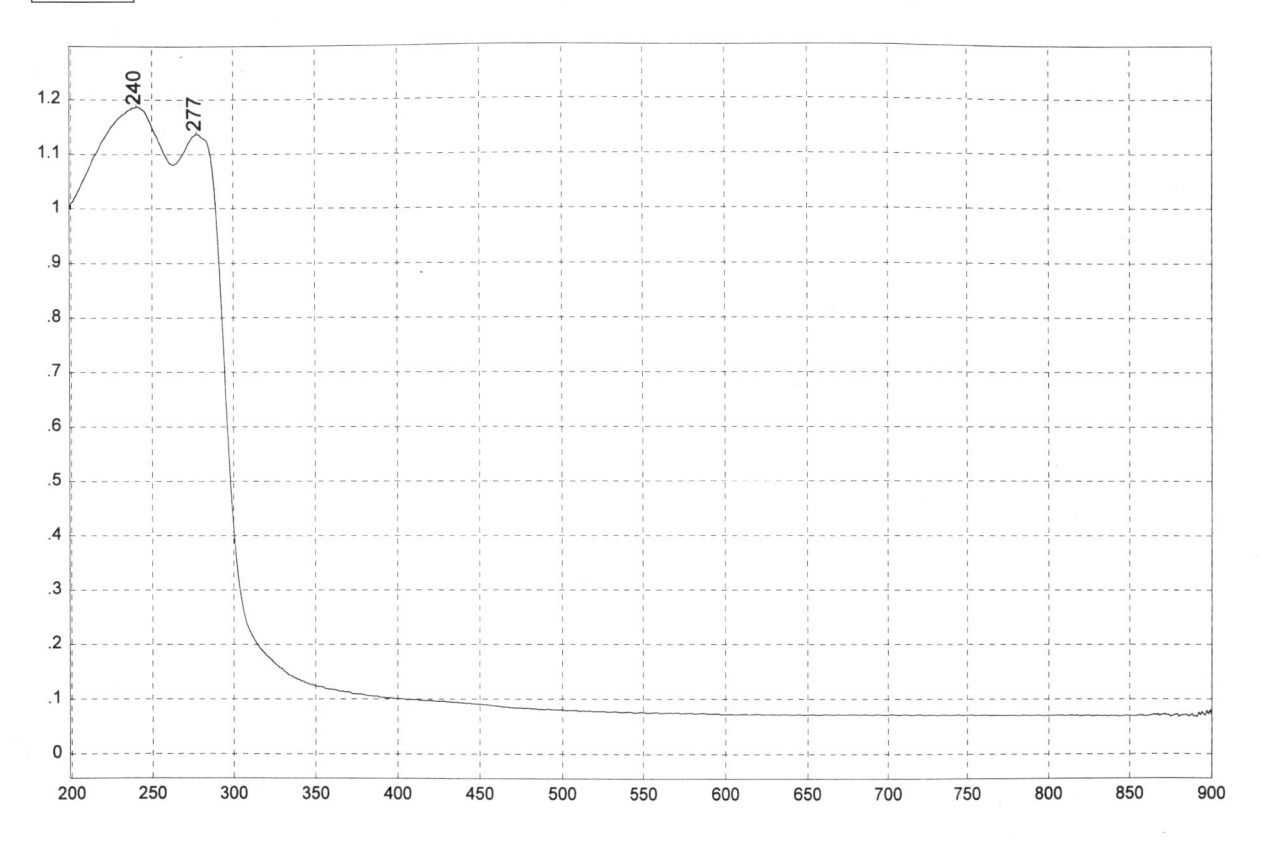

Absorbance / Nanometers

366   POLY(DIALLYL PHTHALATE)

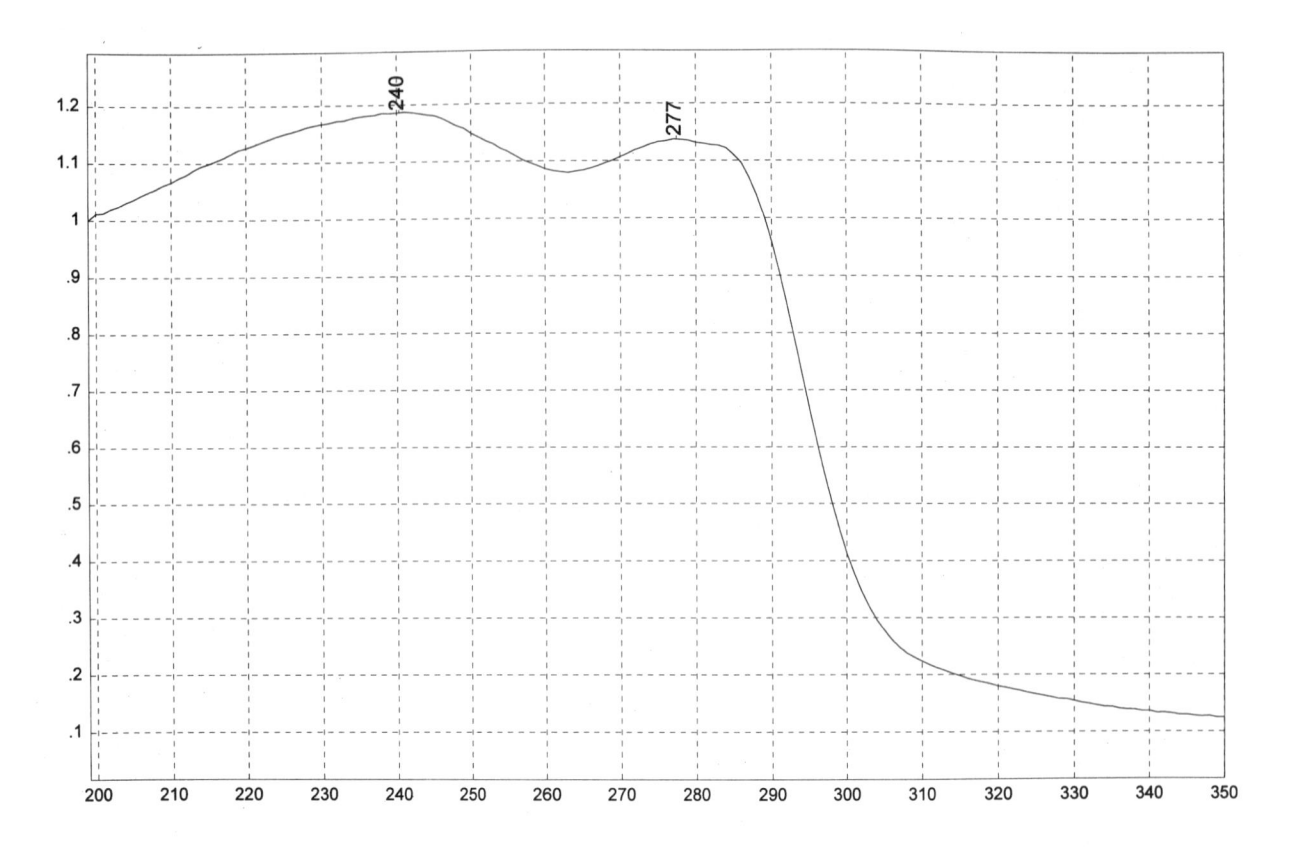

Absorbance / Nanometers

367   POLY(DIALLYL PHTHALATE)

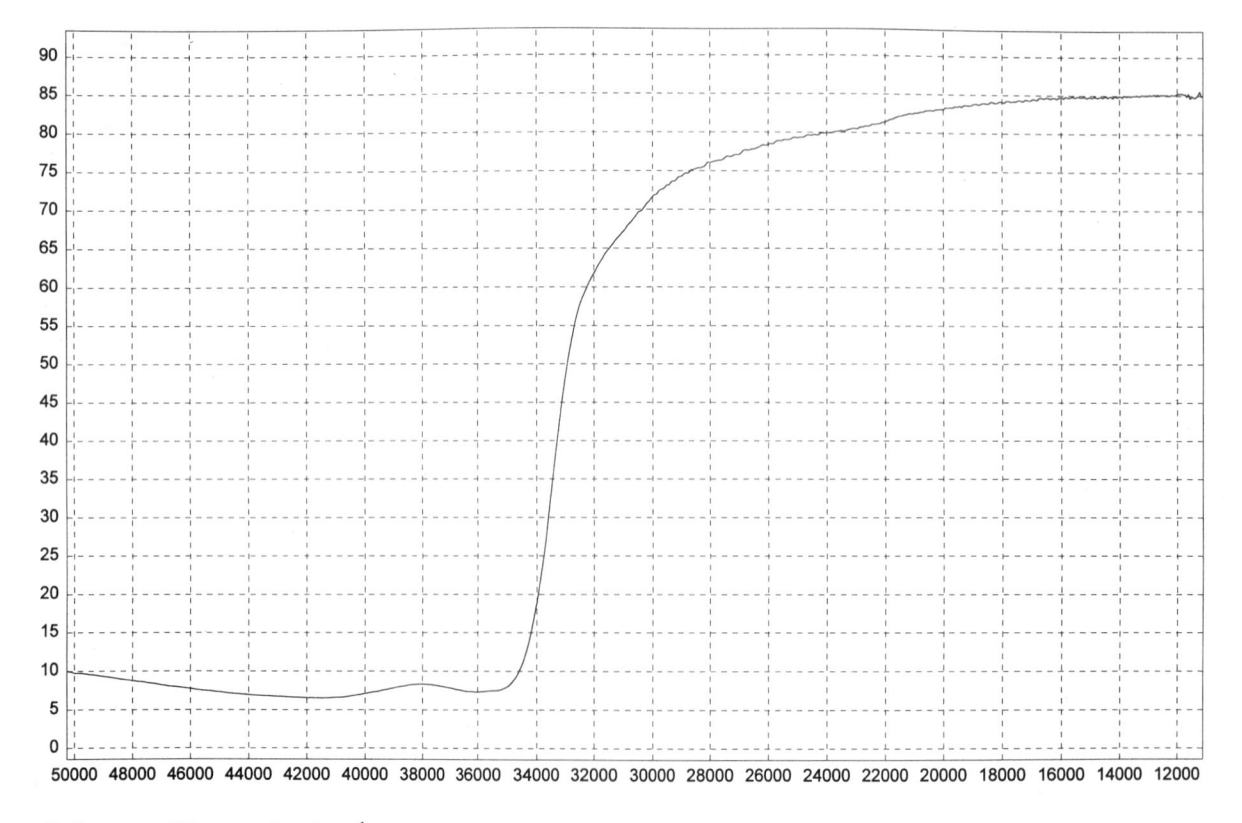

Reflectance / Wavenumber (cm⁻¹)

368   POLY(DIALLYL PHTHALATE)

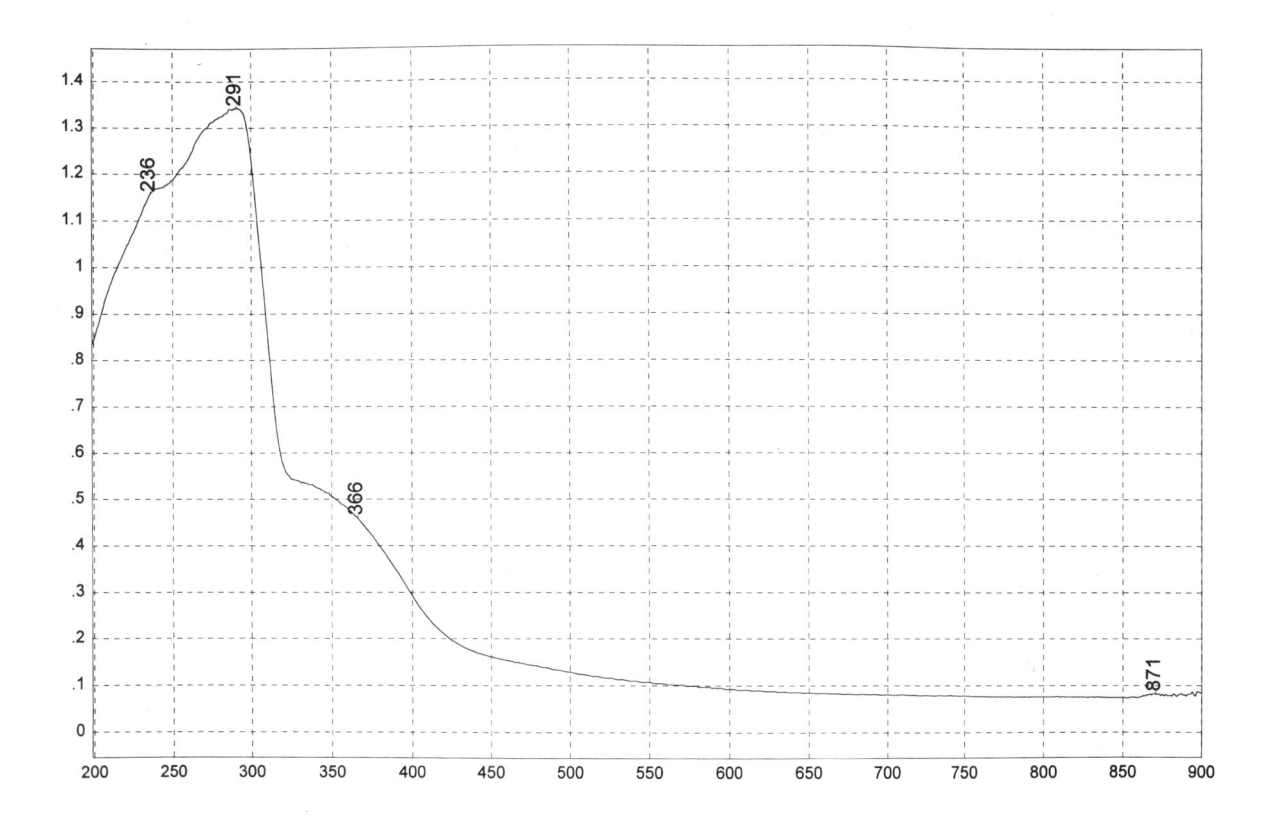

369 POLY(2,6-DIMETHYL-p-PHENYLENE OXIDE)

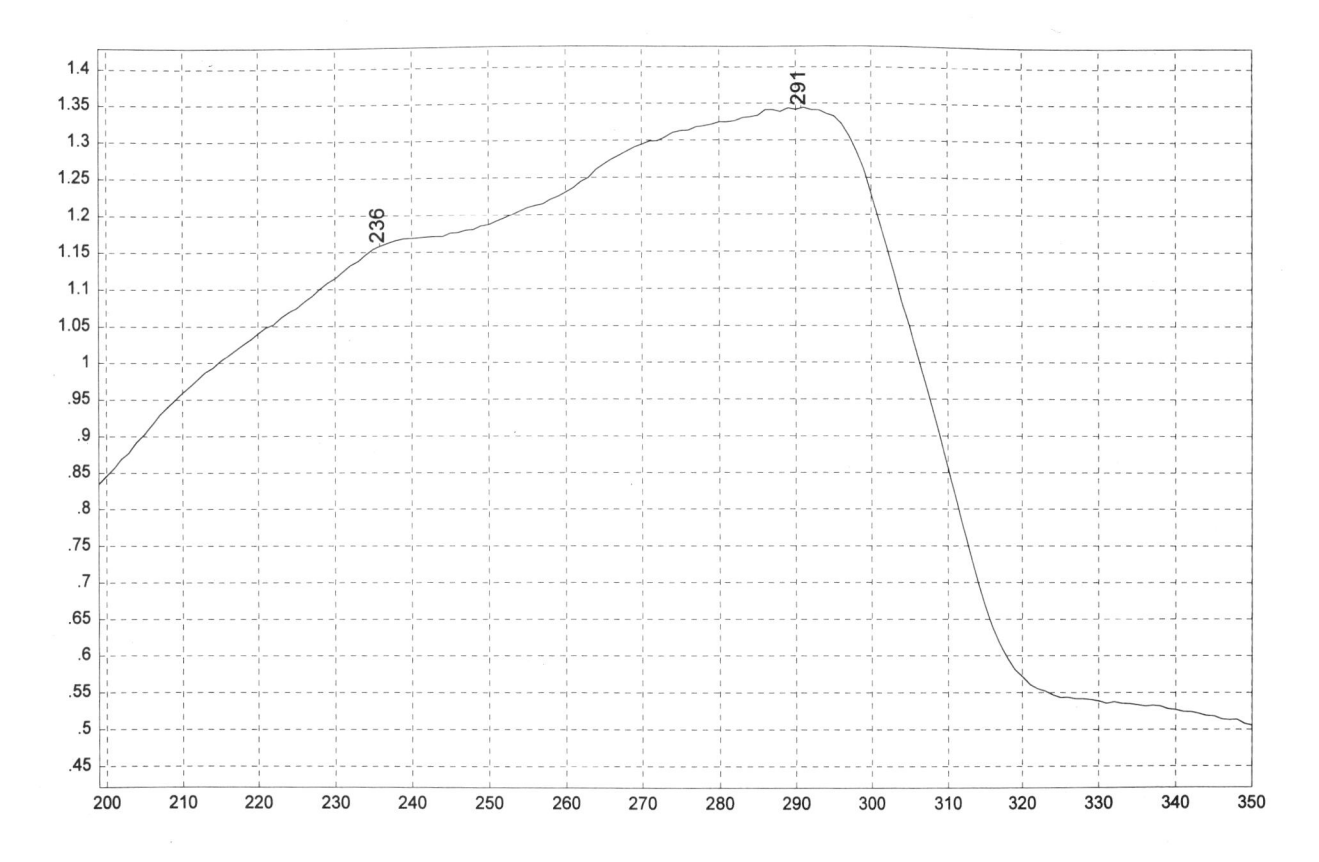

370 POLY(2,6-DIMETHYL-p-PHENYLENE OXIDE)

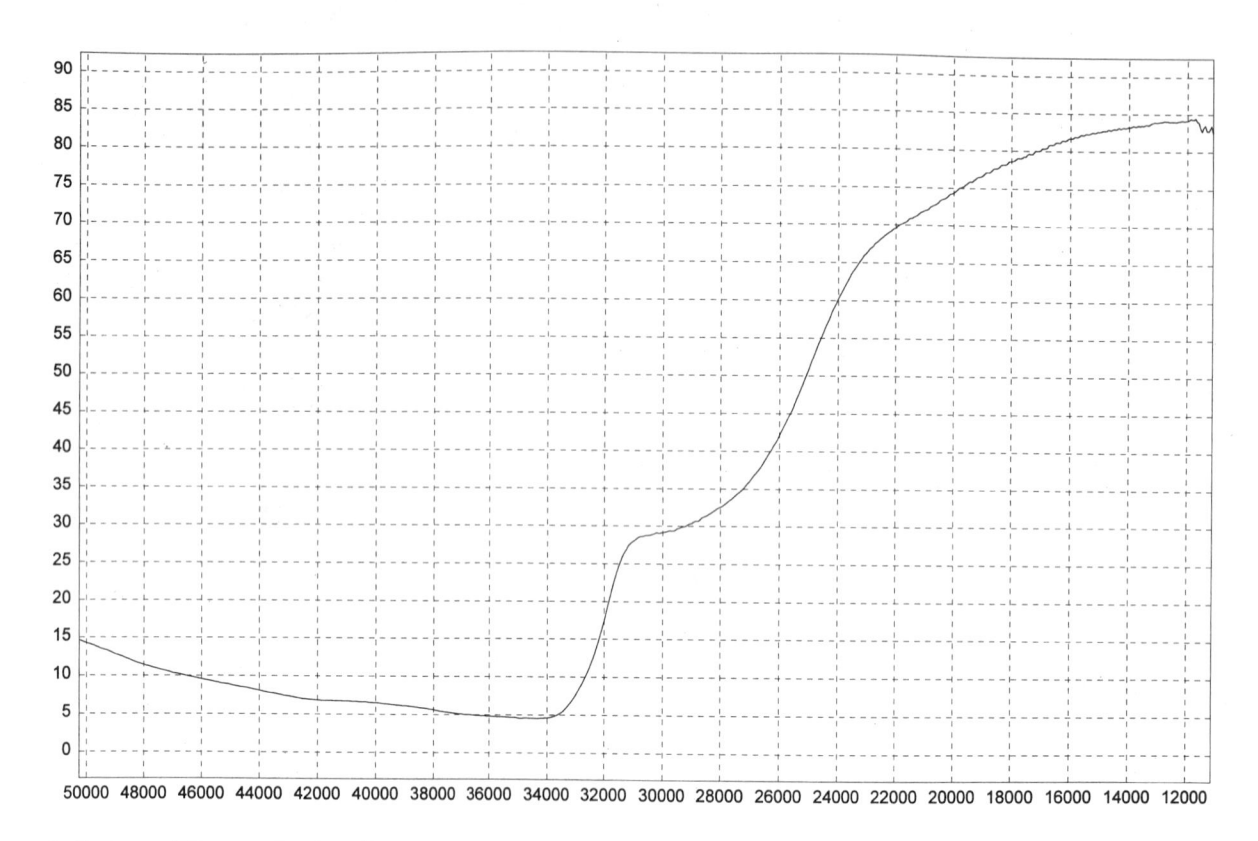

Reflectance / Wavenumber (cm⁻¹)

| 371 | **POLY(2,6-DIMETHYL-p-PHENYLENE OXIDE)** |

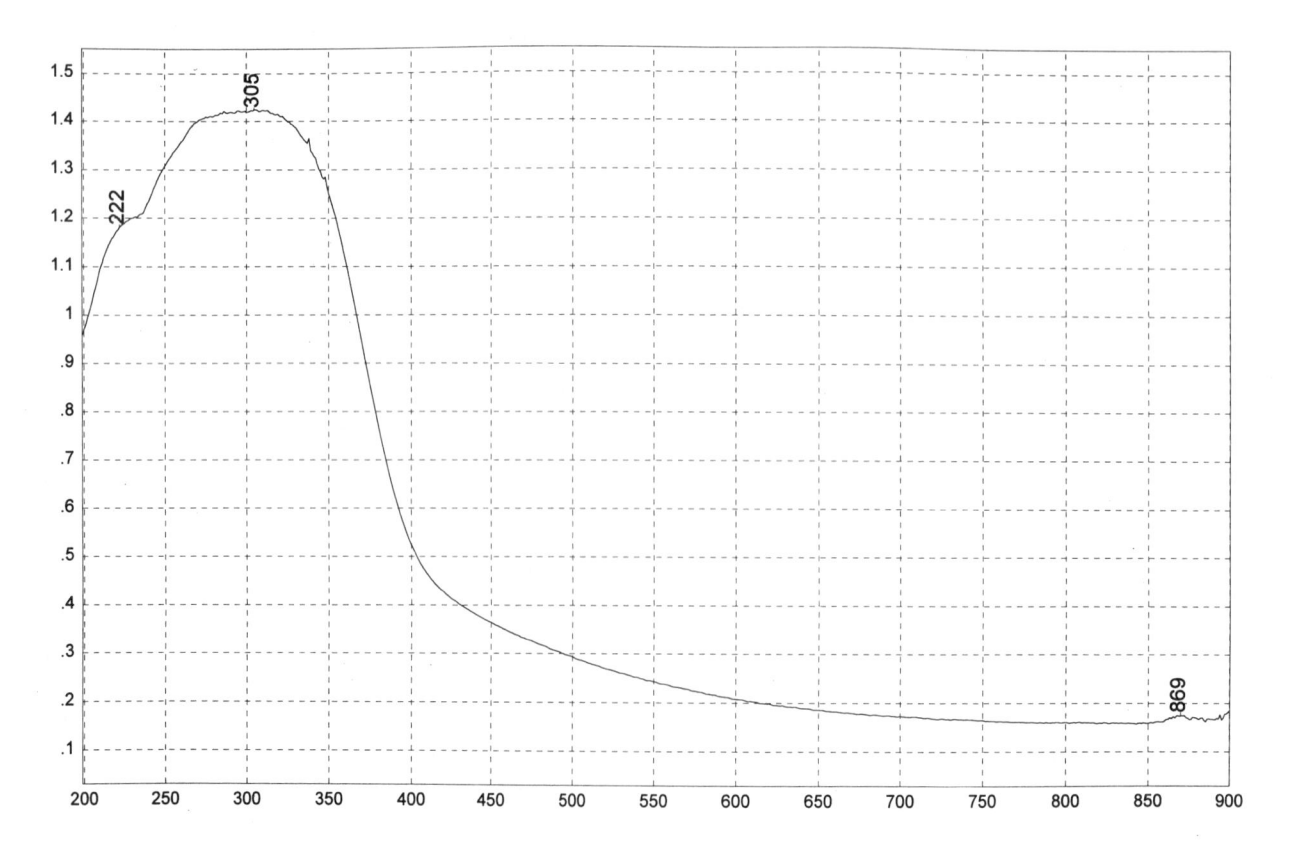

Absorbance / Nanometers

| 372 | **POLY(4,4-DIPROXY-2,2-DIPHENYL-PROPANE FUMARATE)** |

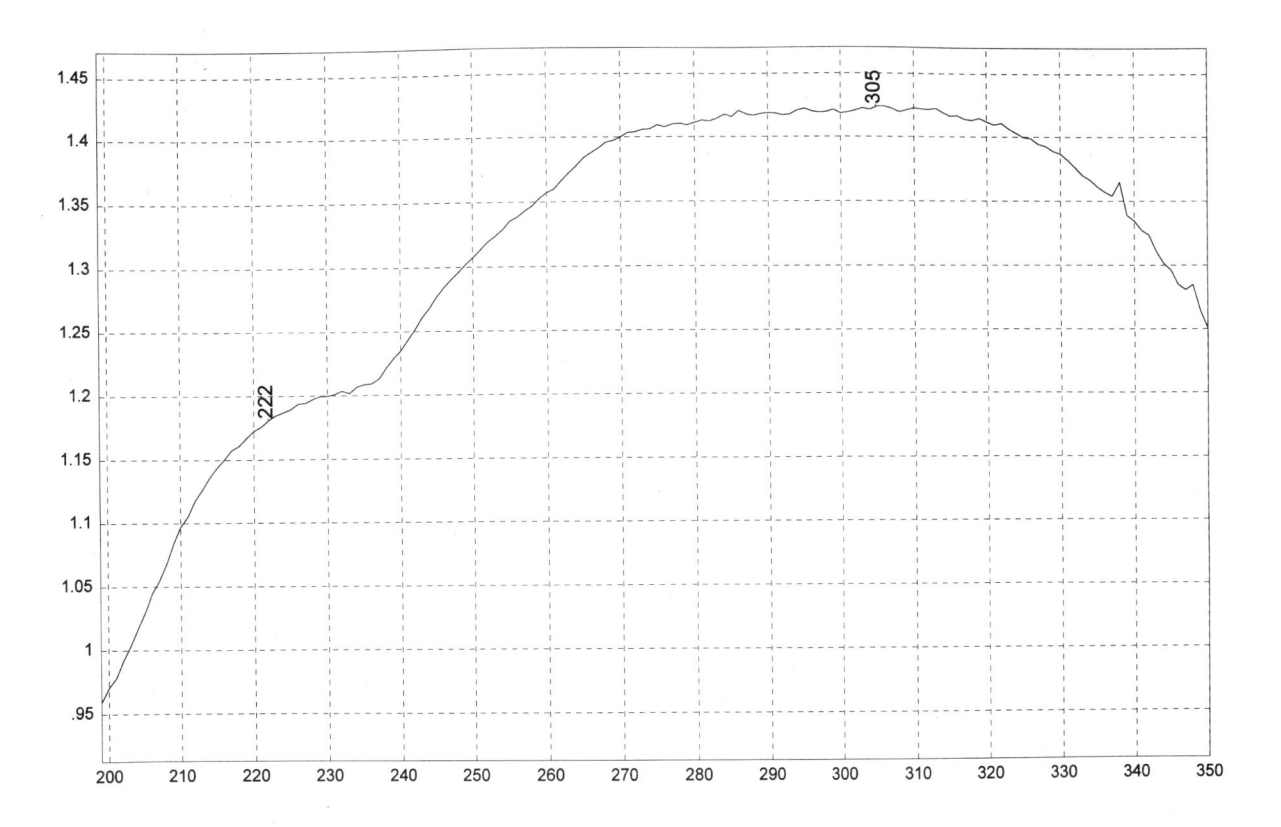

Absorbance / Nanometers

373 POLY(4,4-DIPROXY-2,2-DIPHENYL-PROPANE FUMARATE)

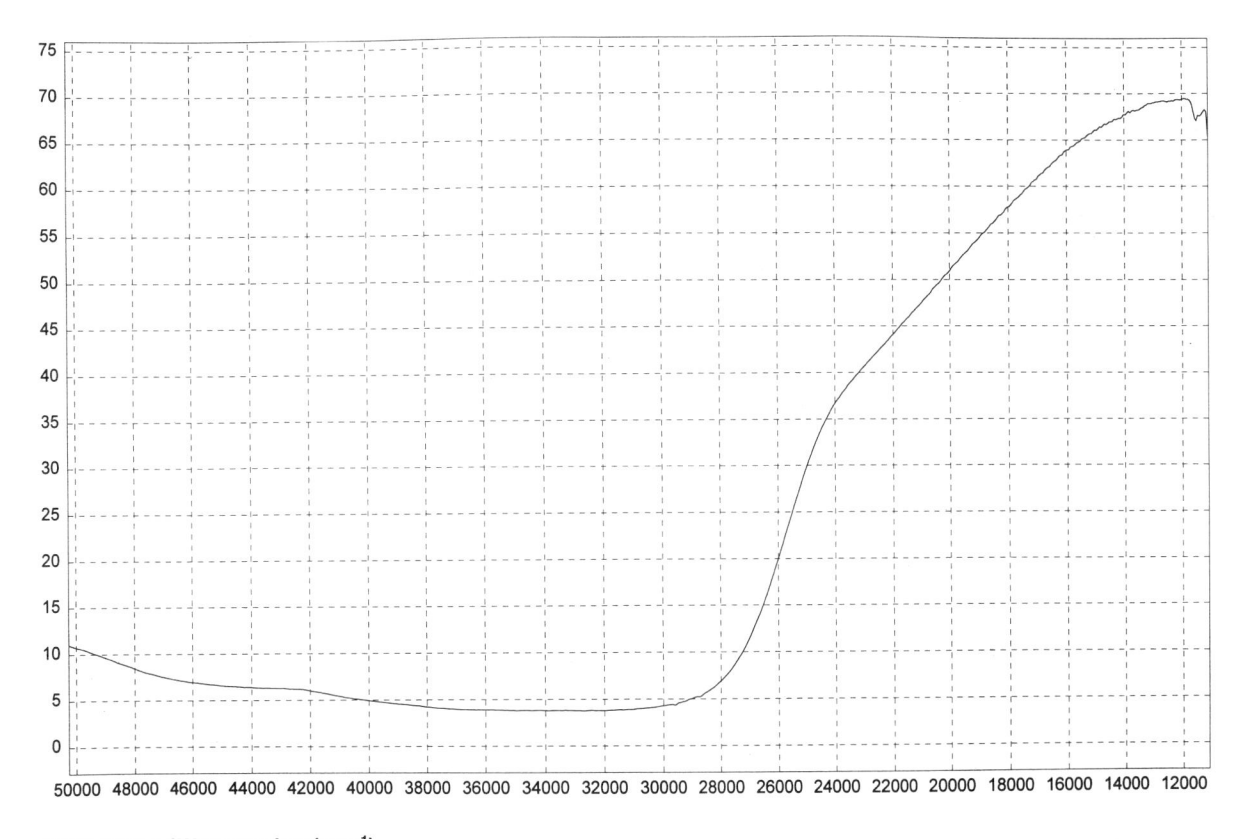

Reflectance / Wavenumber (cm^{-1})

374 POLY(4,4-DIPROXY-2,2-DIPHENYL-PROPANE FUMARATE)

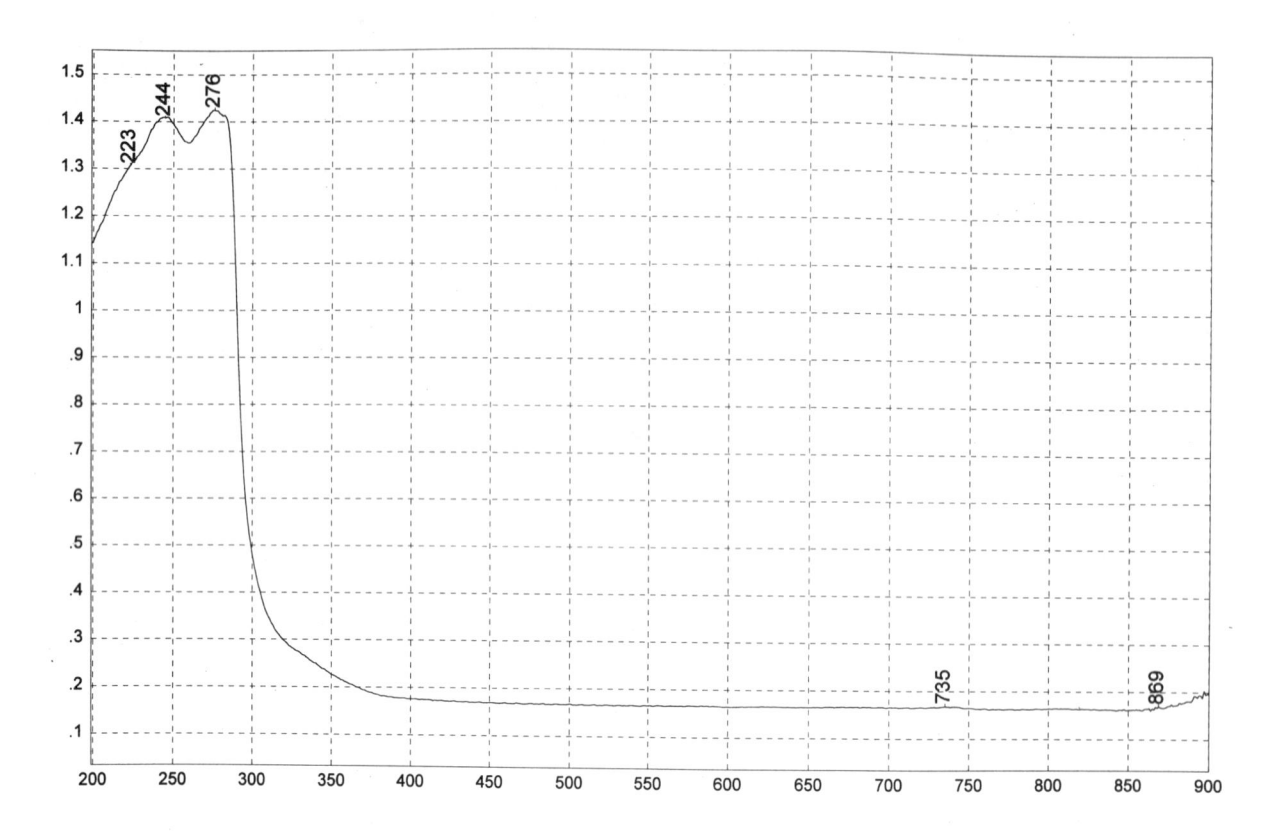

375

POLY(ETHYL METHACRYLATE)

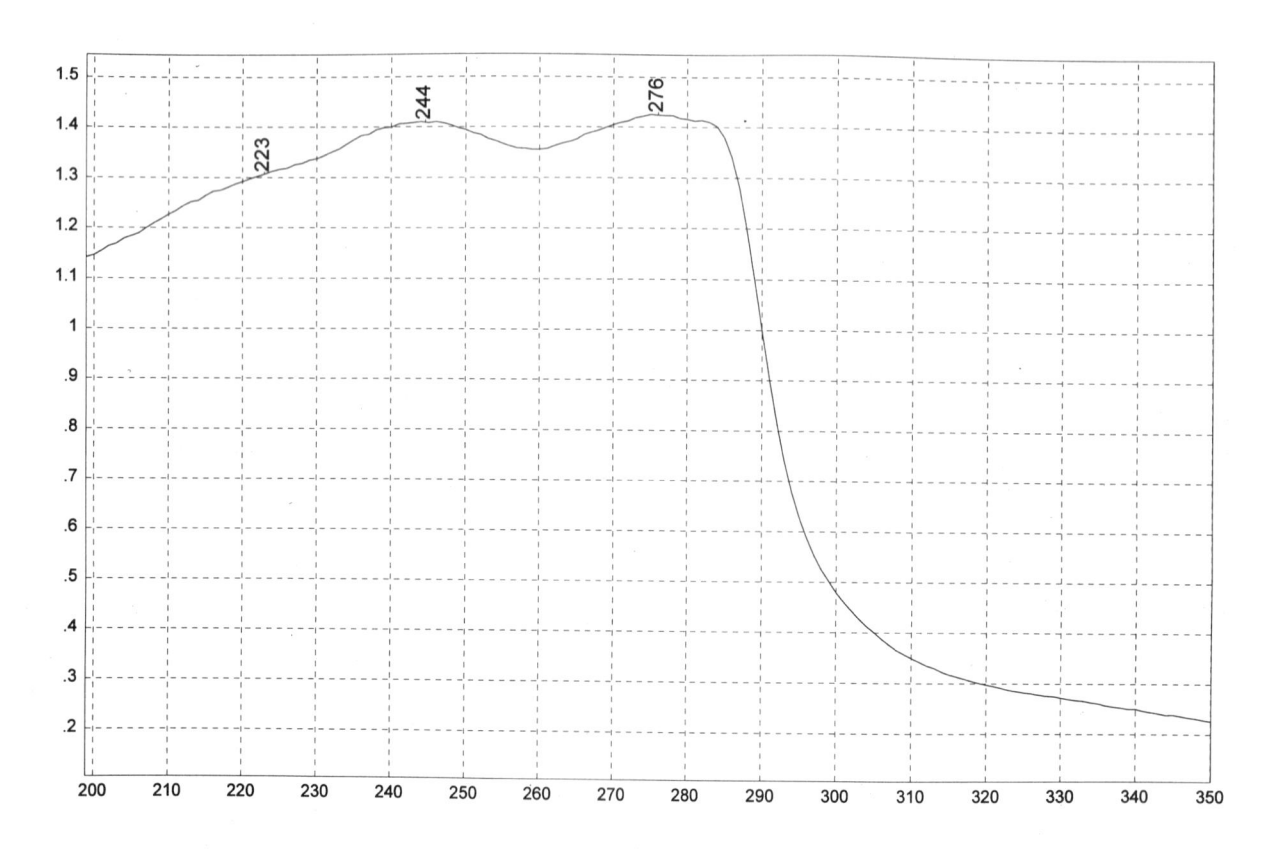

376

POLY(ETHYL METHACRYLATE)

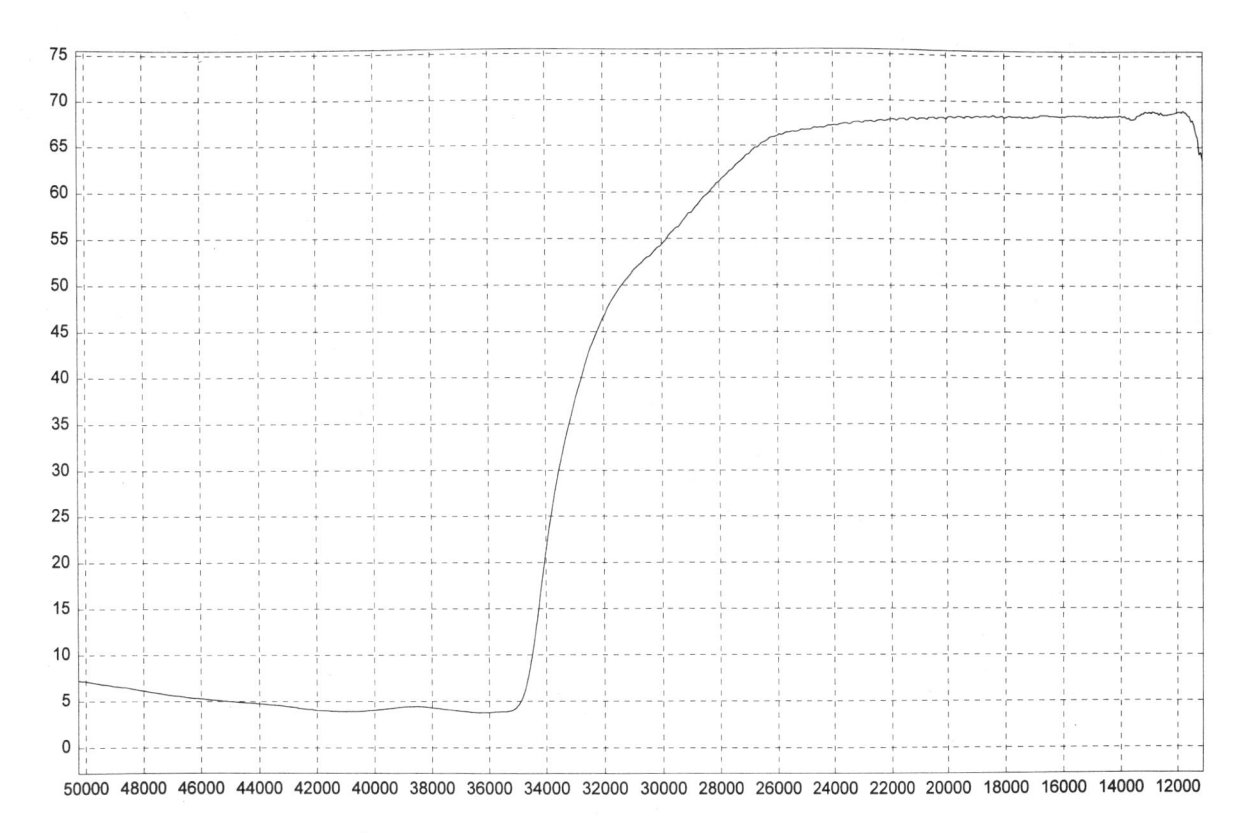

Reflectance / Wavenumber (cm^{-1})

377 POLY(ETHYL METHACRYLATE)

Absorbance / Nanometers

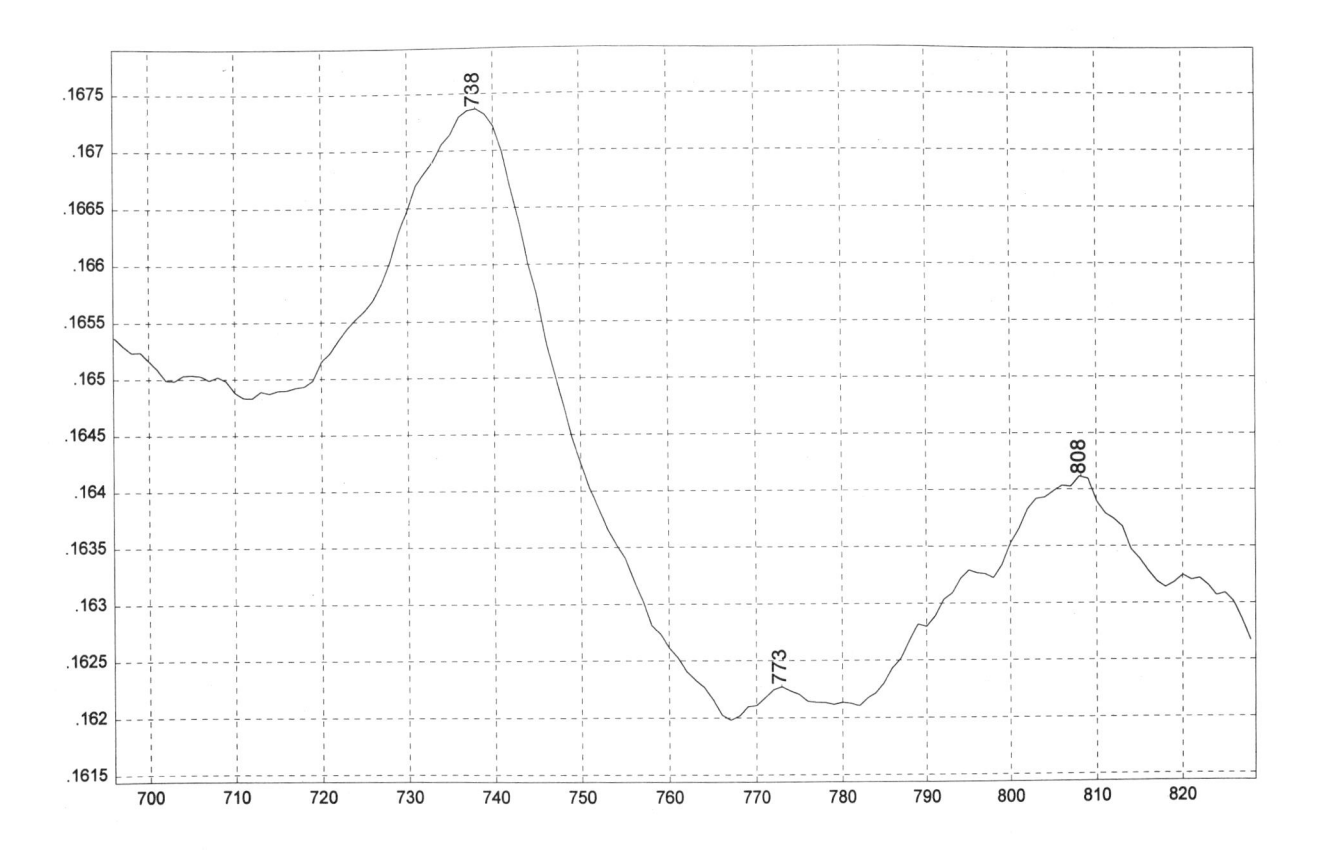

378 POLY(ETHYL METHACRYLATE)

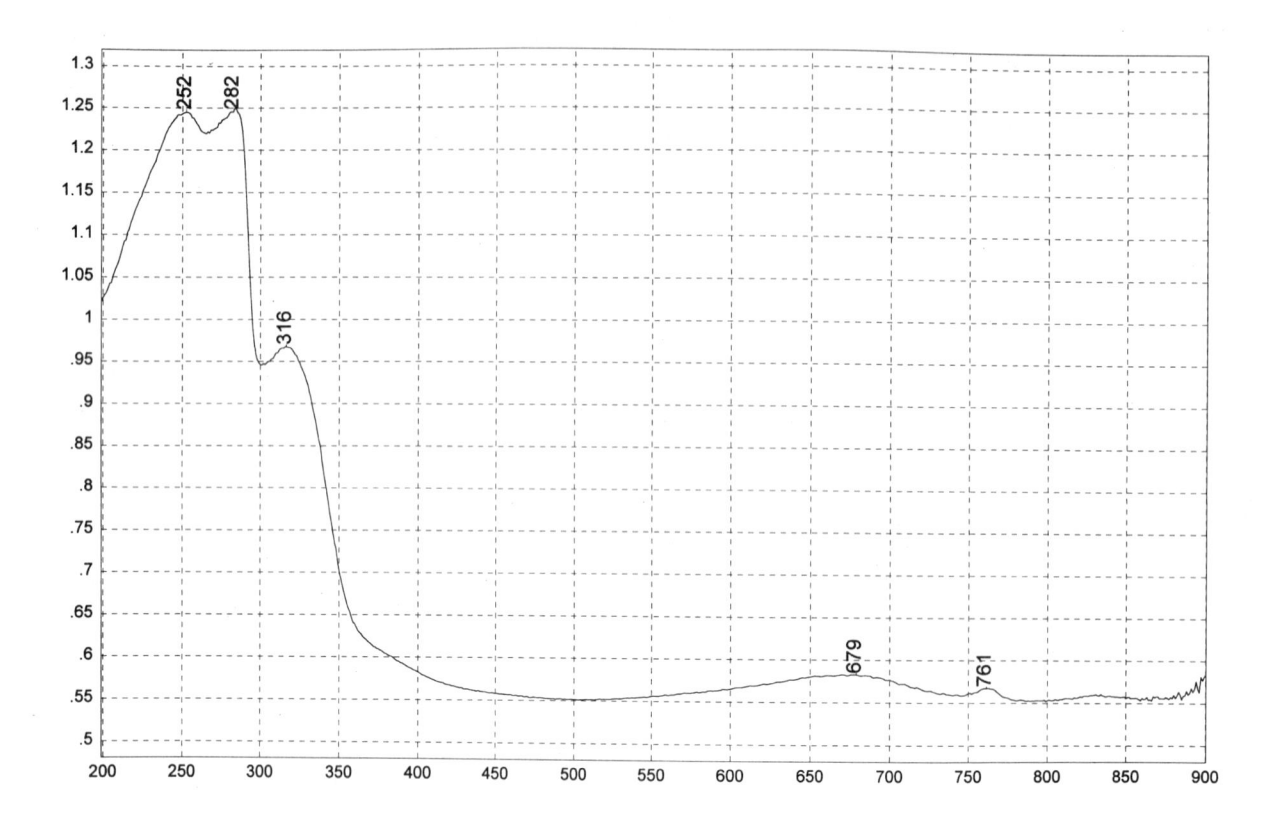

Absorbance / Nanometers

379   **POLYETHYLENE, HIGH DENSITY**

Absorbance / Nanometers

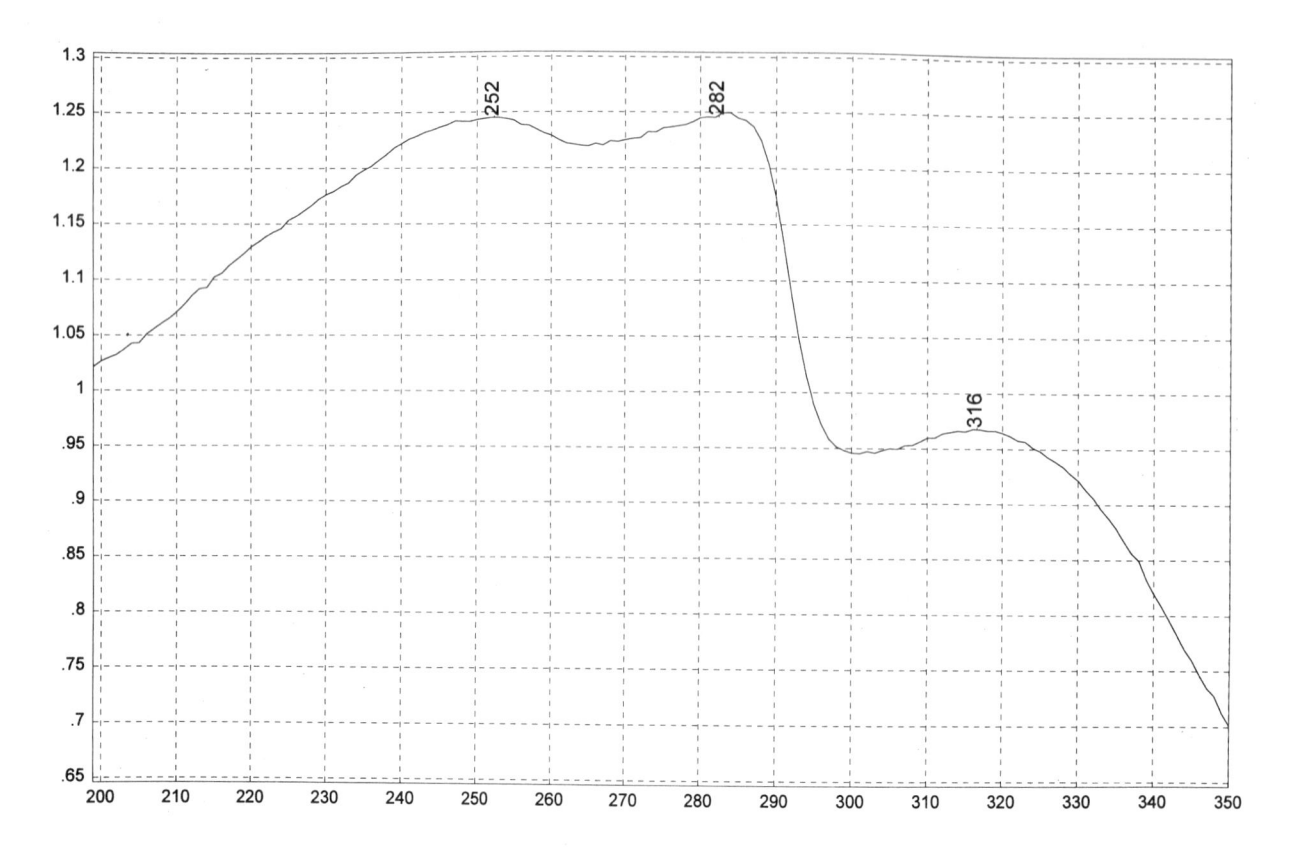

380   **POLYETHYLENE, HIGH DENSITY**

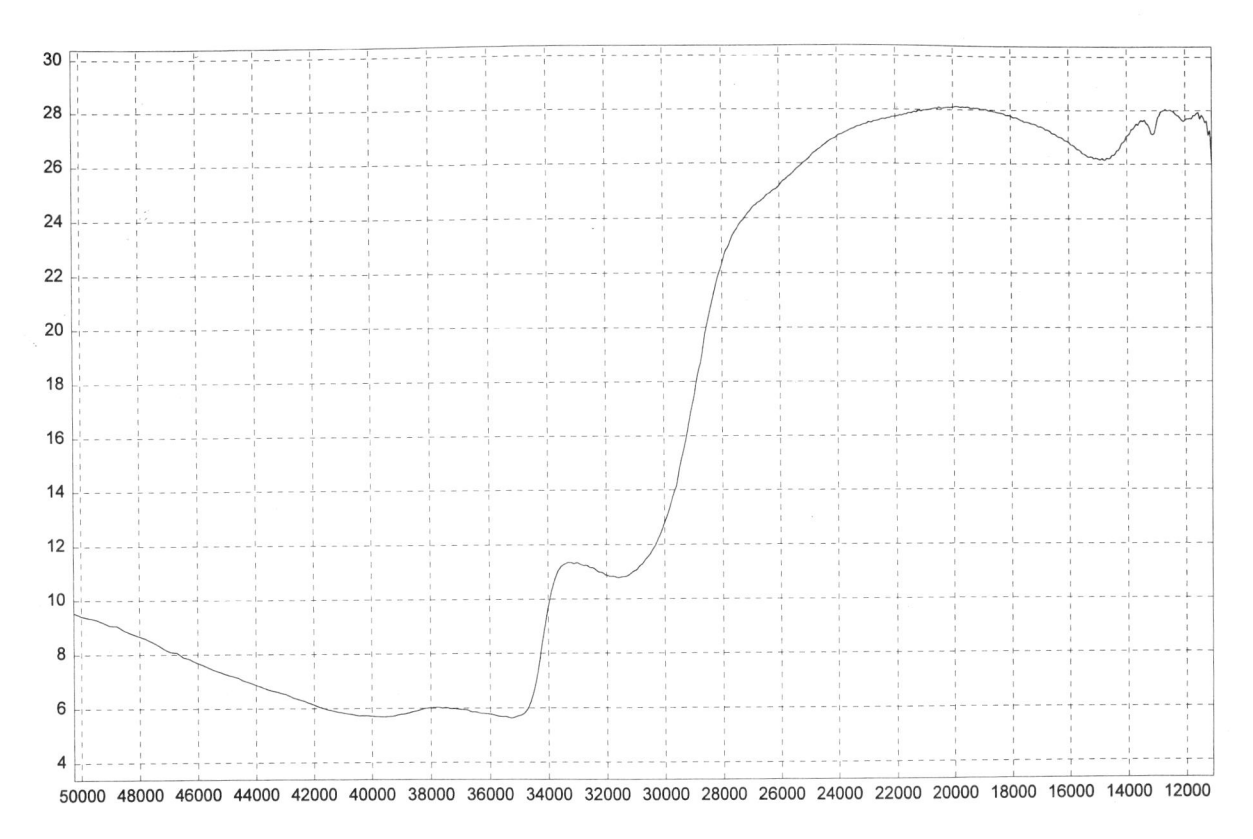

Reflectance / Wavenumber (cm^{-1})

381   **POLYETHYLENE, HIGH DENSITY**

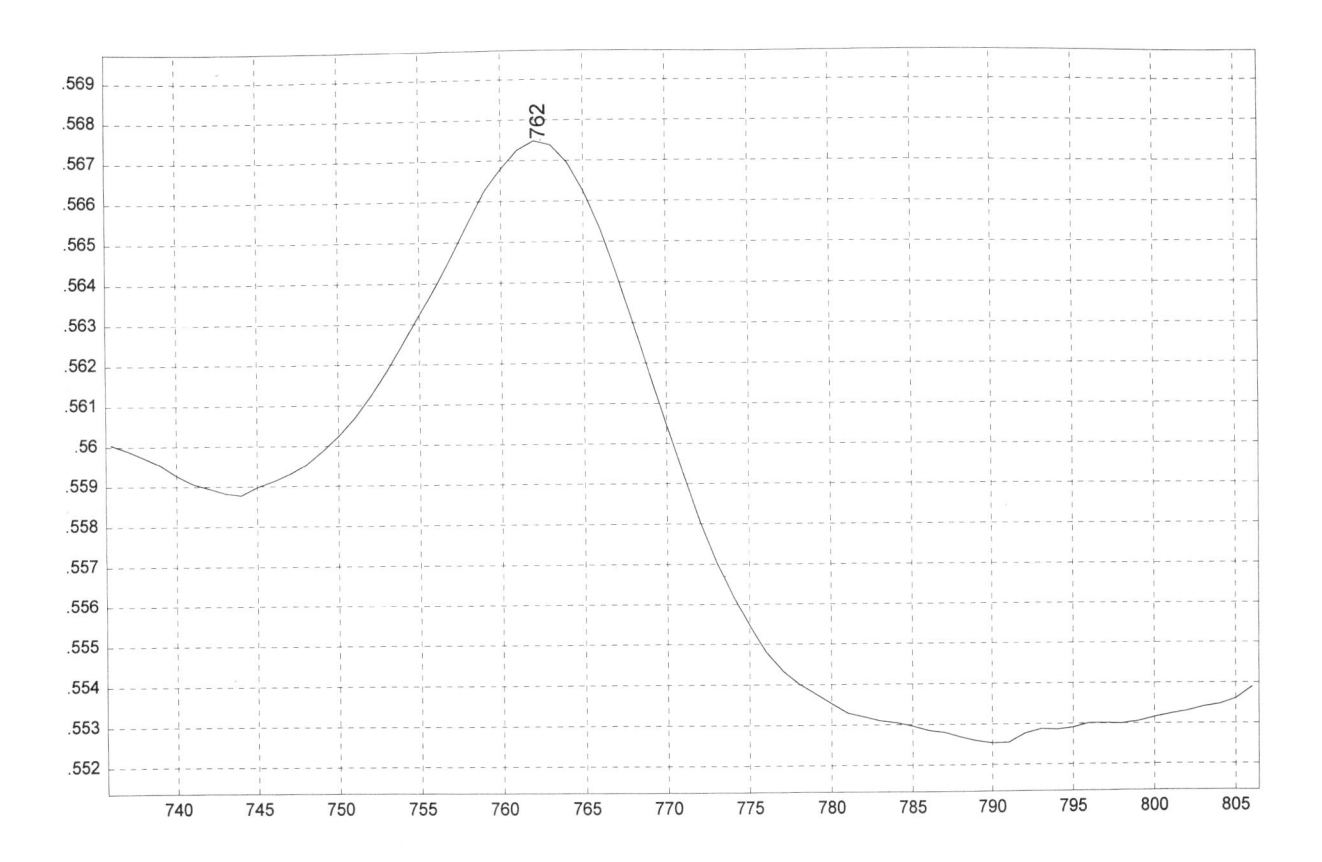

Absorbance / Nanometers

382   **POLYETHYLENE, HIGH DENSITY**

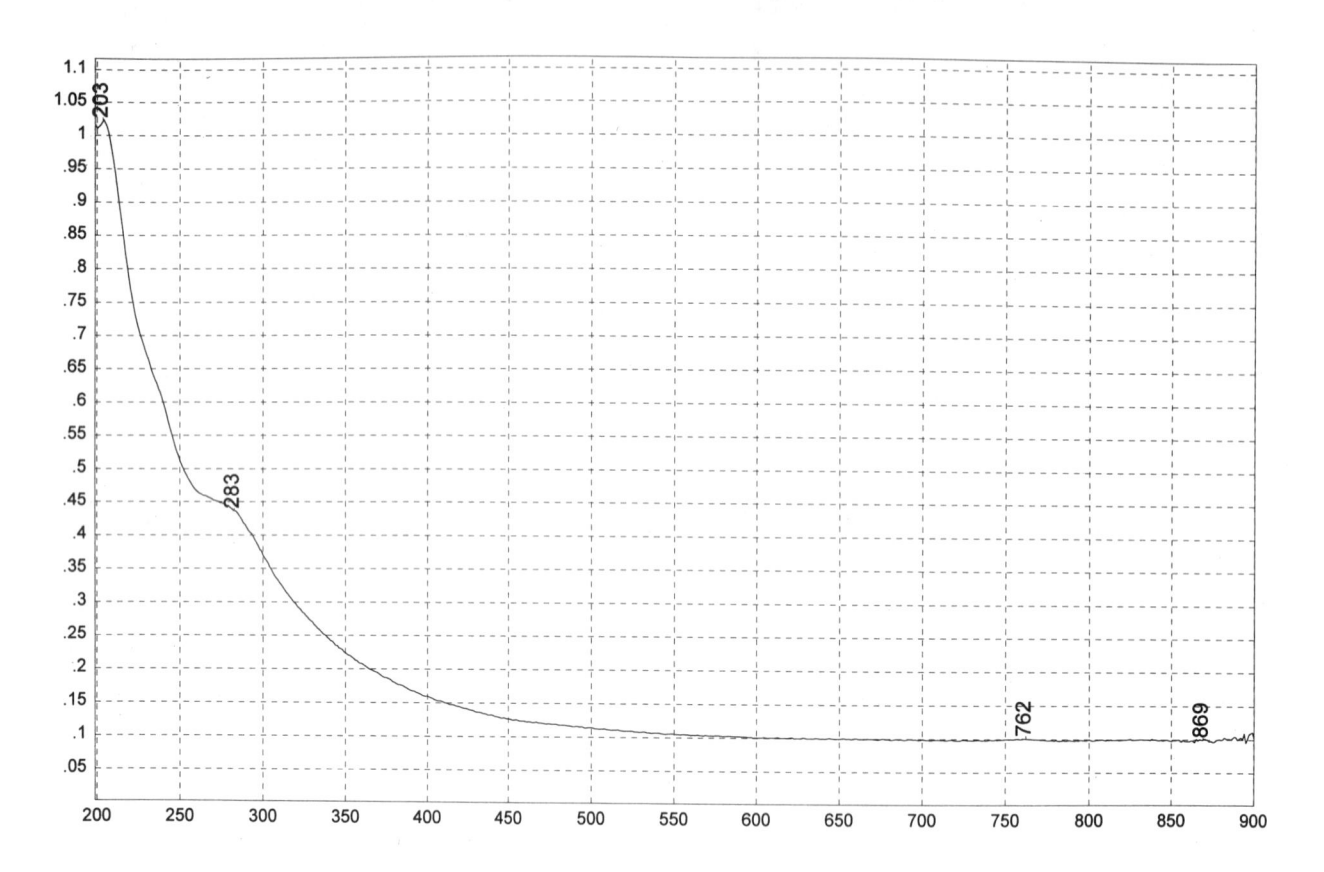

383

POLYETHYLENE, CHLORINATED (25% Cl)

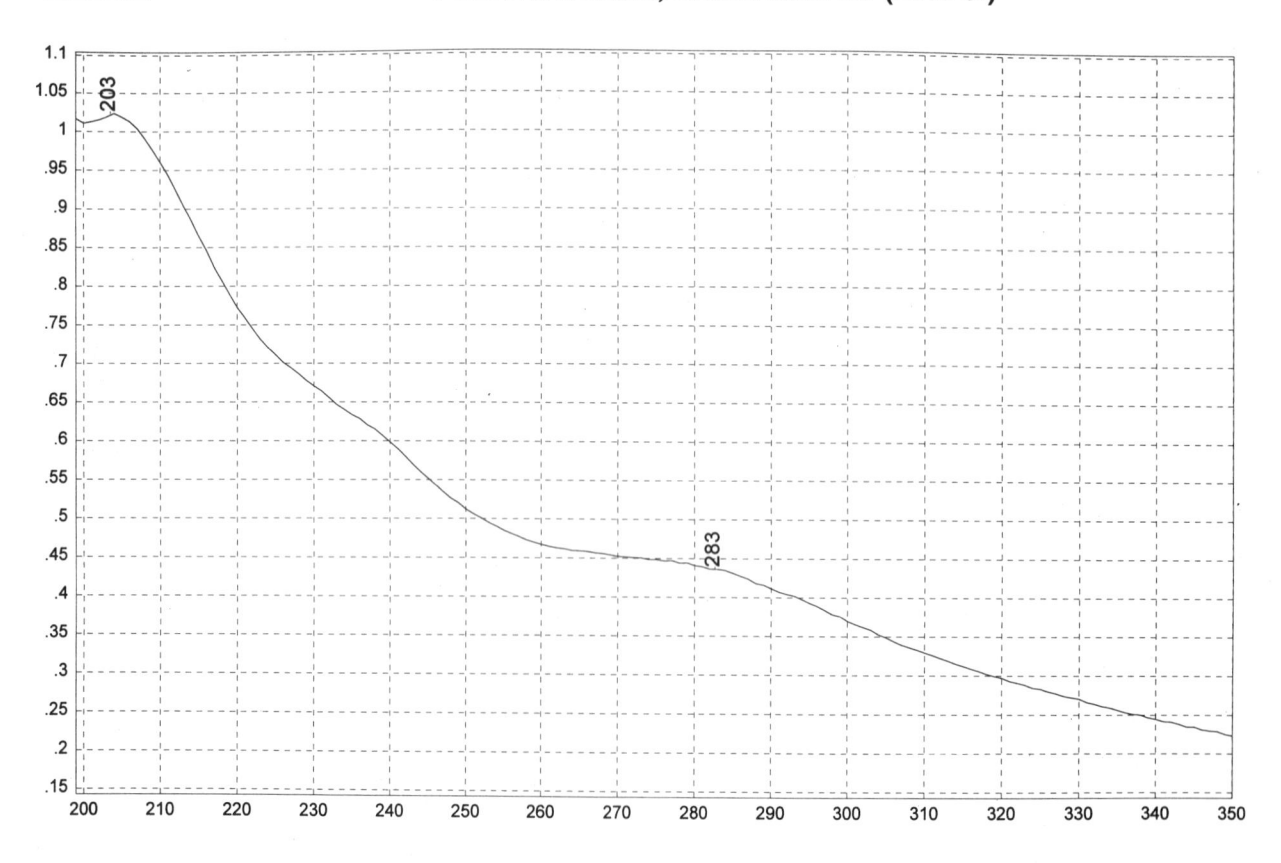

384

POLYETHYLENE, CHLORINATED (25% Cl)

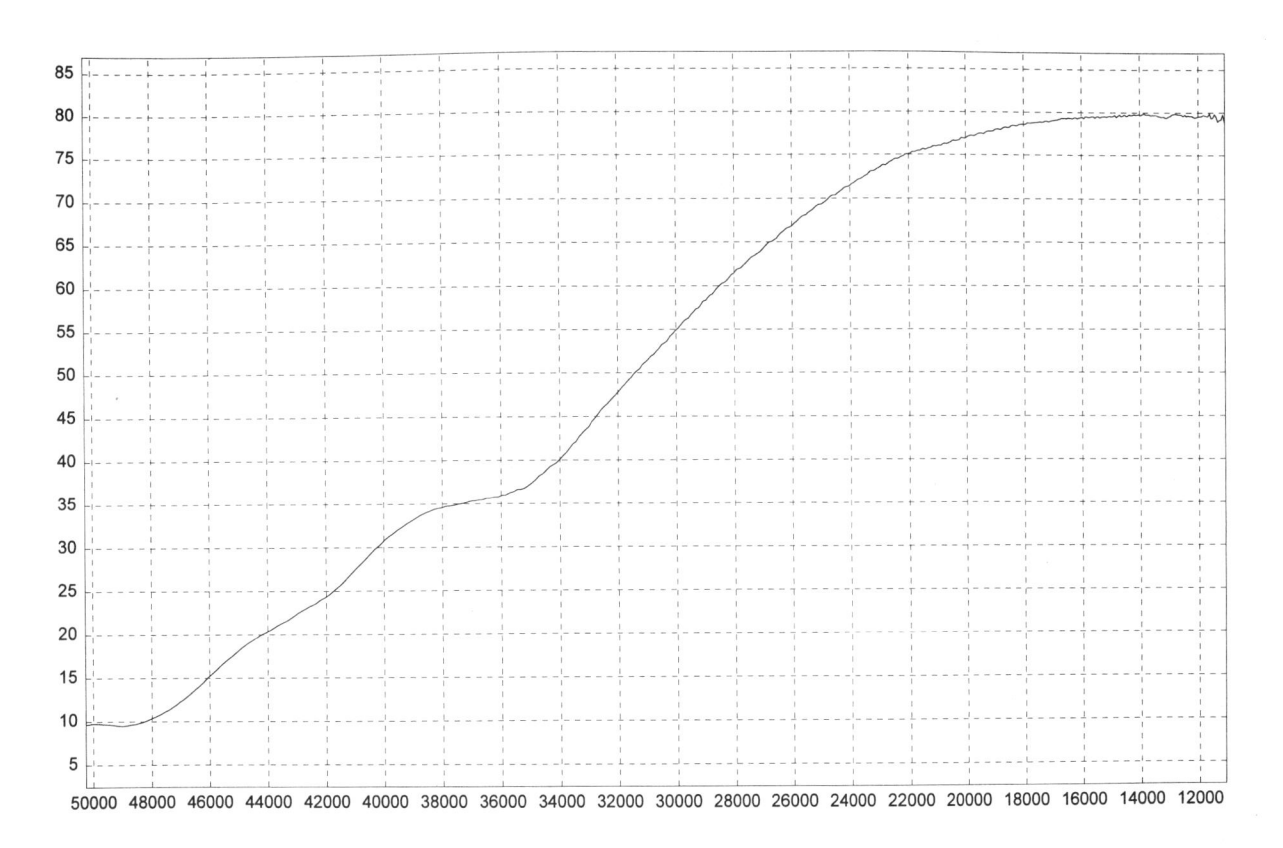

385 POLYETHYLENE, CHLORINATED (25% Cl)

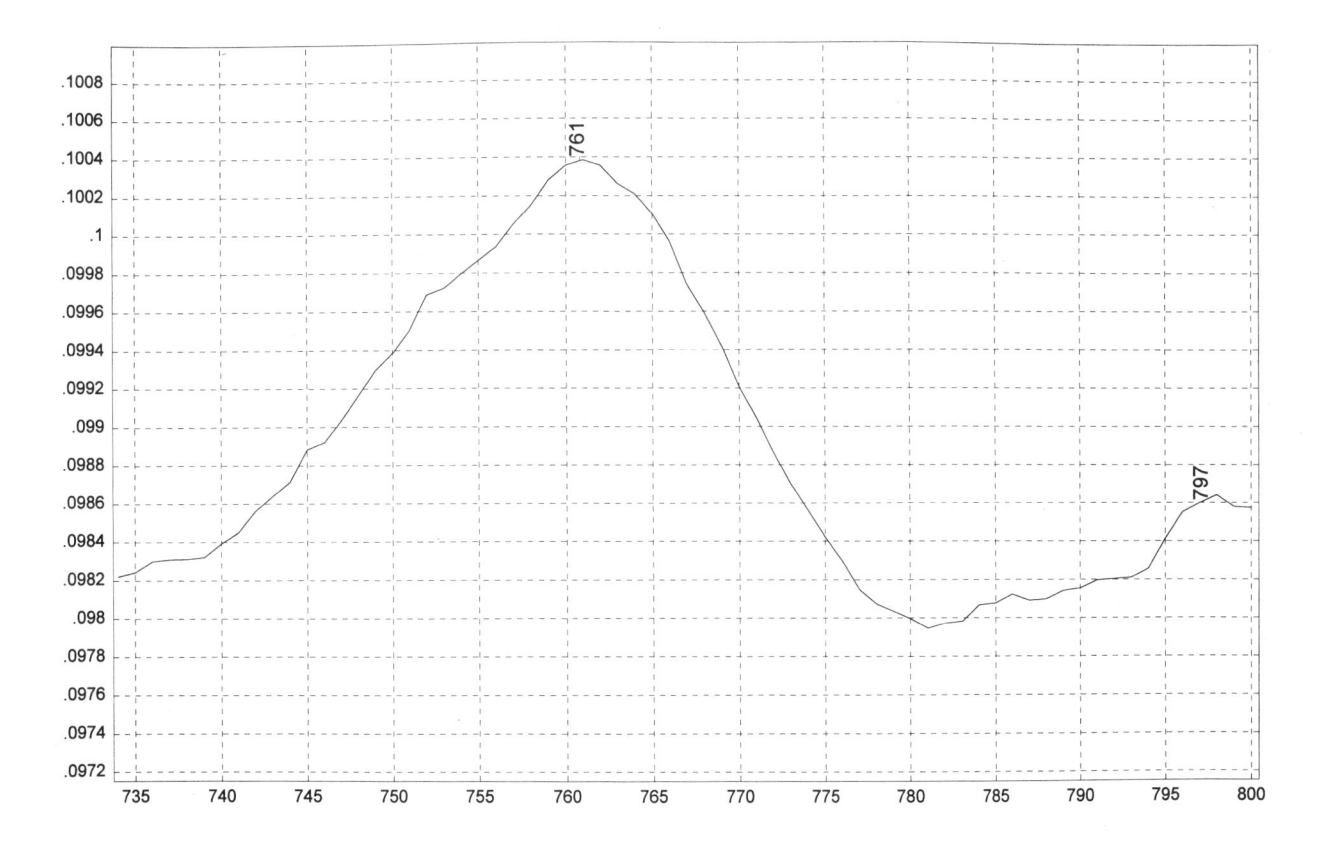

386 POLYETHYLENE, CHLORINATED (25% Cl)

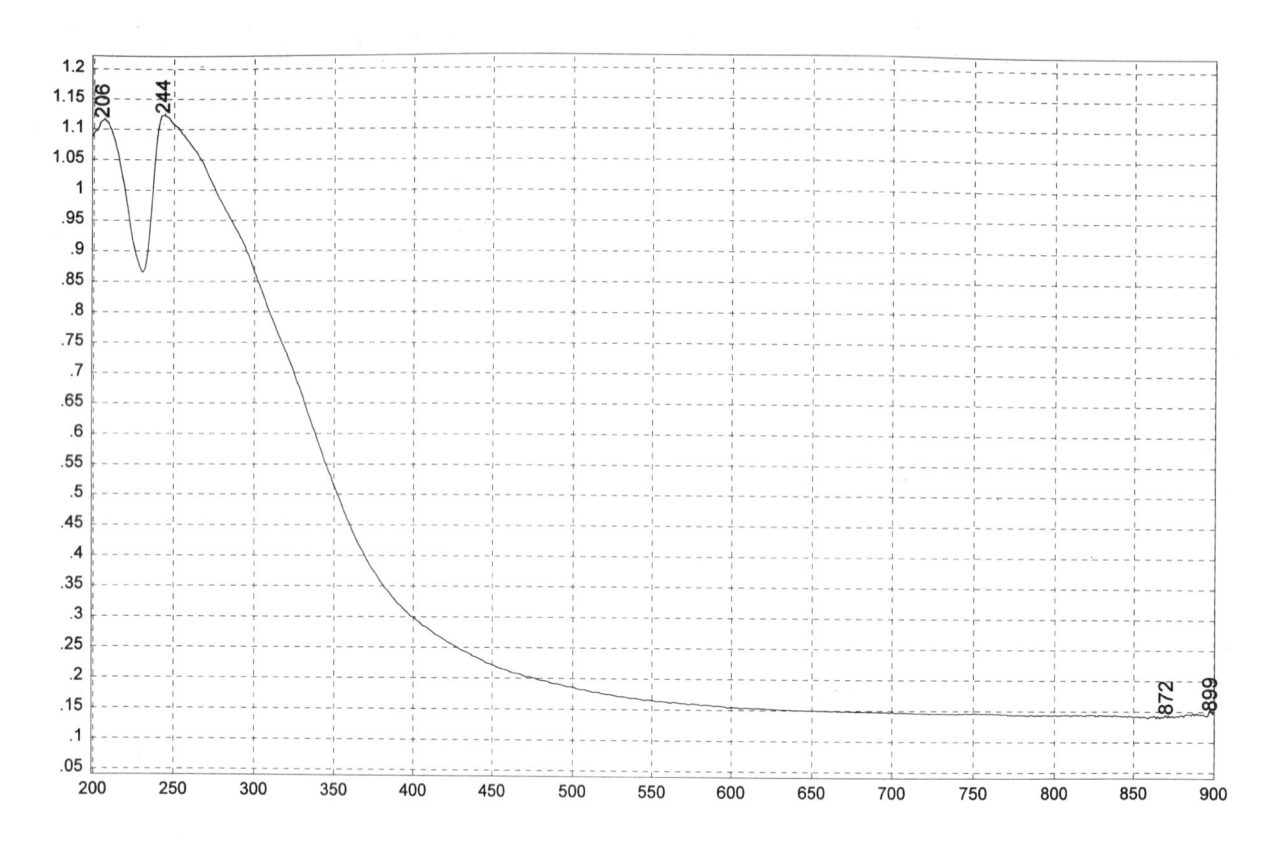

387 POLYETHYLENE, CHLORINATED (36% Cl)

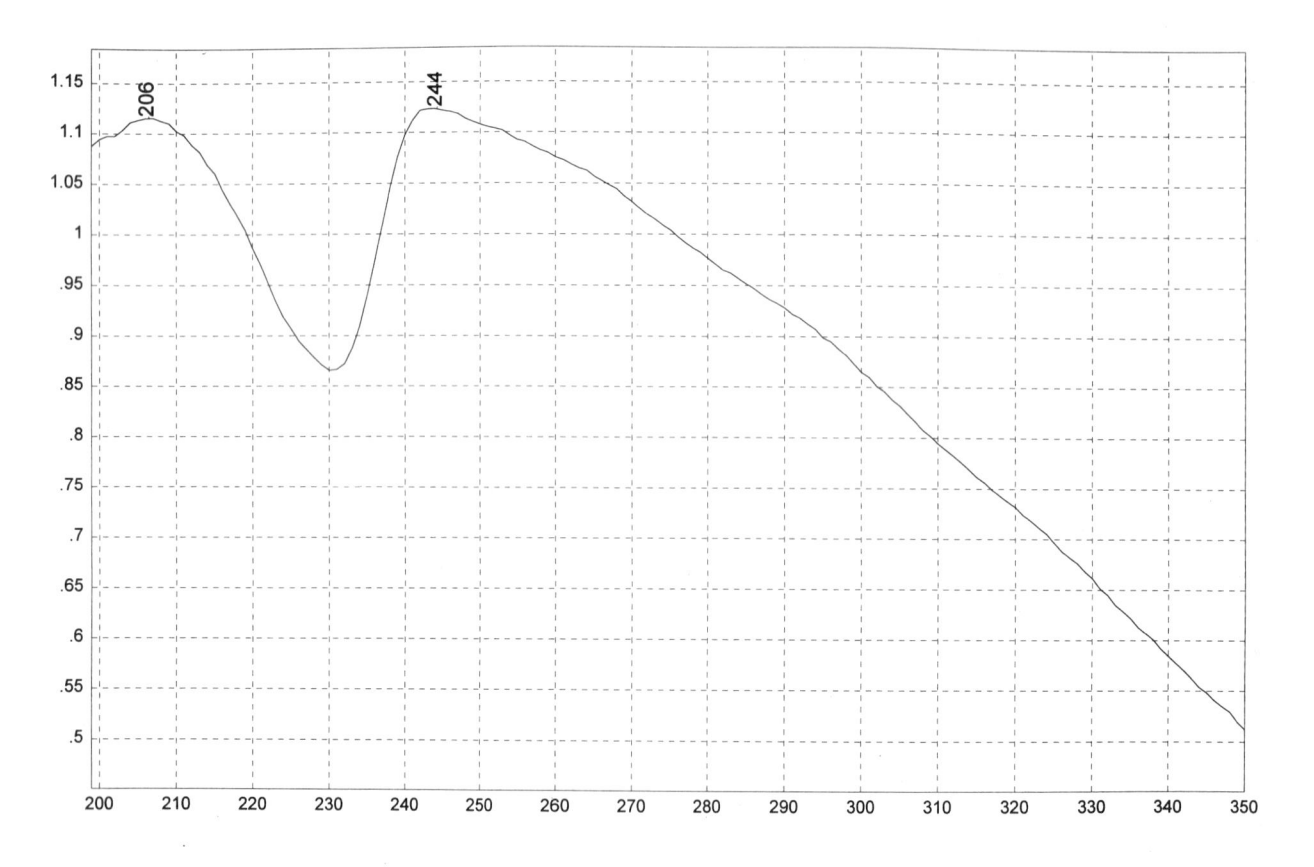

388 POLYETHYLENE, CHLORINATED (36% Cl)

Reflectance / Wavenumber (cm^{-1})

| 389 | POLYETHYLENE, CHLORINATED (36% Cl) |

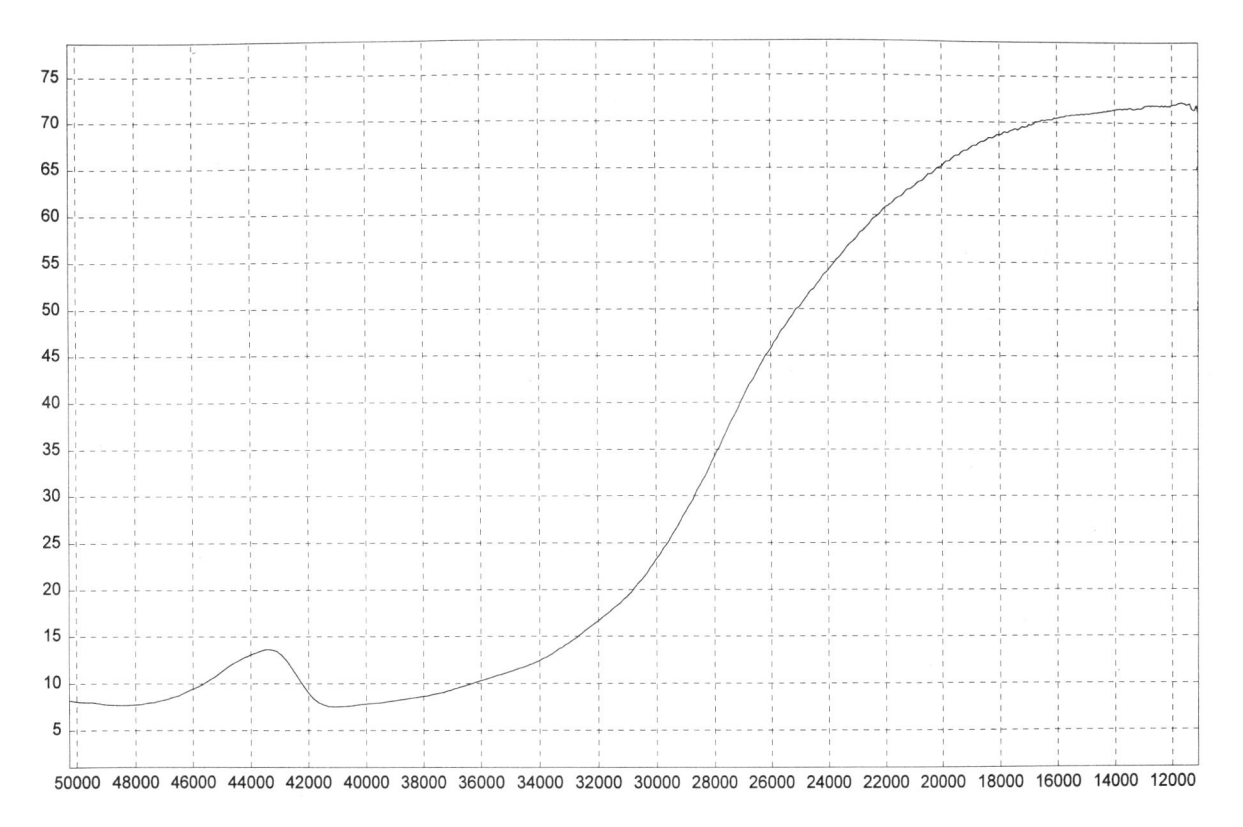

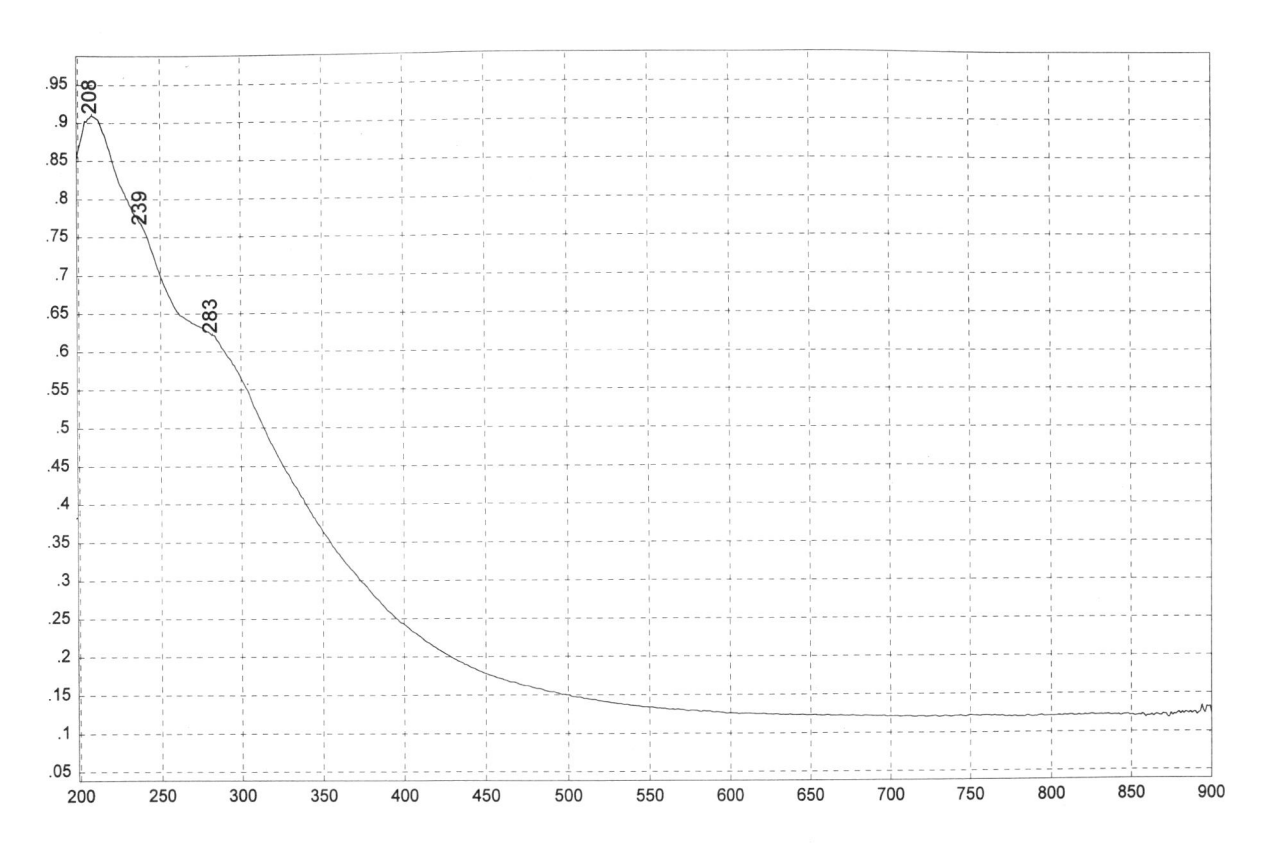

Absorbance / Nanometers

| 390 | POLYETHYLENE, CHLORINATED (42% Cl) |

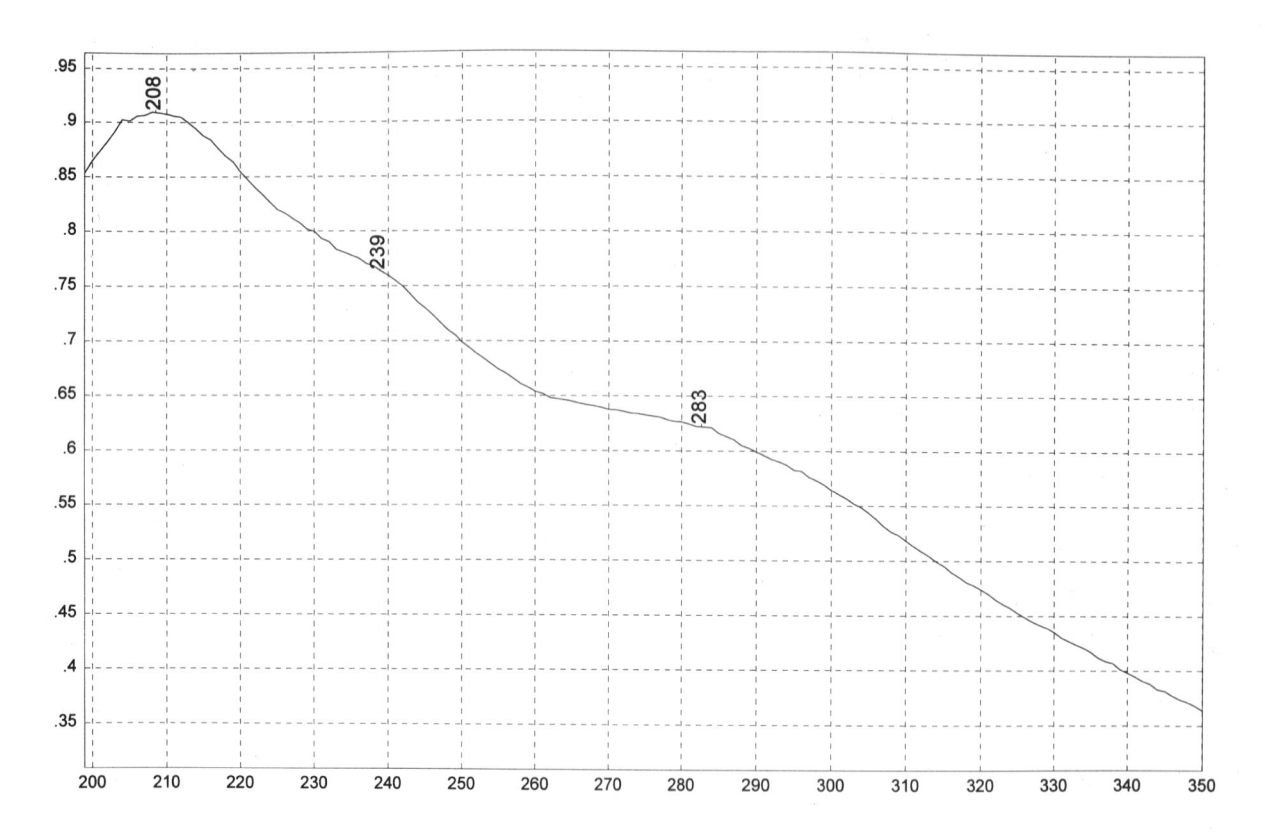

Absorbance / Nanometers

| 391 | **POLYETHYLENE, CHLORINATED (42% Cl)** |

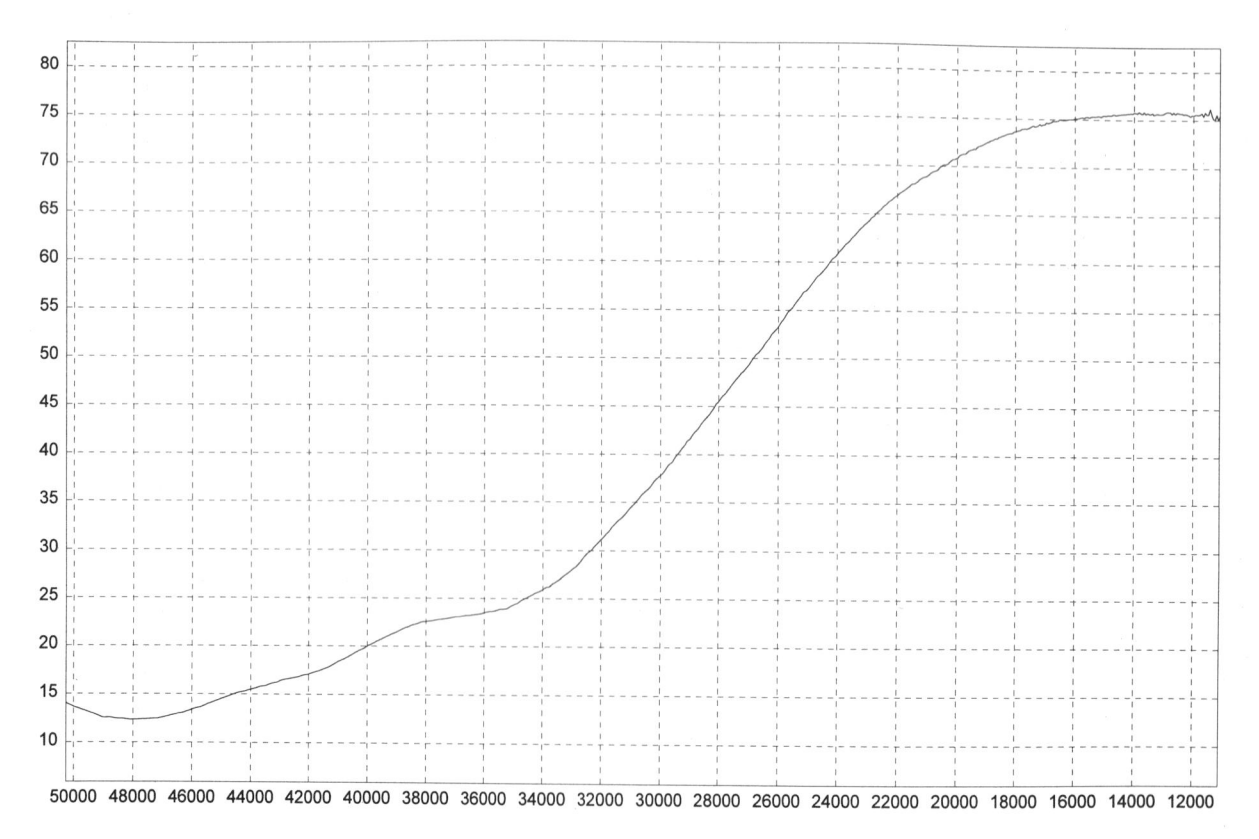

Reflectance / Wavenumber (cm⁻¹)

| 392 | **POLYETHYLENE, CHLORINATED (42% Cl)** |

Absorbance / Nanometers

393   POLYETHYLENE, CHLORINATED (42% Cl)

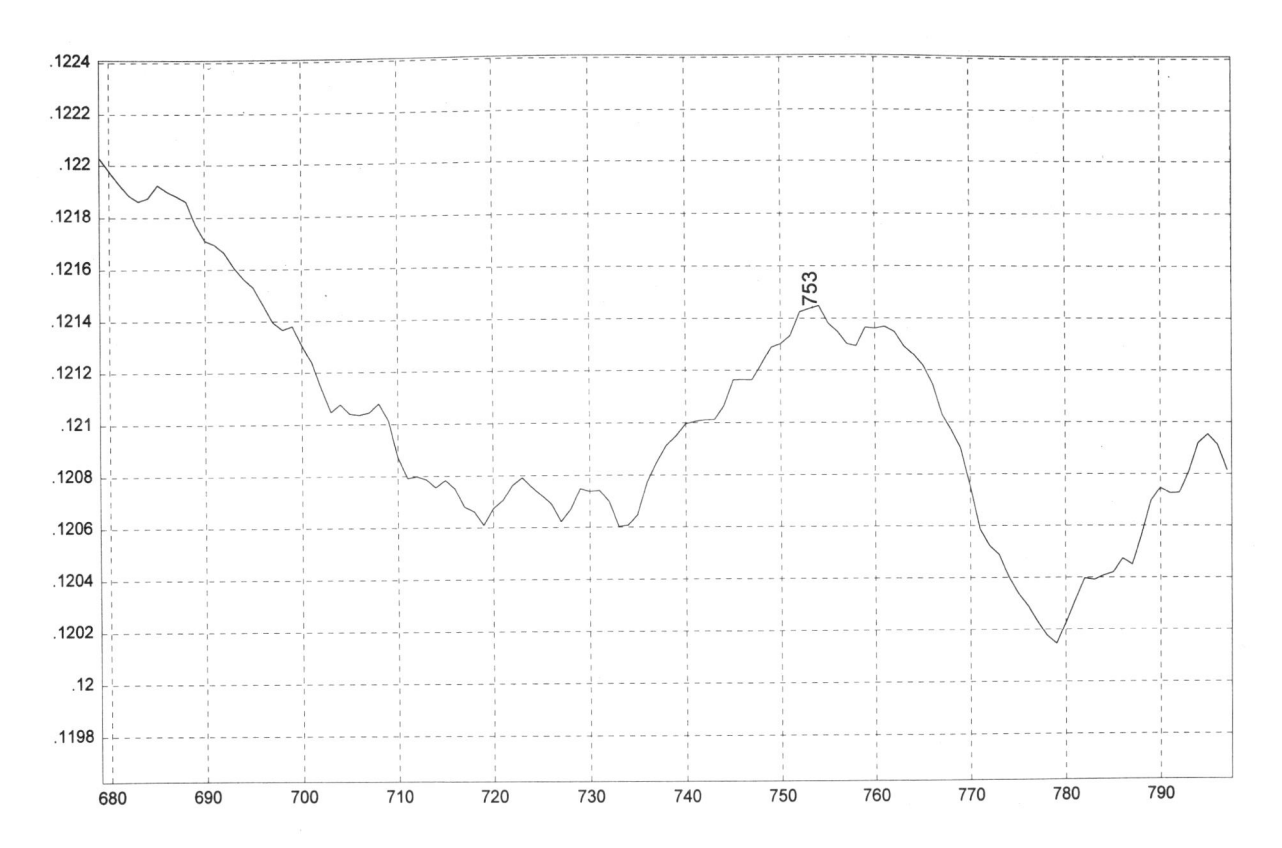

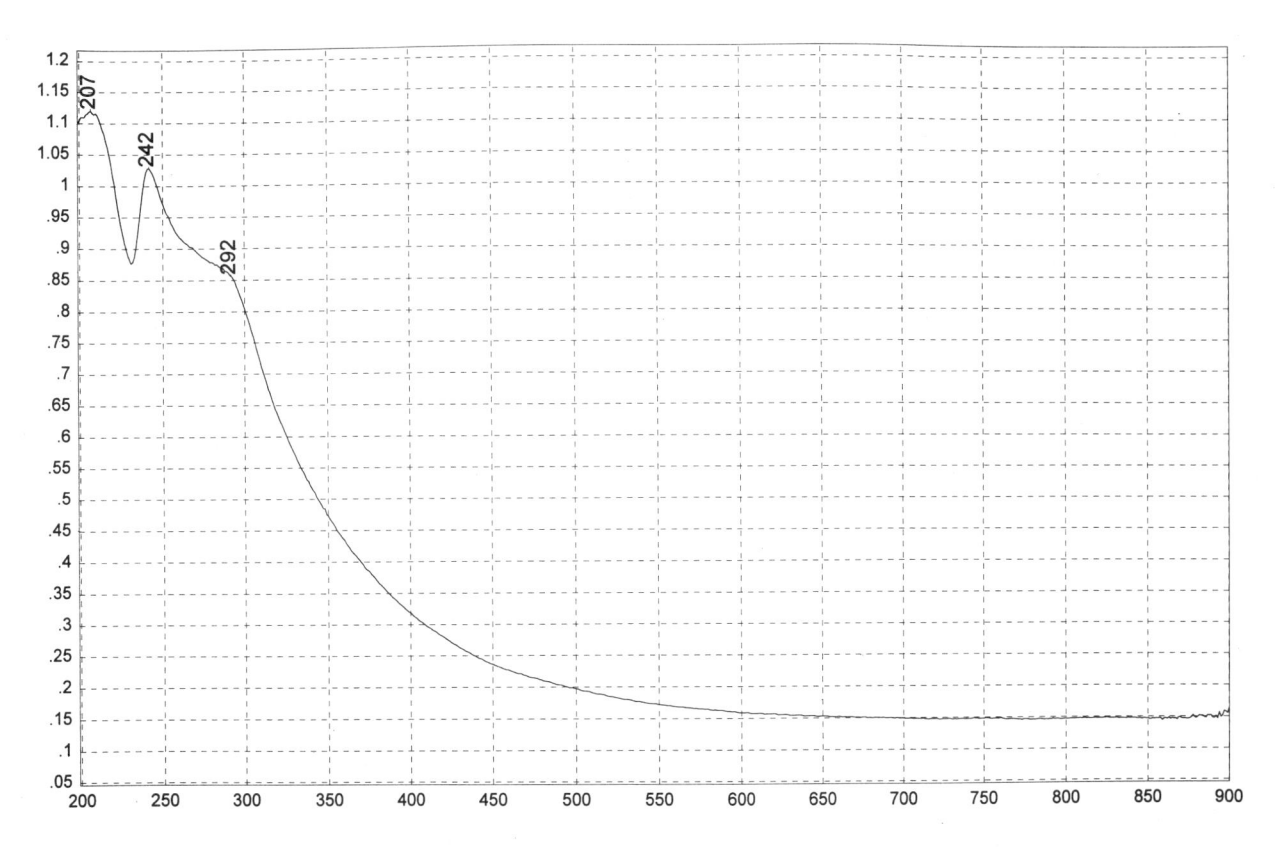

Absorbance / Nanometers

394   POLYETHYLENE, CHLORINATED (48% Cl)

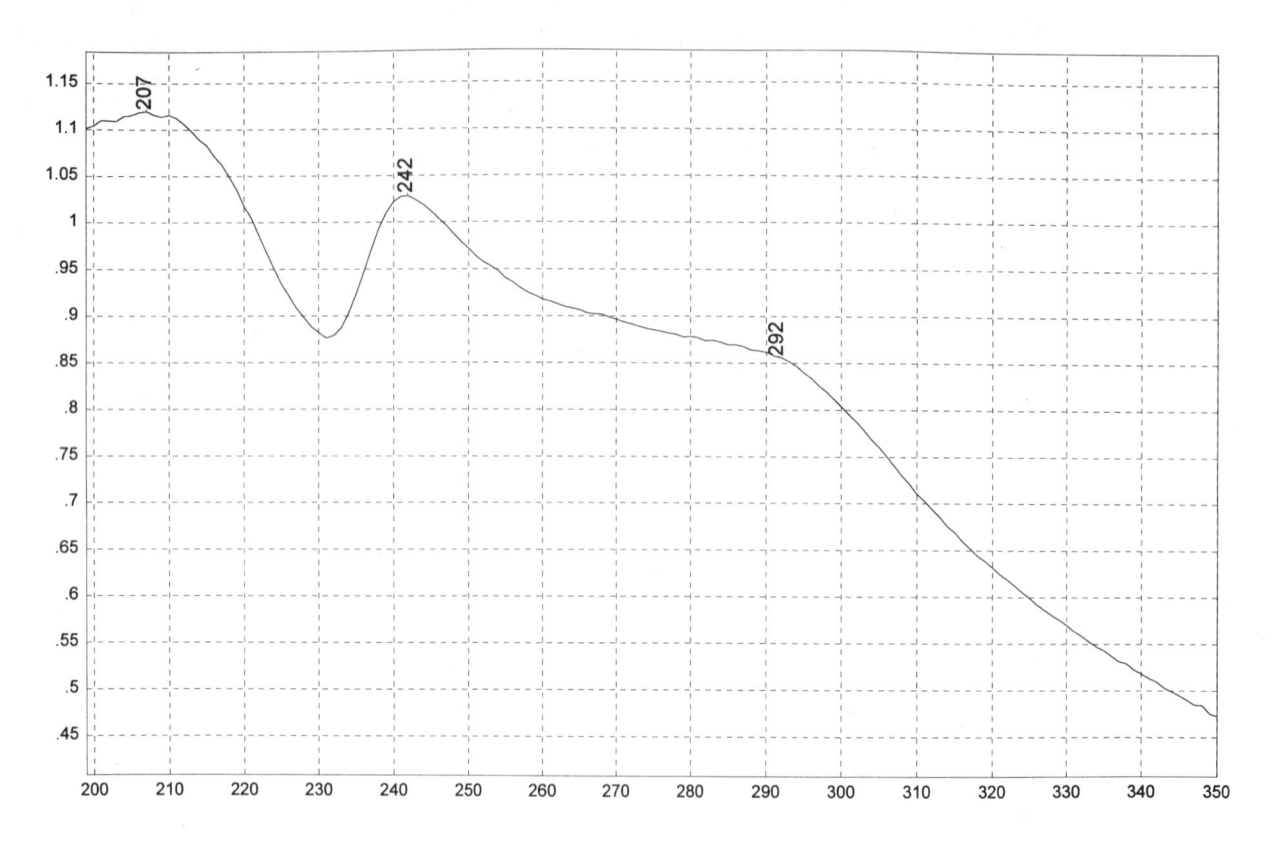

Absorbance / Nanometers

395   **POLYETHYLENE, CHLORINATED (48% Cl)**

Reflectance / Wavenumber (cm⁻¹)

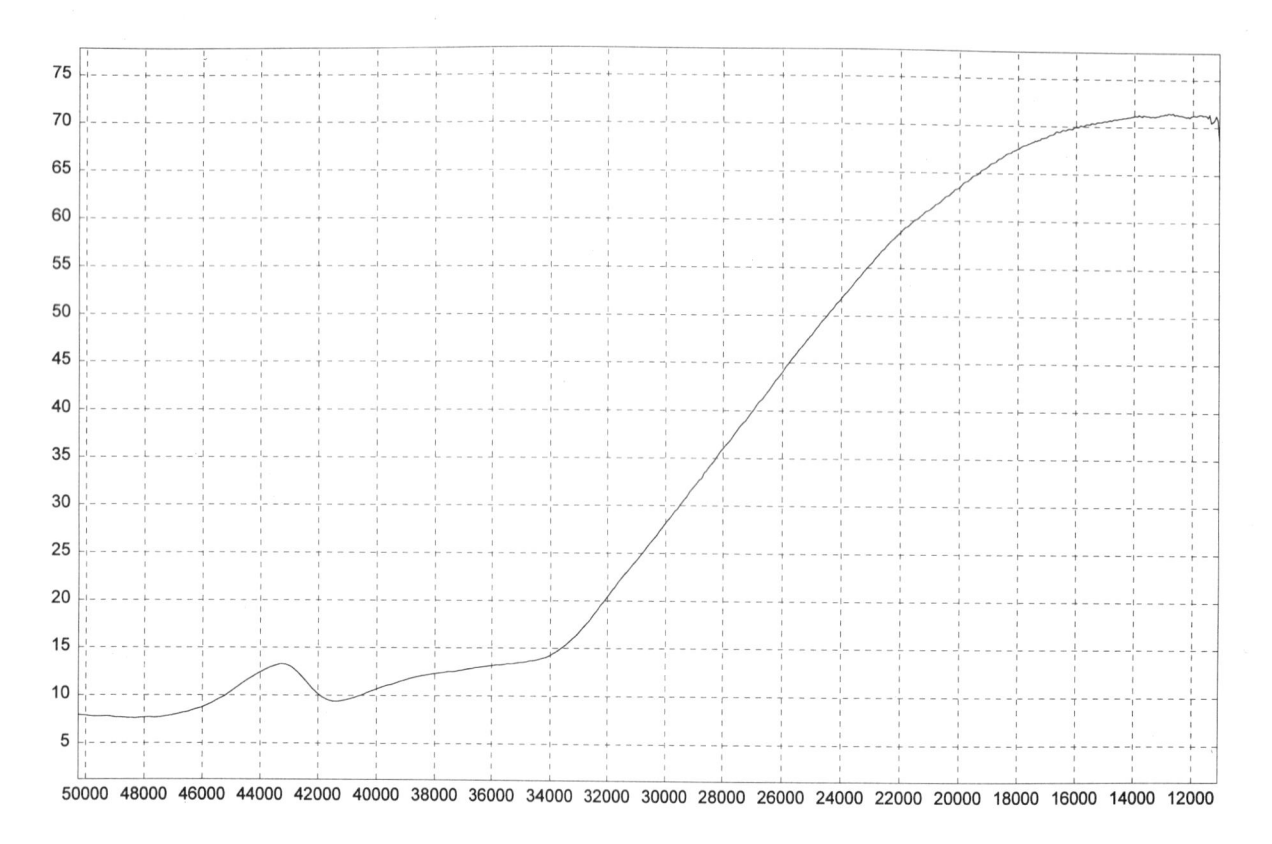

396   **POLYETHYLENE, CHLORINATED (48% Cl)**

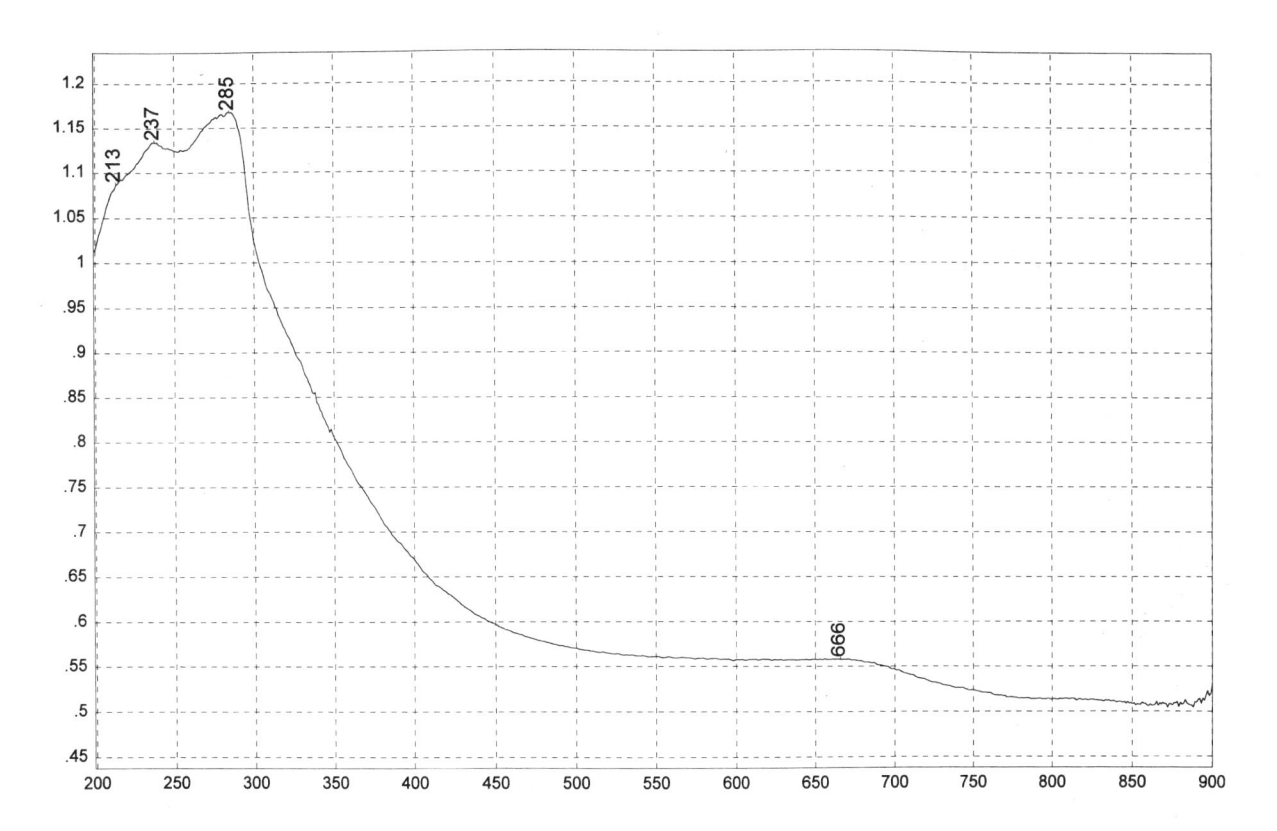

397 POLYETHYLENE, CHLOROSULFONATED

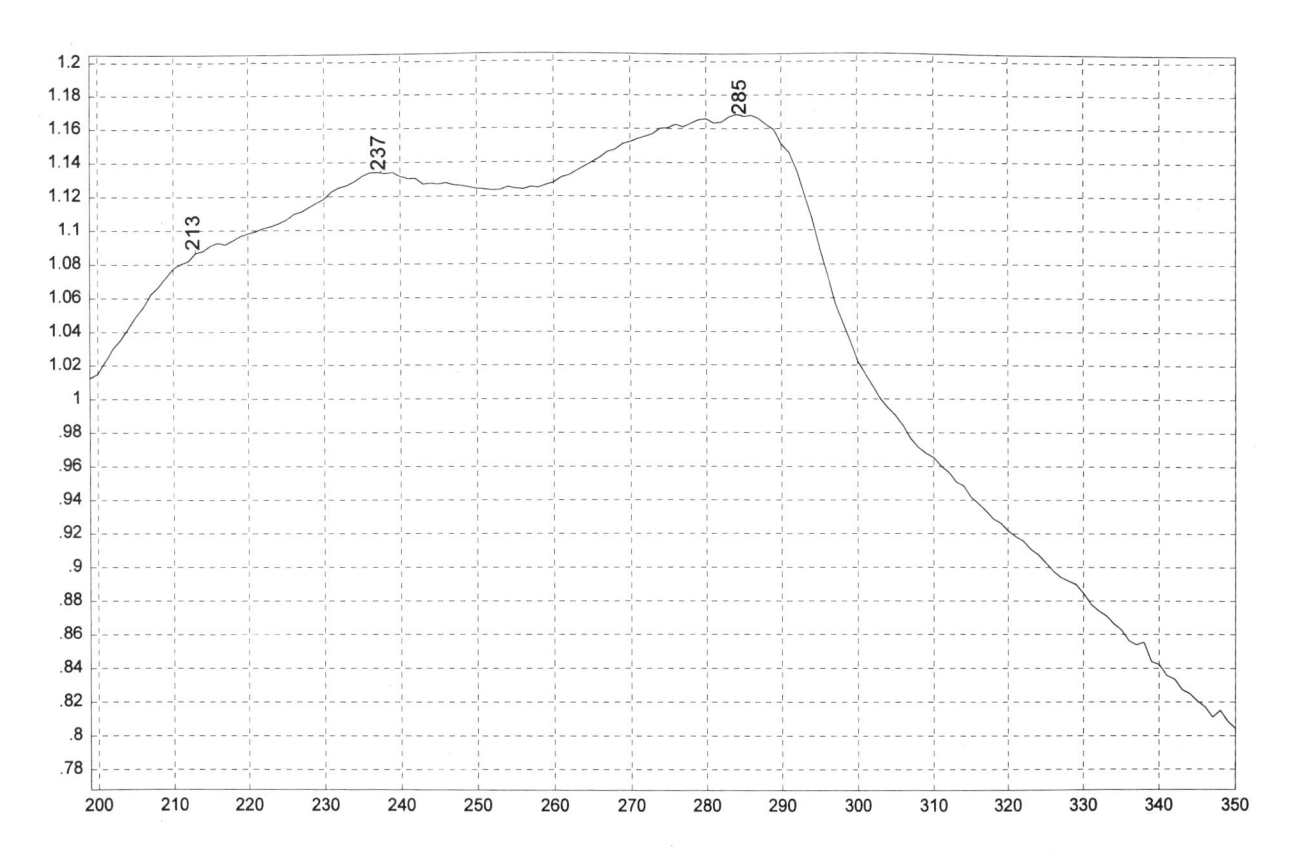

398 POLYETHYLENE, CHLOROSULFONATED

Reflectance / Wavenumber (cm^{-1})

399 | **POLYETHYLENE, CHLOROSULFONATED**

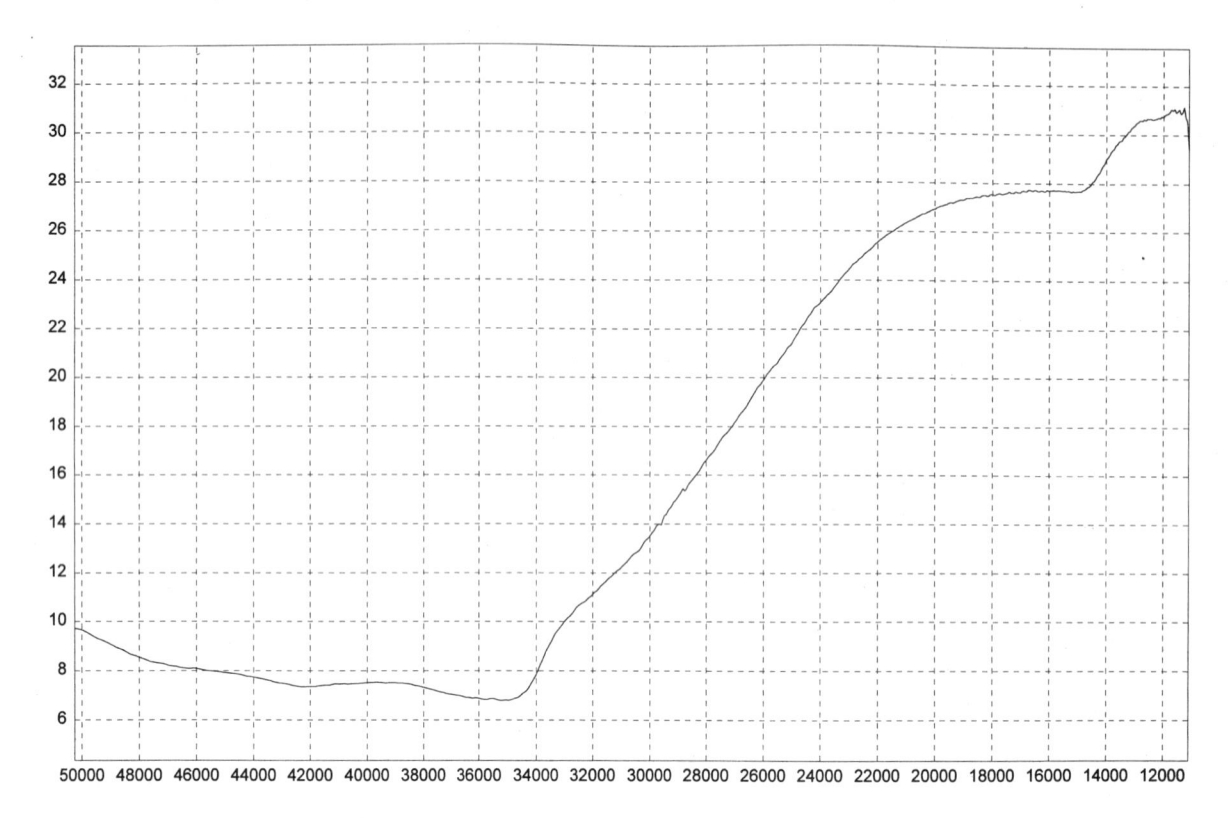

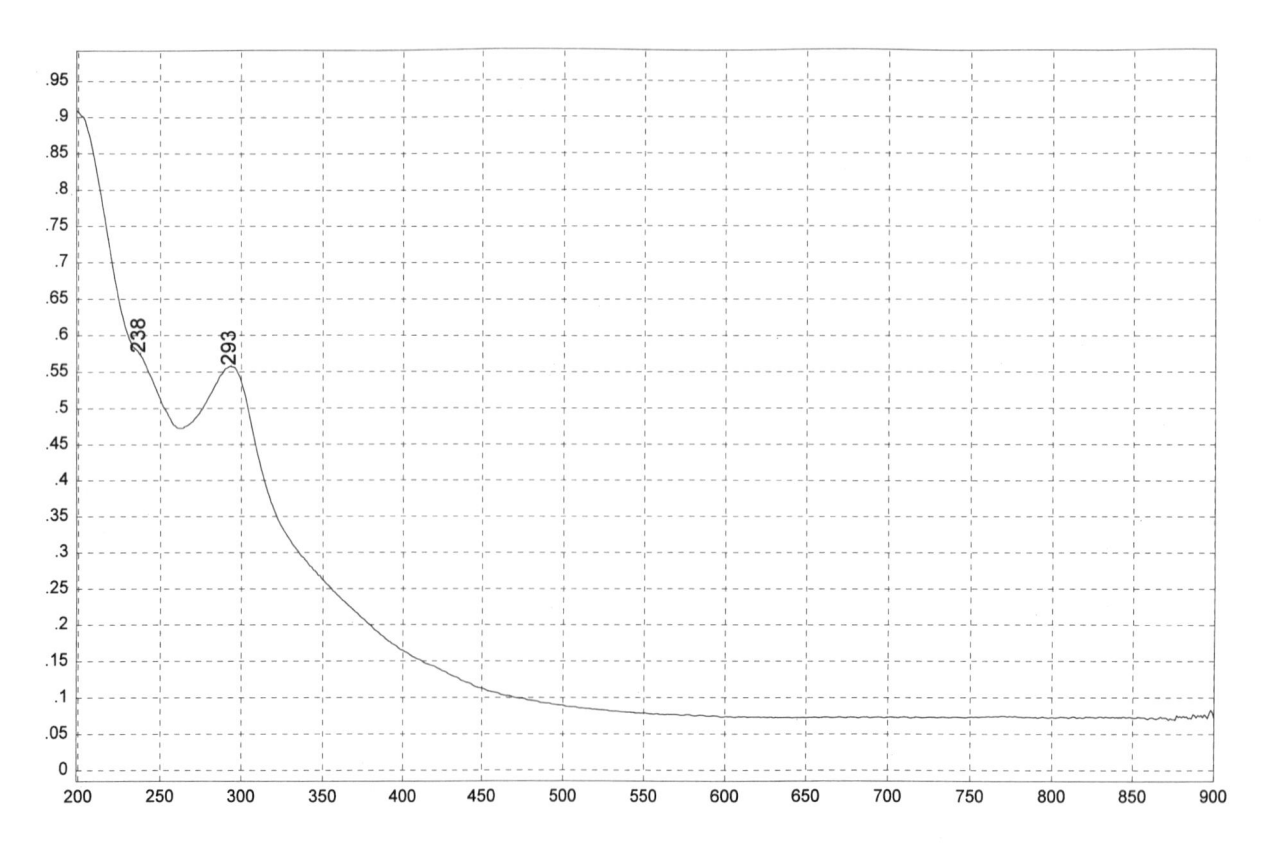

Absorbance / Nanometers

400 | **POLY(ETHYLENE OXIDE)**

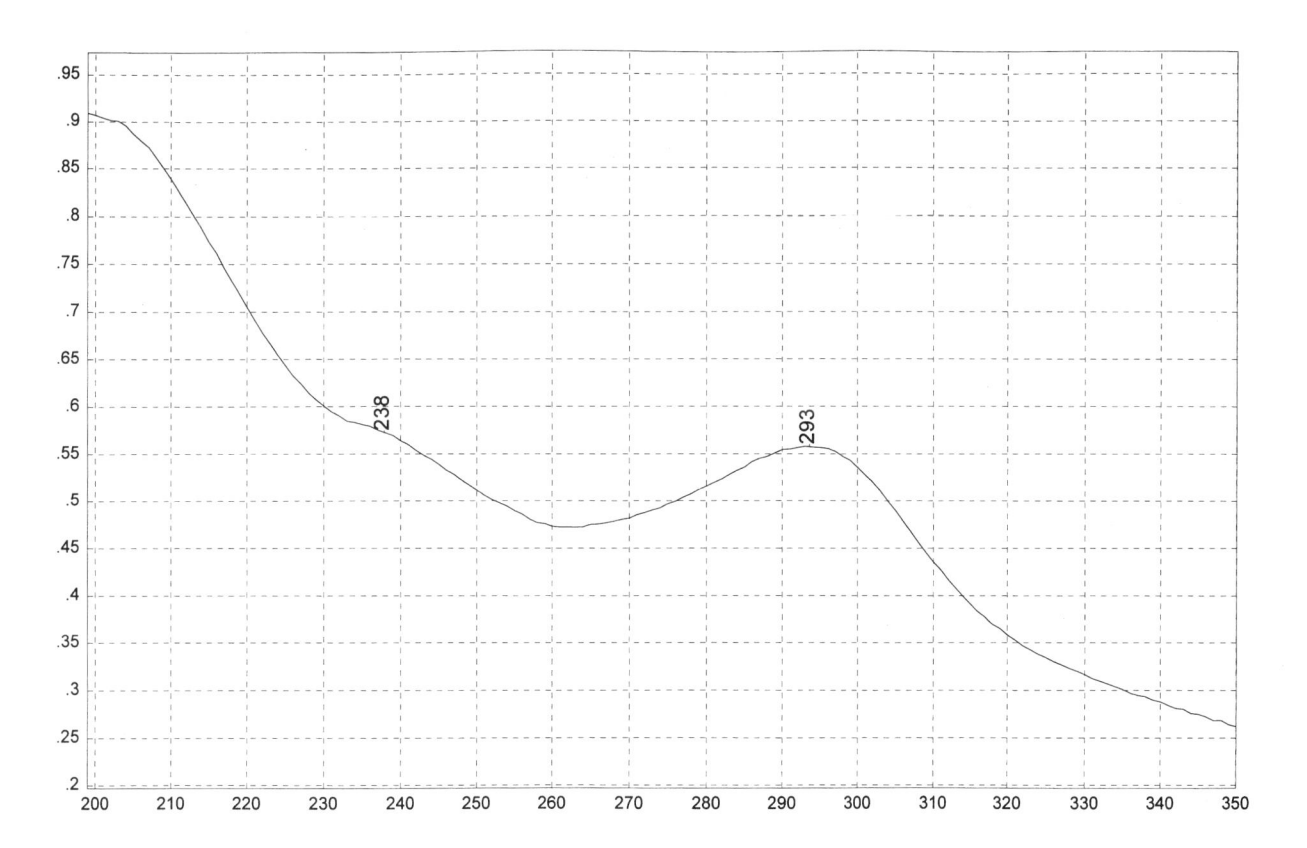

Absorbance / Nanometers

401 POLY(ETHYLENE OXIDE)

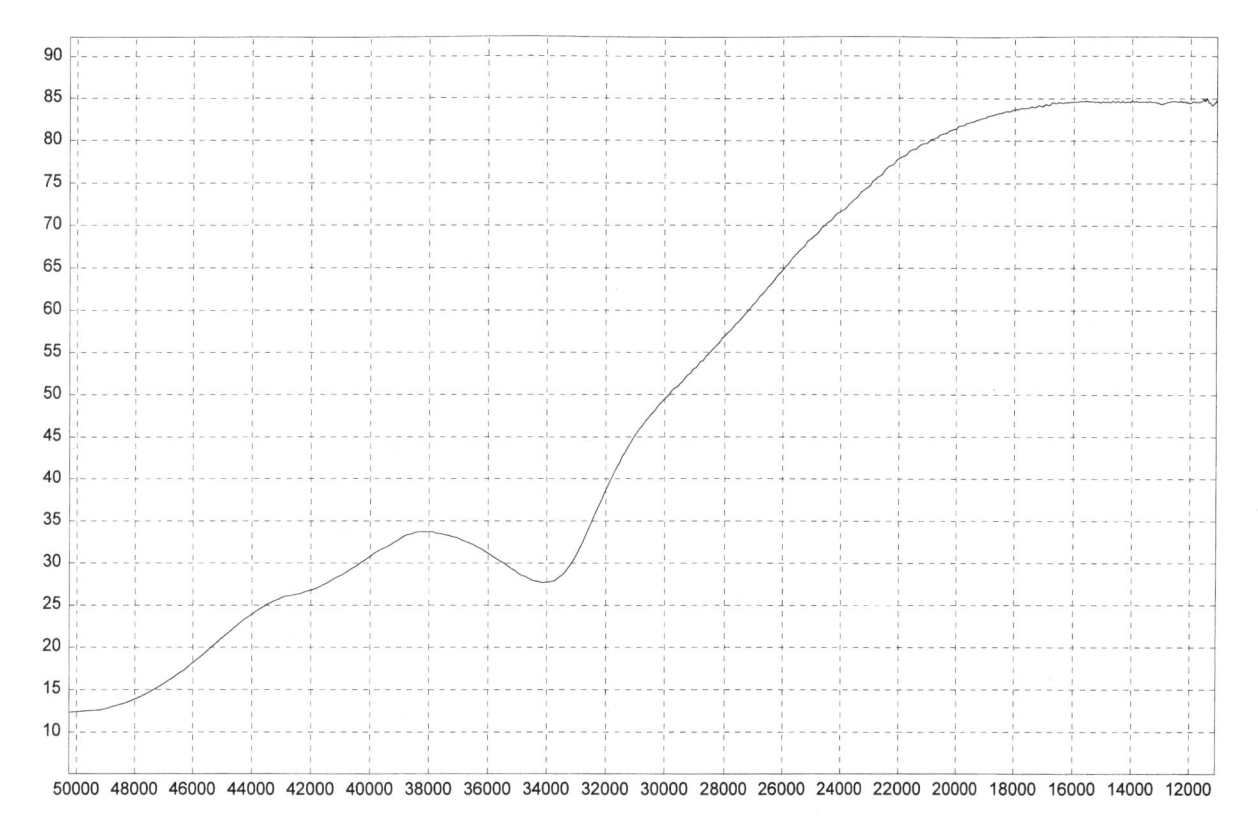

Reflectance / Wavenumber (cm^{-1})

402 POLY(ETHYLENE OXIDE)

403 POLY(ETHYLENE OXIDE)

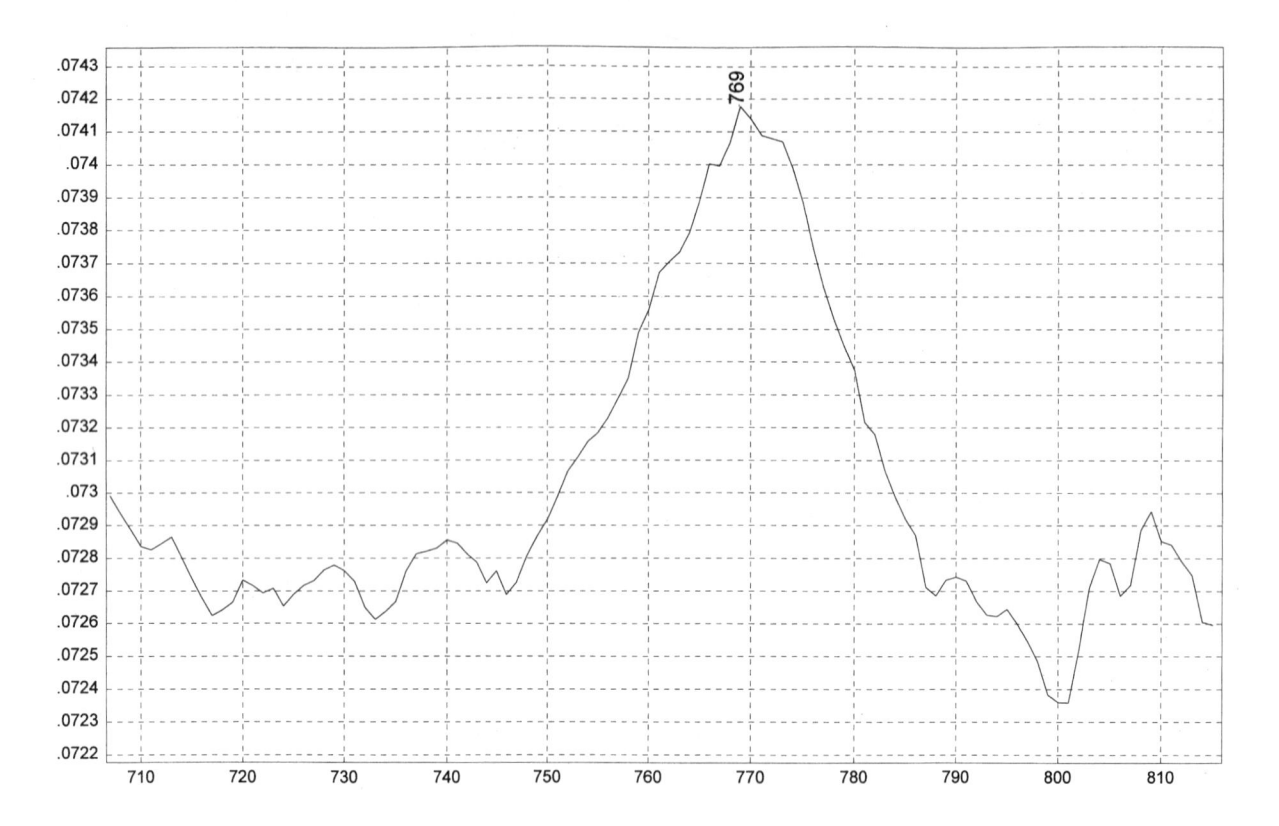

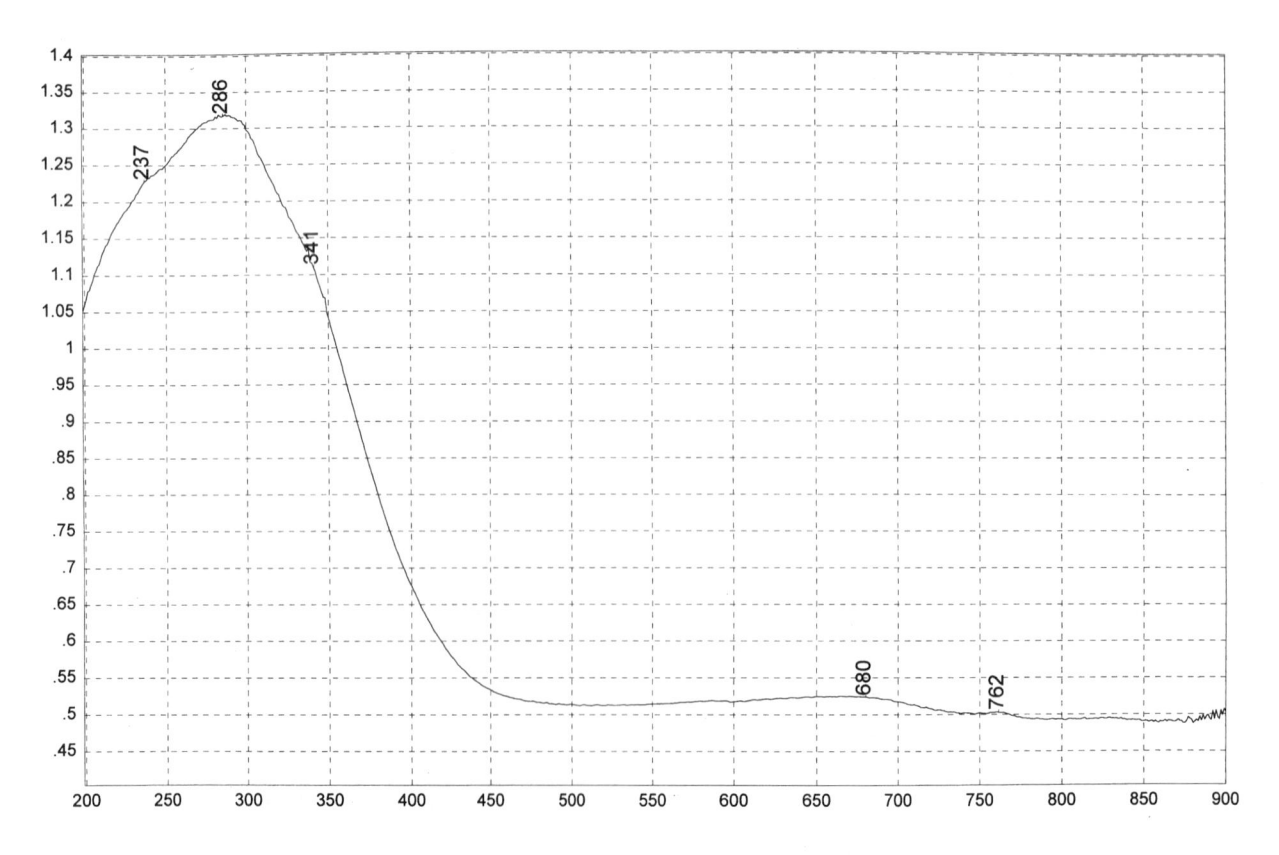

404 POLYETHYLENE, OXIDIZIED

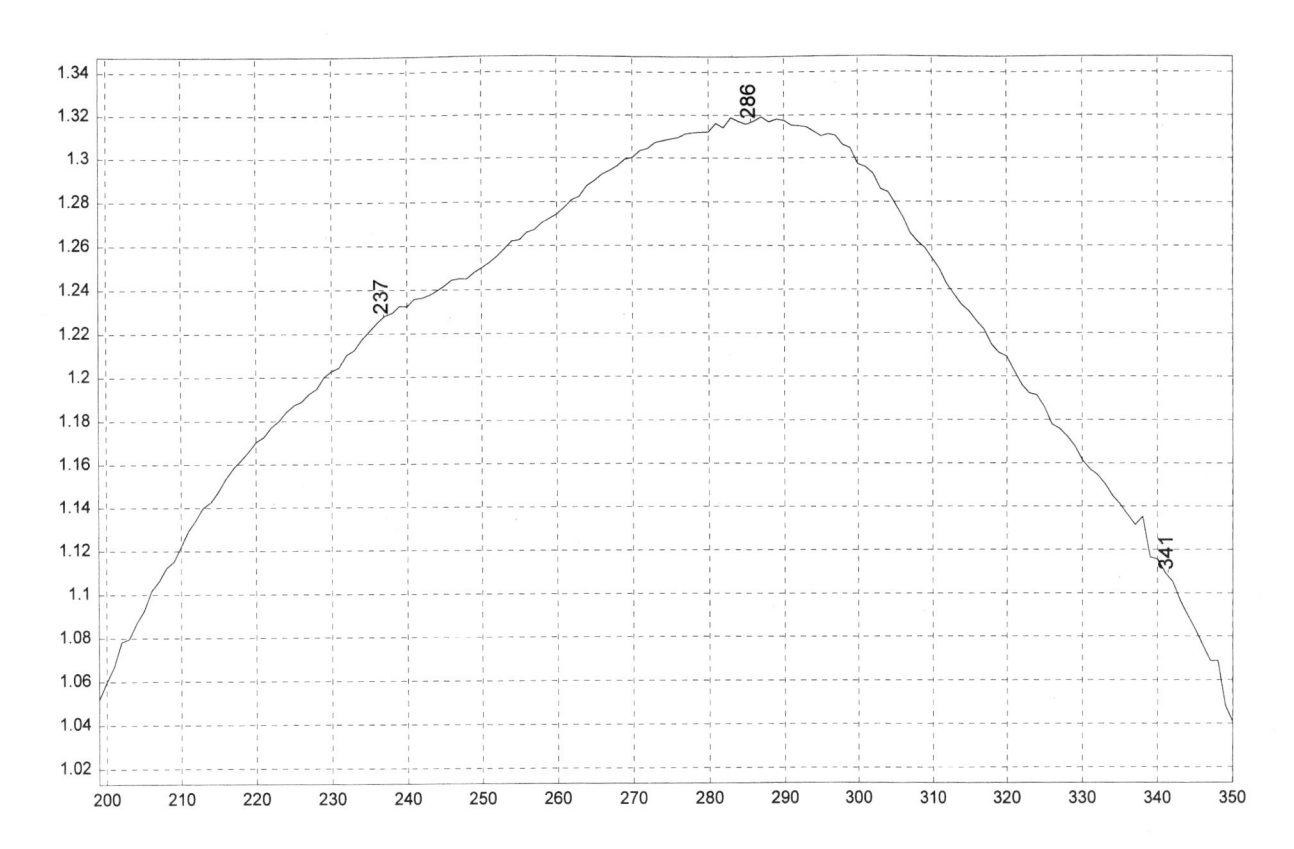

Absorbance / Nanometers

405 POLYETHYLENE, OXIDIZIED

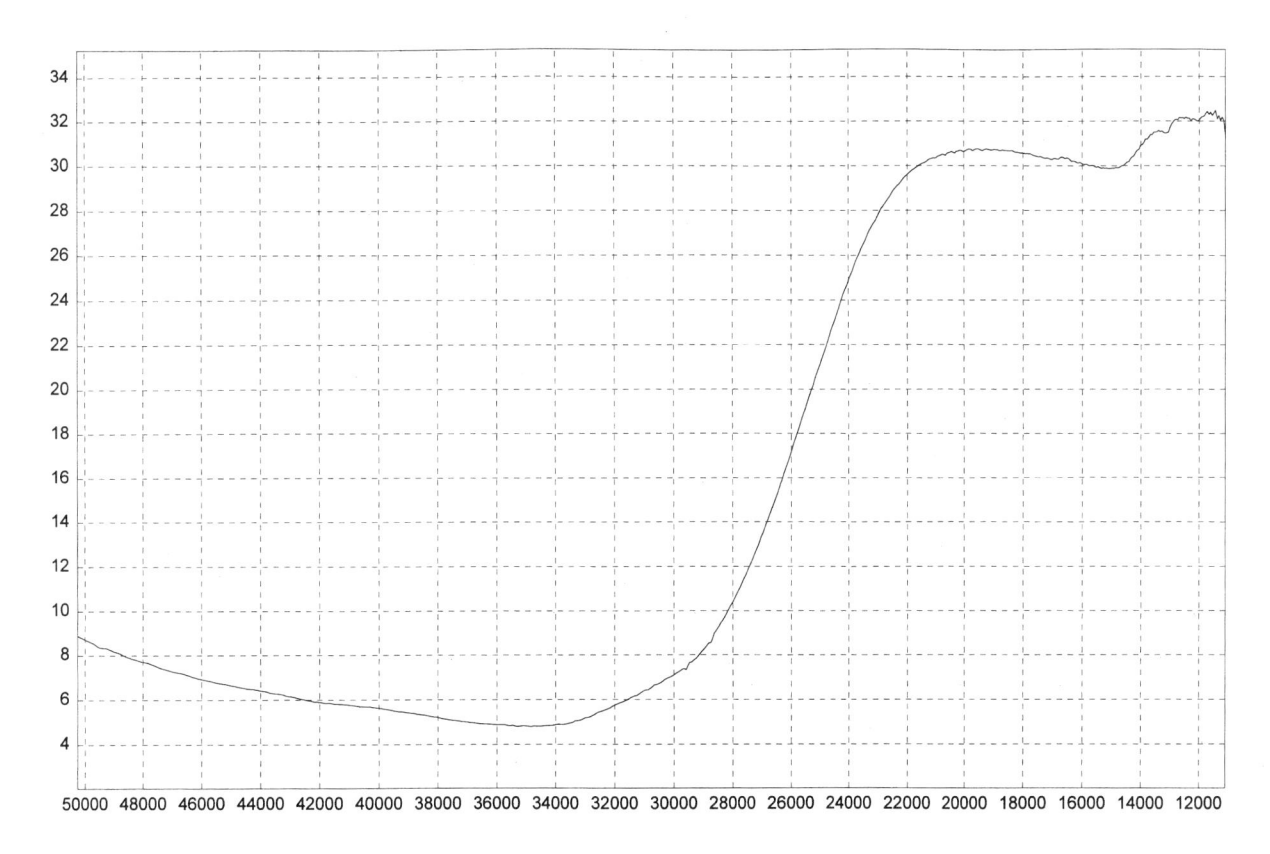

Reflectance / Wavenumber (cm^{-1})

406 POLYETHYLENE, OXIDIZIED

407 POLYETHYLENE OXIDIZED

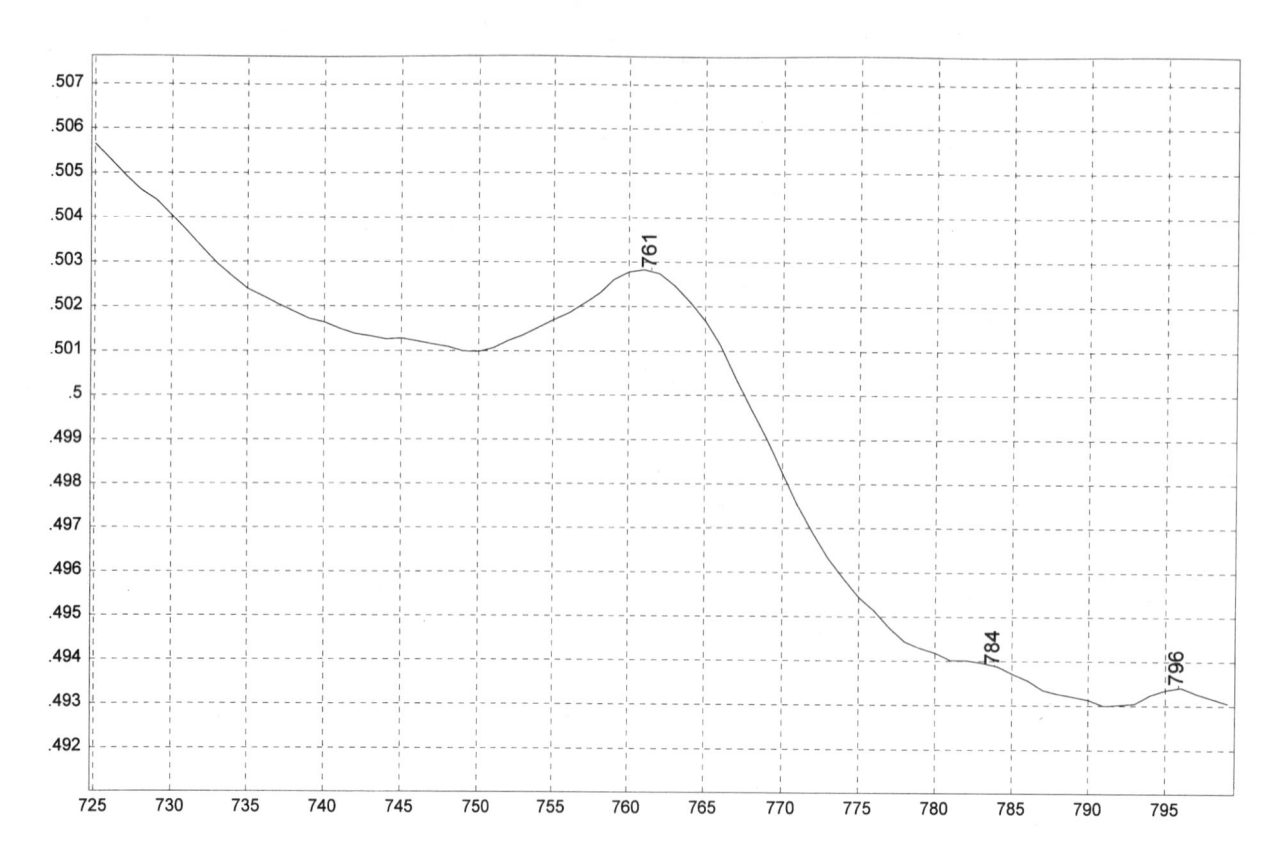

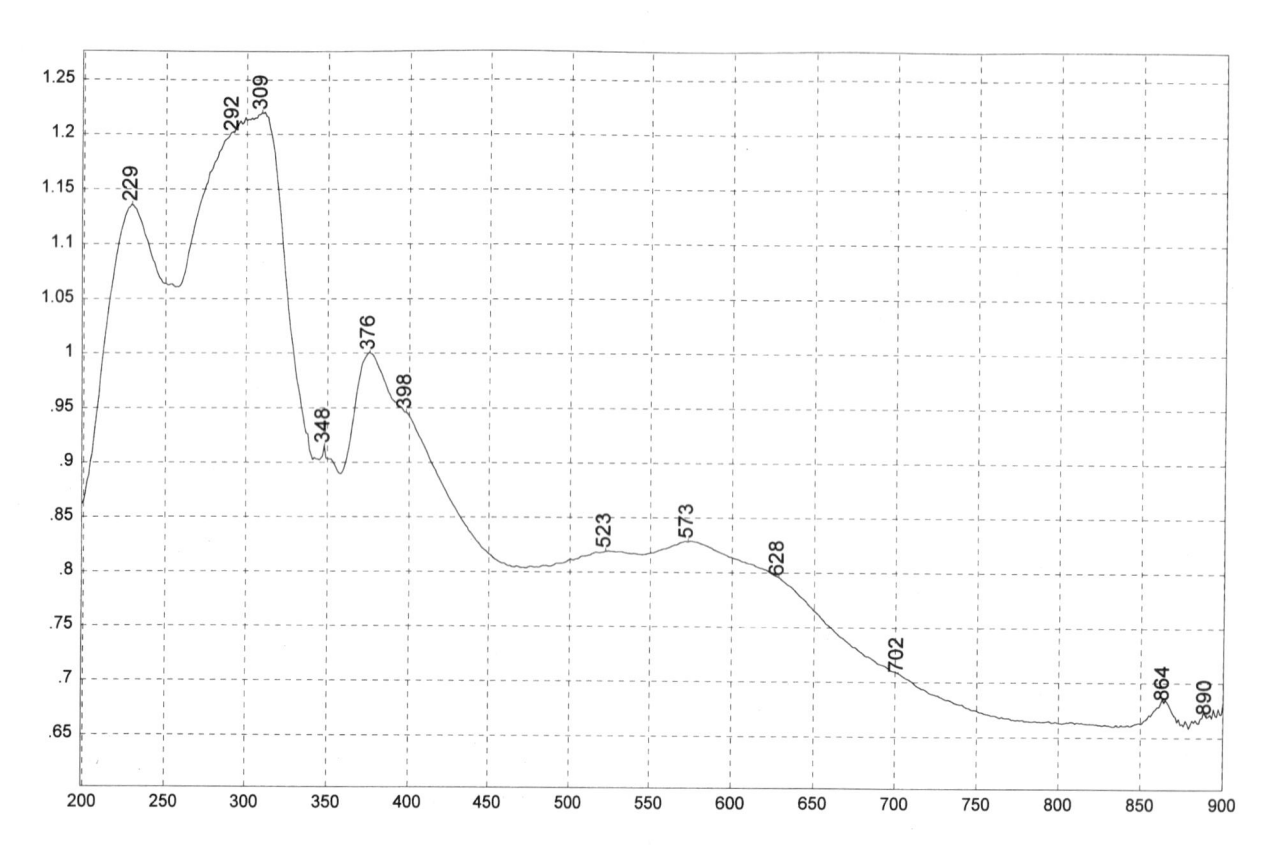

408 POLY(ETHYLENE TEREPHTHALATE)

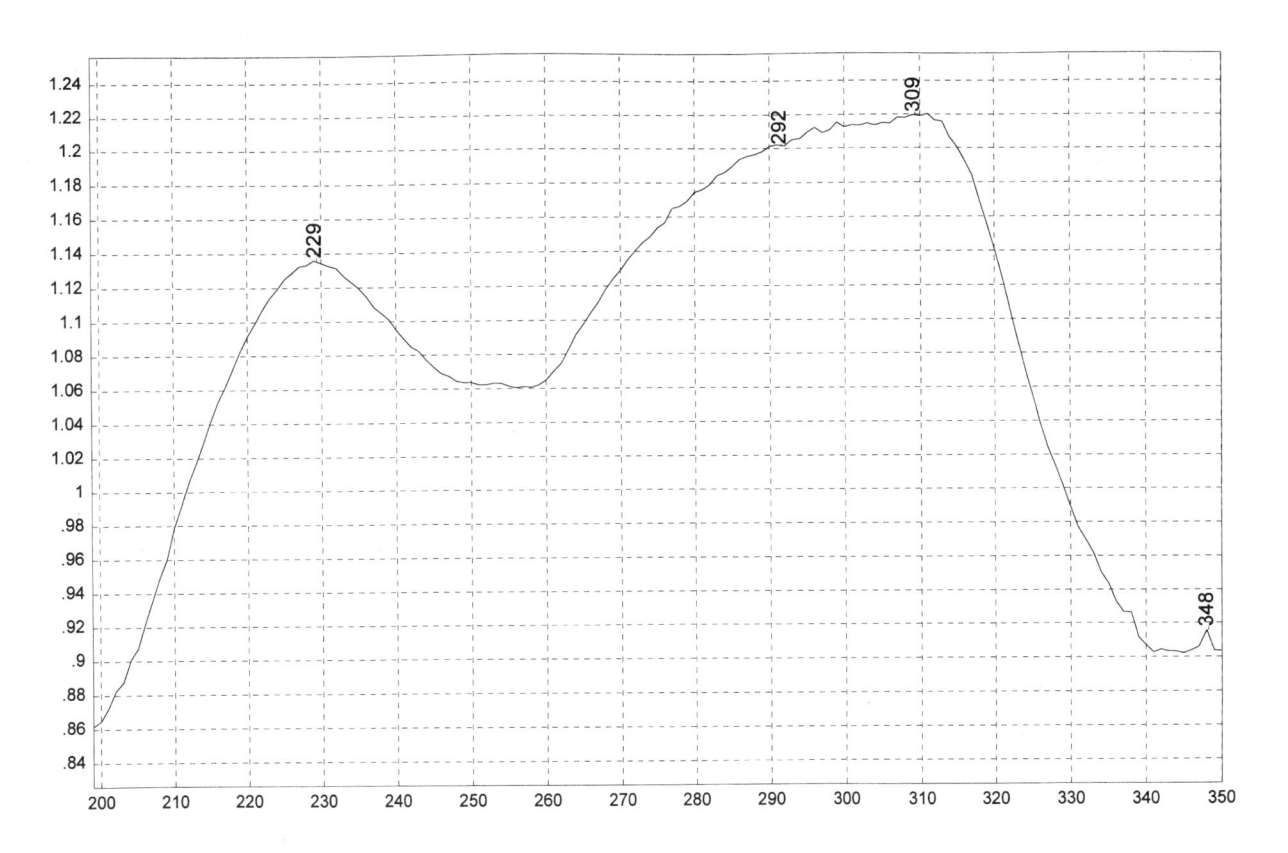

Absorbance / Nanometers

409   **POLY(ETHYLENE TEREPHTHALATE)**

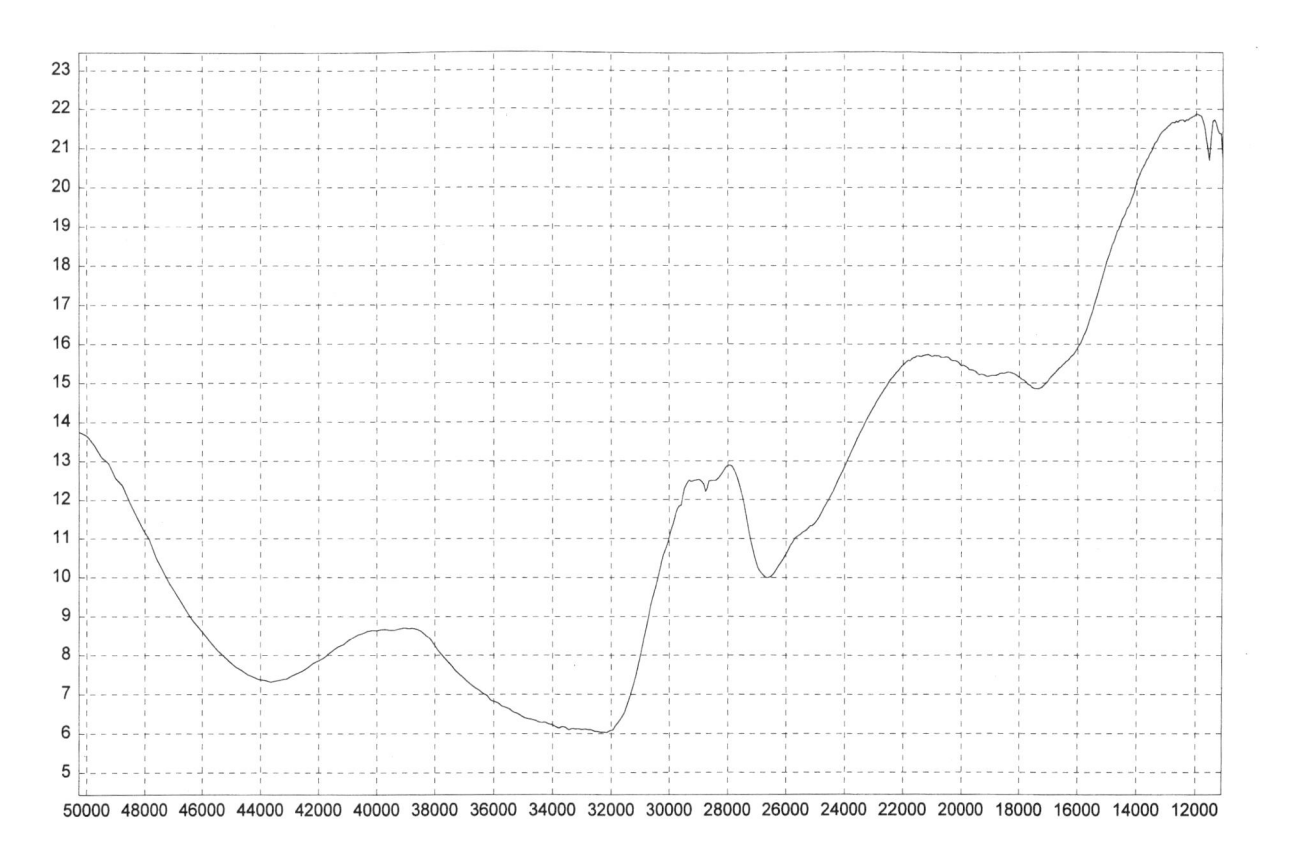

Reflectance / Wavenumber (cm^{-1})

410   **POLY(ETHYLENE TEREPHTHALATE)**

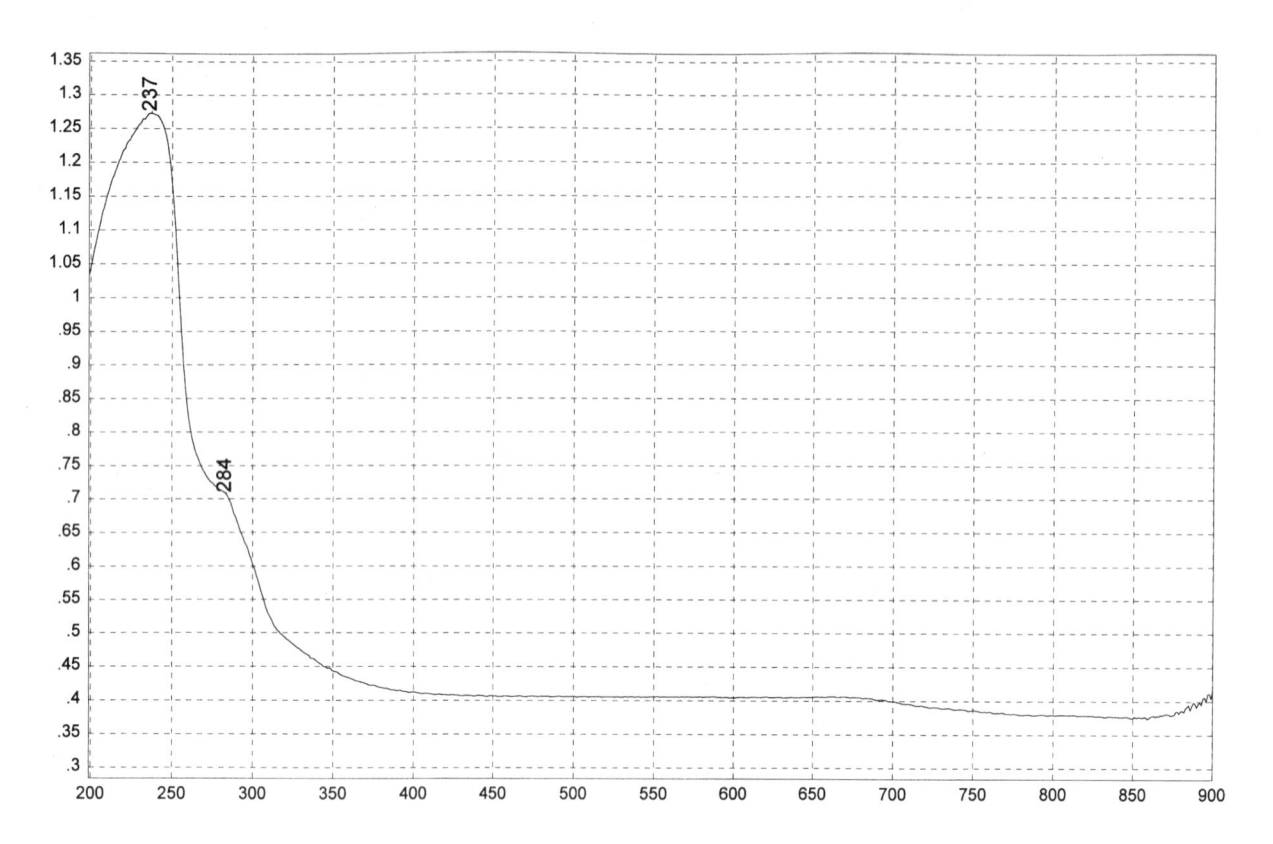

411 POLY(2-HYDROXYETHYL METHACRYLATE)

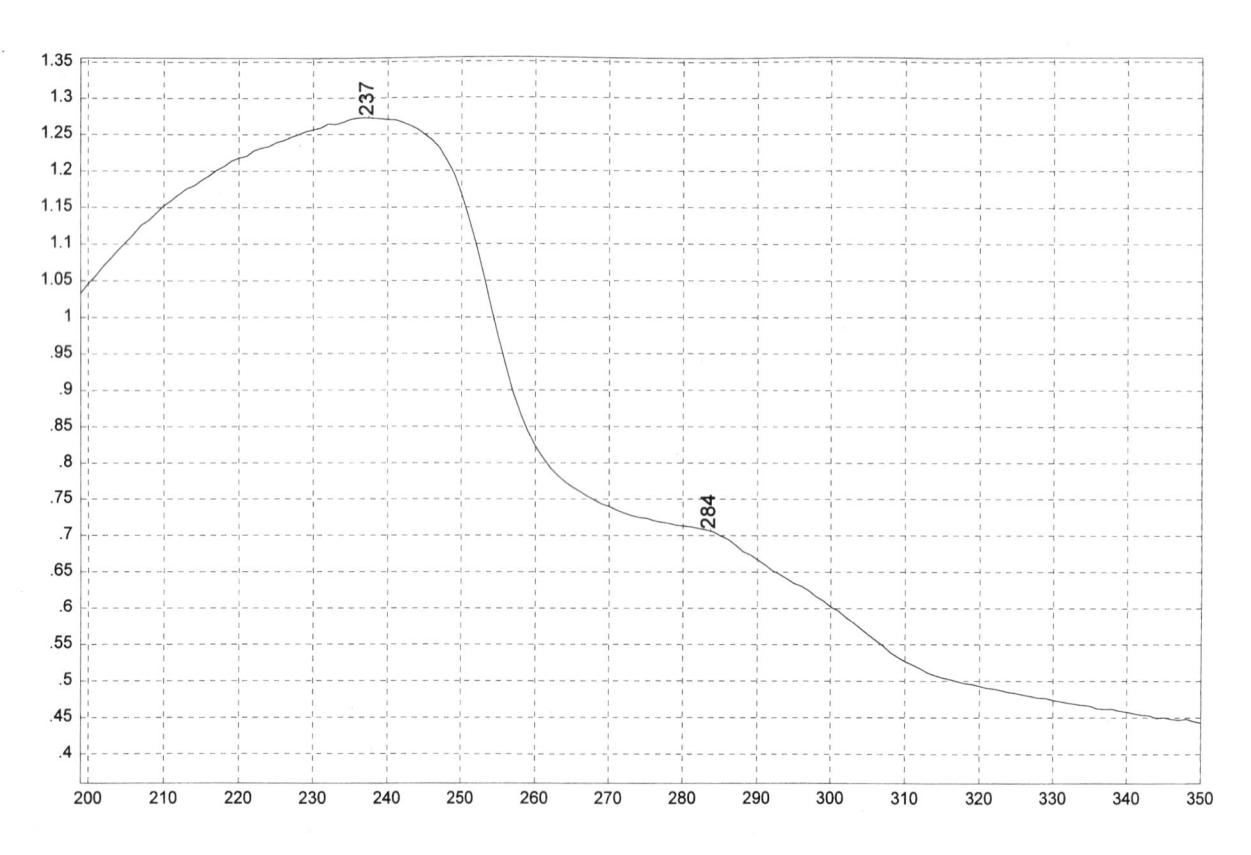

412 POLY(2-HYDROXYETHYL METHACRYLATE)

Reflectance / Wavenumber (cm⁻¹)

413 POLY(2-HYDROXYETHYL METHACRYLATE)

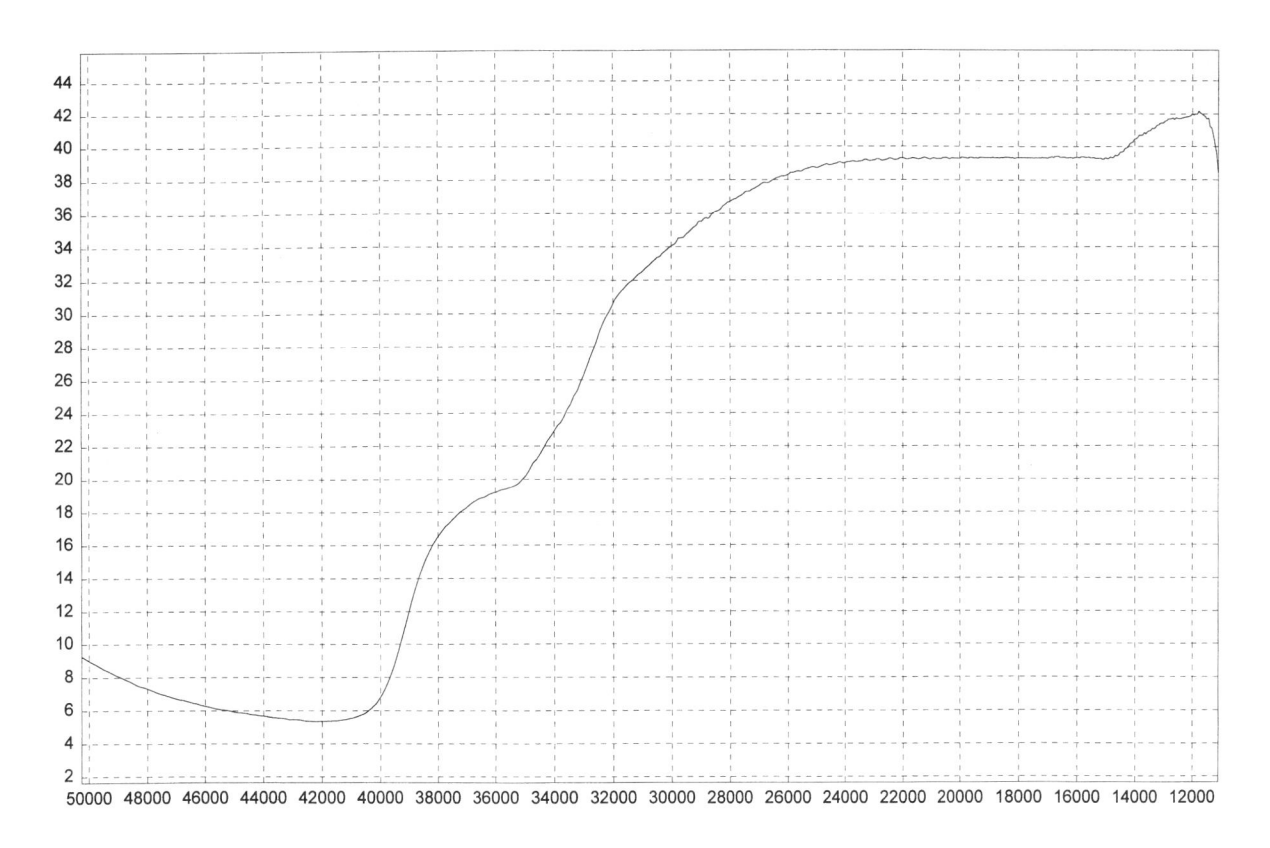

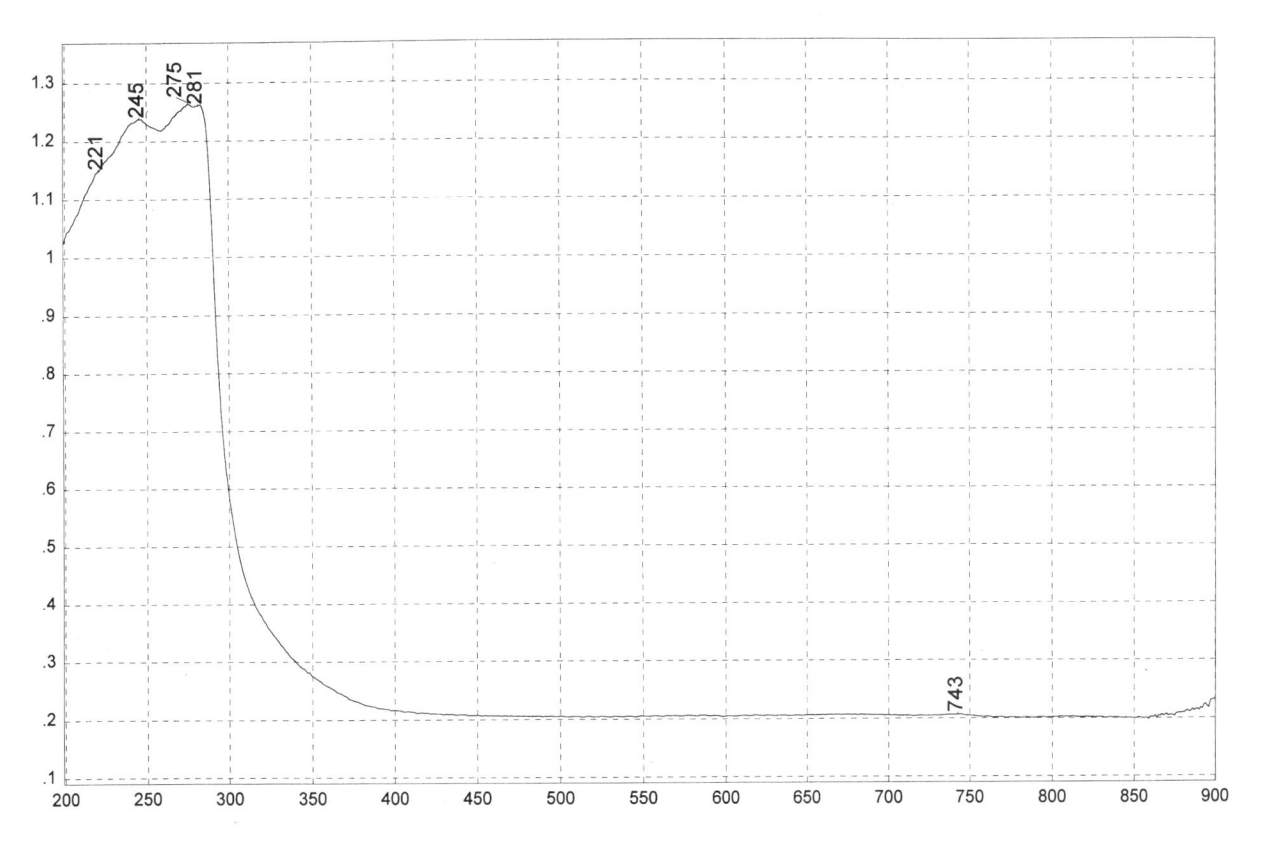

Absorbance / Nanometers

414 POLY(ISOBUTYL METHACRYLATE)

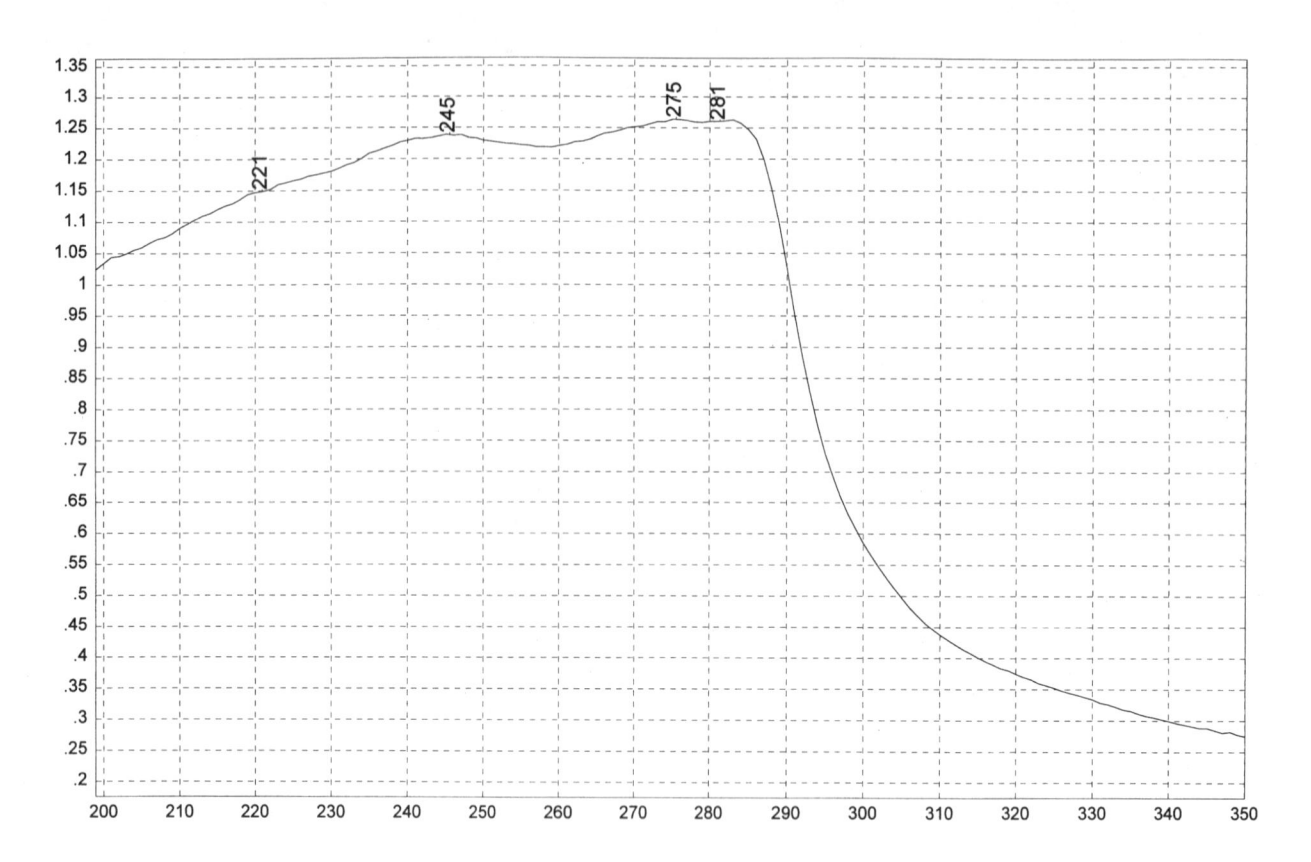

Absorbance / Nanometers

415   POLY(ISOBUTYL METHACRYLATE)

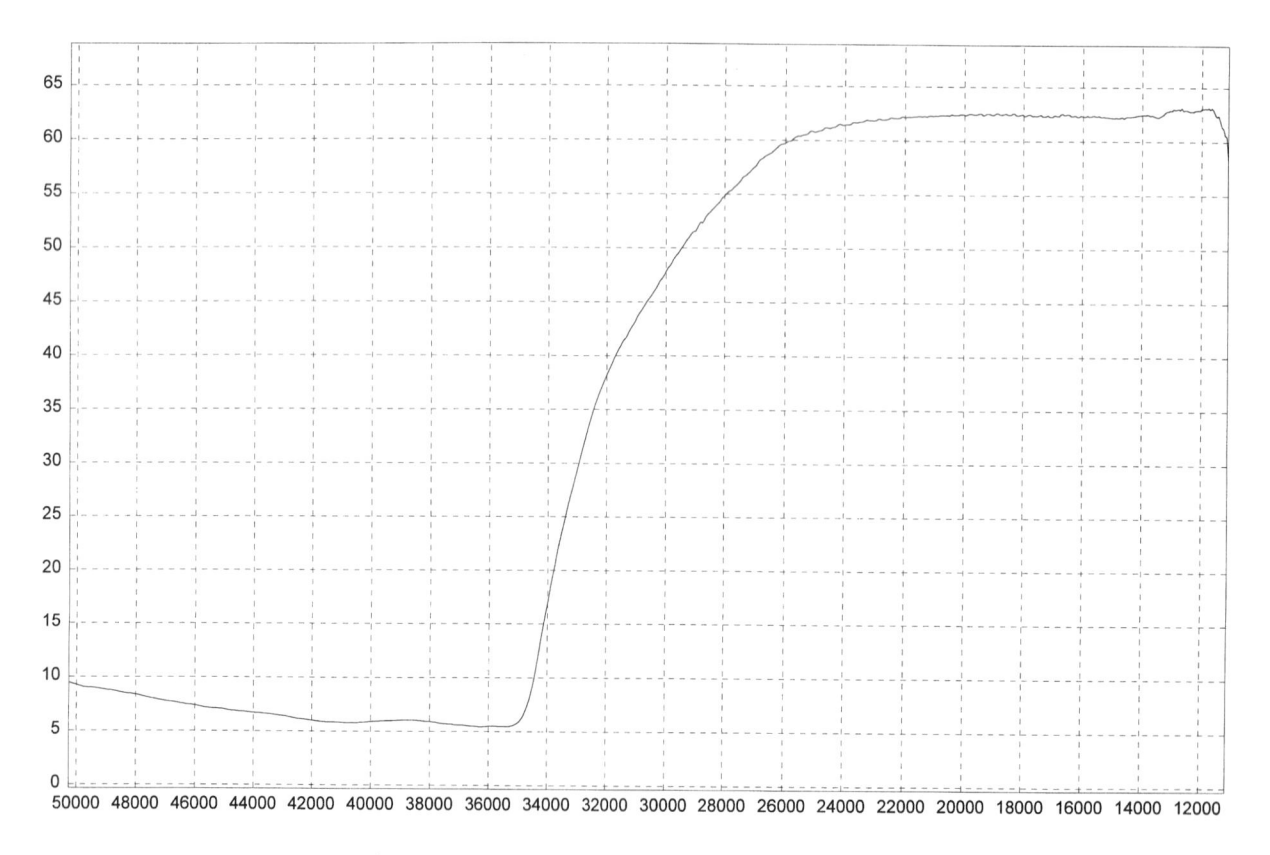

Reflectance / Wavenumber (cm⁻¹)

416   POLY(ISOBUTYL METHACRYLATE)

417 POLY(ISOBUTYL METHACRYLATE)

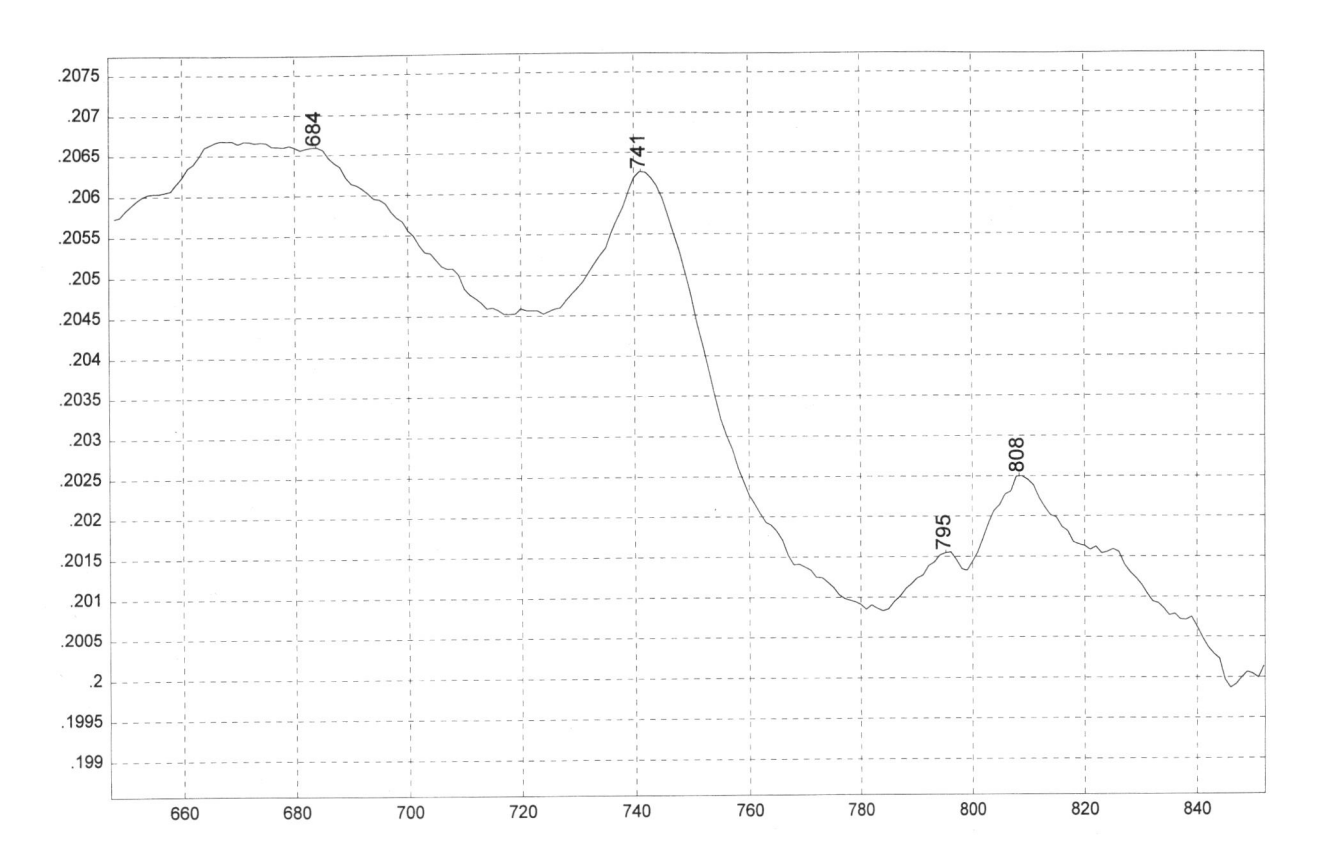

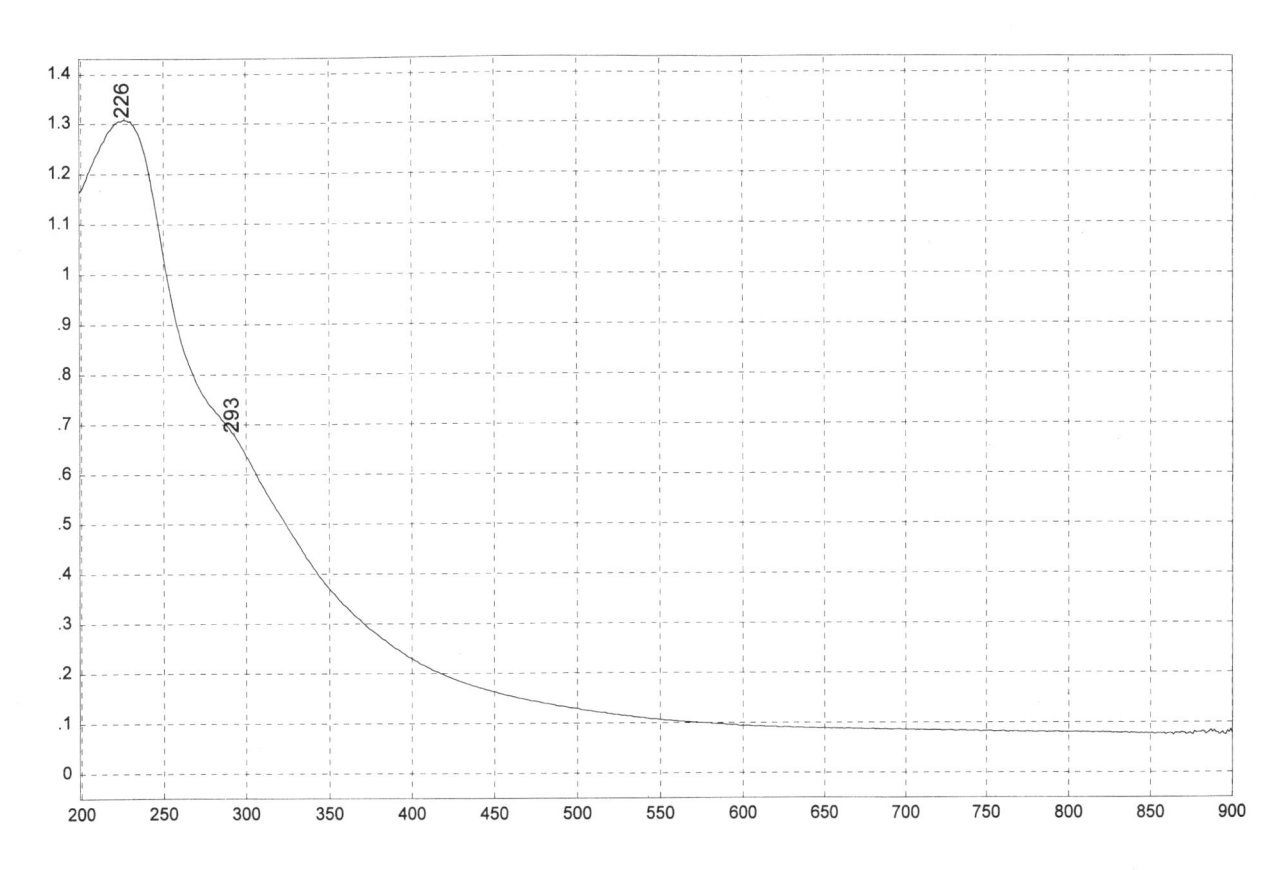

418 POLYISOPRENE, CHLORINATED

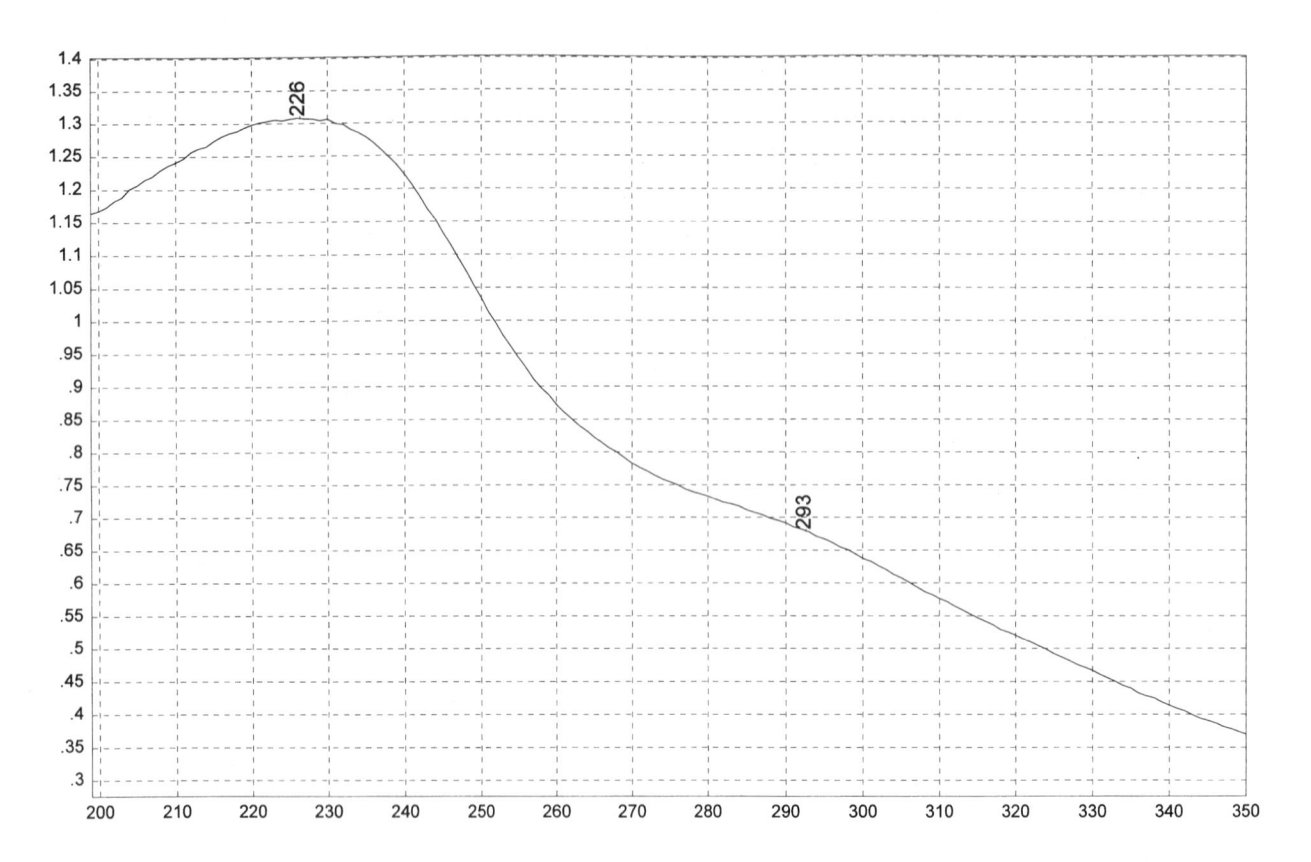

Absorbance / Nanometers

419 — POLYISOPRENE, CHLORINATED

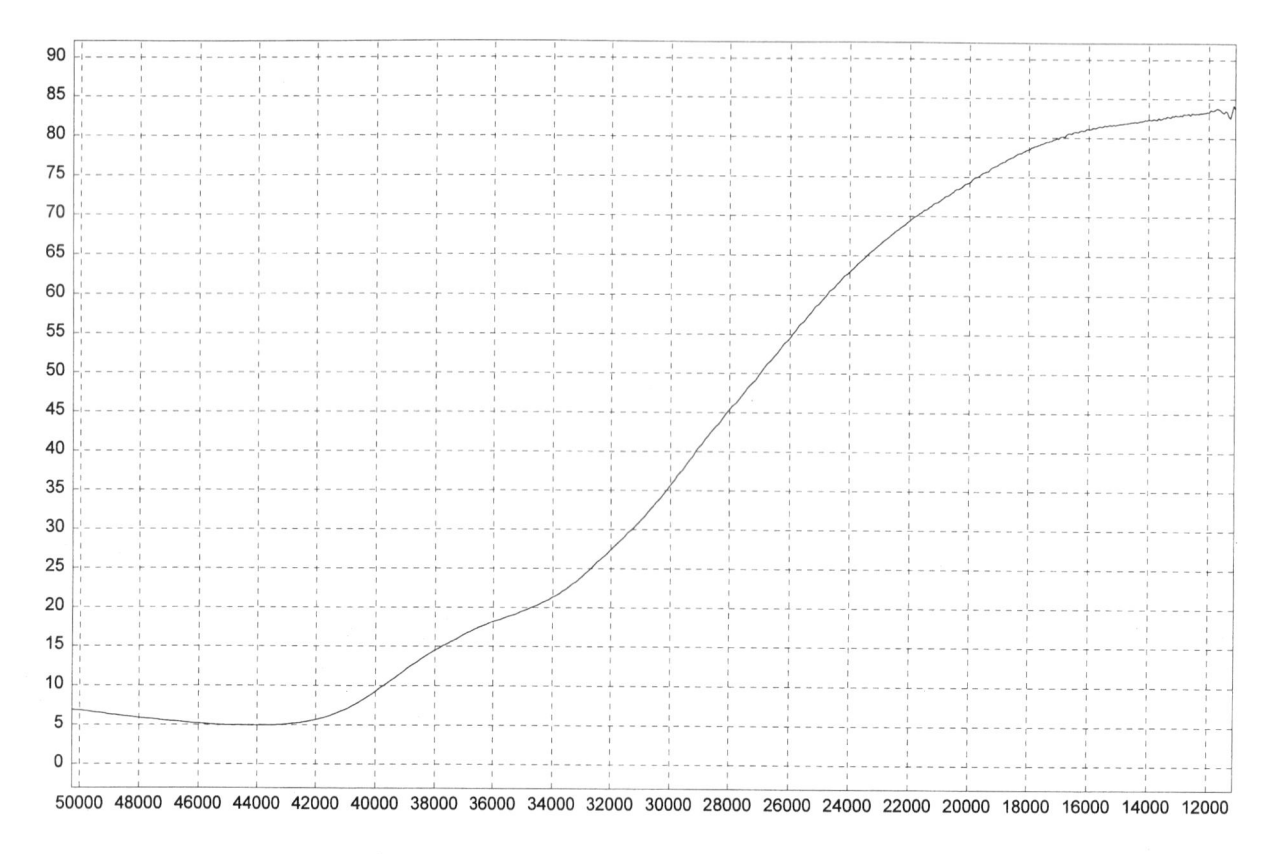

Reflectance / Wavenumber (cm^{-1})

420 — POLYISOPRENE, CHLORINATED

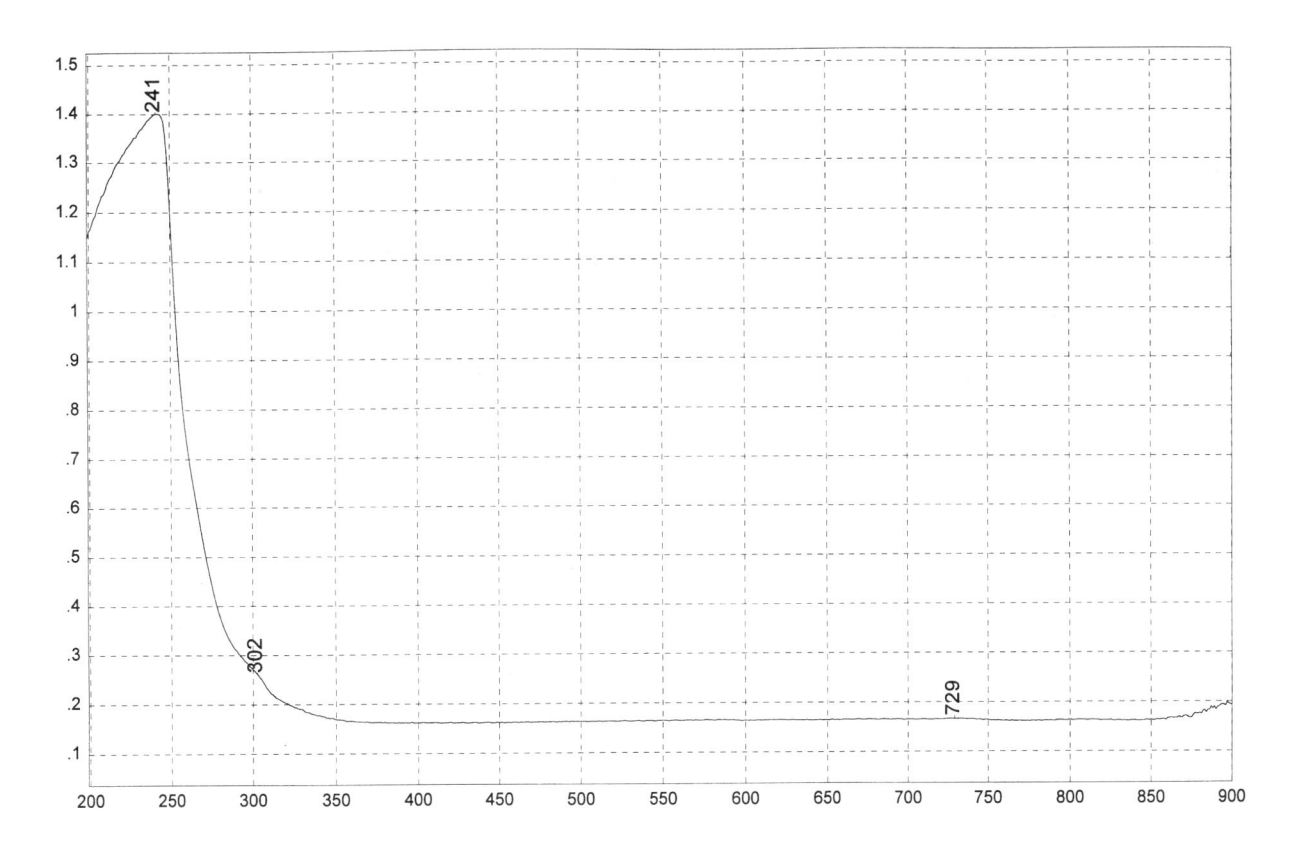

Absorbance / Nanometers

421   POLY(METHYL METHACRYLATE)

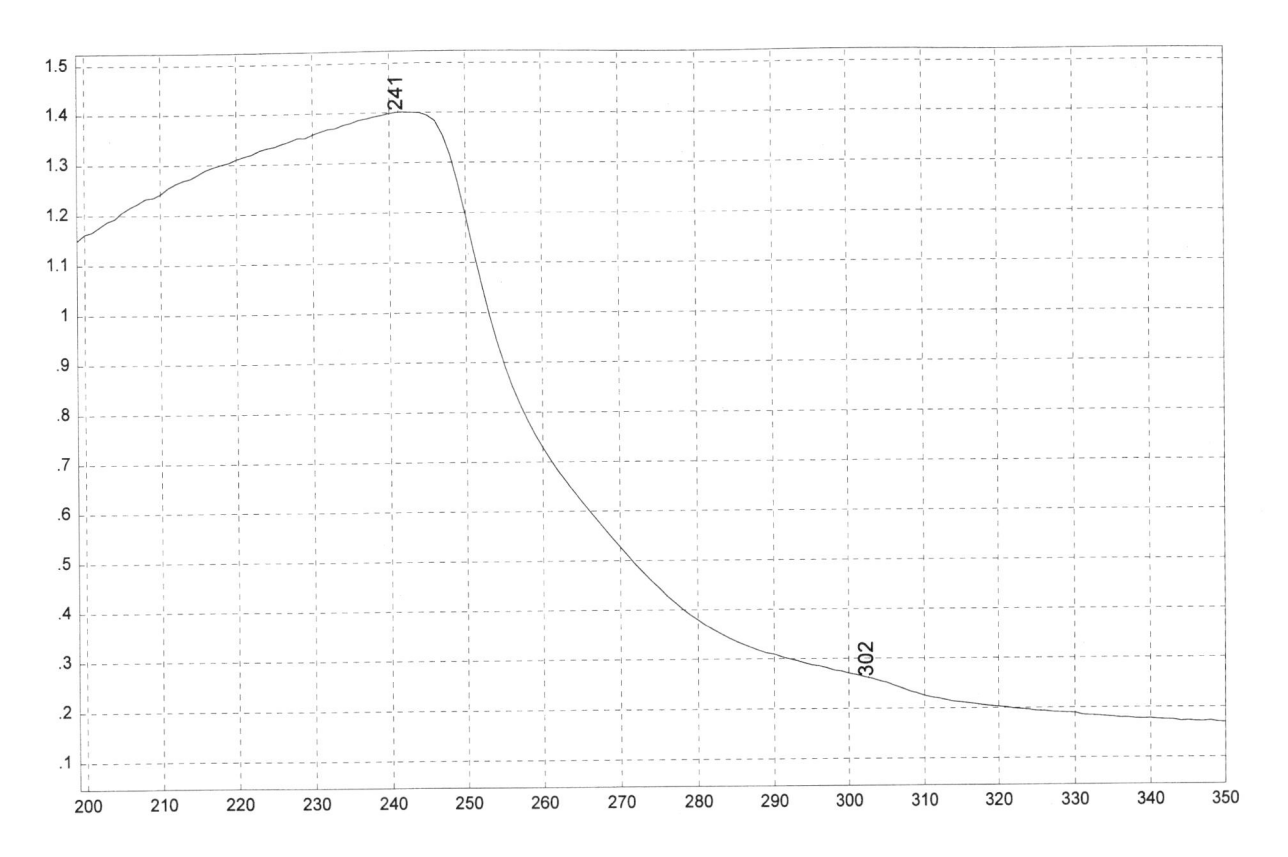

Absorbance / Nanometers

422   POLY(METHYL METHACRYLATE)

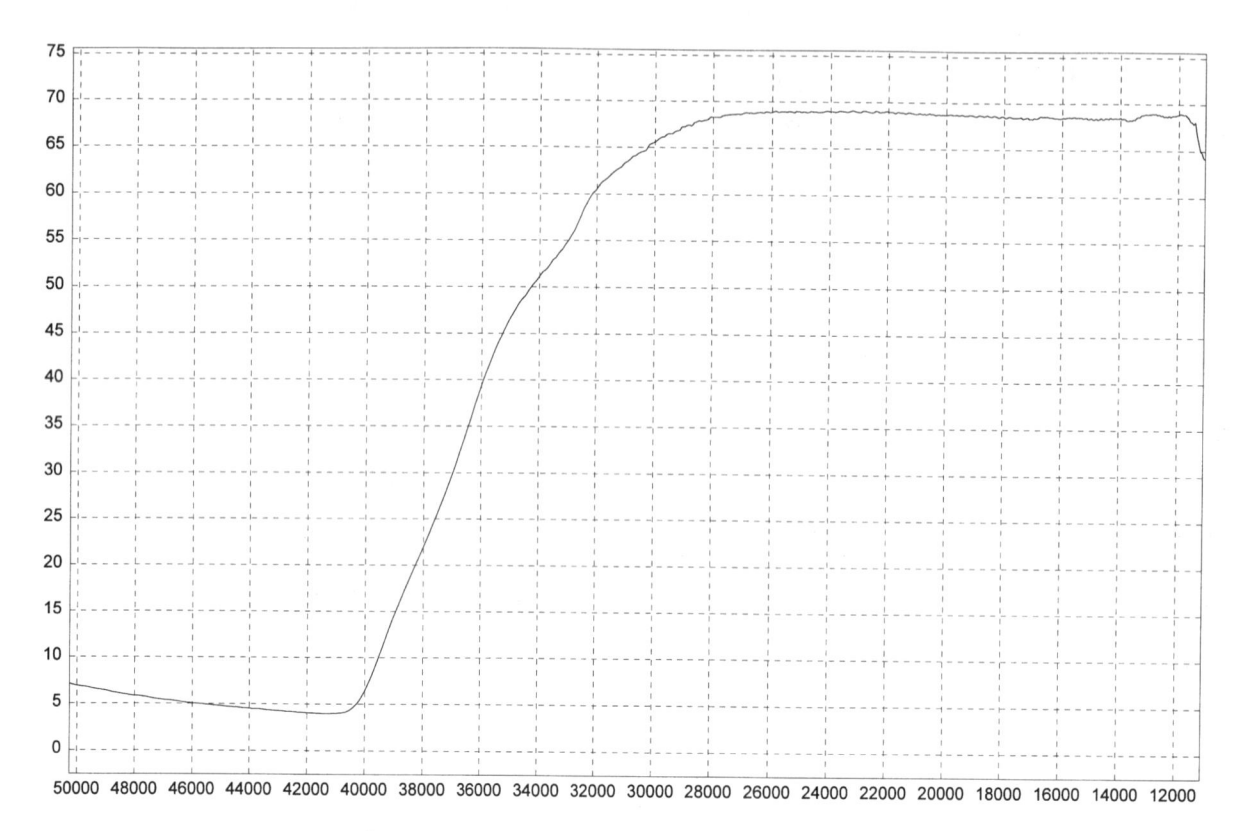

423 POLY(METHYL METHACRYLATE)

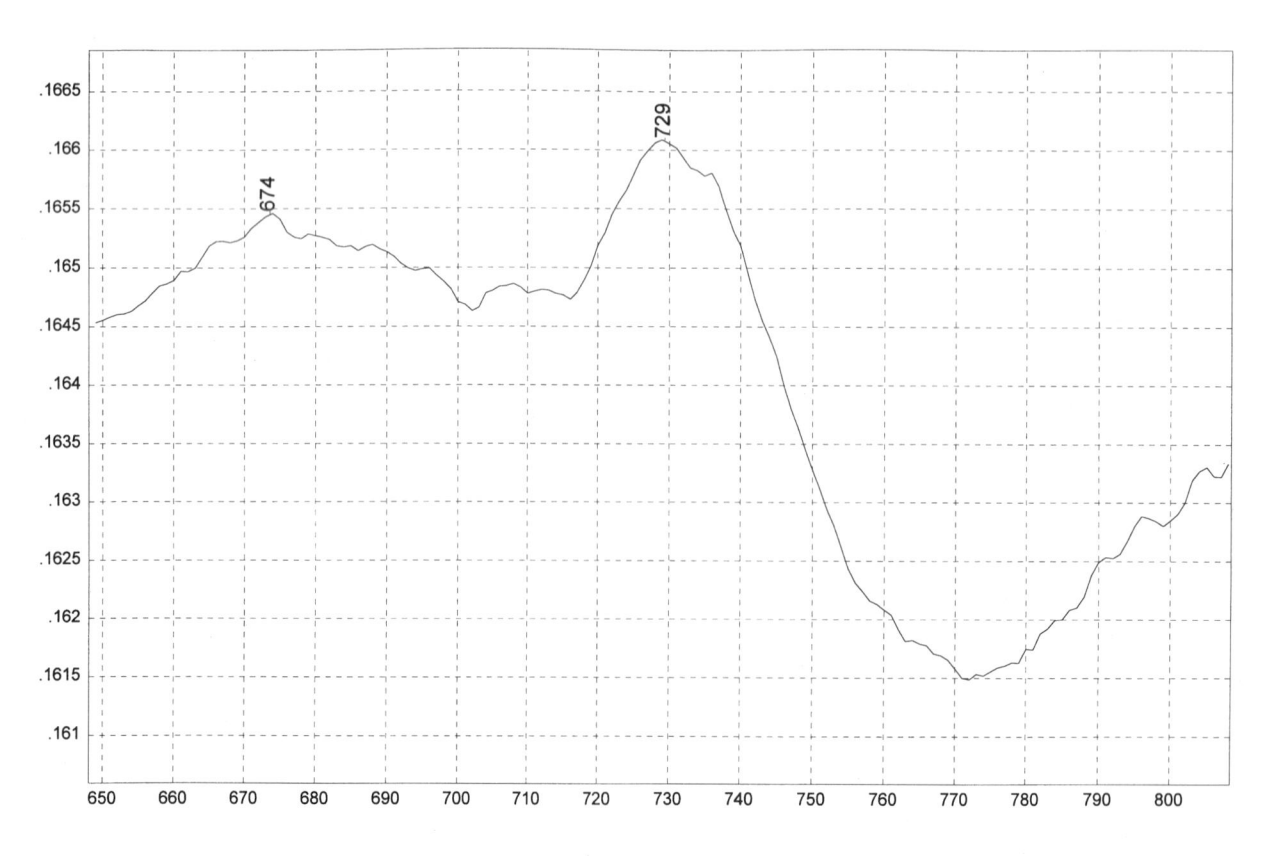

424 POLY(METHYL METHACRYLATE)

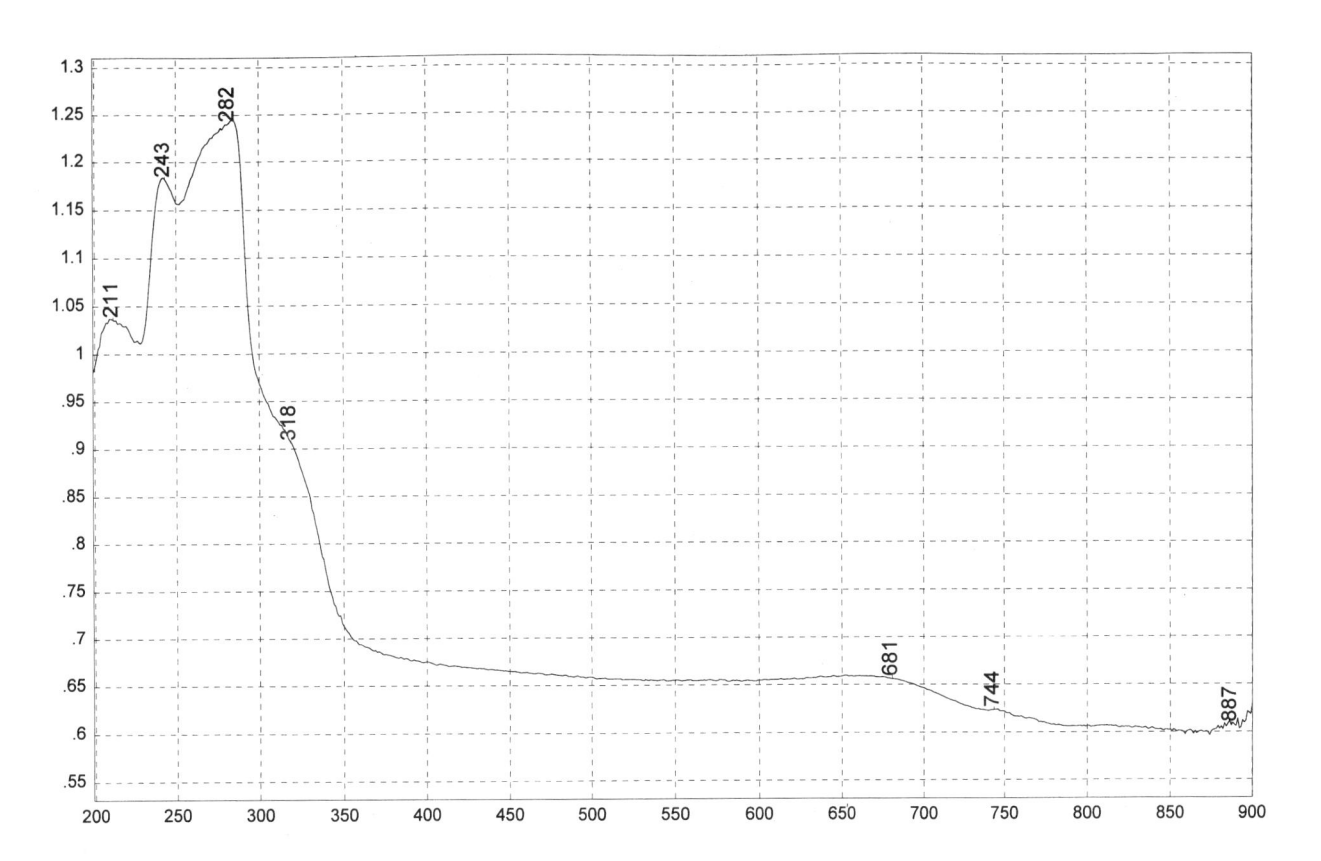

Absorbance / Nanometers

425   POLY(4-METHYL-1-PENTENE)

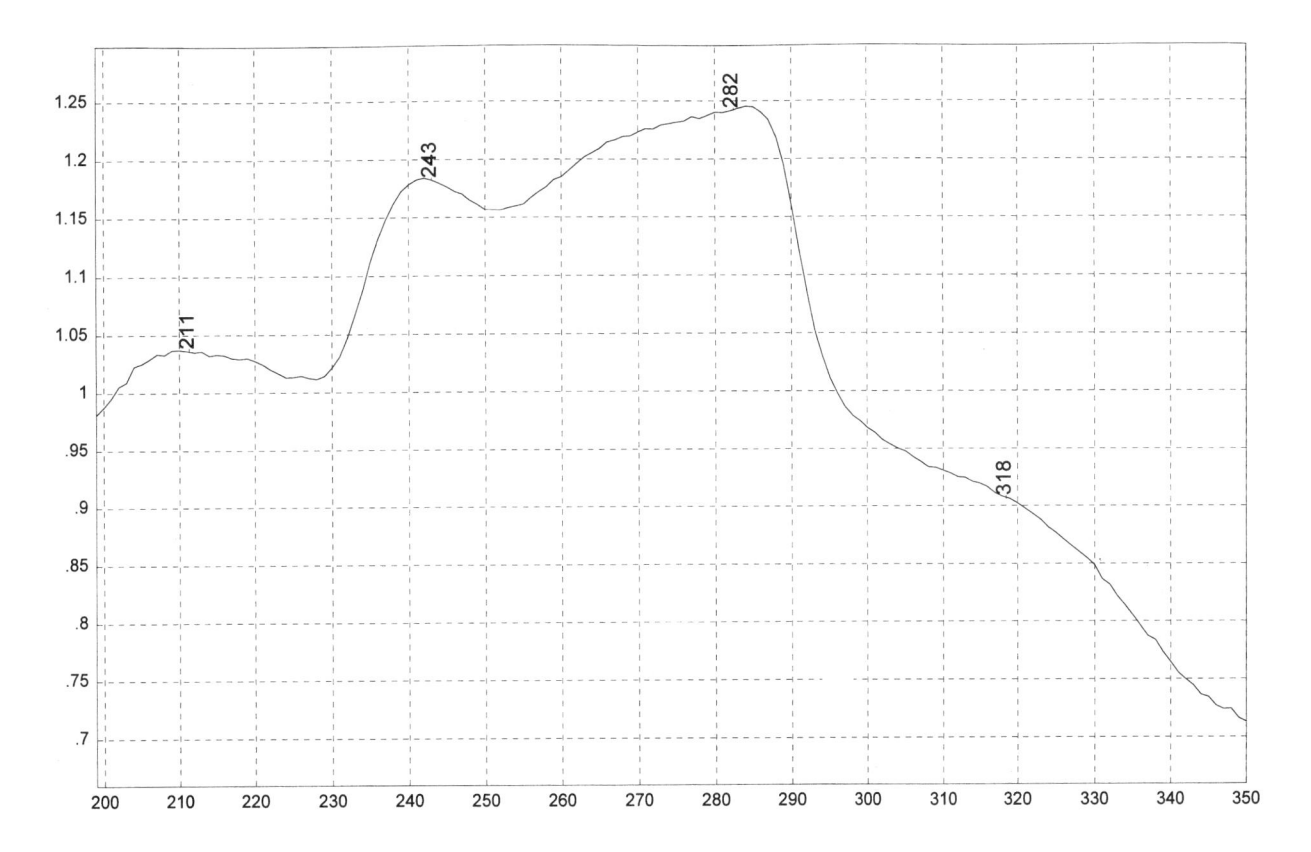

Absorbance / Nanometers

426   POLY(4-METHYL-1-PENTENE)

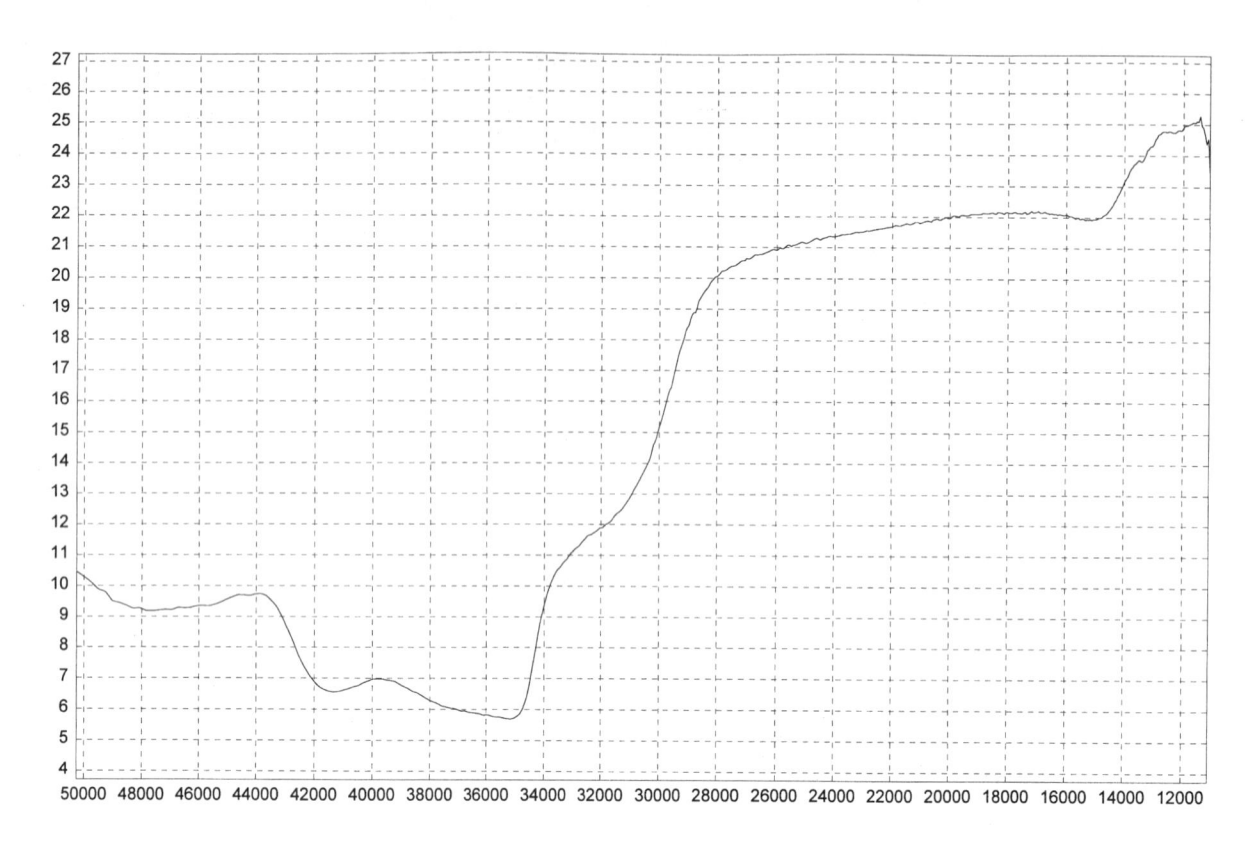

Reflectance / Wavenumber (cm⁻¹)

427   **POLY(4-METHYL-1-PENTENE)**

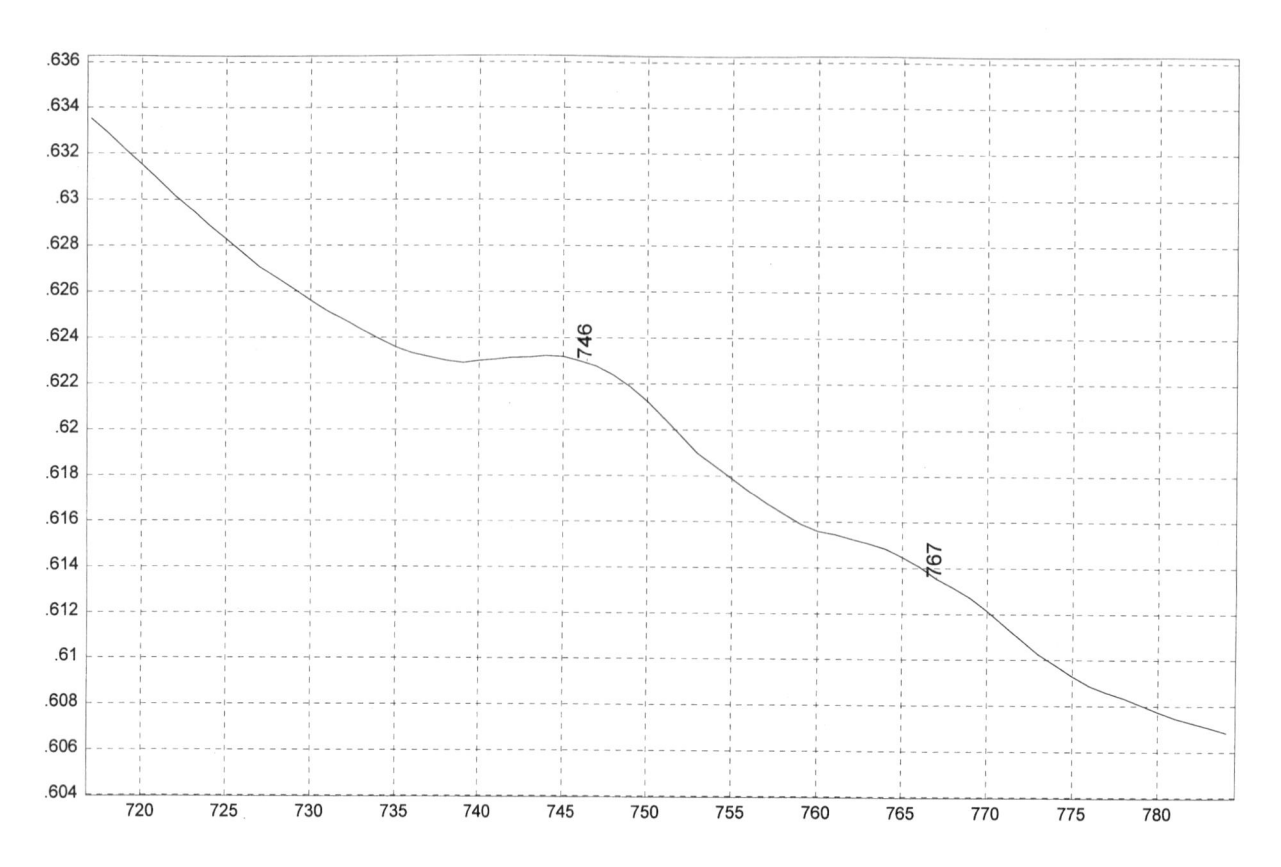

Absorbance / Nanometers

428   **POLY(4-METHYL-1-PENTENE)**

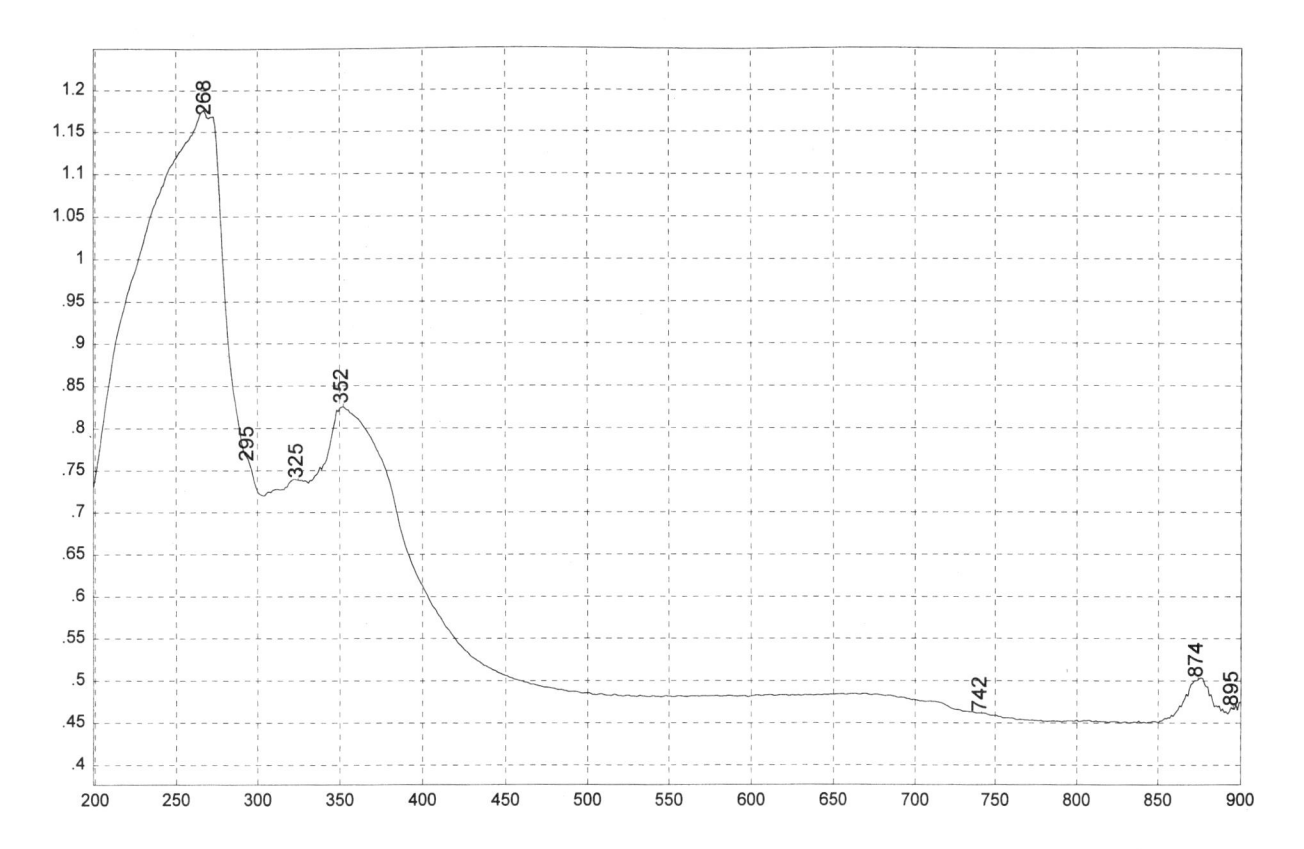

Absorbance / Nanometers

429 POLY(ALPHA-METHYLSTYRENE)

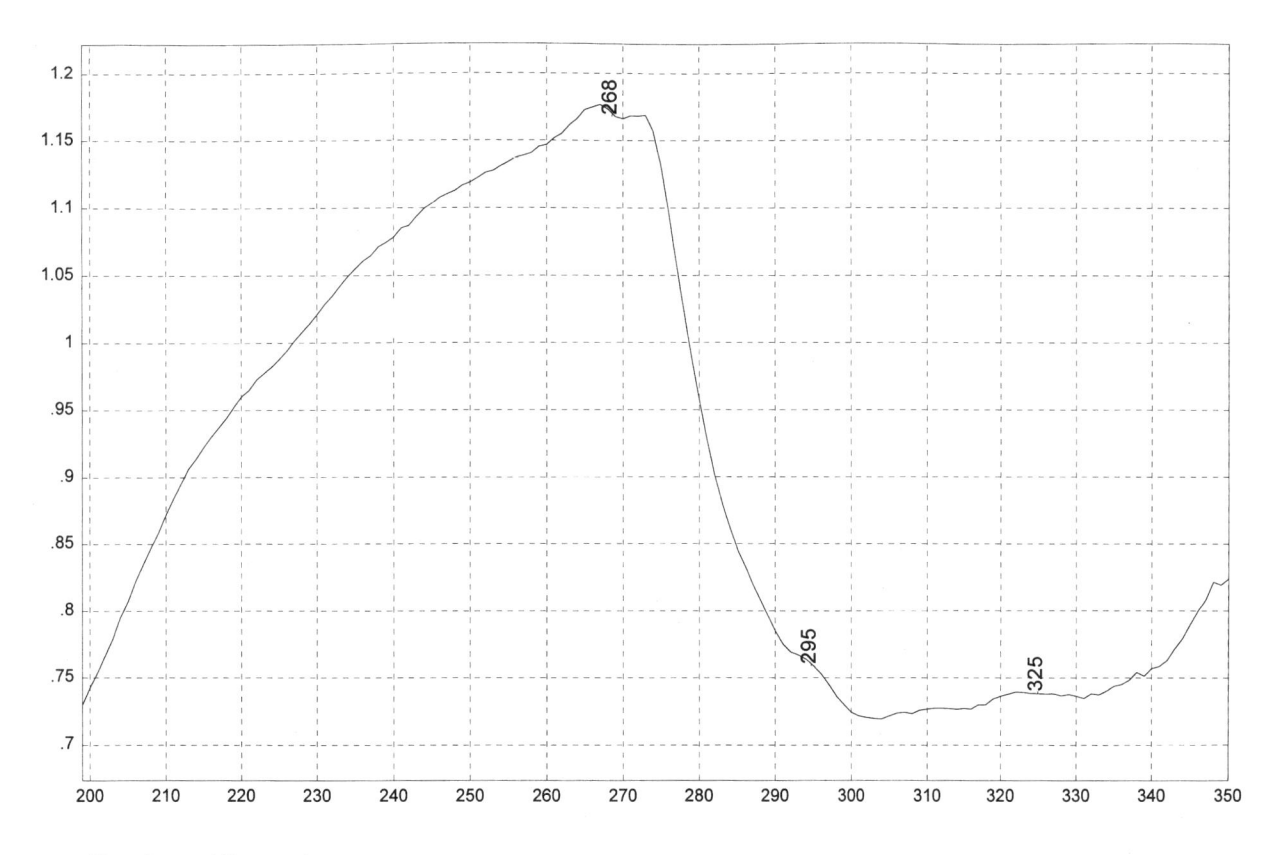

Absorbance / Nanometers

430 POLY(ALPHA-METHYLSTYRENE)

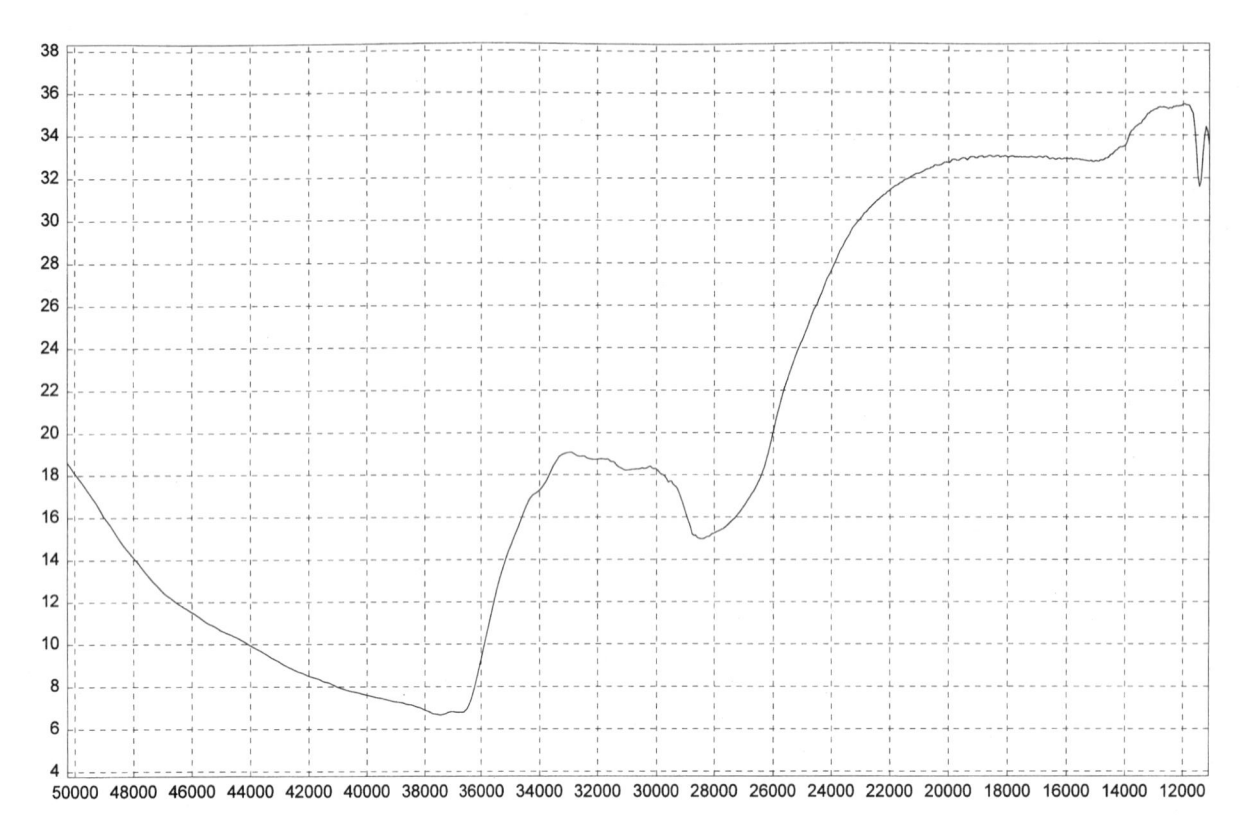

Reflectance / Wavenumber (cm⁻¹)

431 POLY(ALPHA-METHYLSTYRENE)

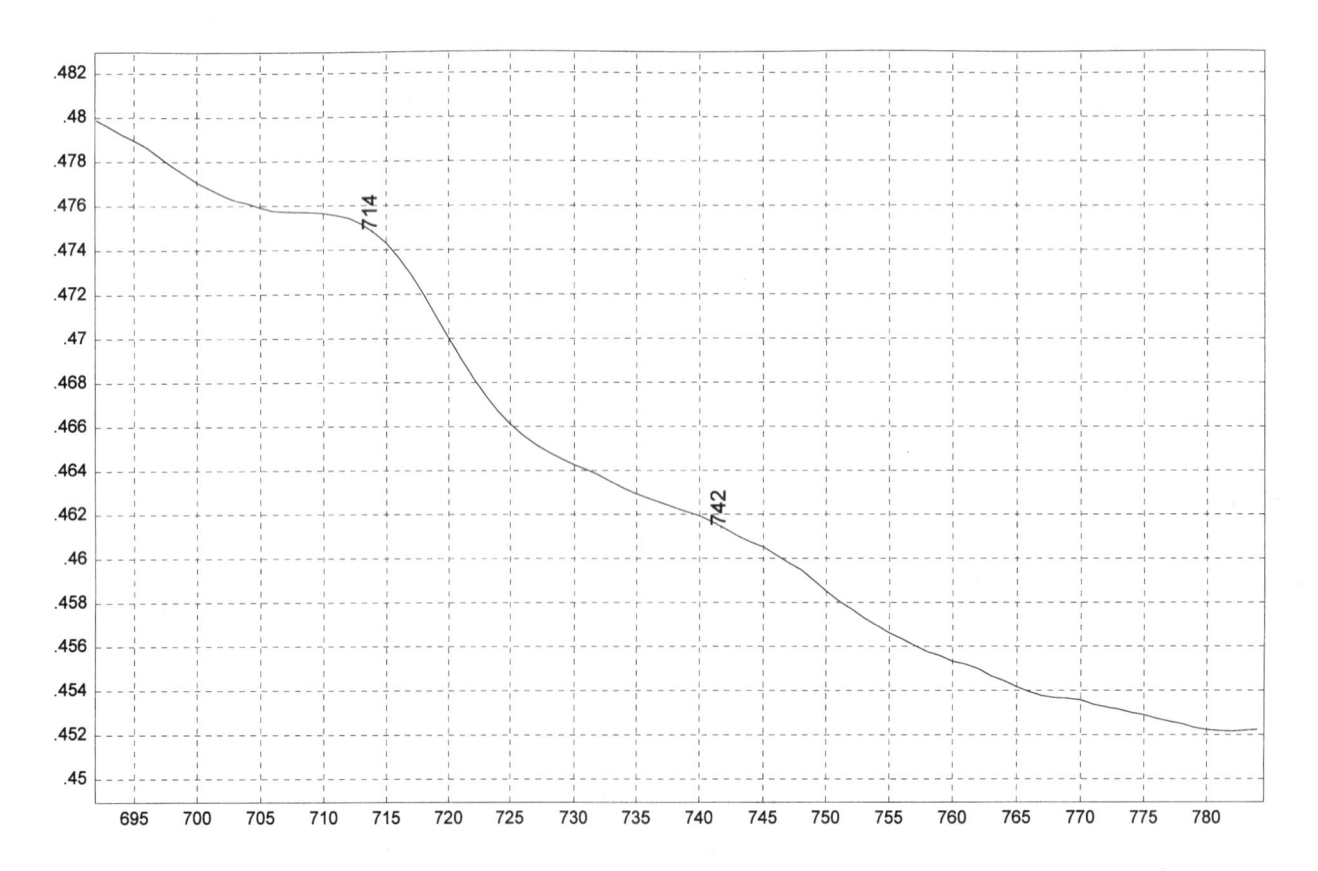

Absorbance / Nanometers

432 POLY(ALPHA-METHYLSTYRENE)

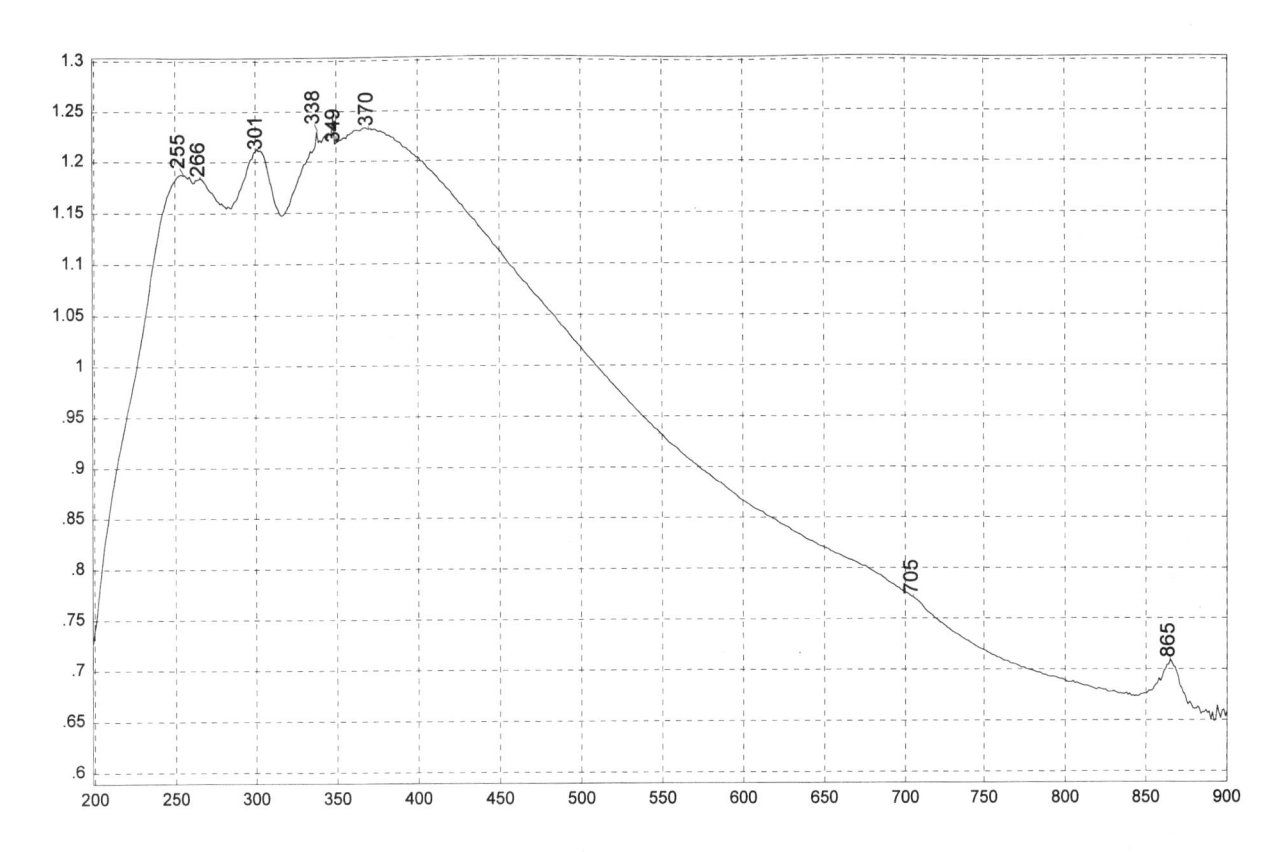

Absorbance / Nanometers

433 POLY(p-PHENYLENE ETHER SULPHONE)

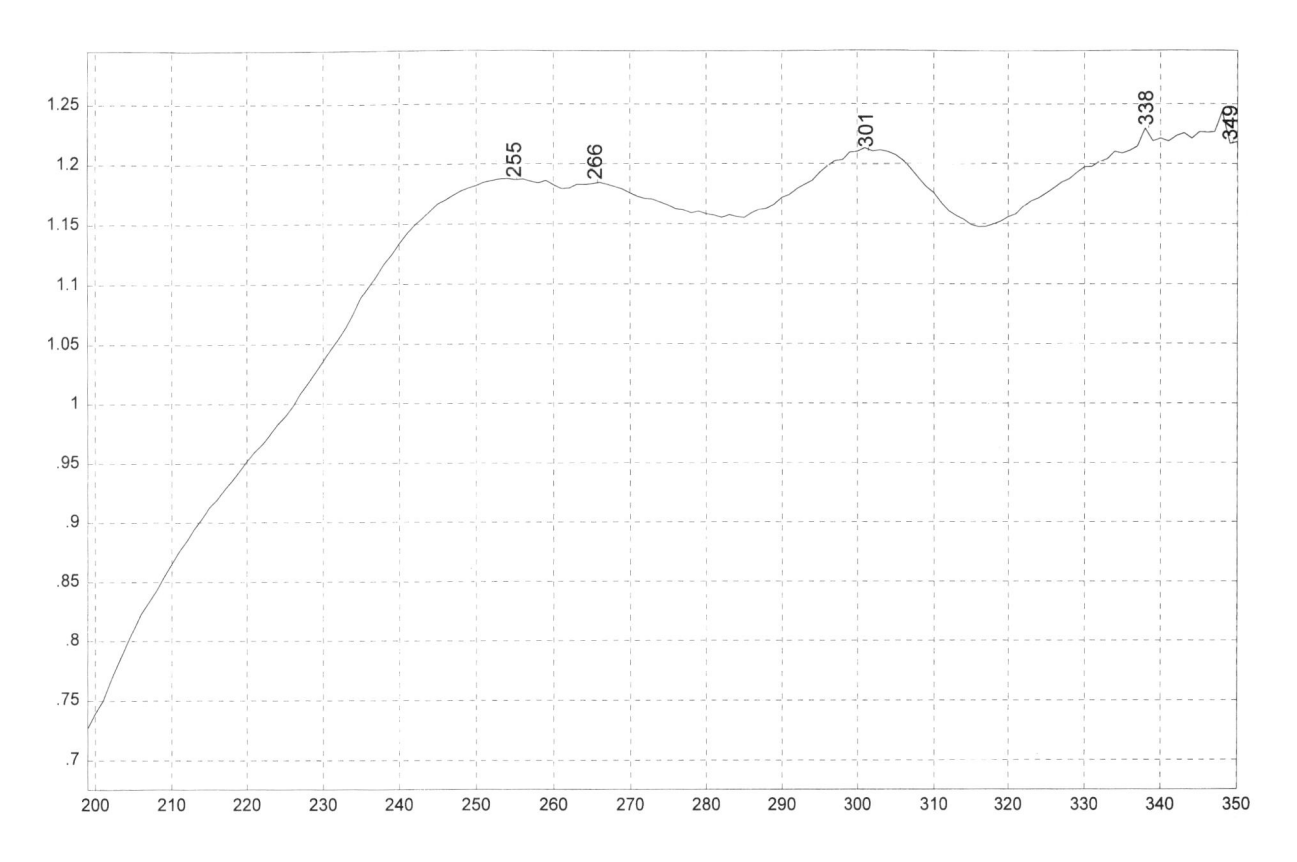

Absorbance / Nanometers

434 POLY(p-PHENYLENE ETHER SULPHONE)

Reflectance / Wavenumber (cm⁻¹)

| 435 | POLY(p-PHENYLENE ETHER SULPHONE) |

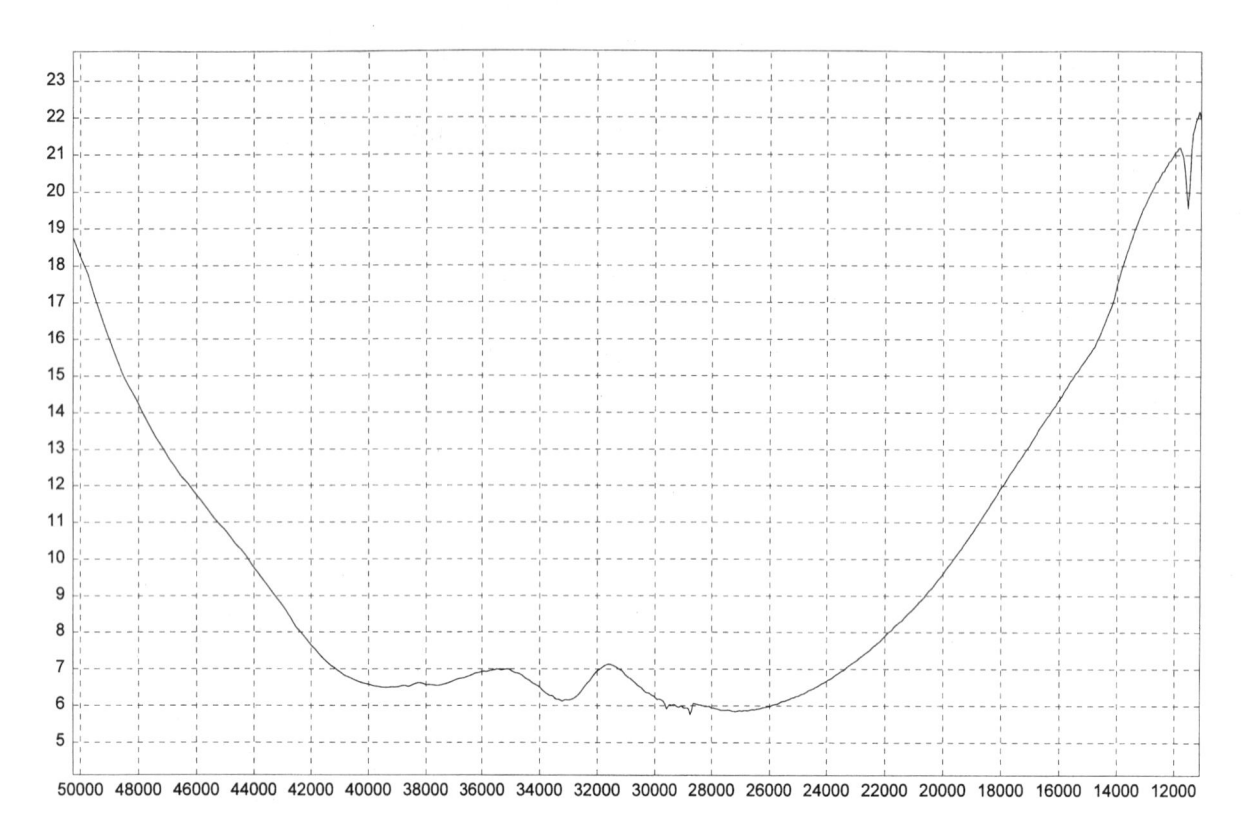

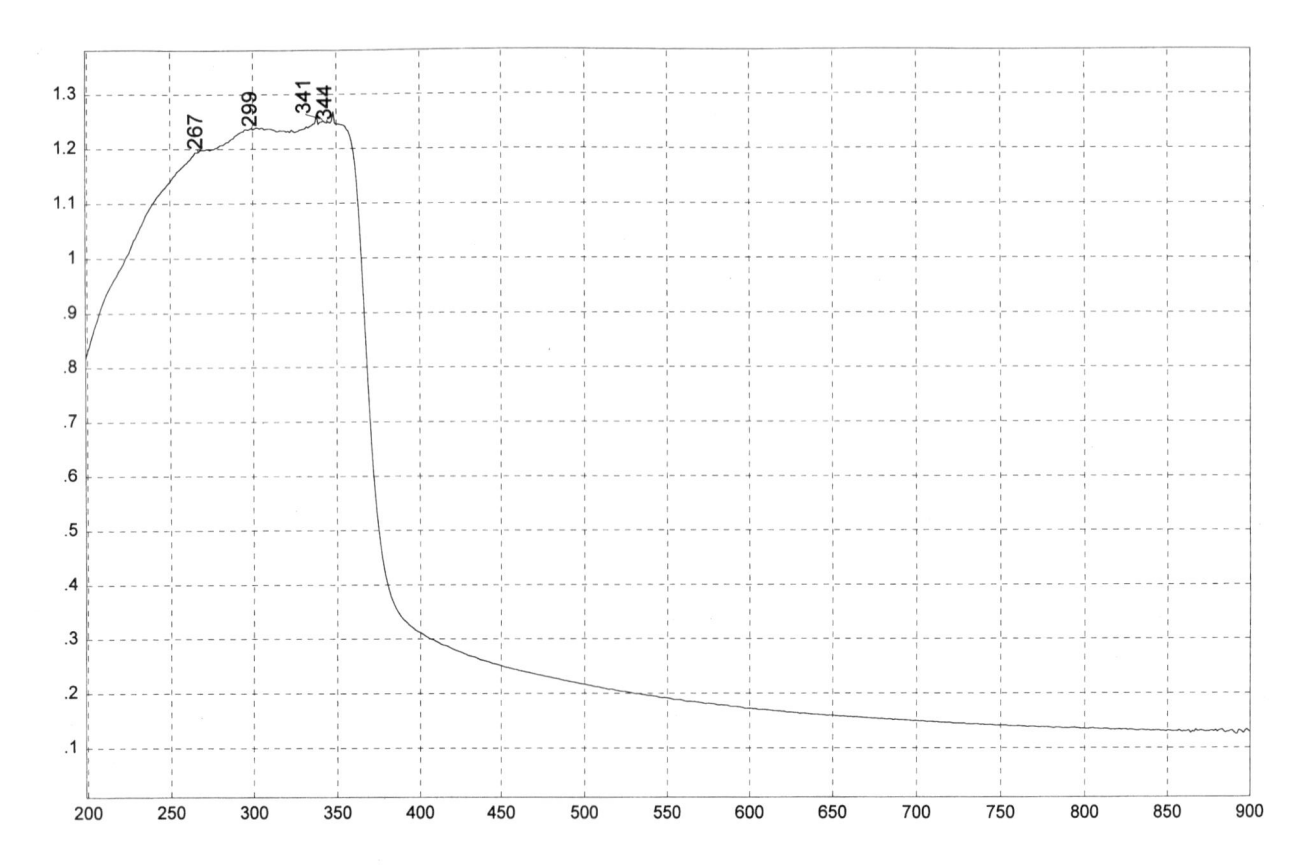

Absorbance / Nanometers

| 436 | POLY(PHENYLENE SULFIDE) |

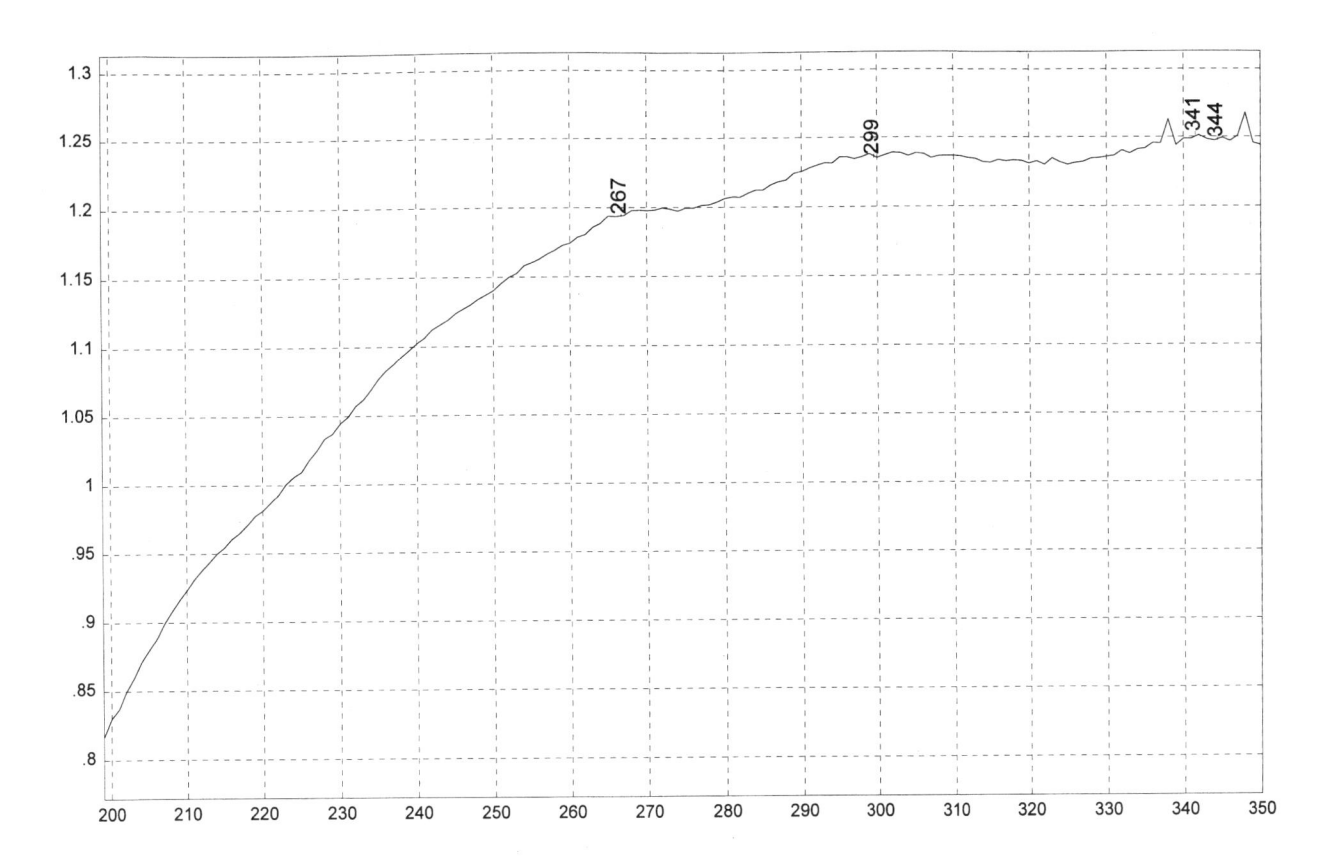

Absorbance / Nanometers

437   POLY(PHENYLENE SULFIDE)

Reflectance / Wavenumber (cm⁻¹)

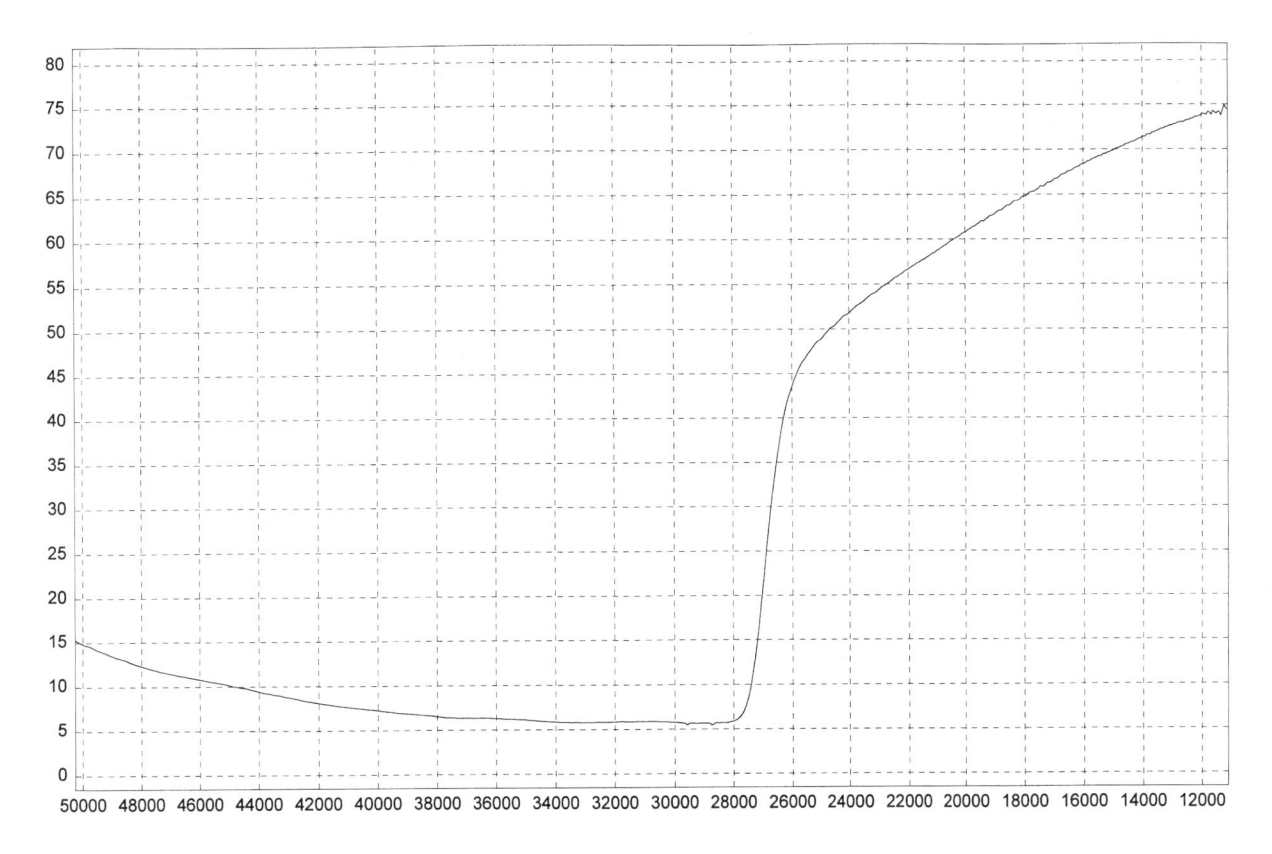

438   POLY(PHENYLENE SULFIDE)

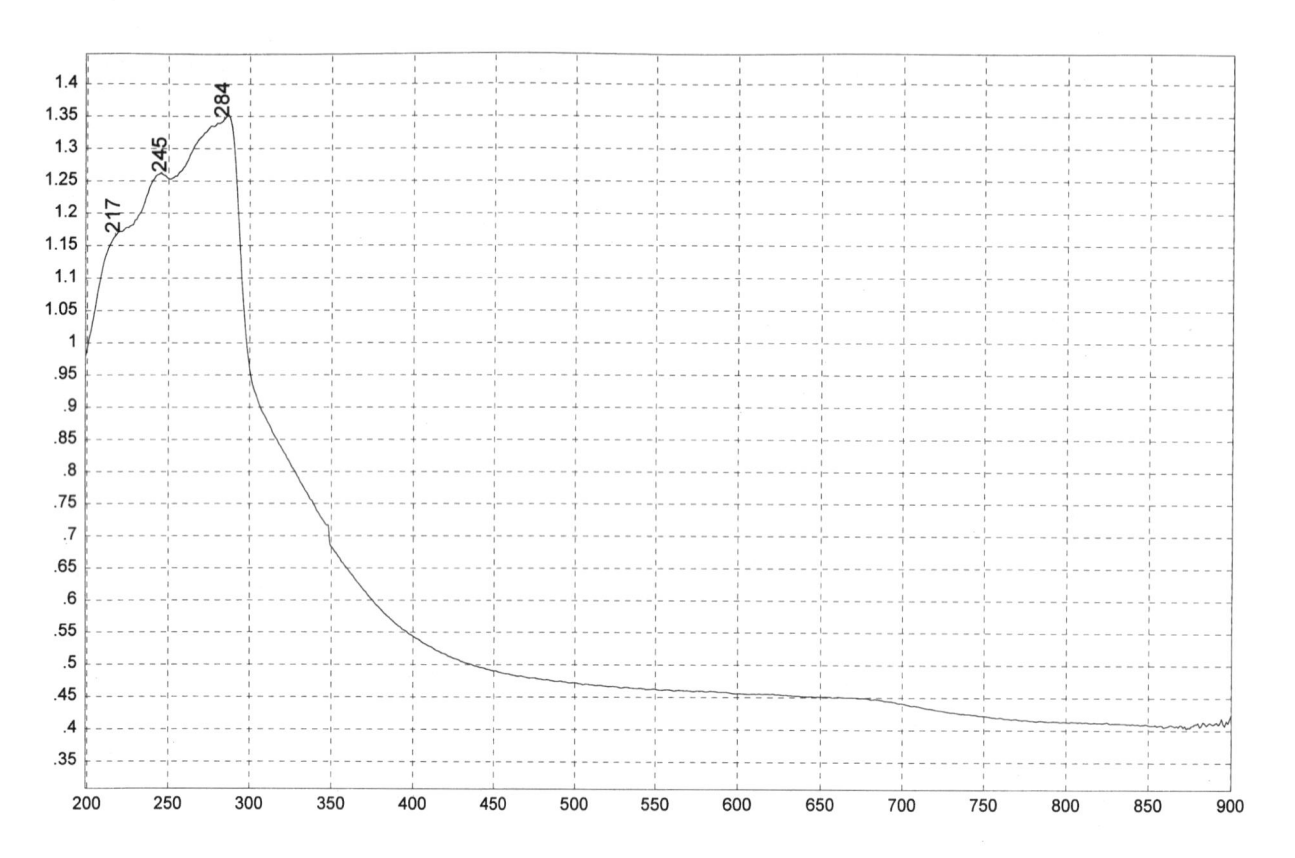

Absorbance / Nanometers

439 POLYPROPYLENE, ISOTACTIC, CHLORINATED

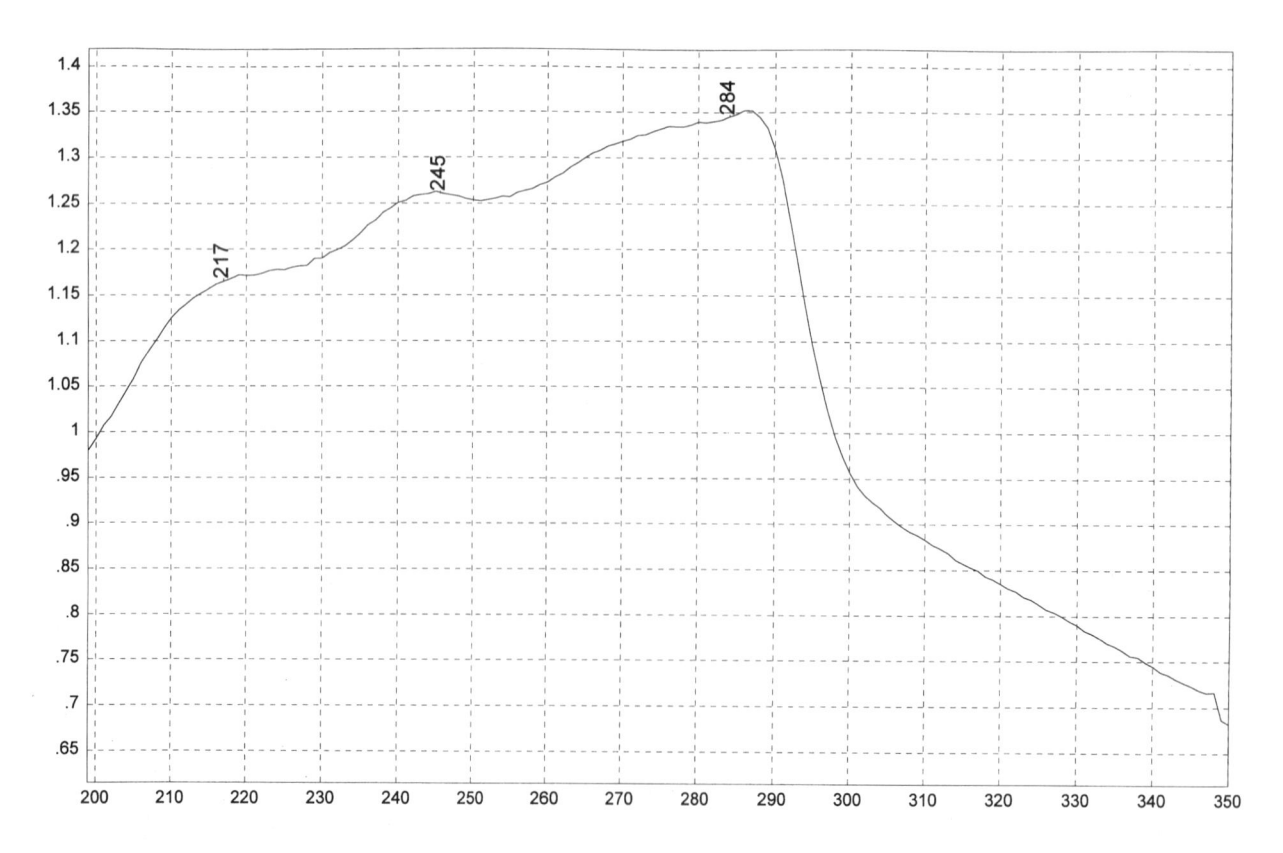

Absorbance / Nanometers

440 POLYPROPYLENE, ISOTACTIC, CHLORINATED

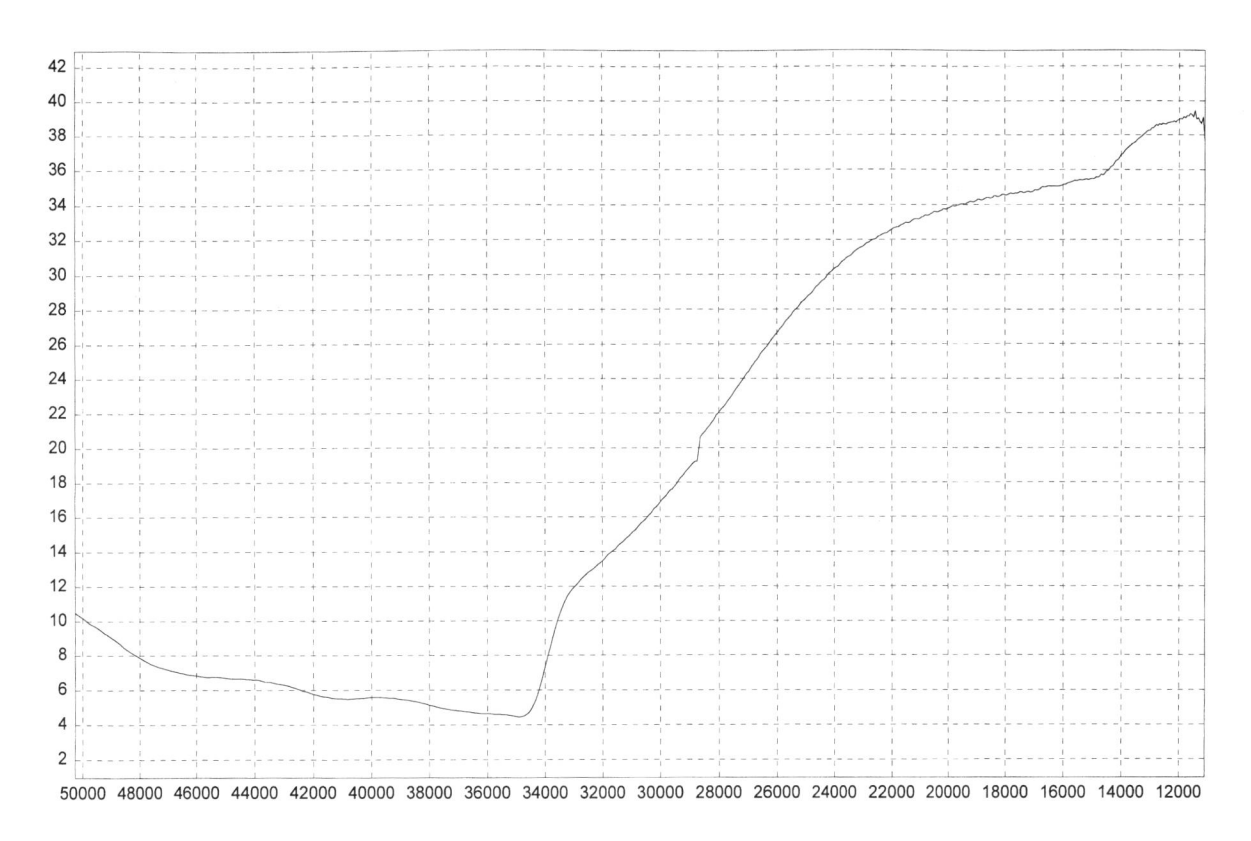

Reflectance / Wavenumber (cm^{-1})

441 **POLYPROPYLENE, ISOTACTIC, CHLORINATED**

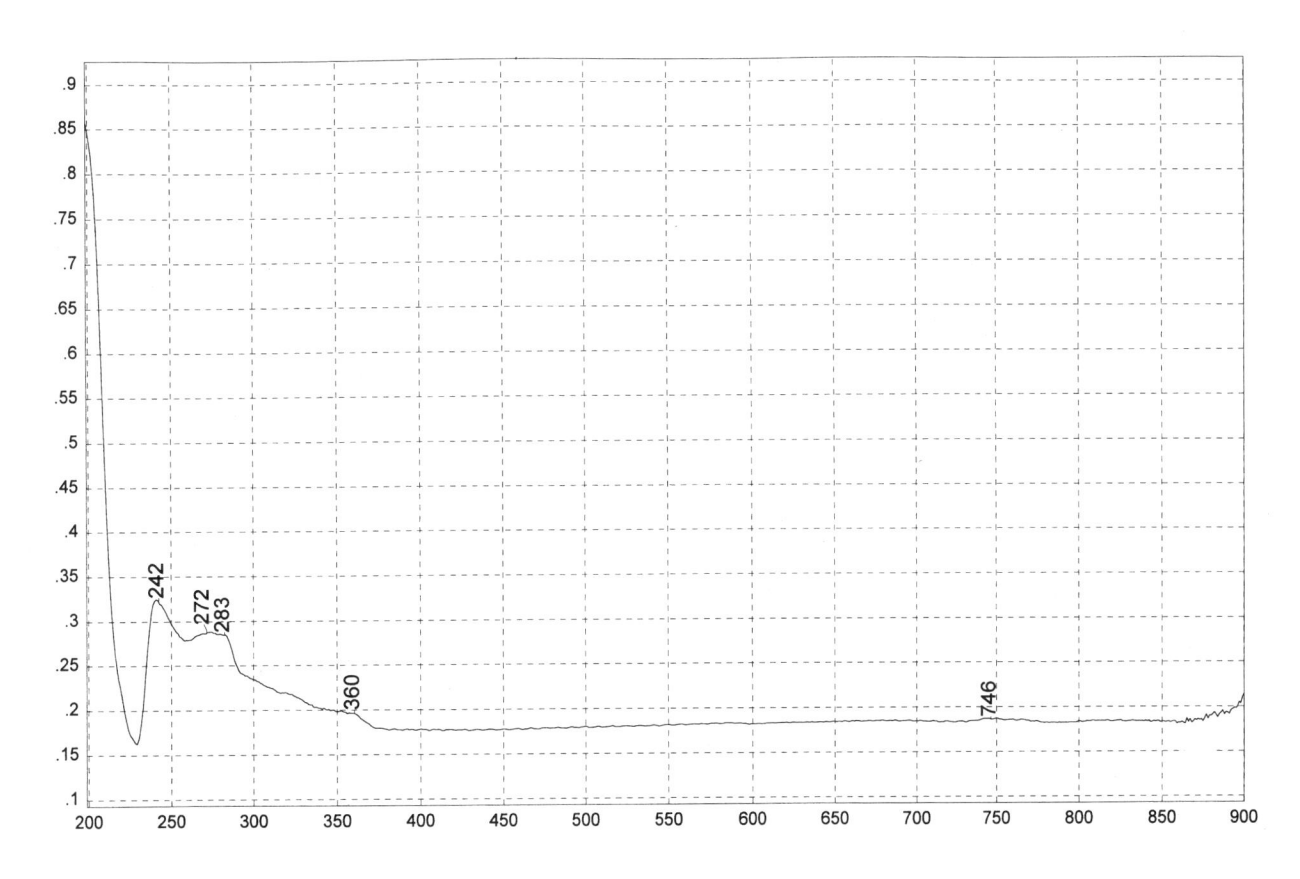

Absorbance / Nanometers

442 **POLYPROPYLENE, ISOTACTIC**

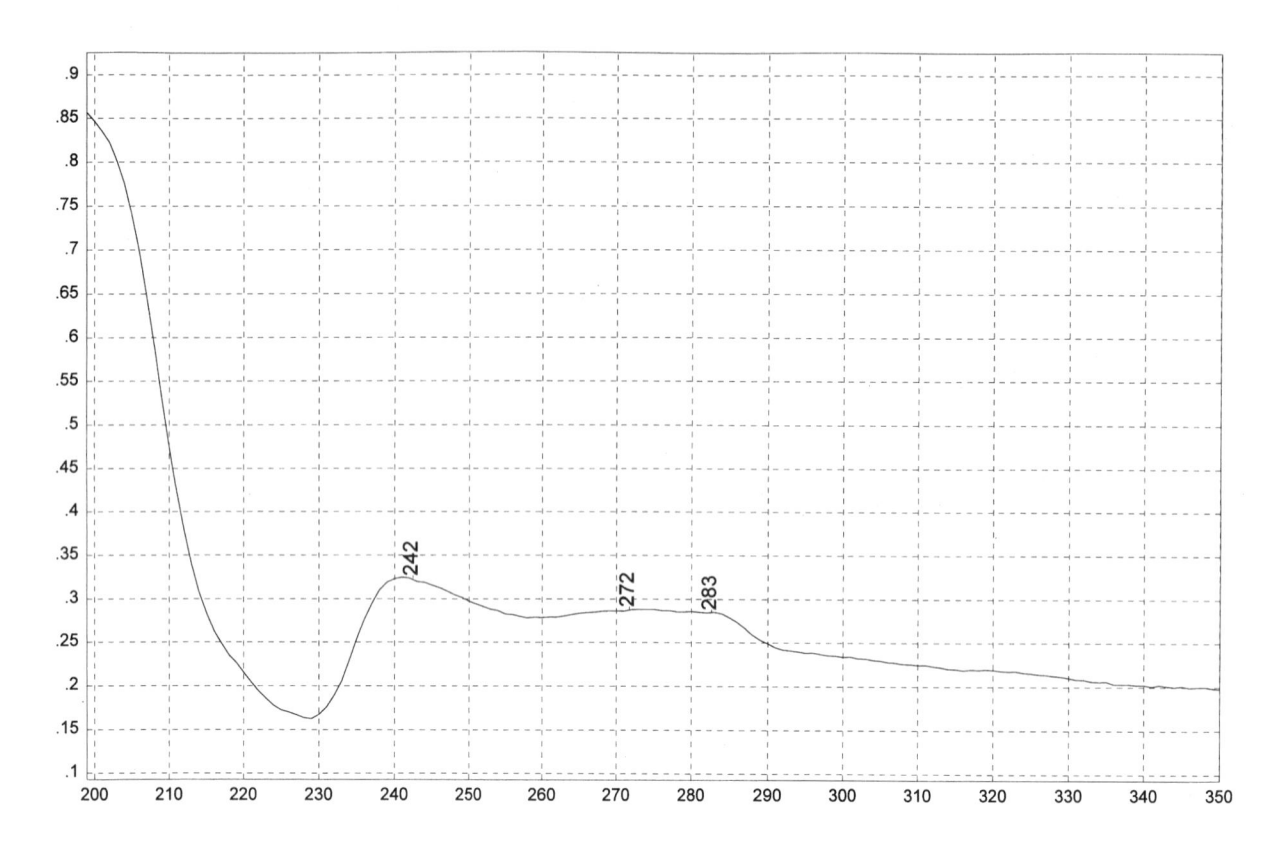

Absorbance / Nanometers

| 443 | POLYPROPYLENE, ISOTACTIC |

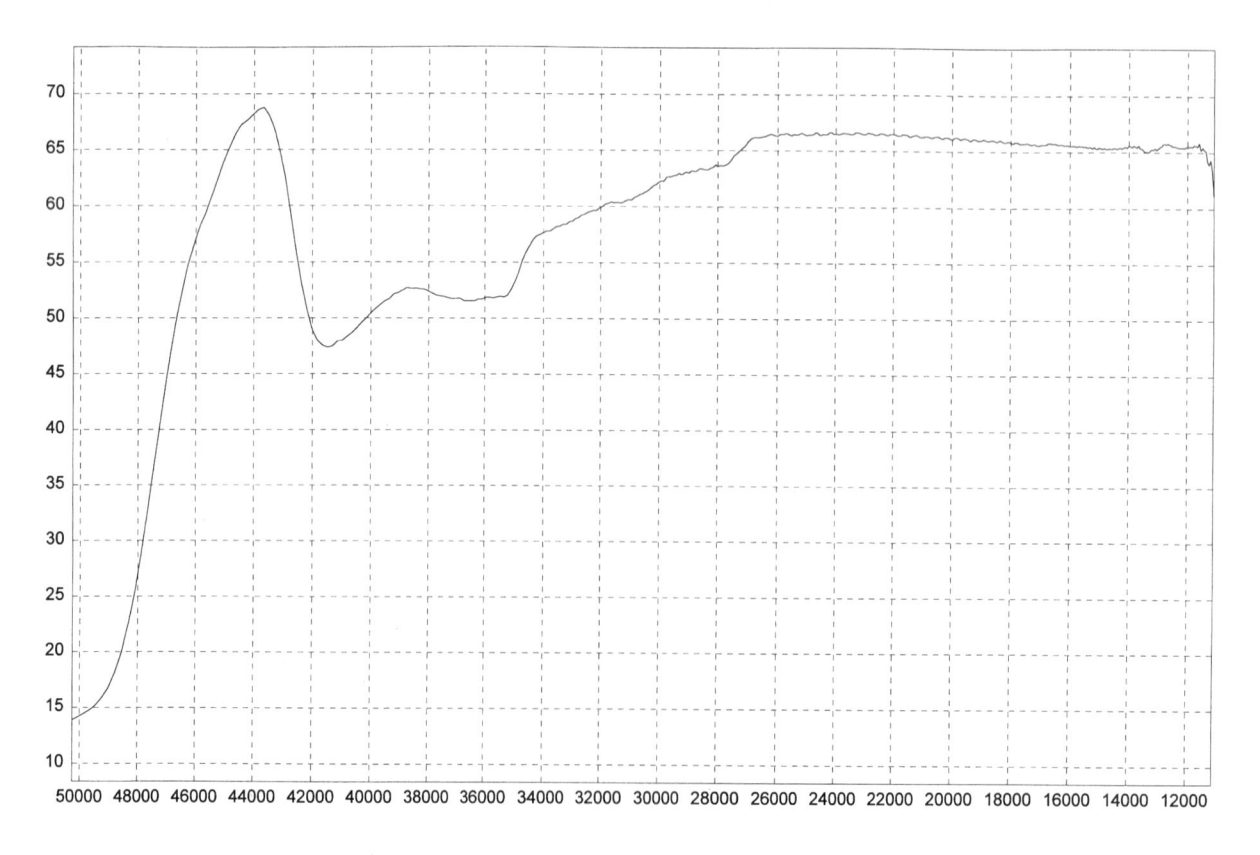

Reflectance / Wavenumber (cm⁻¹)

| 444 | POLYPROPYLENE, ISOTACTIC |

POLYPROPYLENE, ISOTACTIC

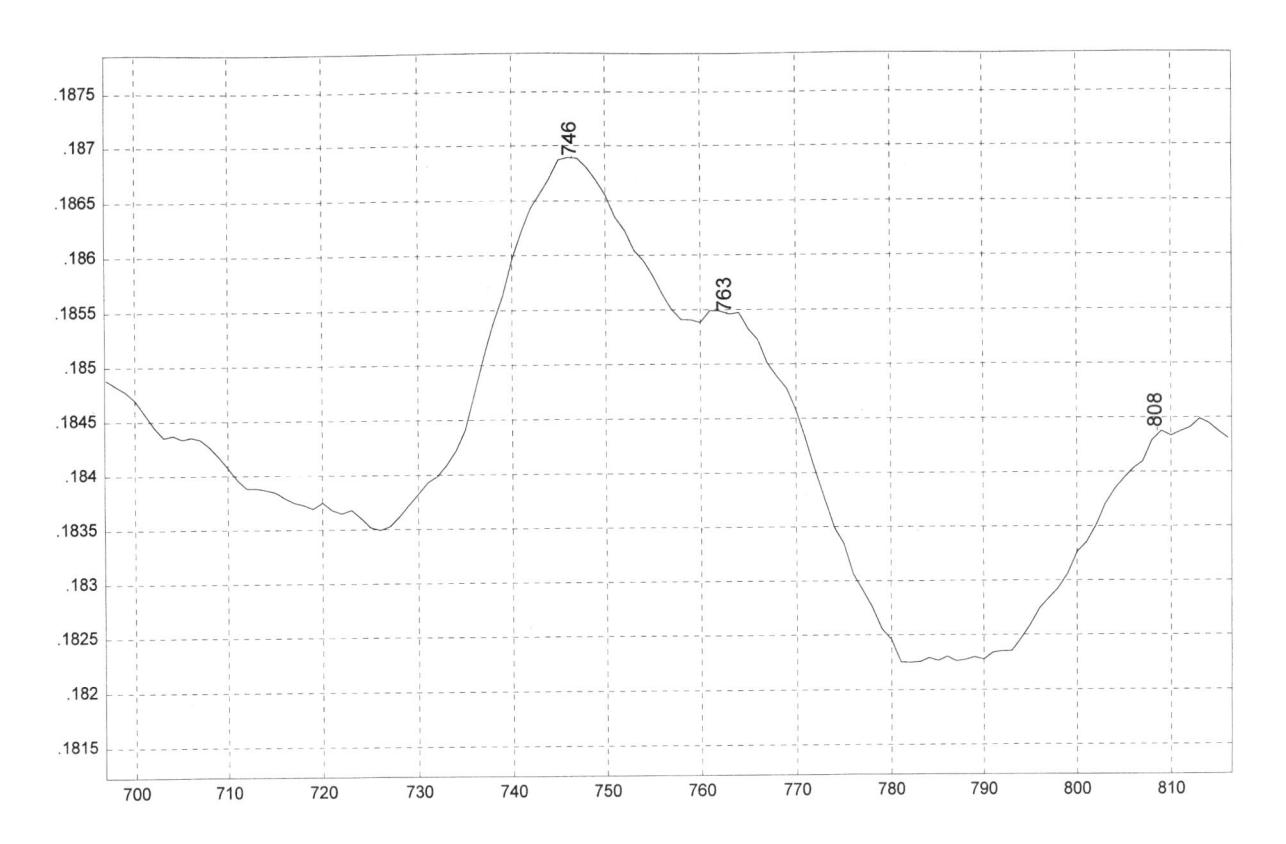

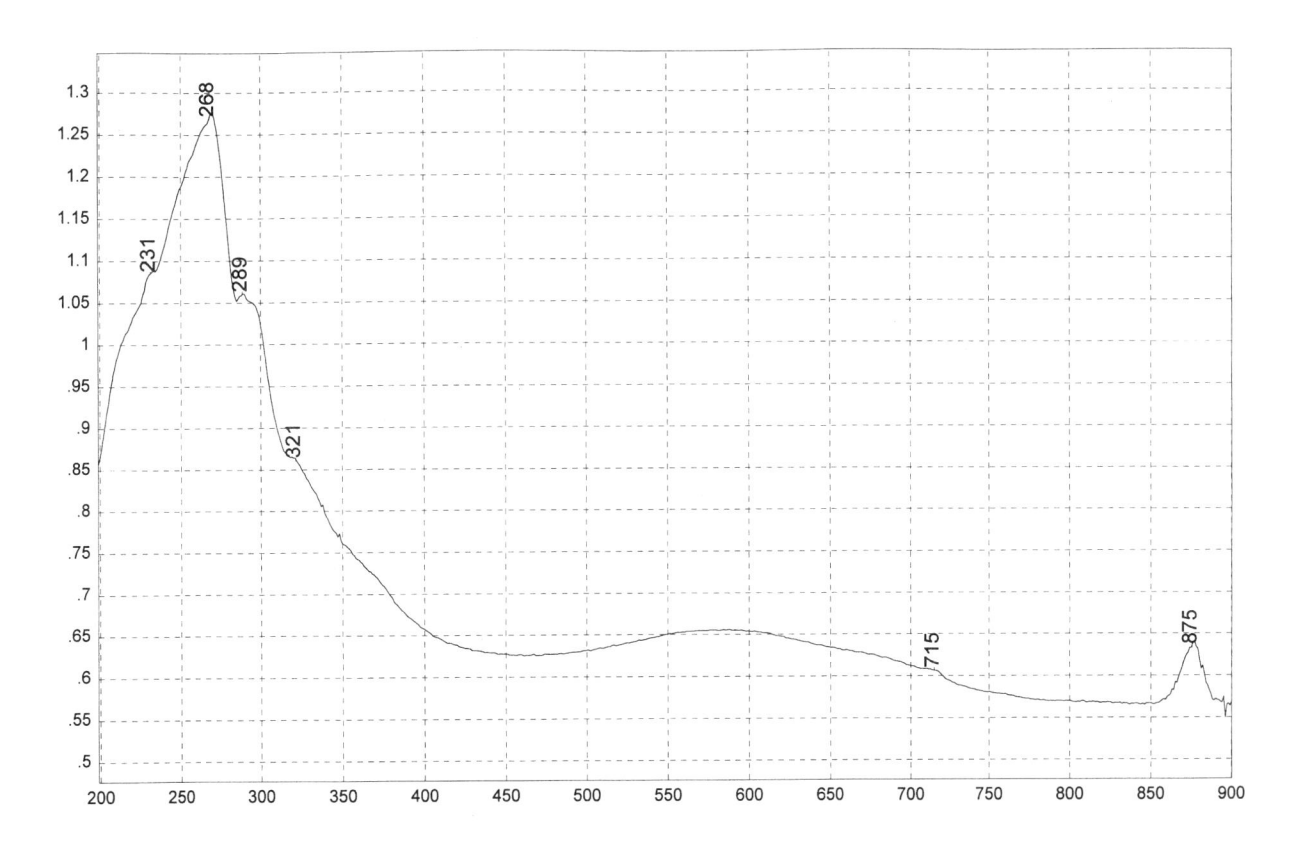

445

POLYSTYRENE

446

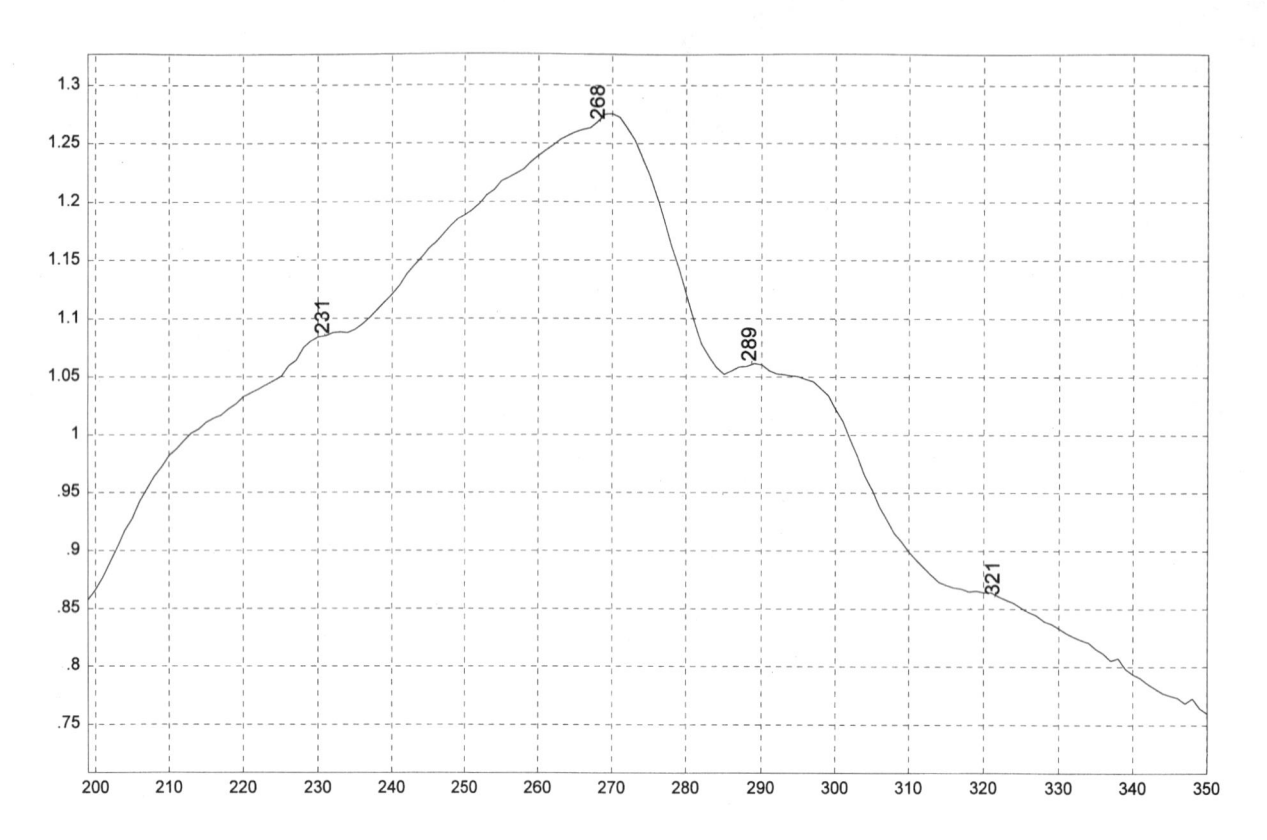

Absorbance / Nanometers

447 POLYSTYRENE

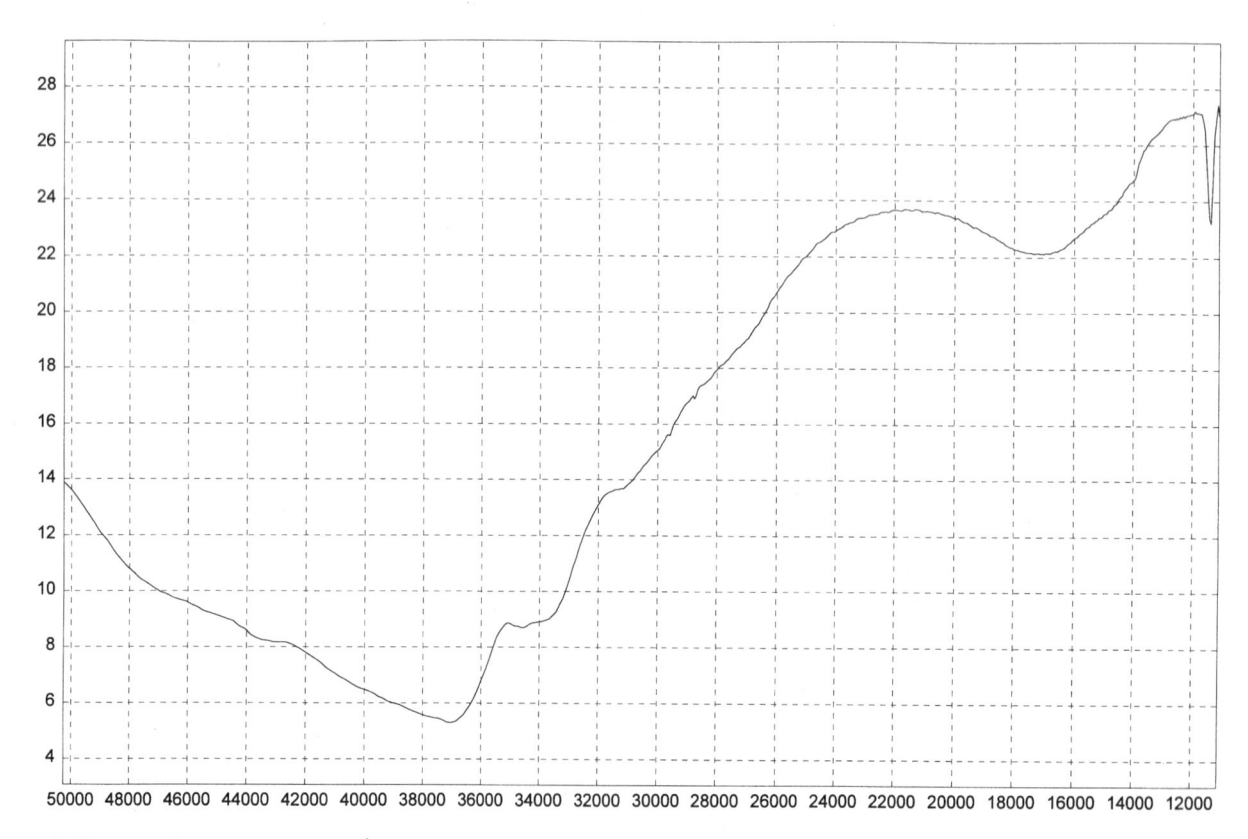

Reflectance / Wavenumber (cm⁻¹)

448 POLYSTYRENE

POLYSTYRENE

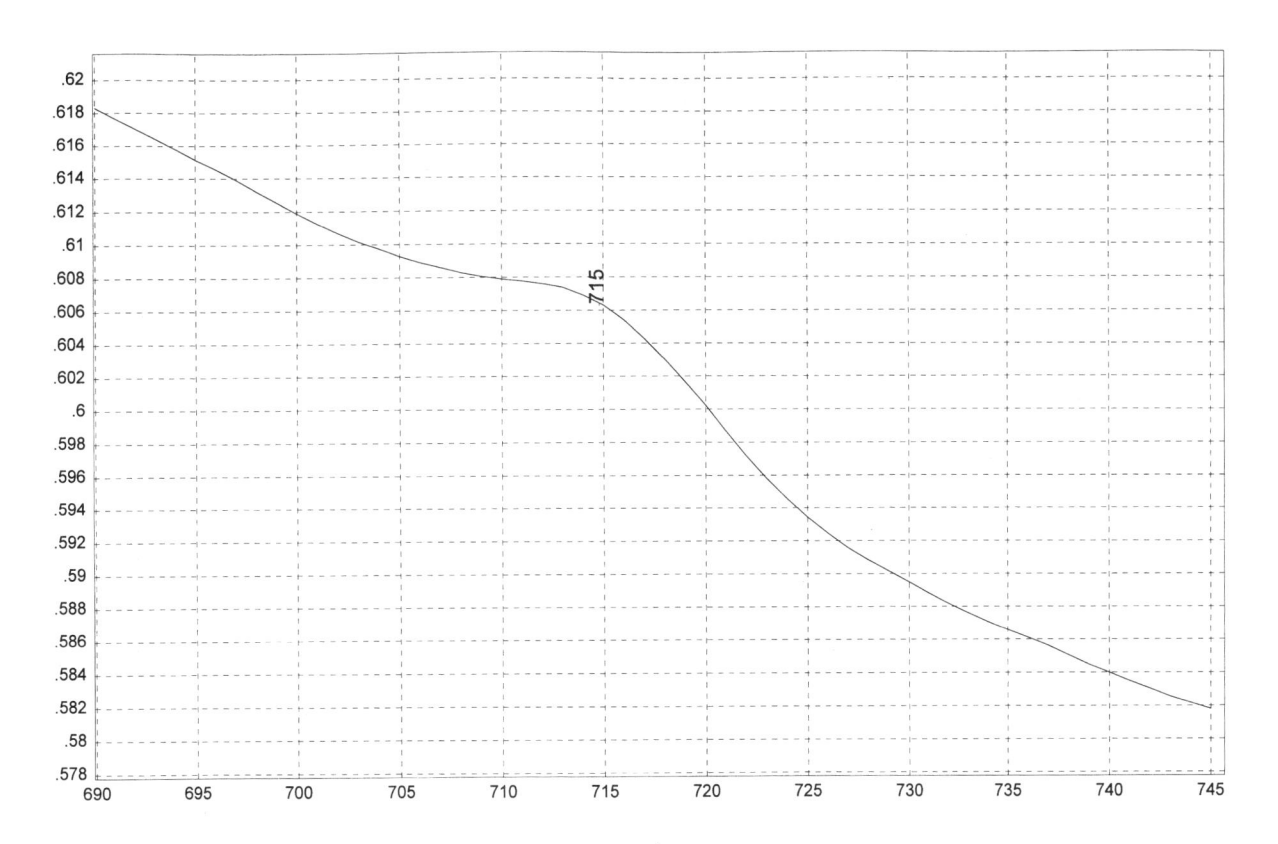

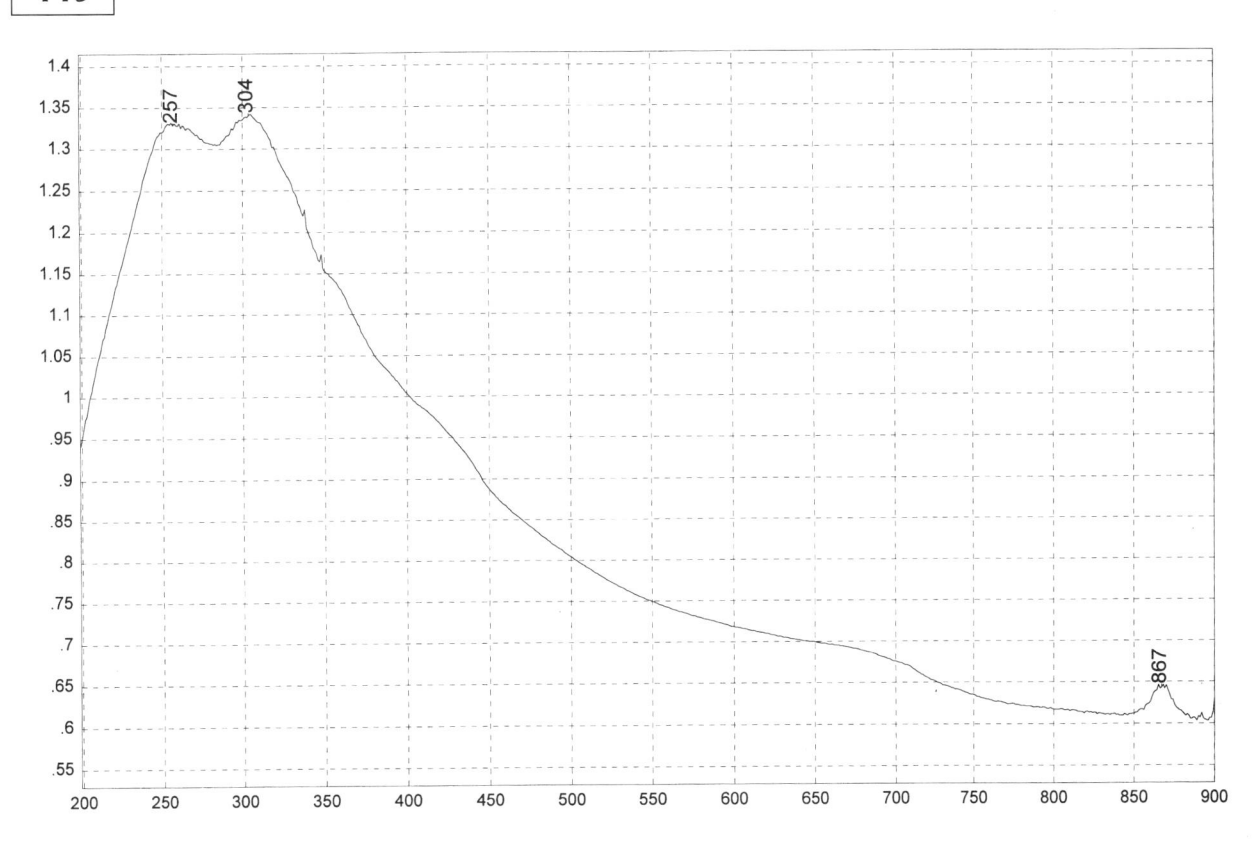

449

POLYSULFONE RESIN

450

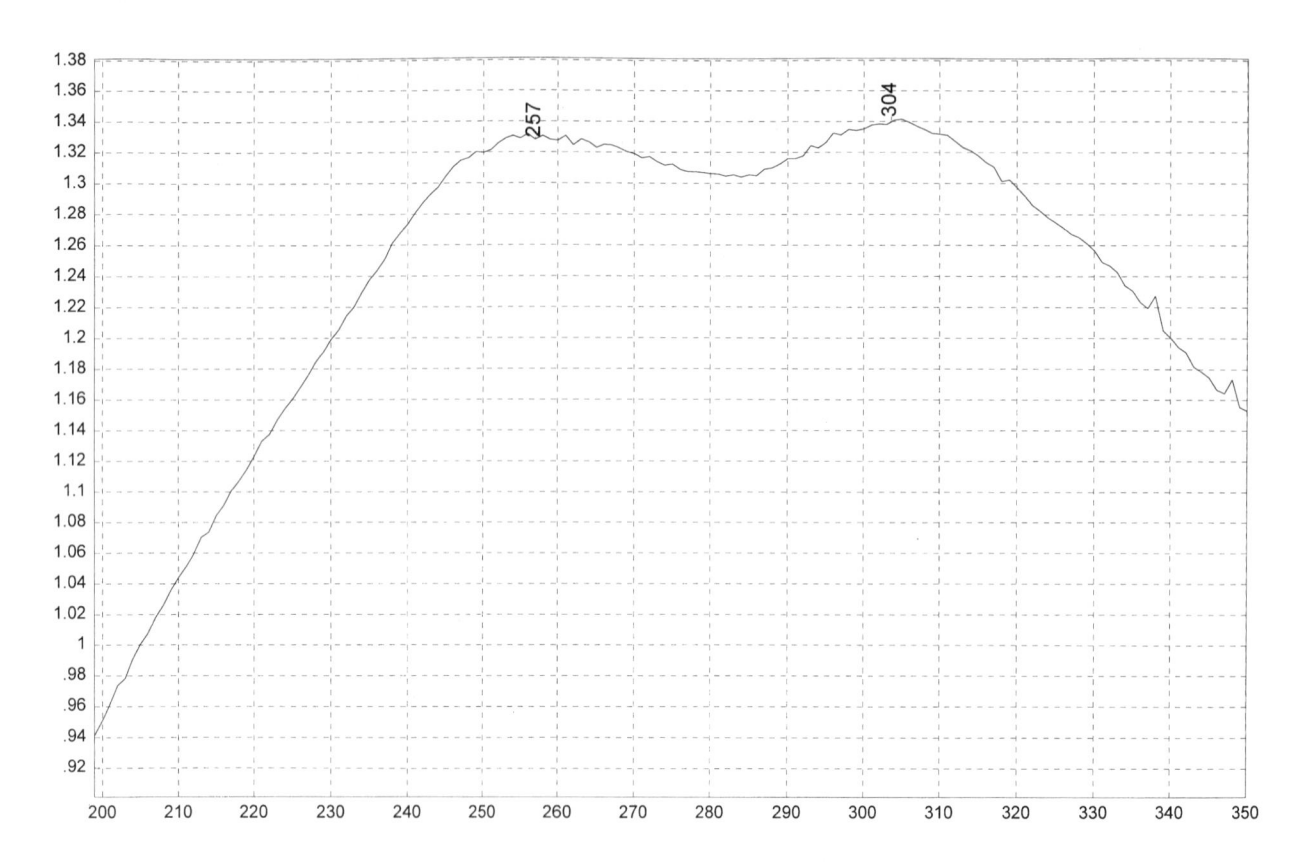

Absorbance / Nanometers

451   POLYSULFONE RESIN

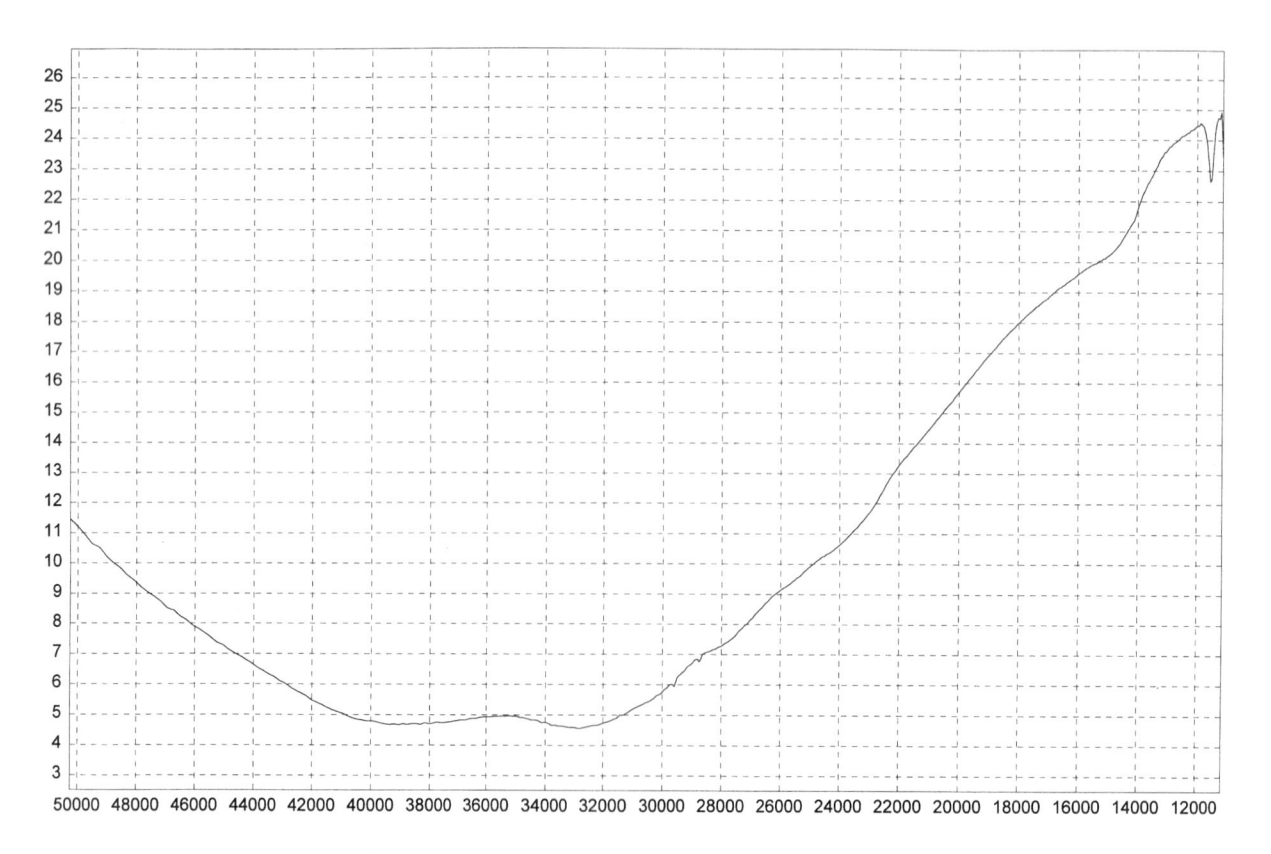

Reflectance / Wavenumber (cm^{-1})

452   POLYSULFONE RESIN

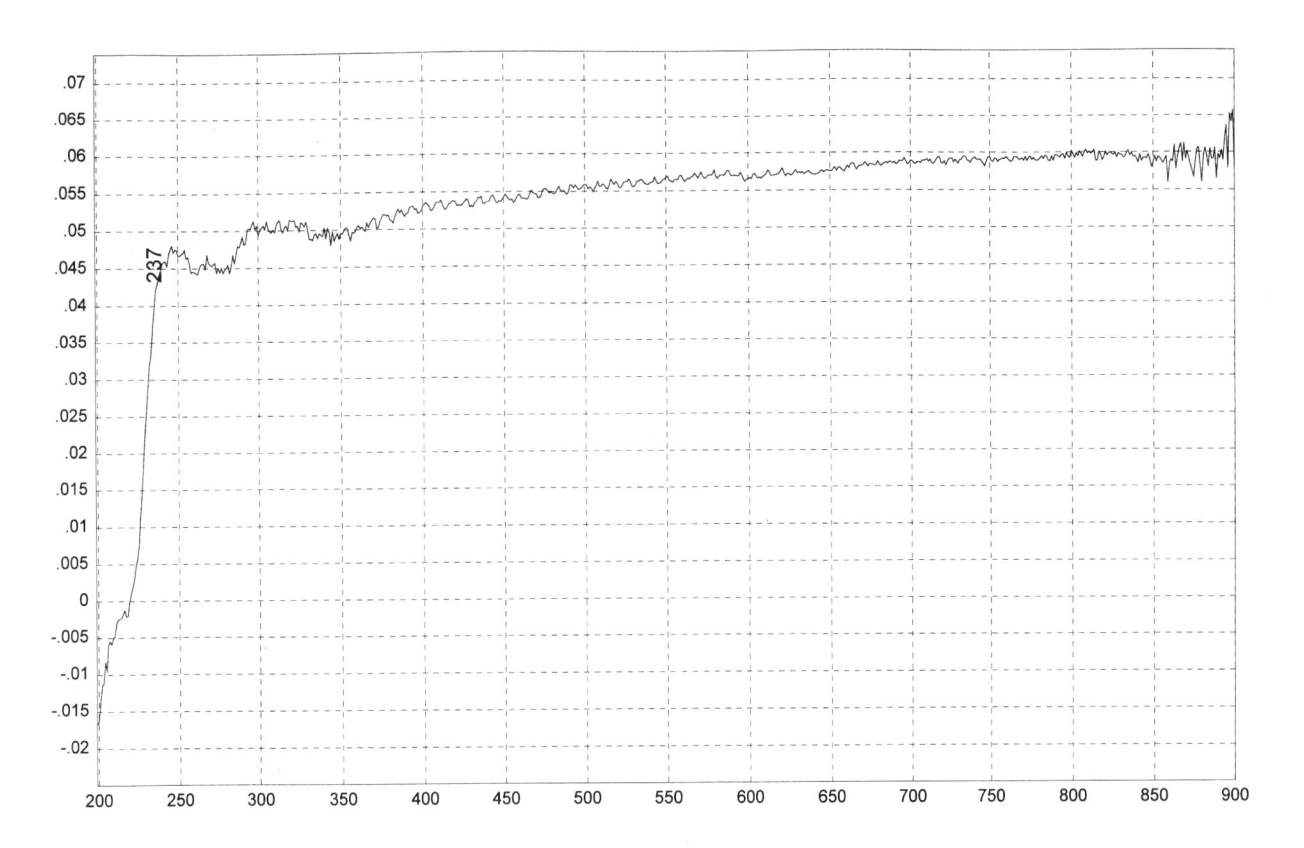

Absorbance / Nanometers

453 POLY(TETRAFLUORETHYLENE)

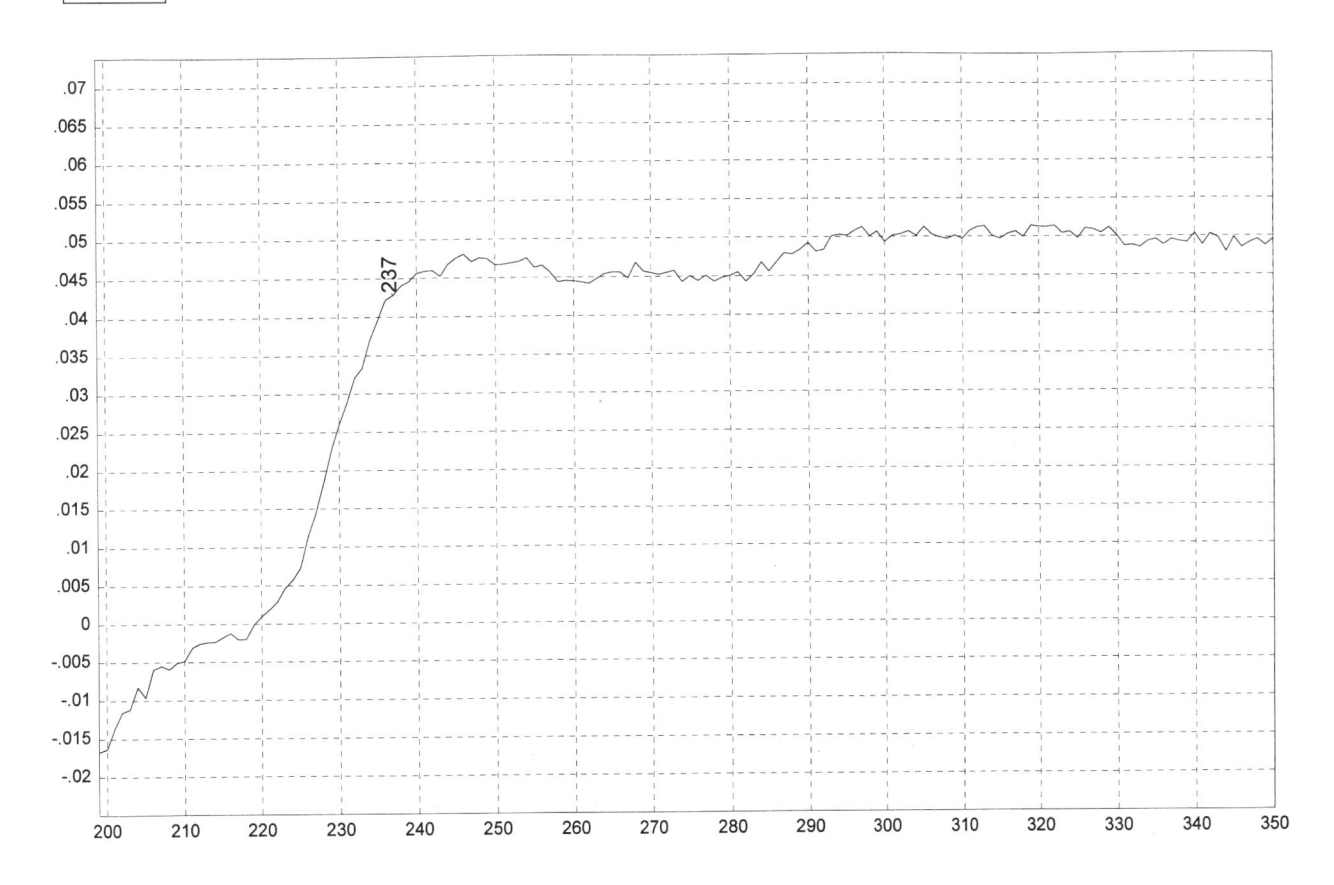

Absorbance / Nanometers

454 POLY(TETRAFLUORETHYLENE)

Reflectance / Wavenumber (cm⁻¹)

| 455 | **POLY(TETRAFLUORETHYLENE)** |

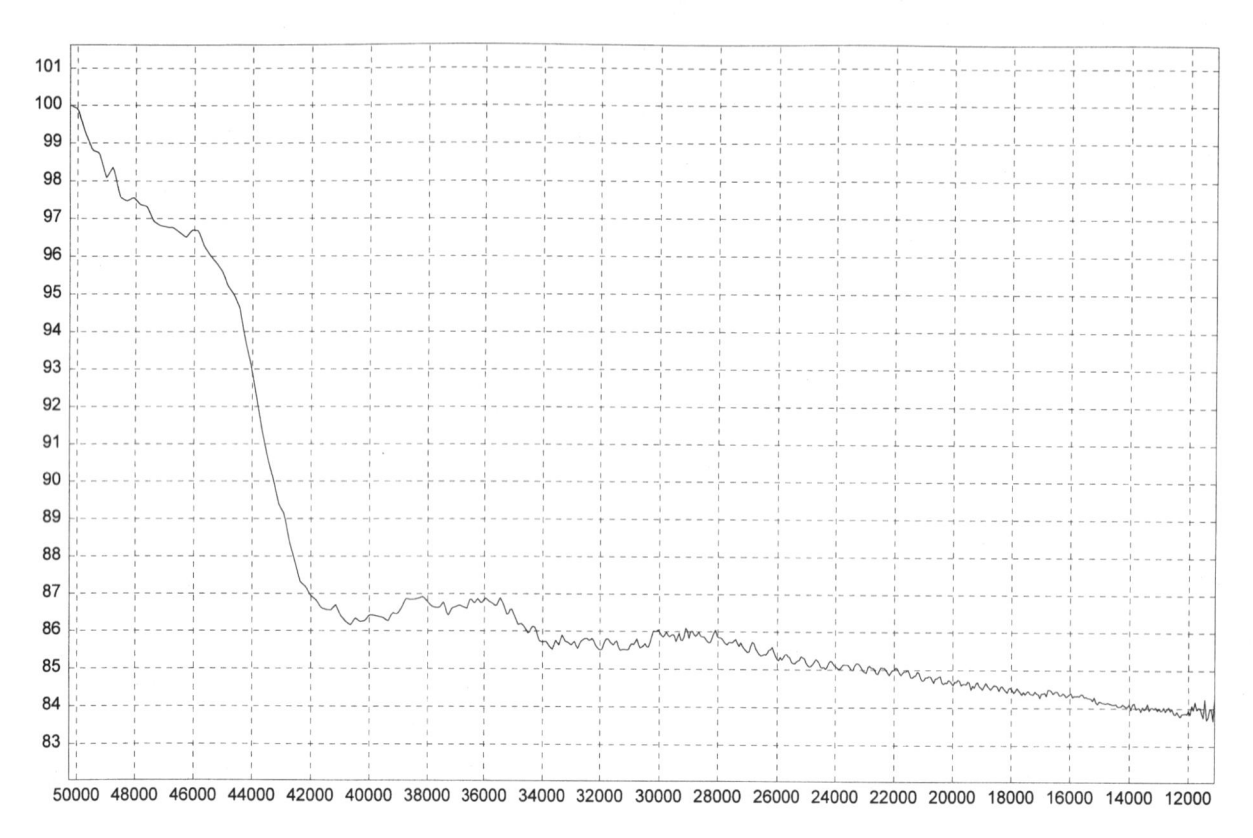

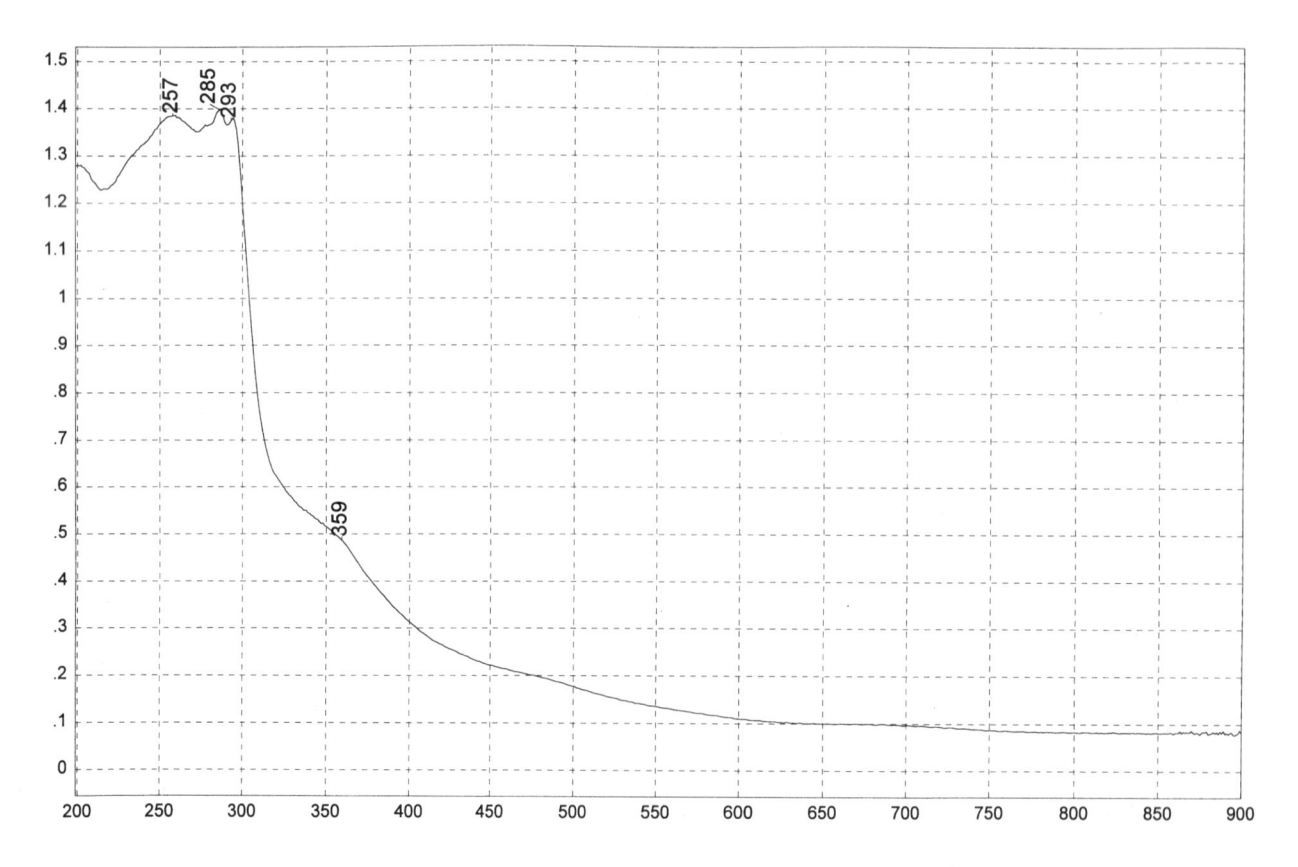

Absorbance / Nanometers

| 456 | **POLY(2,4,6-TRIBROMOSTYRENE)** |

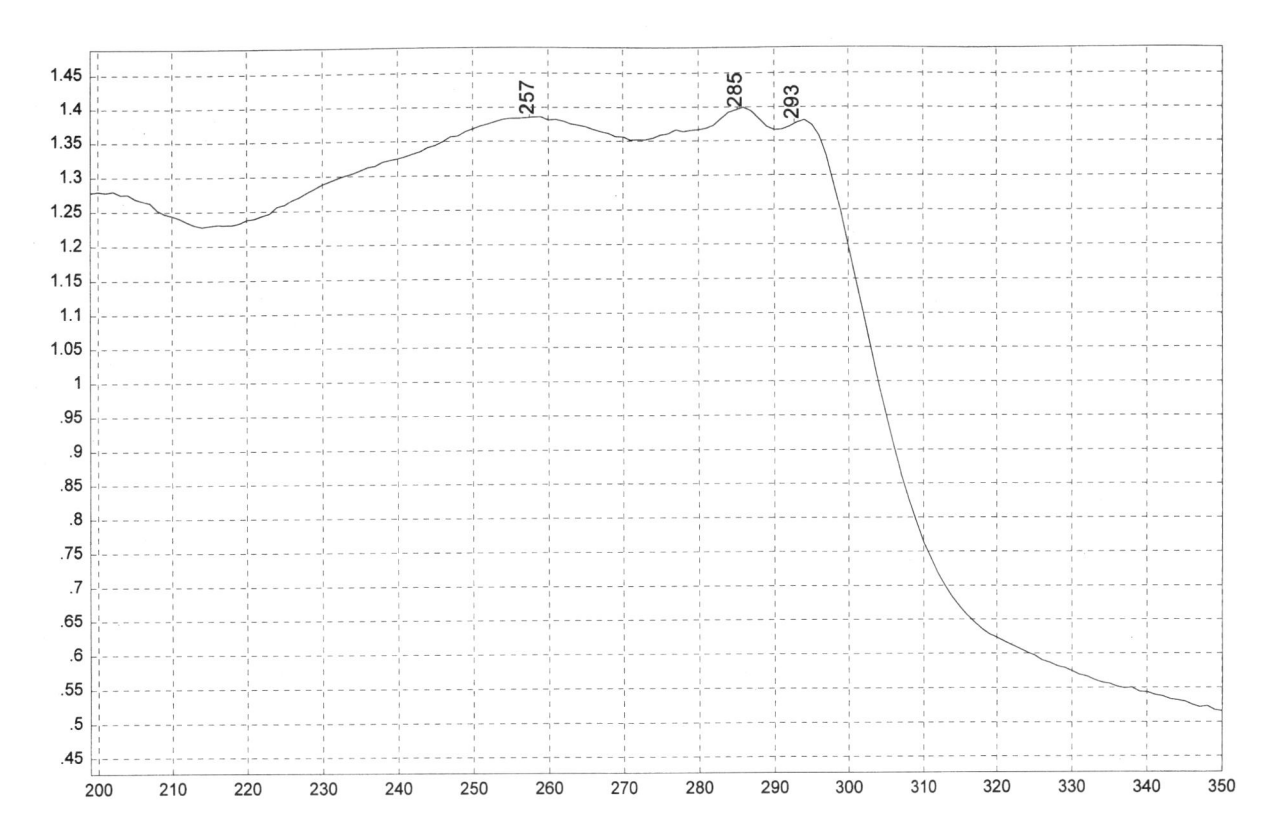

Absorbance / Nanometers

457   POLY(2,4,6-TRIBROMOSTYRENE)

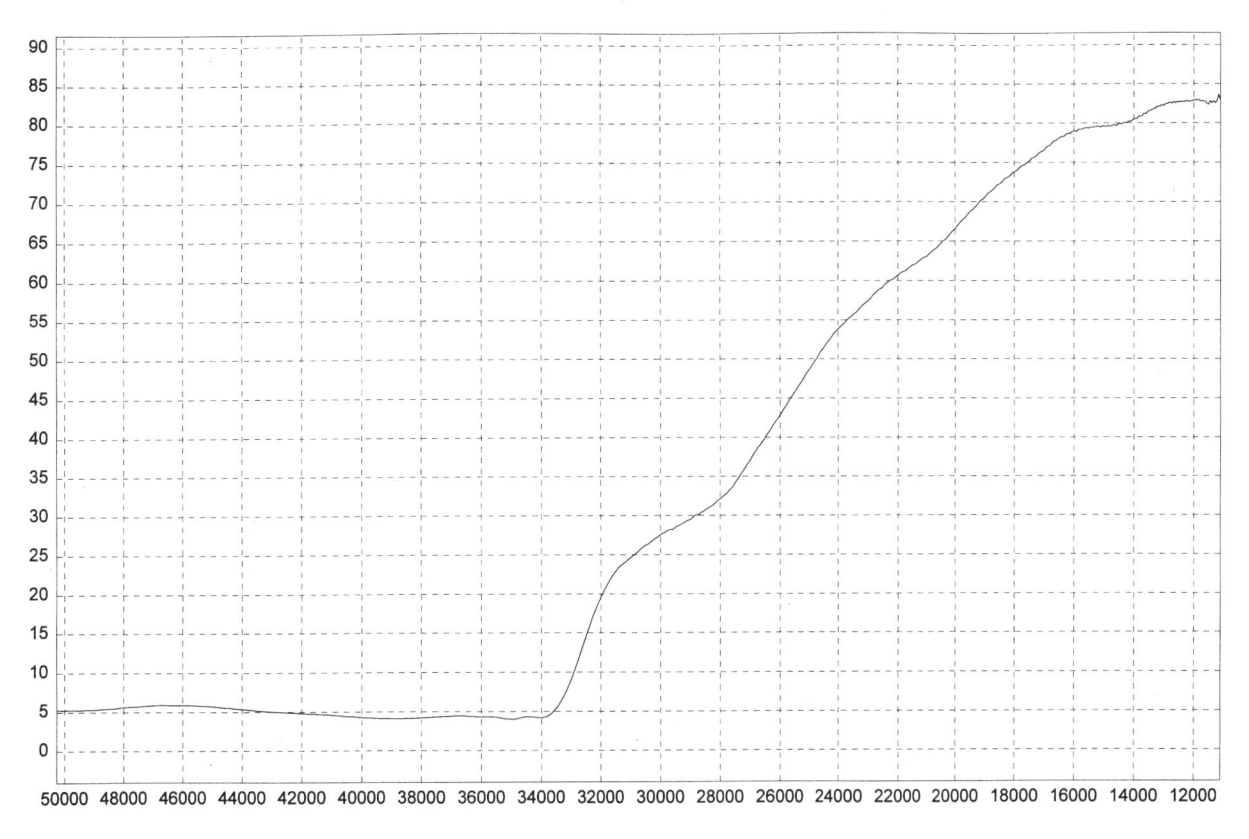

Reflectance / Wavenumber (cm⁻¹)

458   POLY(2,4,6-TRIBROMOSTYRENE)

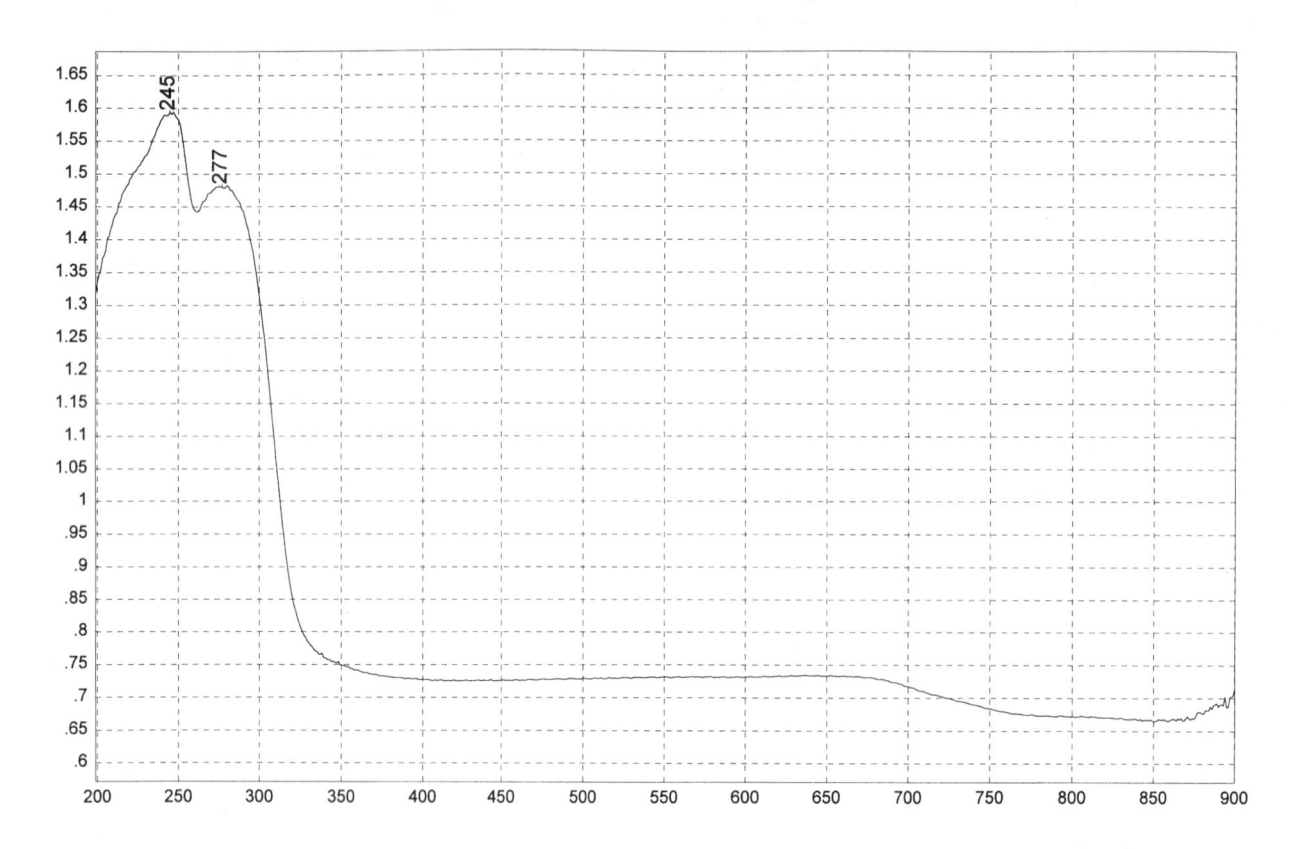

459 POLY(VINYL ACETATE)

460 POLY(VINYL ACETATE)

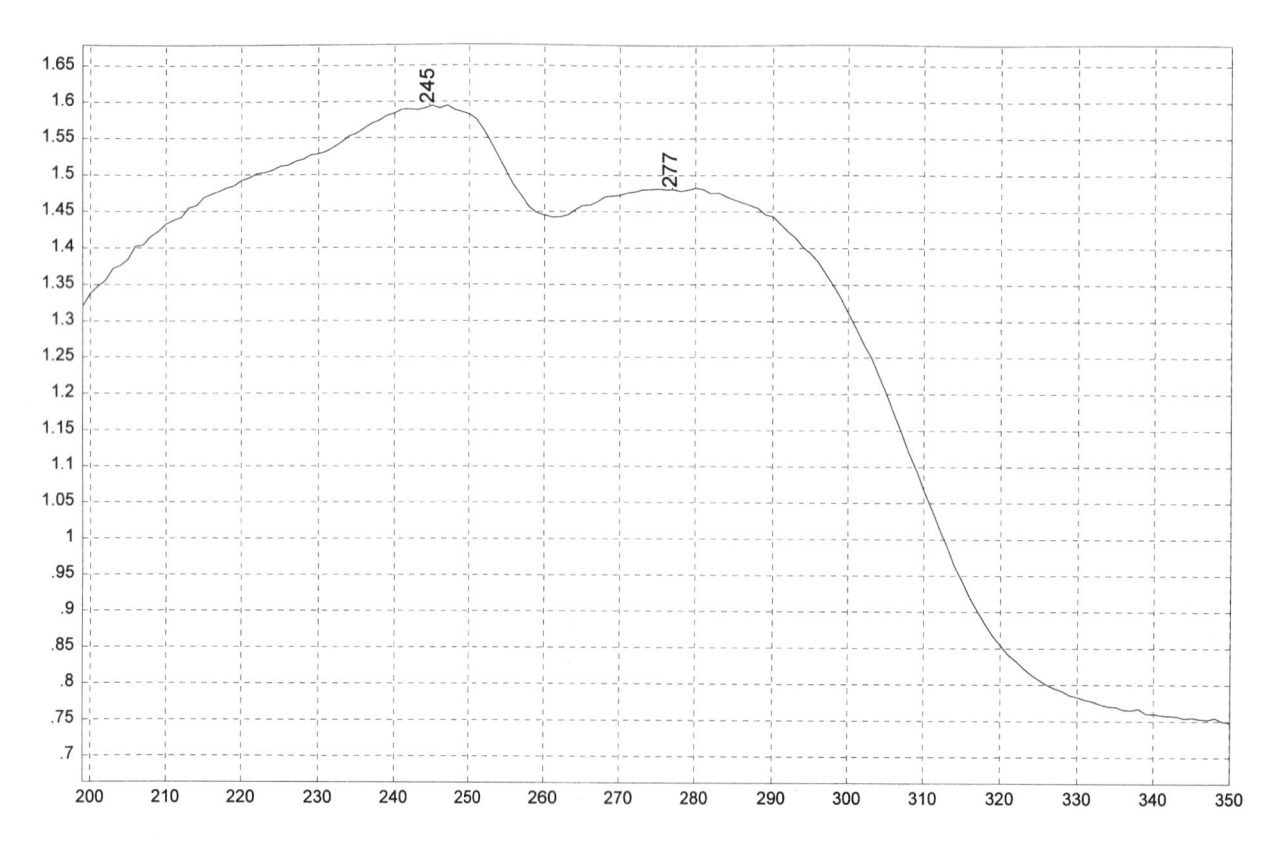

230

Reflectance / Wavenumber (cm^{-1})

461   **POLY(VINYL ACETATE)**

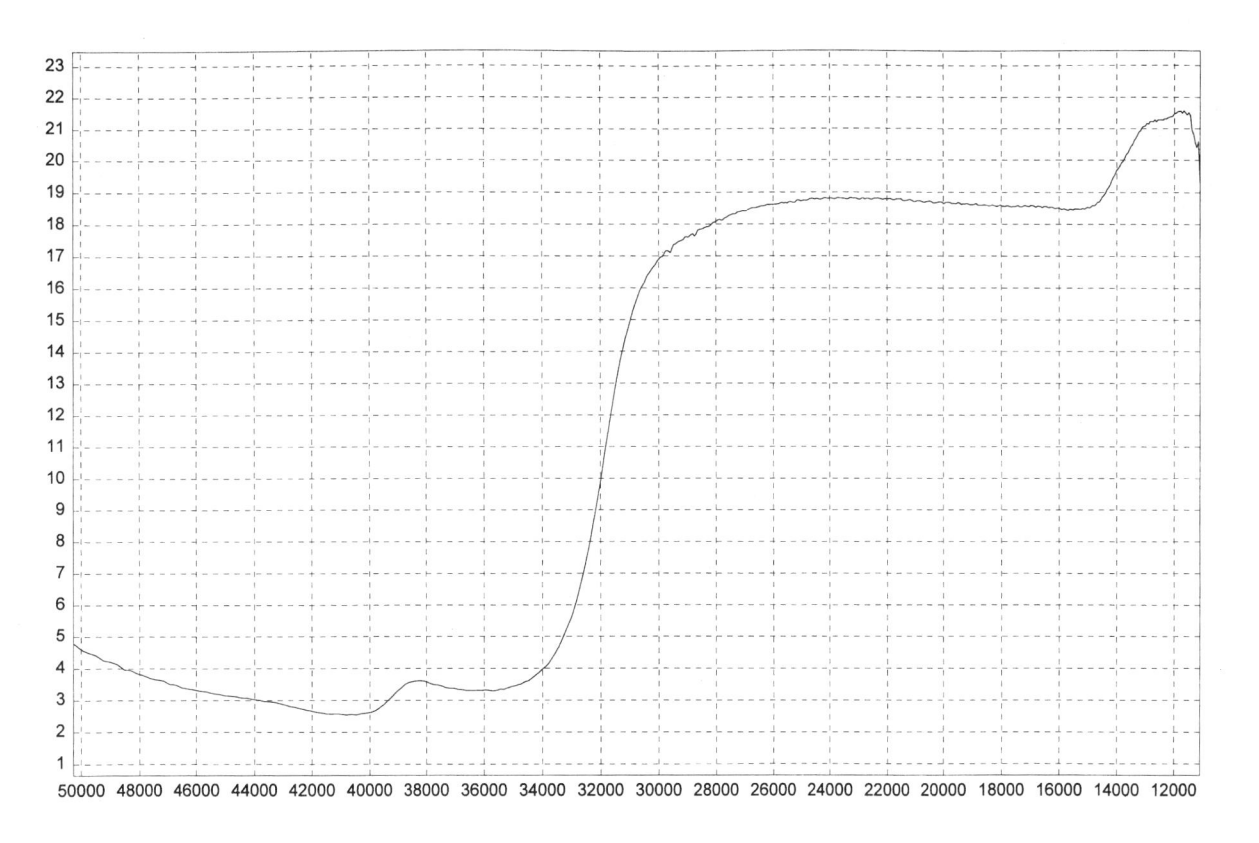

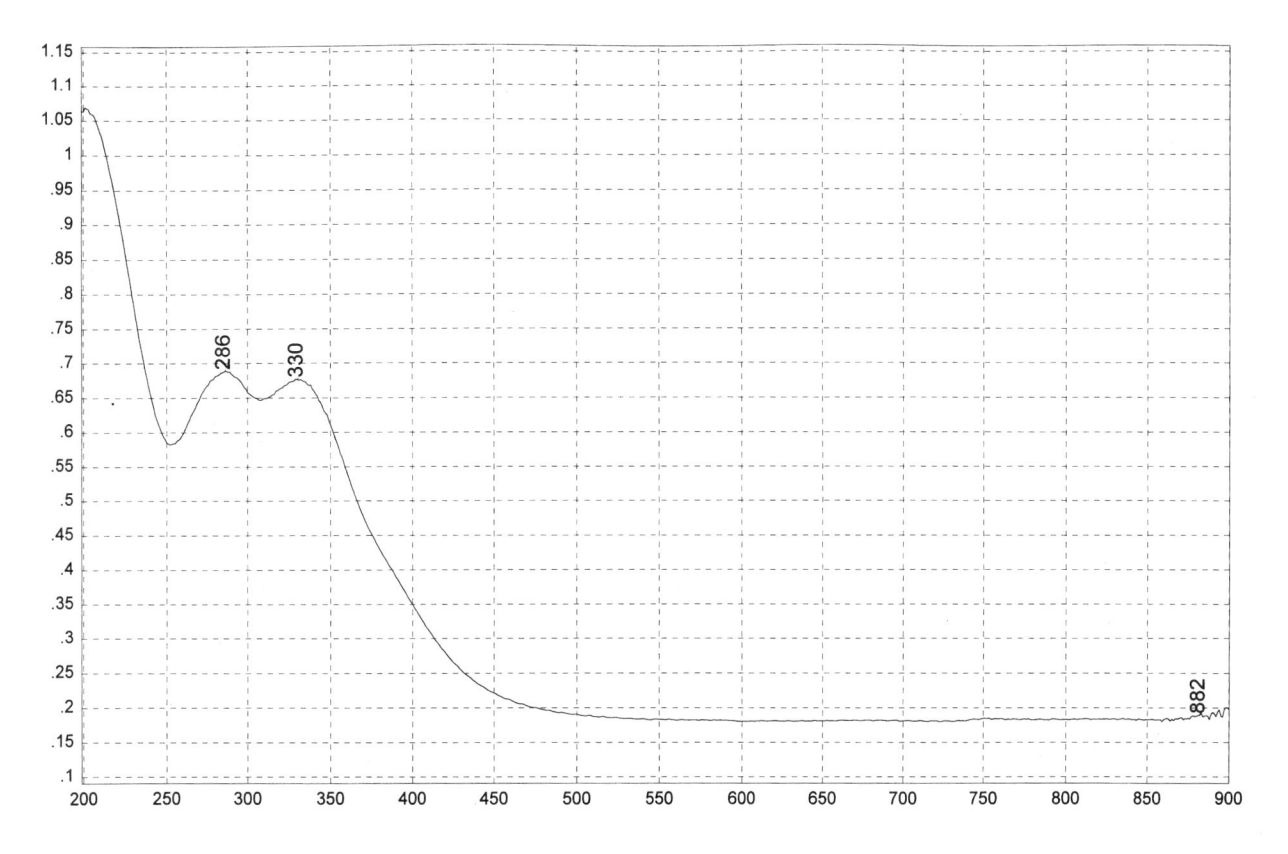

Absorbance / Nanometers

462   **POLY(VINYL ALCOHOL), 100% HYDROLYZED**

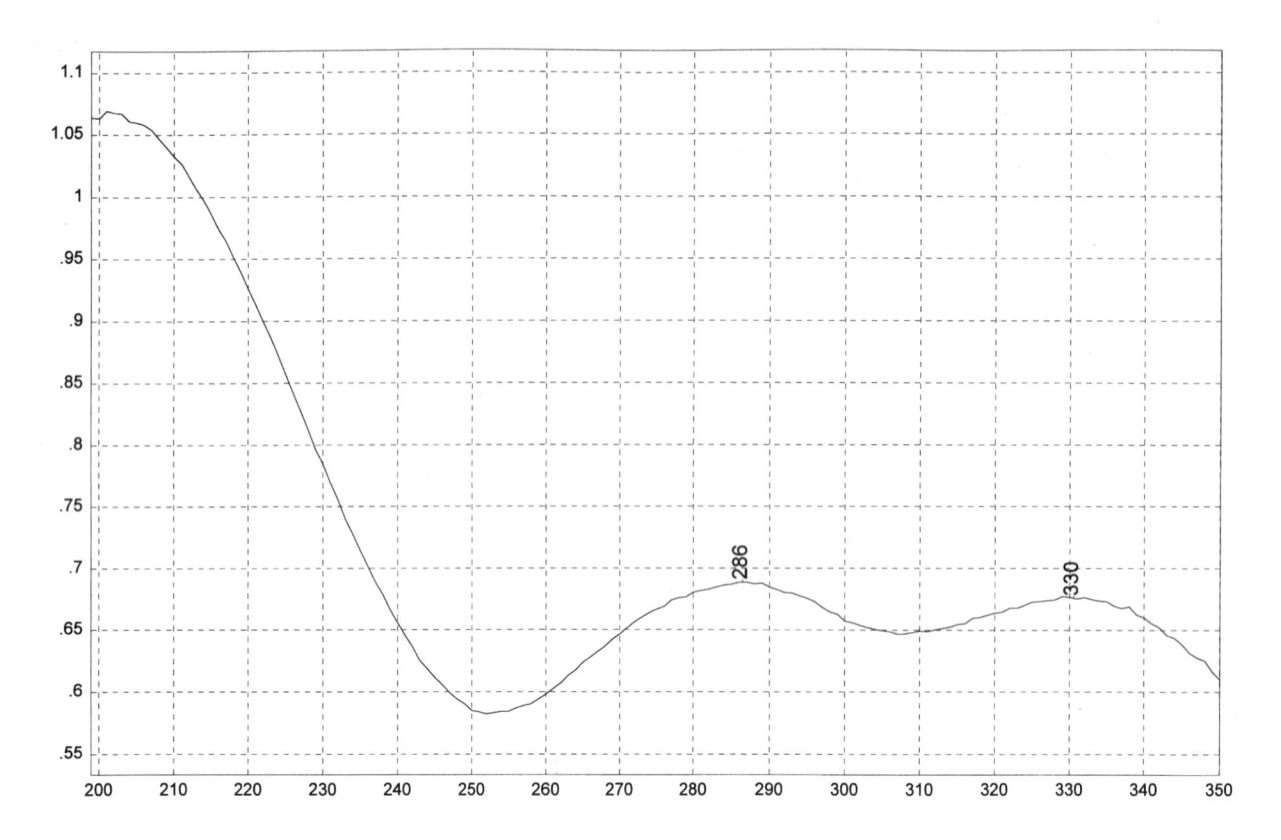

Absorbance / Nanometers

| 463 | POLY(VINYL ALCOHOL), 100% HYDROLYZED |

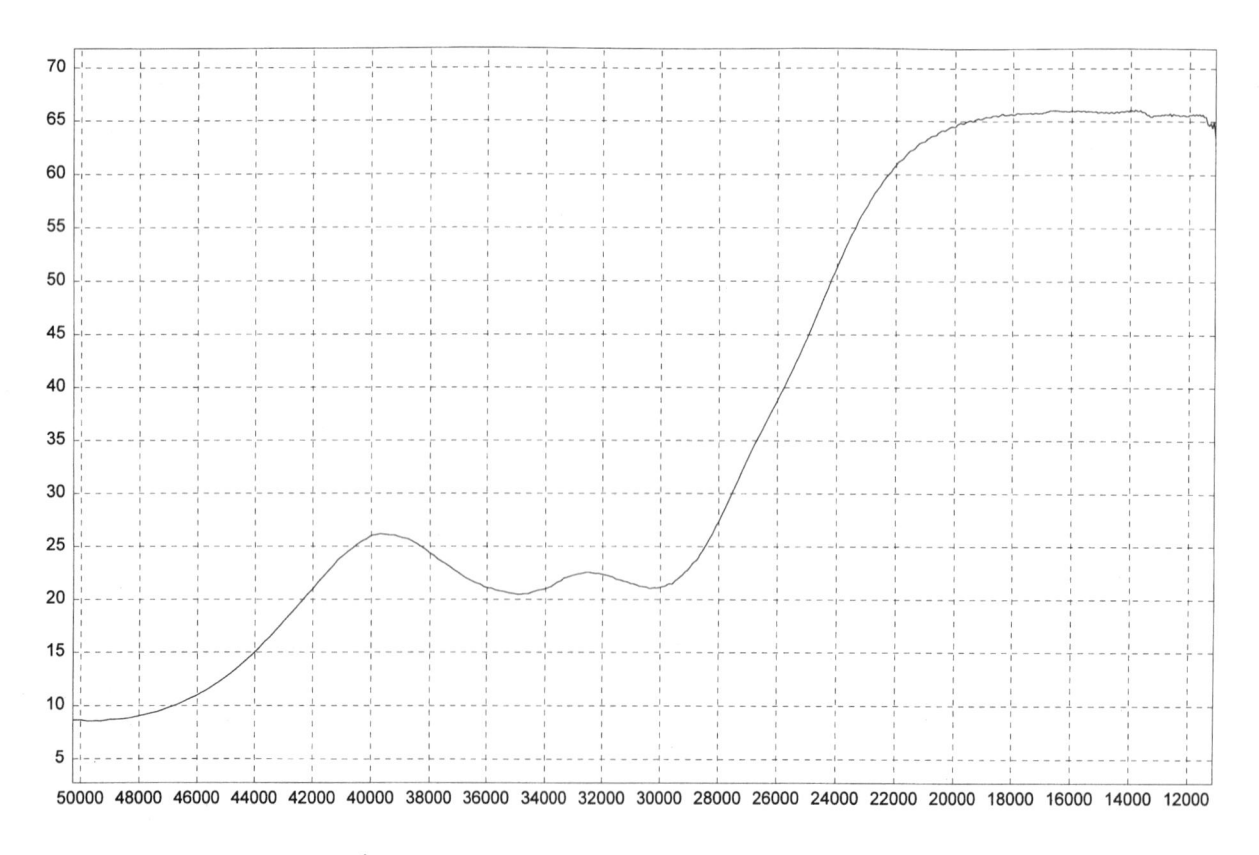

Reflectance / Wavenumber (cm⁻¹)

| 464 | POLY(VINYL ALCOHOL), 100% HYDROLYZED |

Absorbance / Nanometers

| 465 | **POLY(VINYL ALCOHOL), 100% HYDROLYZED** |

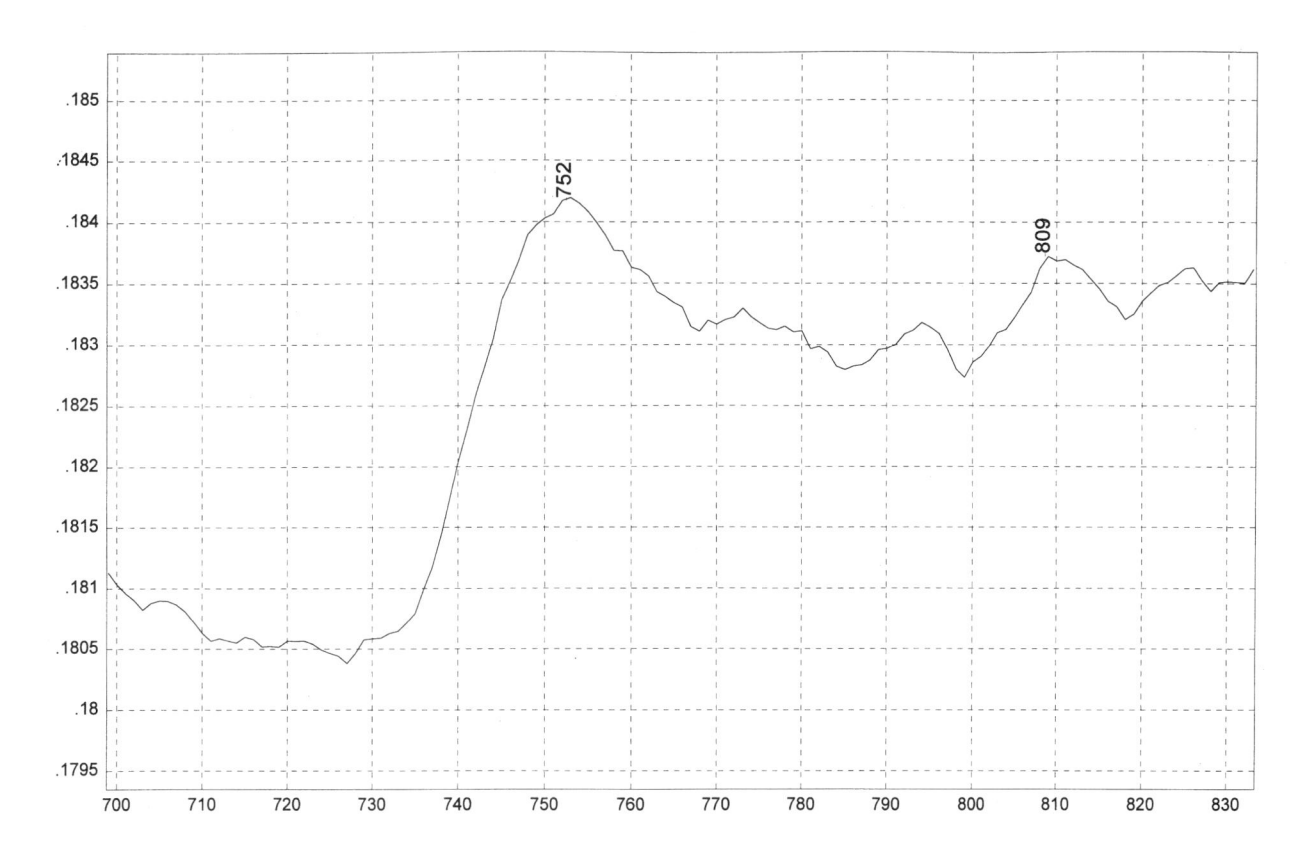

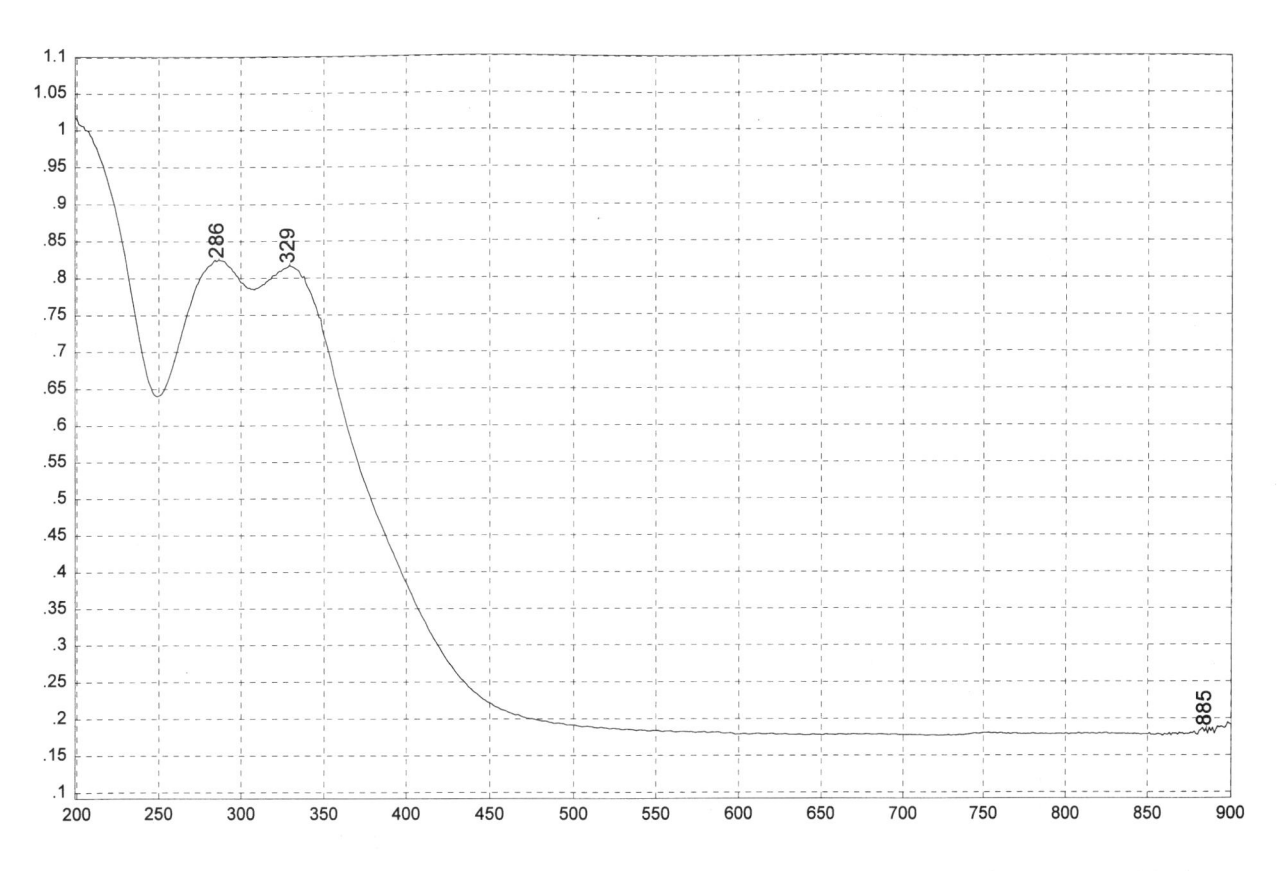

Absorbance / Nanometers

| 466 | **POLY(VINYL ALCOHOL), 98% HYDROLYZED** |

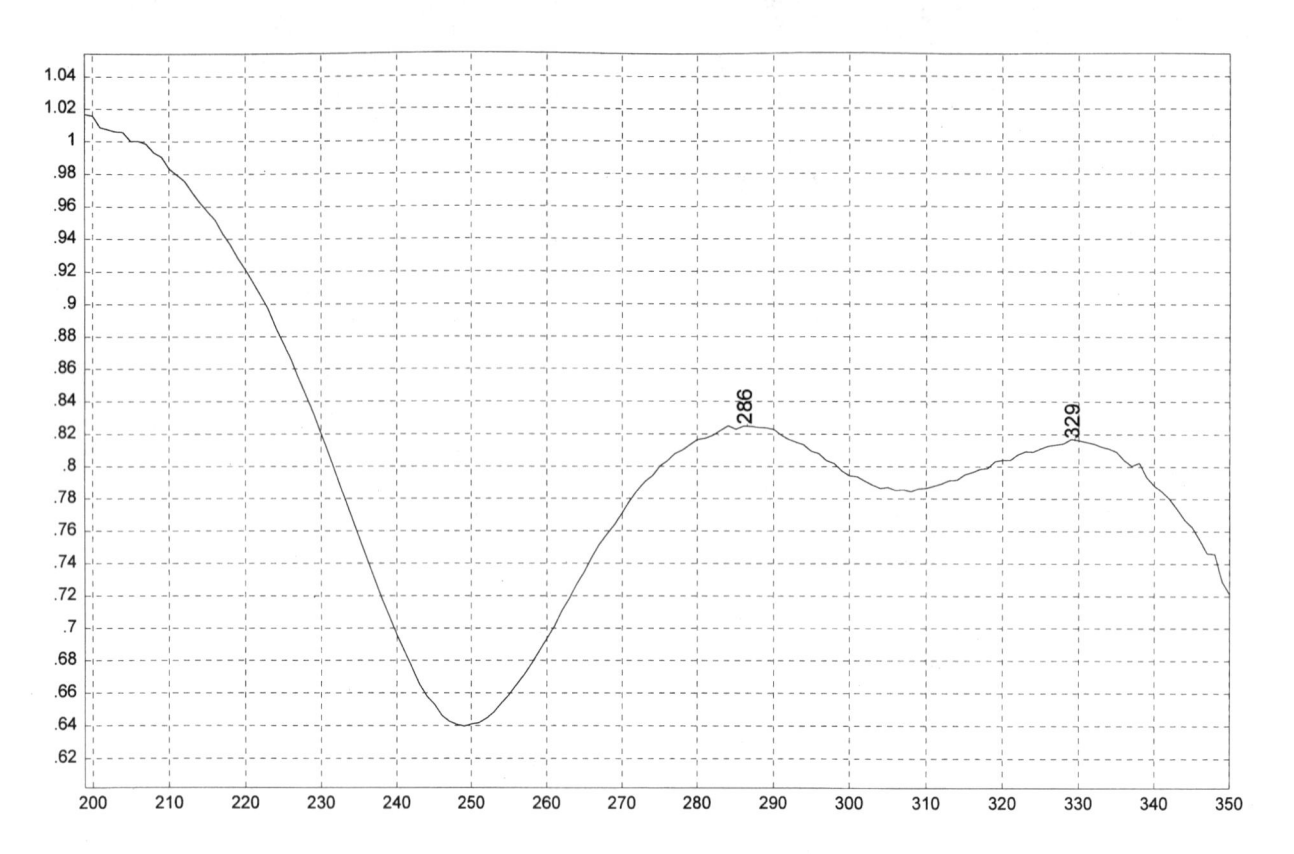

Absorbance / Nanometers

467   POLY(VINYL ALCOHOL), 98% HYDROLYZED

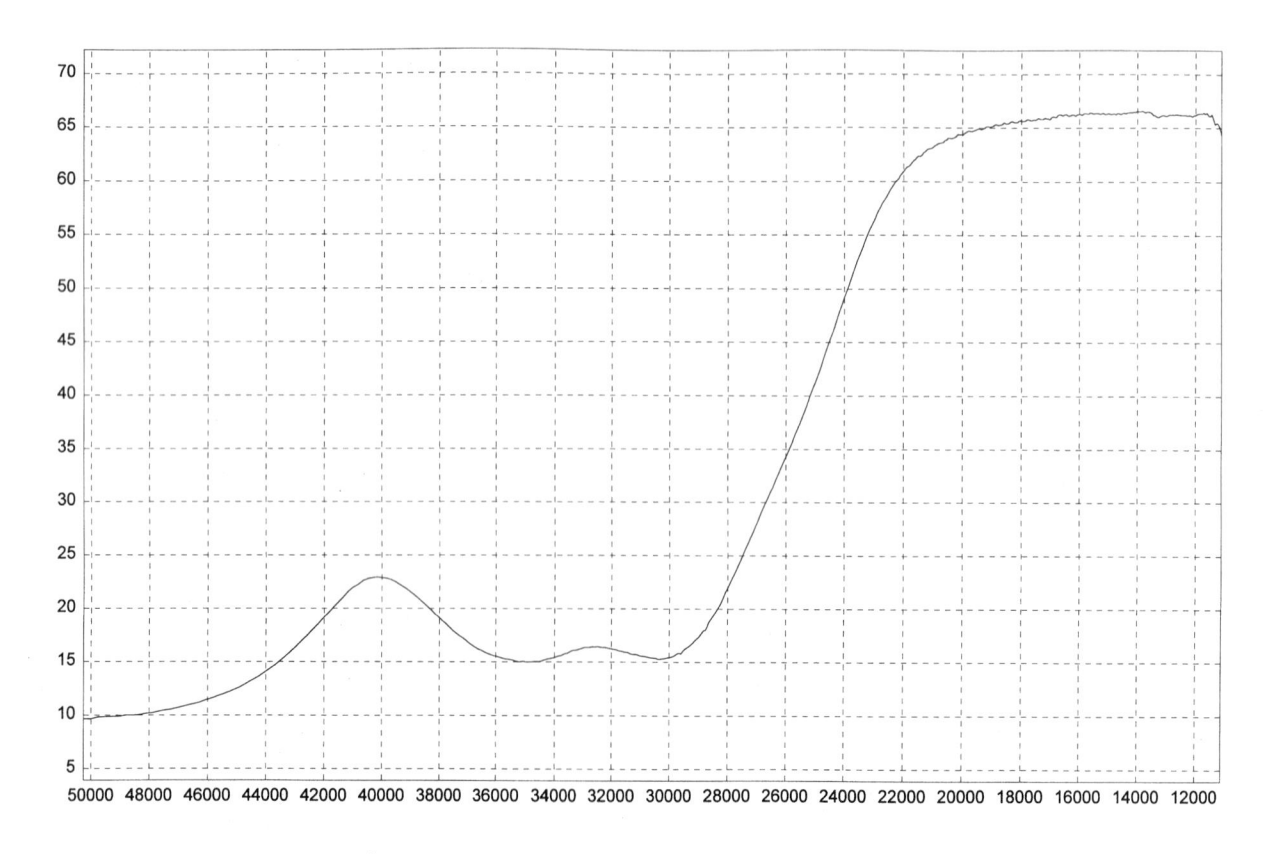

Reflectance / Wavenumber (cm^{-1})

468   POLY(VINYL ALCOHOL), 98% HYDROLYZED

469   POLY(VINYL ALCOHOL), 98% HYDROLYZED

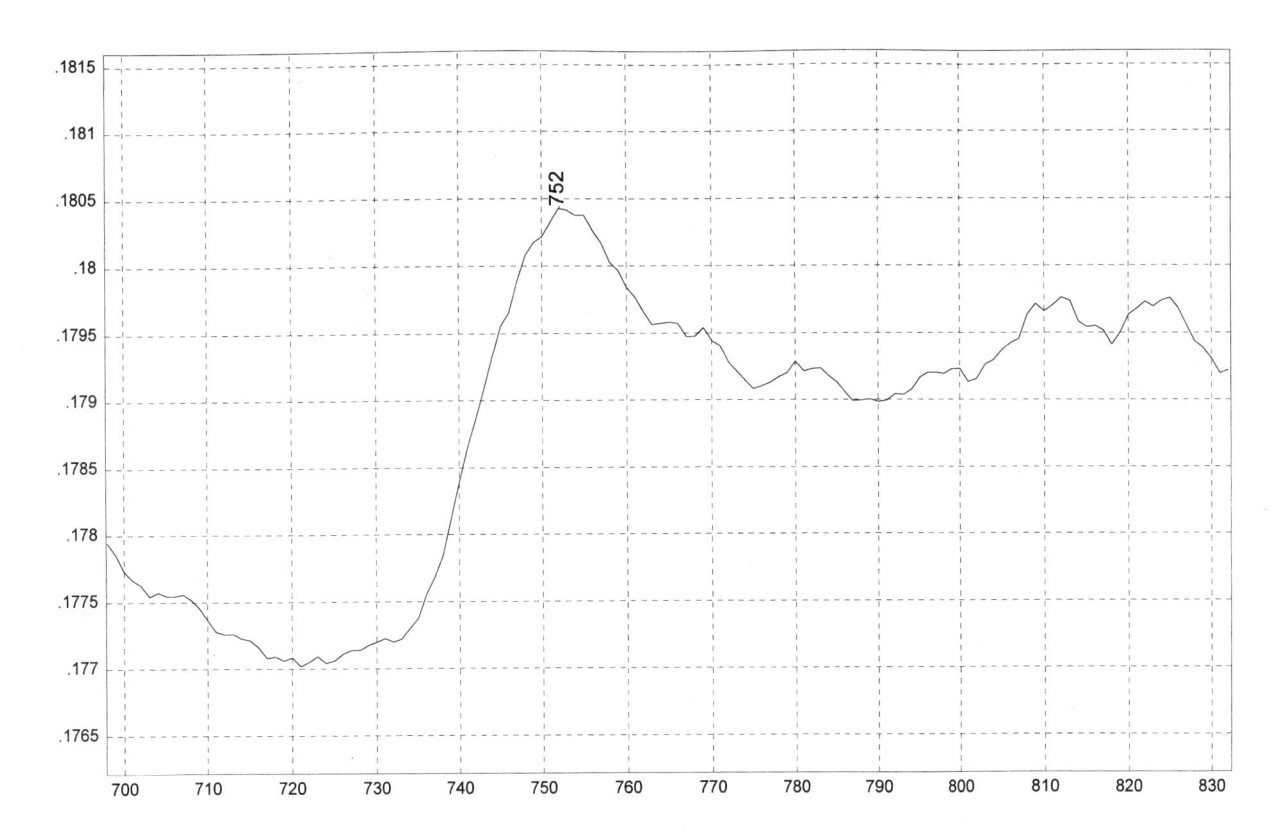

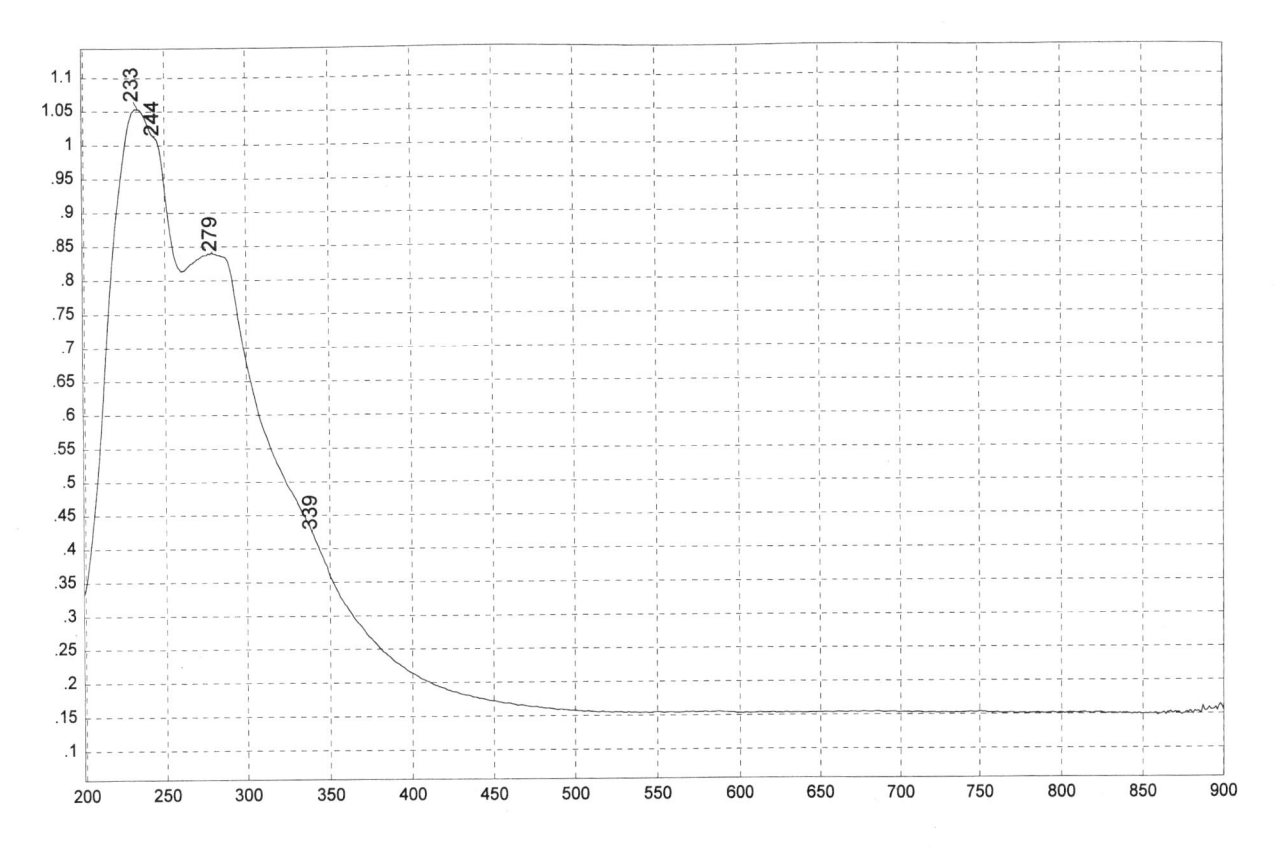

470   POLY(VINYL BUTYRAL)

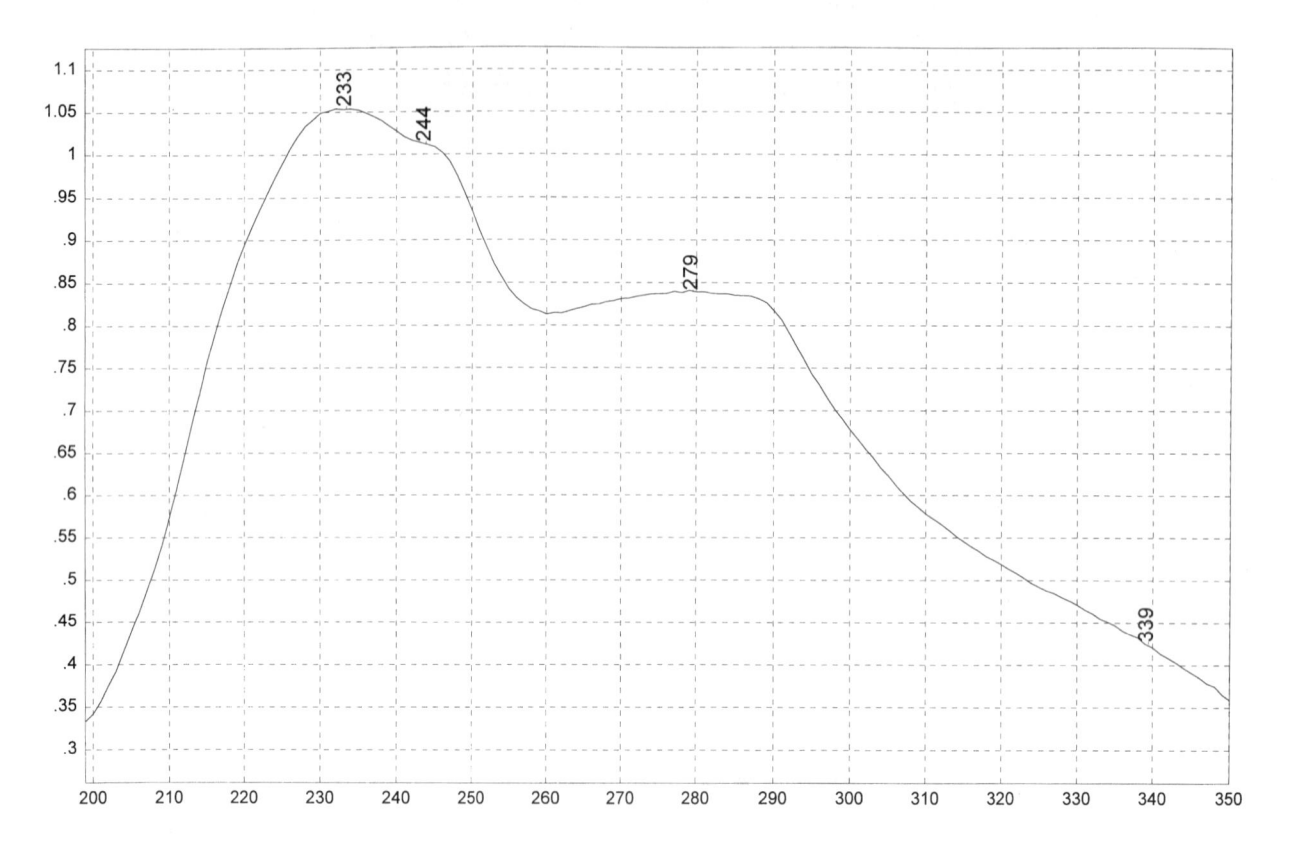

Absorbance / Nanometers

471 POLY(VINYL BUTYRAL)

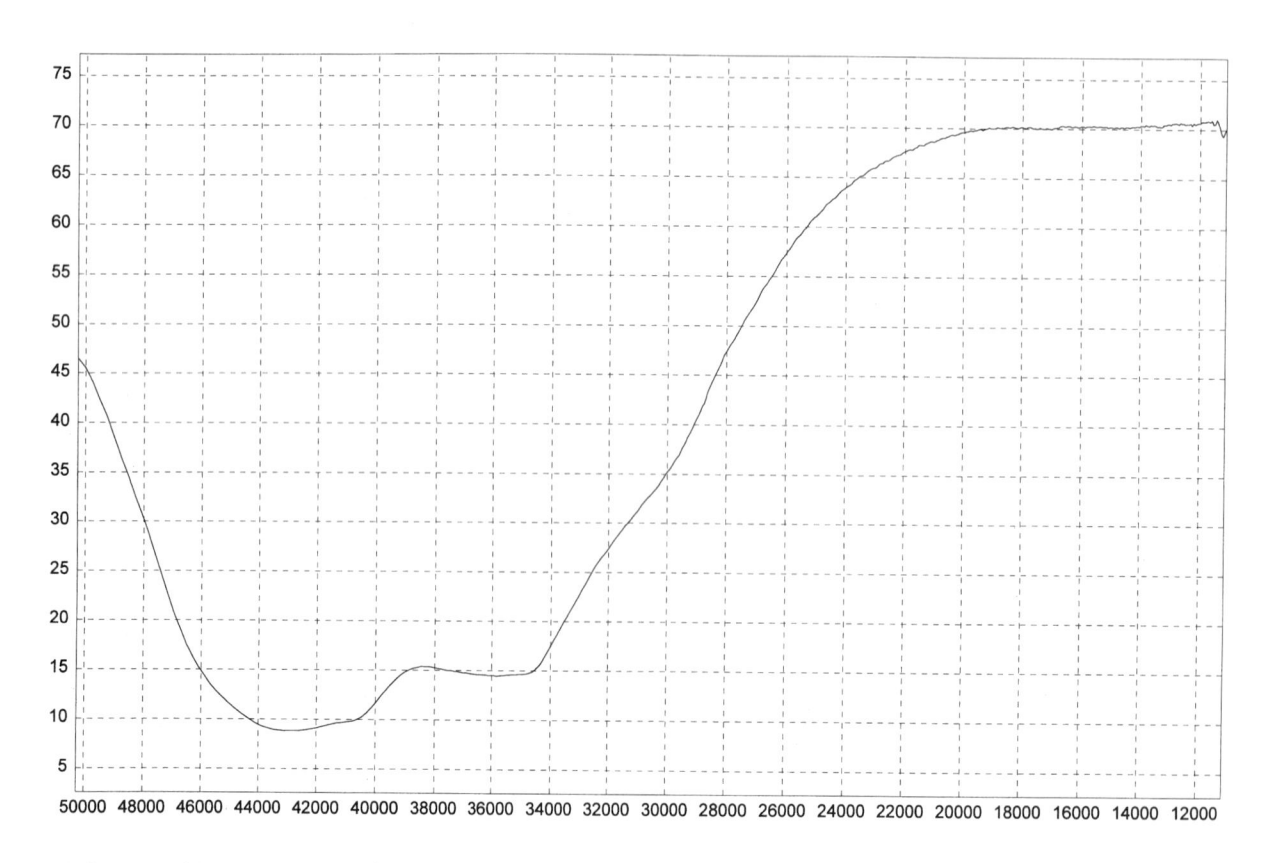

Reflectance / Wavenumber (cm⁻¹)

472 POLY(VINYL BUTYRAL)

473 POLY(VINYL BUTYRAL)

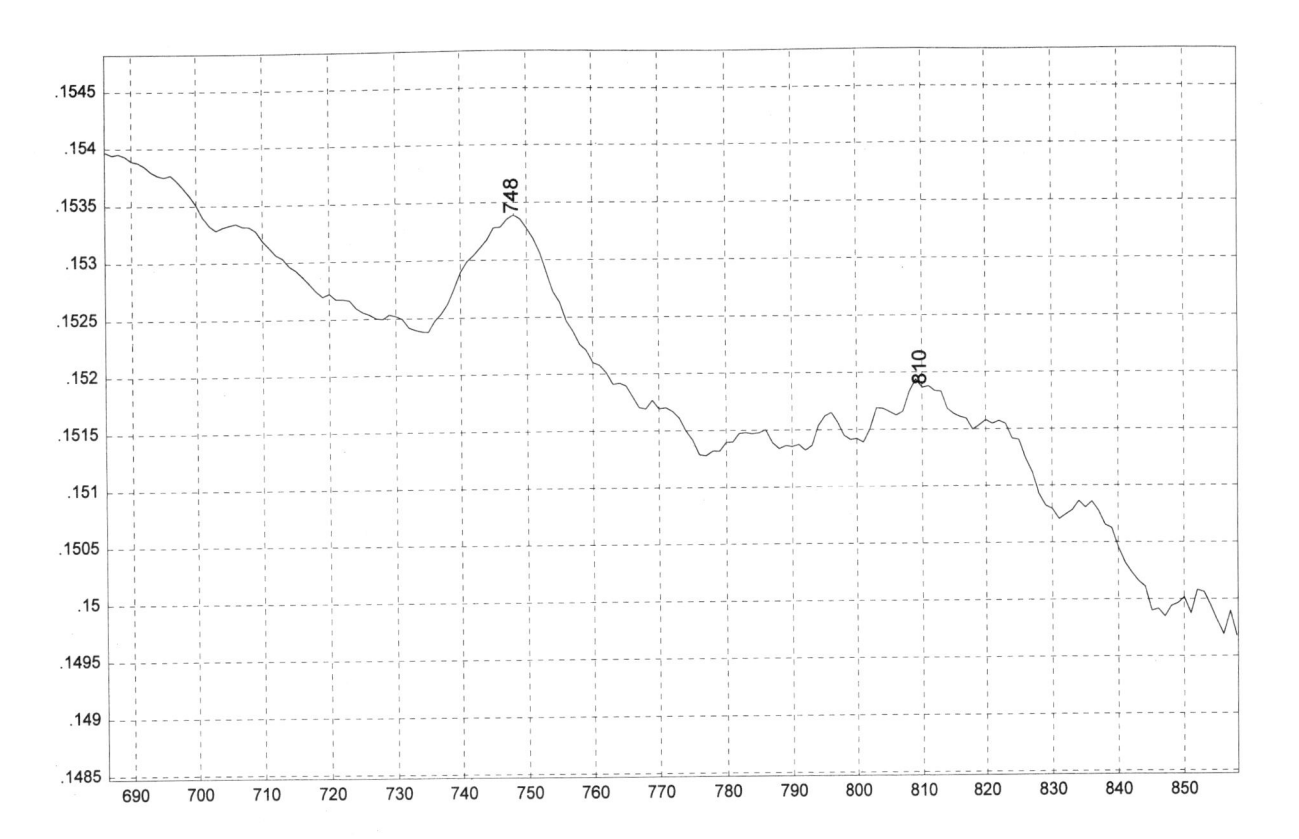

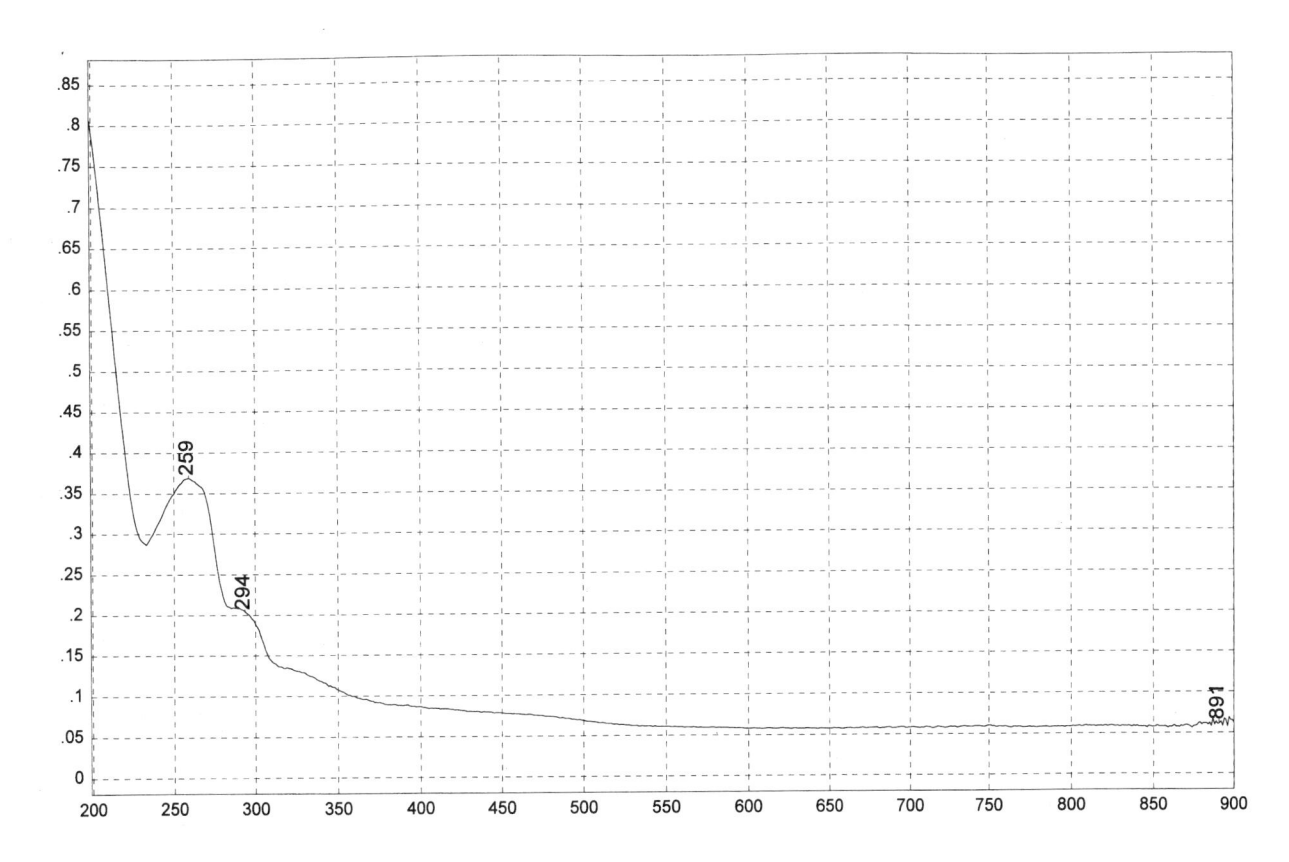

474 POLY(VINYL CHLORIDE)

237

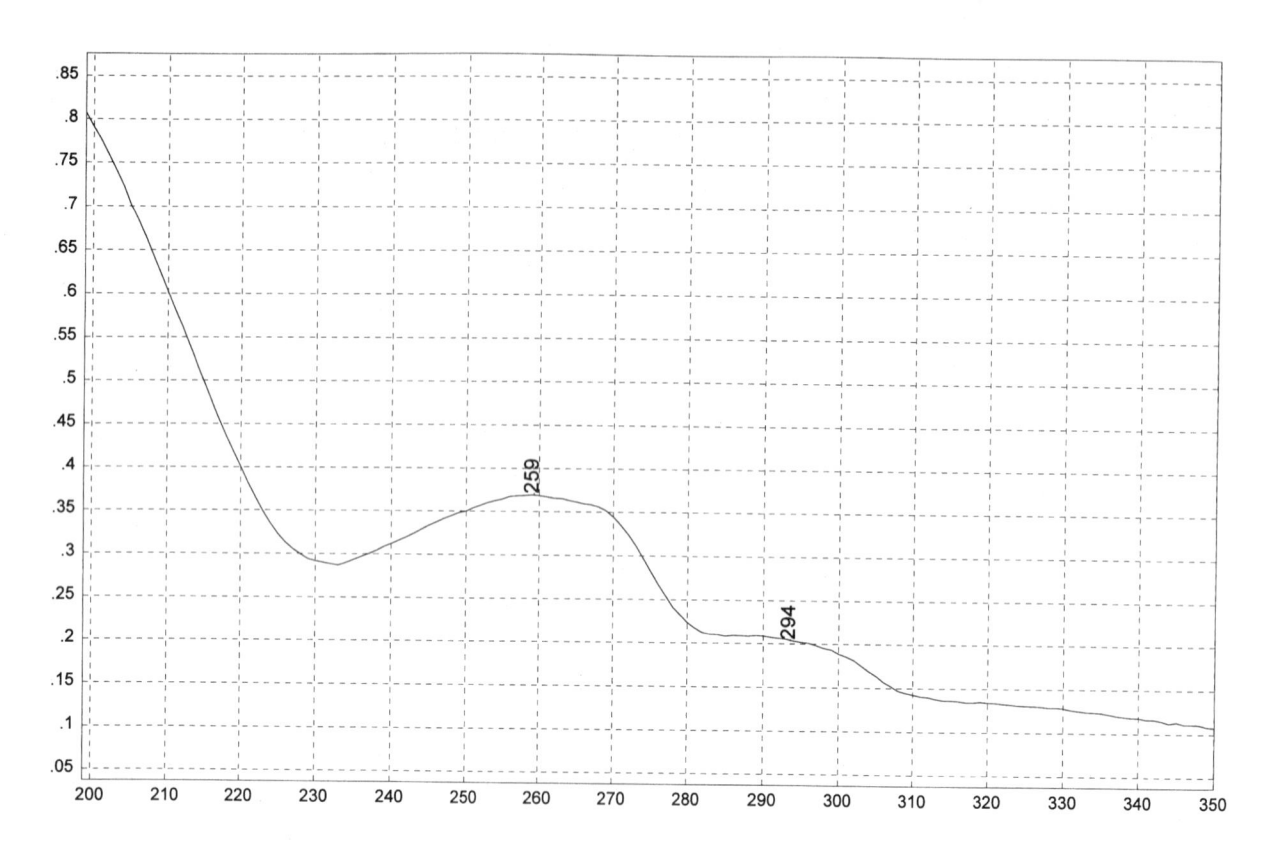

Absorbance / Nanometers

475   **POLY(VINYL CHLORIDE)**

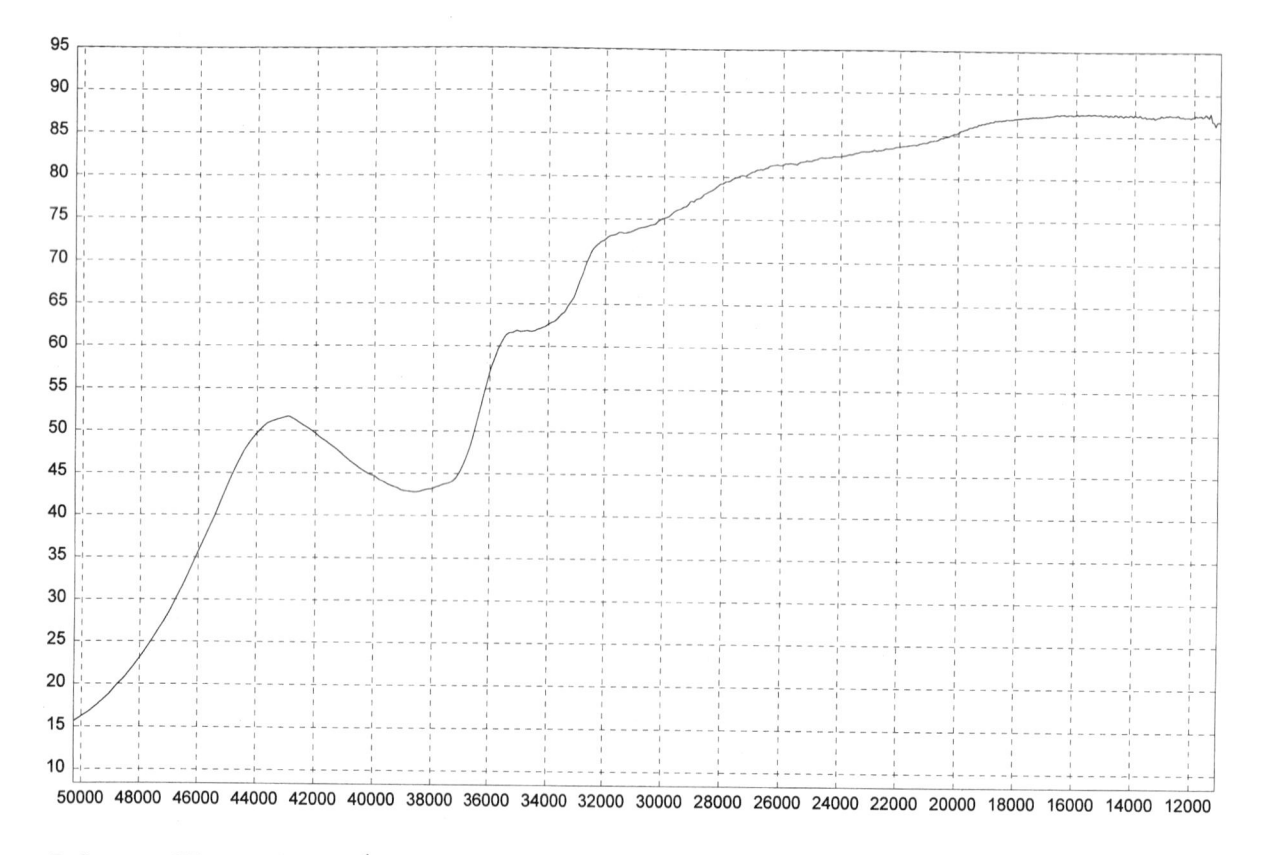

Reflectance / Wavenumber (cm^{-1})

476   **POLY(VINYL CHLORIDE)**

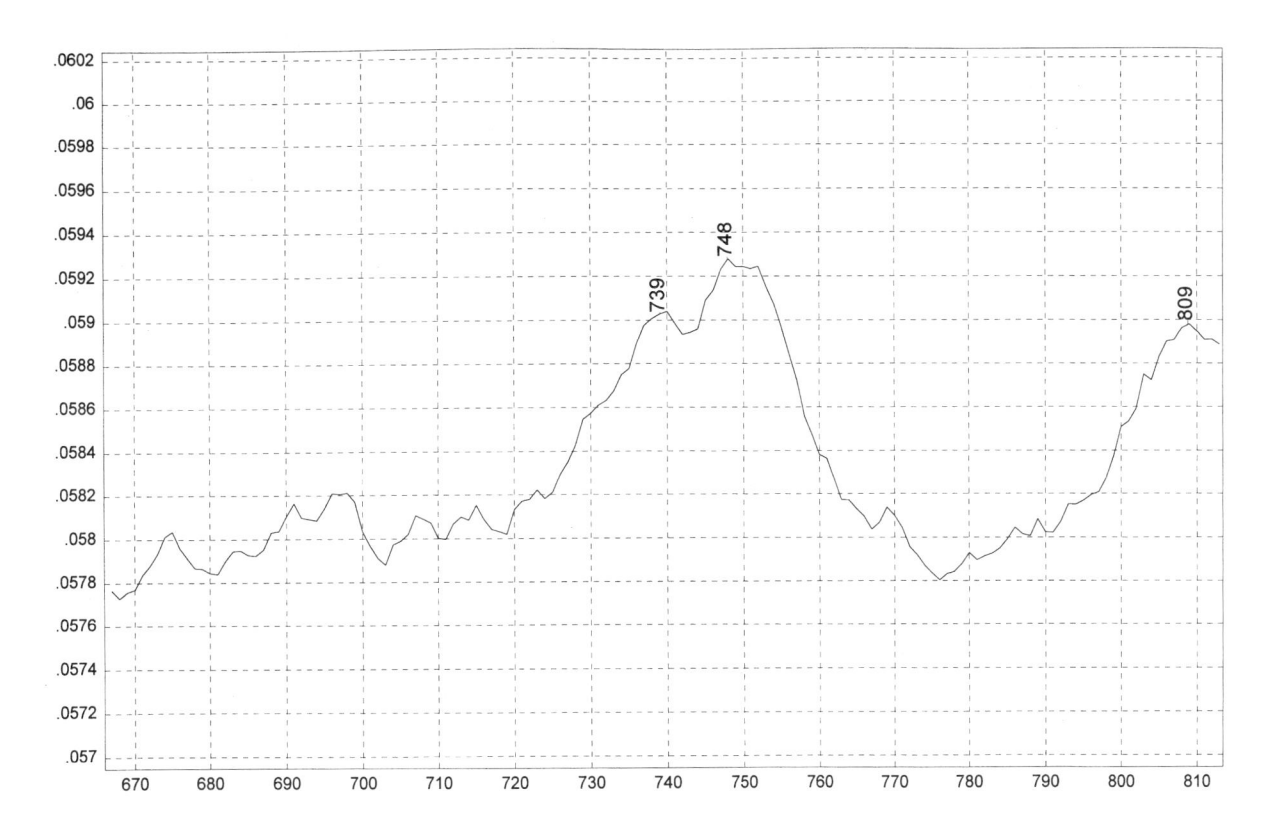

Absorbance / Nanometers

477   POLY(VINYL CHLORIDE)

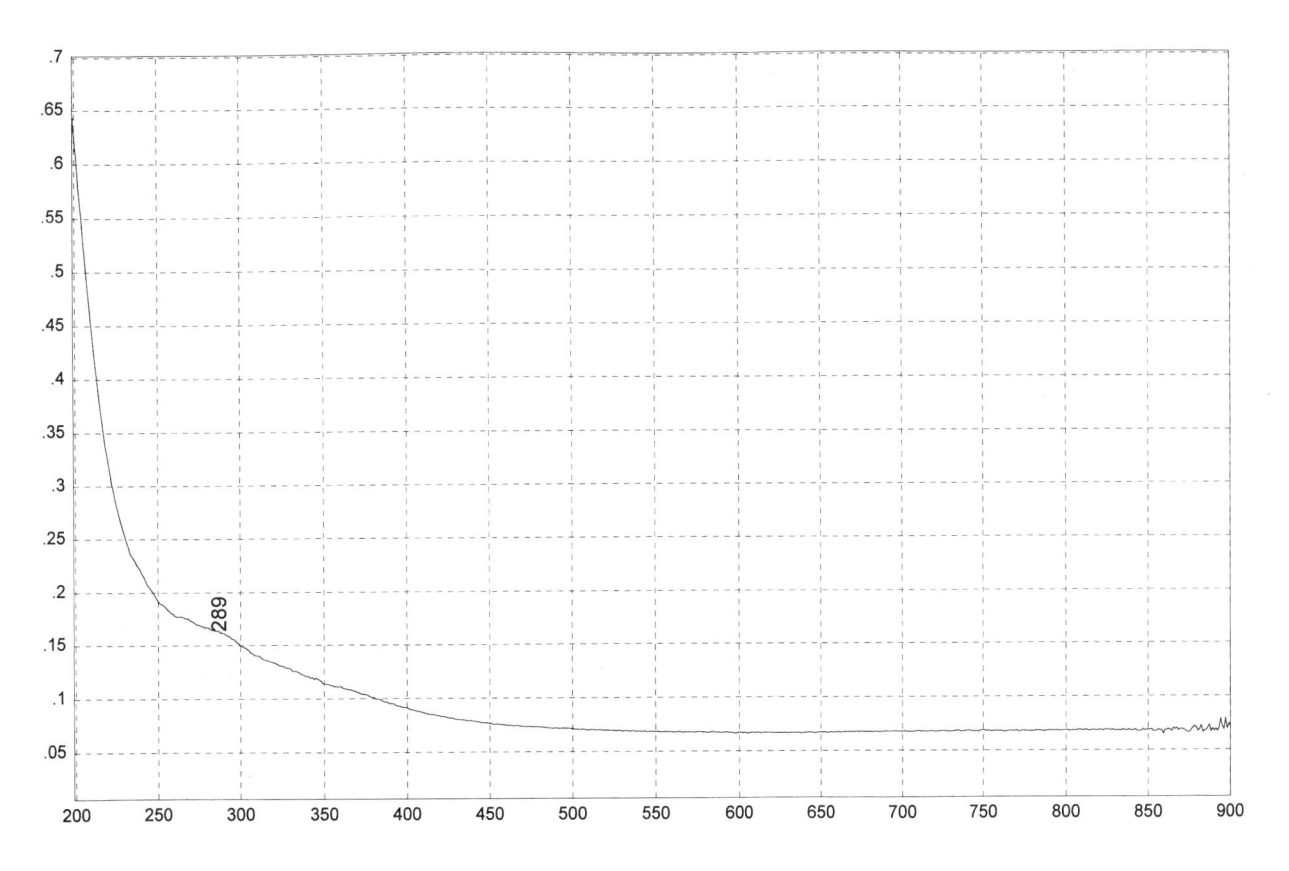

Absorbance / Nanometers

478   POLY(VINYL CHLORIDE), CARBOXYLATED

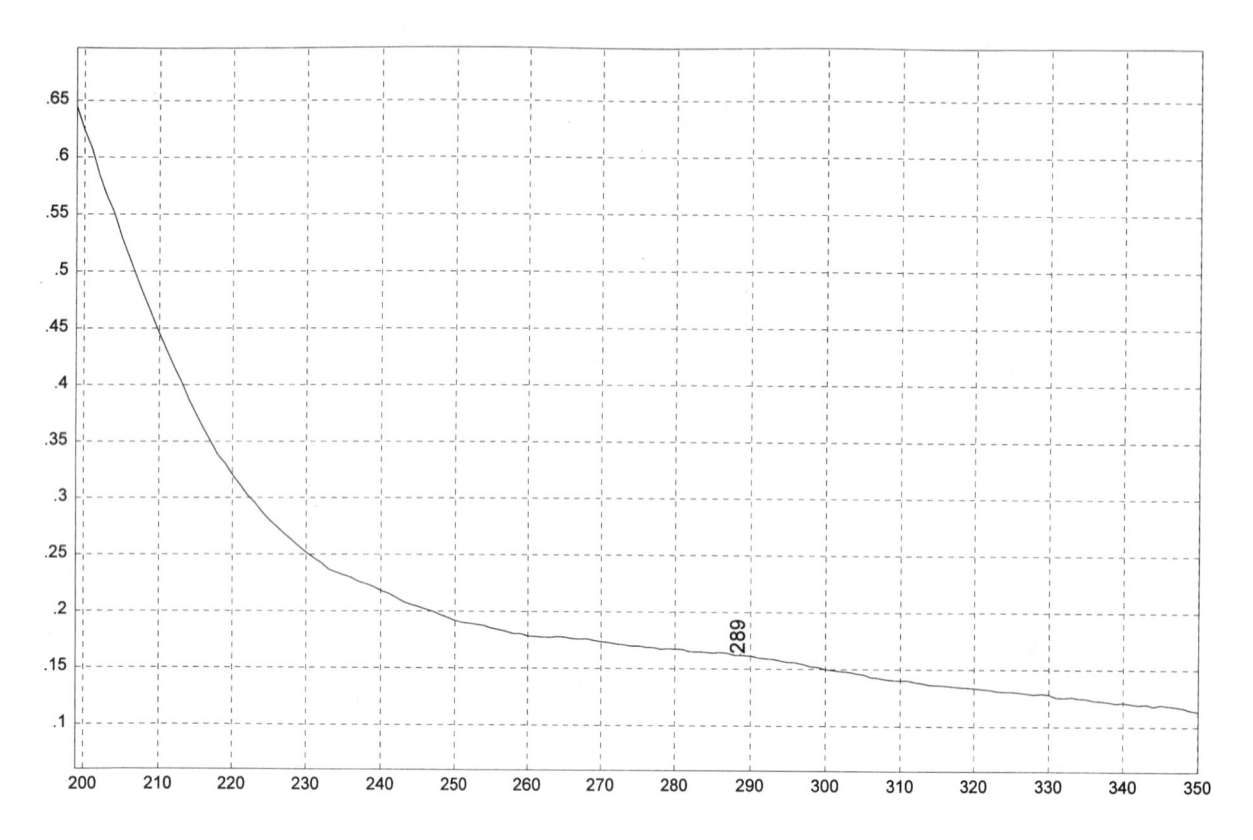

479 POLY(VINYL CHLORIDE), CARBOXYLATED

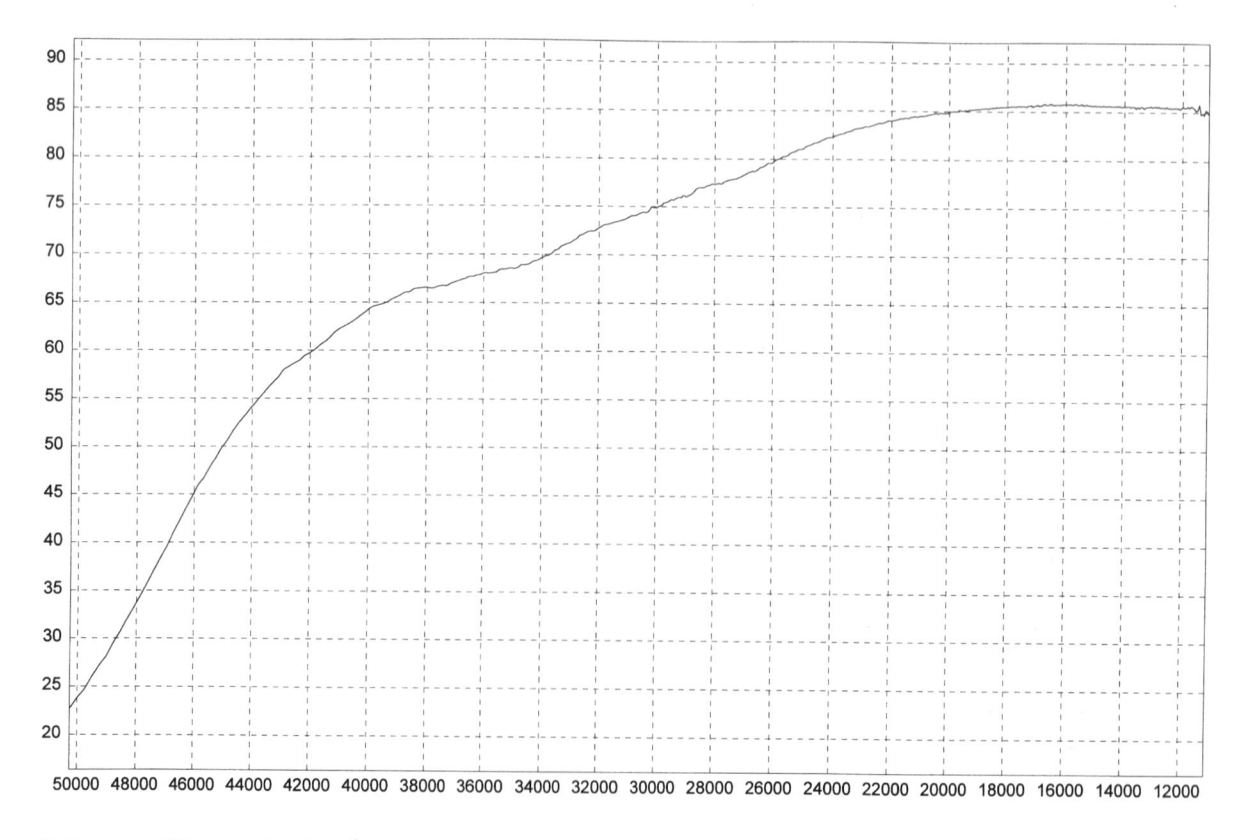

480 POLY(VINYL CHLORIDE), CARBOXYLATED

Absorbance / Nanometers

481   POLY(VINYL CHLORIDE), CARBOXYLATED

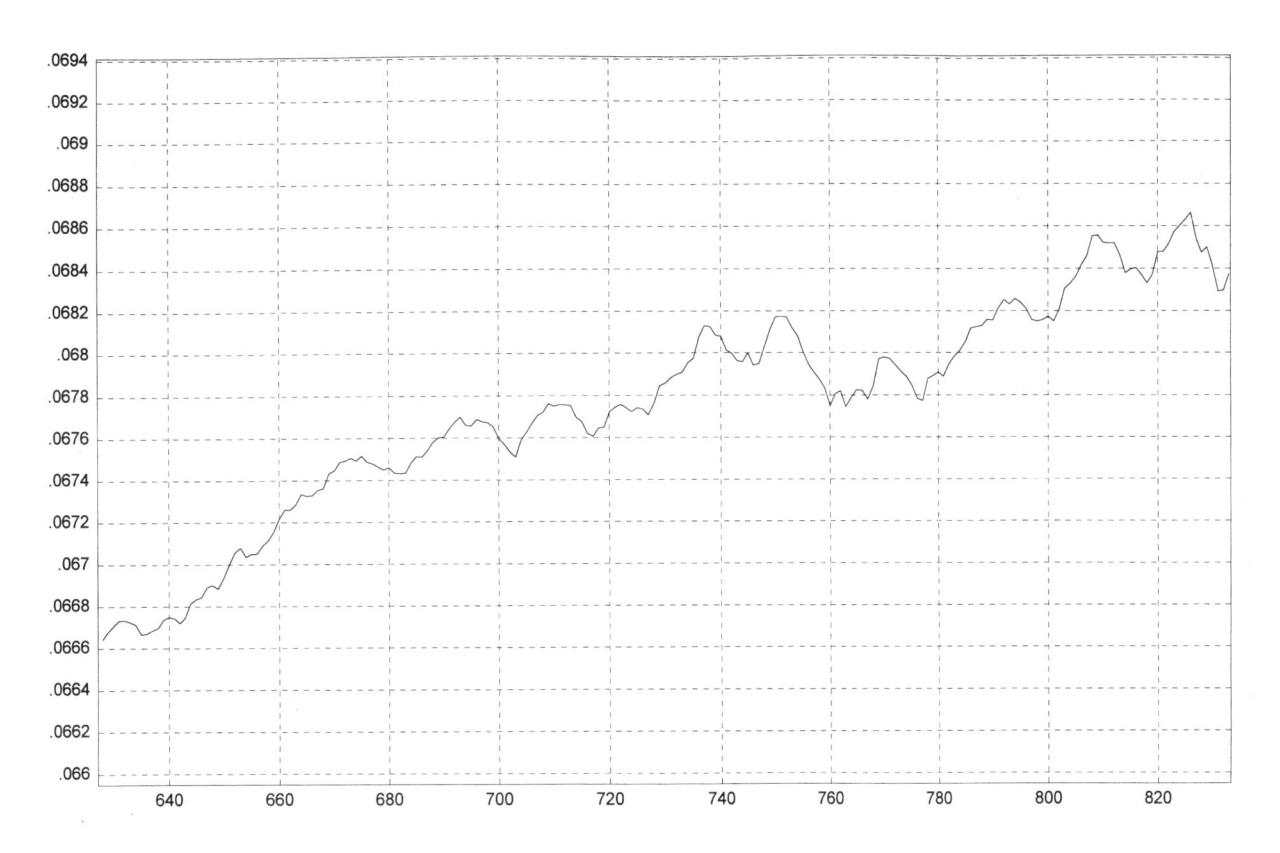

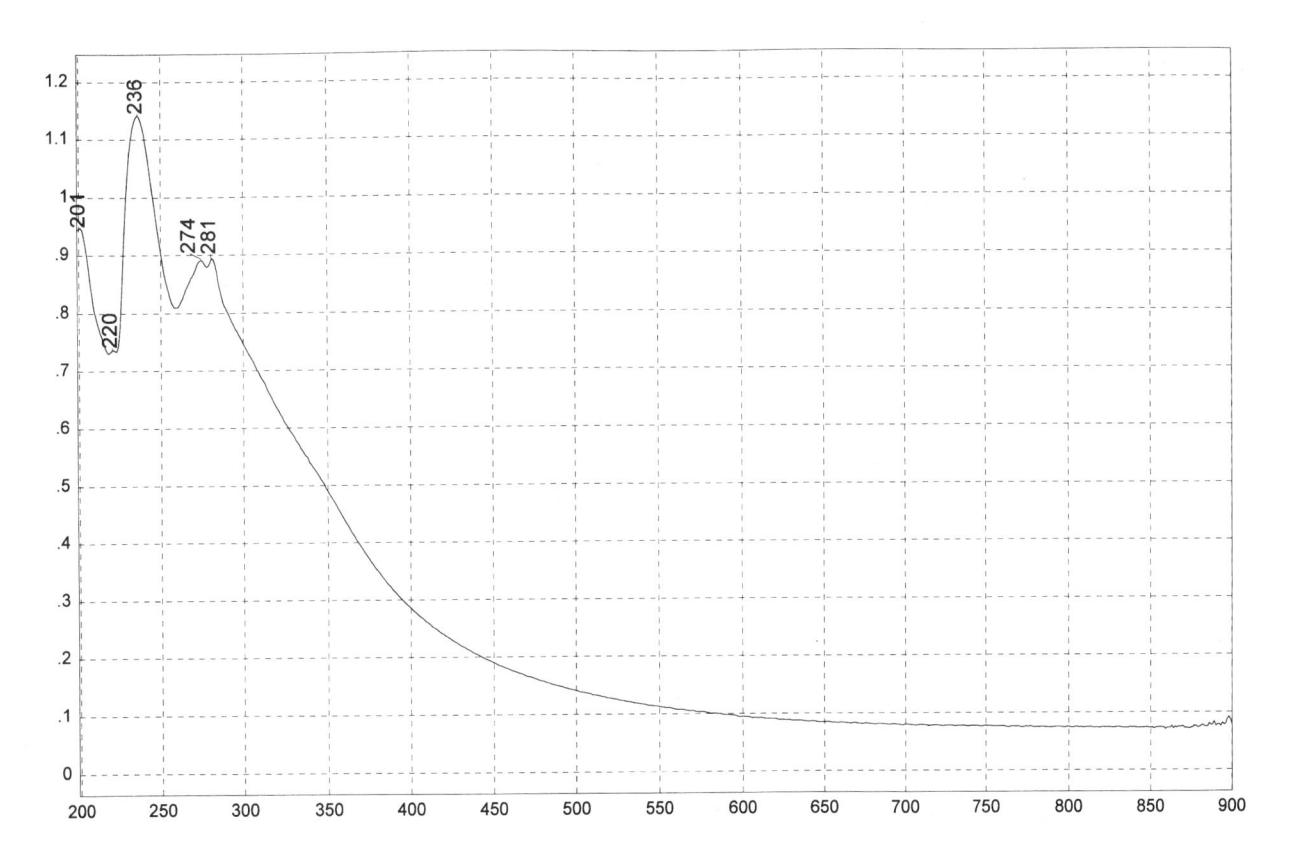

Absorbance / Nanometers

482   POLY(VINYL FORMAL)

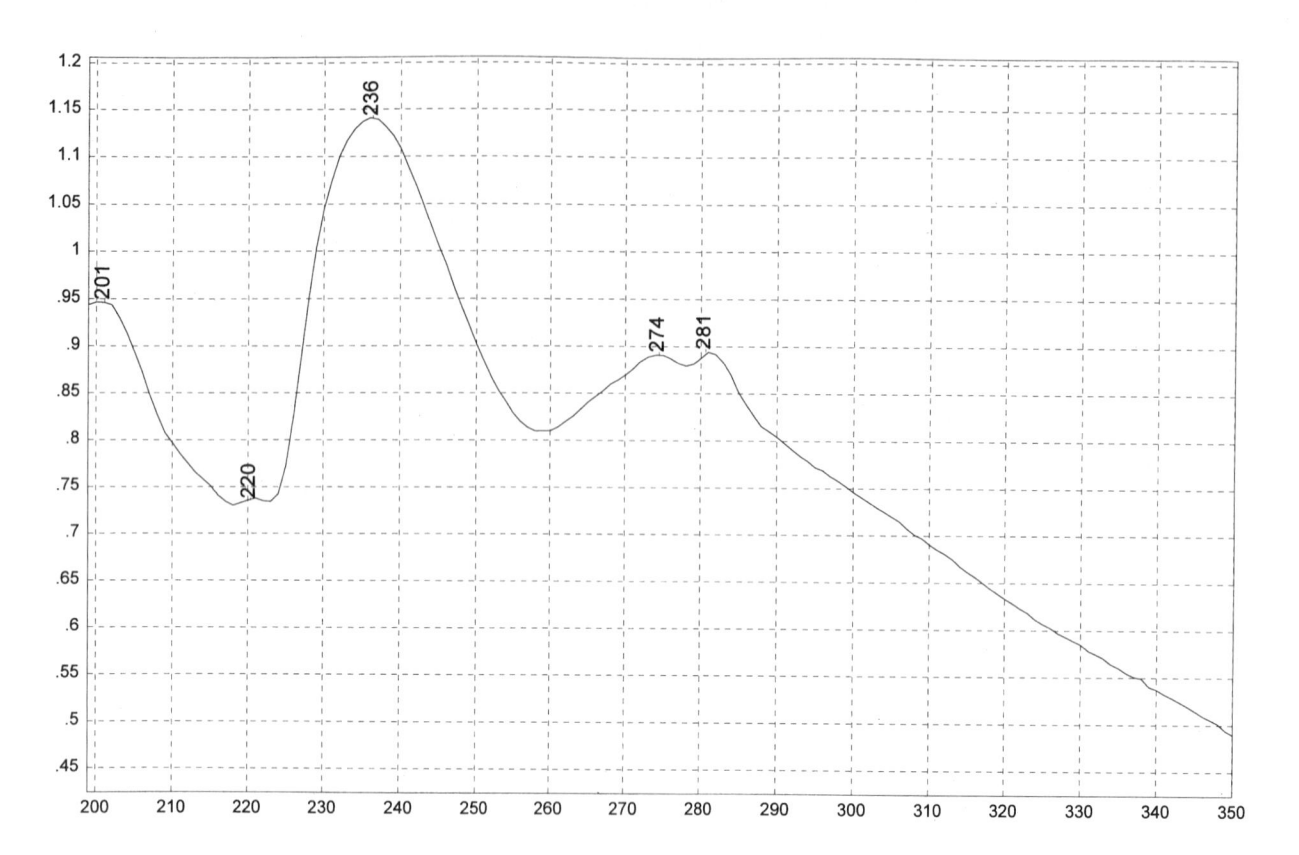

Absorbance / Nanometers

483   POLY(VINYL FORMAL)

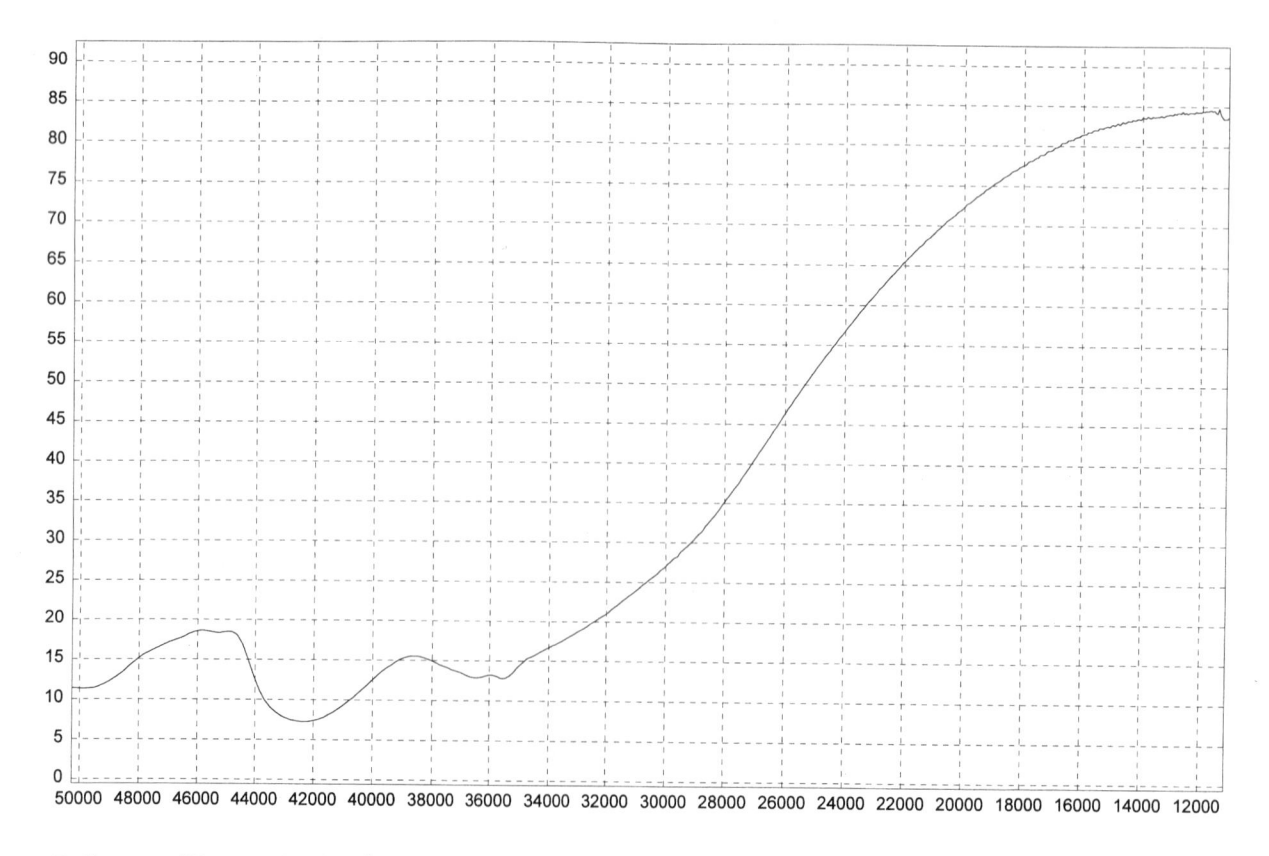

Reflectance / Wavenumber (cm^{-1})

484   POLY(VINYL FORMAL)

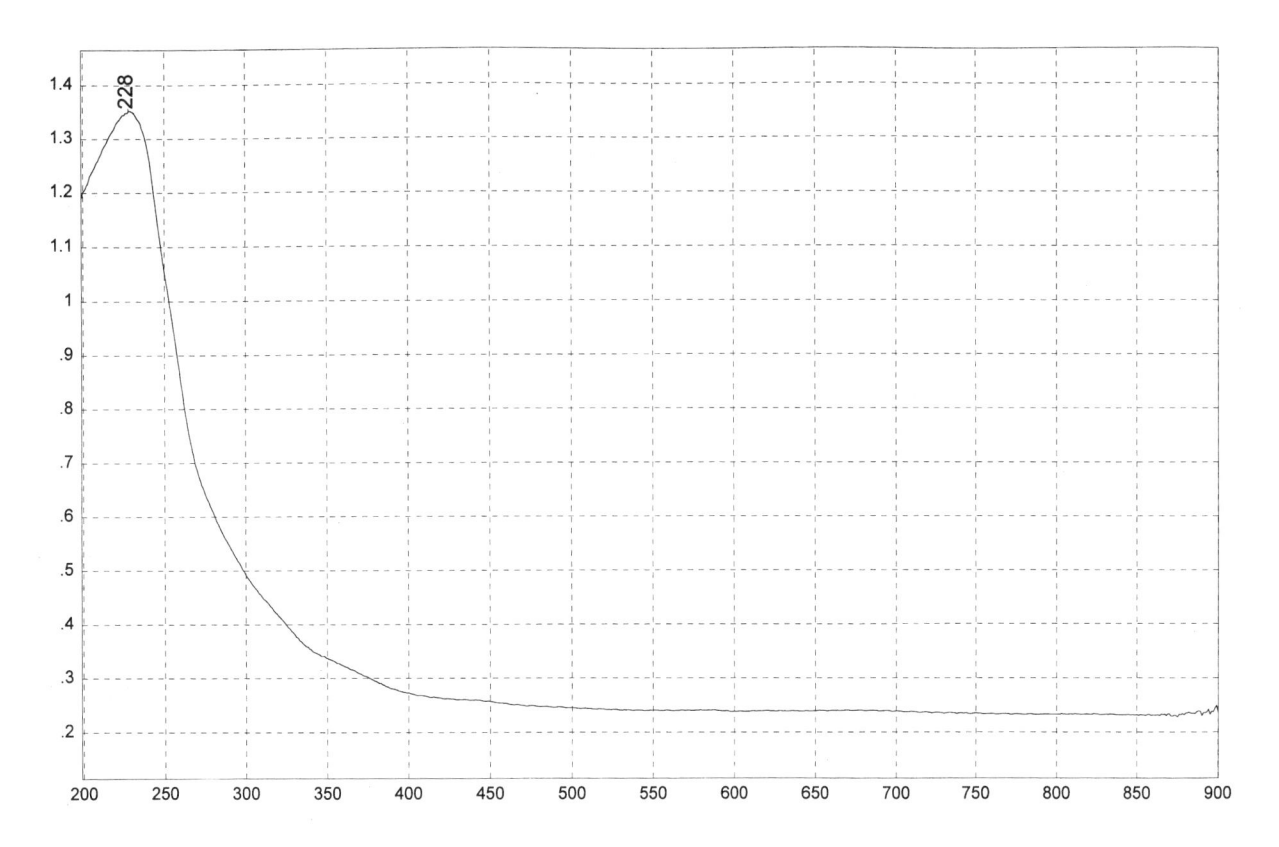

485

POLY(VINYL PYRROLIDONE)

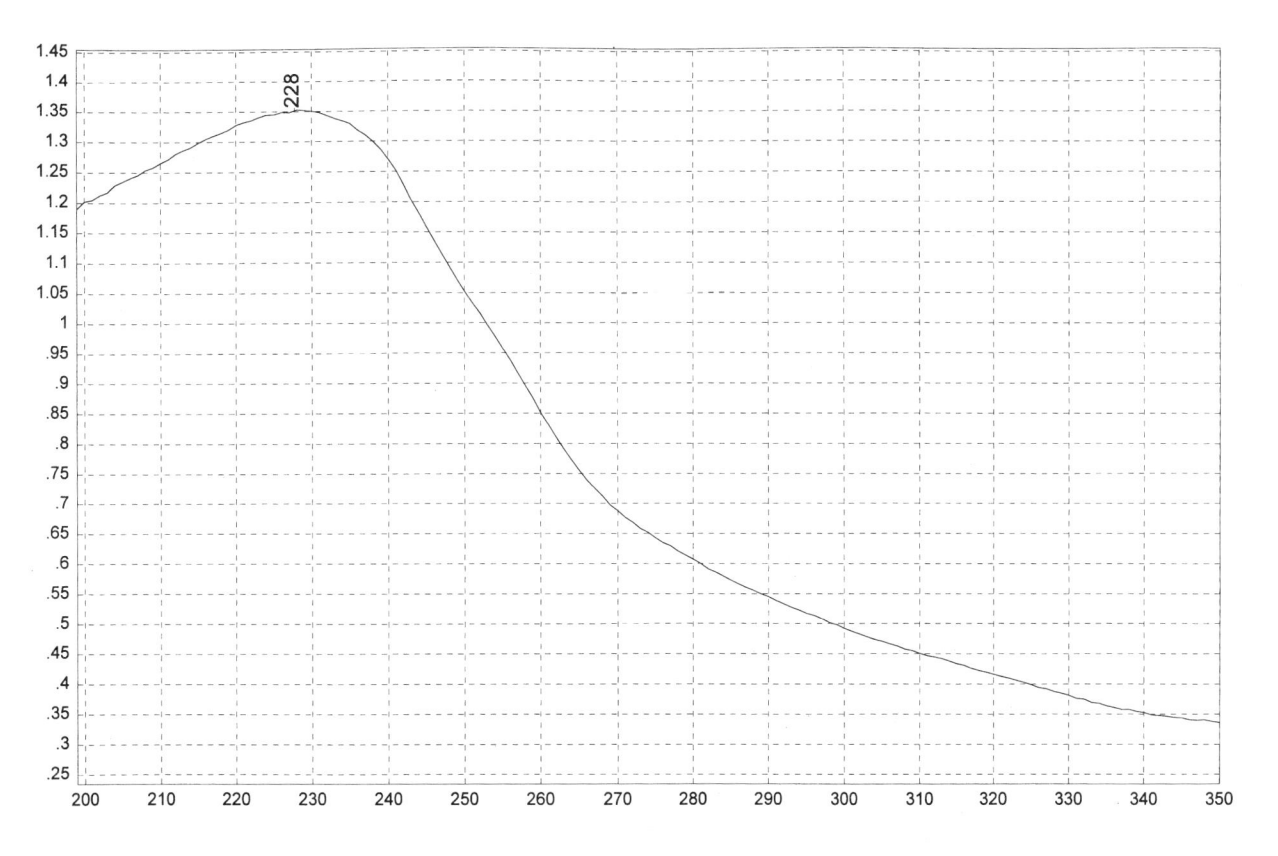

486

POLY(VINYL PYRROLIDONE)

Reflectance / Wavenumber (cm^{-1})

487 POLY(VINYL PYRROLIDONE)

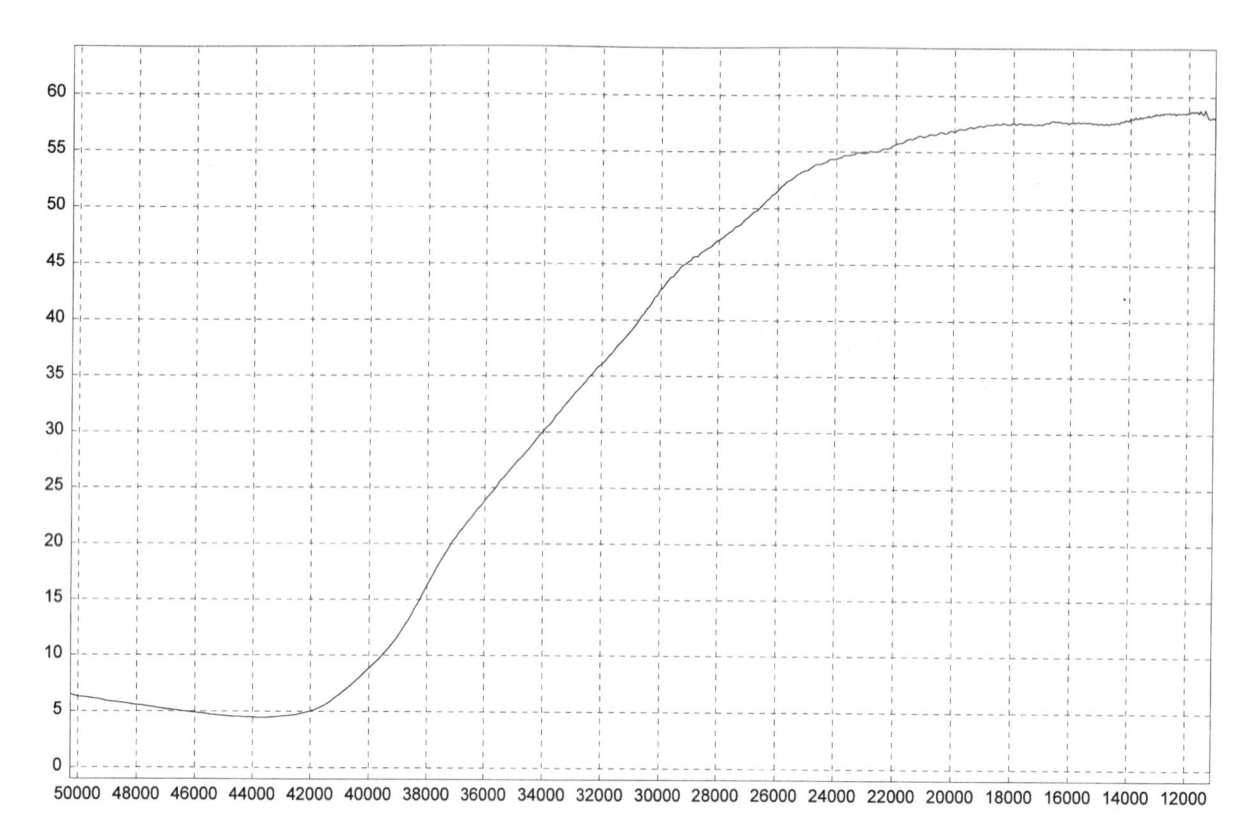

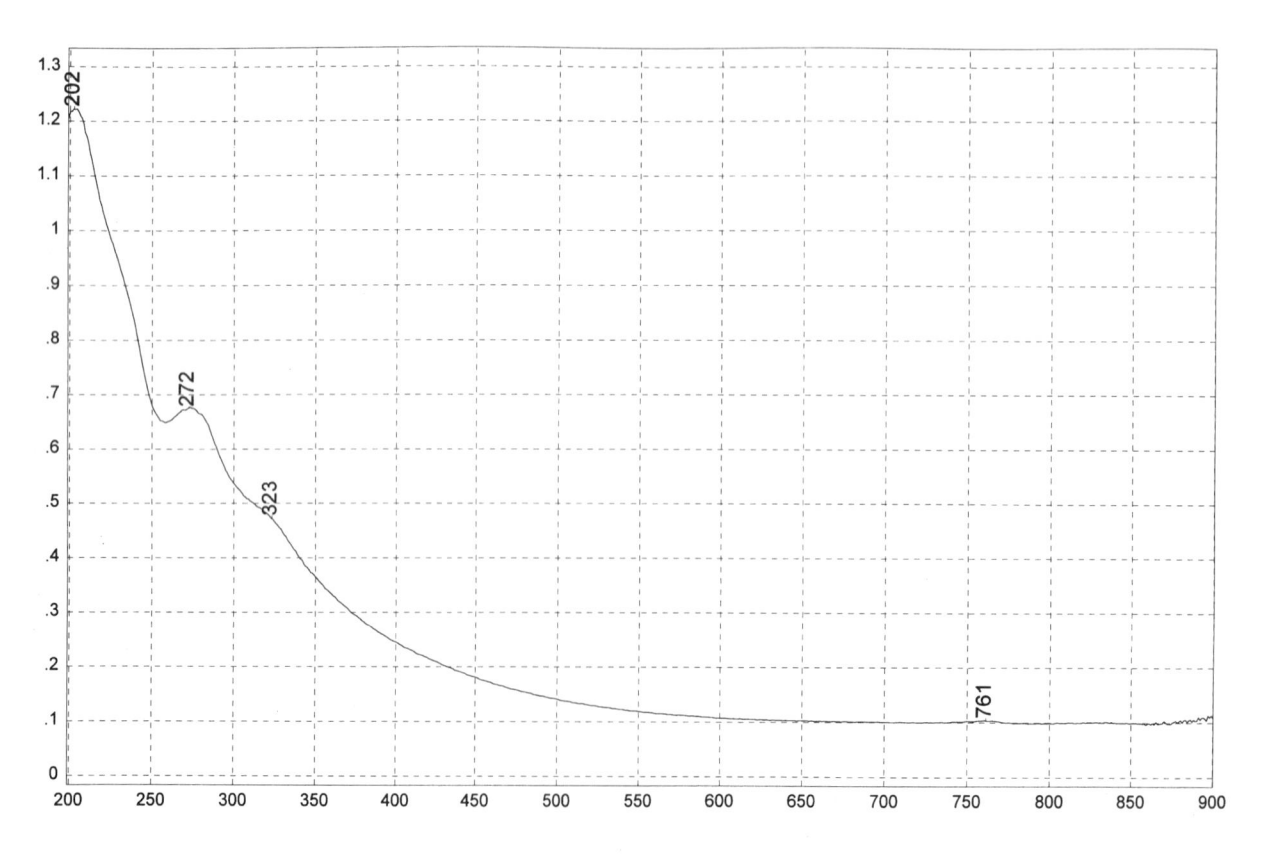

Absorbance / Nanometers

488 POLY(VINYL STEARATE)

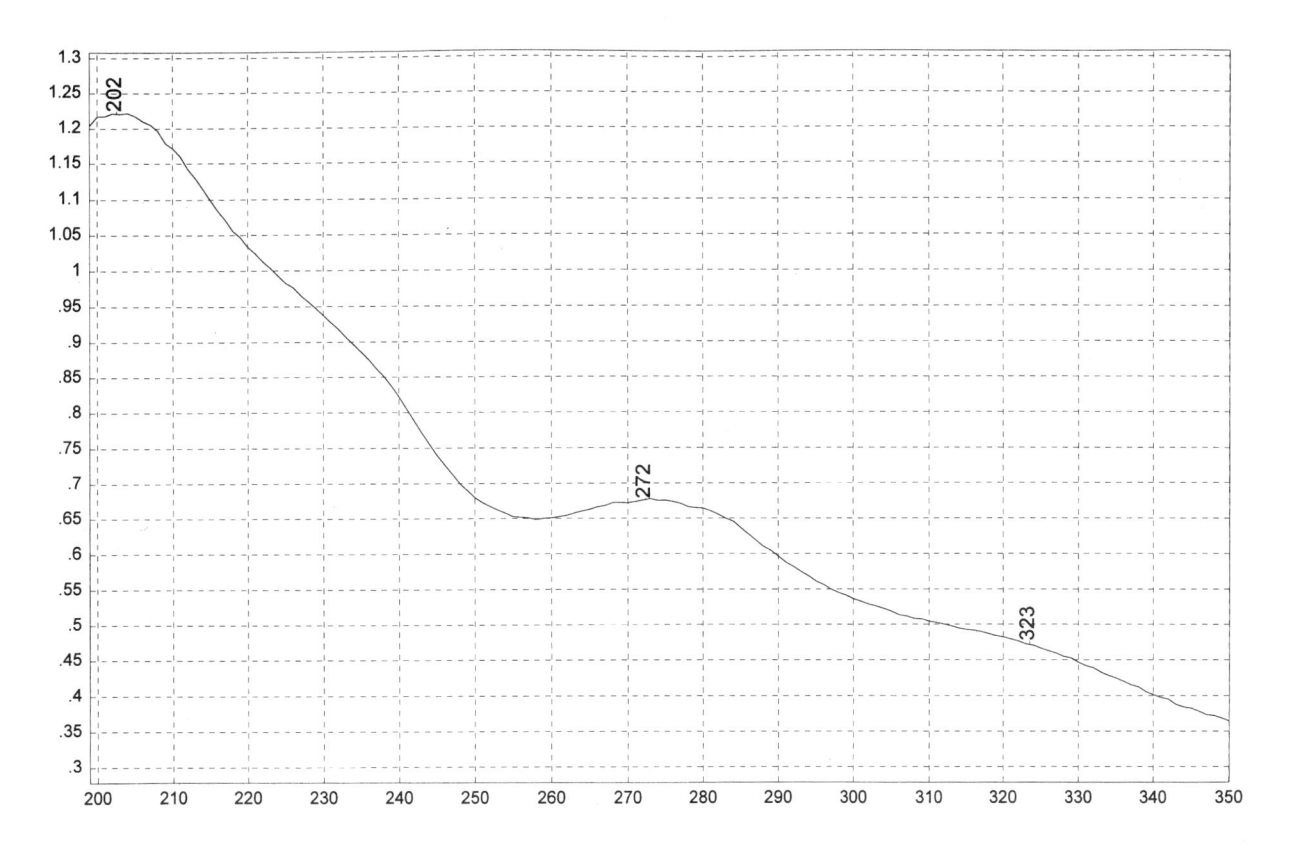

Absorbance / Nanometers

489 POLY(VINYL STEARATE)

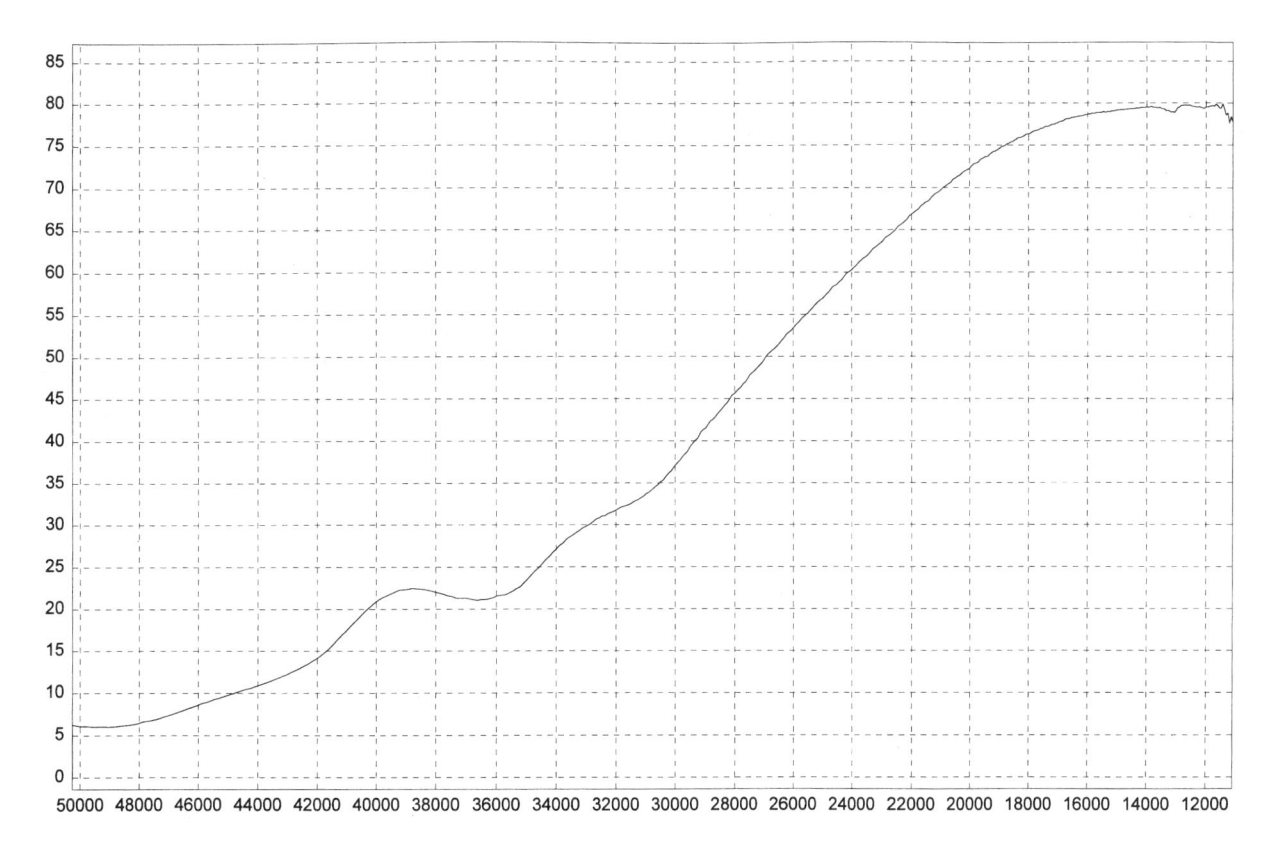

Reflectance / Wavenumber (cm^{-1})

490 POLY(VINYL STEARATE)

Absorbance / Nanometers

491 POLY(VINYL STEARATE)

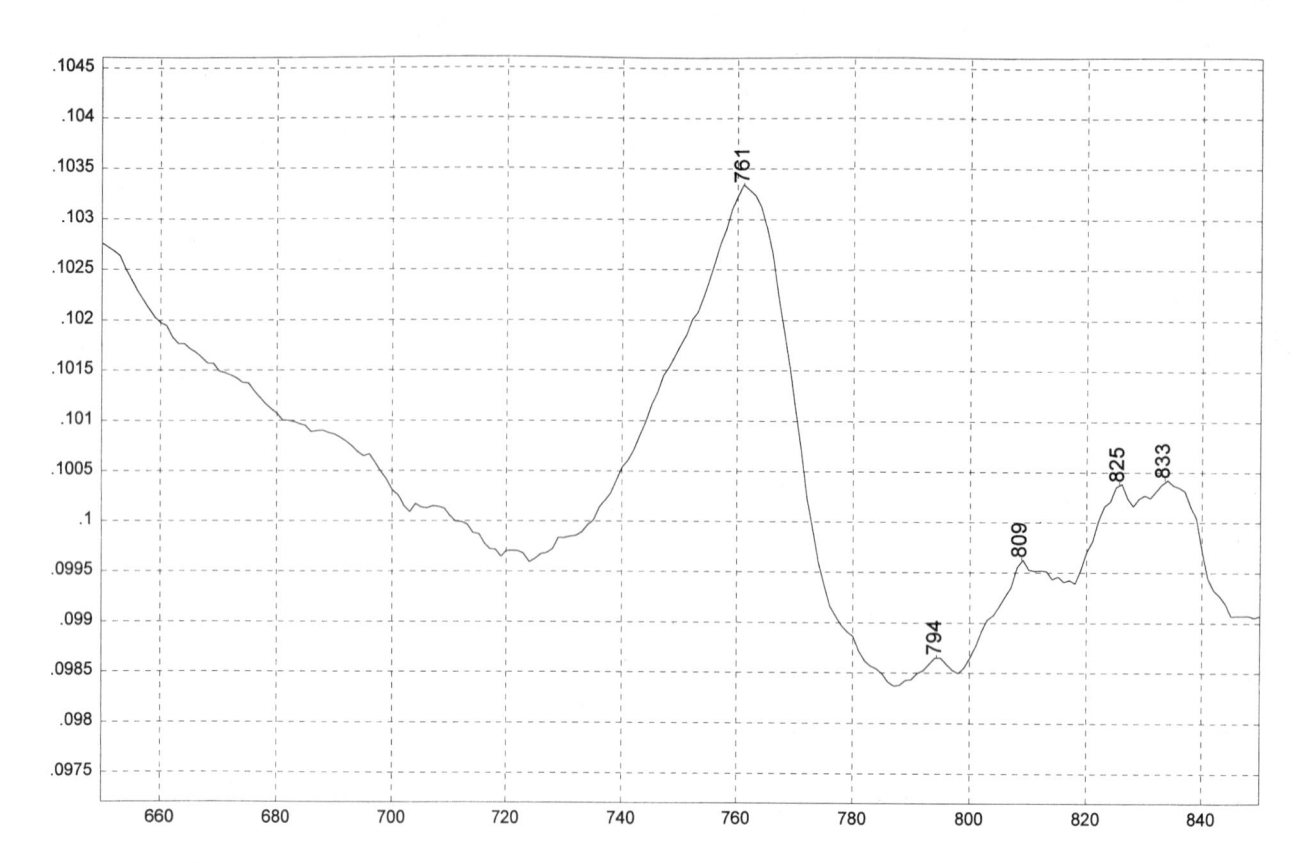

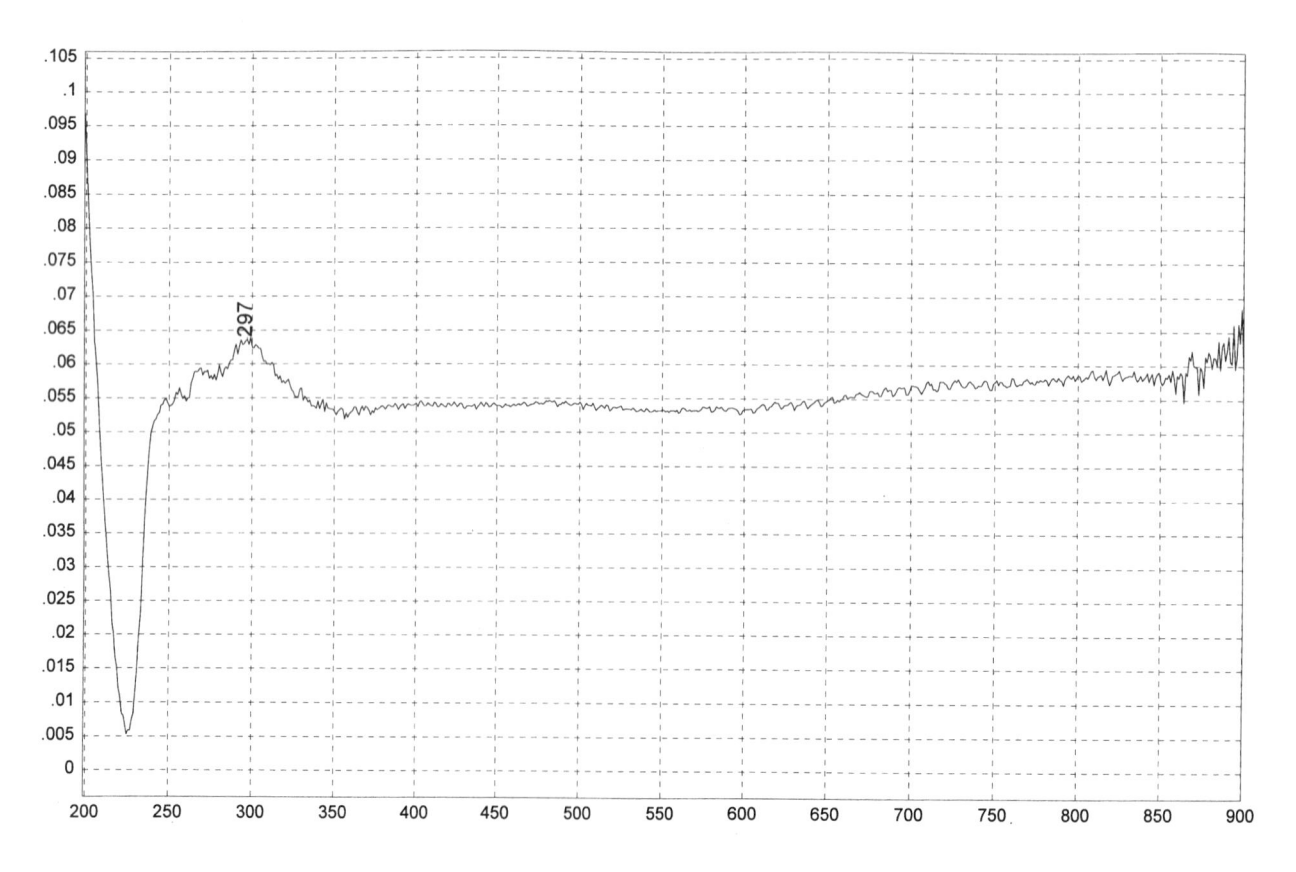

Absorbance / Nanometers

492 POLY(VINYLIDENE FLUORIDE)

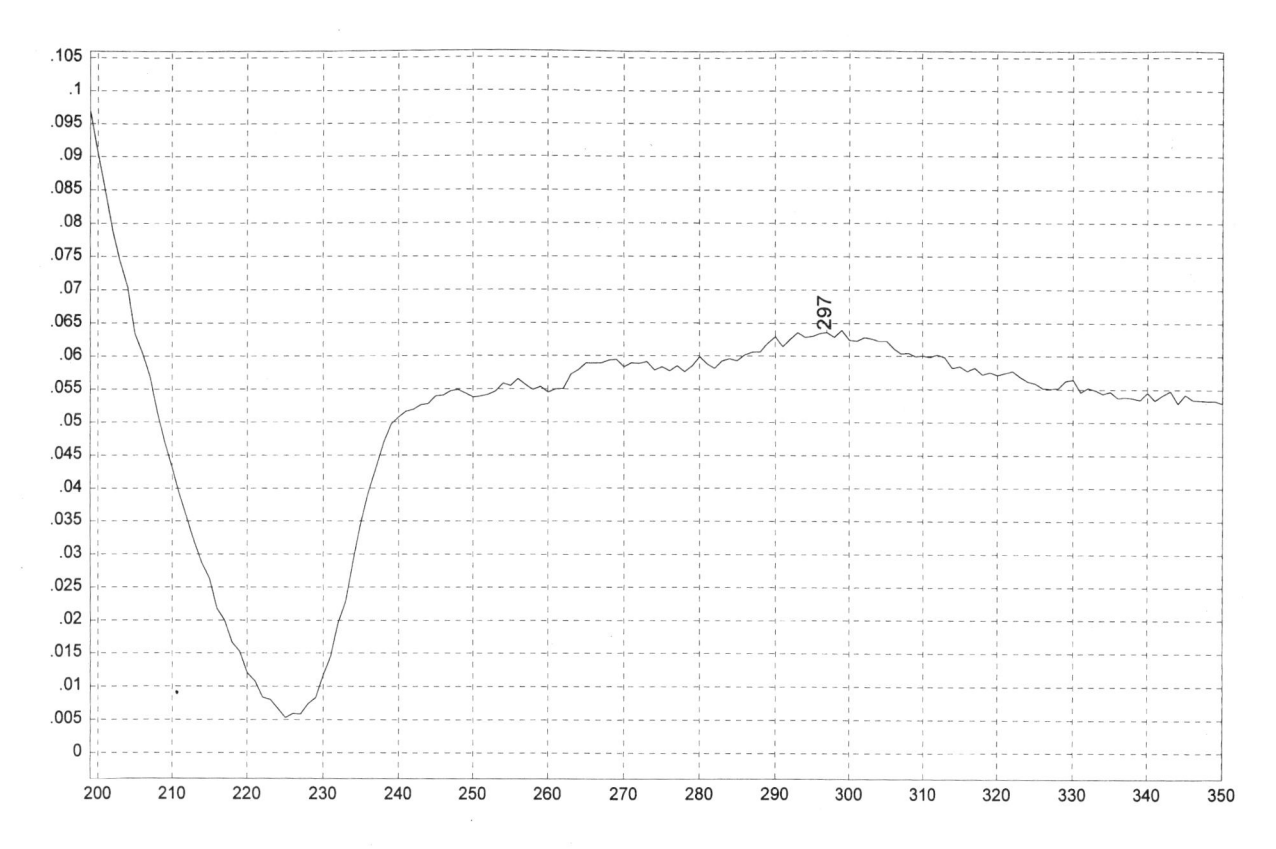

Absorbance / Nanometers

493 POLY(VINYLIDENE FLUORIDE)

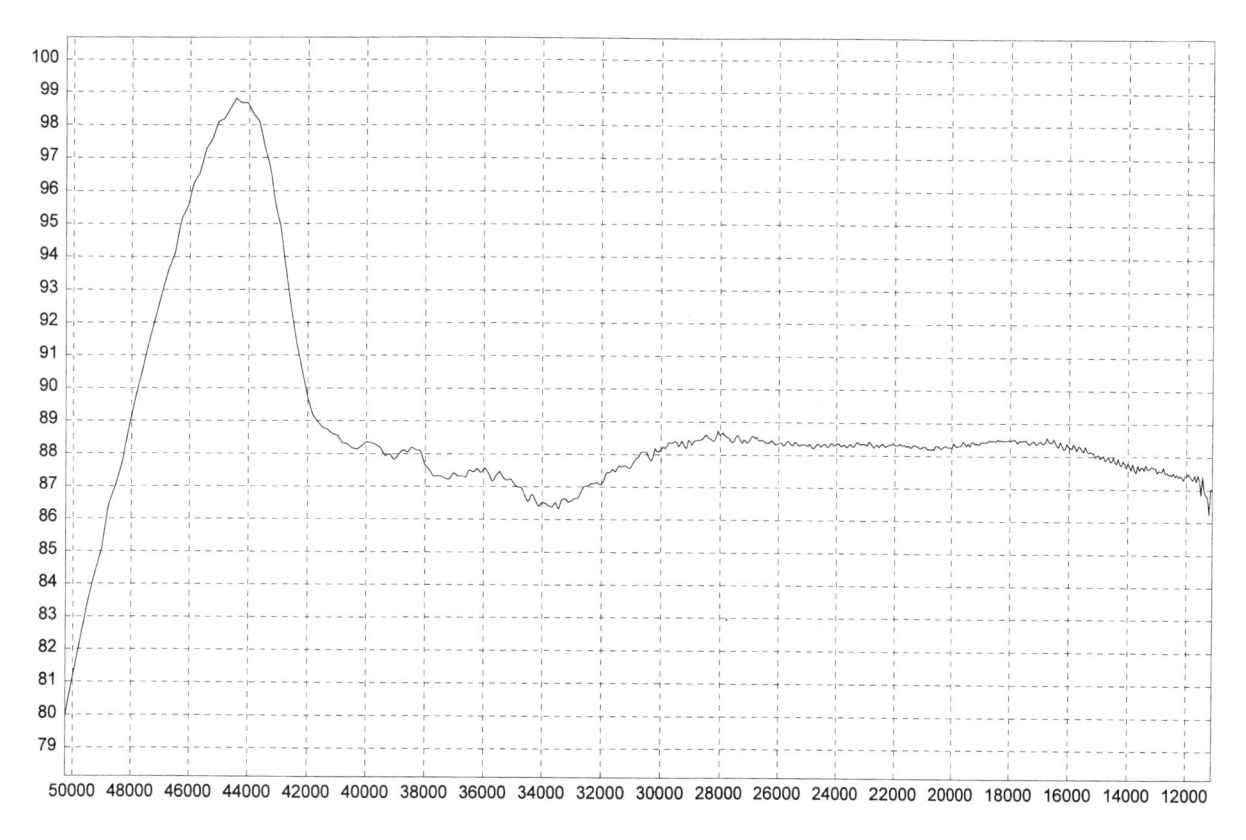

Reflectance / Wavenumber (cm^{-1})

494 POLY(VINYLIDENE FLUORIDE)

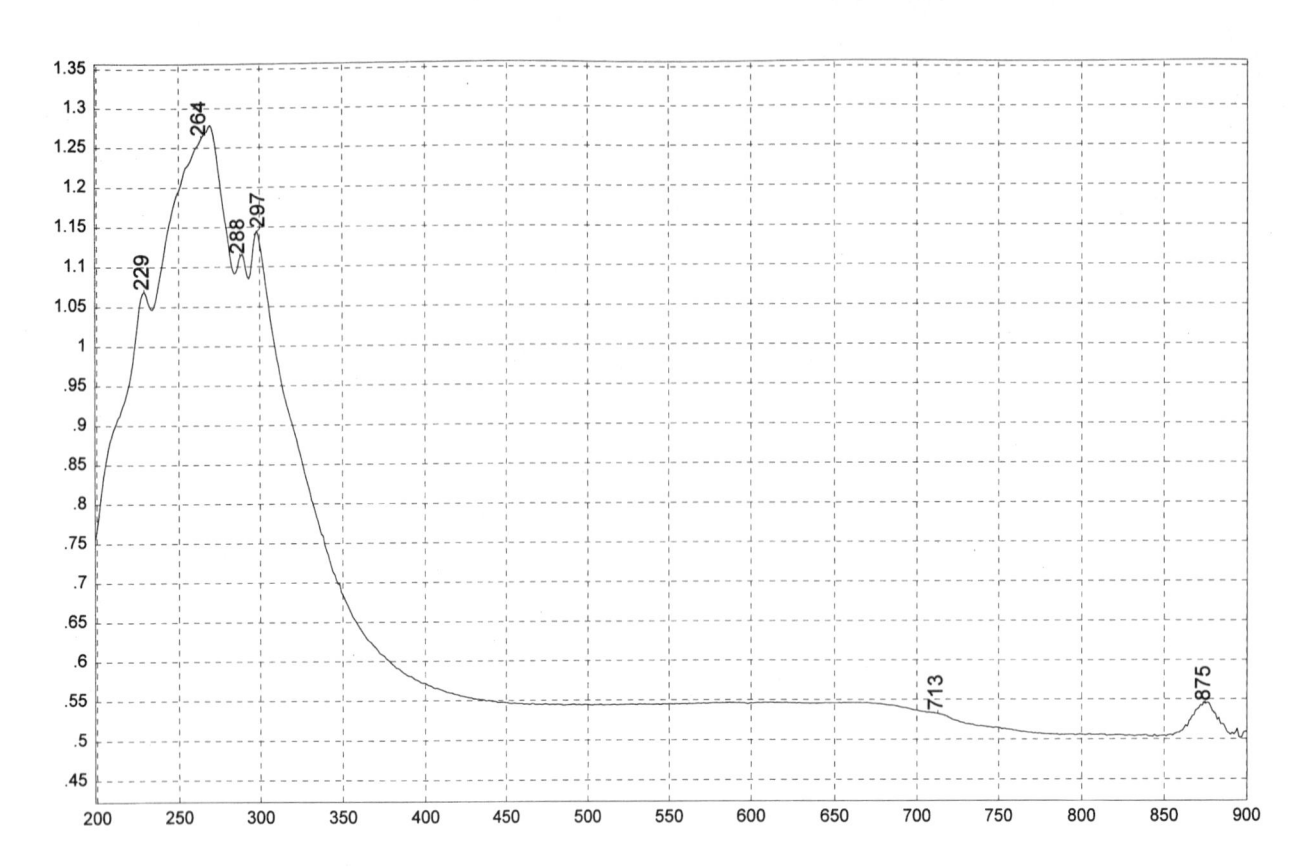

Absorbance / Nanometers

495   STYRENE/ACRYLONITRILE, 75/25 COPOLYMER

Absorbance / Nanometers

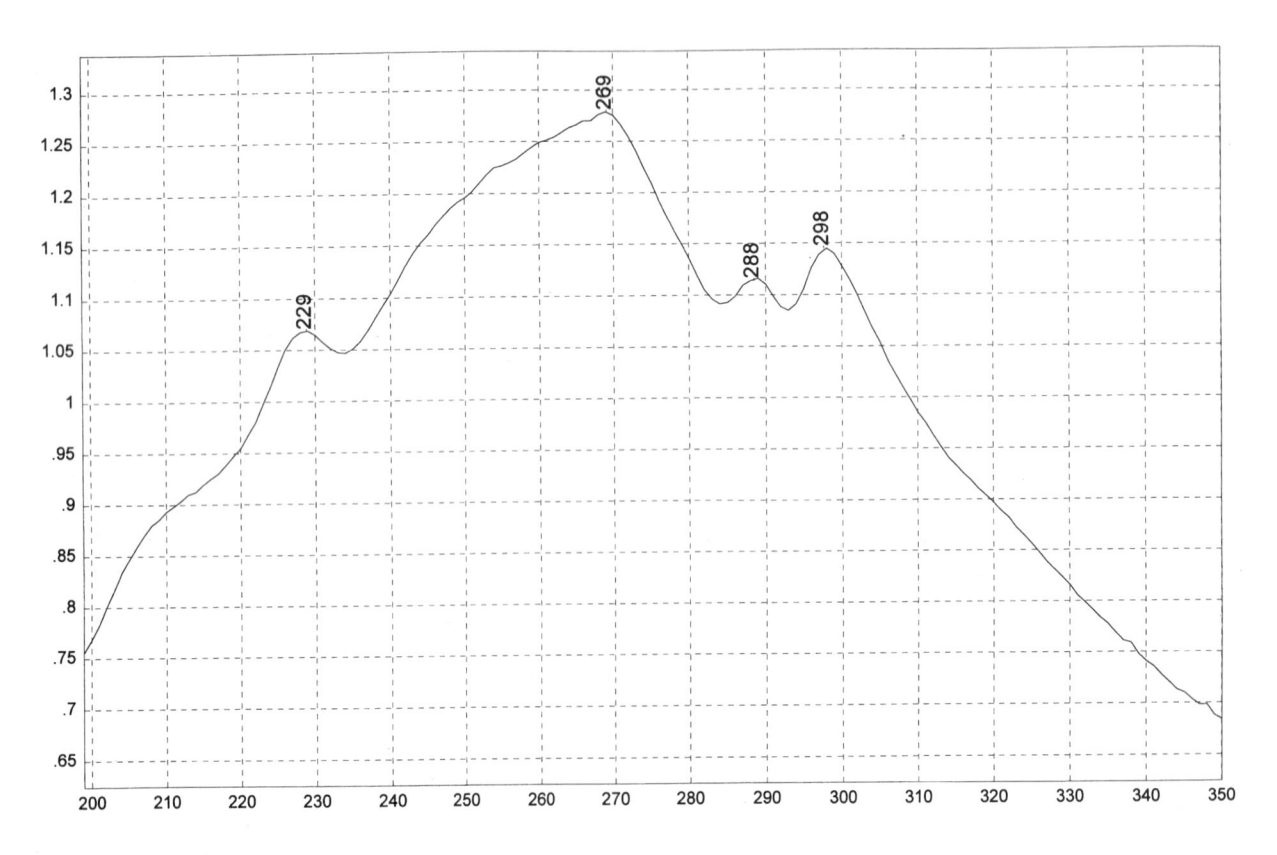

496   STYRENE/ACRYLONITRILE, 75/25 COPOLYMER

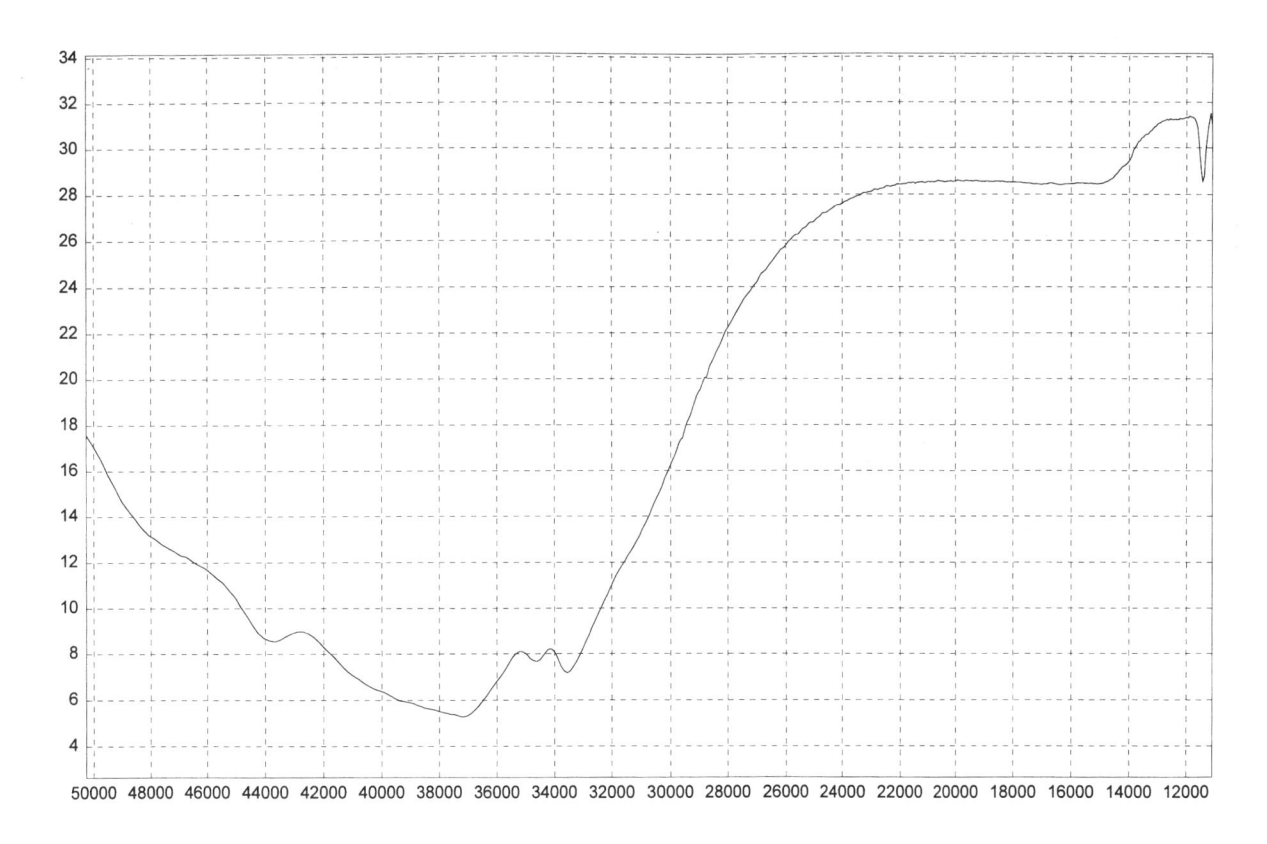

Reflectance / Wavenumber (cm⁻¹)

497 STYRENE/ACRYLONITRILE, 75/25 COPOLYMER

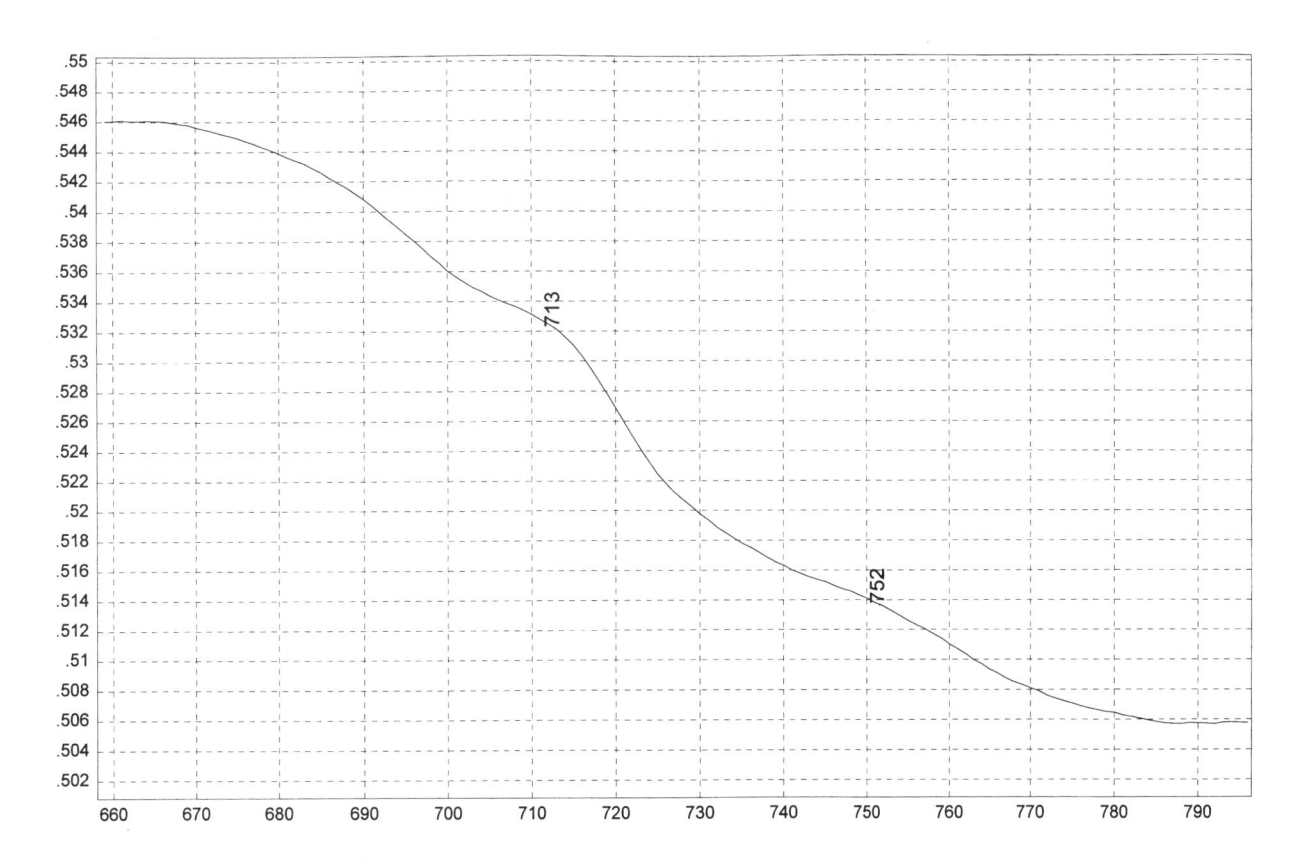

Absorbance / Nanometers

498 STYRENE/ACRYLONITRILE, 75/25 COPOLYMER

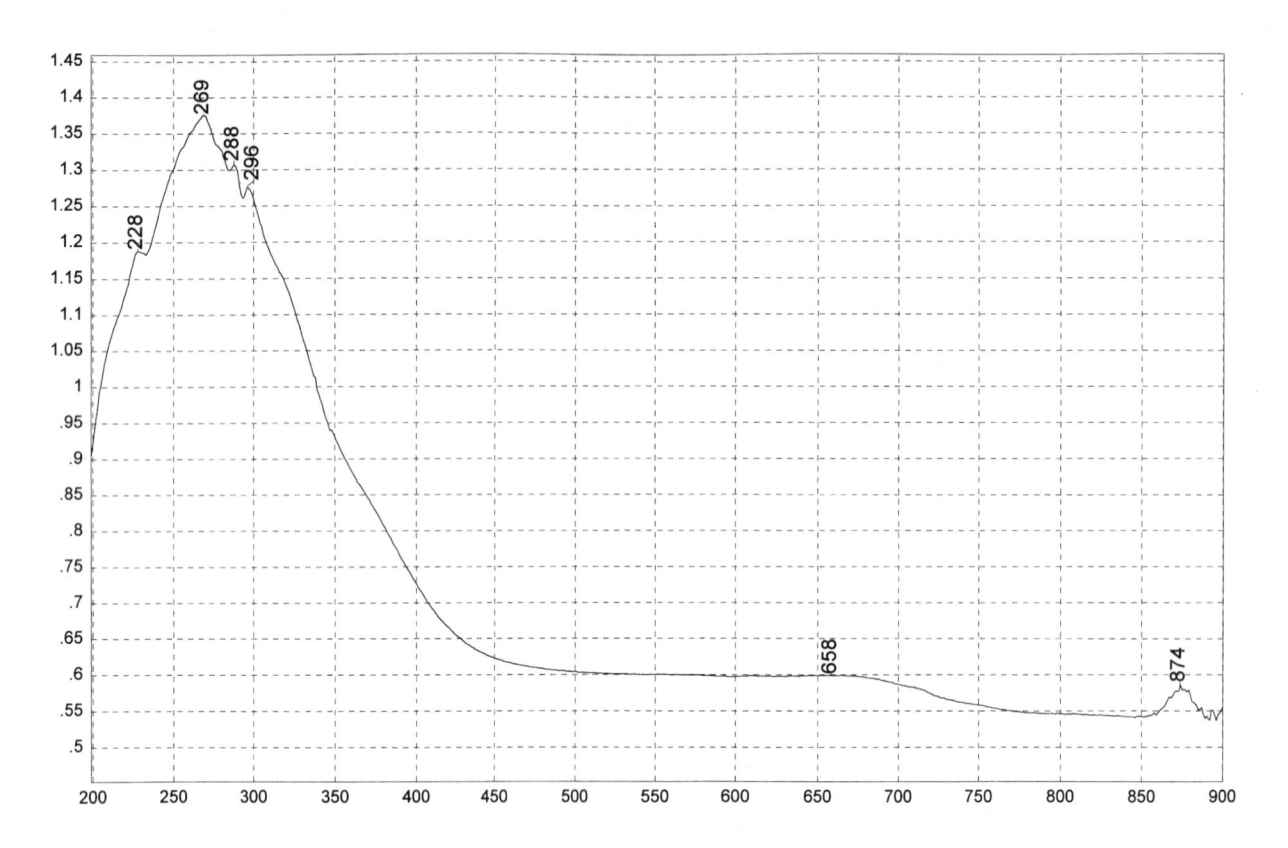

Absorbance / Nanometers

499   **STYRENE/ACRYLONITRILE, 70/30 COPOLYMER**

Absorbance / Nanometers

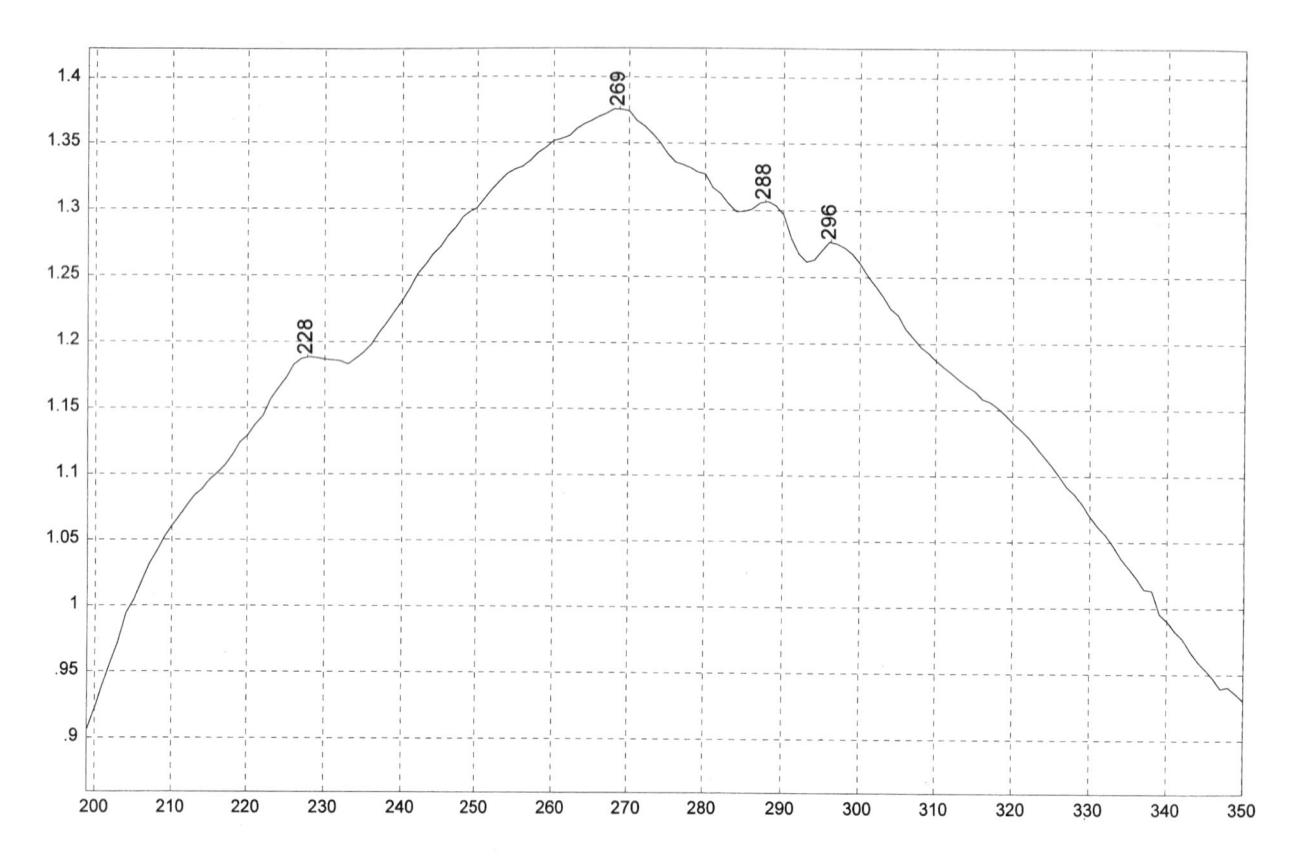

500   **STYRENE/ACRYLONITRILE, 70/30 COPOLYMER**

Reflectance / Wavenumber (cm⁻¹)

501   **STYRENE/ACRYLONITRILE, 70/30 COPOLYMER**

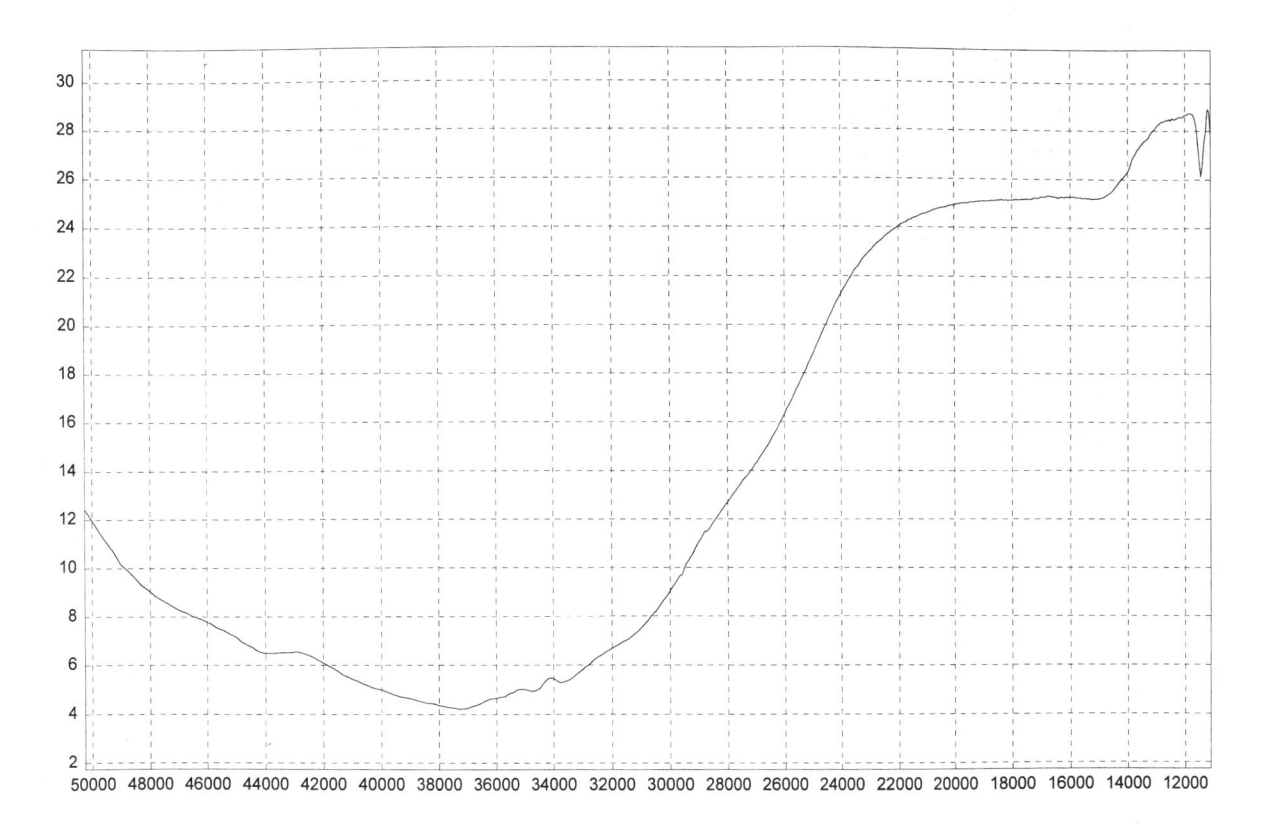

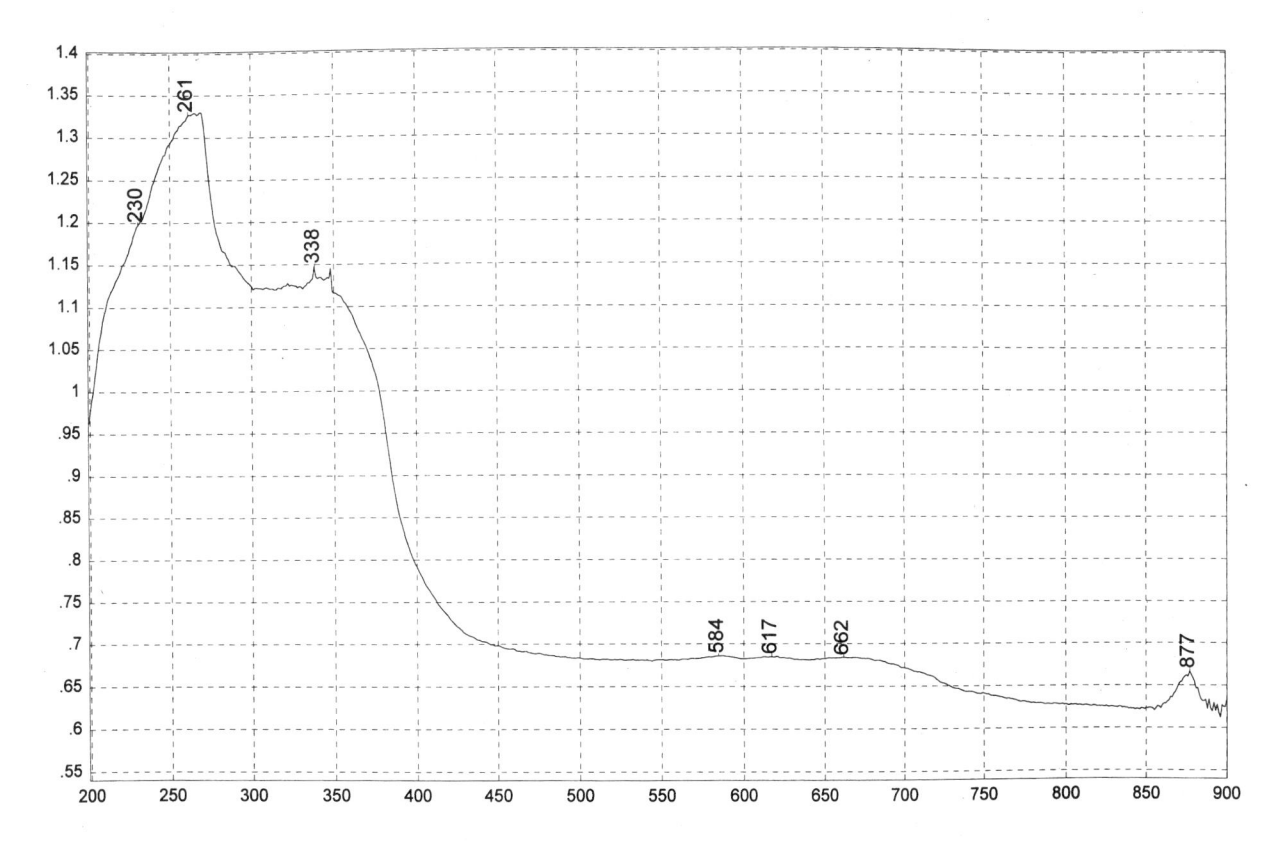

Absorbance / Nanometers

502   **STYRENE/ALLYL ALCOHOL COPOLYMER**

251

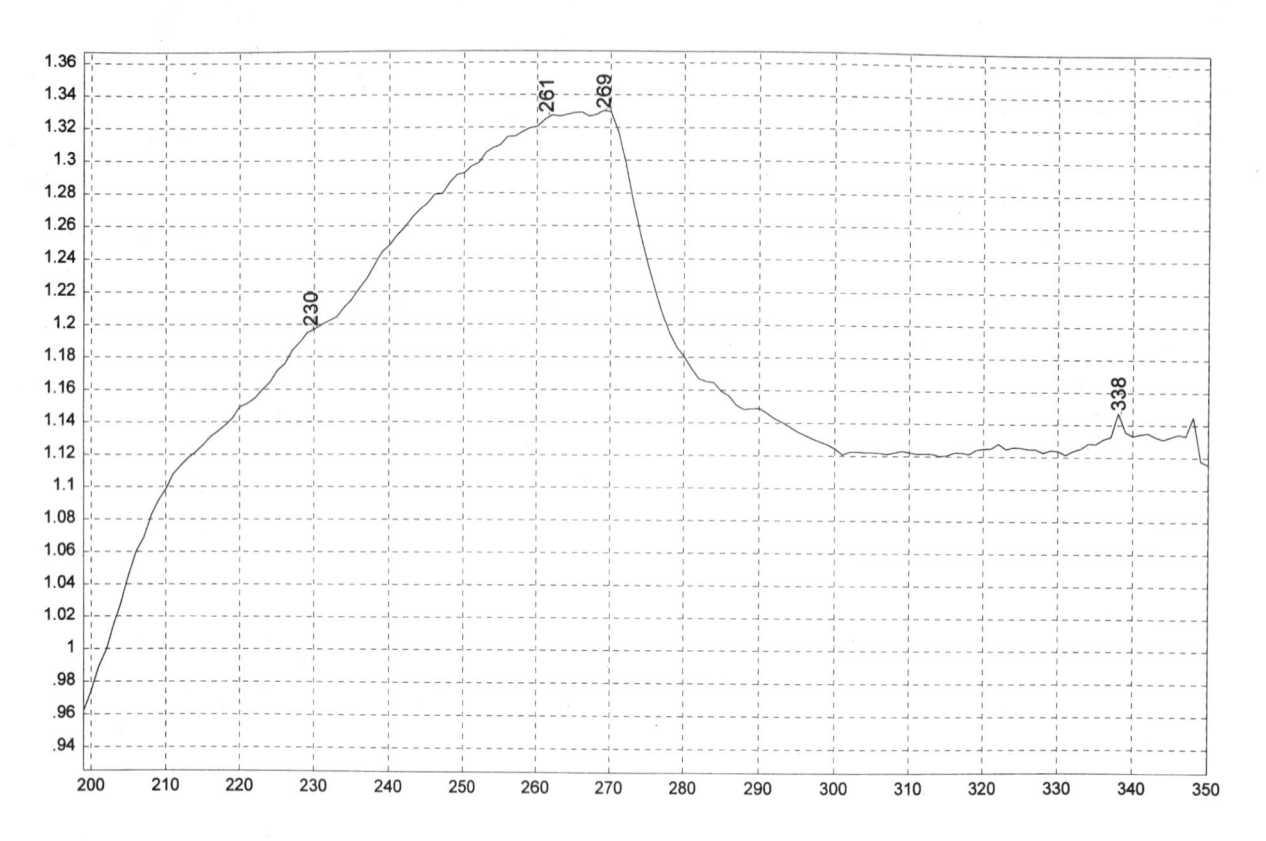

Absorbance / Nanometers

503 STYRENE/ALLYL ALCOHOL COPOLYMER

Reflectance / Wavenumber (cm^{-1})

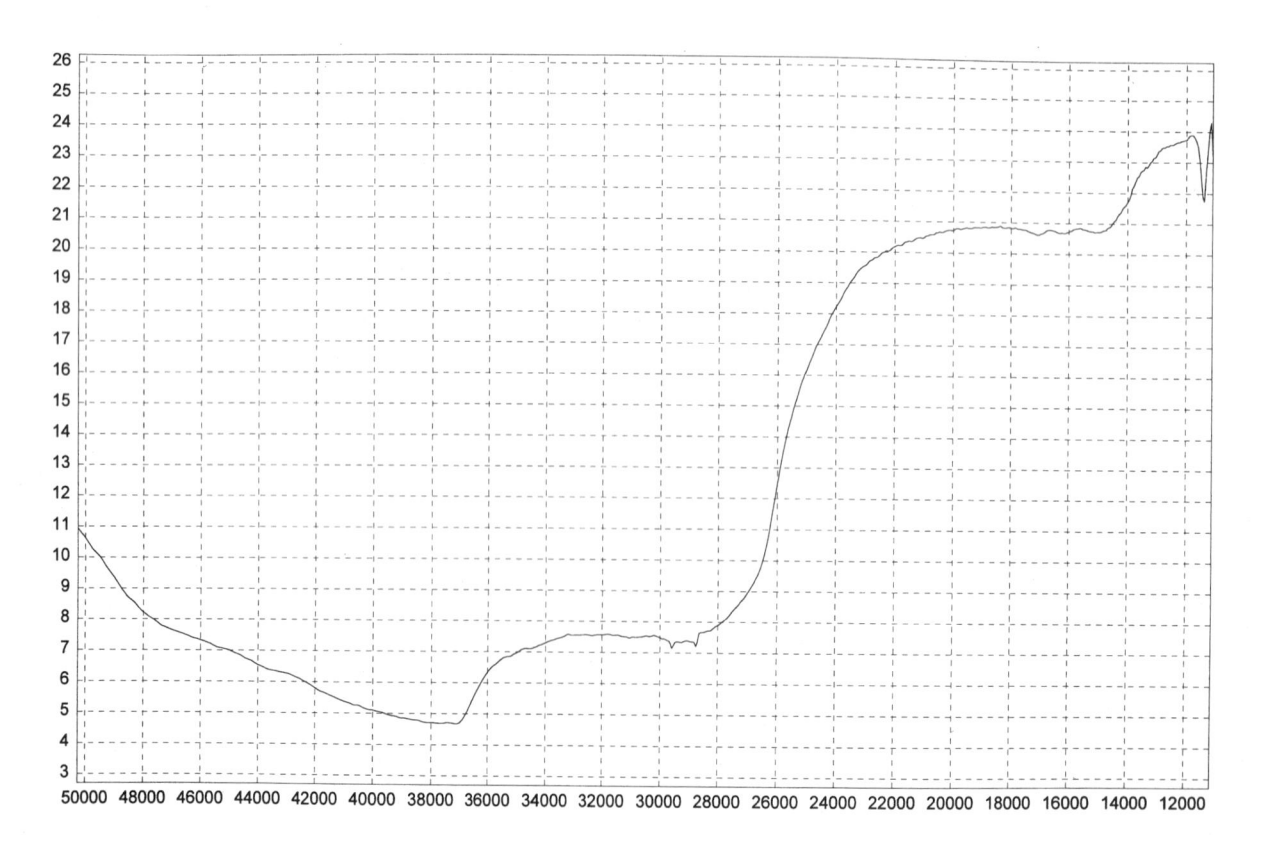

504 STYRENE/ALLYL ALCOHOL COPOLYMER

Absorbance / Nanometers

505 STYRENE/ALLYL ALCOHOL COPOLYMER

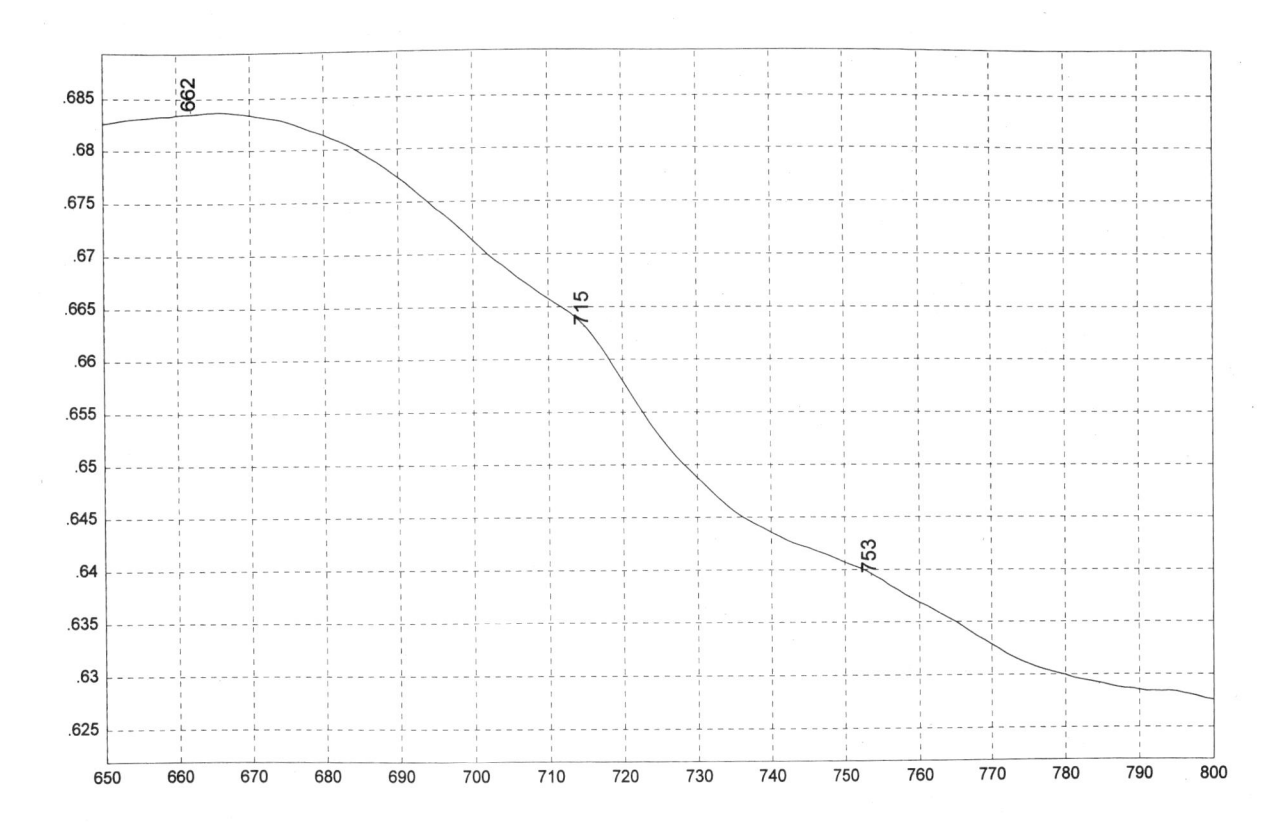

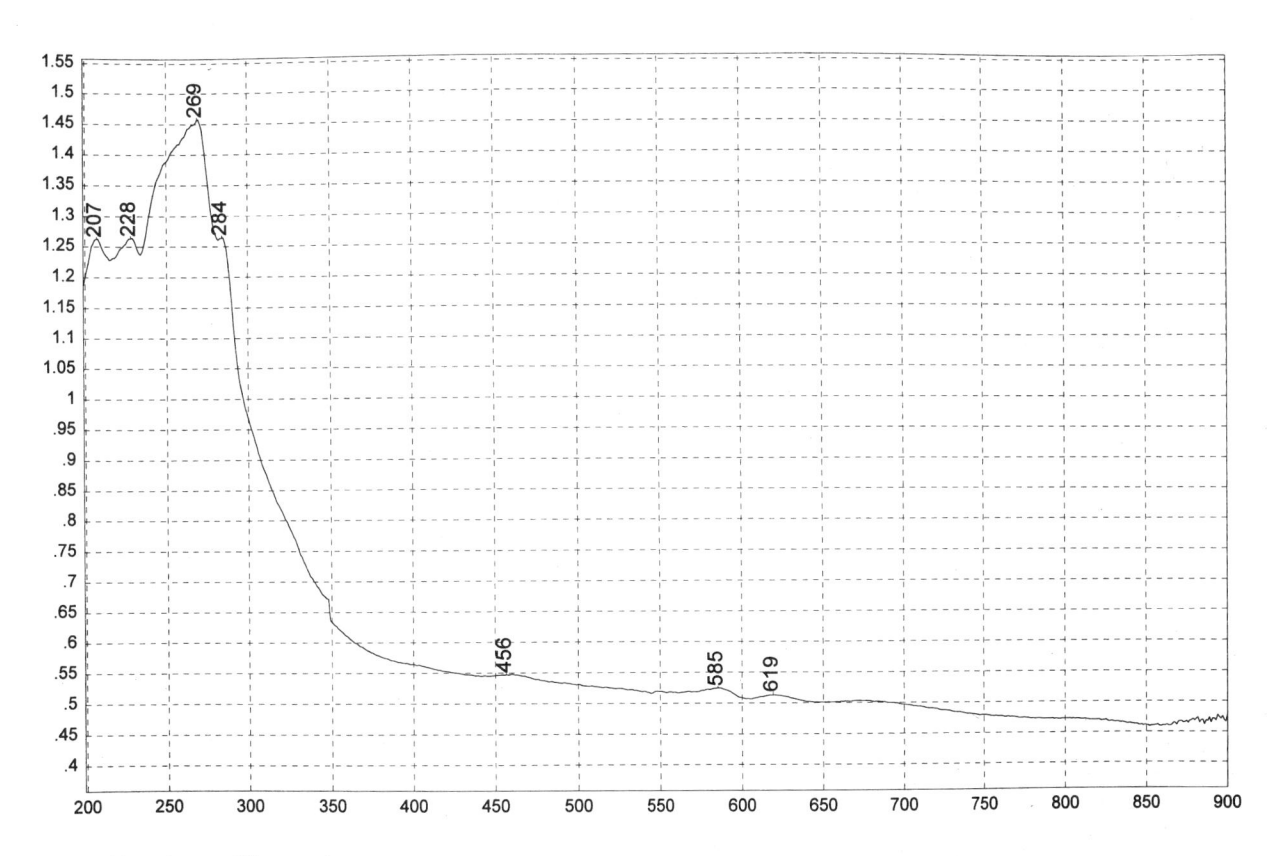

Absorbance / Nanometers

506 STYRENE/BUTADIENE, ABA BLOCK COPOLYMER

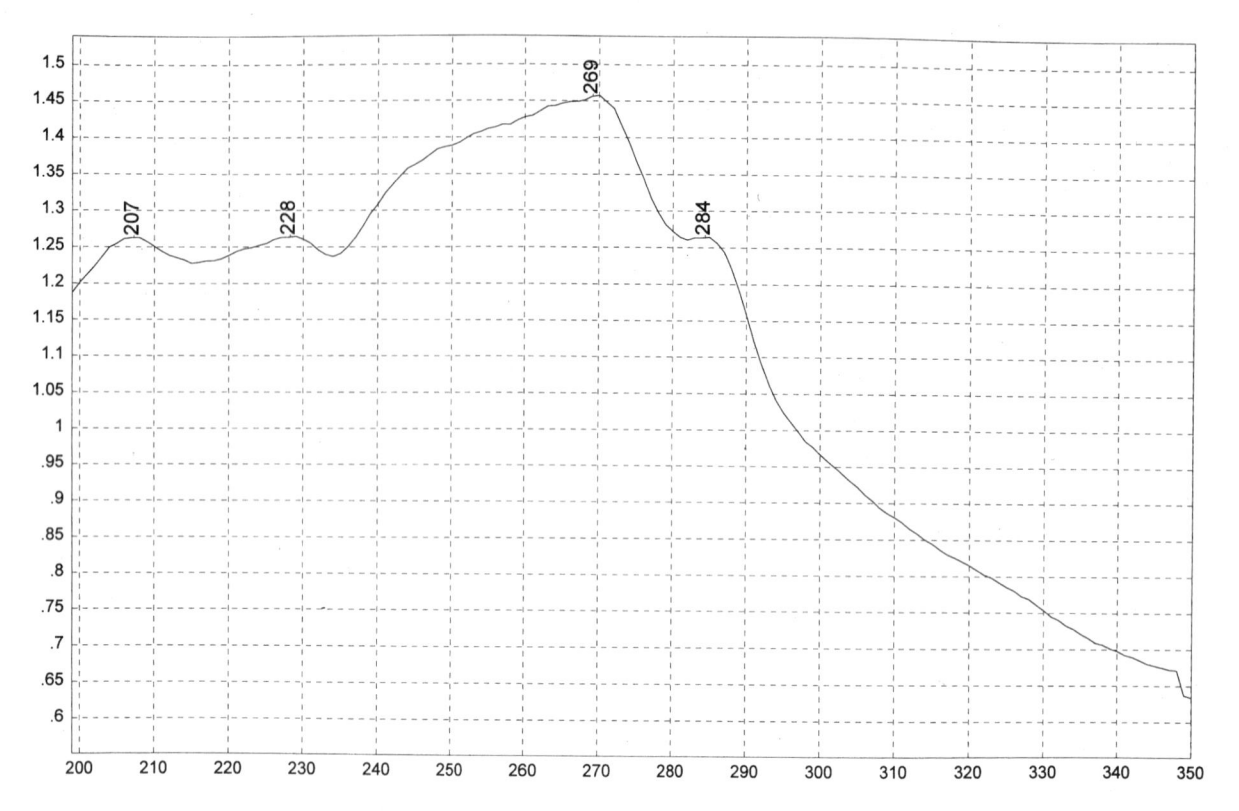

507 STYRENE/BUTADIENE, ABA BLOCK COPOLYMER

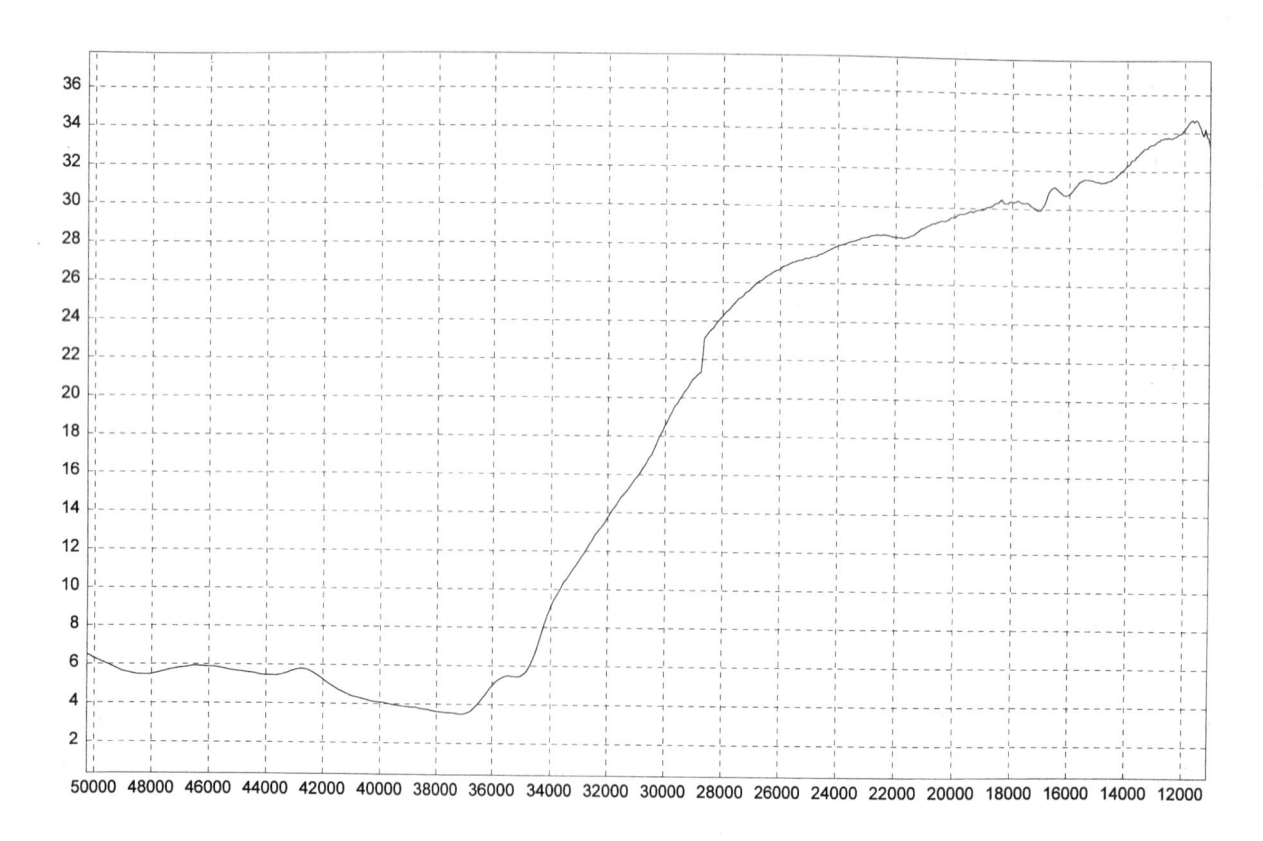

508 STYRENE/BUTADIENE, ABA BLOCK COPOLYMER

509 STYRENE/BUTADIENE, ABA BLOCK COPOLYMER

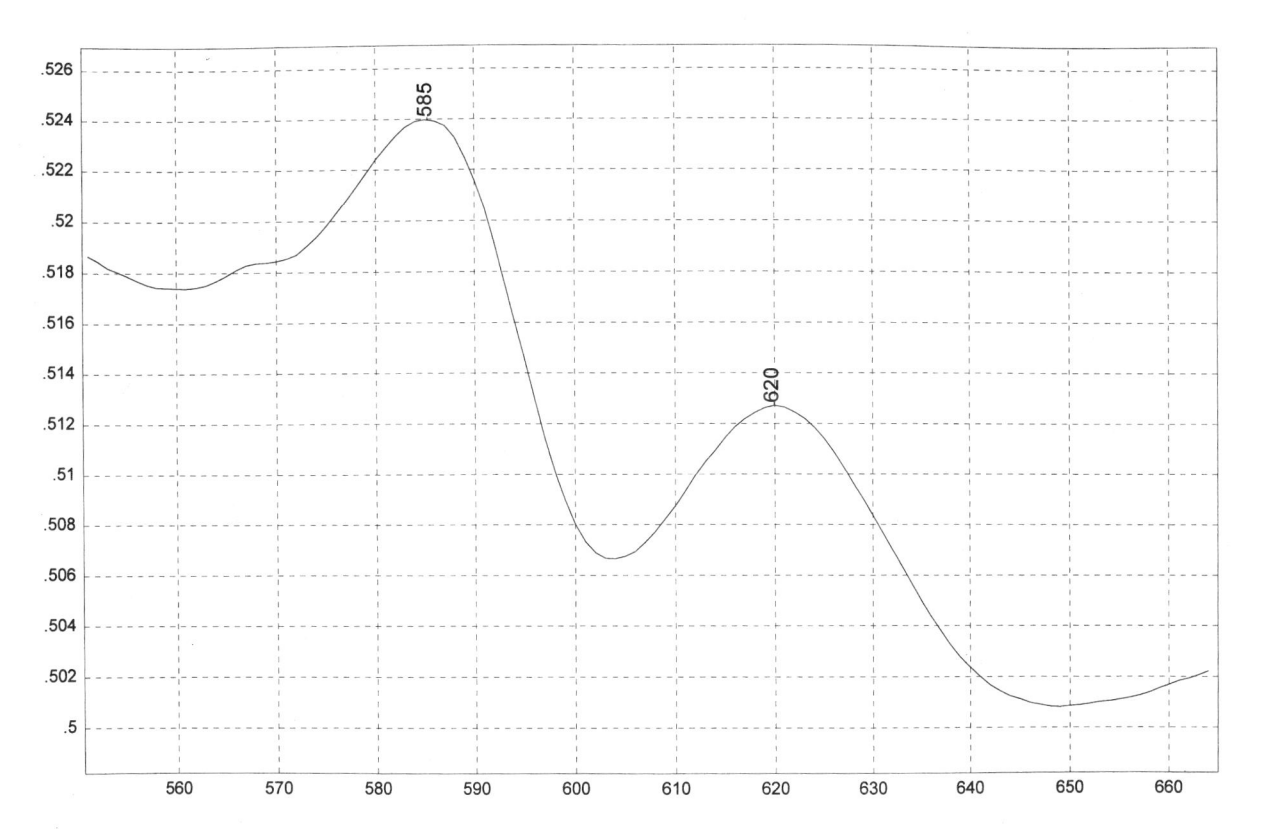

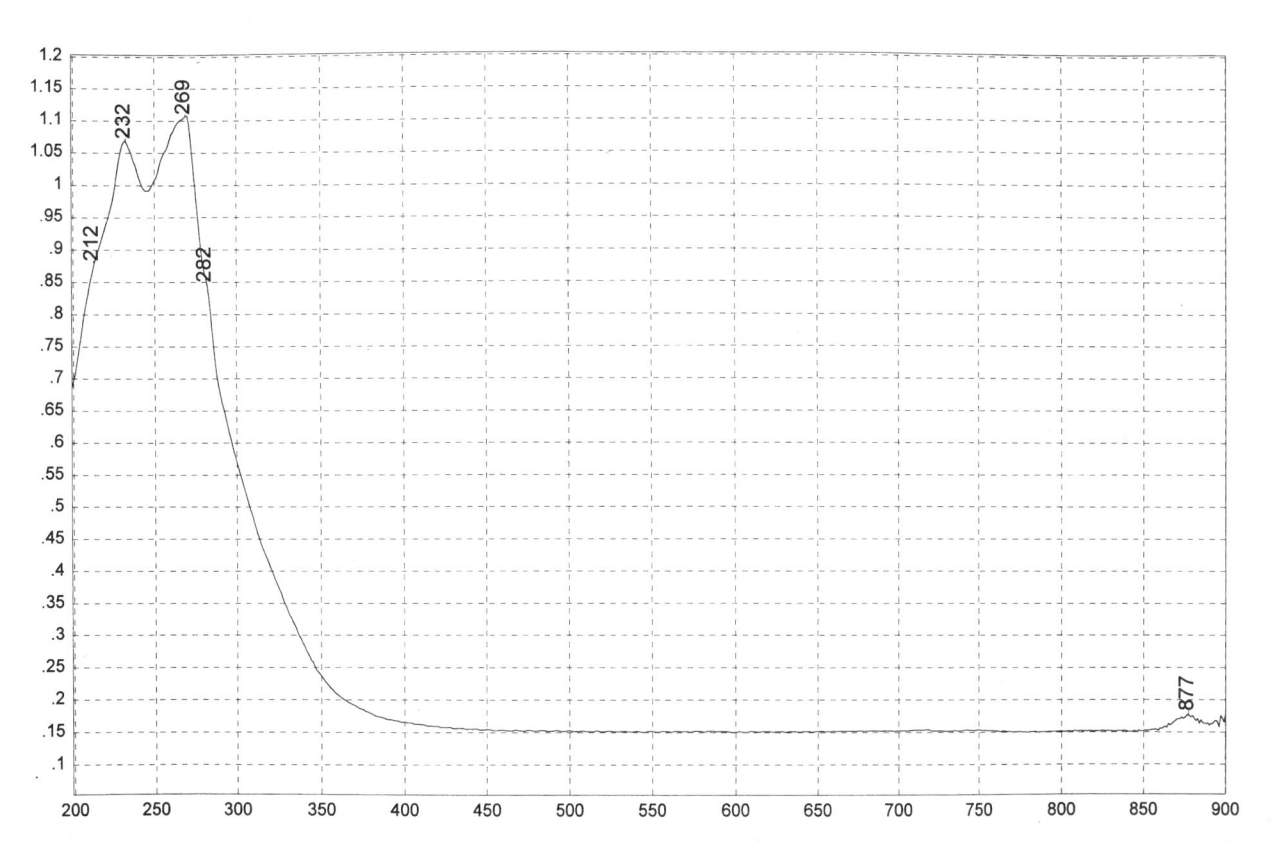

510 STYRENE/BUTYL METHACRYLATE COPOLYMER

255

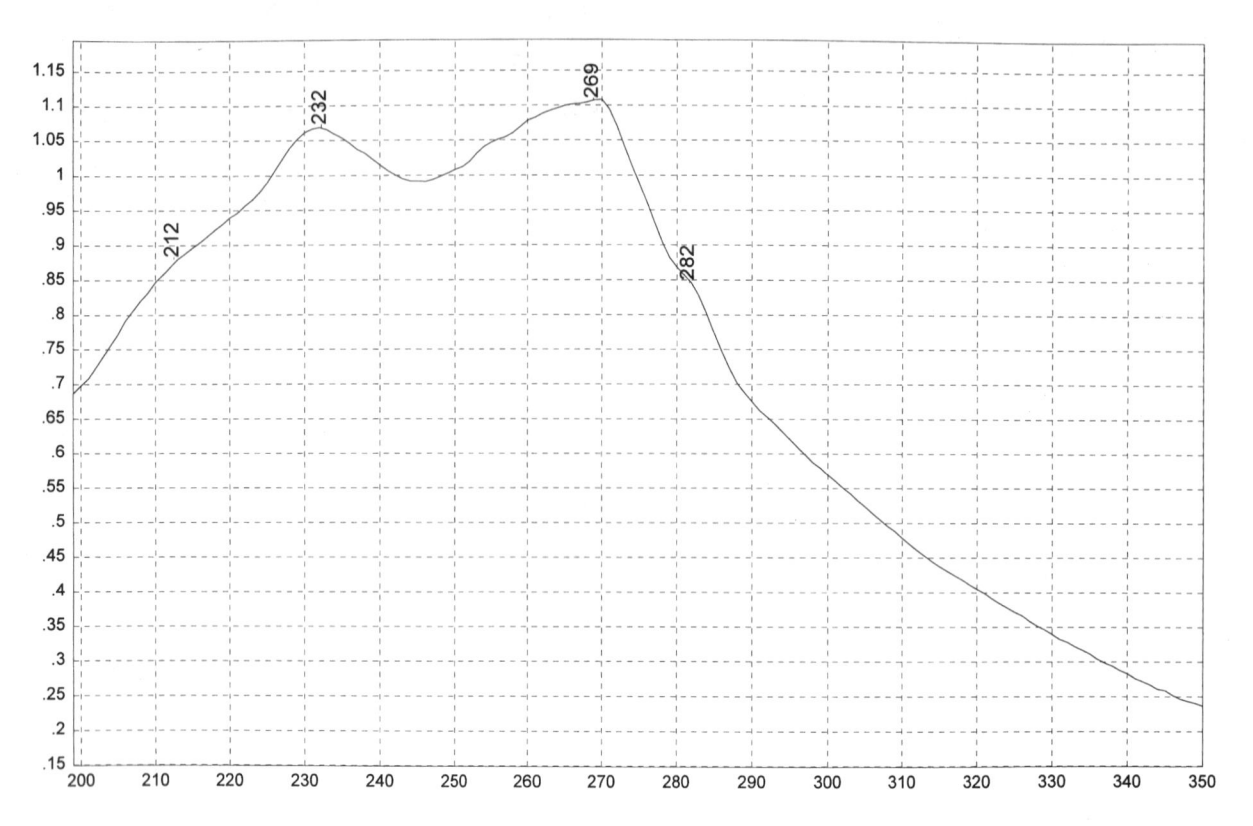

Absorbance / Nanometers

| 511 | STYRENE/BUTYL METHACRYLATE COPOLYMER |

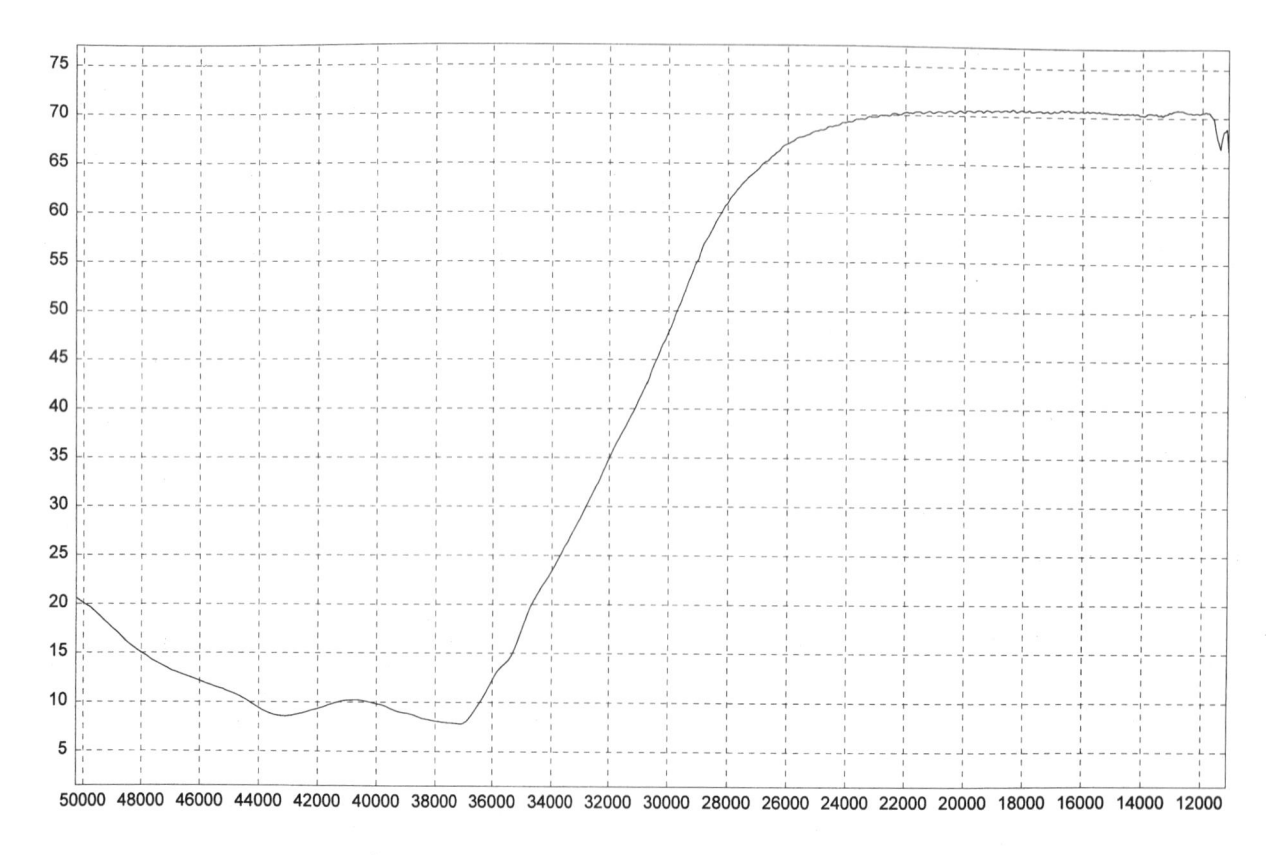

Reflectance / Wavenumber (cm⁻¹)

| 512 | STYRENE/BUTYL METHACRYLATE COPOLYMER |

Absorbance / Nanometers

513 STYRENE/BUTYL METHACRYLATE COPOLYMER

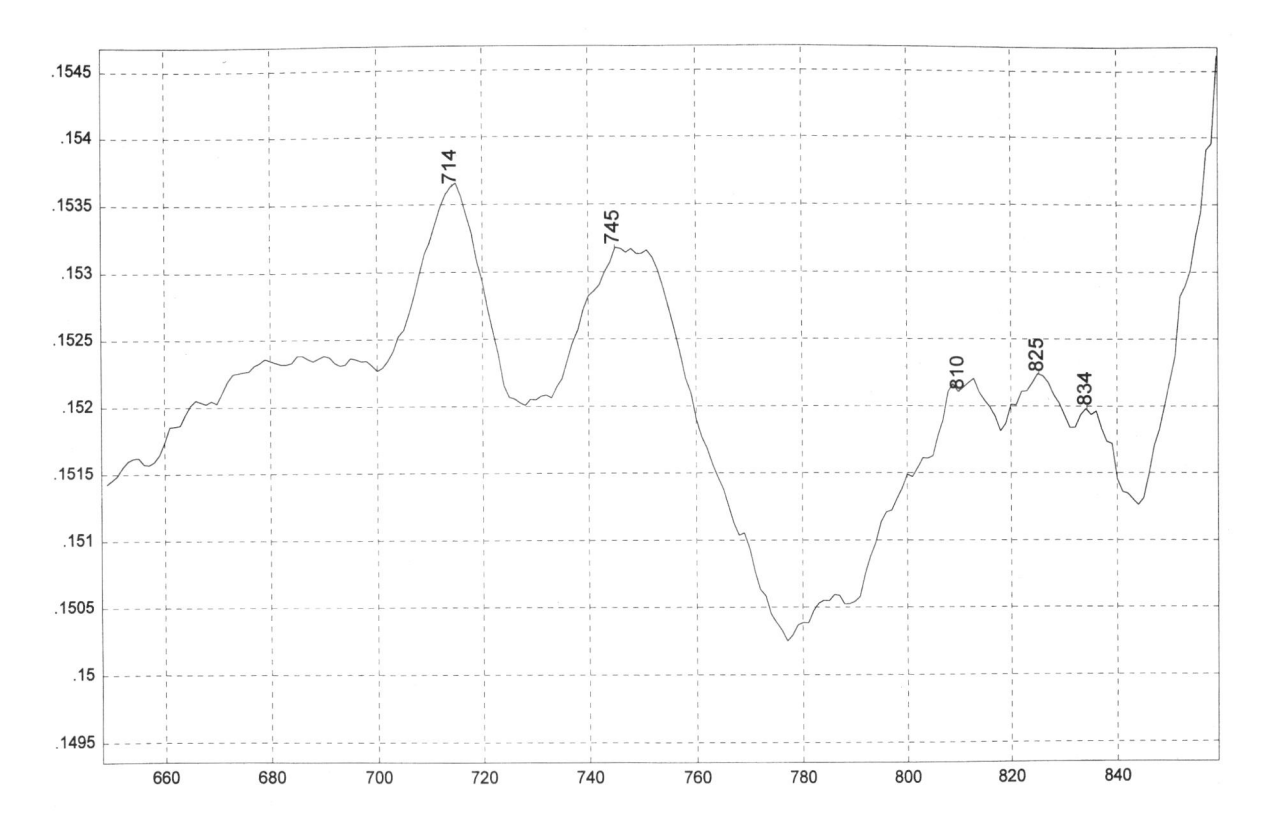

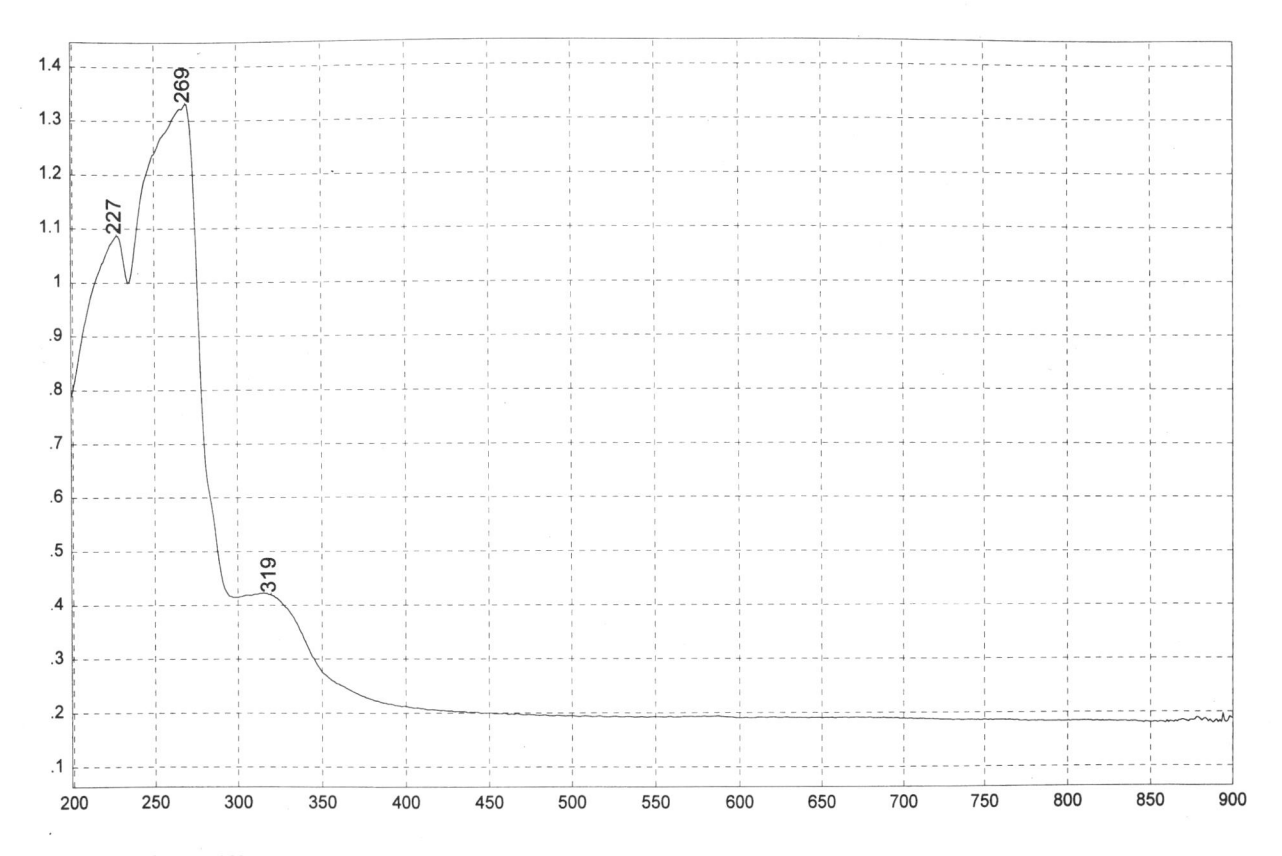

Absorbance / Nanometers

514 STYRENE/ETHYLENE/BUTYLENE, ABA BLOCK

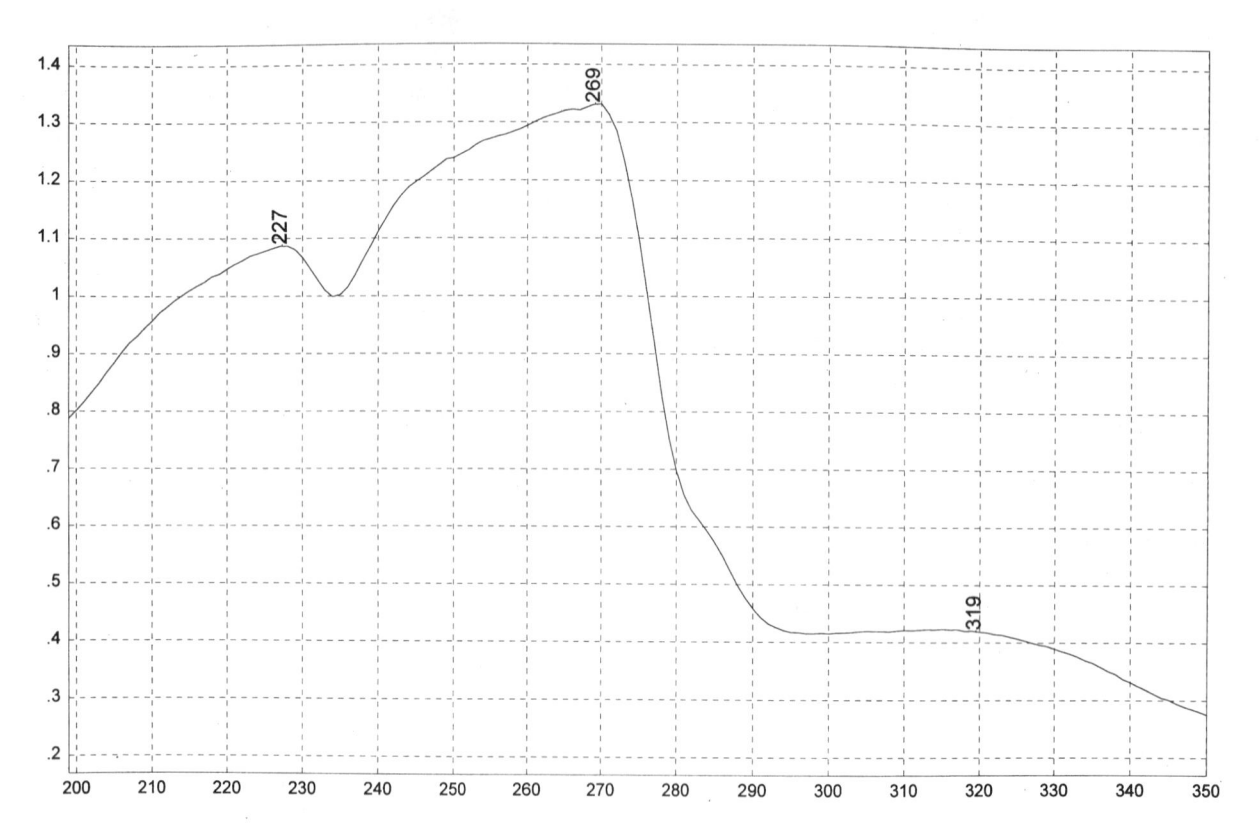

Absorbance / Nanometers

515   STYRENE/ETHYLENE/BUTYLENE, ABA BLOCK

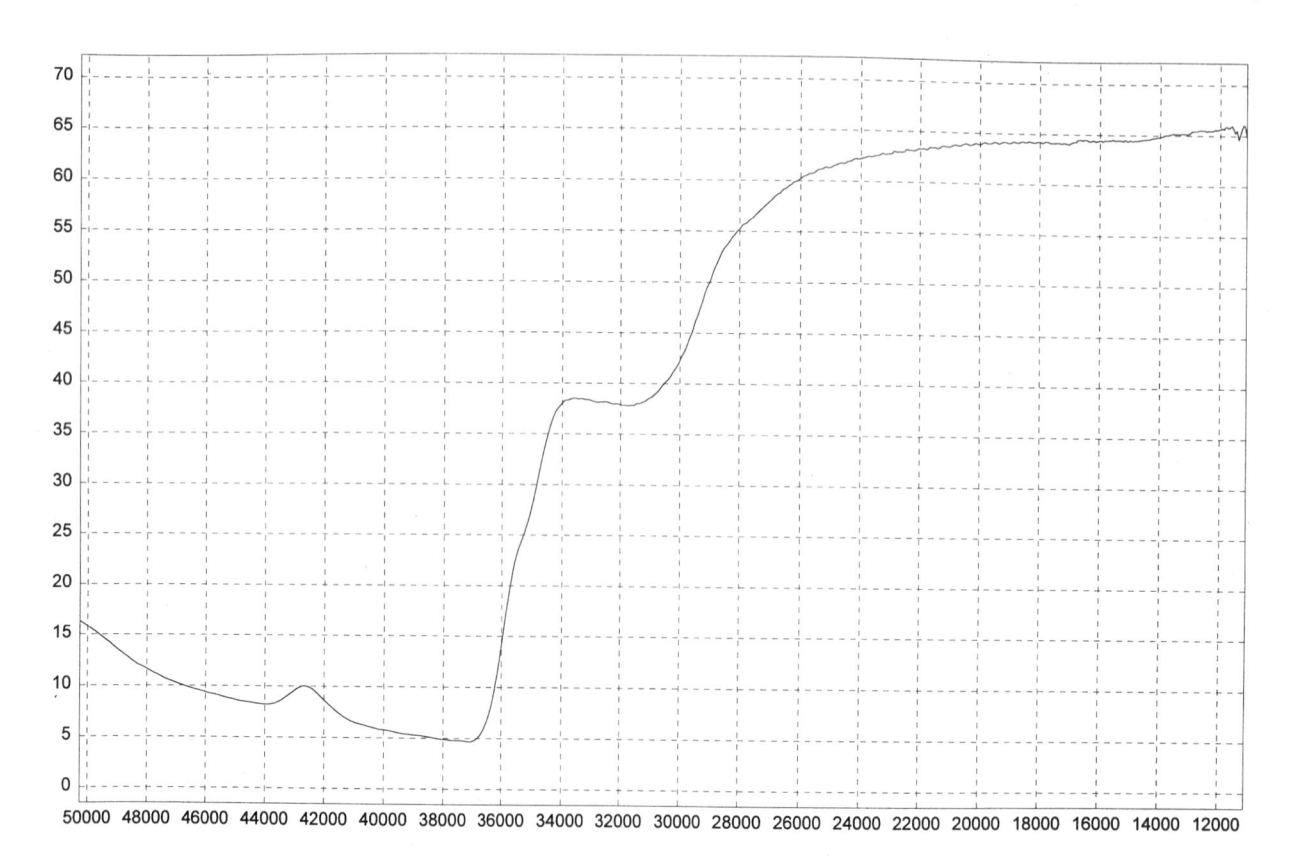

Reflectance / Wavenumber (cm^{-1})

516   STYRENE/ETHYLENE/BUTYLENE, ABA BLOCK

Absorbance / Nanometers

517 — STYRENE/ETHYLENE/BUTYLENE, ABA BLOCK

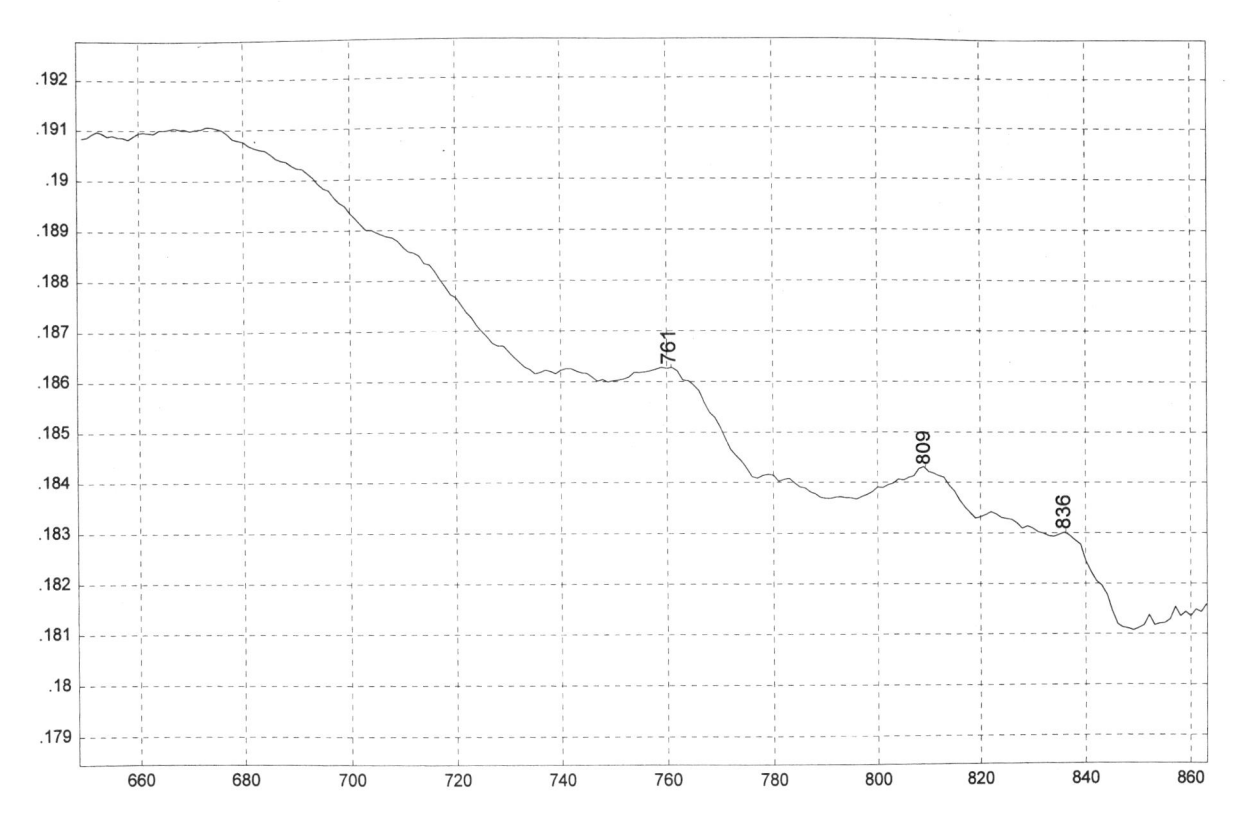

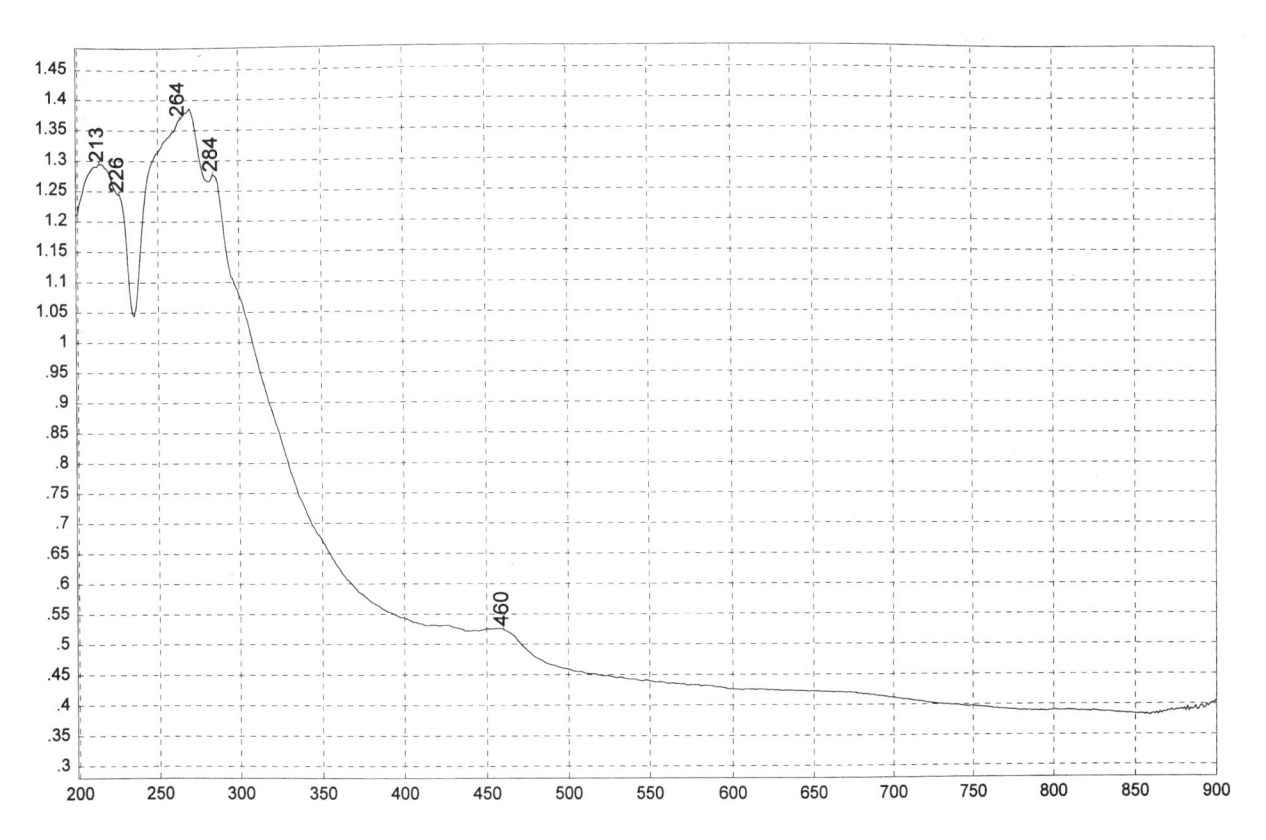

Absorbance / Nanometers

518 — STYRENE/ISOPRENE, ABA BLOCK COPOLYMER

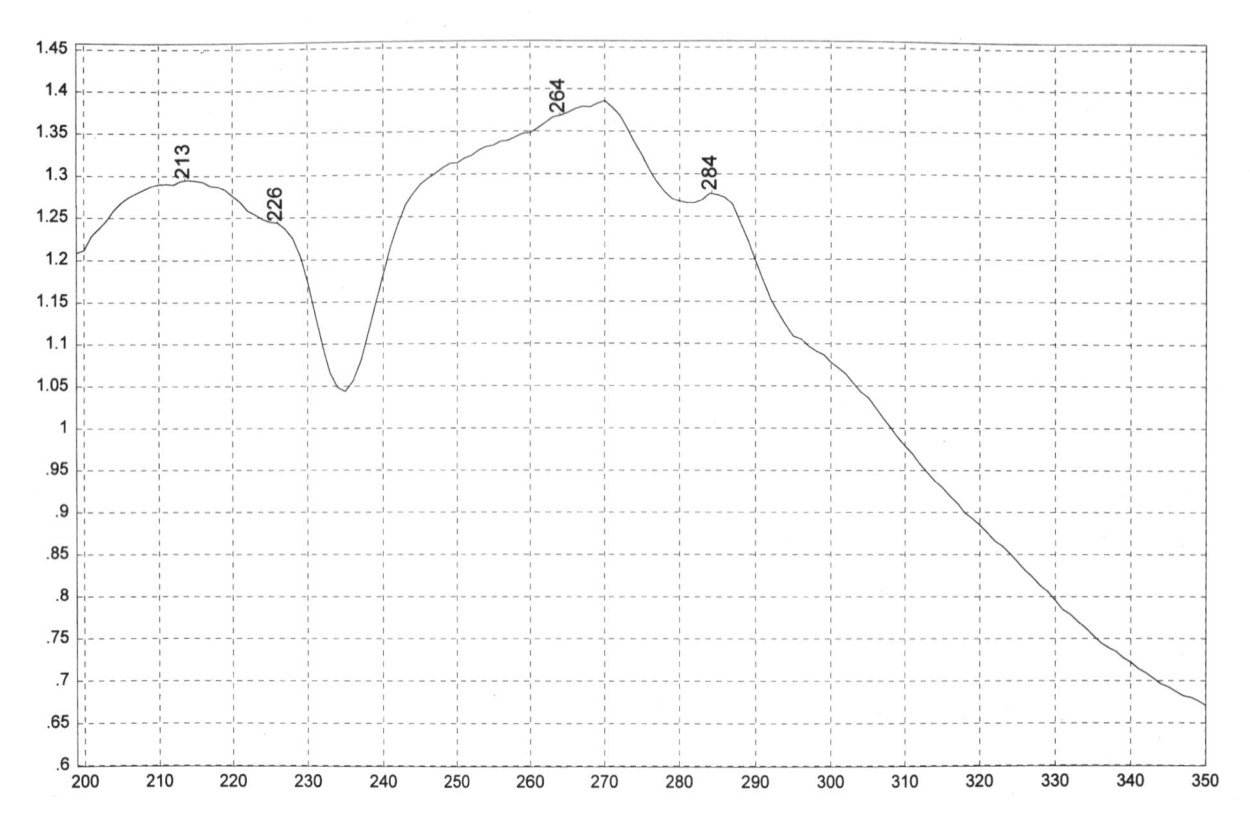

Absorbance / Nanometers

519 | STYRENE/ISOPRENE, ABA BLOCK COPOLYMER

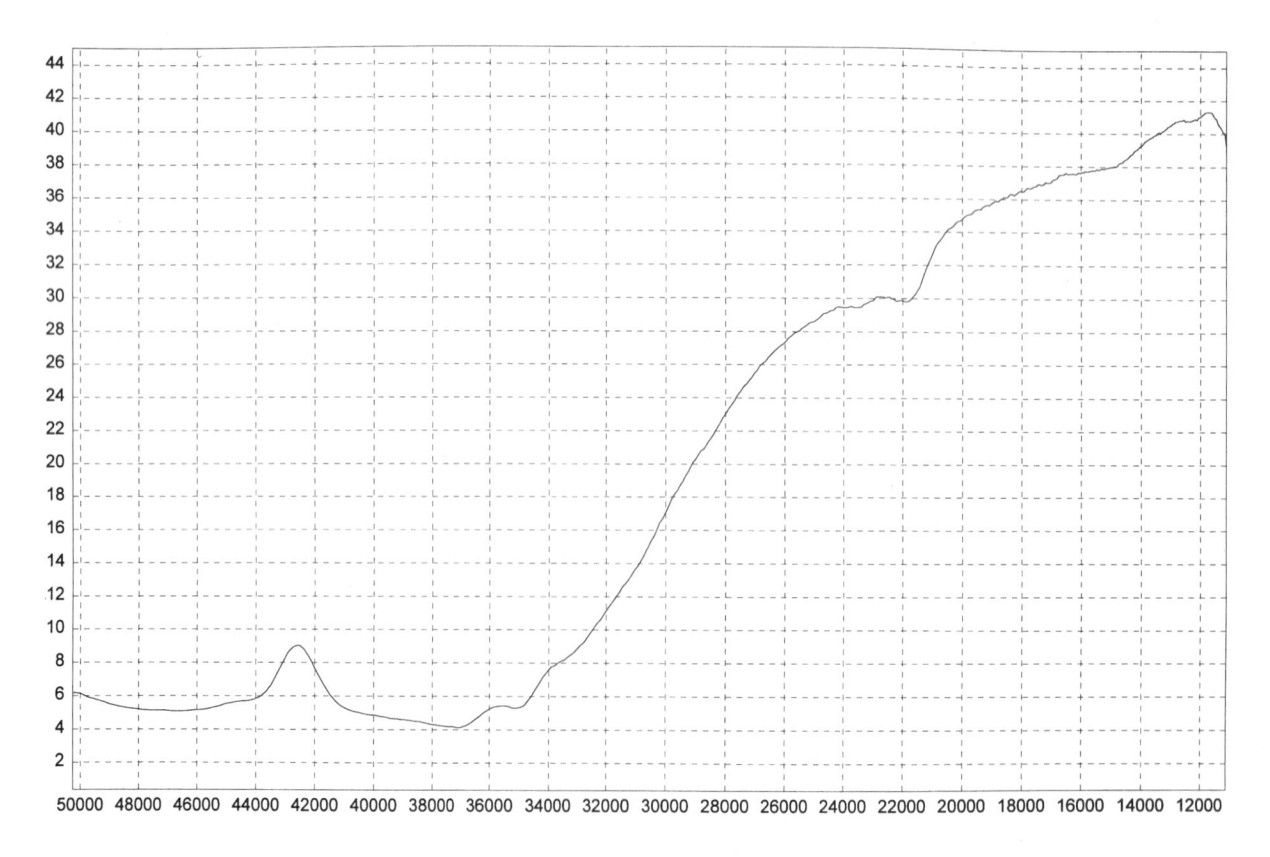

Reflectance / Wavenumber (cm⁻¹)

520 | STYRENE/ISOPRENE, ABA BLOCK COPOLYMER

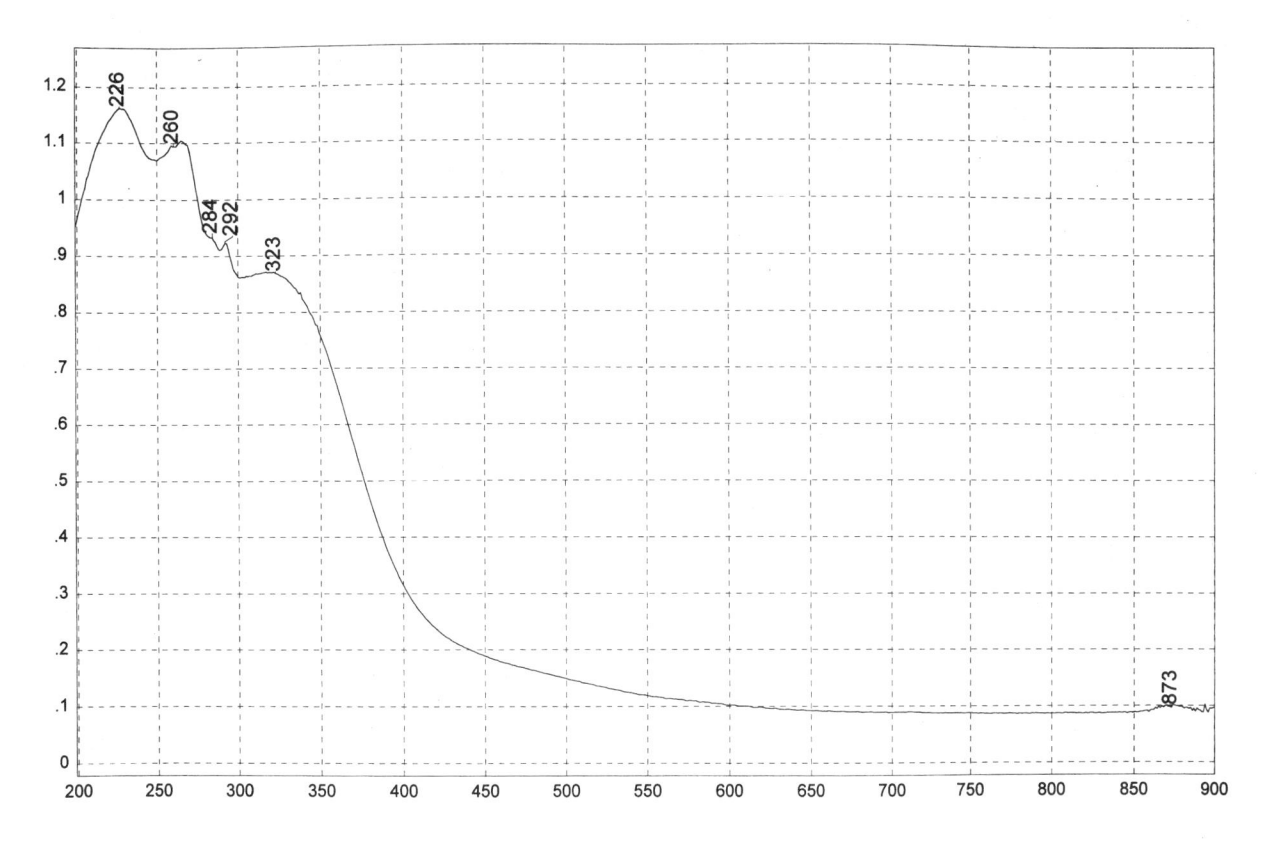

Absorbance / Nanometers

521　STYRENE/MALEIC ANHYDRIDE, 50/50 COPOLYMER

Absorbance / Nanometers

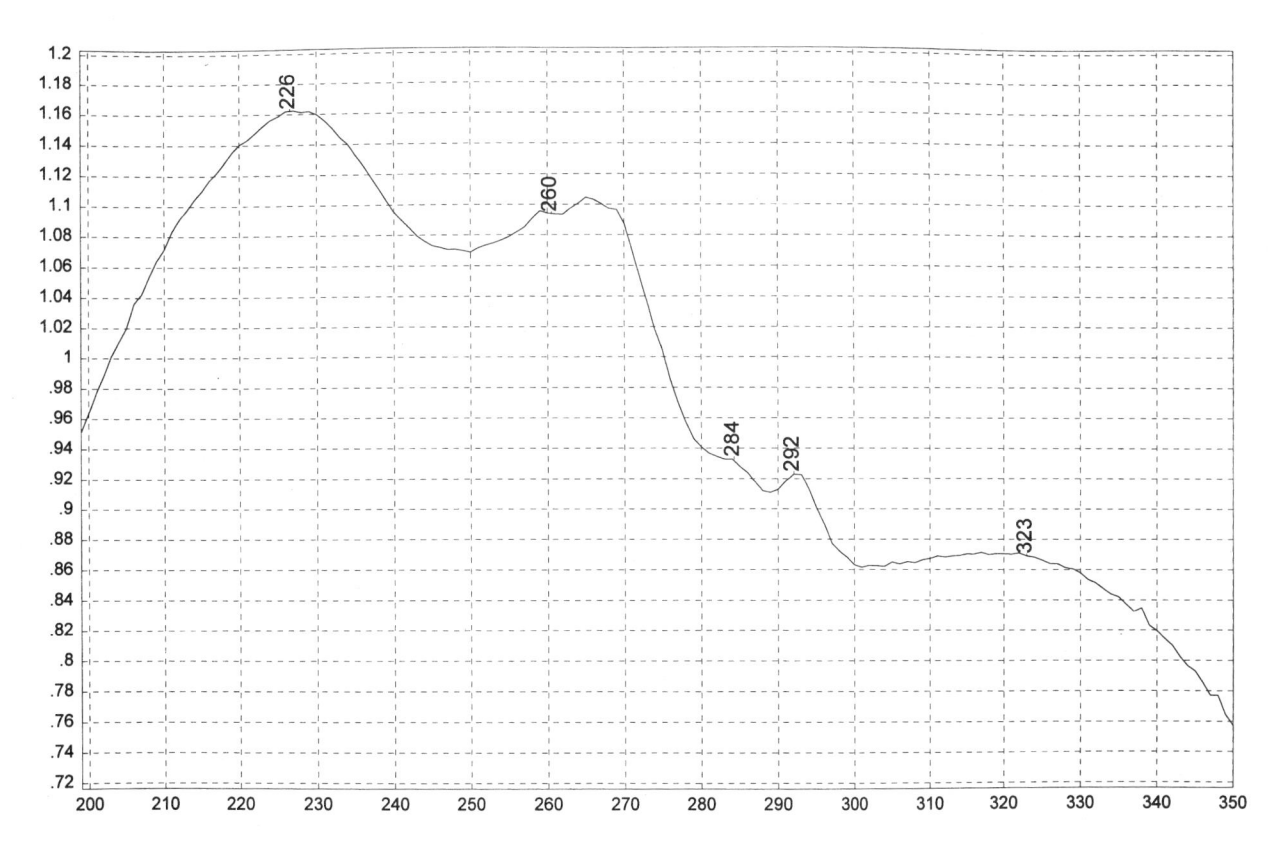

522　STYRENE/MALEIC ANHYDRIDE, 50/50 COPOLYMER

Reflectance / Wavenumber (cm⁻¹)

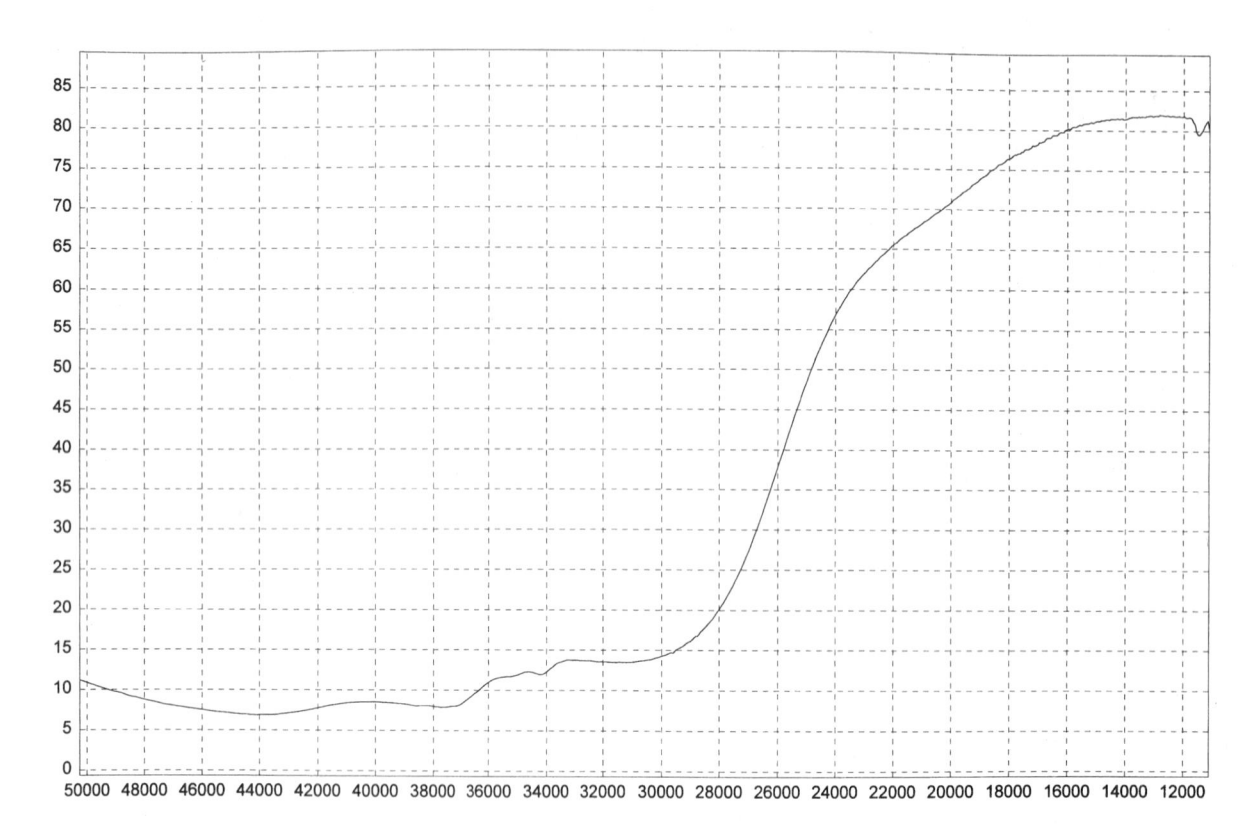

523 STYRENE/MALEIC ANHYDRIDE, 50/50 COPOLYMER

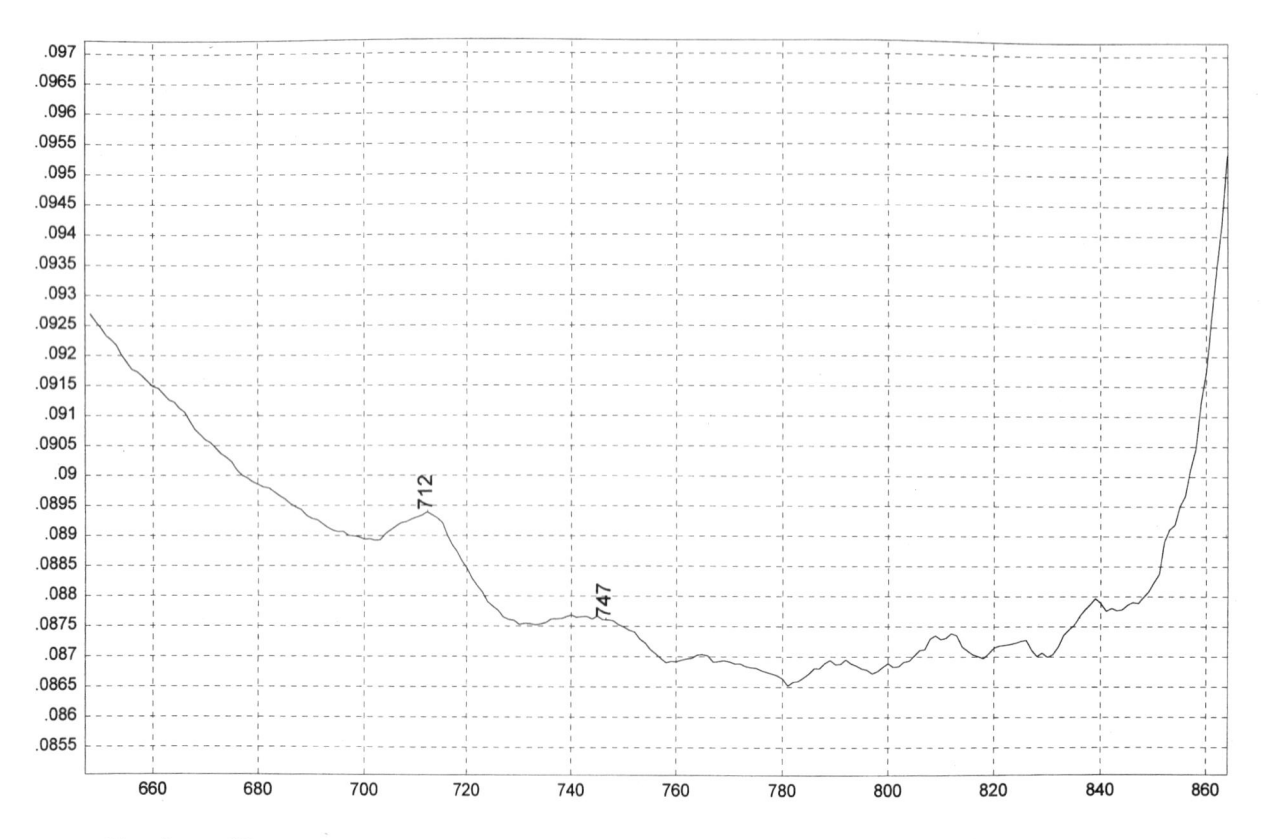

Absorbance / Nanometers

524 STYRENE/MALEIC ANHYDRIDE, 50/50 COPOLYMER

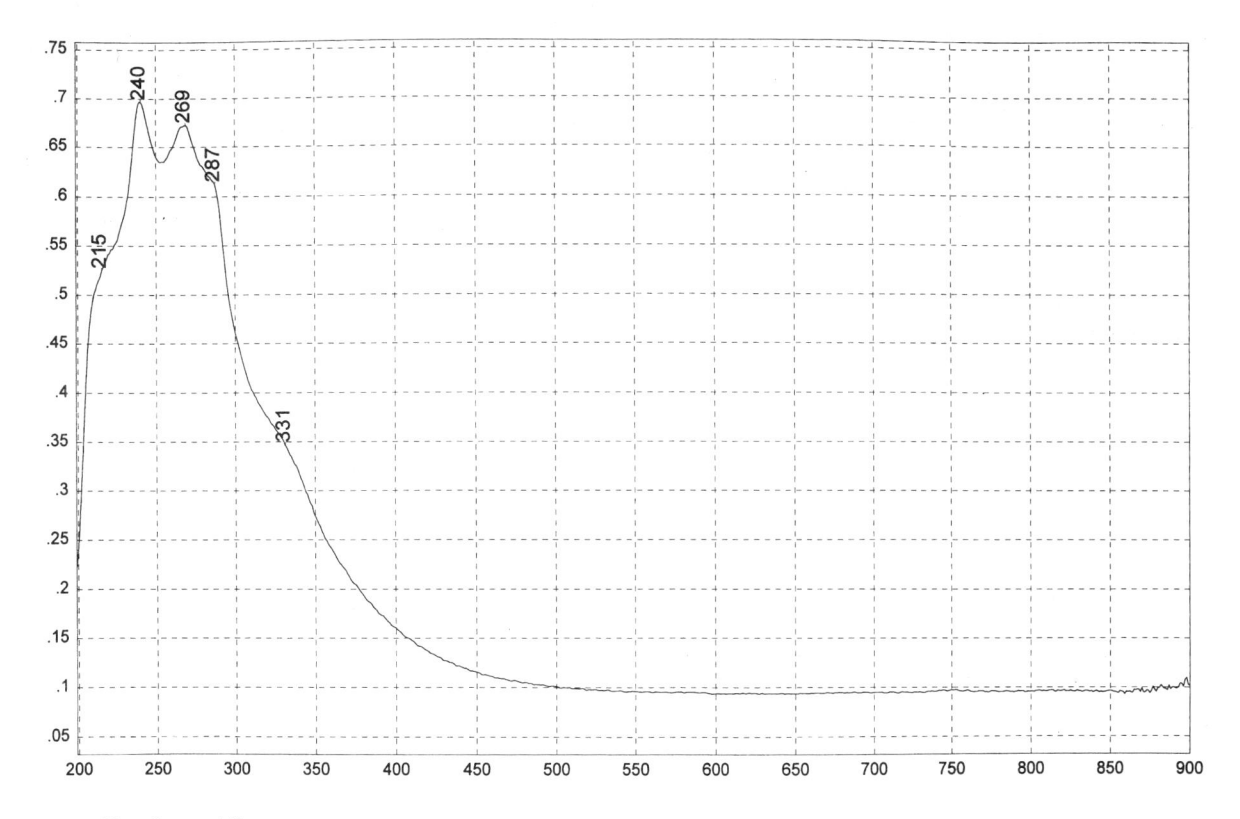

525   VINYL ALCOHOL/VINYL BUTYRAL COPOLYMER (80% VINYL BUTYRAL)

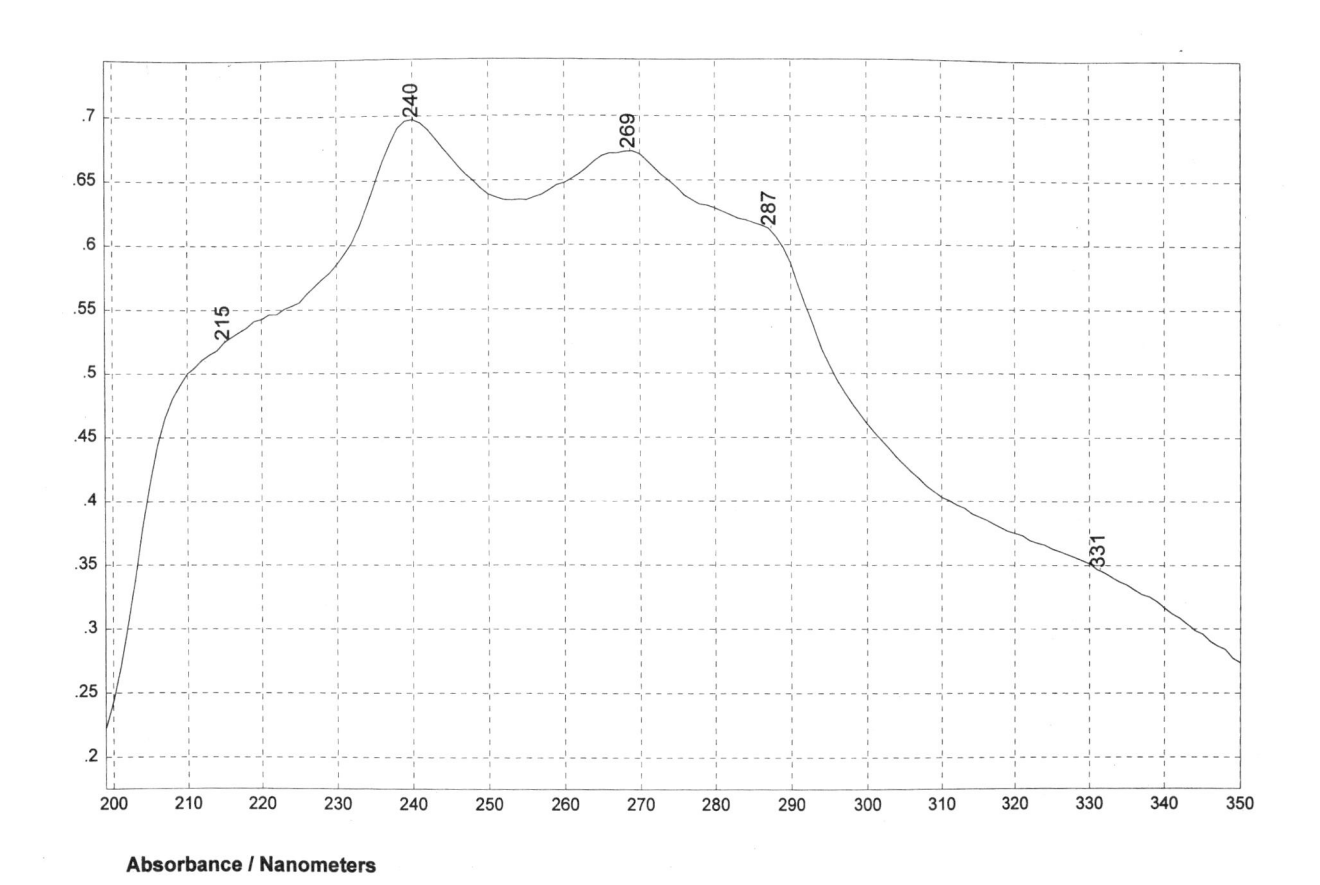

526   VINYL ALCOHOL/VINYL BUTYRAL COPOLYMER (80% VINYL BUTYRAL)

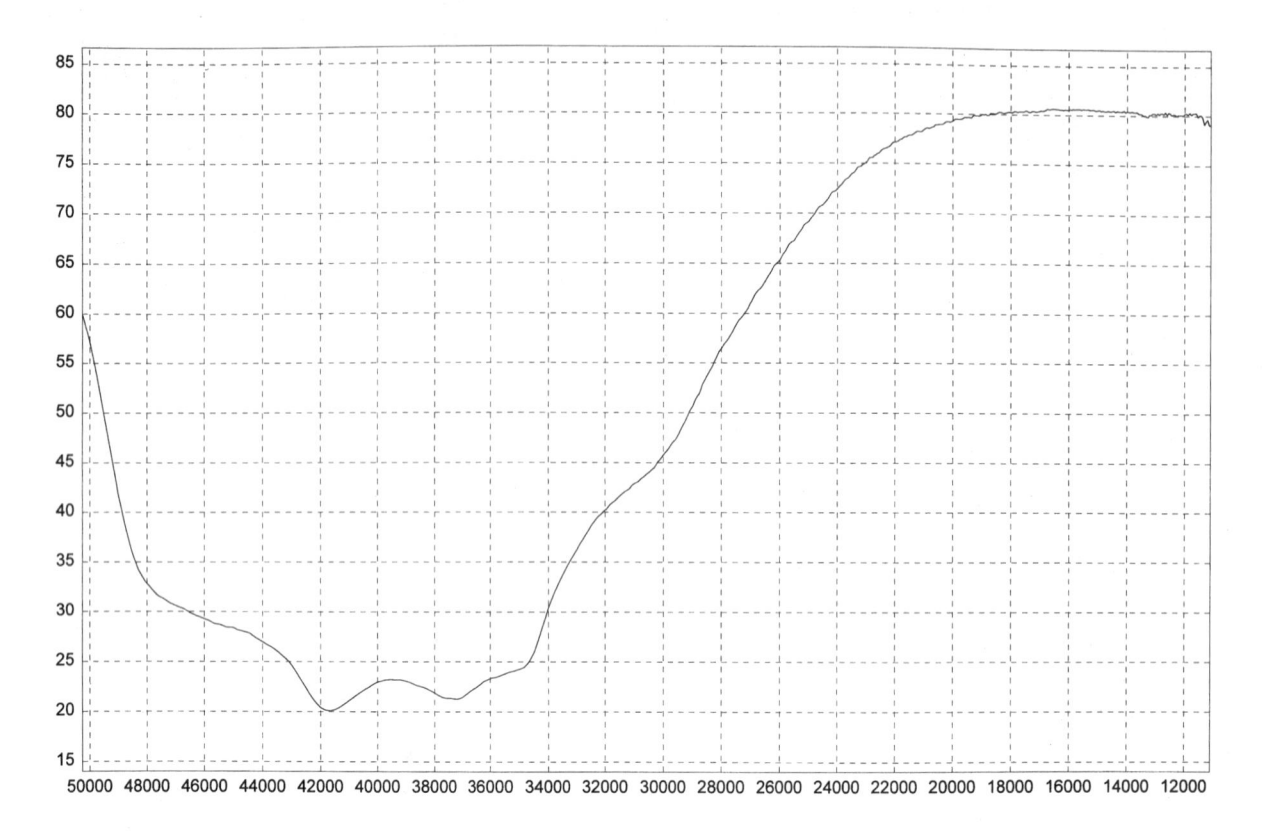

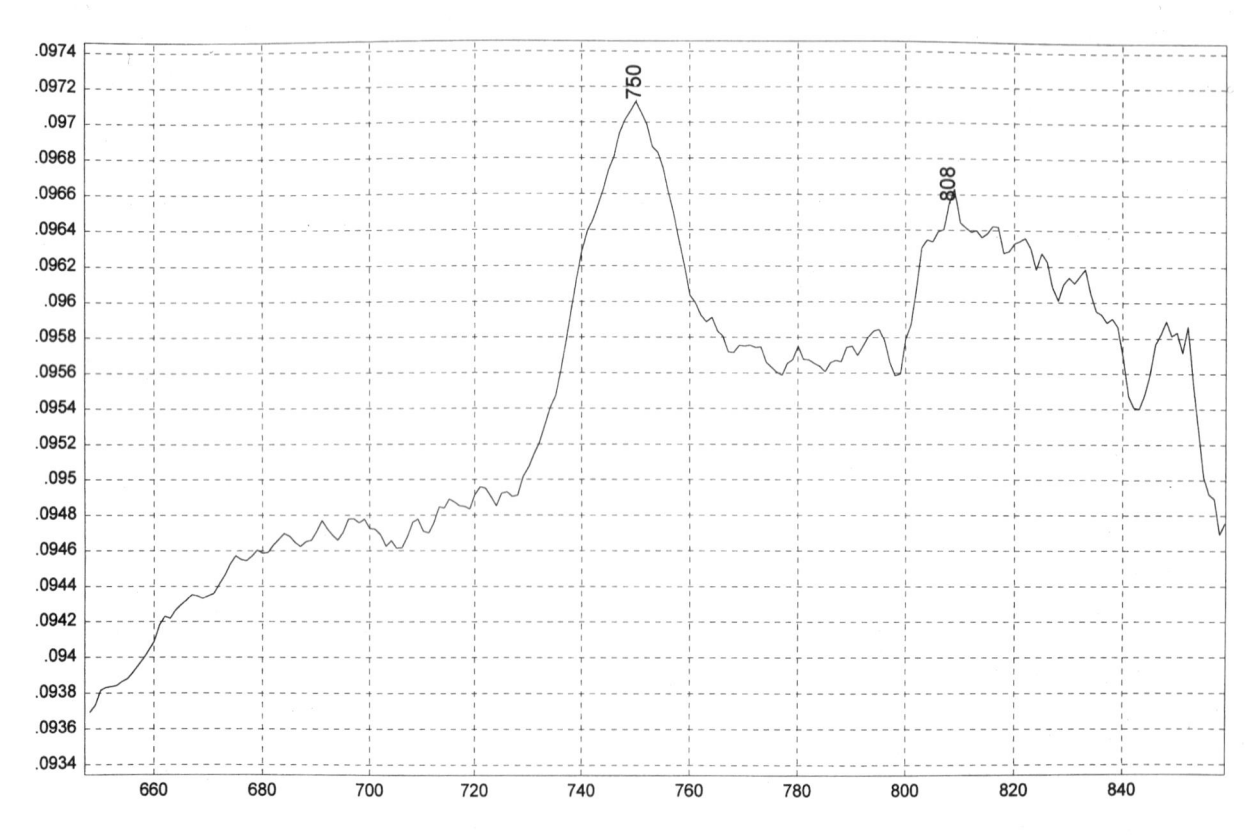

| 527 | VINYL ALCOHOL/VINYL BUTYRAL COPOLYMER (80% VINYL BUTYRAL) |

| 528 | VINYL ALCOHOL/VINYL BUTYRAL COPOLYMER (80% VINYL BUTYRAL) |

| 529 | VINYL CHLORIDE/VINYL ACETATE COPOLYMER (81% VINYL CHLORIDE) |

| 530 | VINYL CHLORIDE/VINYL ACETATE COPOLYMER (81% VINYL CHLORIDE) |

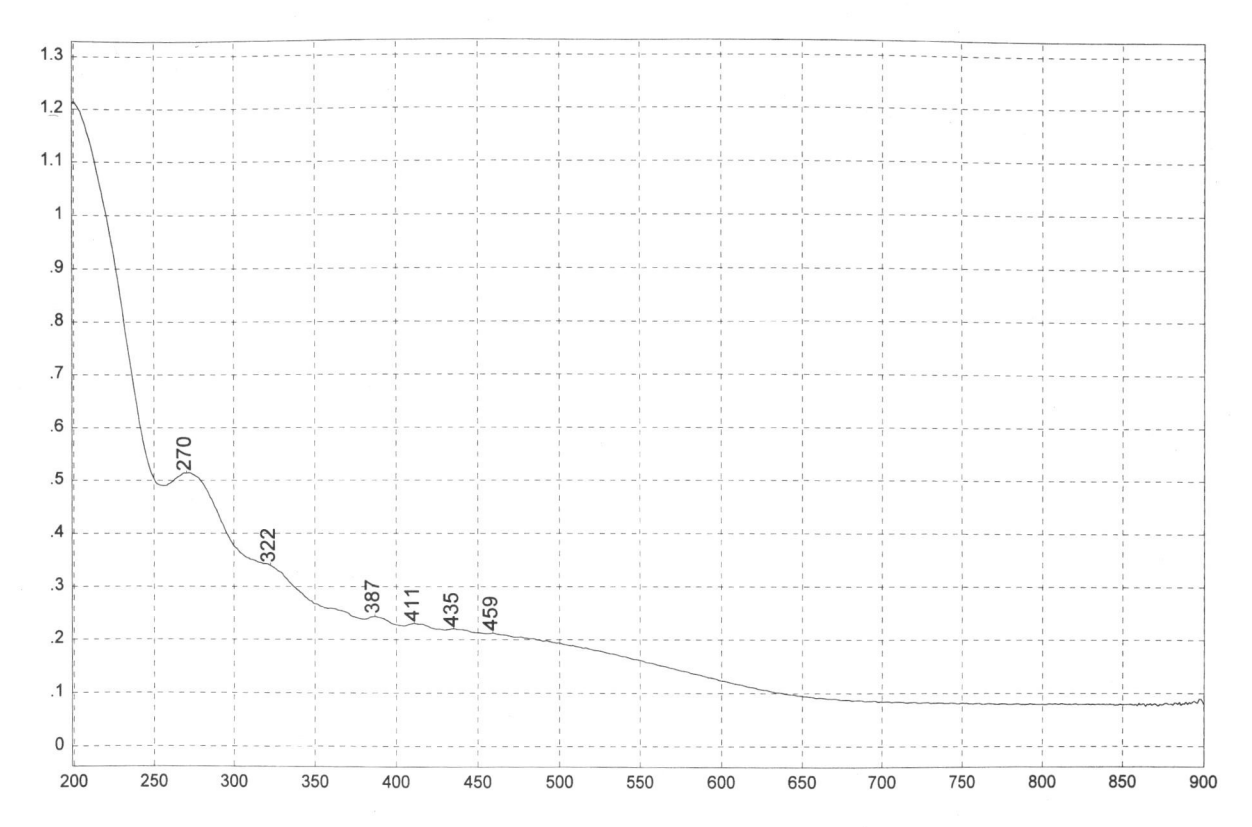

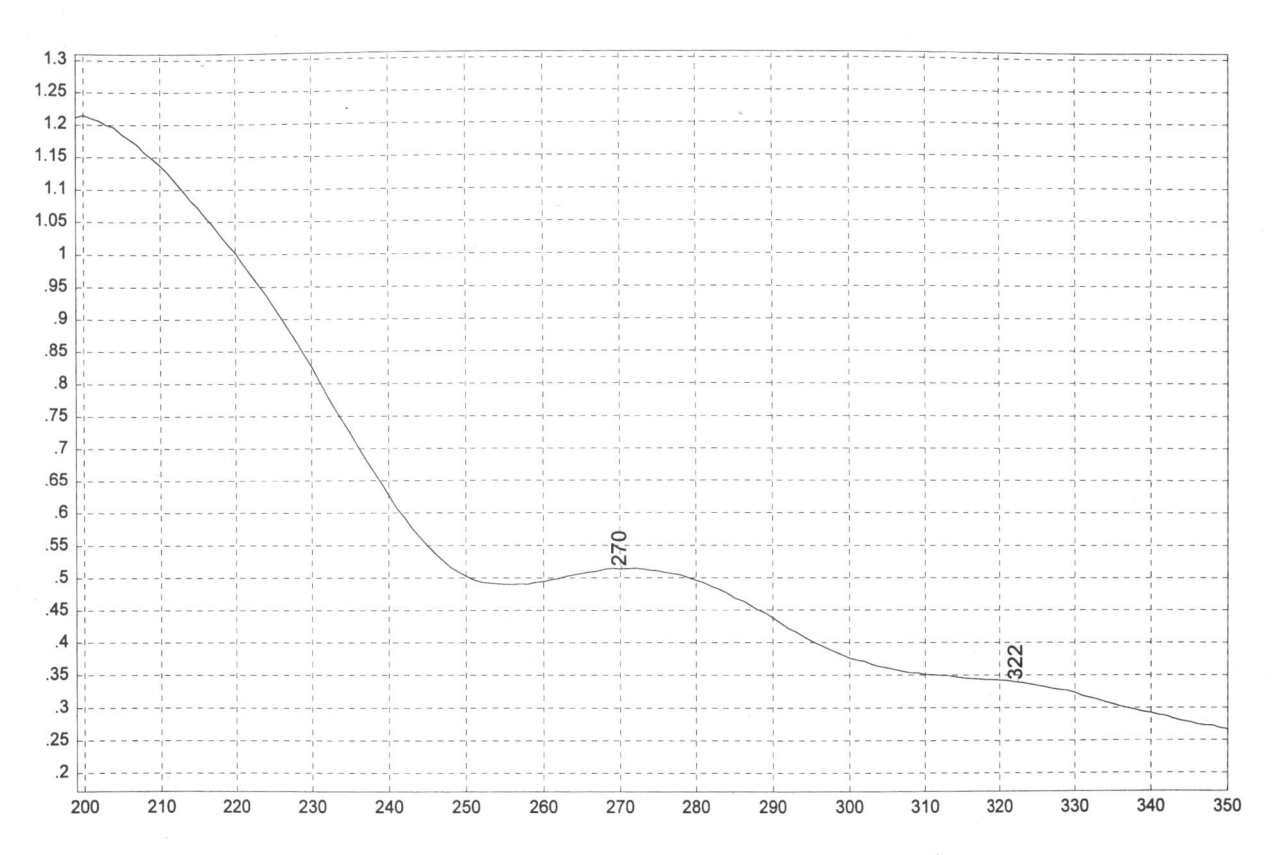

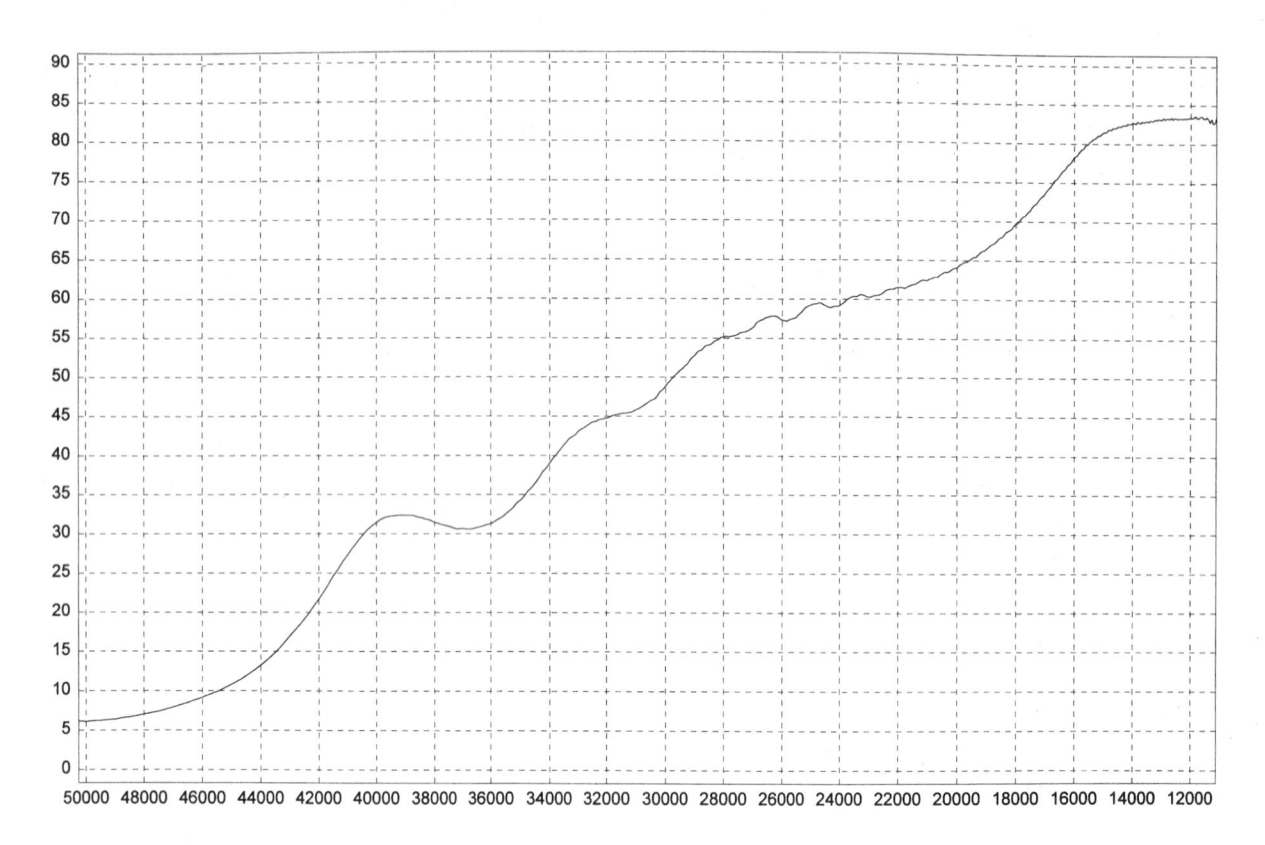

531 | **VINYL CHLORIDE/VINYL ACETATE COPOLYMER (81% VINYL CHLORIDE)**

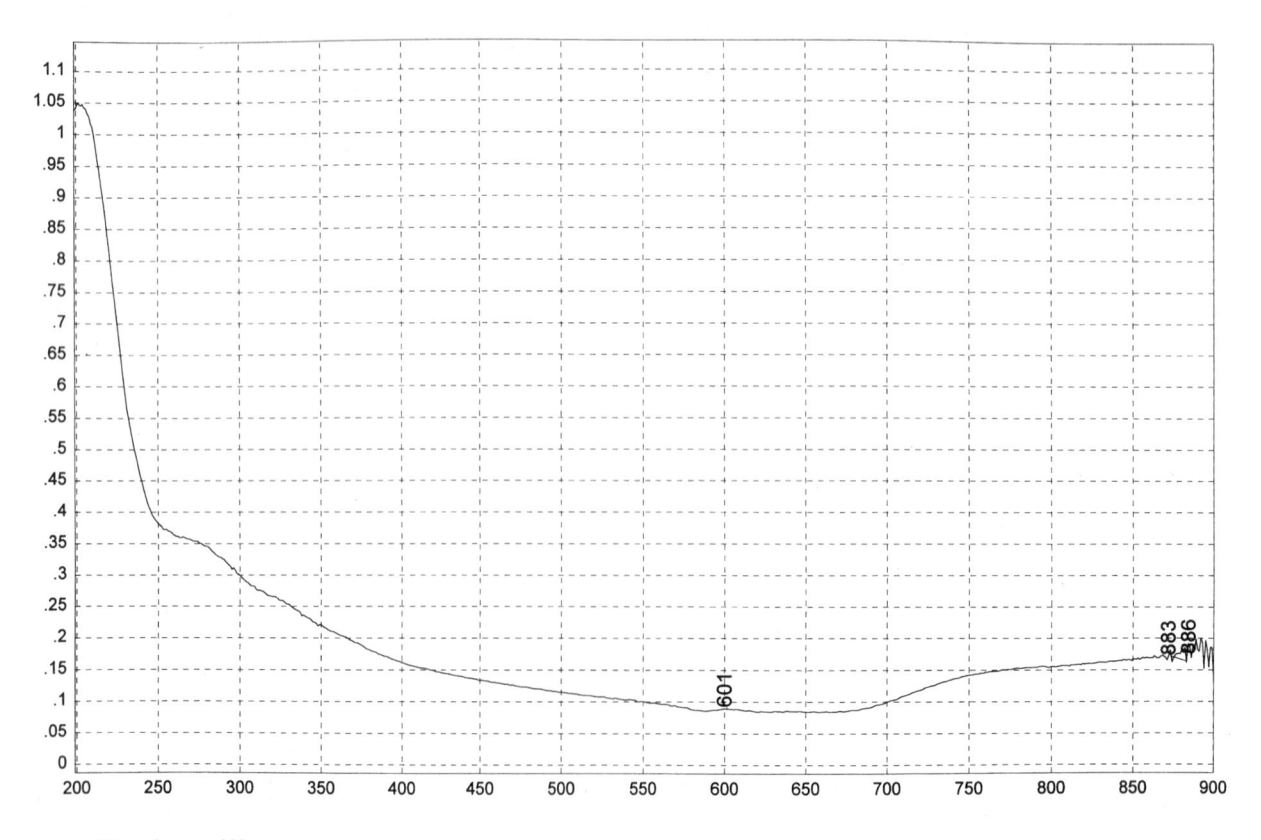

Reflectance / Wavenumber (cm^{-1})

532 | **VINYL CHLORIDE/VINYL ACETATE COPOLYMER (88% VINYL CHLORIDE)**

Absorbance / Nanometers

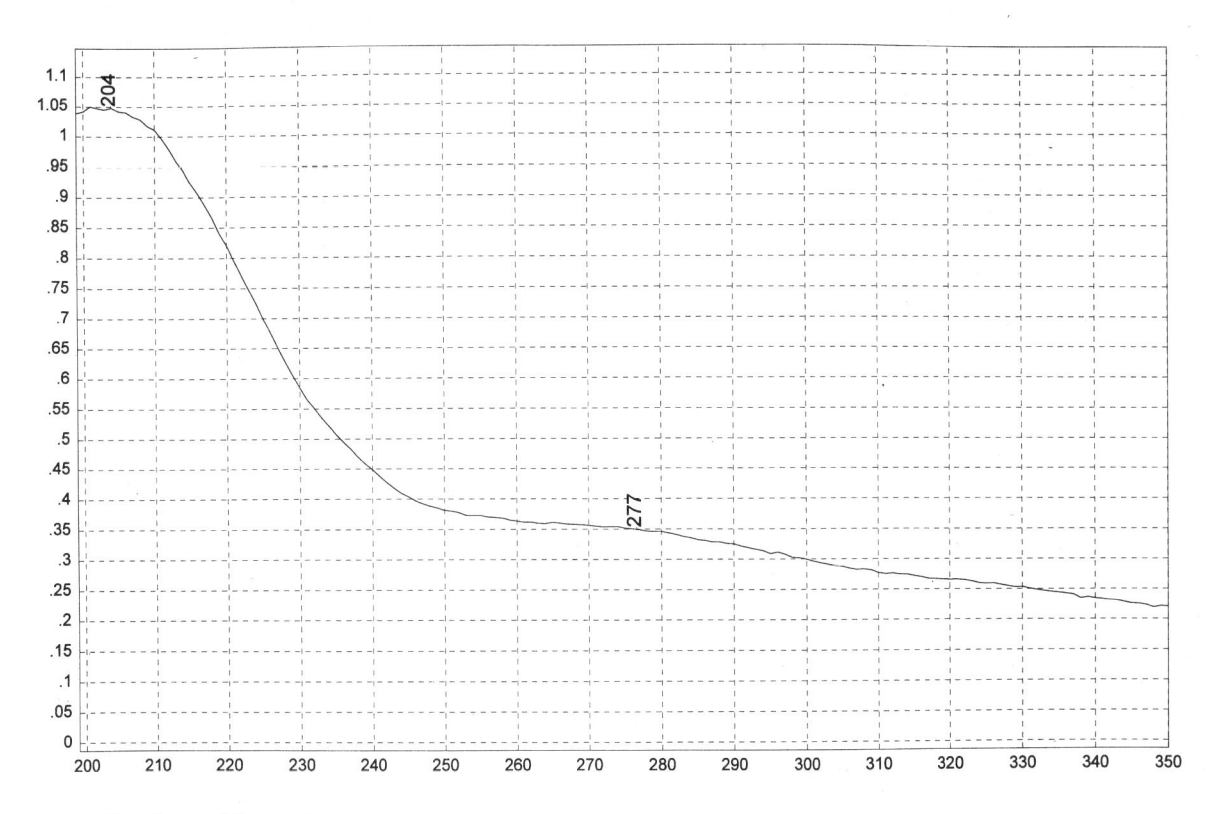

Absorbance / Nanometers

| 533 | VINYL CHLORIDE/VINYL ACETATE COPOLYMER (88% VINYL CHLORIDE) |

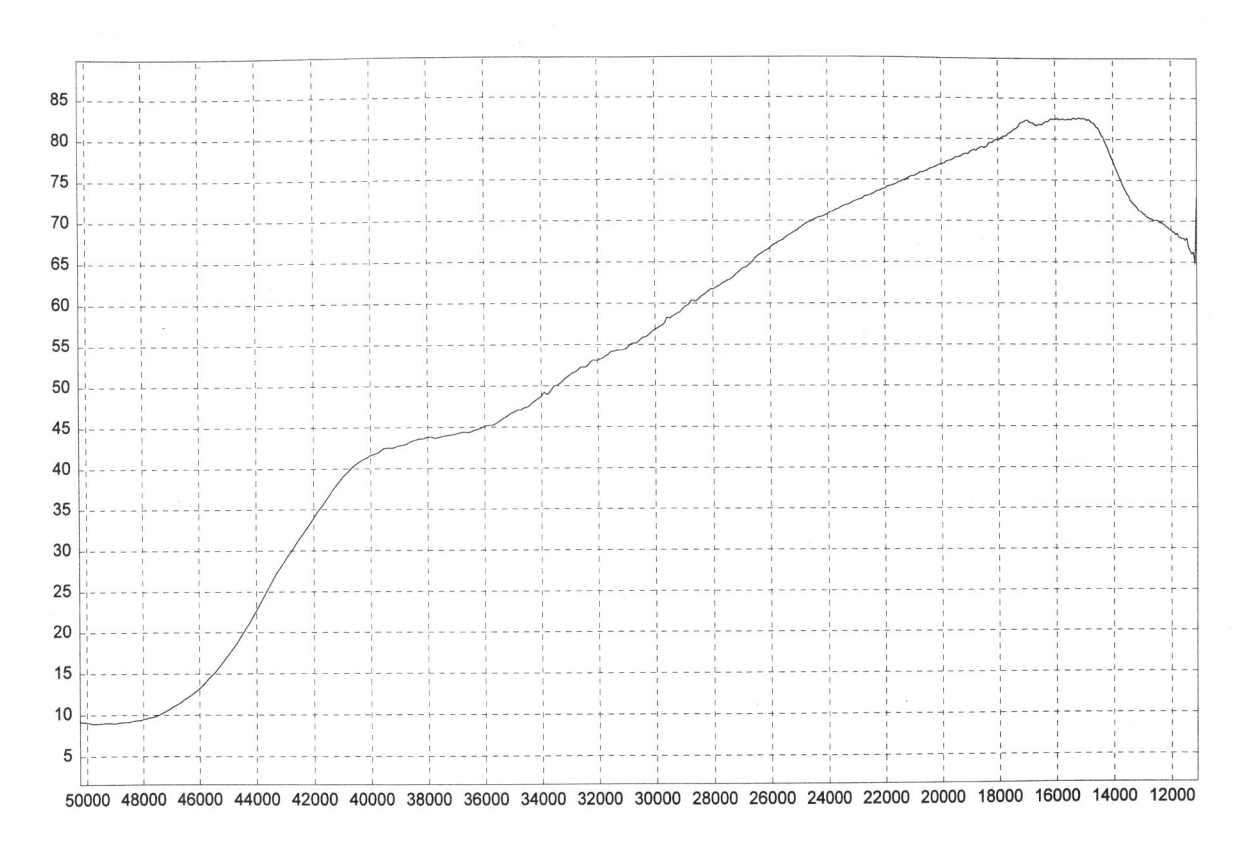

Reflectance / Wavenumber (cm^{-1})

| 534 | VINYL CHLORIDE/VINYL ACETATE COPOLYMER (88% VINYL CHLORIDE) |

Absorbance / Nanometers

| 535 | VINYL CHLORIDE/VINYL ACETATE COPOLYMER (88% VINYL CHLORIDE) |

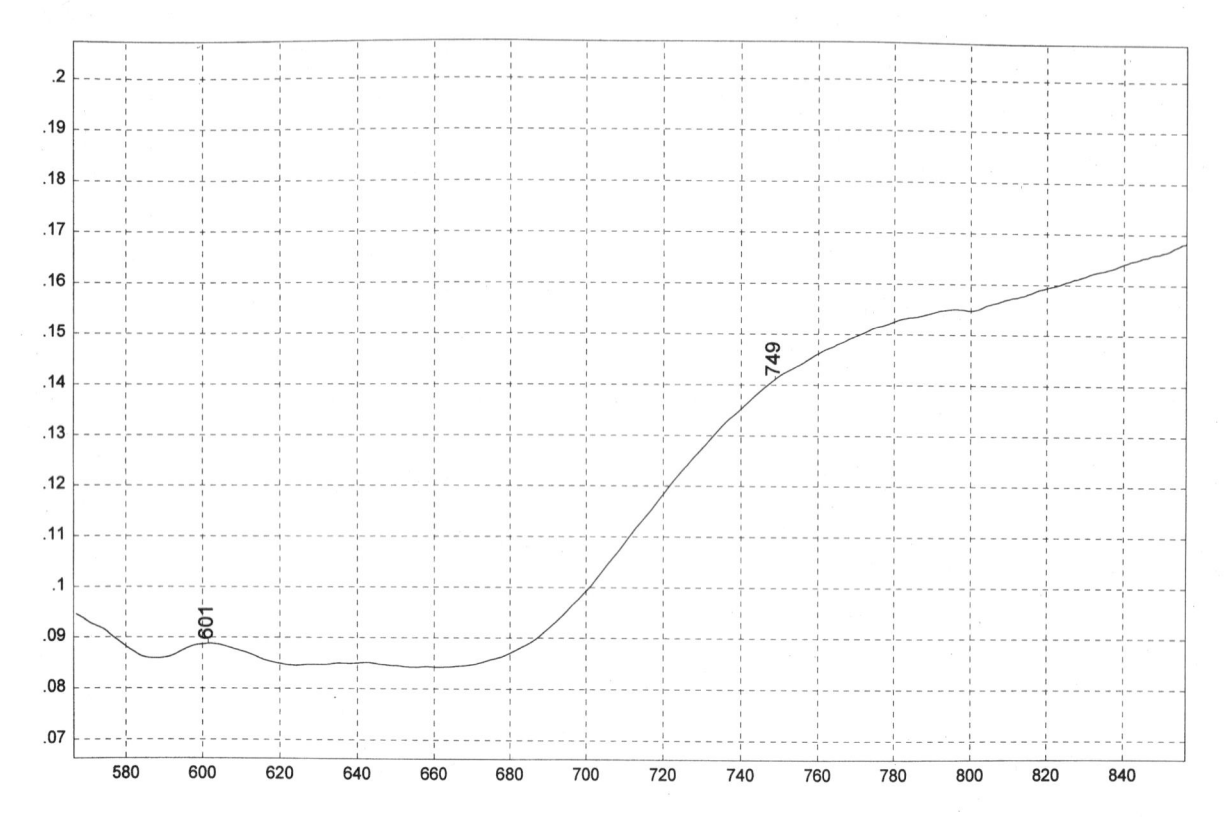

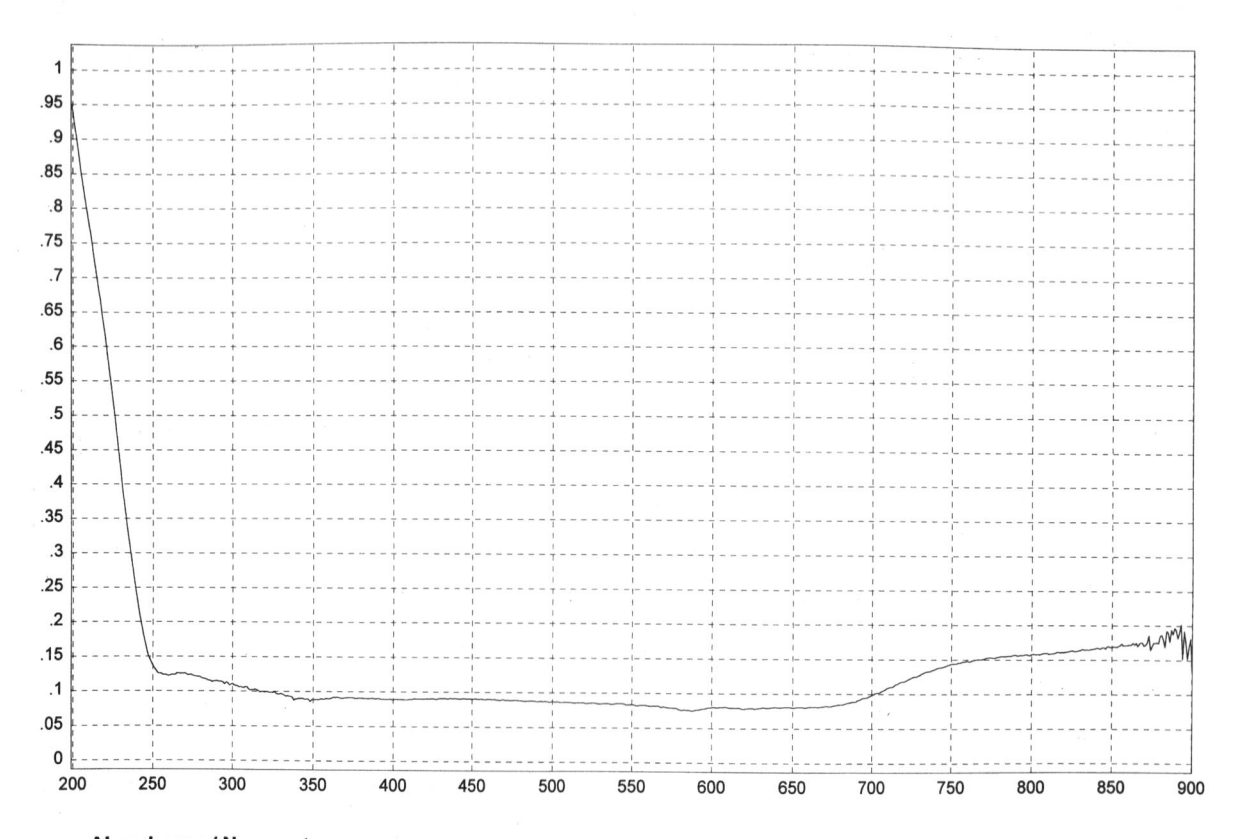

Absorbance / Nanometers

| 536 | VINYL CHLORIDE/VINYL ACETATE COPOLYMER (90% VINYL CHLORIDE) |

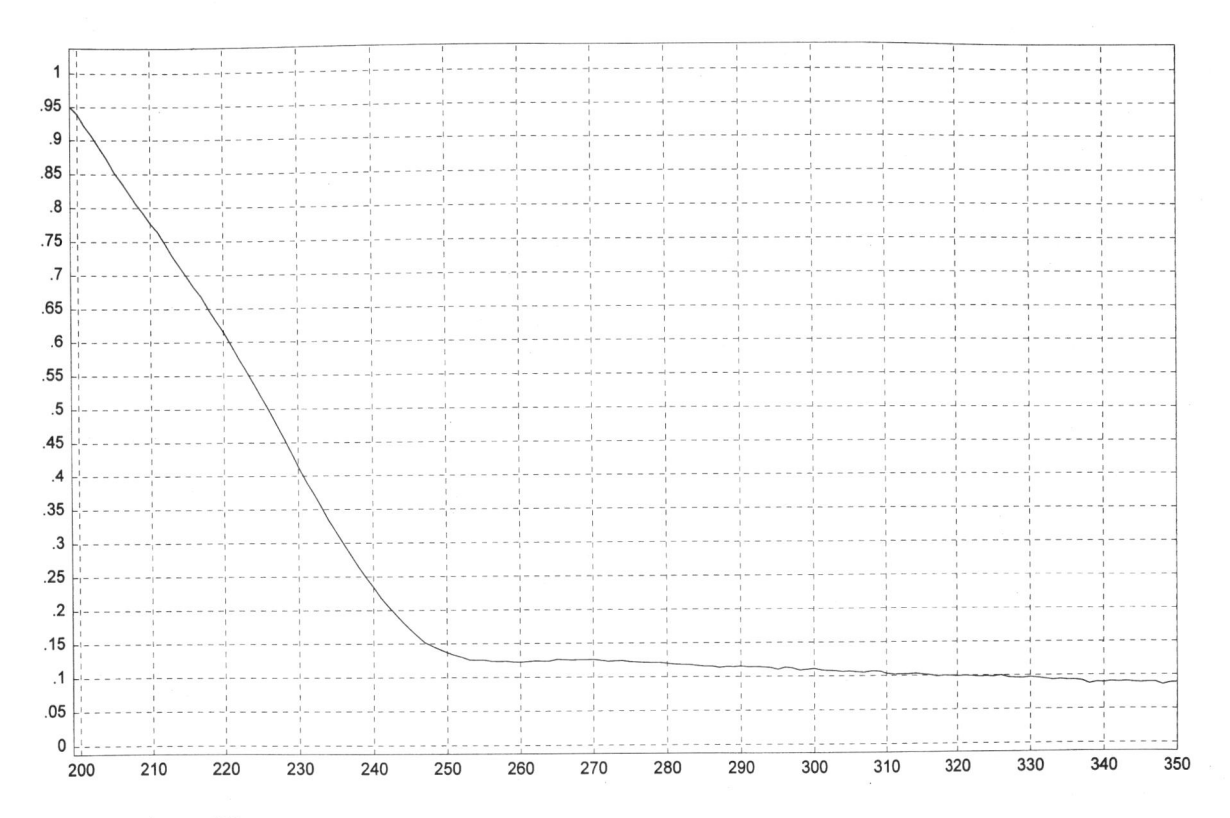

Absorbance / Nanometers

537 VINYL CHLORIDE/VINYL ACETATE COPOLYMER (90% VINYL CHLORIDE)

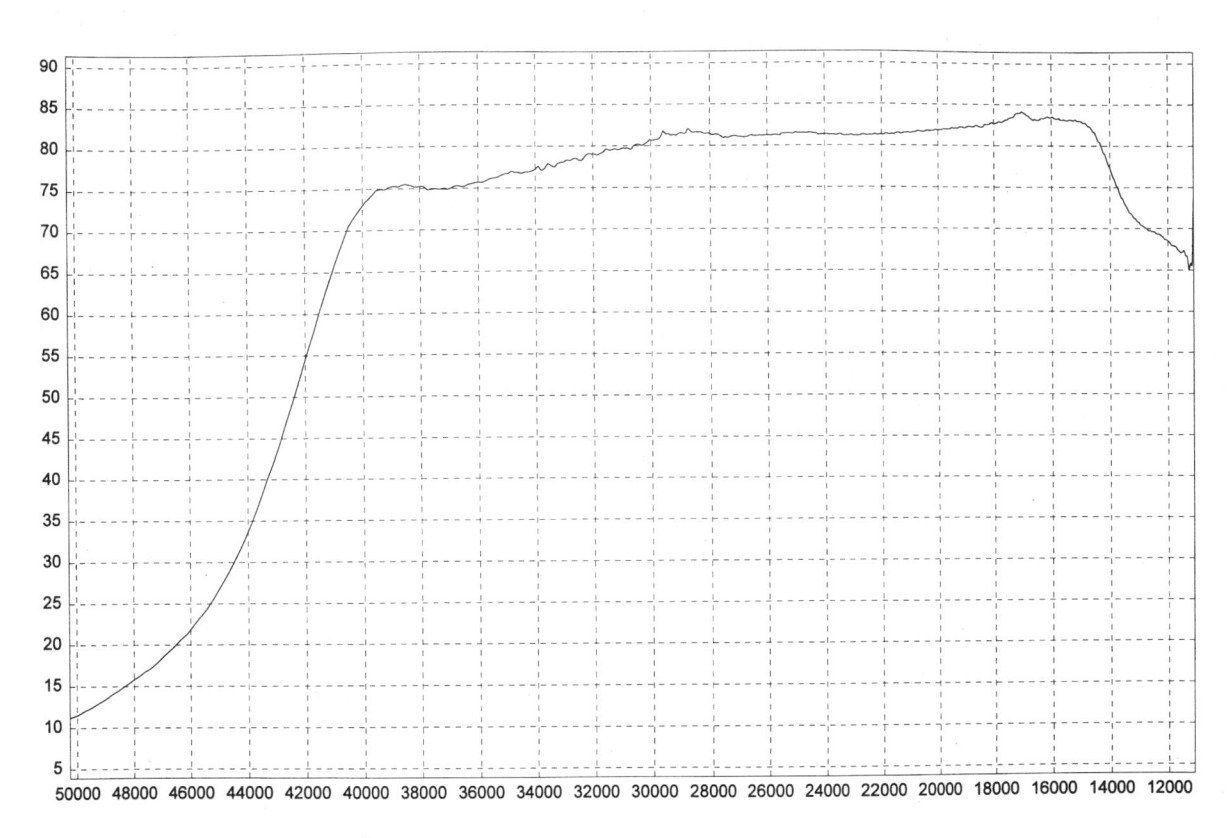

Reflectance / Wavenumber (cm^{-1})

538 VINYL CHLORIDE/VINYL ACETATE COPOLYMER (90% VINYL CHLORIDE)

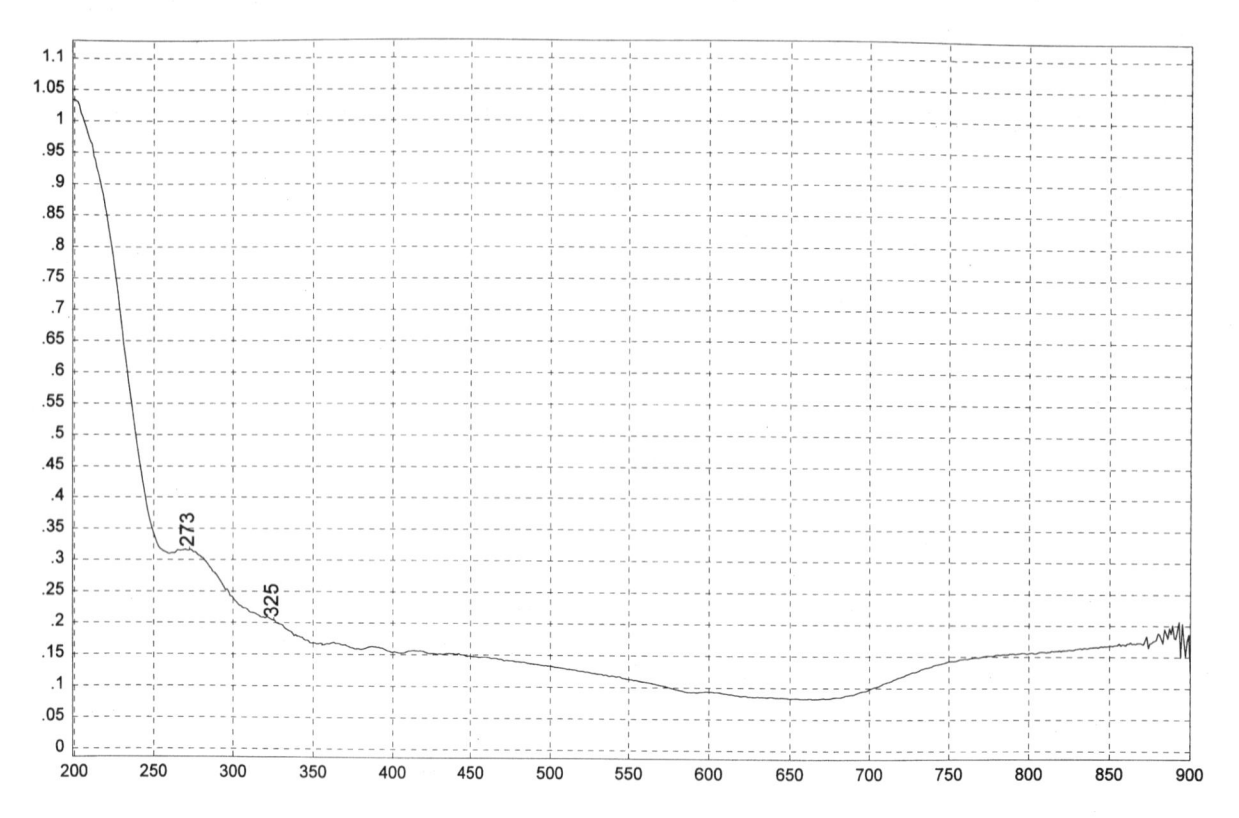

539 VINYL CHLORIDE/VINYL ACETATE COPOLYMER CARBOXYLATED (86% VINYL CHLORIDE)

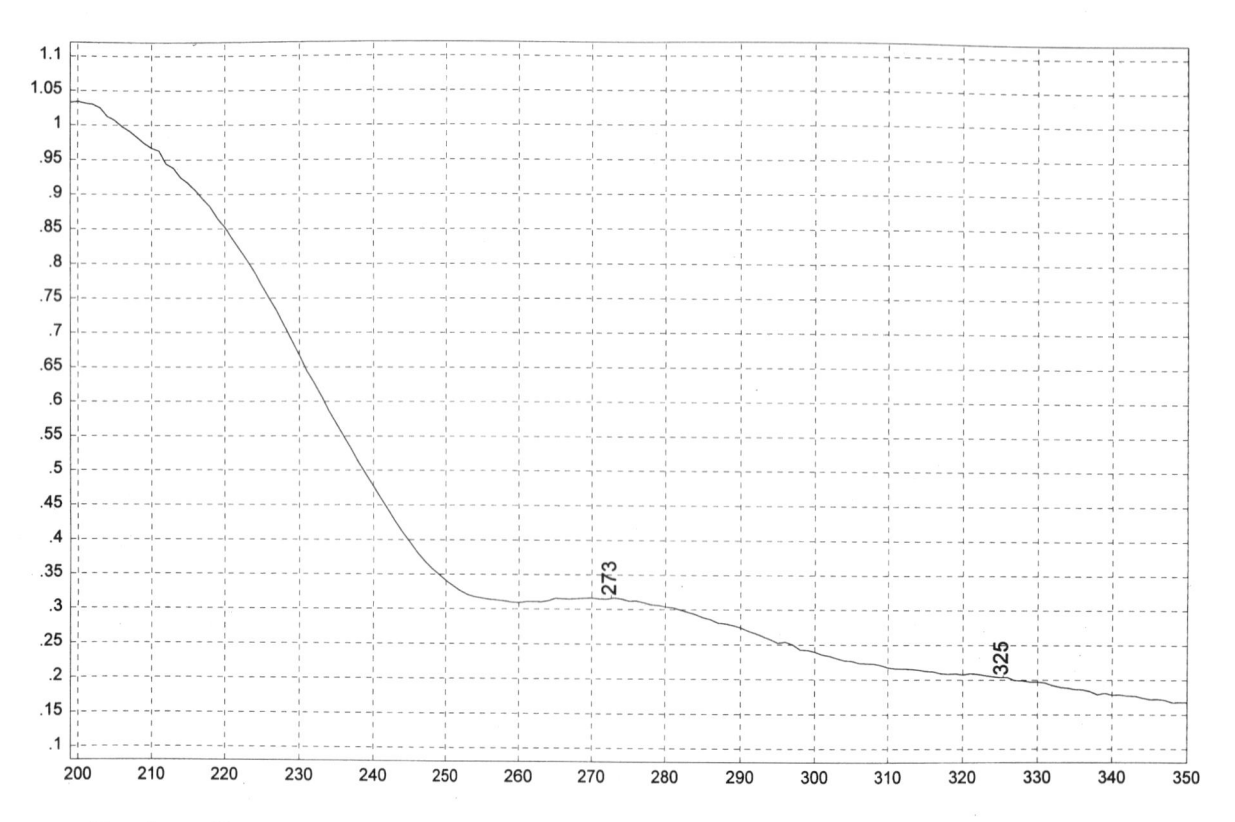

540 VINYL CHLORIDE/VINYL ACETATE COPOLYMER CARBOXYLATED (86% VINYL CHLORIDE)

541   VINYL CHLORIDE/VINYL ACETATE COPOLYMER CARBOXYLATED (86% VINYL CHLORIDE)

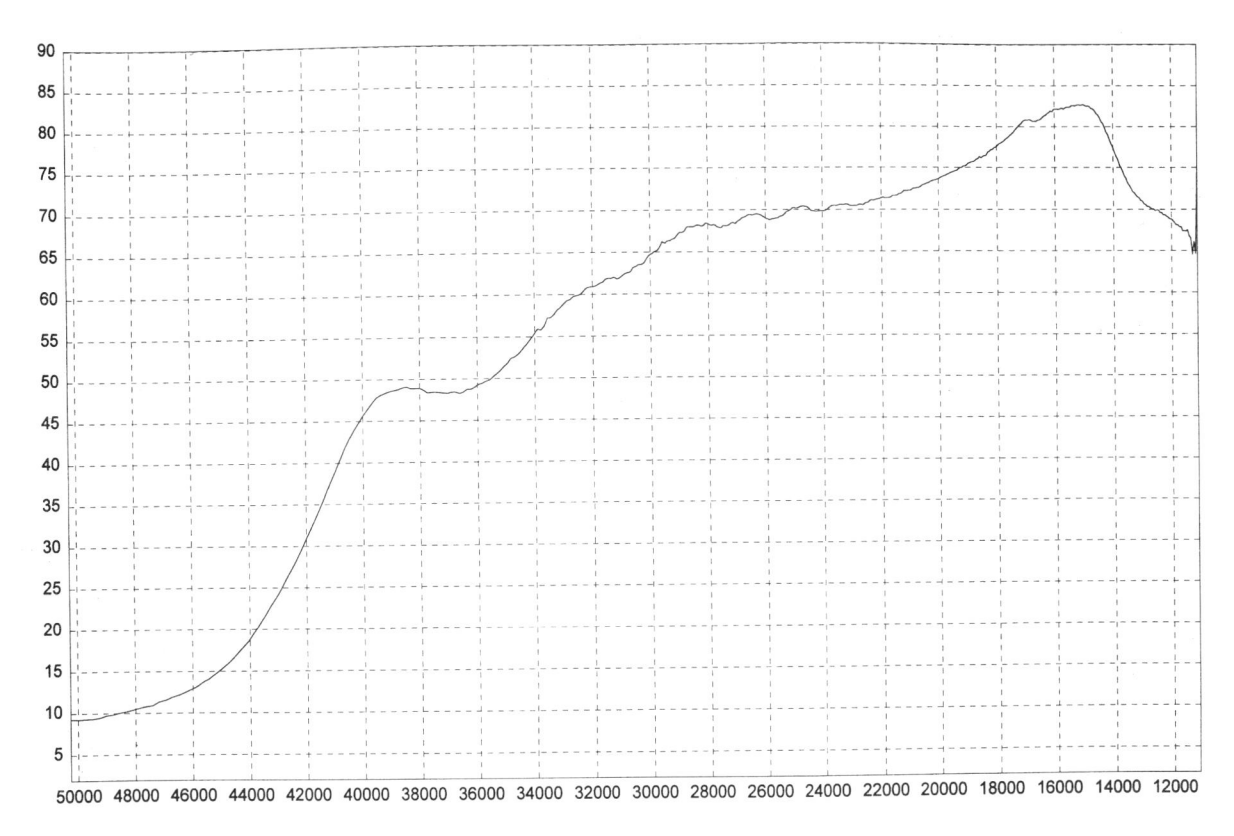

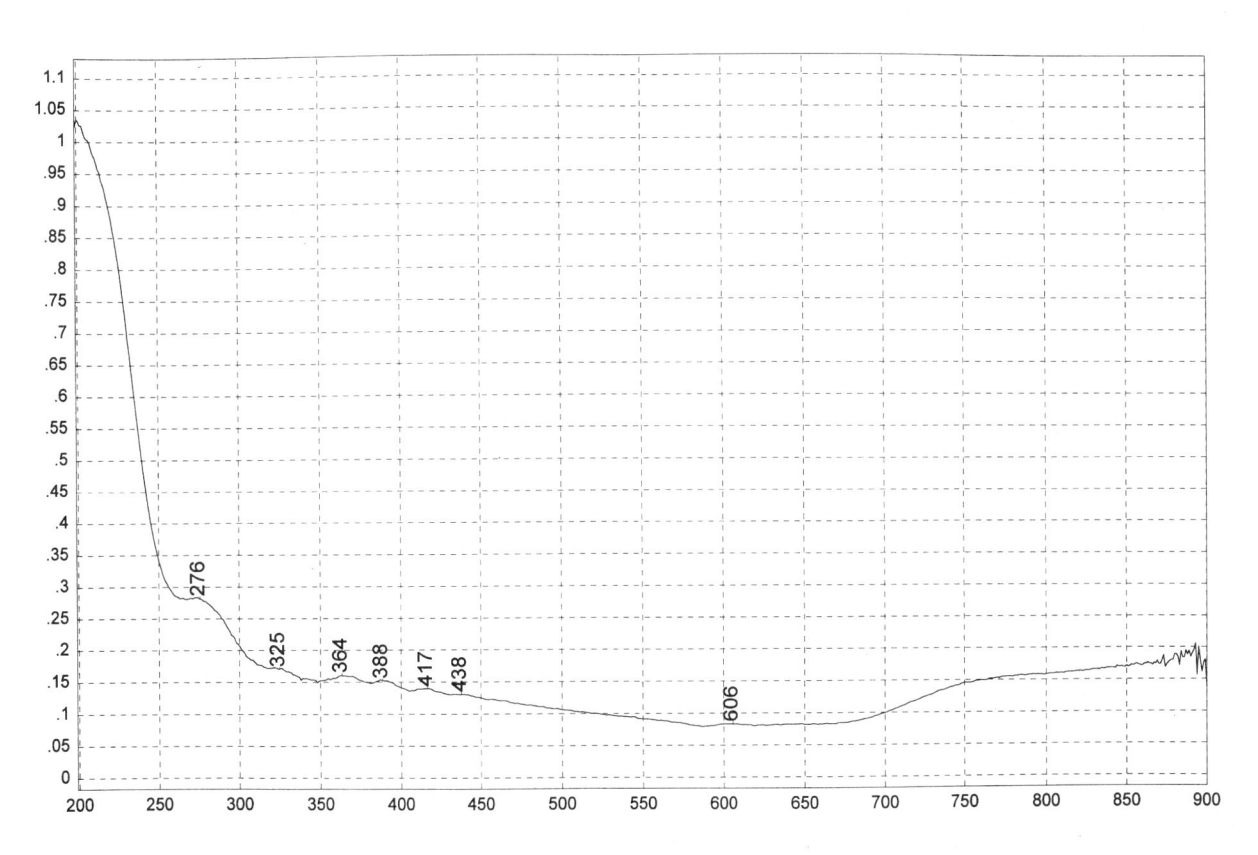

542   VINYL CHLORIDE/VINYL ACETATE/HYDROXYPROPYL ACRYLATE TERPOLYMER (80% VINYL CHLORIDE)

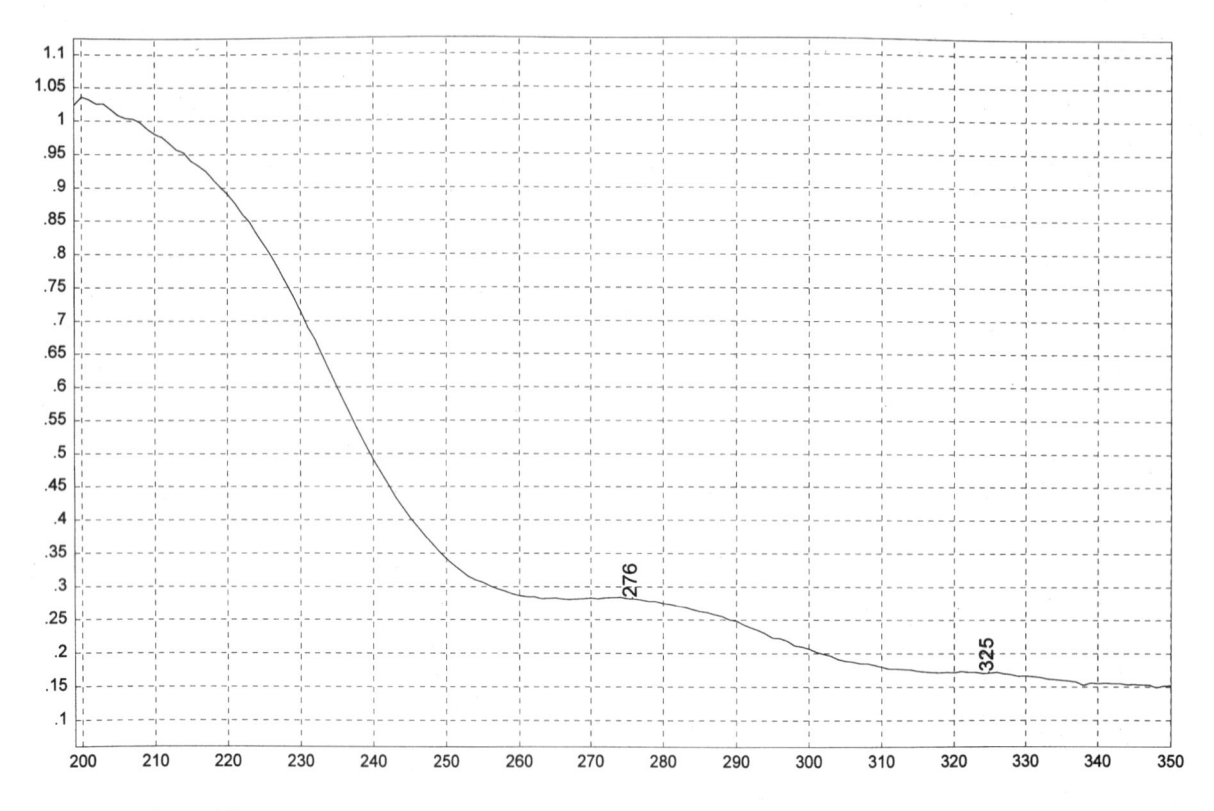

Absorbance / Nanometers

| 543 | VINYL CHLORIDE/VINYL ACETATE/HYDROXYPROPYL ACRYLATE TERPOLYMER (80% VINYL CHLORIDE) |

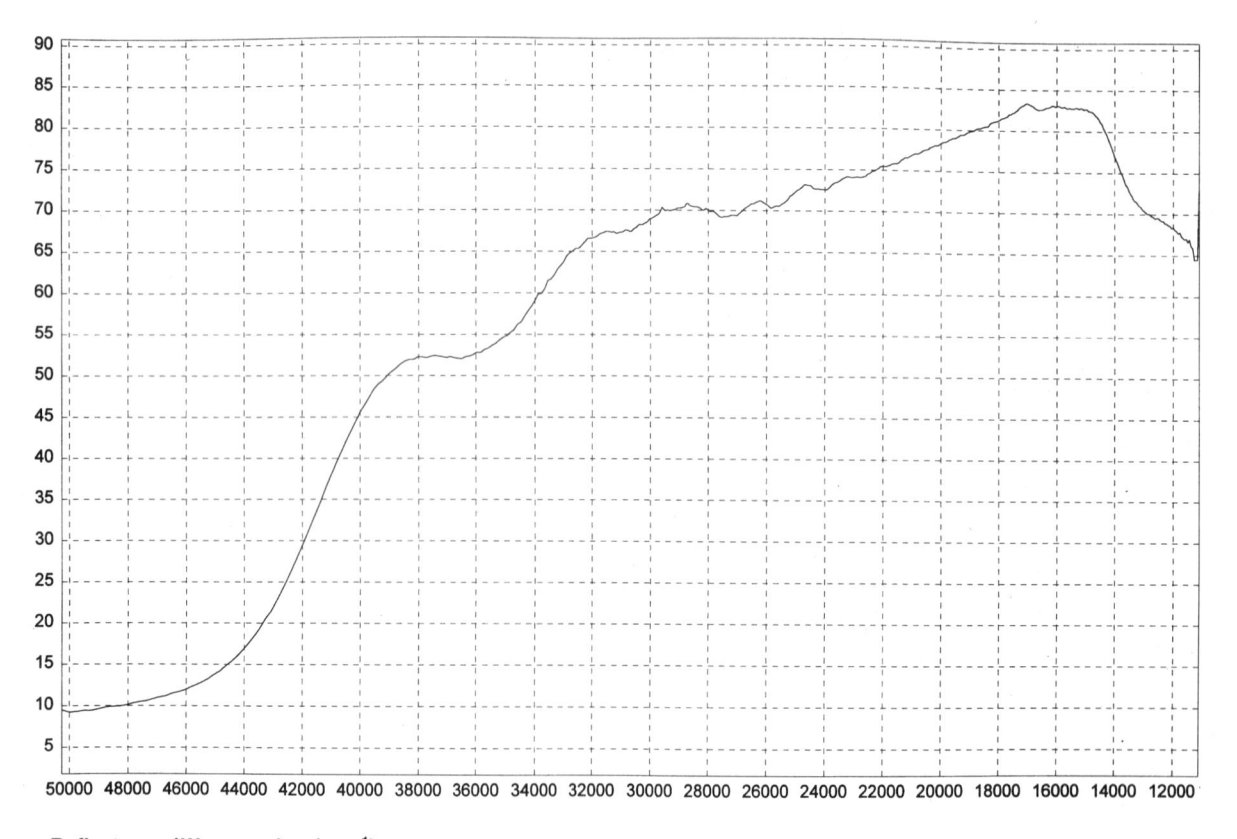

Reflectance / Wavenumber (cm^{-1})

| 544 | VINYL CHLORIDE/VINYL ACETATE/HYDROXYPROPYL ACRYLATE TERPOLYMER (80% VINYL CHLORIDE) |

545 VINYL CHLORIDE/VINYL ACETATE/HYDROXYPROPYL ACRYLATE TERPOLYMER (80% VINYL CHLORIDE)

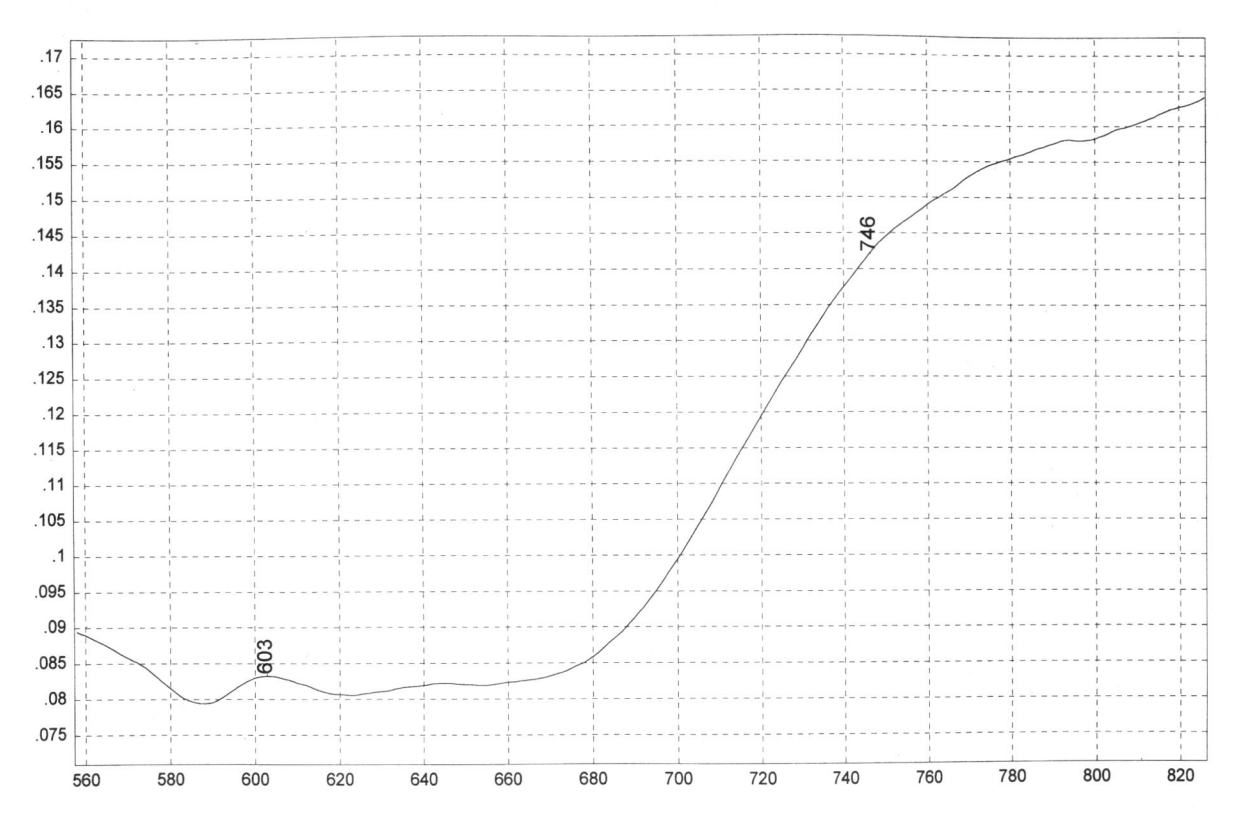

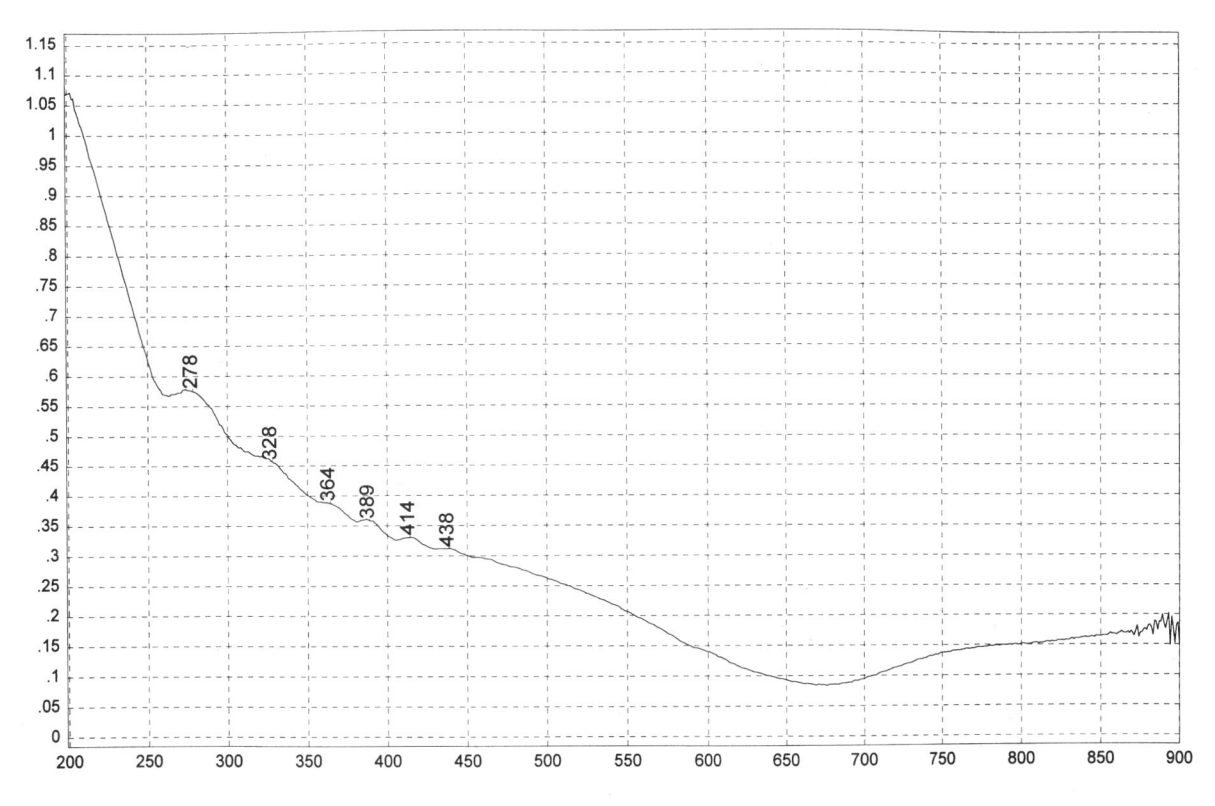

546 VINYL CHLORIDE/VINYL ACETATE/VINYL ALCOHOL TERPOLYMER (91% VINYL CHLORIDE)

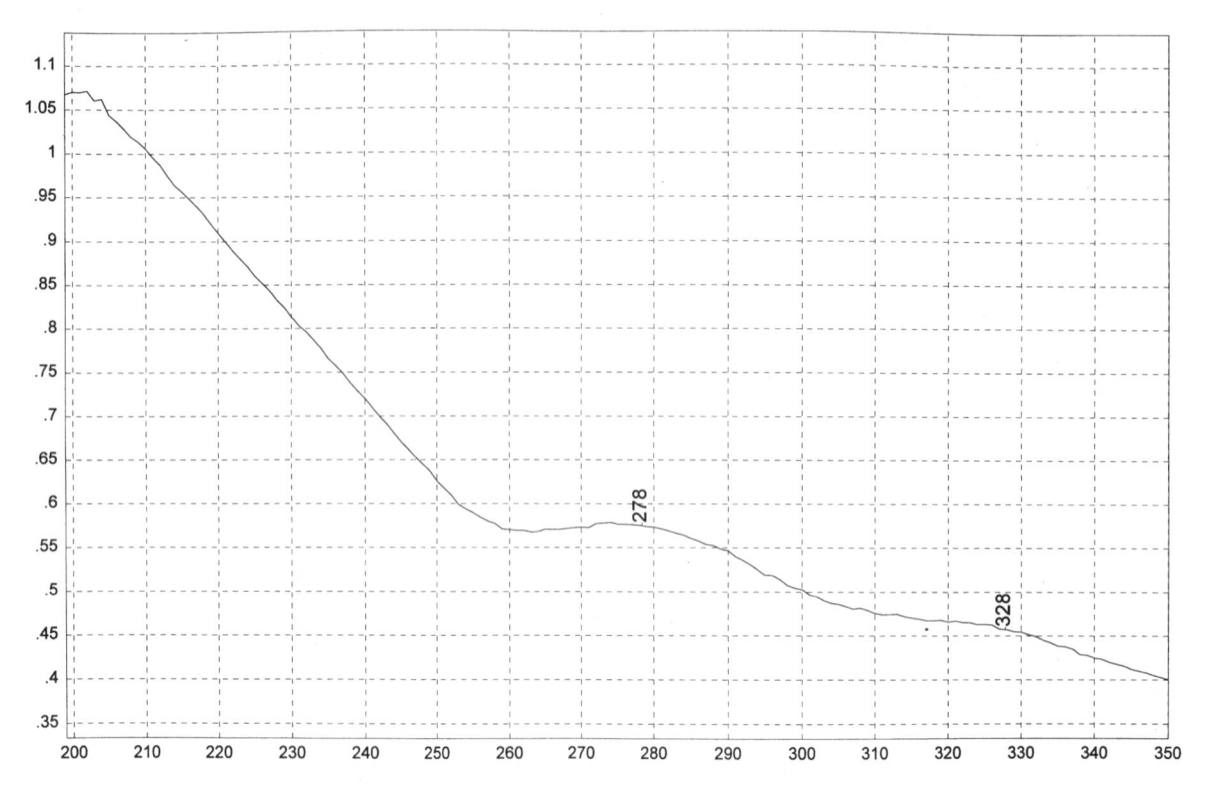

547 VINYL CHLORIDE/VINYL ACETATE/VINYL ALCOHOL TERPOLYMER (91% VINYL CHLORIDE)

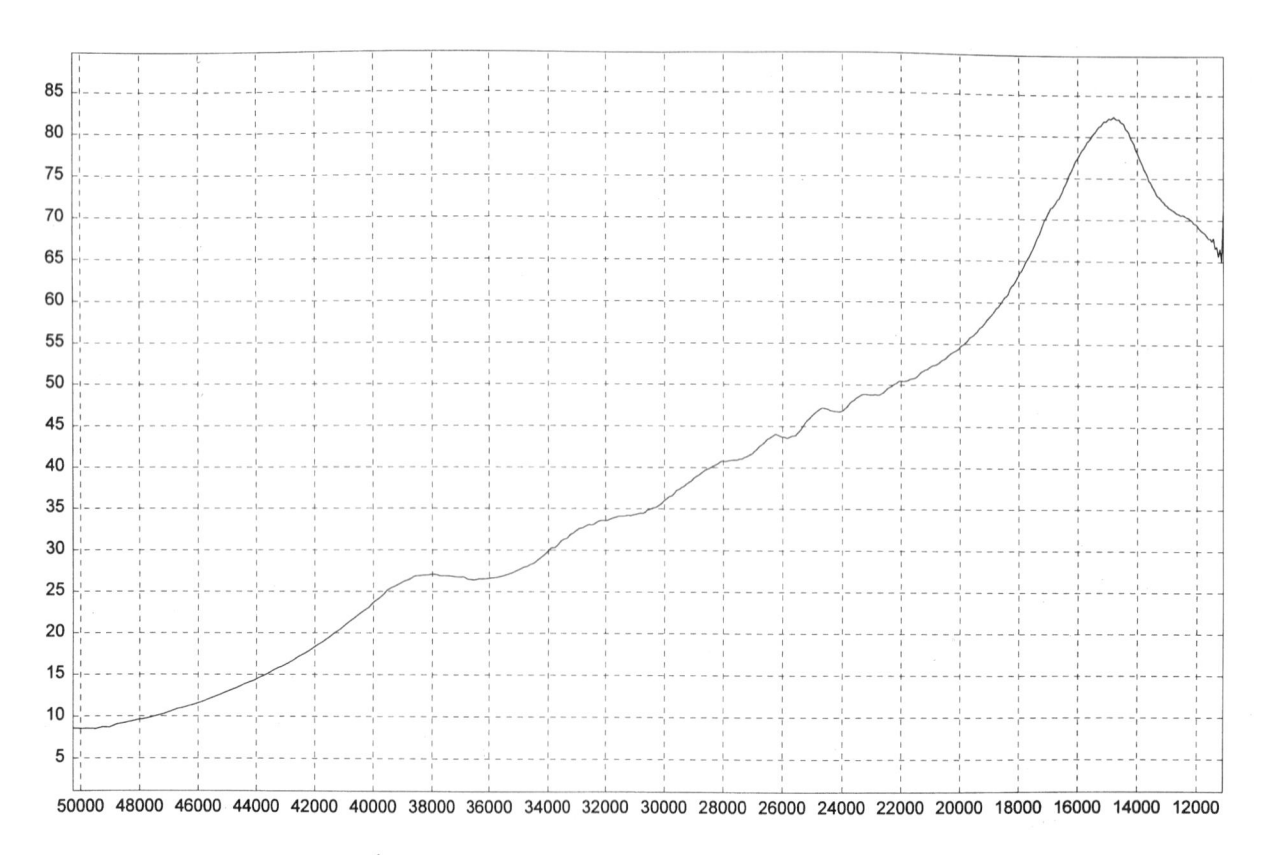

548 VINYL CHLORIDE/VINYL ACETATE/VINYL ALCOHOL TERPOLYMER (91% VINYL CHLORIDE)

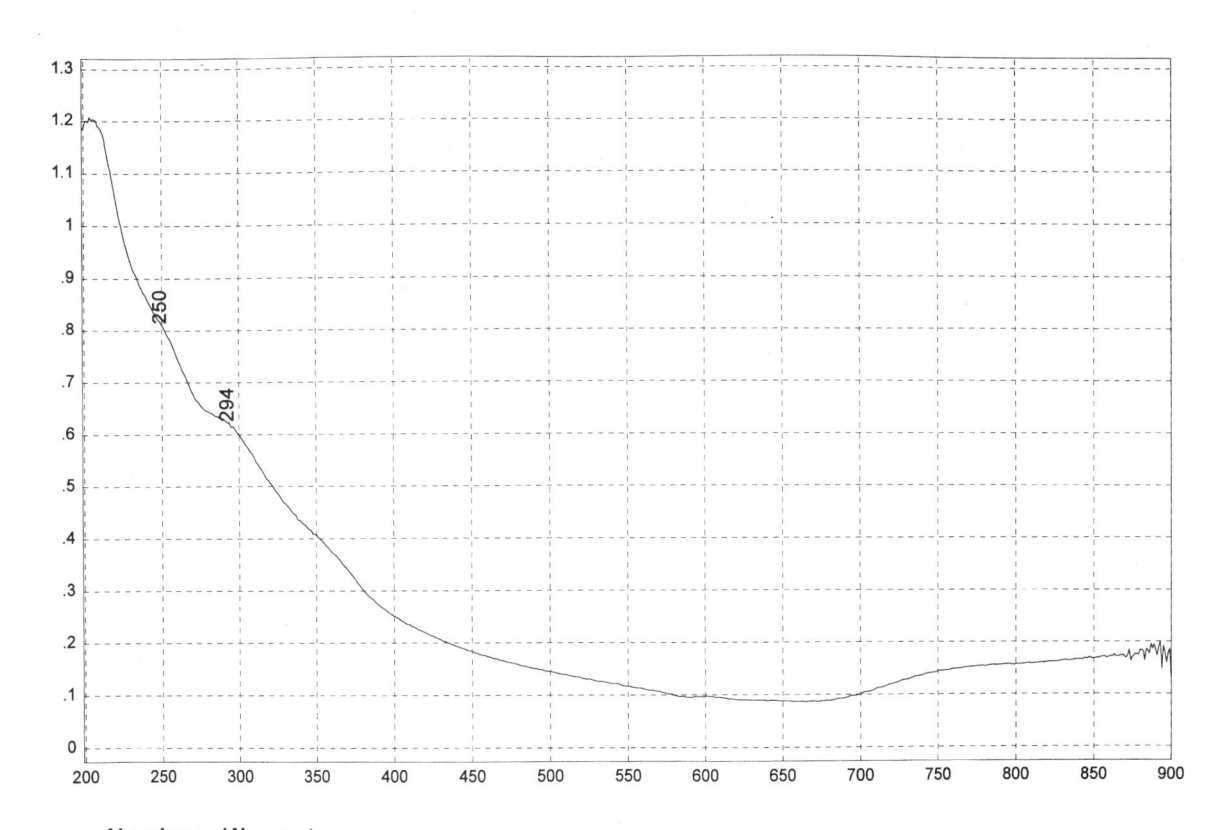

Absorbance / Nanometers

549   VINYLIDENE CHLORIDE/ACRYLONITRILE COPOLYMER (20% ACRYLONITRILE)

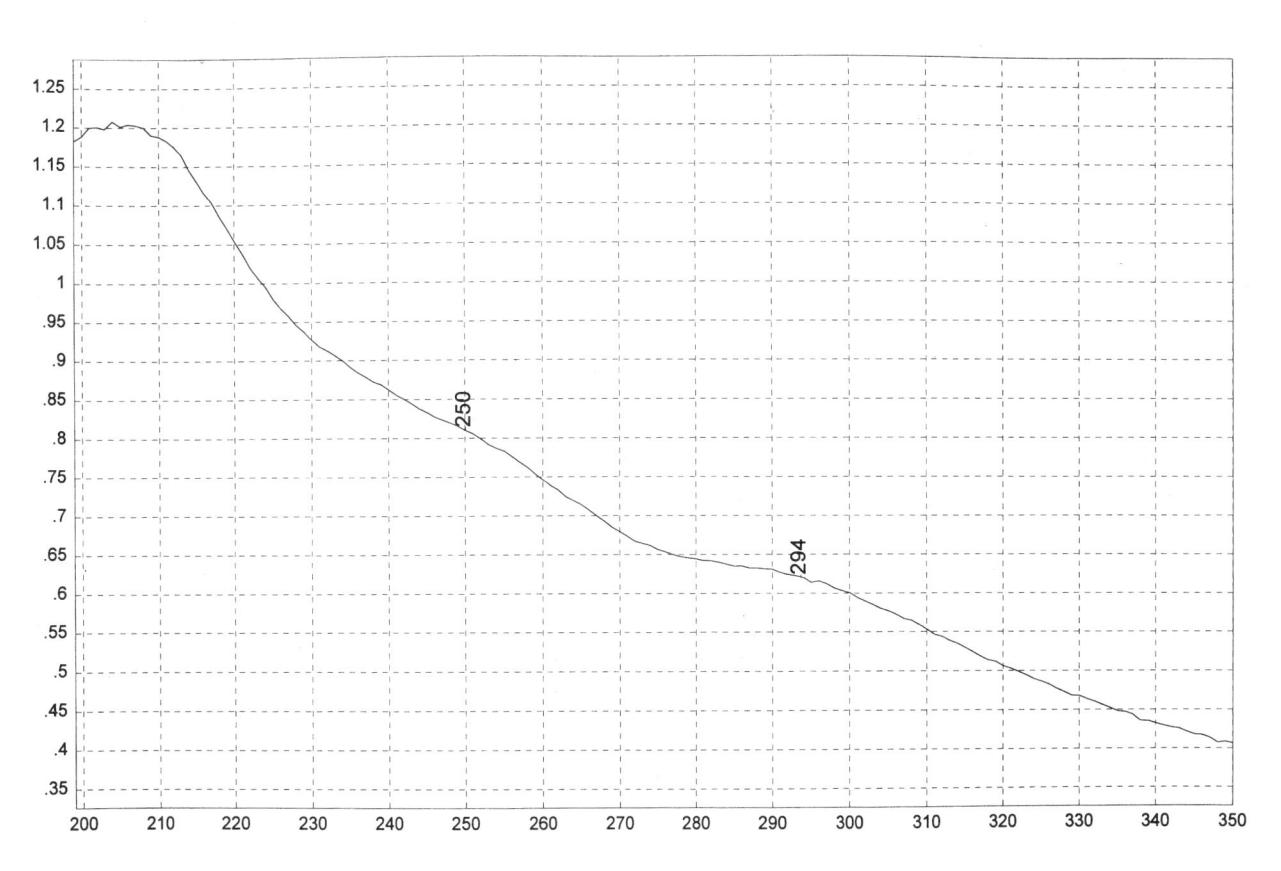

Absorbance / Nanometers

550   VINYLIDENE CHLORIDE/ACRYLONITRILE COPOLYMER (20% ACRYLONITRILE)

Reflectance / Wavenumber (cm⁻¹)

551 VINYLIDENE CHLORIDE/ACRYLONITRILE COPOLYMER (20% ACRYLONITRILE)

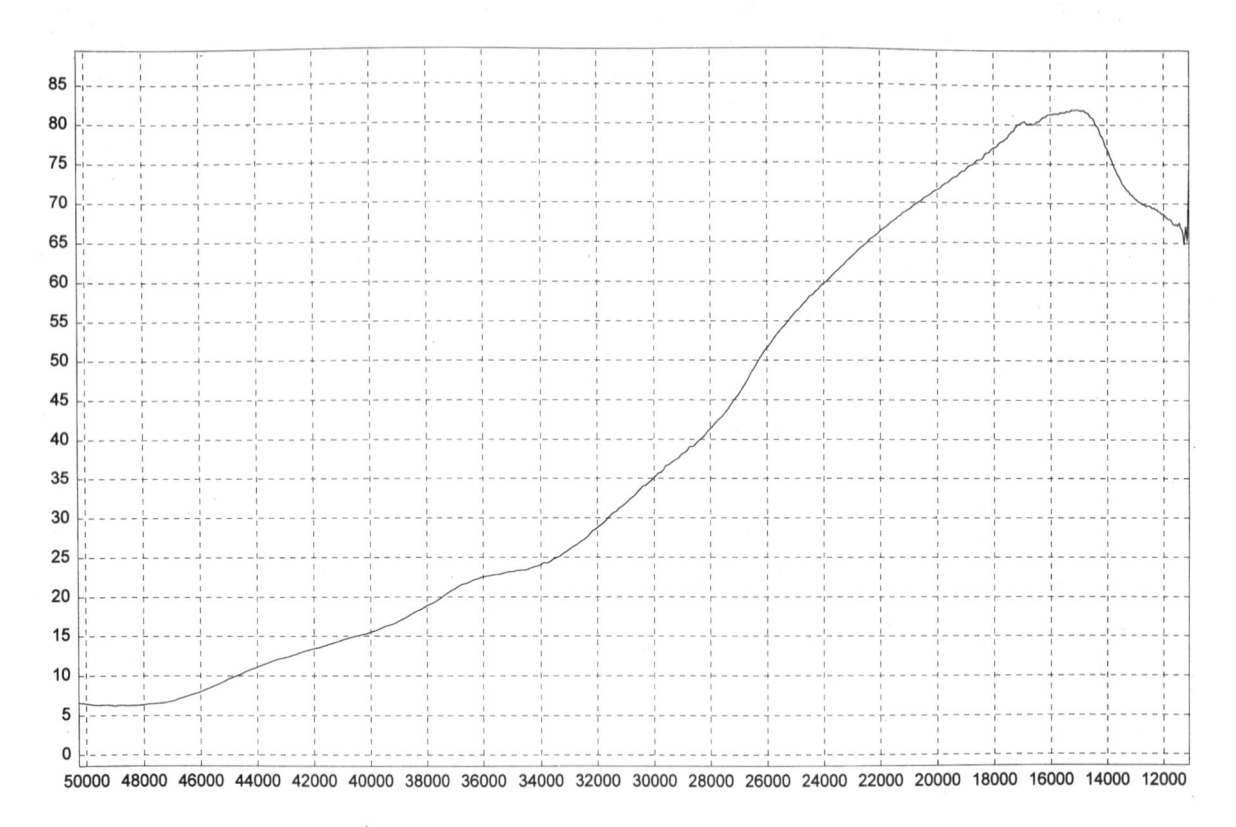

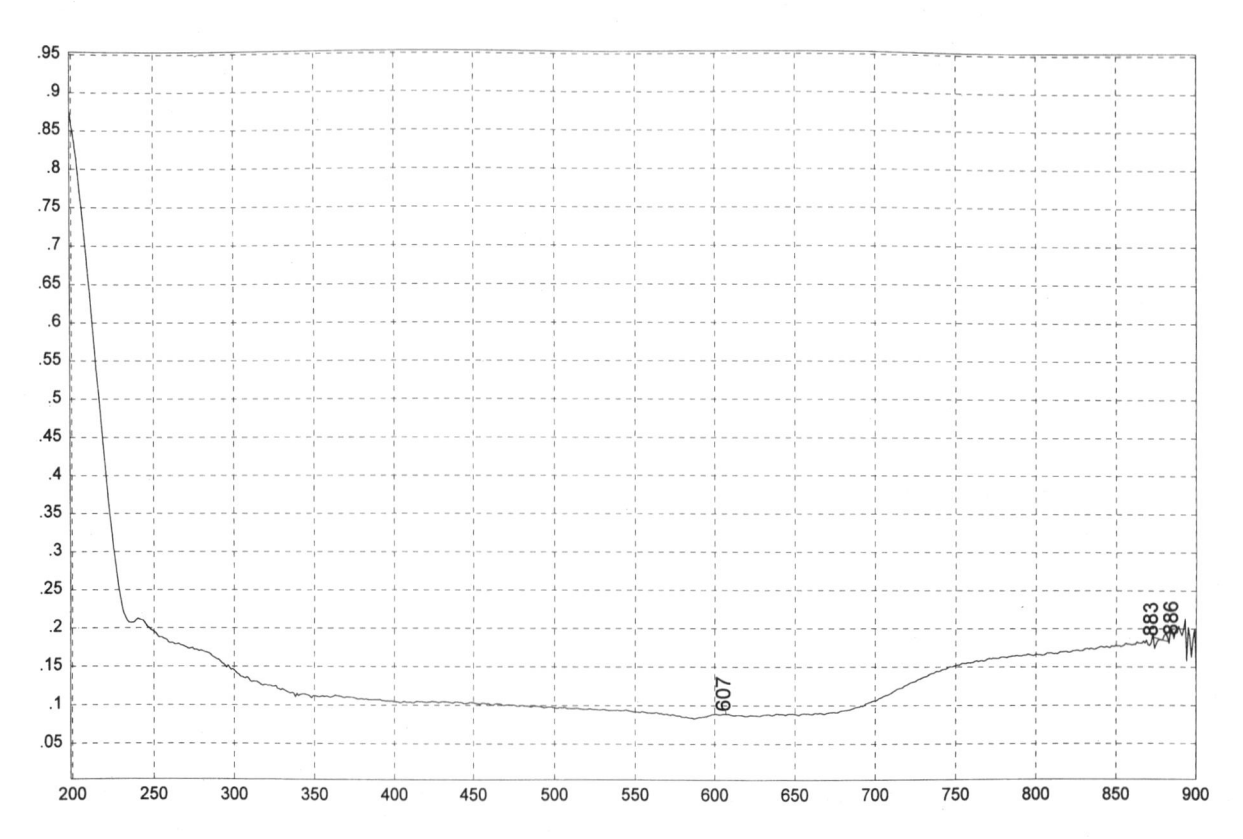

Absorbance / Nanometers

552 VINYLIDENE CHLORIDE/ACRYLONITRILE COPOLYMER (5% VINYLIDENE CHLORIDE)

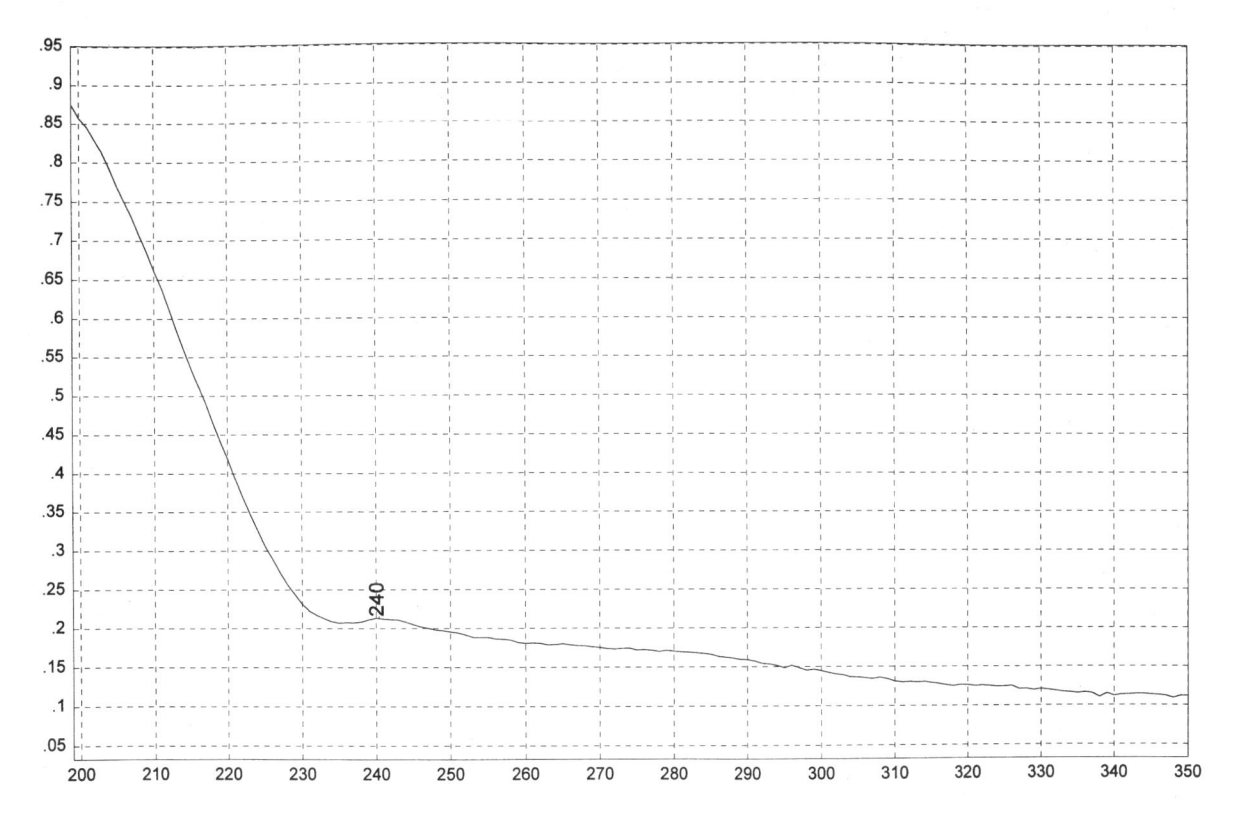

Absorbance / Nanometers

553 VINYLIDENE CHLORIDE/ACRYLONITRILE COPOLYMER (5% VINYLIDENE CHLORIDE)

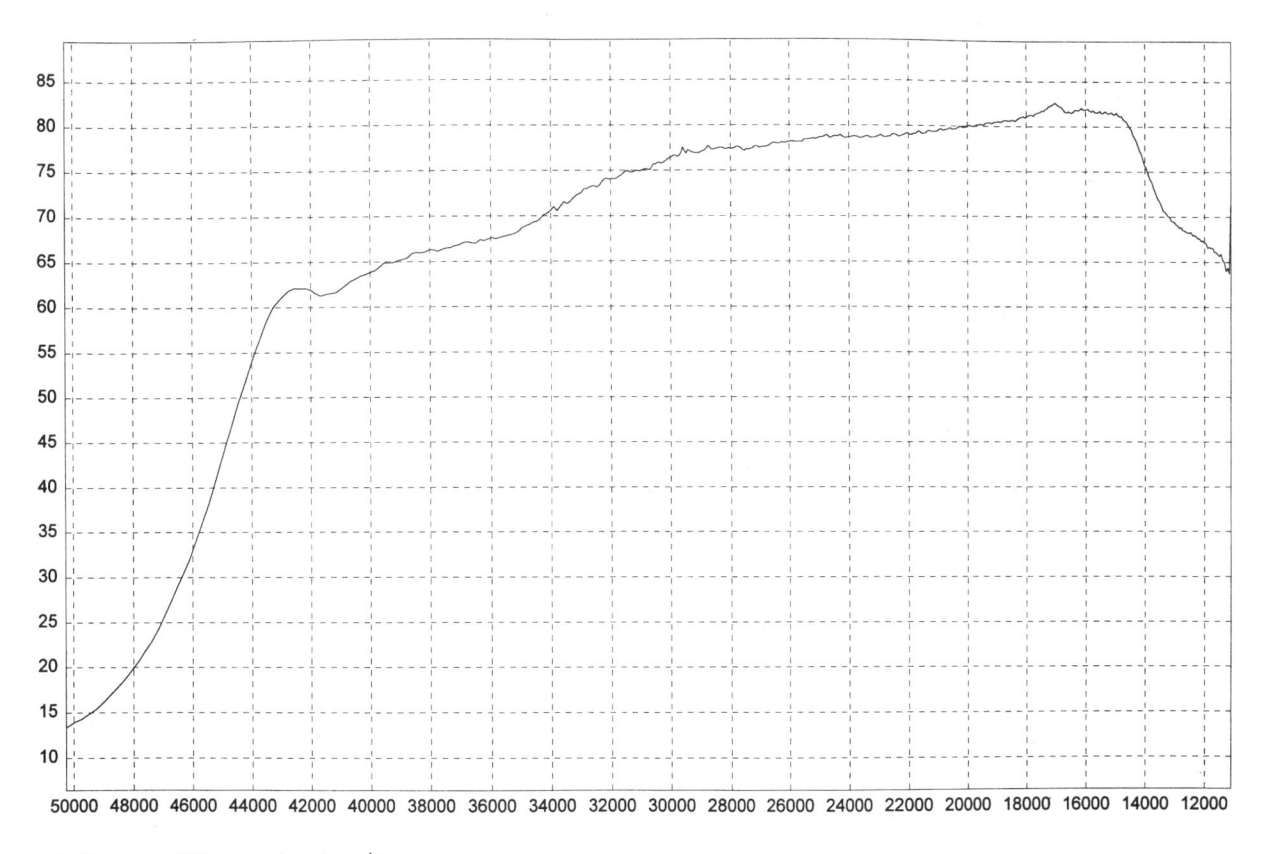

Reflectance / Wavenumber (cm^{-1})

554 VINYLIDENE CHLORIDE/ACRYLONITRILE COPOLYMER (5% VINYLIDENE CHLORIDE)

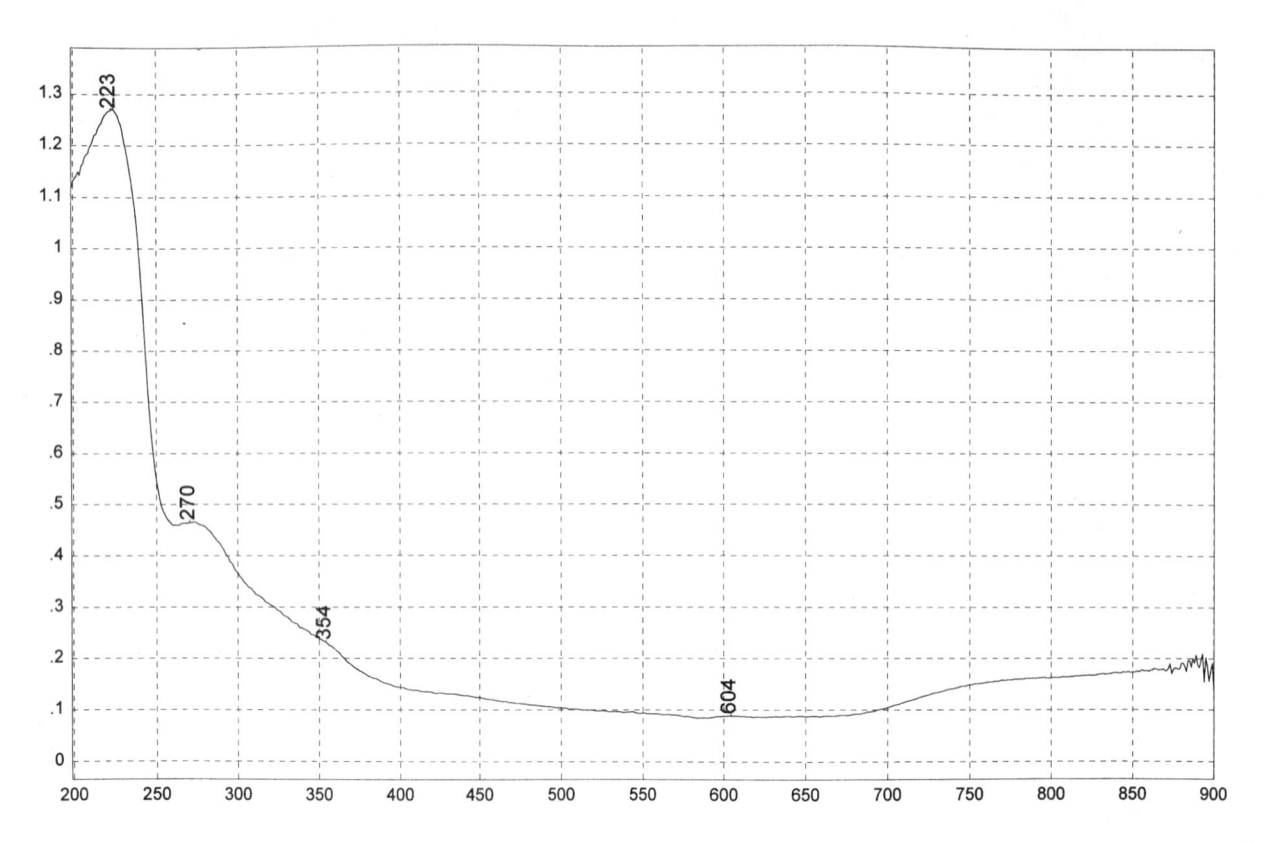

555   n-VINYLPYRROLIDONE/VINYL ACETATE COPOLYMER

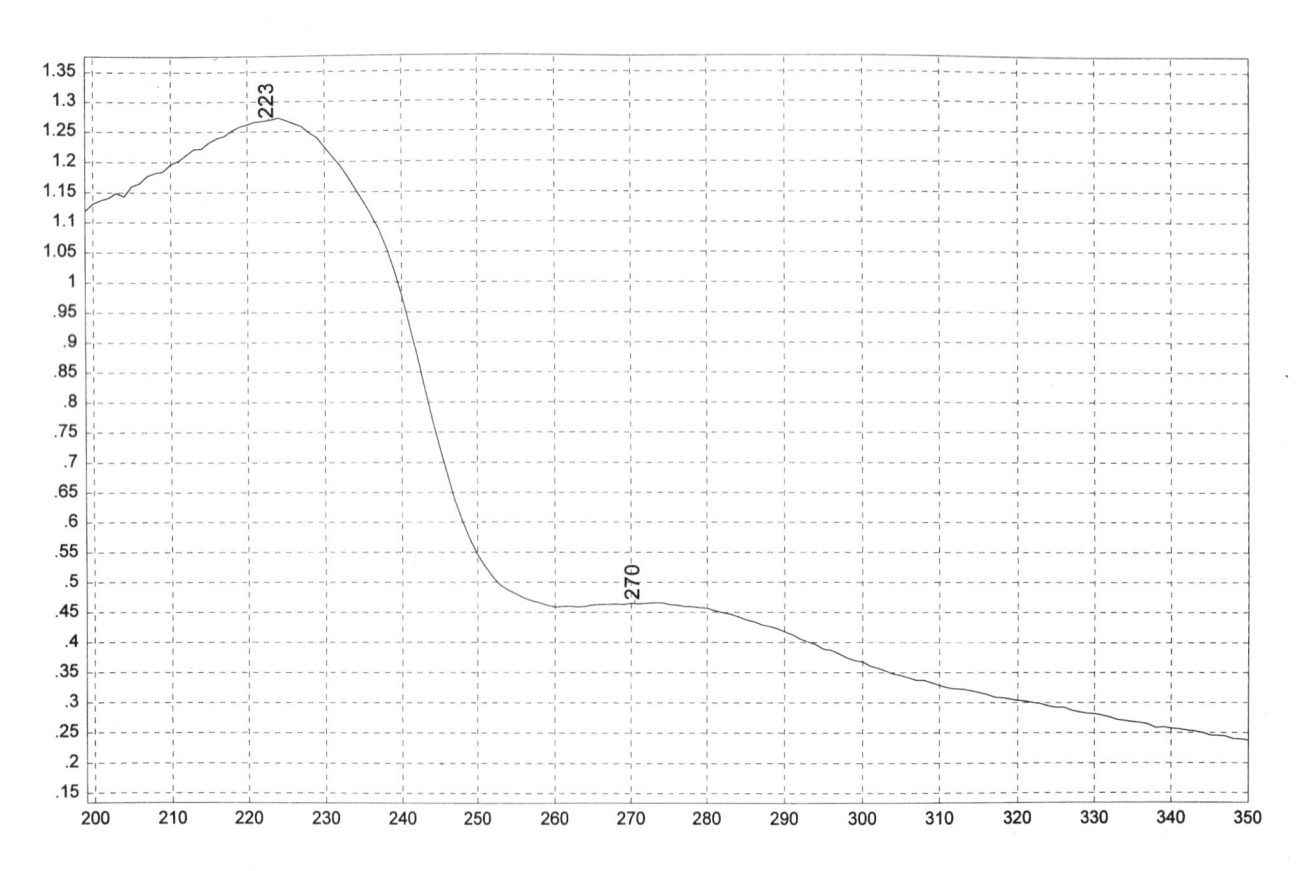

556   n-VINYLPYRROLIDONE/VINYL ACETATE COPOLYMER

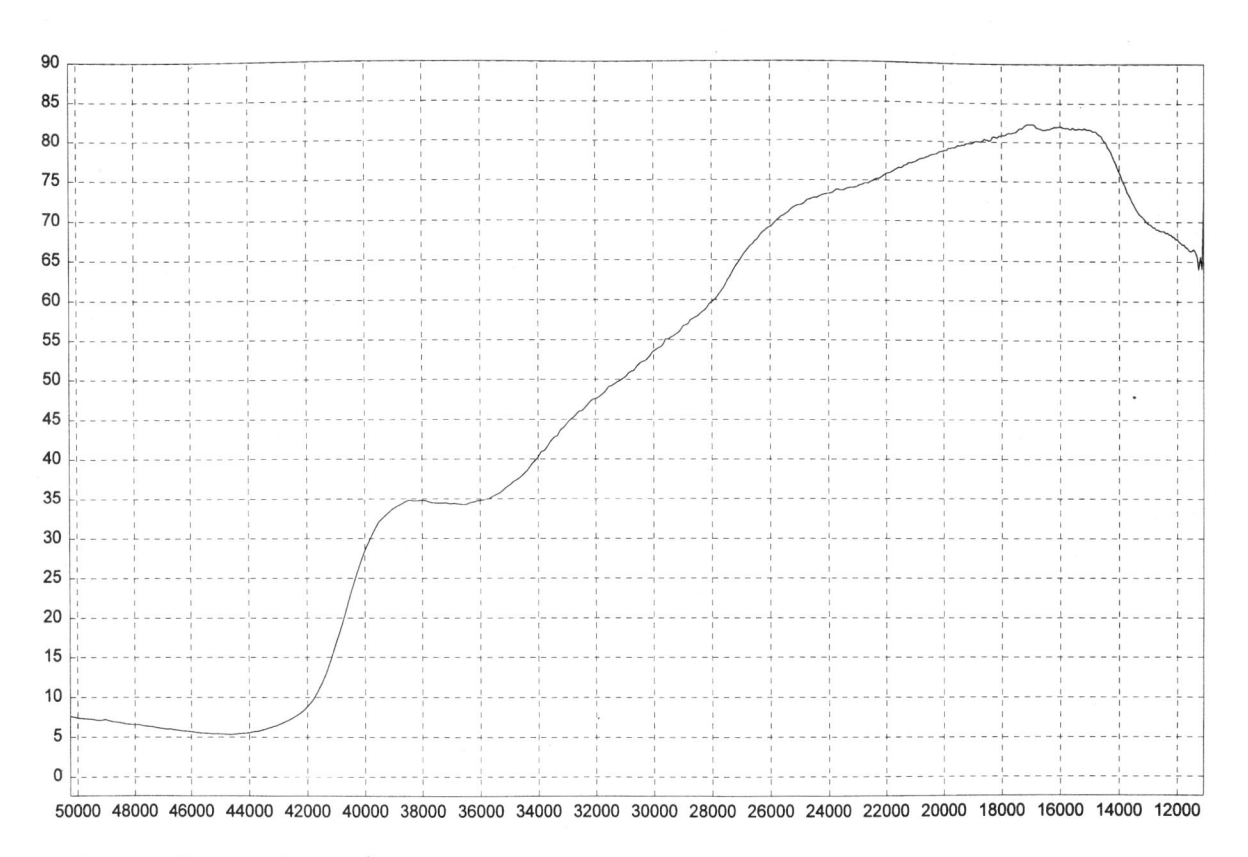

Reflectance / Wavenumber (cm⁻¹)

557   n-VINYLPYRROLIDONE/VINYL ACETATE COPOLYMER

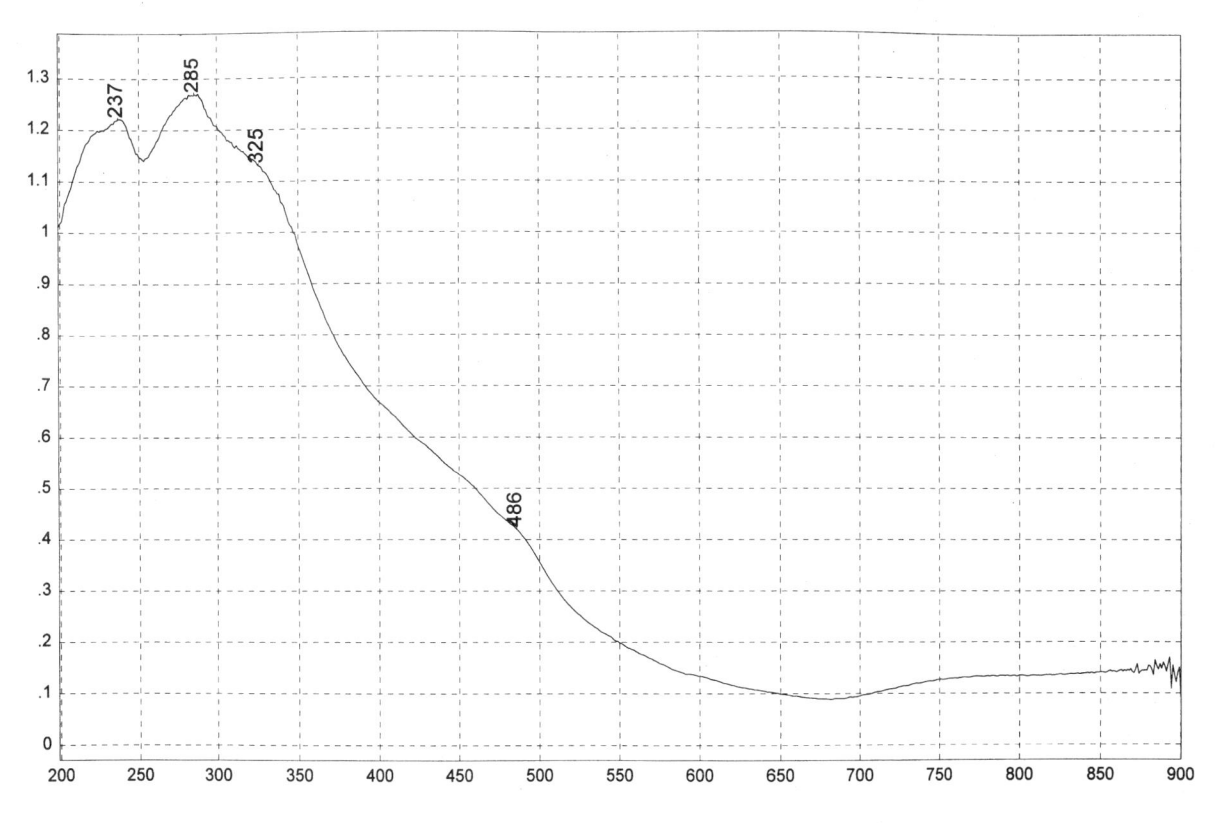

Absorbance / Nanometers

558   ZEIN, PURIFIED

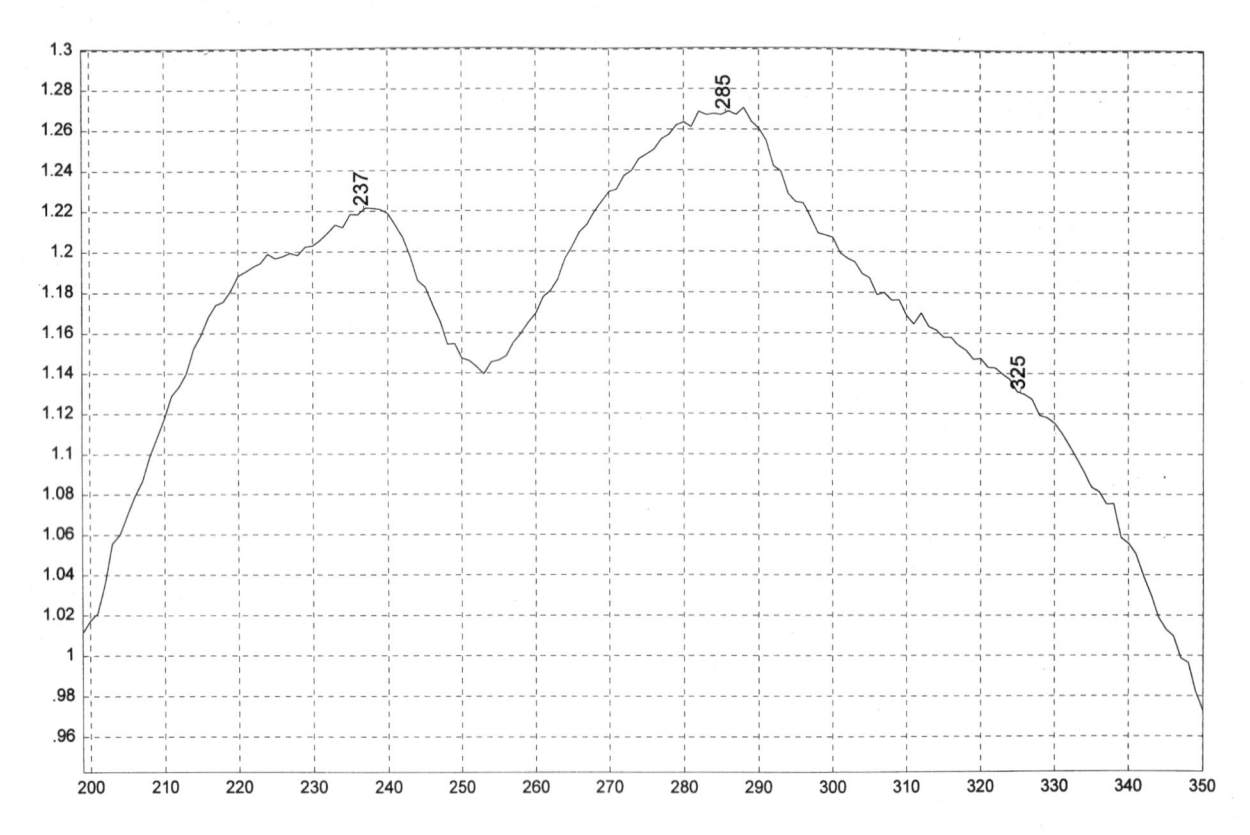

Absorbance / Nanometers

559 ZEIN, PURIFIED

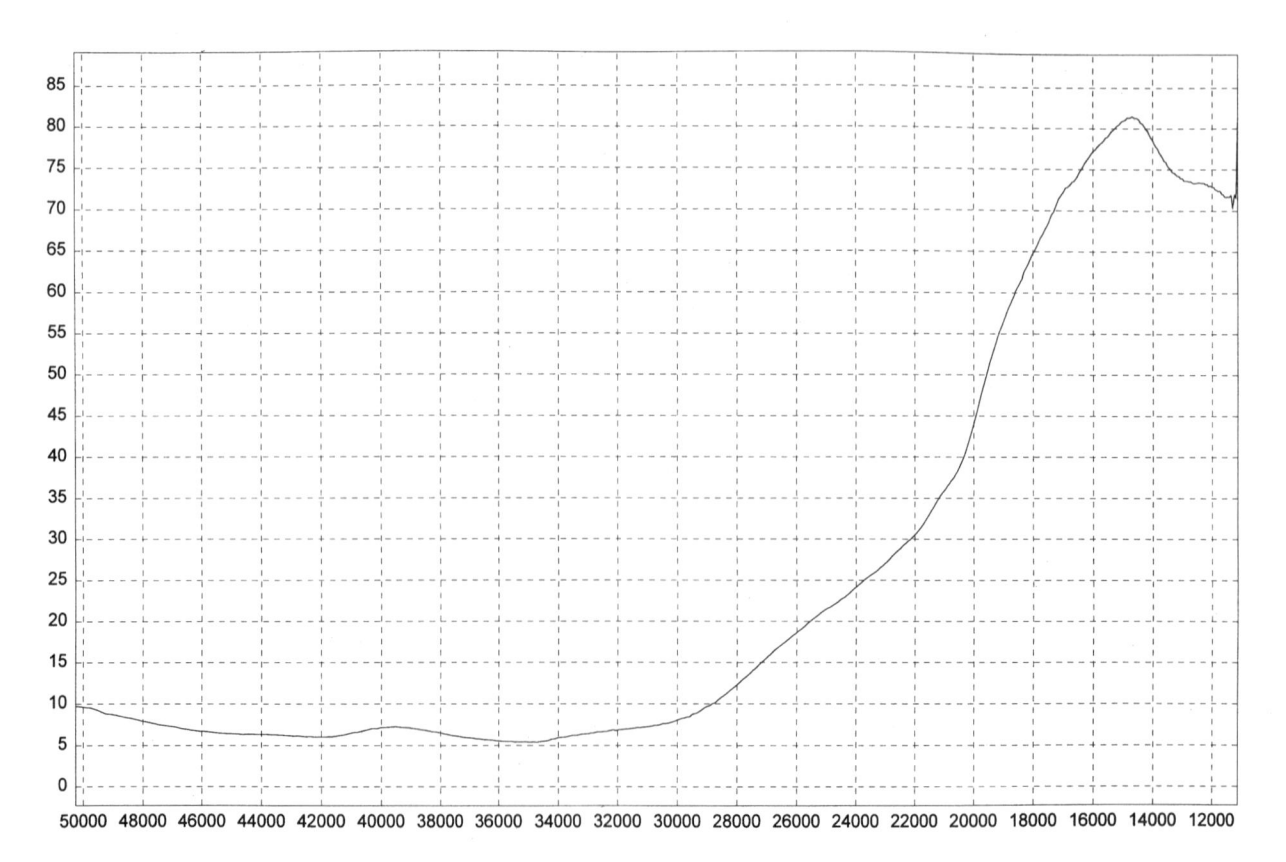

Reflectance / Wavenumber (cm⁻¹)

560 ZEIN, PURIFIED

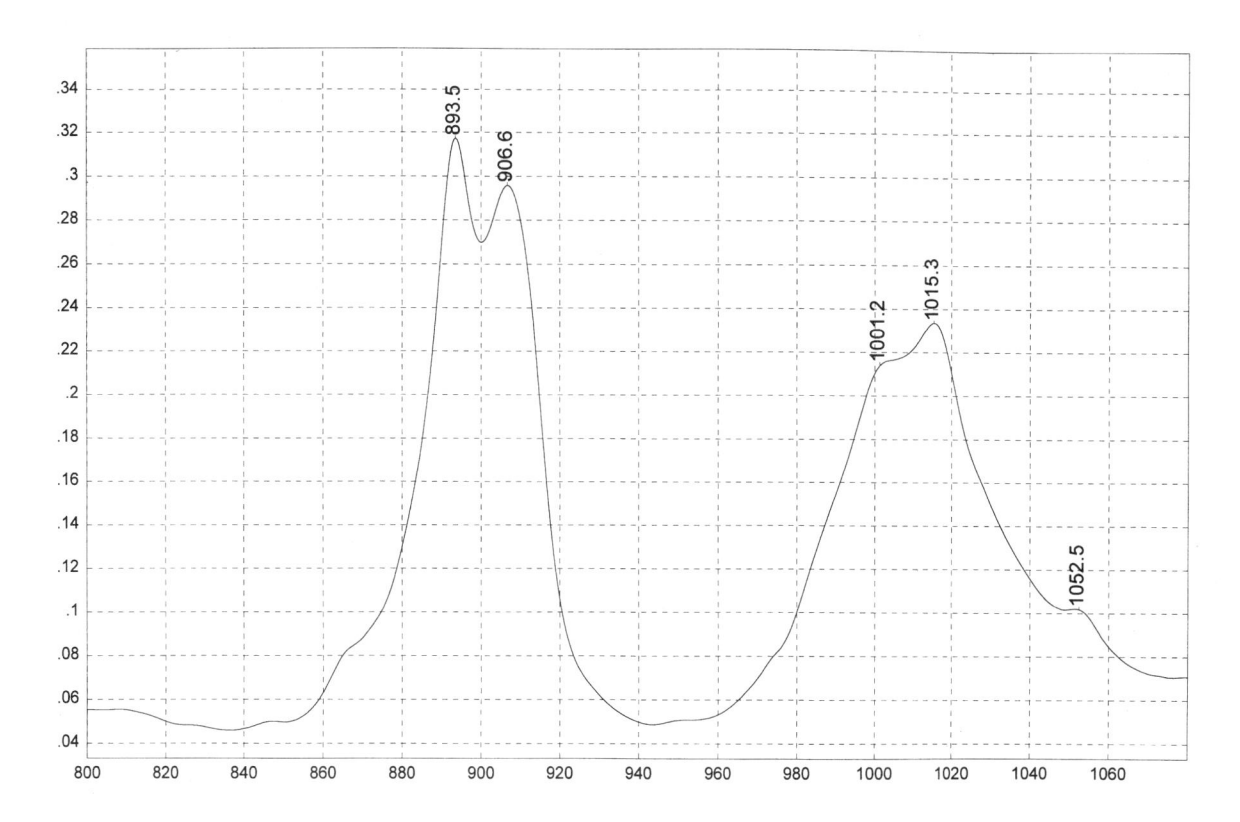

Absorbance / Nanometers

561 ACETONE

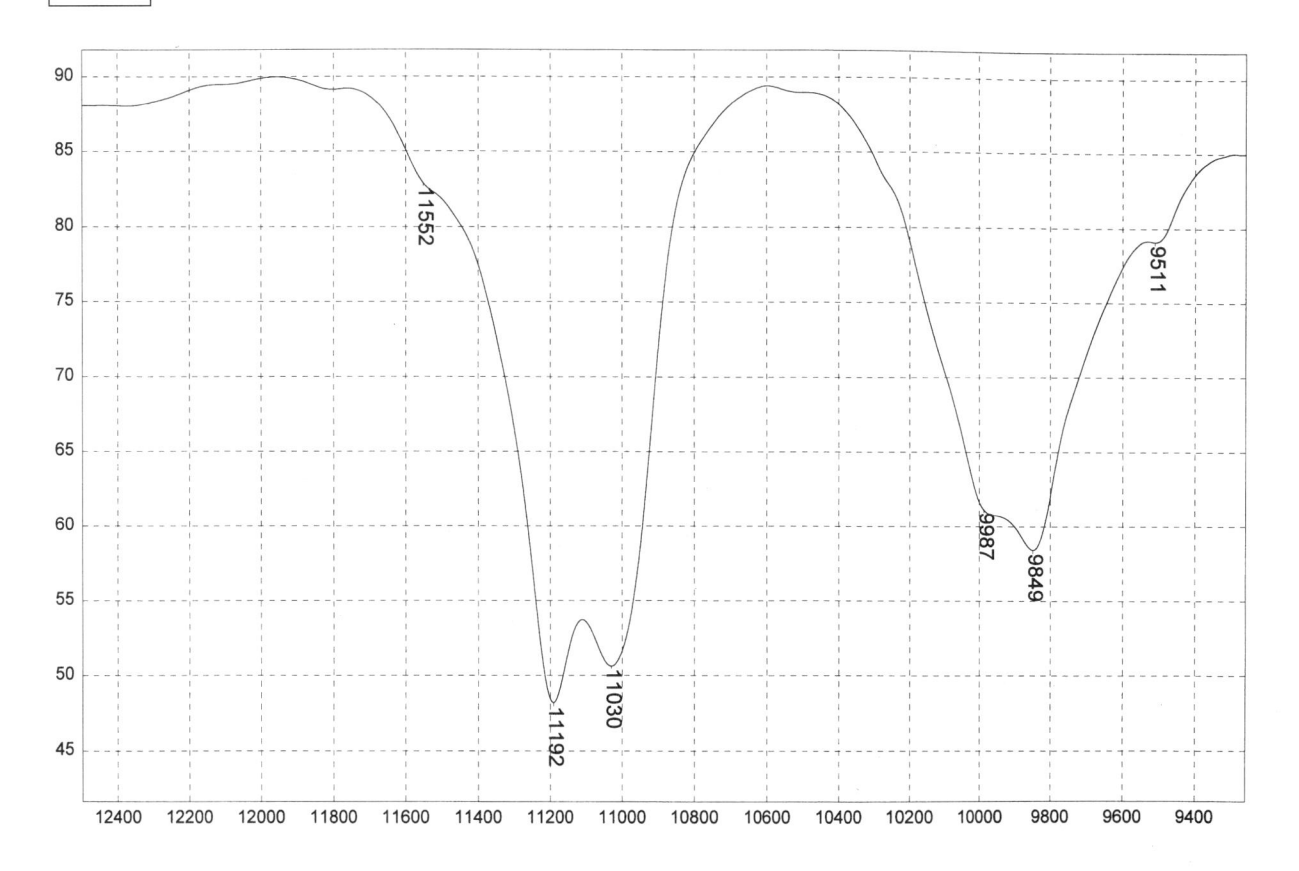

Transmittance / Wavenumber (cm⁻¹)

562 ACETONE

281

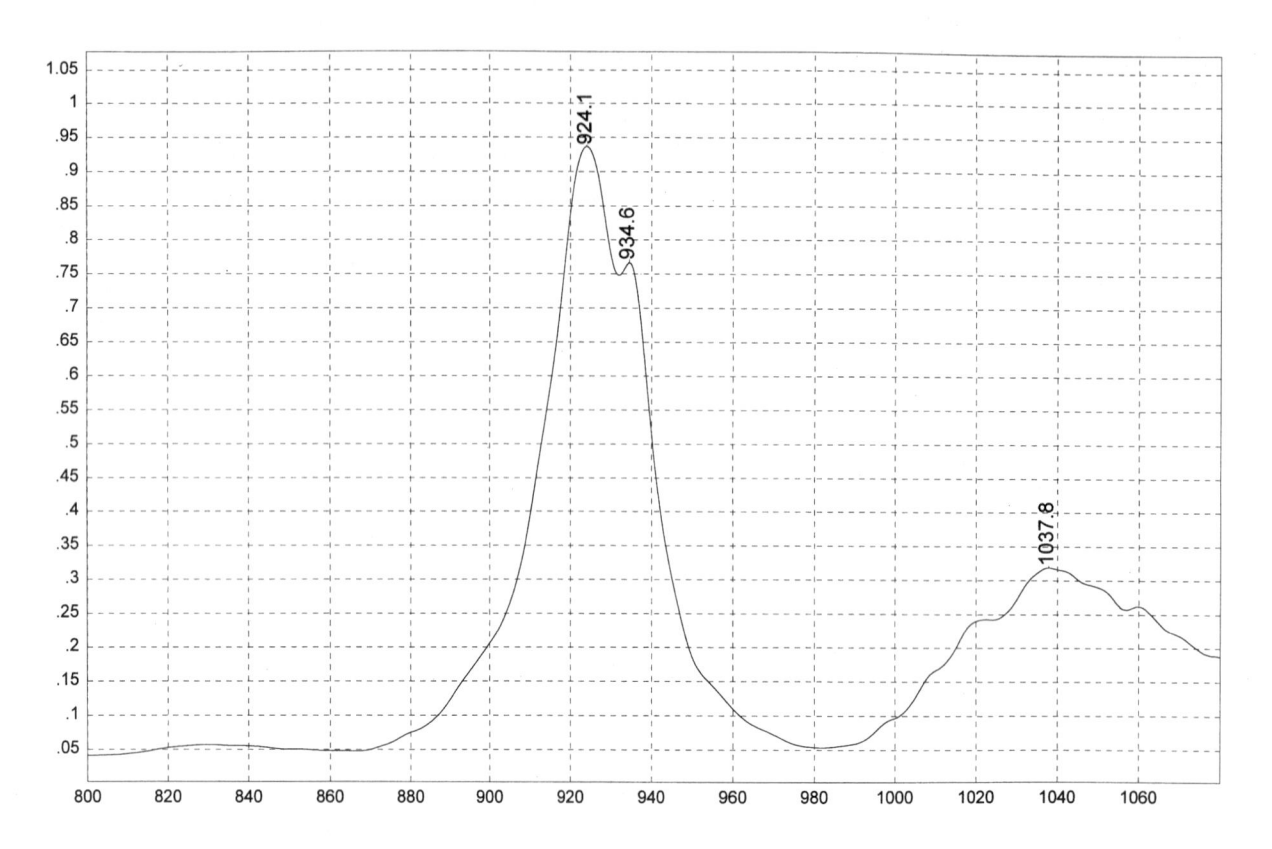

Absorbance / Nanometers

563 Cyclohexane

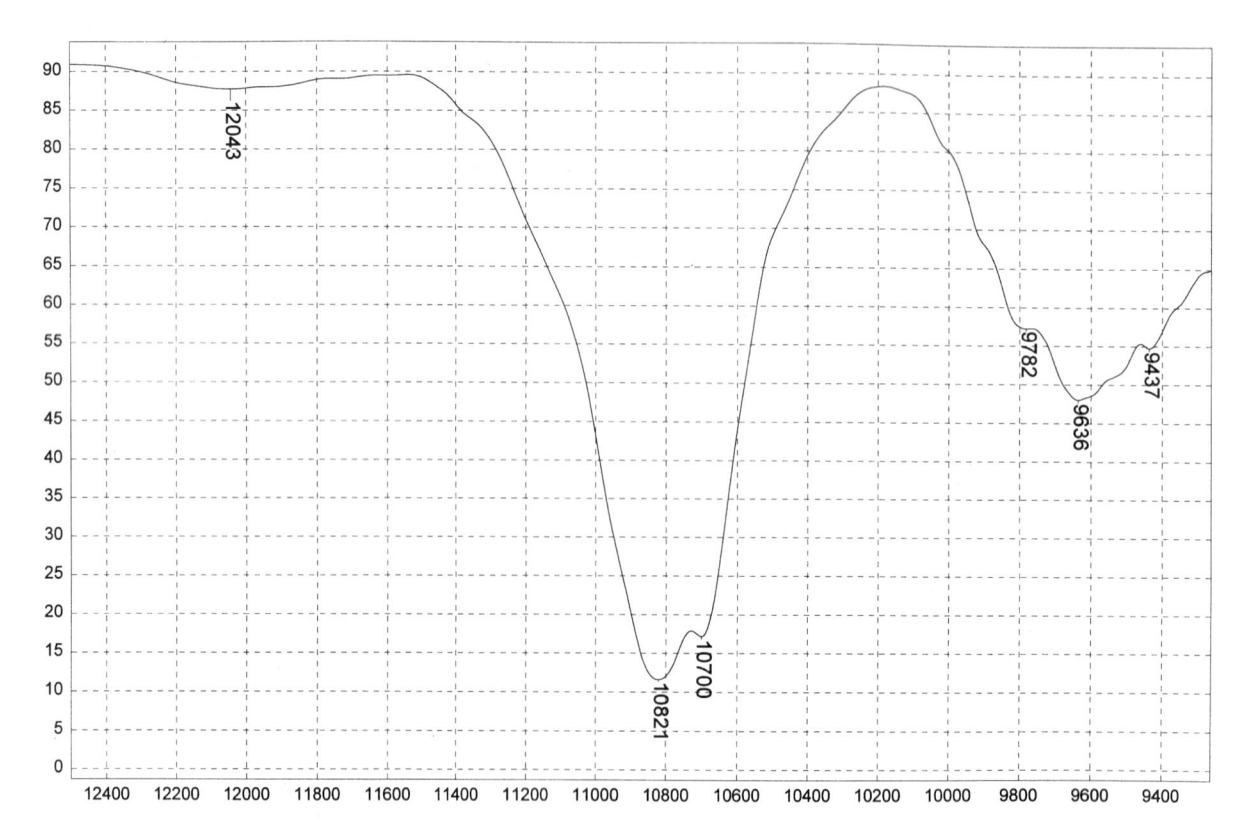

Transmittance / Wavenumber (cm⁻¹)

564 Cyclohexane

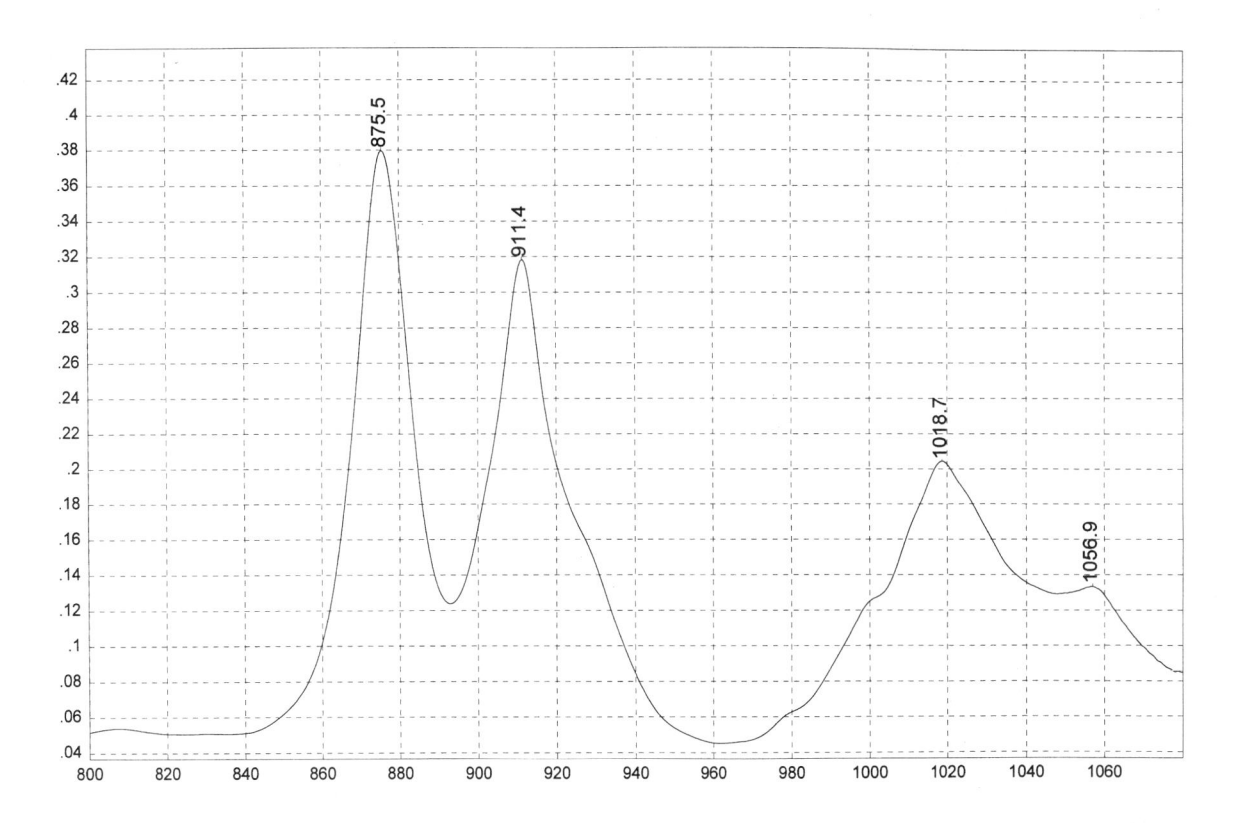

565 **Ethylbenzene**

566 **Ethylbenzene**

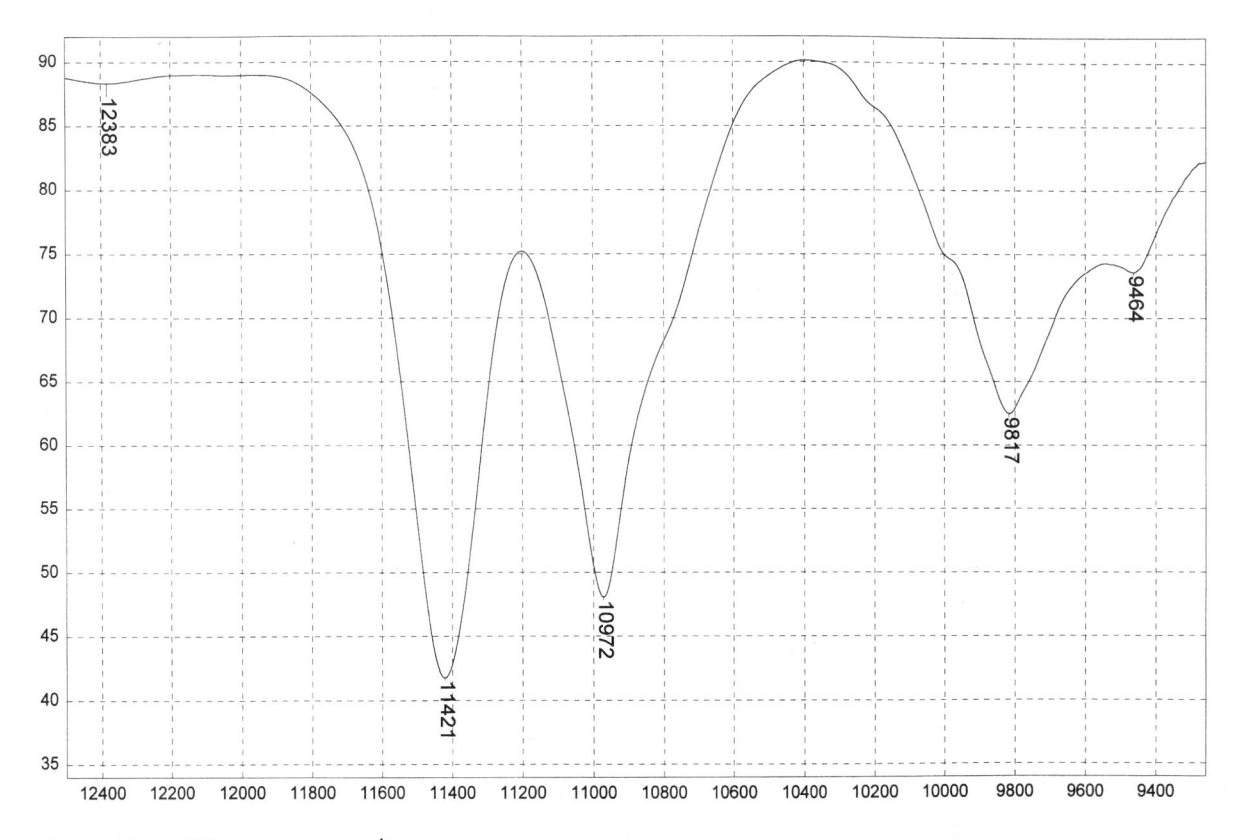

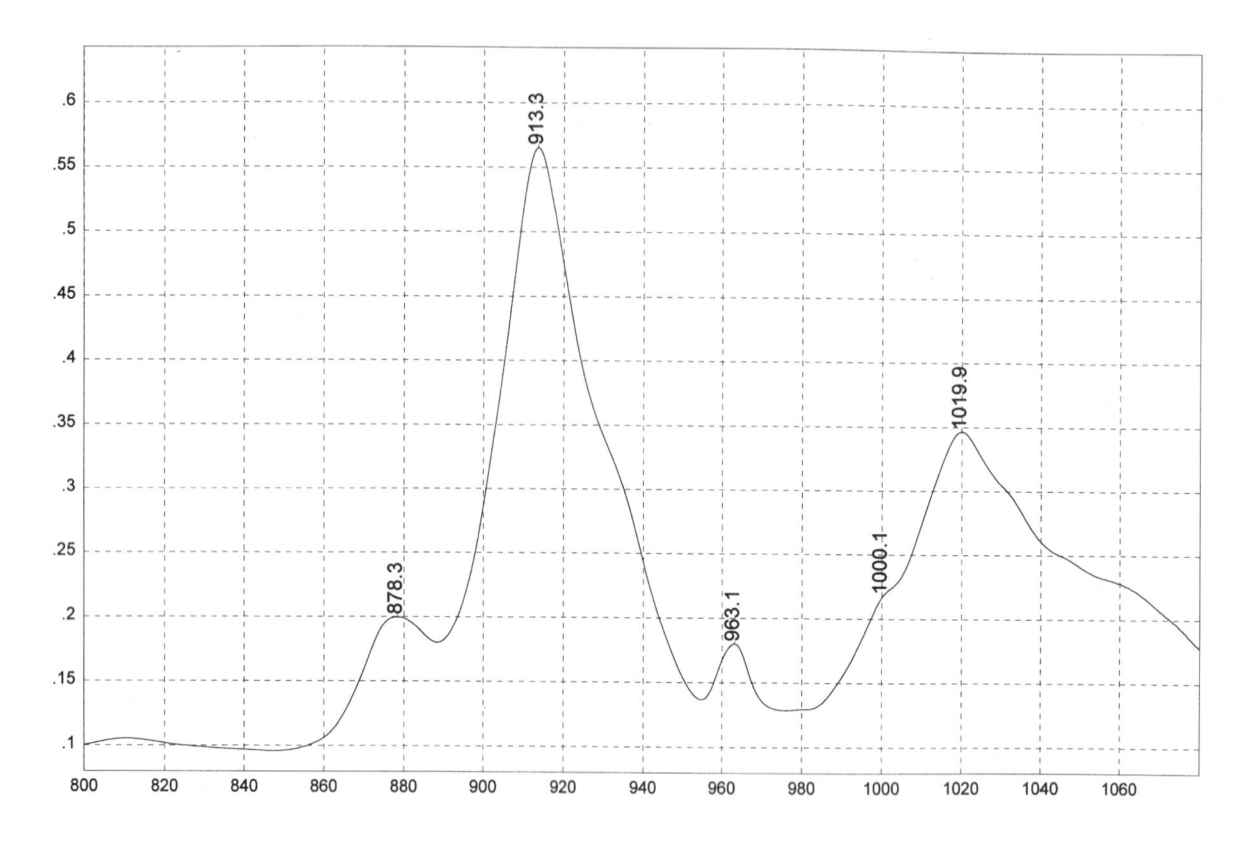

Absorbance / Nanometers

567 Gasoline (High Ethanol Content)

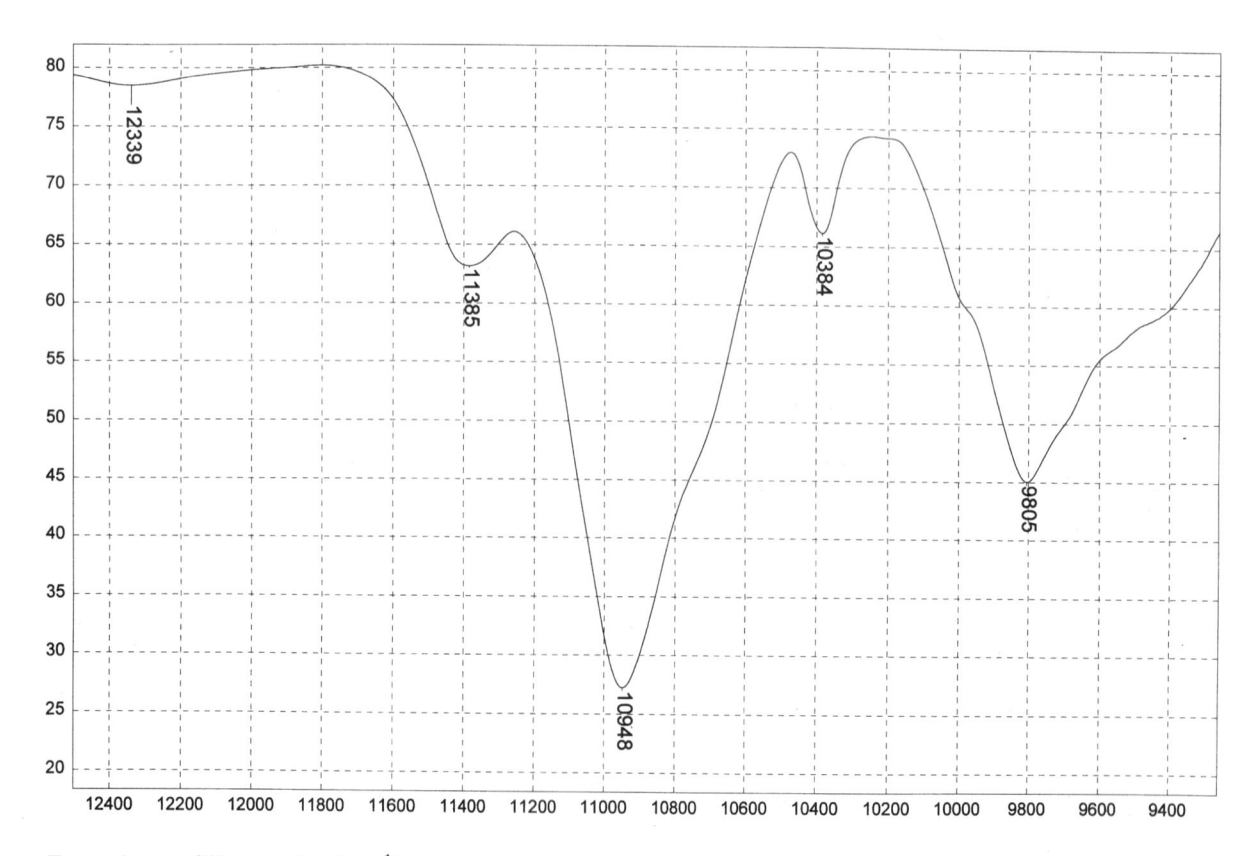

Transmittance / Wavenumber (cm⁻¹)

568 Gasoline (High Ethanol Content)

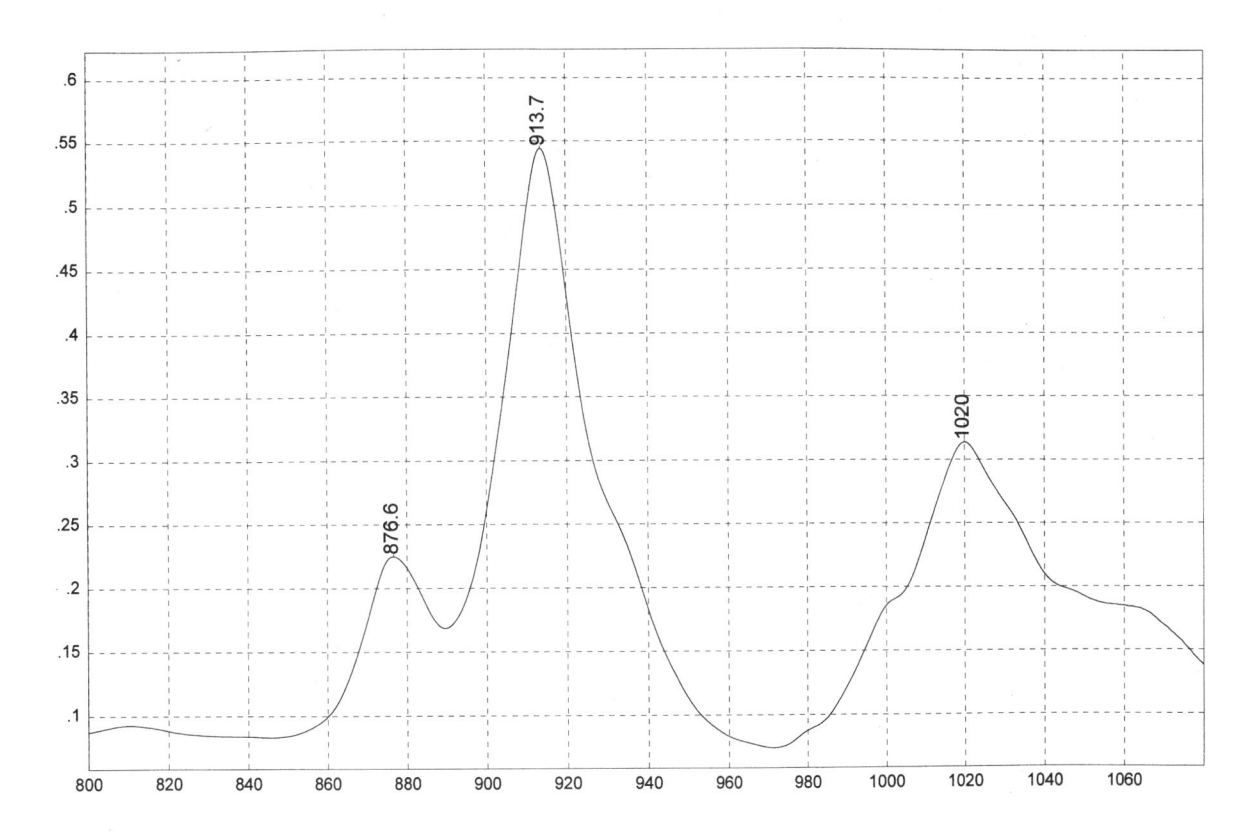

Absorbance / Nanometers

569   Gasoline (High Aromatics Content)

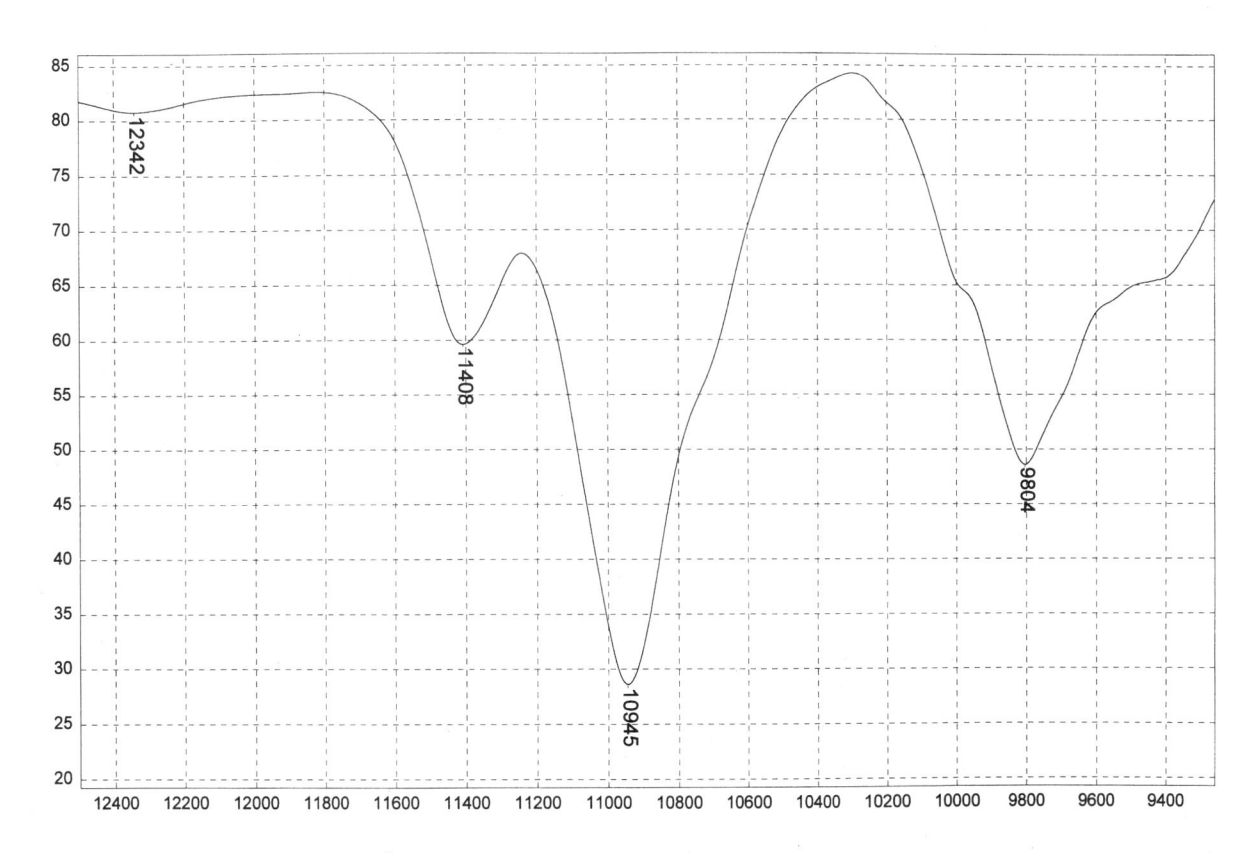

Transmittance / Wavenumber (cm⁻¹)

570   Gasoline (High Aromatics Content)

571 Gasoline (Low Aromatics Content)

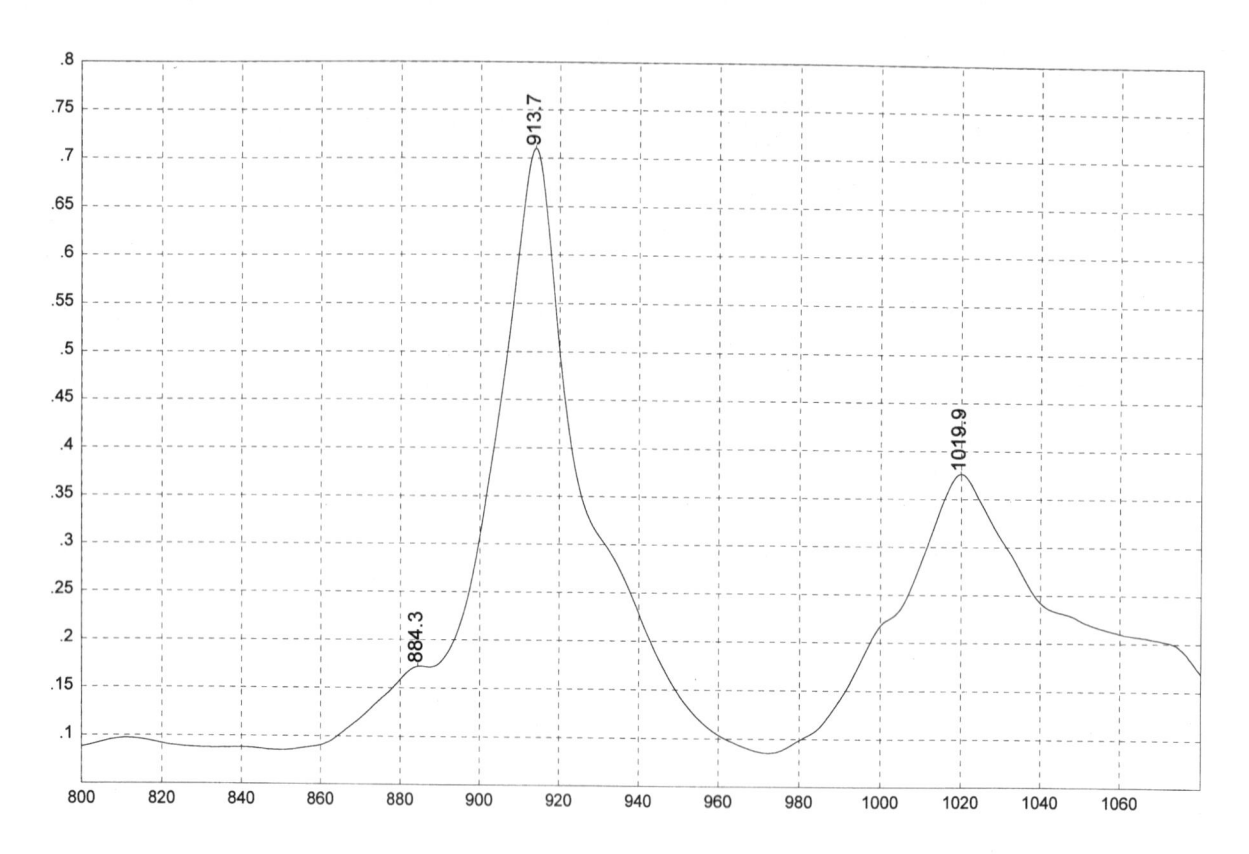

Absorbance / Nanometers

572 Gasoline (Low Aromatics Content)

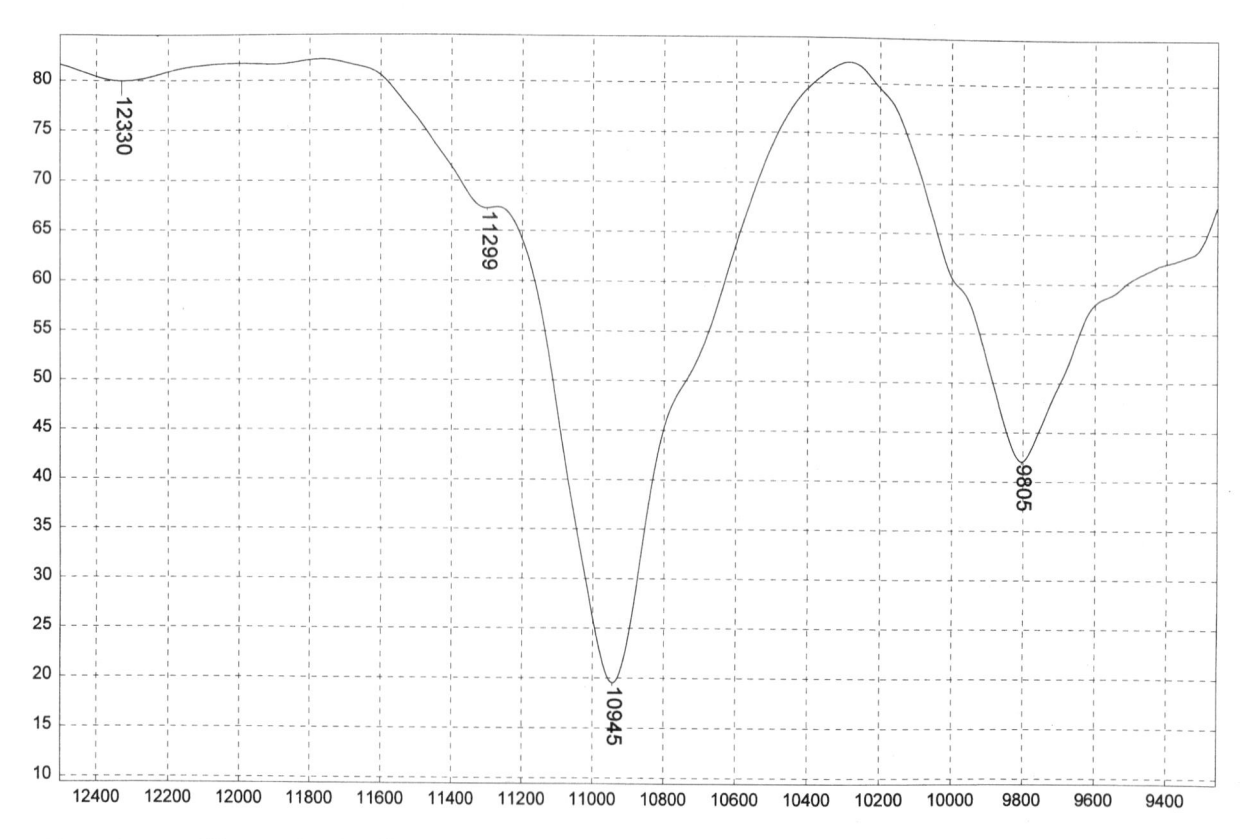

Transmittance / Wavenumber (cm^{-1})

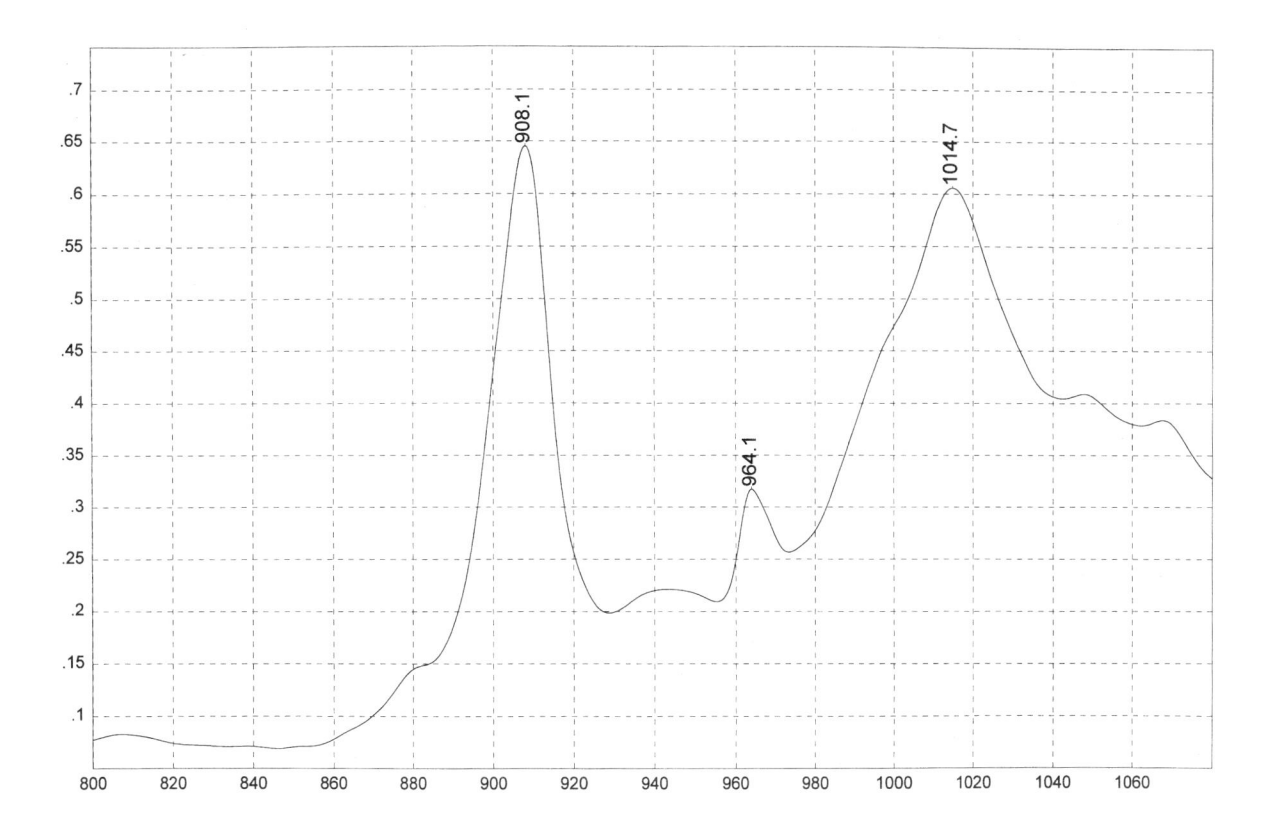

Absorbance / Nanometers

573 Isopropanol

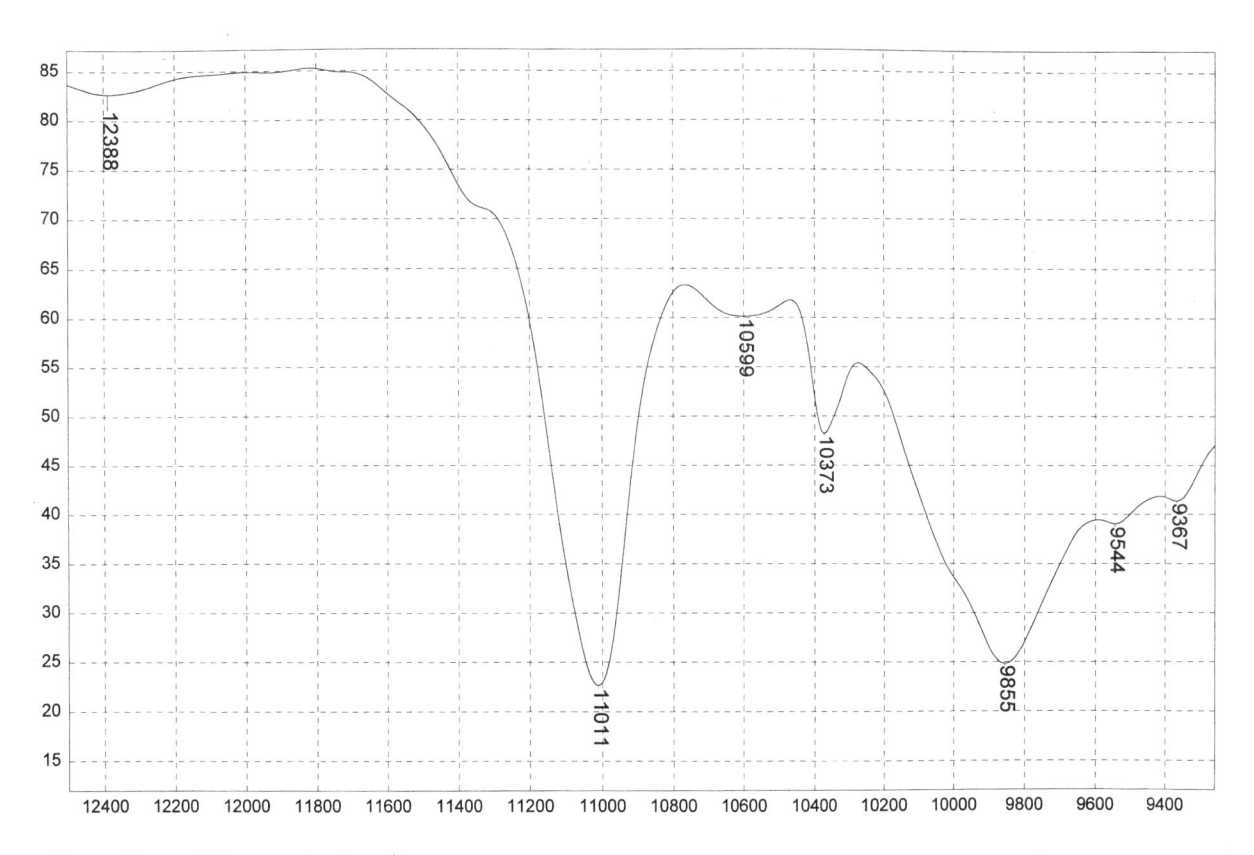

Transmittance / Wavenumber (cm⁻¹)

574 Isopropanol

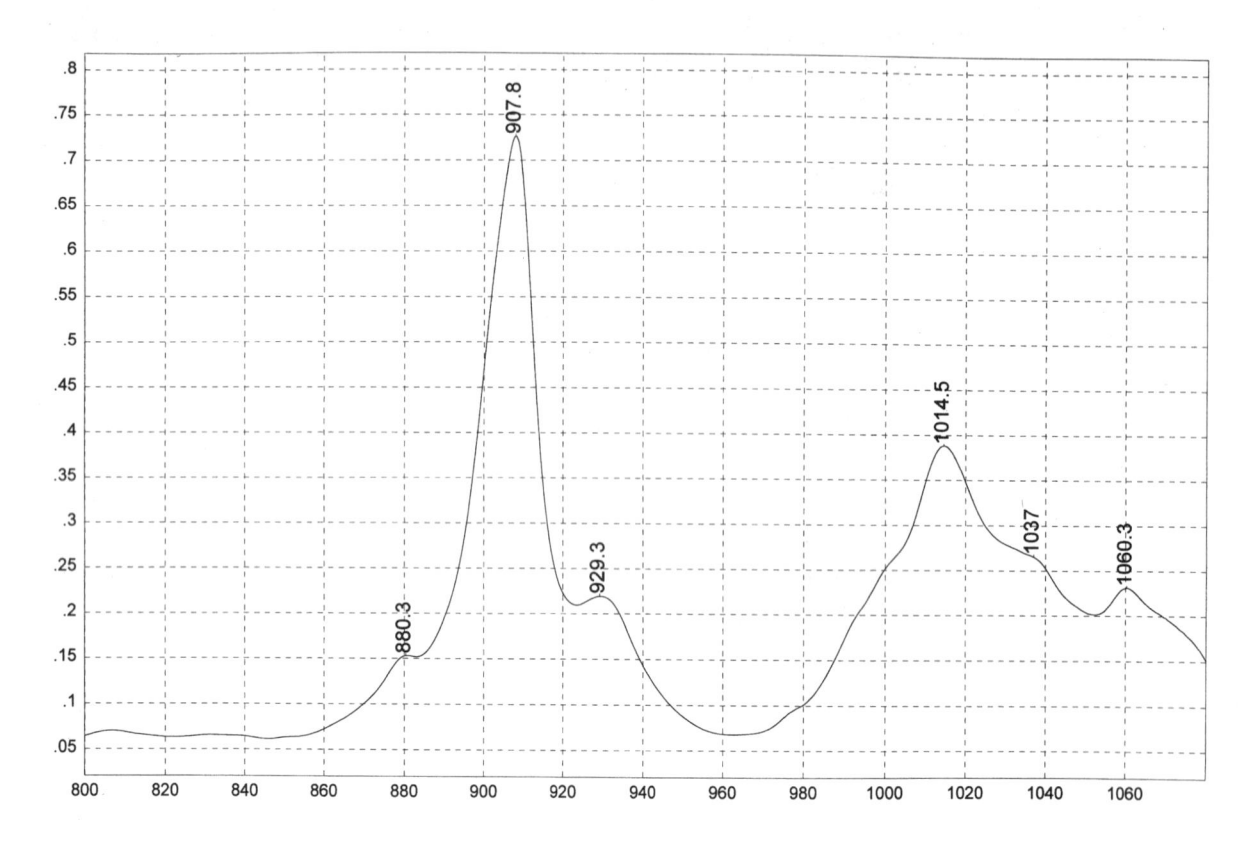

Absorbance / Nanometers

575   **tert-Butyl methyl ether (MTBE)**

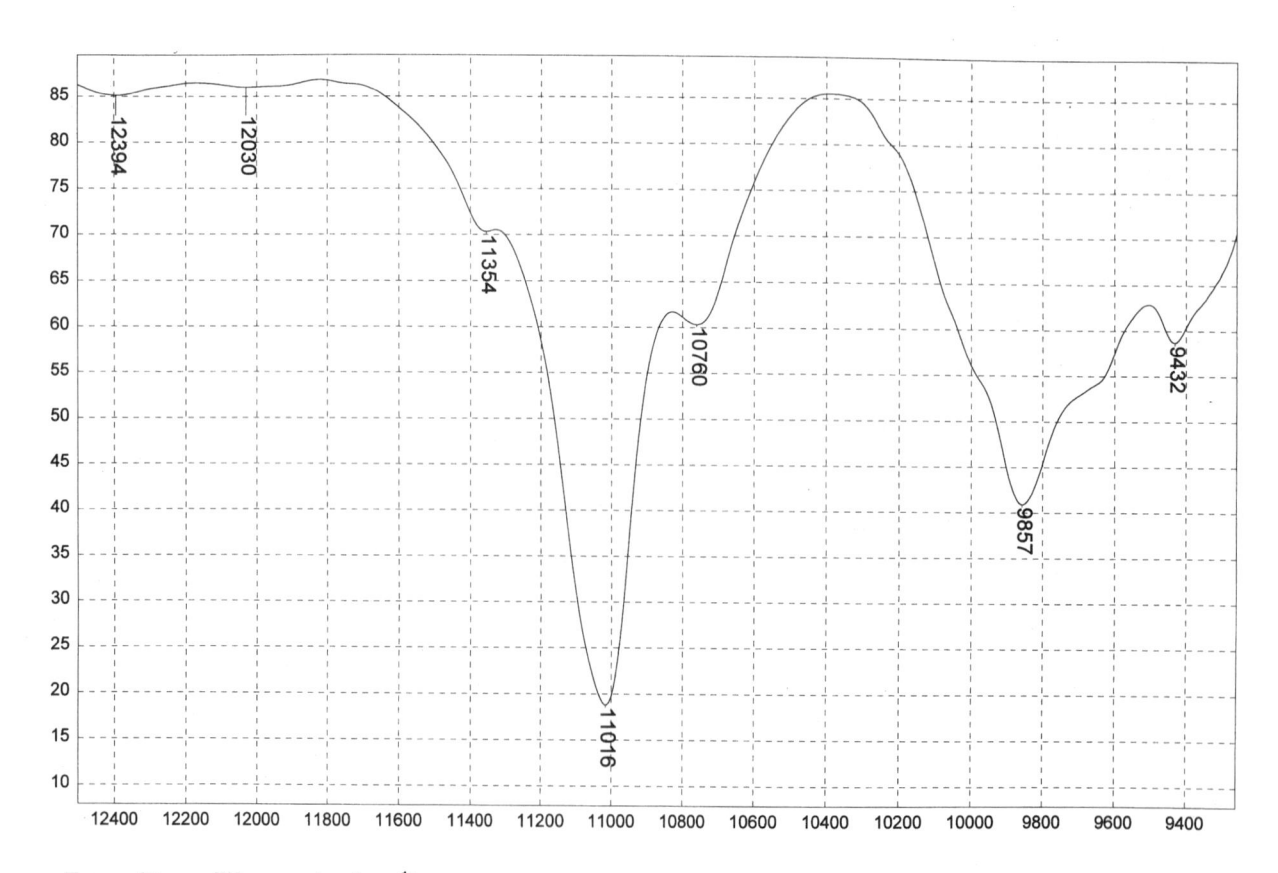

Transmittance / Wavenumber (cm^{-1})

576   **tert-Butyl methyl ether (MTBE)**

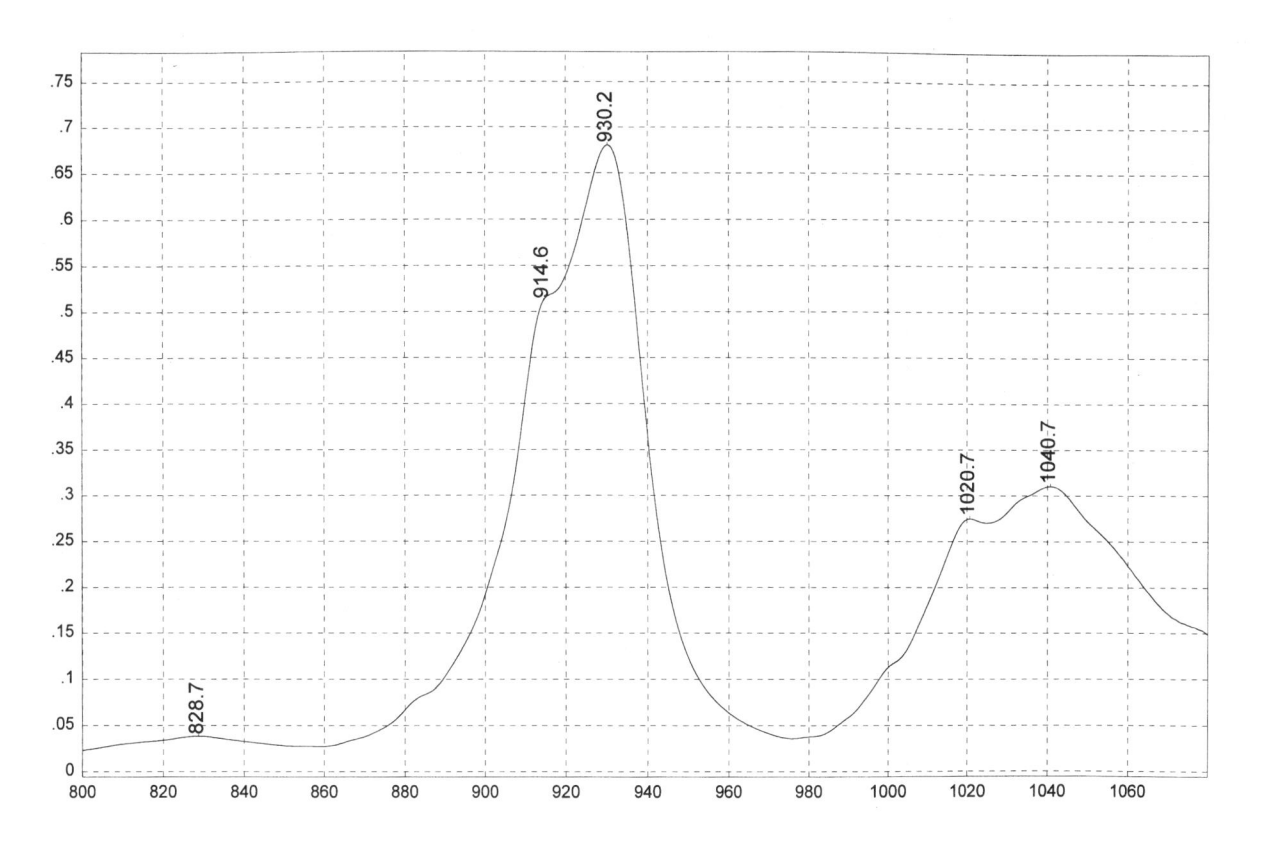

Absorbance / Nanometers

577 n-Decane

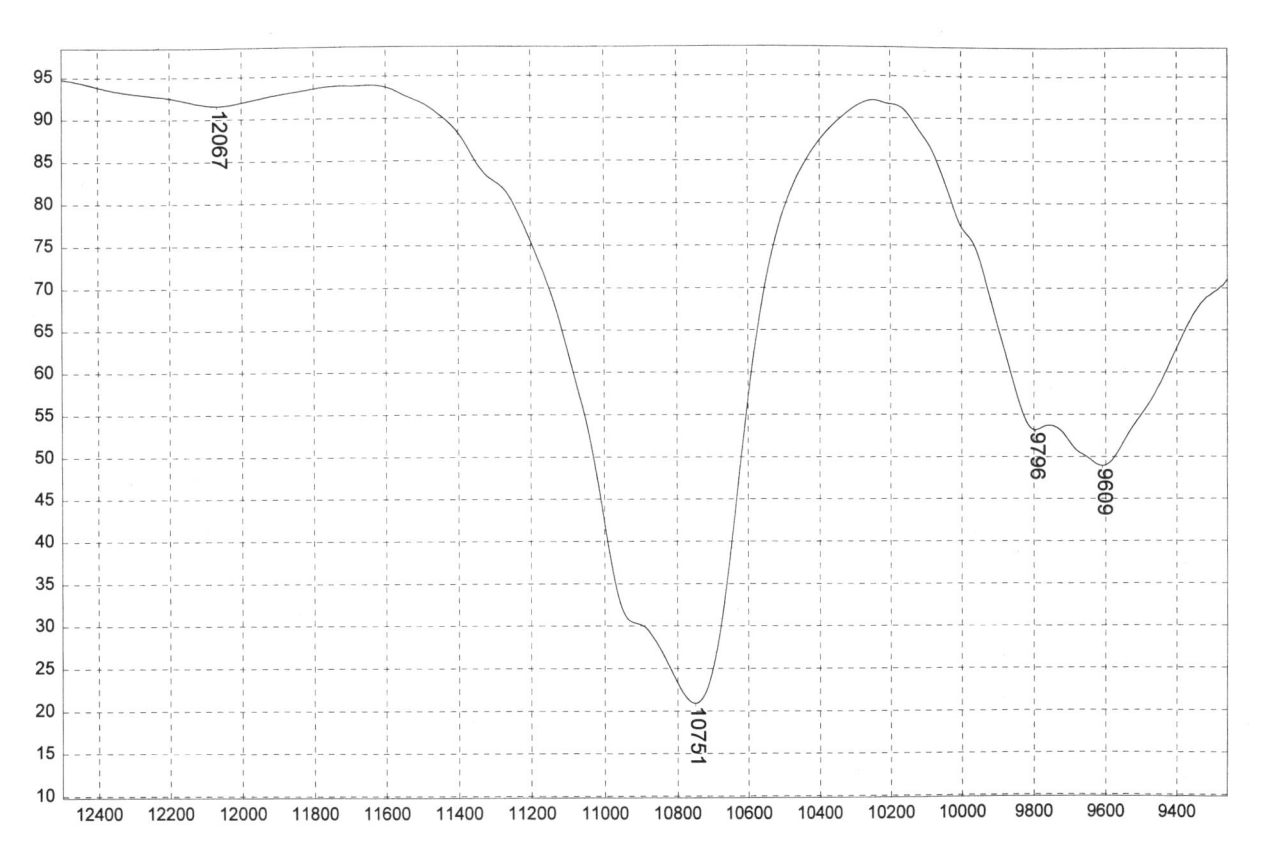

Transmittance / Wavenumber (cm⁻¹)

578 n-Decane

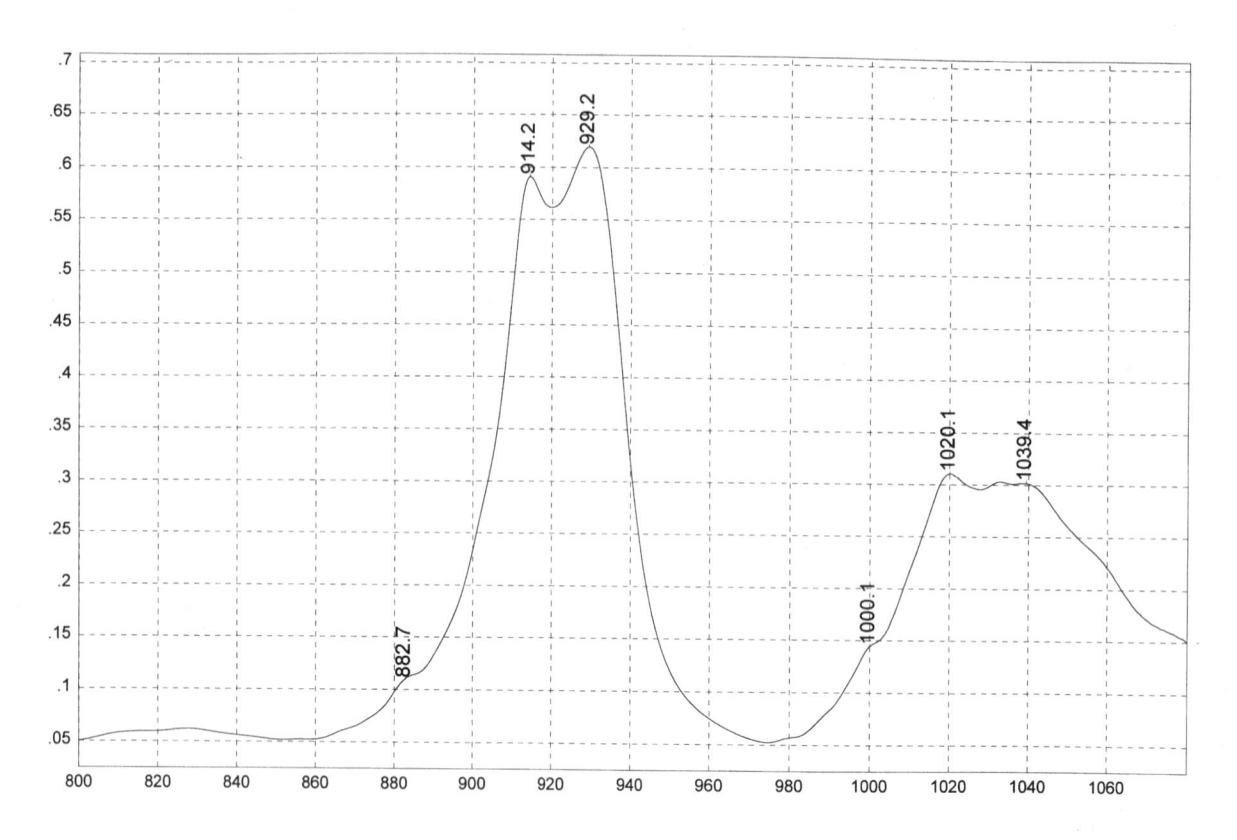

Absorbance / Nanometers

579 n-Heptane

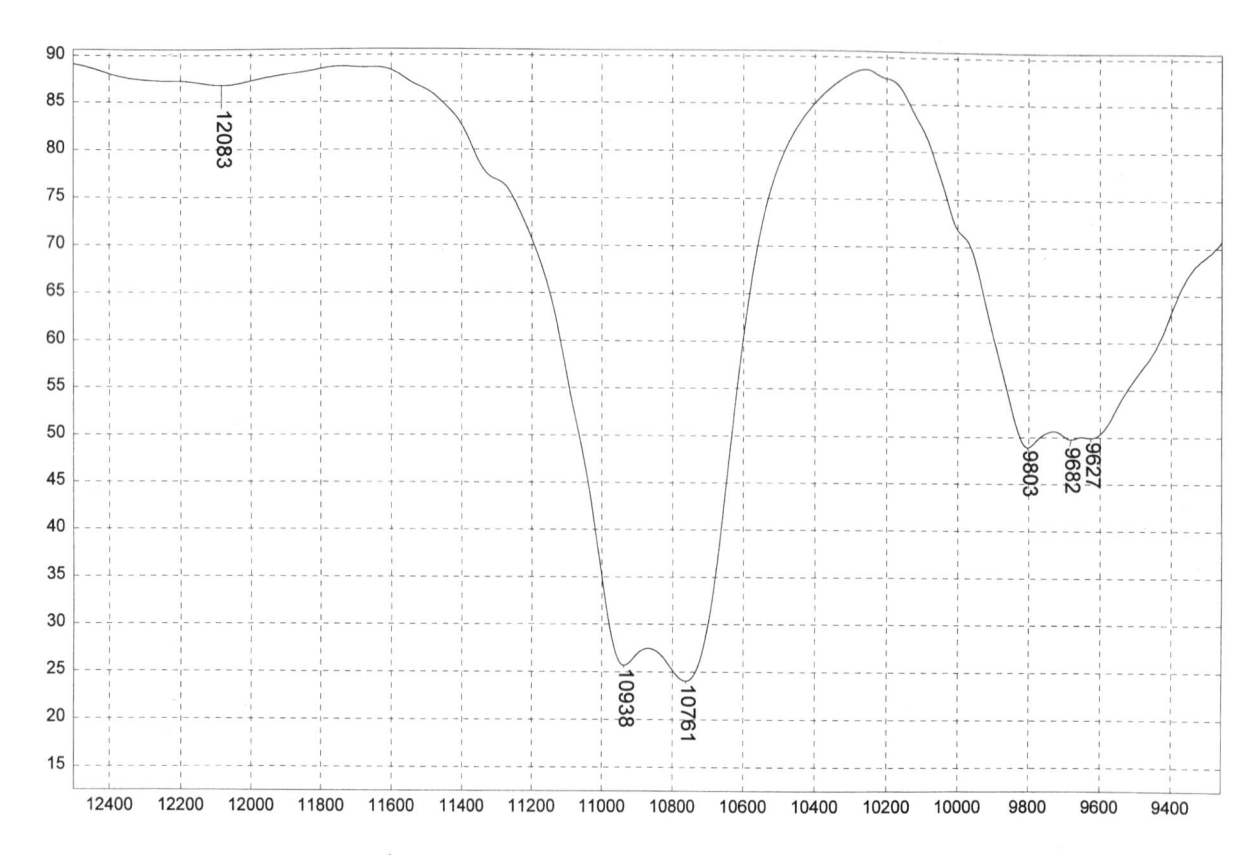

Transmittance / Wavenumber (cm⁻¹)

580 n-Heptane

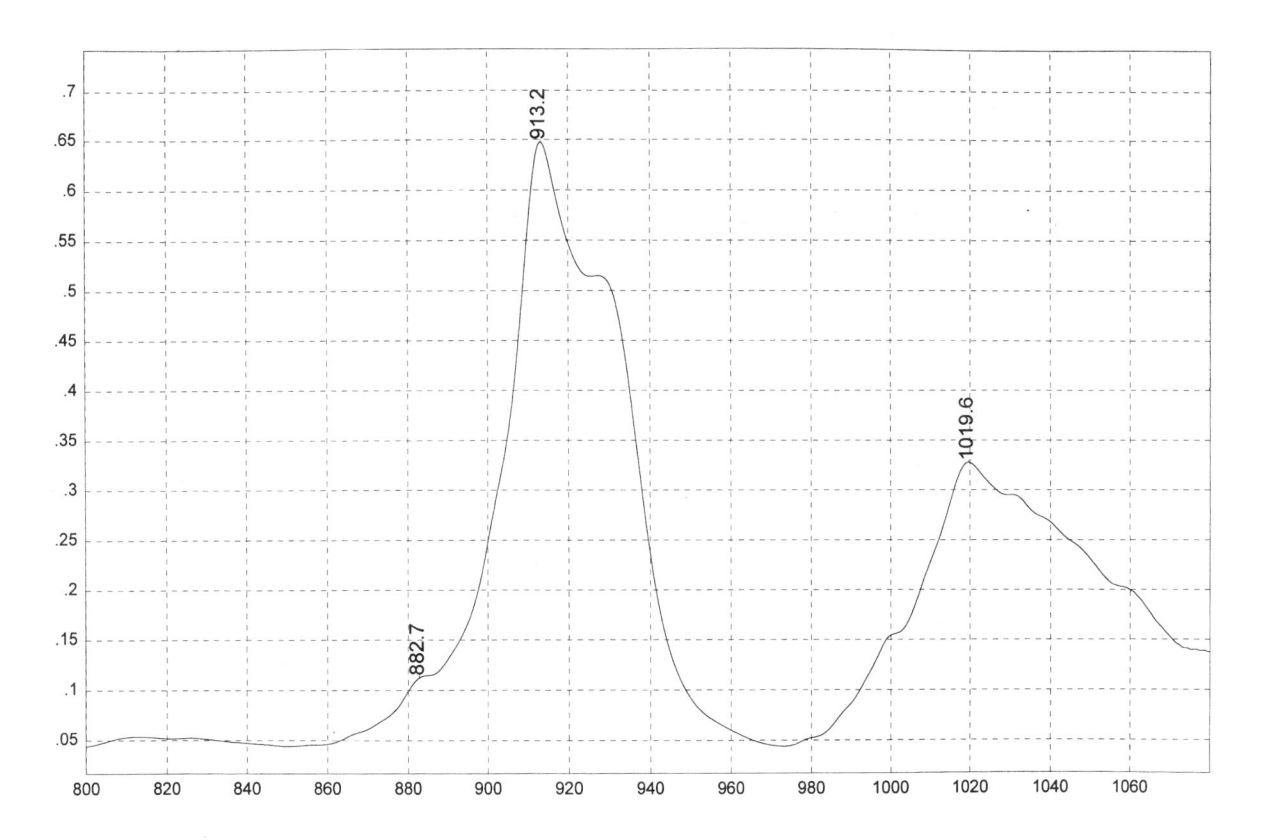

Absorbance / Nanometers

581　　　　　　　　　**Pentane**

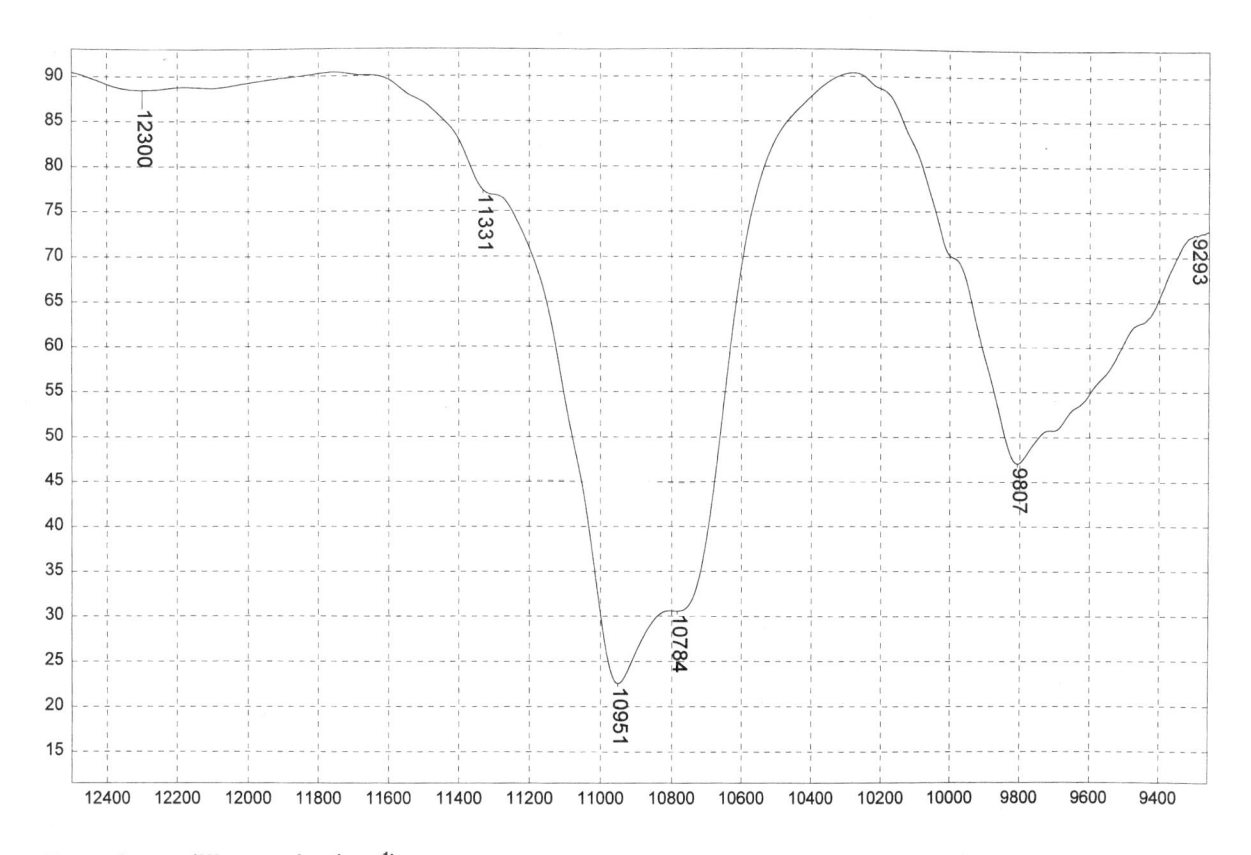

Transmittance / Wavenumber (cm⁻¹)

582　　　　　　　　　**Pentane**

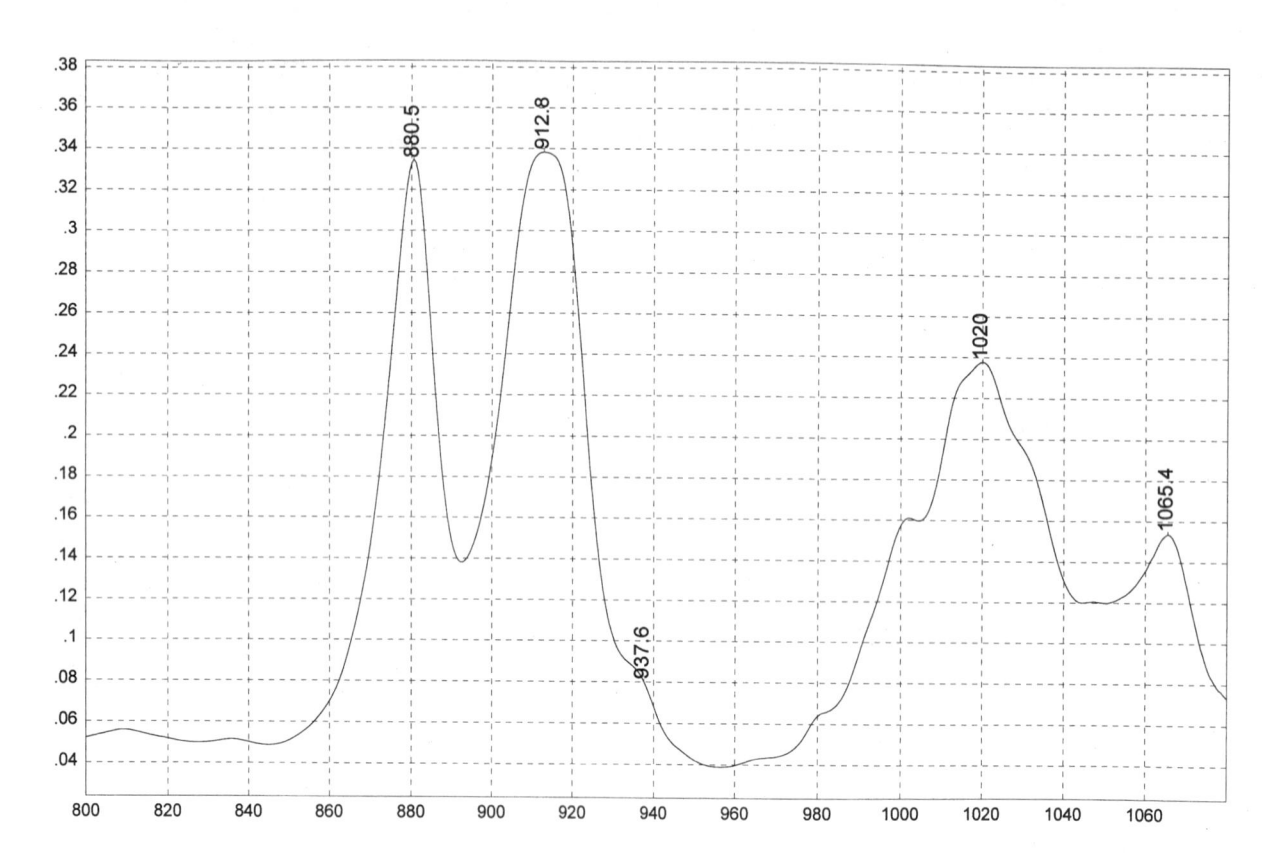

583 p-Xylene

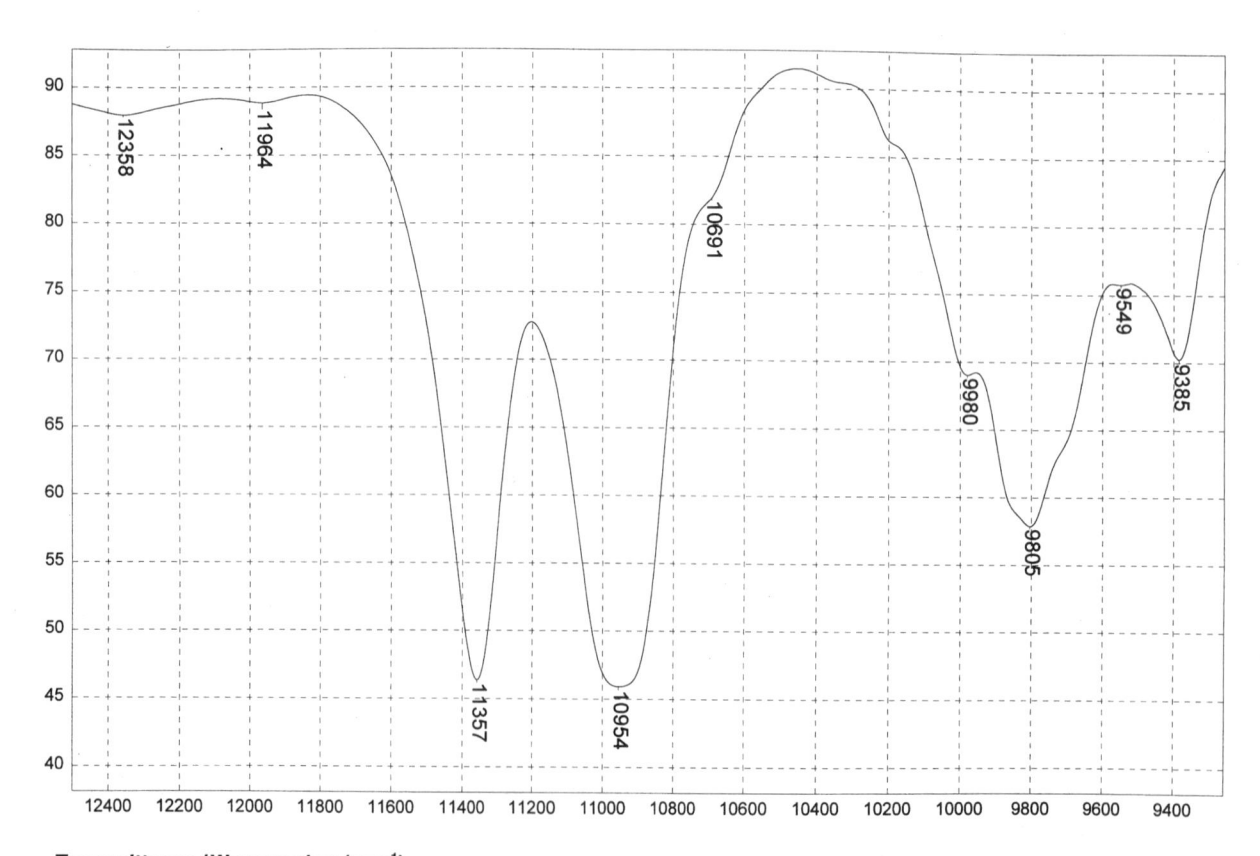

Absorbance / Nanometers

584 p-Xylene

Transmittance / Wavenumber (cm⁻¹)

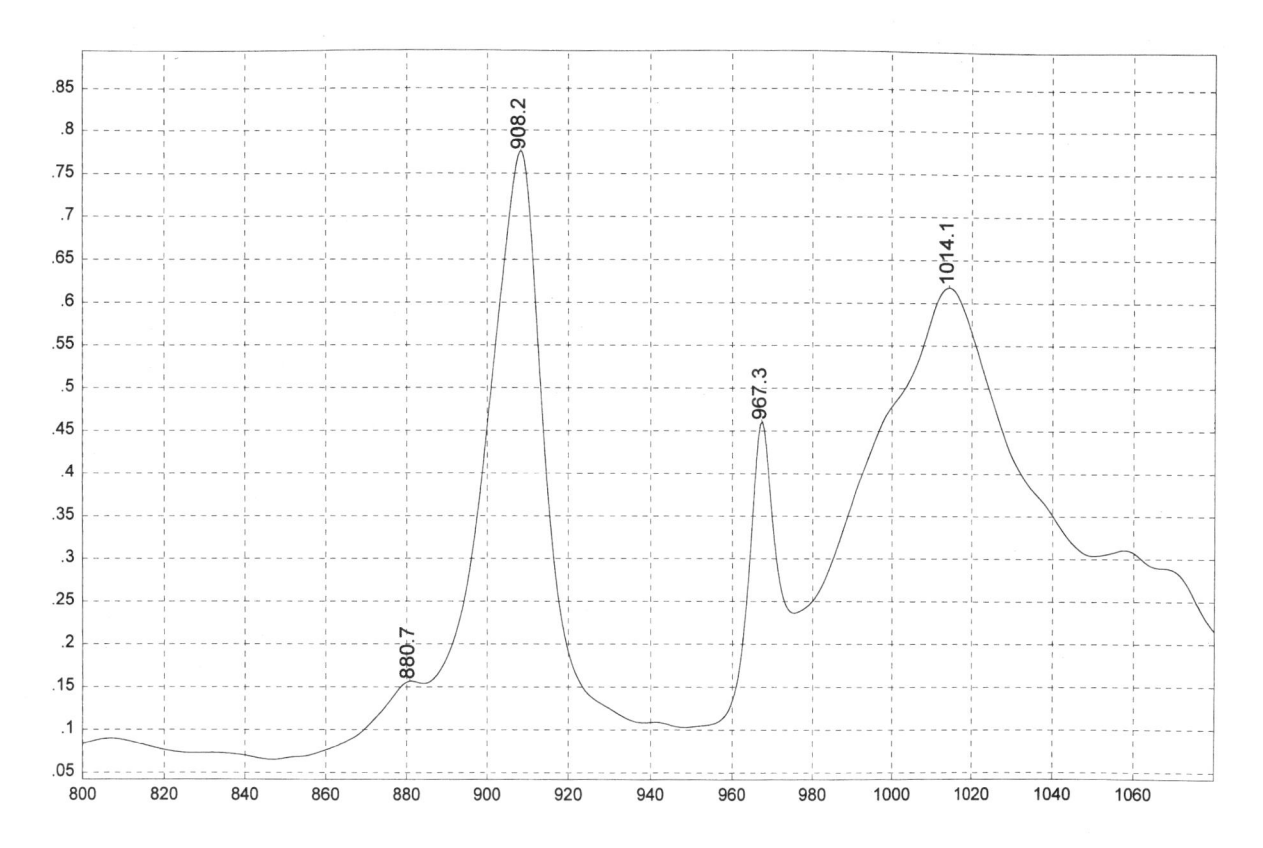

Absorbance / Nanometers

| 585 | tert-Butanol |

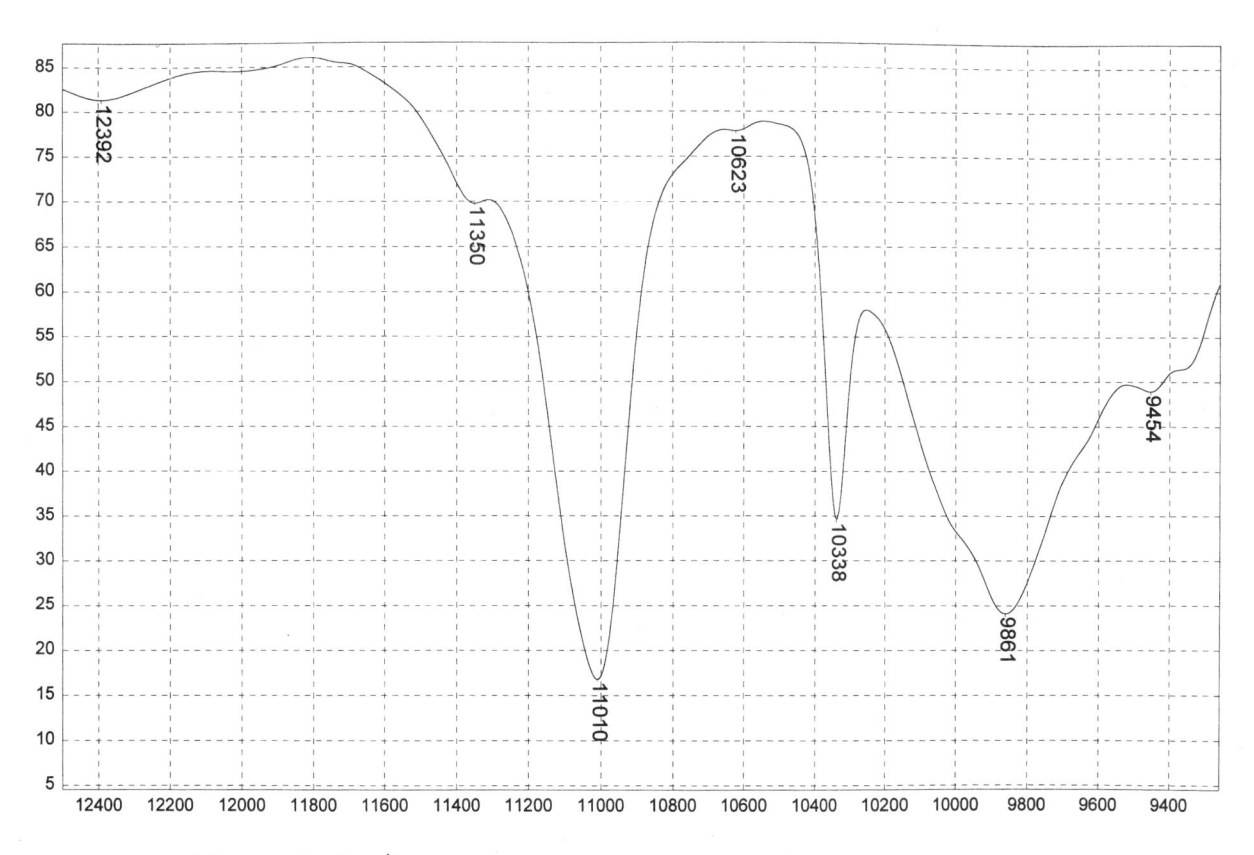

Transmittance / Wavenumber (cm⁻¹)

| 586 | tert-Butanol |

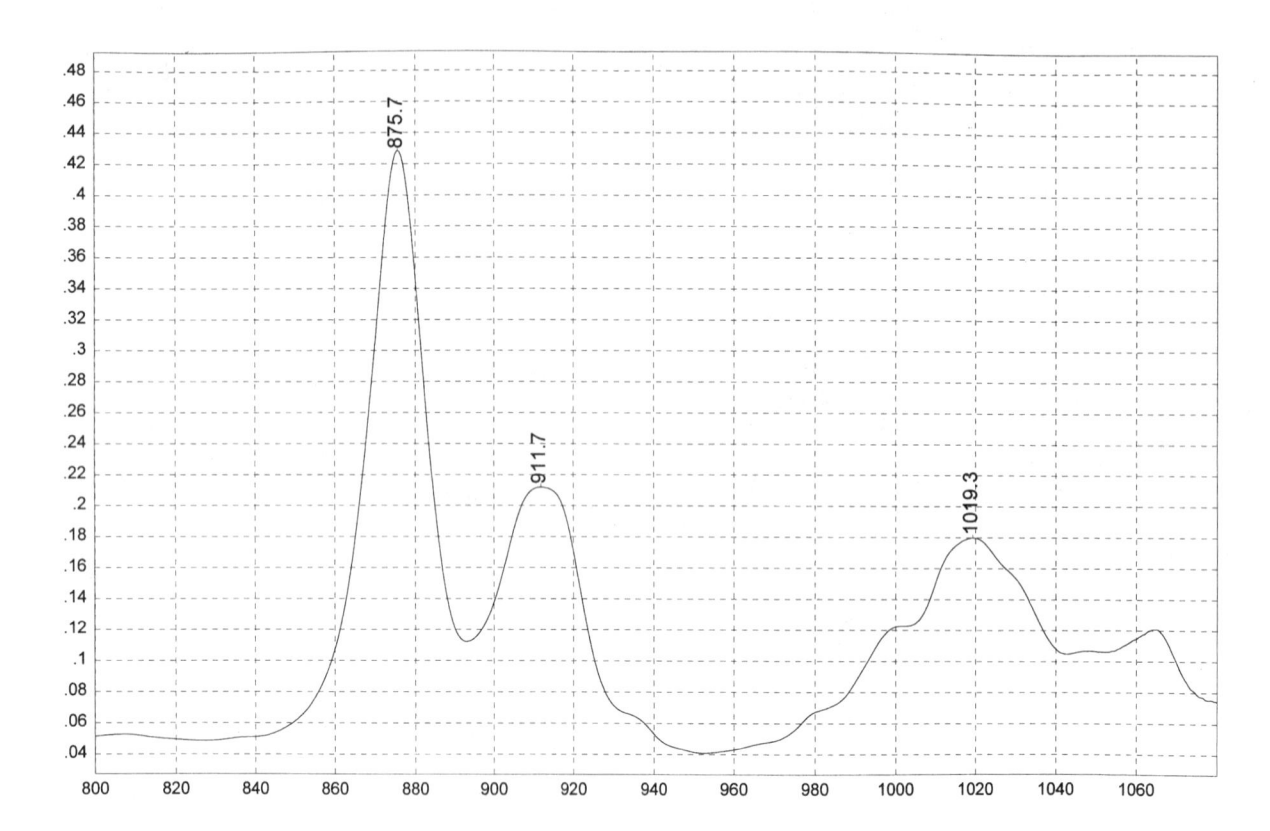

587 Toluene

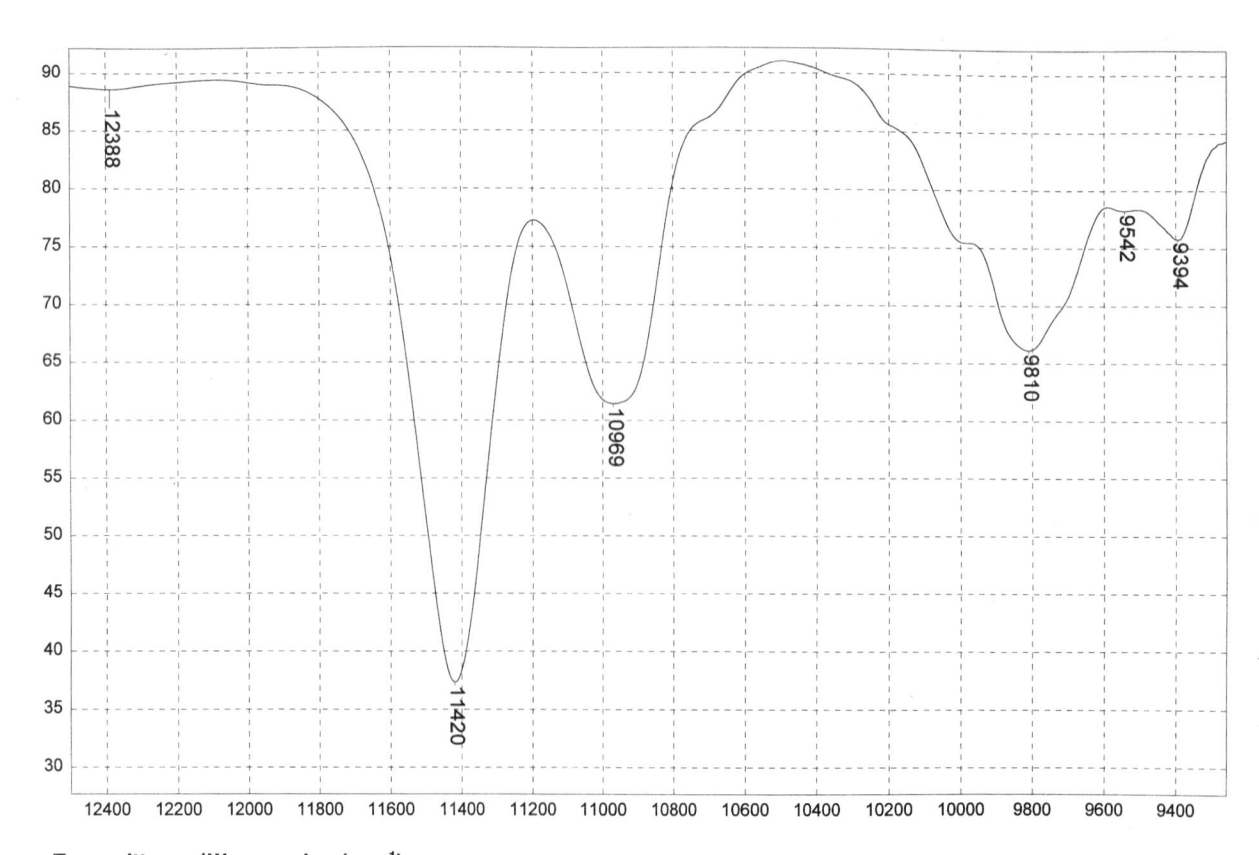

588 Toluene

Trimethyl pentane

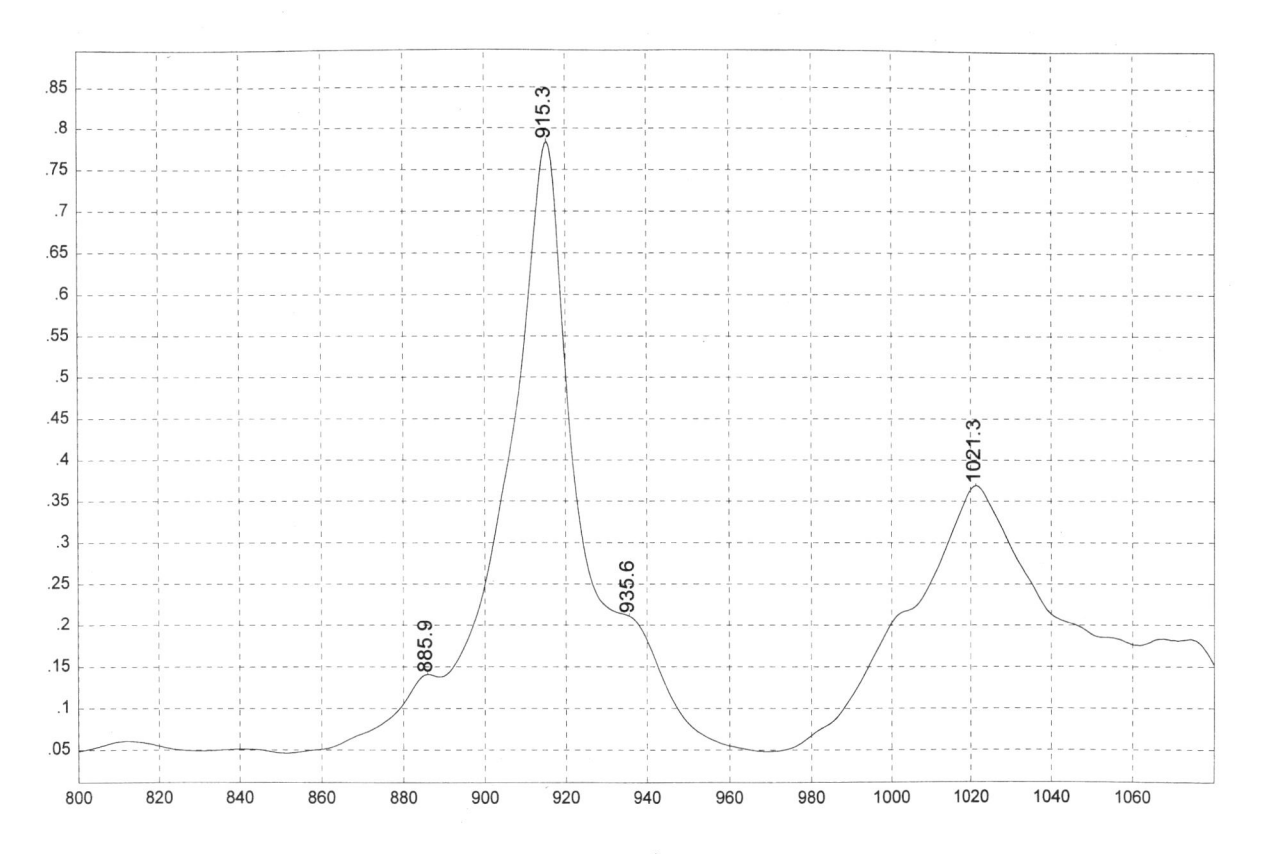

589

Trimethyl pentane

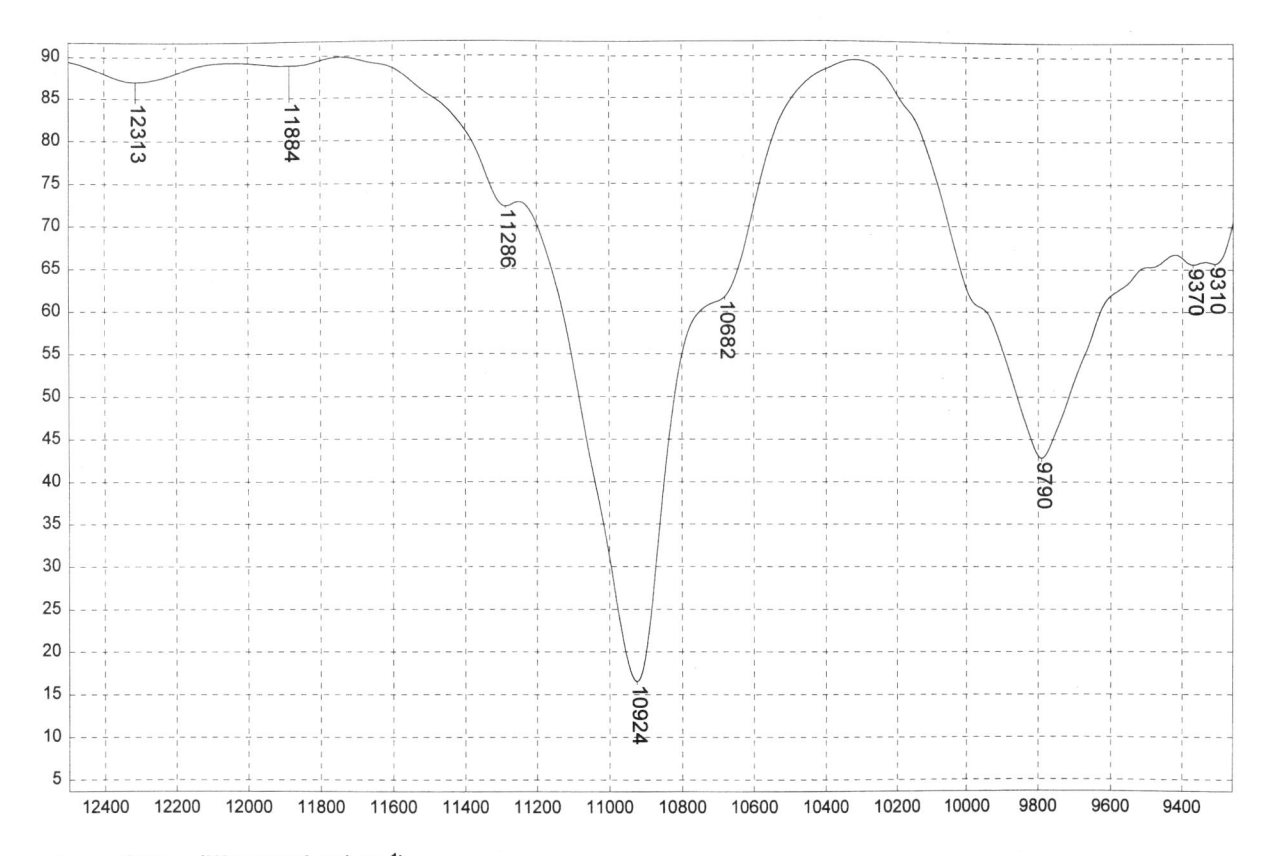

590

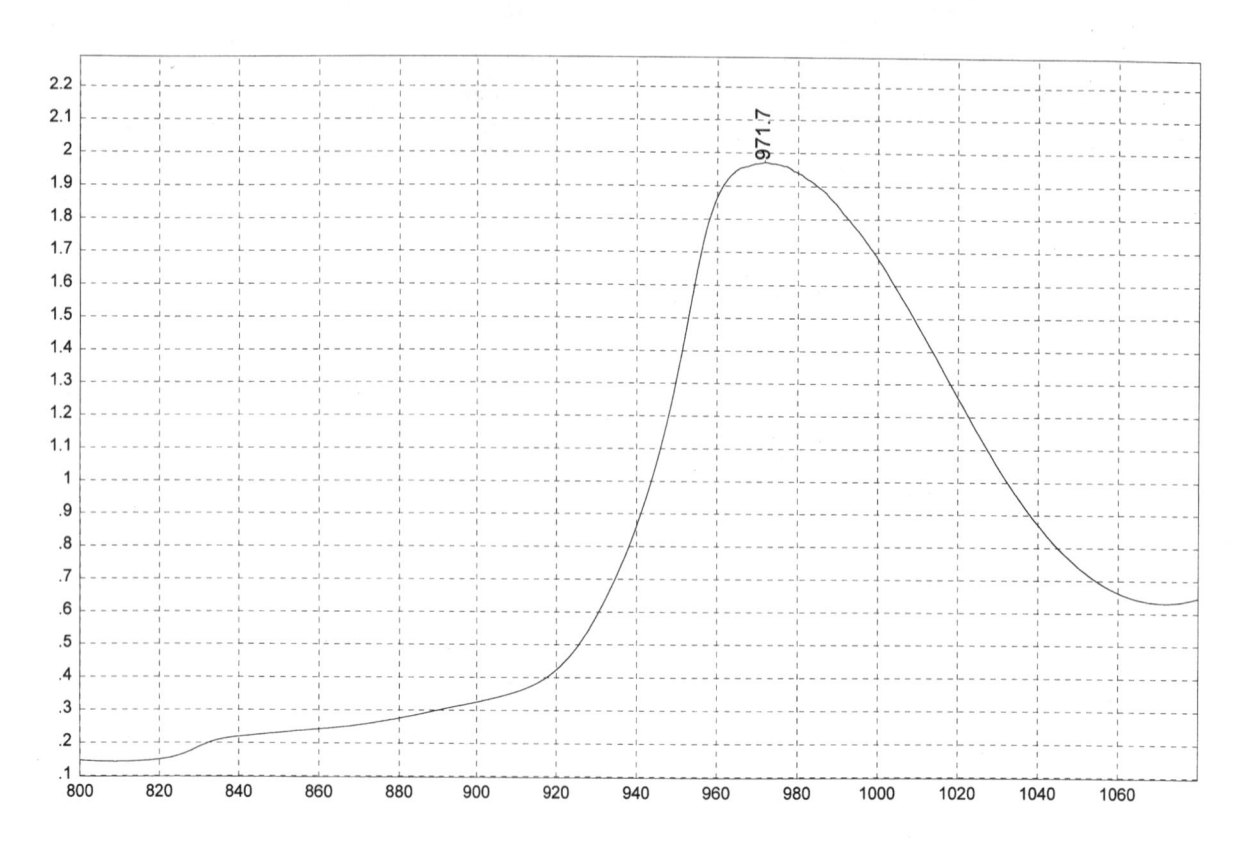

Absorbance / Nanometers

591   Water, deionized

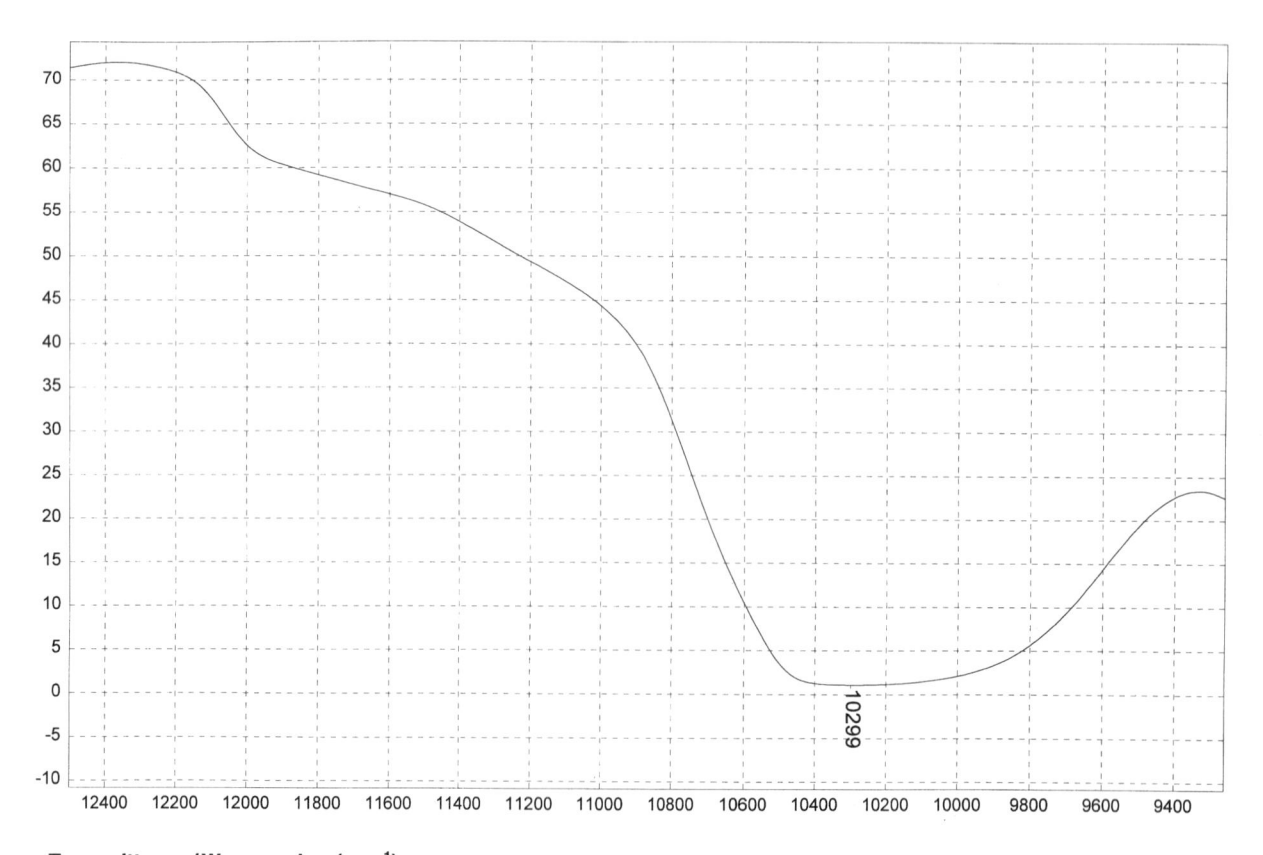

Transmittance / Wavenumber (cm^{-1})

592   Water, deionized

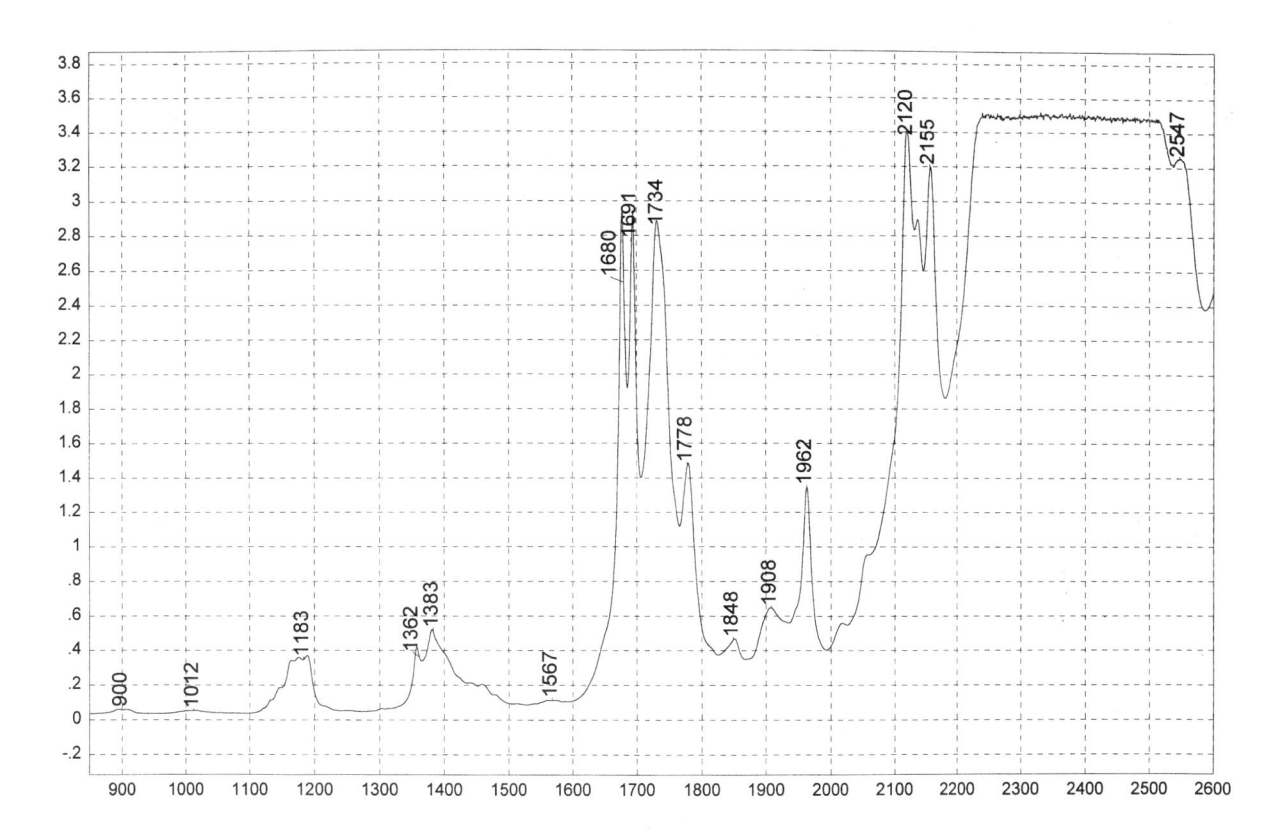

Absorbance / Nanometers

| 593 | Acetone |

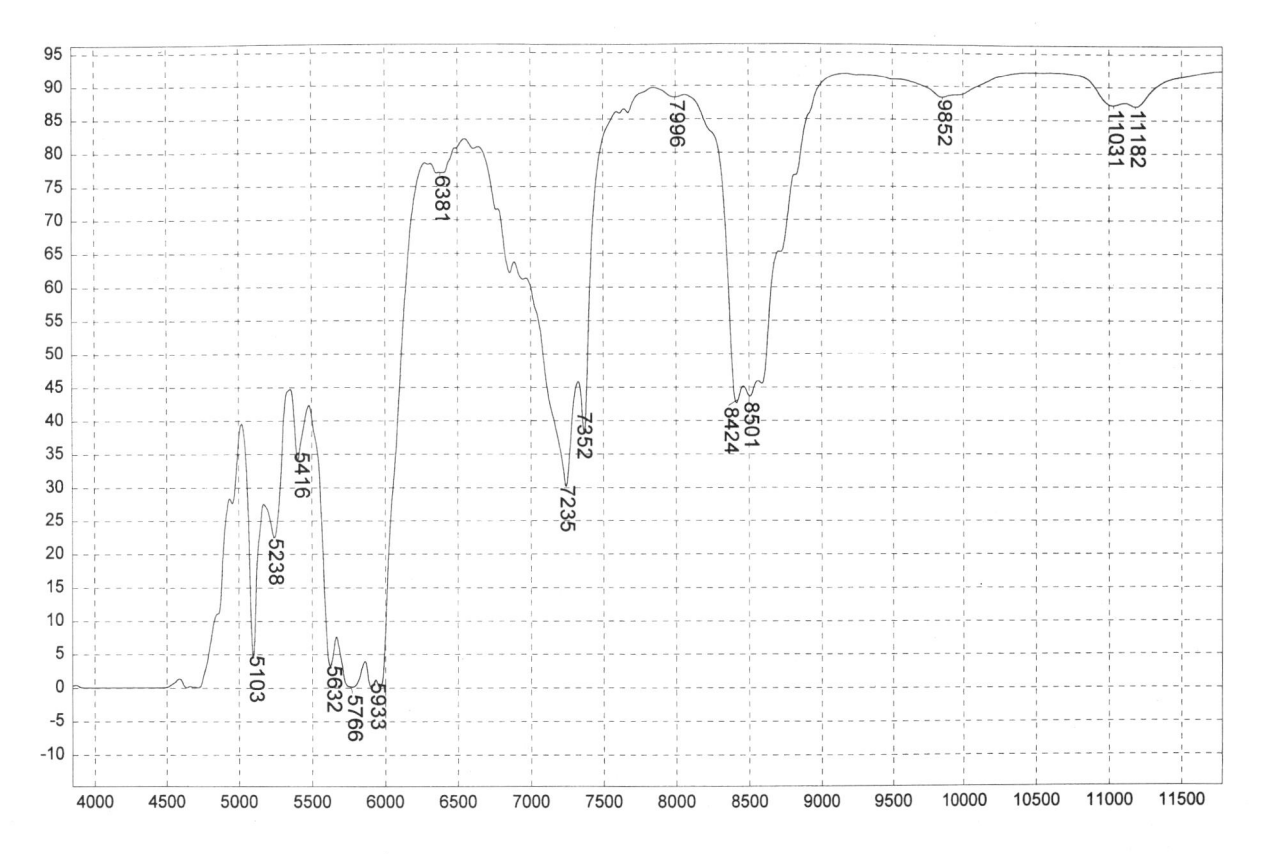

Transmittance / Wavenumber (cm⁻¹)

| 594 | Acetone |

297

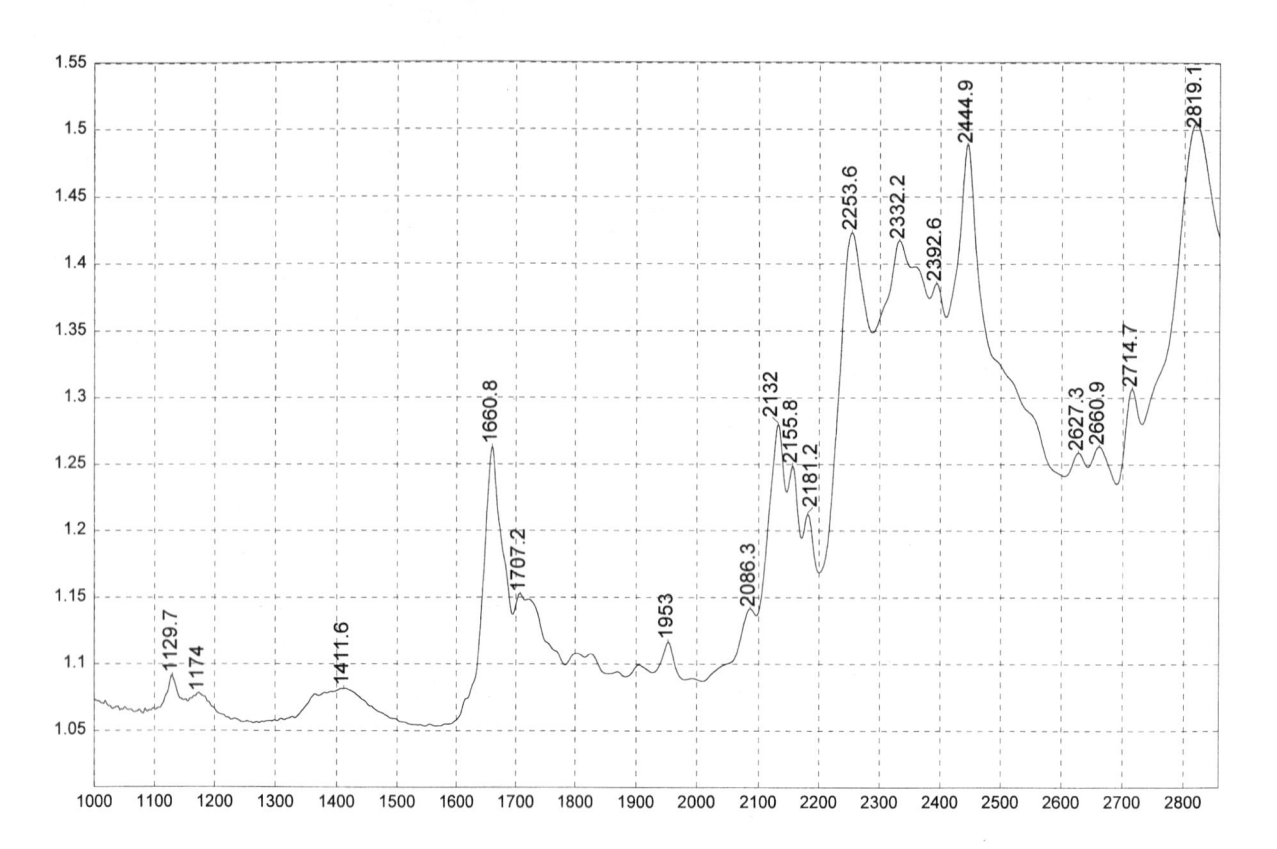

Absorbance / Nanometers

| 595 | **Polyester** |

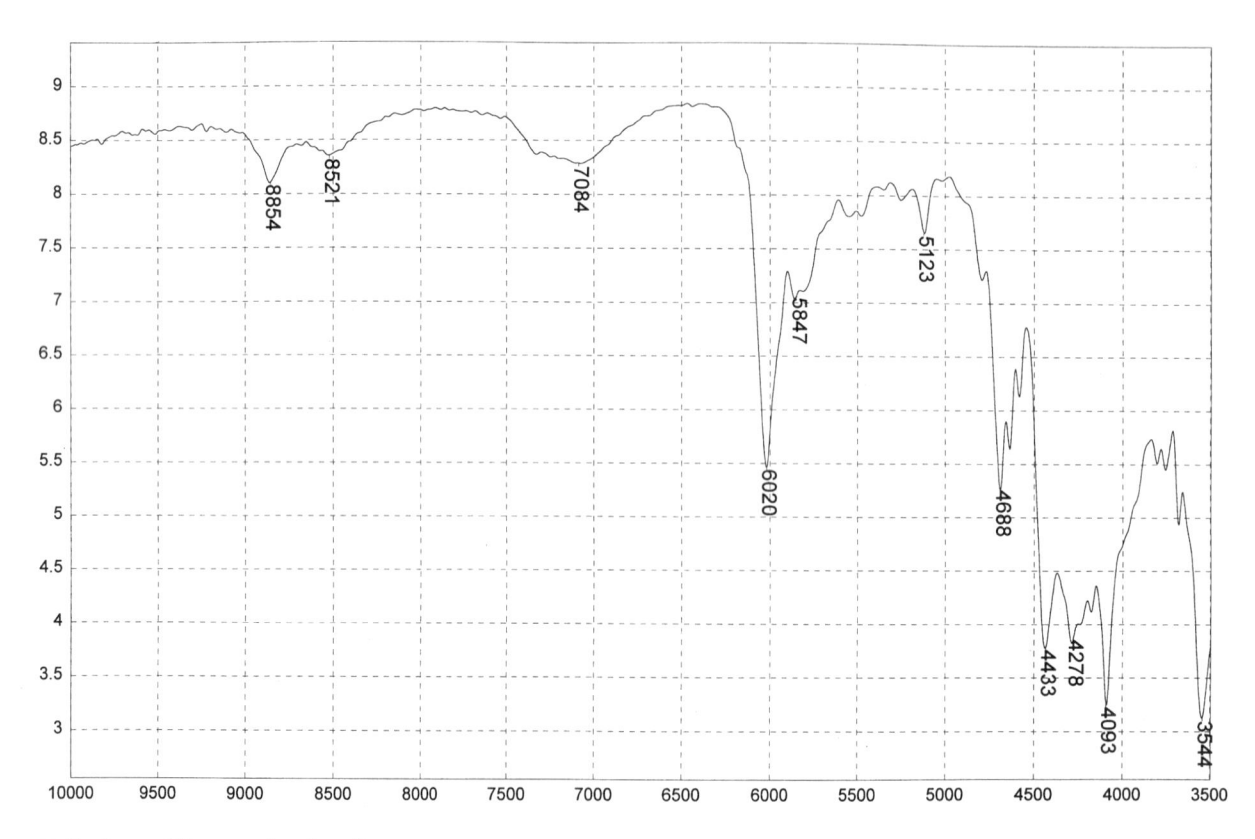

Reflectance / Wavenumber (cm⁻¹)

| 596 | **Polyester** |

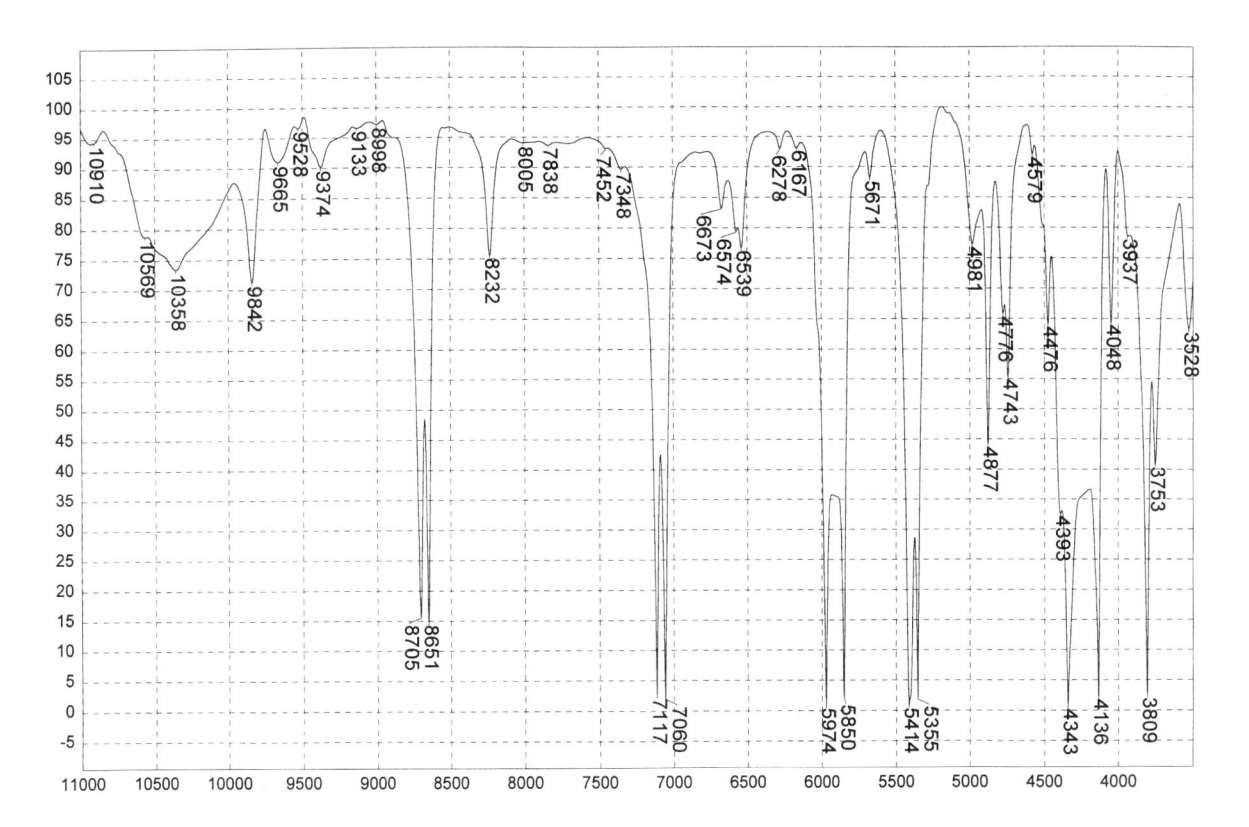

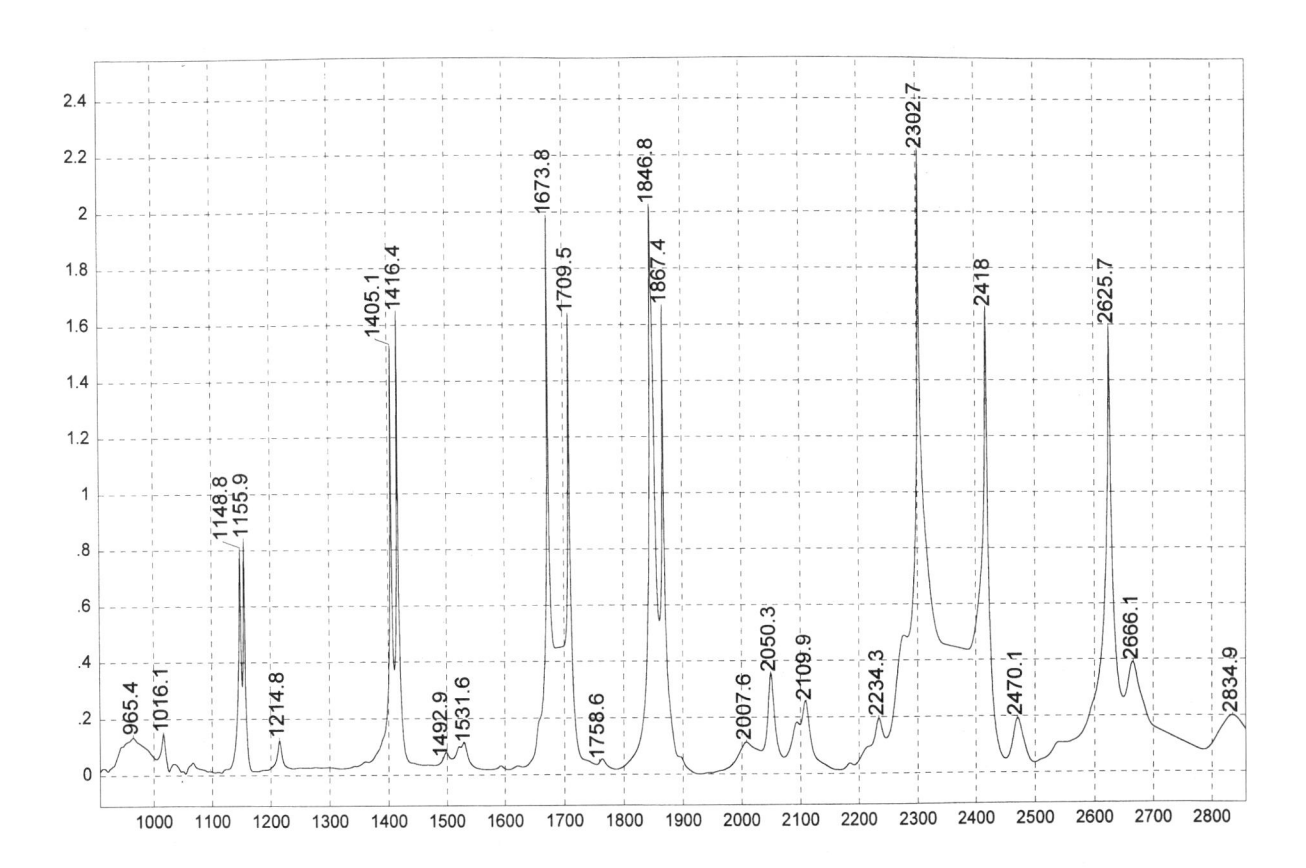

Chloroform

Chloroform

299

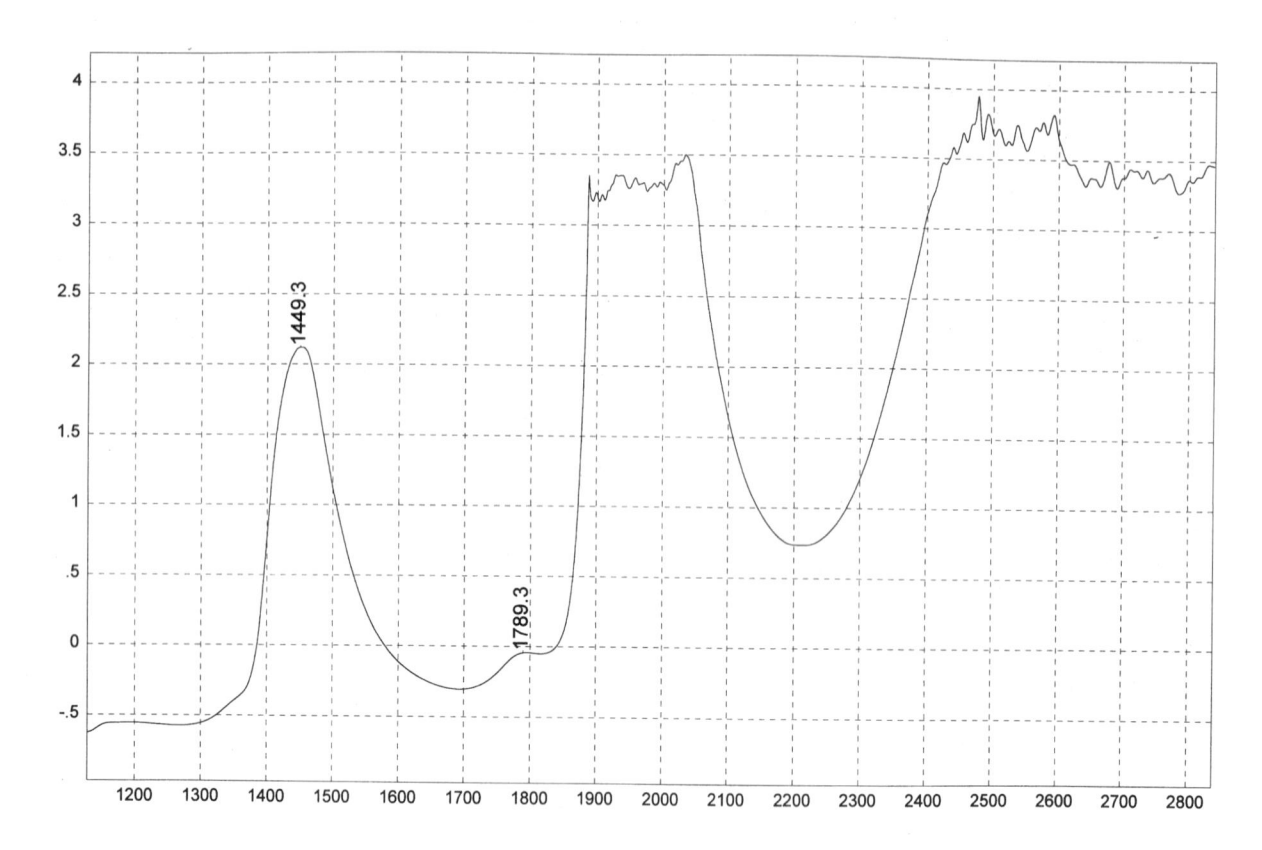

Absorbance / Nanometers

599   Water, deionized (0.2 cm)

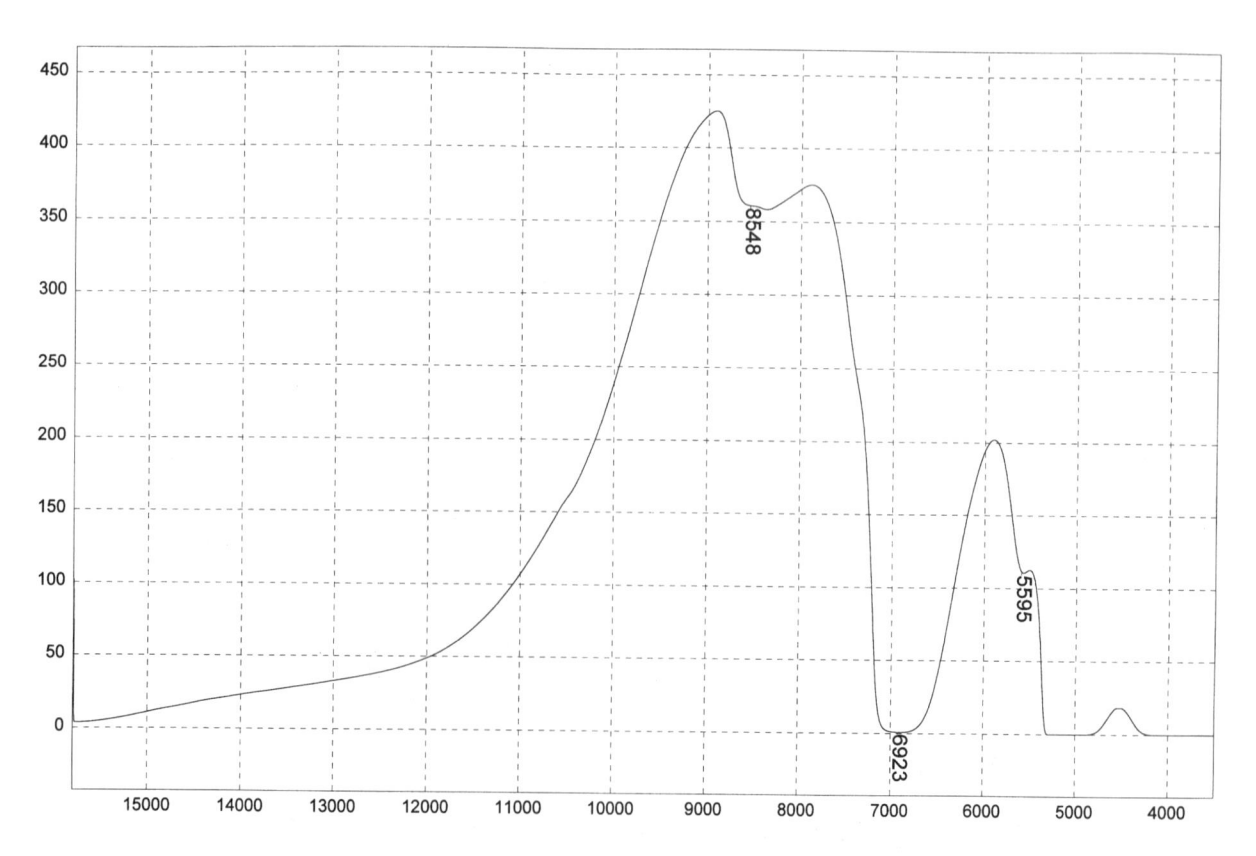

Transmittance / Wavenumber (cm^{-1})

600   Water, deionized (0.2 cm)

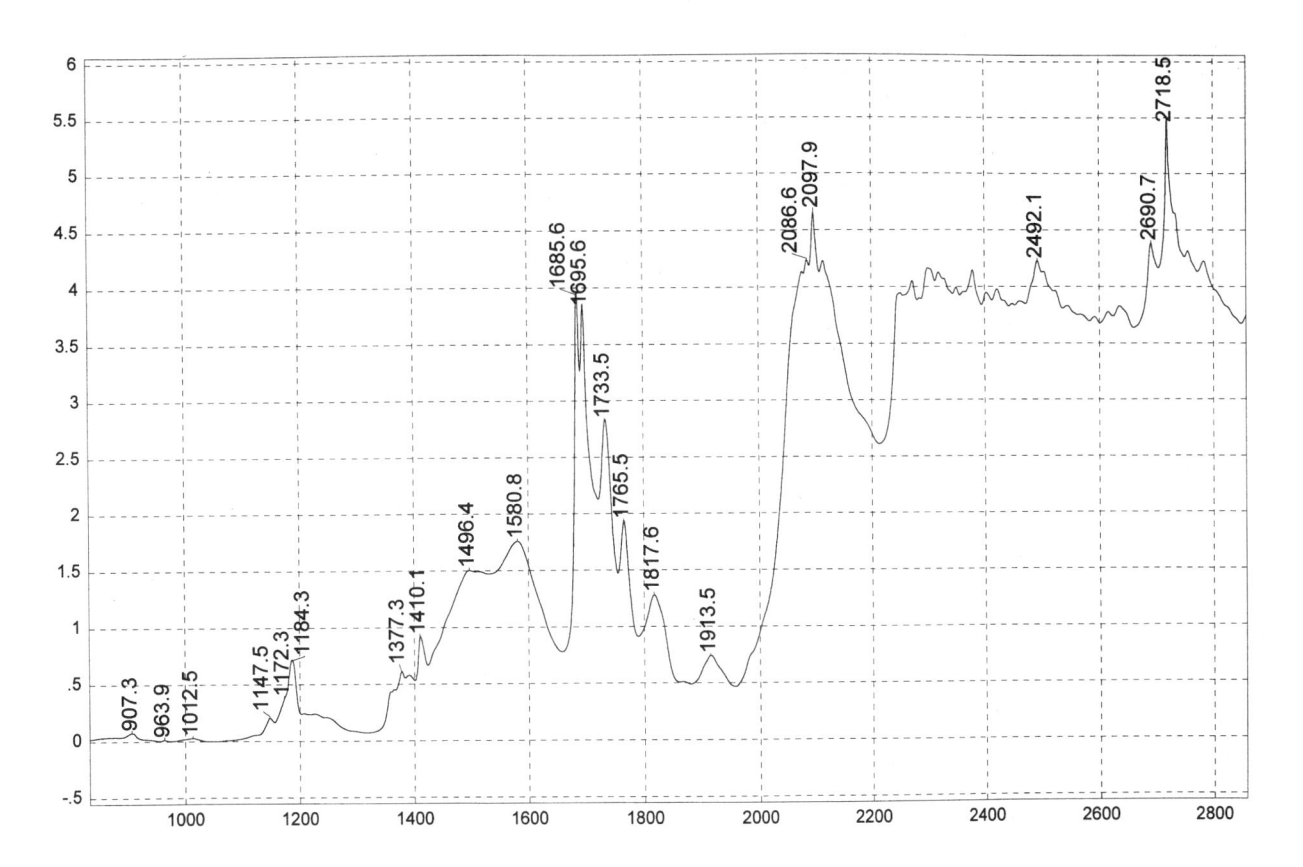

Isopropanol

601

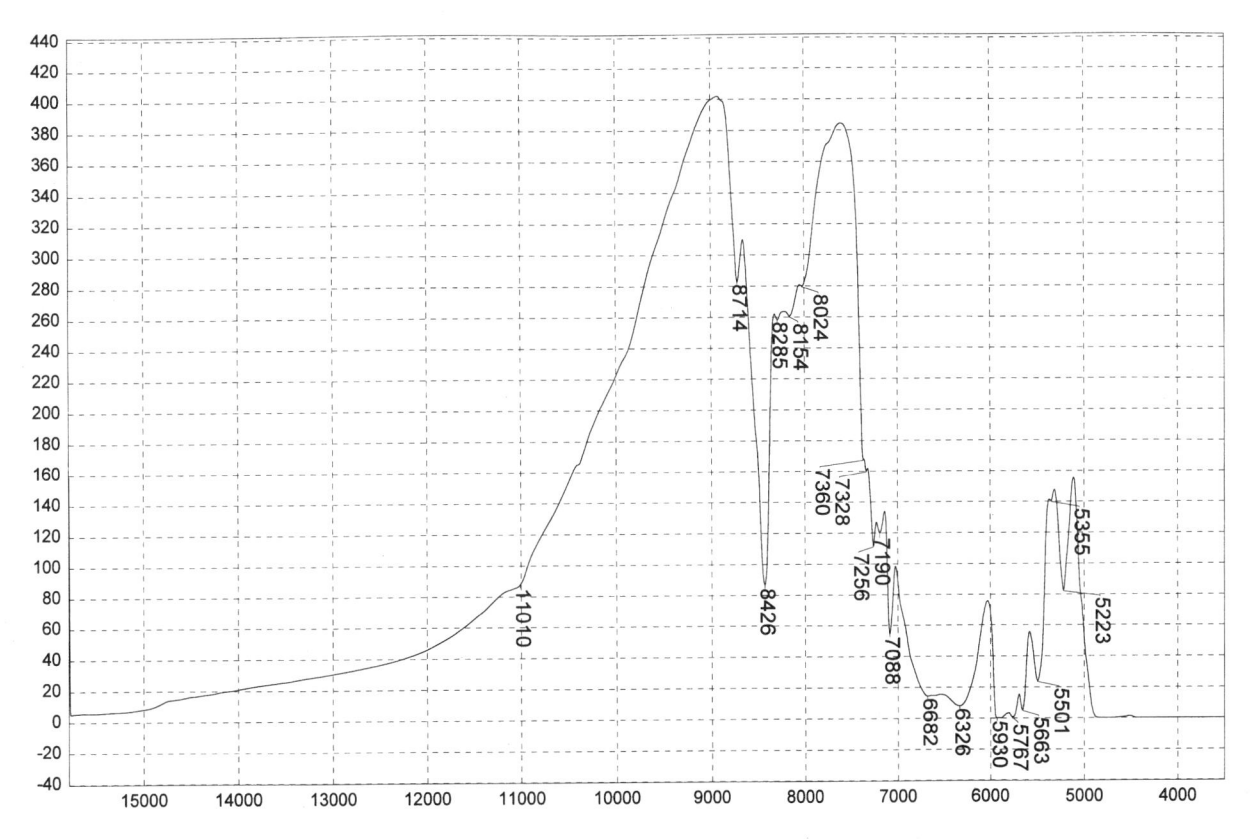

Isopropanol

602

301

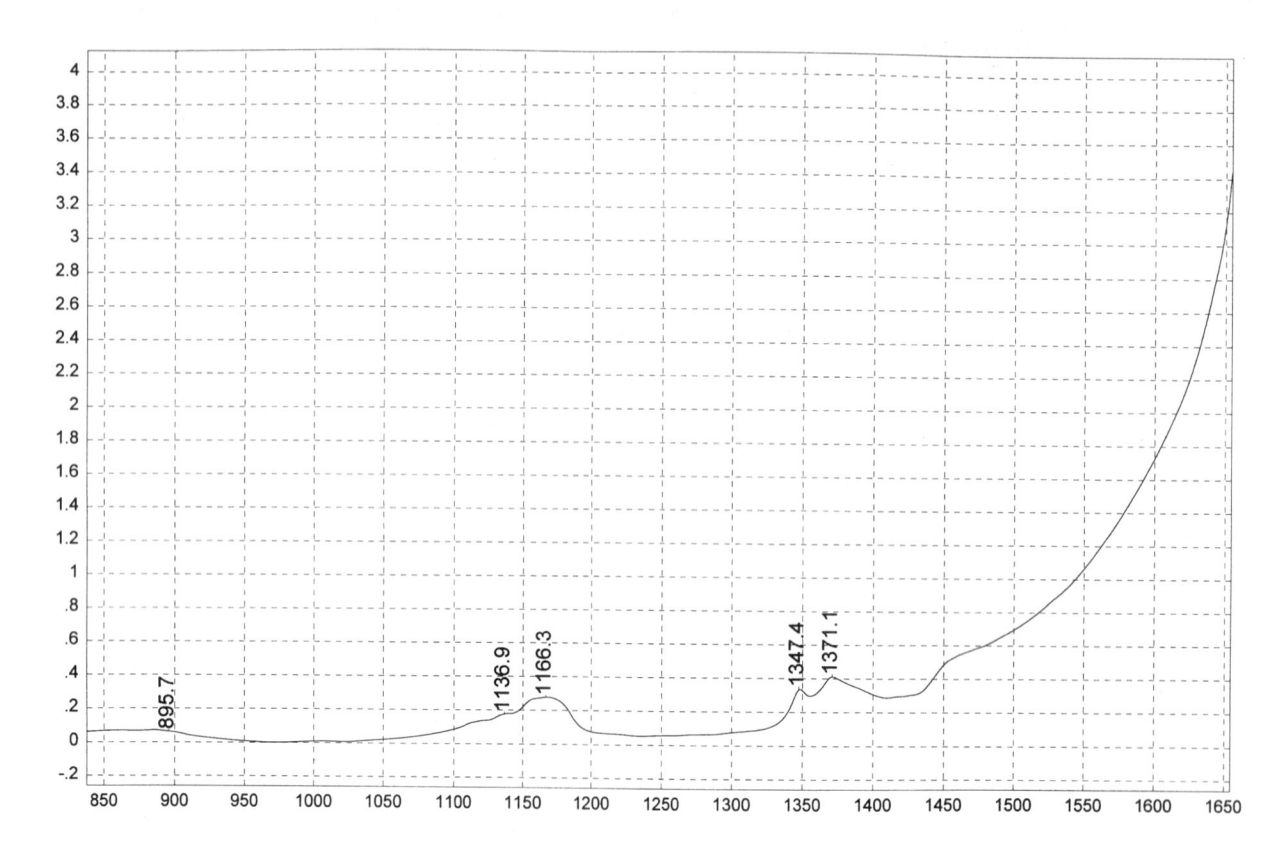

Absorbance / Nanometers

603 Acetic Acid

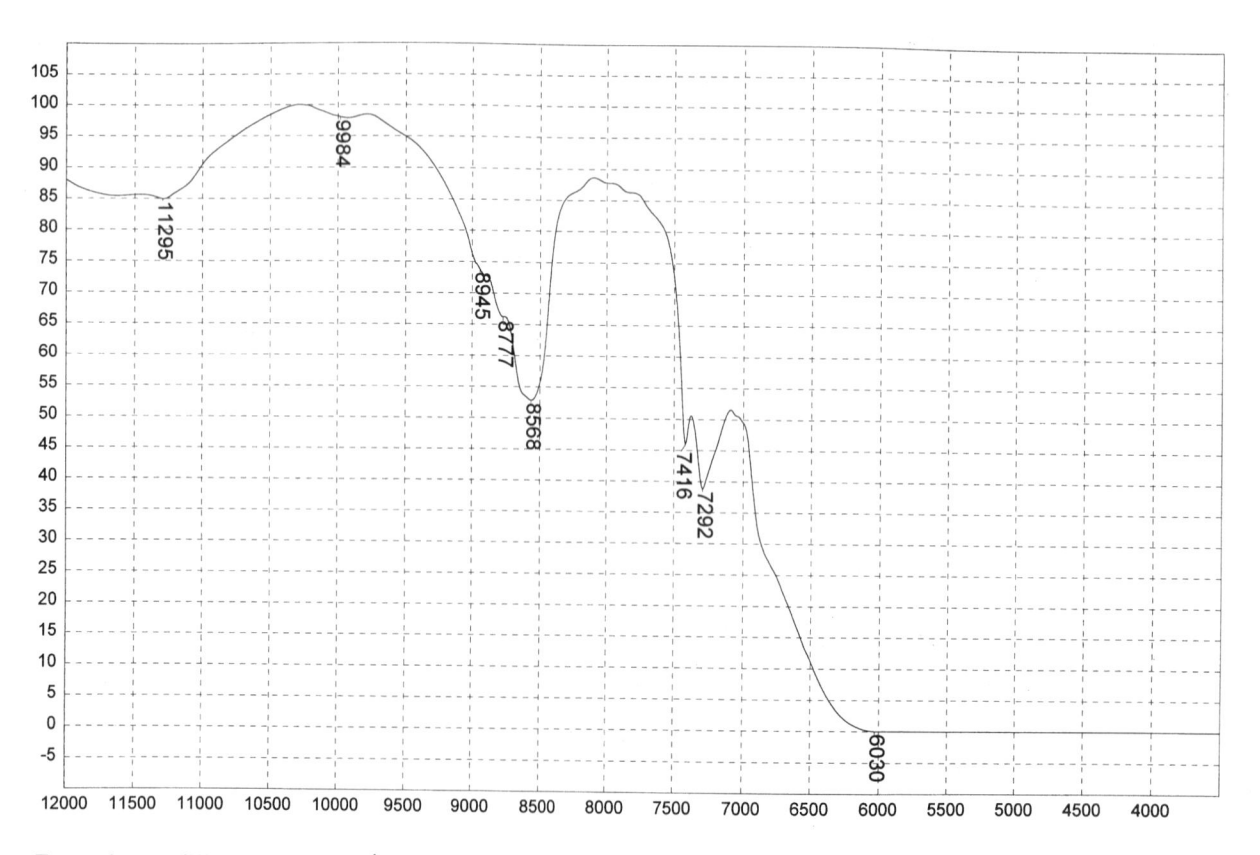

Transmittance / Wavenumber (cm⁻¹)

604 Acetic Acid

302

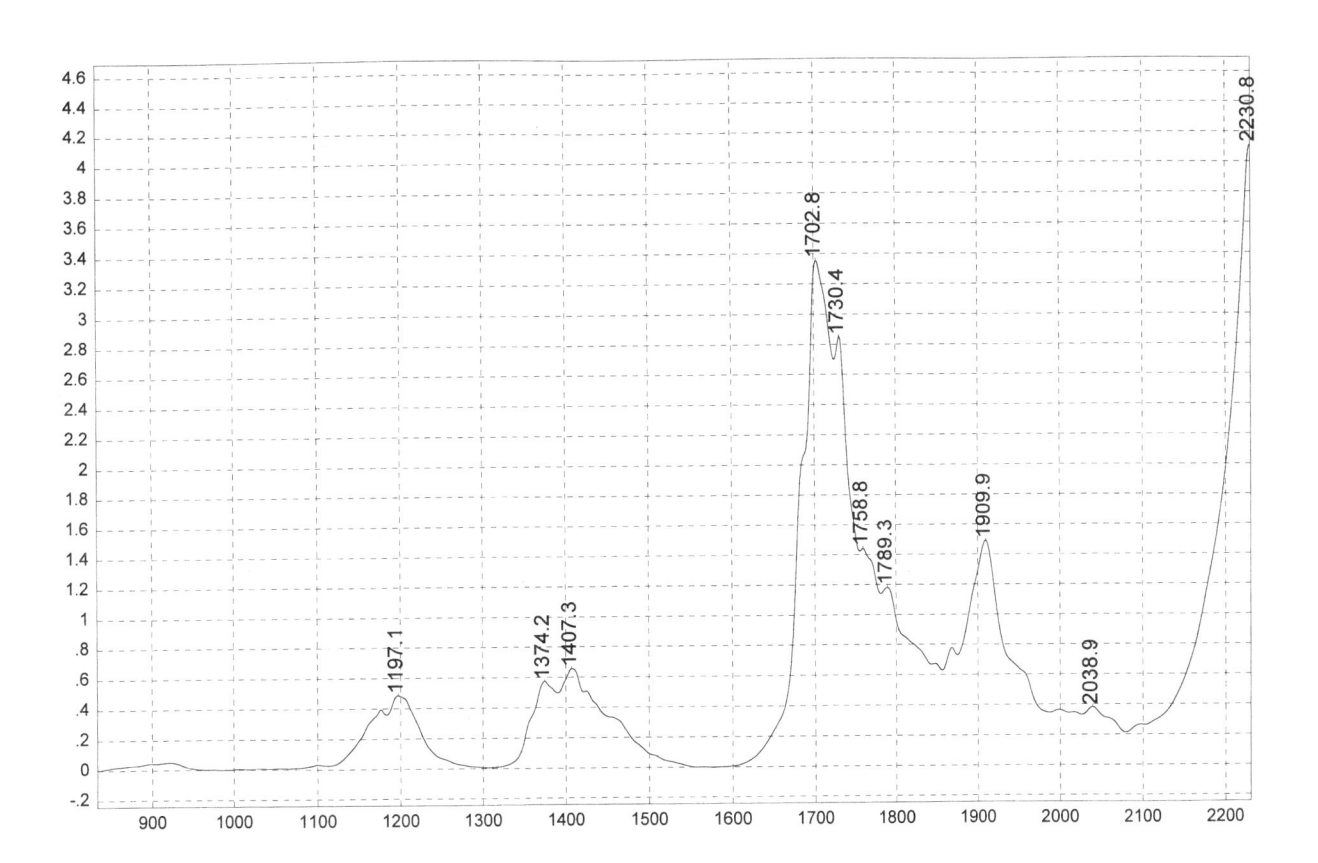

605

Methylal

Absorbance / Nanometers

606

Methylal

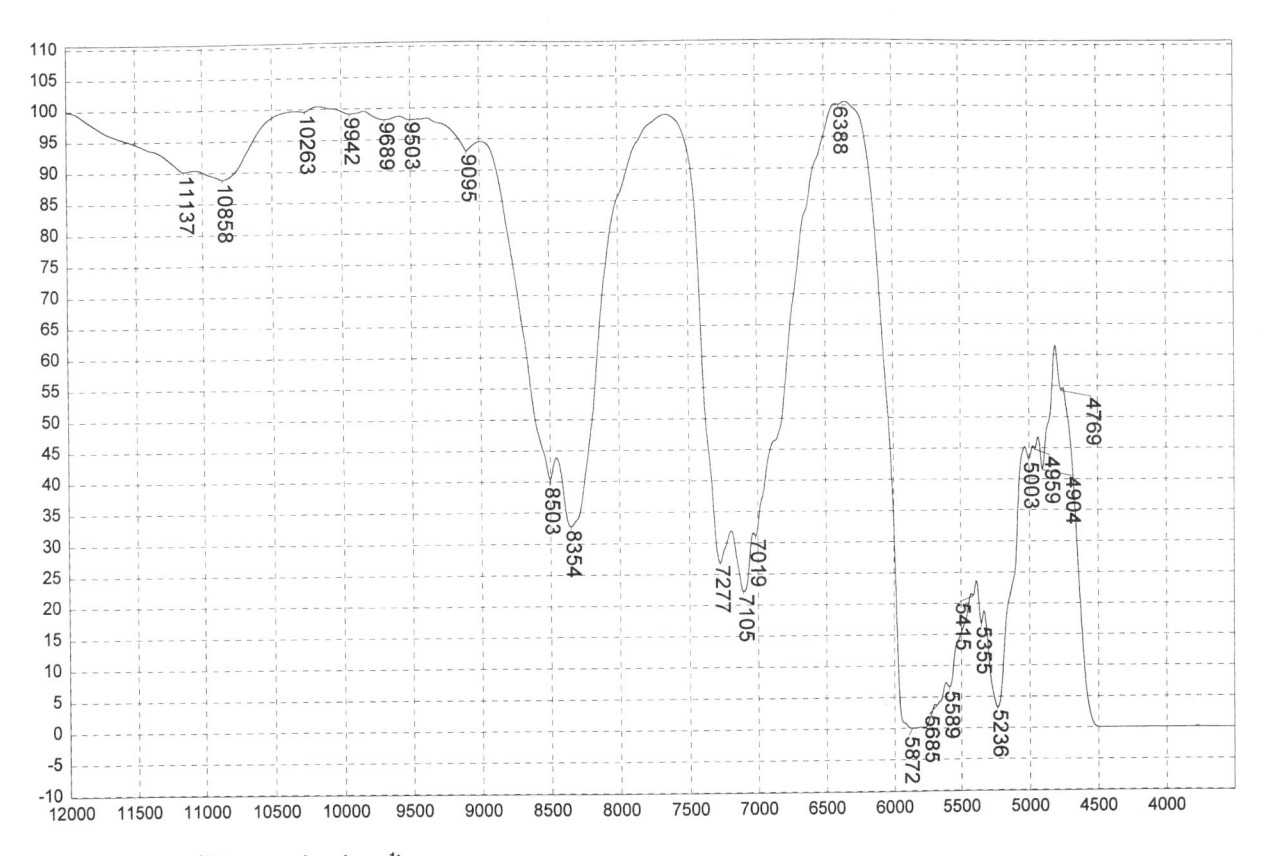

Transmittance / Wavenumber (cm⁻¹)

303

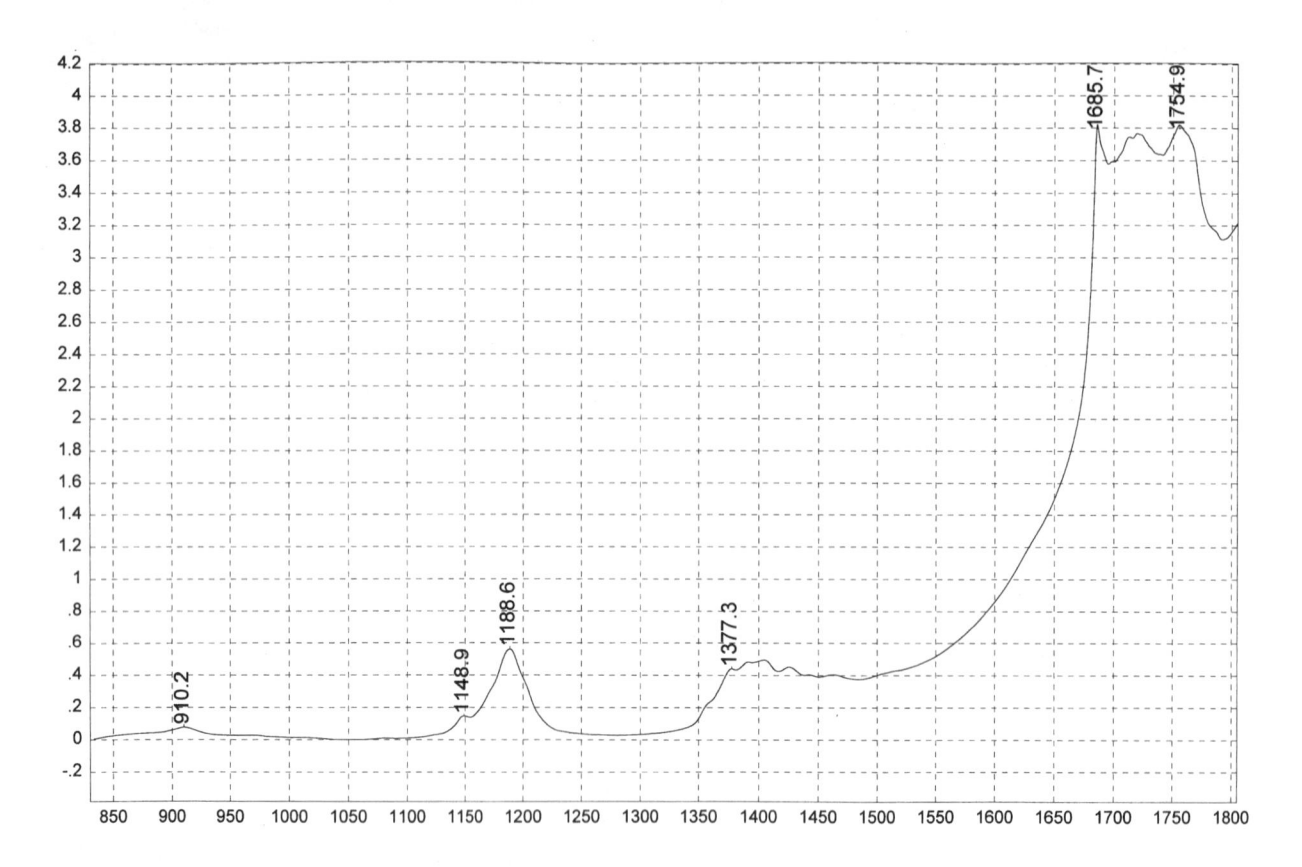

Butyric Acid

607

Butyric Acid

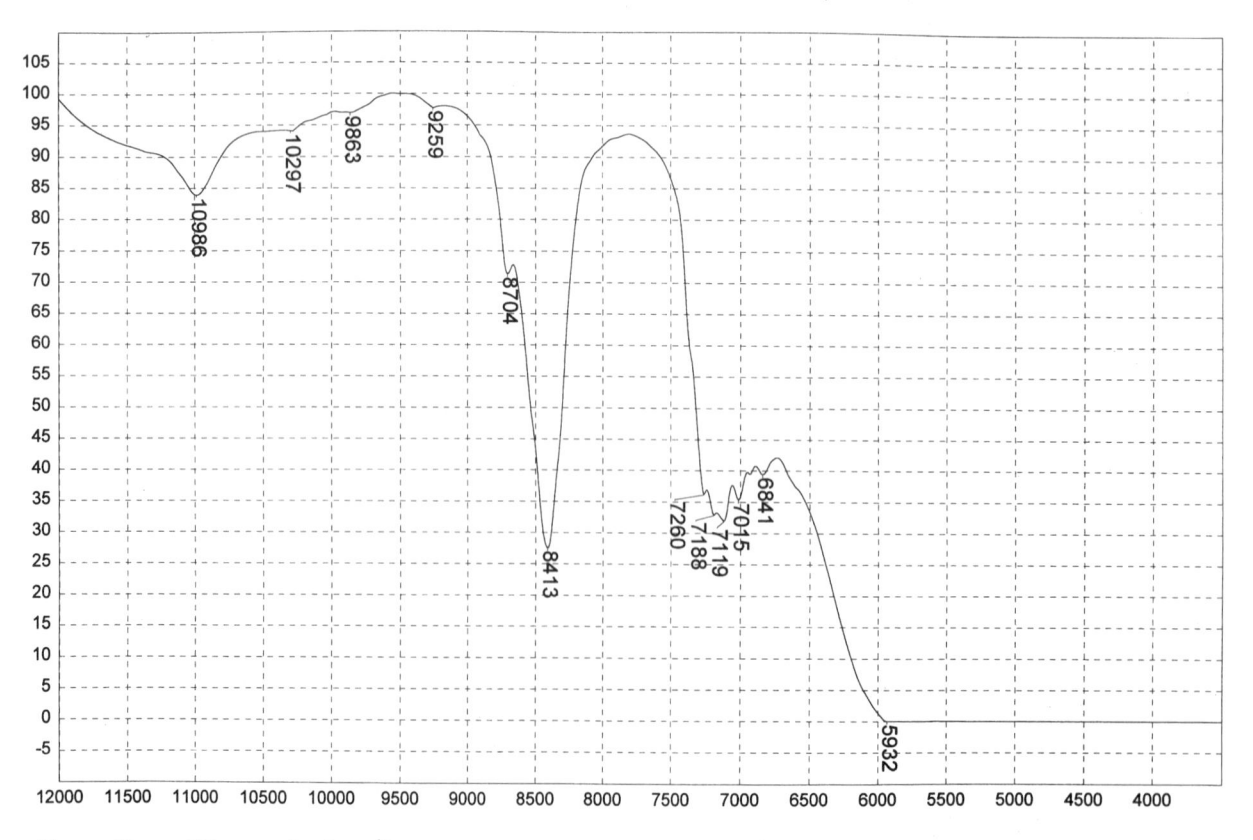

608

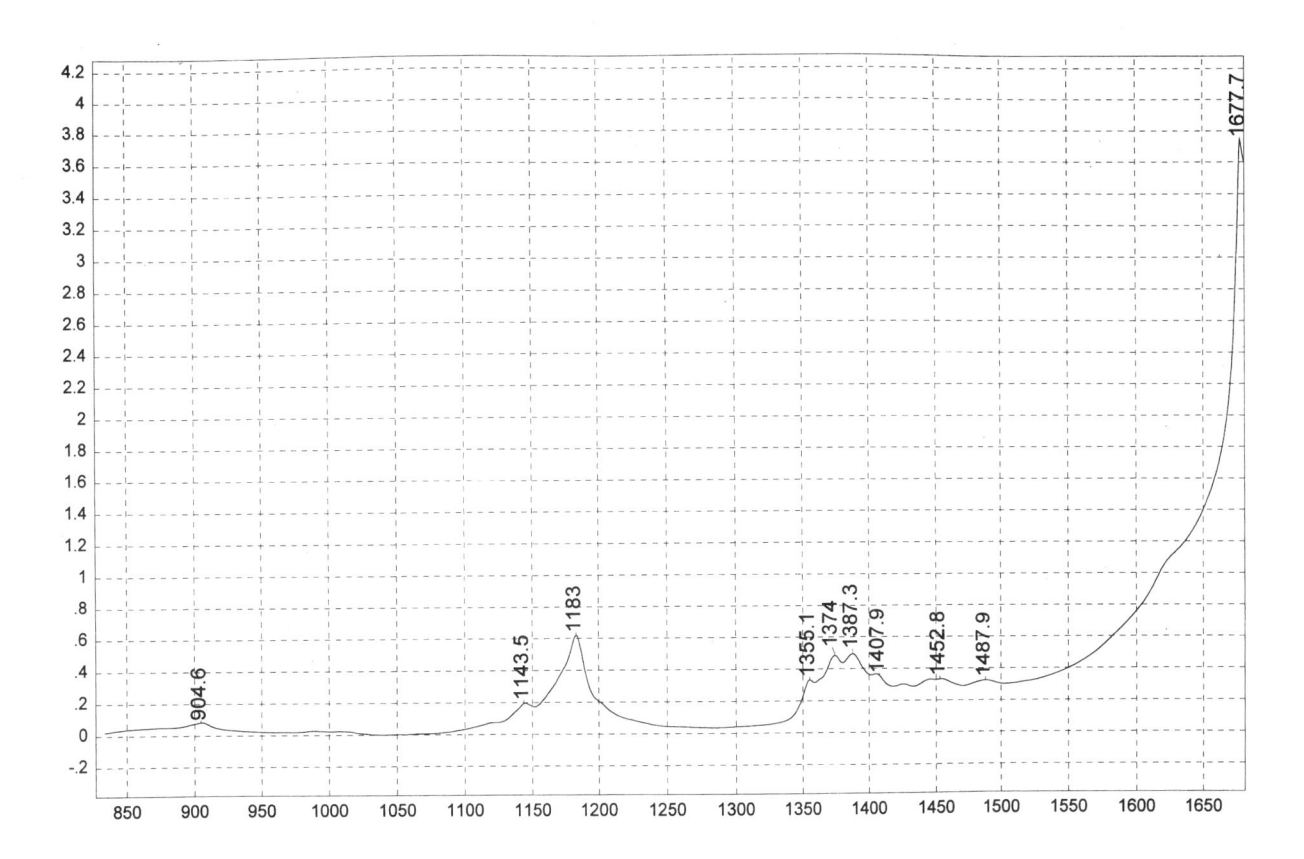

Absorbance / Nanometers

609   iso-Butyric Acid

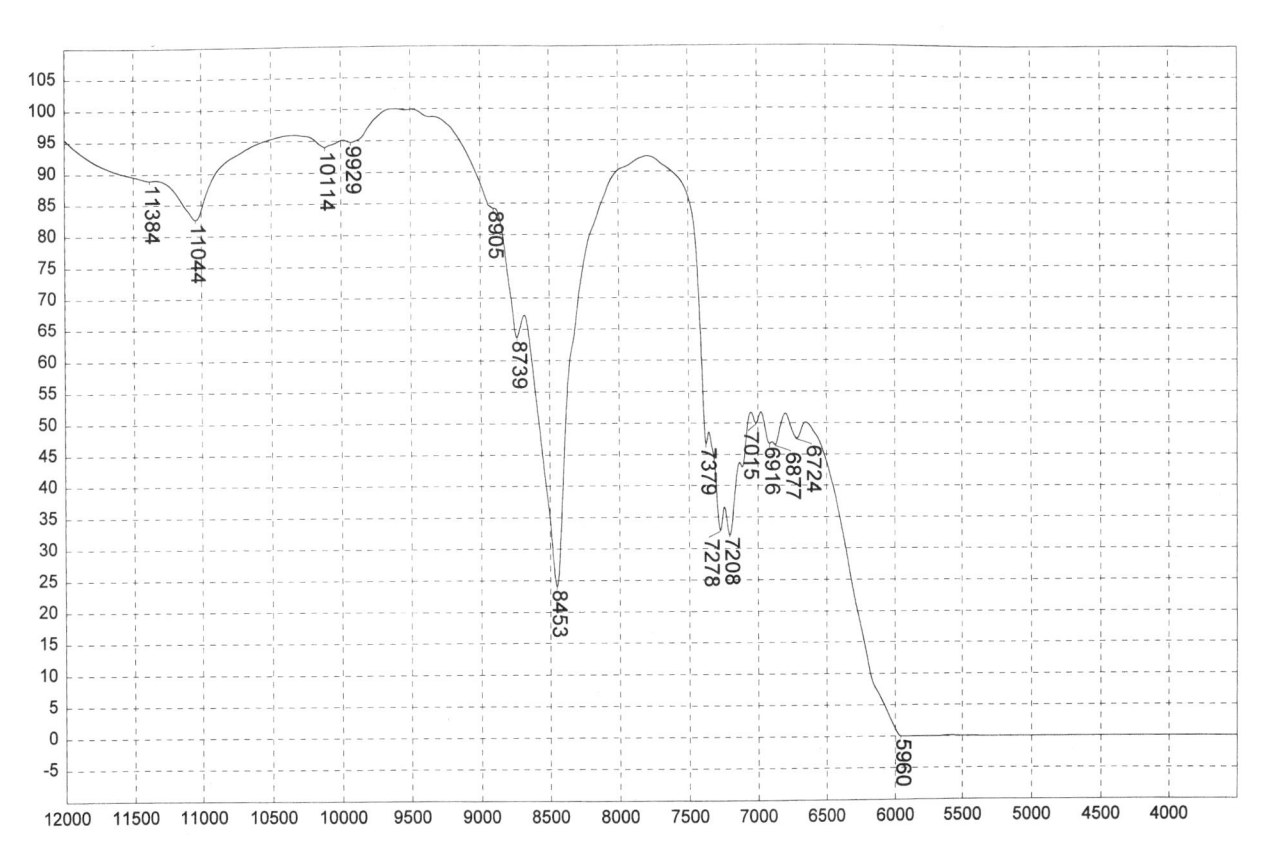

Transmittance / Wavenumber (cm⁻¹)

610   iso-Butyric Acid

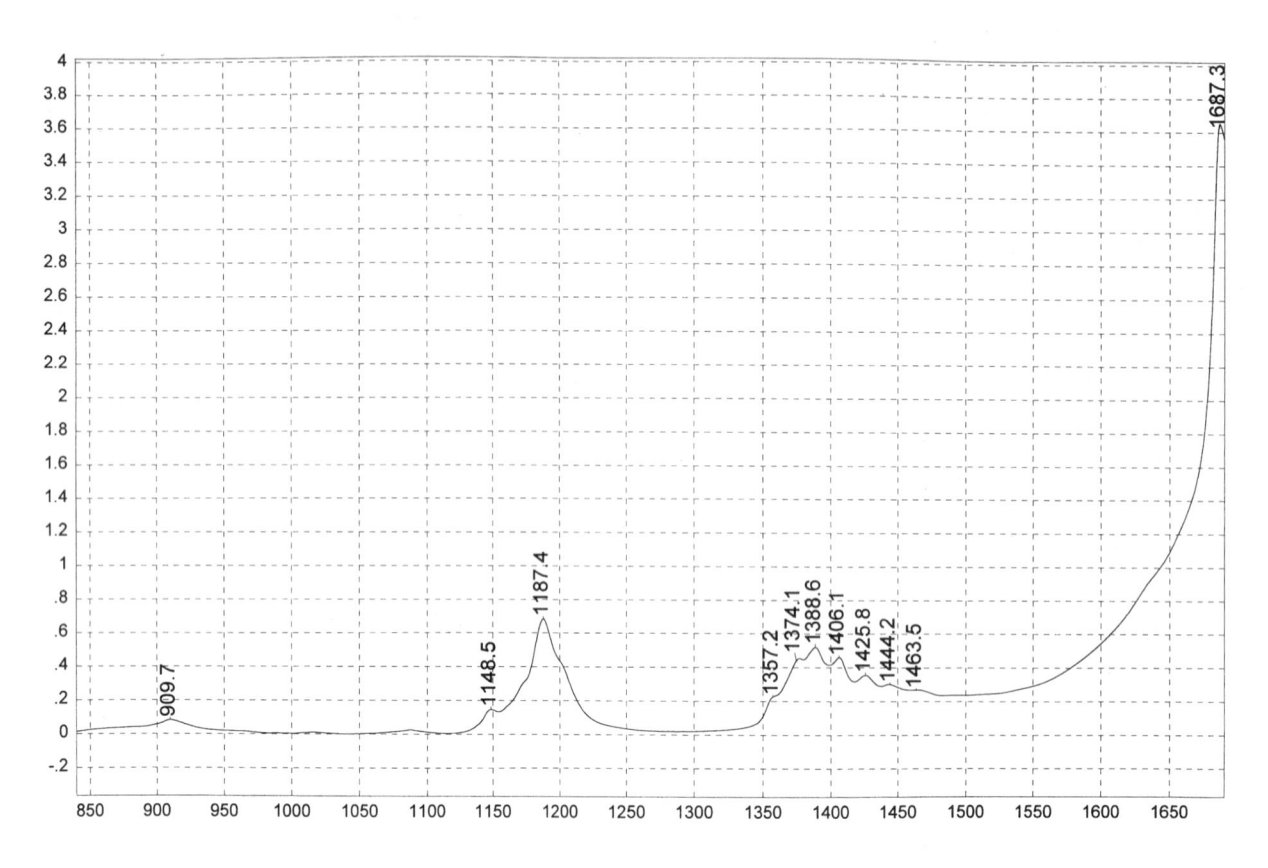

Absorbance / Nanometers

611 2-Ethylbutyric Acid

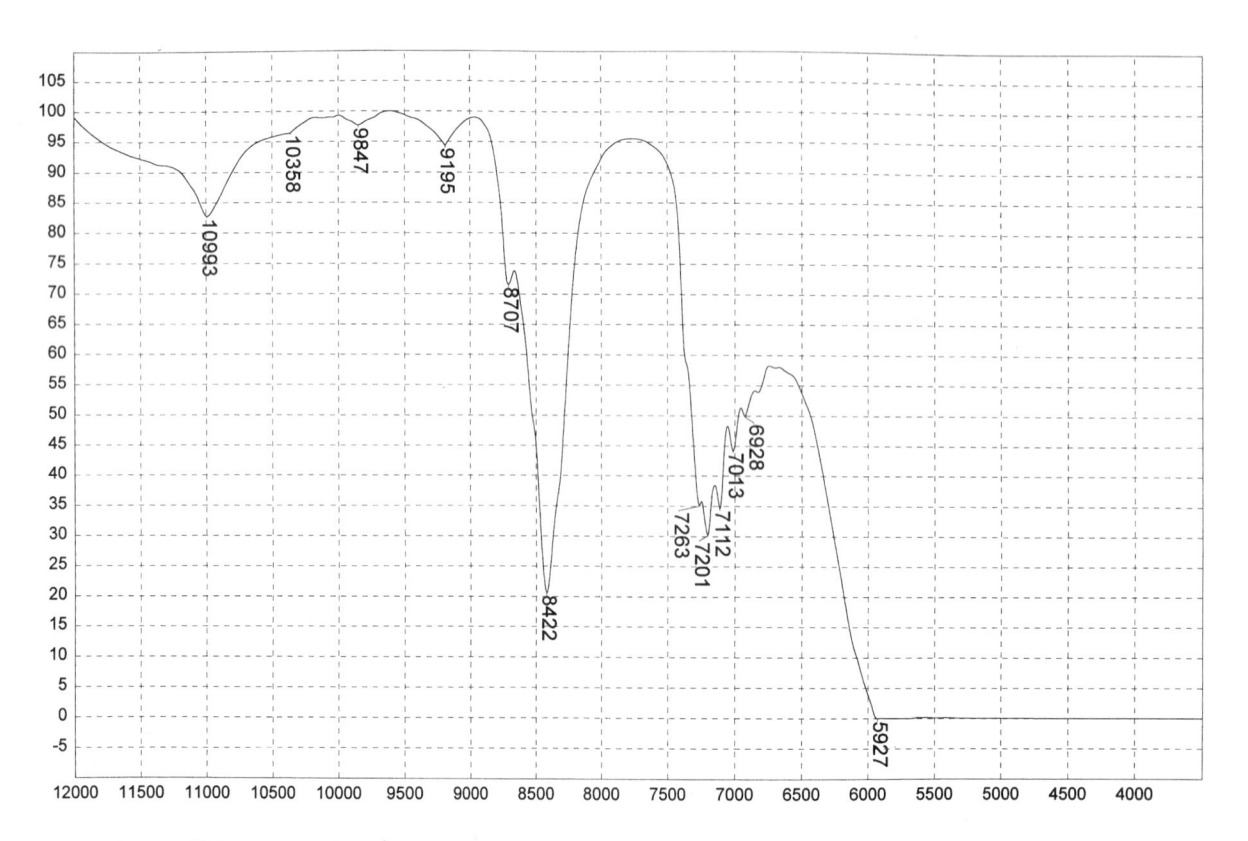

Transmittance / Wavenumber (cm⁻¹)

612 2-Ethylbutyric Acid

Hexanoic Acid

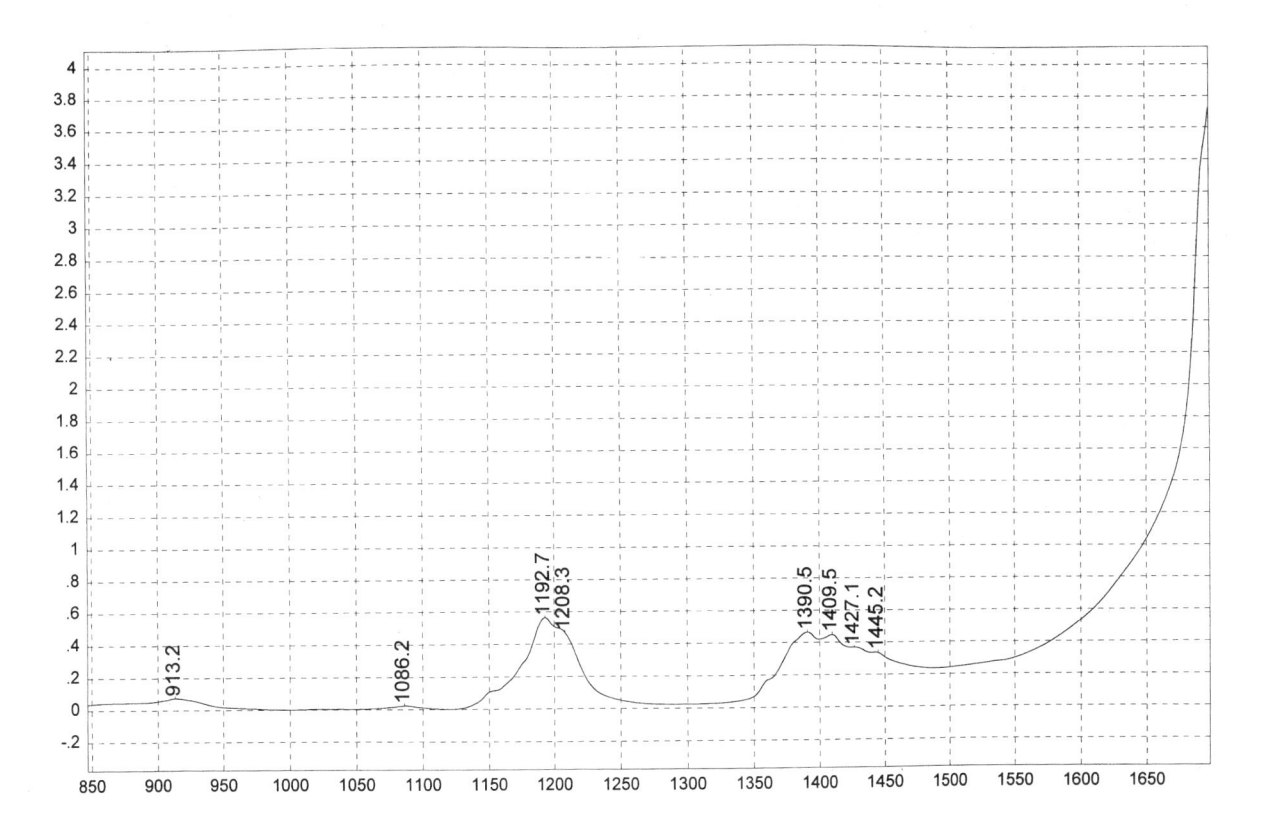

613

Hexanoic Acid

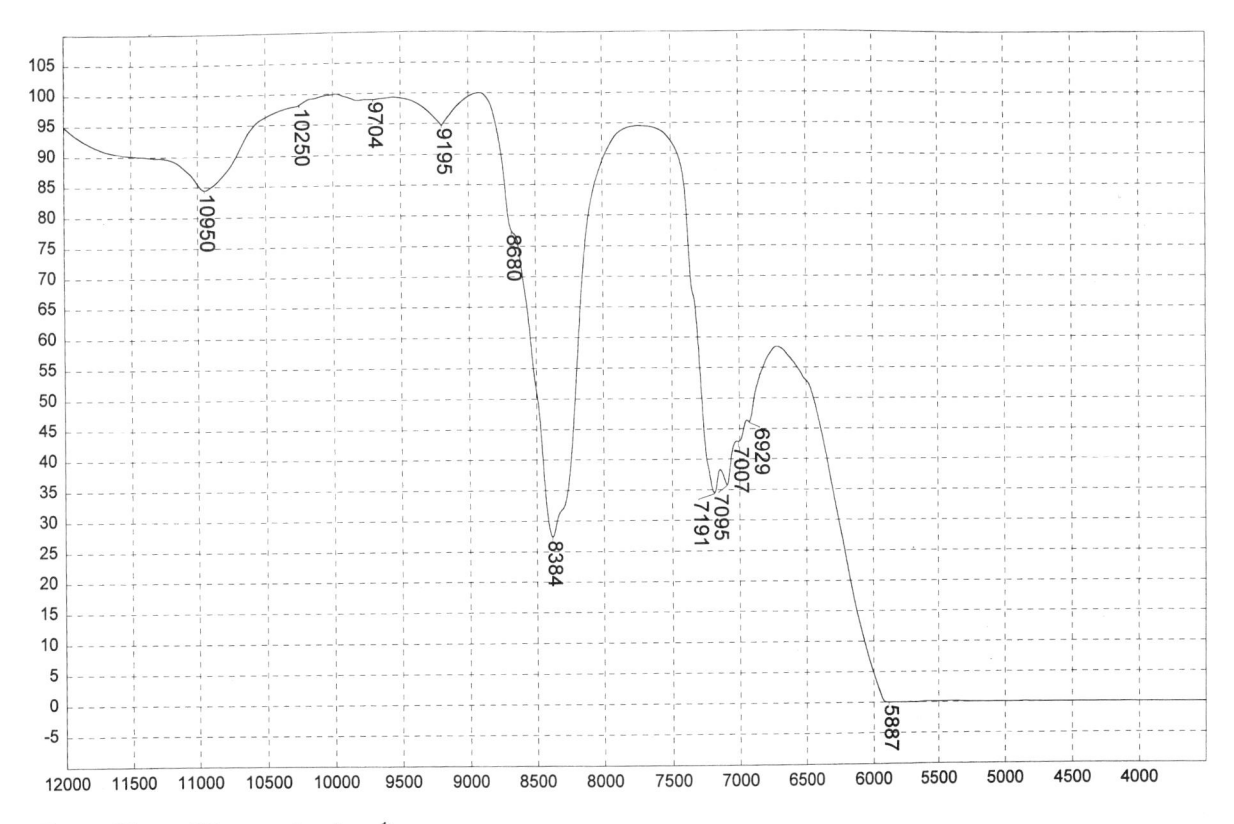

614

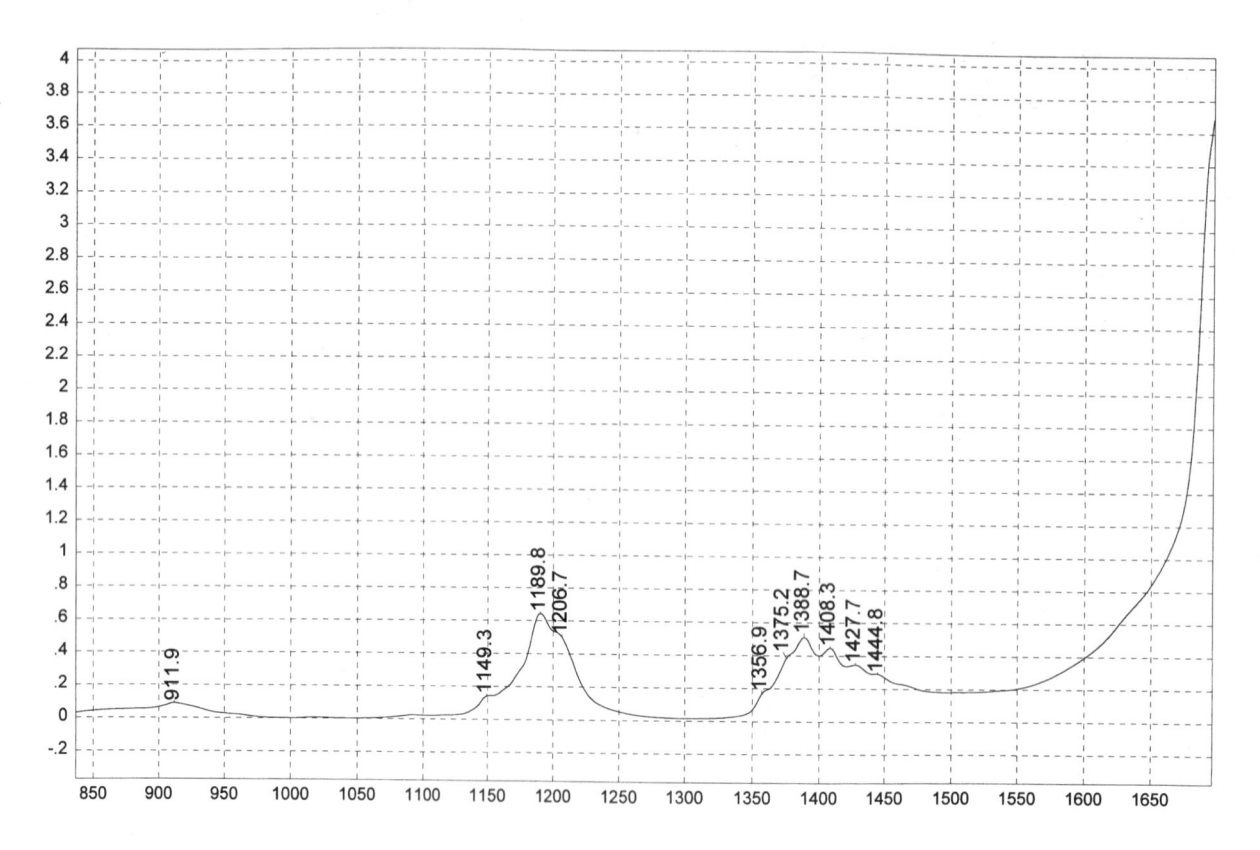

Absorbance / Nanometers

615 2-Ethylhexanoic Acid

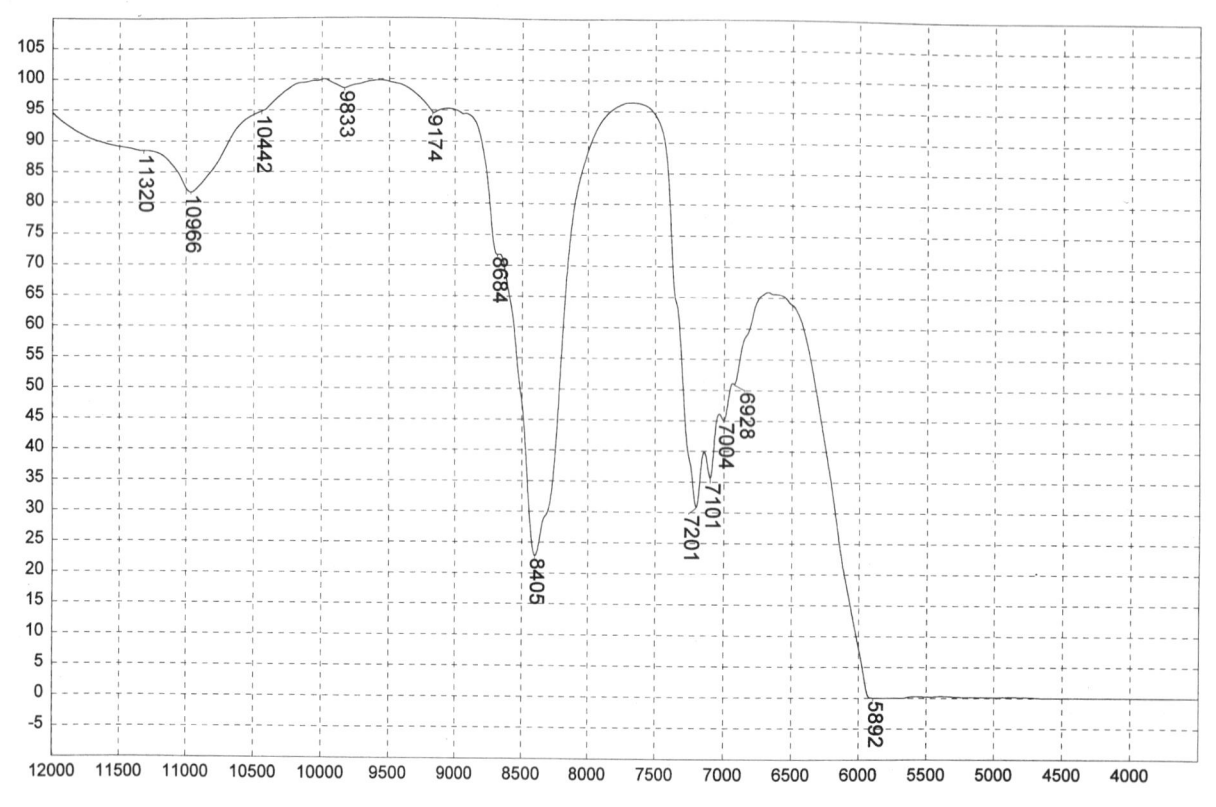

Transmittance / Wavenumber (cm⁻¹)

616 2-Ethylhexanoic Acid

Absorbance / Nanometers

Formic Acid

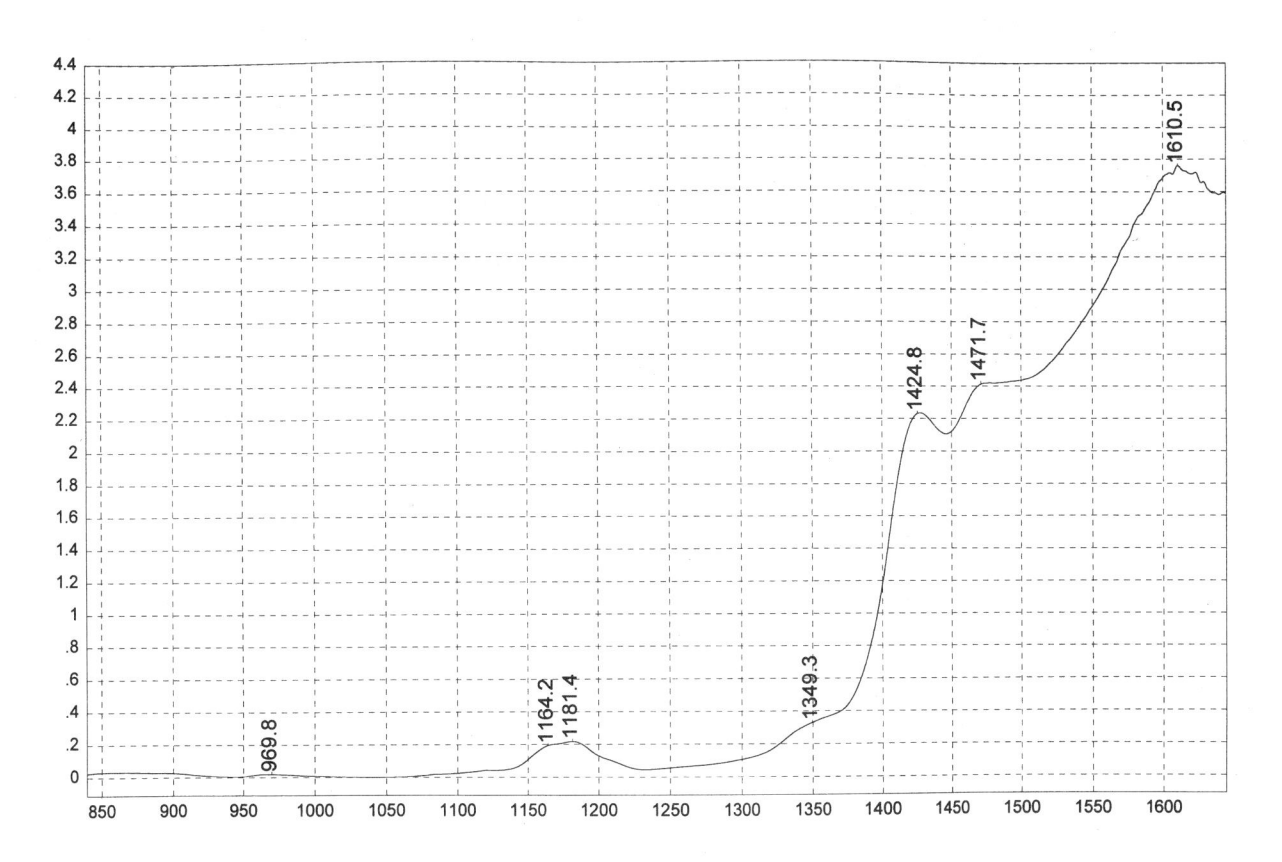

617

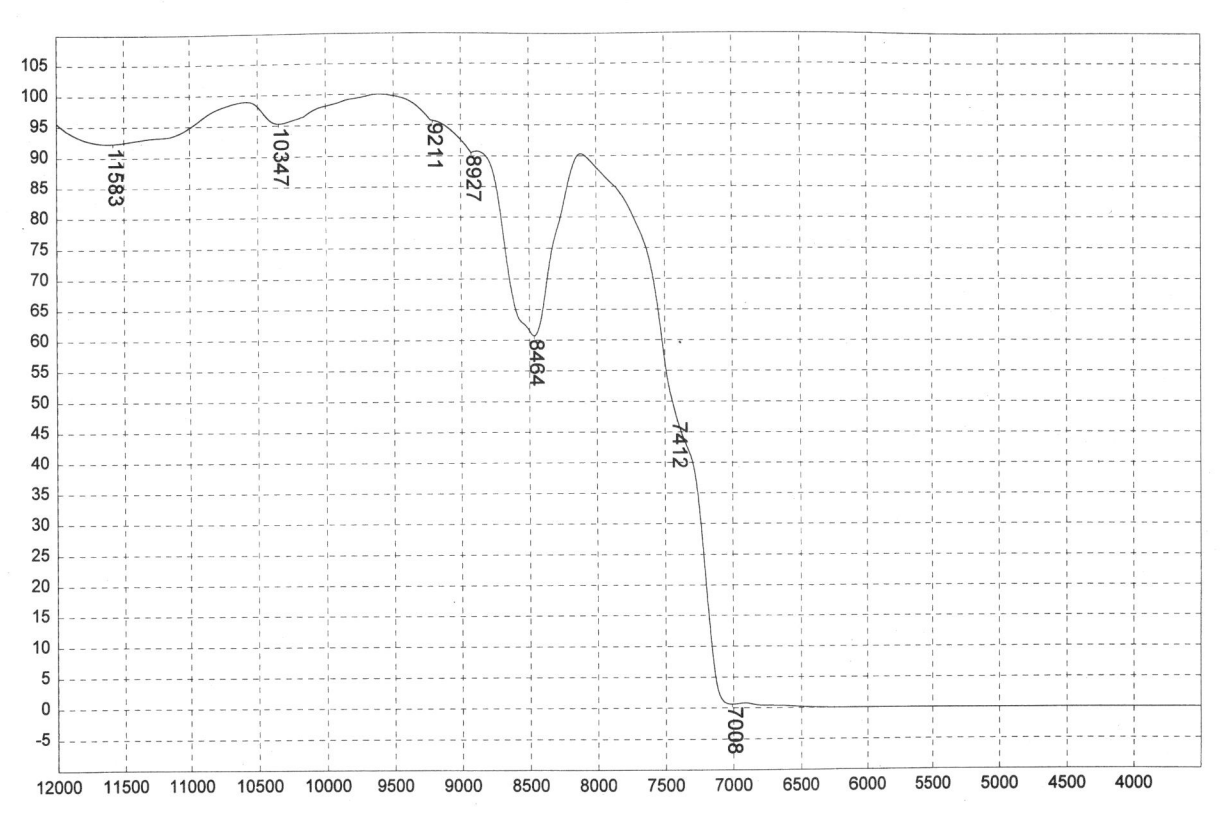

Transmittance / Wavenumber (cm⁻¹)

Formic Acid

618

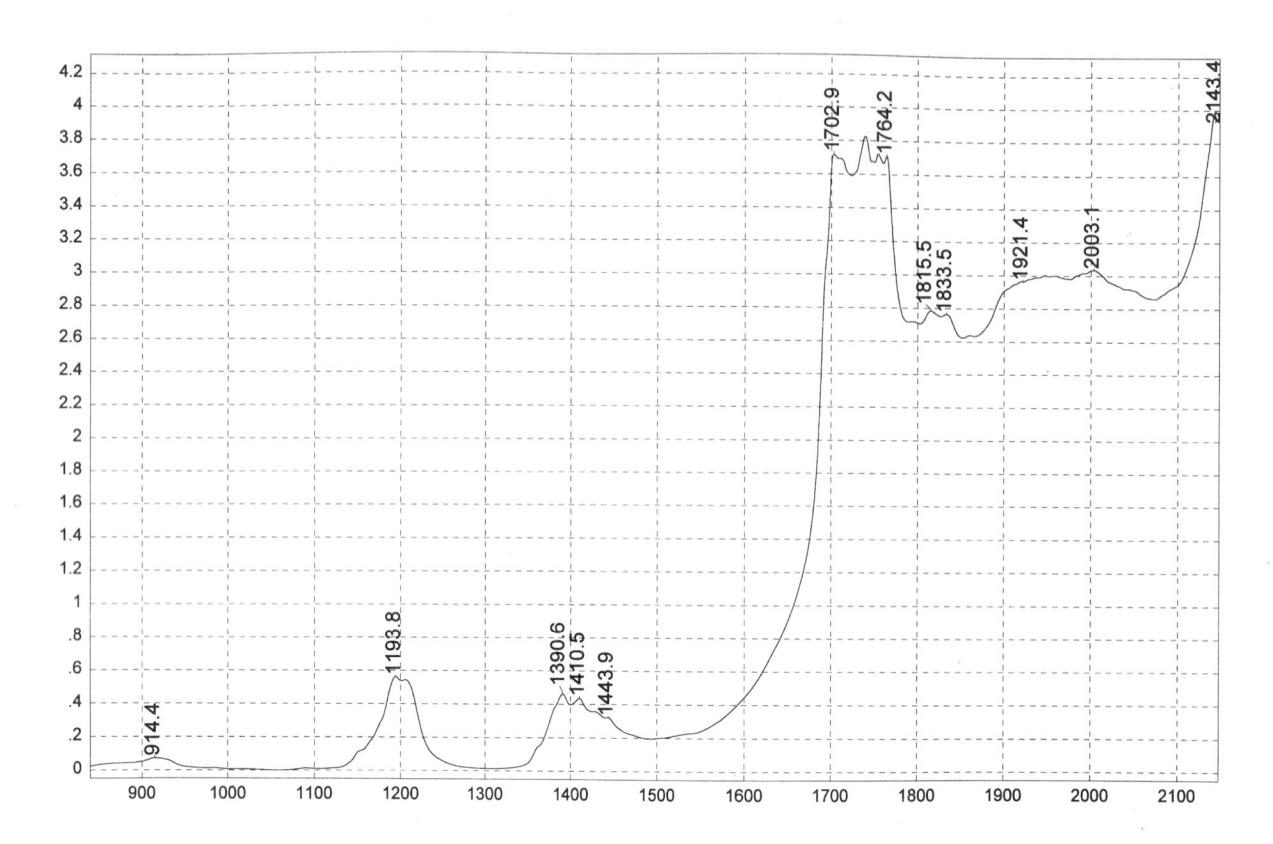

Heptanoic Acid

Heptanoic Acid

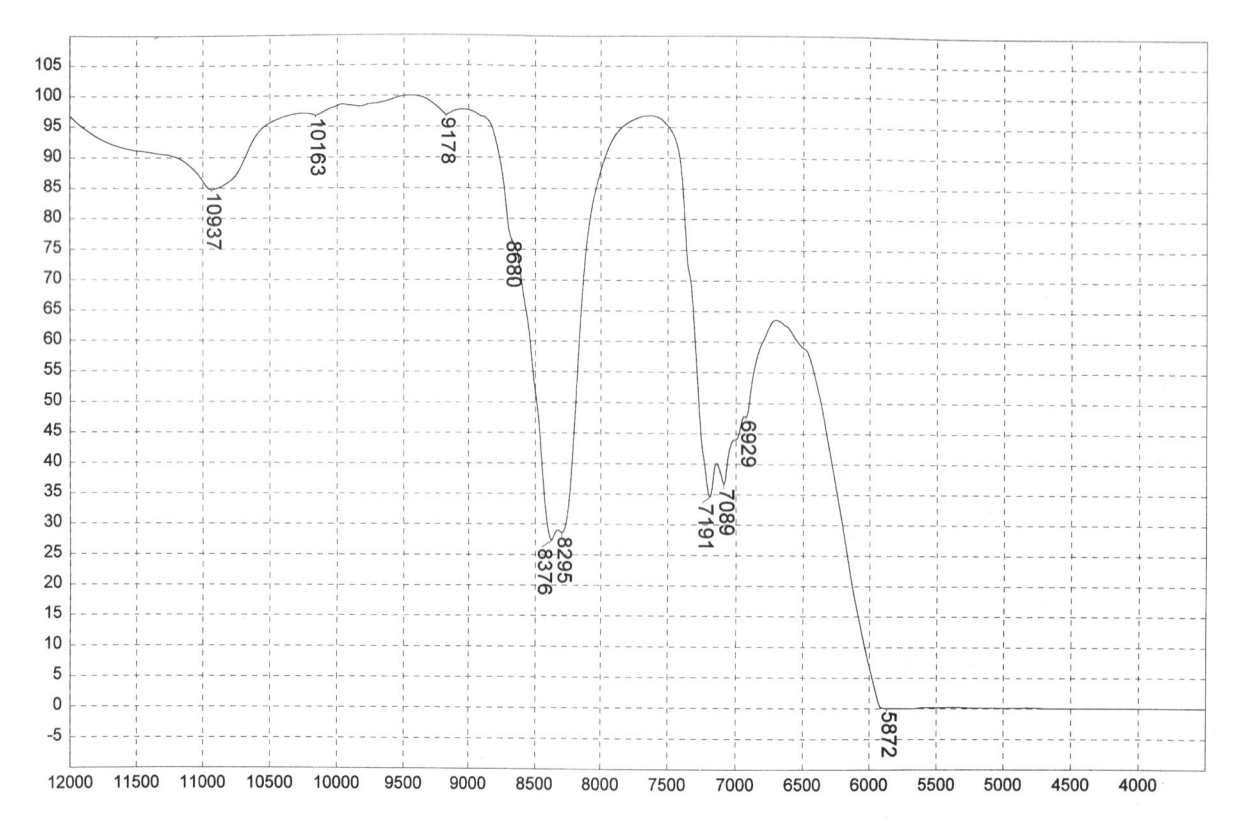

Absorbance / Nanometers

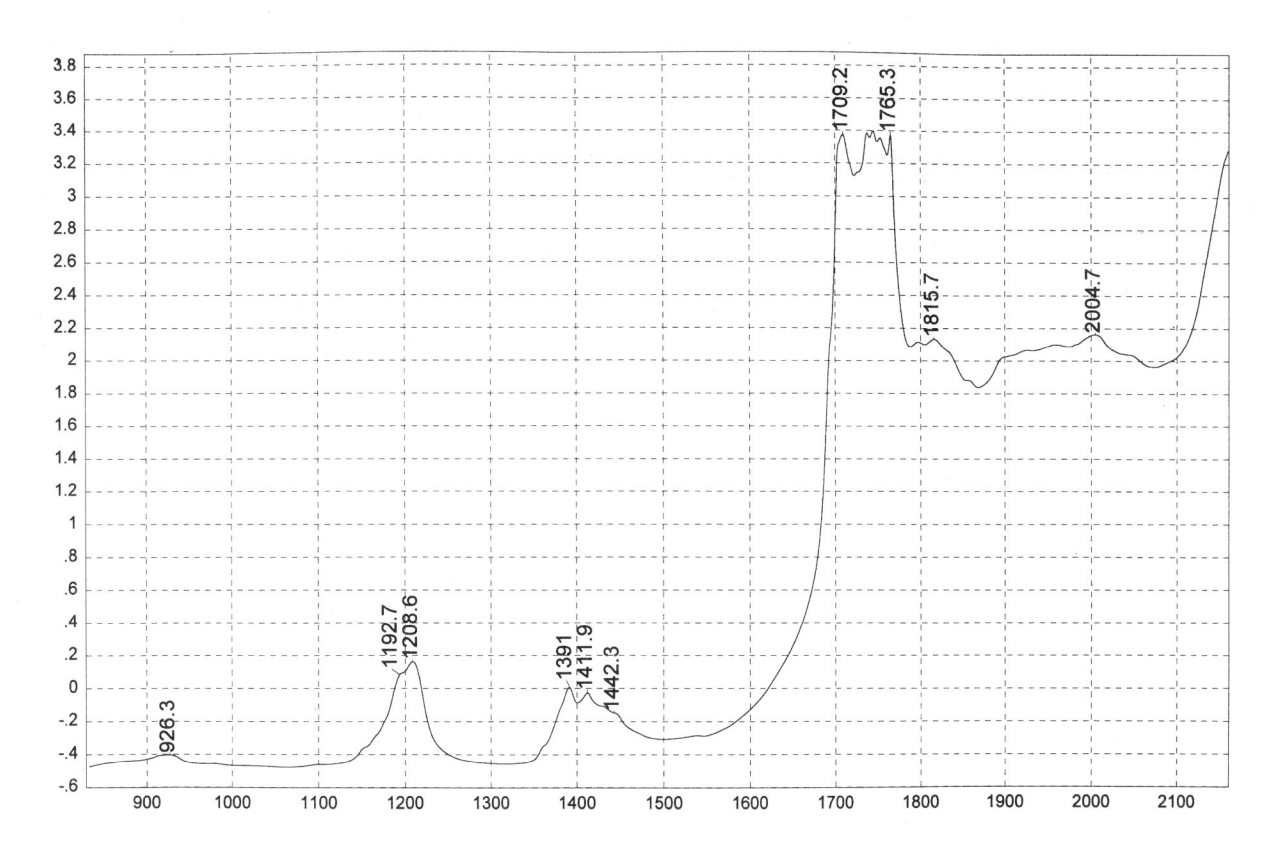

621

Nonanoic Acid

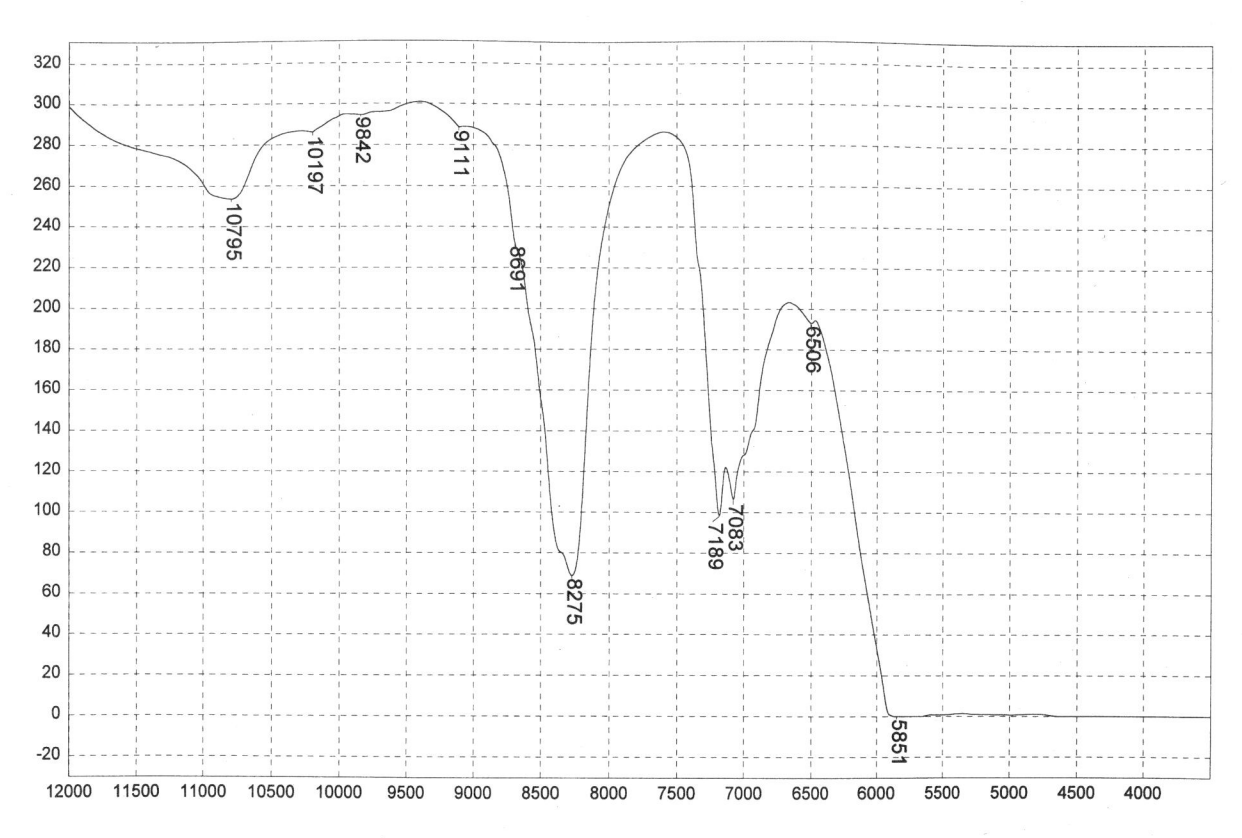

Transmittance / Wavenumber (cm⁻¹)

622

Nonanoic Acid

Absorbance / Nanometers

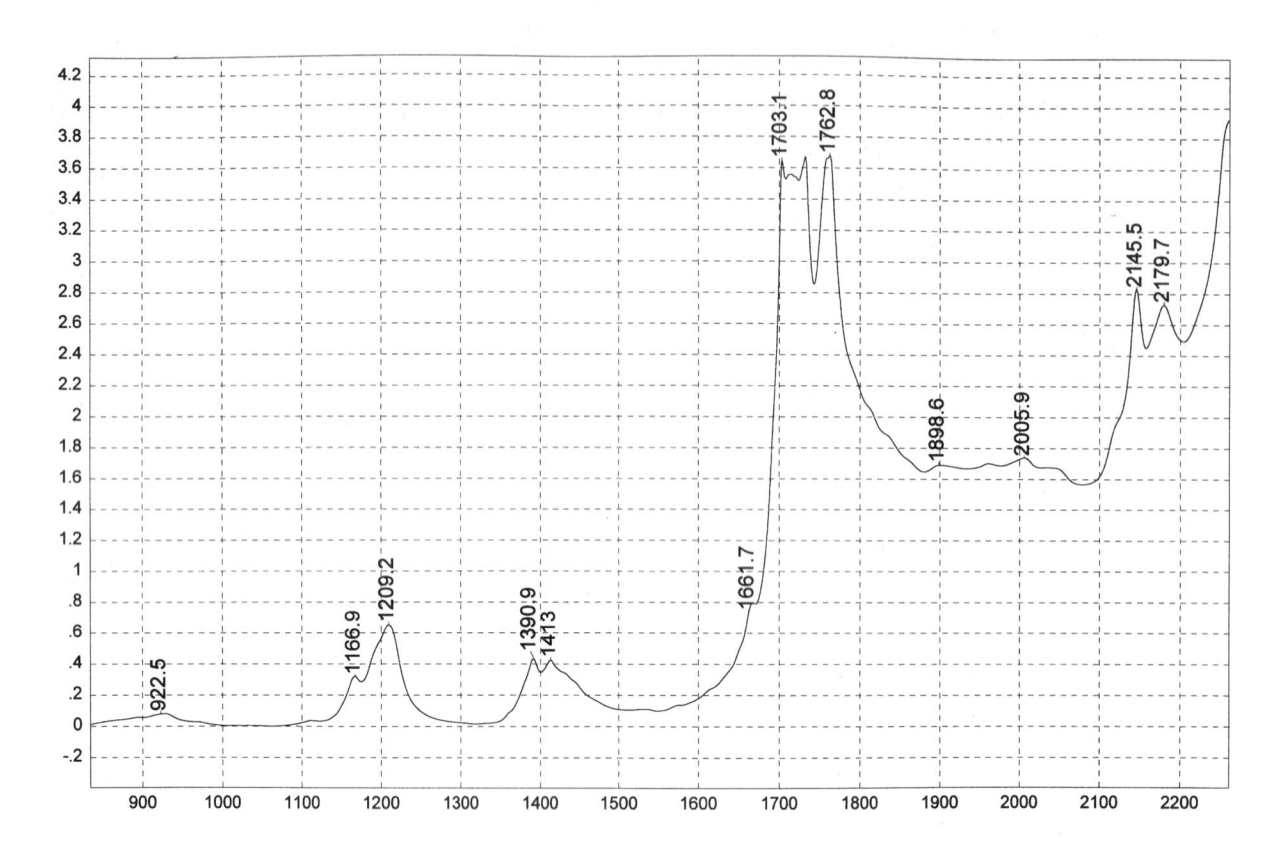

623

Linolaic Acid

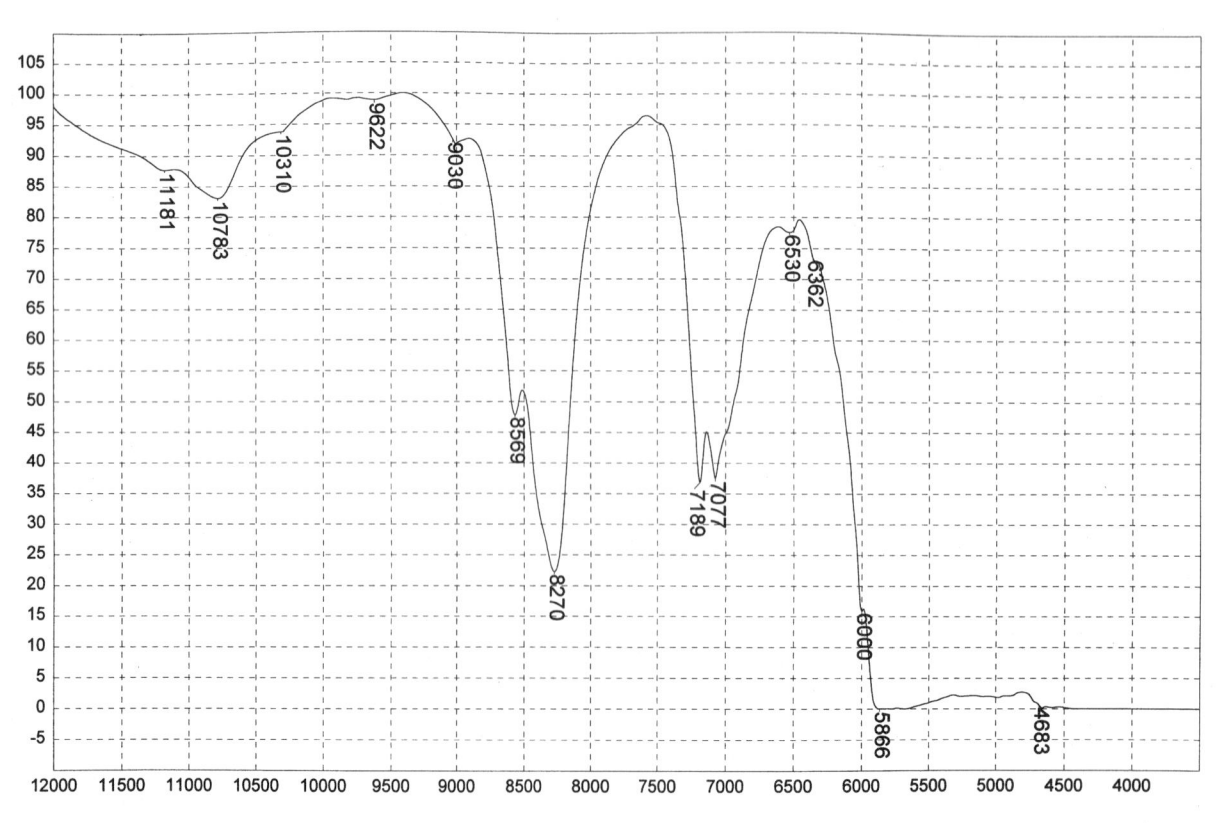

Transmittance / Wavenumber (cm⁻¹)

624

Linolaic Acid

312

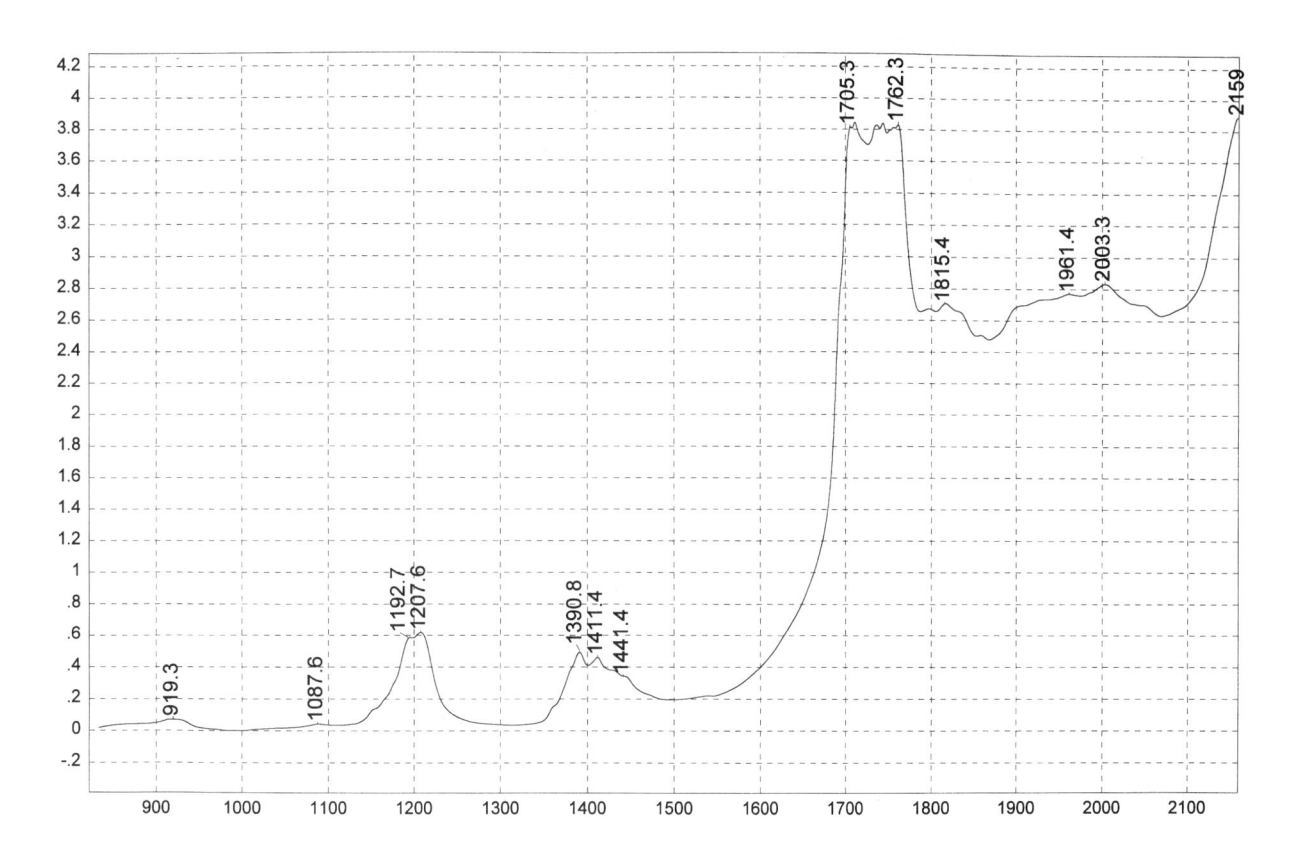

Octanoic Acid

Octanoic Acid

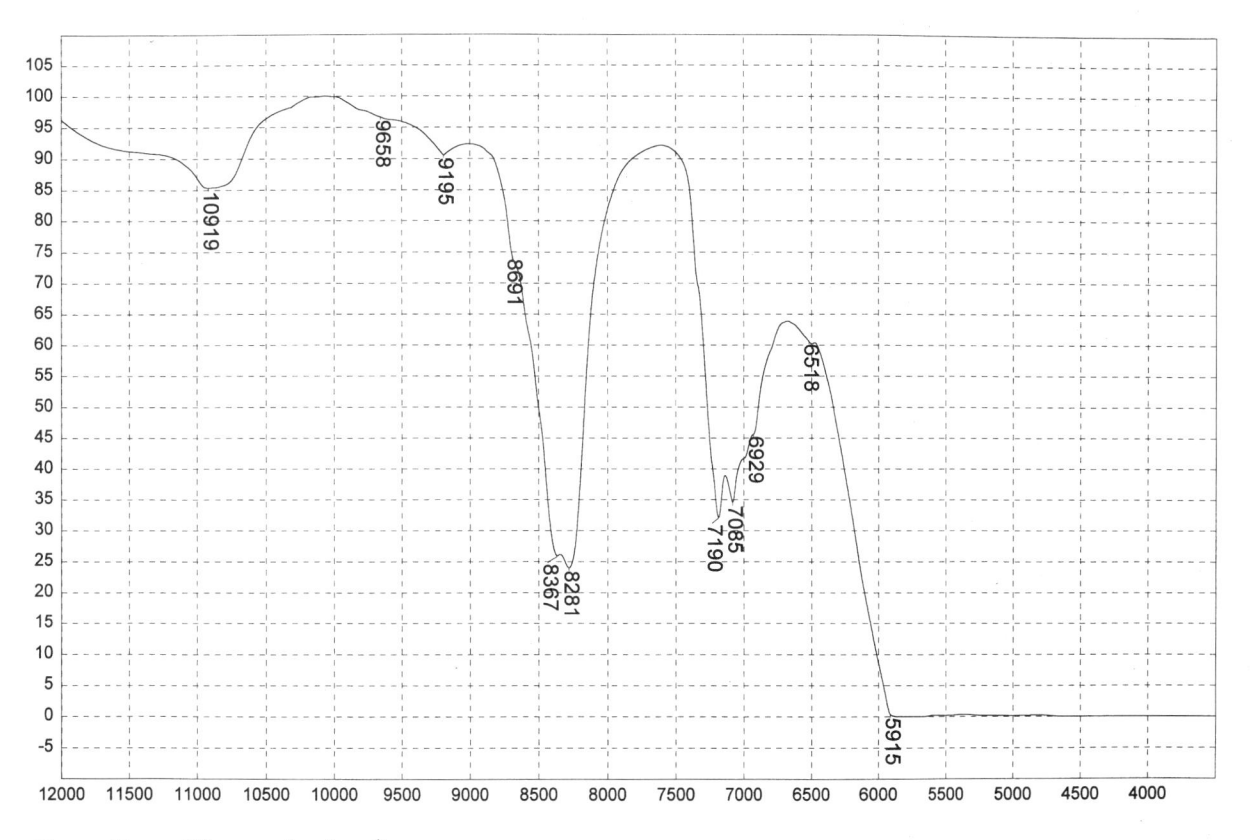

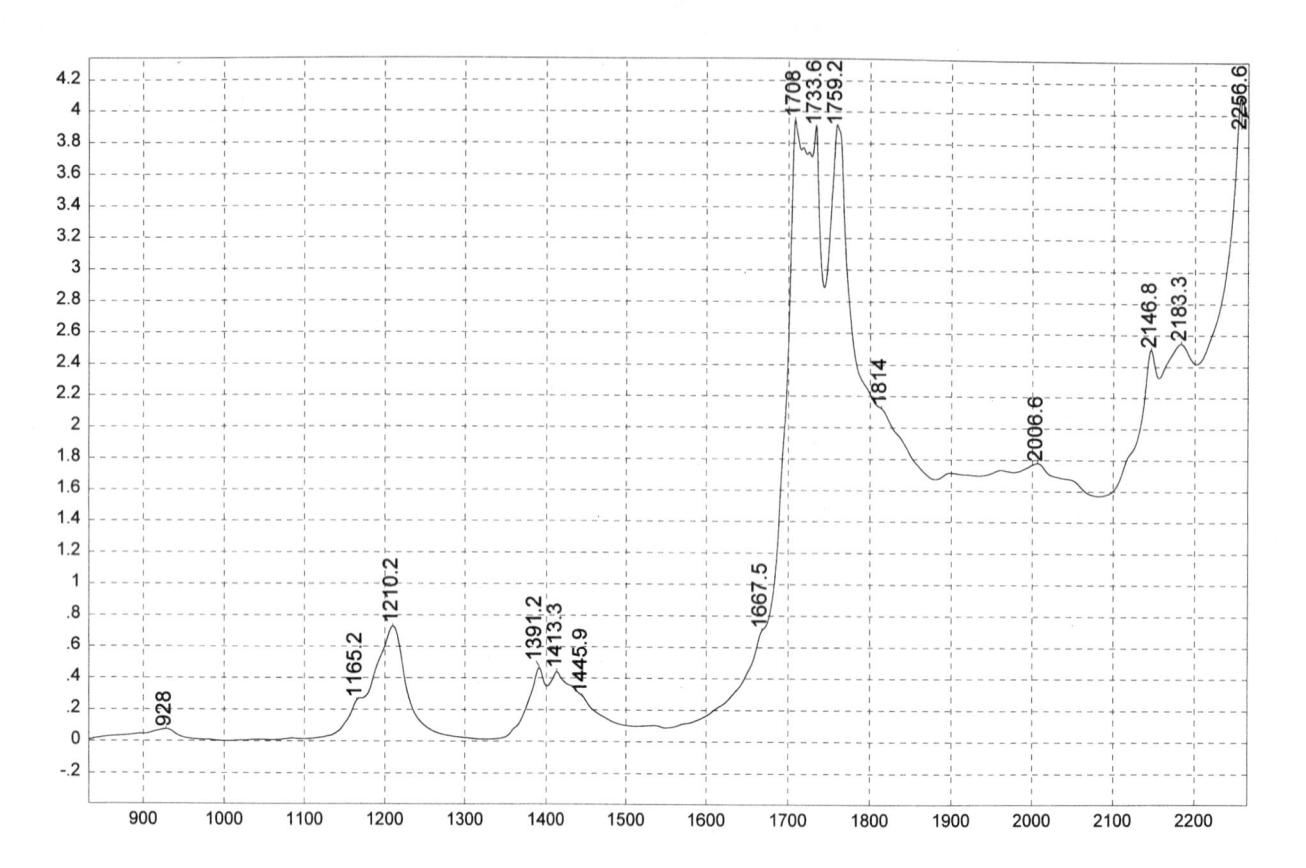

Absorbance / Nanometers

627   Oleic Acid

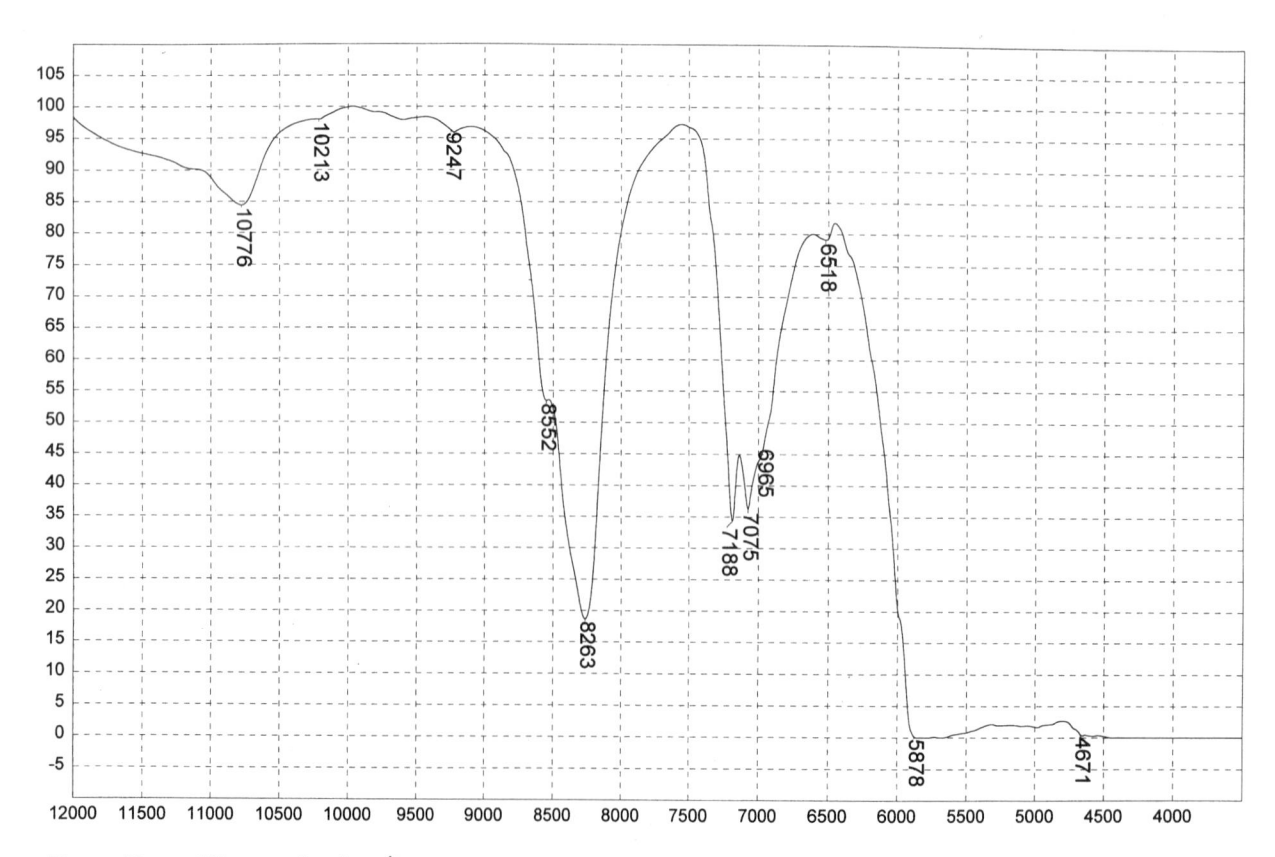

Transmittance / Wavenumber (cm^{-1})

628   Oleic Acid

Propionic Acid

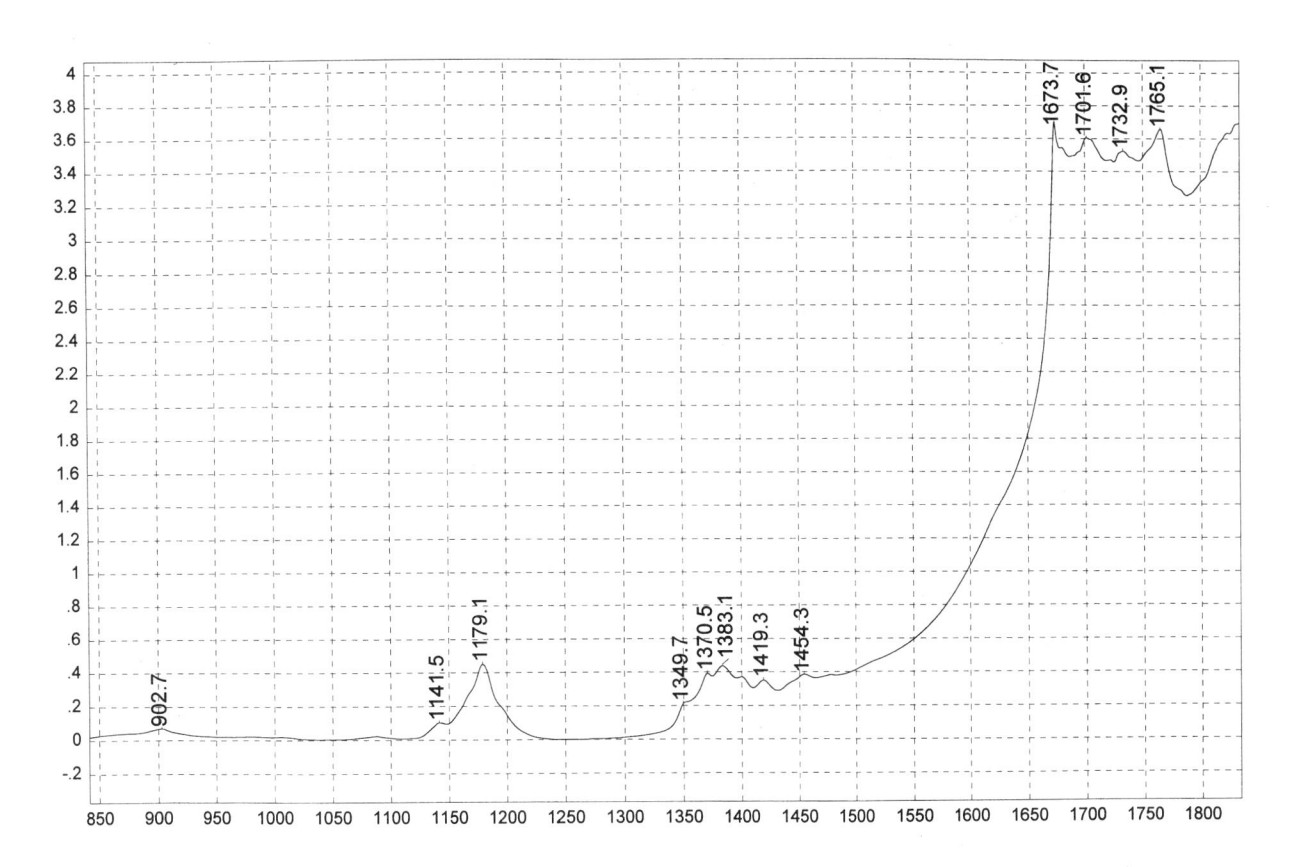

629

Propionic Acid

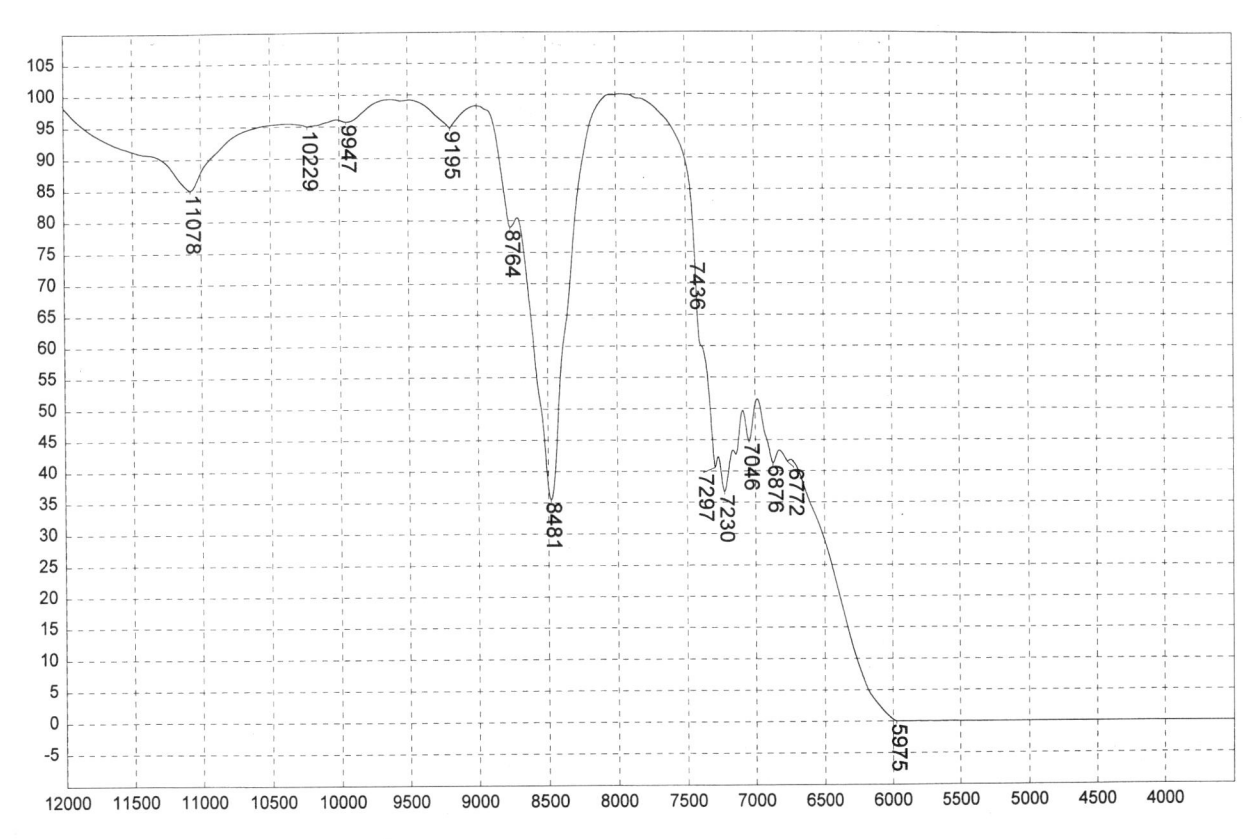

630

315

Absorbance / Nanometers

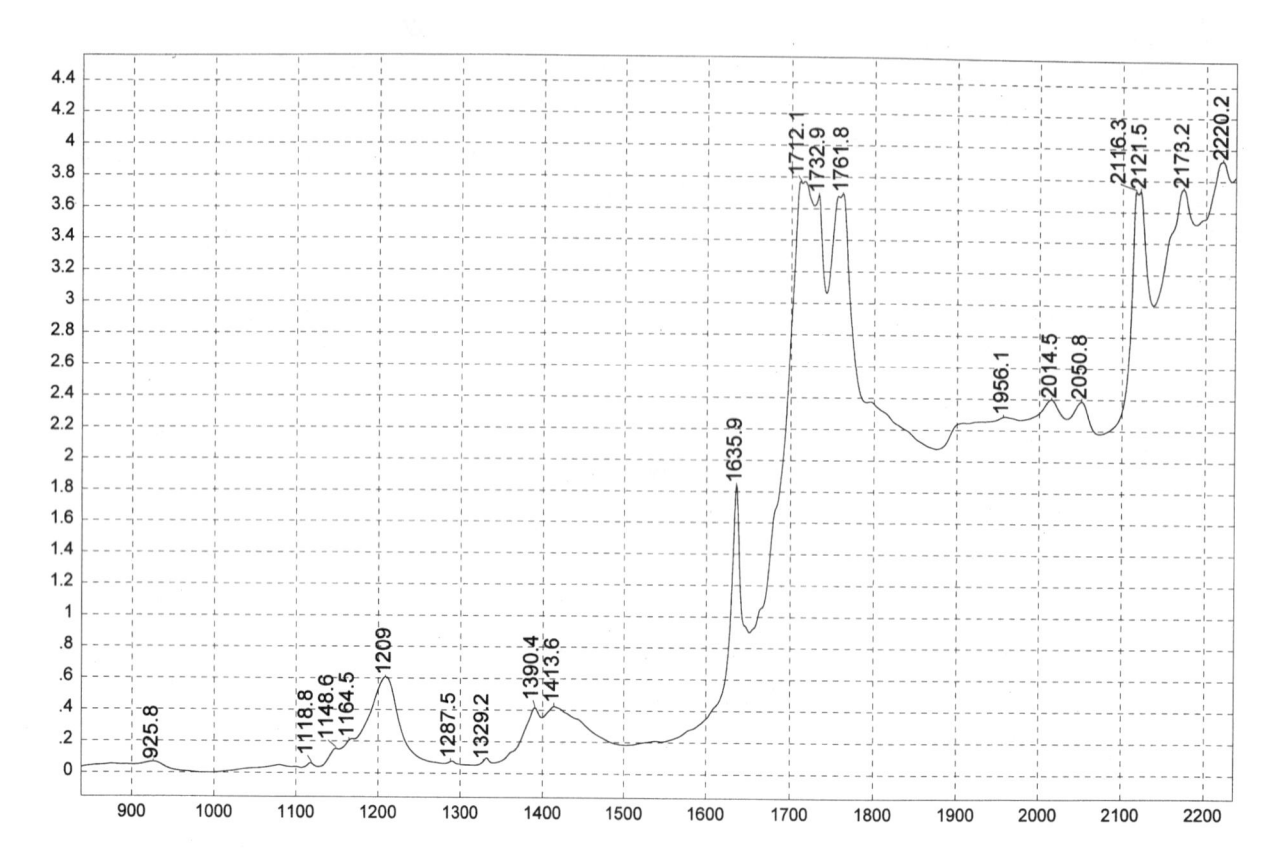

631

10-Undecenoic Acid

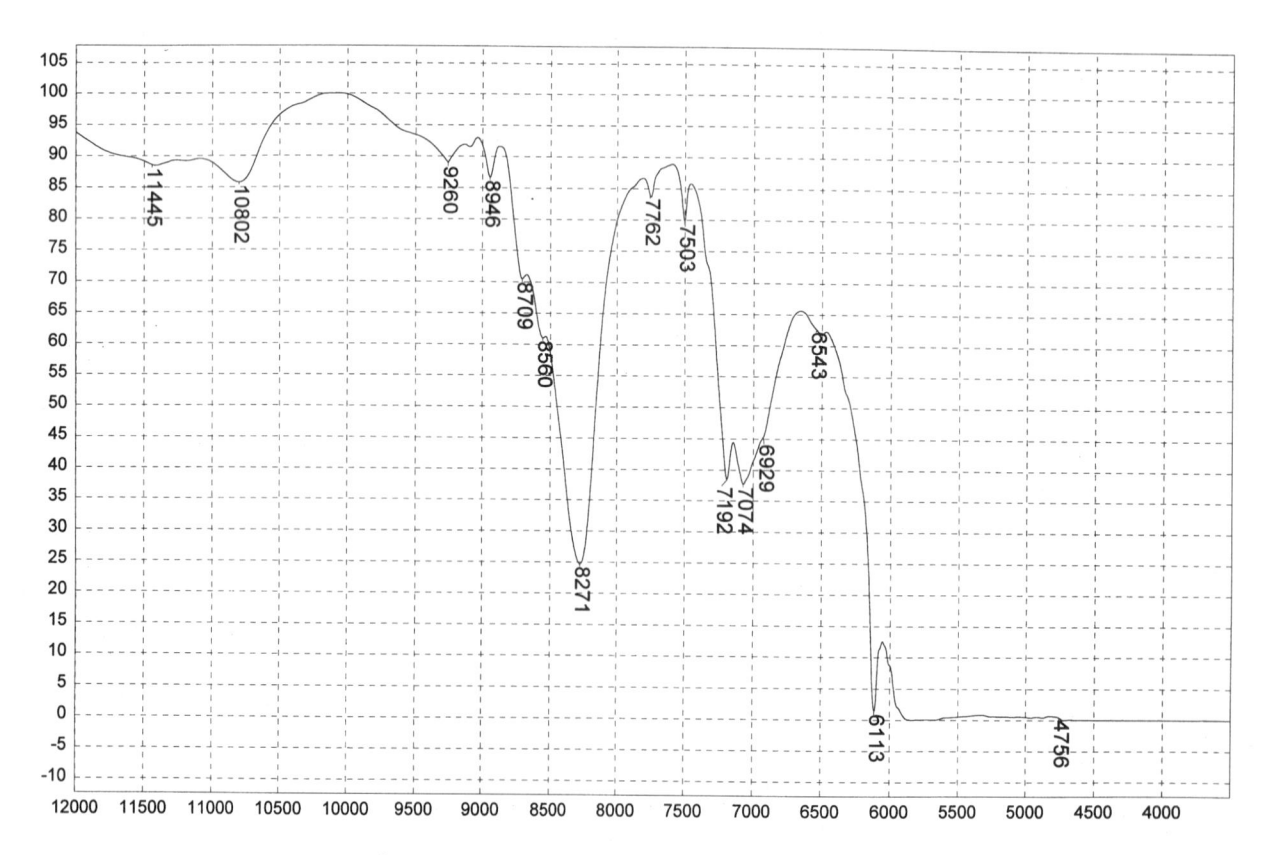

Transmittance / Wavenumber (cm⁻¹)

632

10-Undecenoic Acid

316

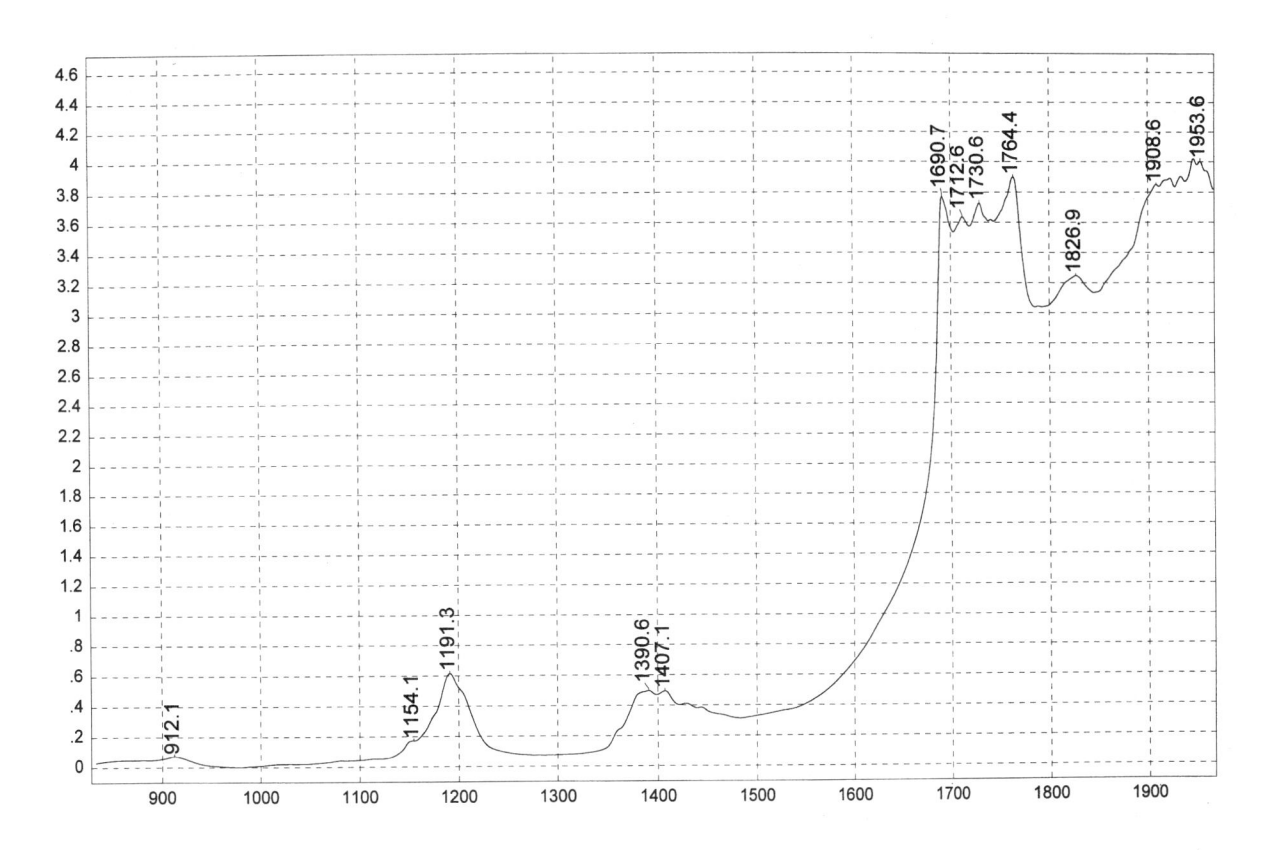

Absorbance / Nanometers

633   **Valeric Acid**

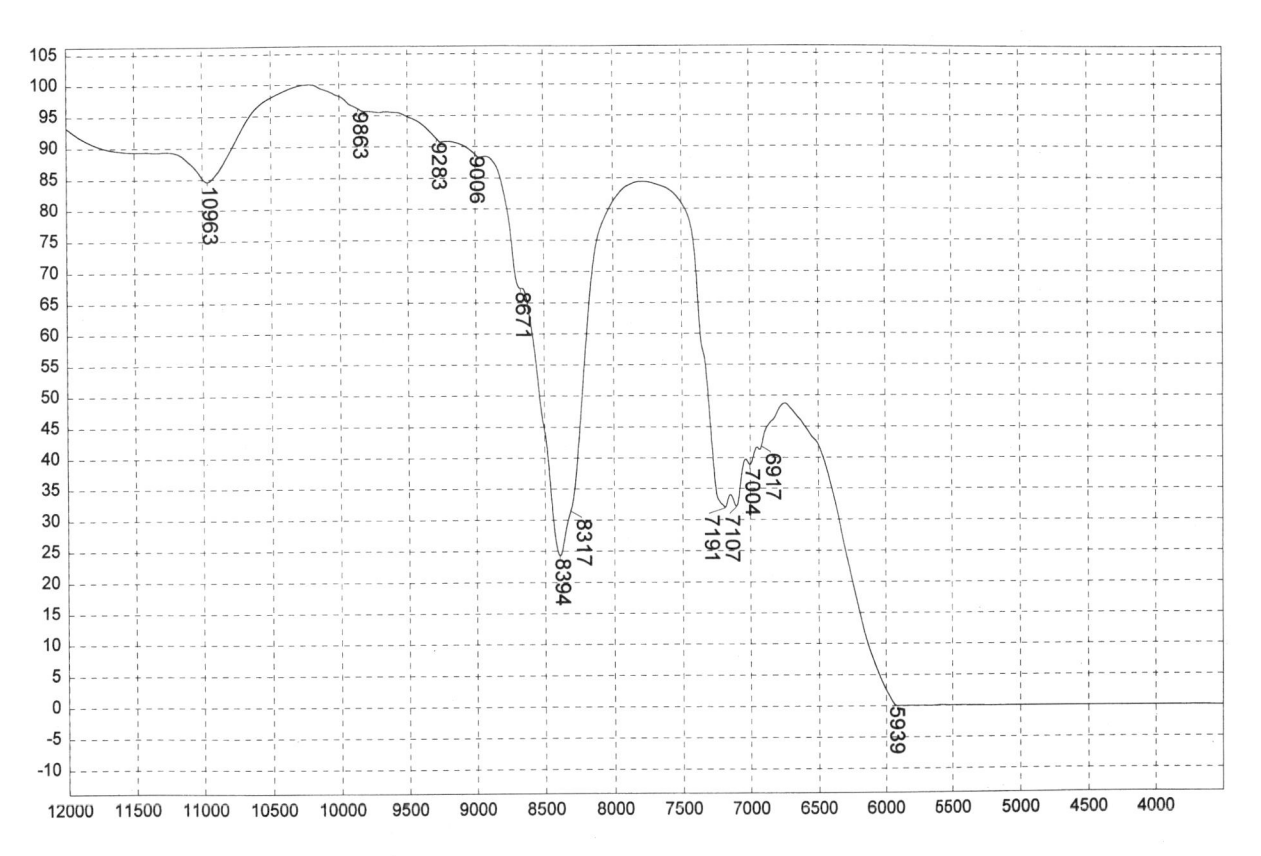

Transmittance / Wavenumber (cm^{-1})

634   **Valeric Acid**

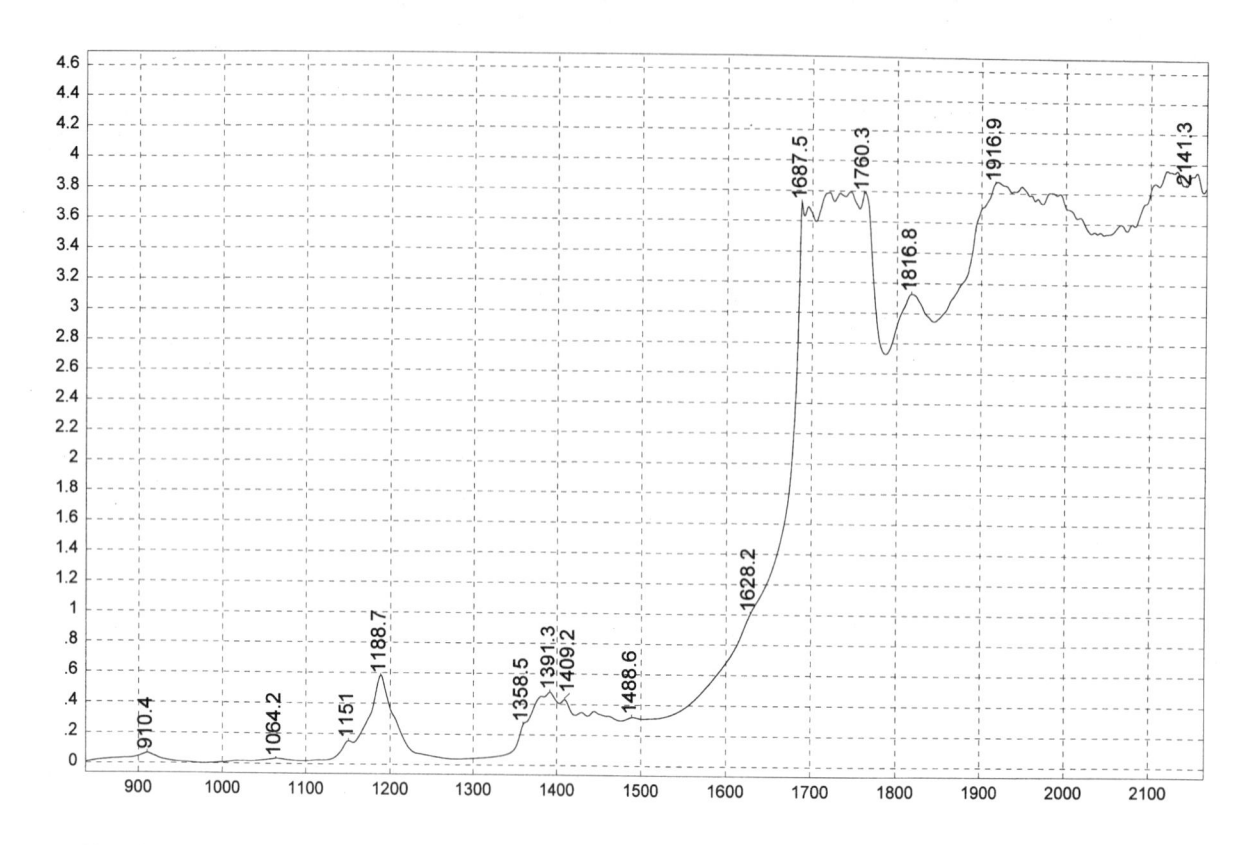

635 iso-Valeric Acid

636 iso-Valeric Acid

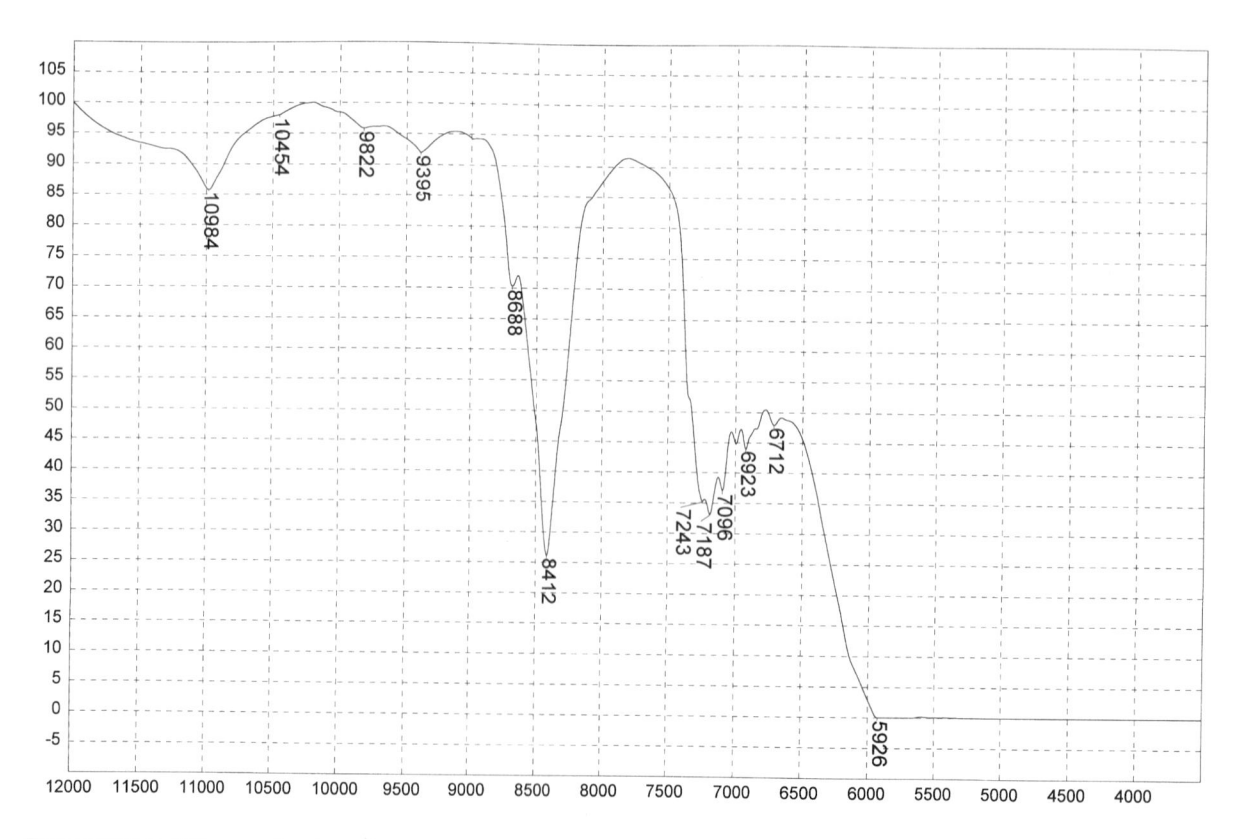

318

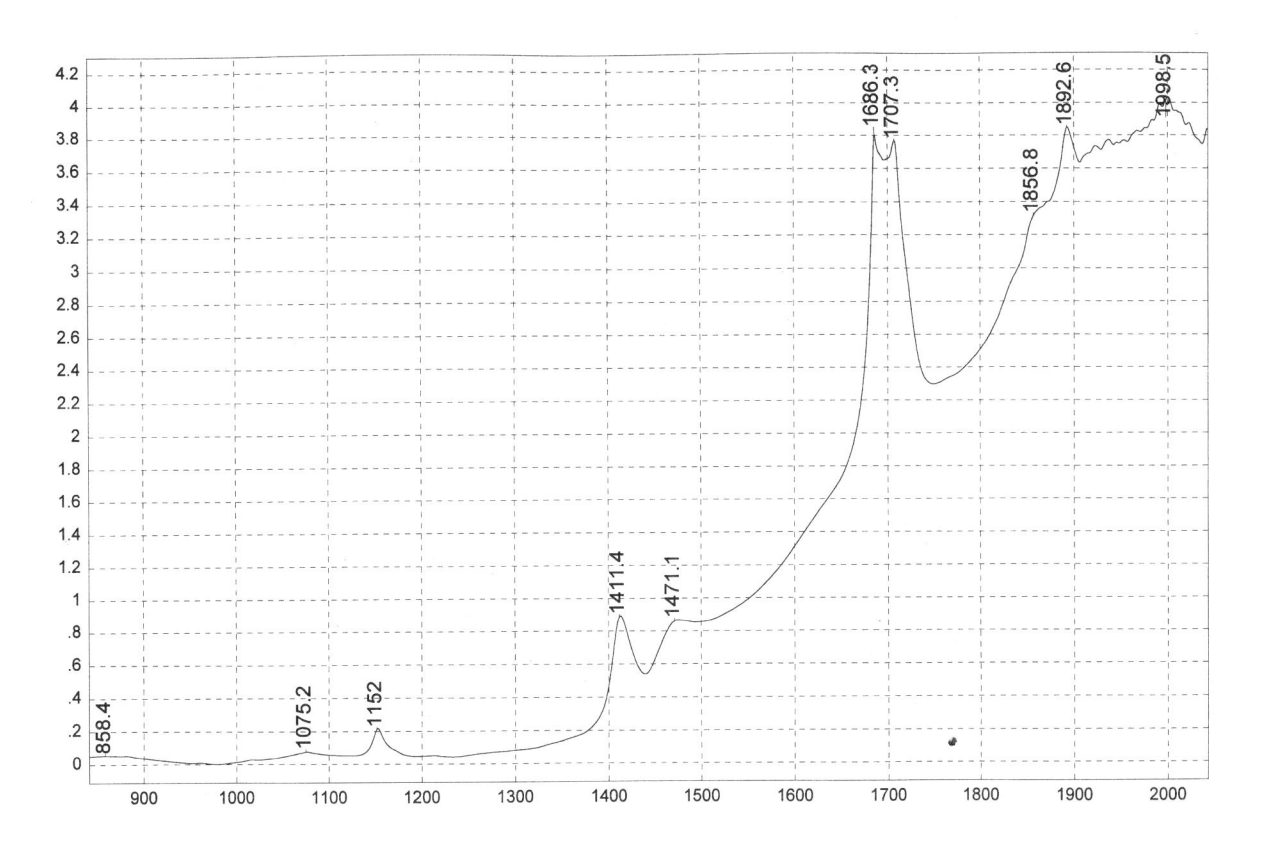

Dichloroacetic Acid

637

Dichloroacetic Acid

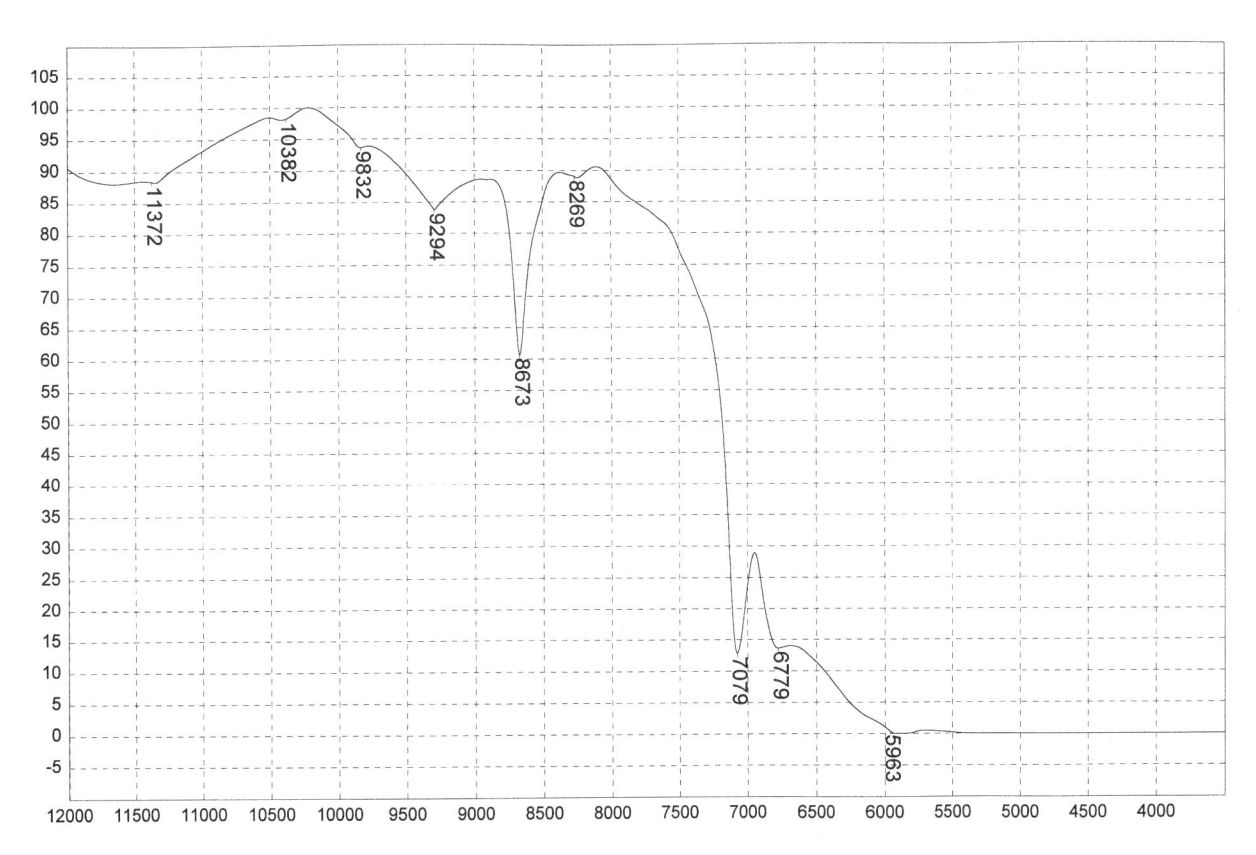

638

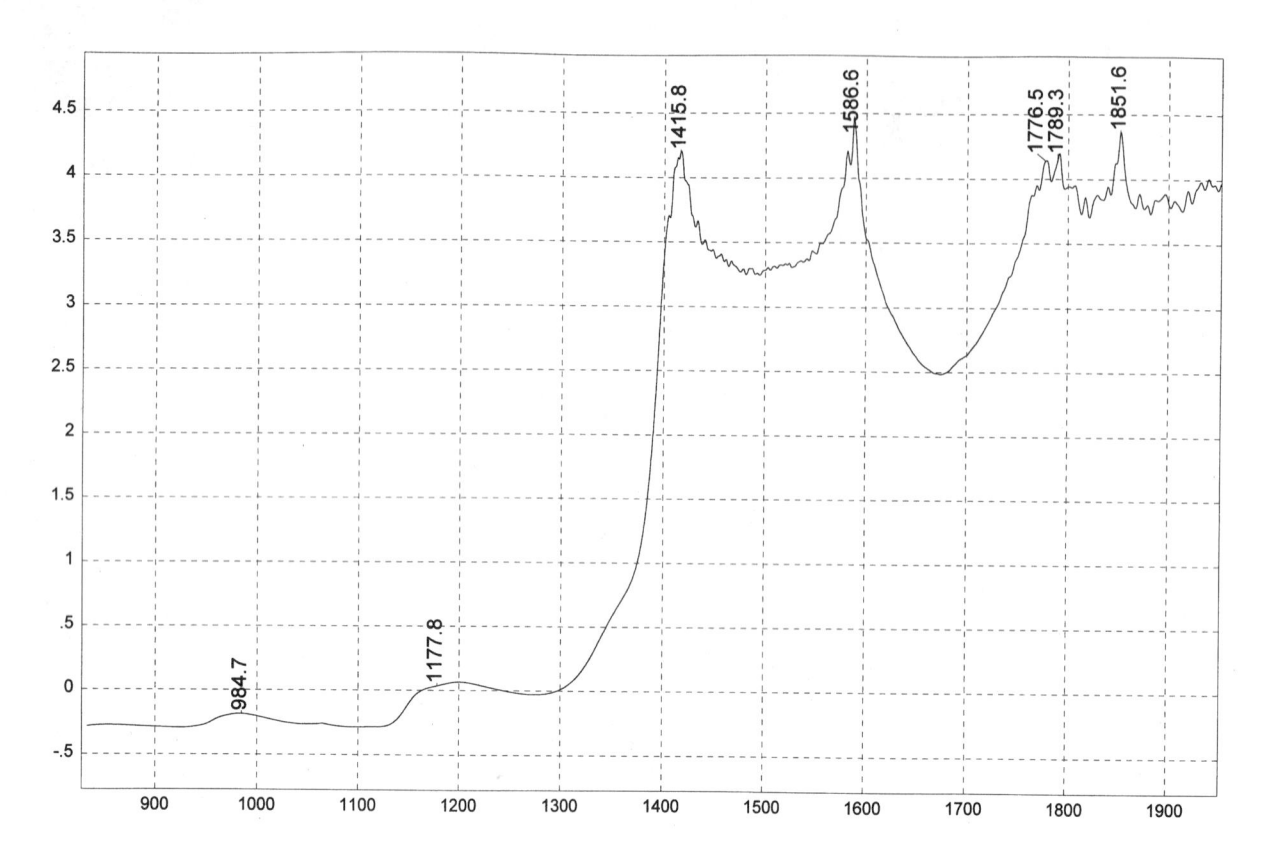

Absorbance / Nanometers

639 Gluconic Acid

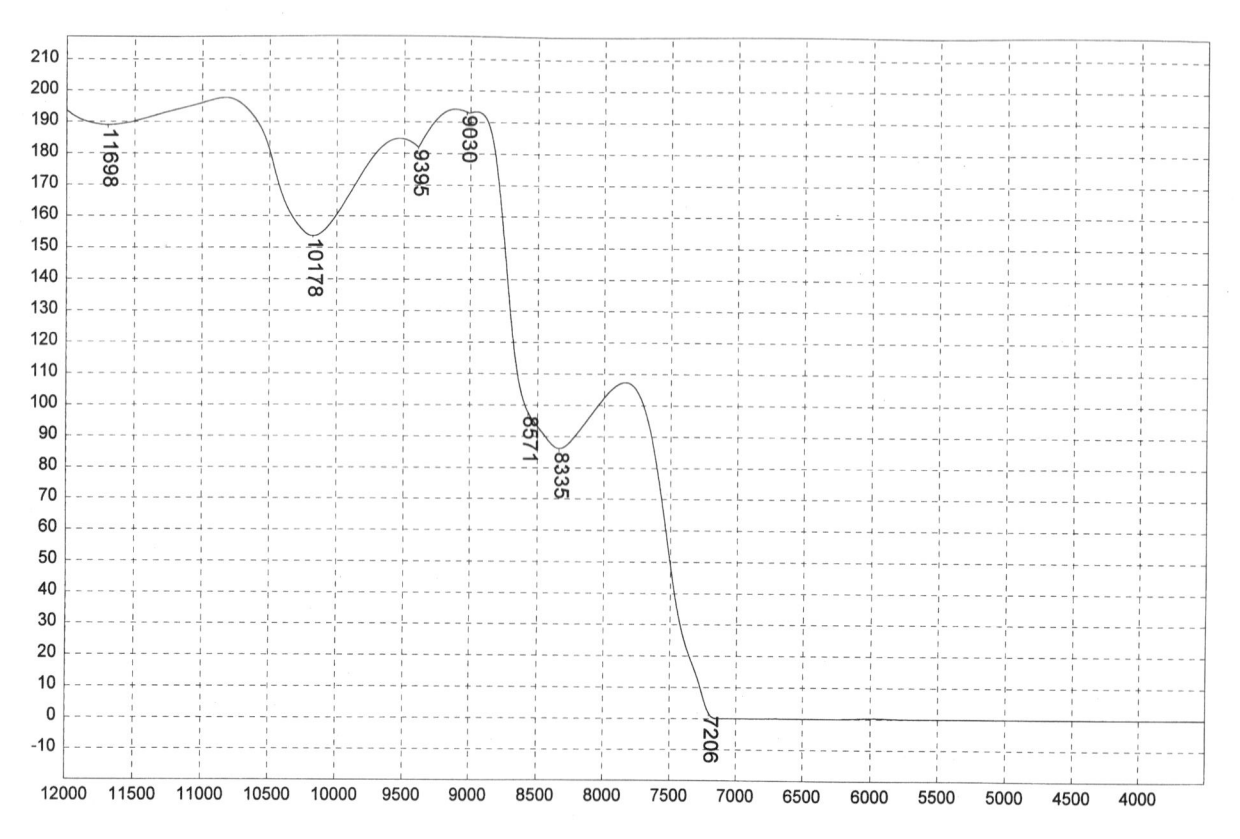

Transmittance / Wavenumber (cm⁻¹)

640 Gluconic Acid

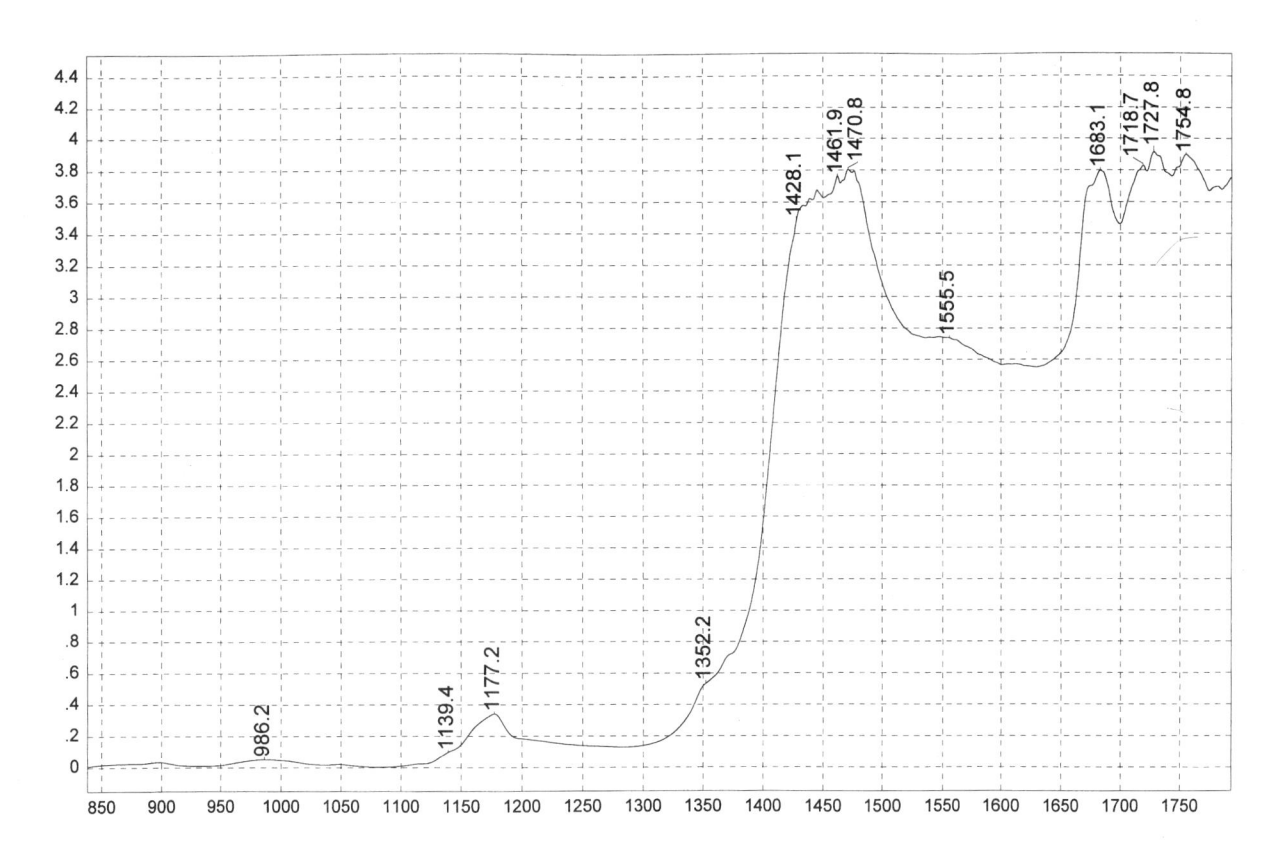

Absorbance / Nanometers

641 Lactic Acid

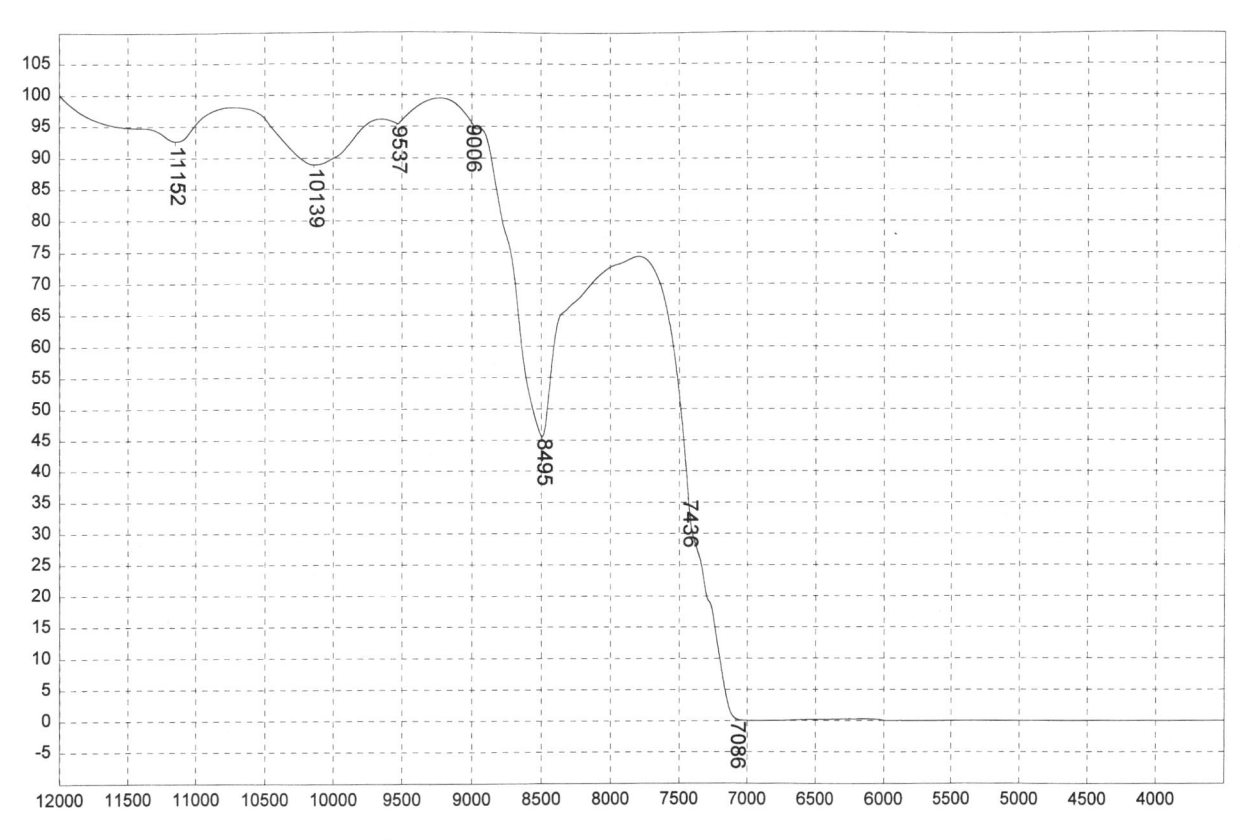

Transmittance / Wavenumber (cm⁻¹)

642 Lactic Acid

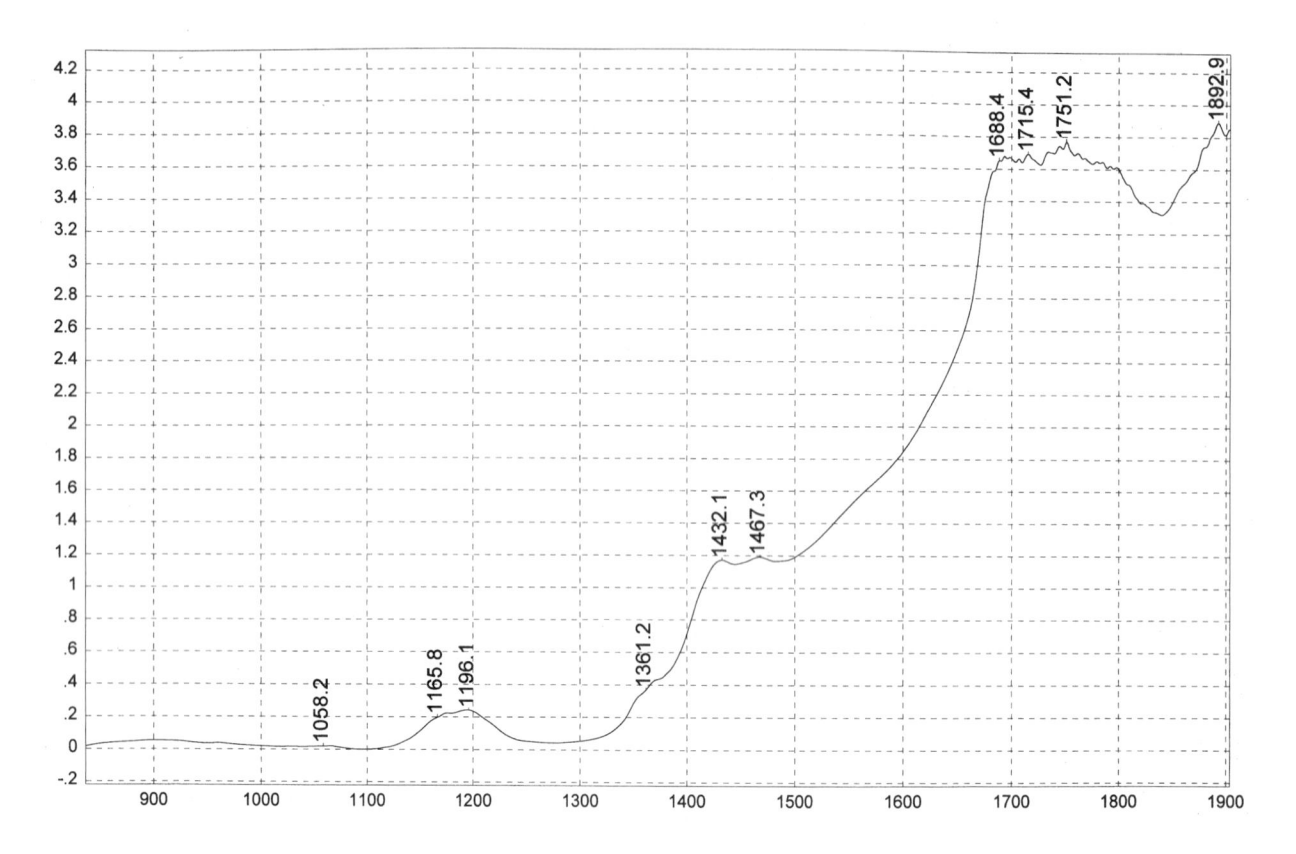

Absorbance / Nanometers

643 Methoxyacetic Acid

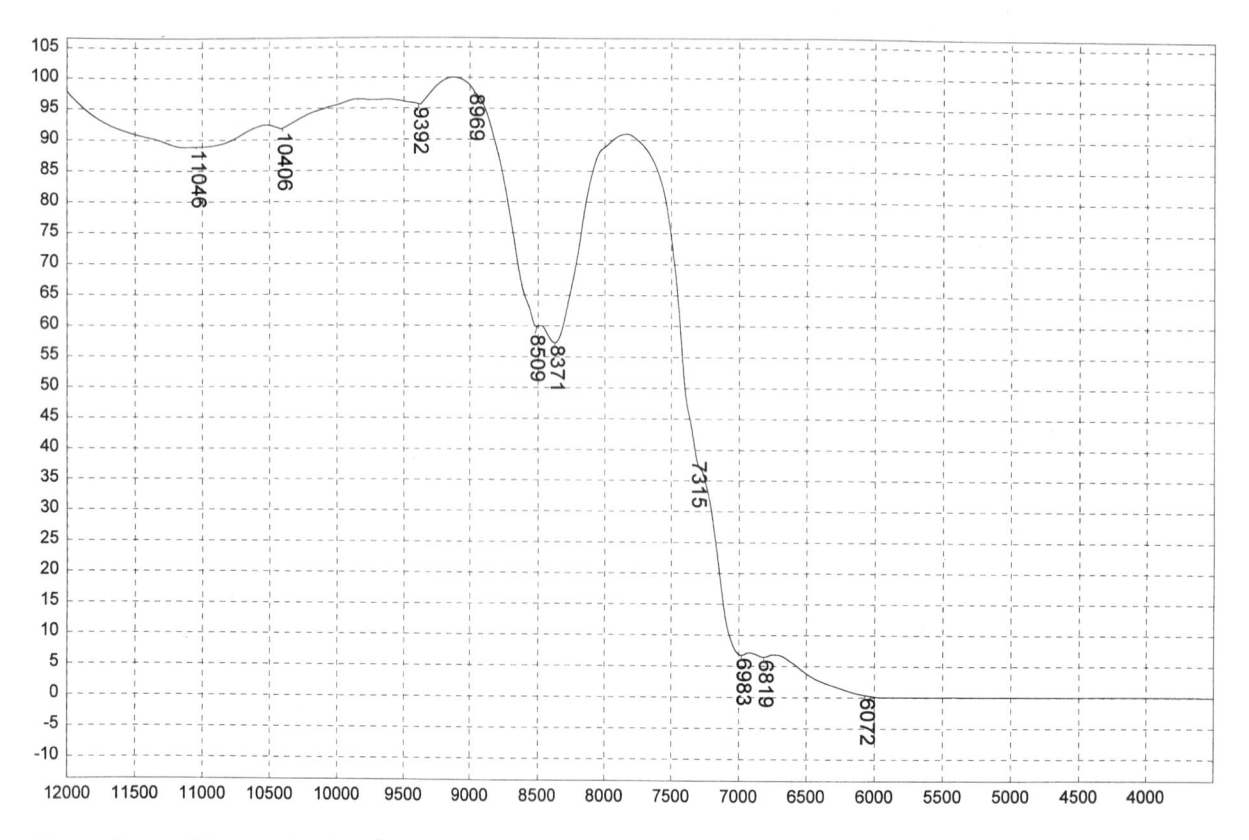

Transmittance / Wavenumber (cm⁻¹)

644 Methoxyacetic Acid

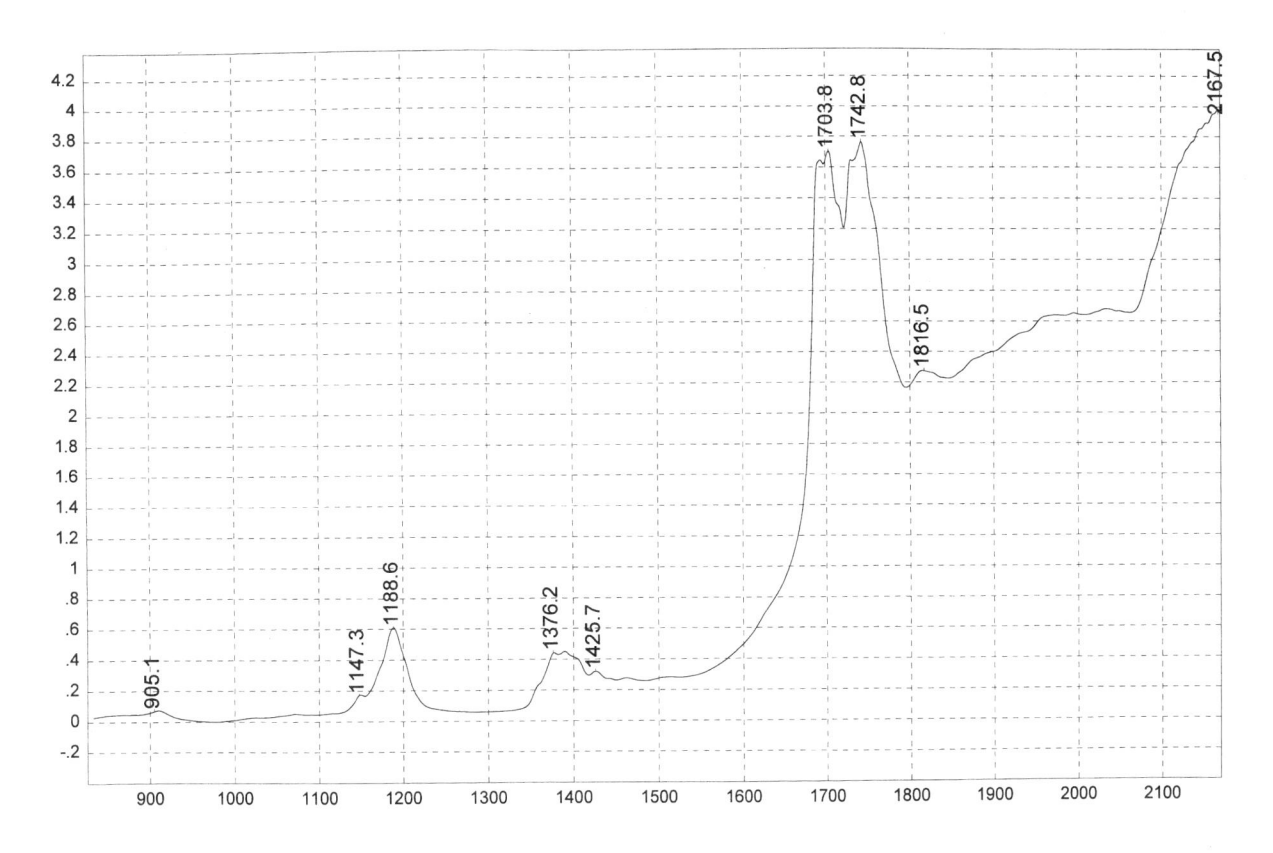

Absorbance / Nanometers

645   **Butyric Anhydride**

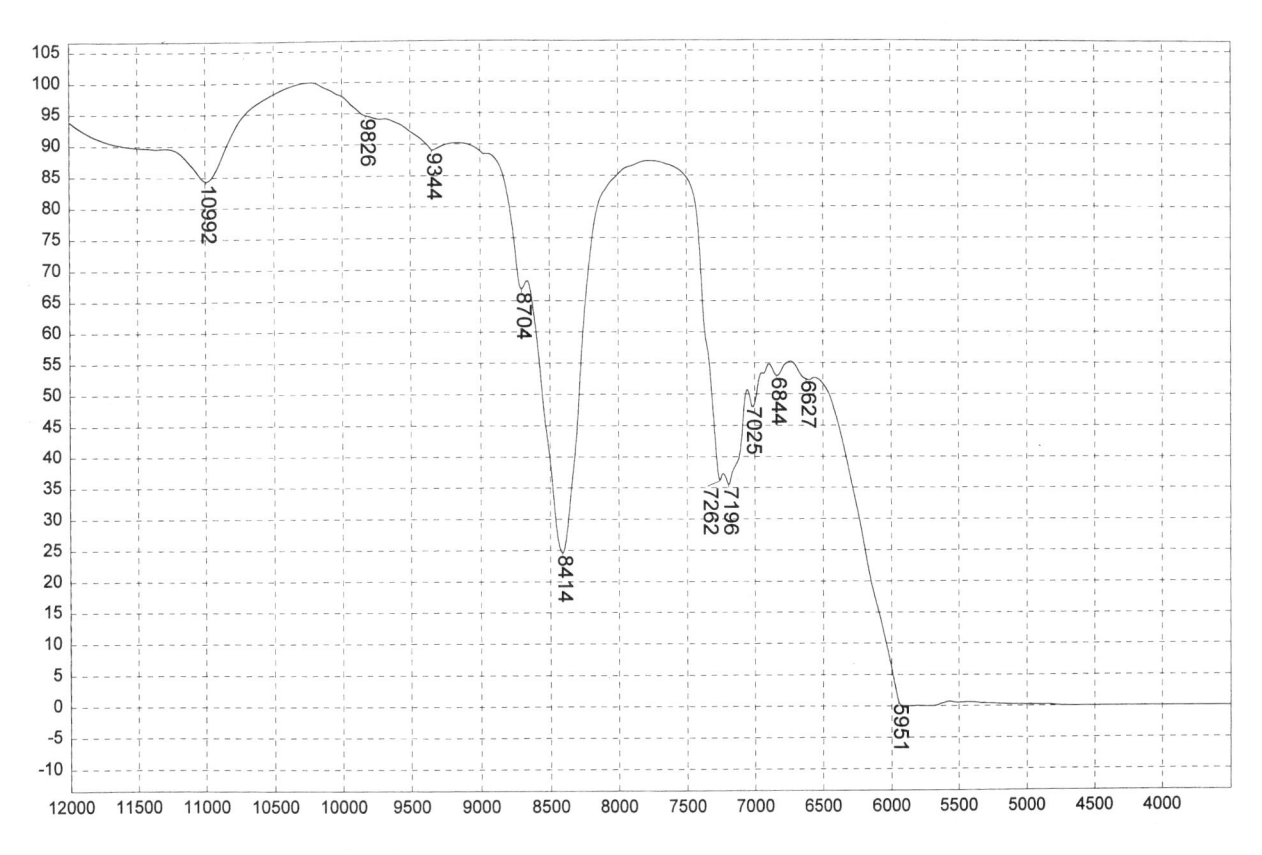

Transmittance / Wavenumber (cm^{-1})

646   **Butyric Anhydride**

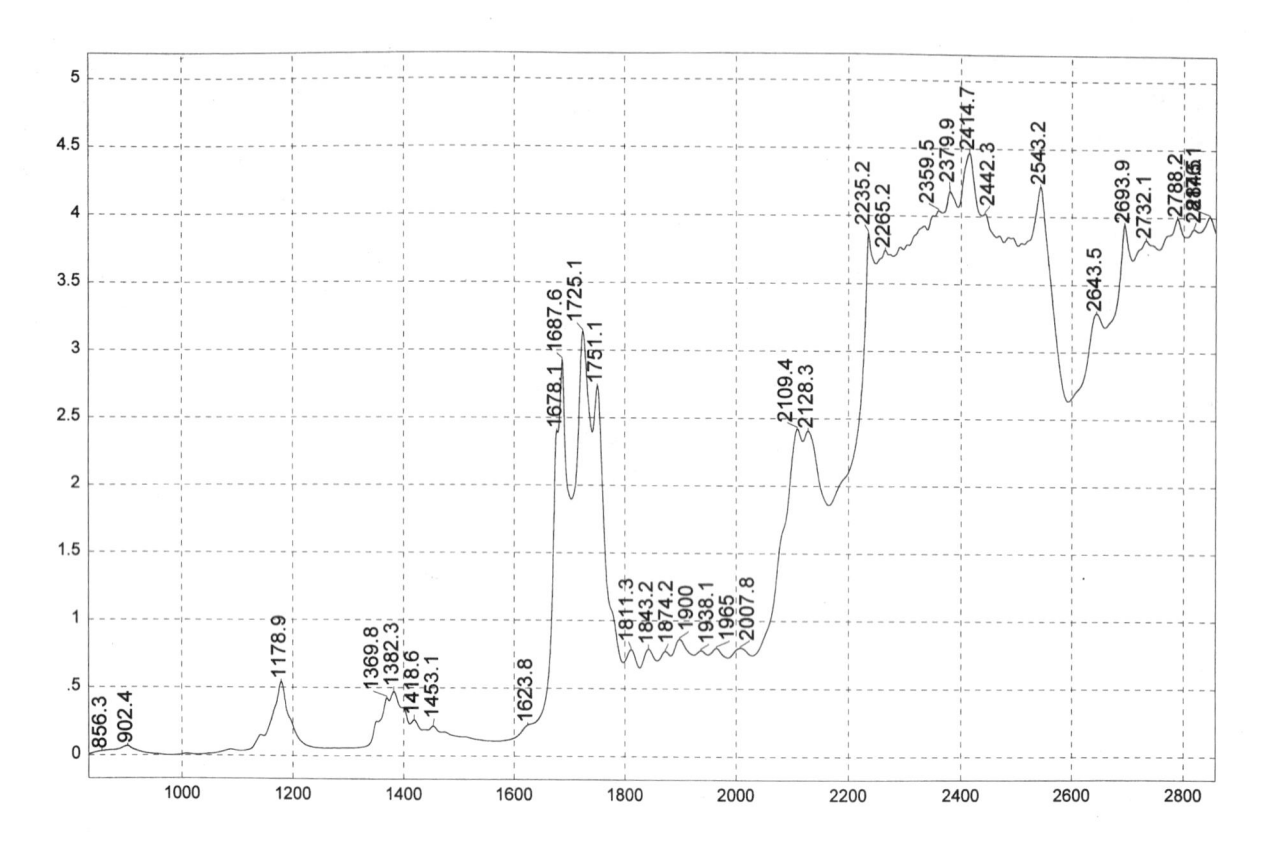

Absorbance / Nanometers

647 Propionic Anhydride

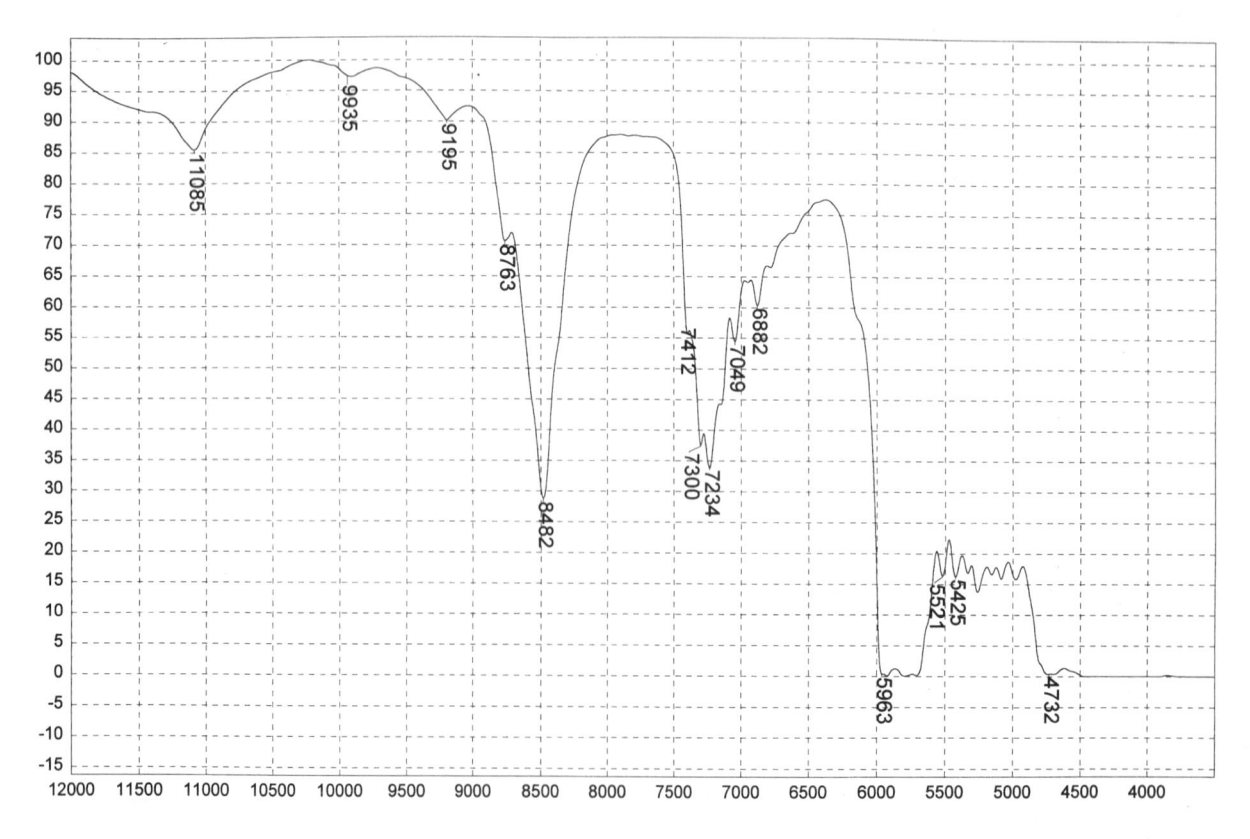

Transmittance / Wavenumber (cm⁻¹)

648 Propionic Anhydride

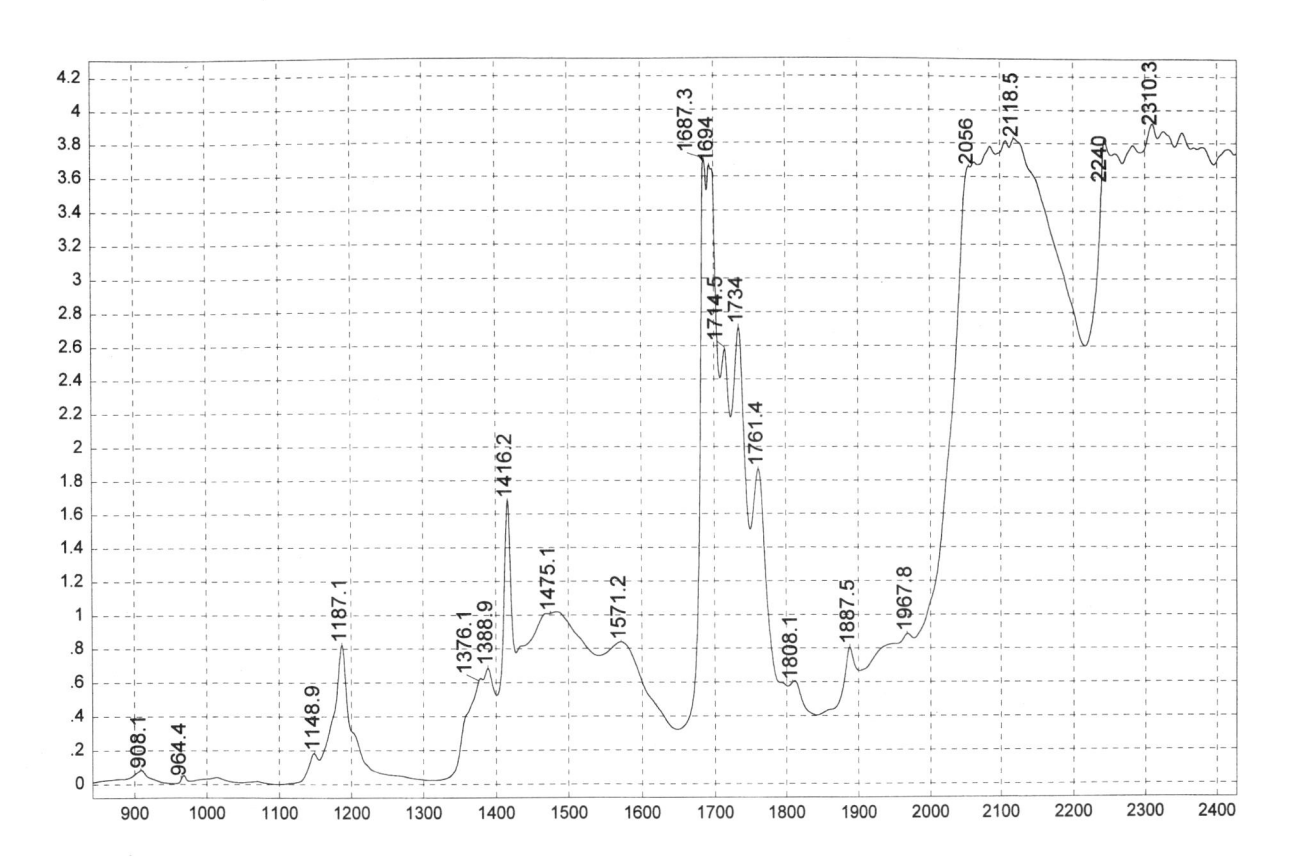

Absorbance / Nanometers

649   tert-Amyl Alcohol

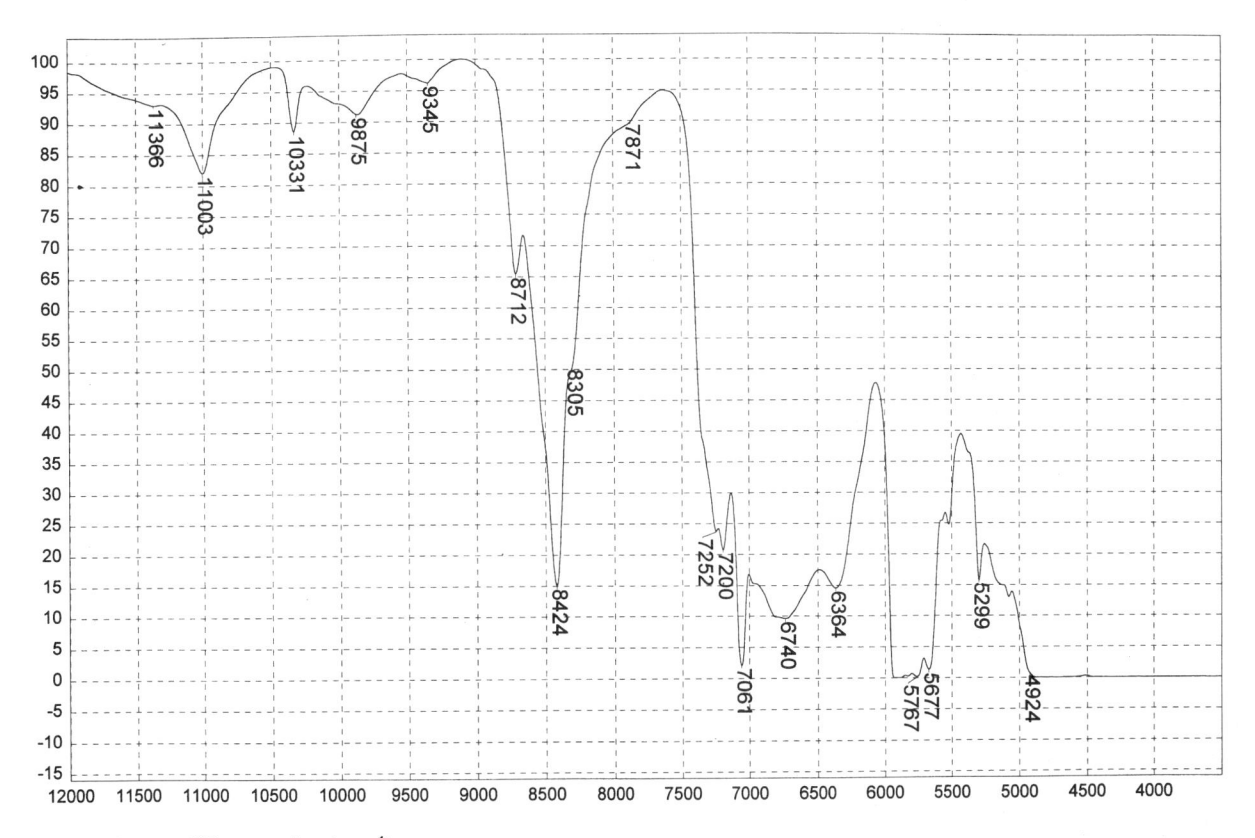

Transmittance / Wavenumber (cm⁻¹)

650   tert-Amyl Alcohol

325

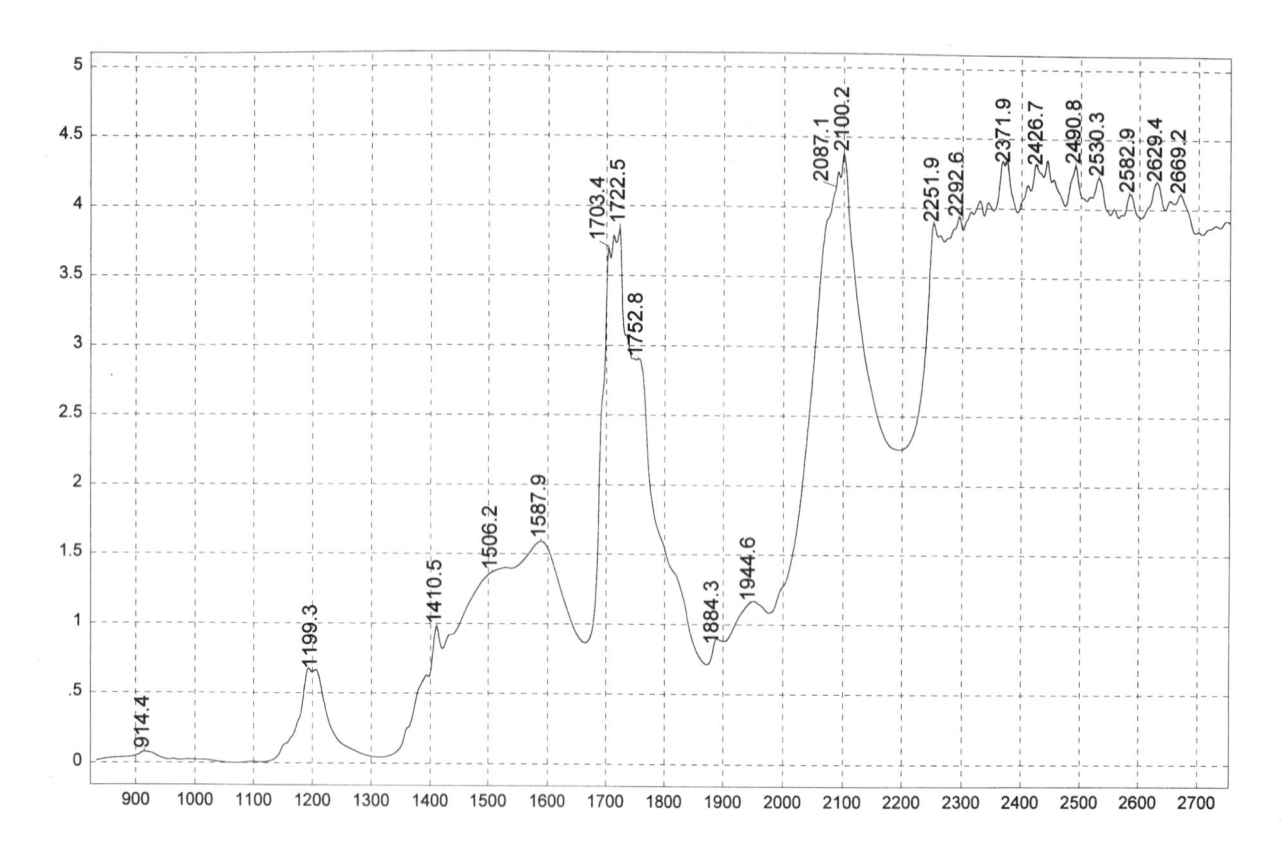

Absorbance / Nanometers

651 Butyl alcohol

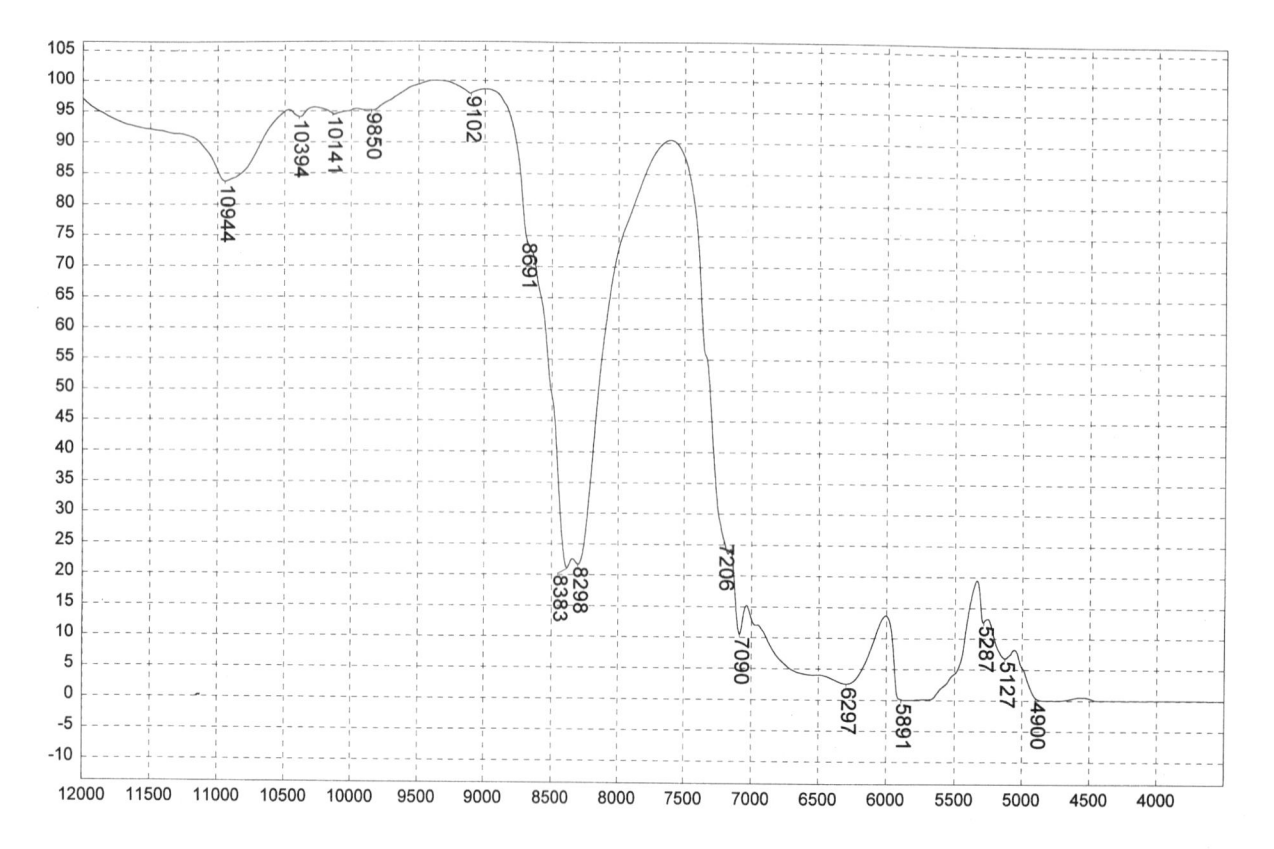

Transmittance / Wavenumber (cm⁻¹)

652 Butyl alcohol

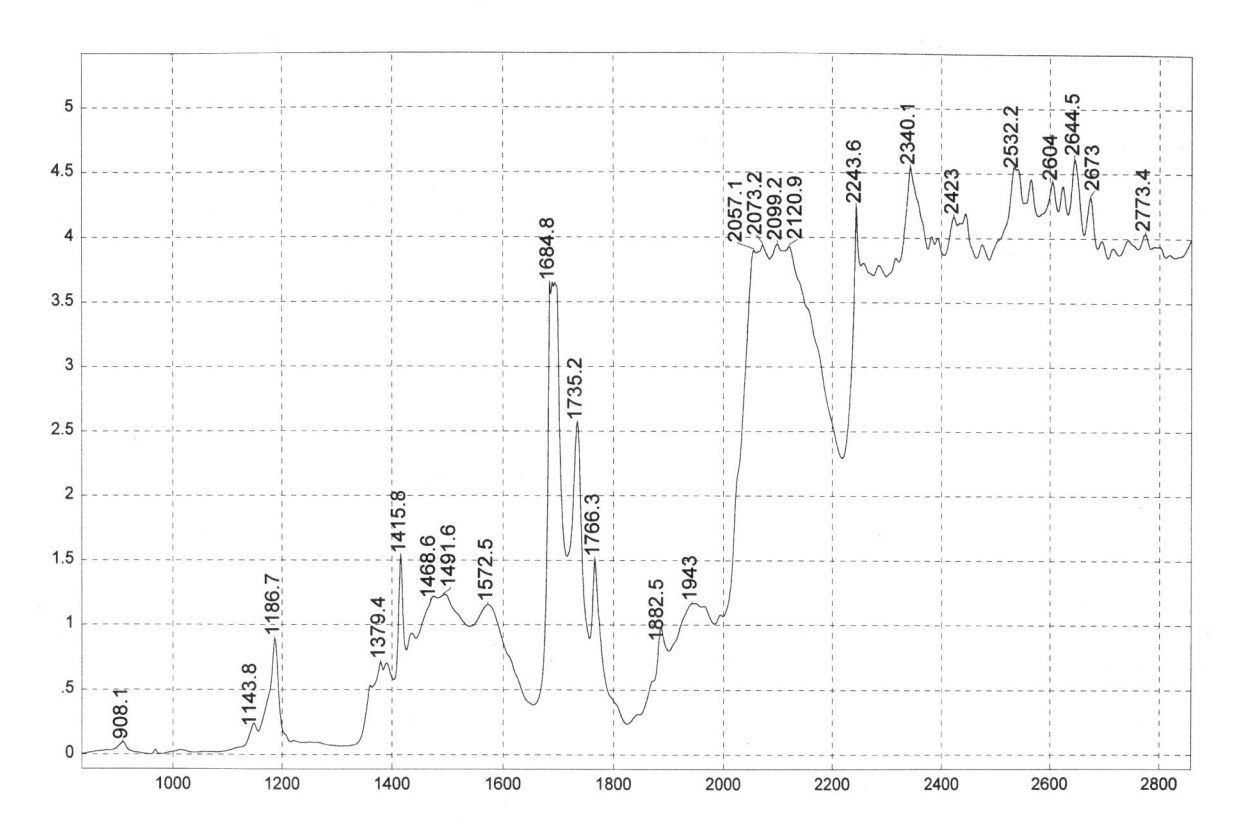

Absorbance / Nanometers

653   tert-Butyl alcohol

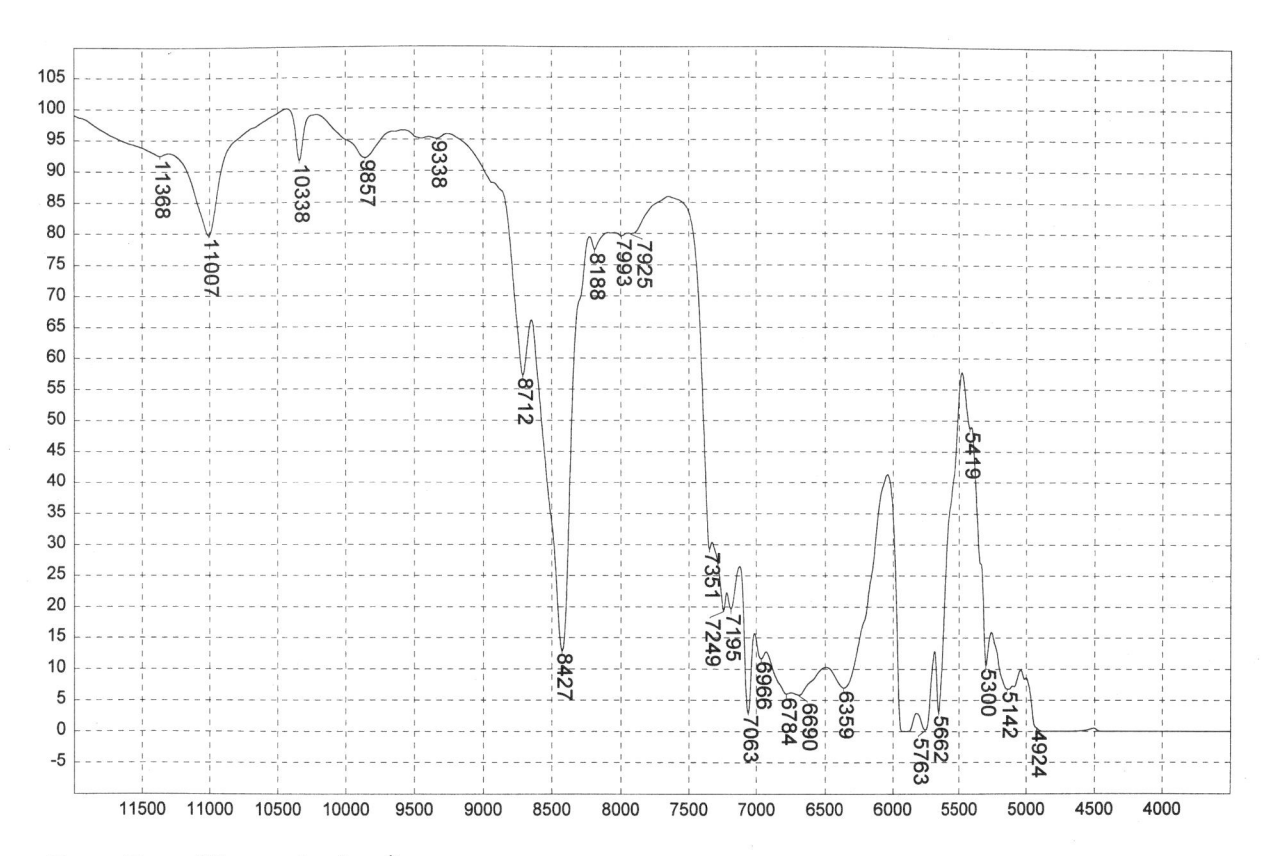

Transmittance / Wavenumber (cm⁻¹)

654   tert-Butyl alcohol

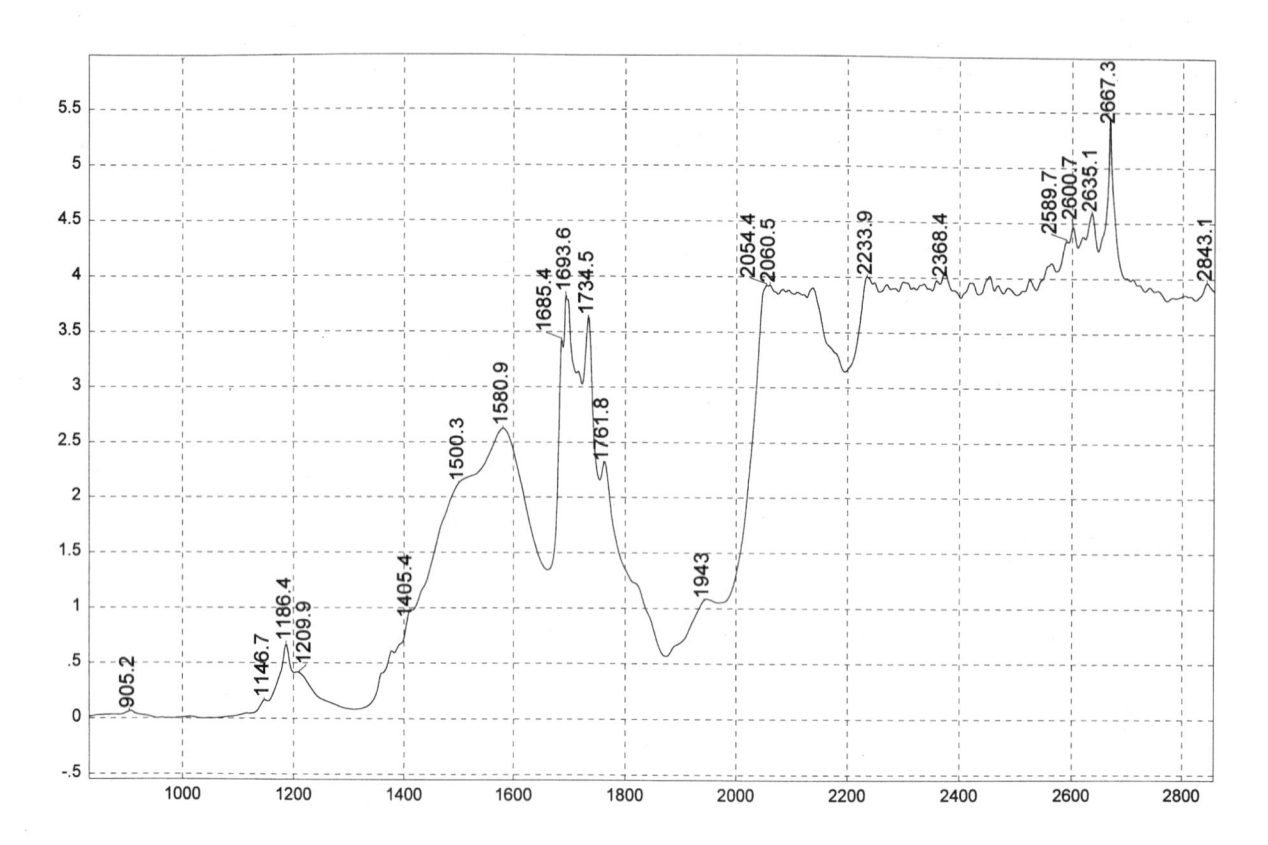

Absorbance / Nanometers

655 Ethyl alcohol

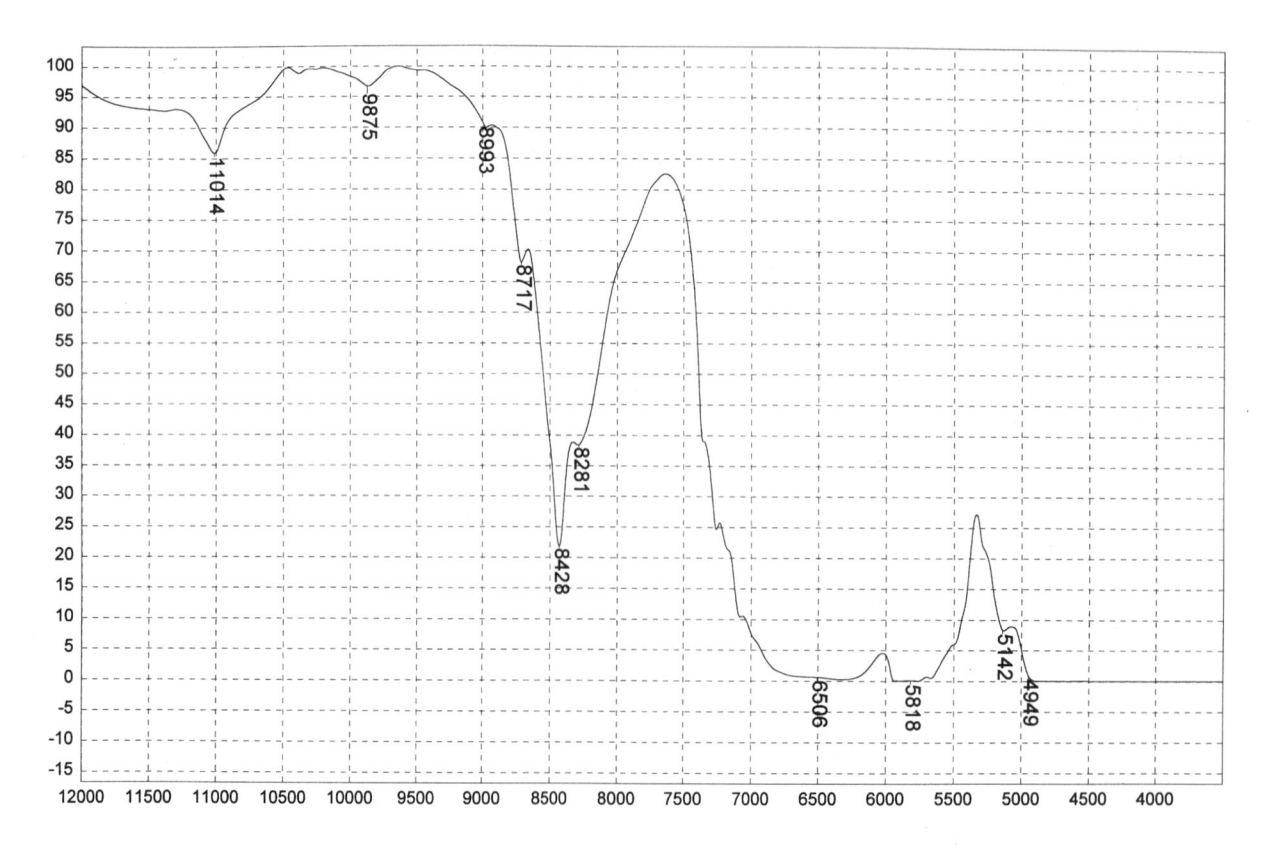

Transmittance / Wavenumber (cm^{-1})

656 Ethyl alcohol

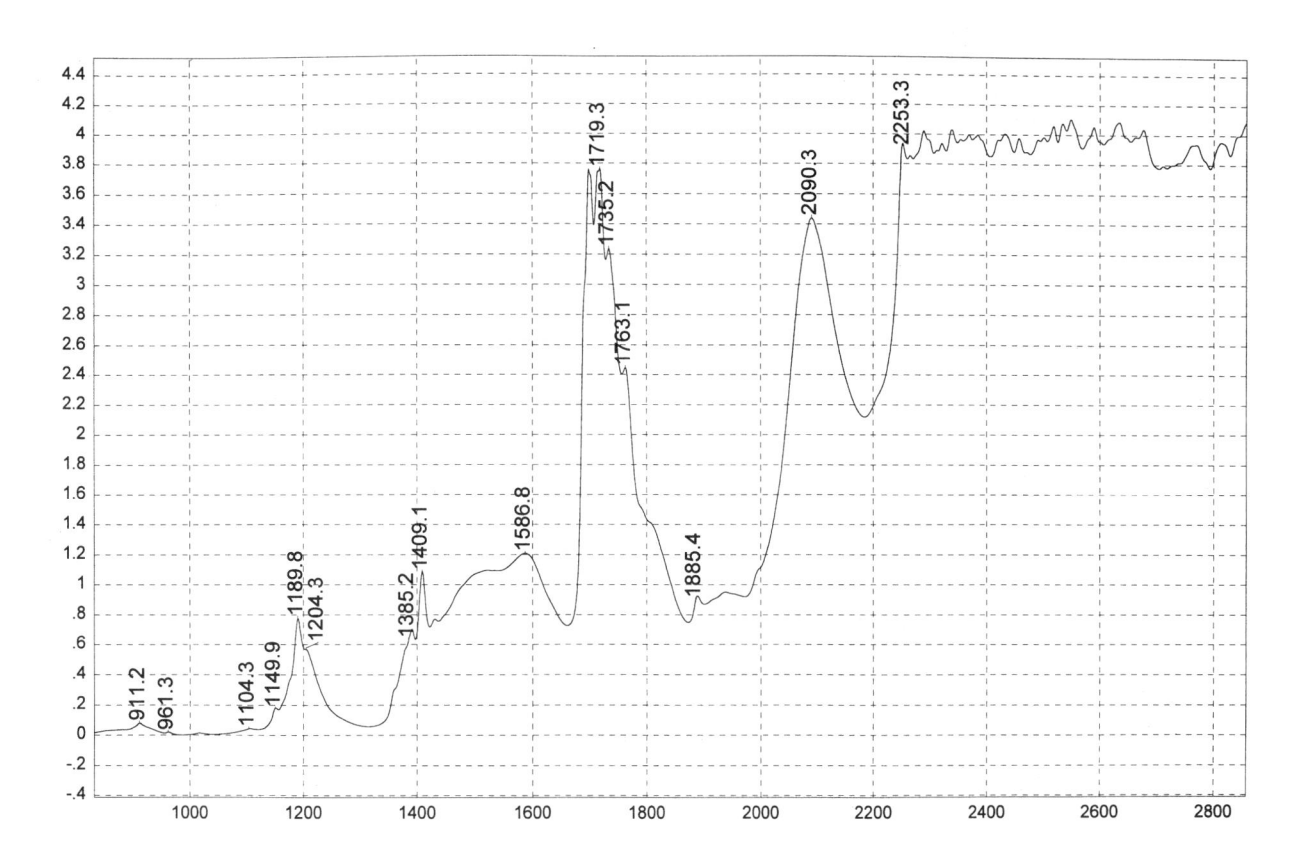

2-Ethyl-1-butanol

2-Ethyl-1-butanol

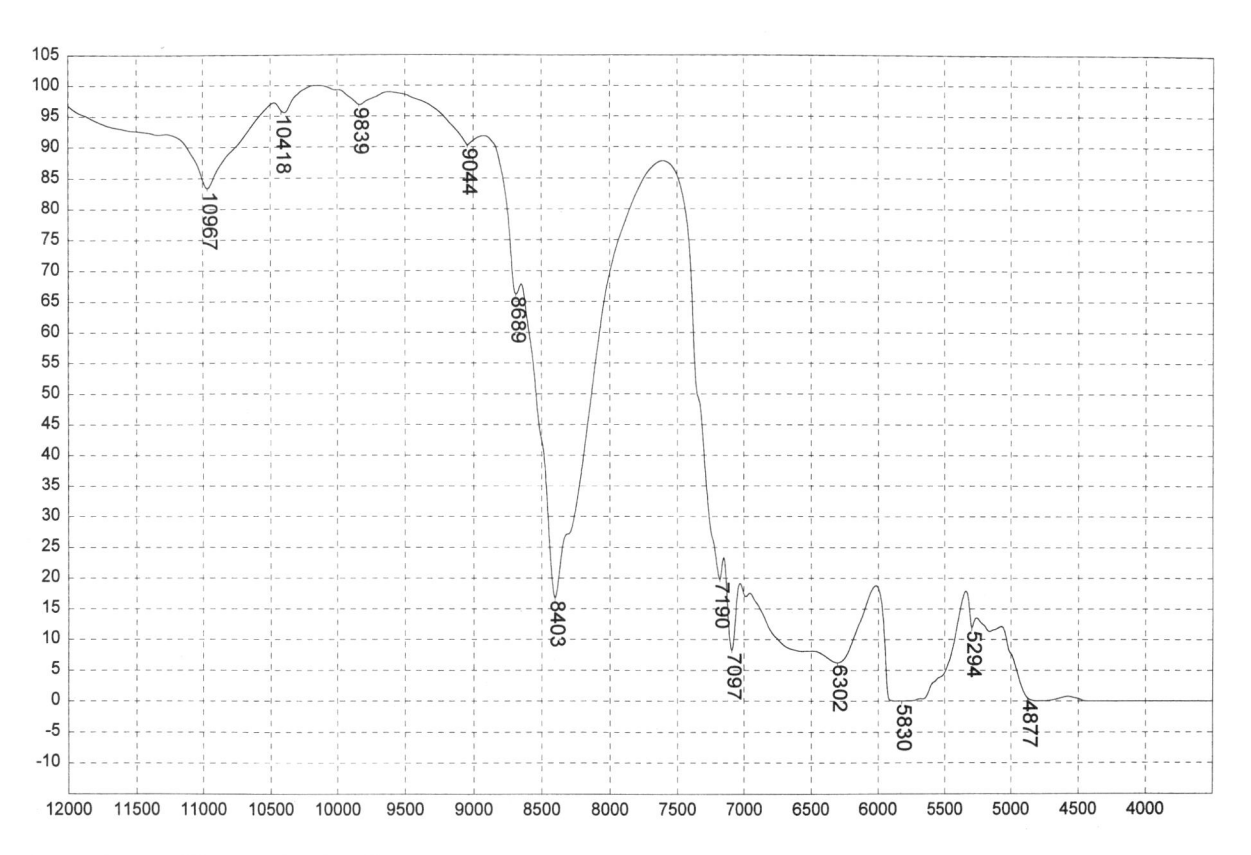

2-Methyl-3-butyn-2-ol

Absorbance / Nanometers

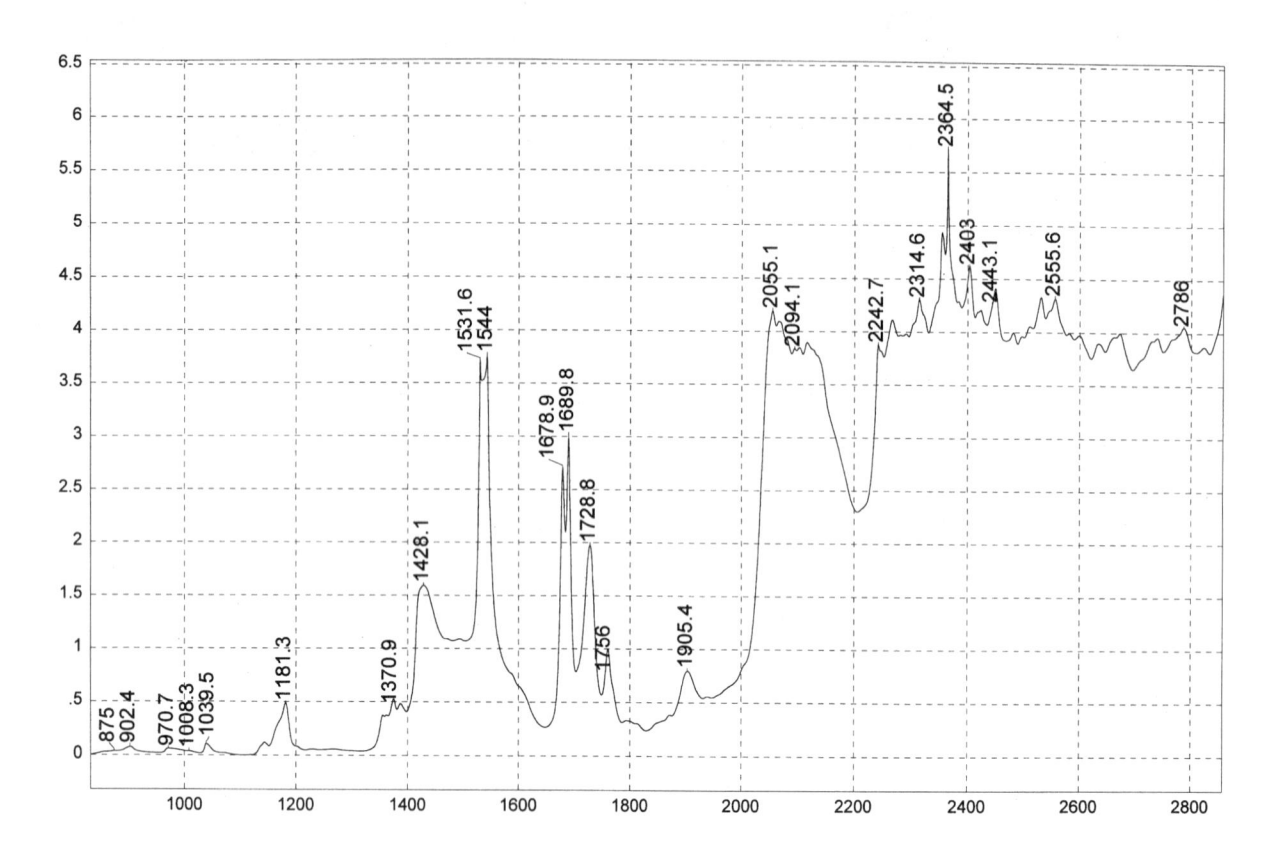

659

2-Methyl-3-butyn-2-ol

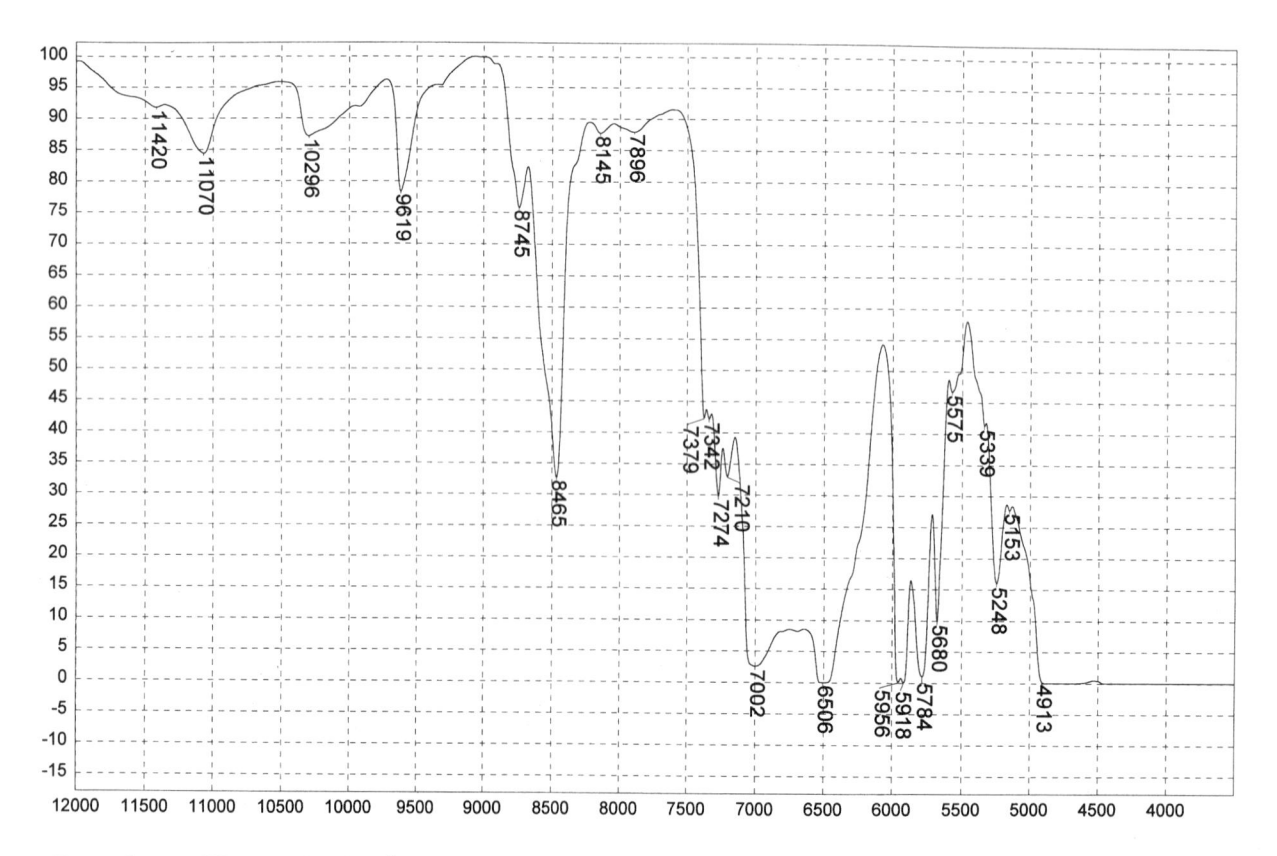

Transmittance / Wavenumber (cm⁻¹)

660

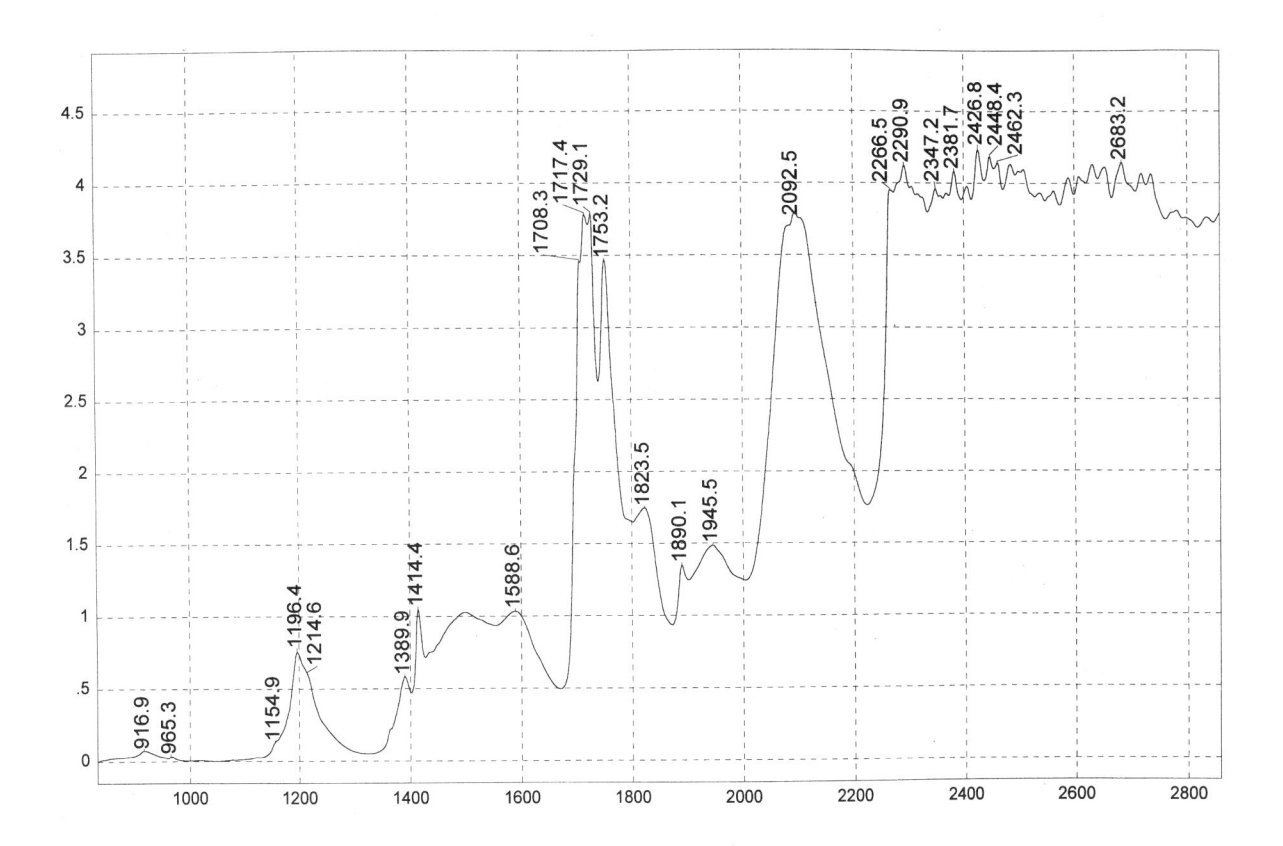

Absorbance / Nanometers

661   **3-Methylcyclohexanol**

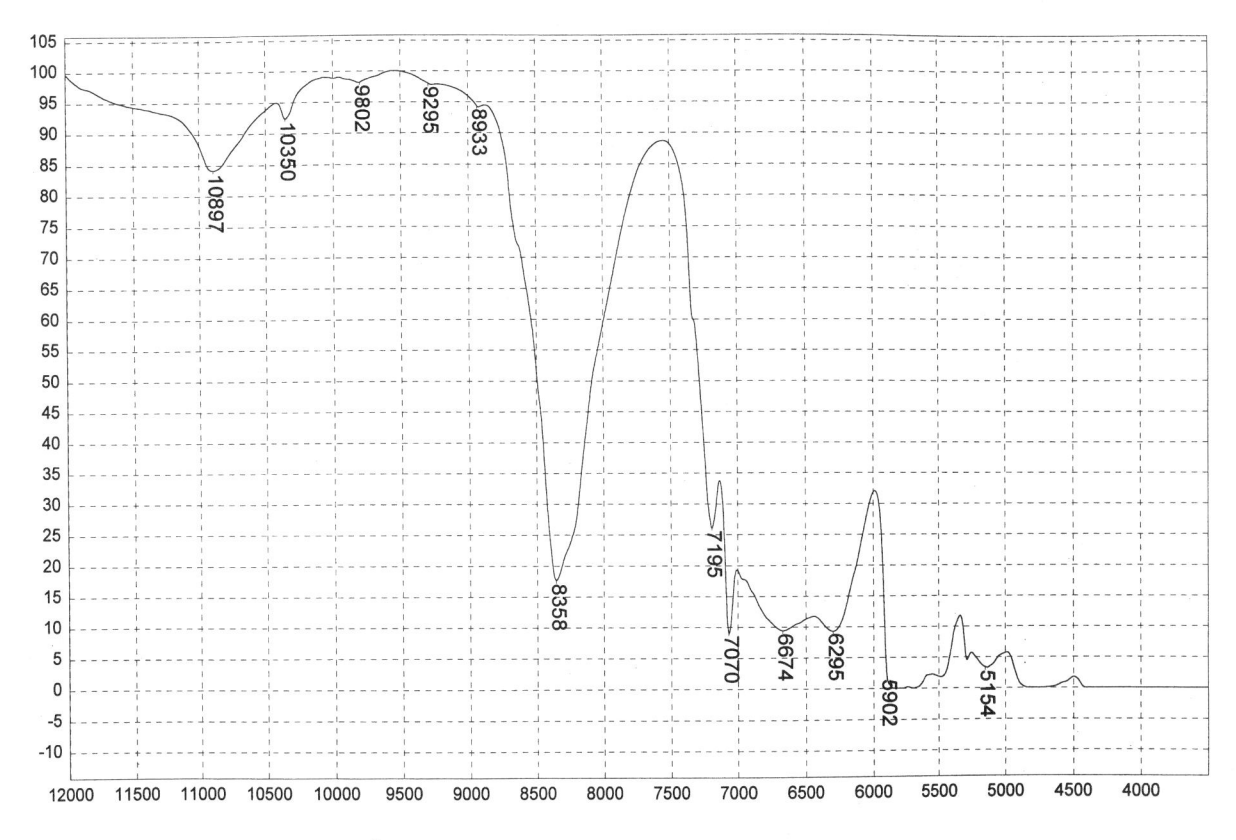

Transmittance / Wavenumber (cm⁻¹)

662   **3-Methylcyclohexanol**

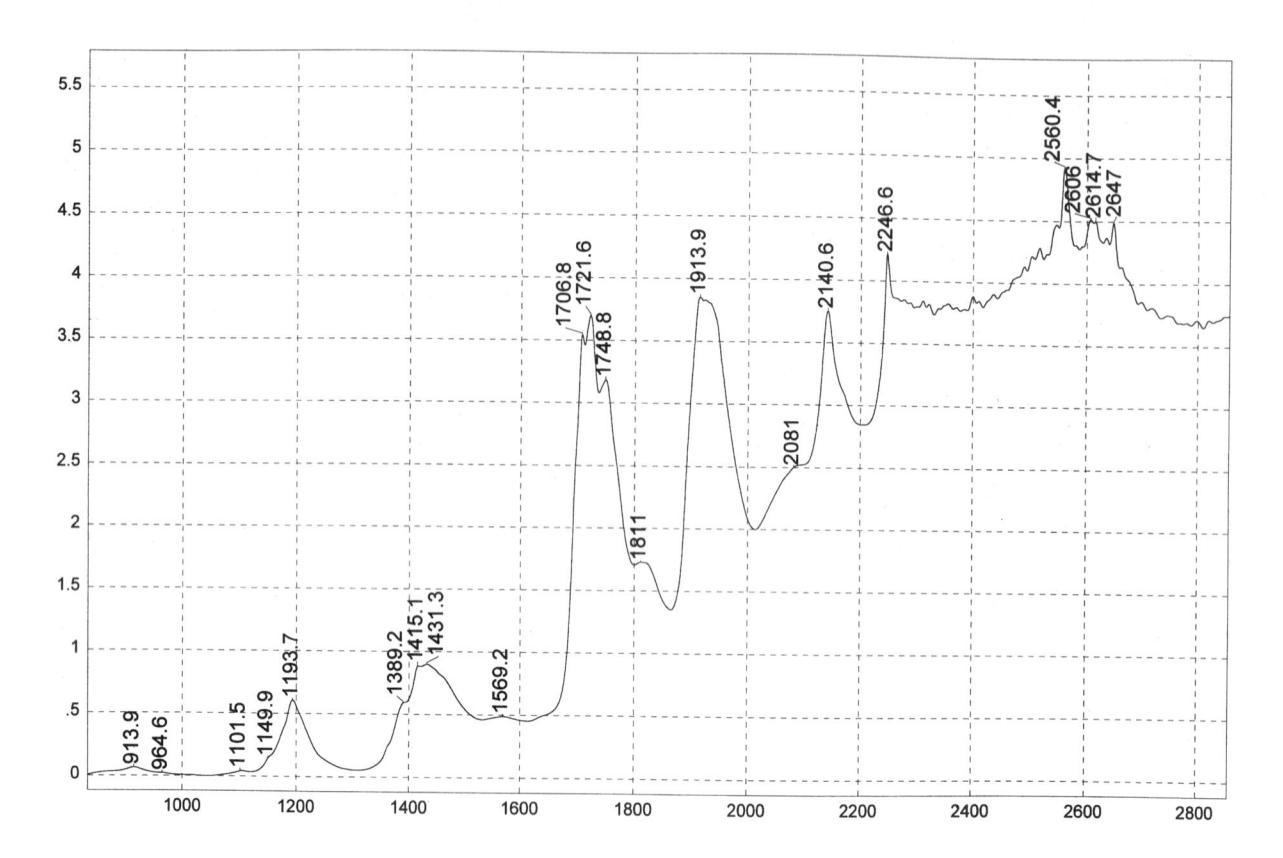

Absorbance / Nanometers

| 663 | **4-Methylcyclohexanol** |

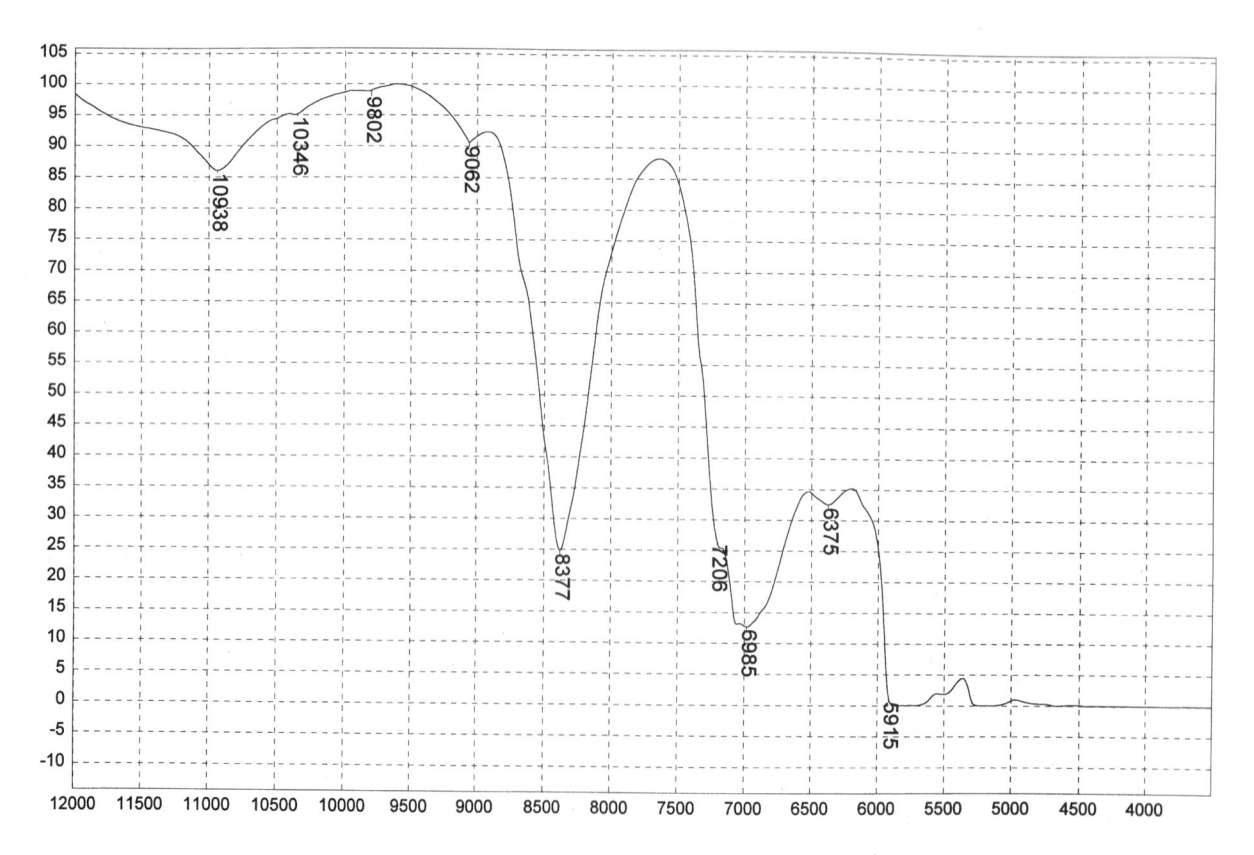

Transmittance / Wavenumber (cm⁻¹)

| 664 | **4-Methylcyclohexanol** |

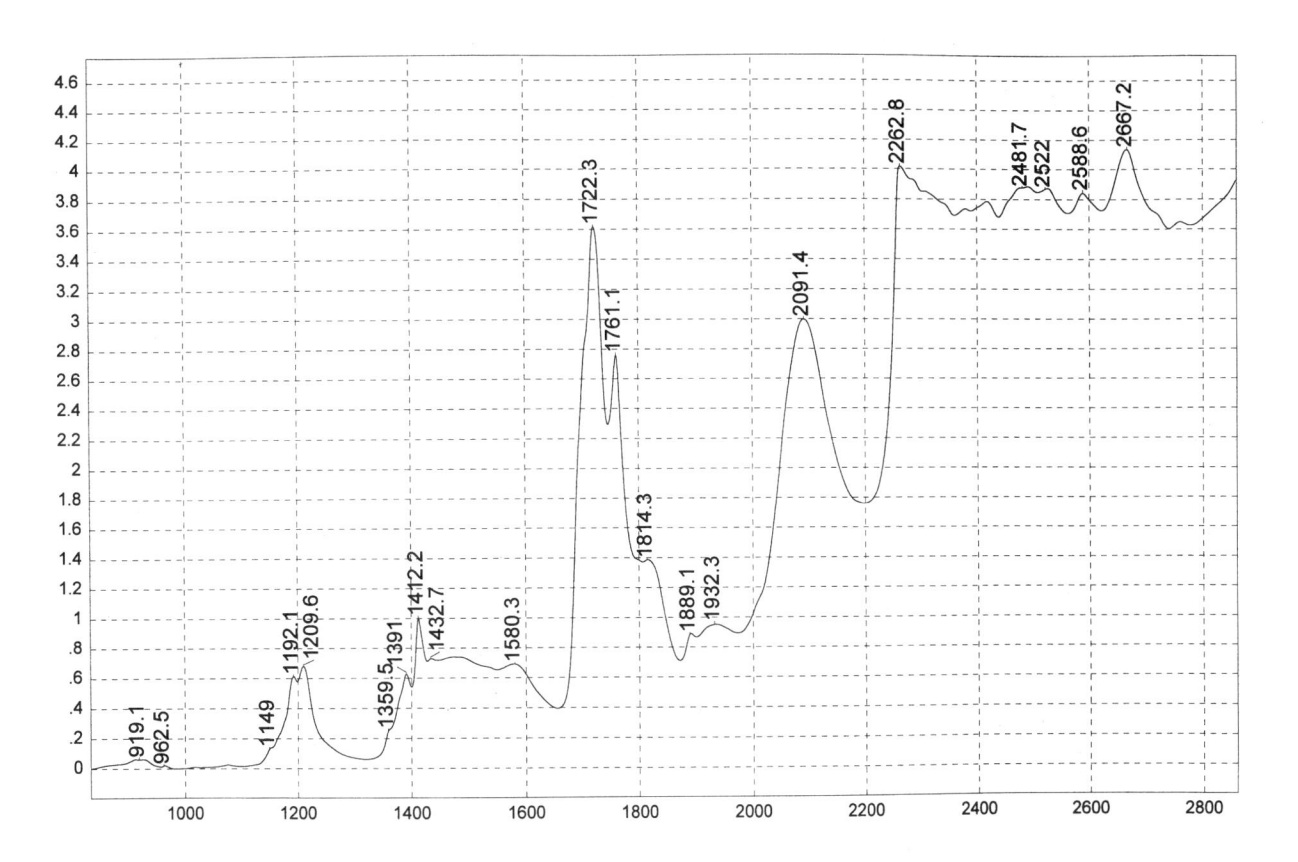

Absorbance / Nanometers

665 2-Octanol

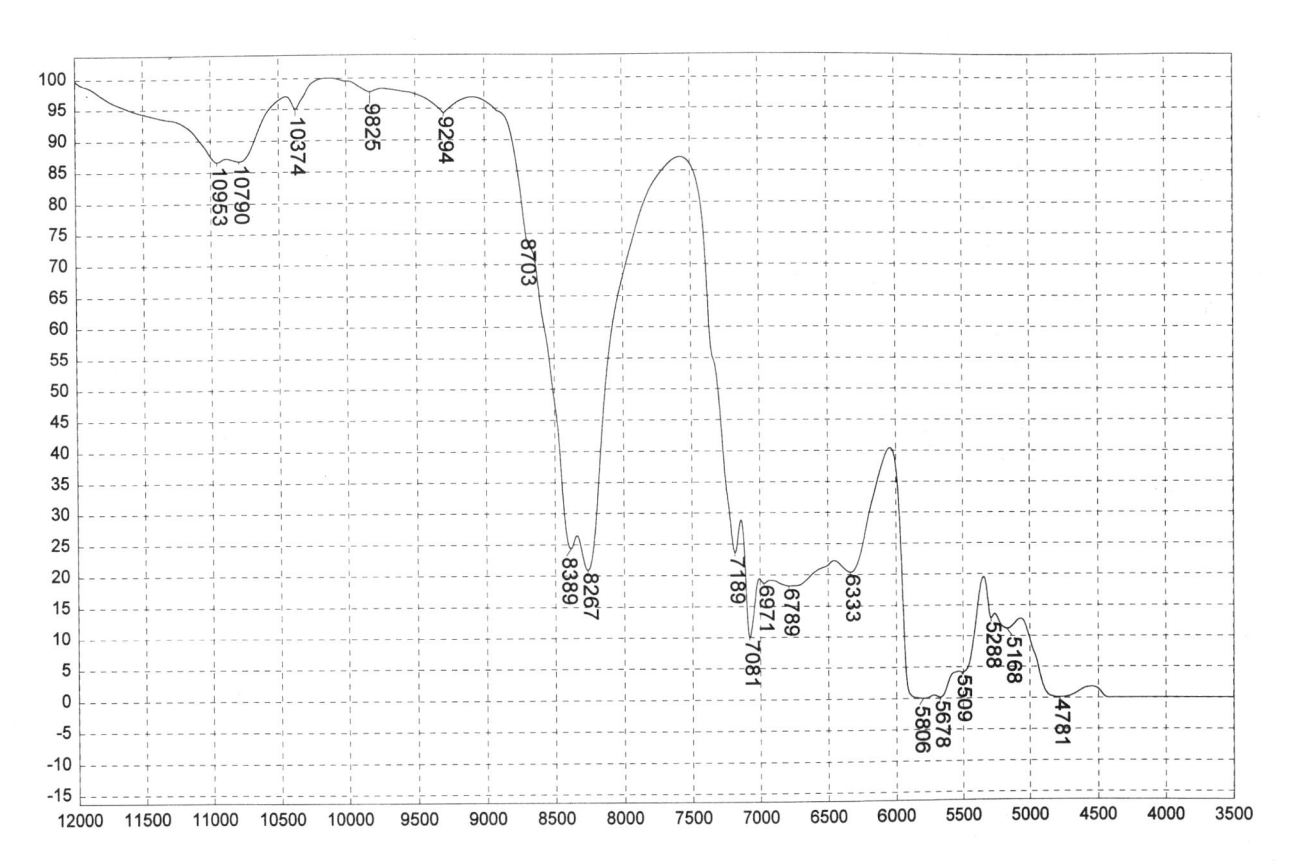

Transmittance / Wavenumber (cm⁻¹)

666 2-Octanol

333

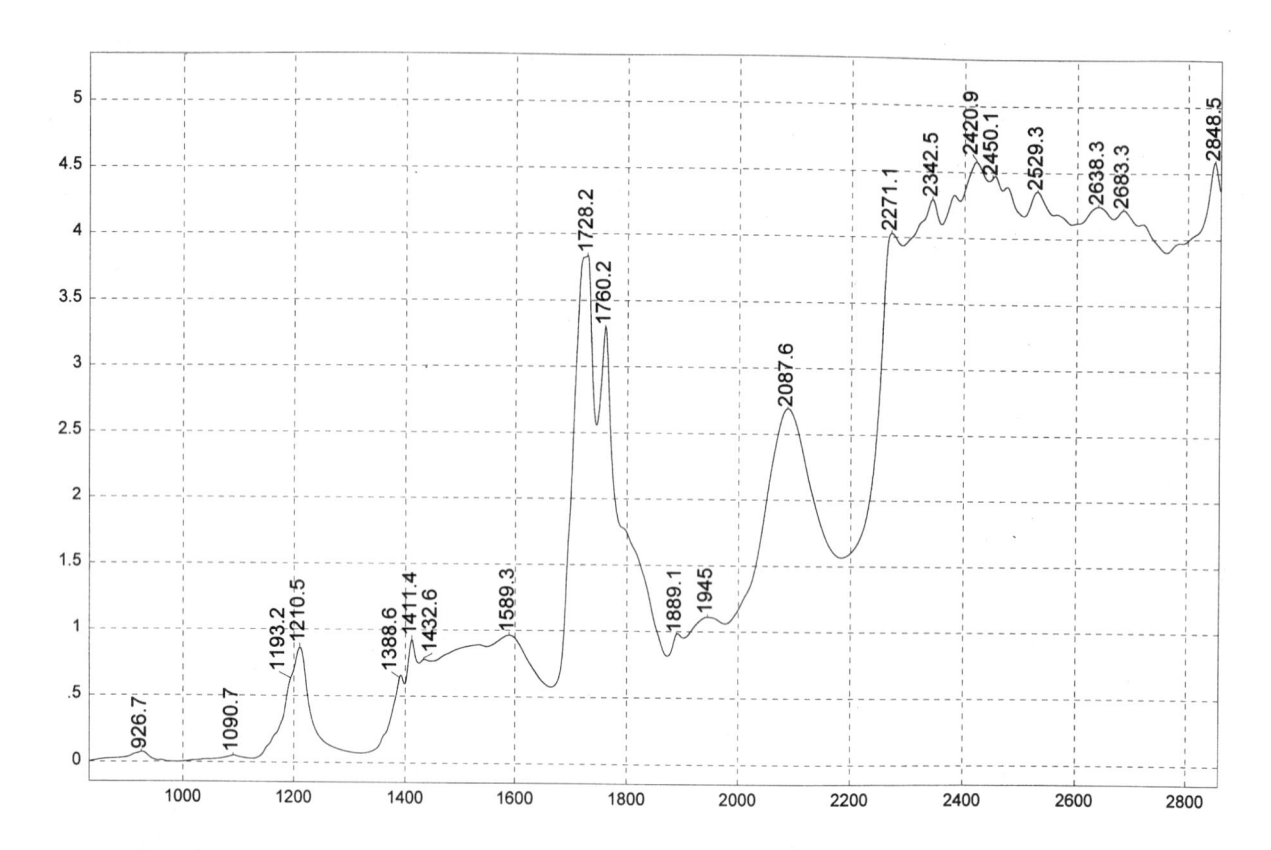

Absorbance / Nanometers

667   Octyl Alcohol

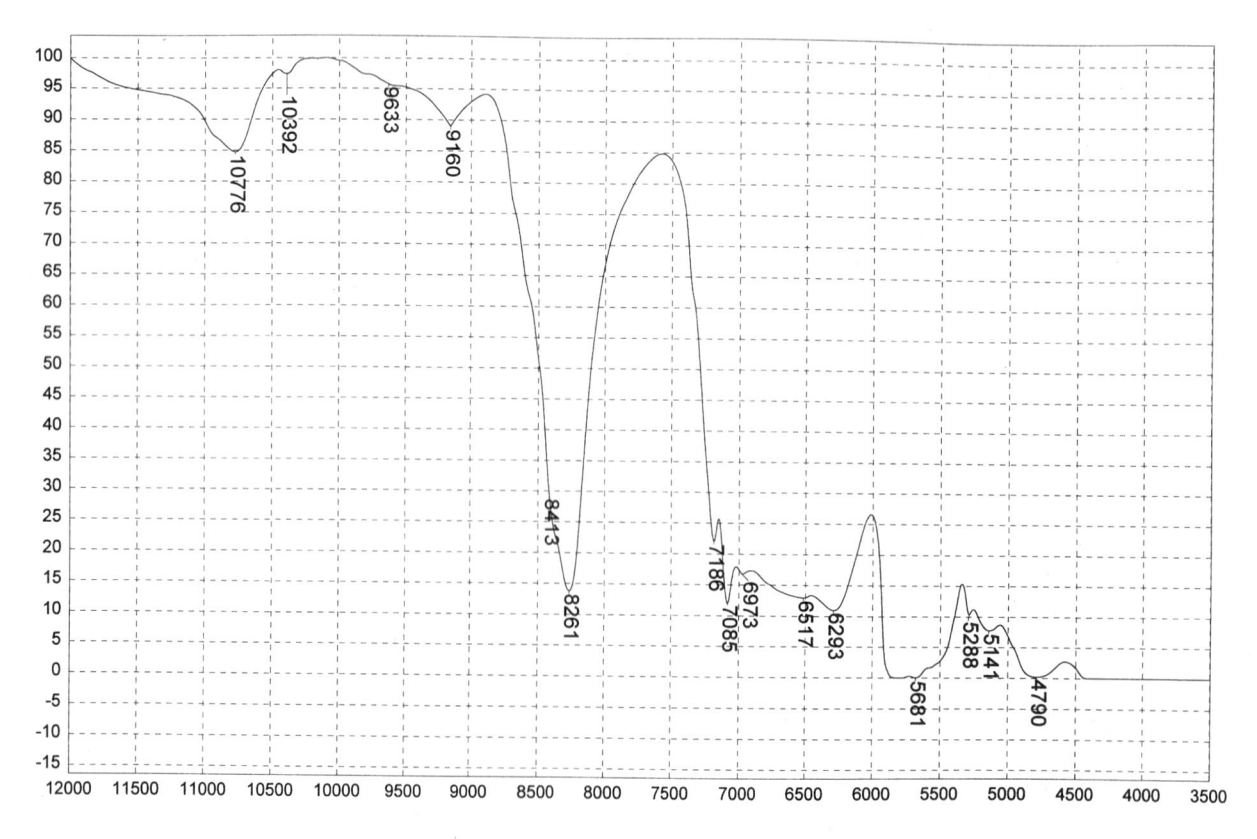

Transmittance / Wavenumber (cm^{-1})

668   Octyl Alcohol

334

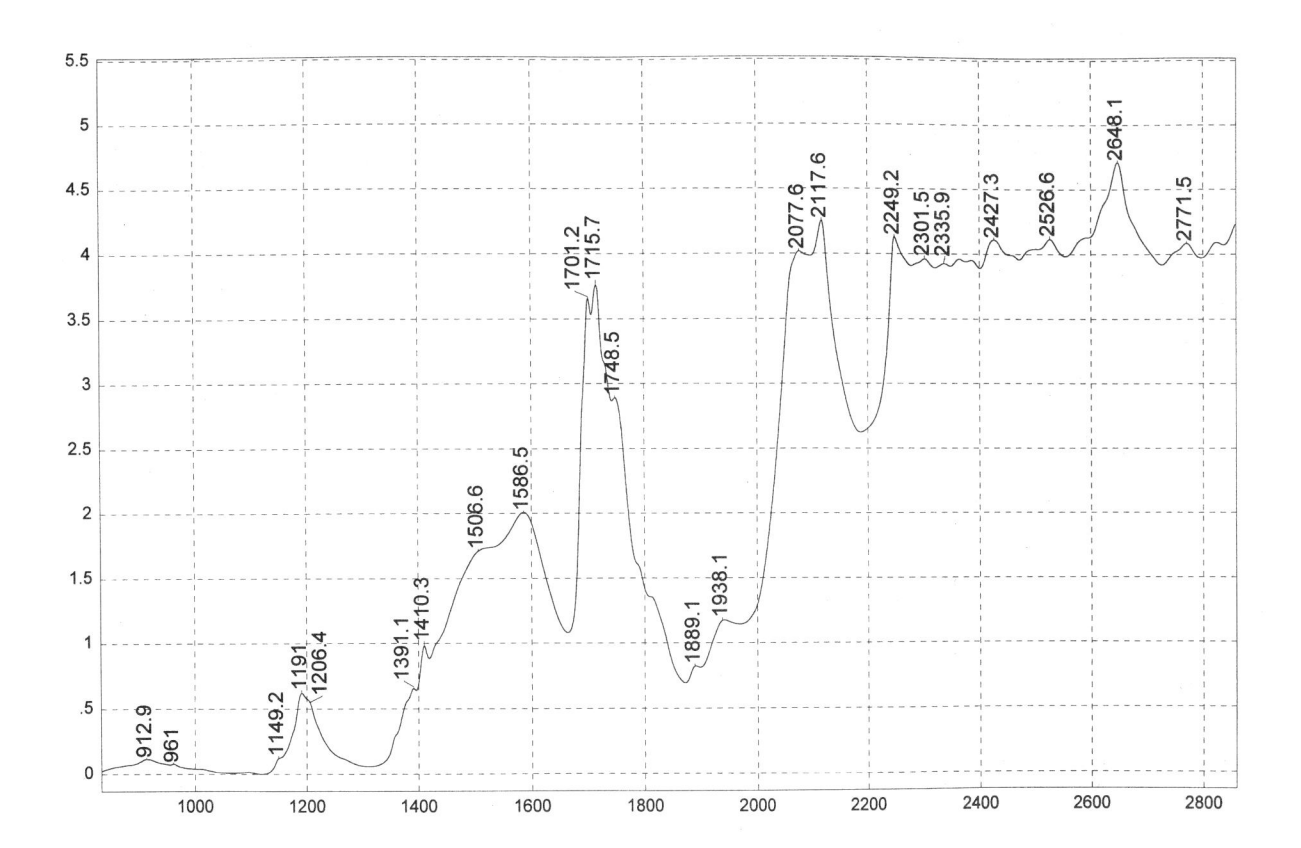

Absorbance / Nanometers

669 Propyl Alcohol

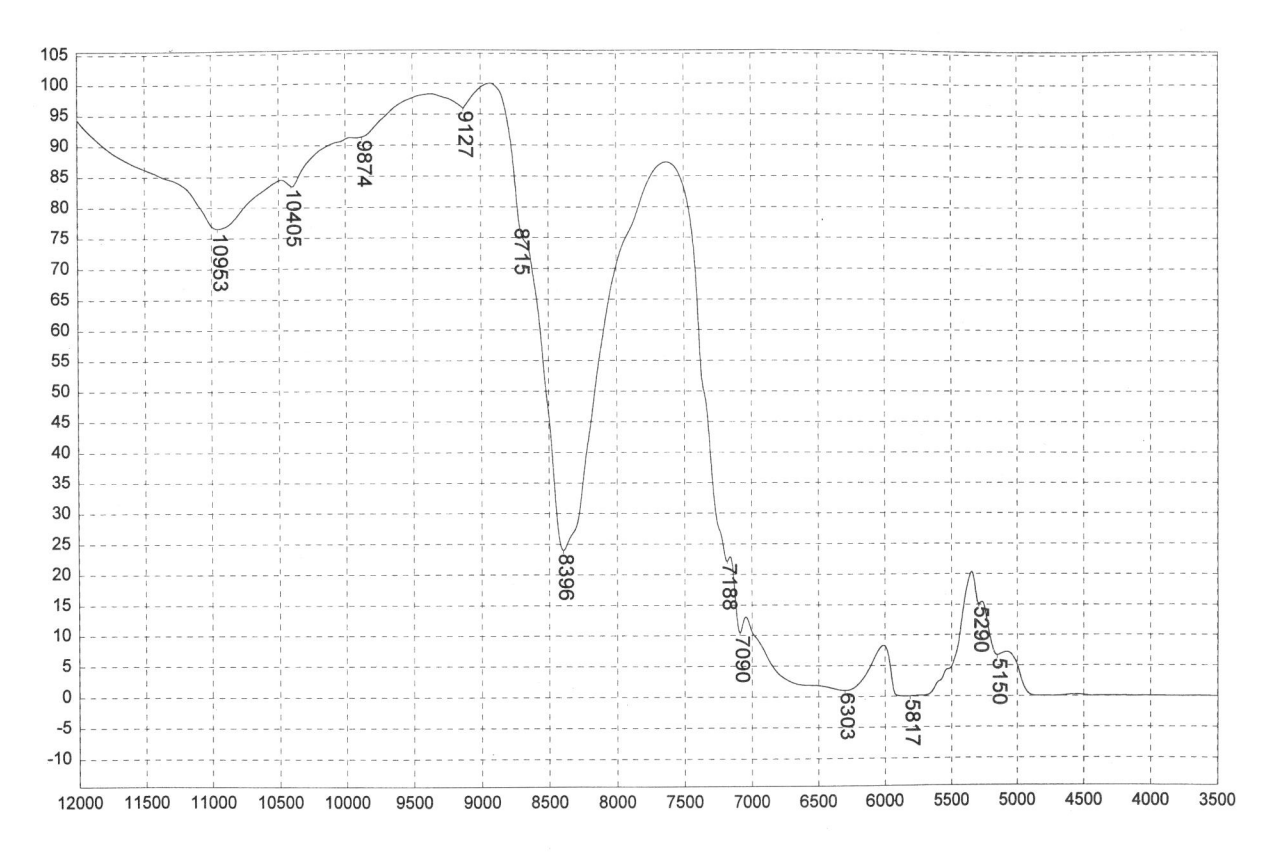

Transmittance / Wavenumber (cm^{-1})

670 Propyl Alcohol

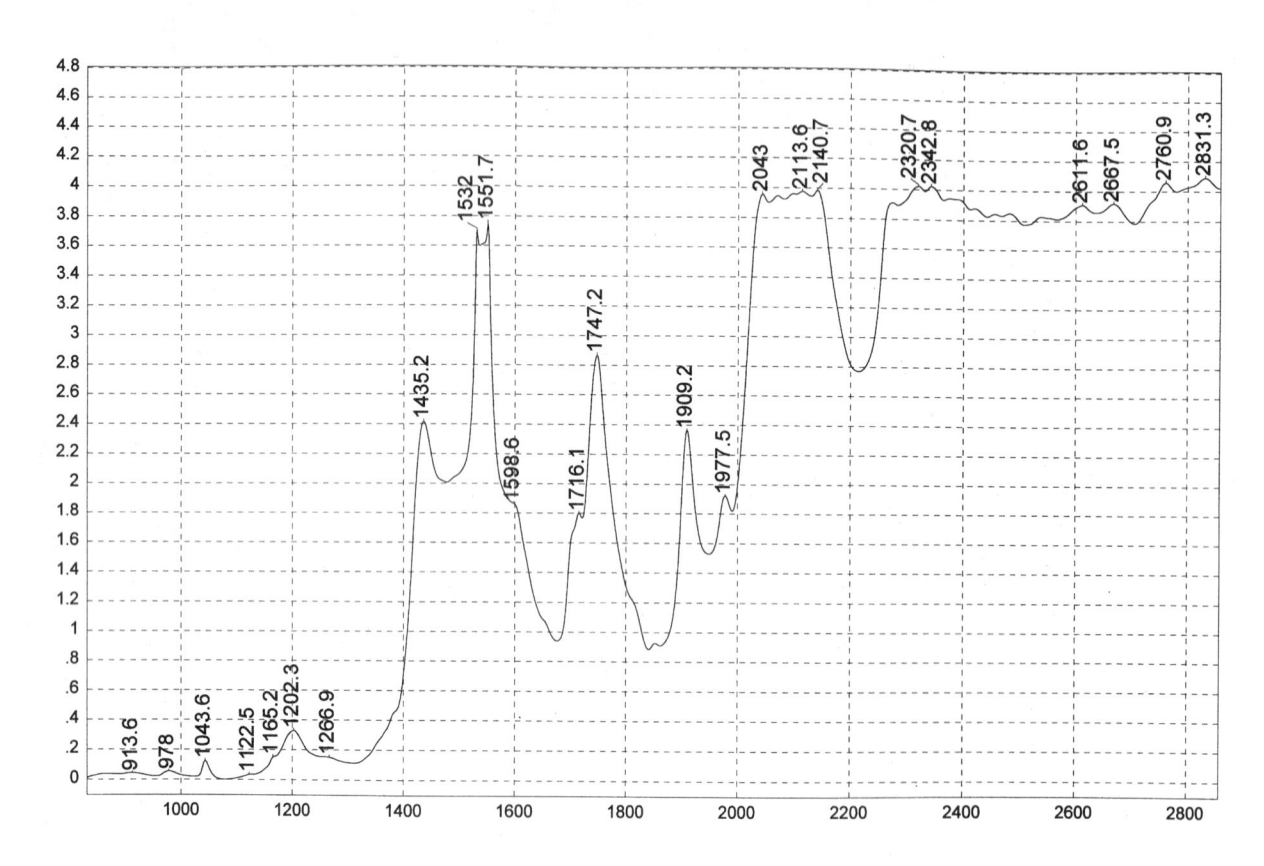

Absorbance / Nanometers

671   2-Propyn-1-ol

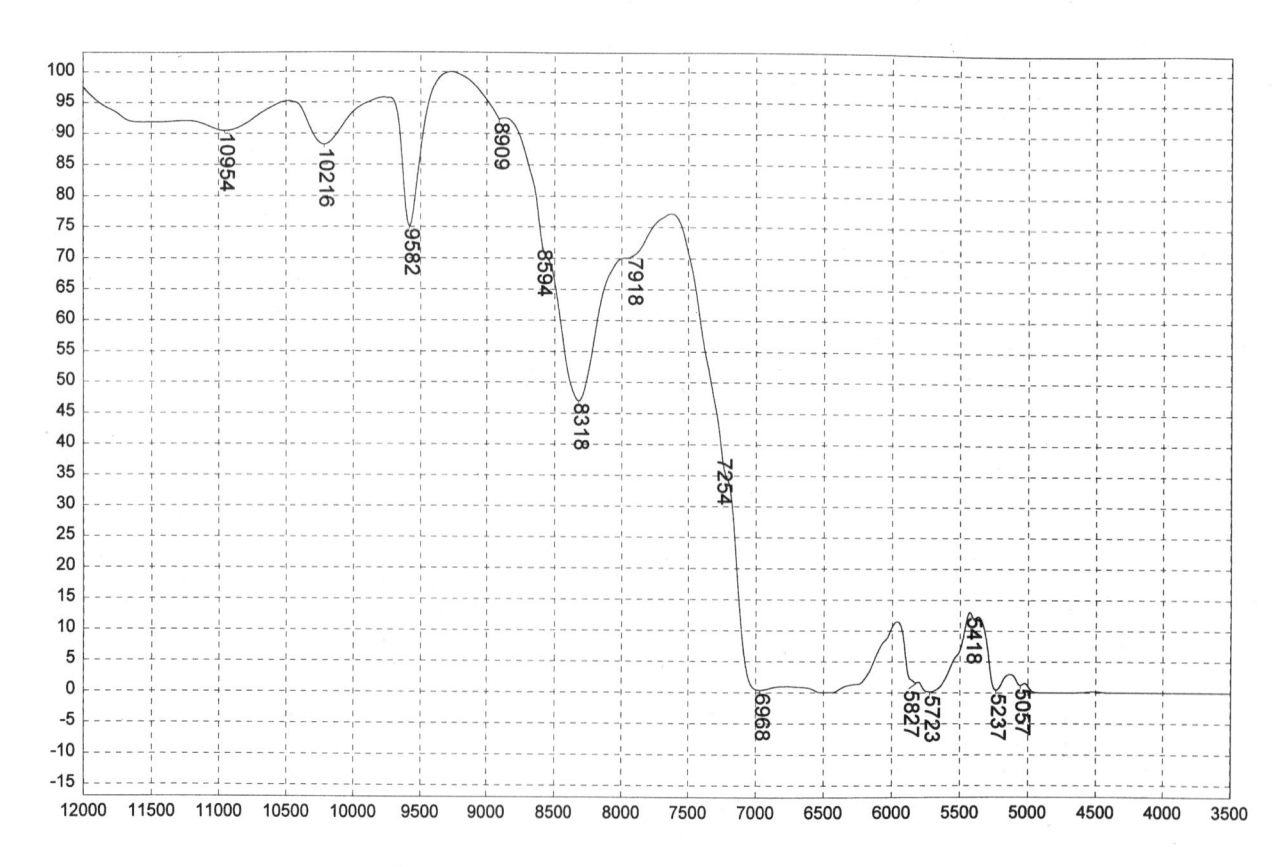

Transmittance / Wavenumber (cm⁻¹)

672   2-Propyn-1-ol

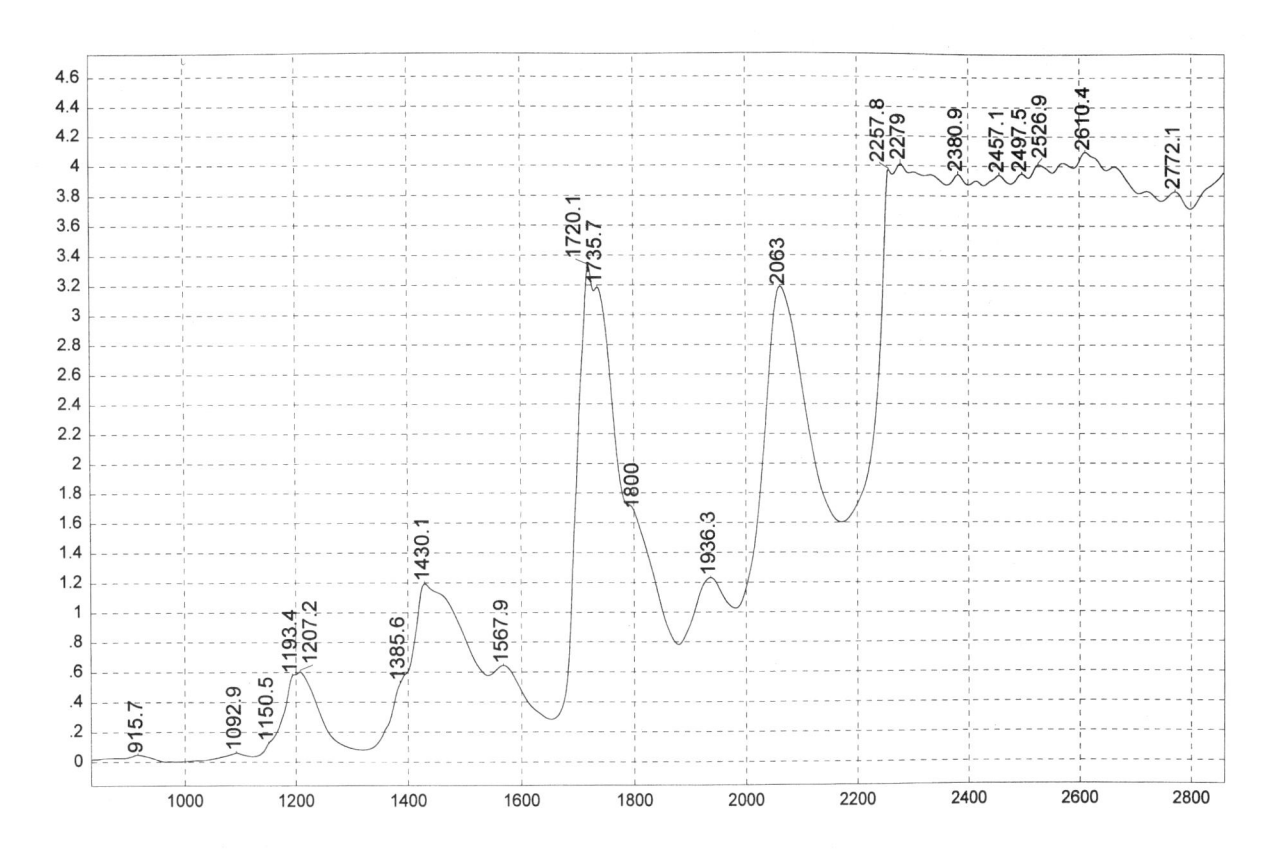

Absorbance / Nanometers

673   **Diethylene Glycol Monobutyl Ether**

Transmittance / Wavenumber (cm⁻¹)

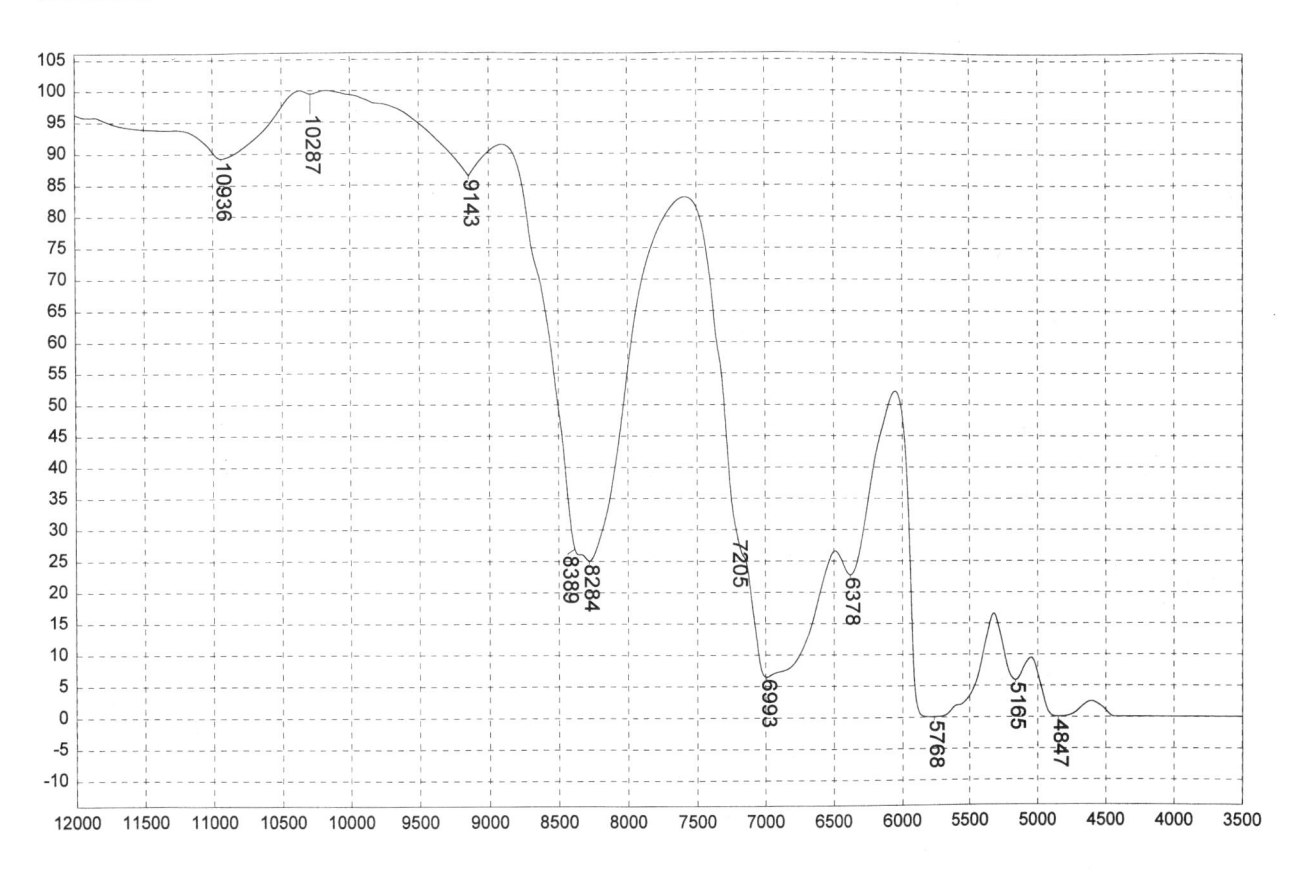

674   **Diethylene Glycol Monobutyl Ether**

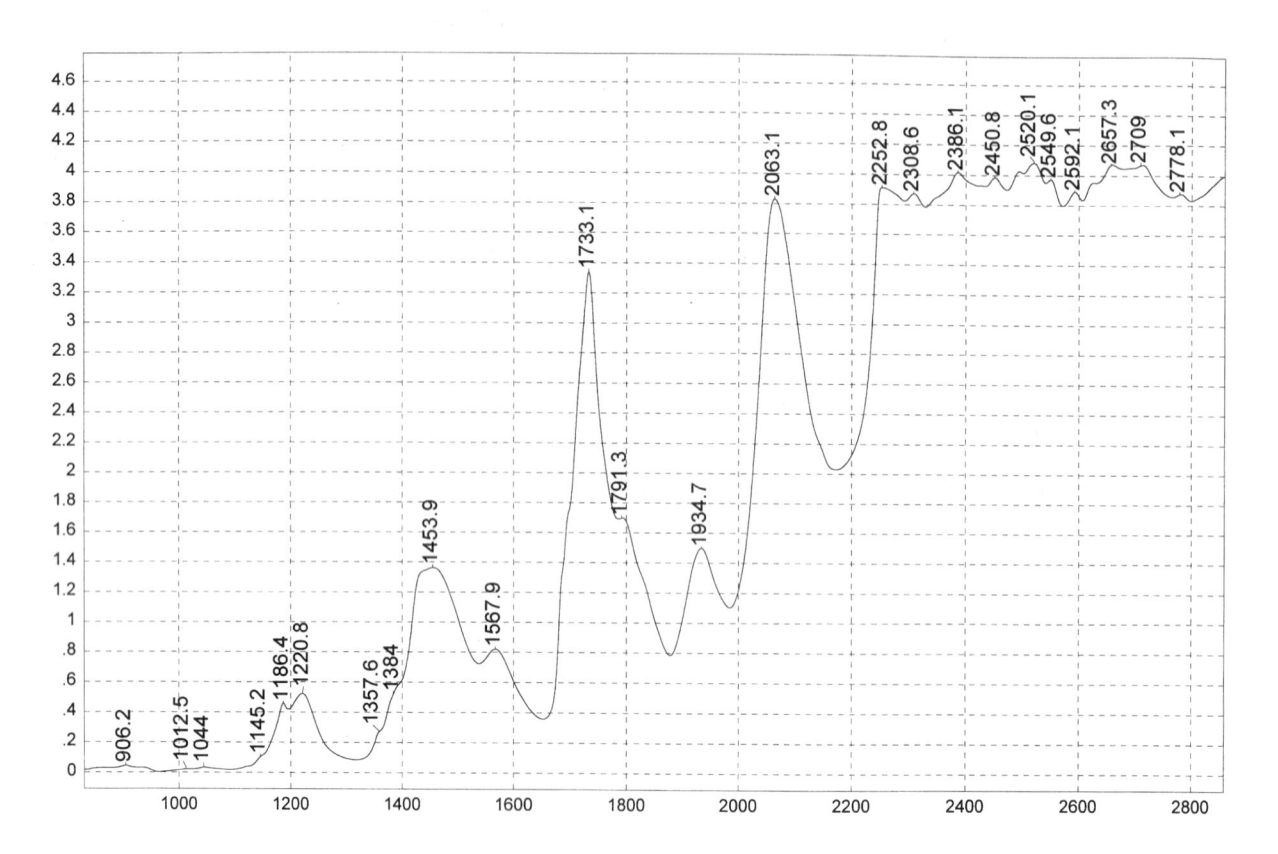

Absorbance / Nanometers

675   Diethylene Glycol Monoethyl Ether

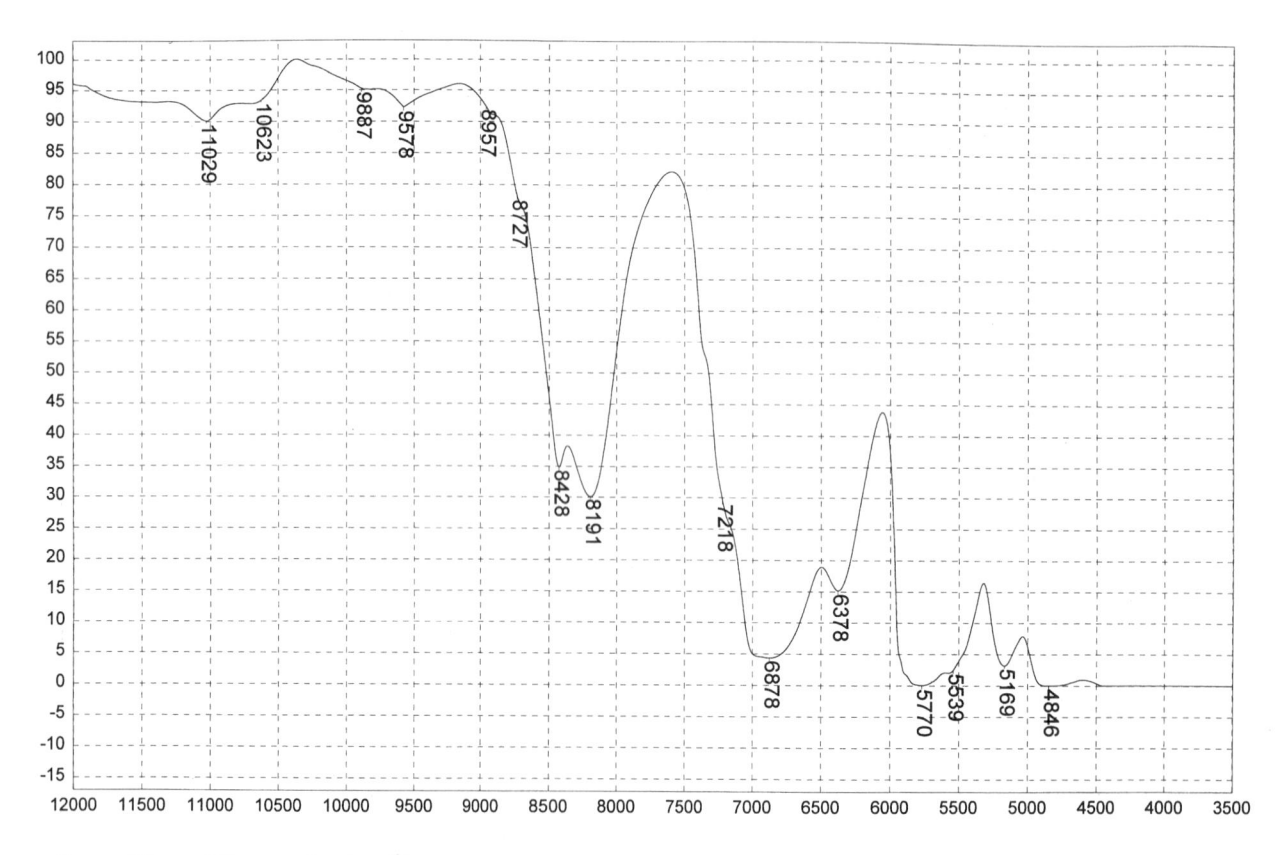

Transmittance / Wavenumber (cm^{-1})

676   Diethylene Glycol Monoethyl Ether

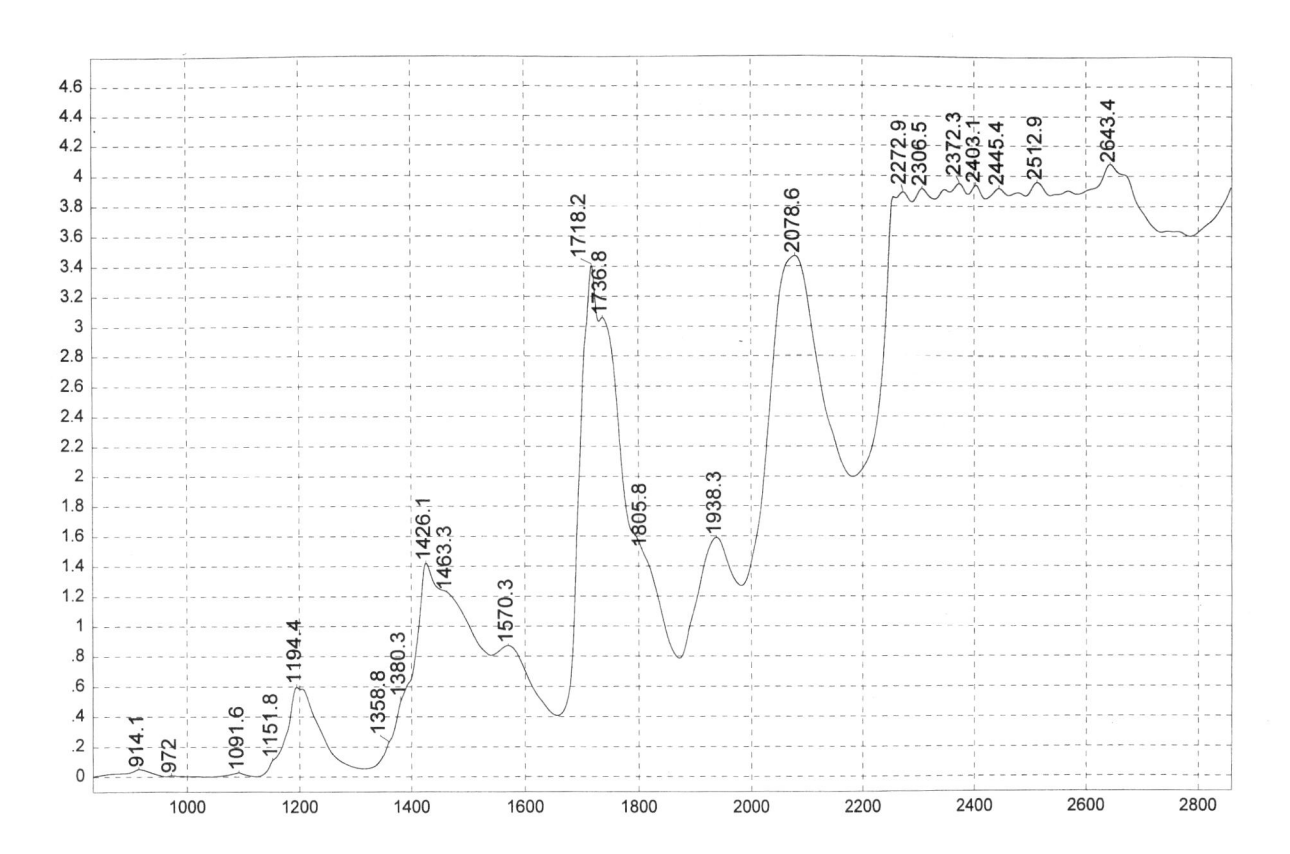

Absorbance / Nanometers

677 Ethylene Glycol Monobutyl Ether

Transmittance / Wavenumber (cm⁻¹)

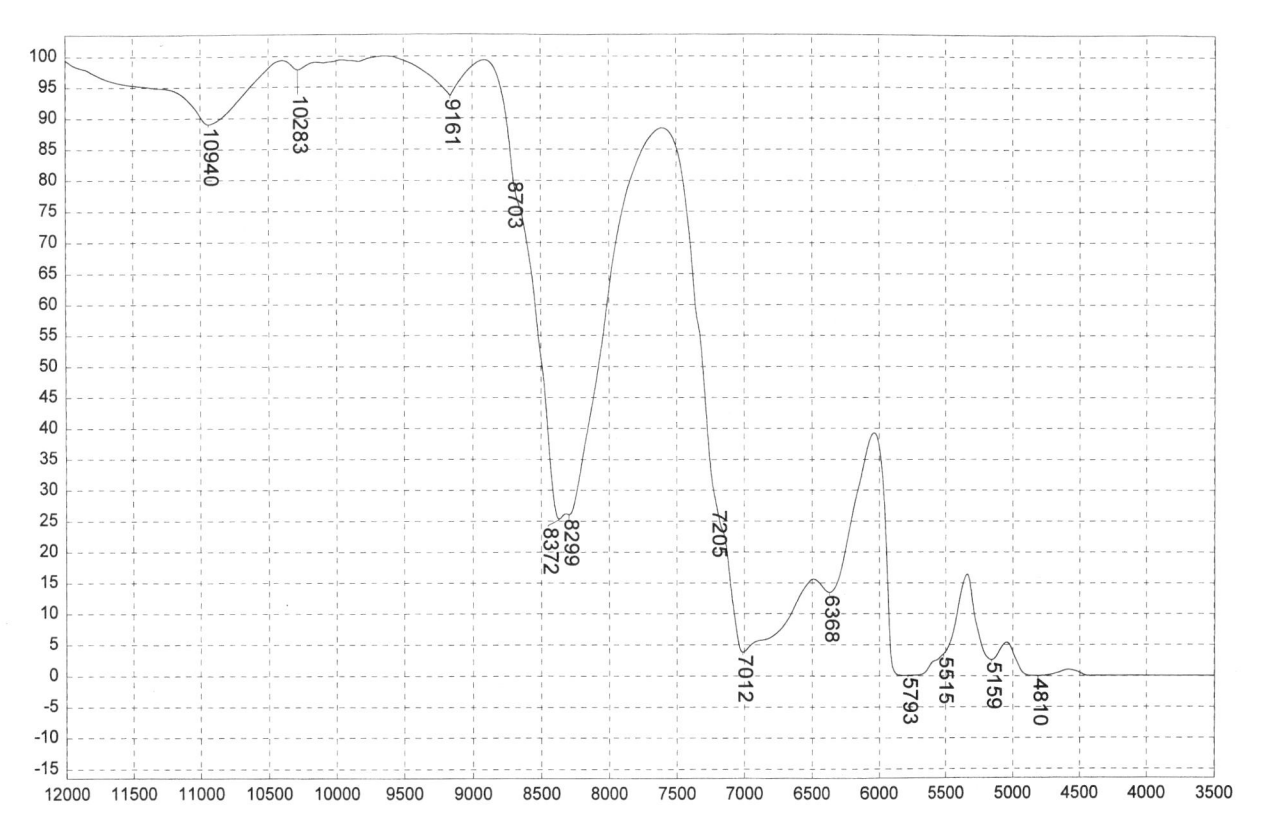

678 Ethylene Glycol Monobutyl Ether

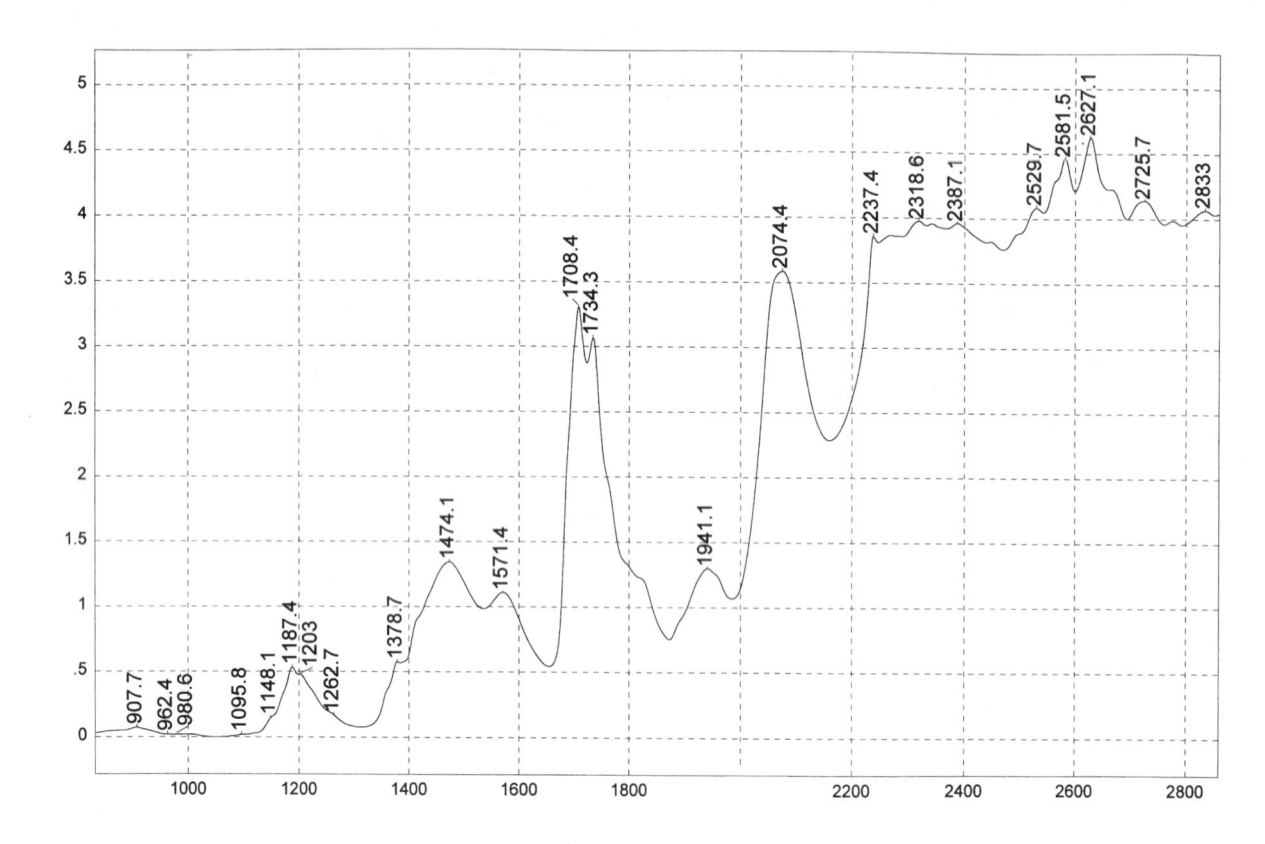

Absorbance / Nanometers

3-Methoxy-1-butanol

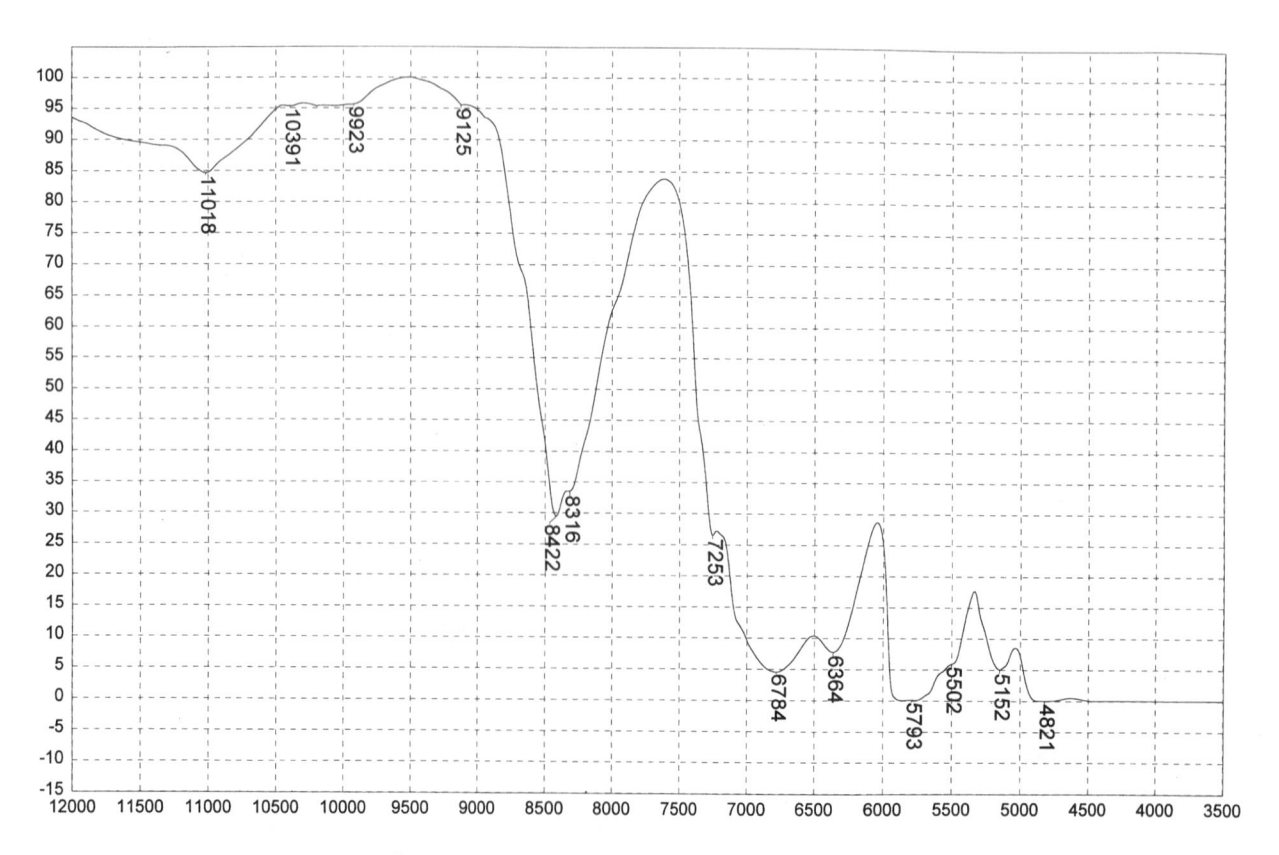

Transmittance / Wavenumber (cm⁻¹)

3-Methoxy-1-butanol

1-Methoxy-2-propanol

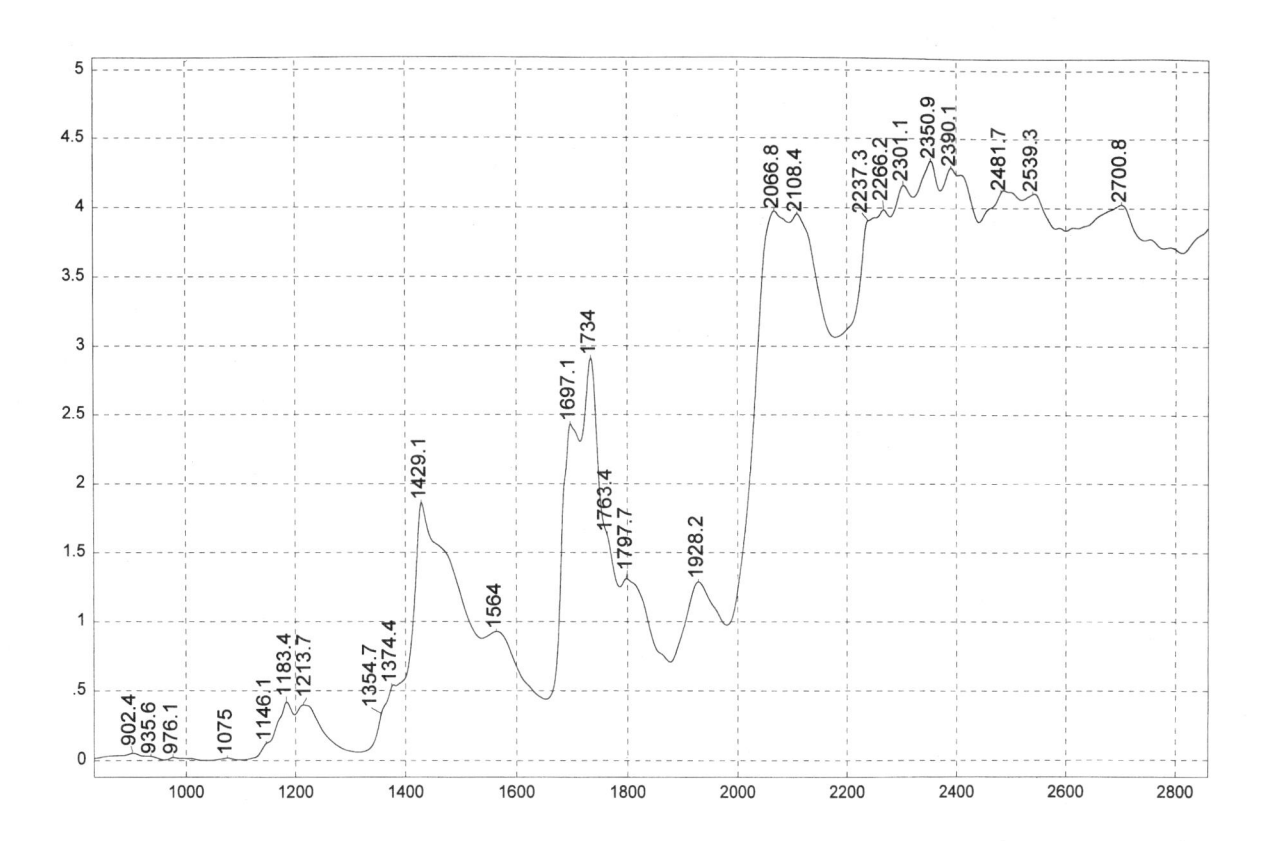

681

1-Methoxy-2-propanol

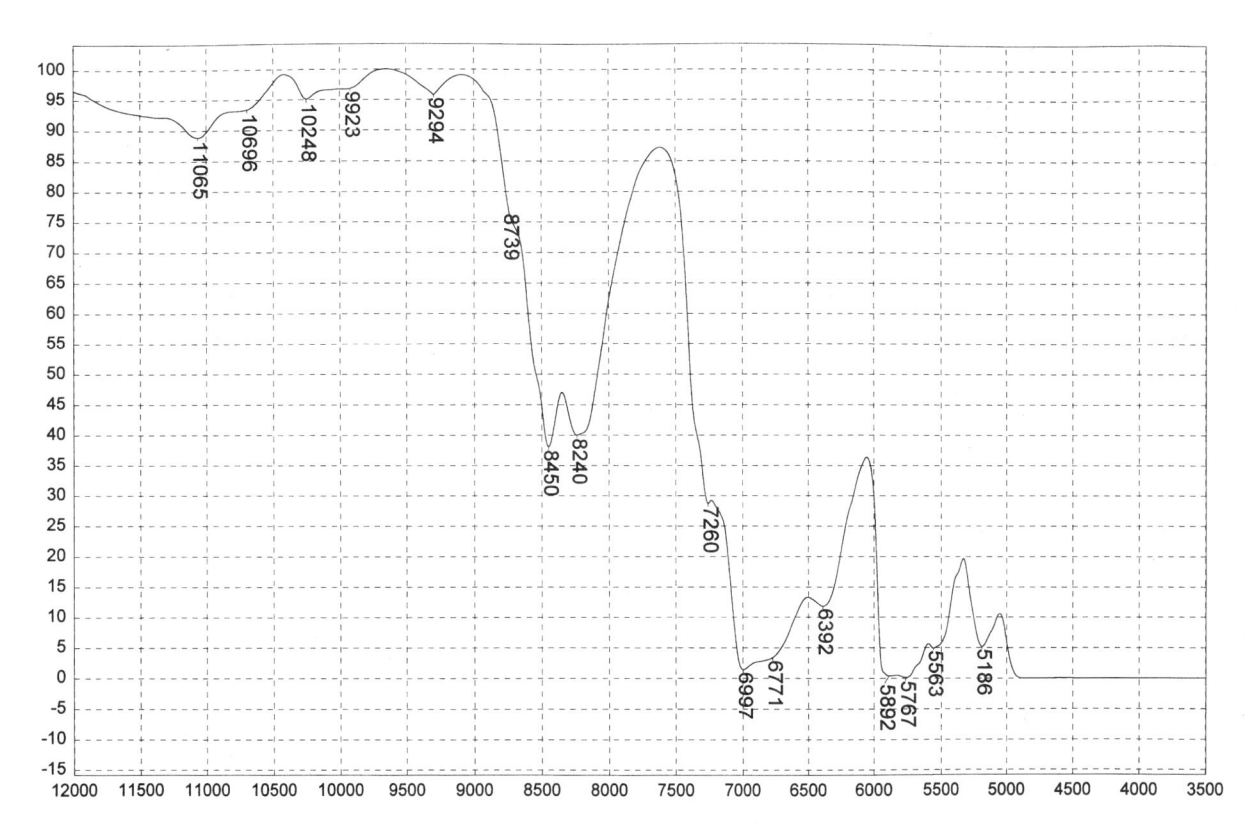

682

341

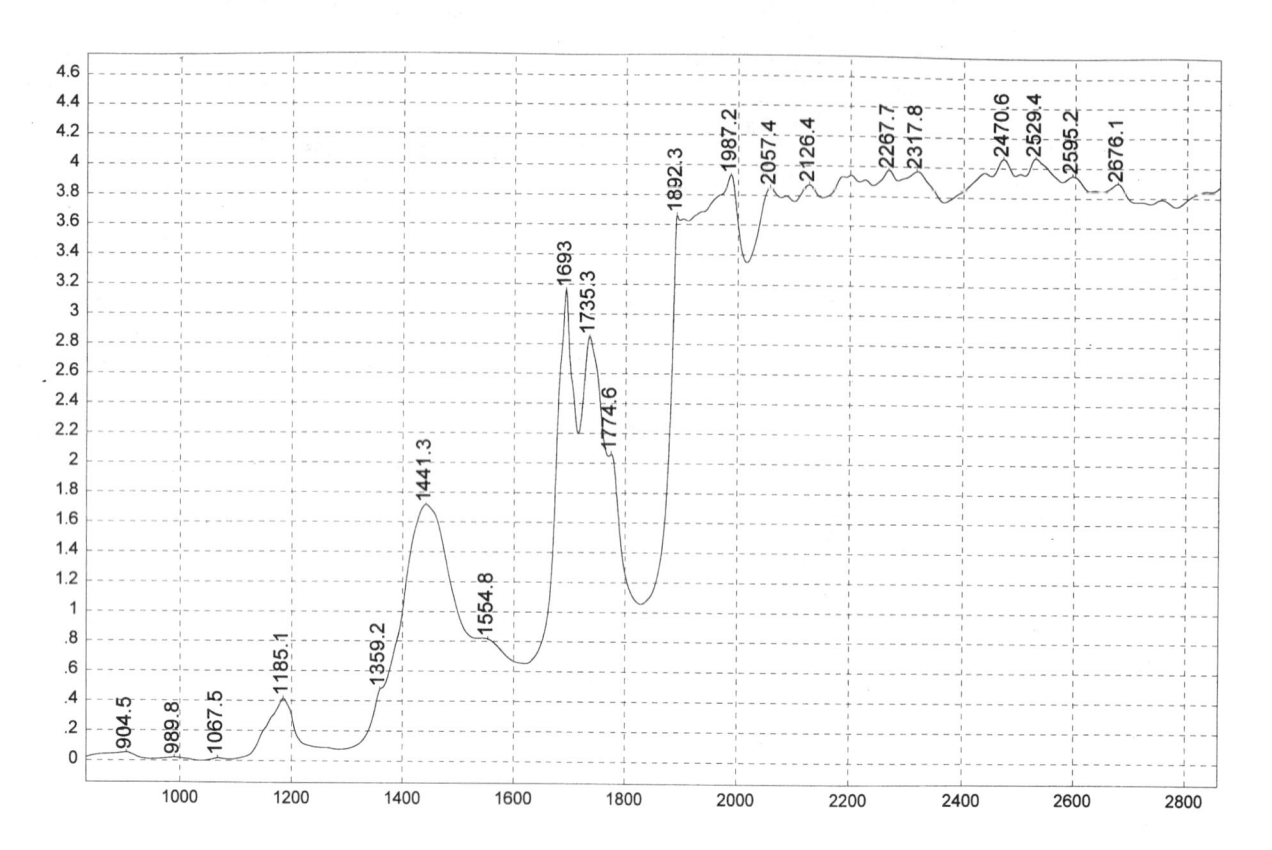

Absorbance / Nanometers

683 Diacetone Alcohol

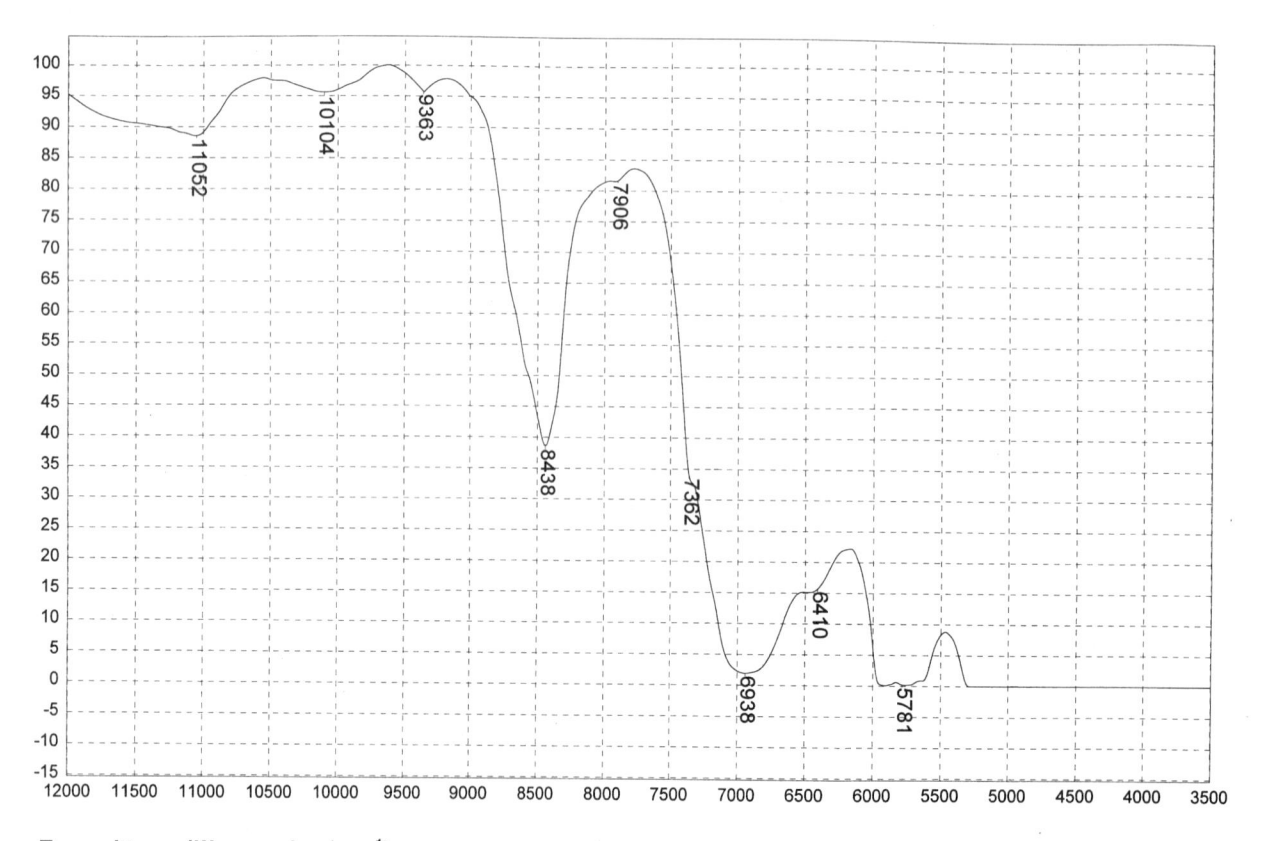

Transmittance / Wavenumber (cm^{-1})

684 Diacetone Alcohol

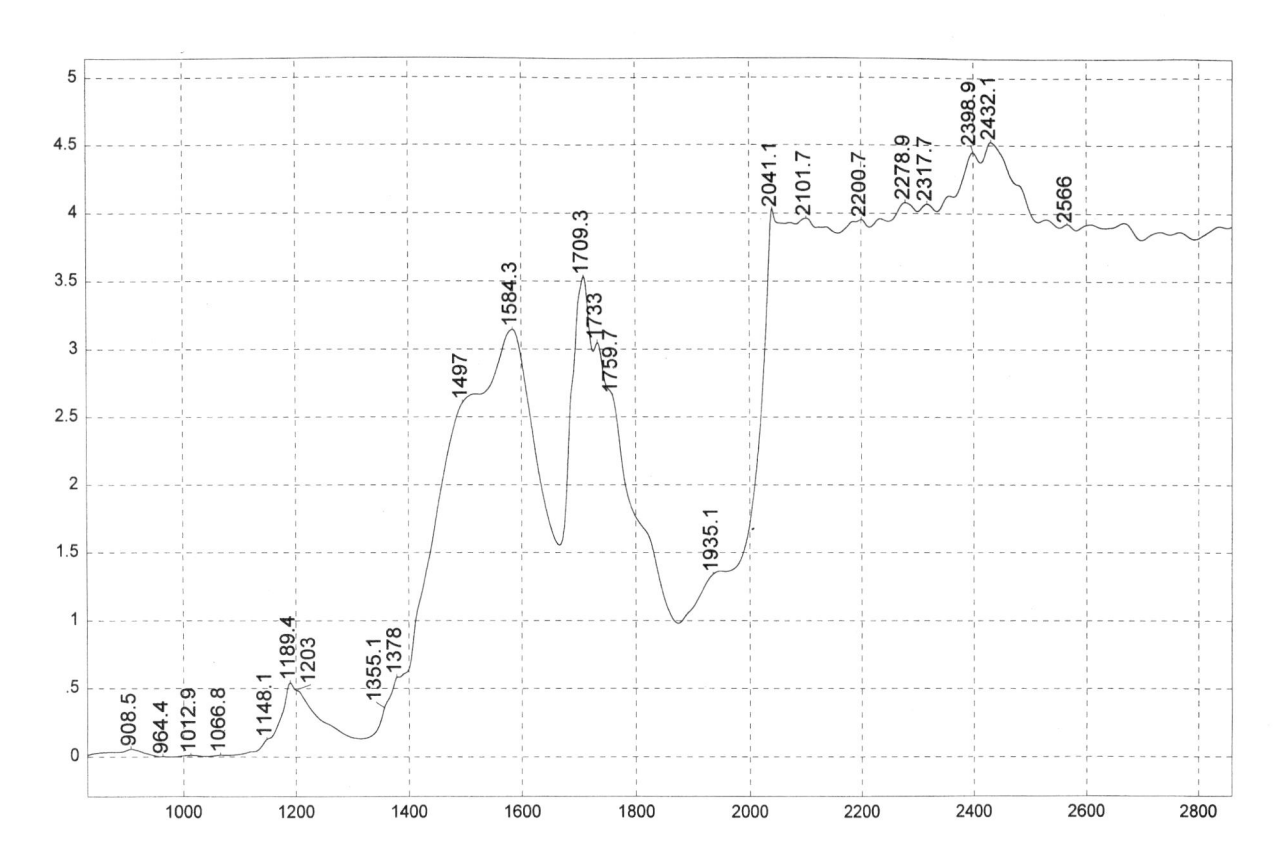

Absorbance / Nanometers

685   1,3-Butanediol

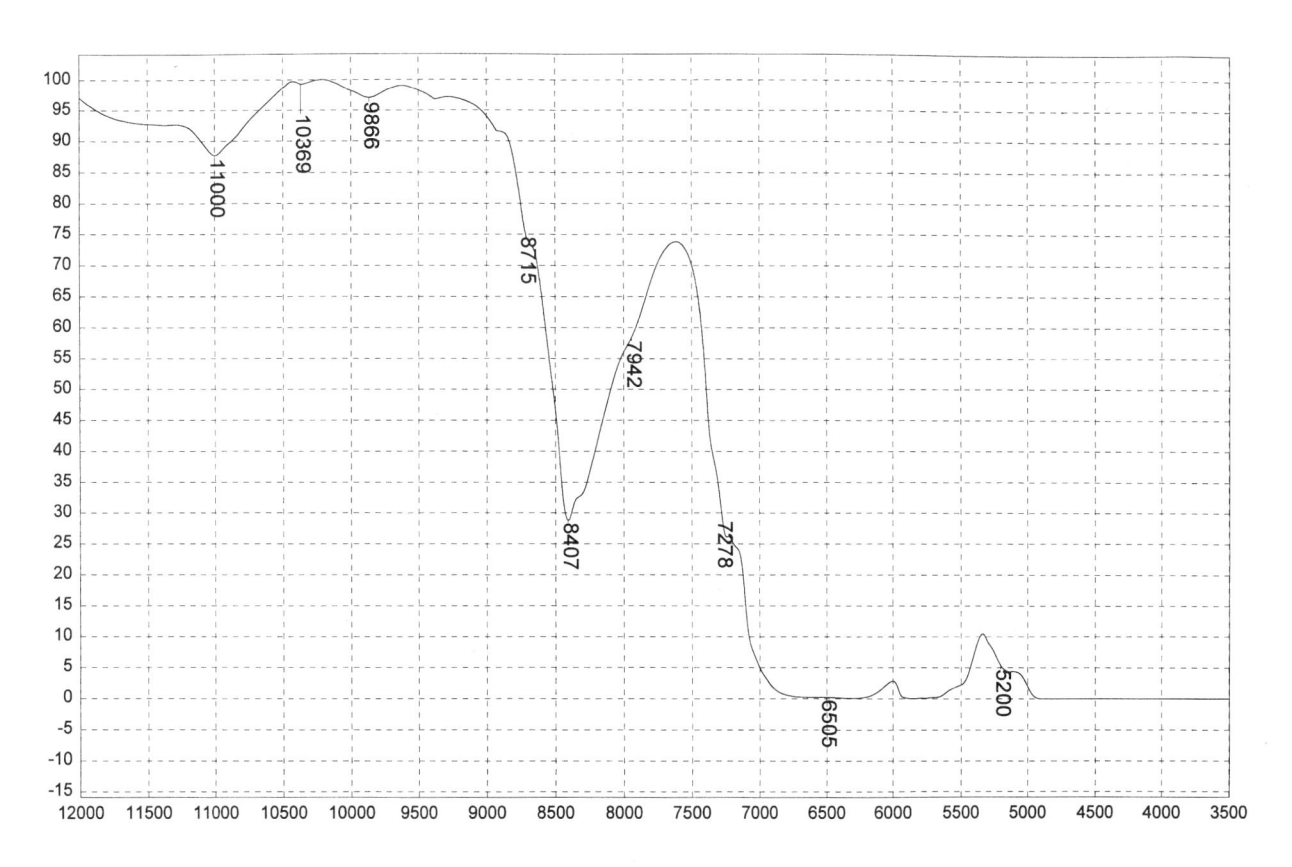

Transmittance / Wavenumber (cm⁻¹)

686   1,3-Butanediol

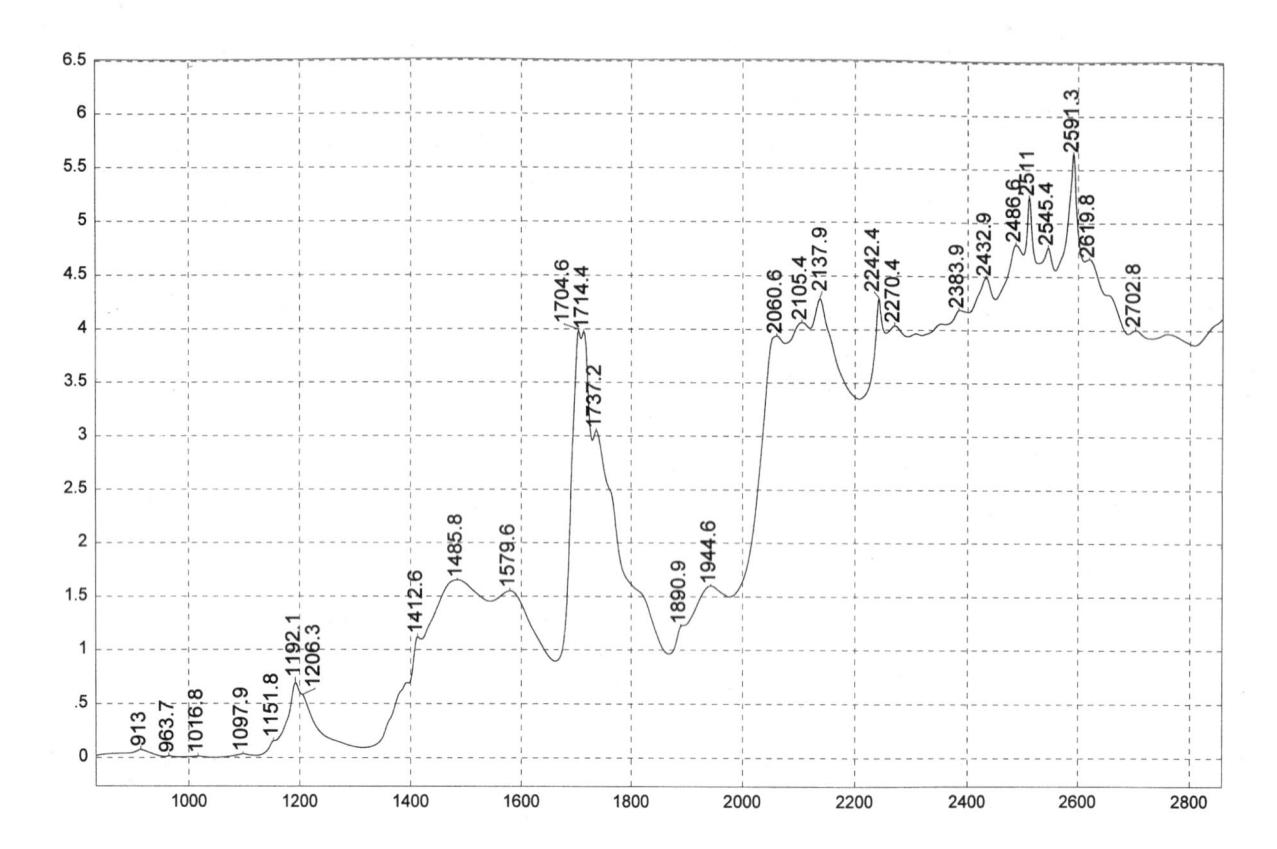

Absorbance / Nanometers

687   **2-Ethyl-1,3-hexanediol**

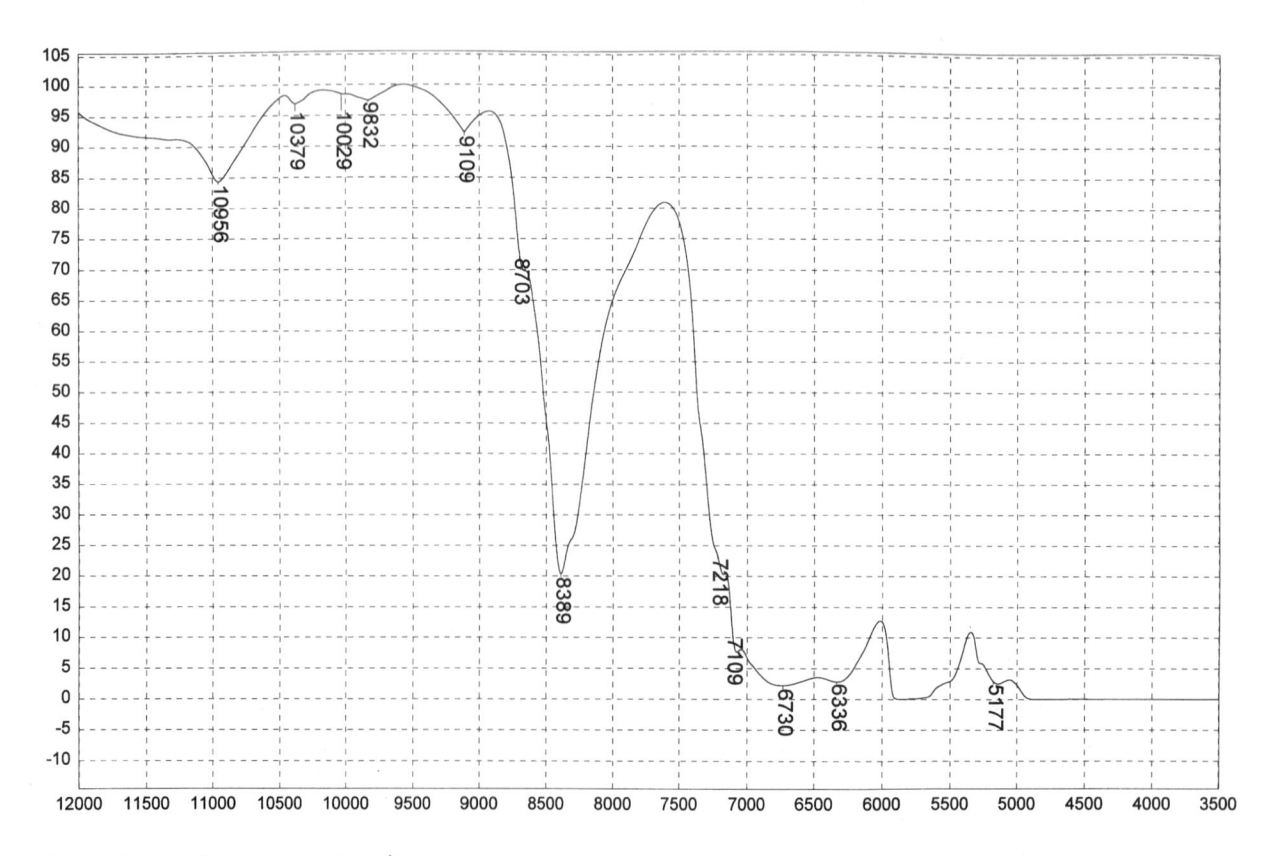

Transmittance / Wavenumber (cm^{-1})

688   **2-Ethyl-1,3-hexanediol**

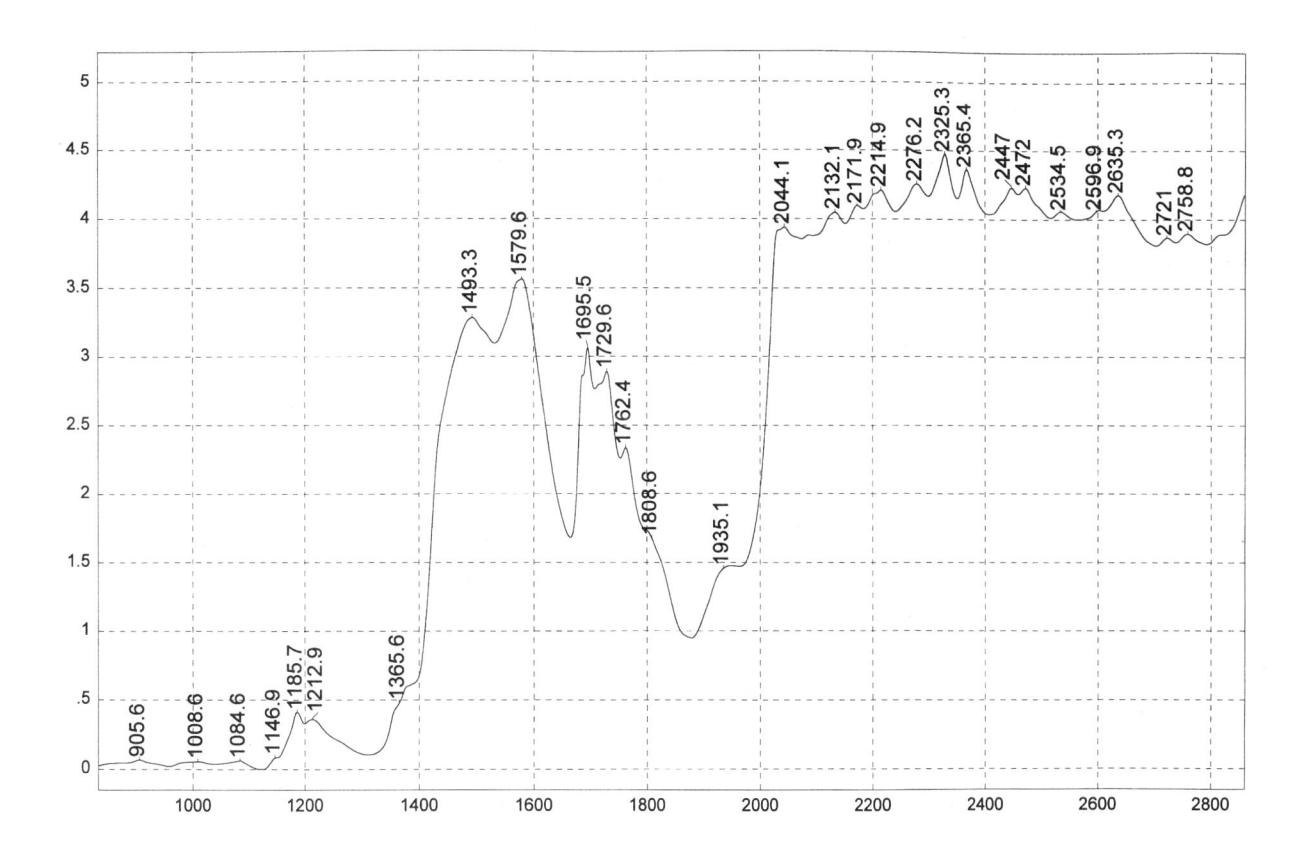

Absorbance / Nanometers

689   **Propylene glycol**

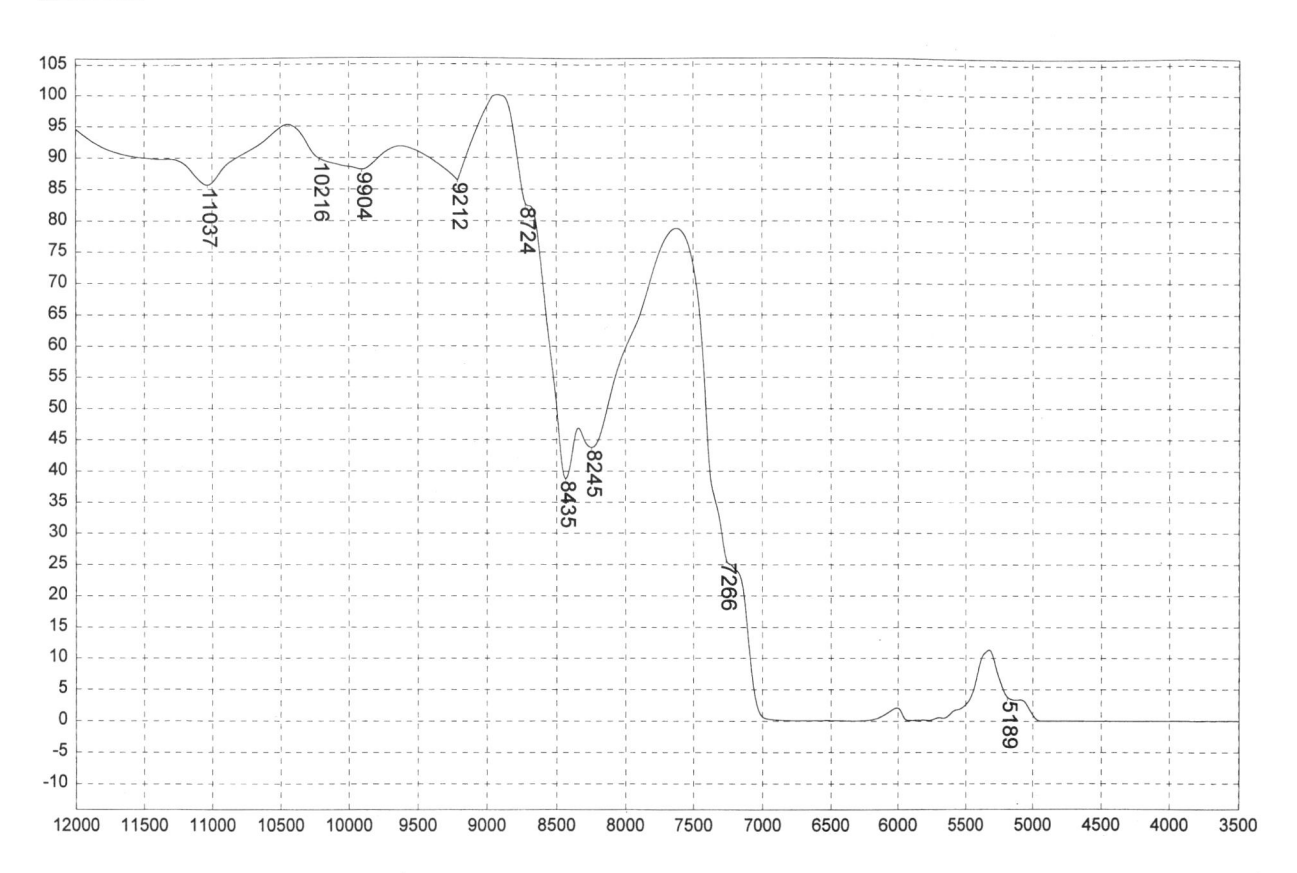

Transmittance / Wavenumber (cm⁻¹)

690   **Propylene glycol**

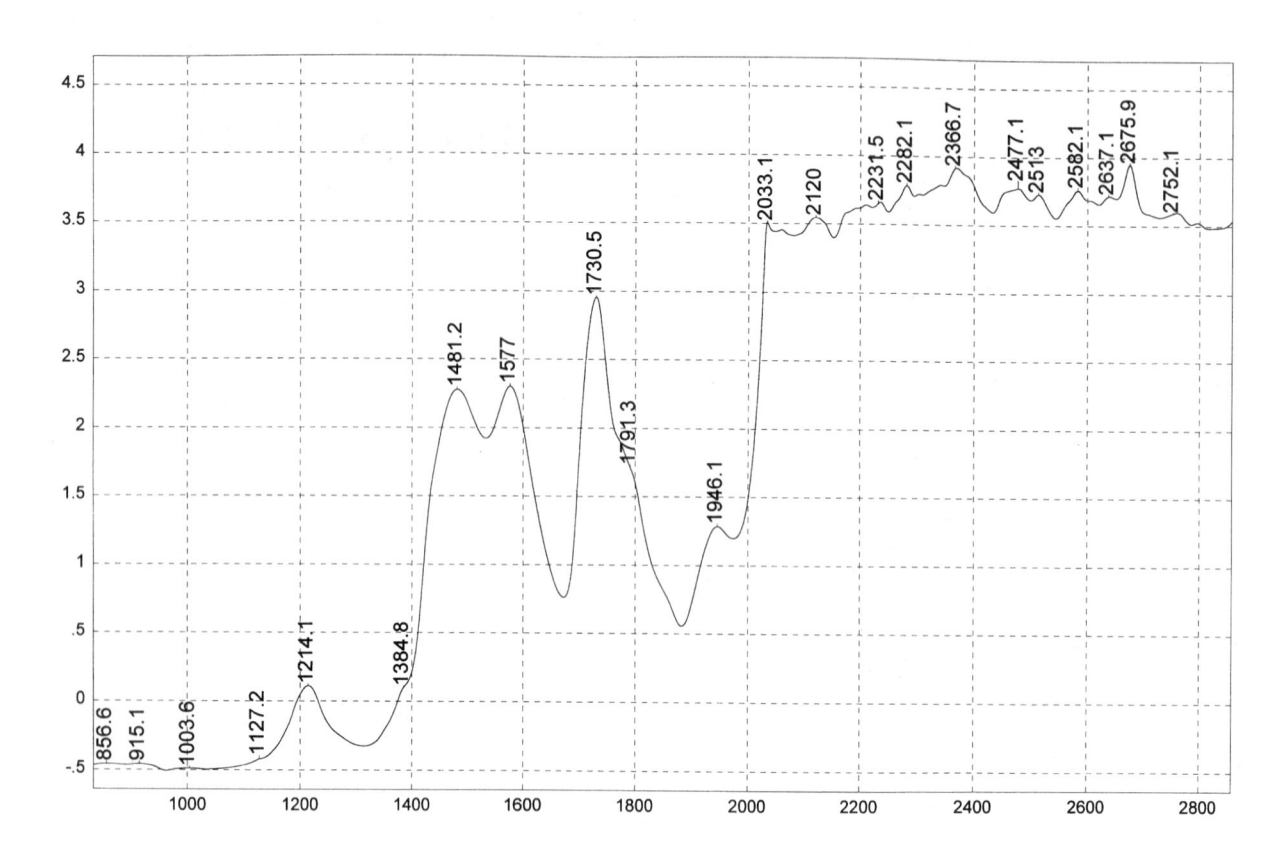

Absorbance / Nanometers

691 Diethylene Glycol

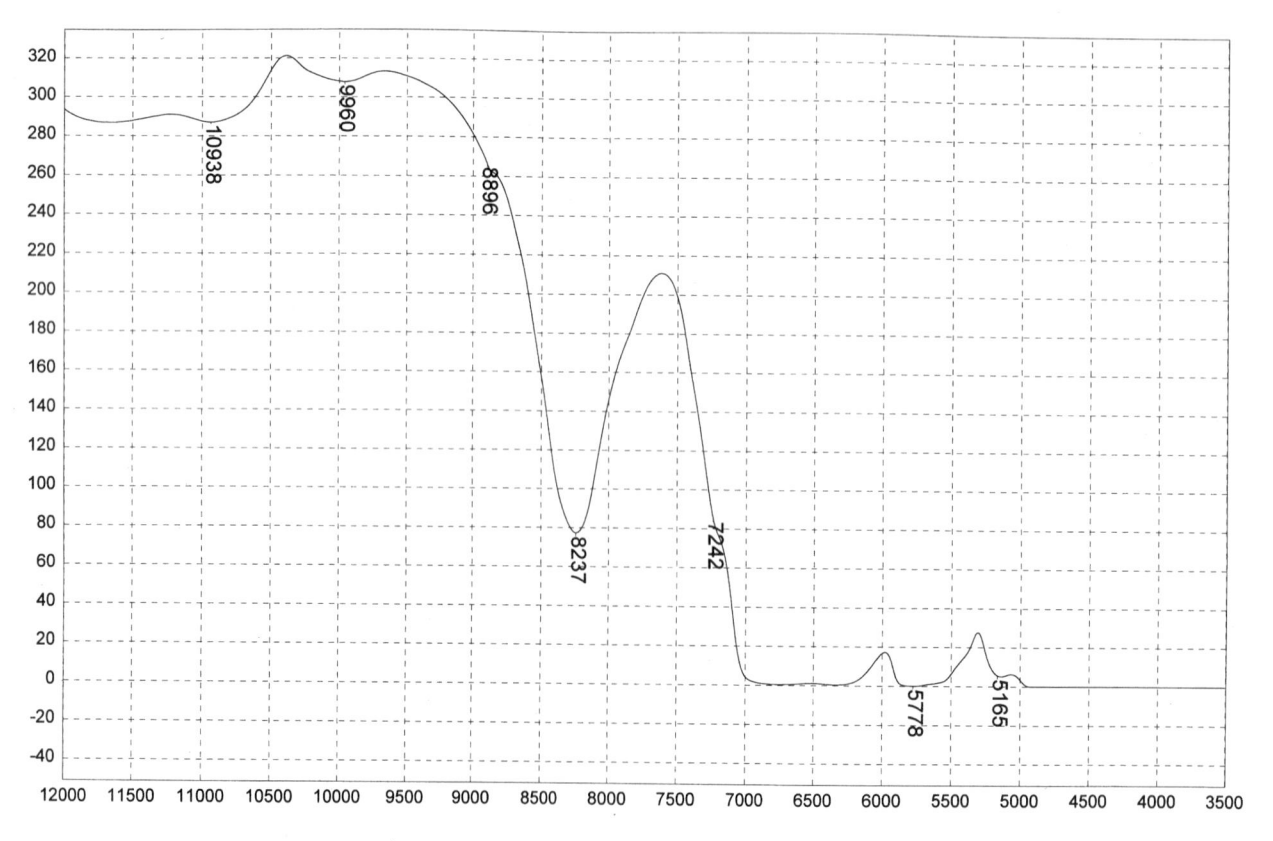

Transmittance / Wavenumber (cm⁻¹)

692 Diethylene Glycol

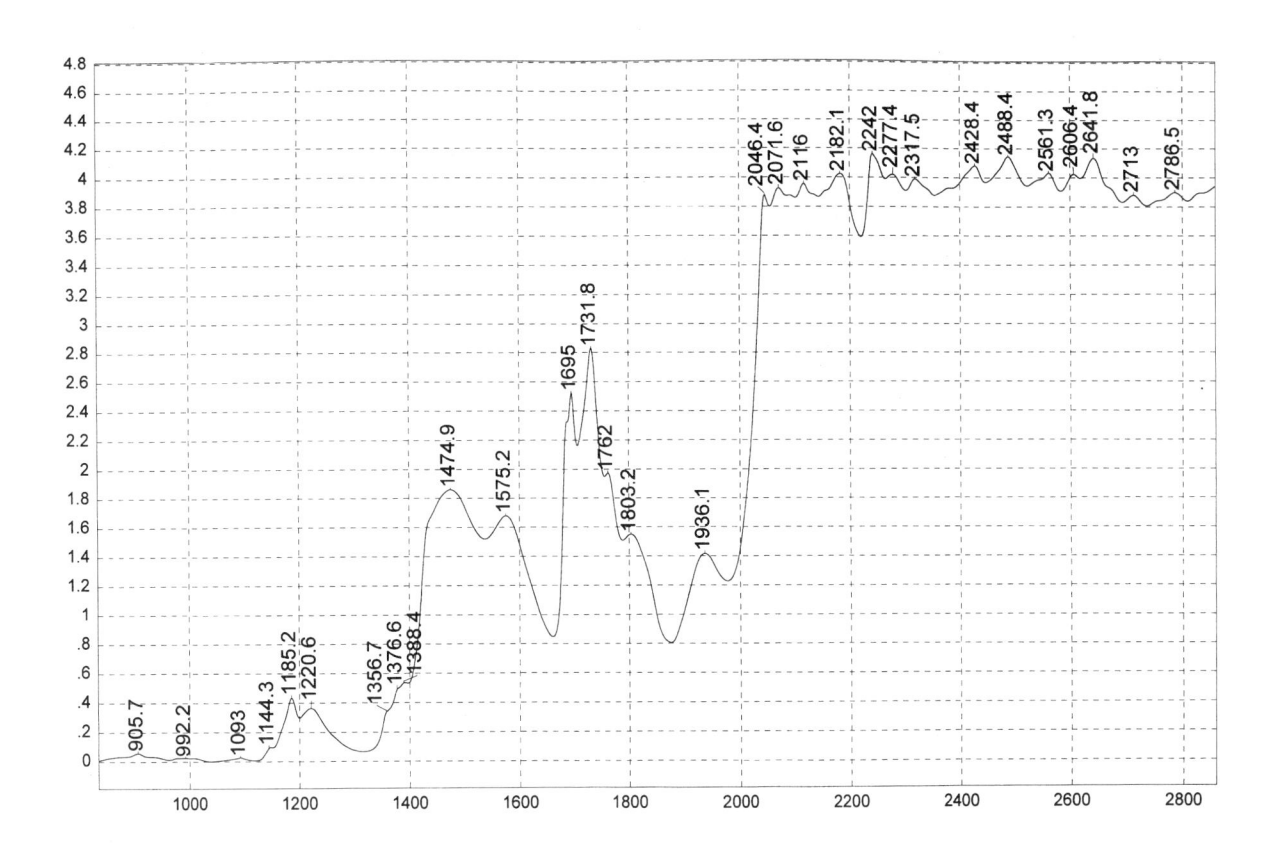

693

Dipropylene Glycol

Absorbance / Nanometers

694

Dipropylene Glycol

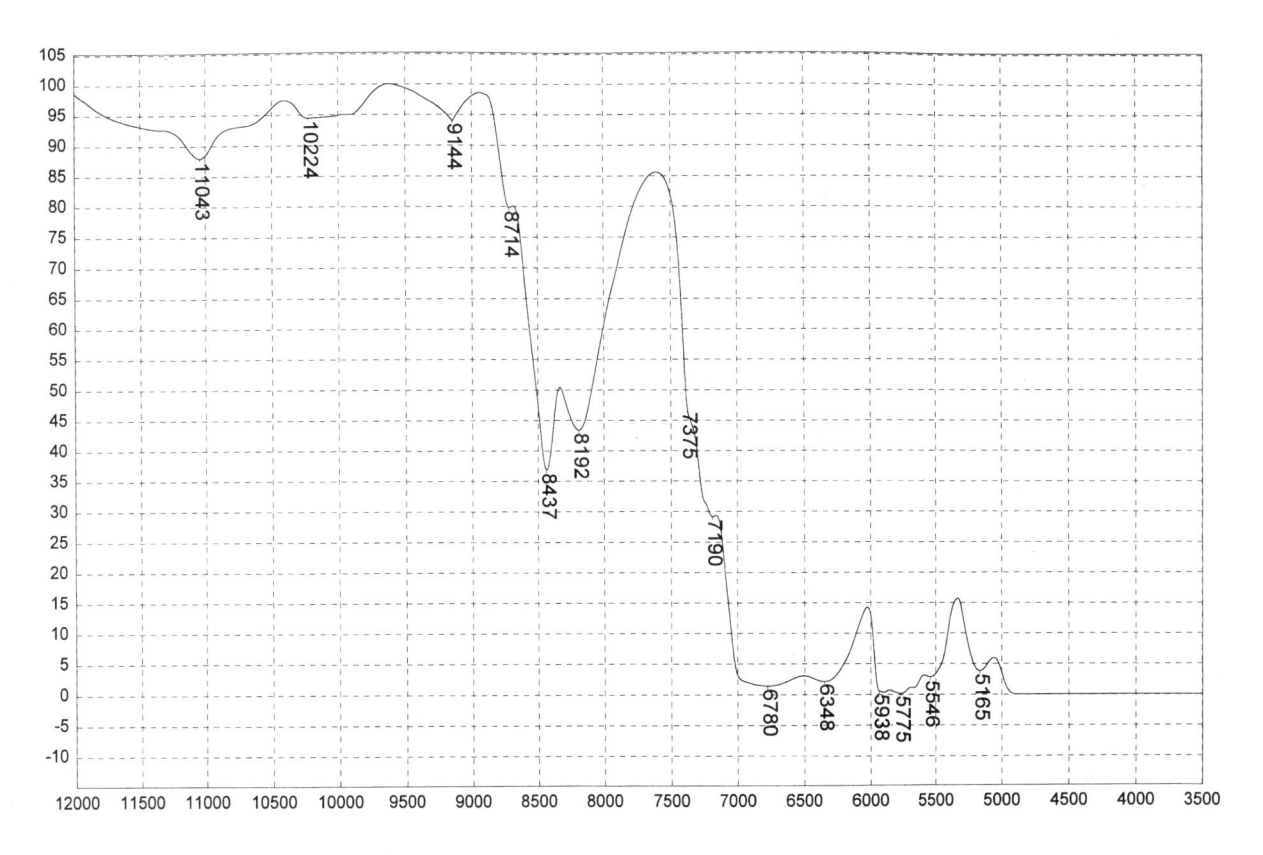

Transmittance / Wavenumber (cm⁻¹)

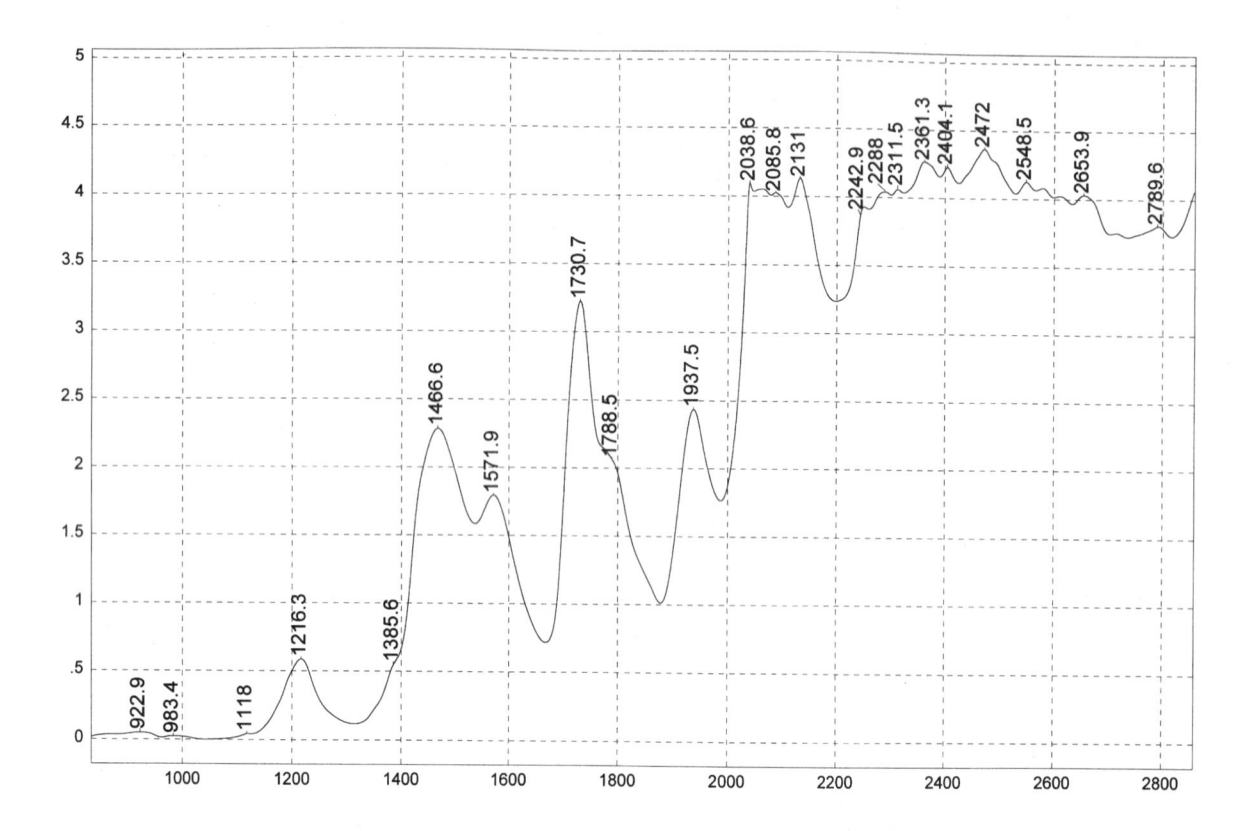

Absorbance / Nanometers

695   Triethylene Glycol

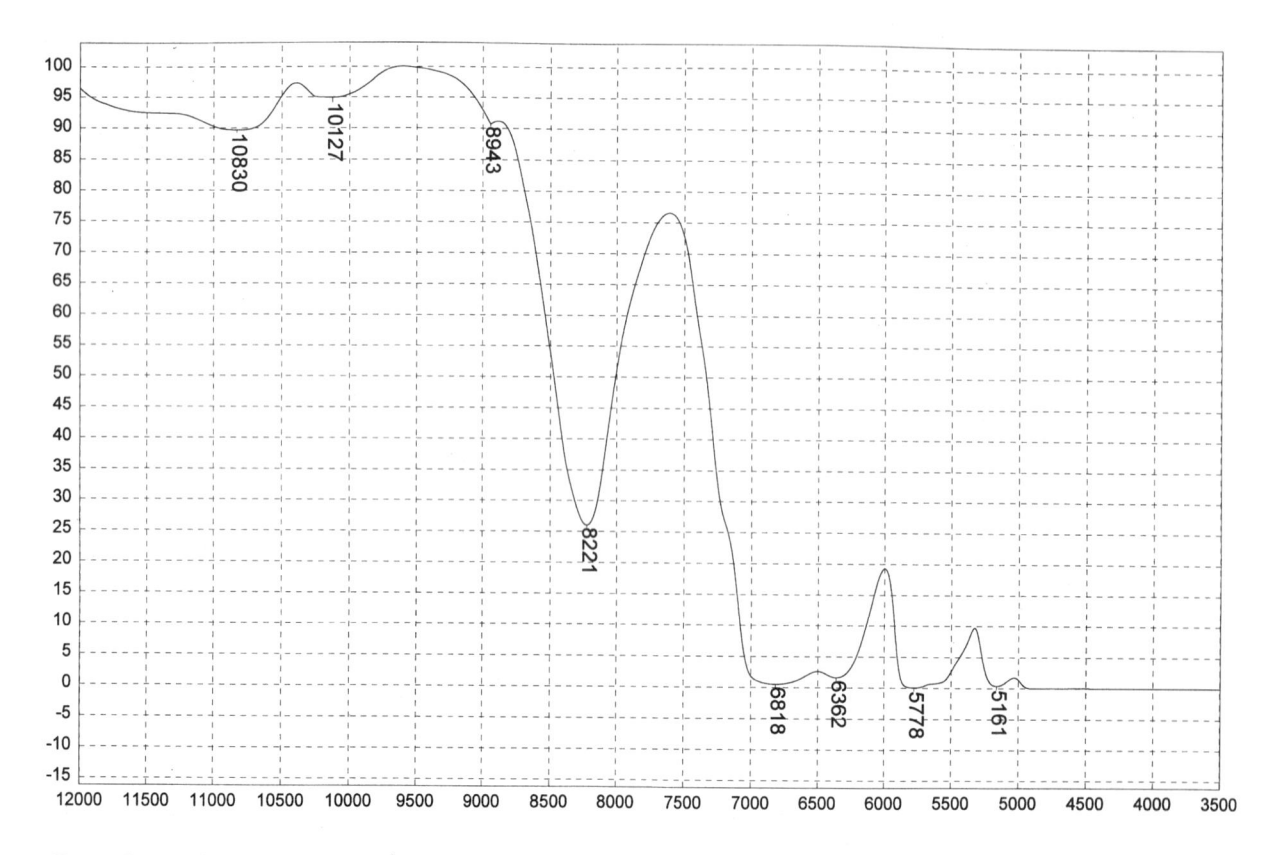

Transmittance / Wavenumber (cm^{-1})

696   Triethylene Glycol

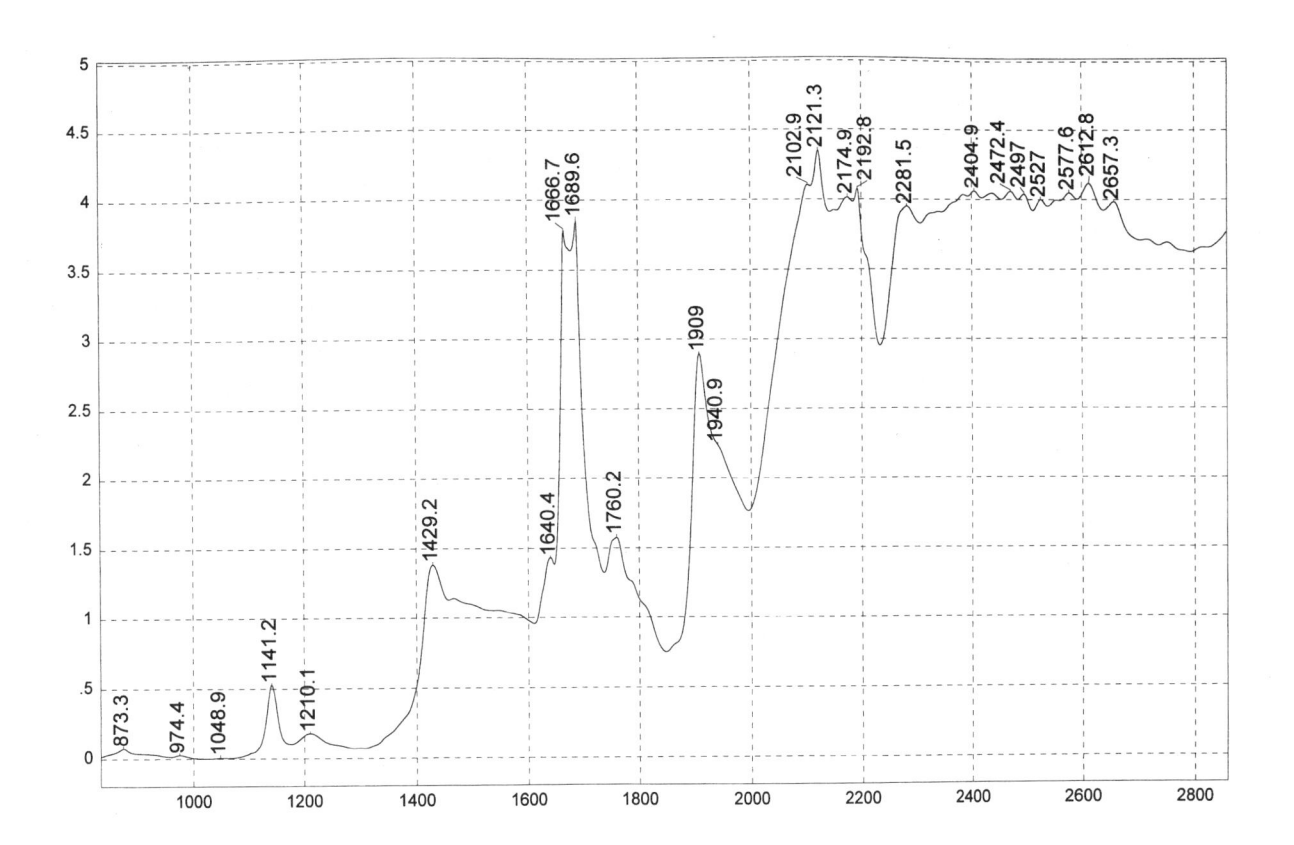

Absorbance / Nanometers

697   **Benzyl Alcohol**

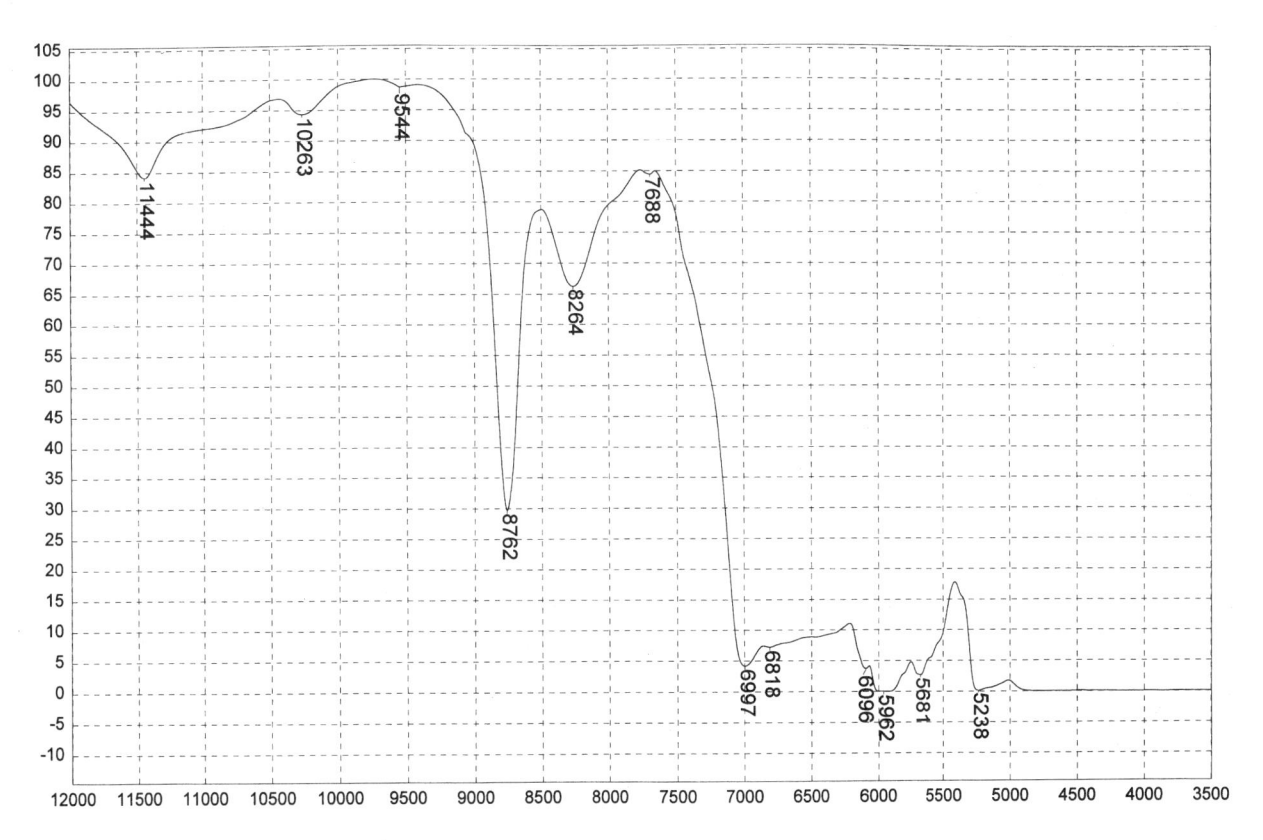

Transmittance / Wavenumber (cm⁻¹)

698   **Benzyl Alcohol**

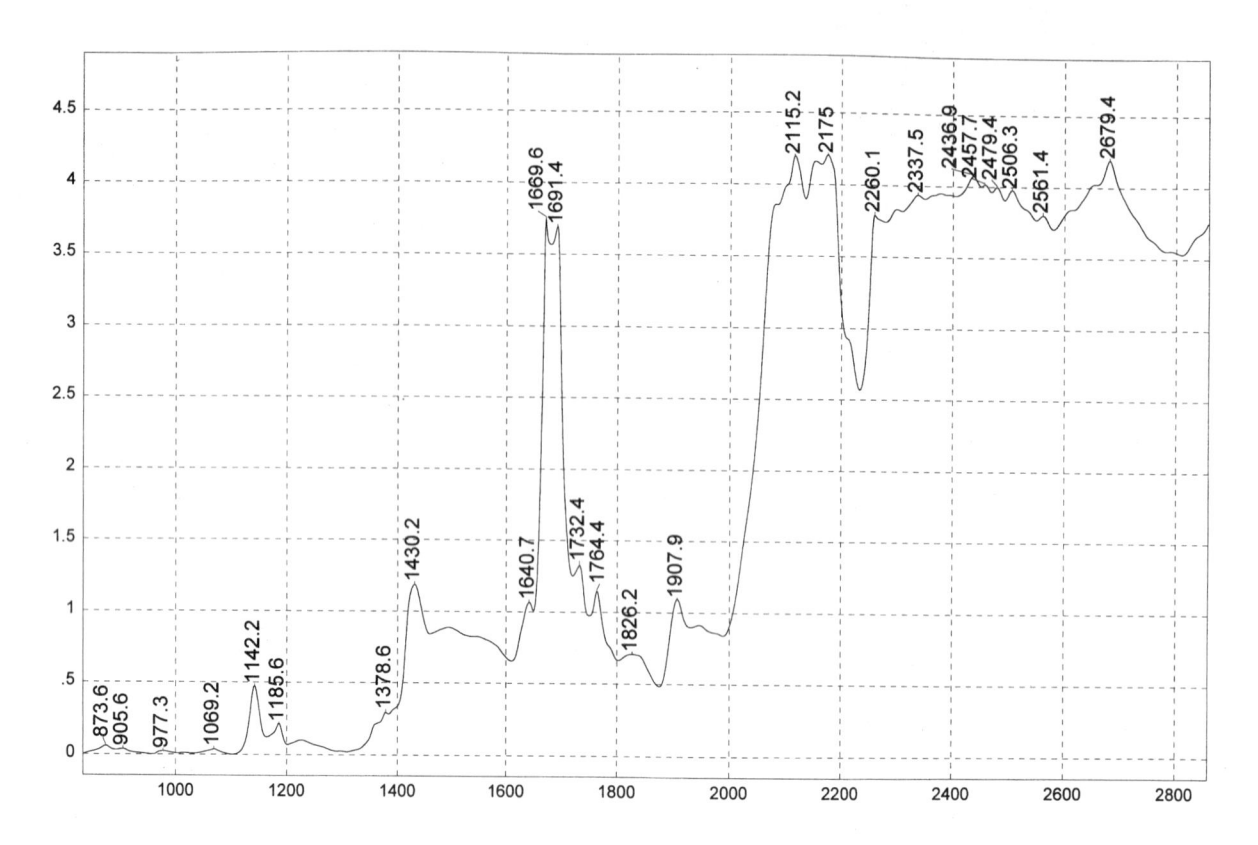

Absorbance / Nanometers

699 DL-a-Methylbenzyl Alcohol

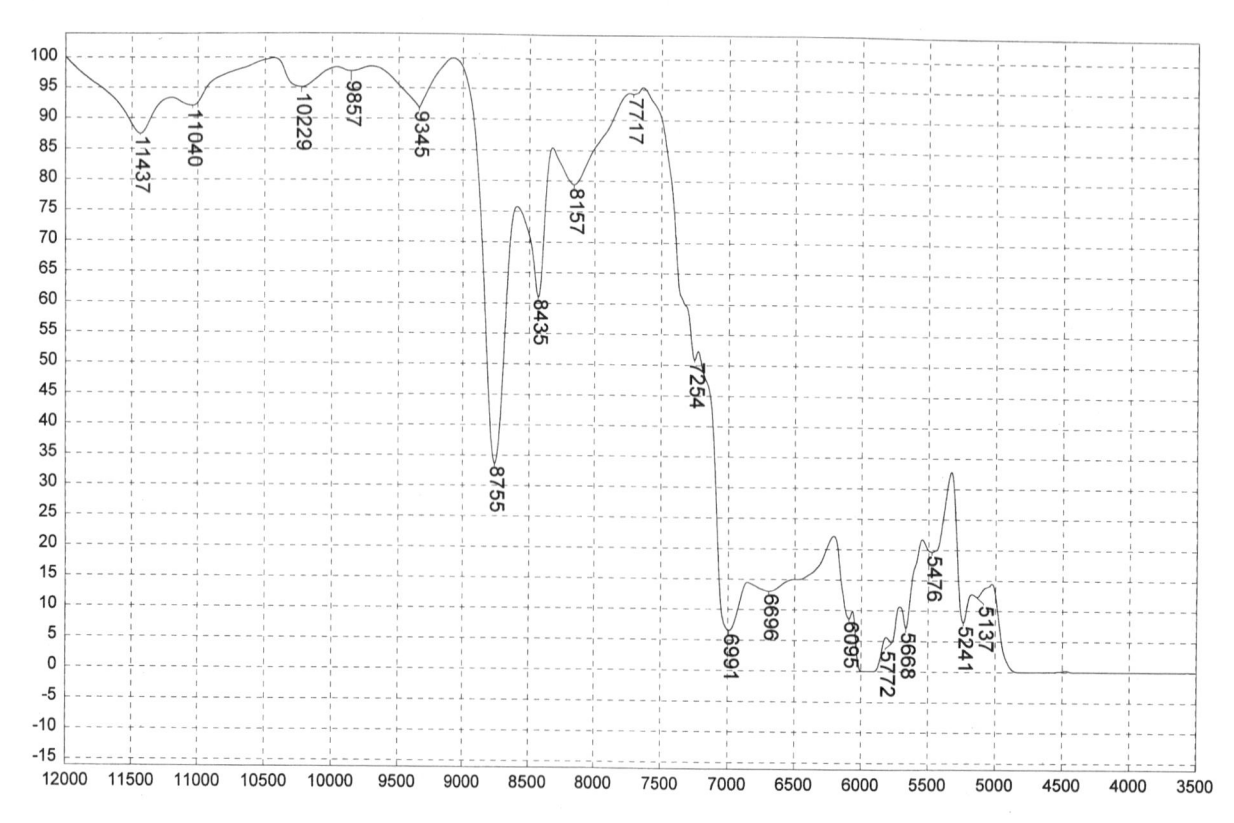

Transmittance / Wavenumber (cm⁻¹)

700 DL-a-Methylbenzyl Alcohol

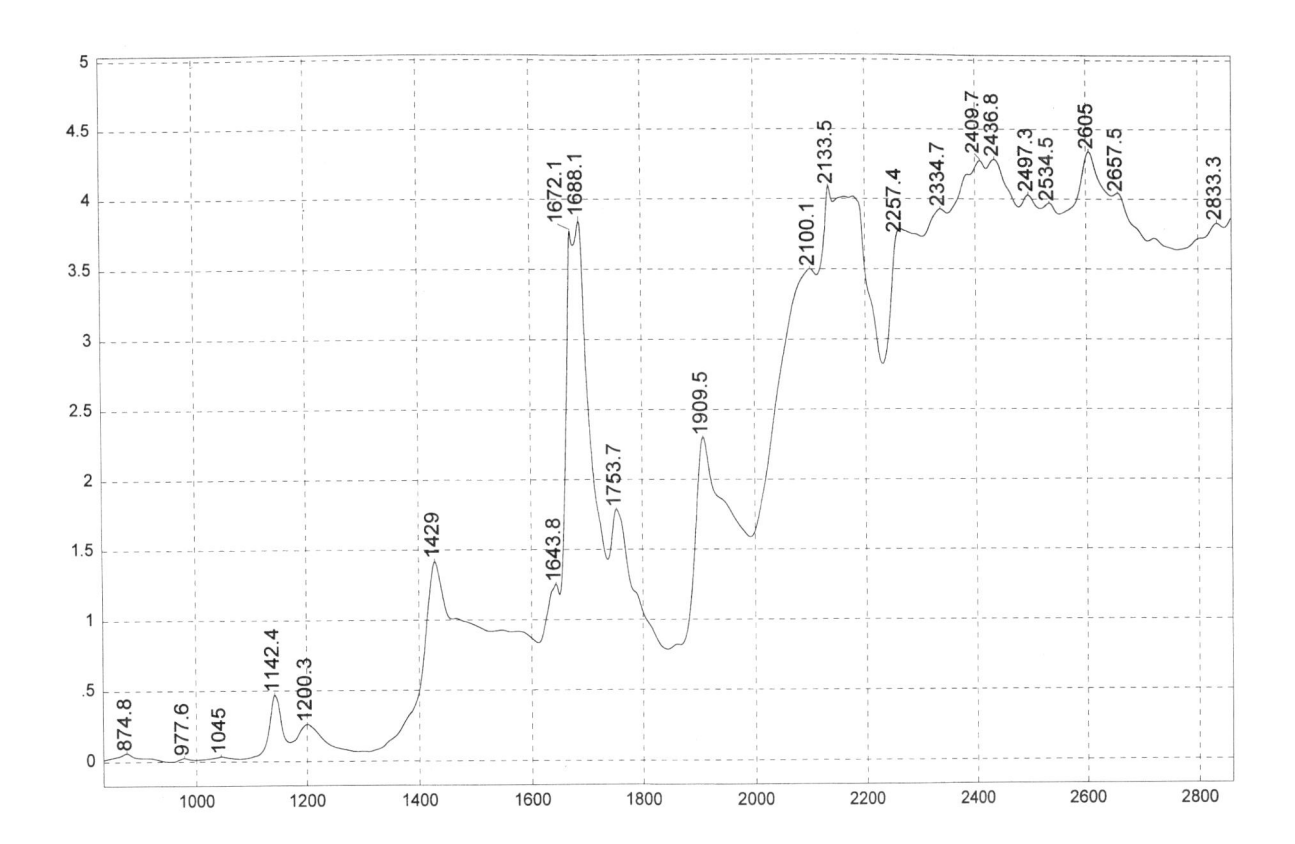

2-Phenylethyl Alcohol

701

2-Phenylethyl Alcohol

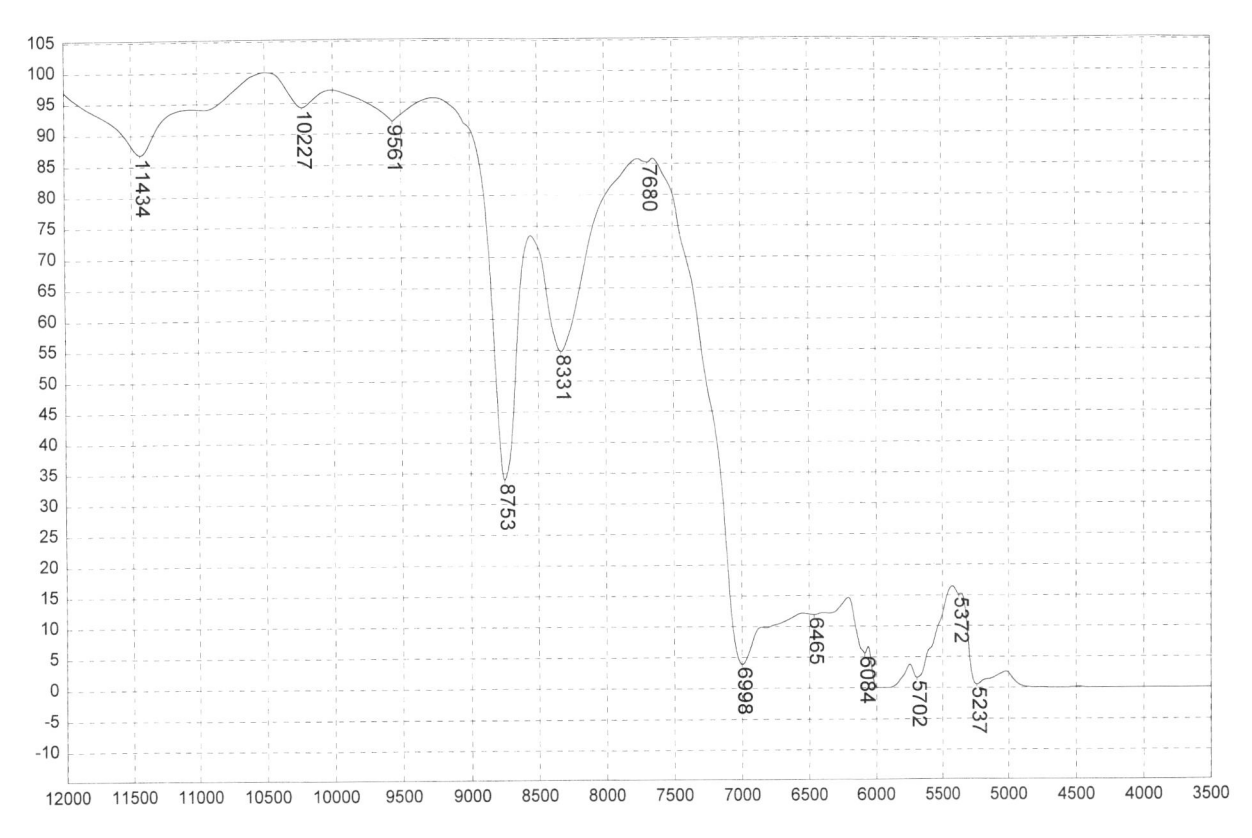

702

351

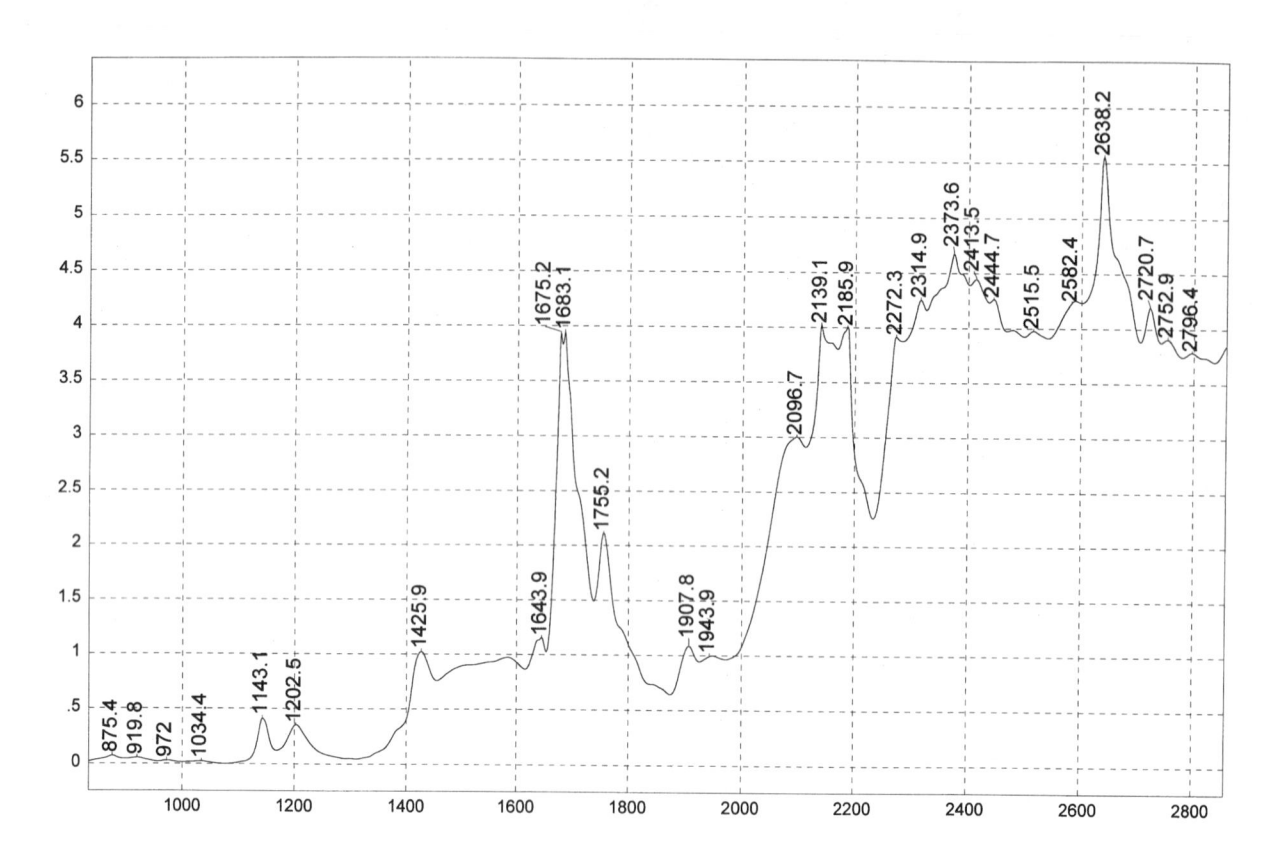

703

3-Phenyl-1-propanol

704

3-Phenyl-1-propanol

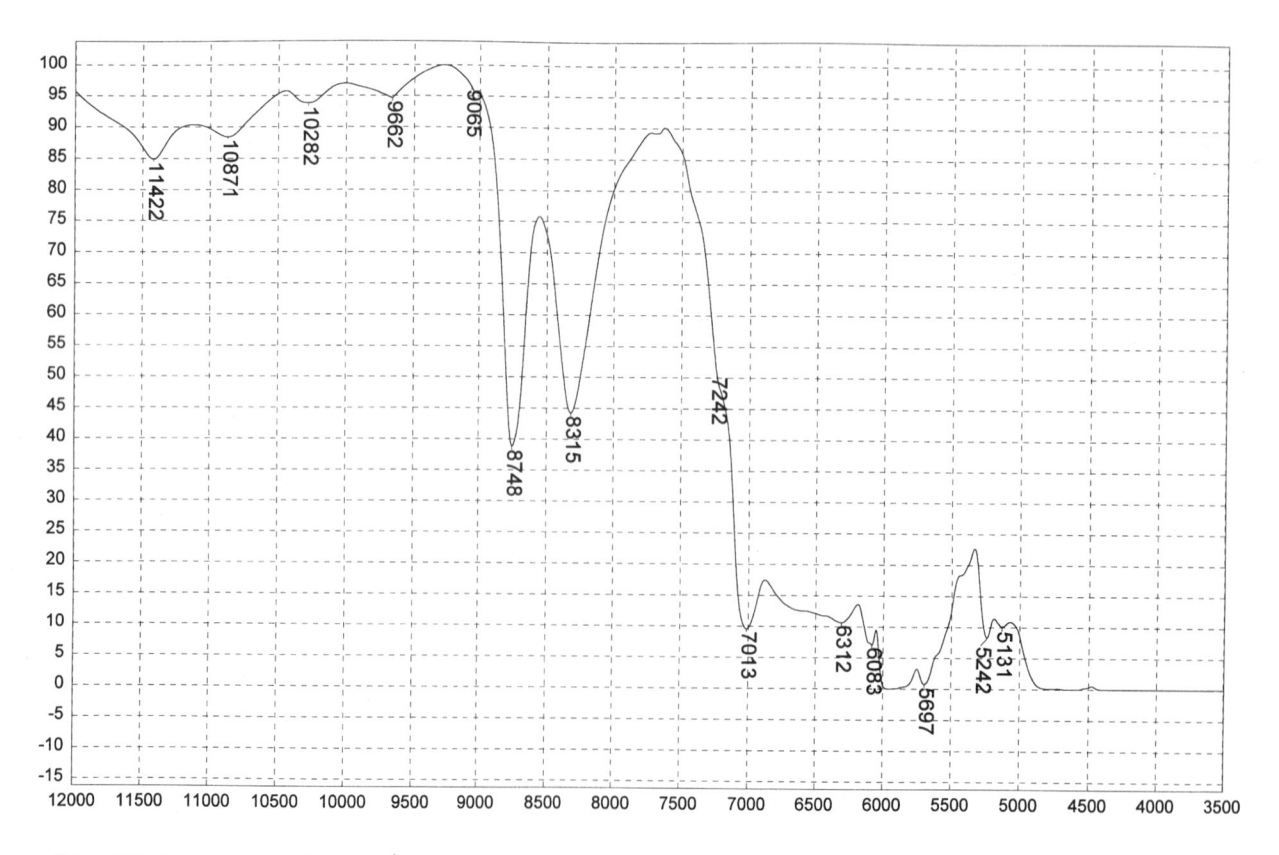

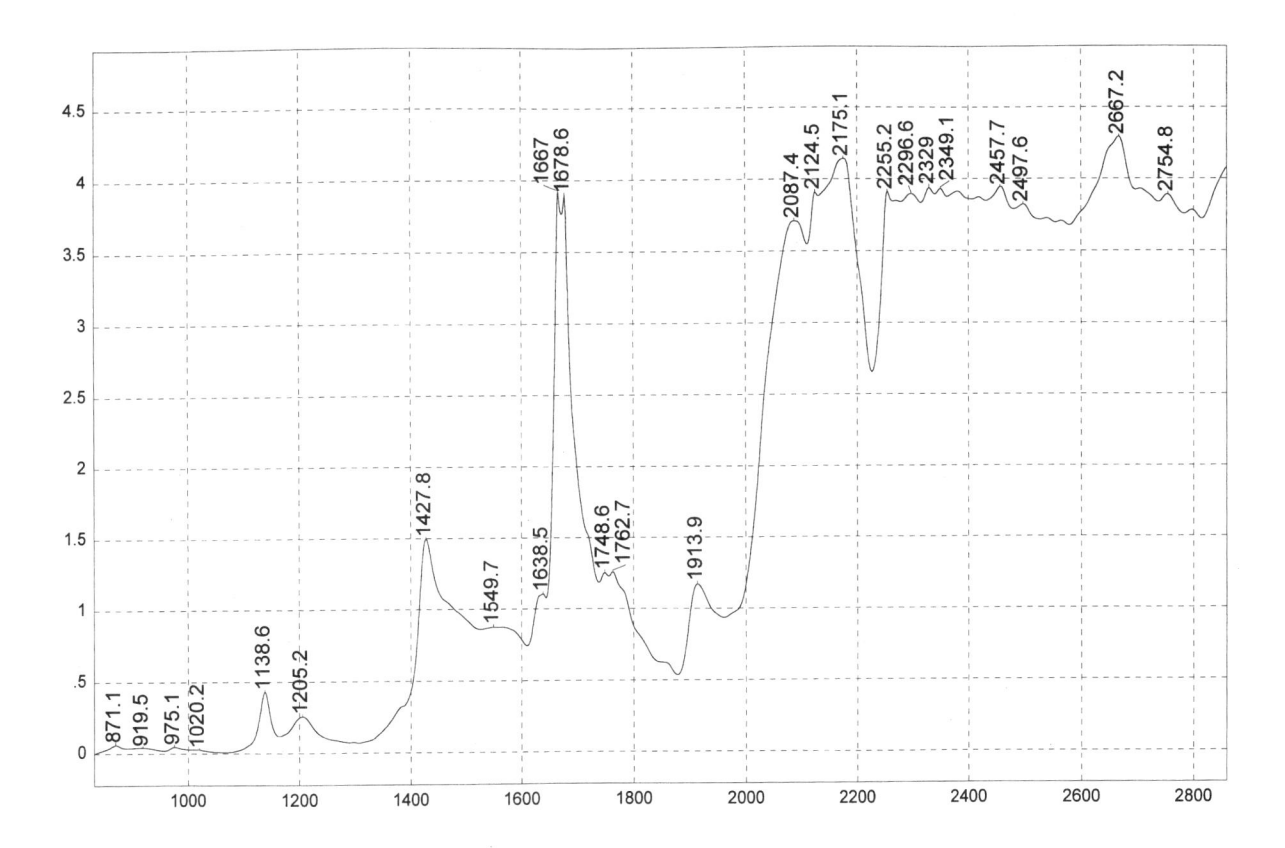

Absorbance / Nanometers

2-Phenoxyethanol

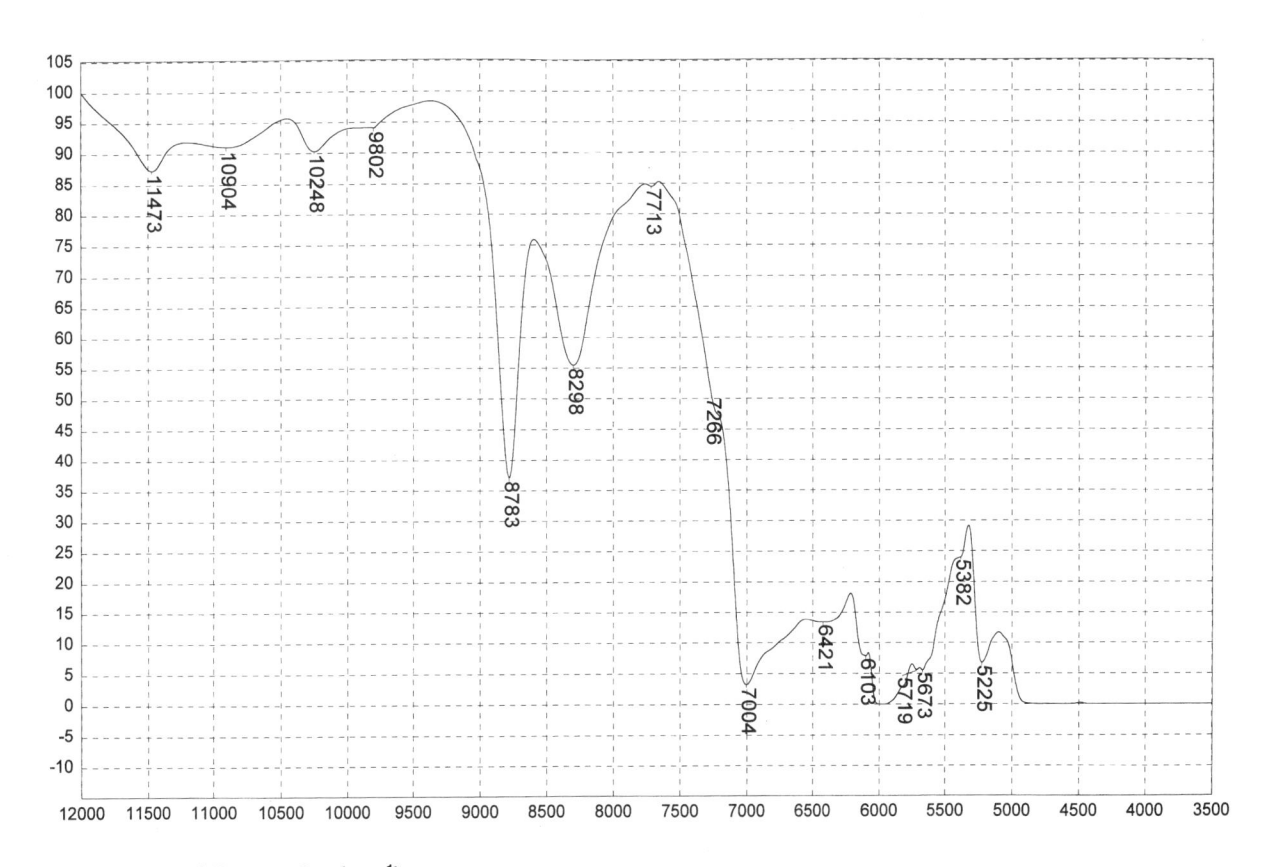

Transmittance / Wavenumber (cm⁻¹)

2-Phenoxyethanol

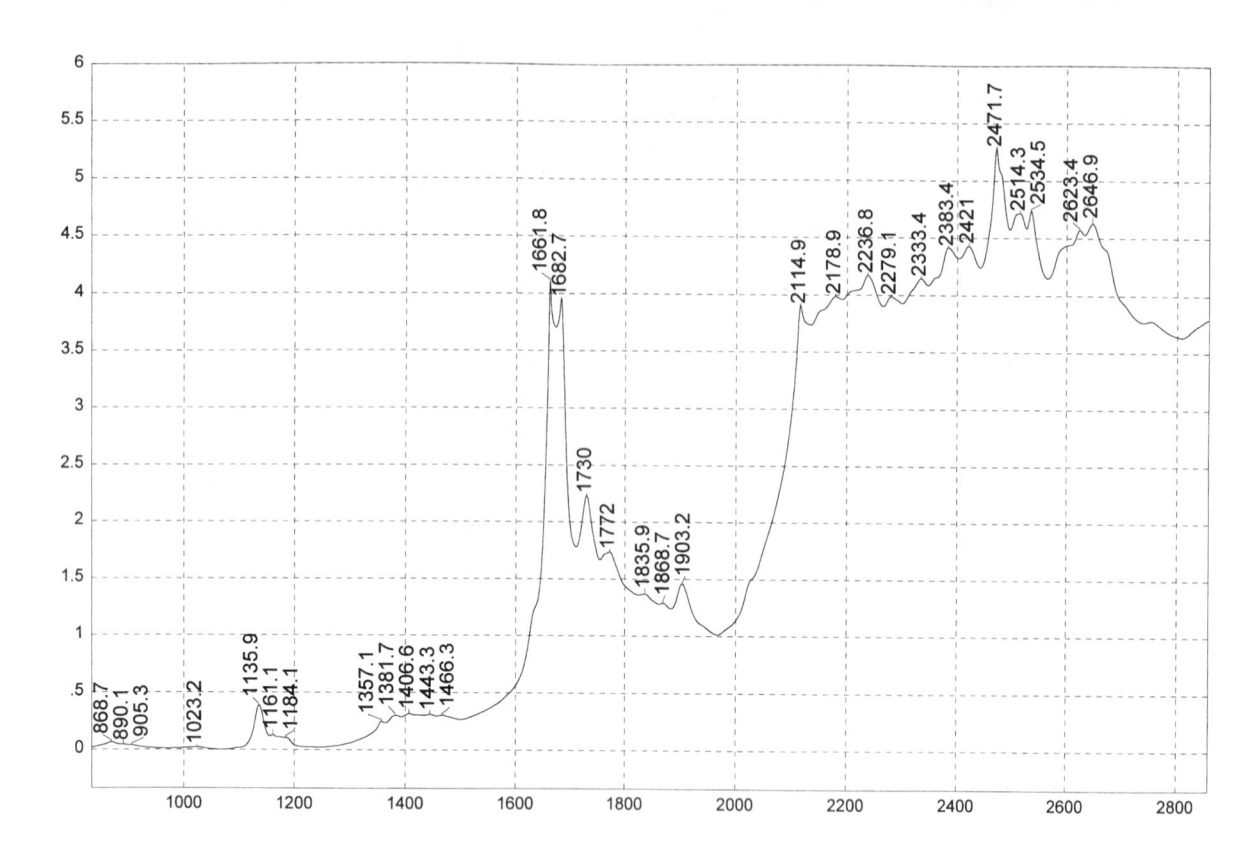

Absorbance / Nanometers

707   **o-Hydroxyacetophenone**

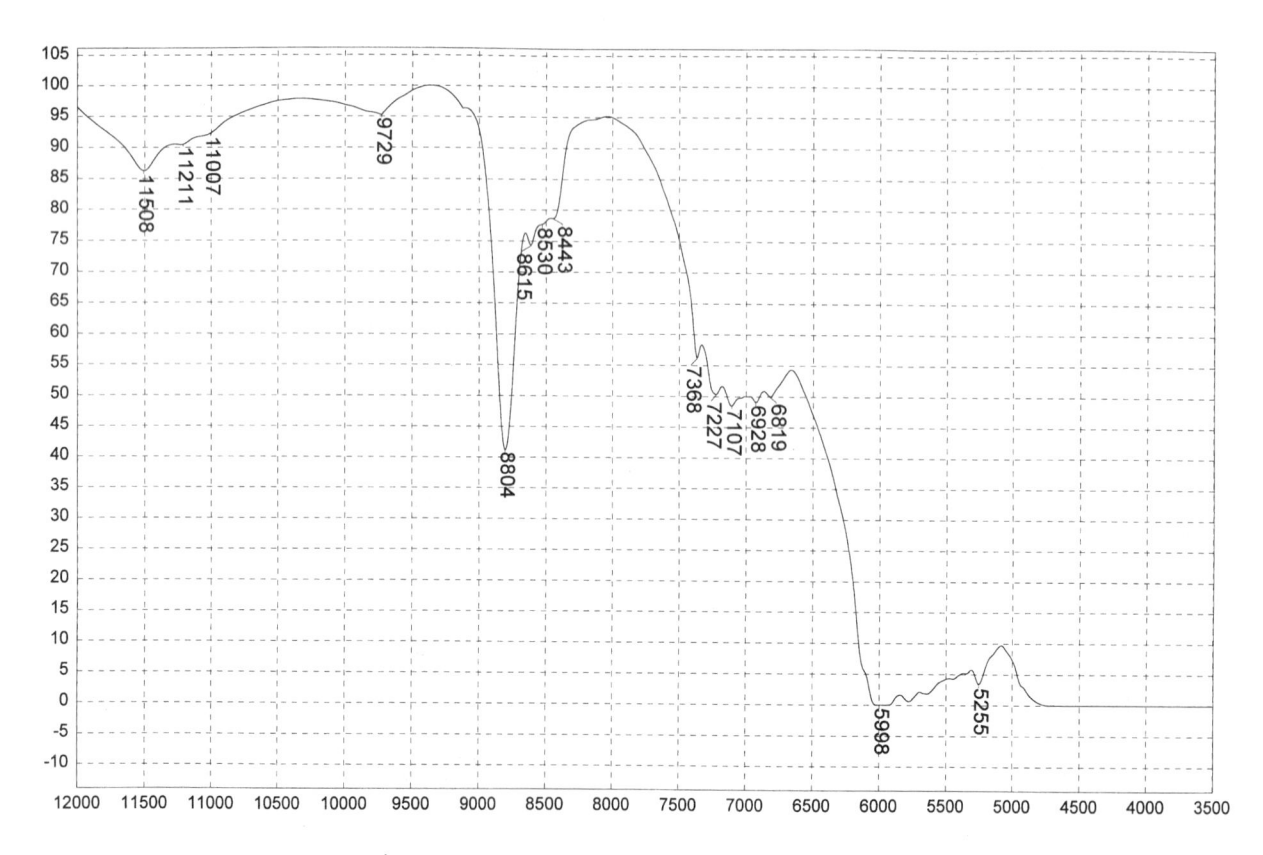

Transmittance / Wavenumber (cm⁻¹)

708   **o-Hydroxyacetophenone**

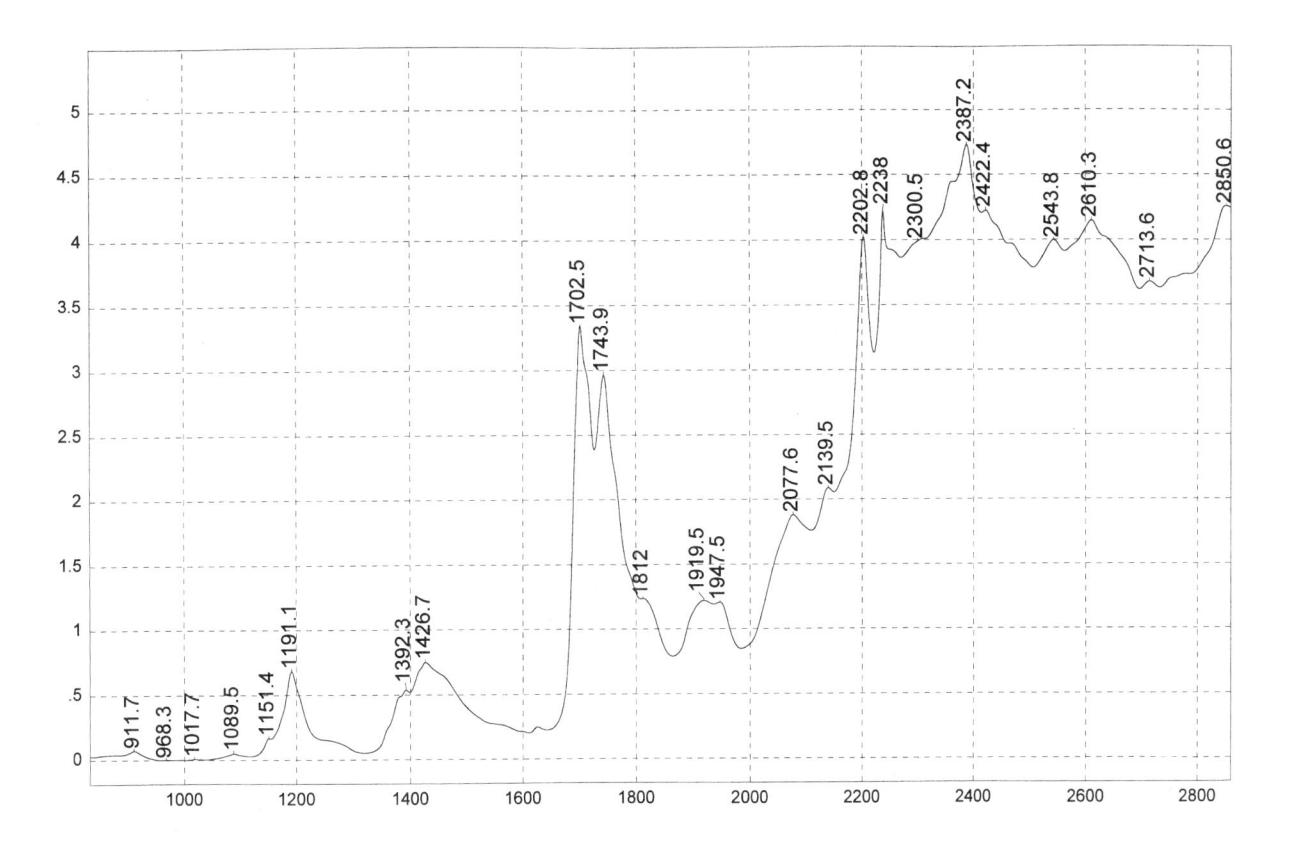

709 n-Butyraldehyde

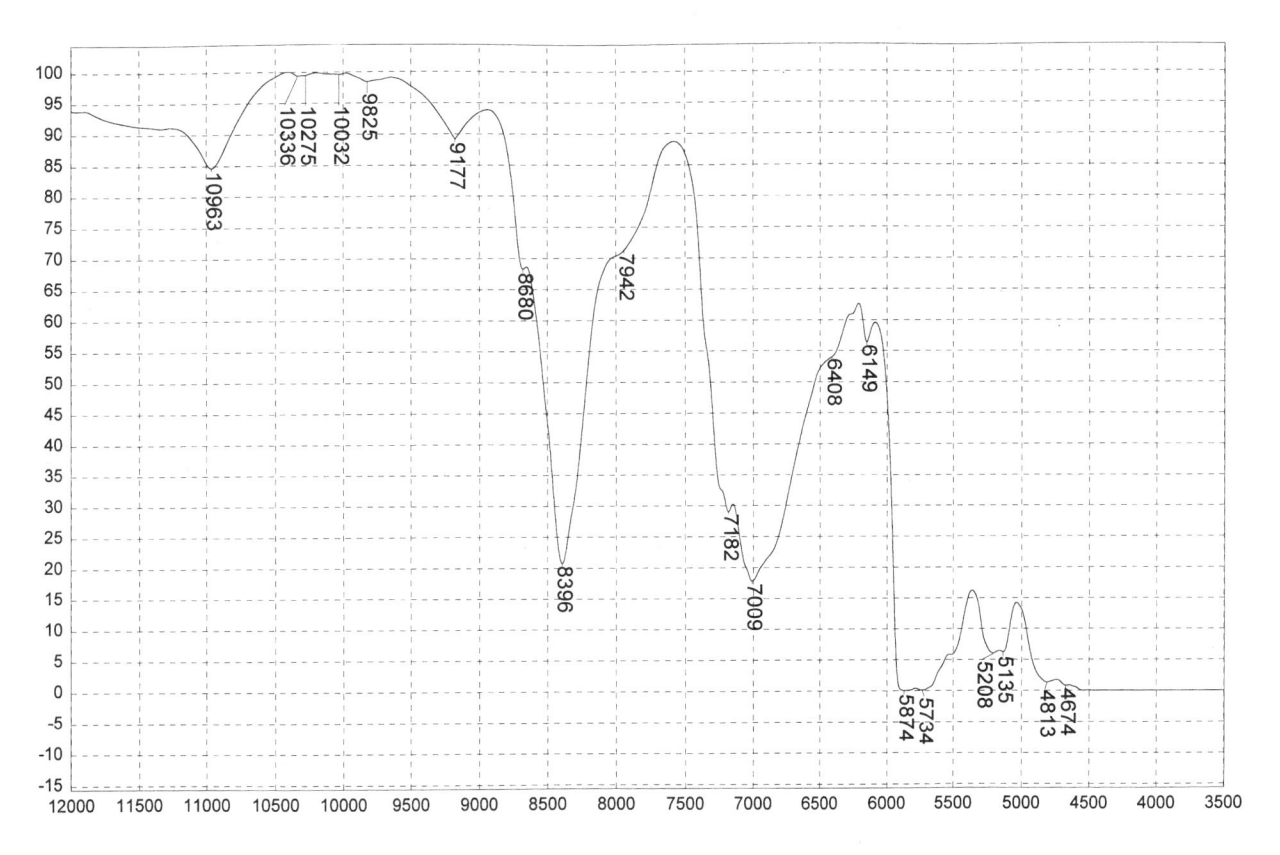

Absorbance / Nanometers

710 n-Butyraldehyde

Transmittance / Wavenumber (cm⁻¹)

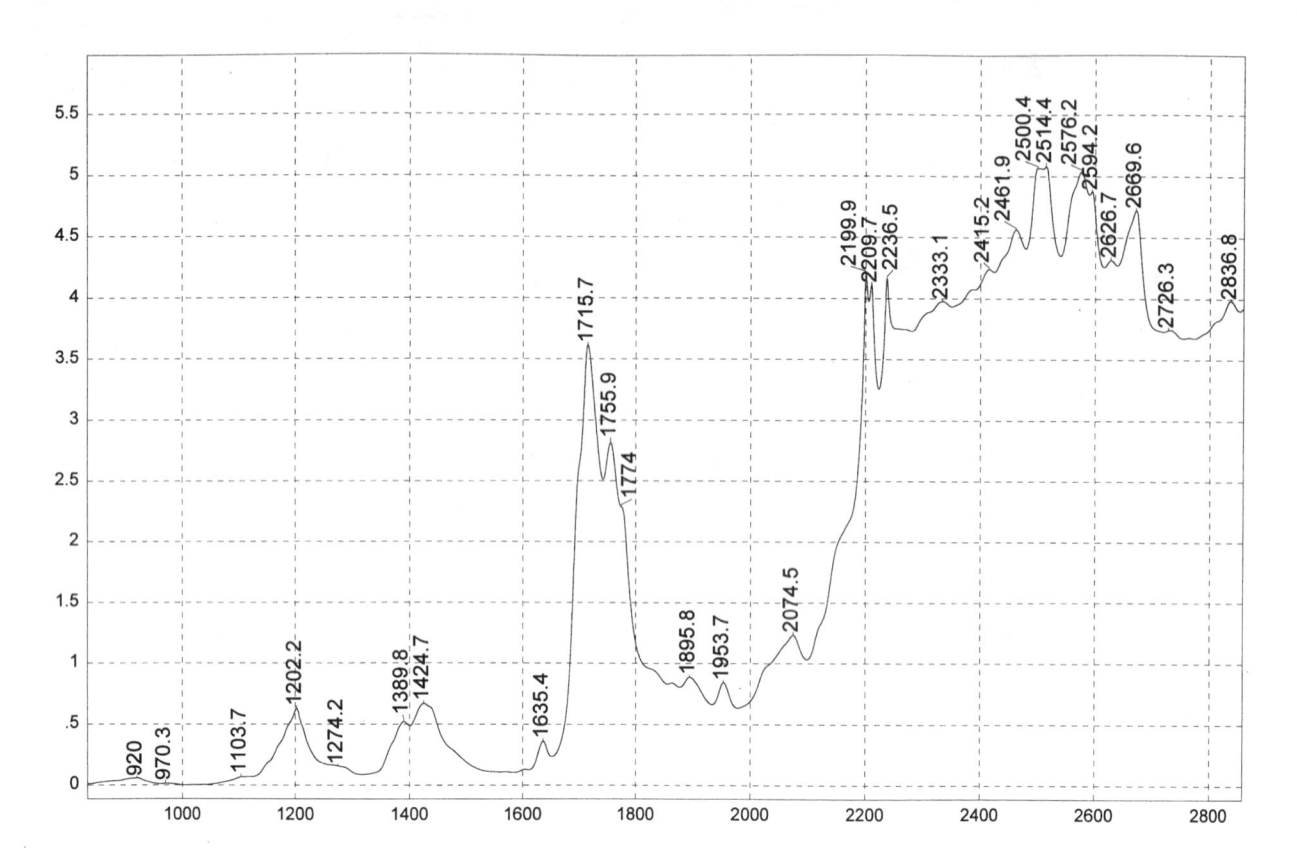

Absorbance / Nanometers

711 Citronellal

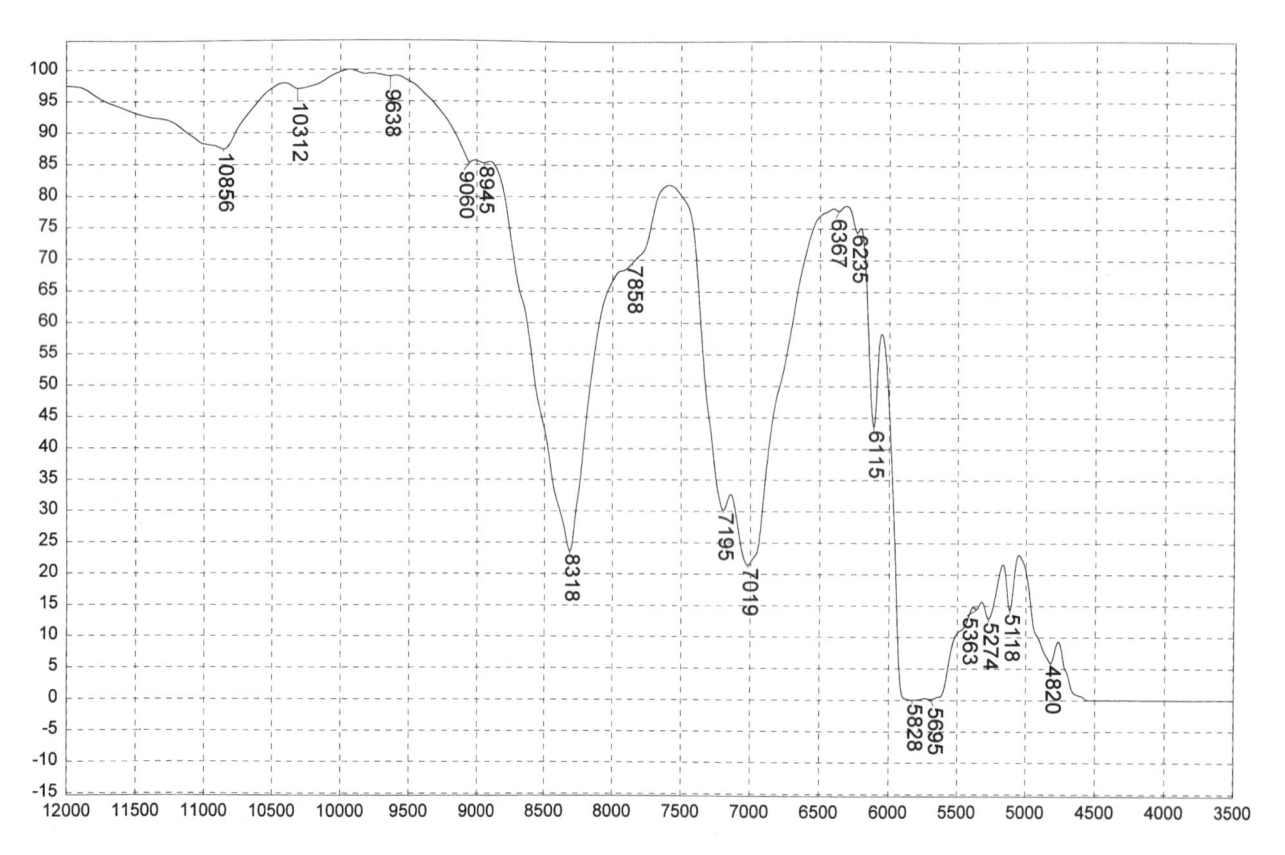

Transmittance / Wavenumber (cm⁻¹)

712 Citronellal

356

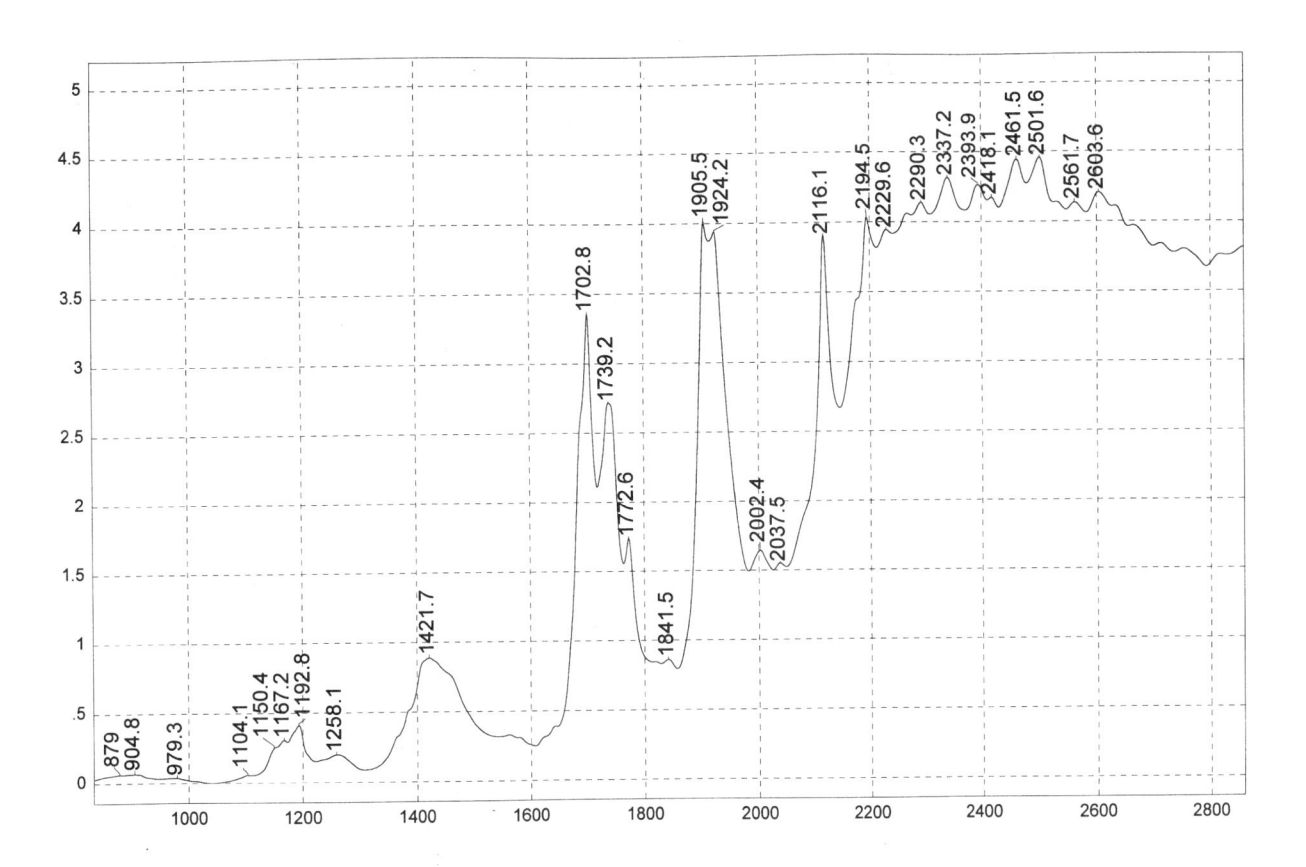

Absorbance / Nanometers

713 Crotonaldehyde

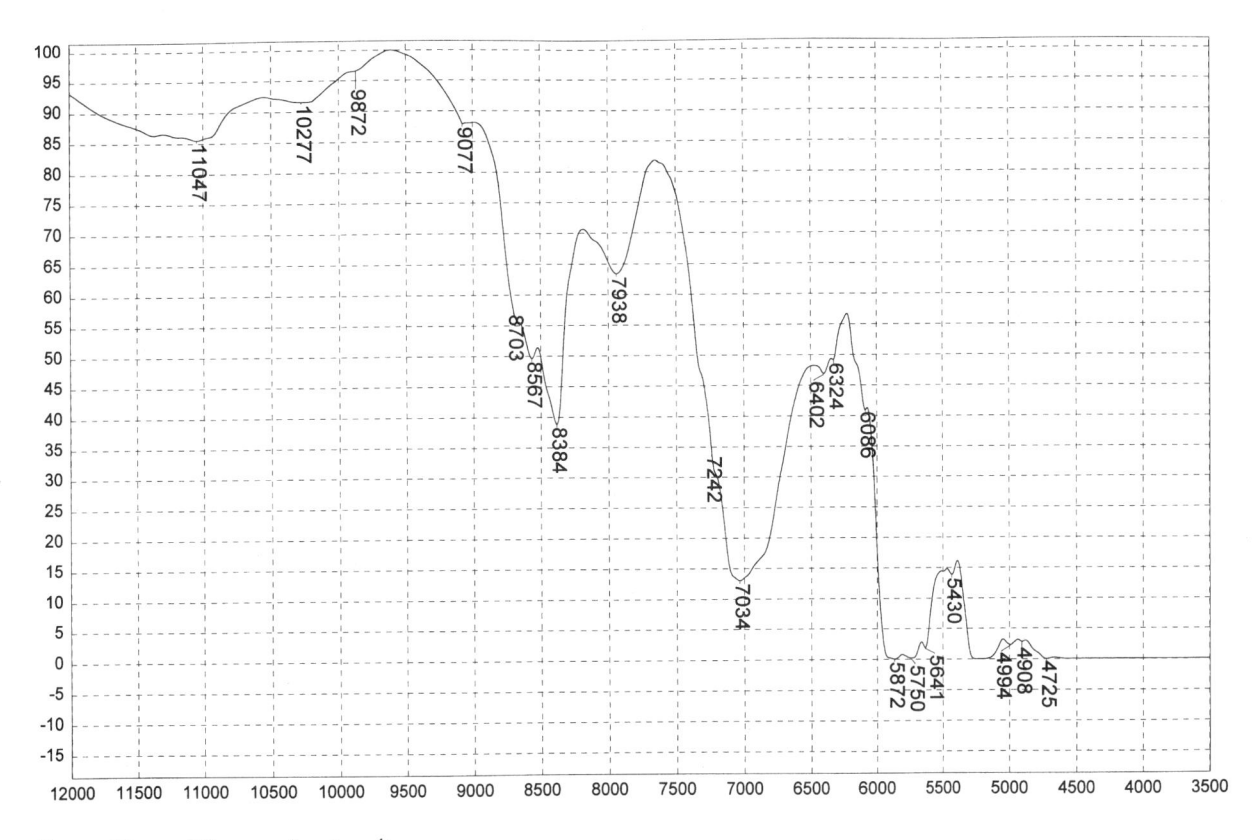

Transmittance / Wavenumber (cm⁻¹)

714 Crotonaldehyde

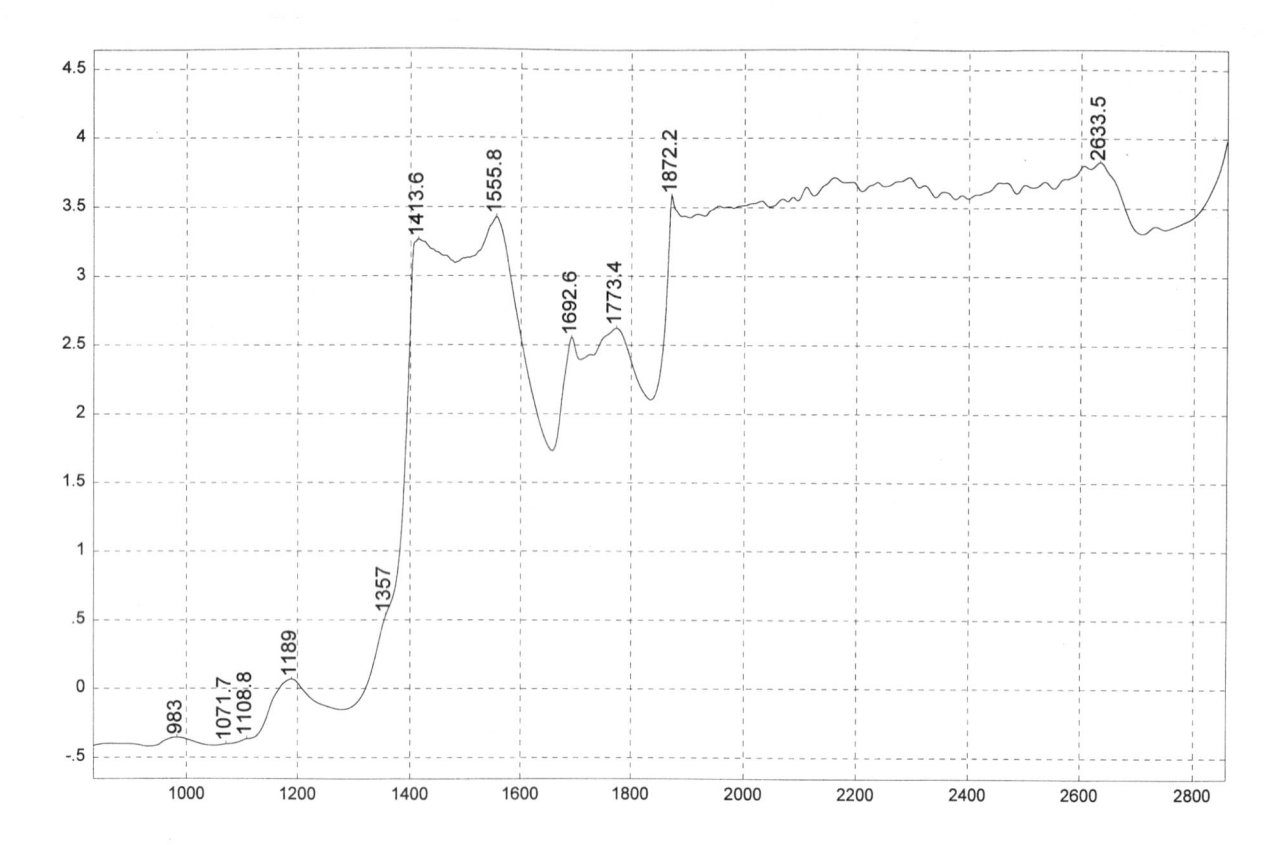

Absorbance / Nanometers

715　　　　　　　　　Formaldehyde

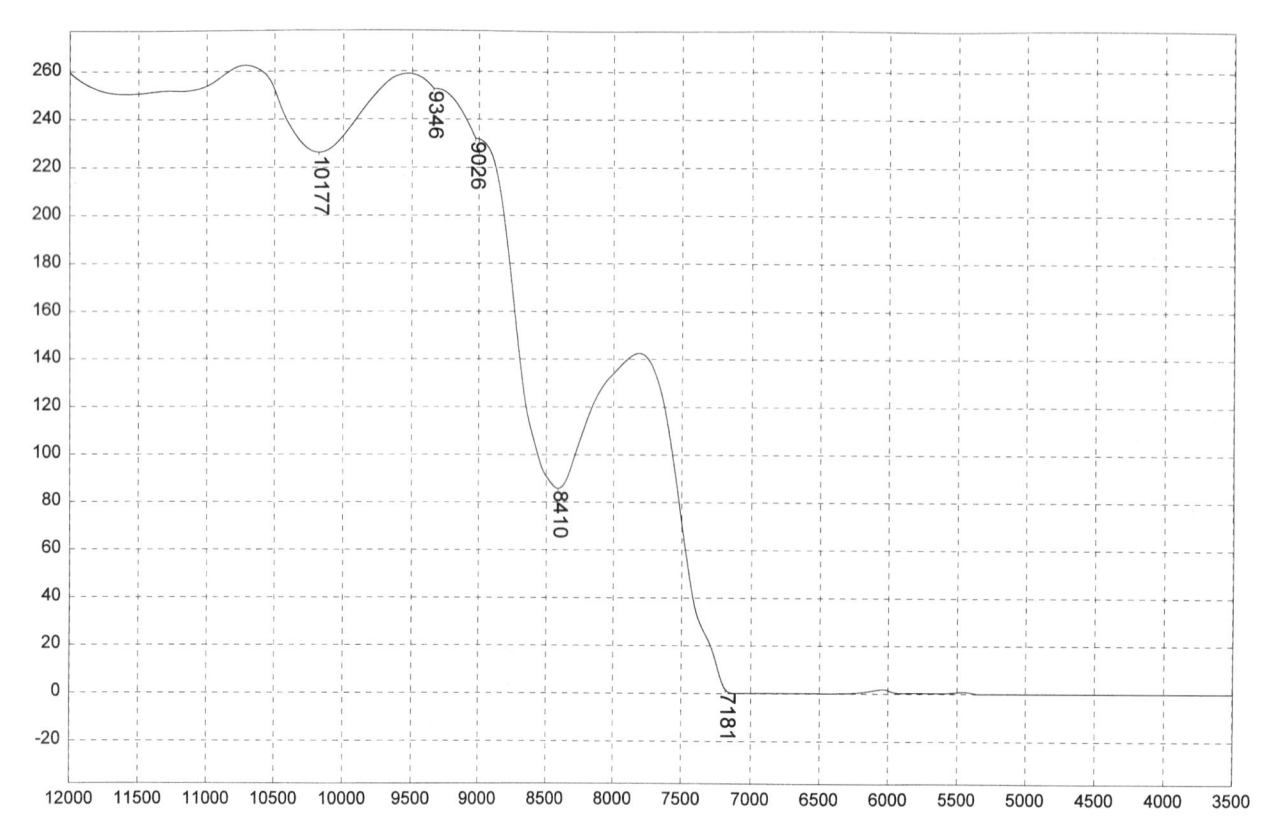

Transmittance / Wavenumber (cm⁻¹)

716　　　　　　　　　Formaldehyde

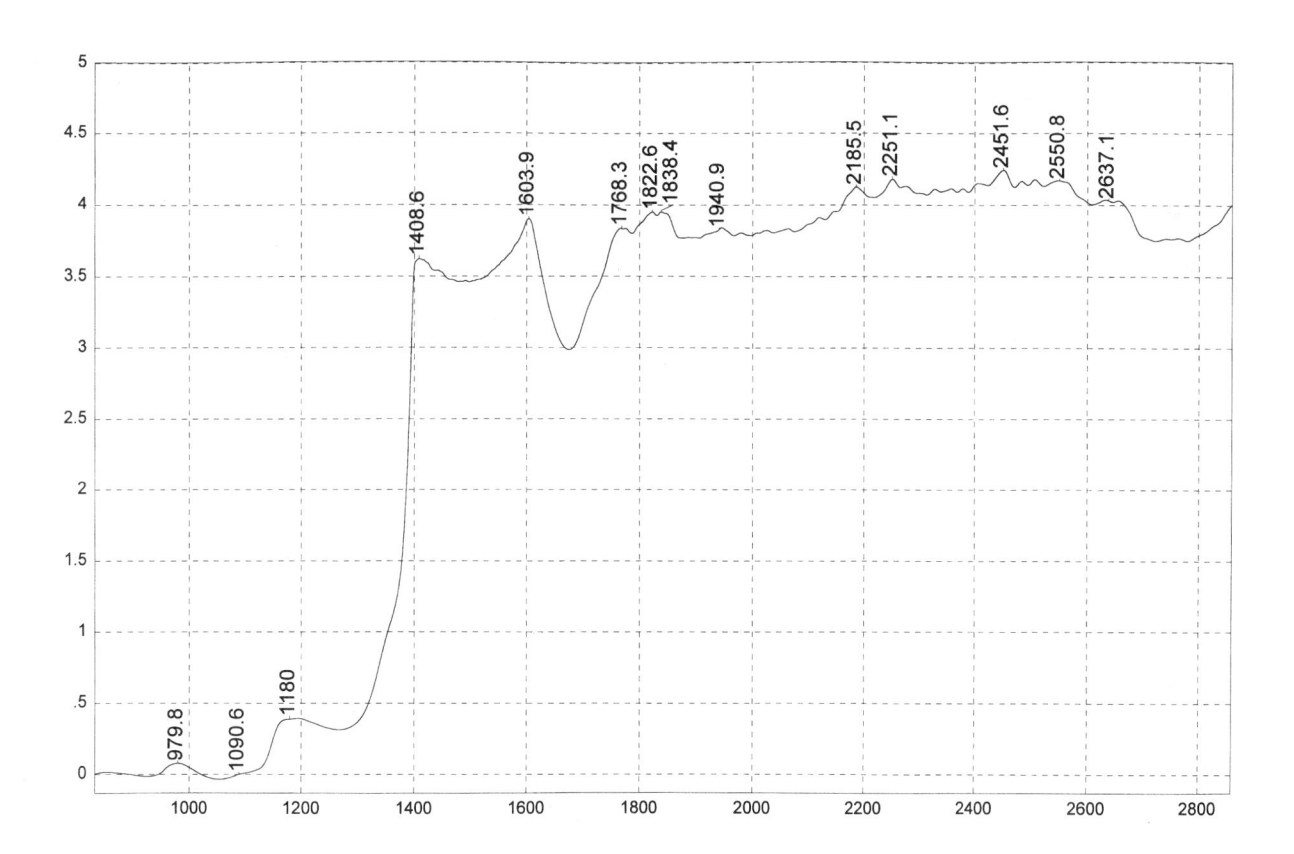

Absorbance / Nanometers

717　　　　　　　　　　　　　Glyoxal

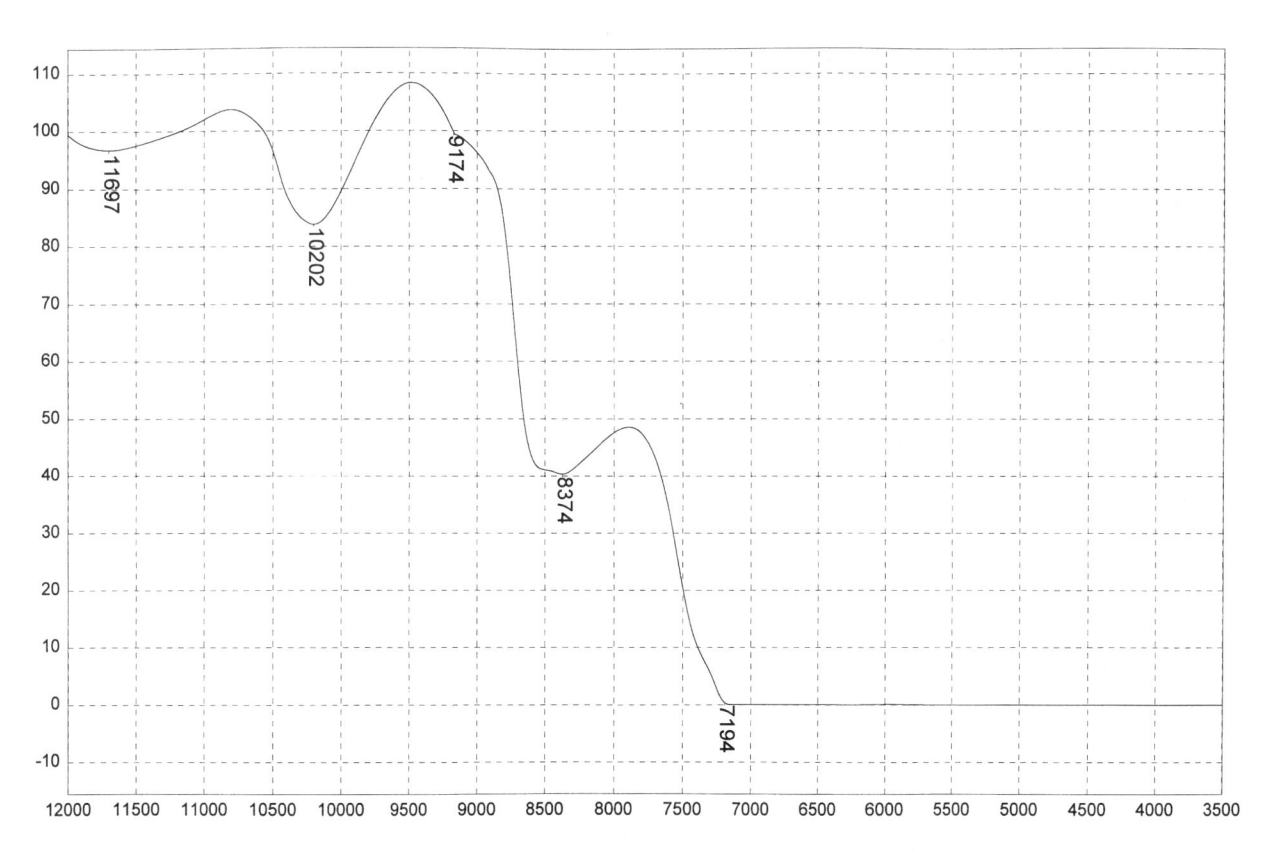

Transmittance / Wavenumber (cm⁻¹)

718　　　　　　　　　　　　　Glyoxal

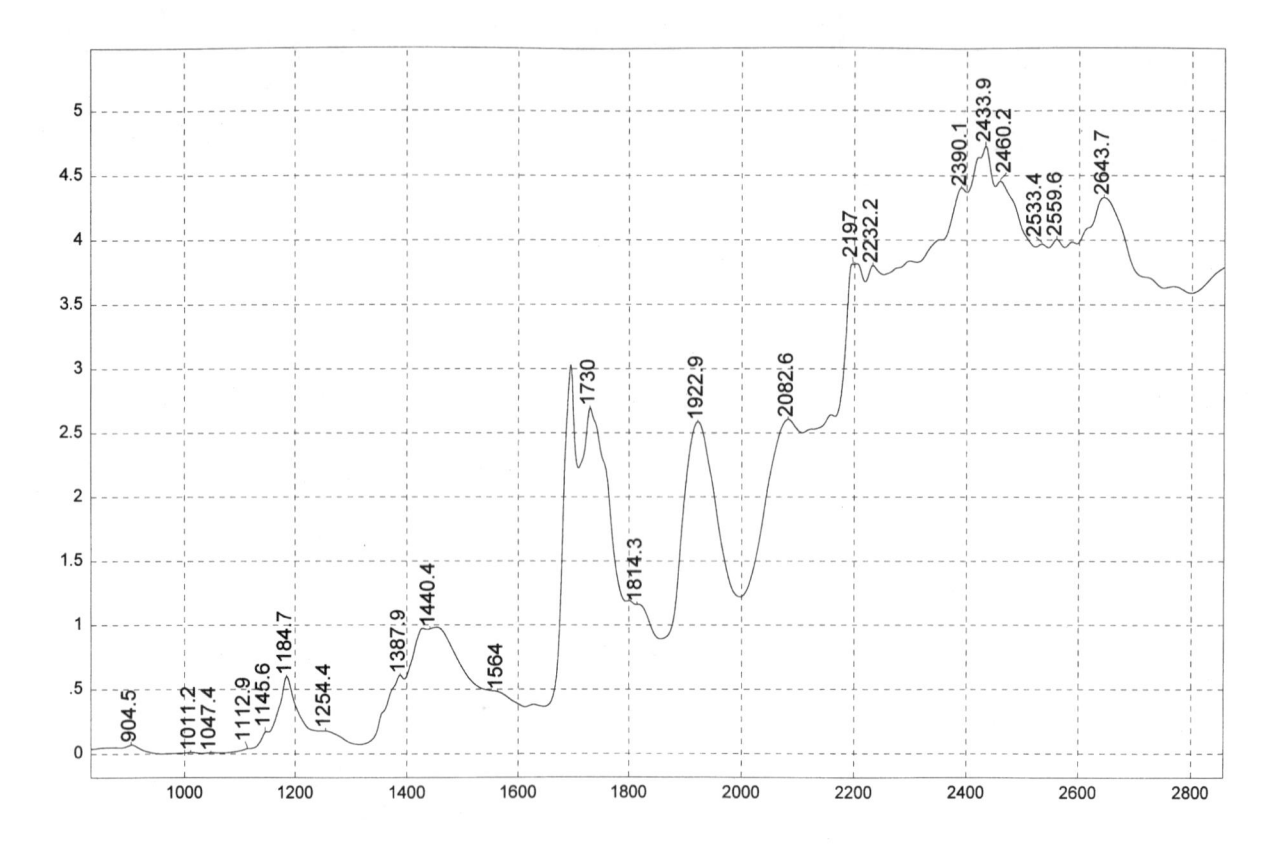

Absorbance / Nanometers

719 Propionaldehyde

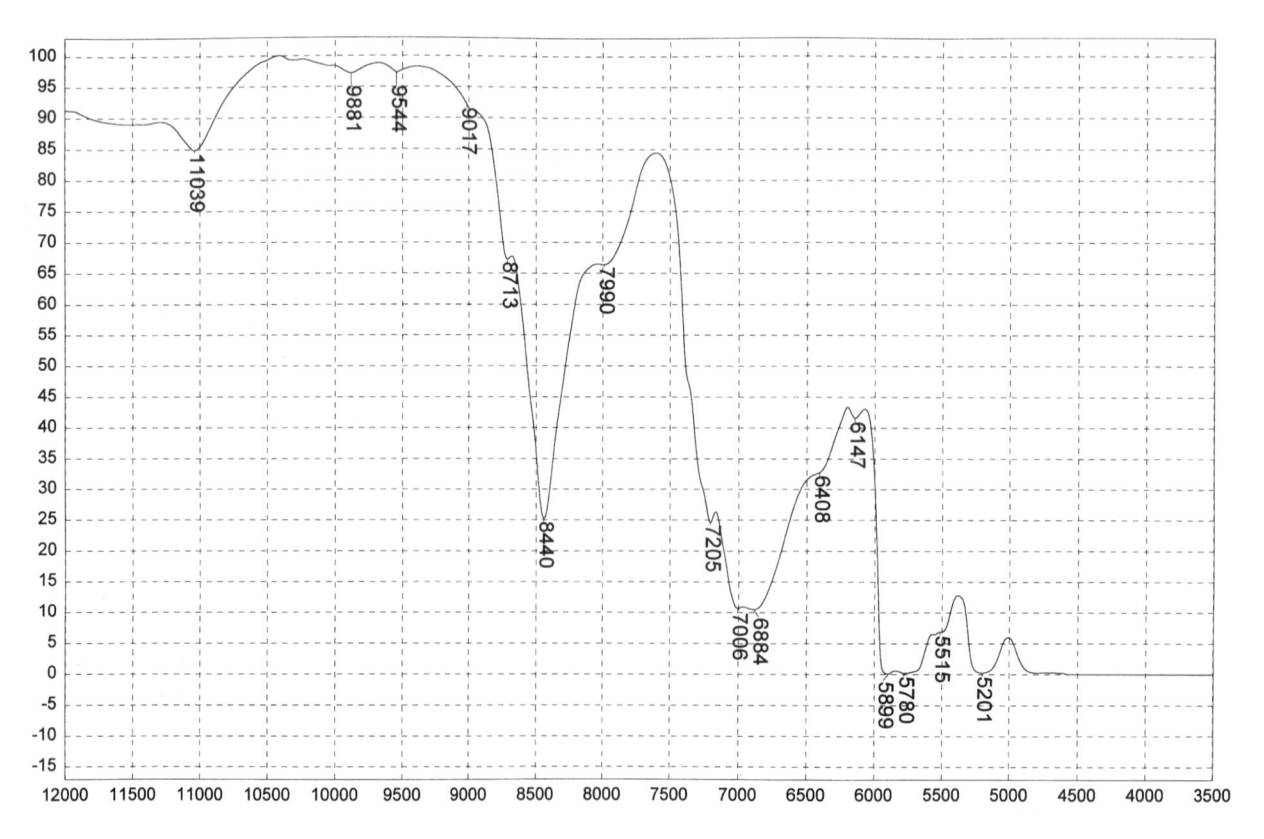

Transmittance / Wavenumber (cm⁻¹)

720 Propionaldehyde

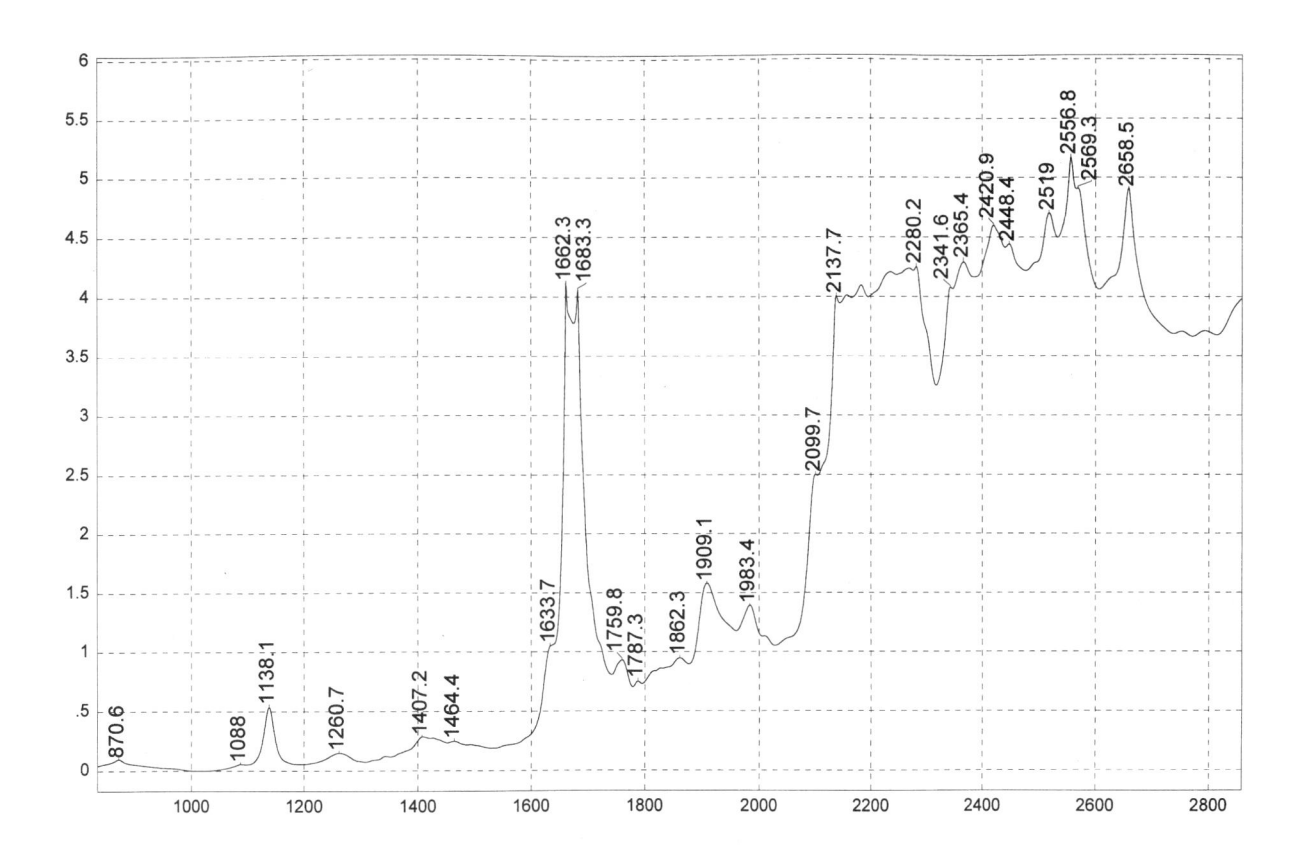

Absorbance / Nanometers

721 **Benzaldehyde**

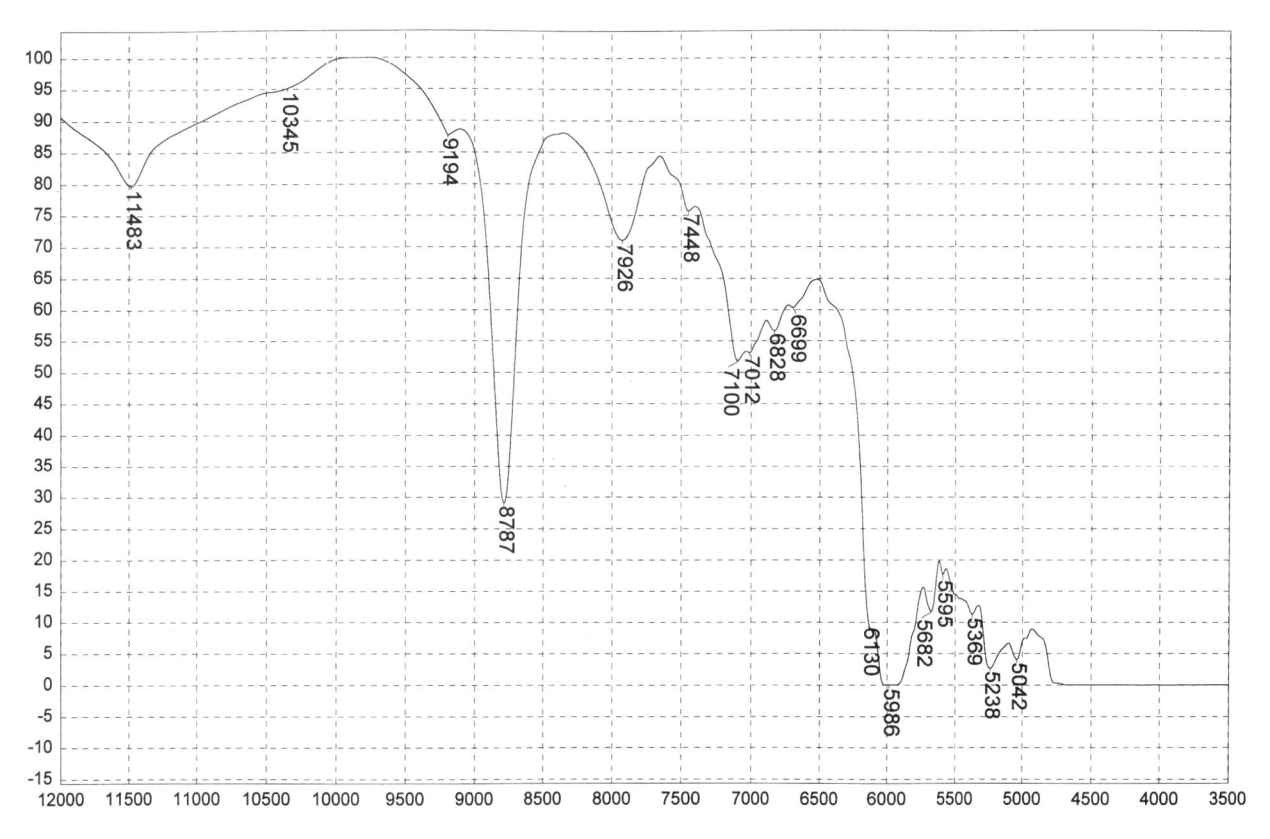

Transmittance / Wavenumber (cm⁻¹)

722 **Benzaldehyde**

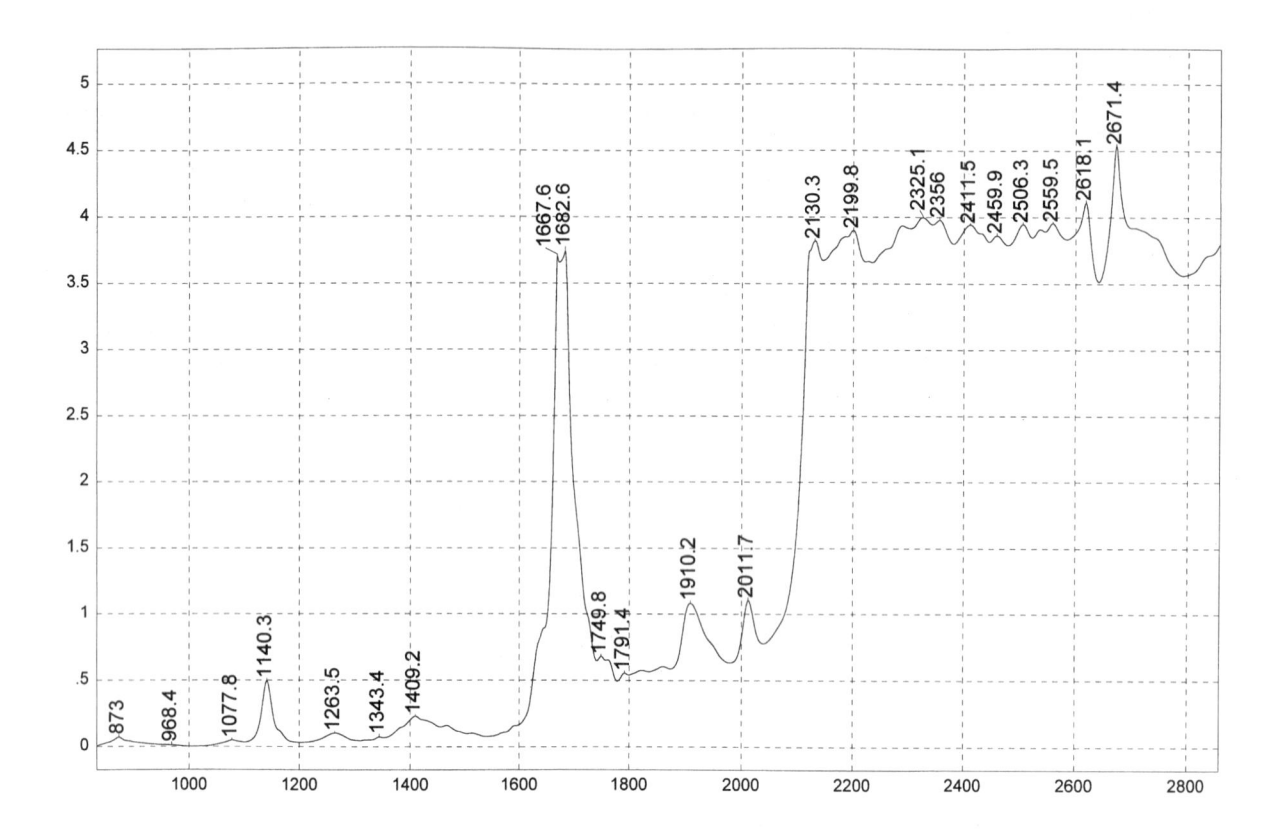

723

trans-Cinnamaldehyde

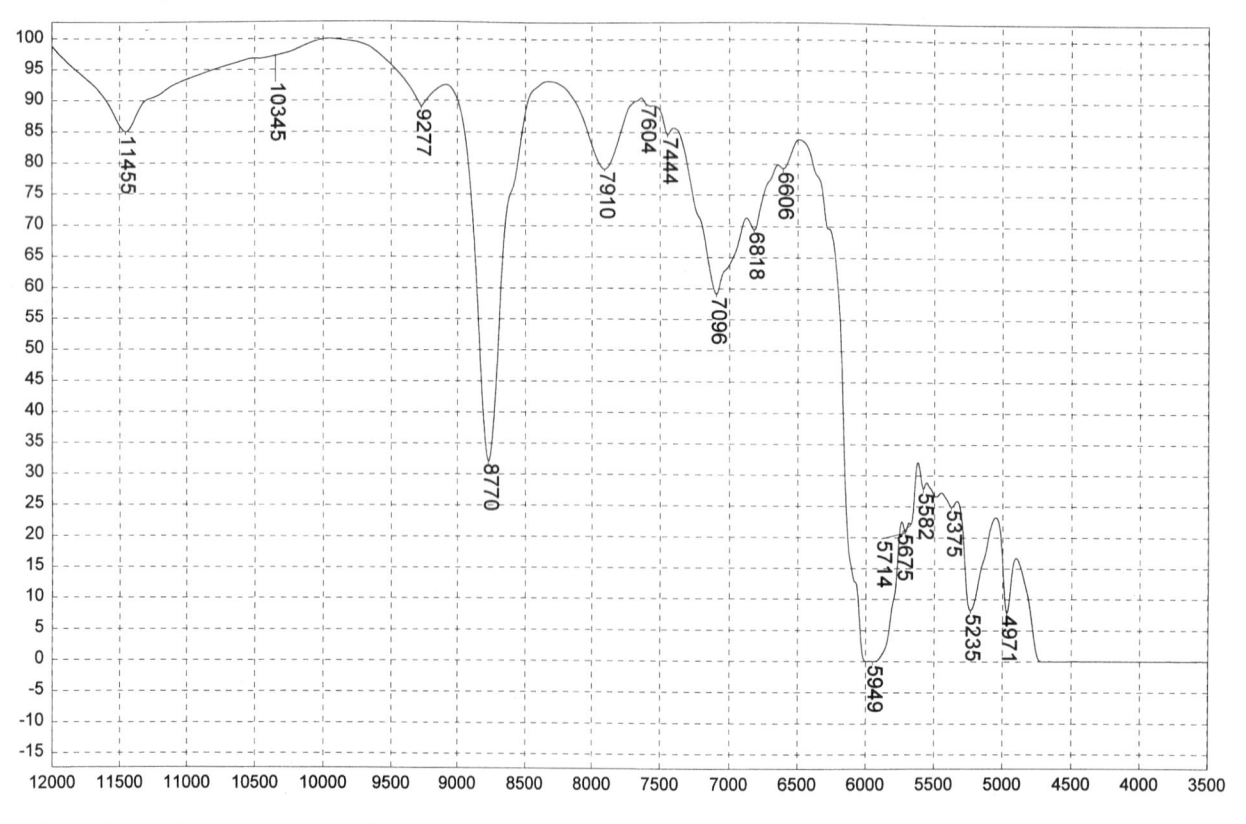

724

trans-Cinnamaldehyde

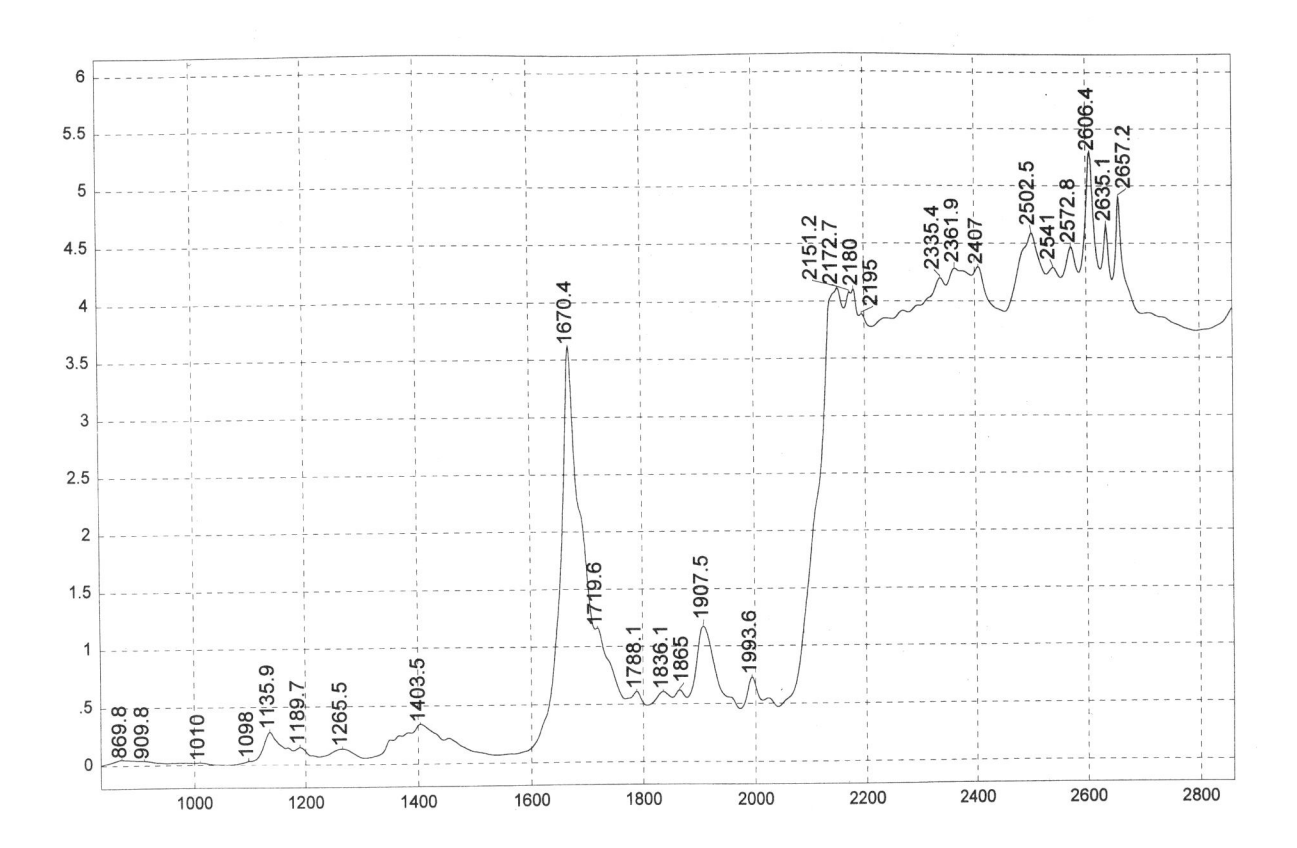

Absorbance / Nanometers

725　　　　　　　　　**Anisaldehyde**

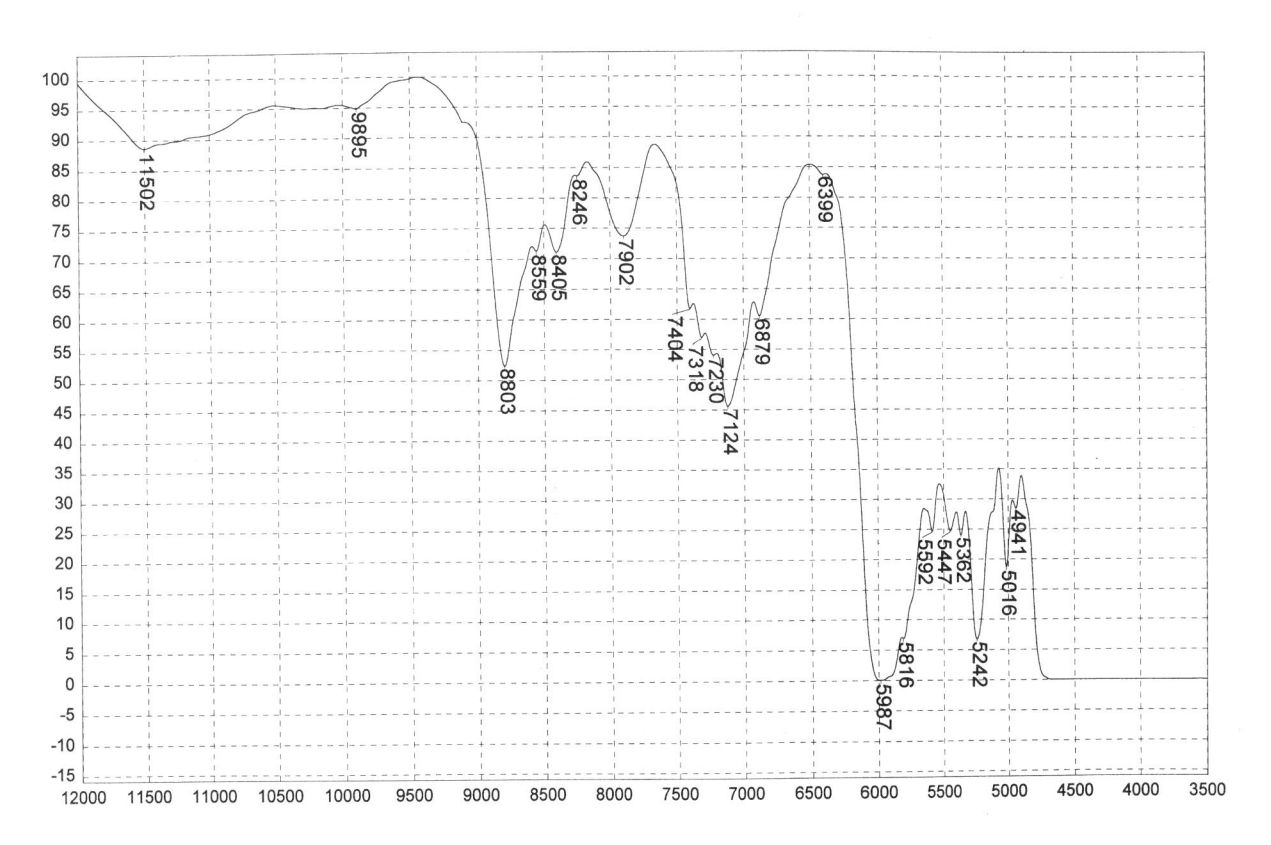

Transmittance / Wavenumber (cm⁻¹)

726　　　　　　　　　**Anisaldehyde**

Absorbance / Nanometers

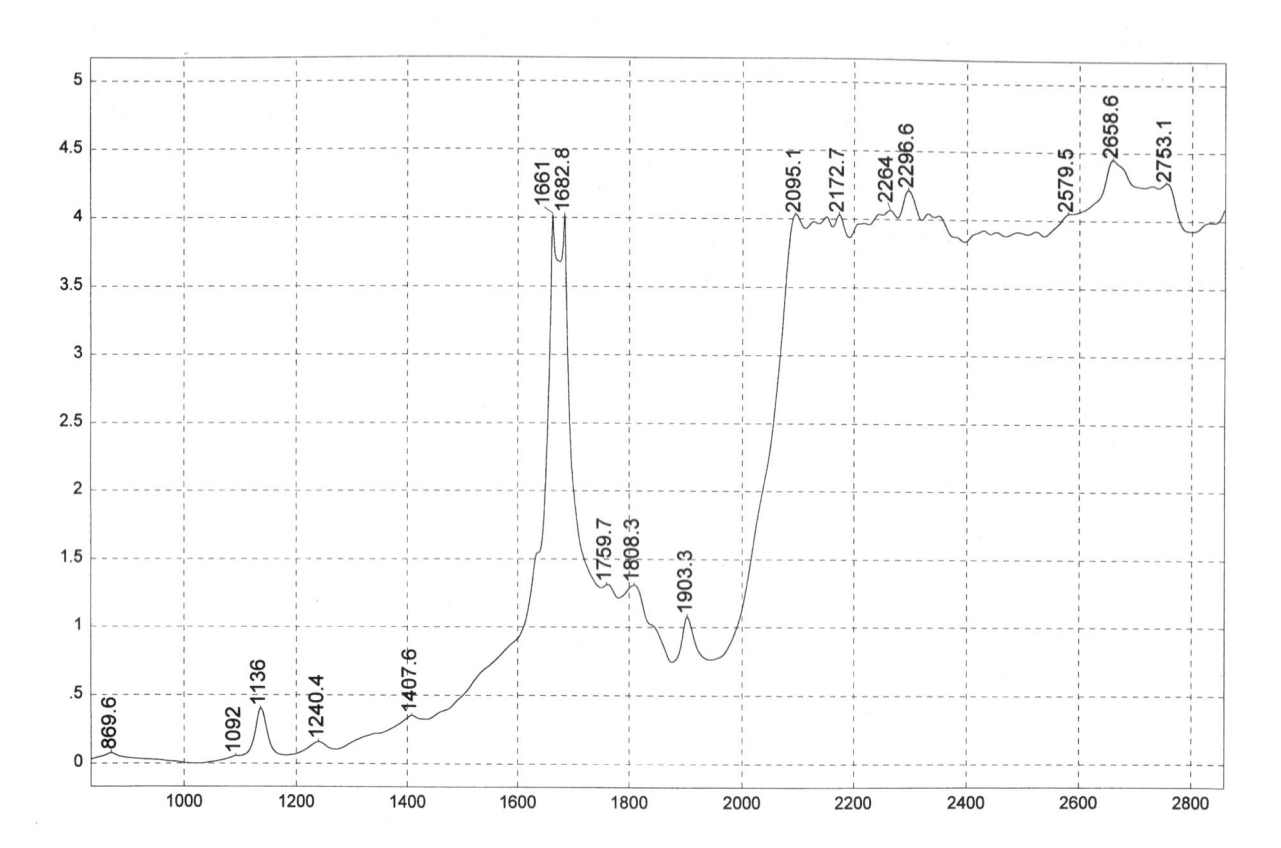

727

Salicylaldehyde

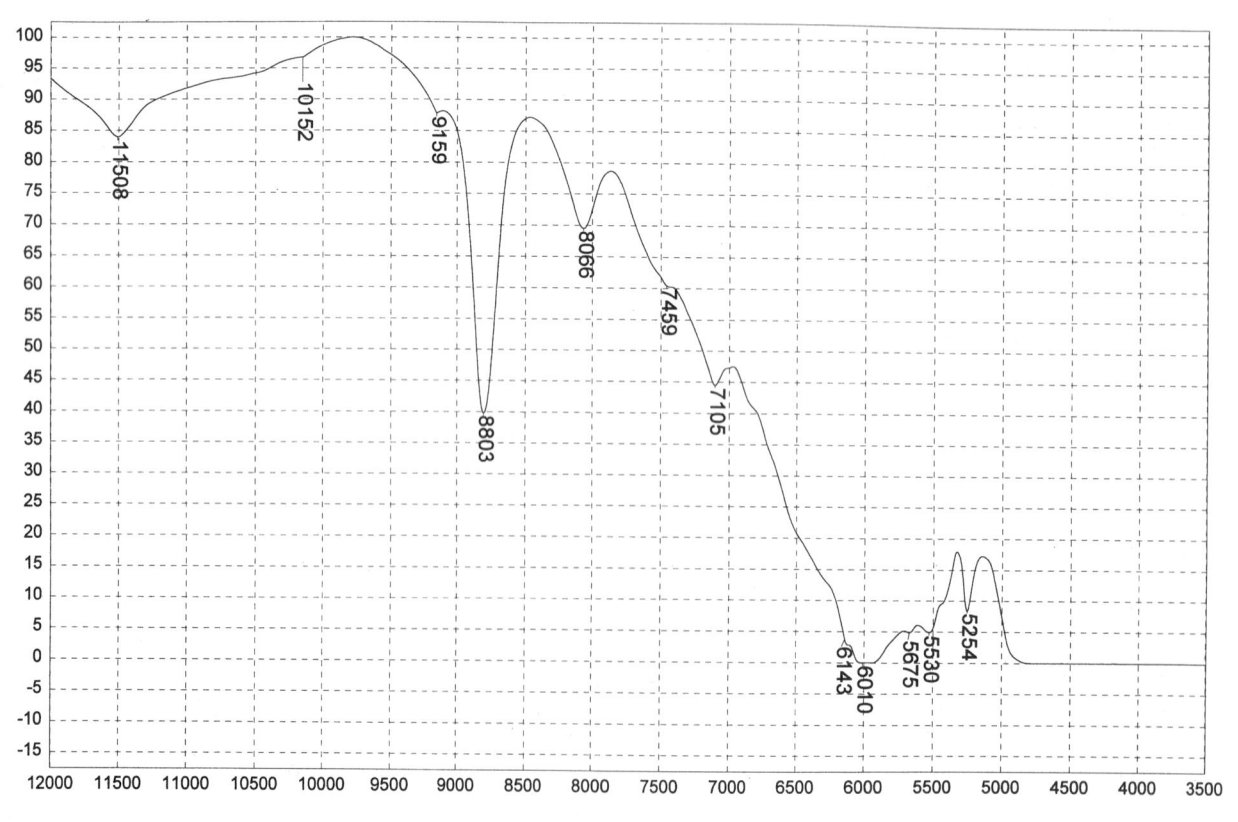

Transmittance / Wavenumber (cm⁻¹)

728

Salicylaldehyde

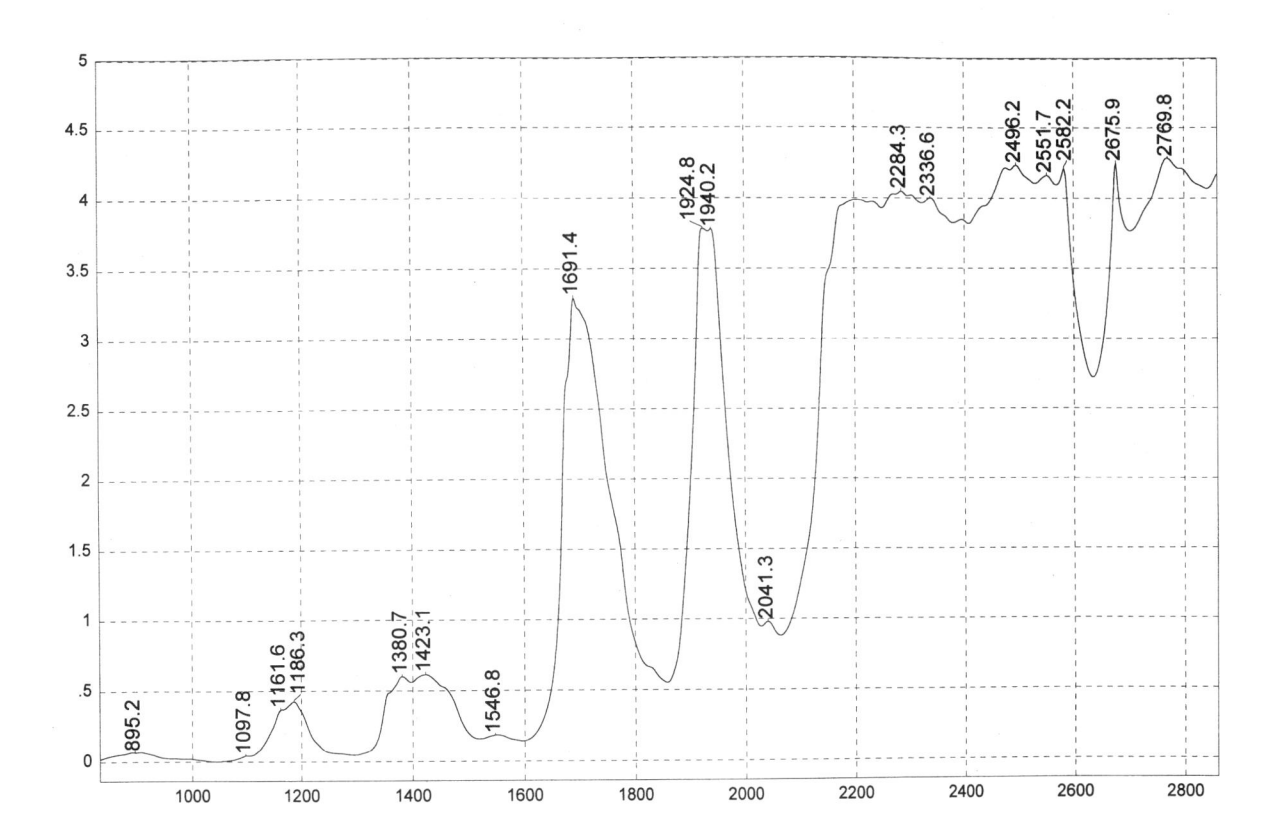

Absorbance / Nanometers

729 N,N-Dimethylacetamide

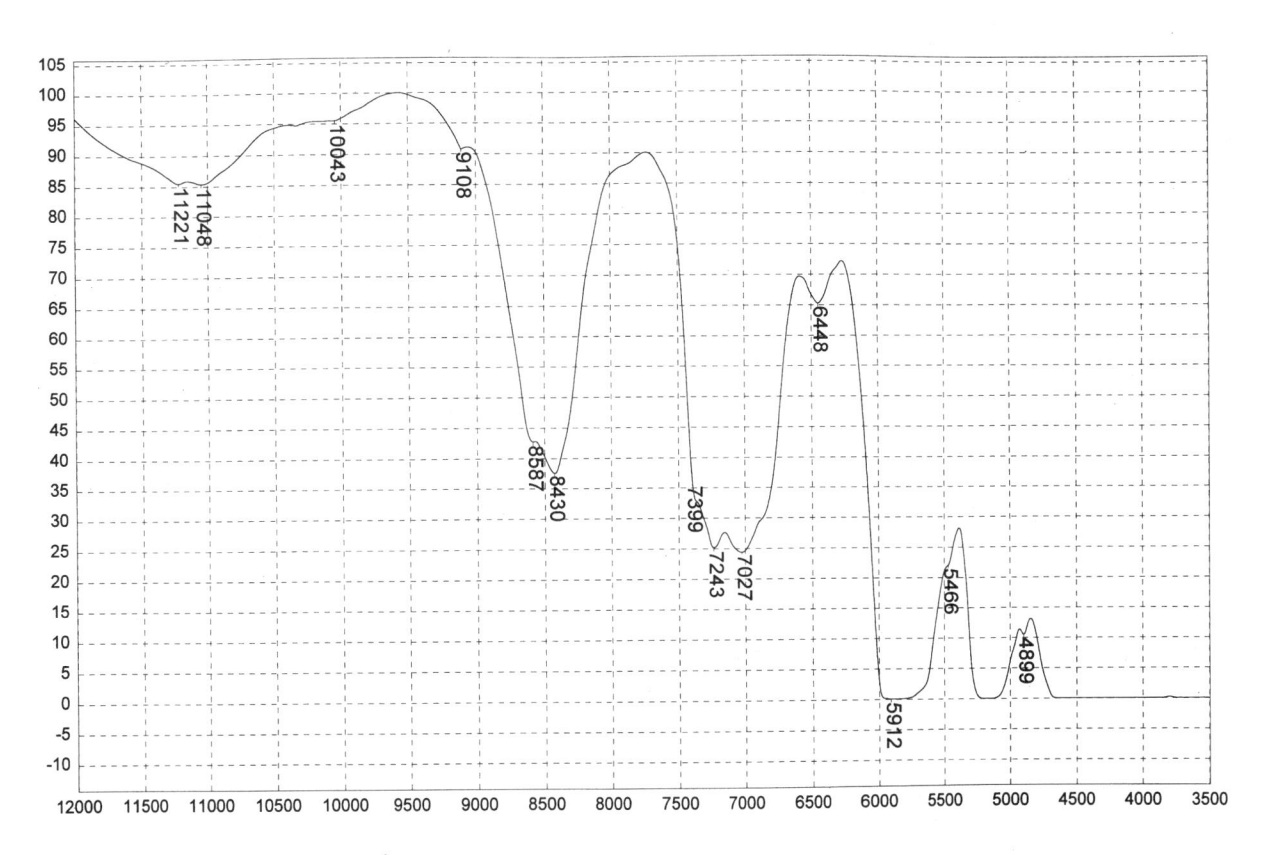

Transmittance / Wavenumber (cm⁻¹)

730 N,N-Dimethylacetamide

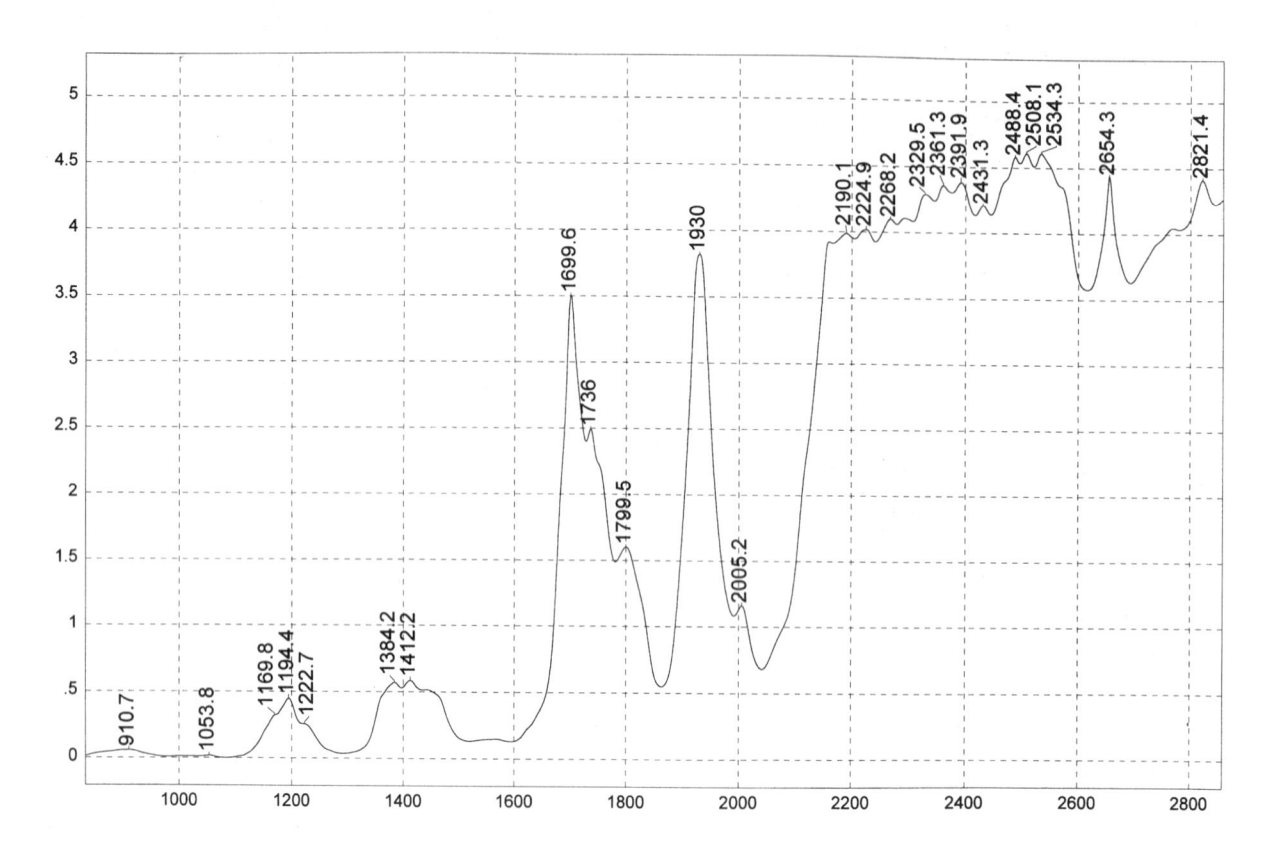

Absorbance / Nanometers

731   N,N-Dimethylformamide

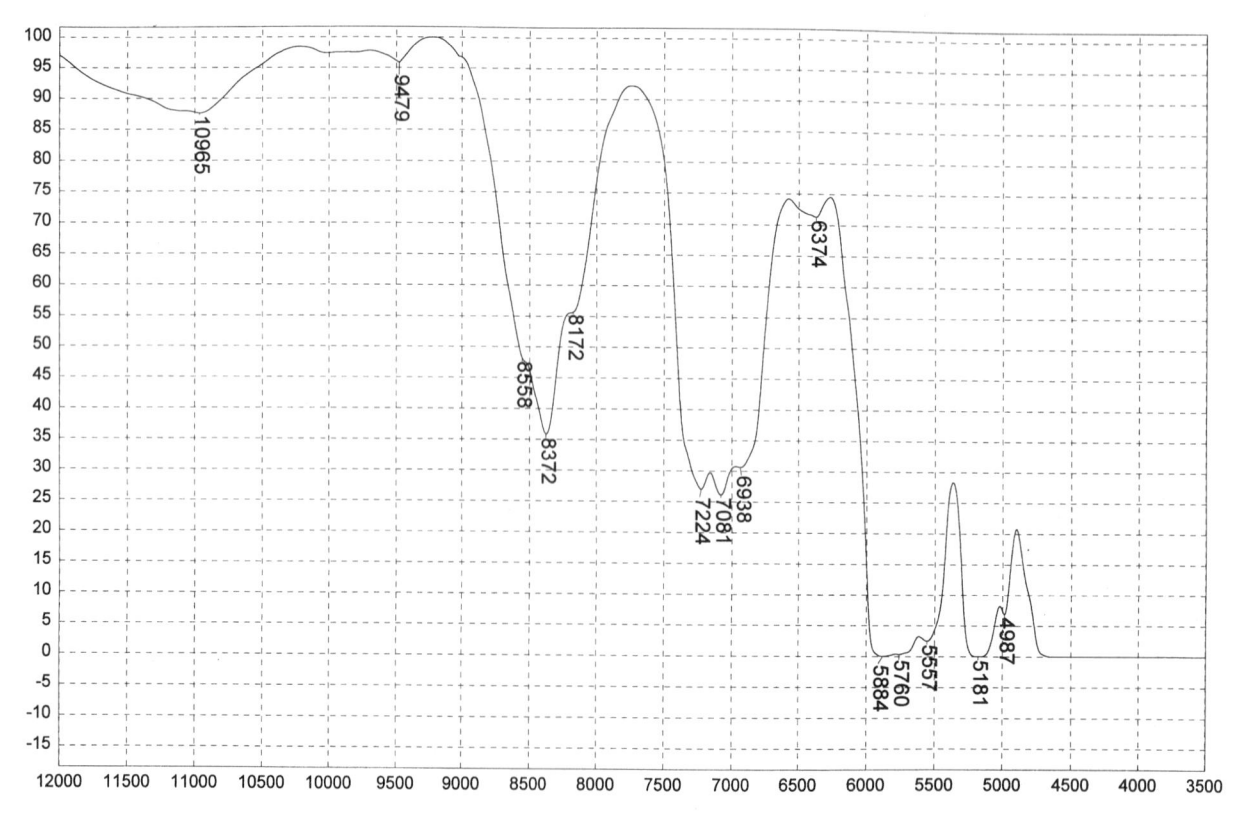

Transmittance / Wavenumber (cm⁻¹)

732   N,N-Dimethylformamide

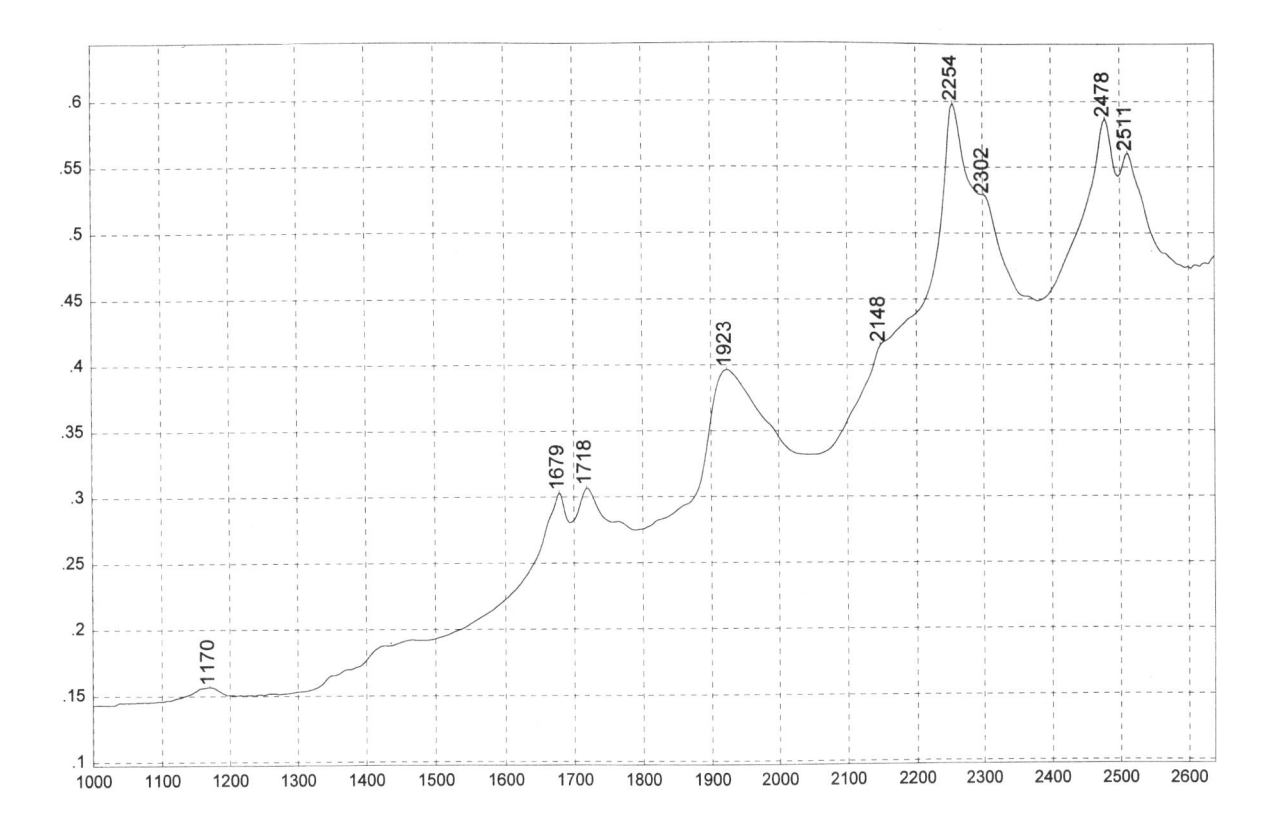

Absorbance / Nanometers

733　　　　　　　　　　ACETIC ACID

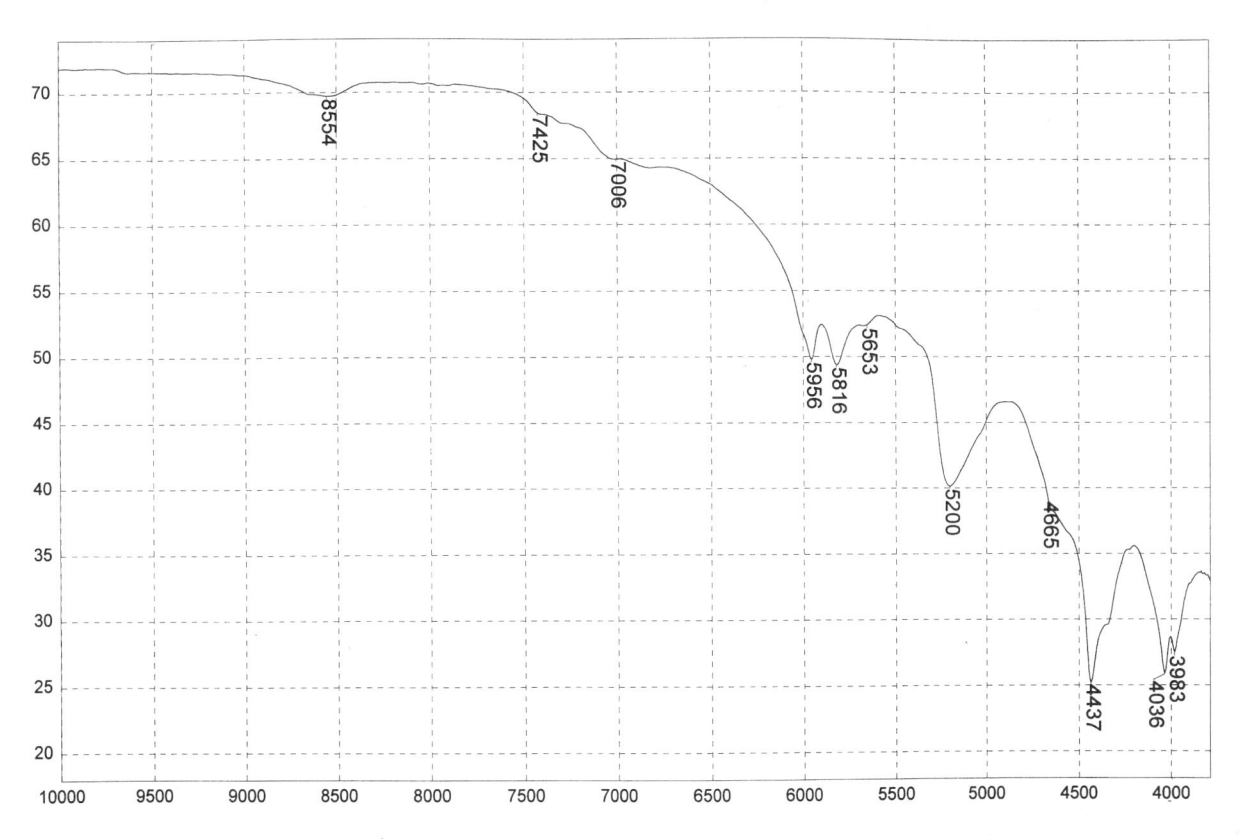

Transmittance / Wavenumber (cm⁻¹)

734　　　　　　　　　　ACETIC ACID

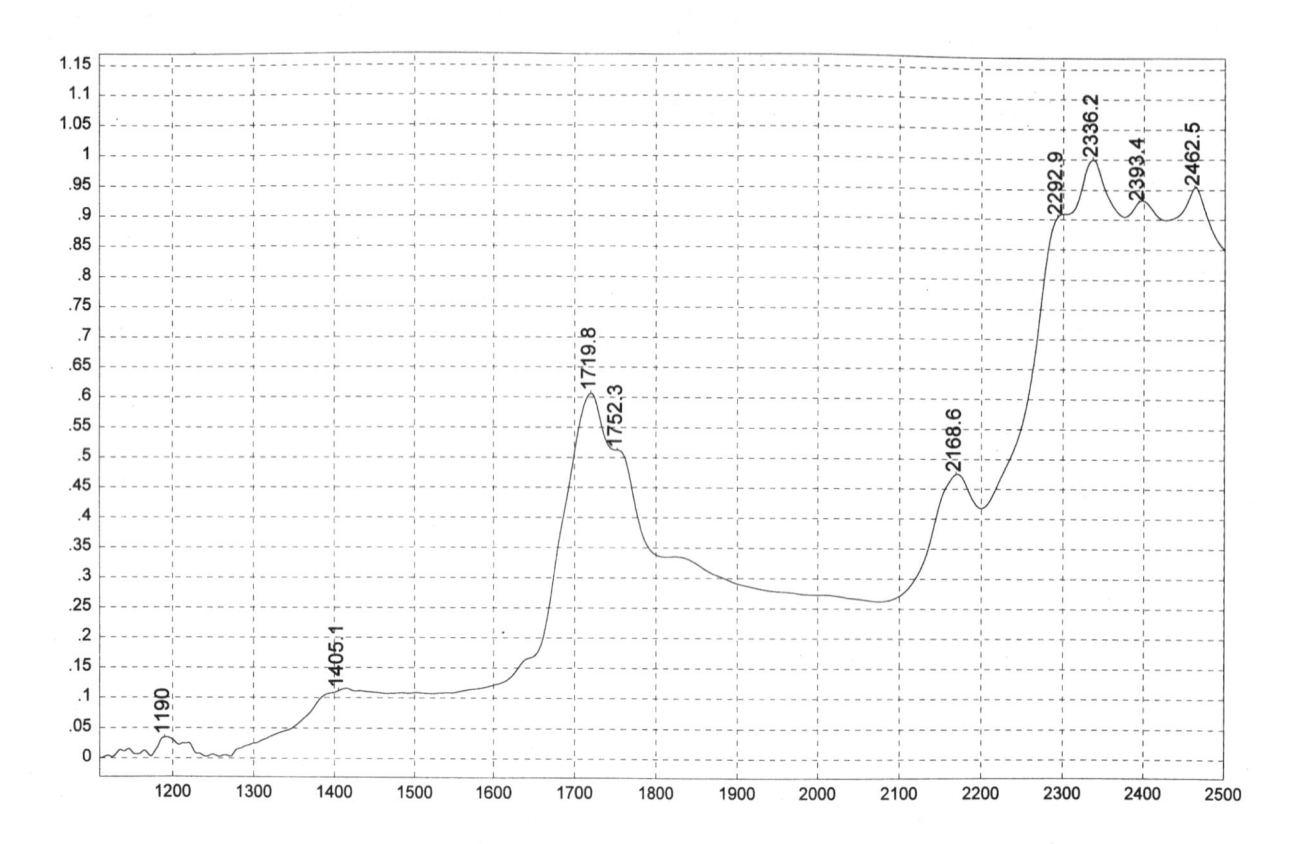

Absorbance / Nanometers

735 STYRENE:BUTADIENE:STYRENE

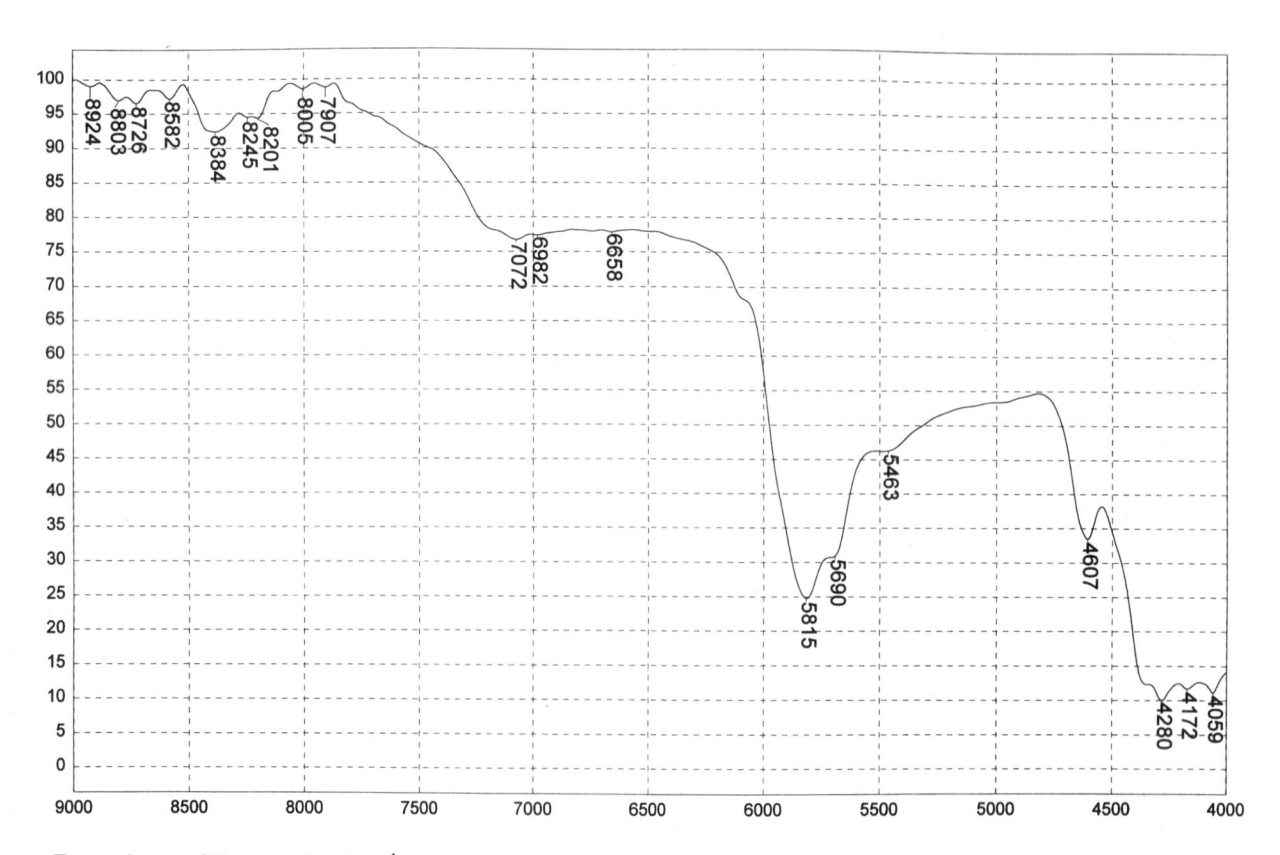

Transmittance / Wavenumber (cm⁻¹)

736 STYRENE:BUTADIENE:STYRENE

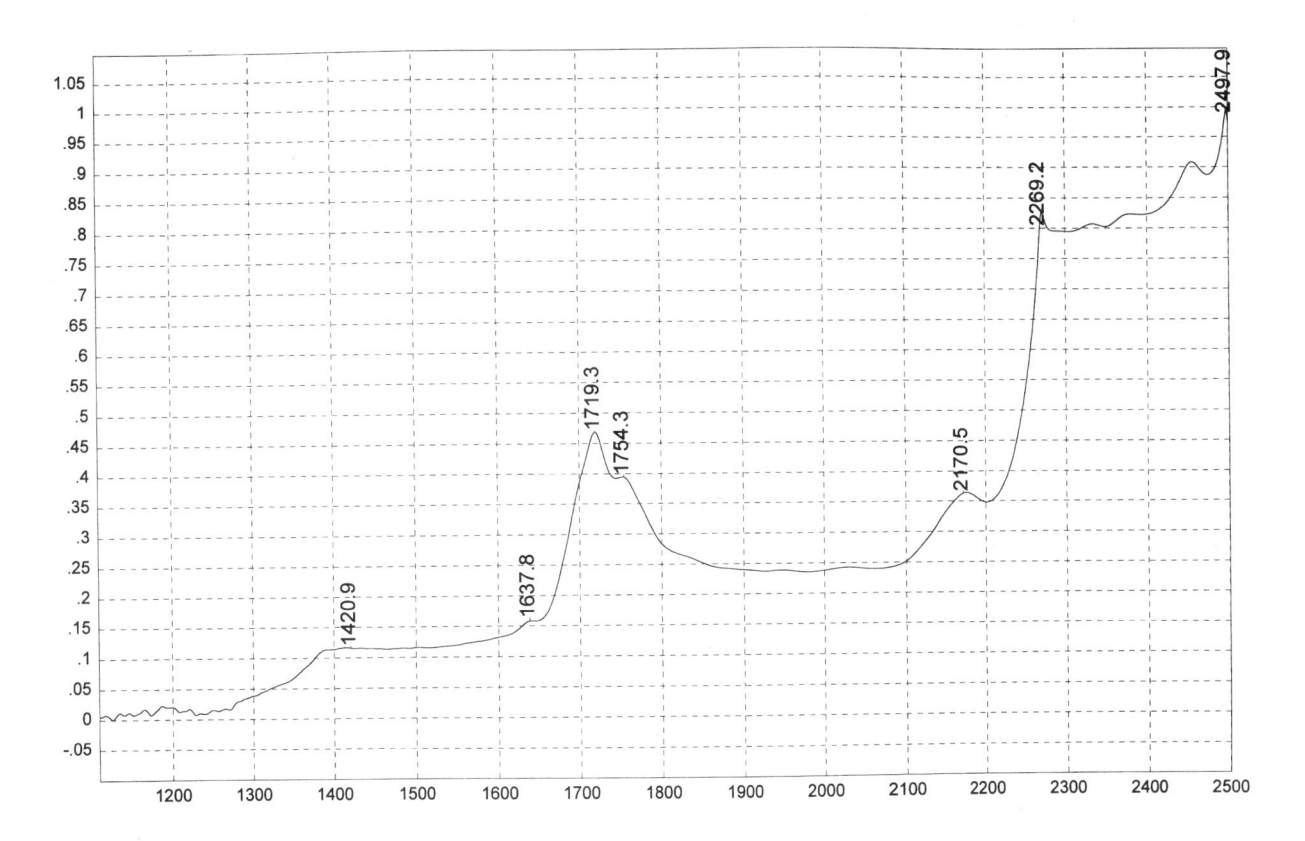

737 Styrene:isoprene:styrene

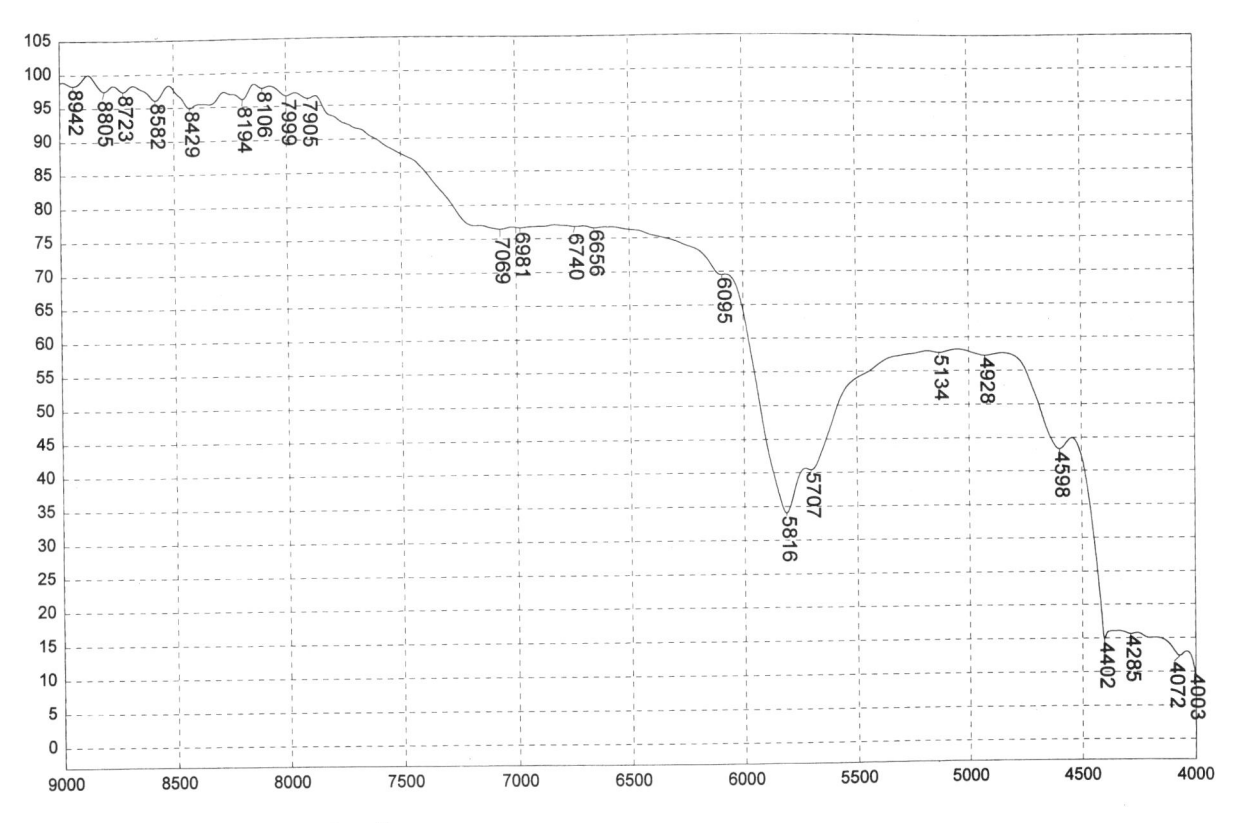

738 Styrene:isoprene:styrene

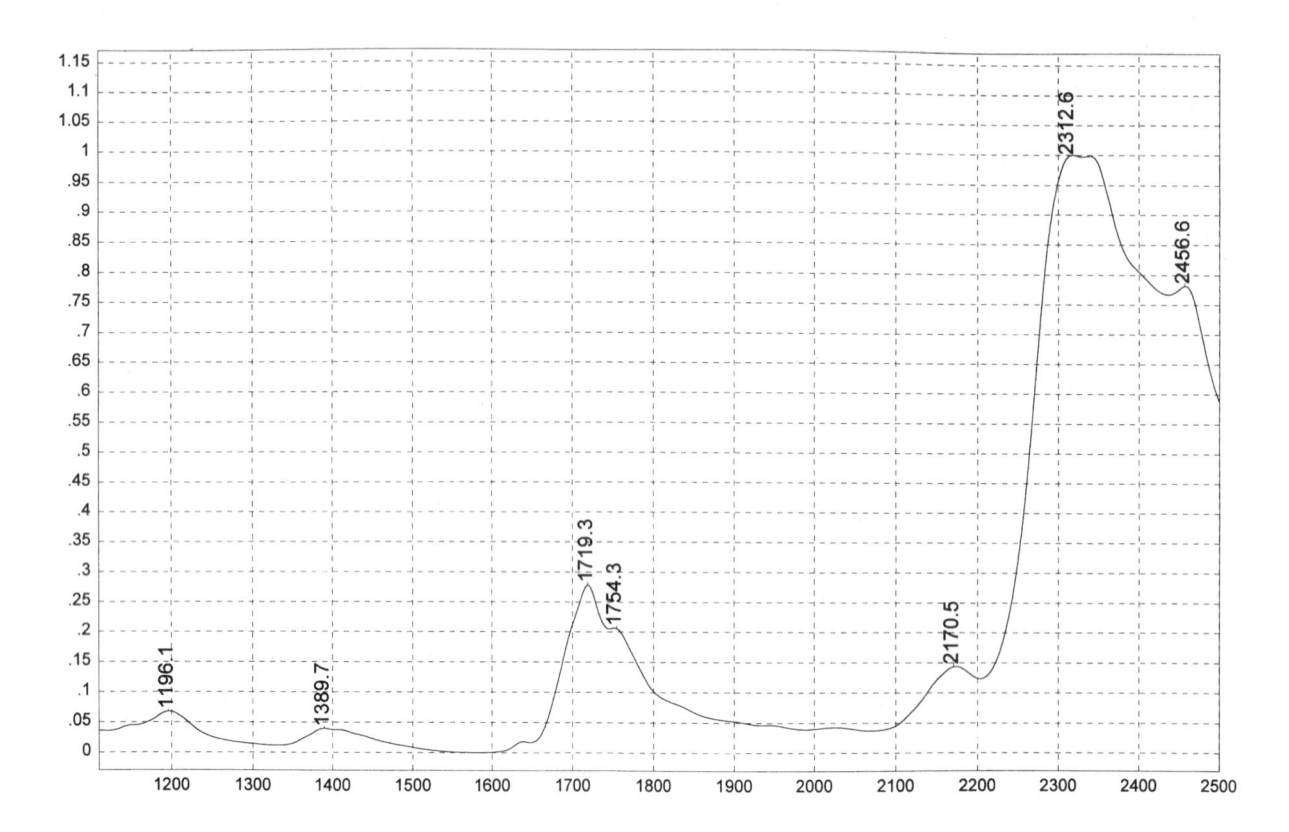

Absorbance / Nanometers

739 Polystyrene:polybutadiene/polystyrene:polyisoprene

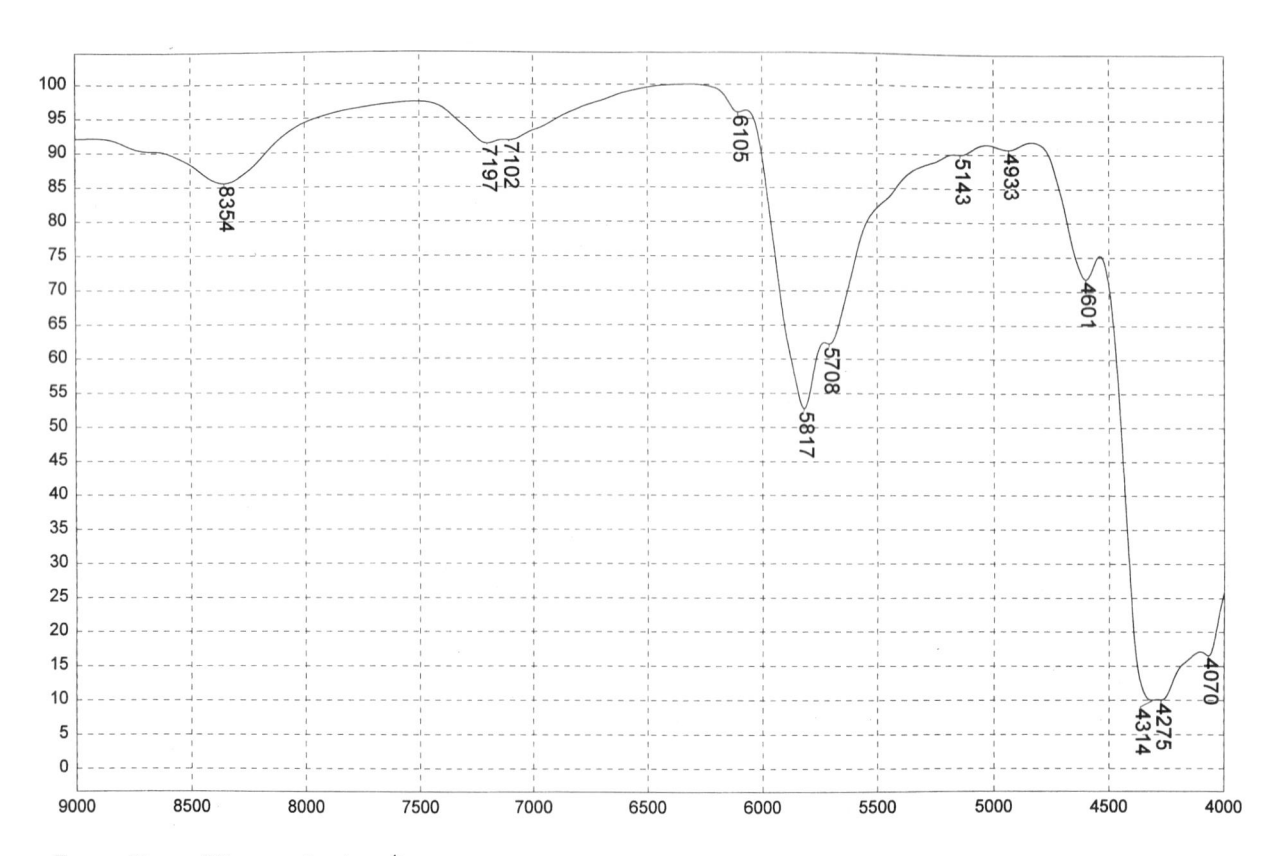

Transmittance / Wavenumber (cm⁻¹)

740 Polystyrene:polybutadiene/polystyrene:polyisoprene

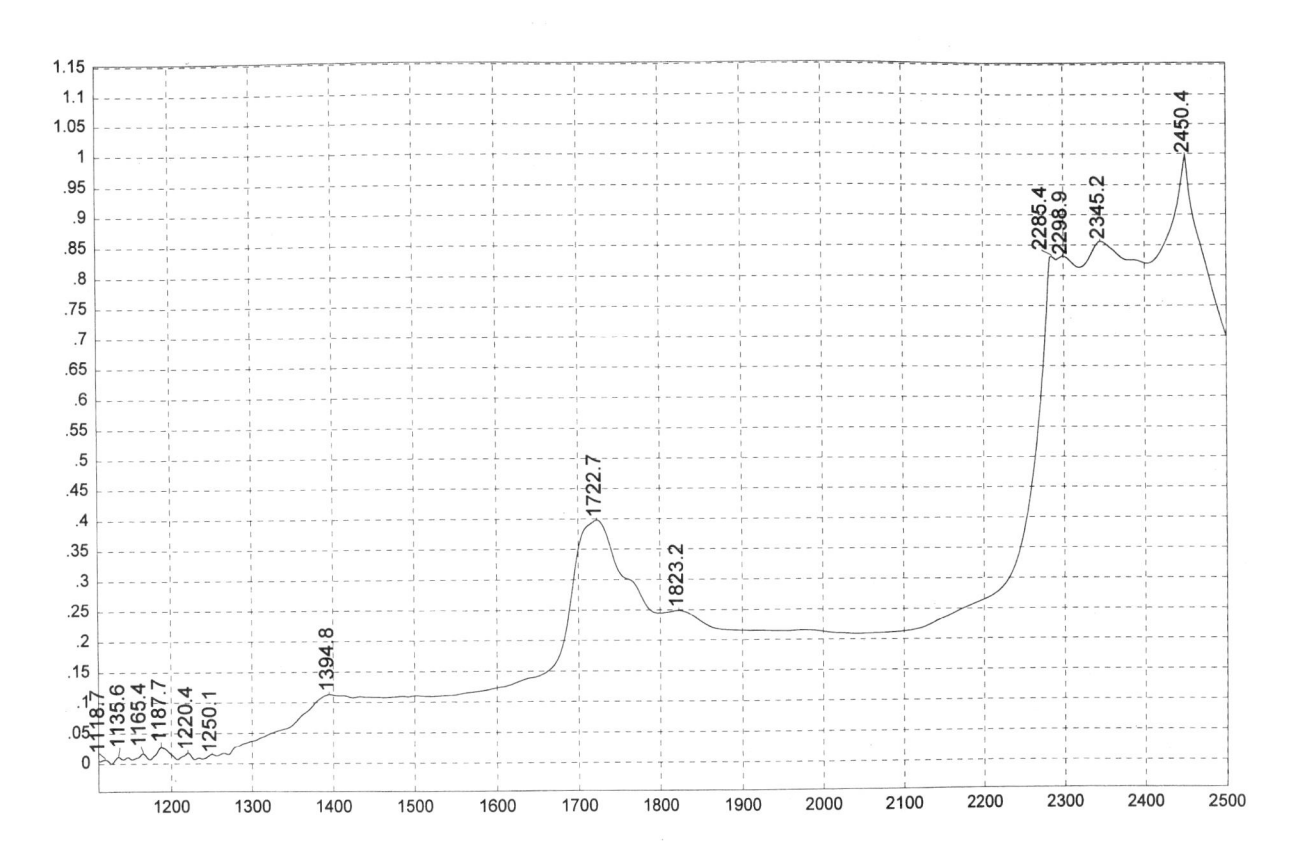

Absorbance / Nanometers

741 Poly-alpha-olefins, amorphous

Transmittance / Wavenumber (cm⁻¹)

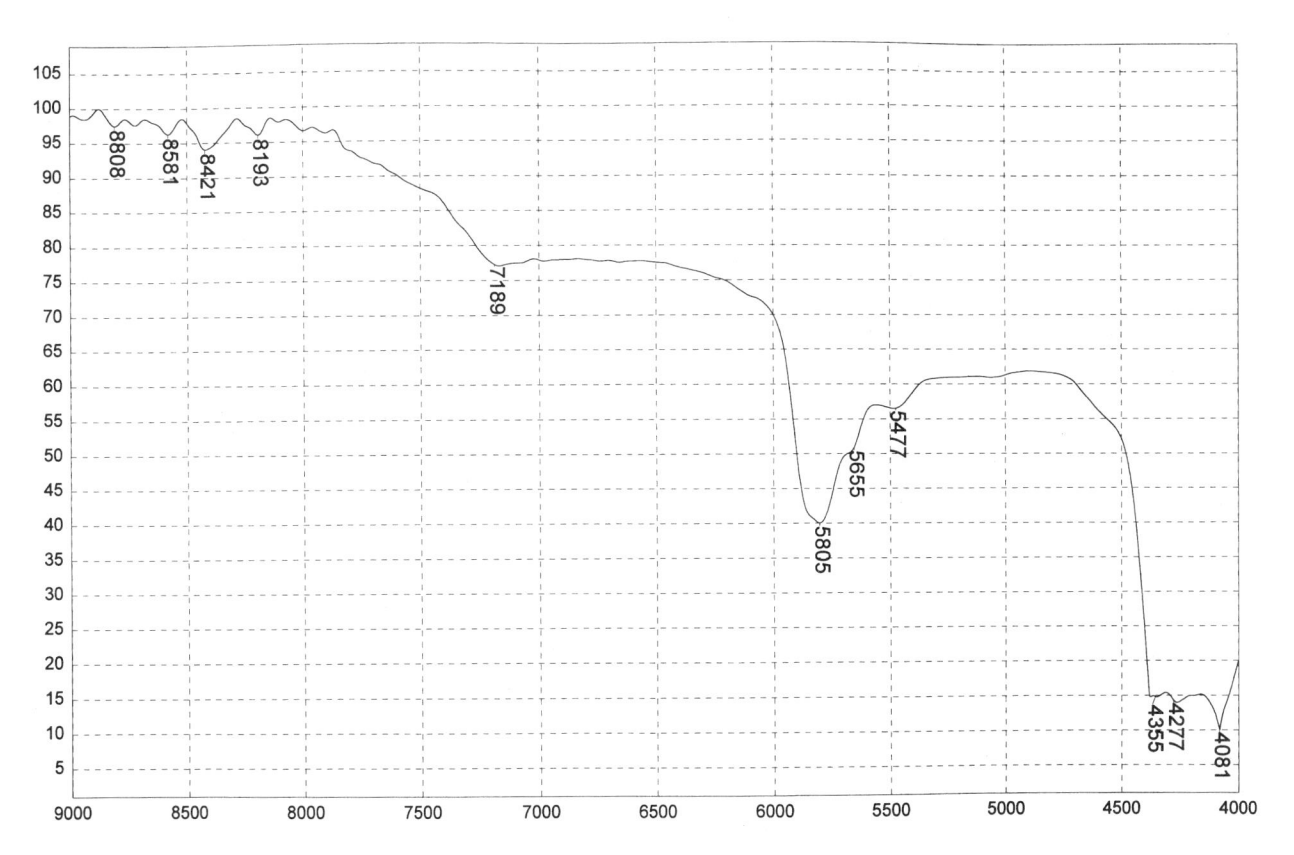

742 Poly-alpha-olefins, amorphous

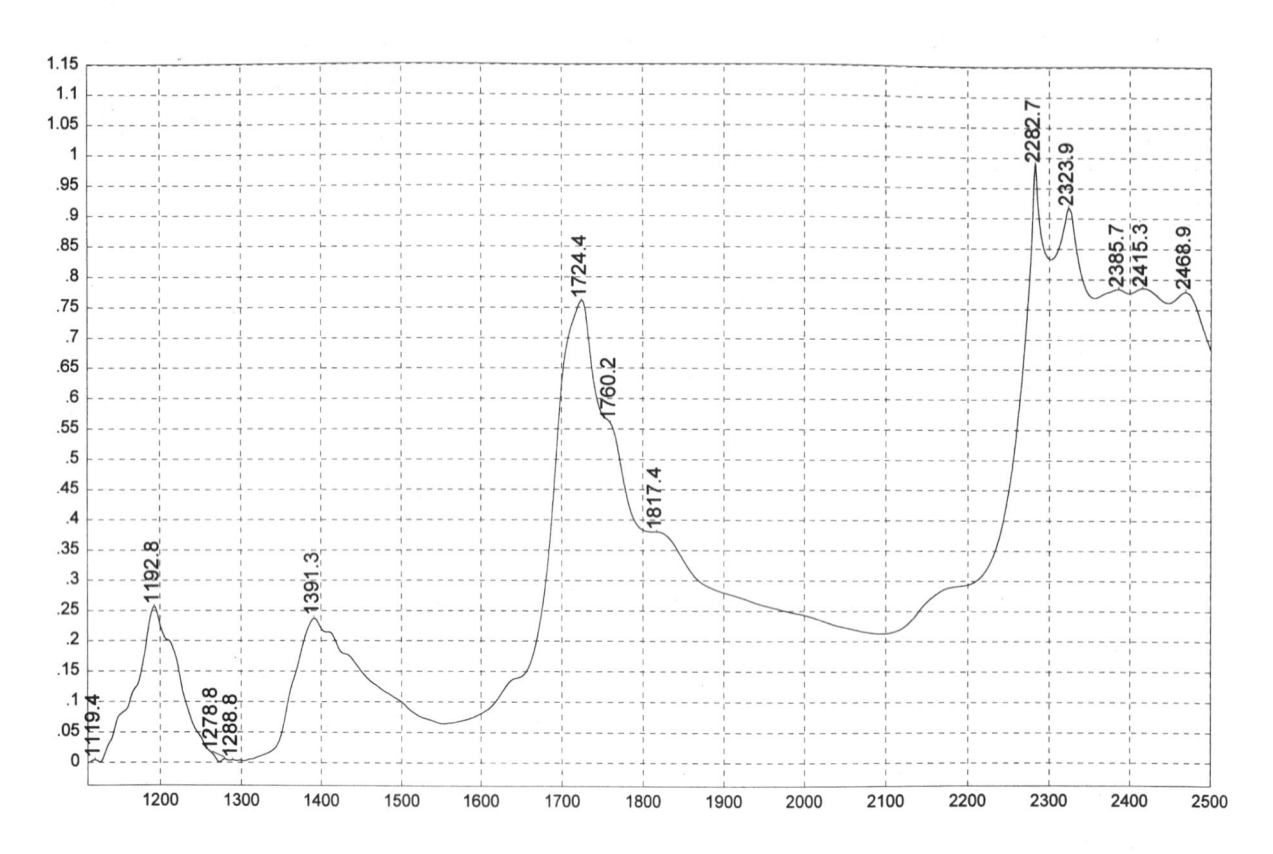

Absorbance / Nanometers

743   STYRENE:ETHYLENE BUTYLENE:STYRENE COPOLYMER

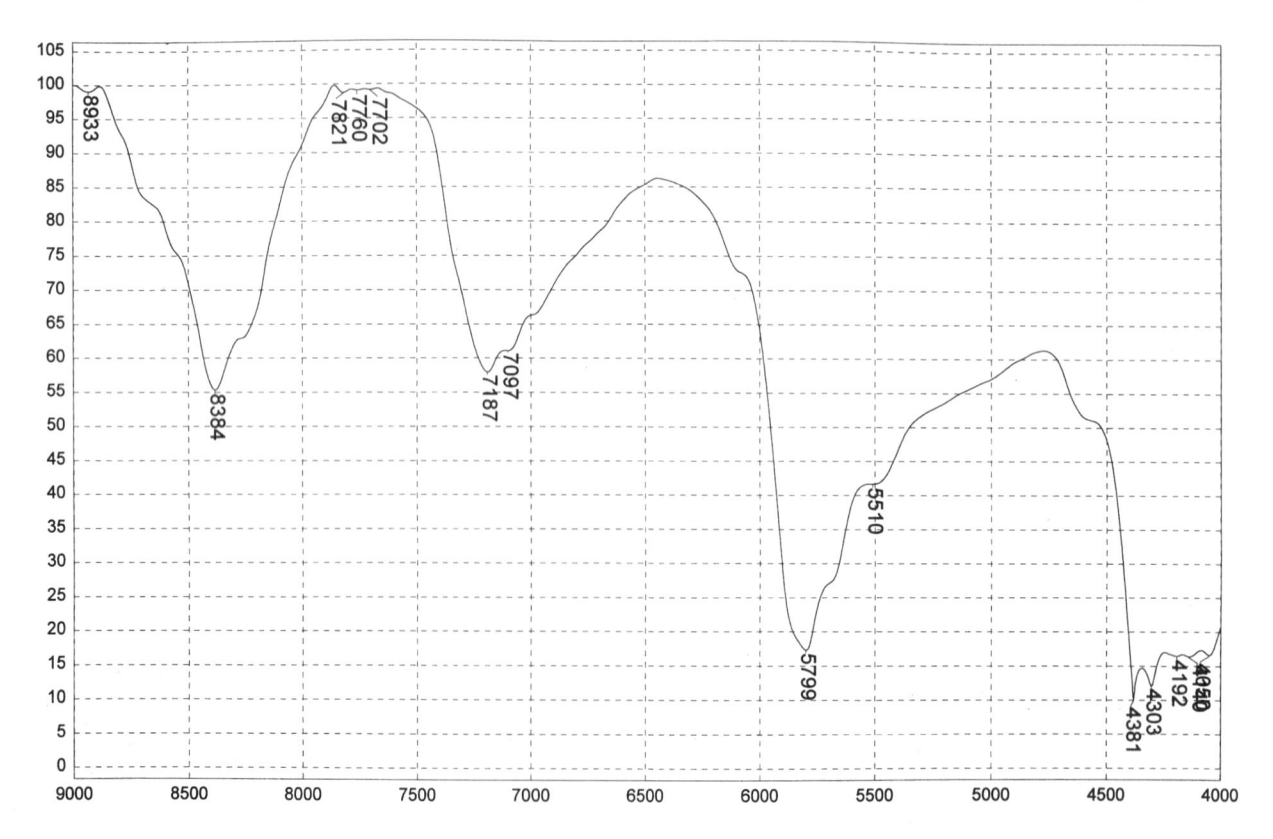

Transmittance / Wavenumber (cm⁻¹)

744   STYRENE:ETHYLENE BUTYLENE:STYRENE COPOLYMER

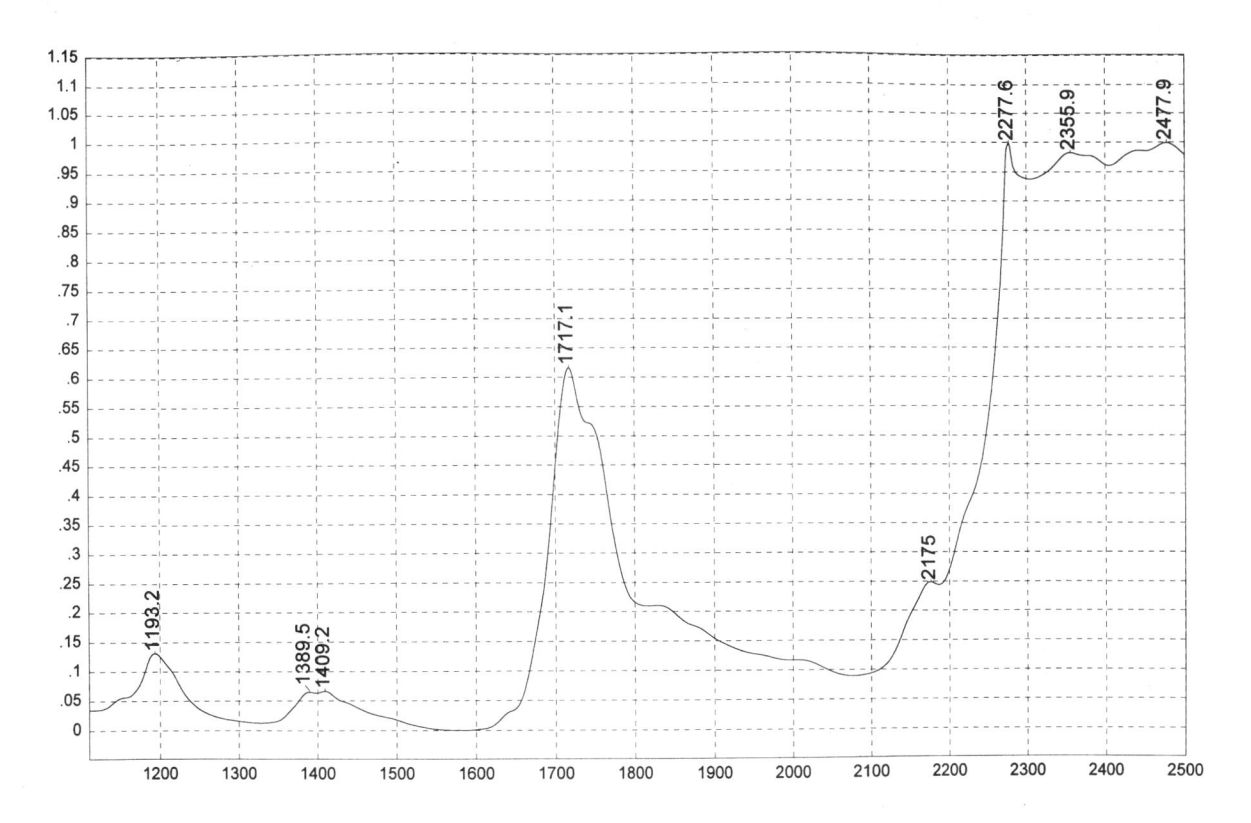

Absorbance / Nanometers

745 Polystyrene:polyisoprene:polycyclopentadiene resin

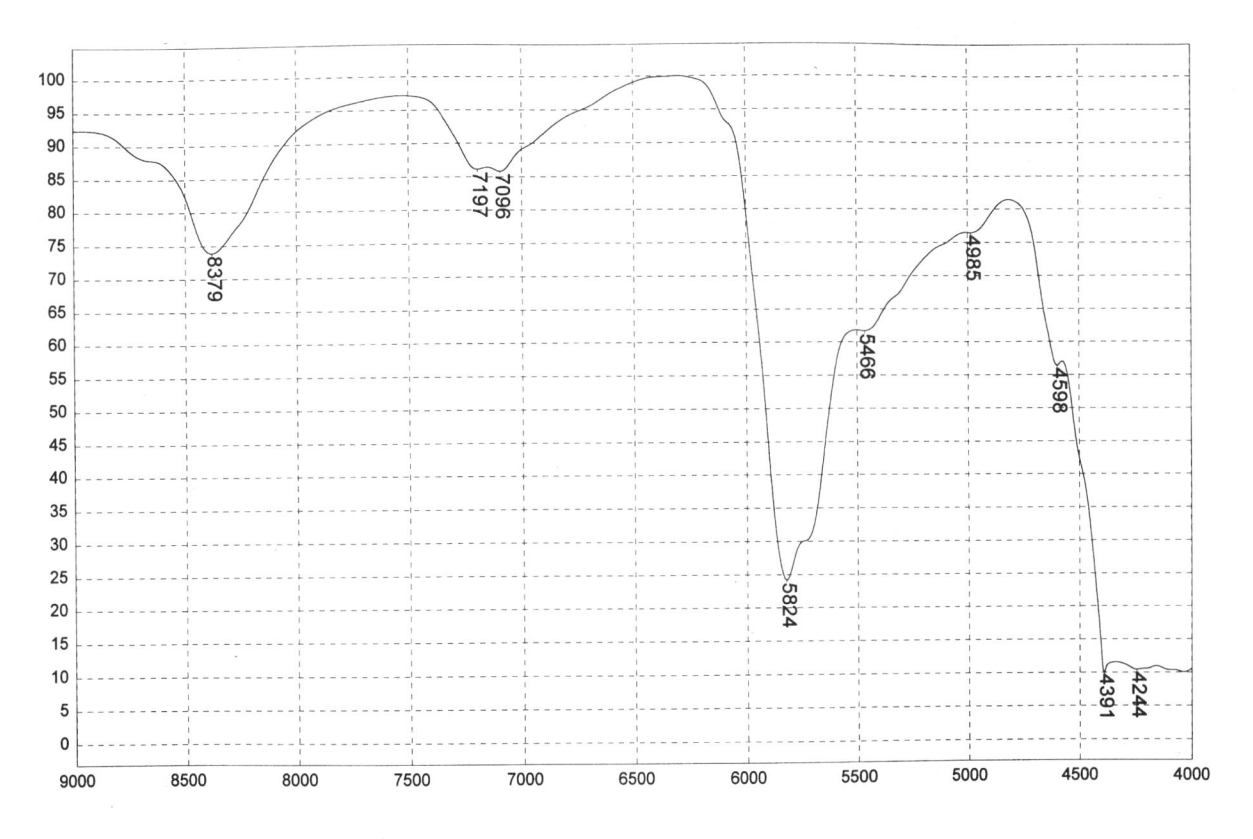

Transmittance / Wavenumber (cm^{-1})

746 Polystyrene:polyisoprene:polycyclopentadiene resin

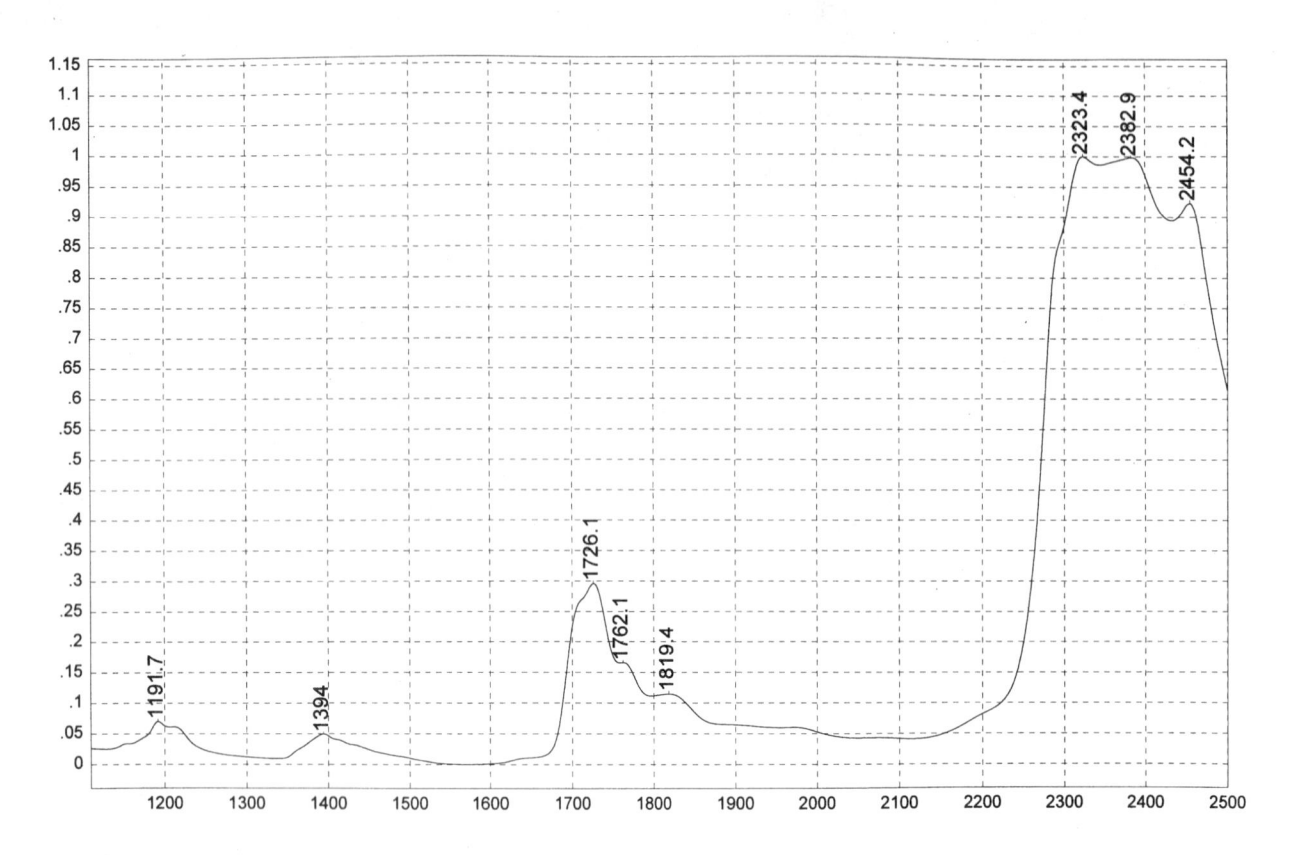

Absorbance / Nanometers

747   Polypropylene, atactic

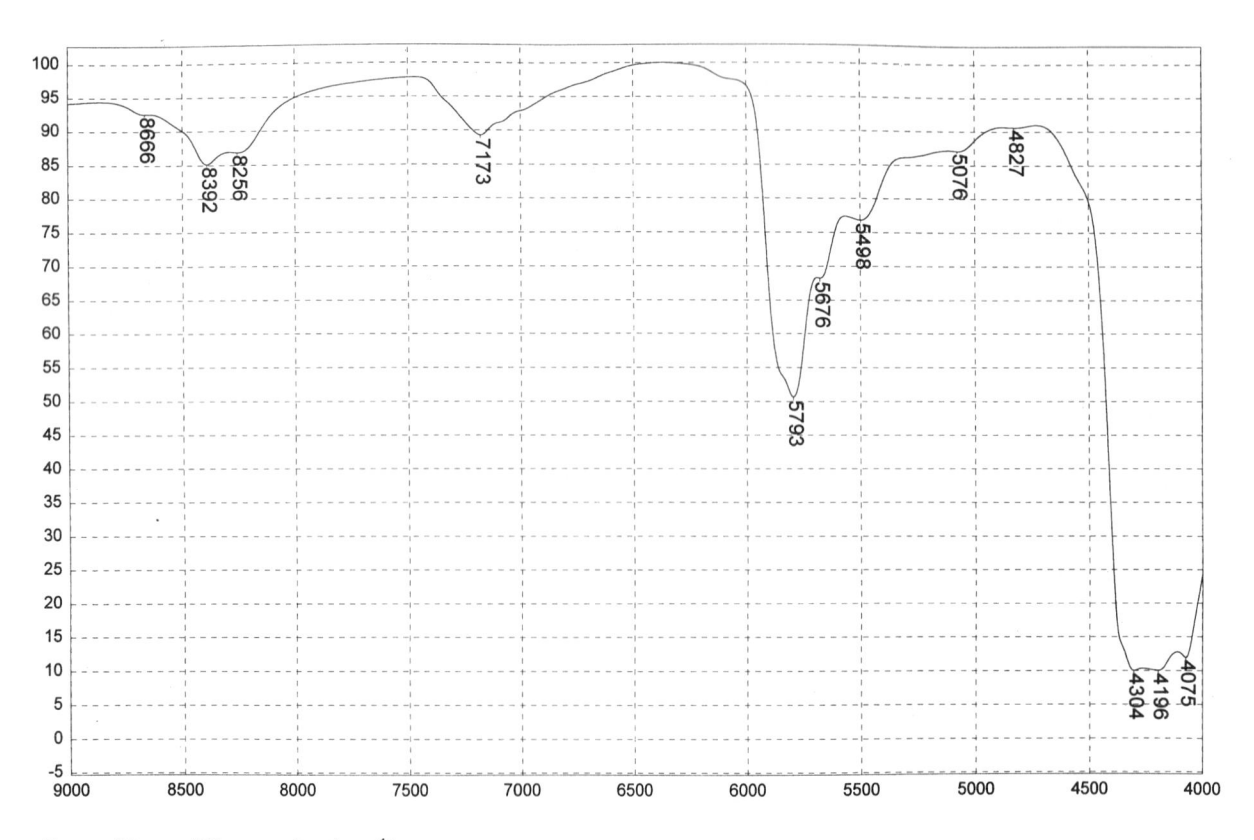

Transmittance / Wavenumber (cm^{-1})

748   Polypropylene, atactic

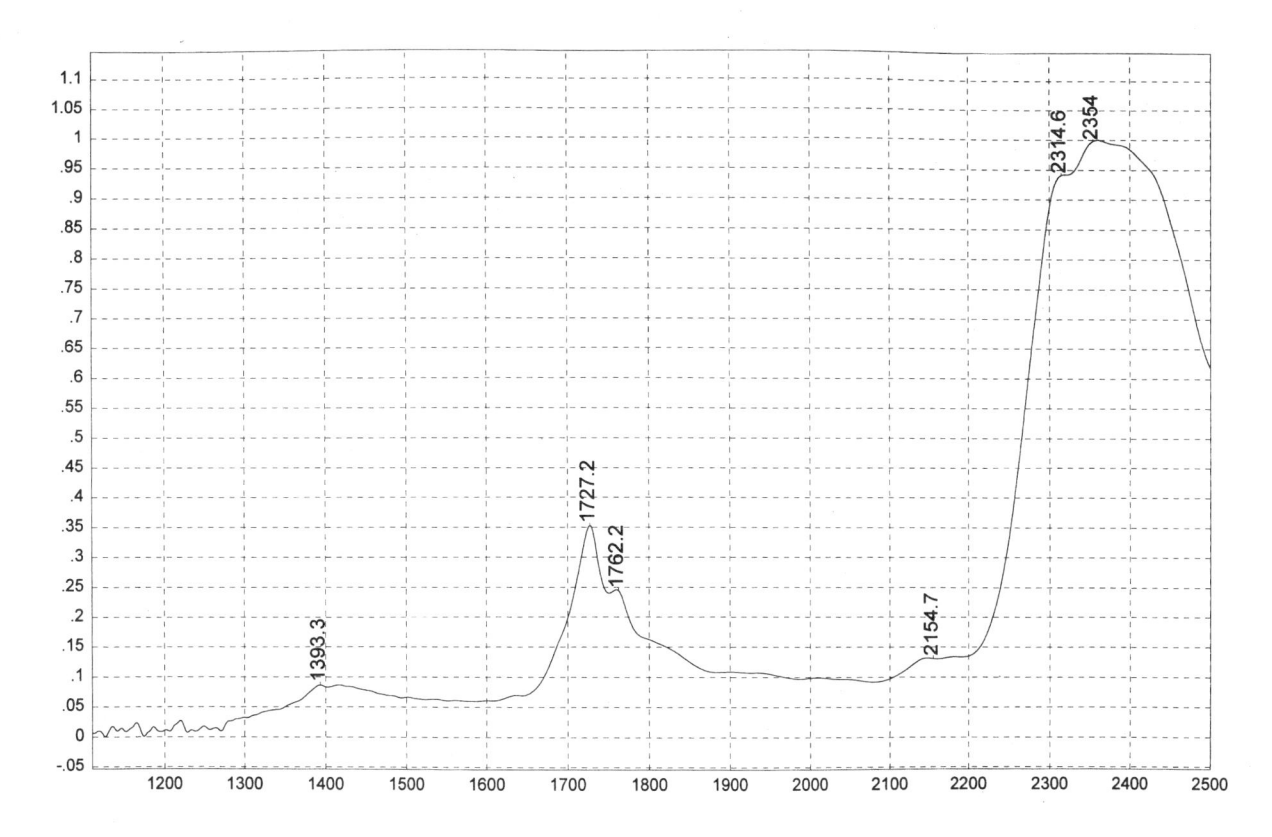

Absorbance / Nanometers

749   **Ethylene vinyl acetate with C9 and CH hydrocarbon resins**

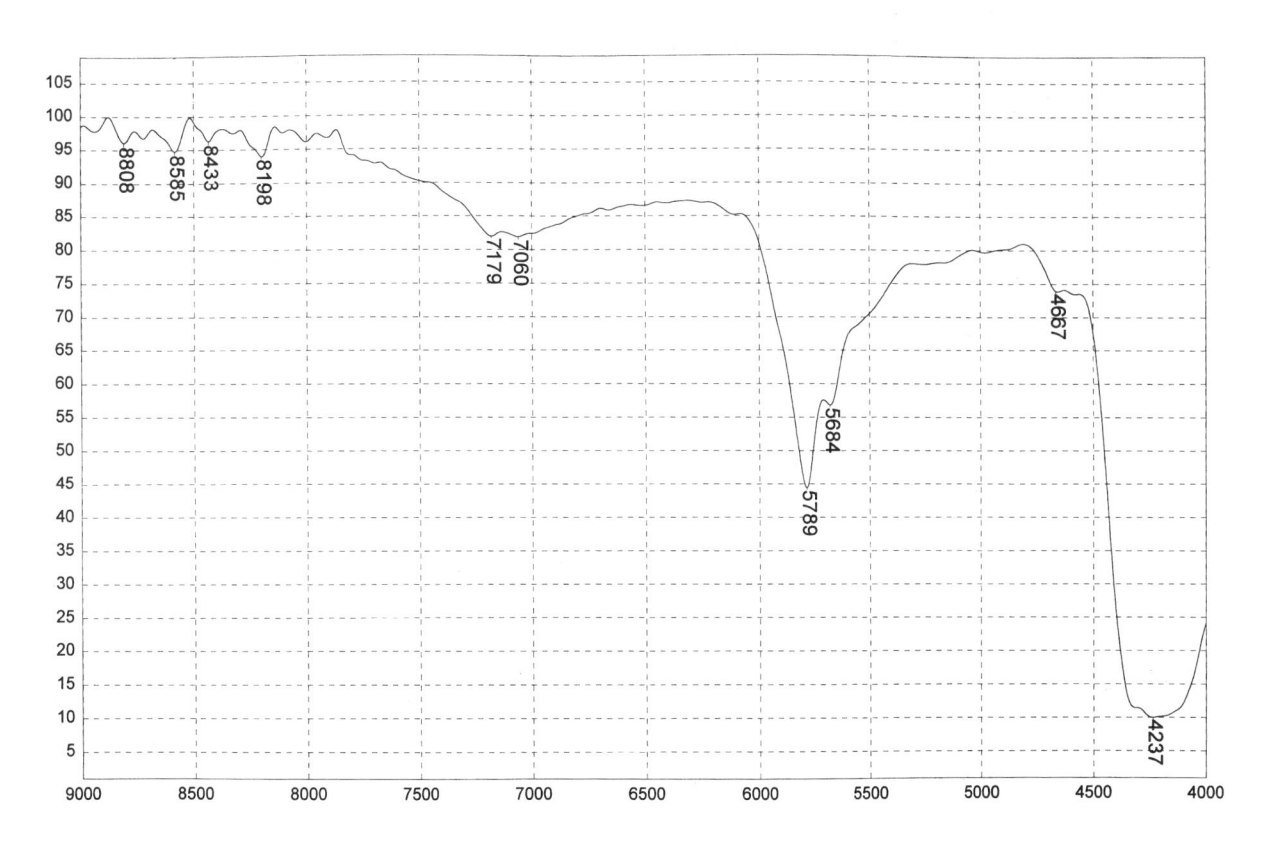

Transmittance / Wavenumber (cm⁻¹)

750   **Ethylene vinyl acetate with C9 and CH hydrocarbon resins**

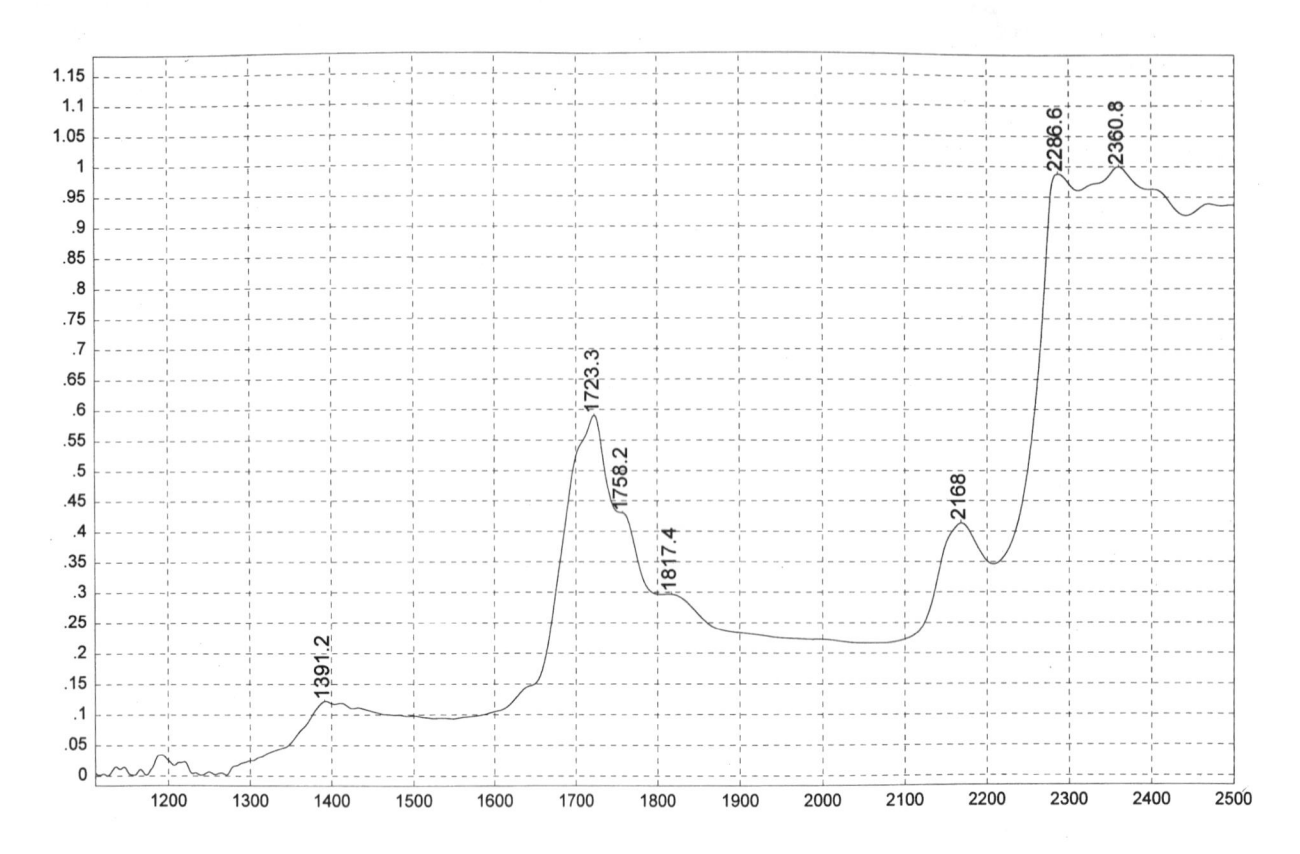

Absorbance / Nanometers

751   STYRENE:ETHYLENE BUTYLENE:STYRENE COPOLYMER II

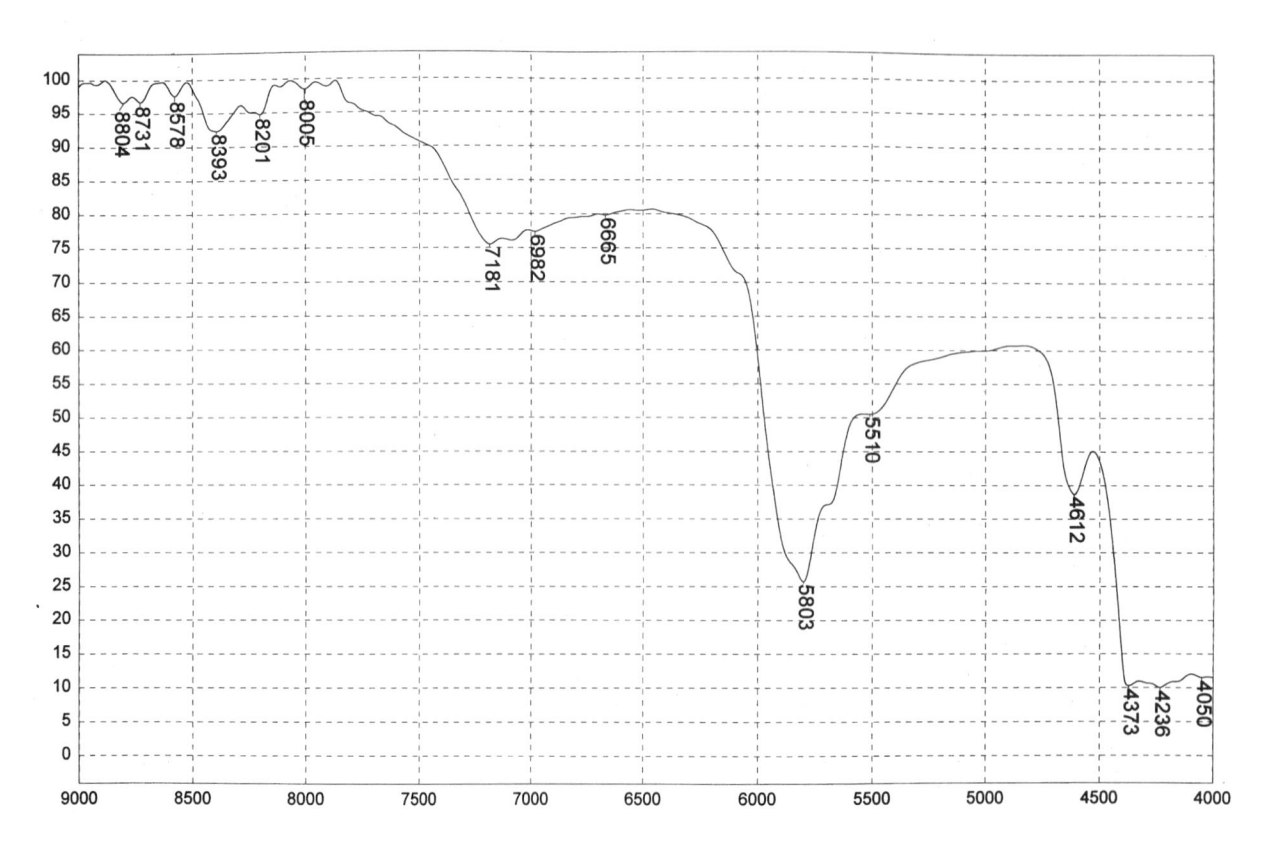

Transmittance / Wavenumber (cm^{-1})

752   STYRENE:ETHYLENE BUTYLENE:STYRENE COPOLYMER II

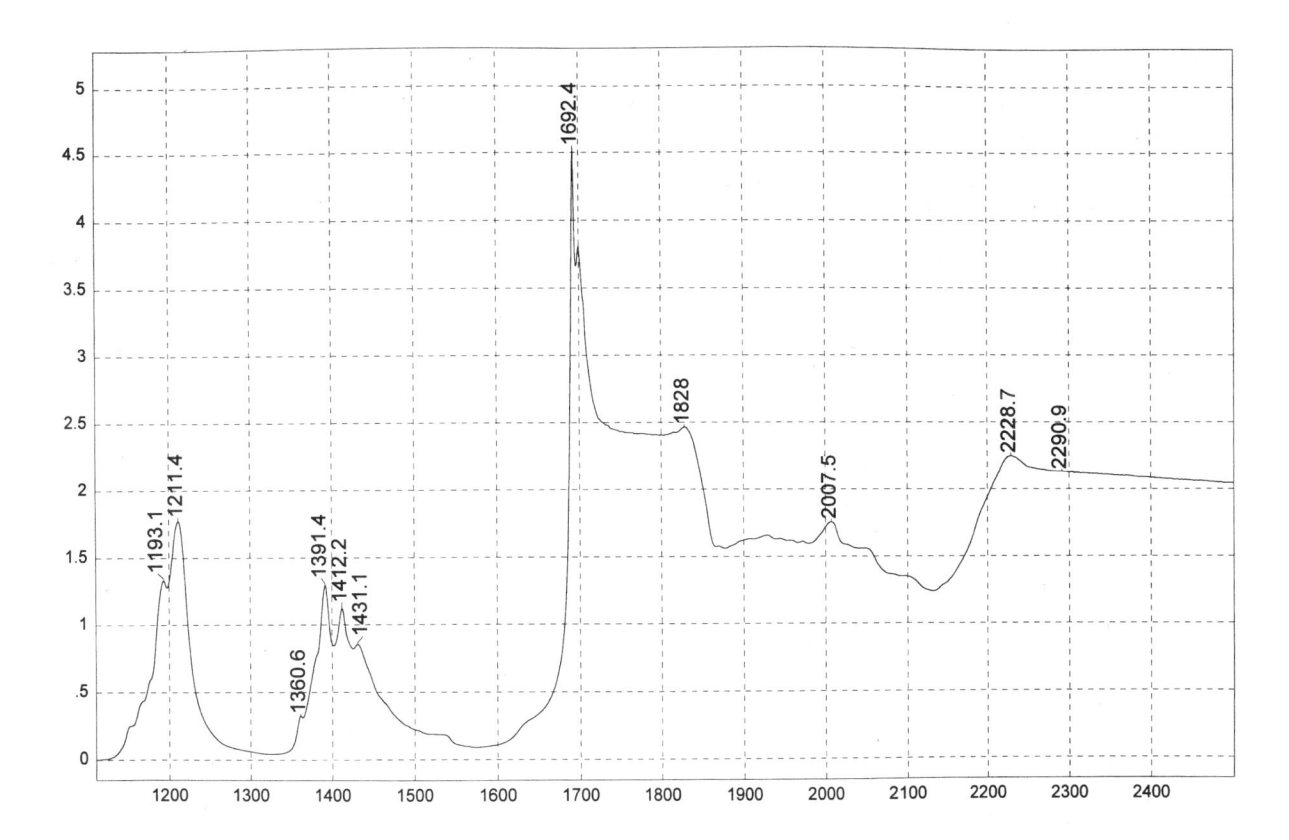

Absorbance / Nanometers

753
n-Decane

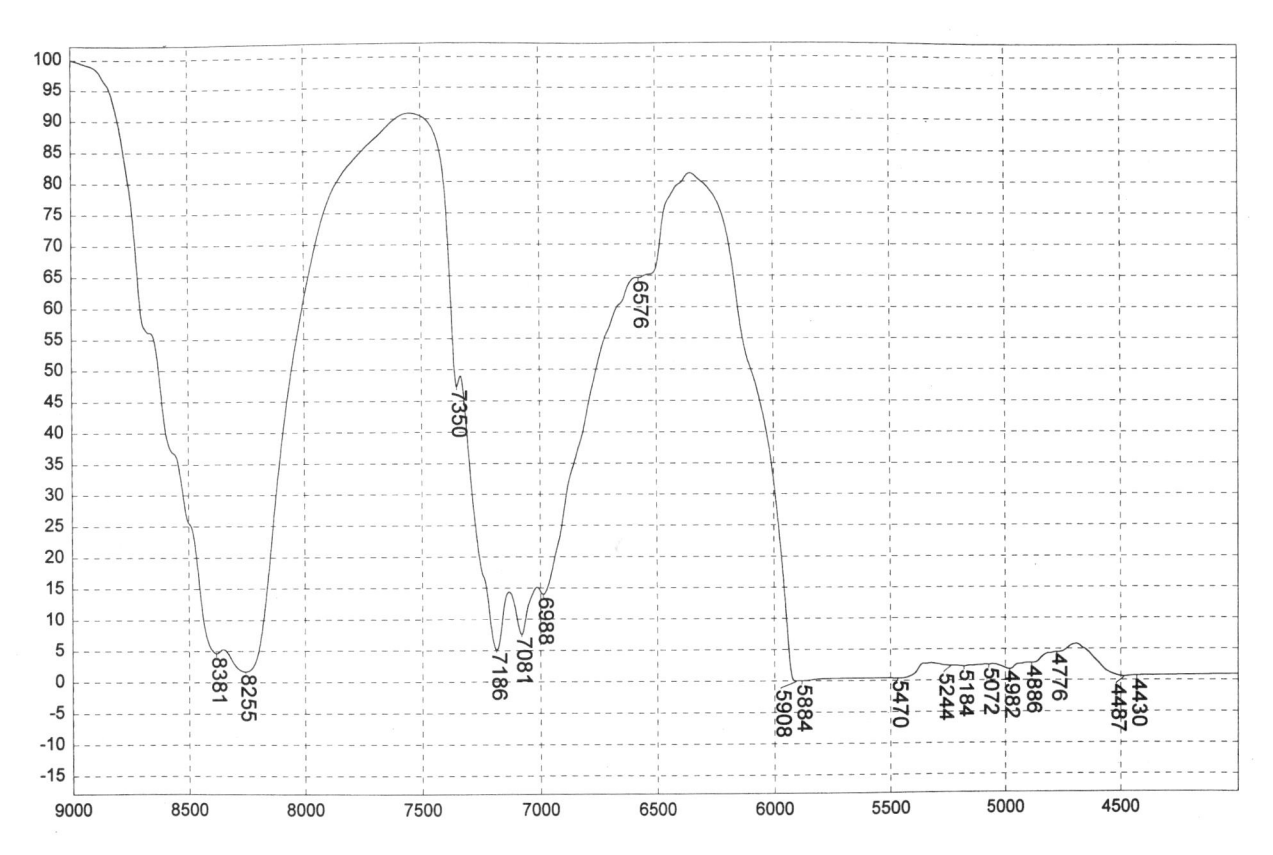

Transmittance / Wavenumber (cm⁻¹)

754
n-Decane

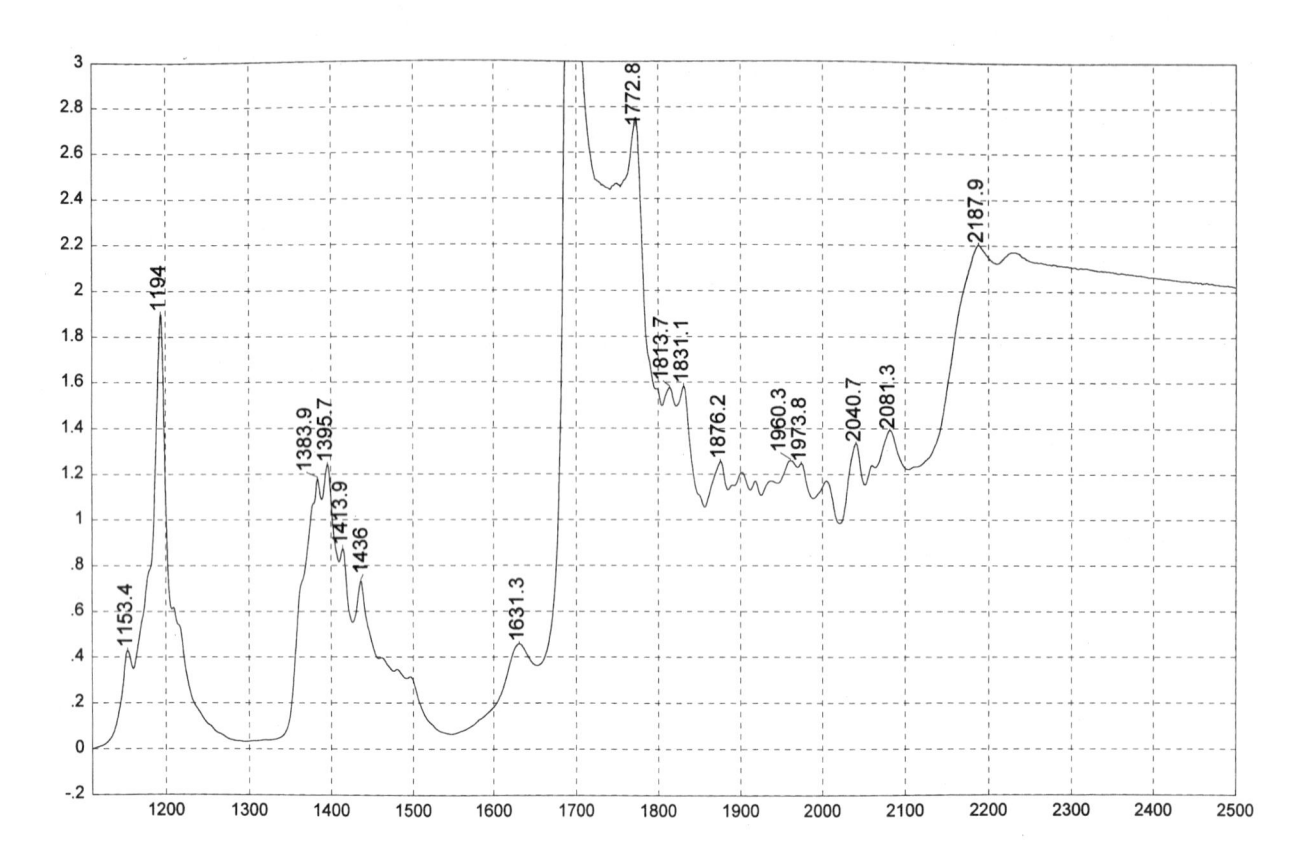

Absorbance / Nanometers

| 755 | Isooctane |

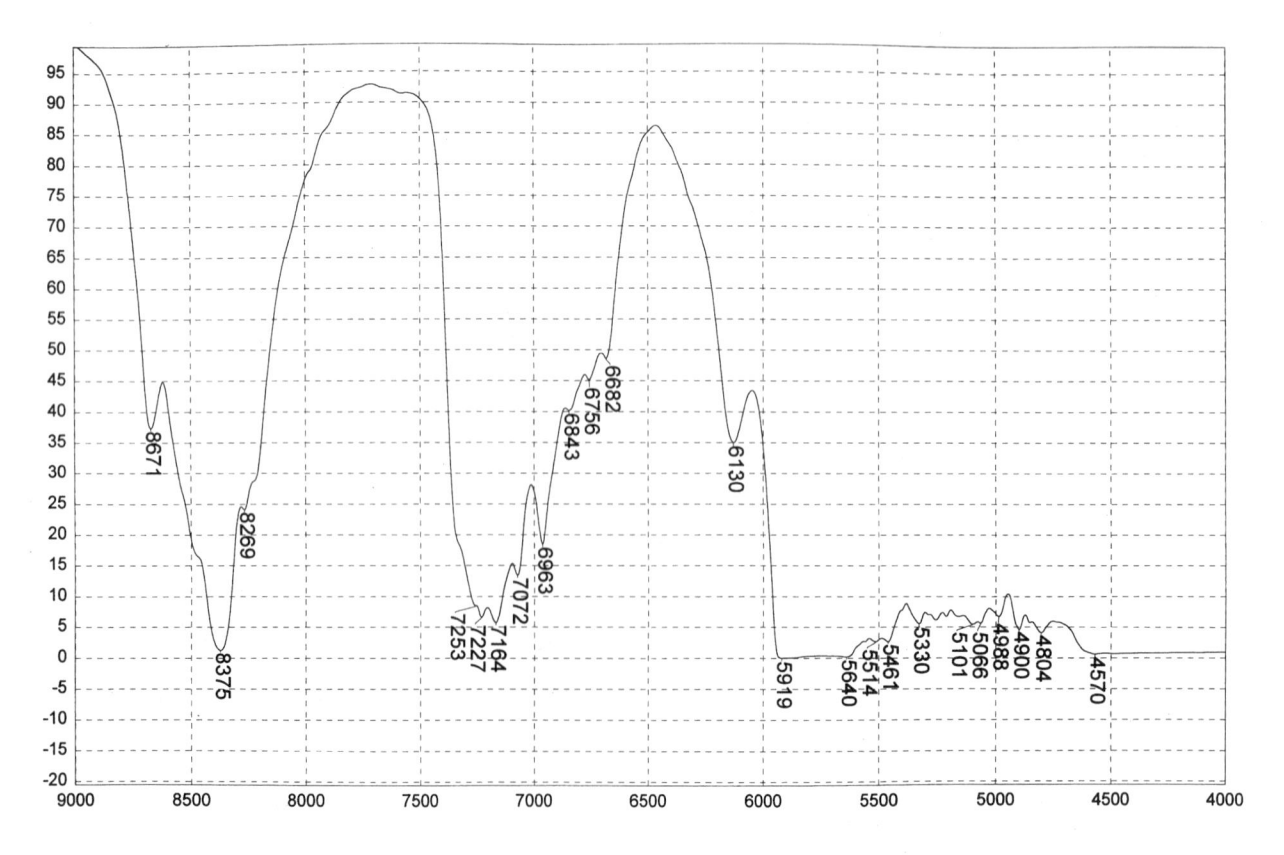

Transmittance / Wavenumber (cm⁻¹)

| 756 | Isooctane |

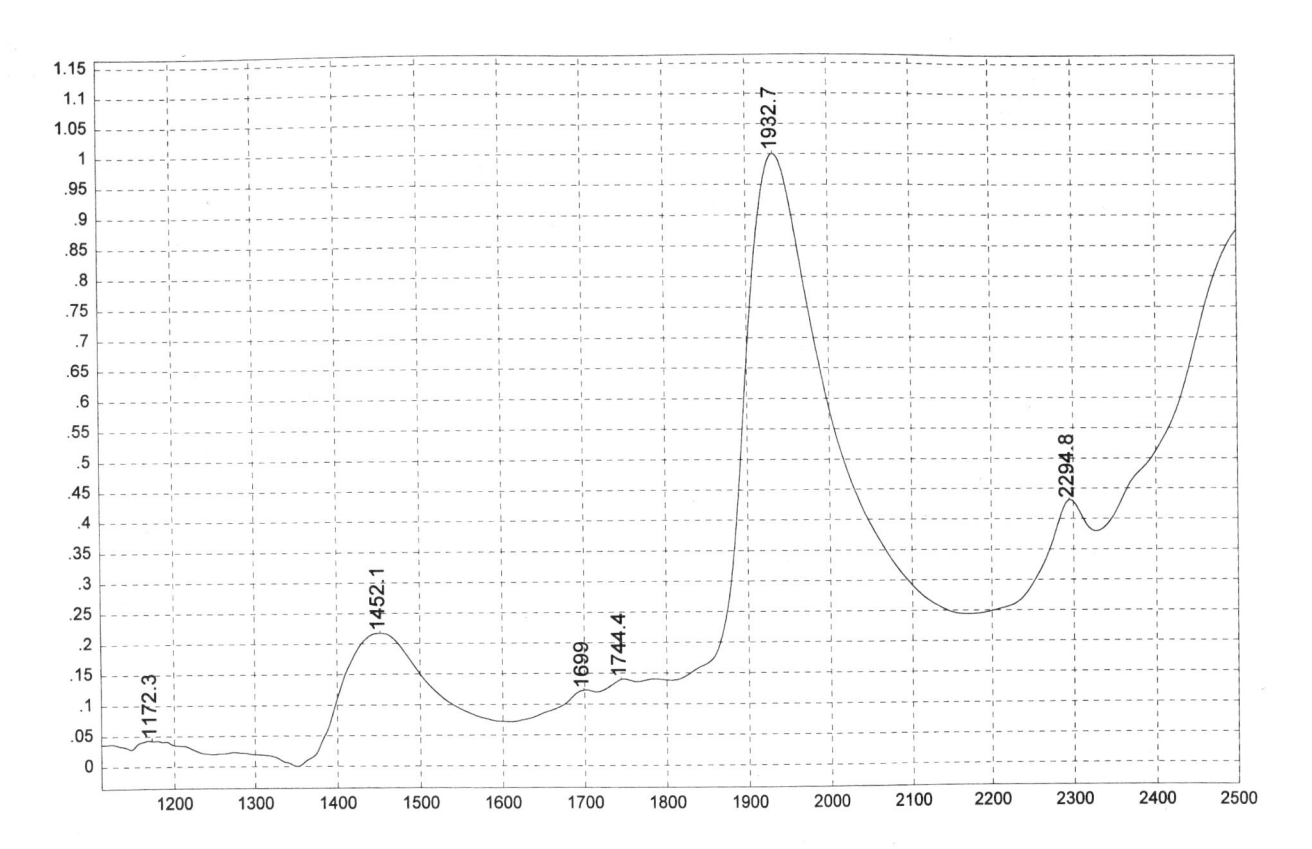

Absorbance / Nanometers

757   **Dimethicone (Silicone)**

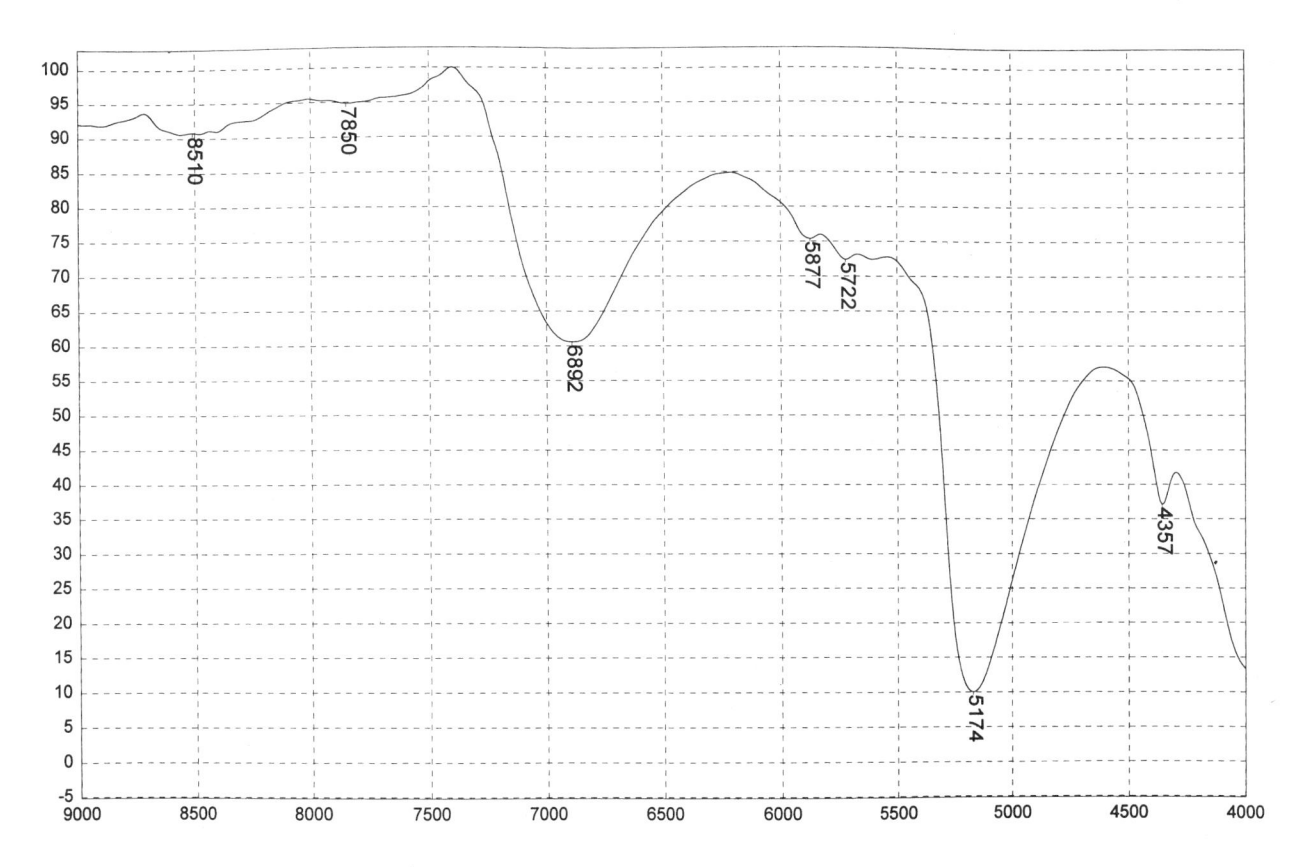

Transmittance / Wavenumber (cm⁻¹)

758   **Dimethicone (Silicone)**

379

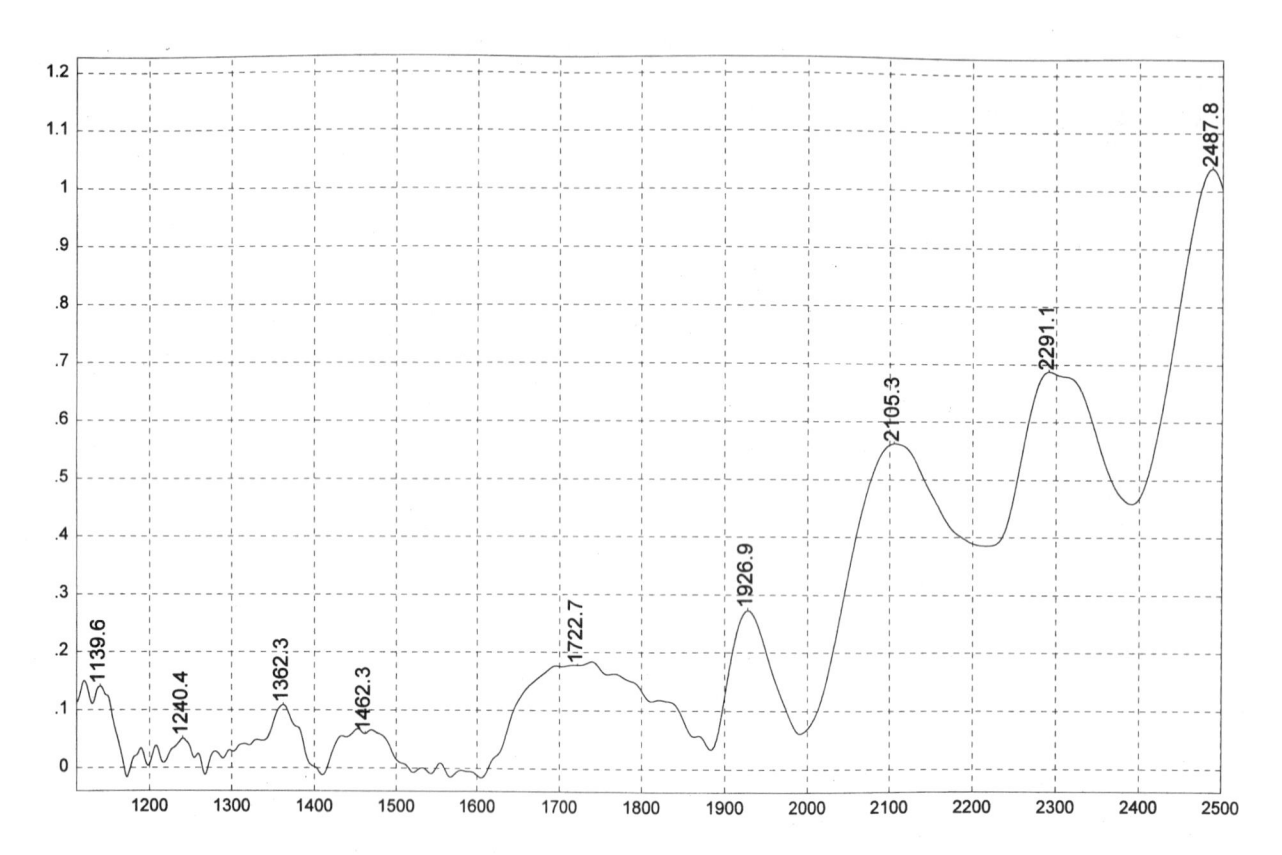

Absorbance / Nanometers

759 Starch

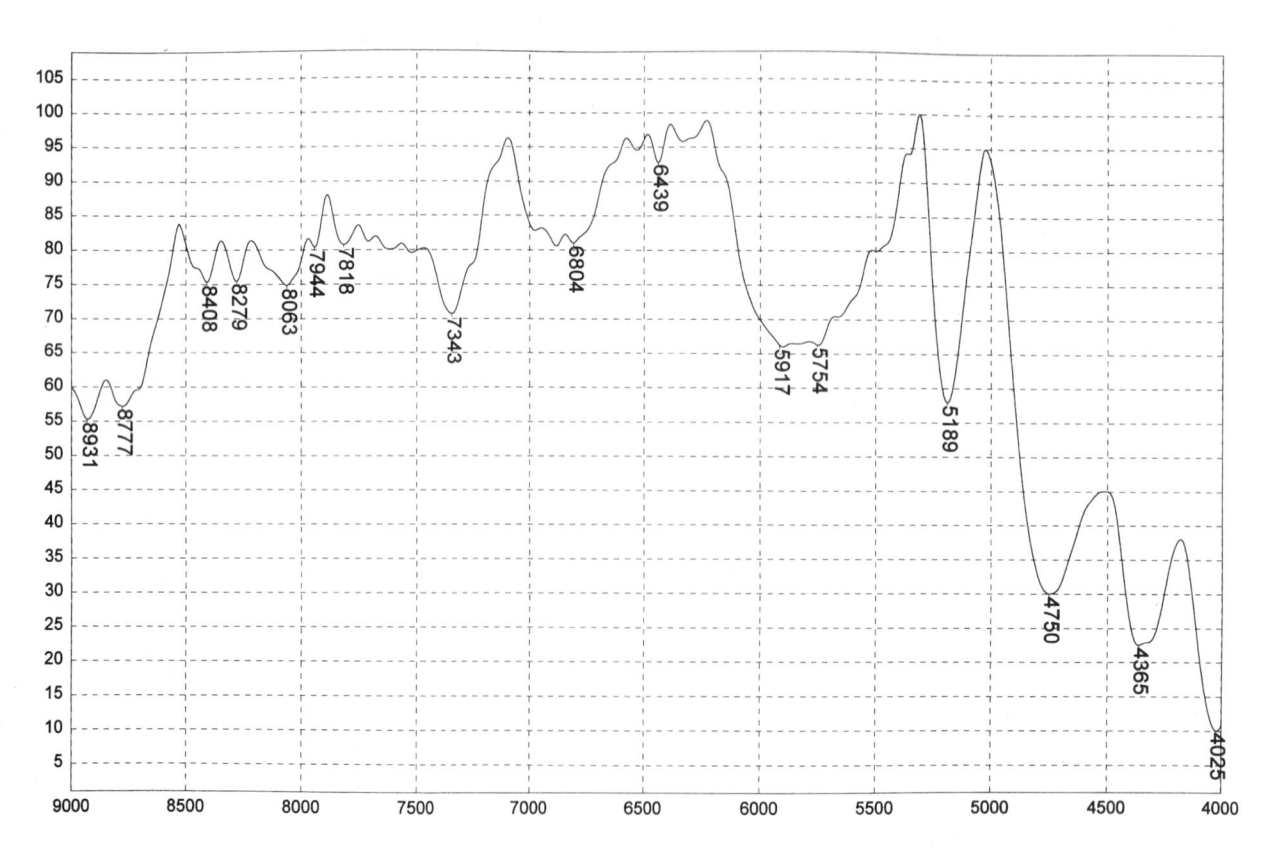

Transmittance / Wavenumber (cm⁻¹)

760 Starch

380

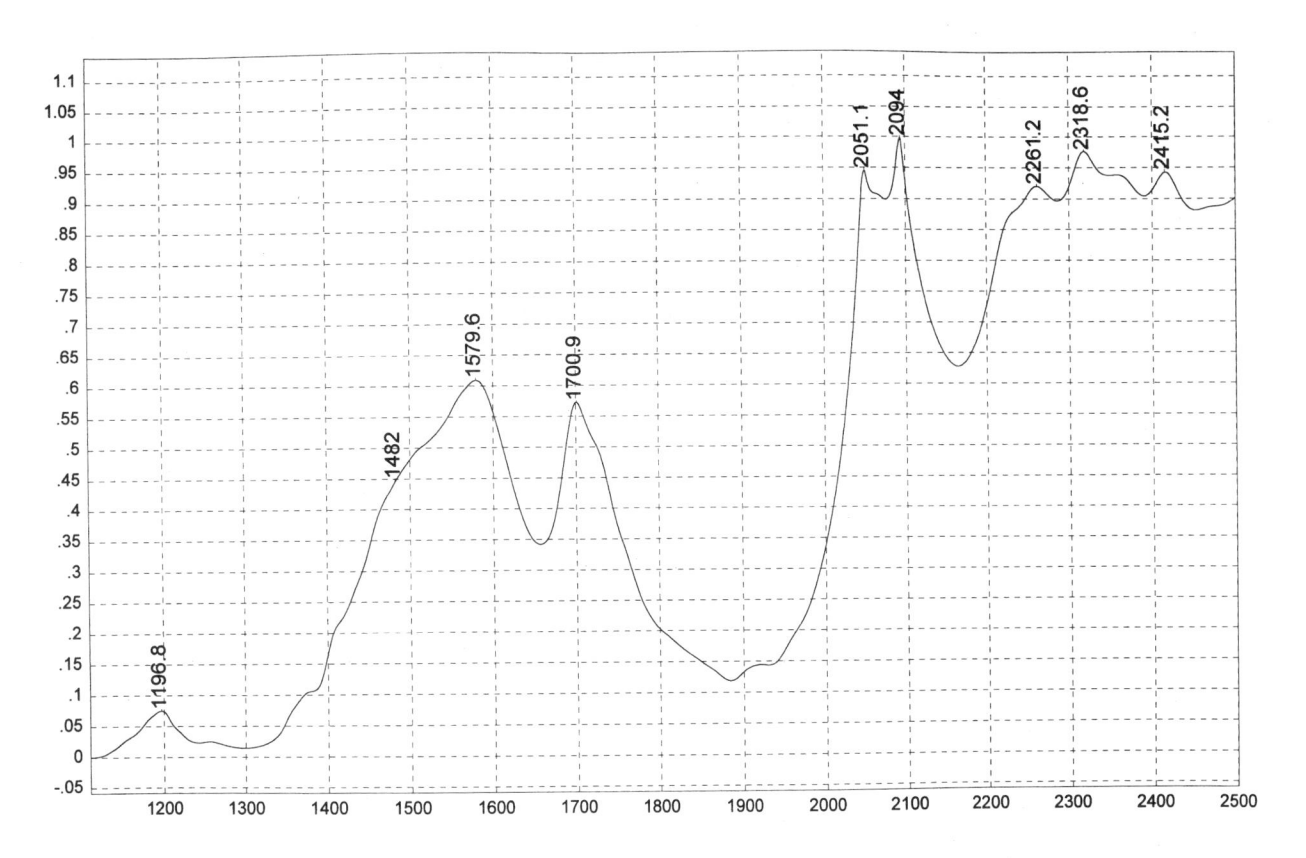

Absorbance / Nanometers

761   Menthol

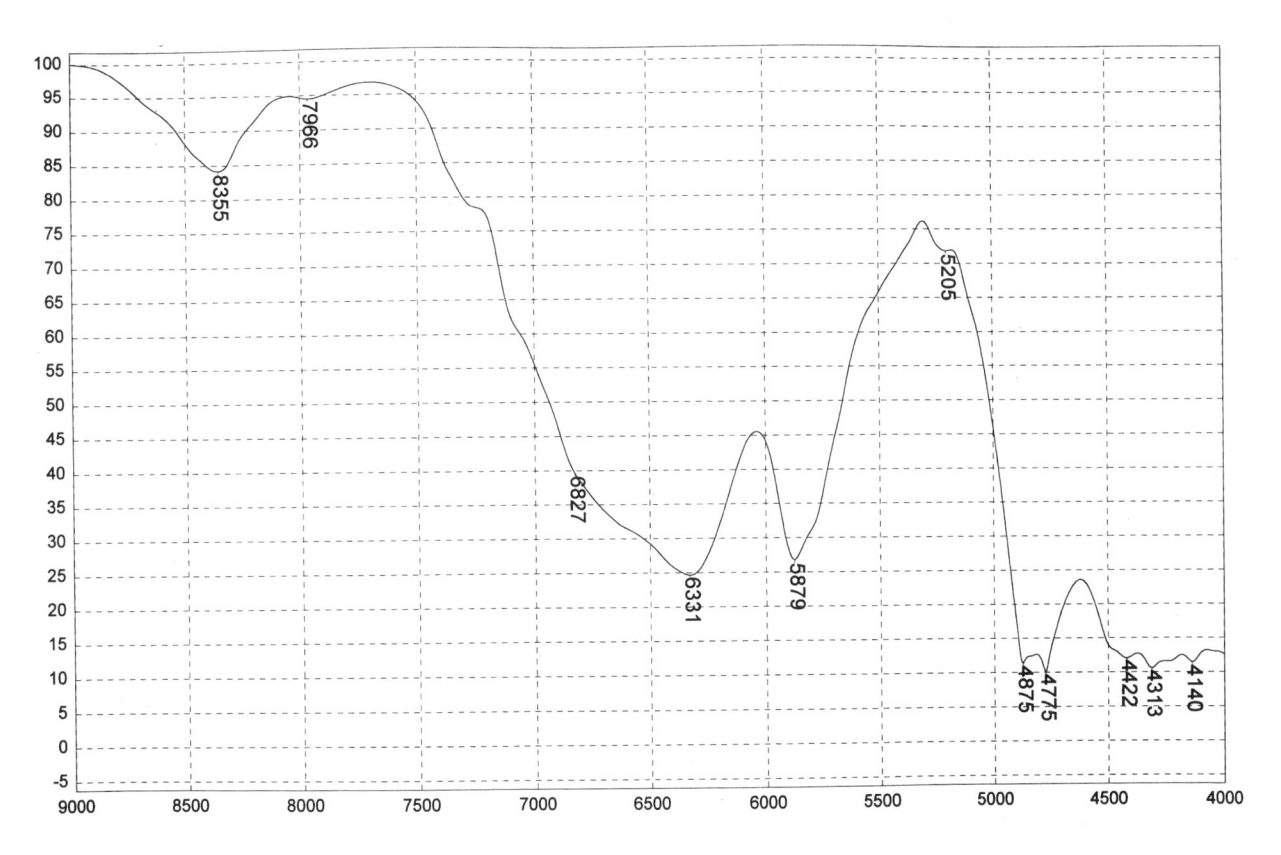

Transmittance / Wavenumber (cm⁻¹)

762   Menthol

381

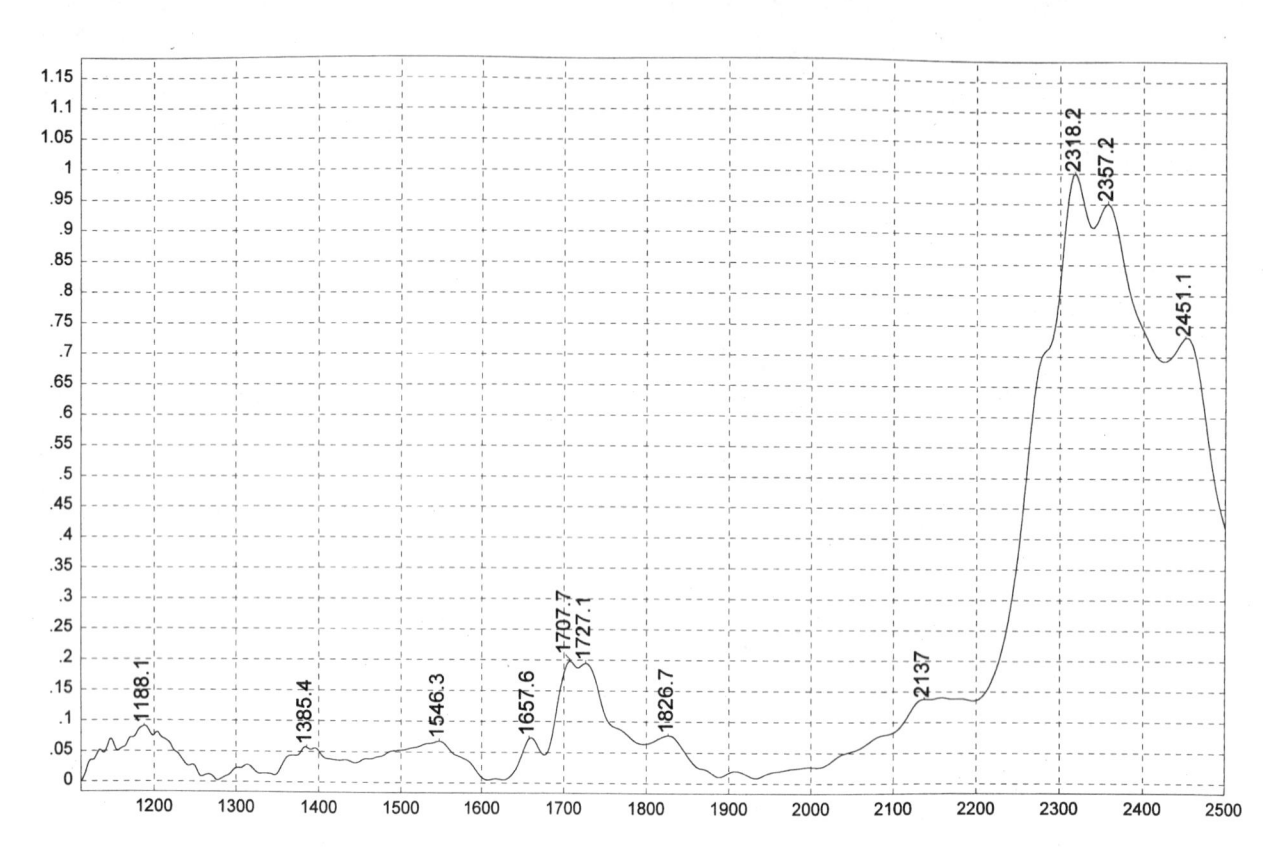

763   Polypropylene (66%) and polyester (34%)

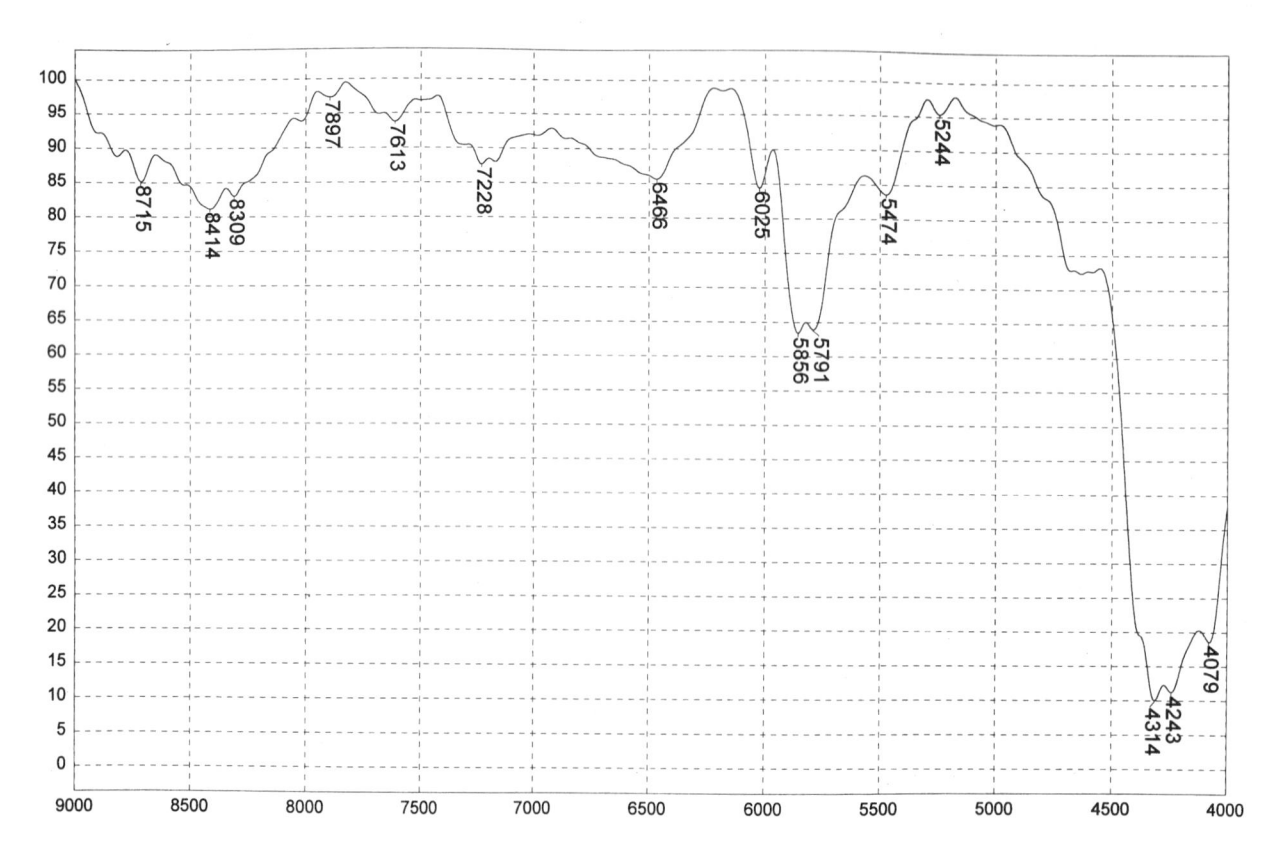

764   Polypropylene (66%) and polyester (34%)

382

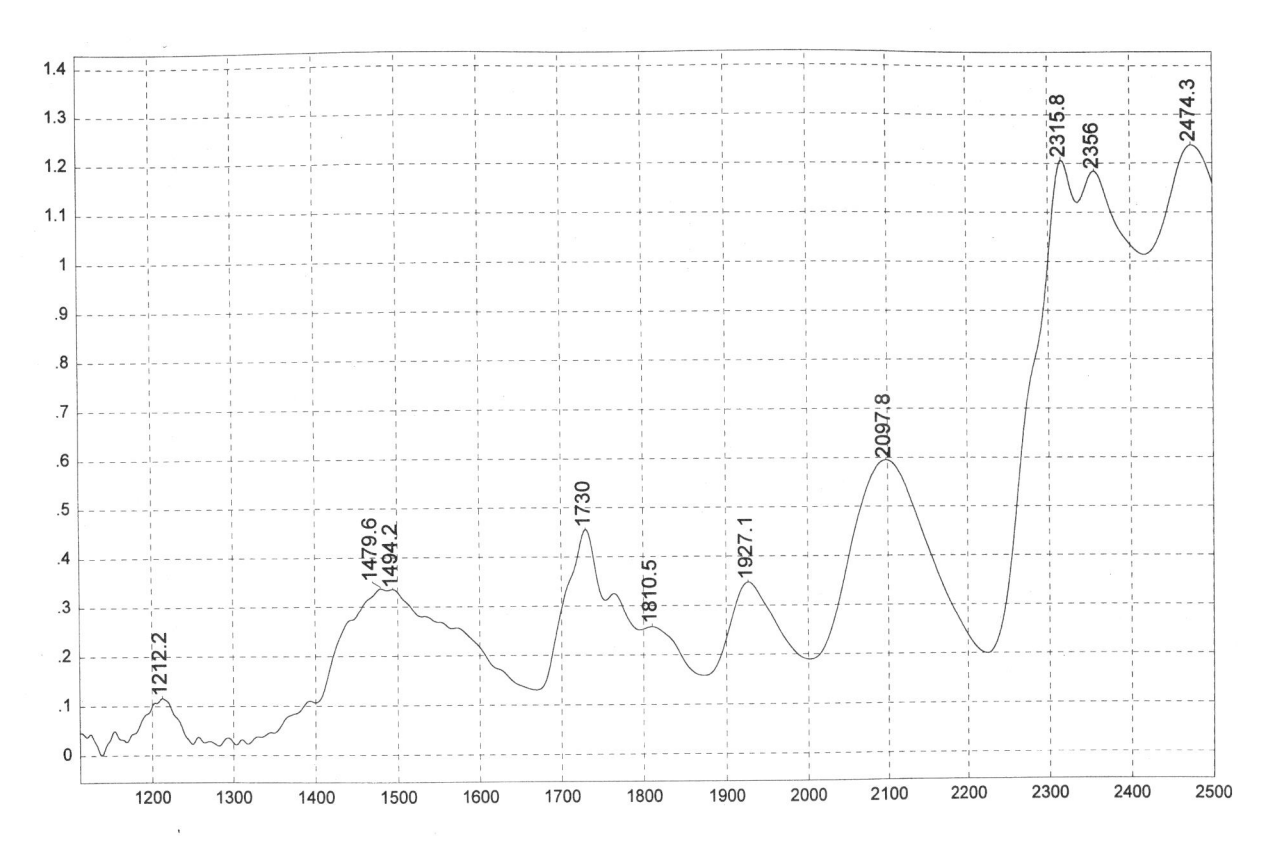

Absorbance / Nanometers

765 Cellulose (63%) and polypropylene (37%)

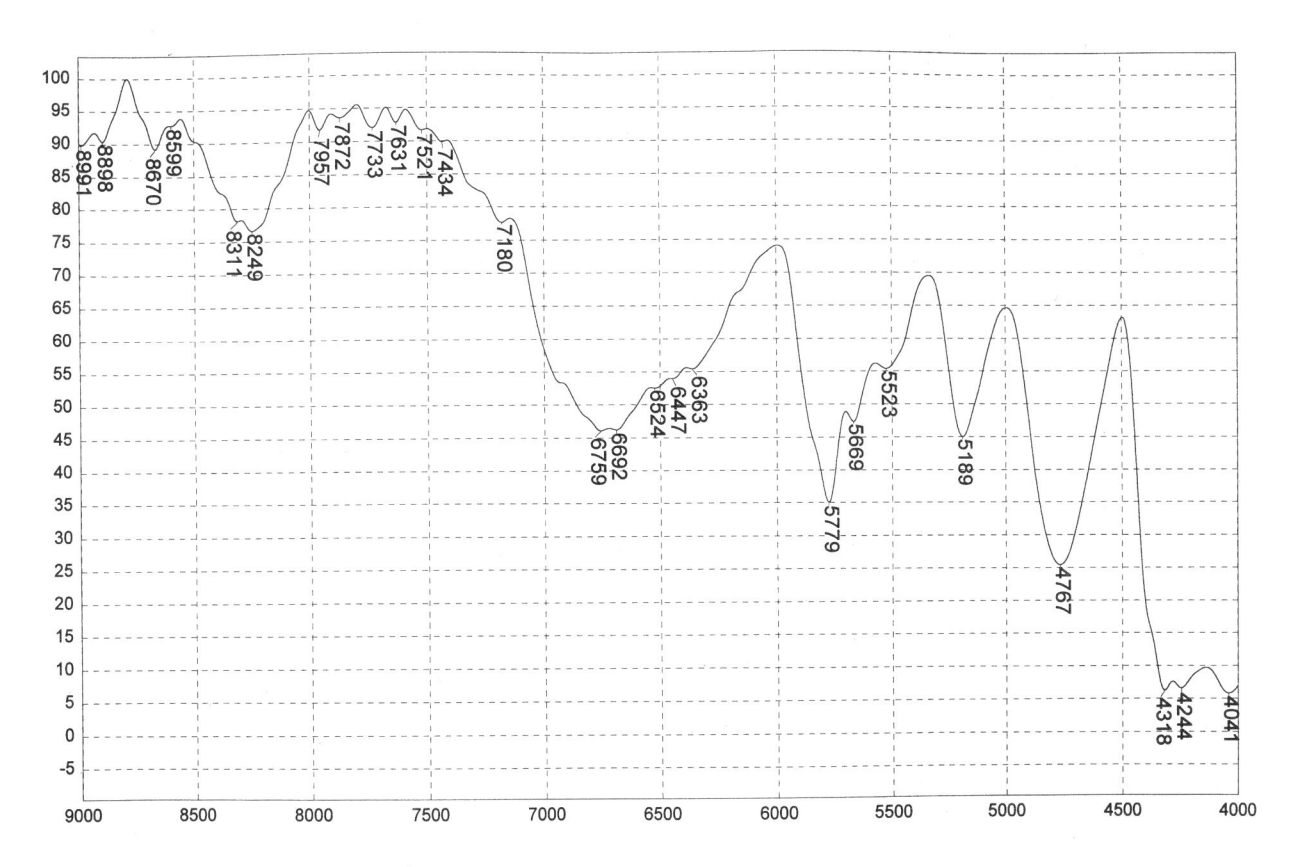

Transmittance / Wavenumber (cm⁻¹)

766 Cellulose (63%) and polypropylene (37%)

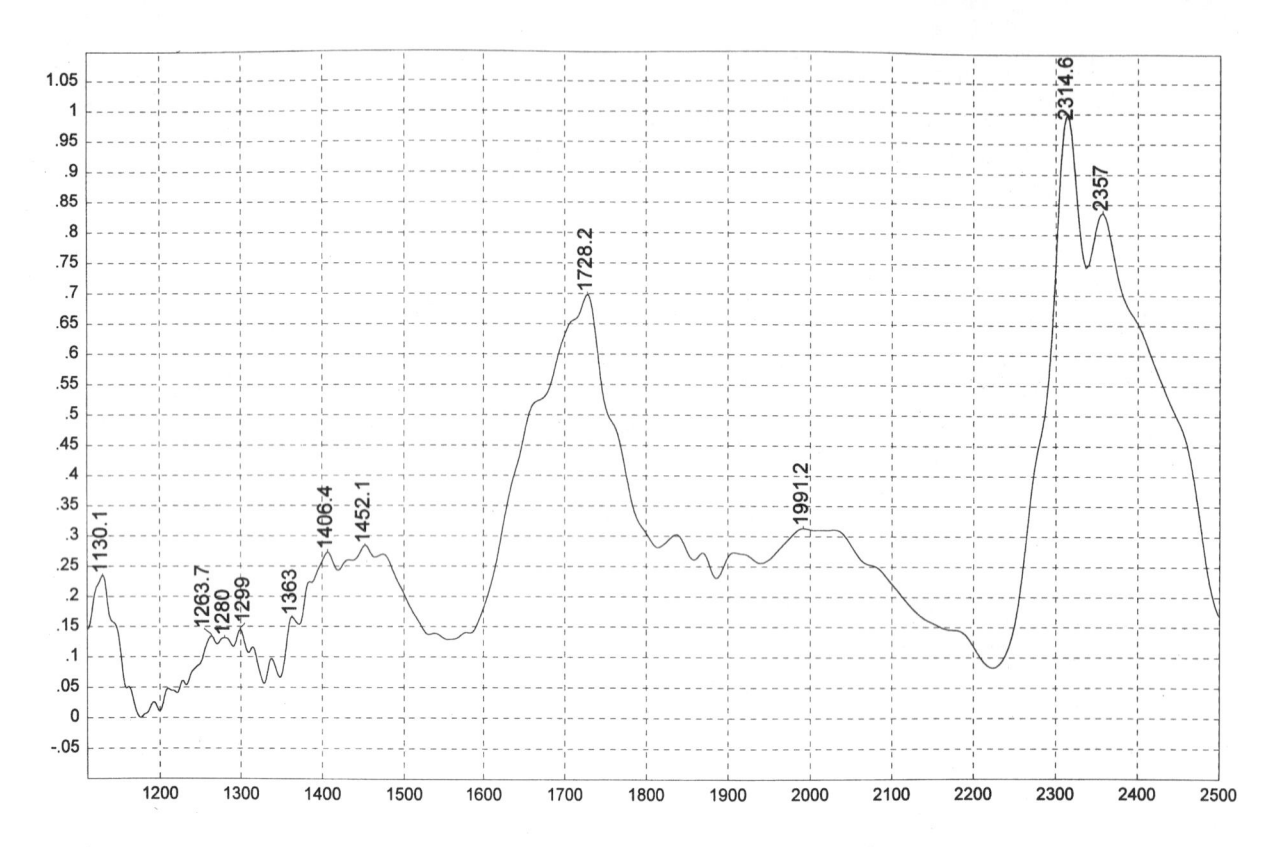

Absorbance / Nanometers

| 767 | **Polypropylene and polyethylene** |

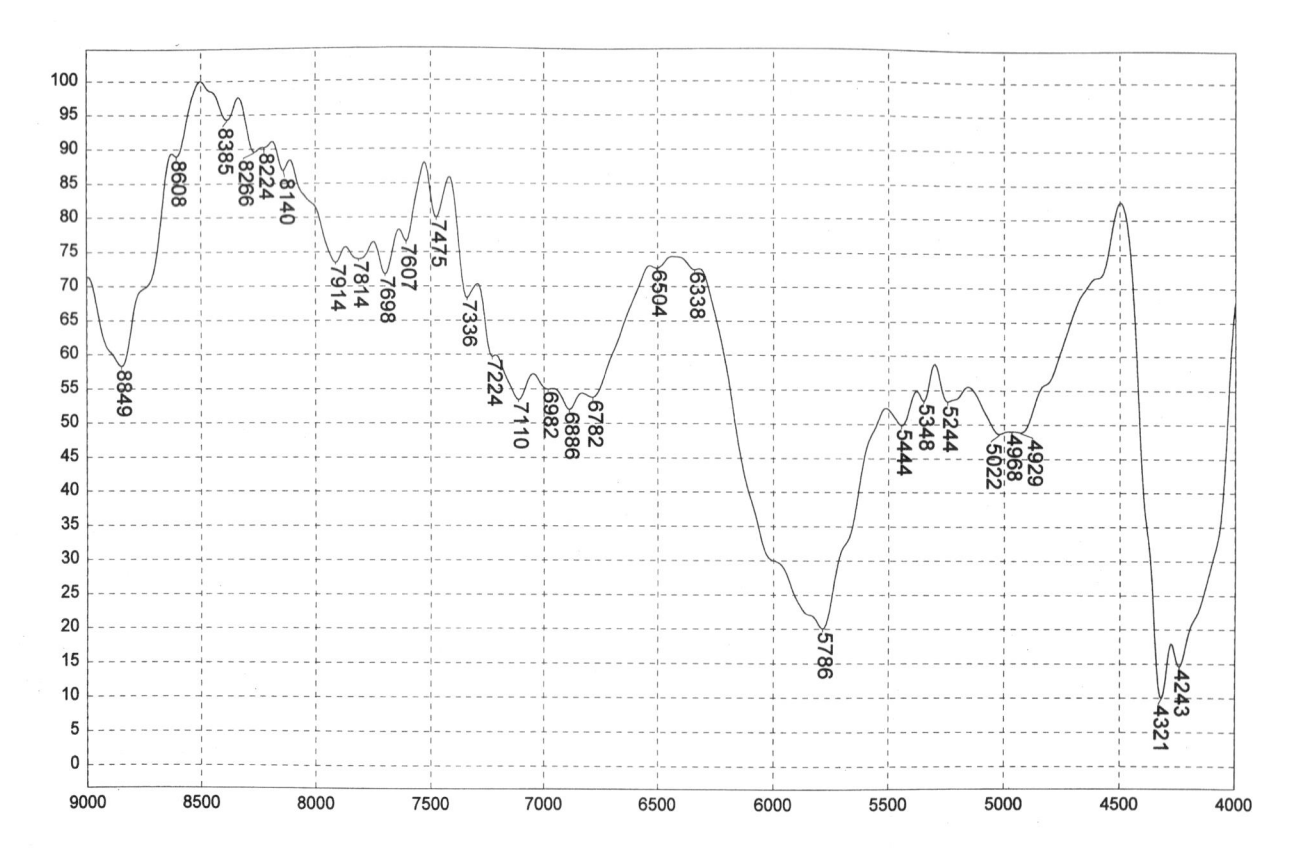

Transmittance / Wavenumber (cm⁻¹)

| 768 | **Polypropylene and polyethylene** |

384

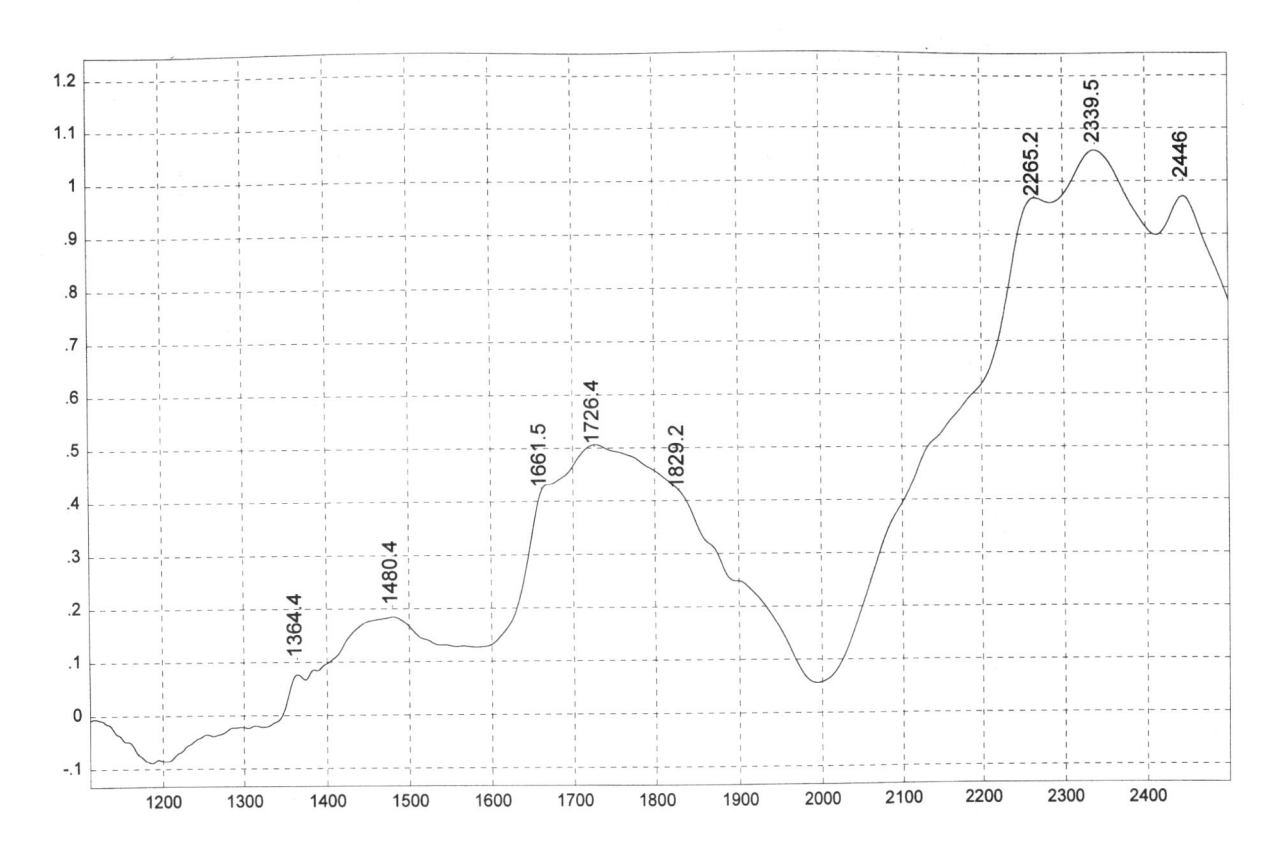

Absorbance / Nanometers

| 769 | Rayon and polyester |

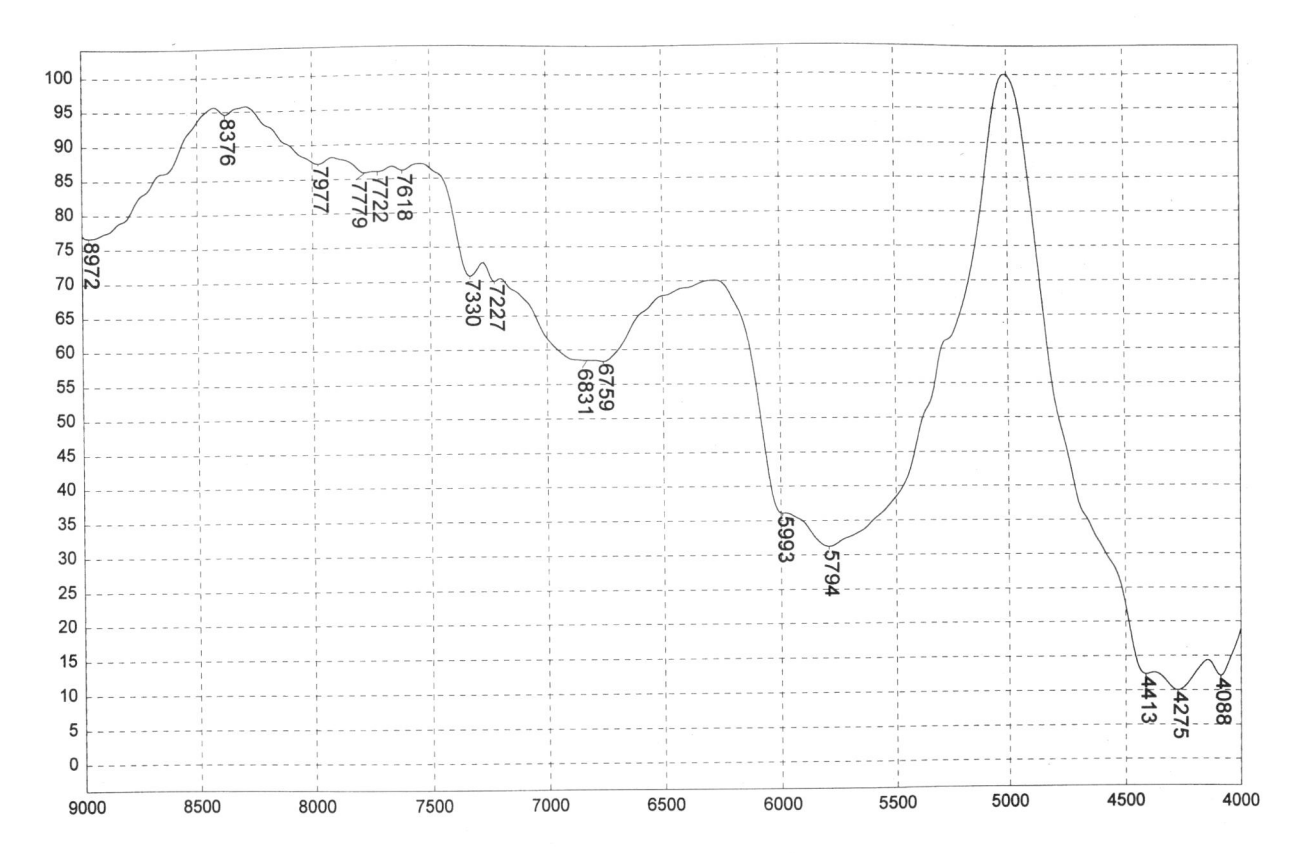

Transmittance / Wavenumber (cm⁻¹)

| 770 | Rayon and polyester |

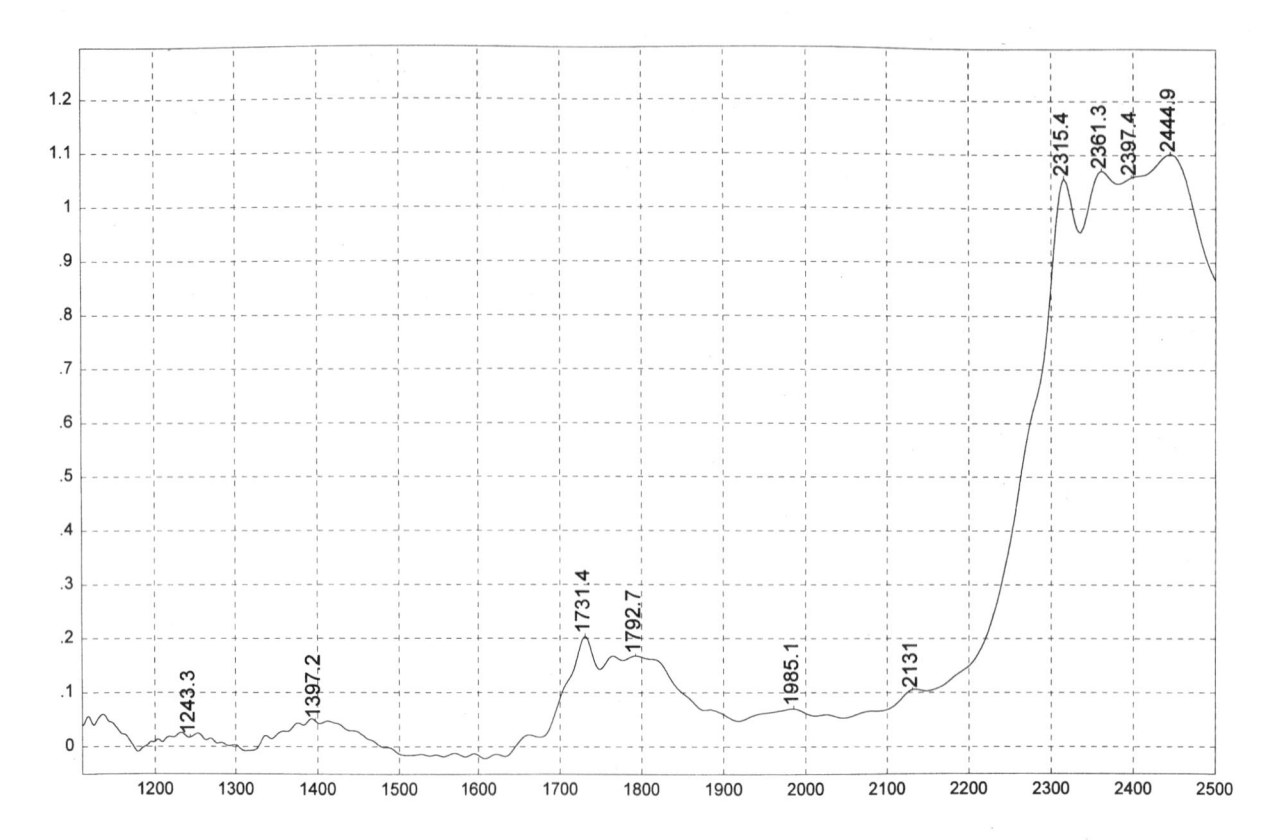

Absorbance / Nanometers

771 Polypropylene/polyethylene (60%) and polyester (40%)

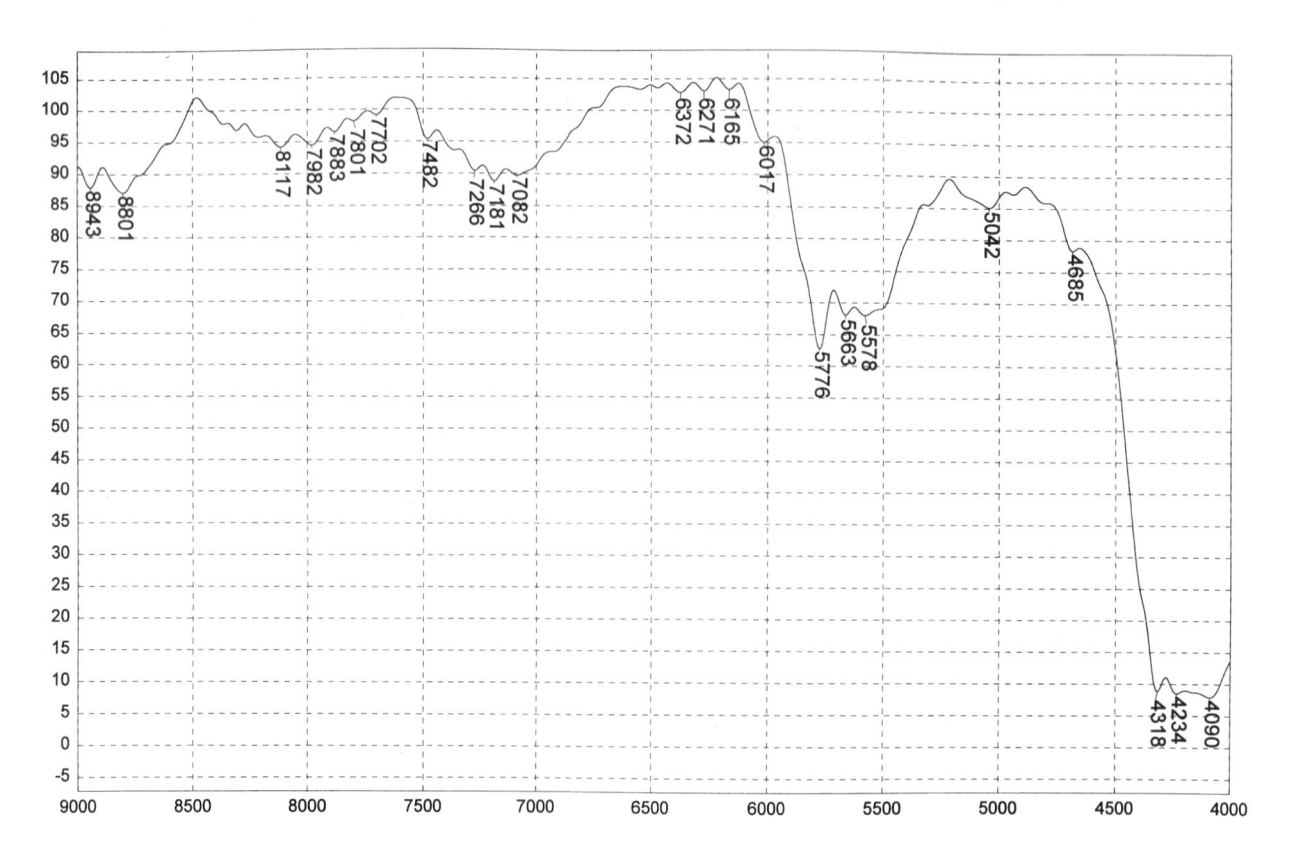

Transmittance / Wavenumber (cm⁻¹)

772 Polypropylene/polyethylene (60%) and polyester (40%)

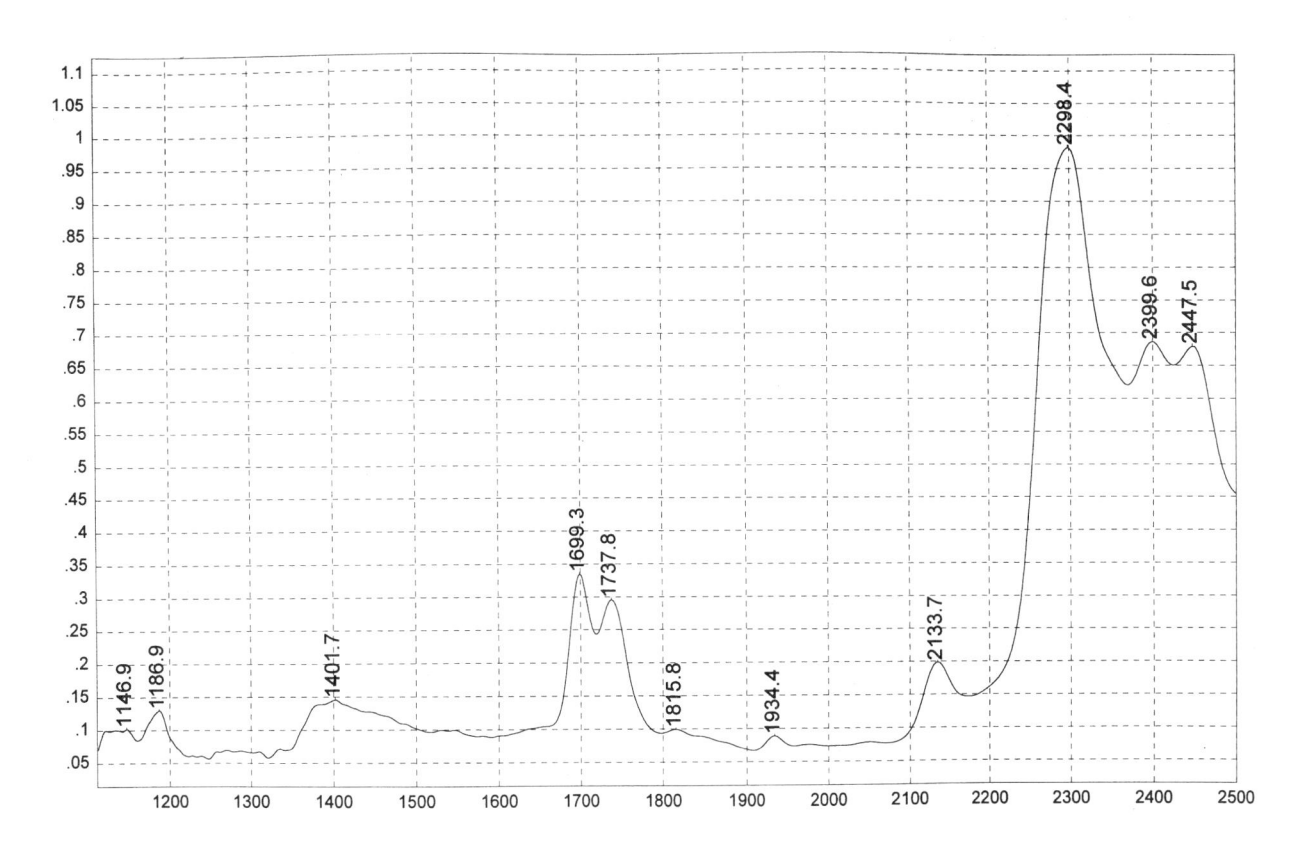

Absorbance / Nanometers

773 Camphor

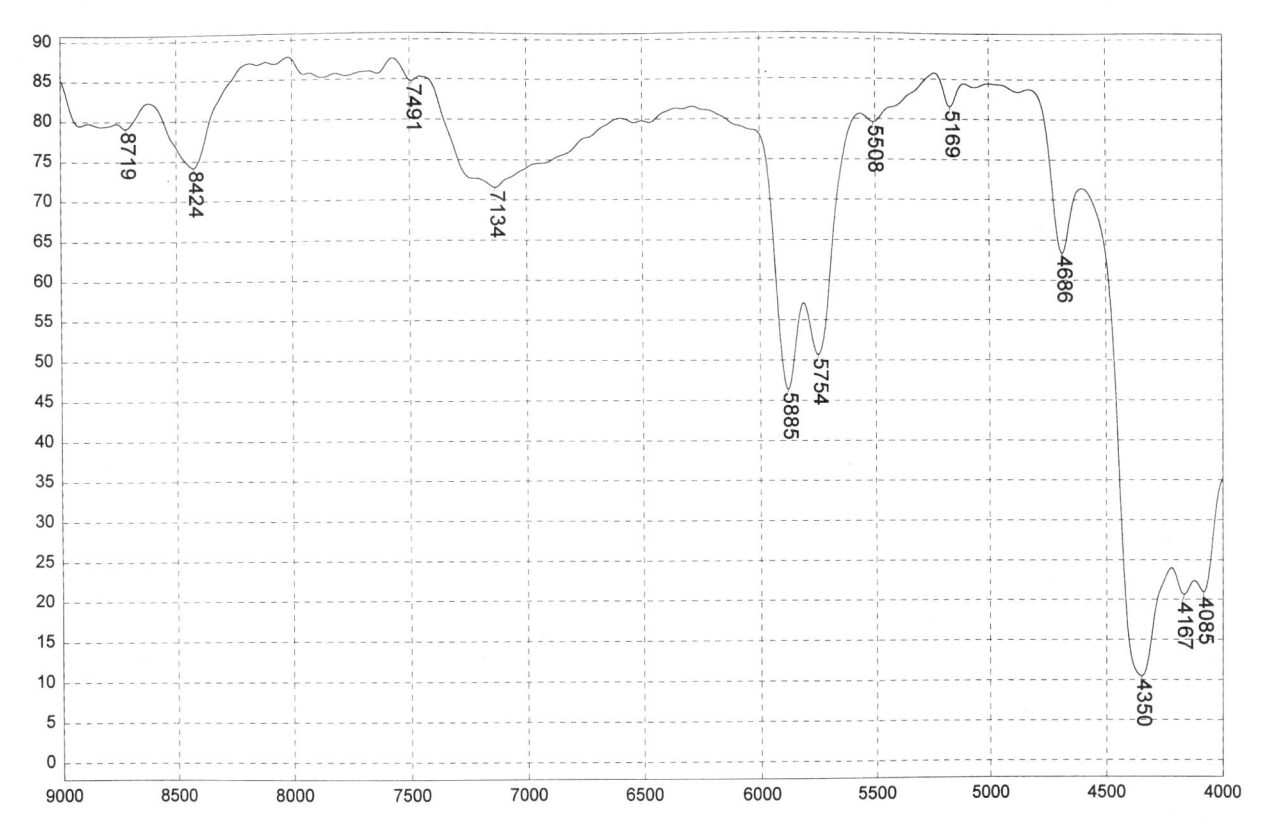

Transmittance / Wavenumber (cm^{-1})

774 Camphor

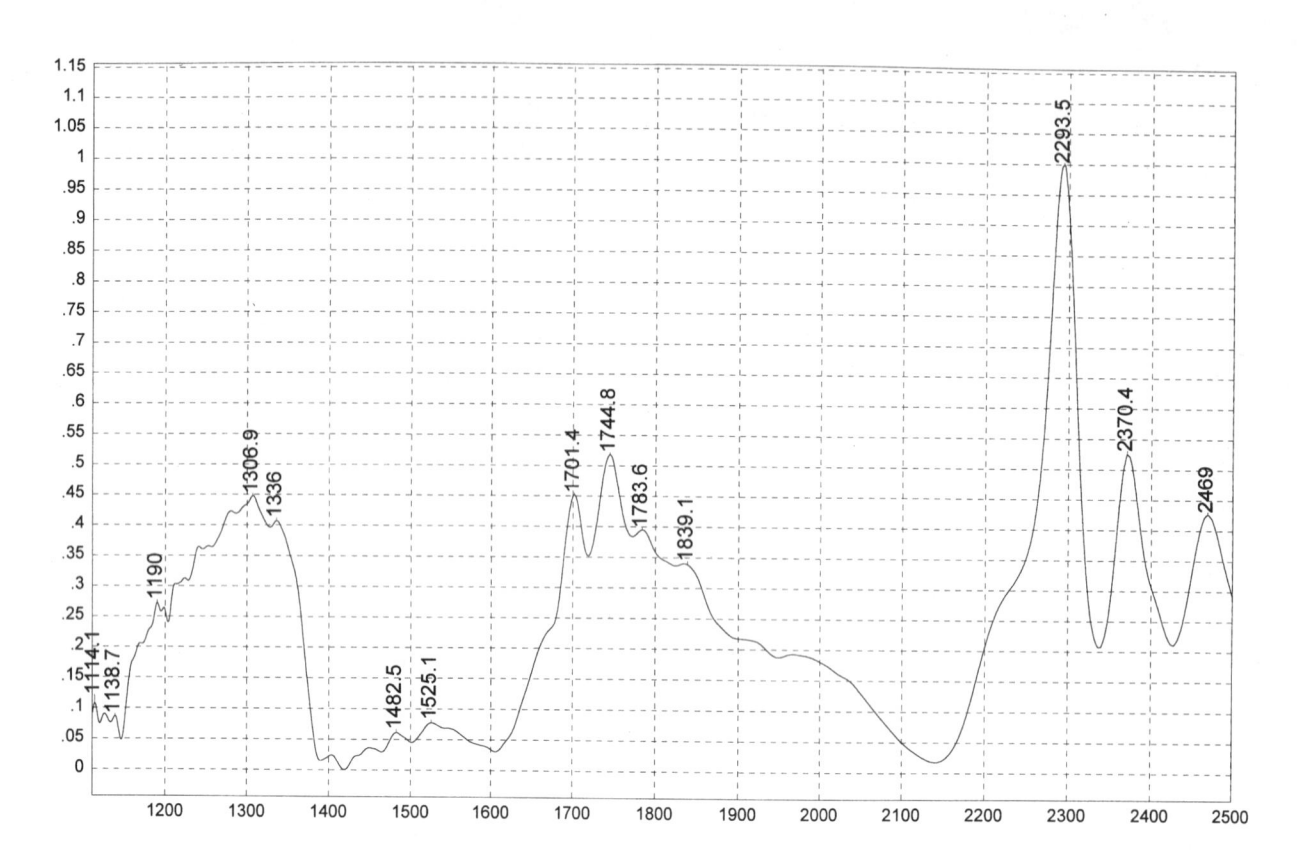

775

Absorbance / Nanometers

Silicone Fluid (Dow, 350 cs)

776

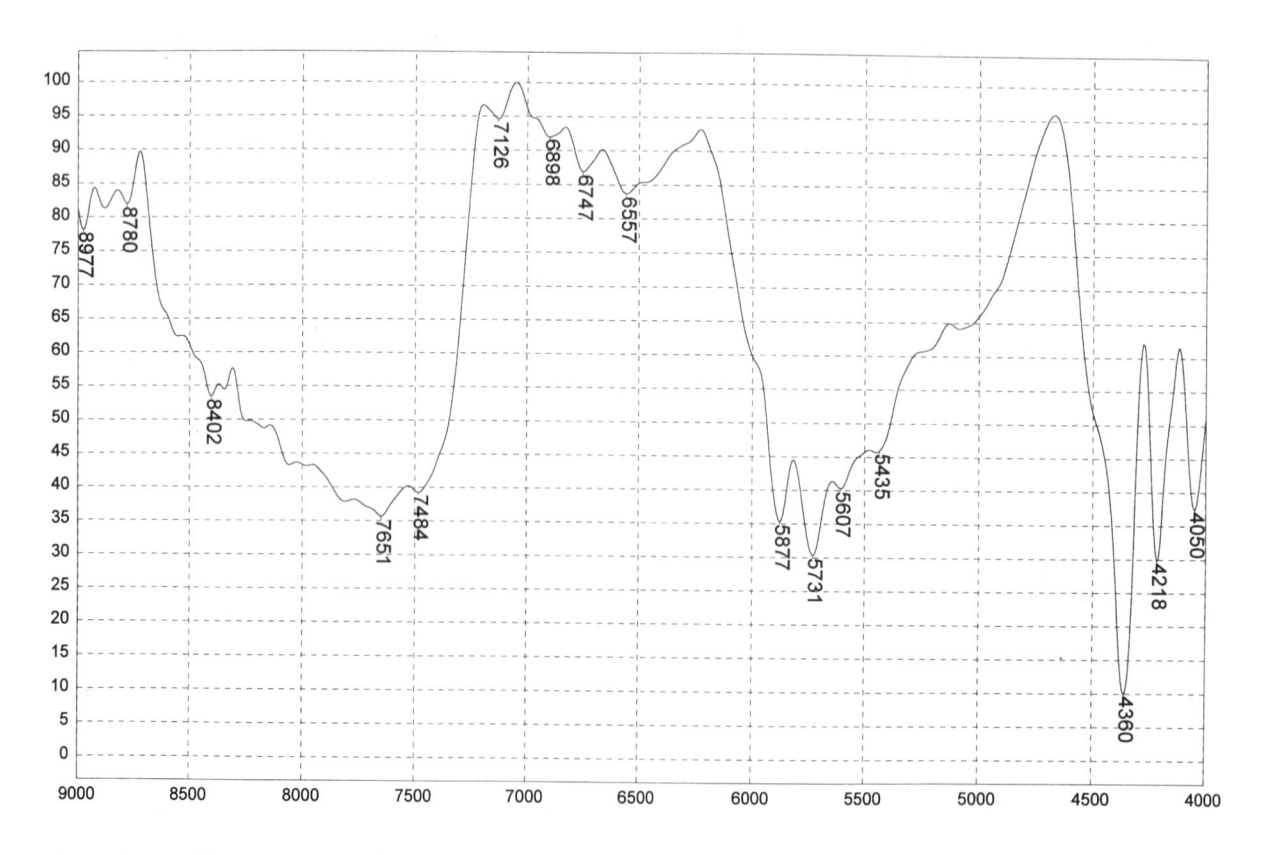

Transmittance / Wavenumber (cm^{-1})

Silicone Fluid (Dow, 350 cs)

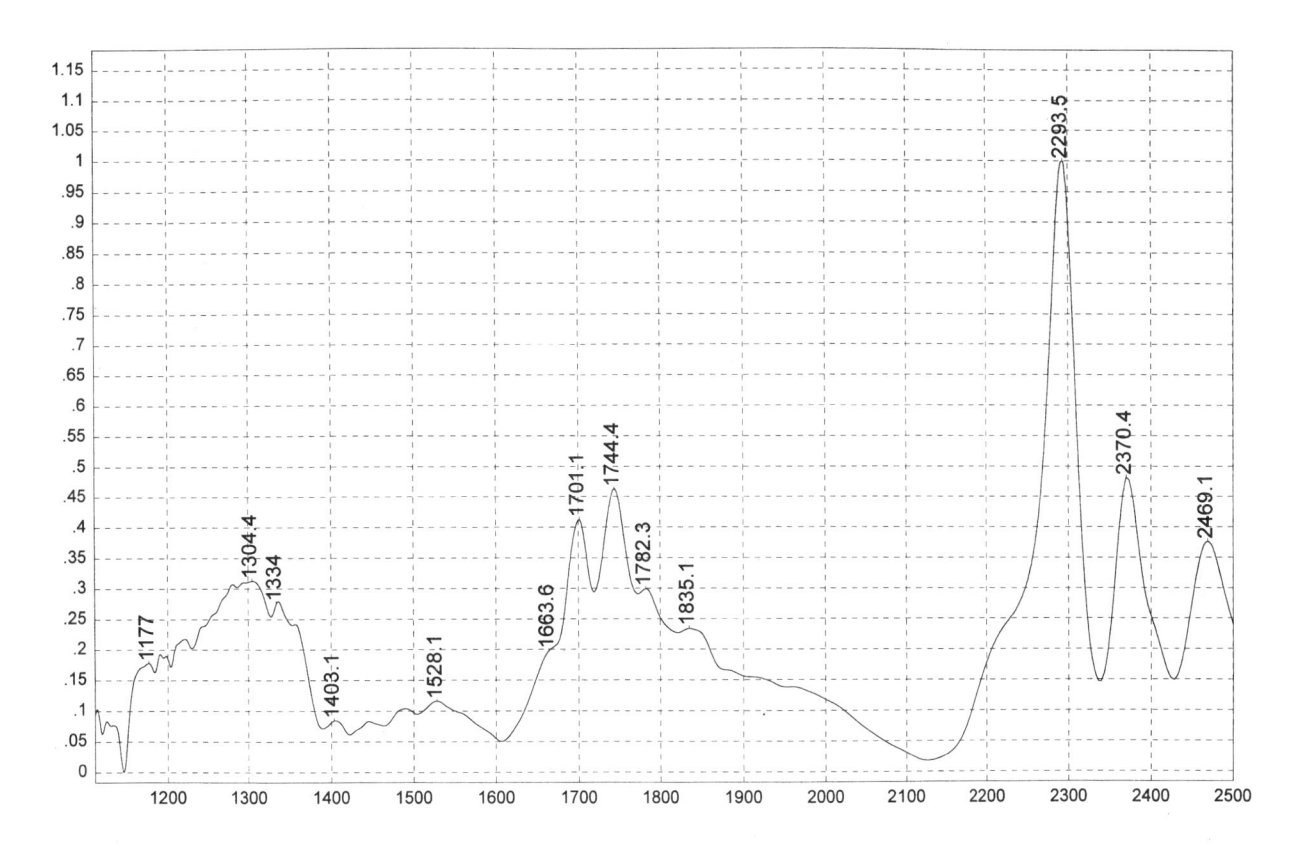

Absorbance / Nanometers

777 Silicone Fluid (SWS-101, 350 cs)

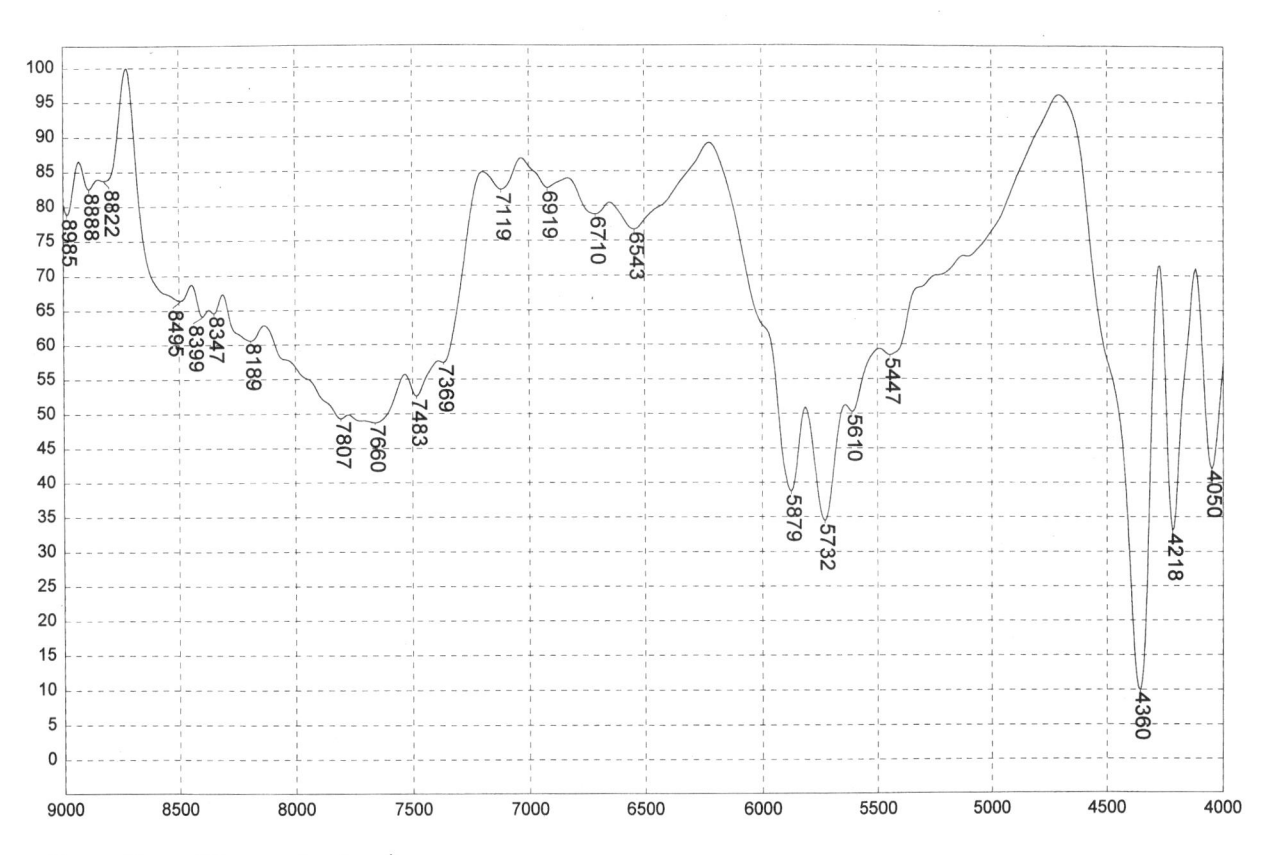

Transmittance / Wavenumber (cm⁻¹)

778 Silicone Fluid (SWS-101, 350 cs)

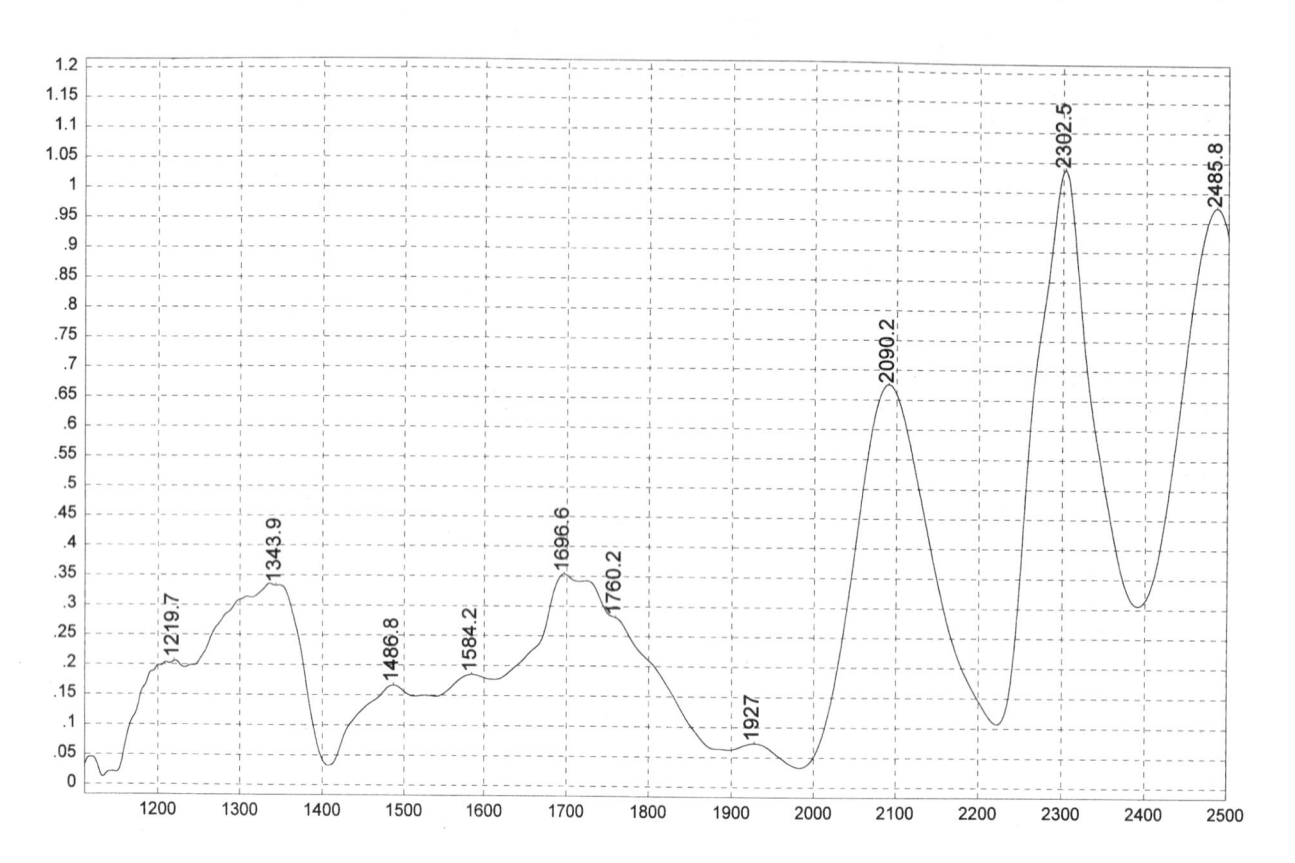

Absorbance / Nanometers

779 Propylene glycol

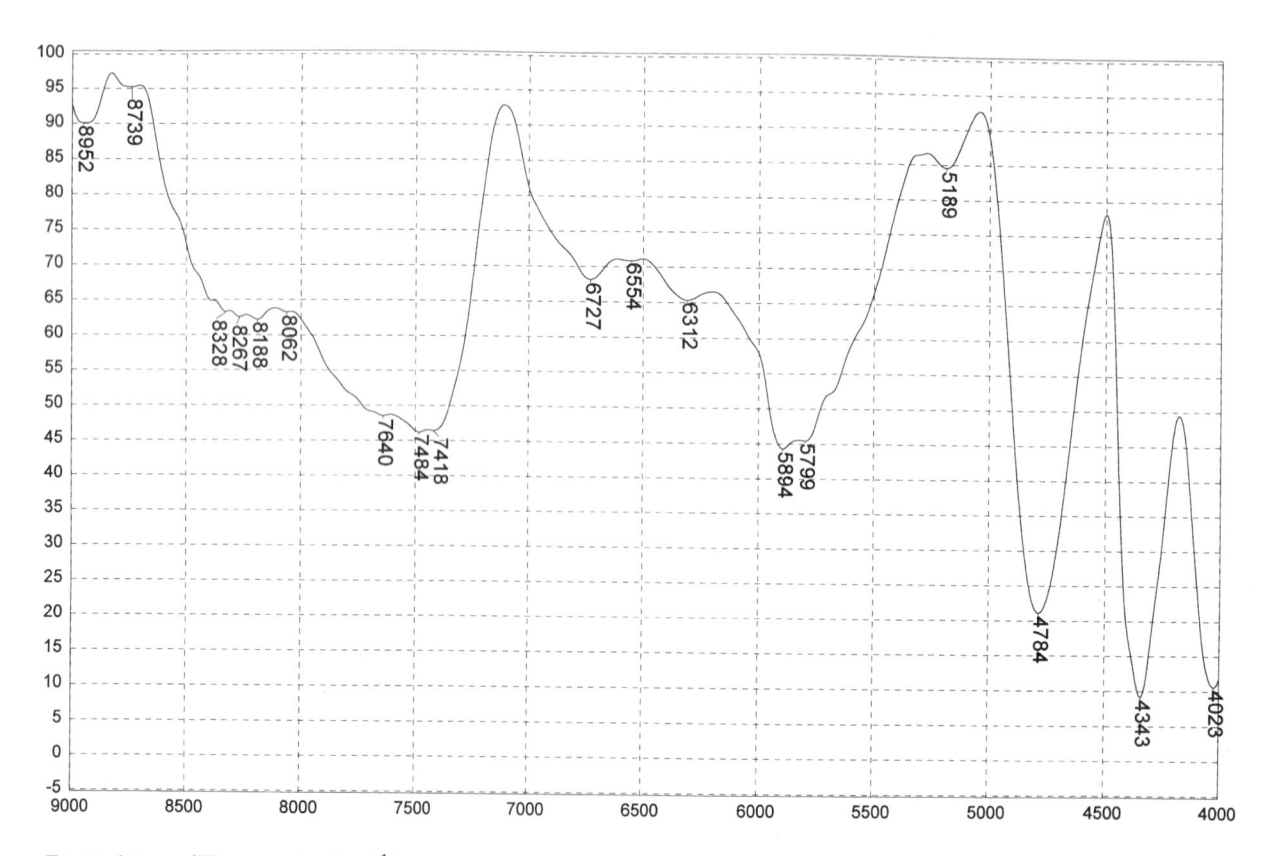

Transmittance / Wavenumber (cm⁻¹)

780 Propylene glycol

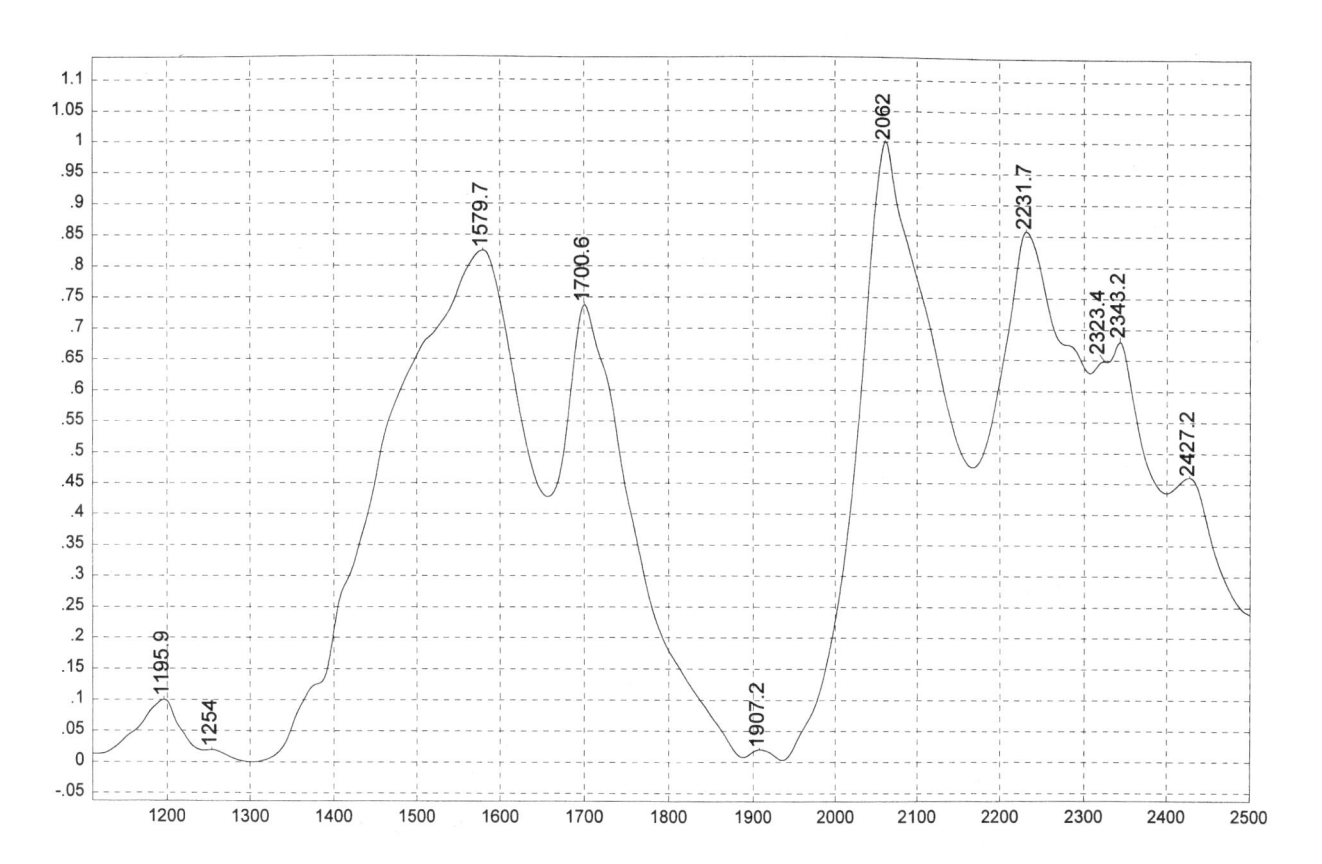

Absorbance / Nanometers

781 **Methanol**

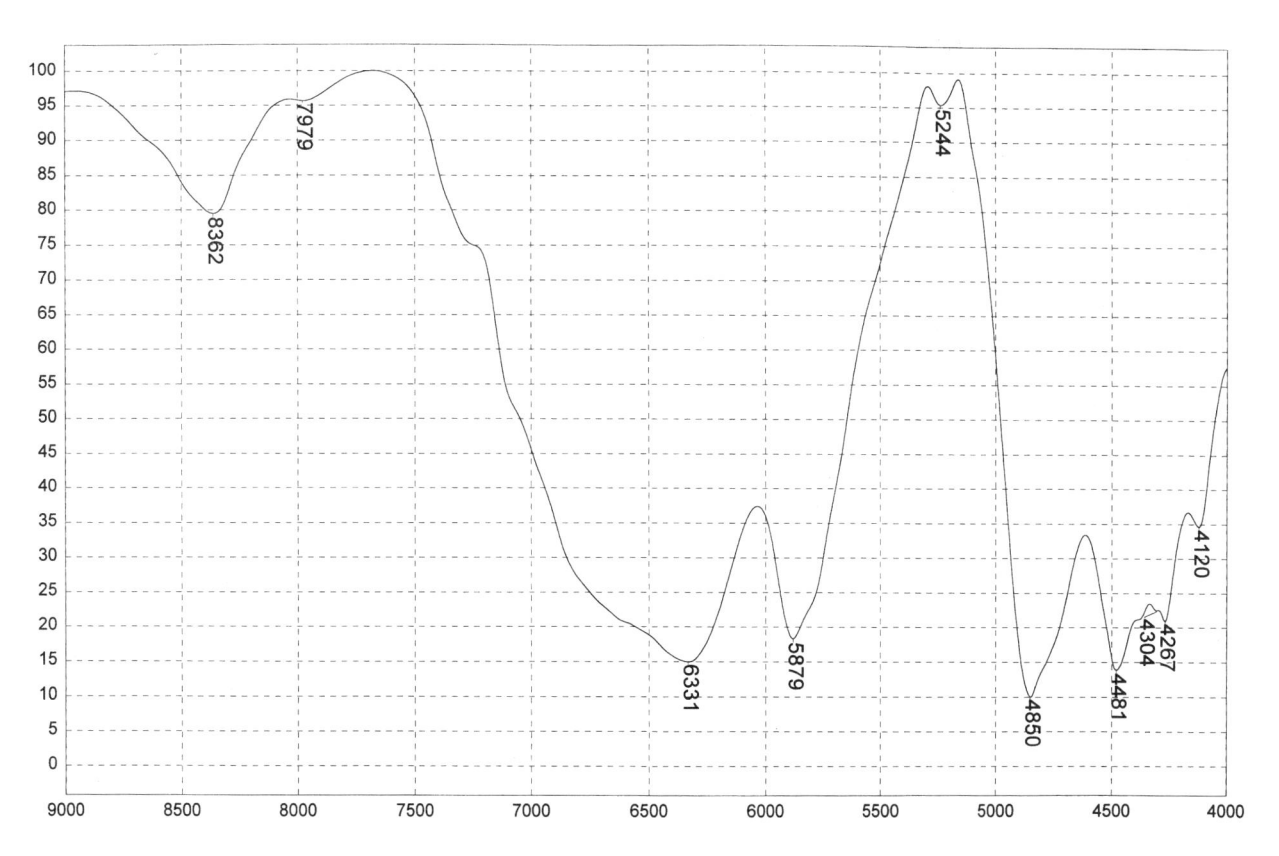

Transmittance / Wavenumber (cm⁻¹)

782 **Methanol**

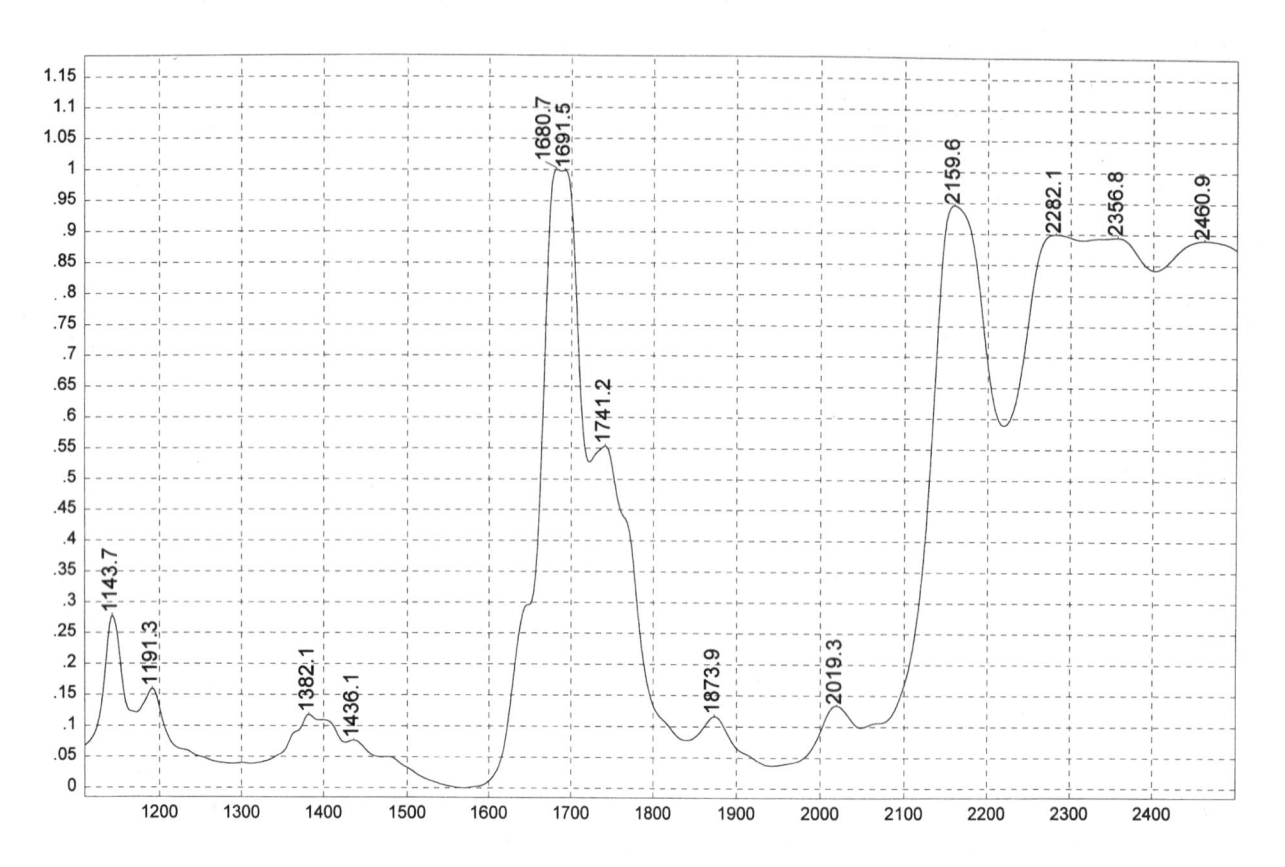

Absorbance / Nanometers

| 783 | Toluene |

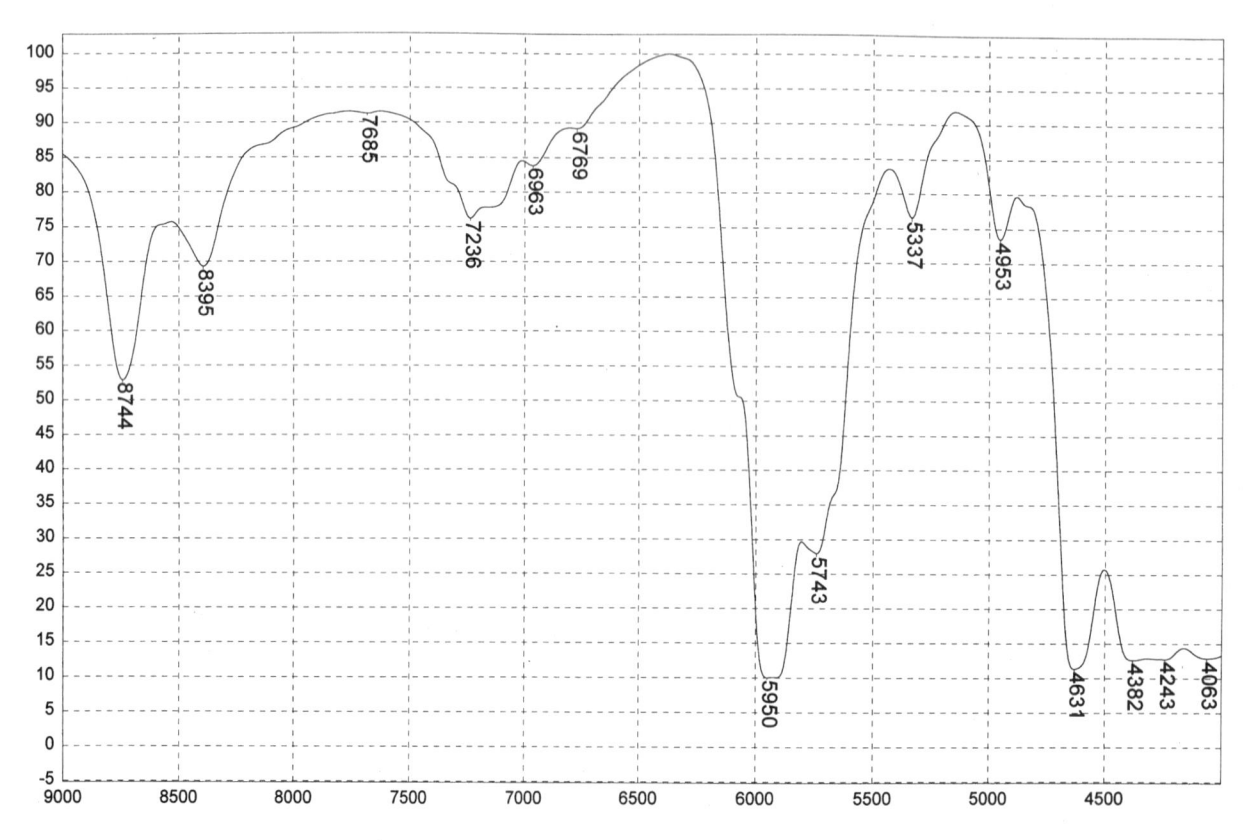

Transmittance / Wavenumber (cm⁻¹)

| 784 | Toluene |

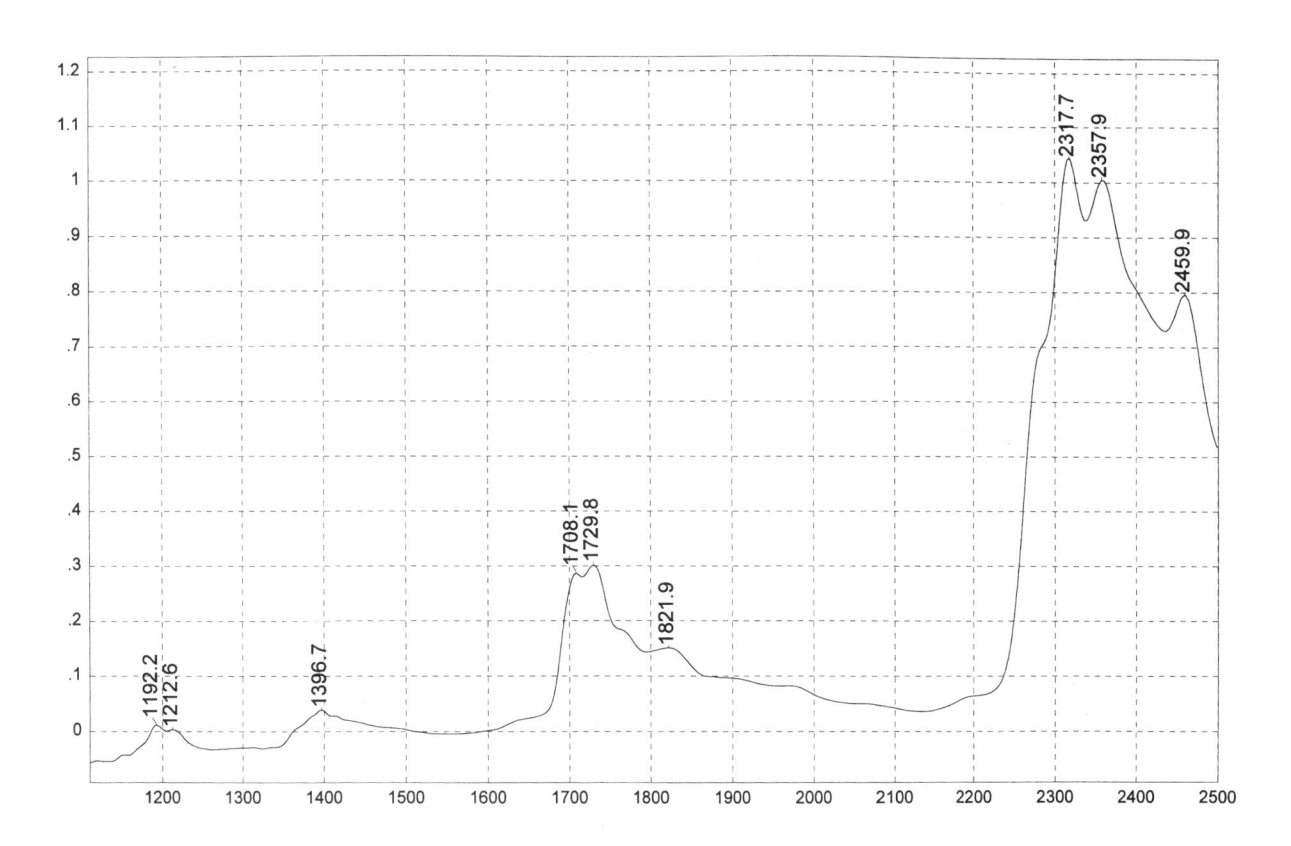

Absorbance / Nanometers

785   **Polypropylene, crystalline**

Transmittance / Wavenumber (cm^{-1})

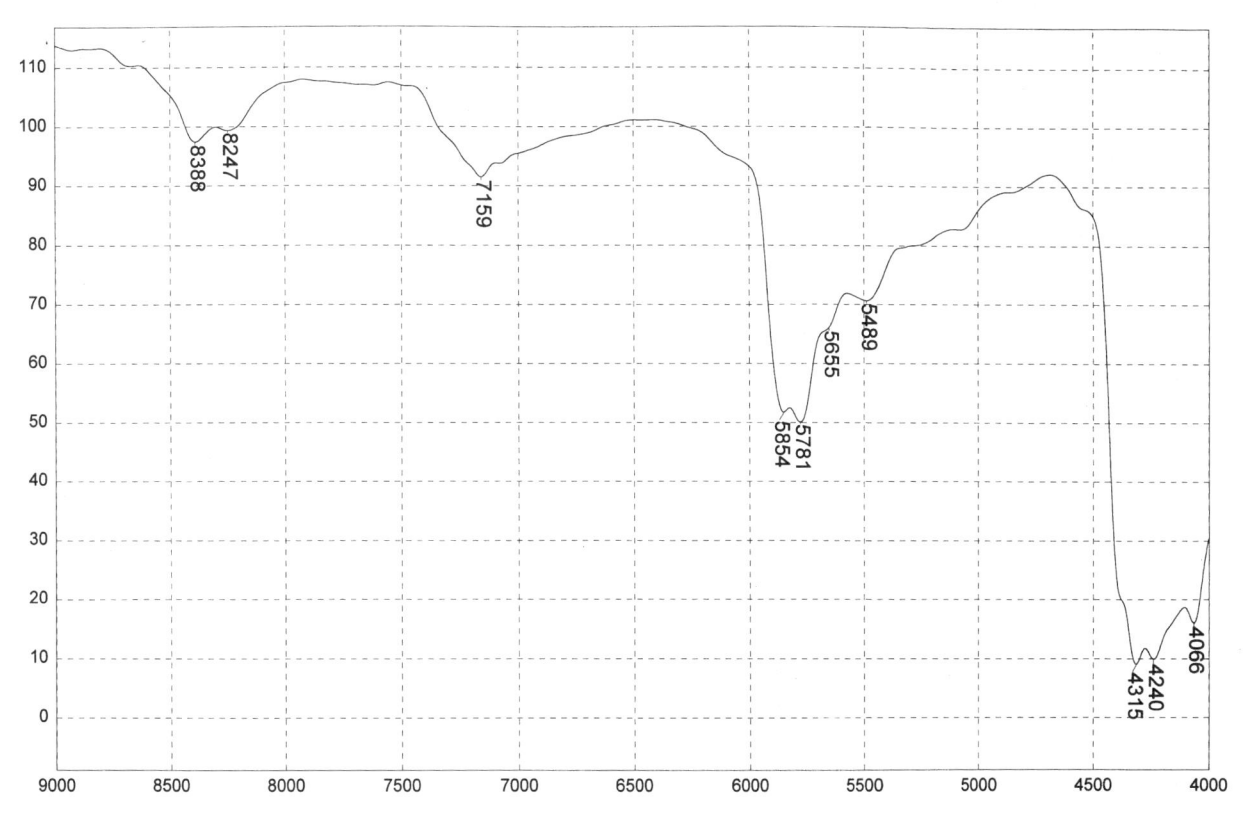

786   **Polypropylene, crystalline**

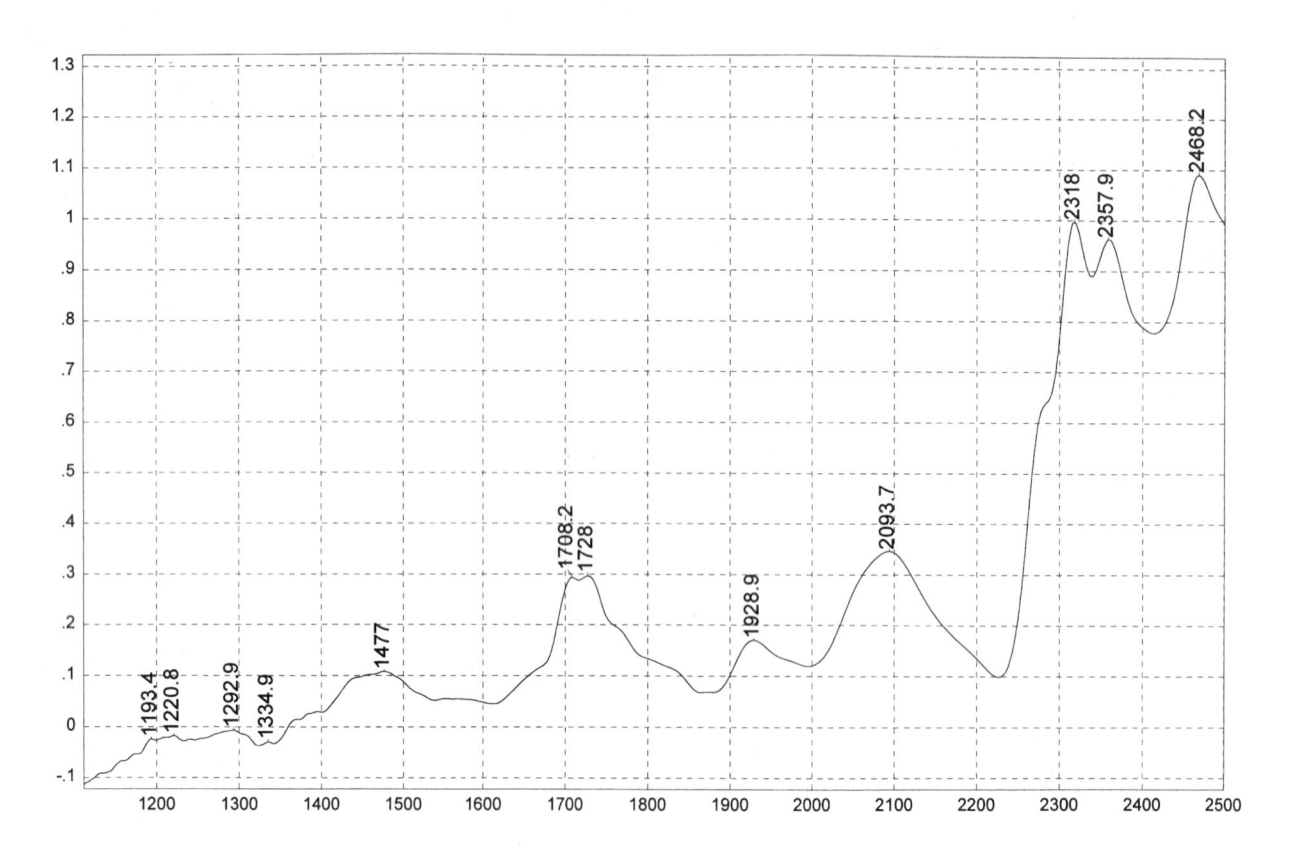

Absorbance / Nanometers

787 Rayon

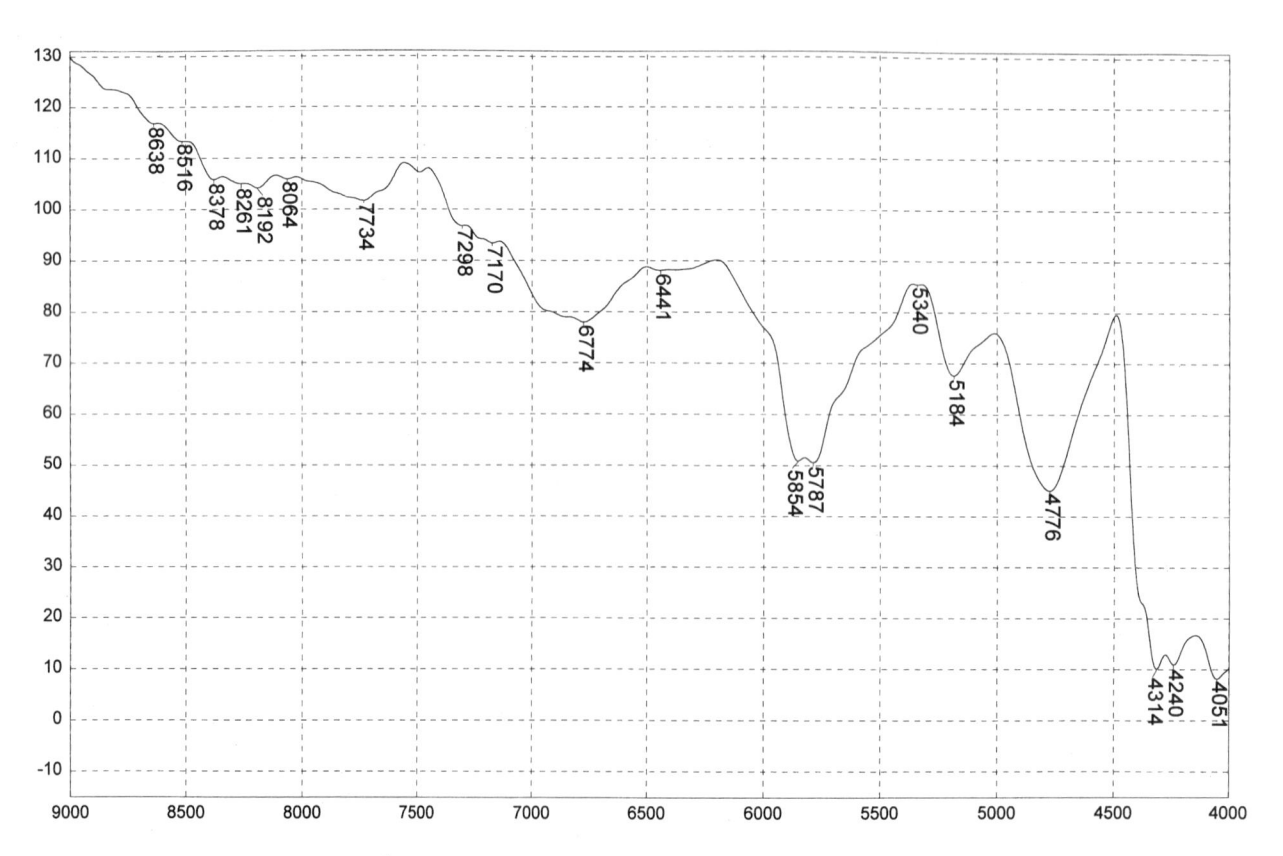

Transmittance / Wavenumber (cm⁻¹)

788 Rayon

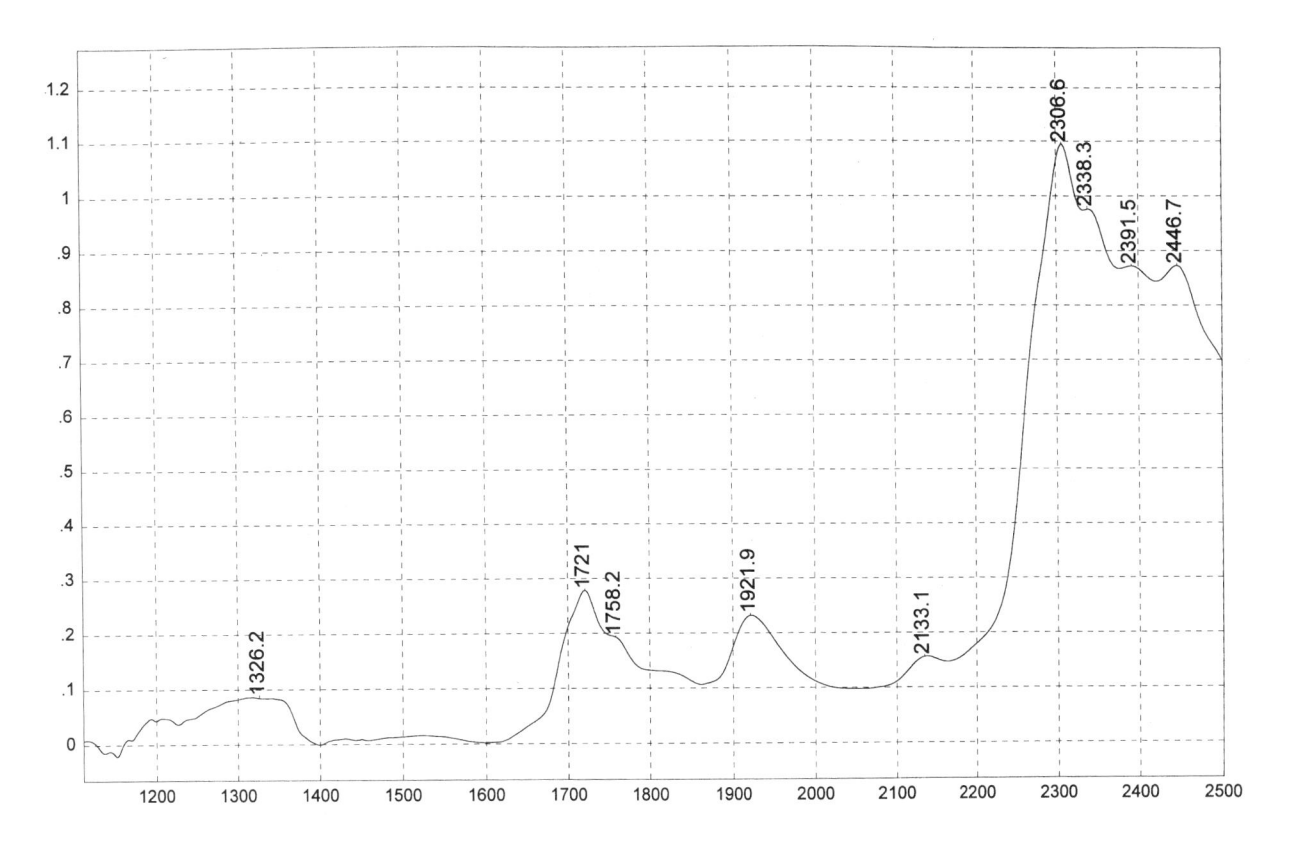

789 Sodium dioctyl sulfosuccinate

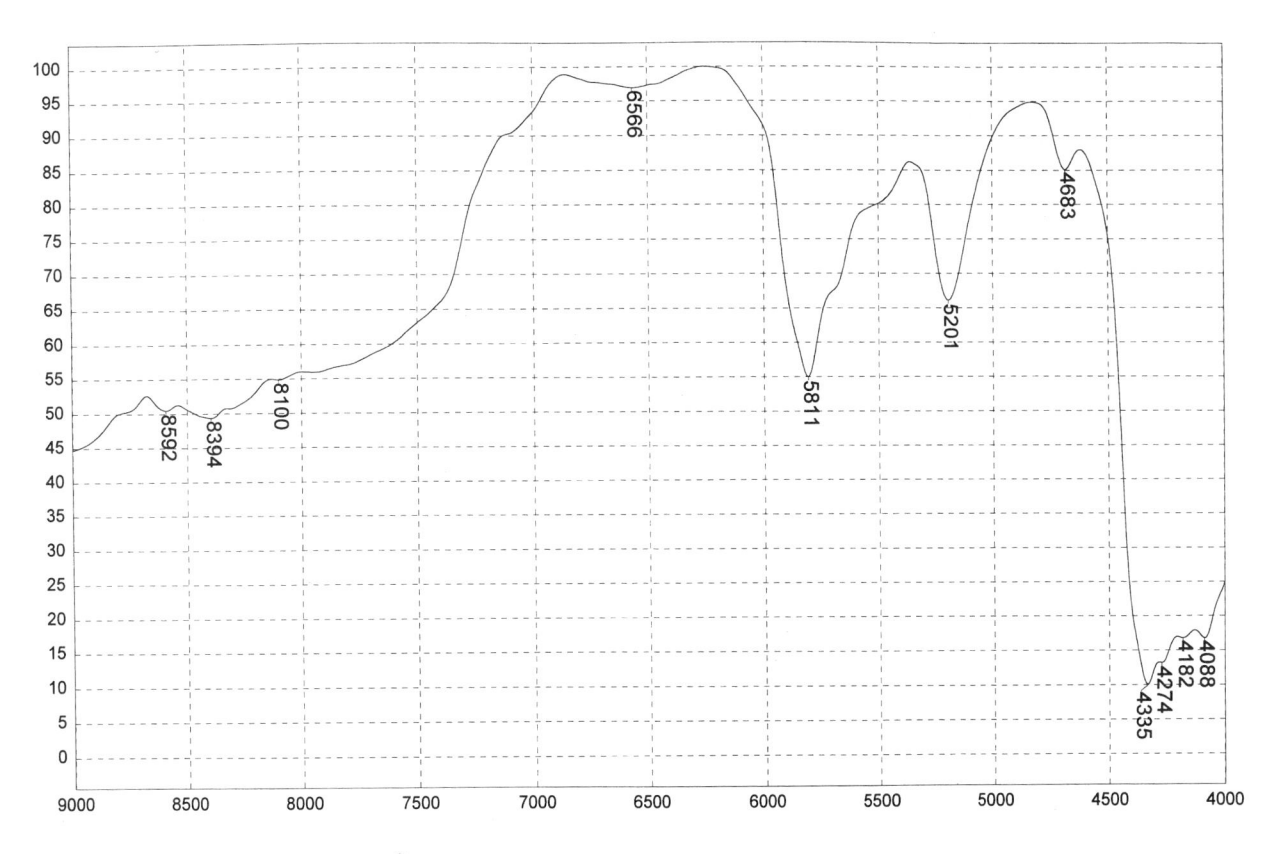

790 Sodium dioctyl sulfosuccinate

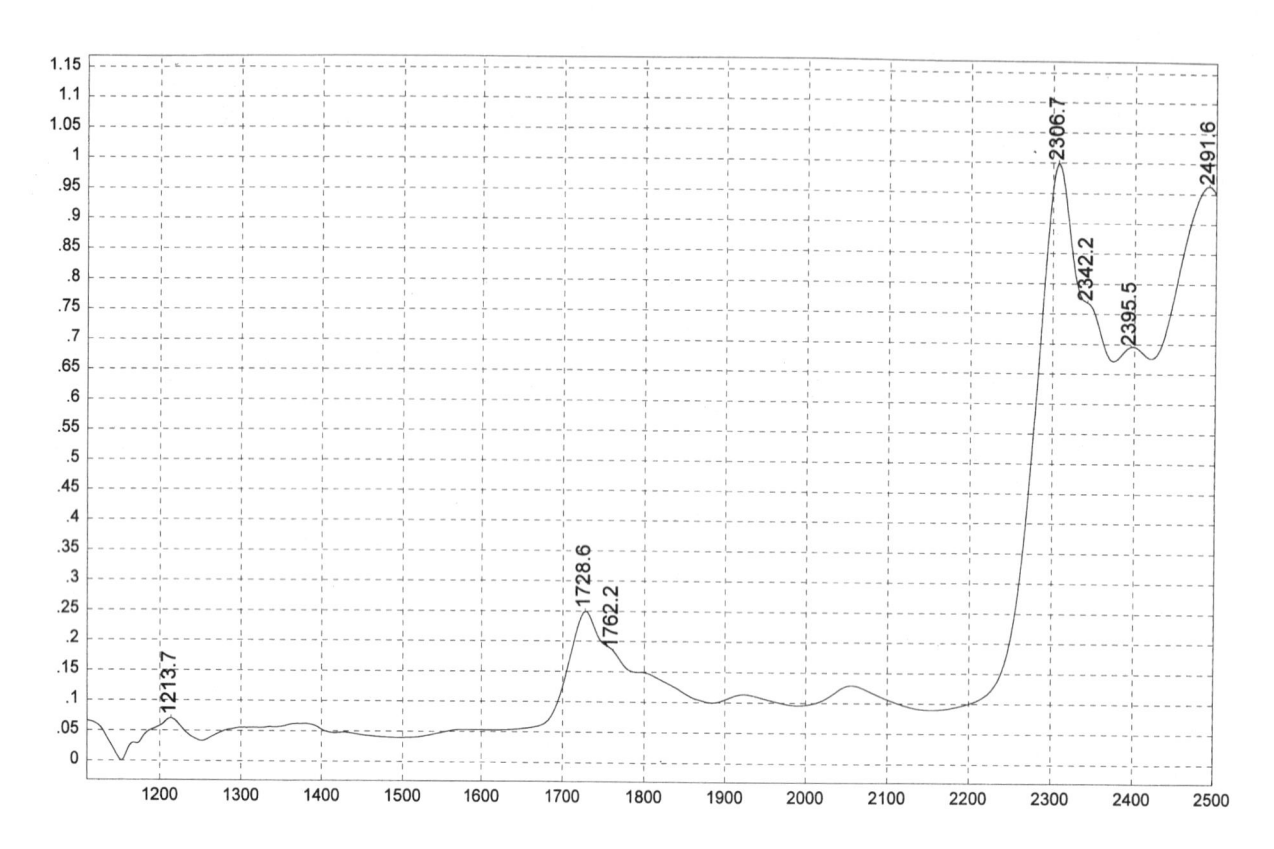

Absorbance / Nanometers

791　　　　　　　Alcohol ethoxylate

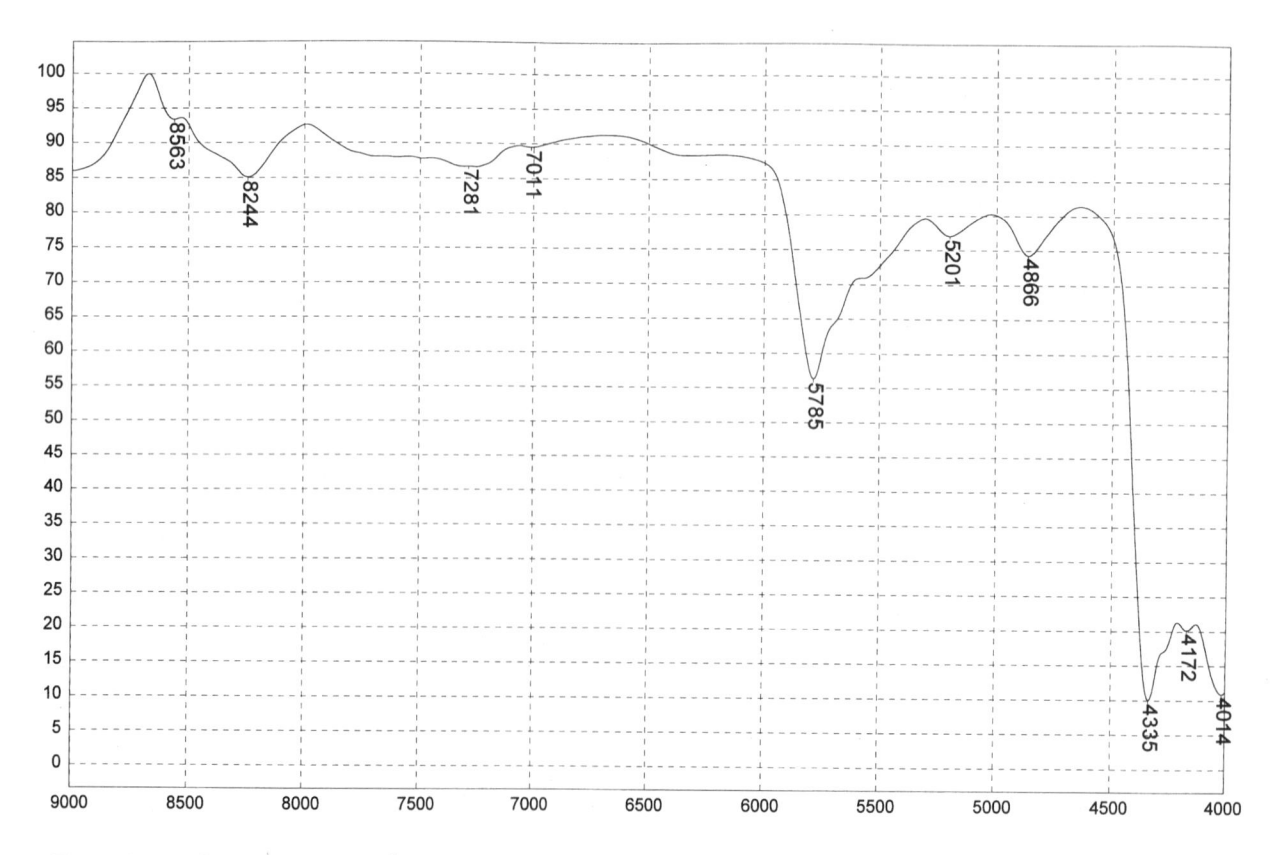

Transmittance / Wavenumber (cm⁻¹)

792　　　　　　　Alcohol ethoxylate

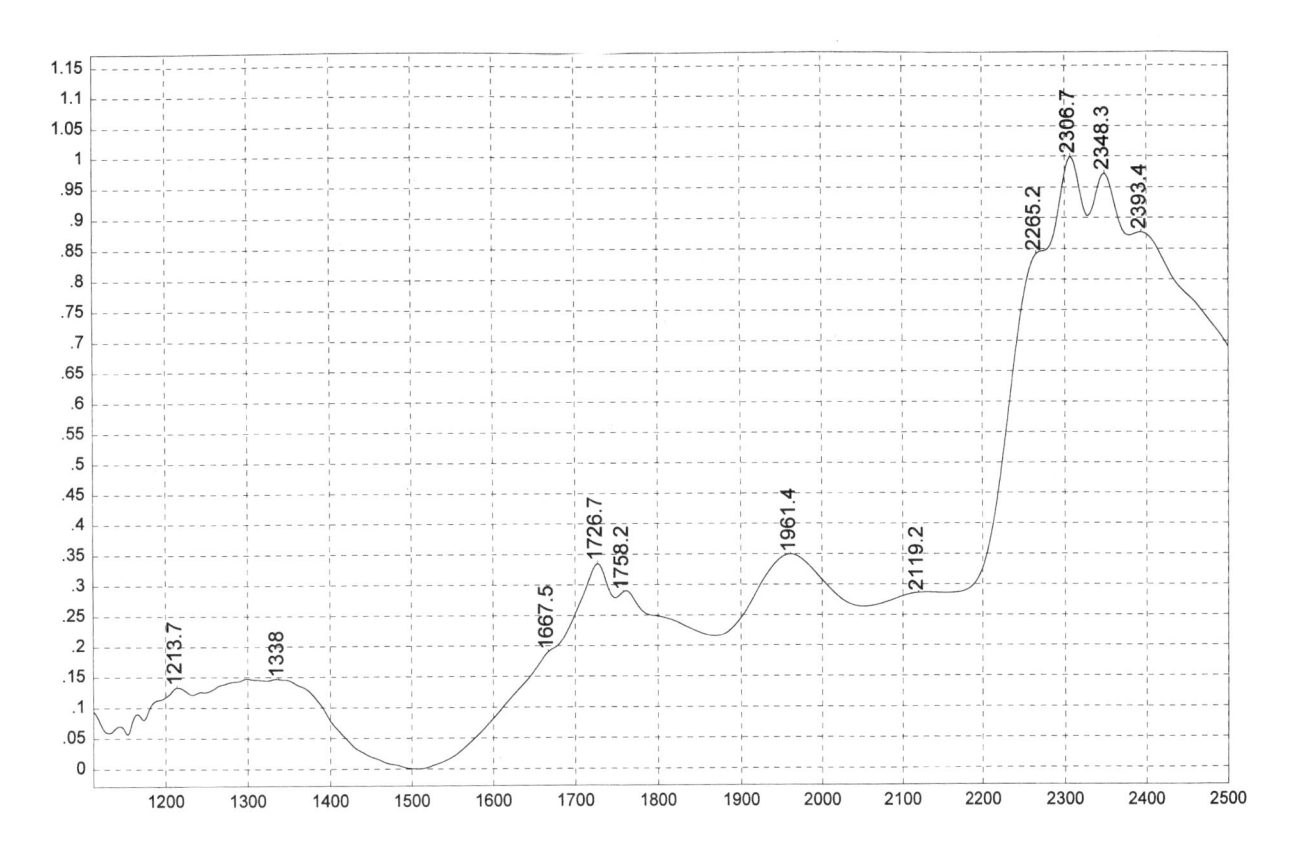

Absorbance / Nanometers

| 793 | Phospholipid |

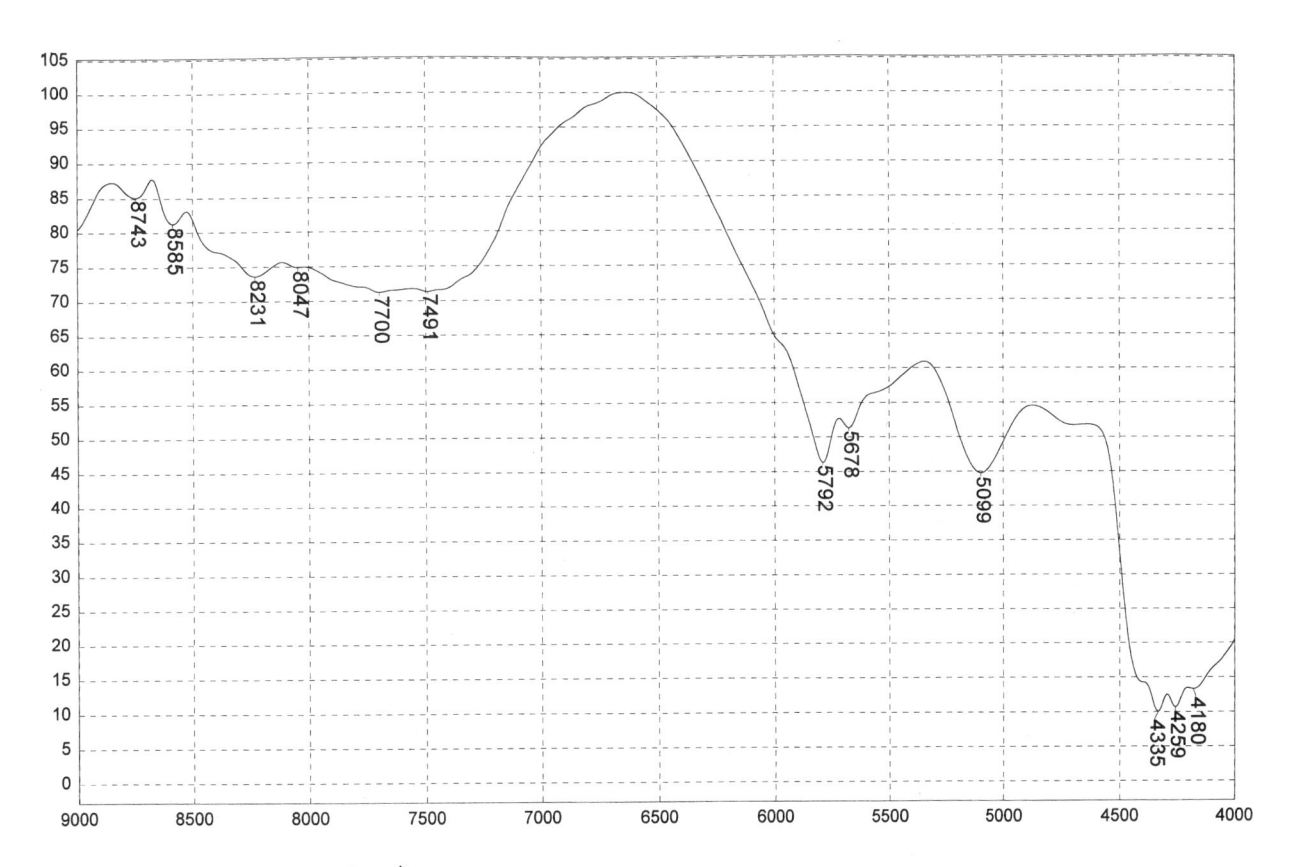

Transmittance / Wavenumber (cm⁻¹)

| 794 | Phospholipid |

397

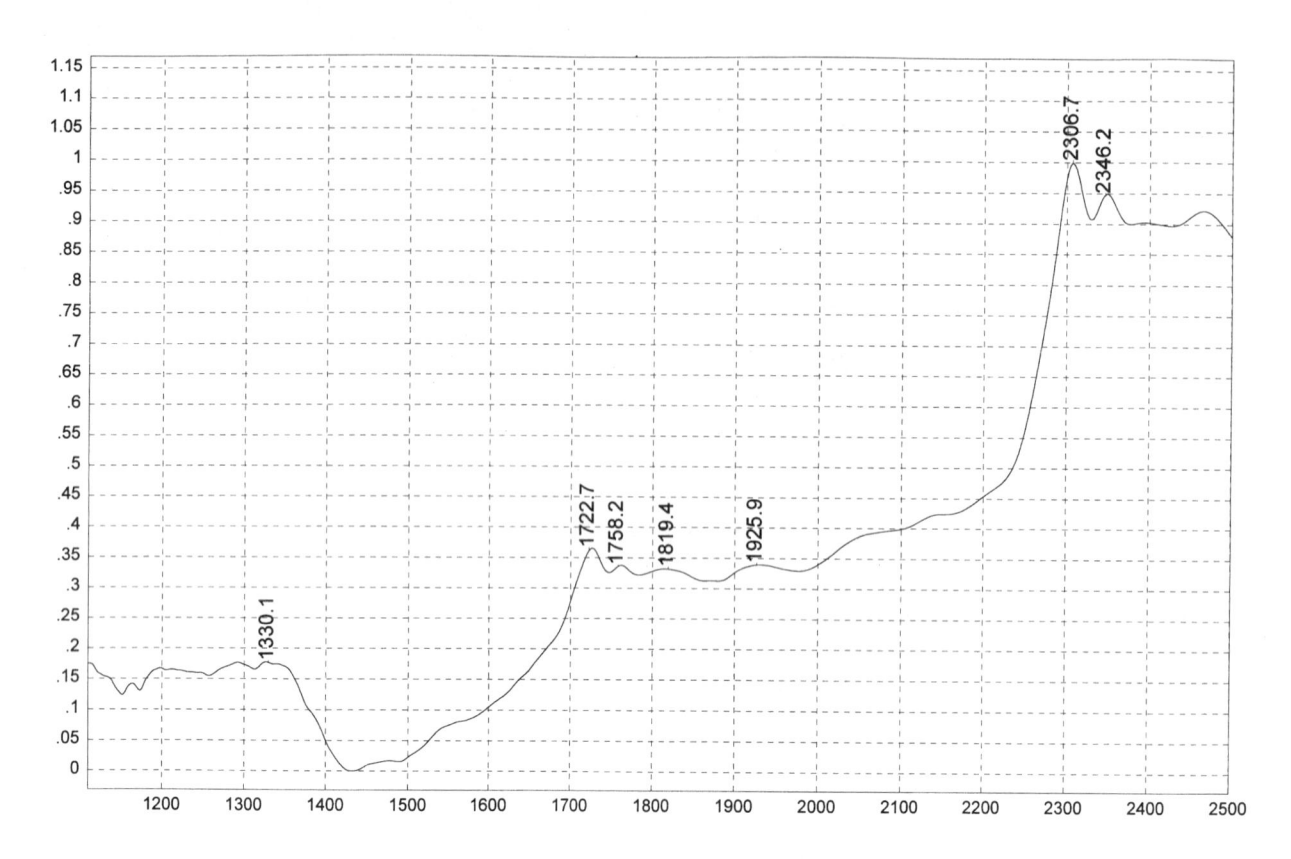

795 Glyceryl Phthalate

796 Glyceryl Phthalate

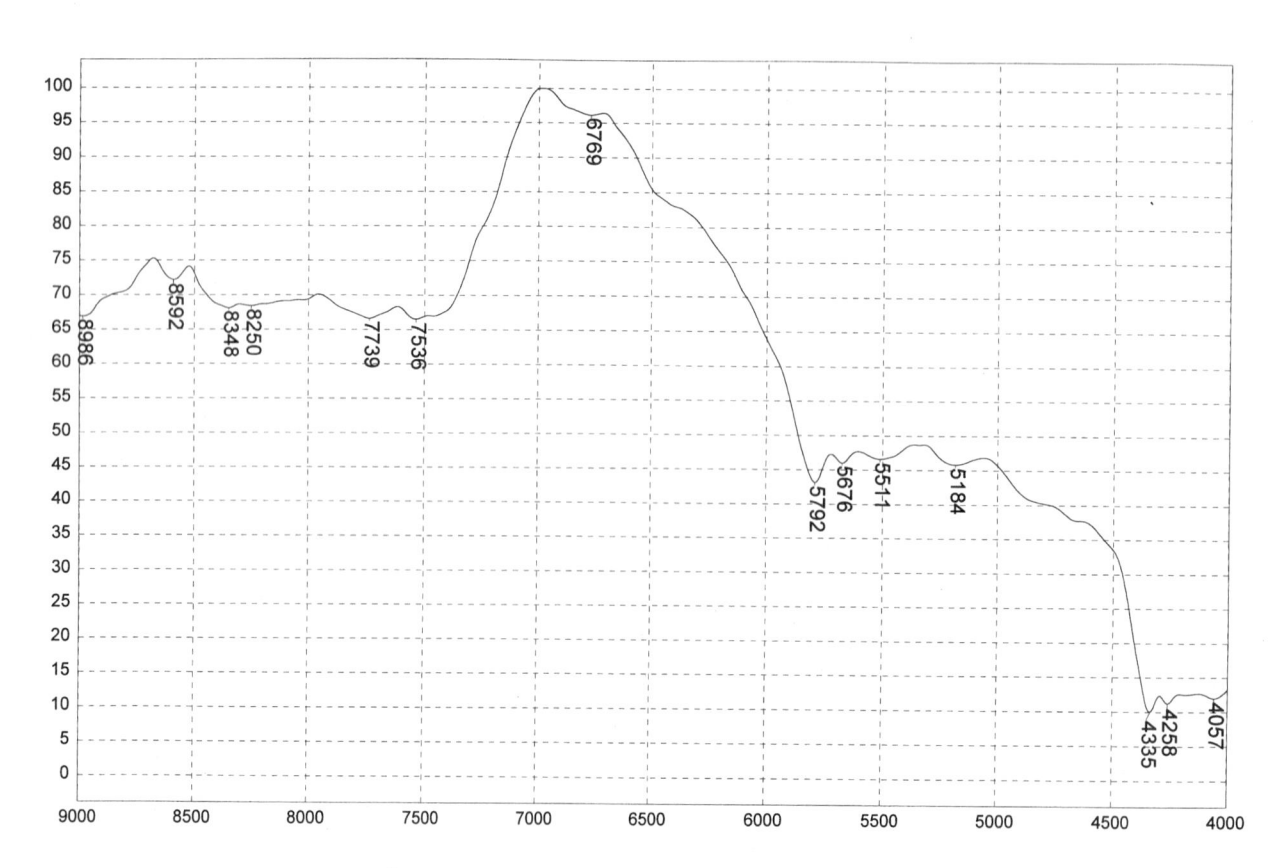

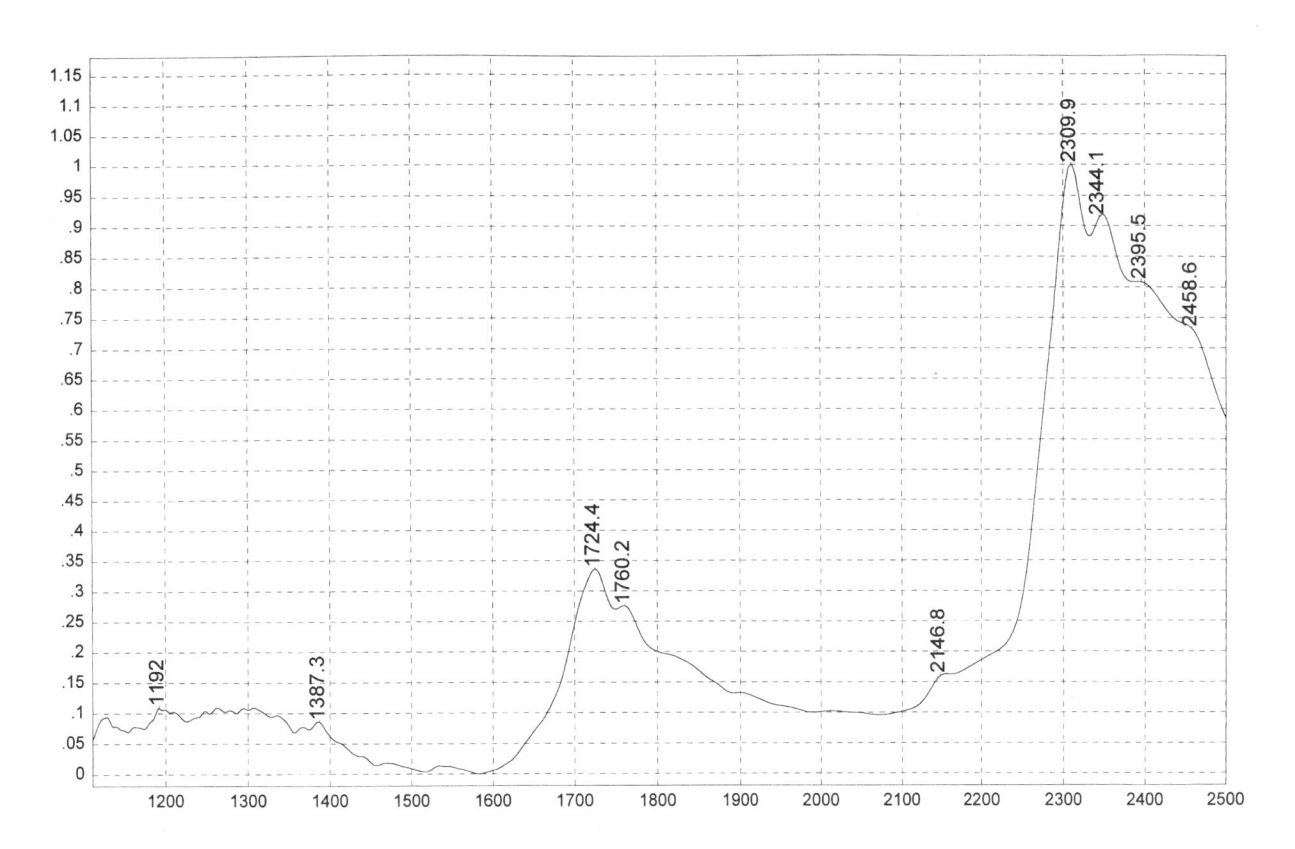

Absorbance / Nanometers

797 Aluminum oleate

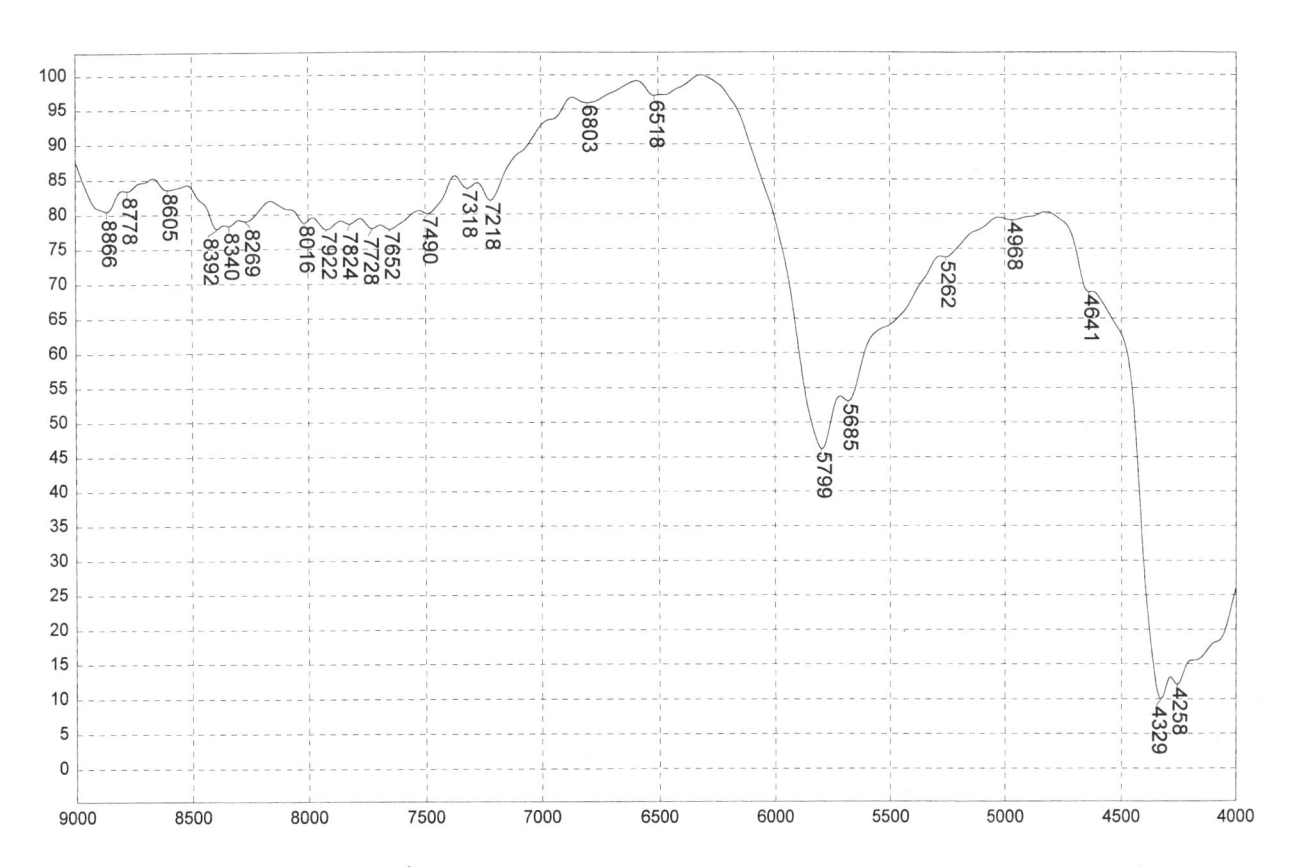

Transmittance / Wavenumber (cm⁻¹)

798 Aluminum oleate

799

Silicone fluid (Dow, 1000 cs)

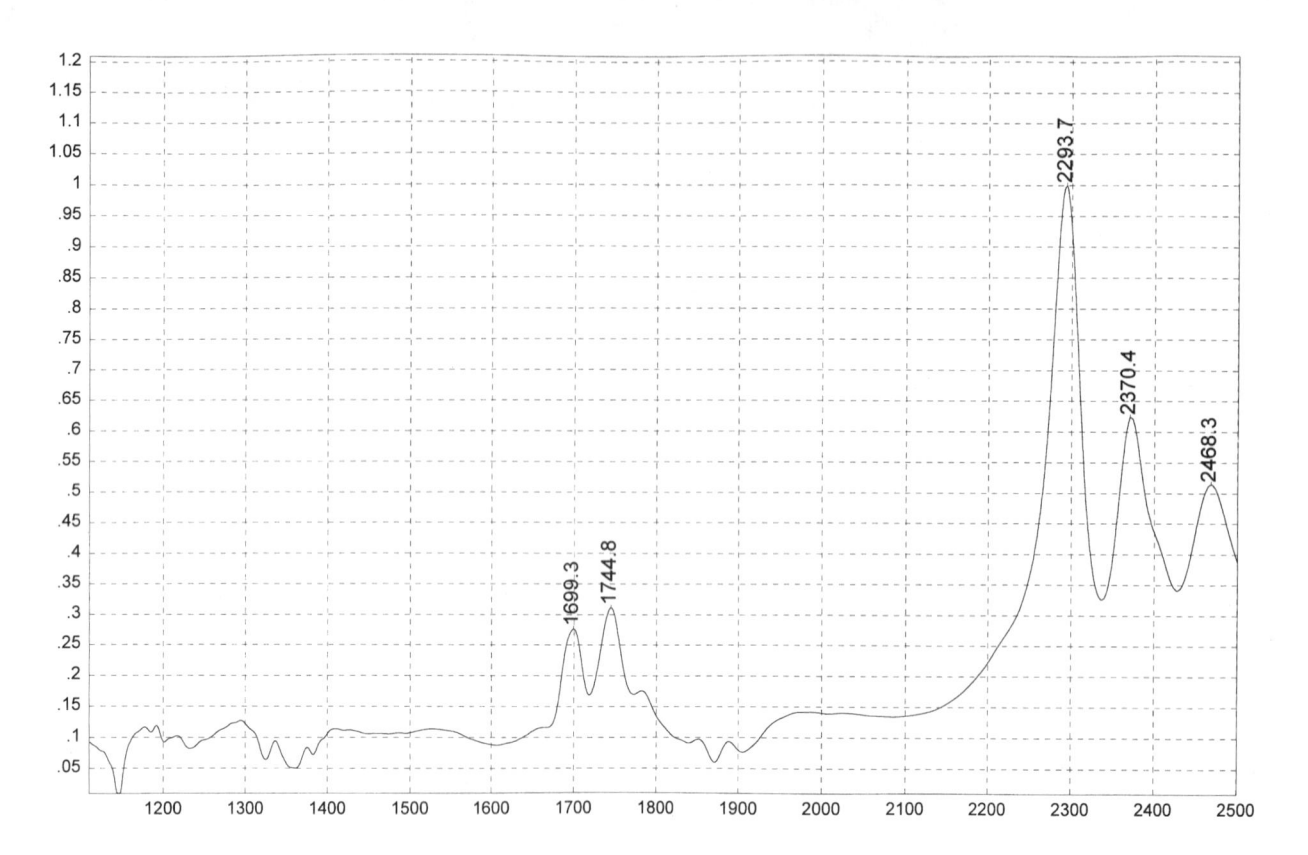

Absorbance / Nanometers

800

Silicone fluid (Dow, 1000 cs)

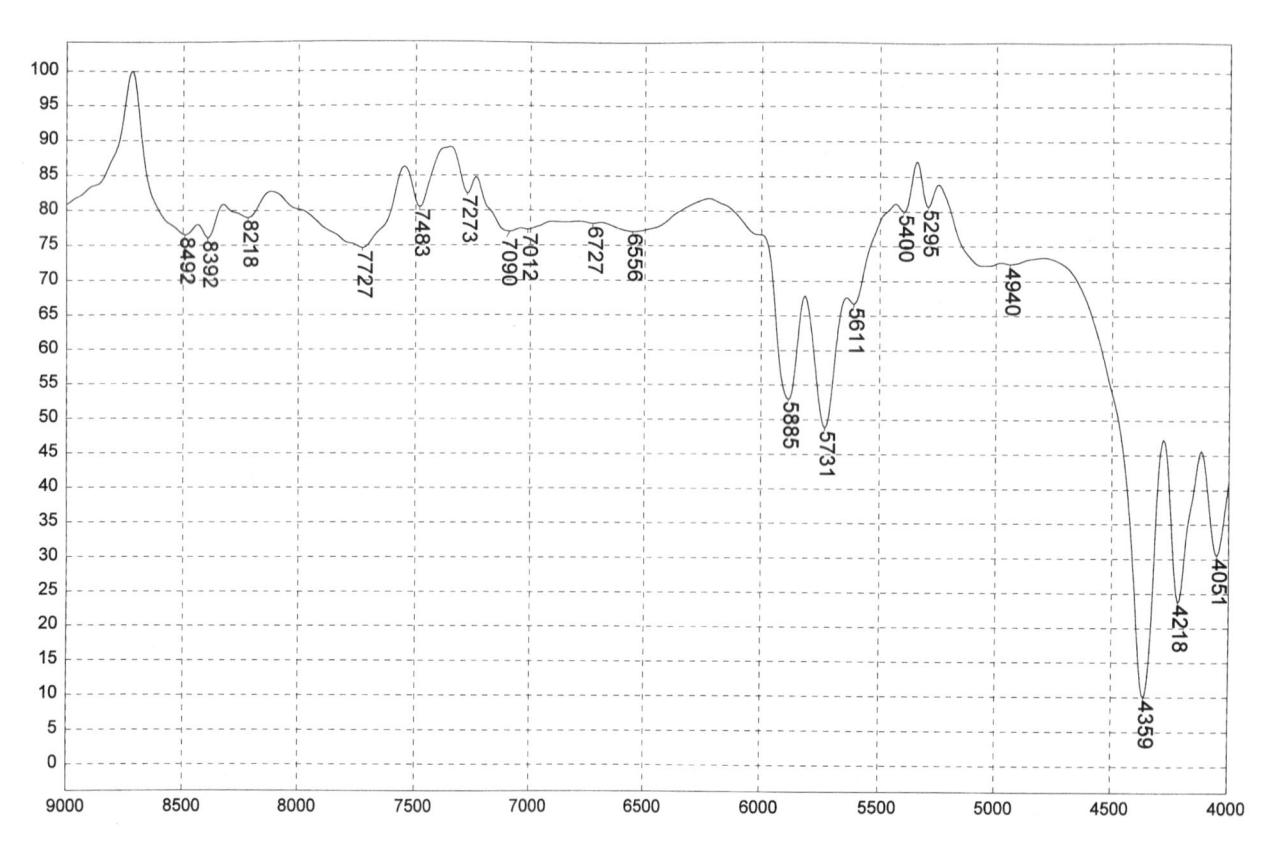

Transmittance / Wavenumber (cm^{-1})

400

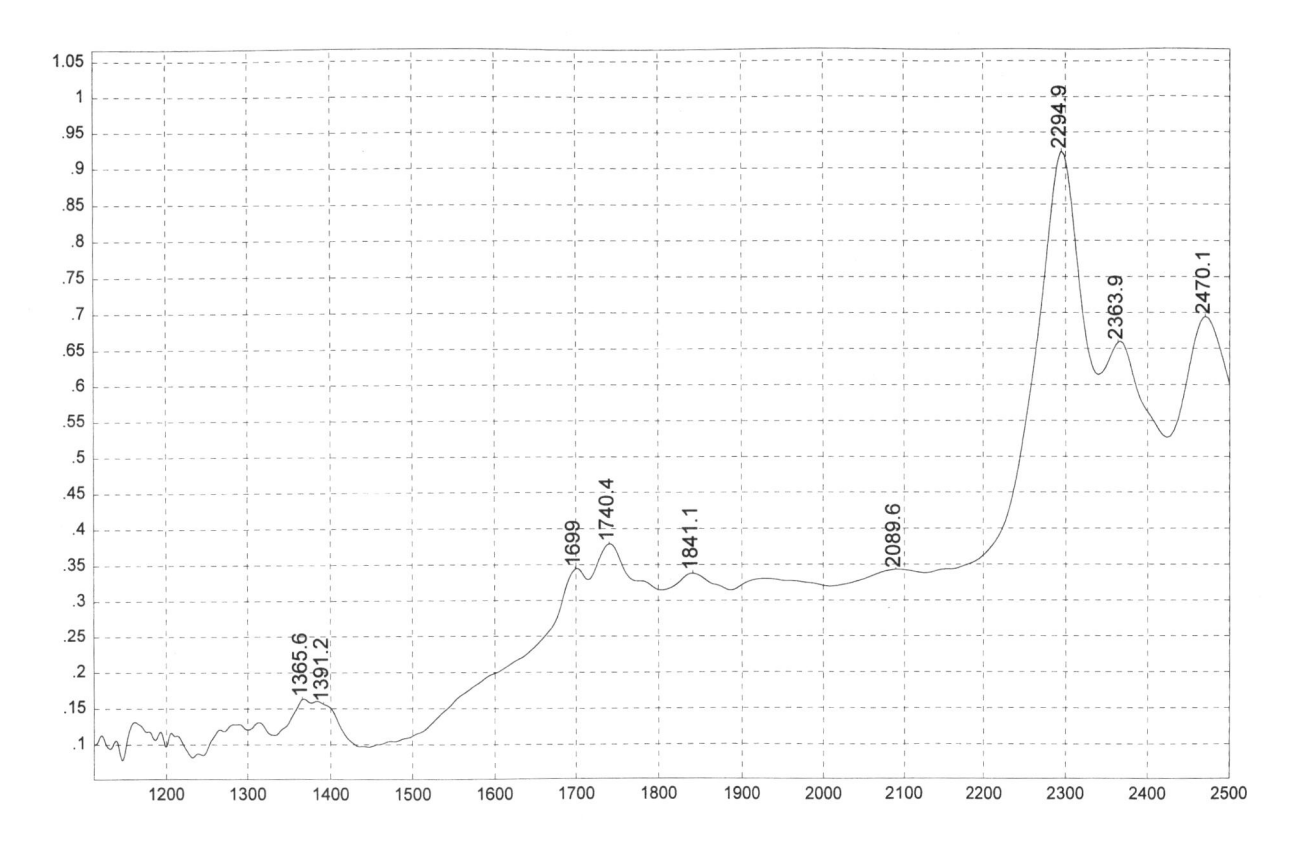

Absorbance / Nanometers

801　　　　　　　　　Silicone fluid (Dow 2-1922)

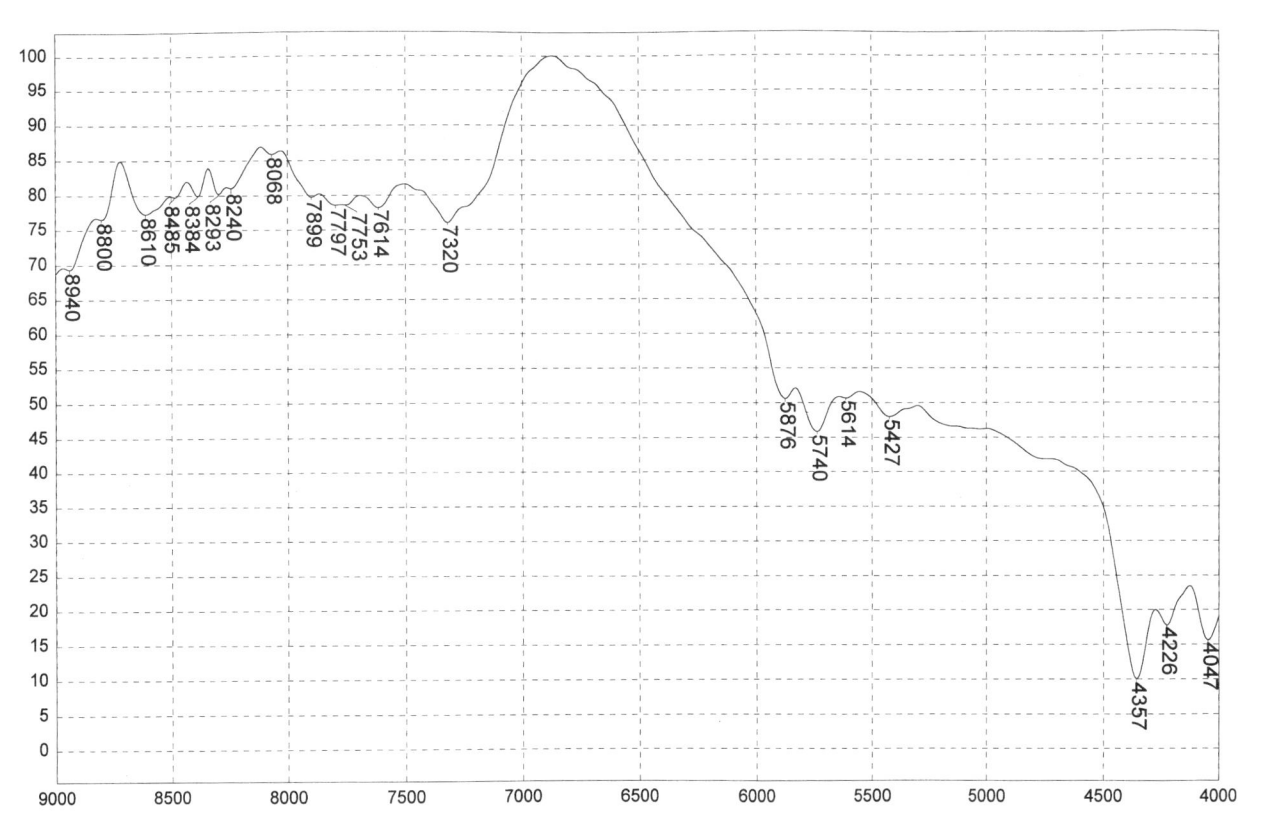

Transmittance / Wavenumber (cm⁻¹)

802　　　　　　　　　Silicone fluid (Dow 2-1922)

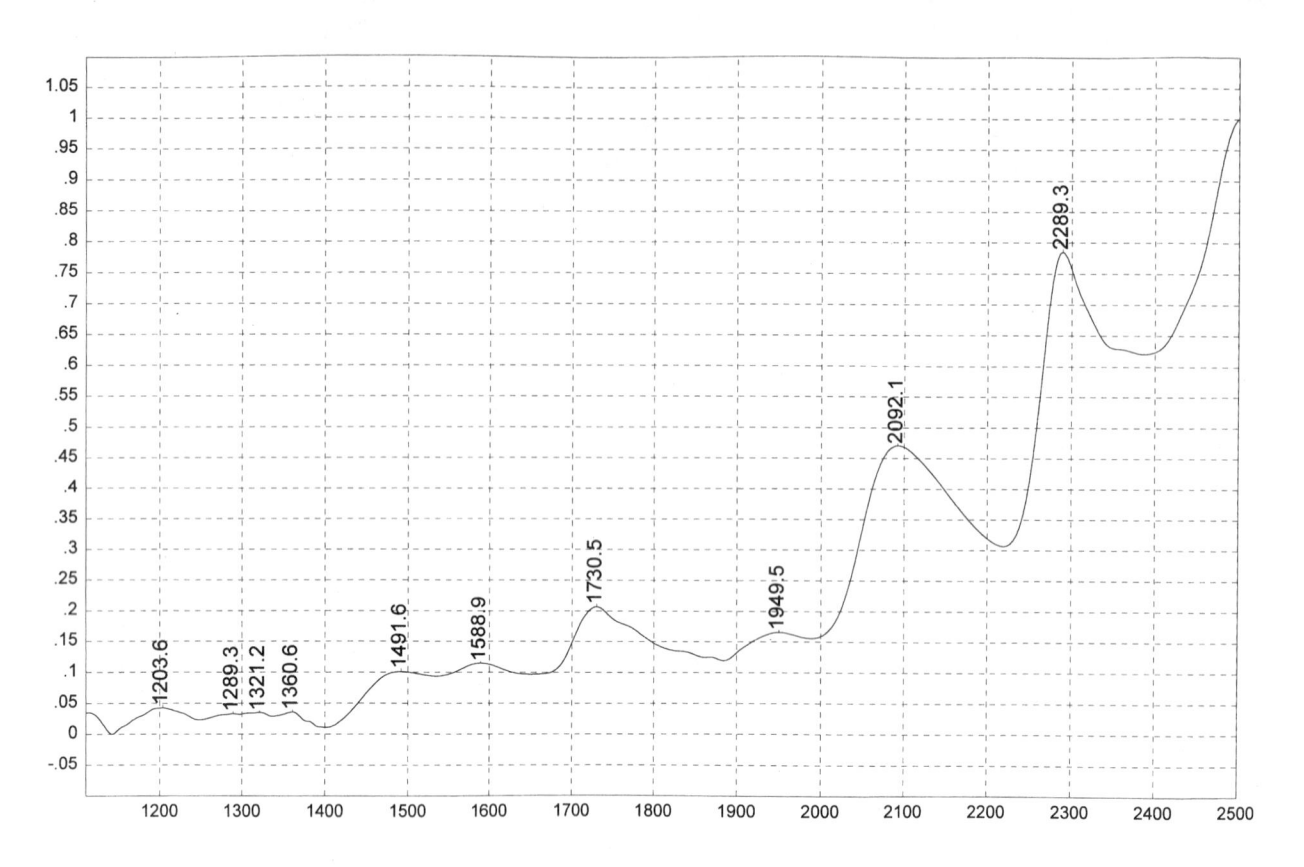

Absorbance / Nanometers

803 Triethanolamine

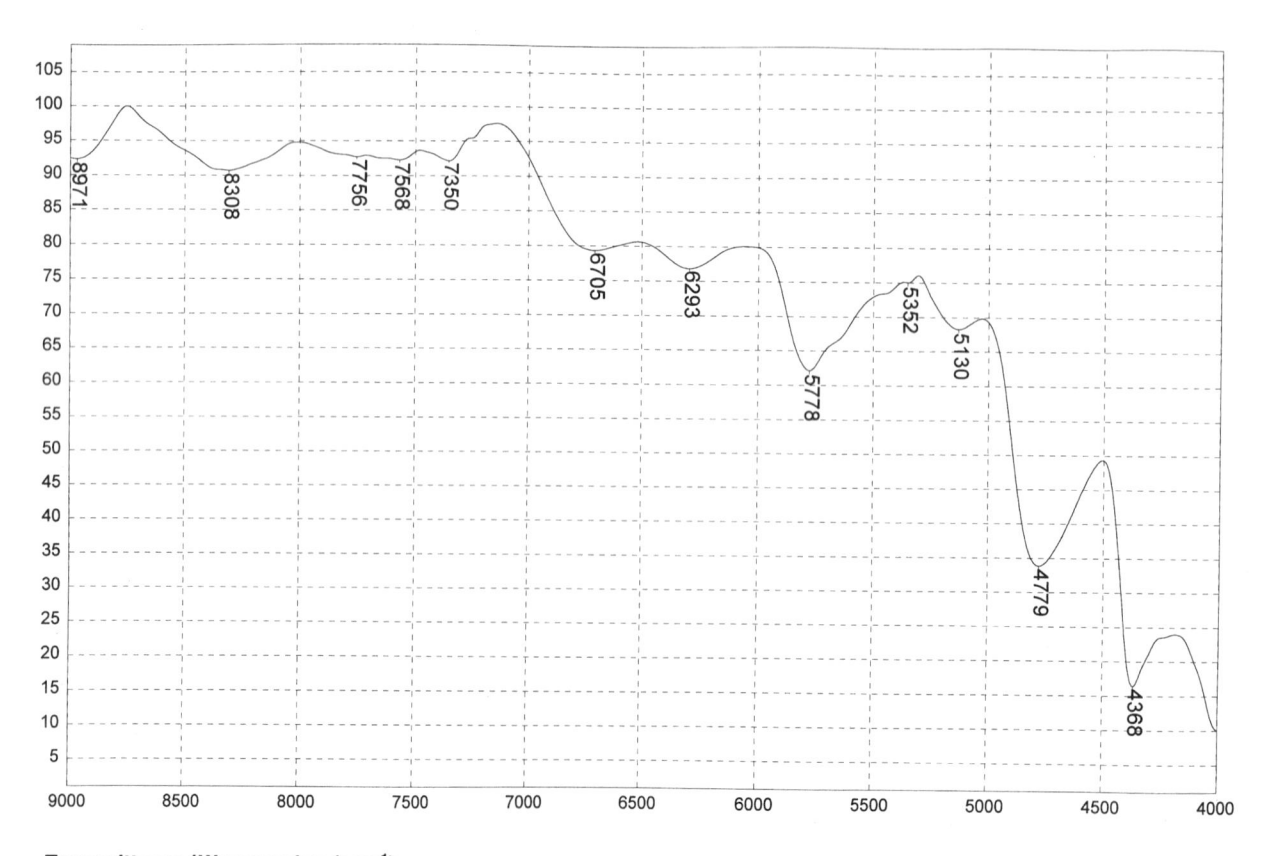

Transmittance / Wavenumber (cm⁻¹)

804 Triethanolamine

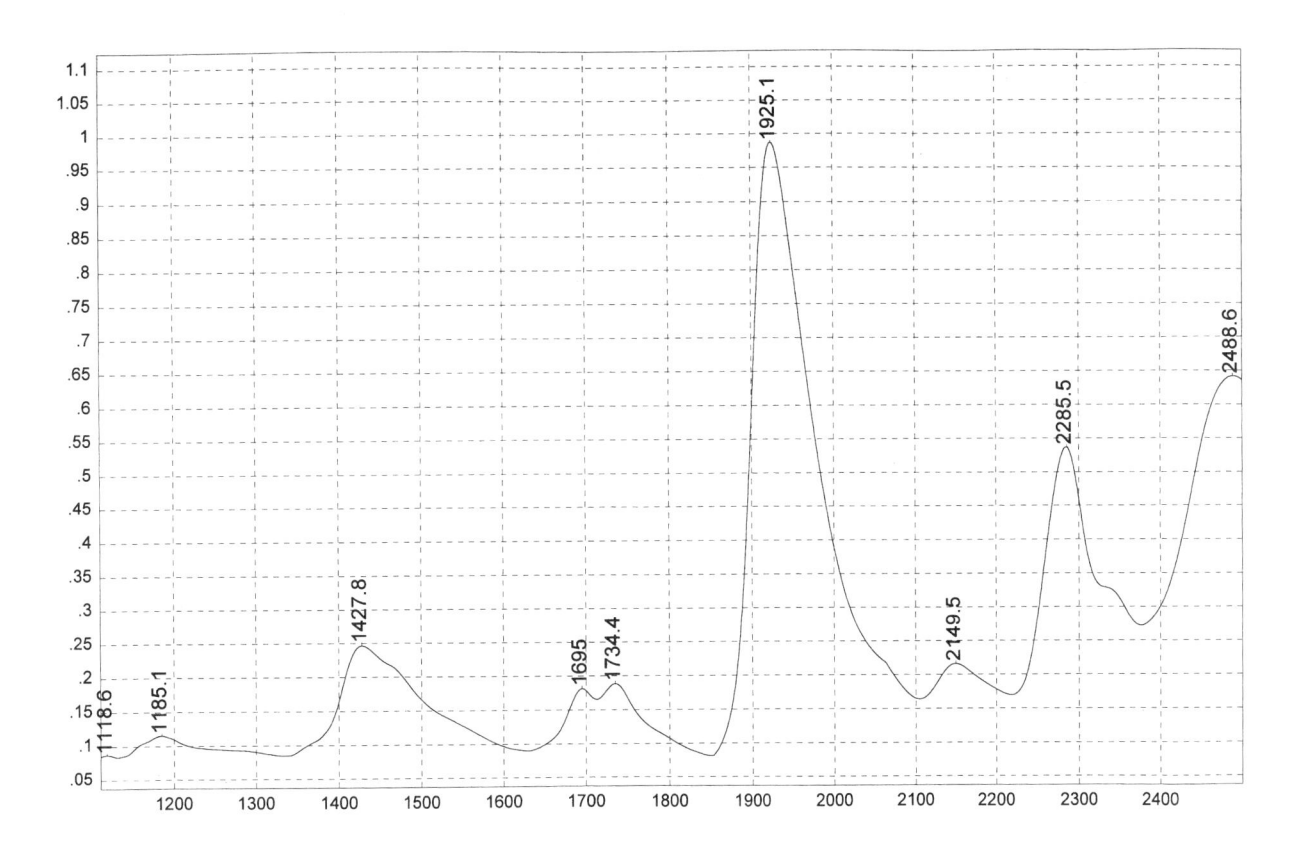

Absorbance / Nanometers

805 Poly(acrylic acid)

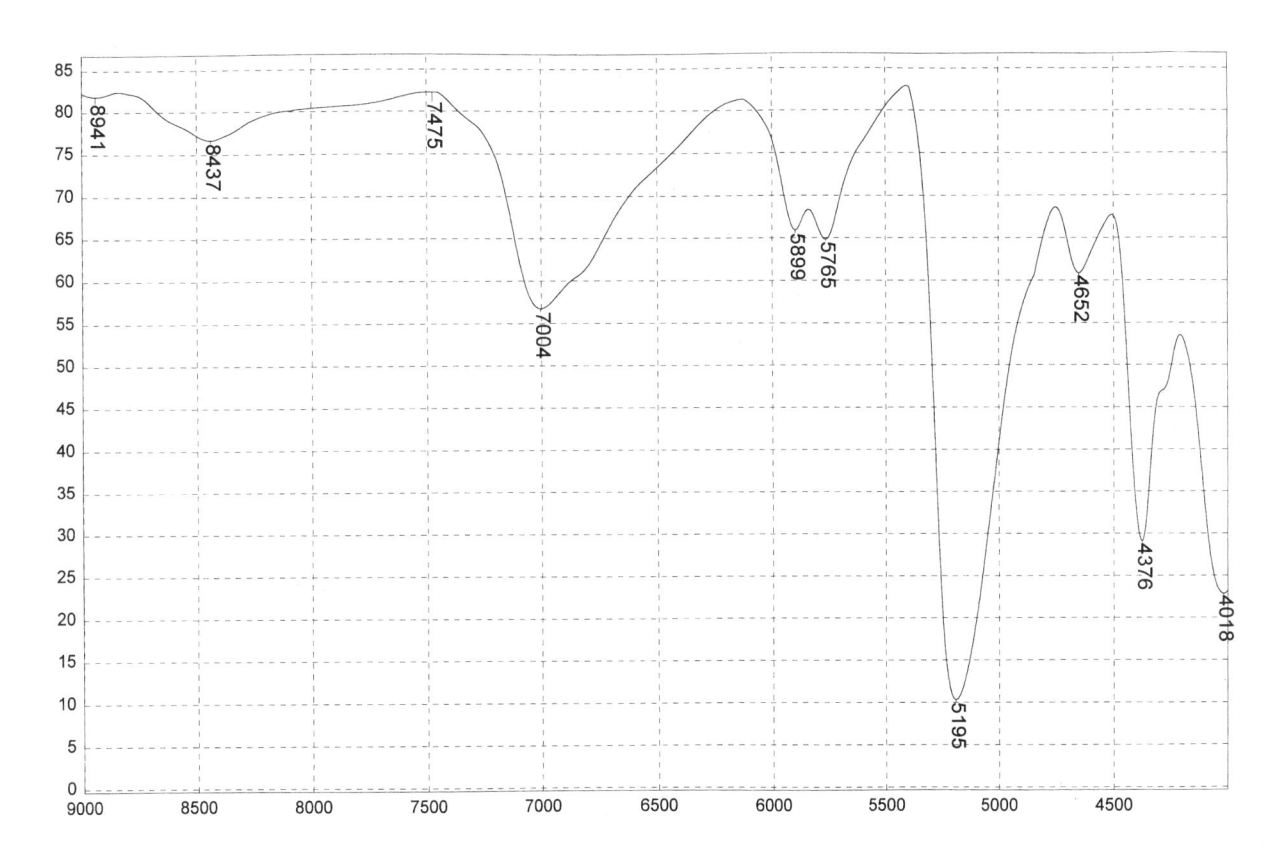

Transmittance / Wavenumber (cm⁻¹)

806 Poly(acrylic acid)

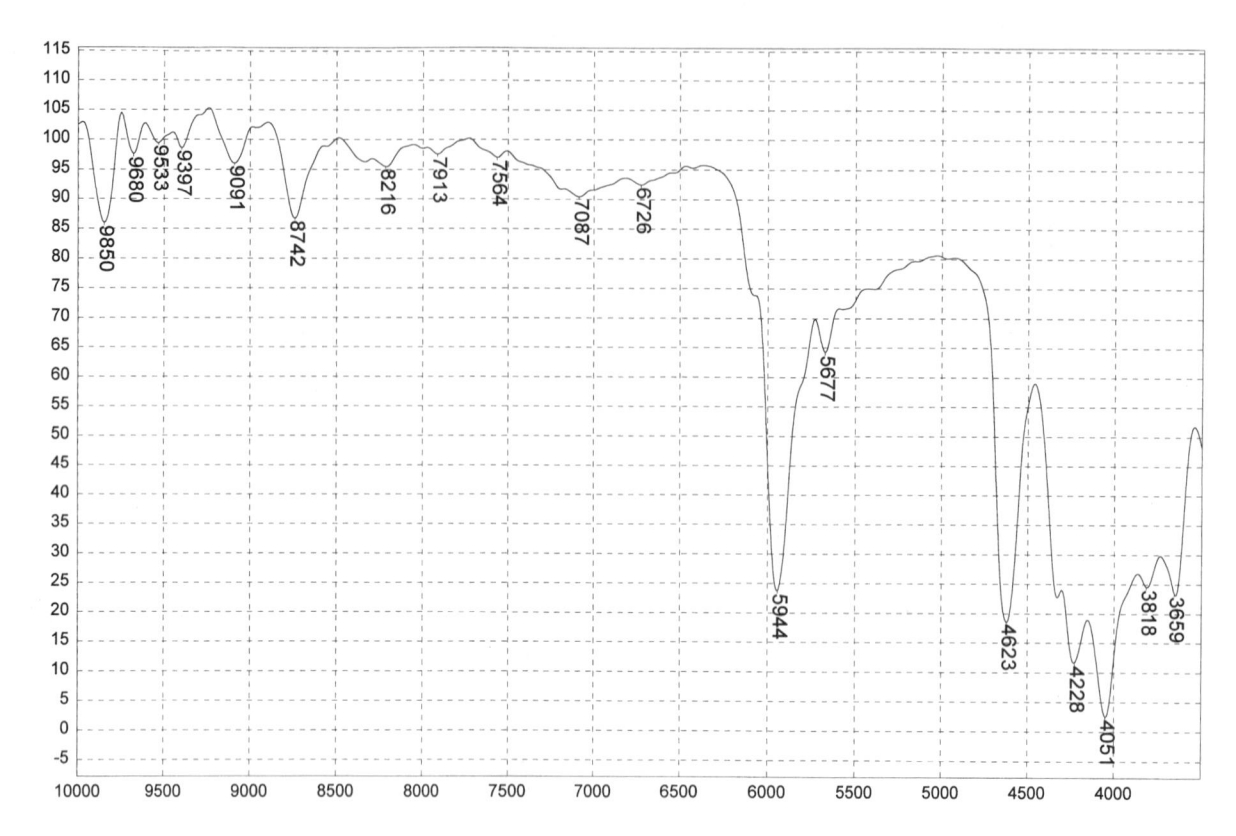

Transmittance / Wavenumber (cm⁻¹)

807   Polystyrene (32 cm-1 resolution)

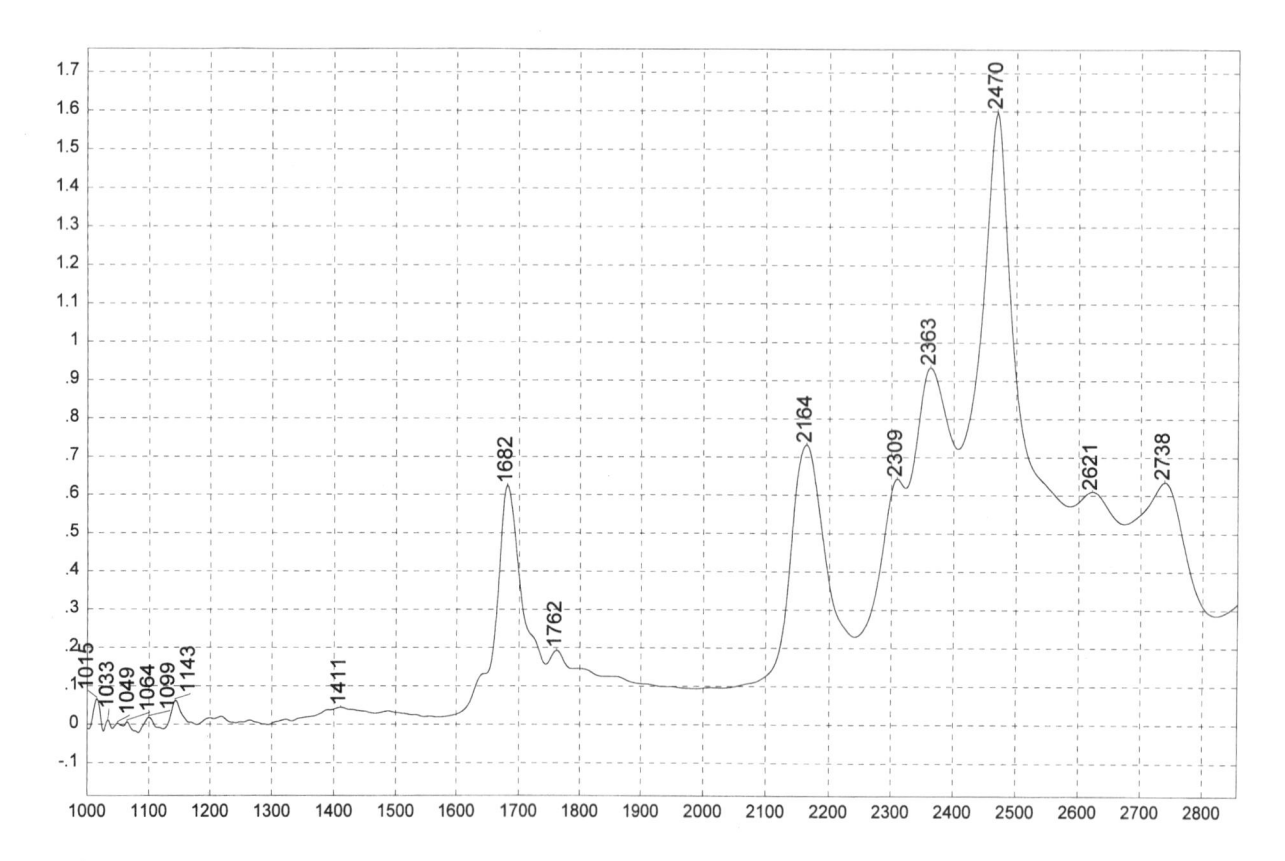

Absorbance / Nanometers

808   Polystyrene (32 cm-1 resolution)

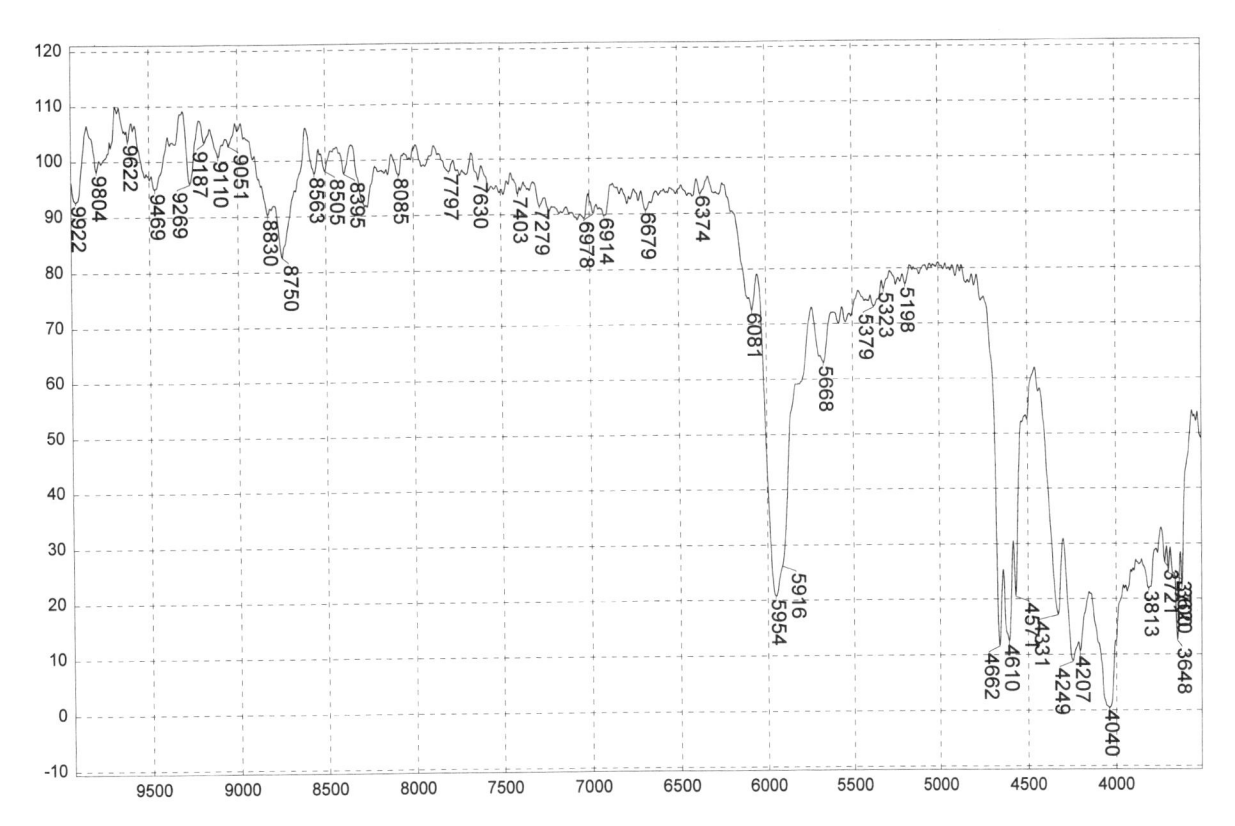

Transmittance / Wavenumber (cm⁻¹)

809   **Polystyrene (4 cm-1 resolution)**

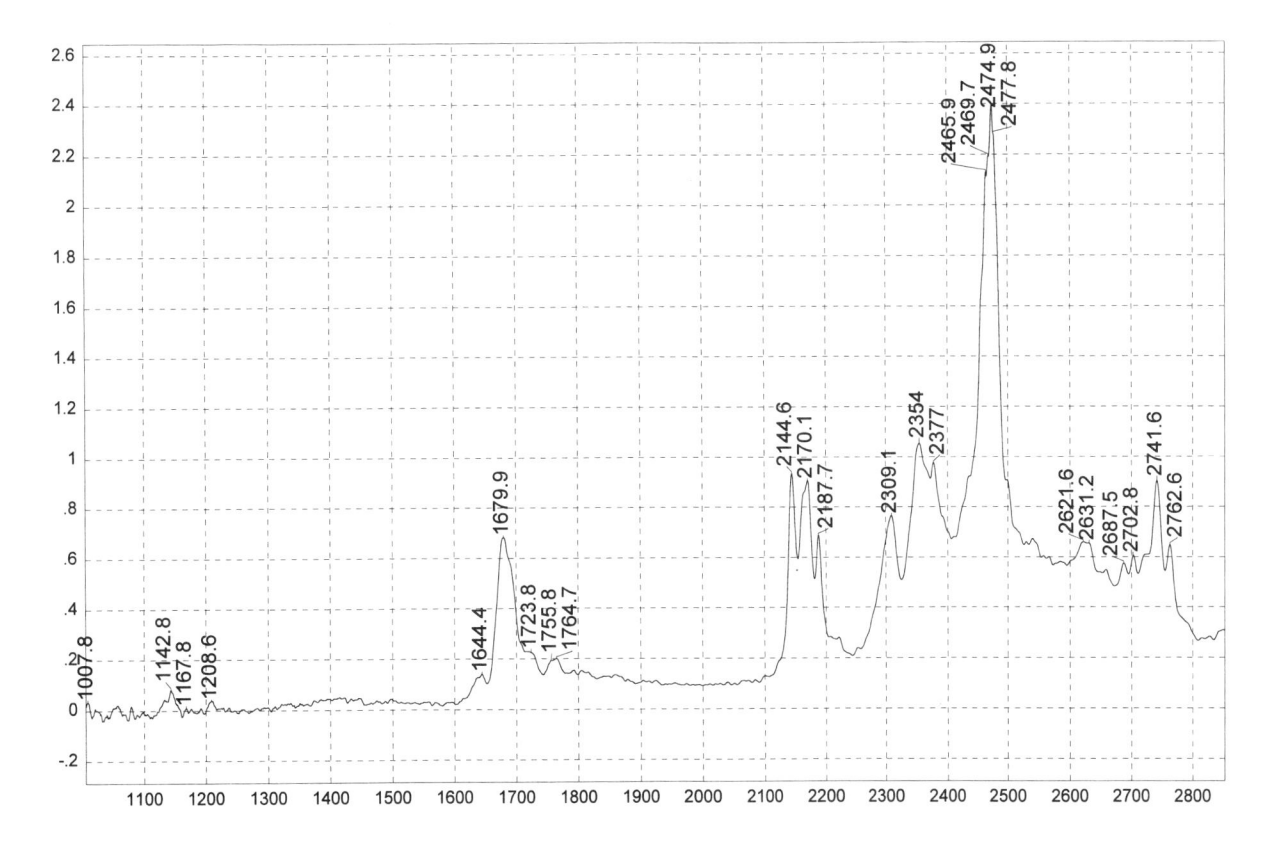

Absorbance / Nanometers

810   **Polystyrene (4 cm-1 resolution)**

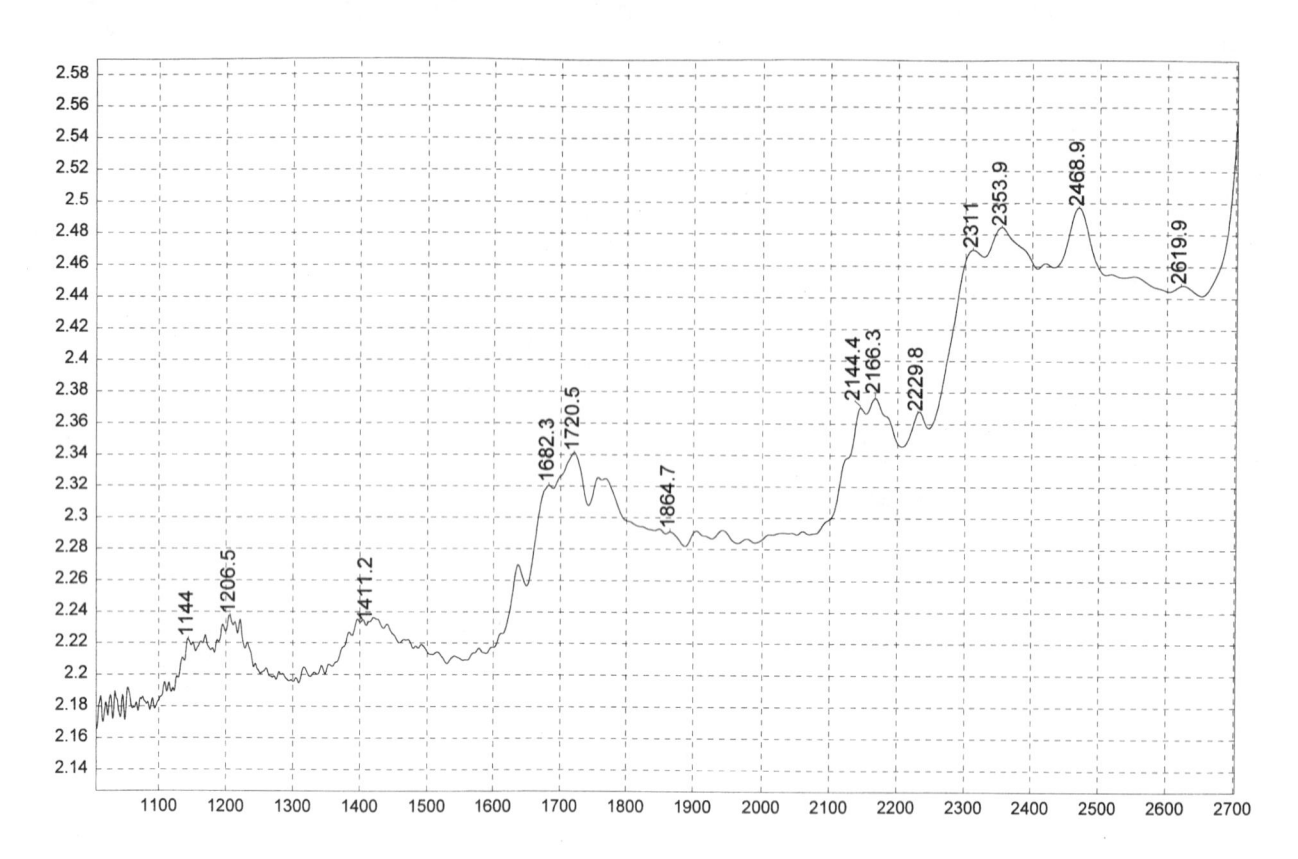

811 Acrylonitrile/butadiene/styrene resin

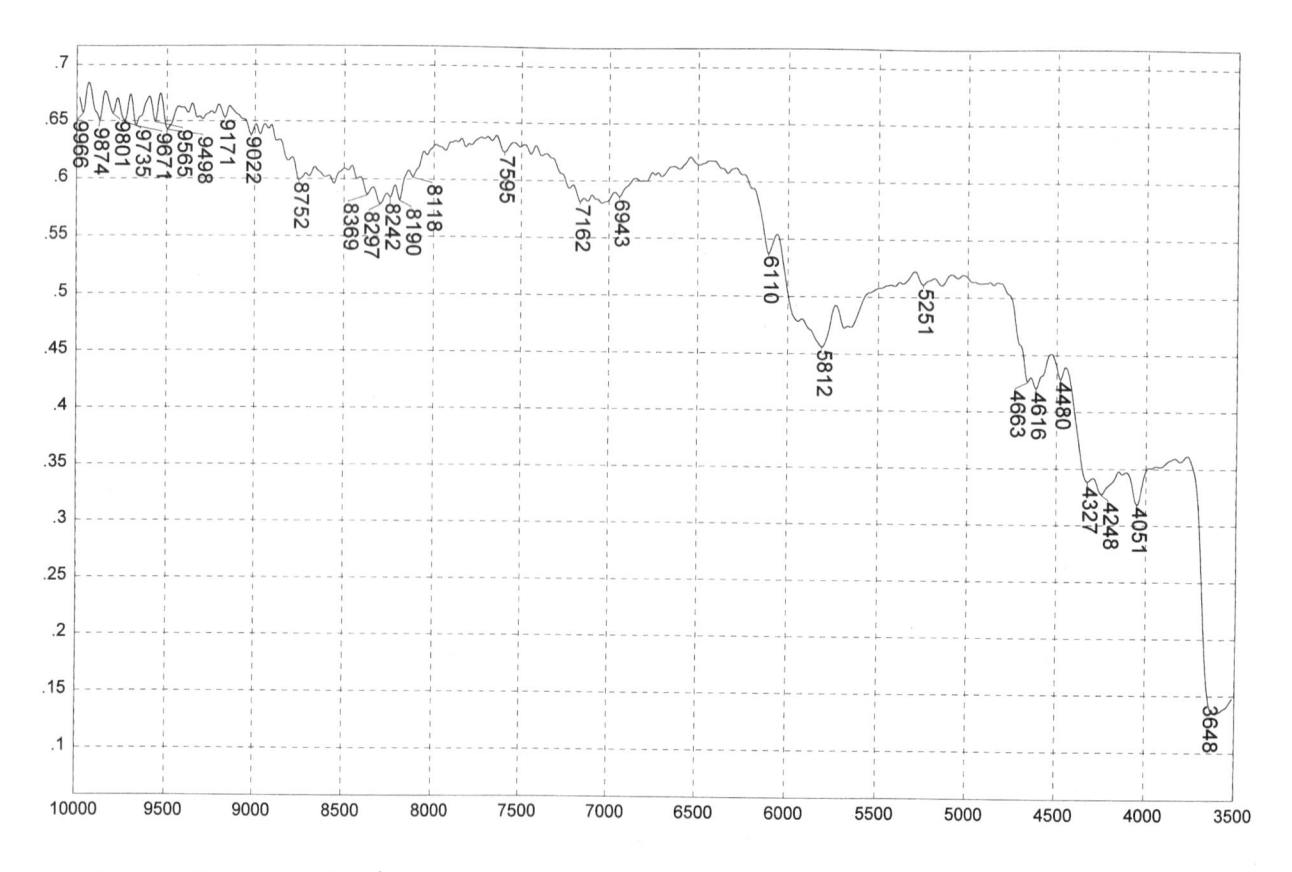

812 Acrylonitrile/butadiene/styrene resin

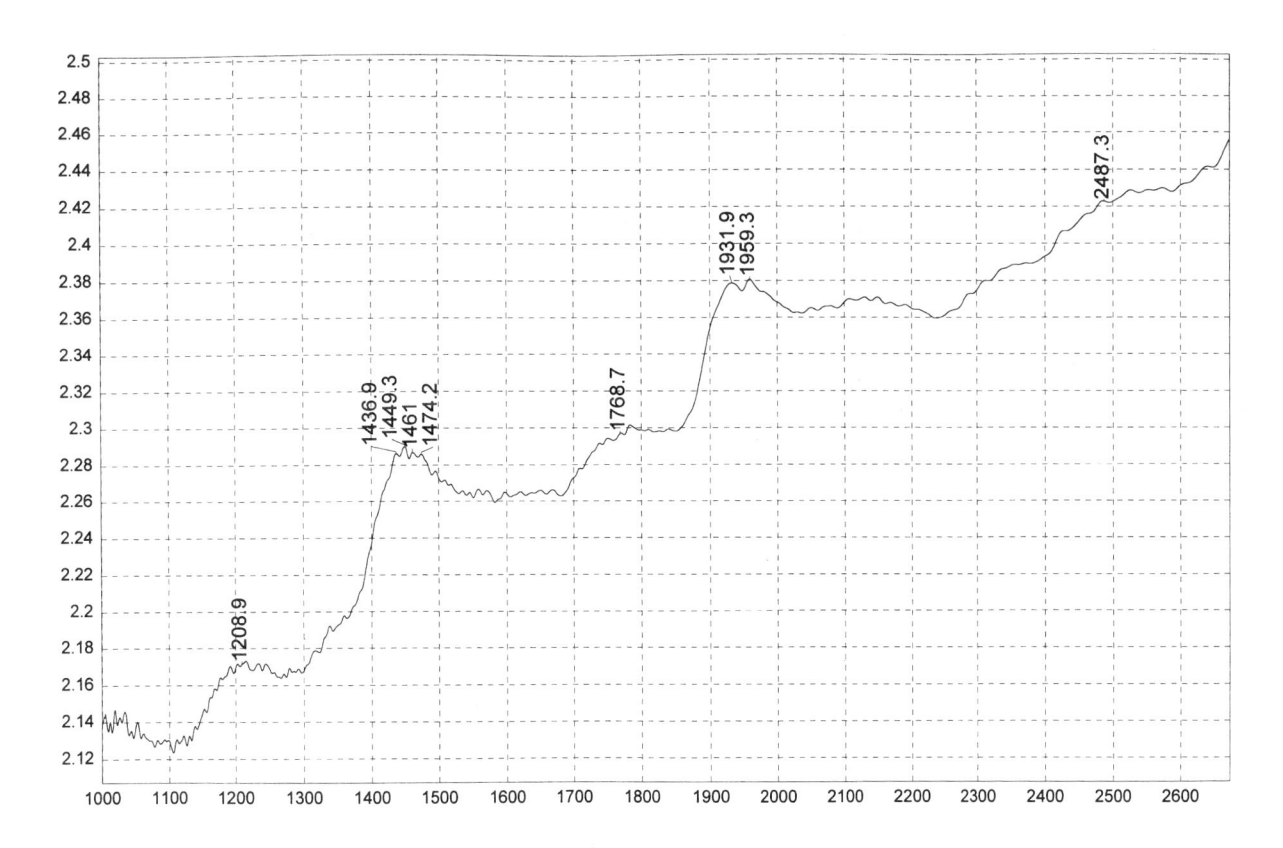

Absorbance / Nanometers

813   **Alginic acid, sodium salt**

Reflectance / Wavenumber (cm^{-1})

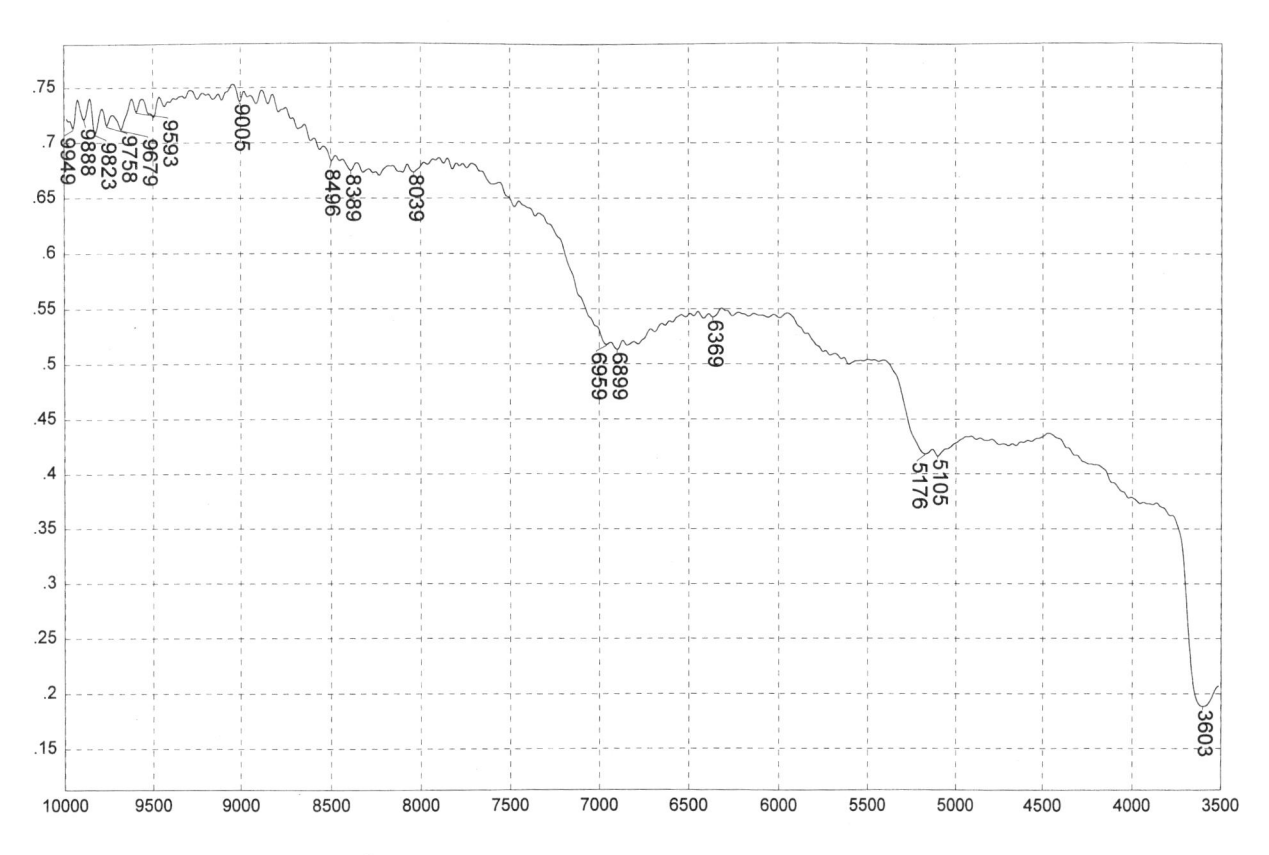

814   **Alginic acid, sodium salt**

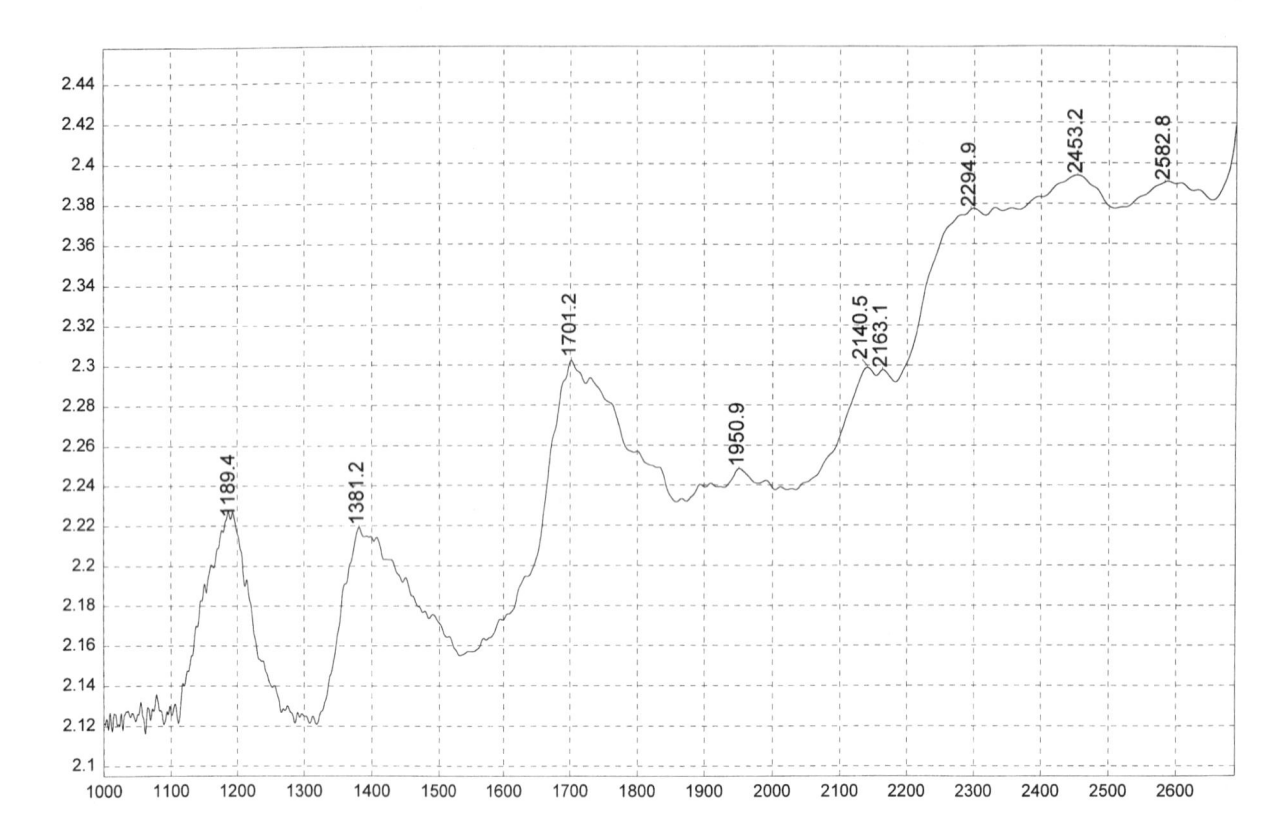

Absorbance / Nanometers

815 — Butyl methacrylate/isobutyl methacrylate copolymer

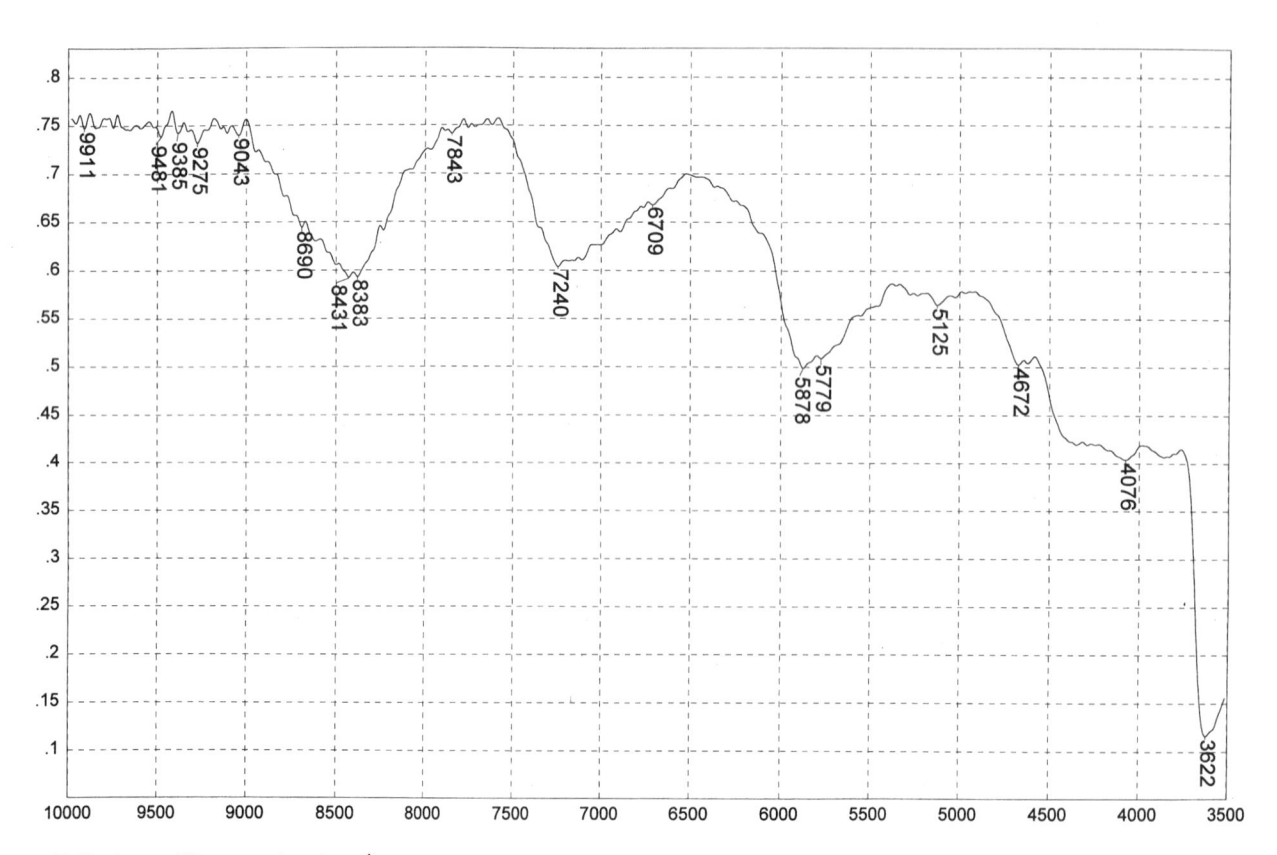

Reflectance / Wavenumber (cm⁻¹)

816 — Butyl methacrylate/isobutyl methacrylate copolymer

Absorbance / Nanometers

817 Cellulose acetate

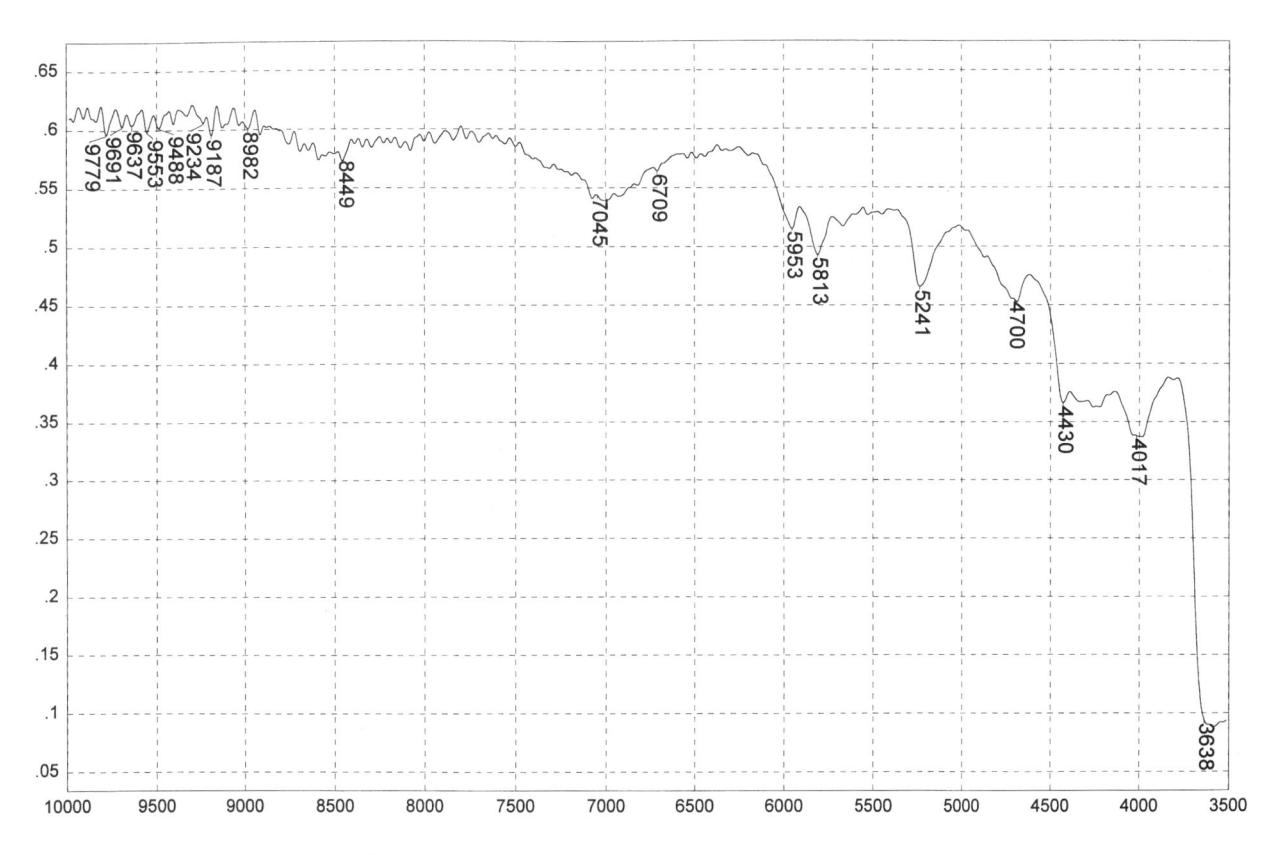

Reflectance / Wavenumber (cm⁻¹)

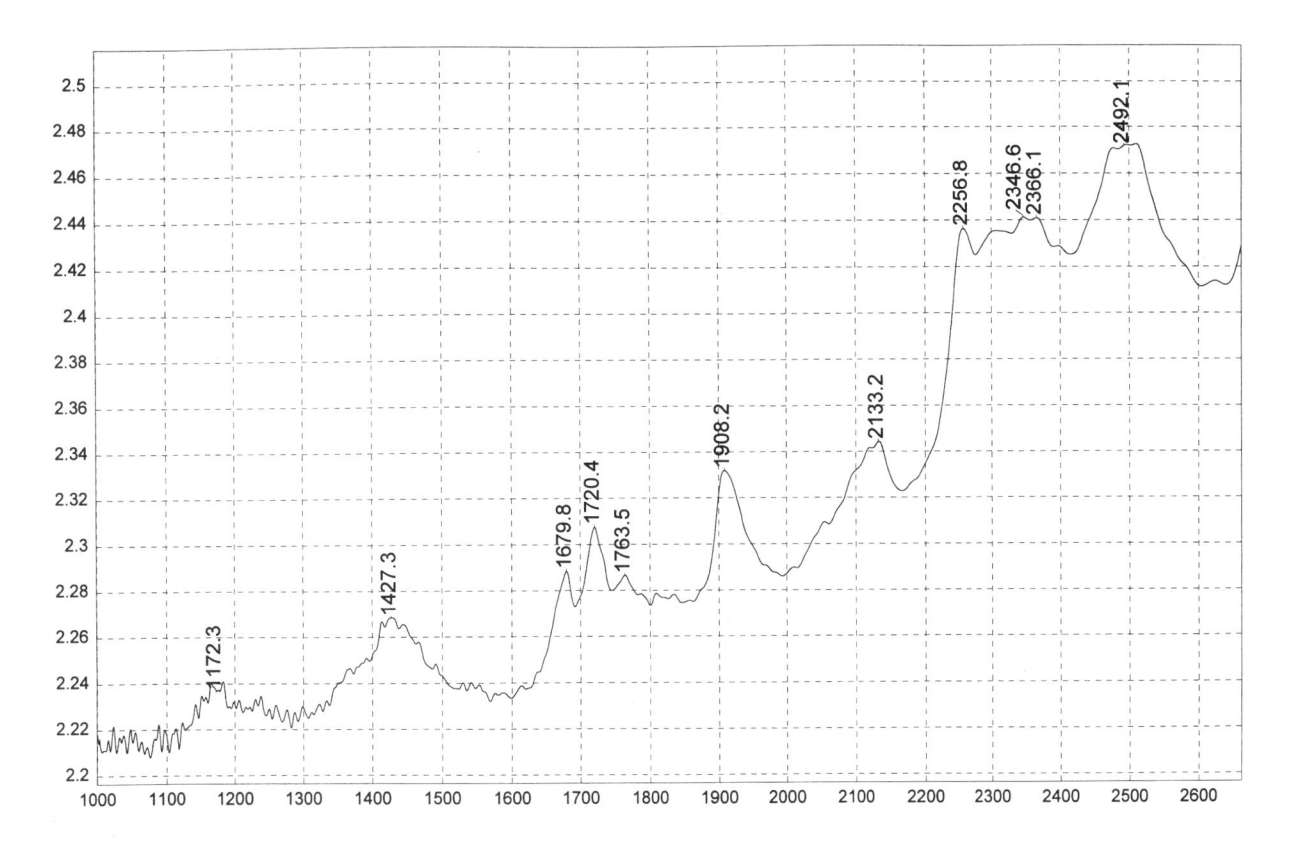

818 Cellulose acetate

409

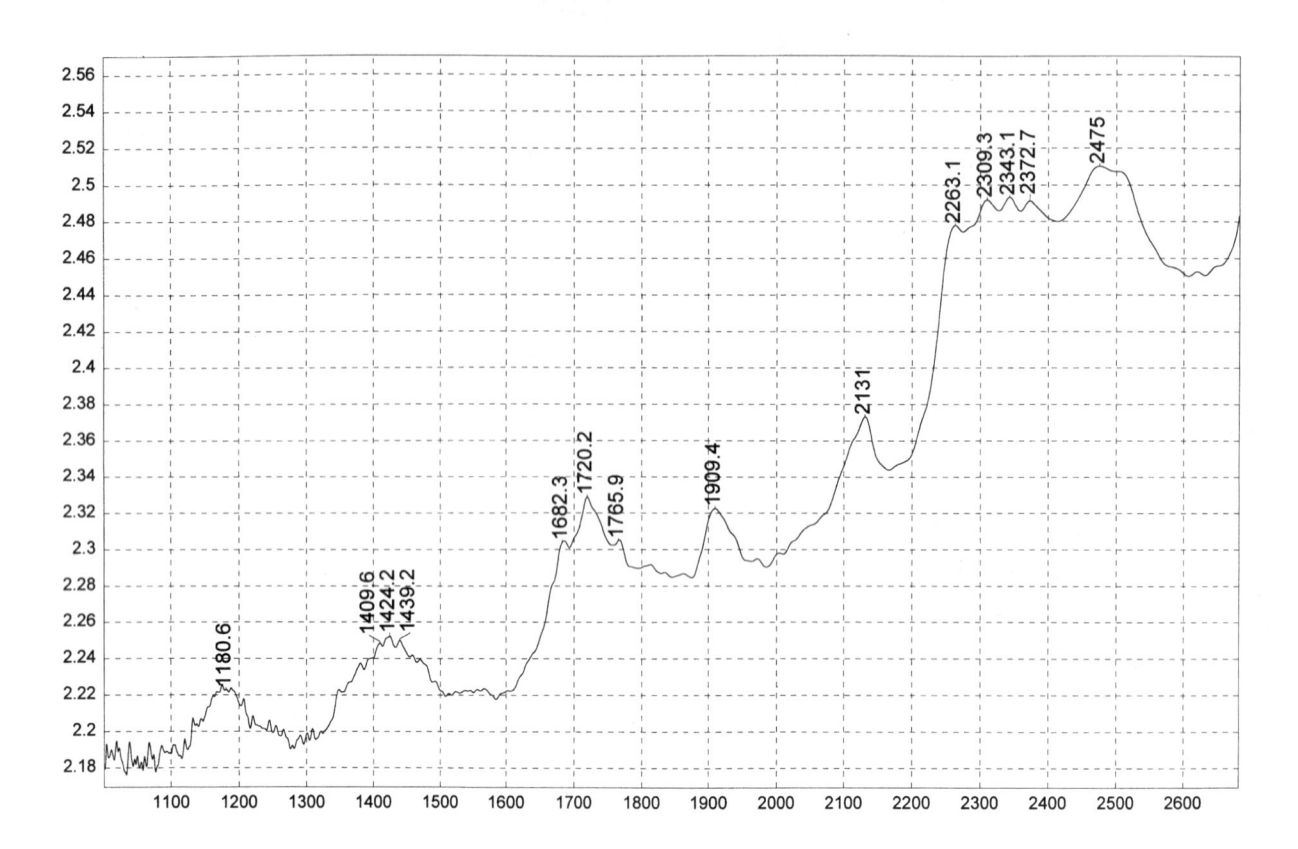

Absorbance / Nanometers

819   **Cellulose acetate butyrate**

Reflectance / Wavenumber (cm^{-1})

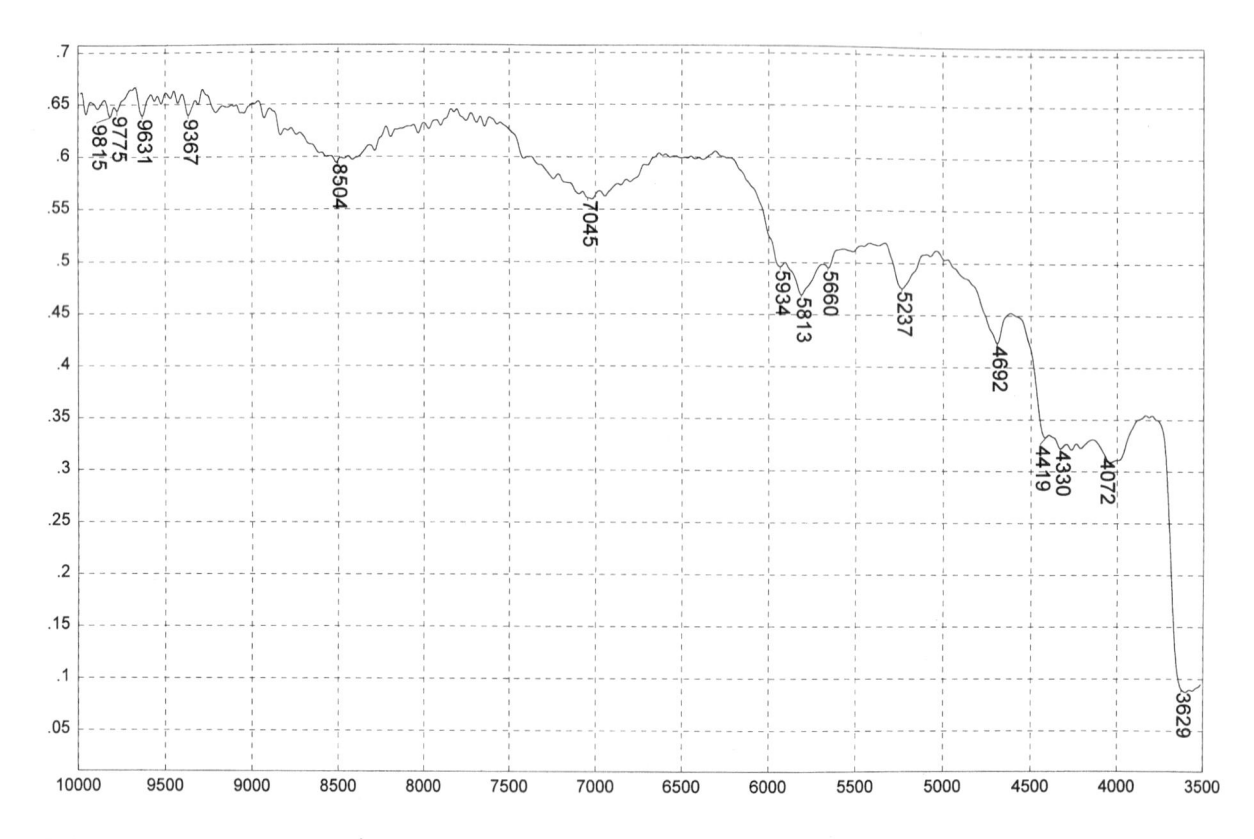

820   **Cellulose acetate butyrate**

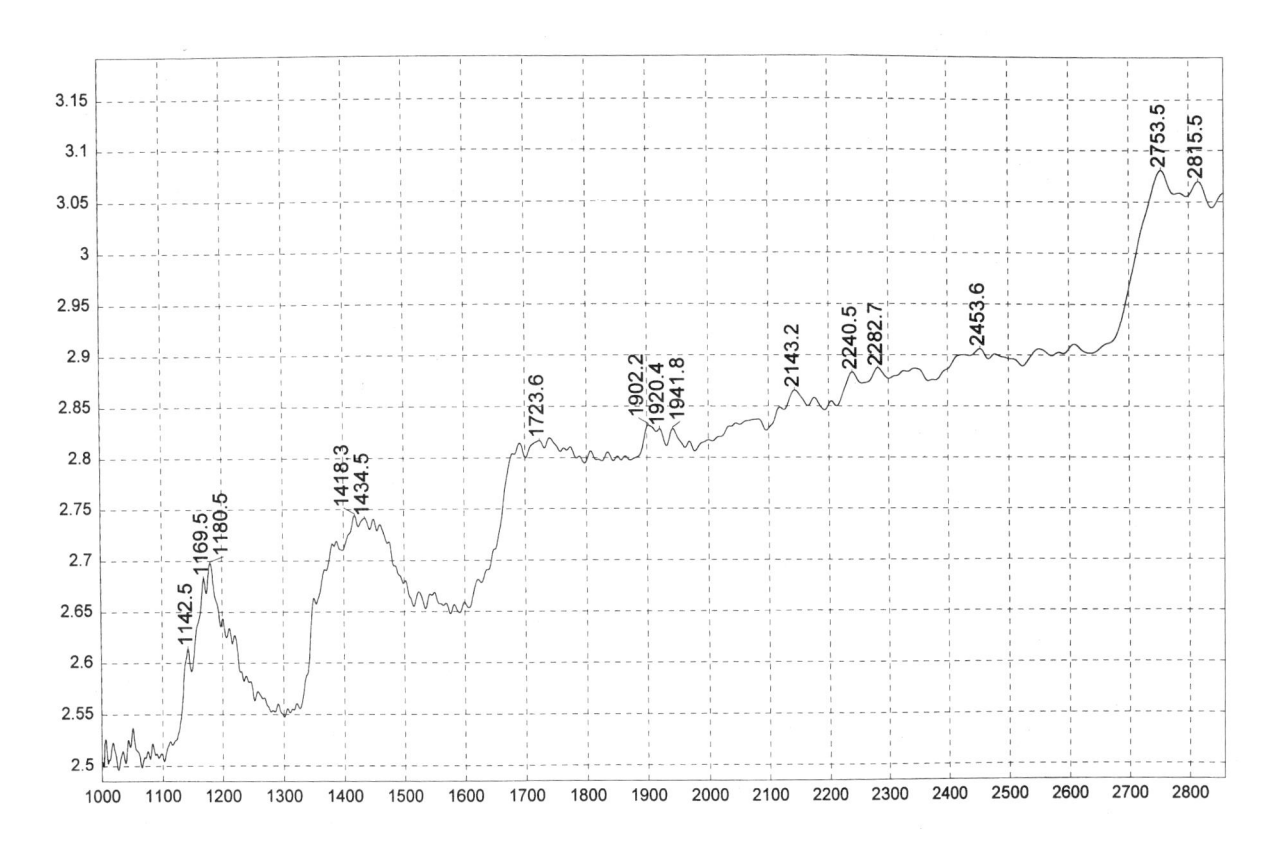

Absorbance / Nanometers

821 Cellulose propionate - pellets

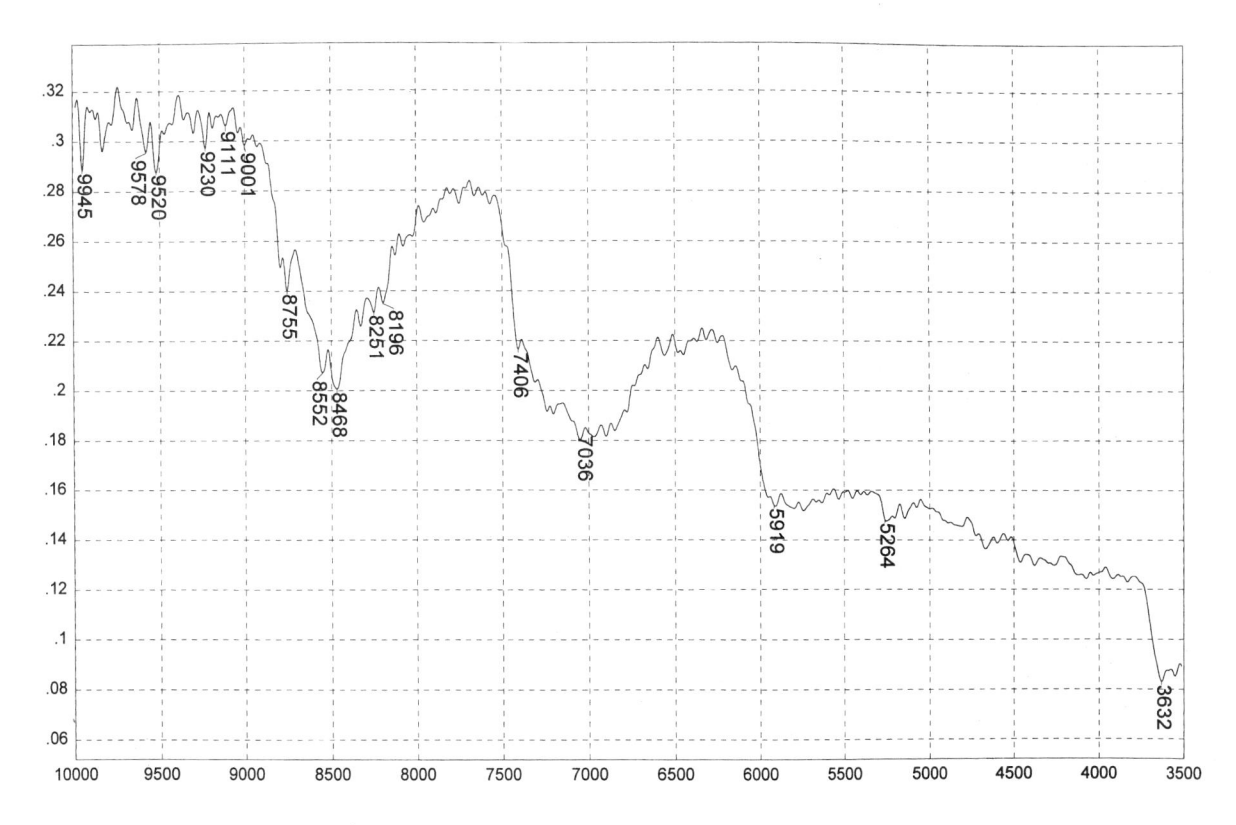

Reflectance / Wavenumber (cm⁻¹)

822 Cellulose propionate - pellets

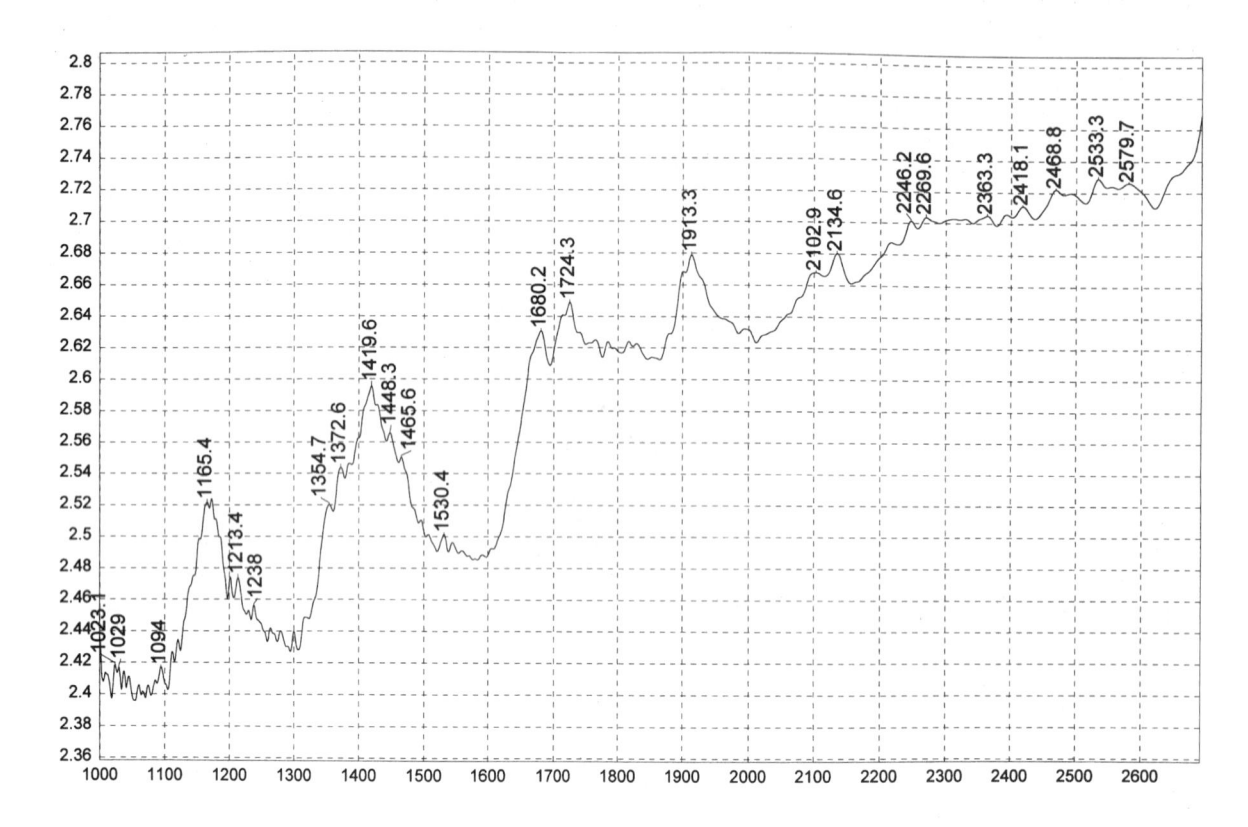

823 Cellulose triacetate - pellets

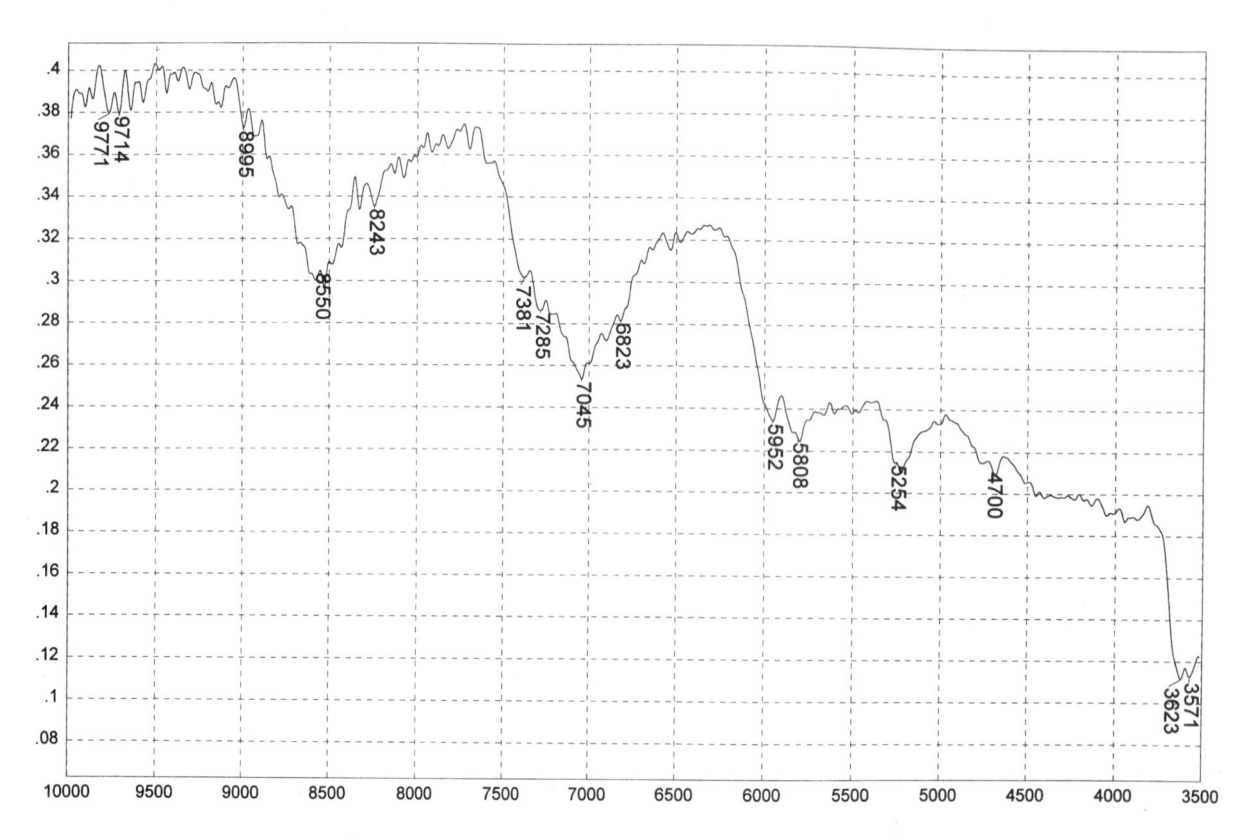

824 Cellulose triacetate - pellets

412

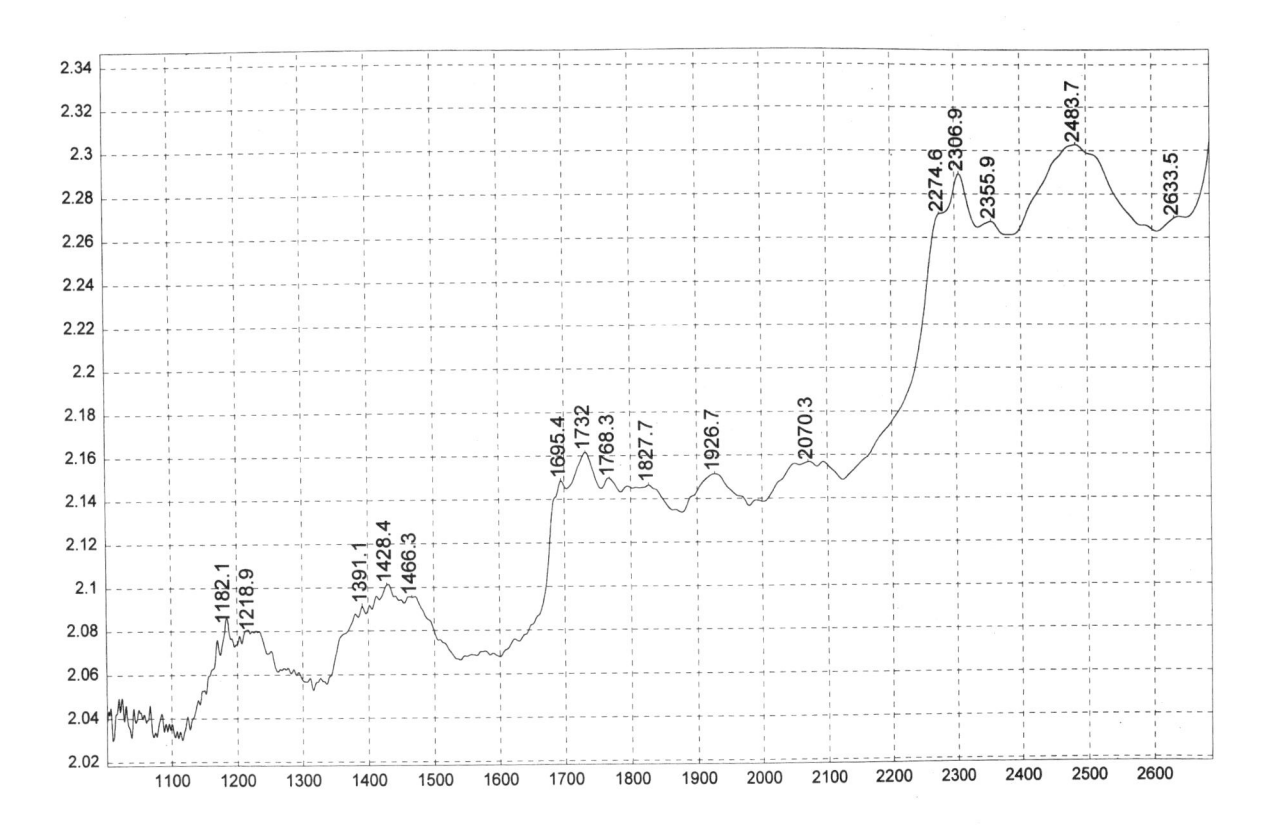

Absorbance / Nanometers

825 Ethyl cellulose

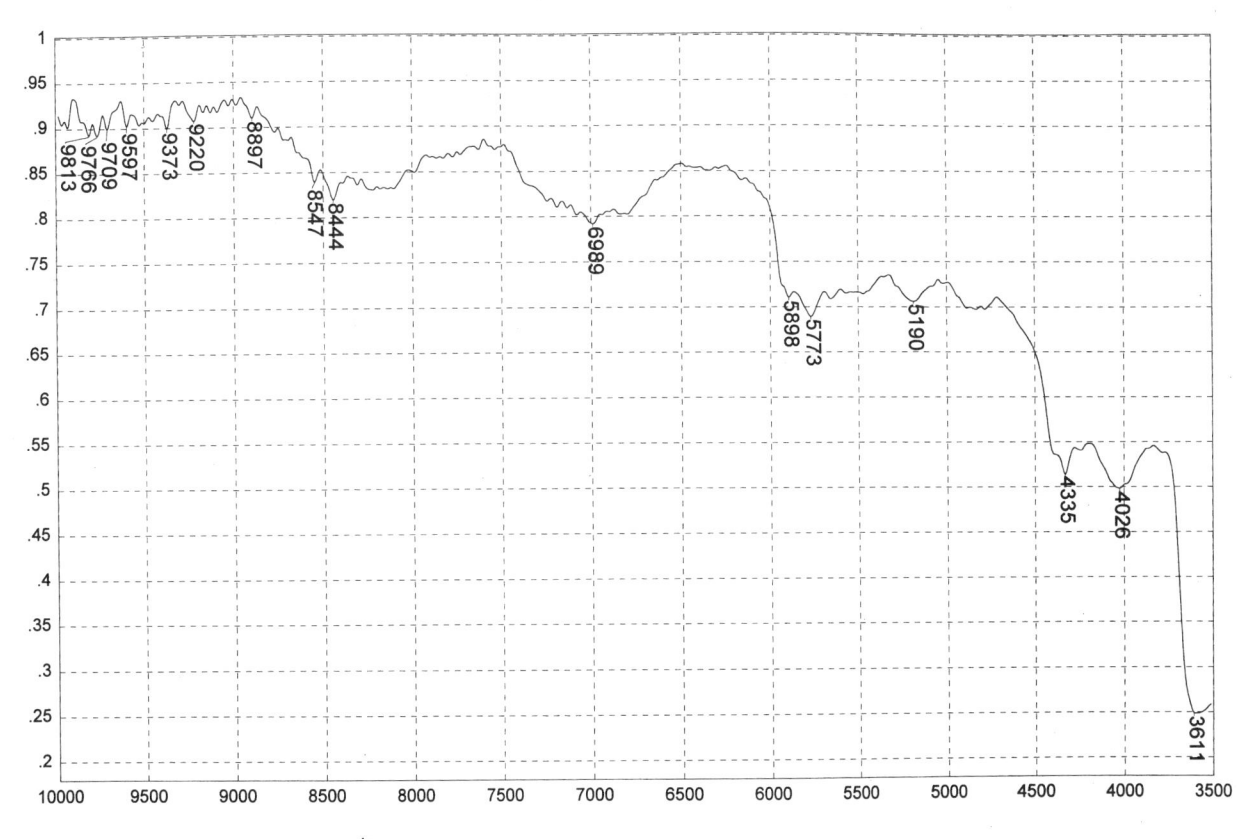

Reflectance / Wavenumber (cm⁻¹)

826 Ethyl cellulose

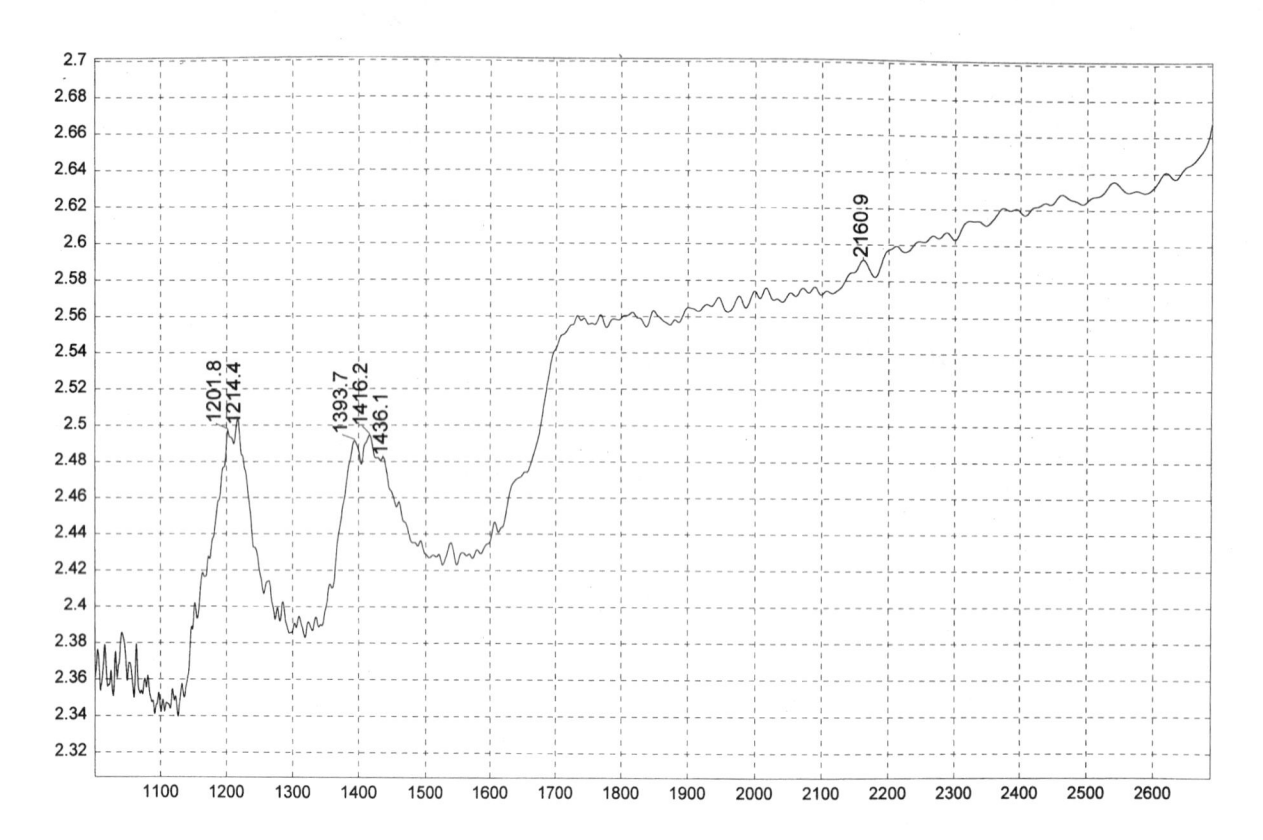

827 Ethylene/acrylic acid copolymer - pellets

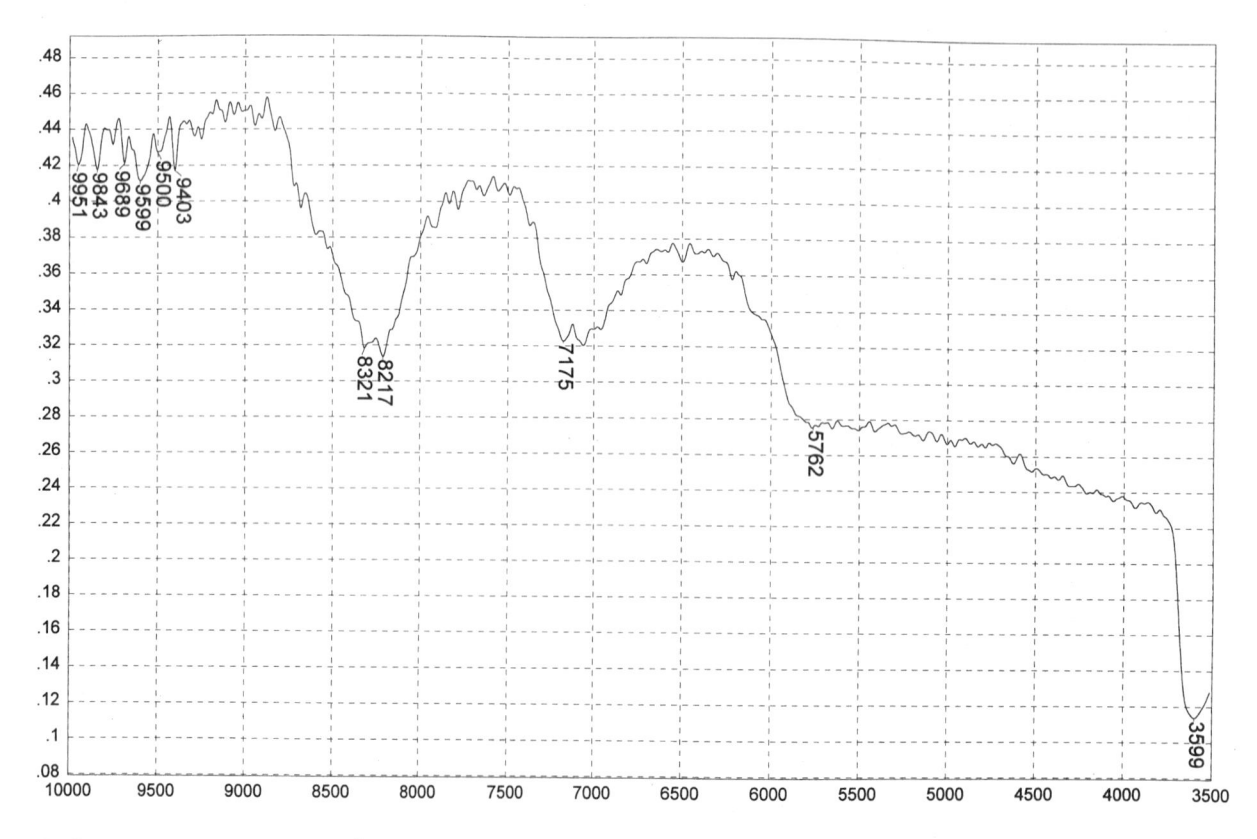

828 Ethylene/acrylic acid copolymer - pellets

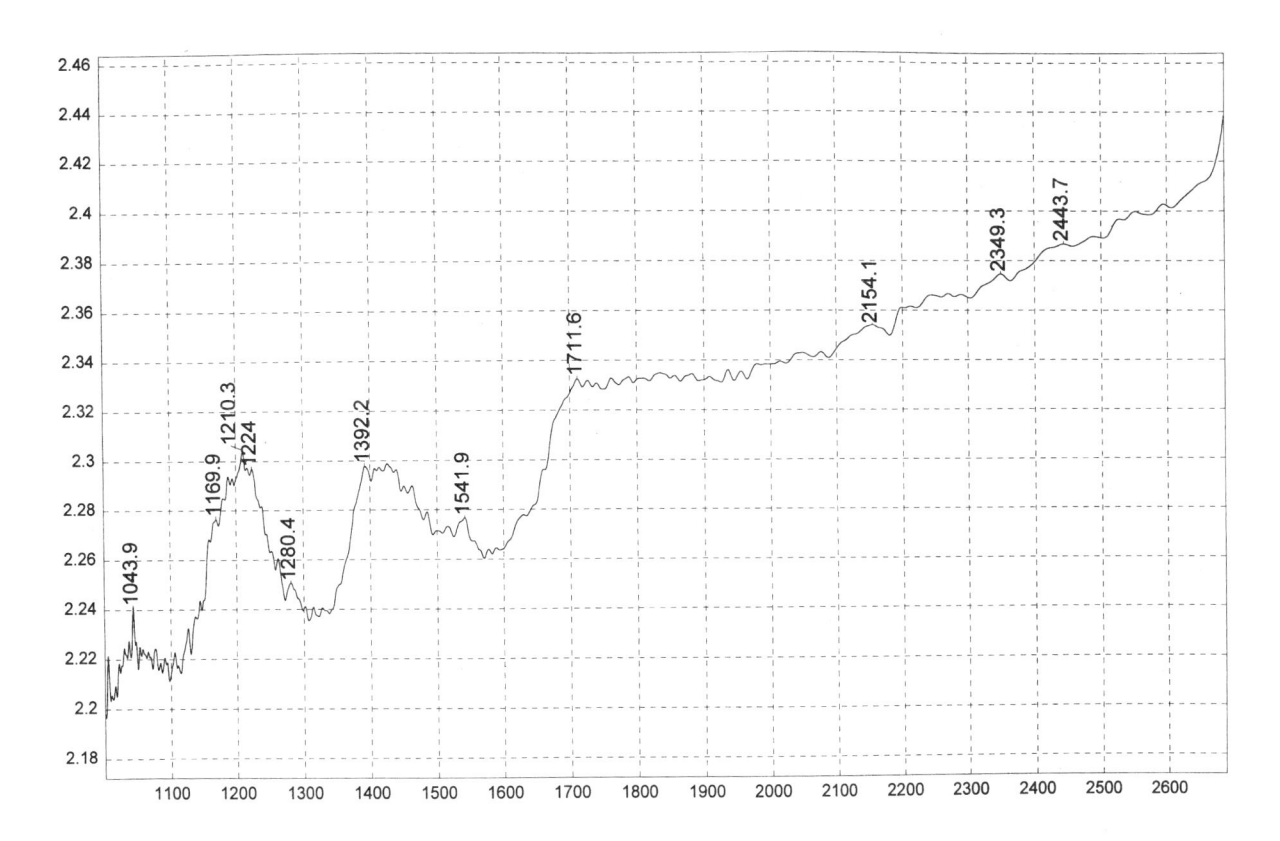

Absorbance / Nanometers

829　Ethylene/ethyl acrylate, 82/18 copolymer - pellets

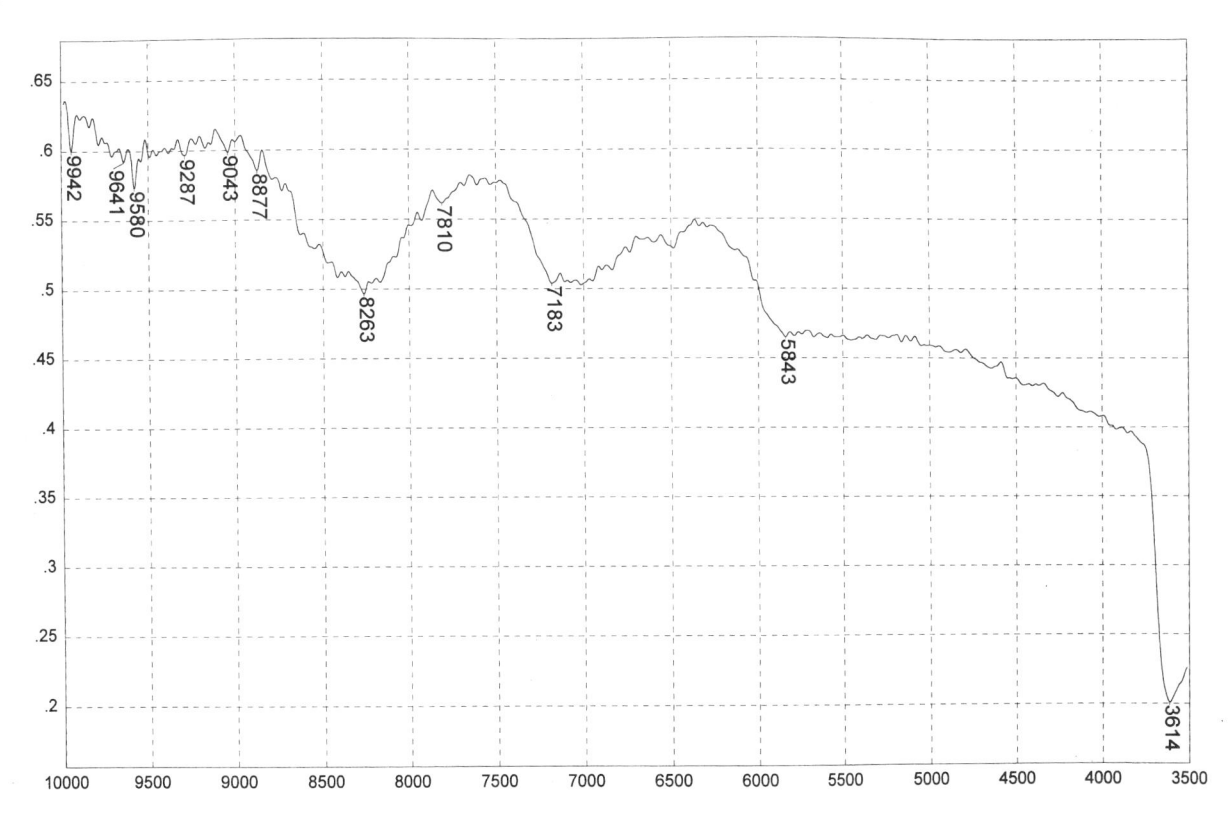

Reflectance / Wavenumber (cm⁻¹)

830　Ethylene/ethyl acrylate, 82/18 copolymer - pellets

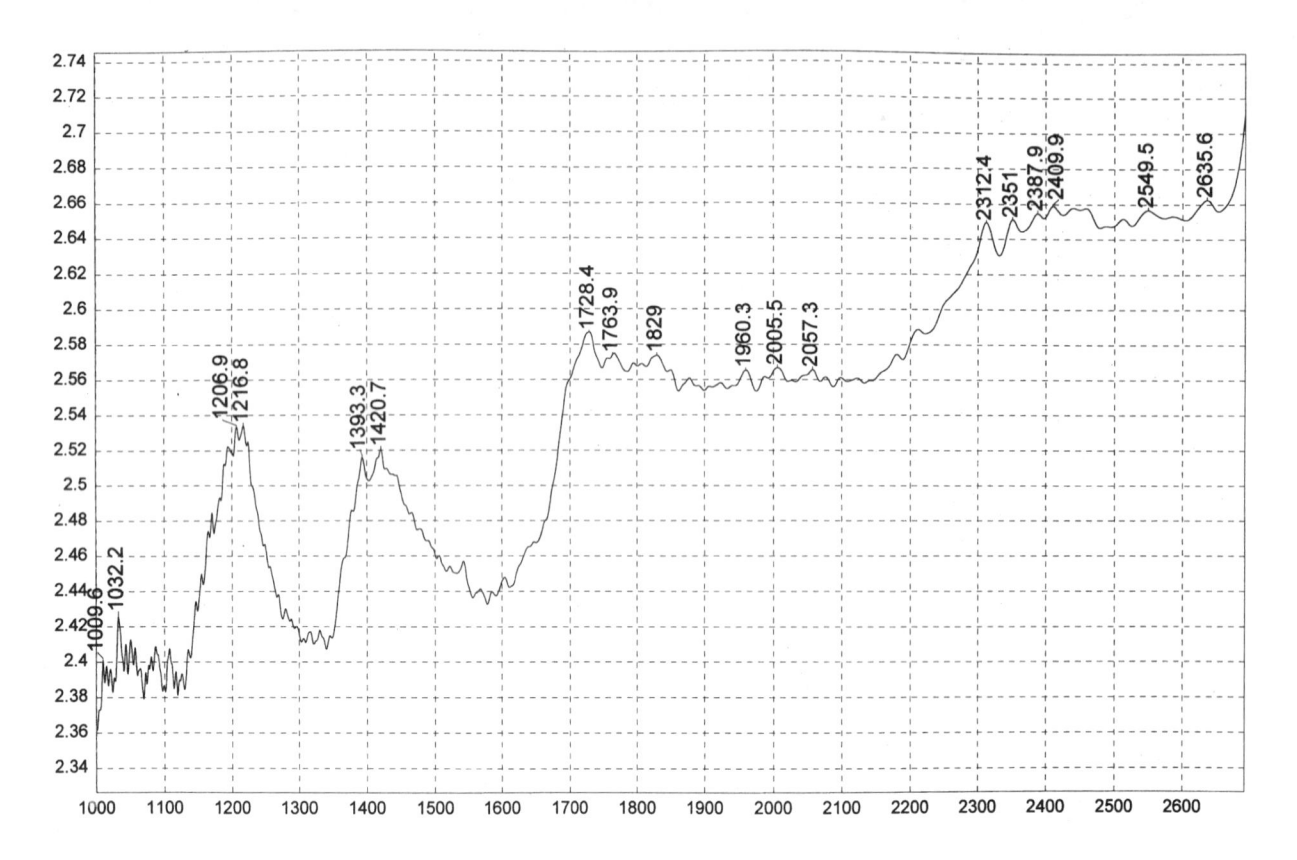

Absorbance / Nanometers

| 831 | Ethylene/propylene, 60/40 copolymer - pellets |

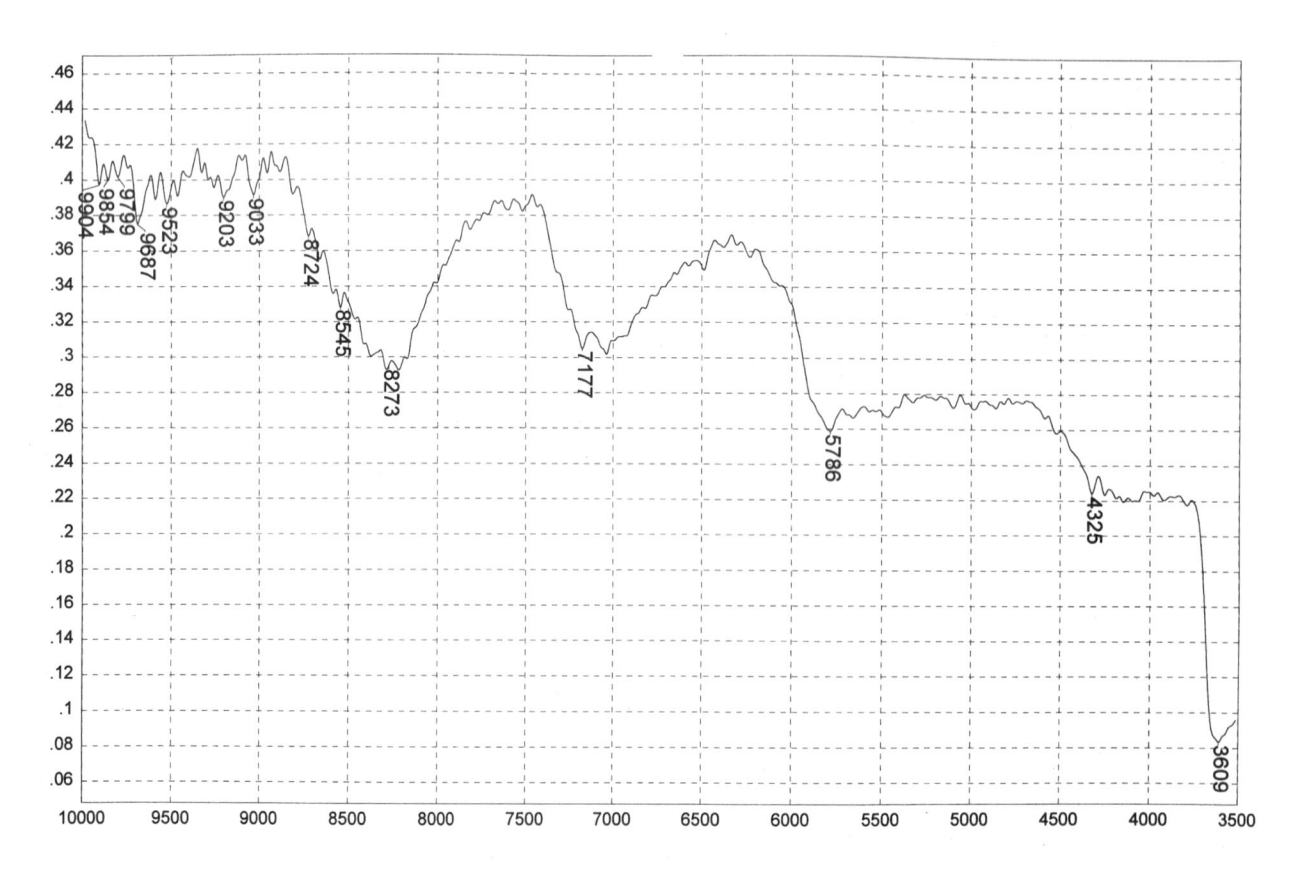

Reflectance / Wavenumber (cm⁻¹)

| 832 | Ethylene/propylene, 60/40 copolymer - pellets |

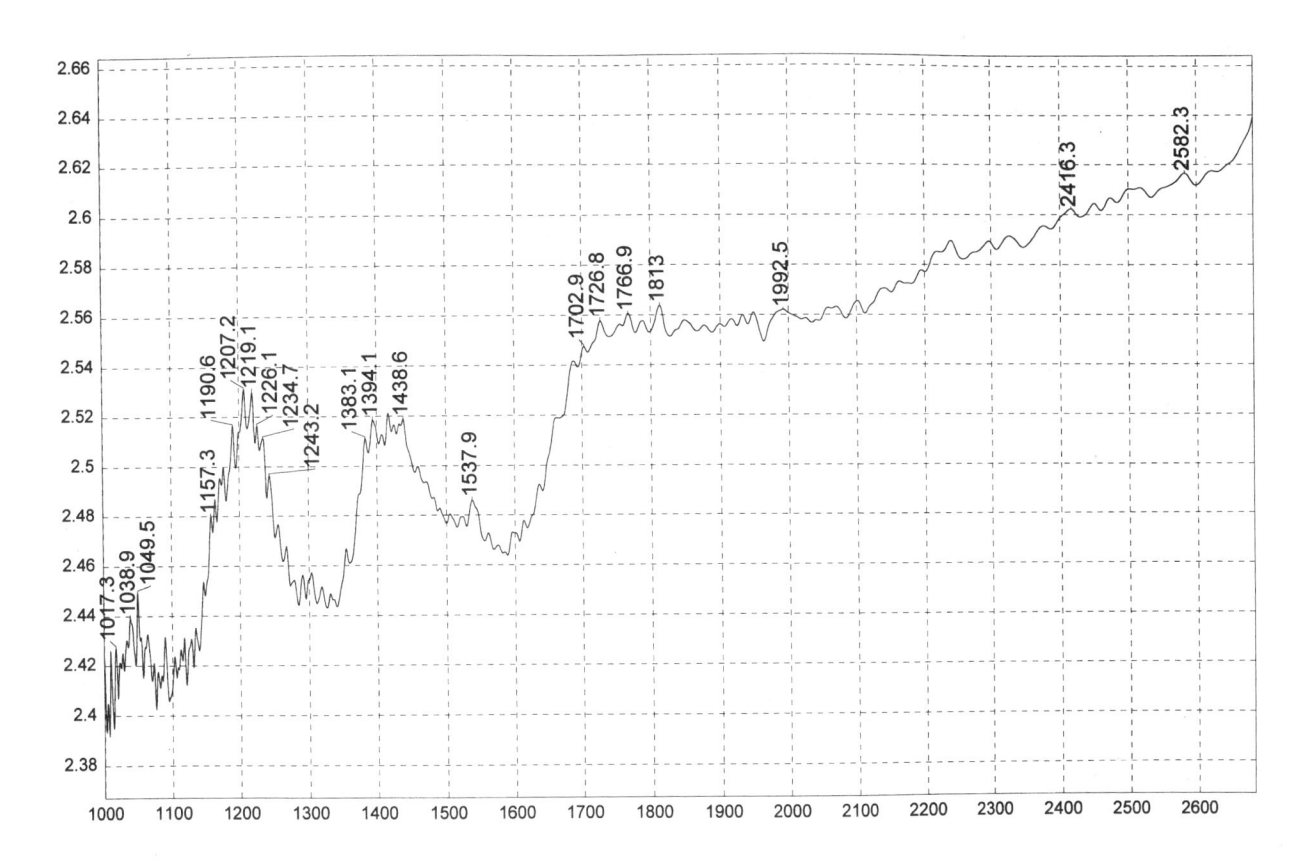

833 Ethylene/vinyl acetate, 86/14 copolymer - pellets

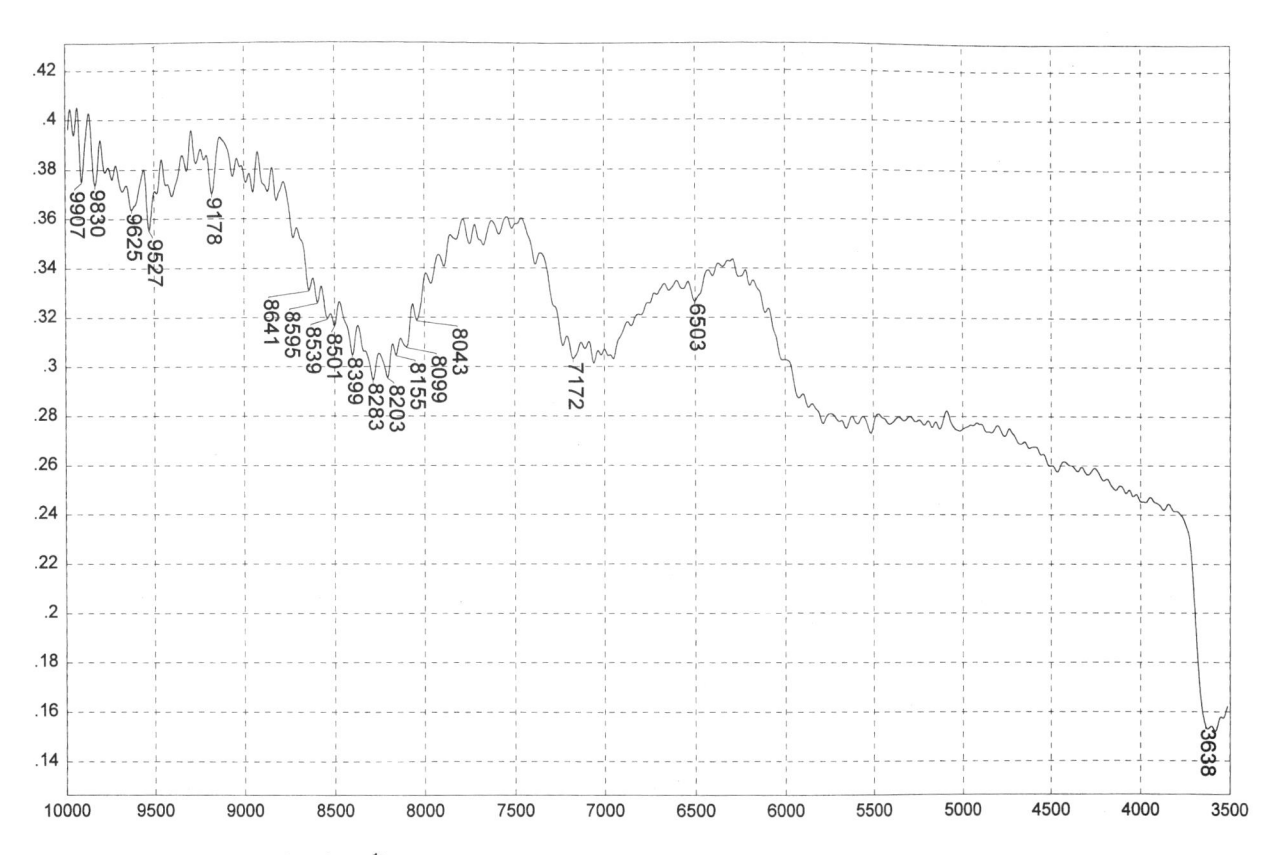

834 Ethylene/vinyl acetate, 86/14 copolymer - pellets

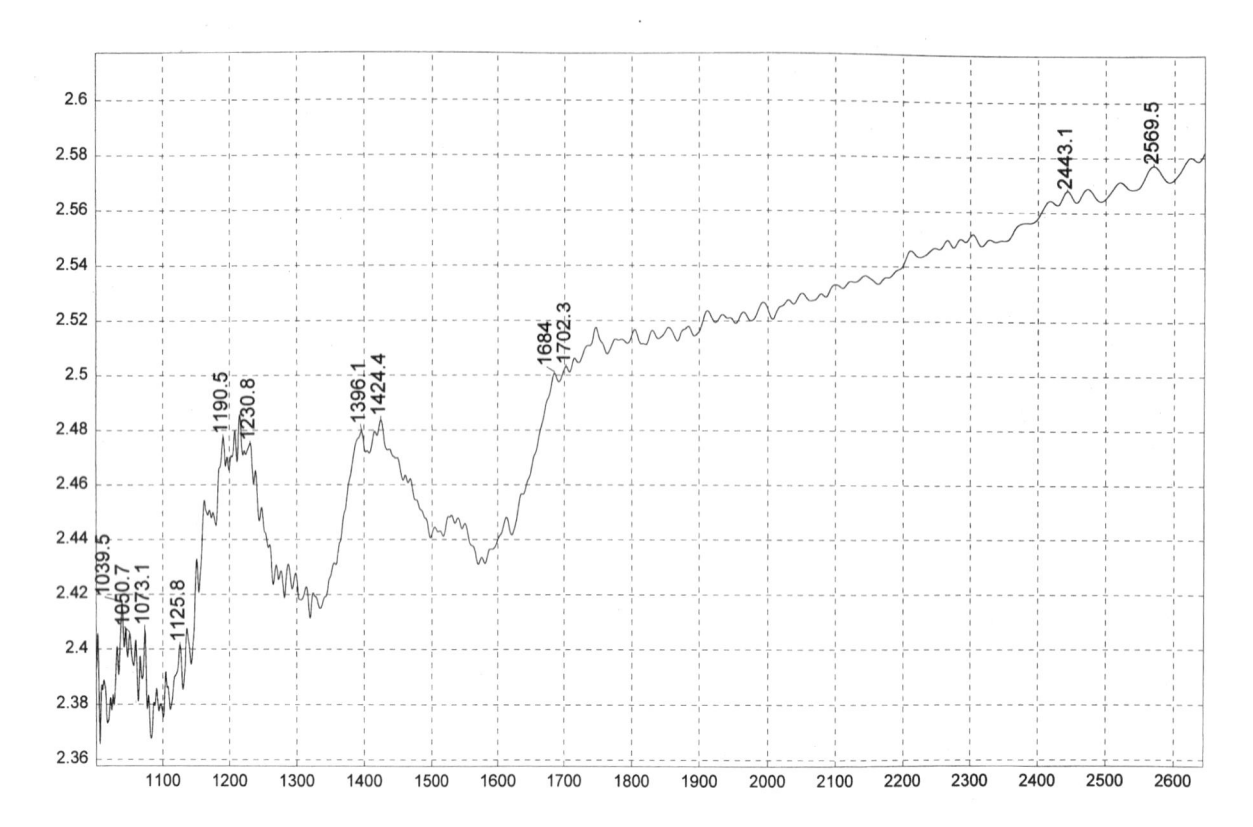

835   **Ethylene/vinyl acetate, 82/18 copolymer - pellets**

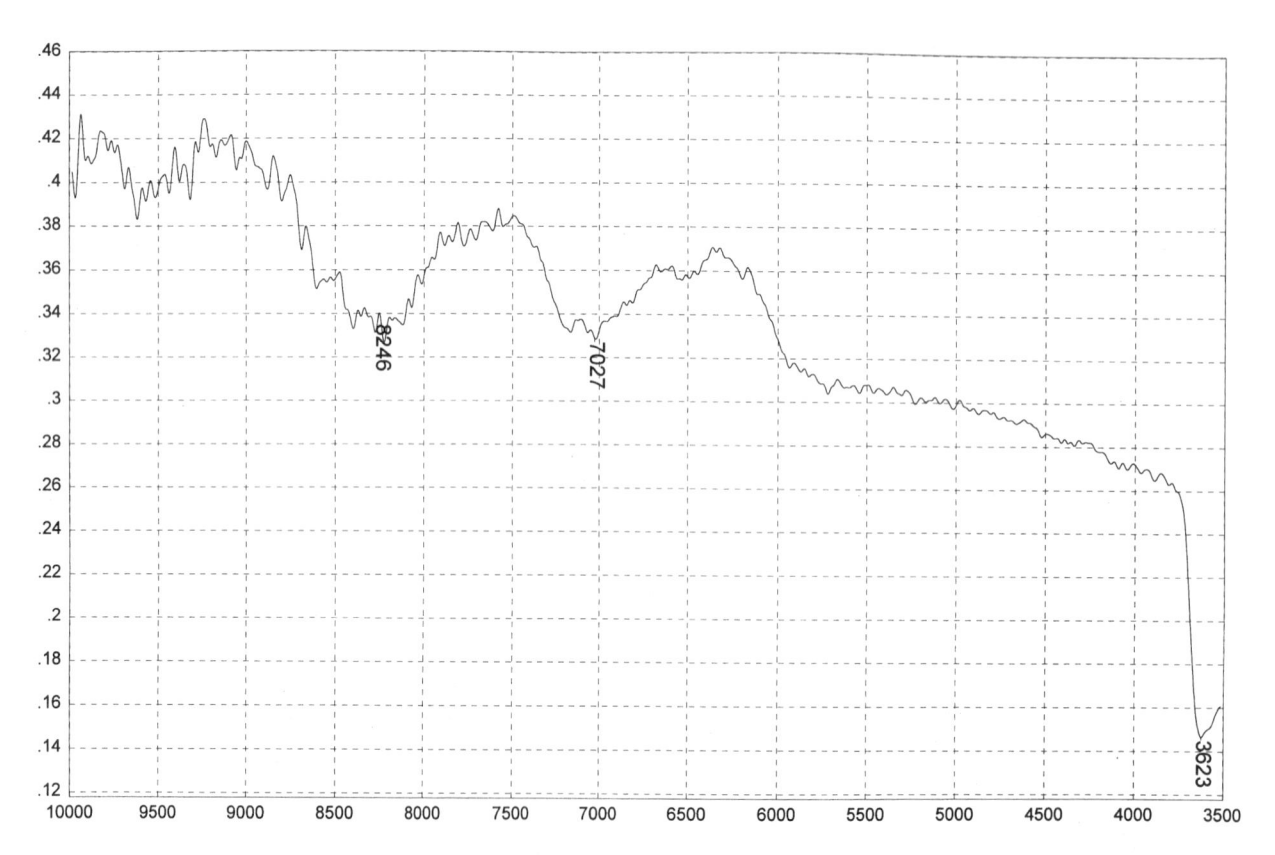

836   **Ethylene/vinyl acetate, 82/18 copolymer - pellets**

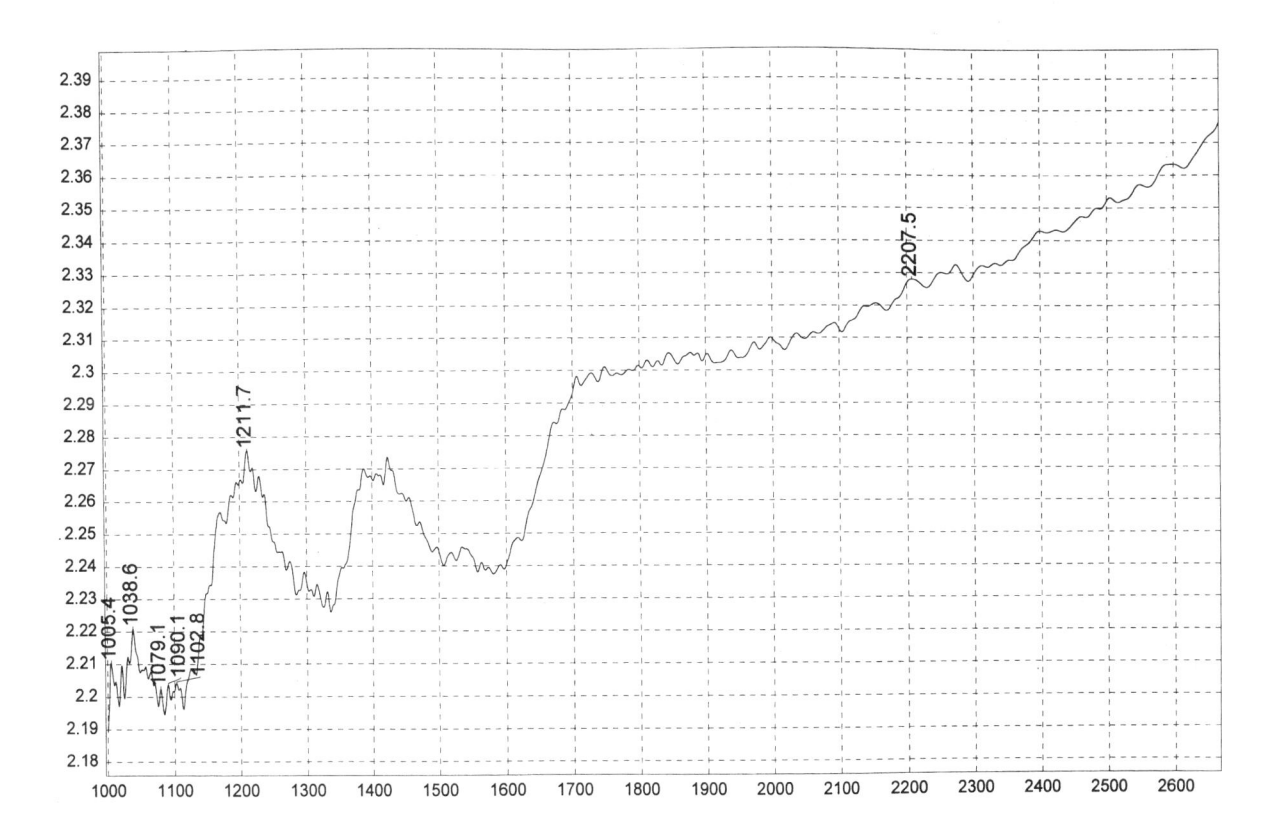

837   Ethylene vinyl acetate, 75/25 copolymer - pellets

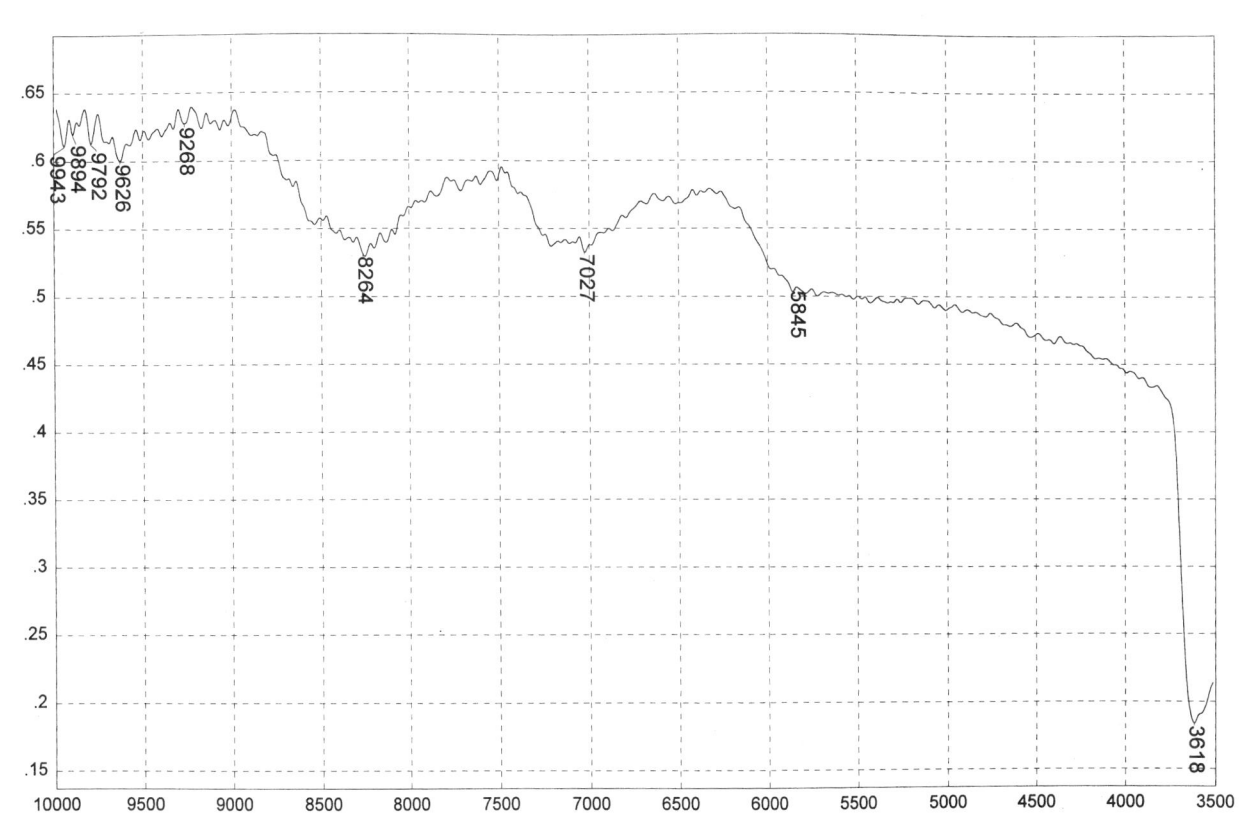

838   Ethylene vinyl acetate, 75/25 copolymer - pellets

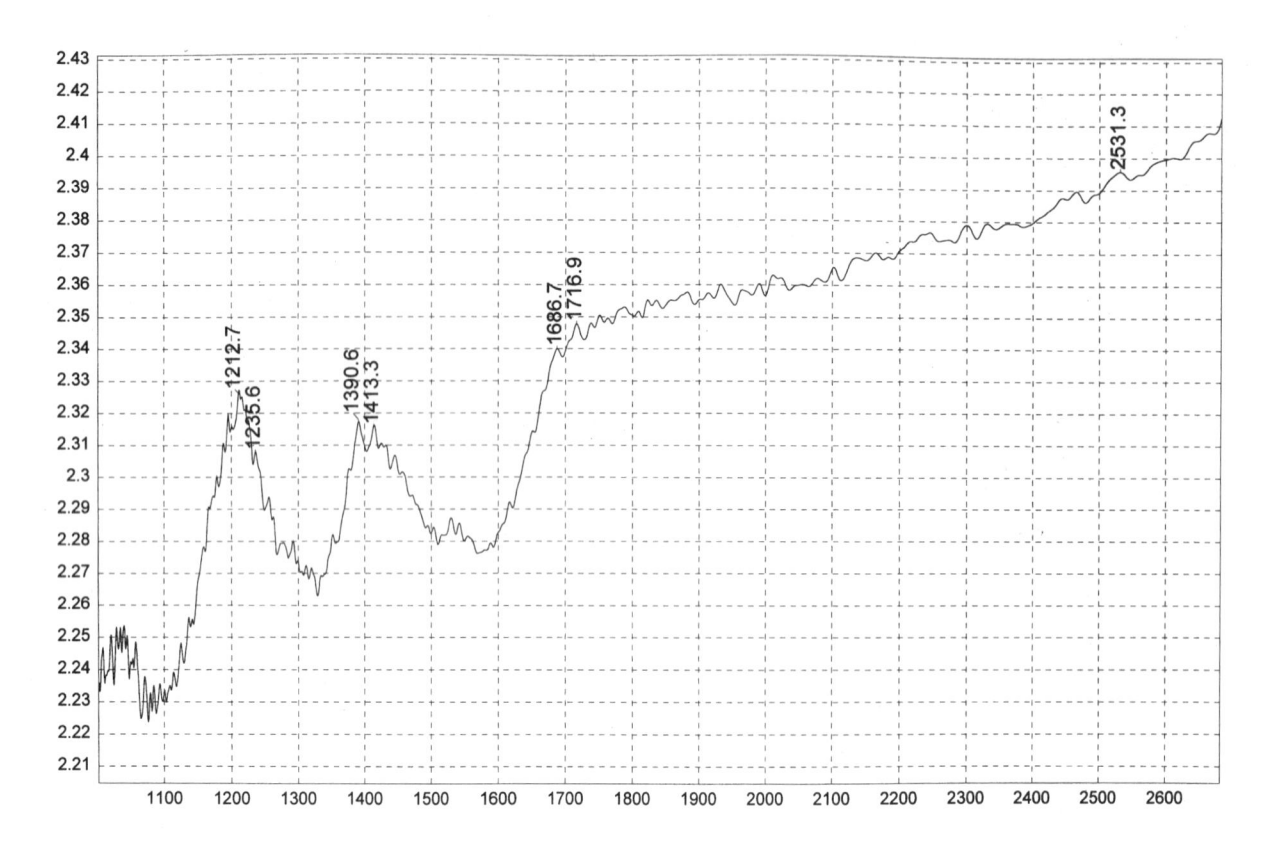

Absorbance / Nanometers

839   Ethylene/vinyl acetate, 72/28 copolymer - pellets

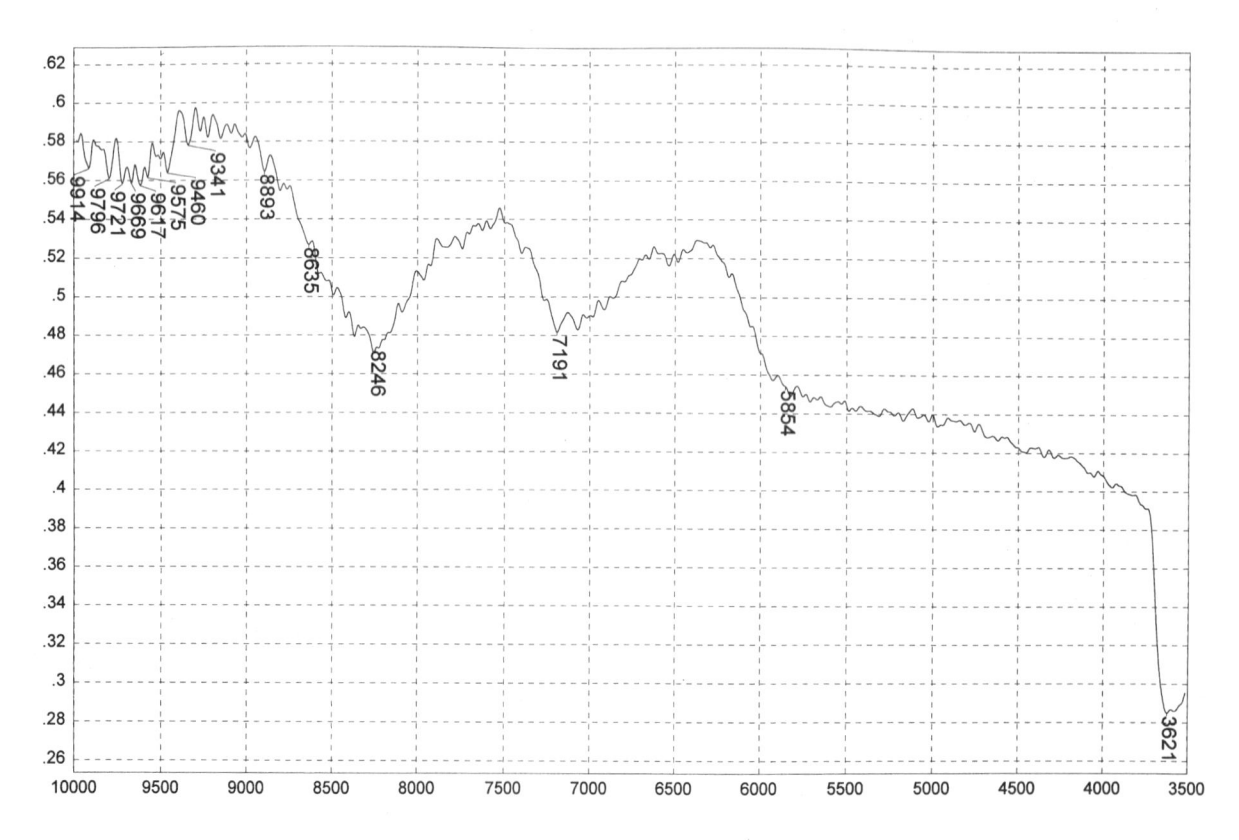

Reflectance / Wavenumber (cm⁻¹)

840   Ethylene/vinyl acetate, 72/28 copolymer - pellets

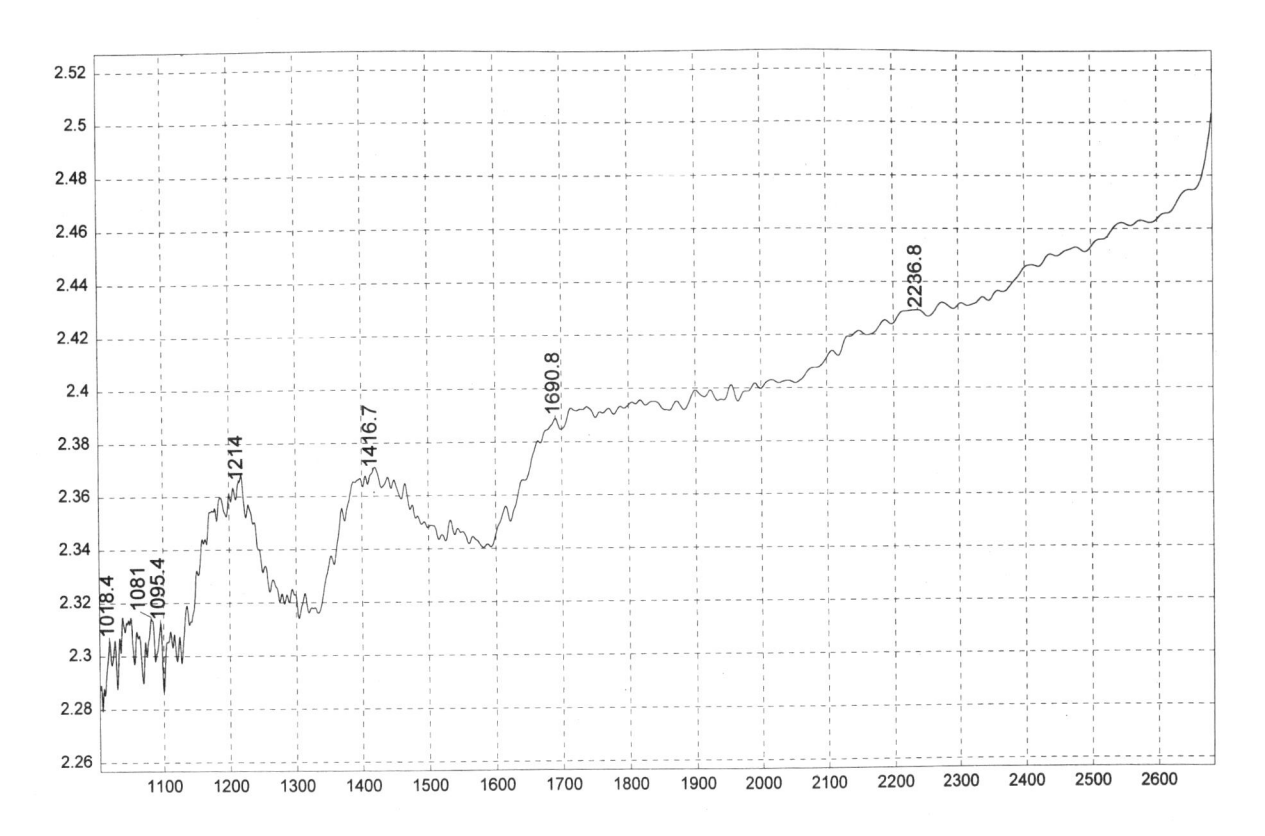

Absorbance / Nanometers

| 841 | Ethylene/vinyl acetate, 60/40 copolymer - pellets |

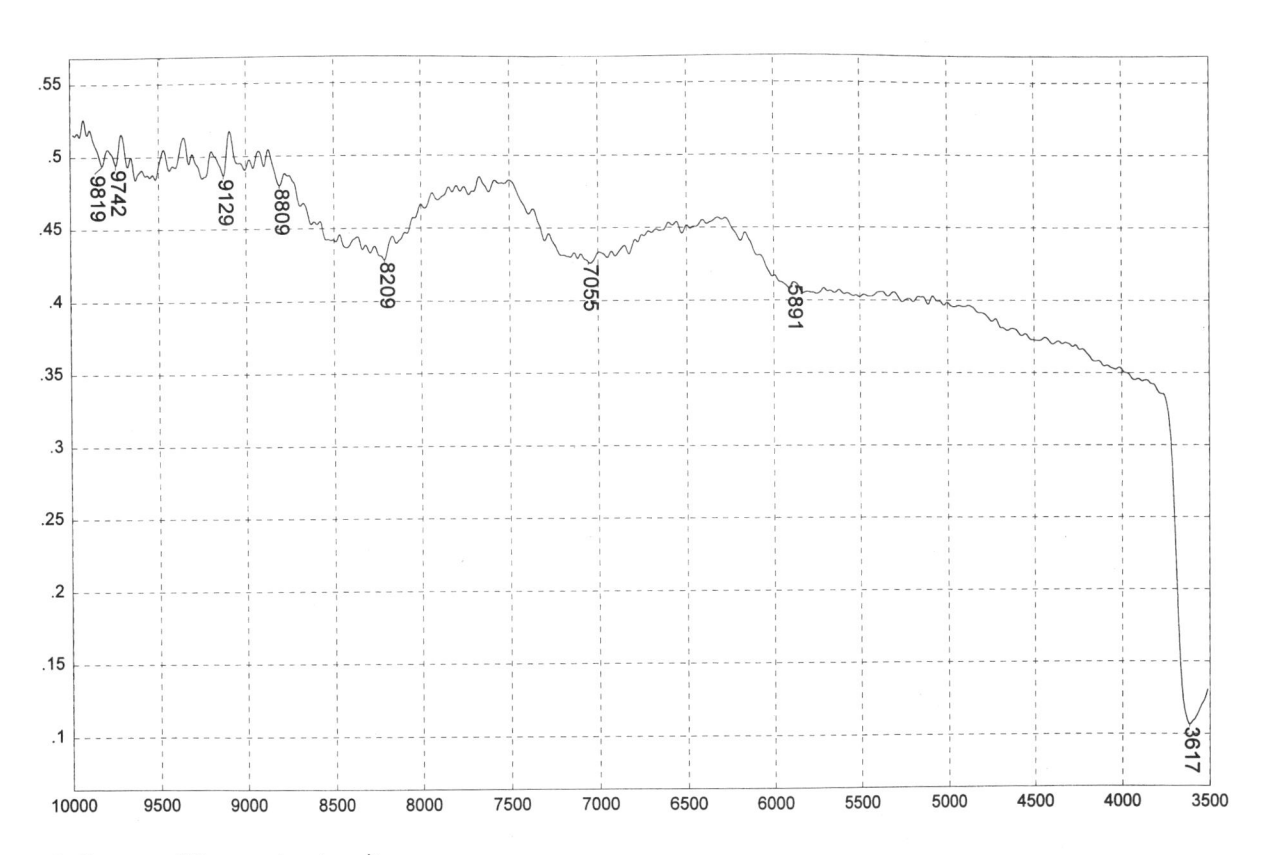

Reflectance / Wavenumber (cm⁻¹)

| 842 | Ethylene/vinyl acetate, 60/40 copolymer - pellets |

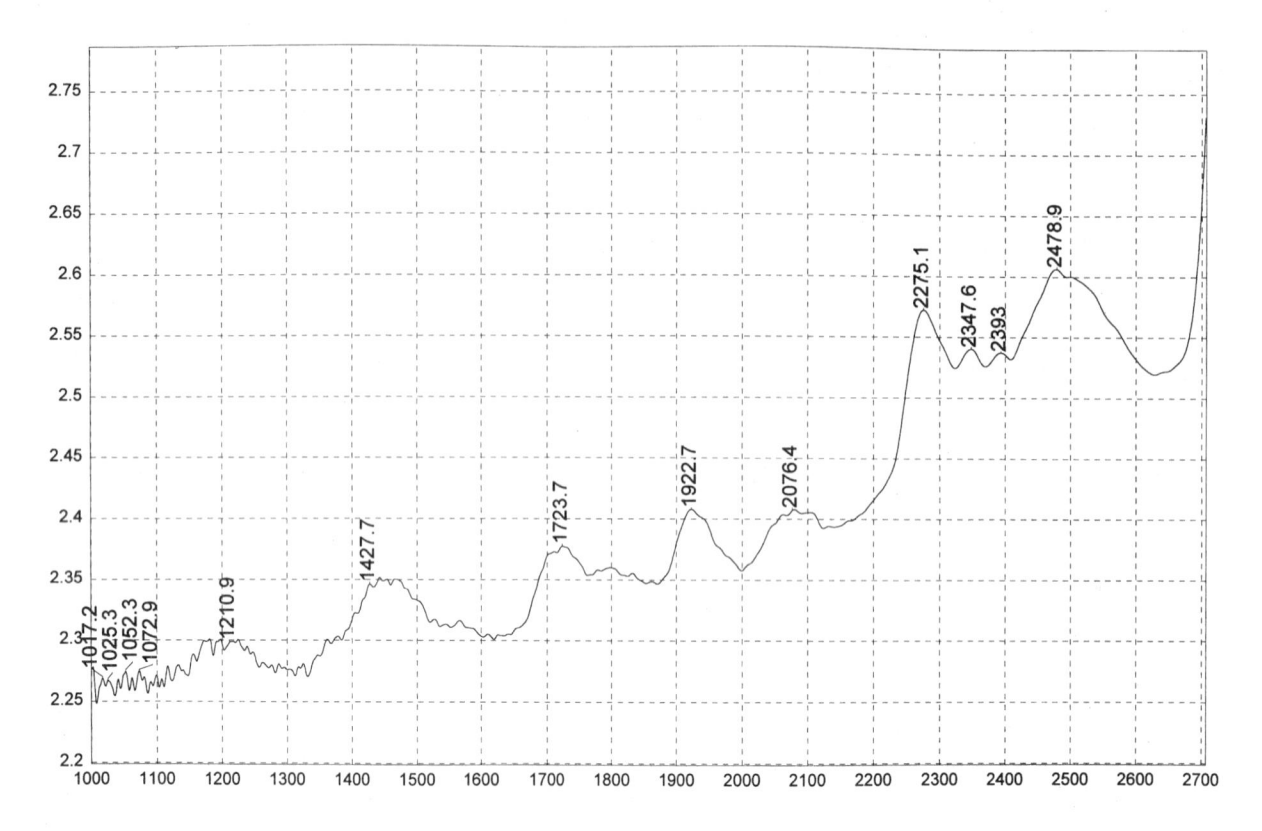

843 Hydroxybutyl methyl cellulose, 8% hydroxy butyl, 20% methoxyl

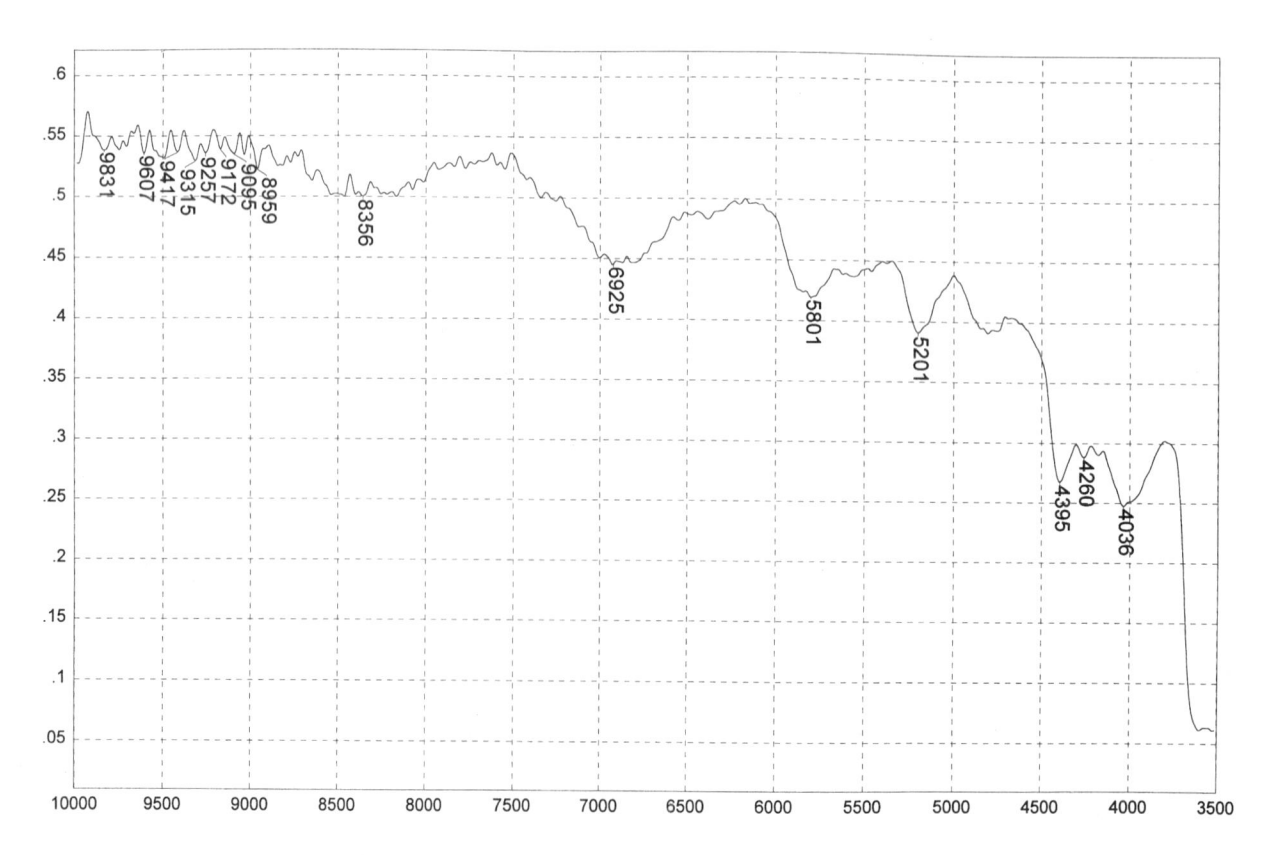

844 Hydroxybutyl methyl cellulose, 8% hydroxy butyl, 20% methoxyl

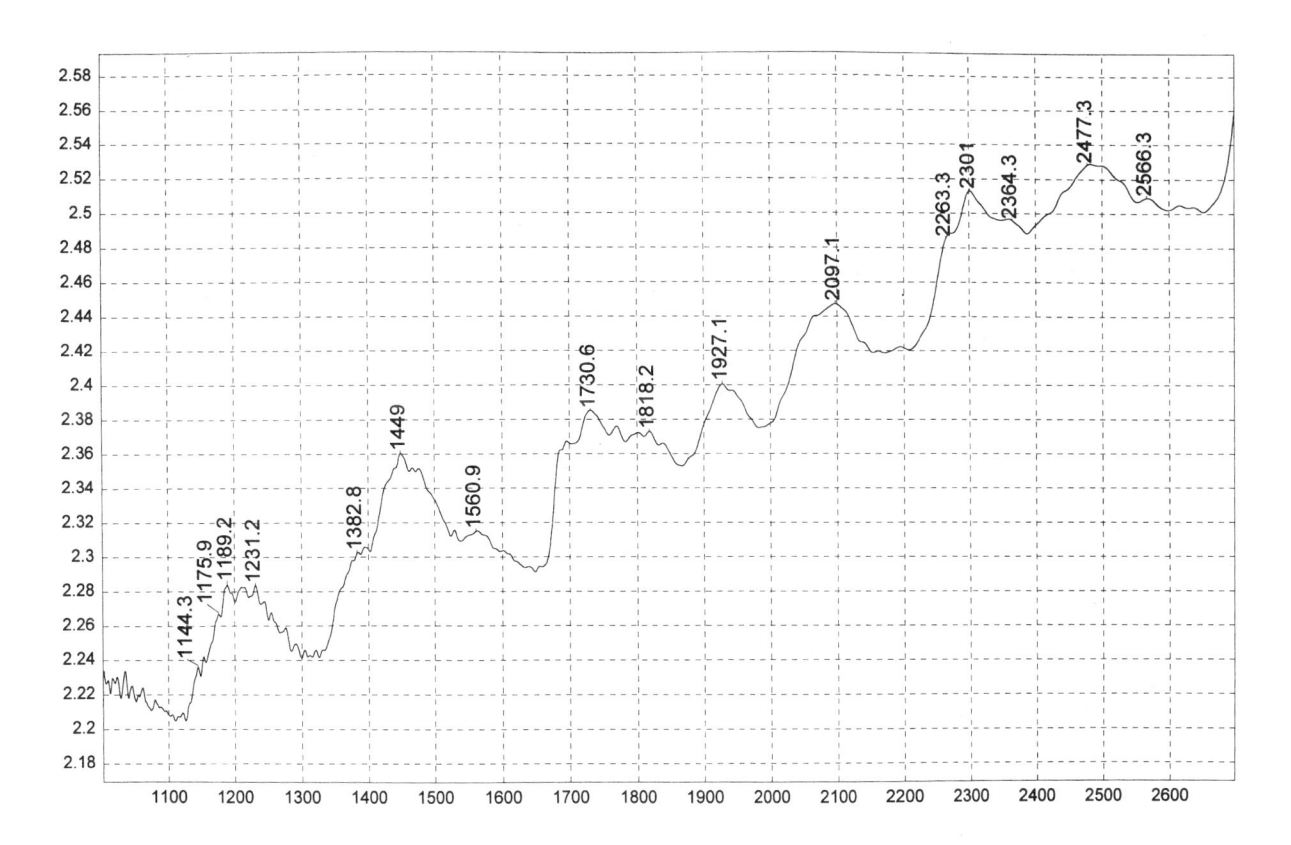

Absorbance / Nanometers

845   **Hydroxypropyl cellulose**

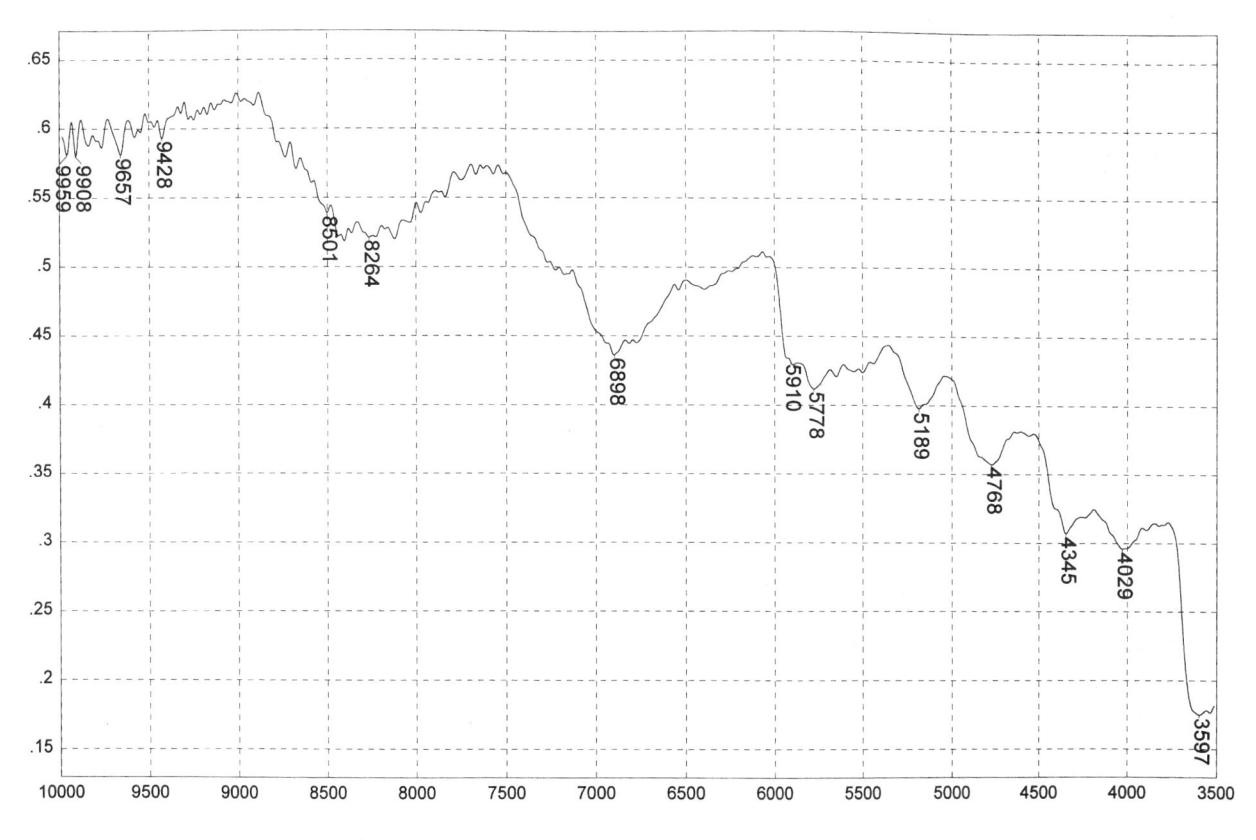

Reflectance / Wavenumber (cm⁻¹)

846   **Hydroxypropyl cellulose**

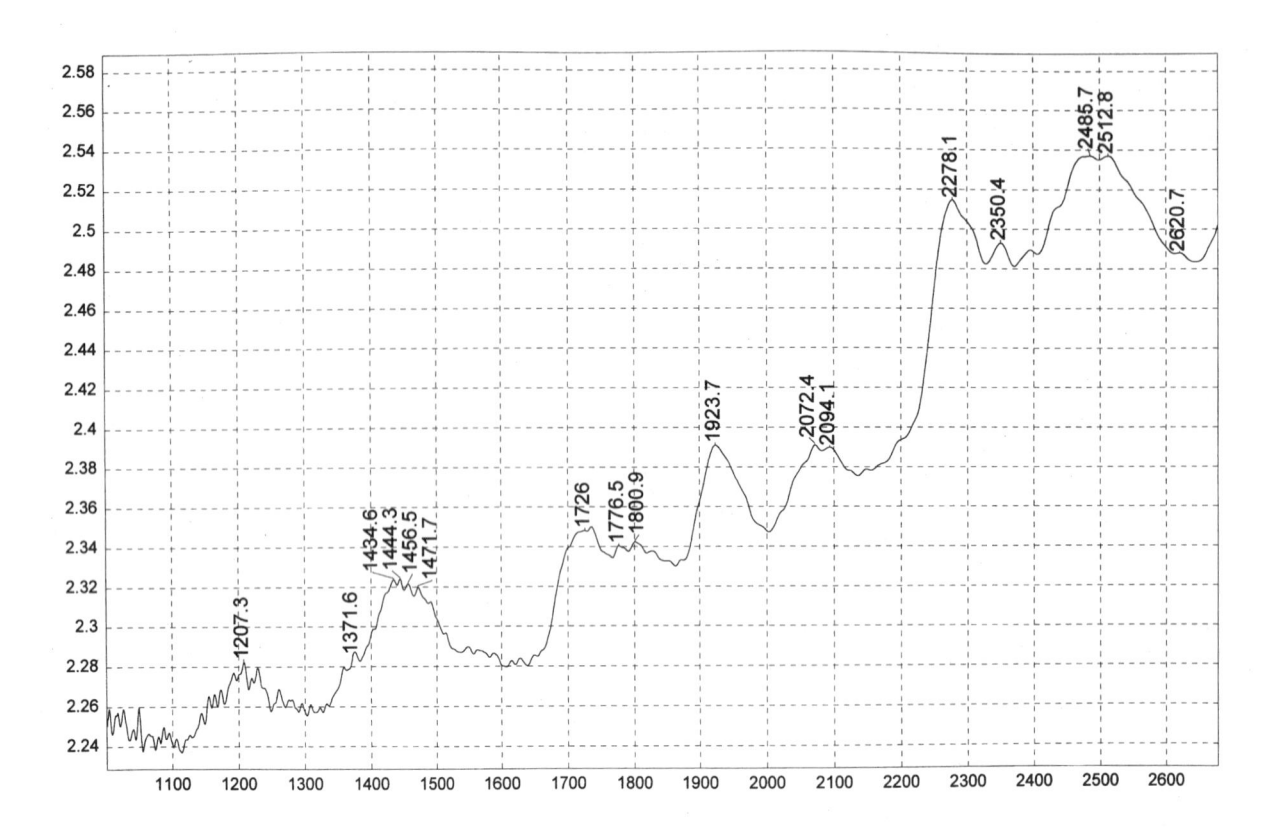

Absorbance / Nanometers

847 | **Hydroxypropyl methyl cellulose, 10% hydroxypropyl, 30% methoxyl**

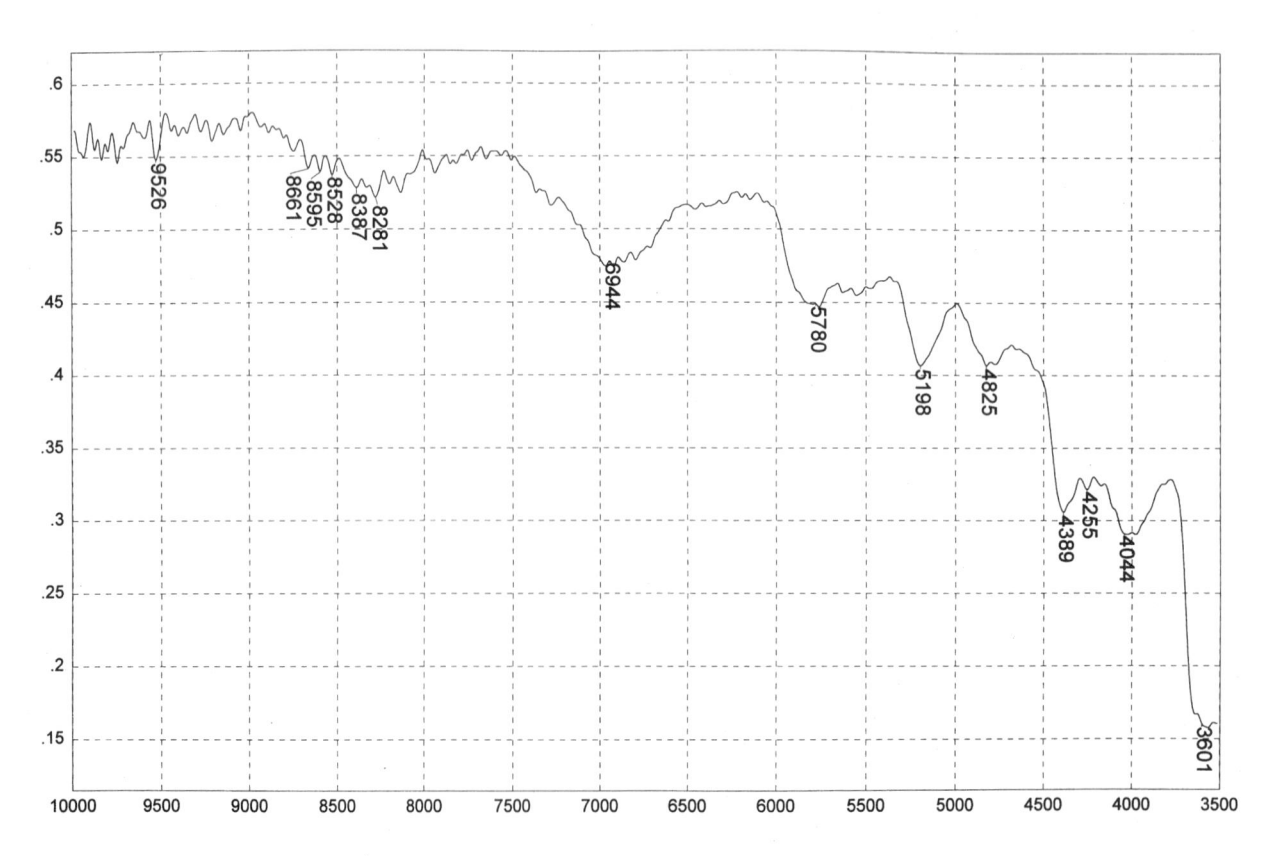

Reflectance / Wavenumber (cm^{-1})

848 | **Hydroxypropyl methyl cellulose, 10% hydroxypropyl, 30% methoxyl**

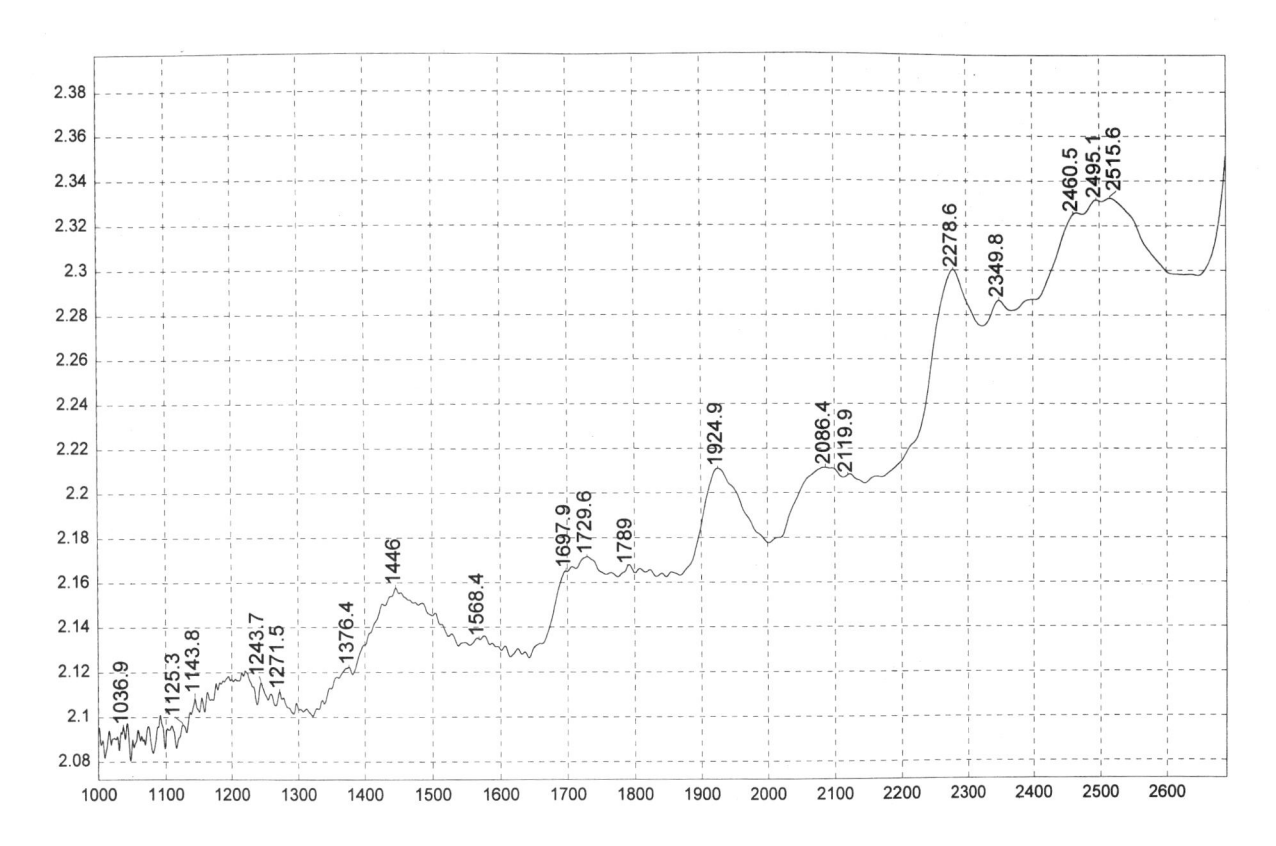

Absorbance / Nanometers

849 Methyl cellulose

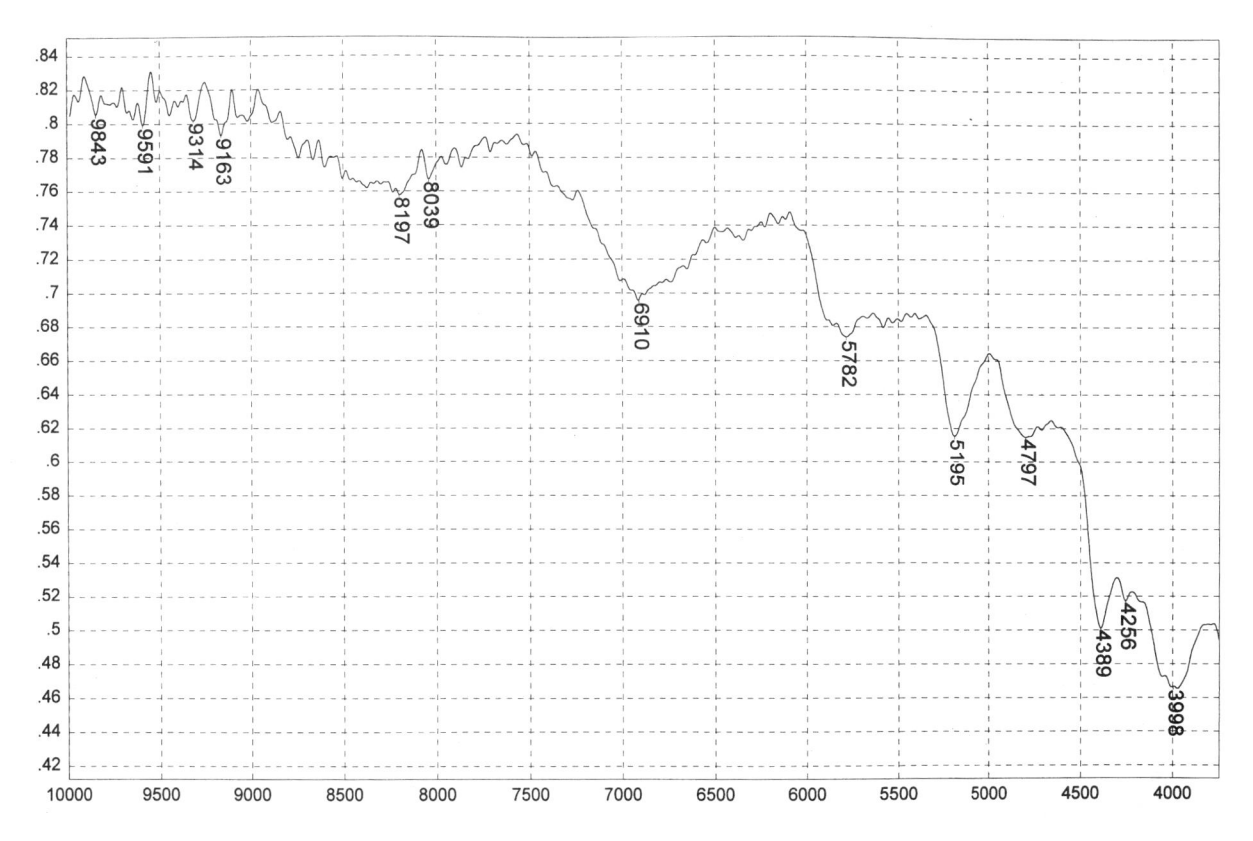

Reflectance / Wavenumber (cm⁻¹)

850 Methyl cellulose

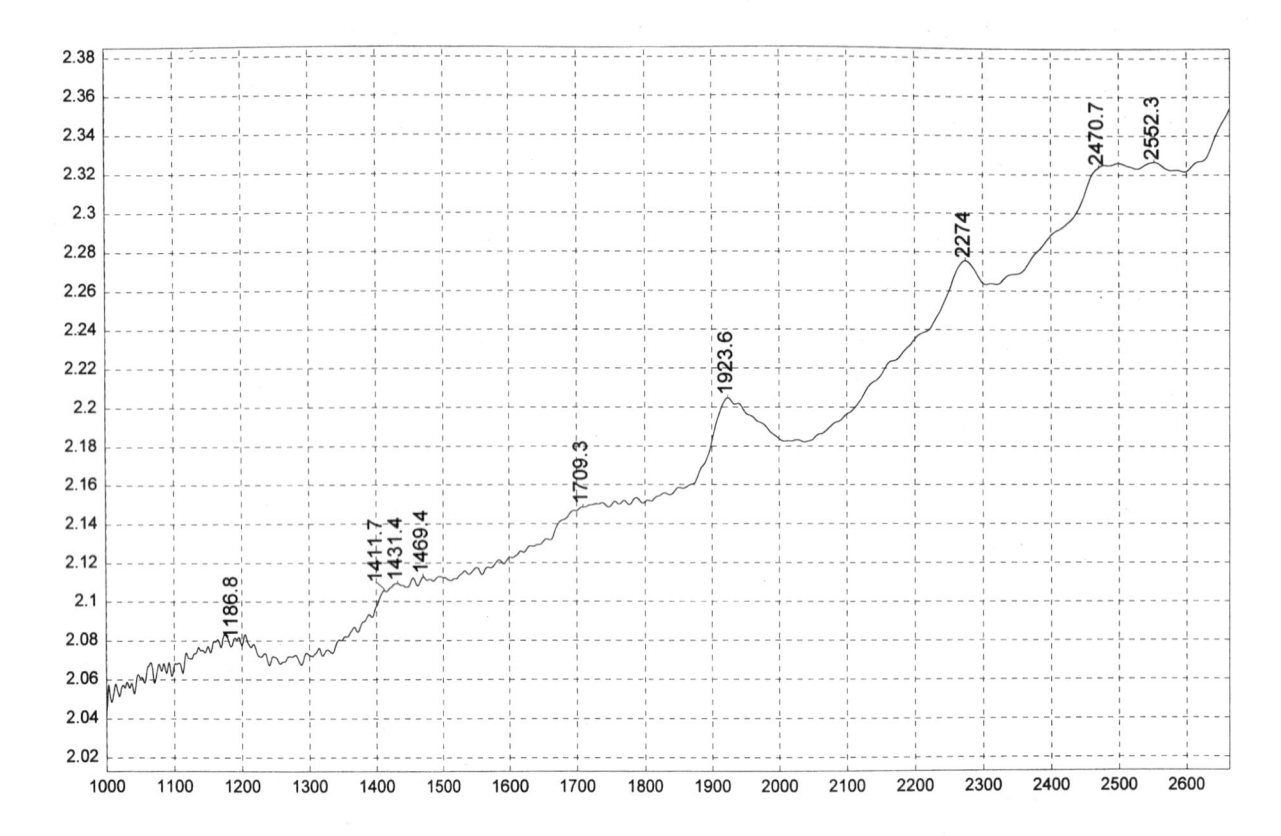

Absorbance / Nanometers

851 Methyl vinyl ether/maleic acid, 50/50 copolymer

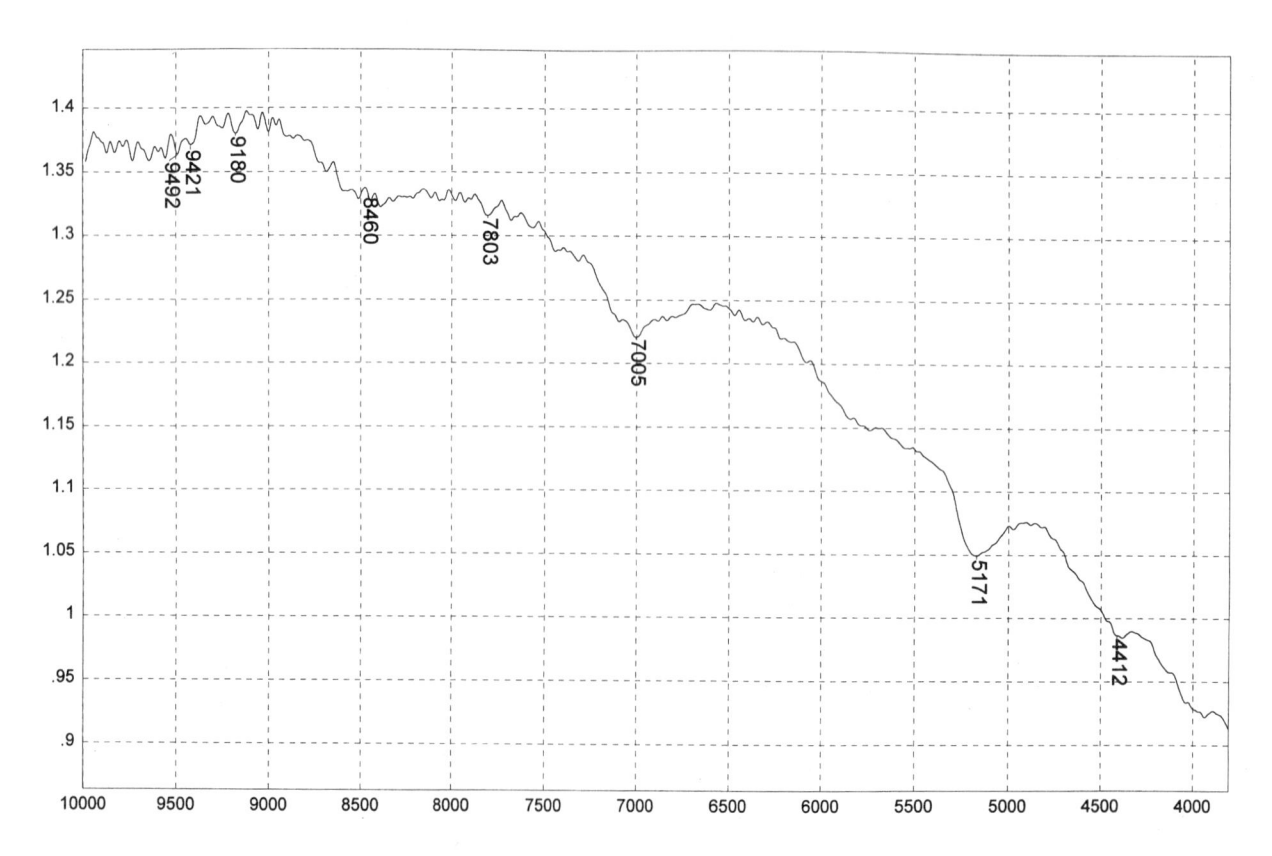

Reflectance / Wavenumber (cm⁻¹)

852 Methyl vinyl ether/maleic acid, 50/50 copolymer

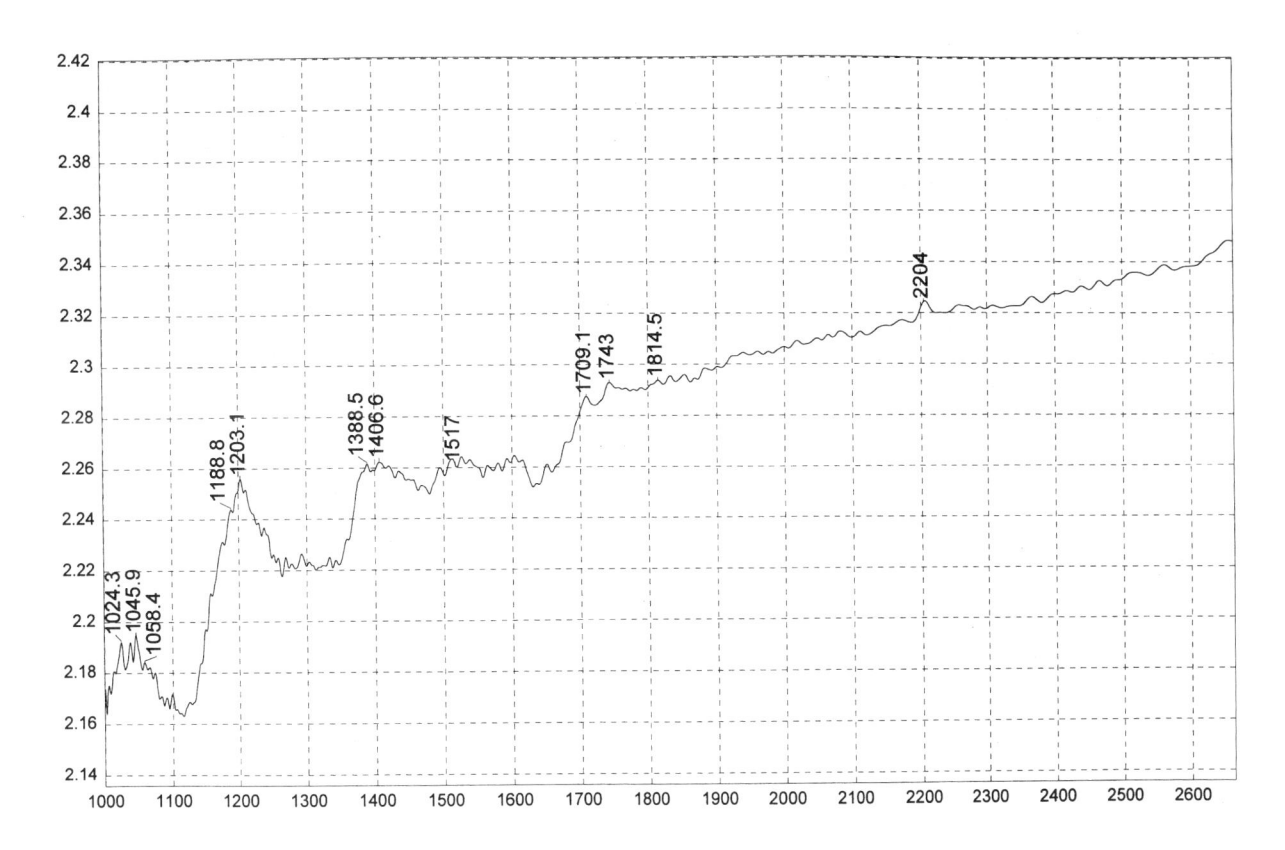

Absorbance / Nanometers

853 Nylon 6 (Polycaprolactam) - pellets

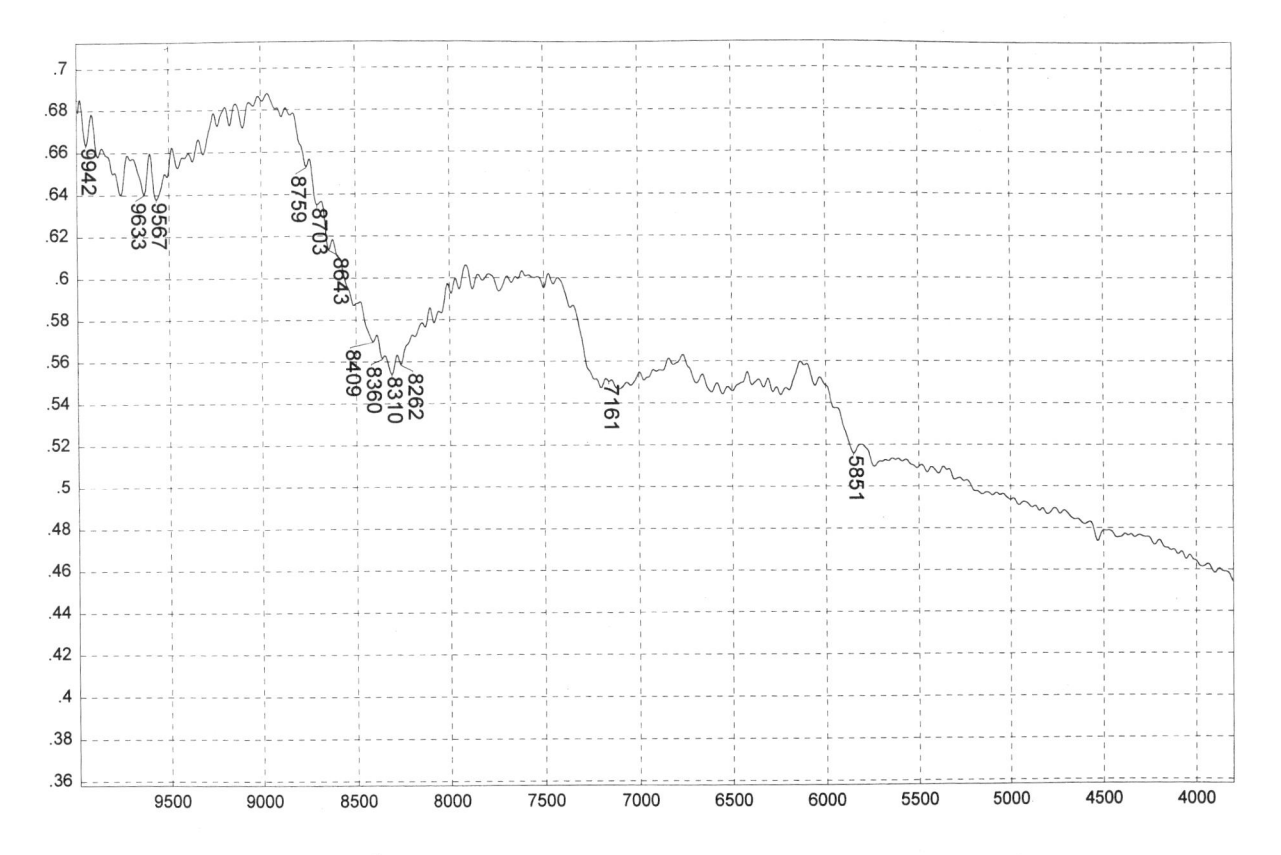

Reflectance / Wavenumber (cm⁻¹)

854 Nylon 6 (Polycaprolactam) - pellets

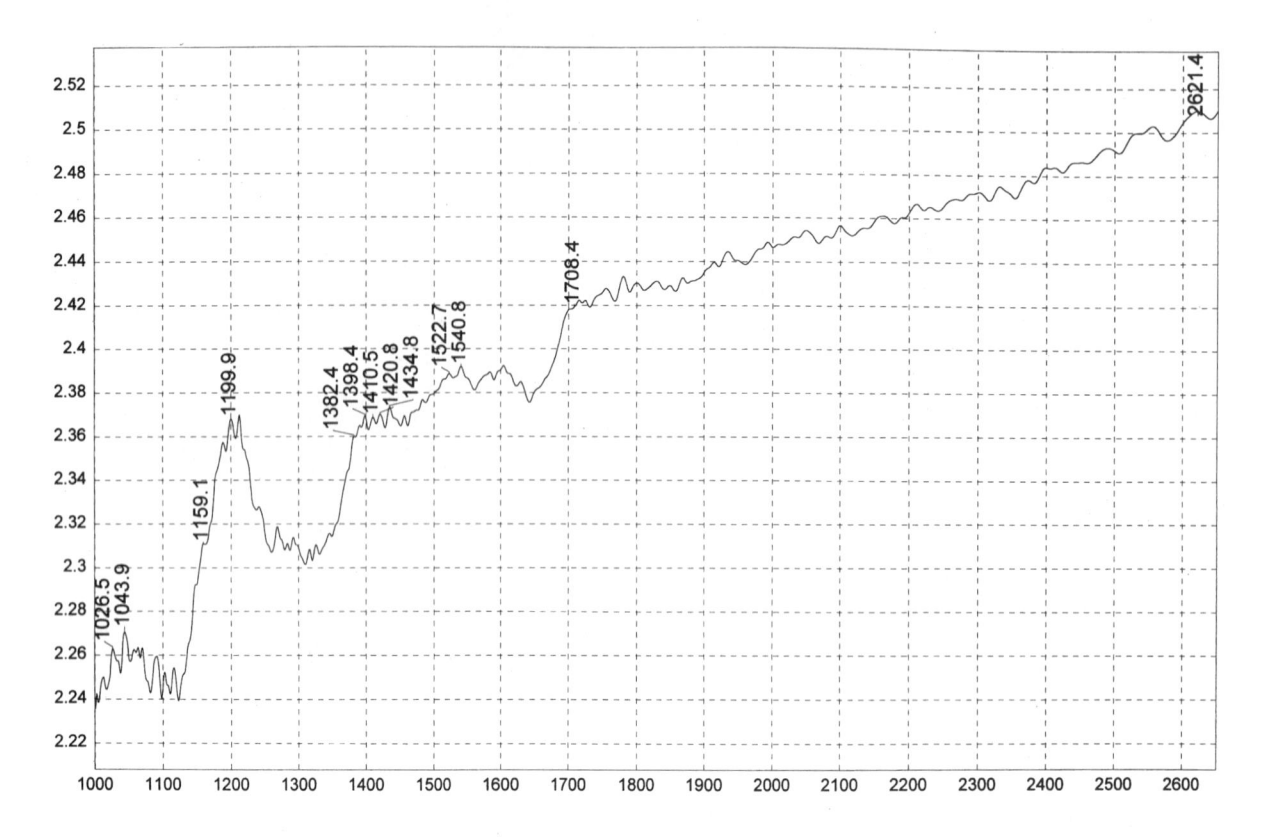

Absorbance / Nanometers

855 **Nylon 6/6 (Polyhexamethylene adipamide) - pellets**

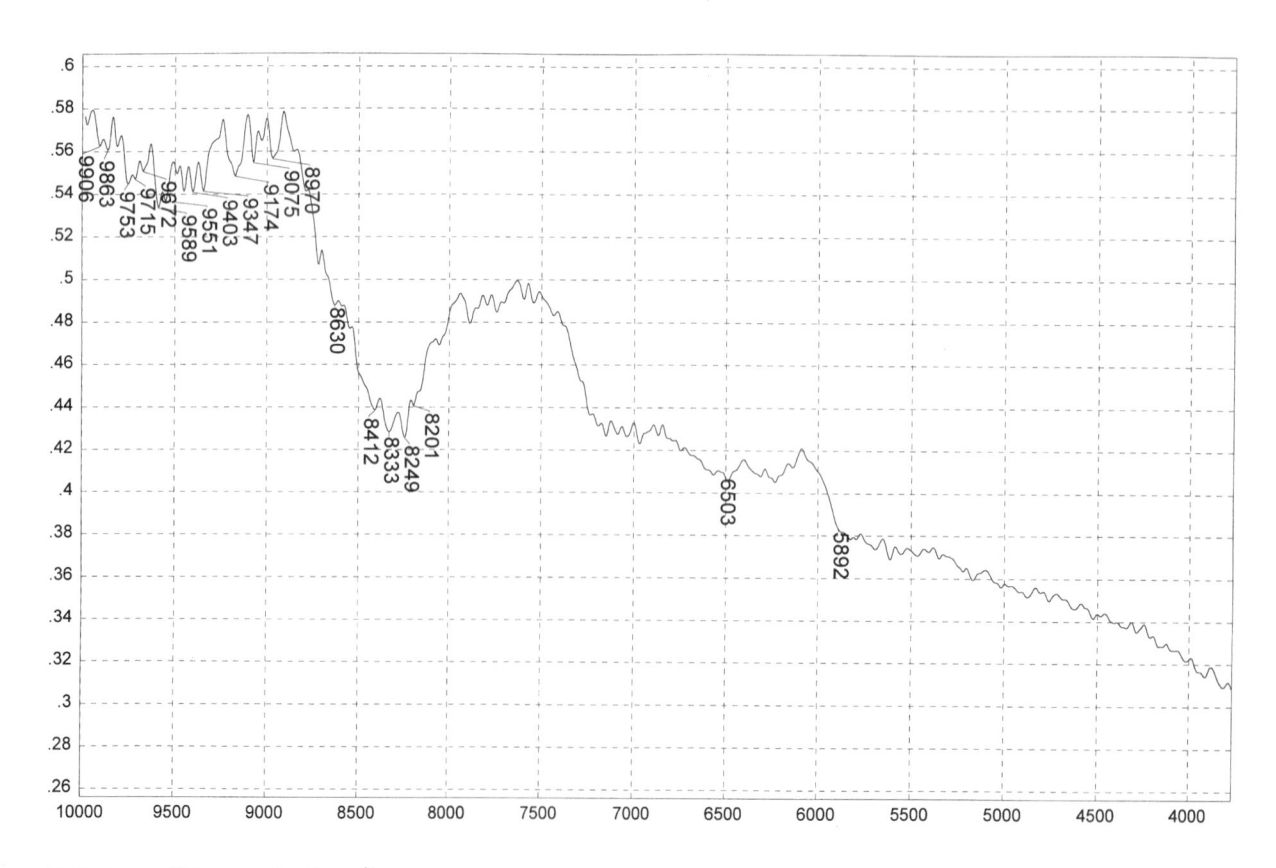

Reflectance / Wavenumber (cm⁻¹)

856 **Nylon 6/6 (Polyhexamethylene adipamide) - pellets**

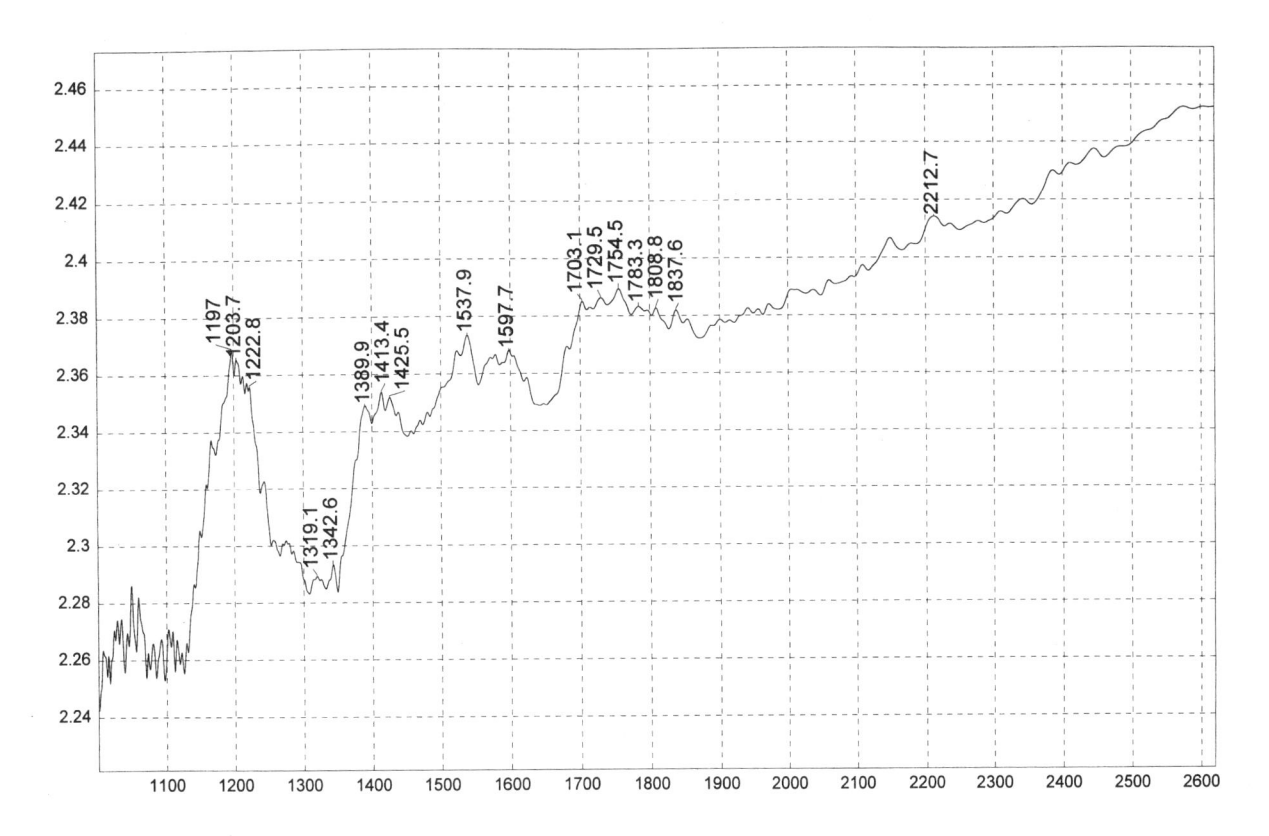

857 Nylon 6/9 (polyhexamethylene nonanediamide) - pellets

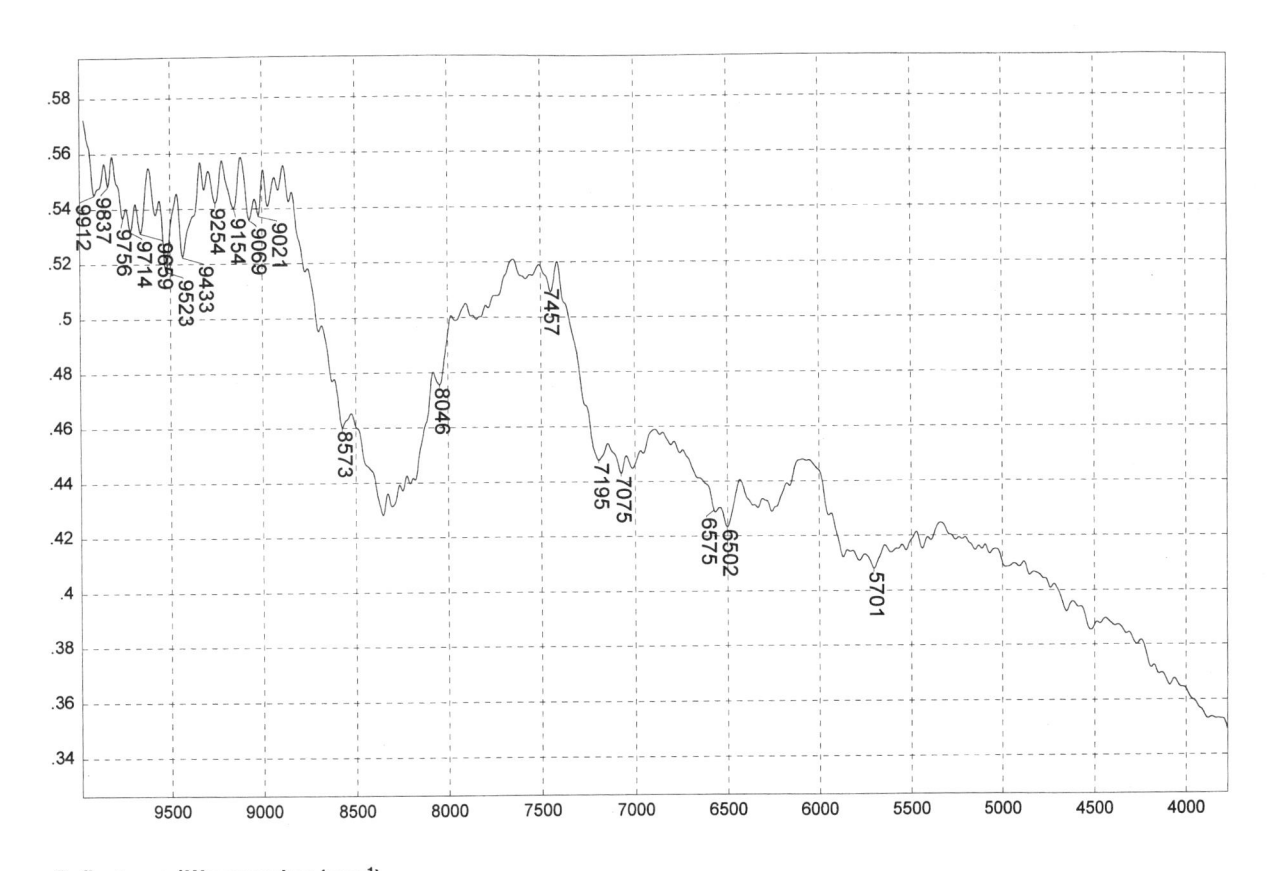

858 Nylon 6/9 (polyhexamethylene nonanediamide) - pellets

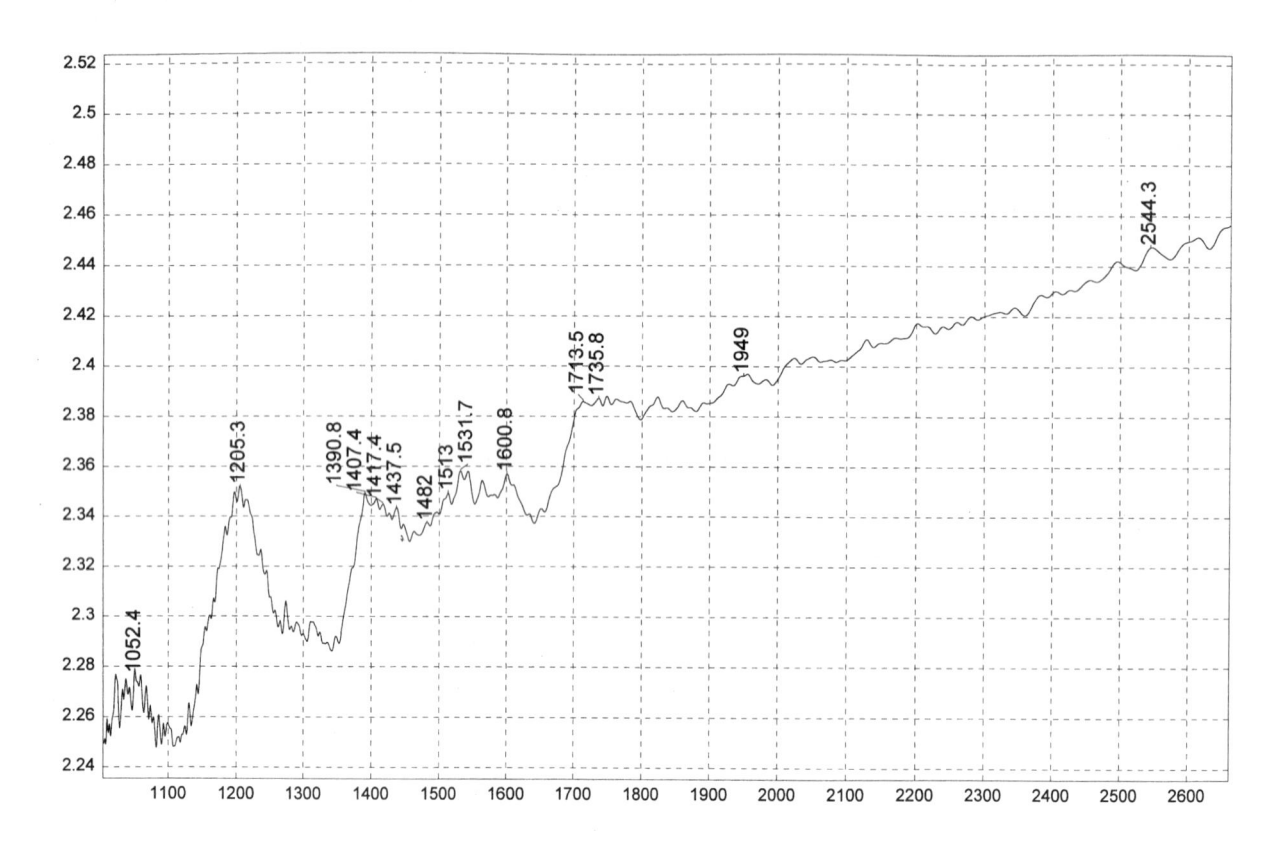

Absorbance / Nanometers

| 859 | **Nylon 6/10 (Polyhexamethylene sebacamide) - pellets** |

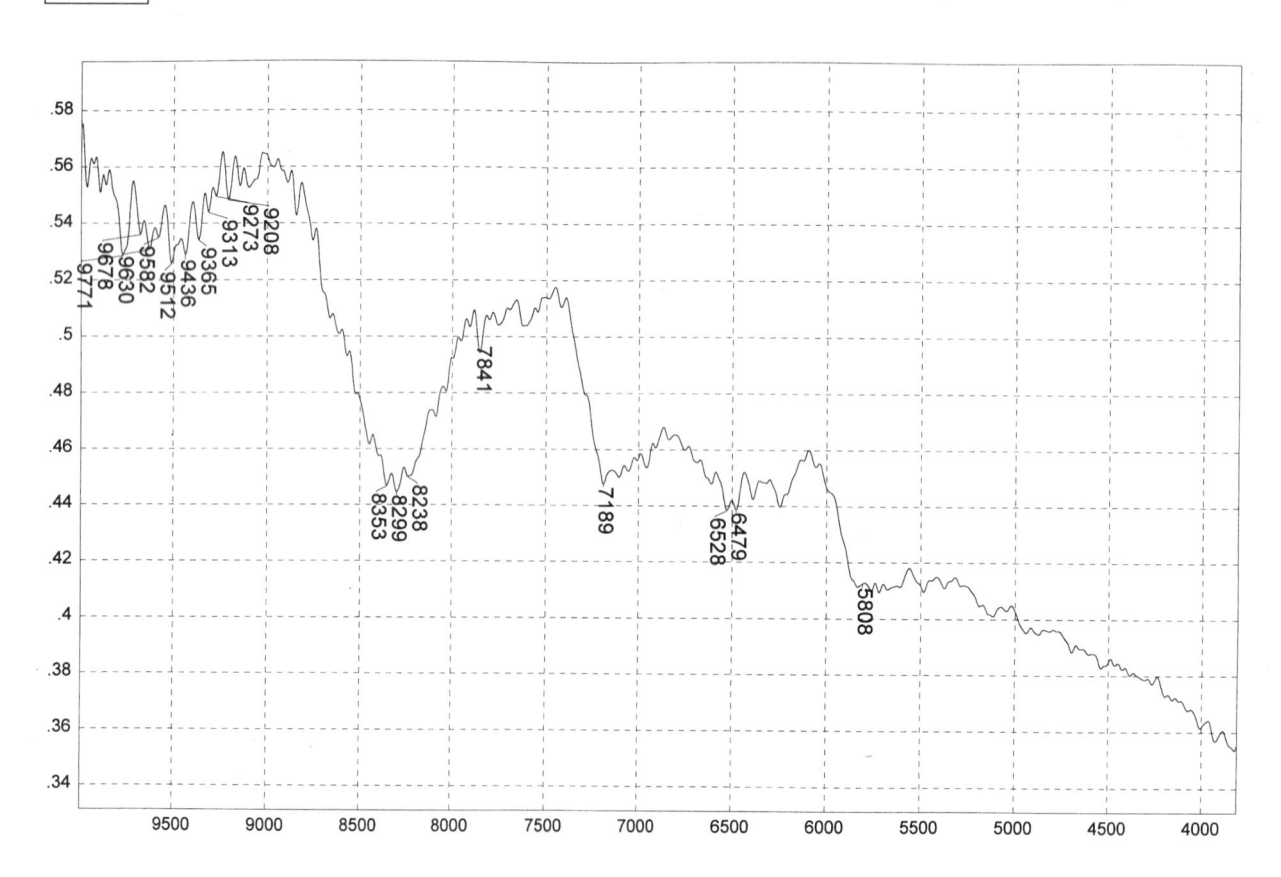

Reflectance / Wavenumber (cm⁻¹)

| 860 | **Nylon 6/10 (Polyhexamethylene sebacamide) - pellets** |

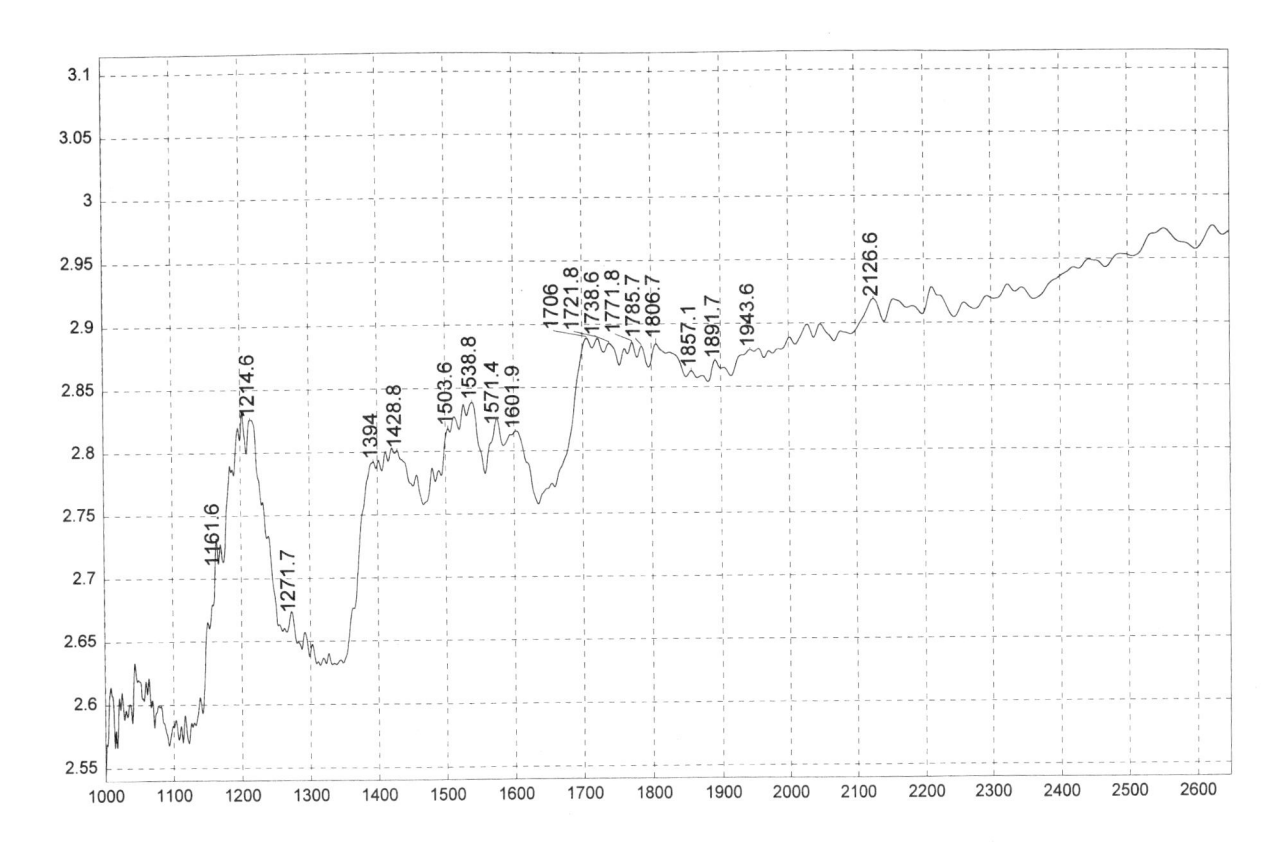

Absorbance / Nanometers

861 — Nylon 6/12 (Polyhexamethylene dodecanediamide) - pellets

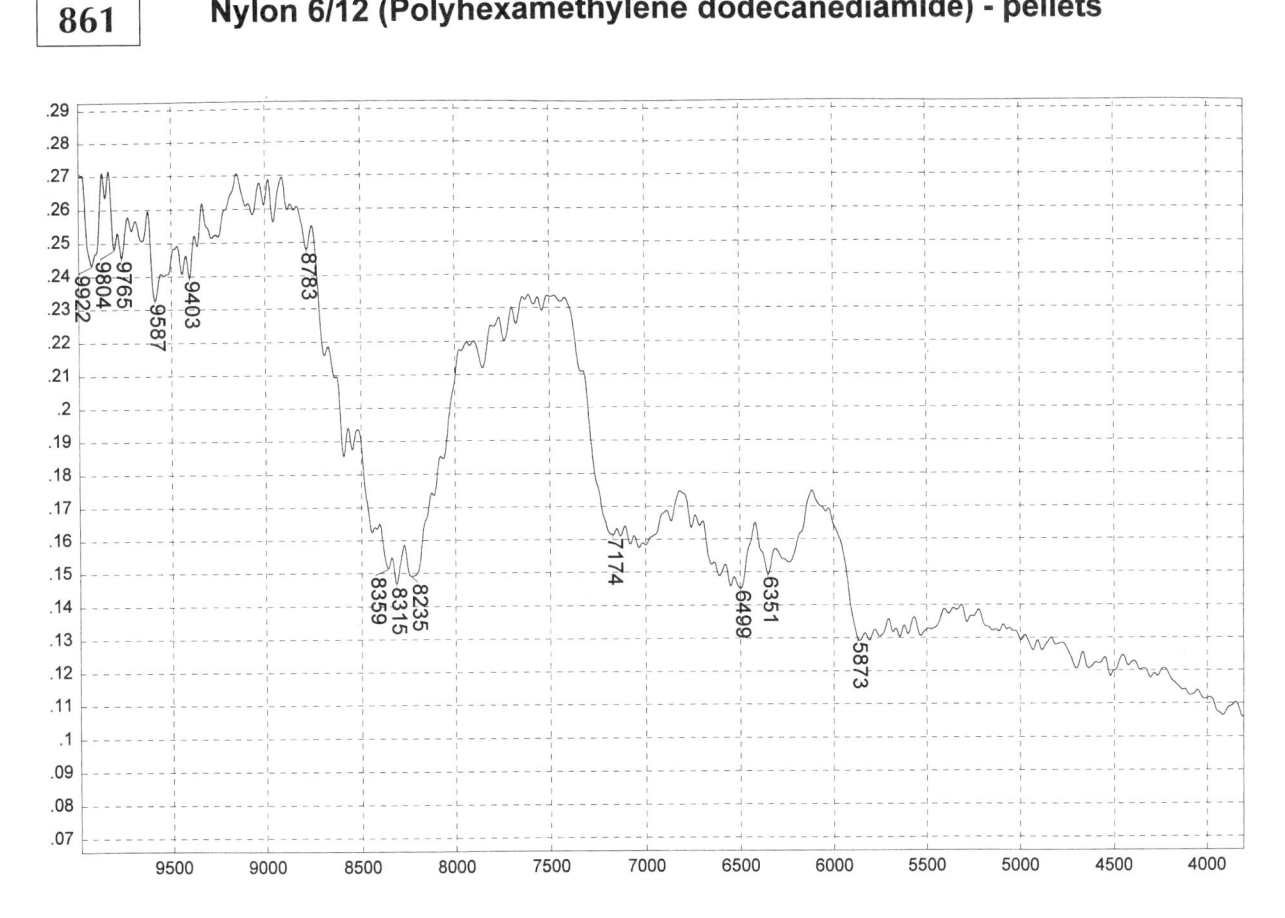

Reflectance / Wavenumber (cm⁻¹)

862 — Nylon 6/12 (Polyhexamethylene dodecanediamide) - pellets

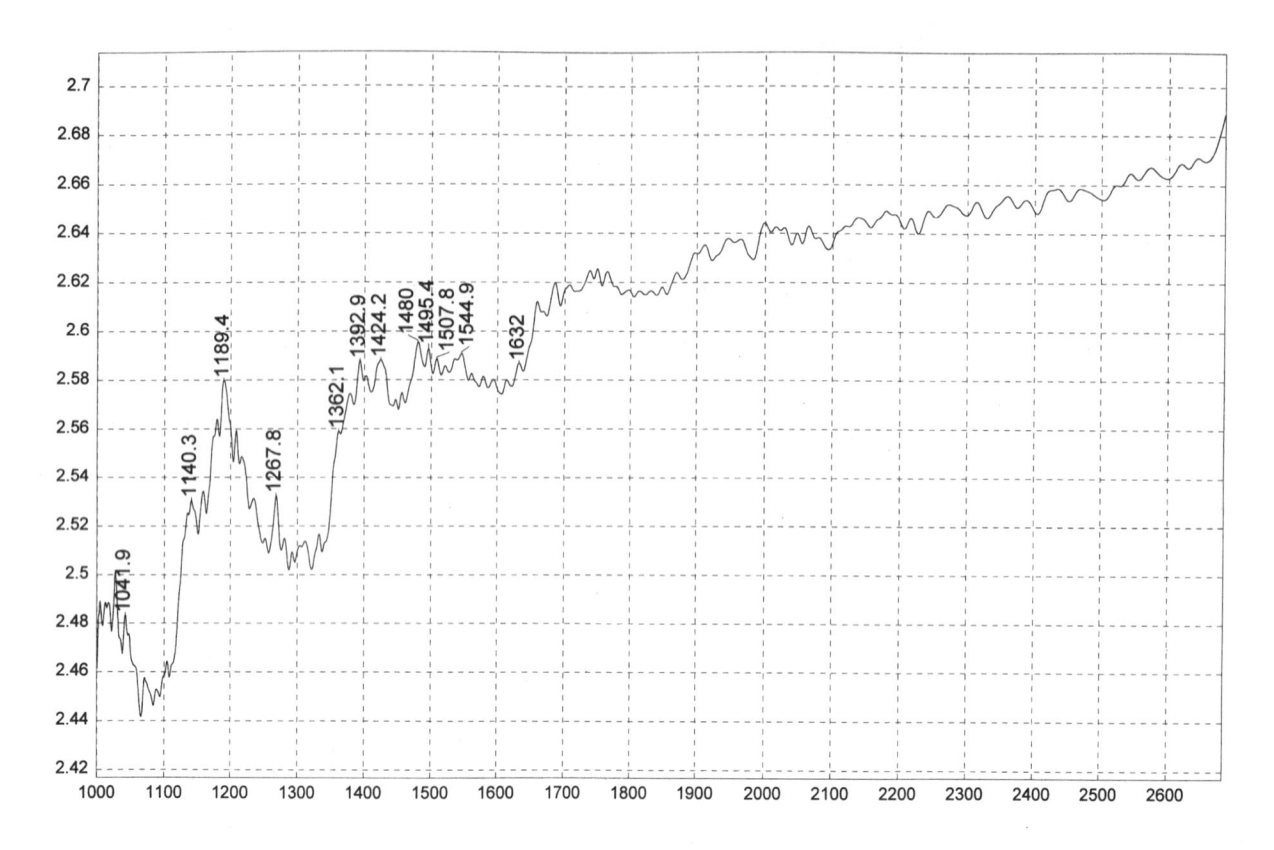

863 Nylon 6/T (Polytrimethyl hexamethylene terephthalamide) - pellets

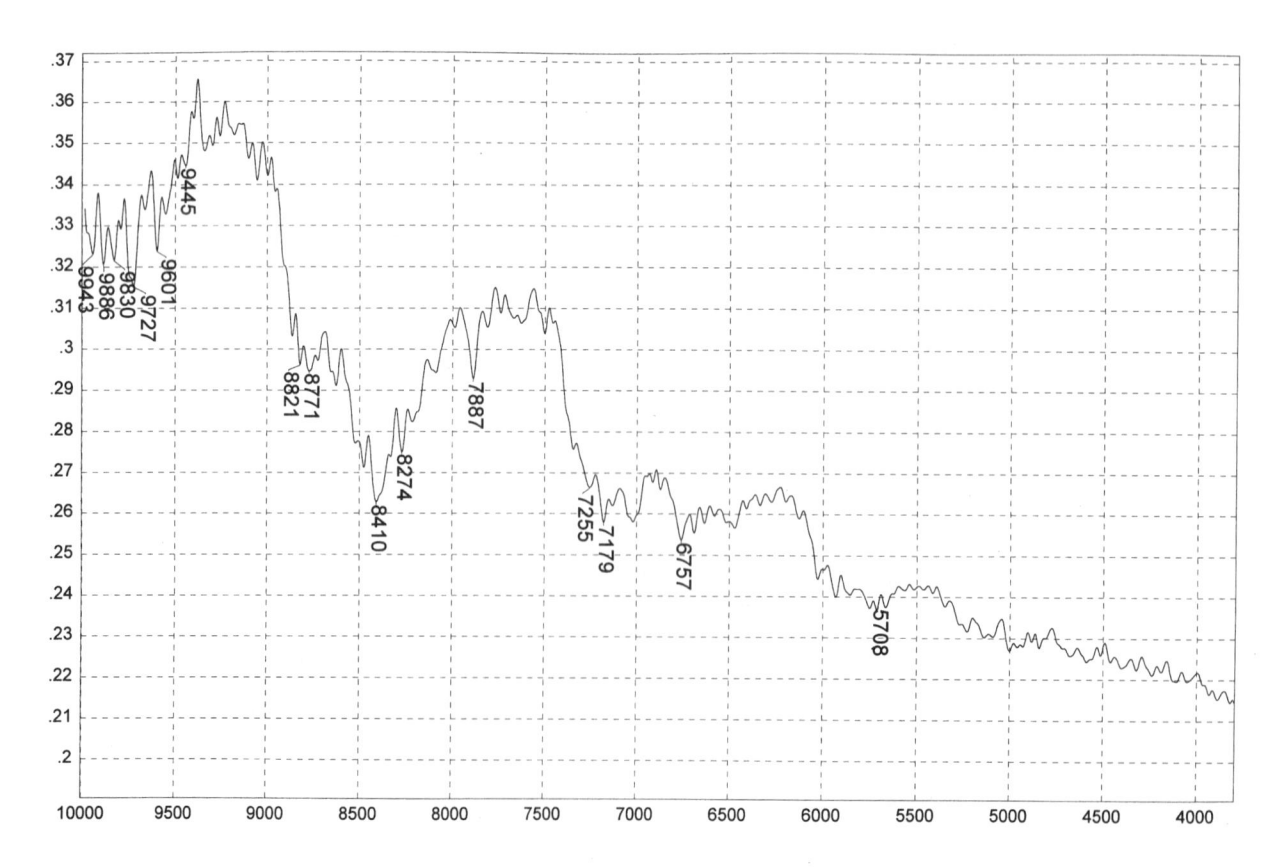

864 Nylon 6/T (Polytrimethyl hexamethylene terephthalamide) - pellets

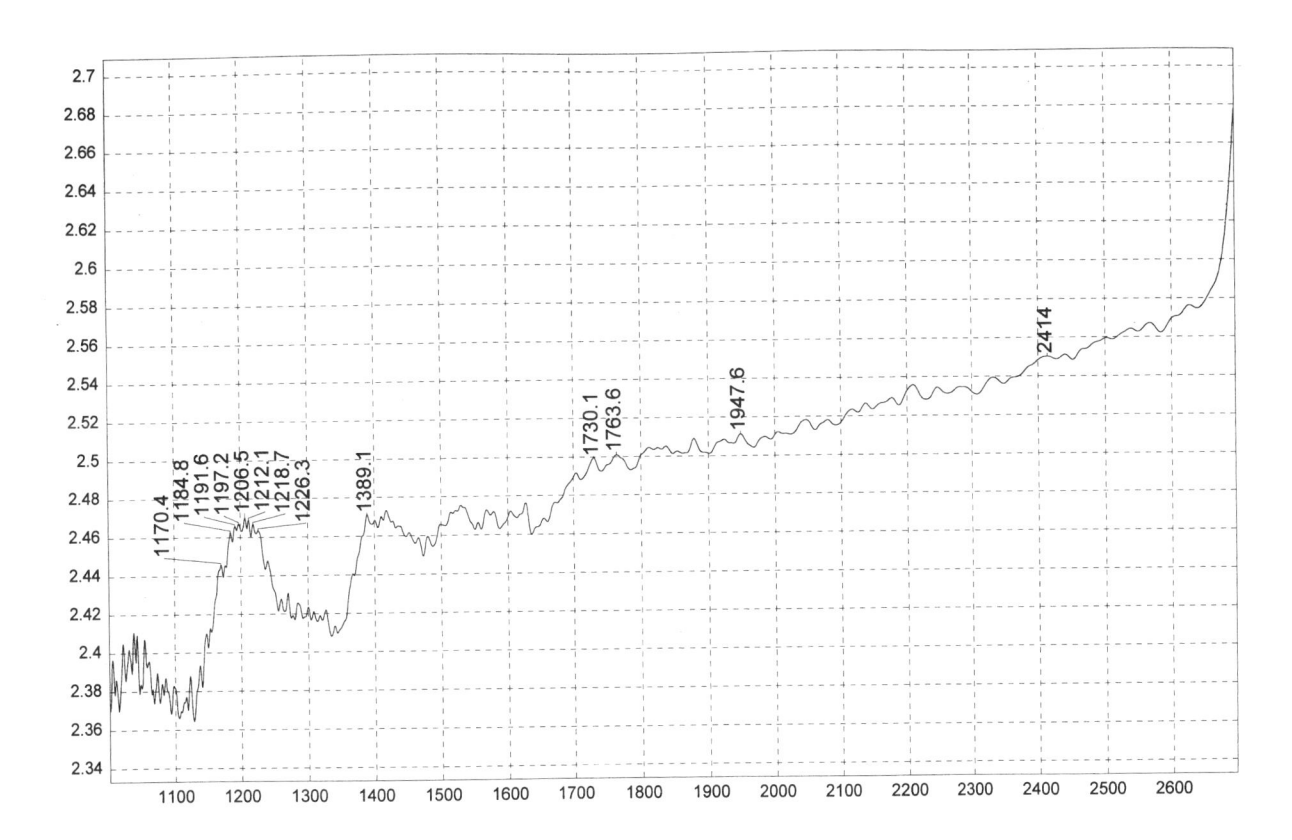

865 Nylon 11 (Polyundecanoamide) - pellets

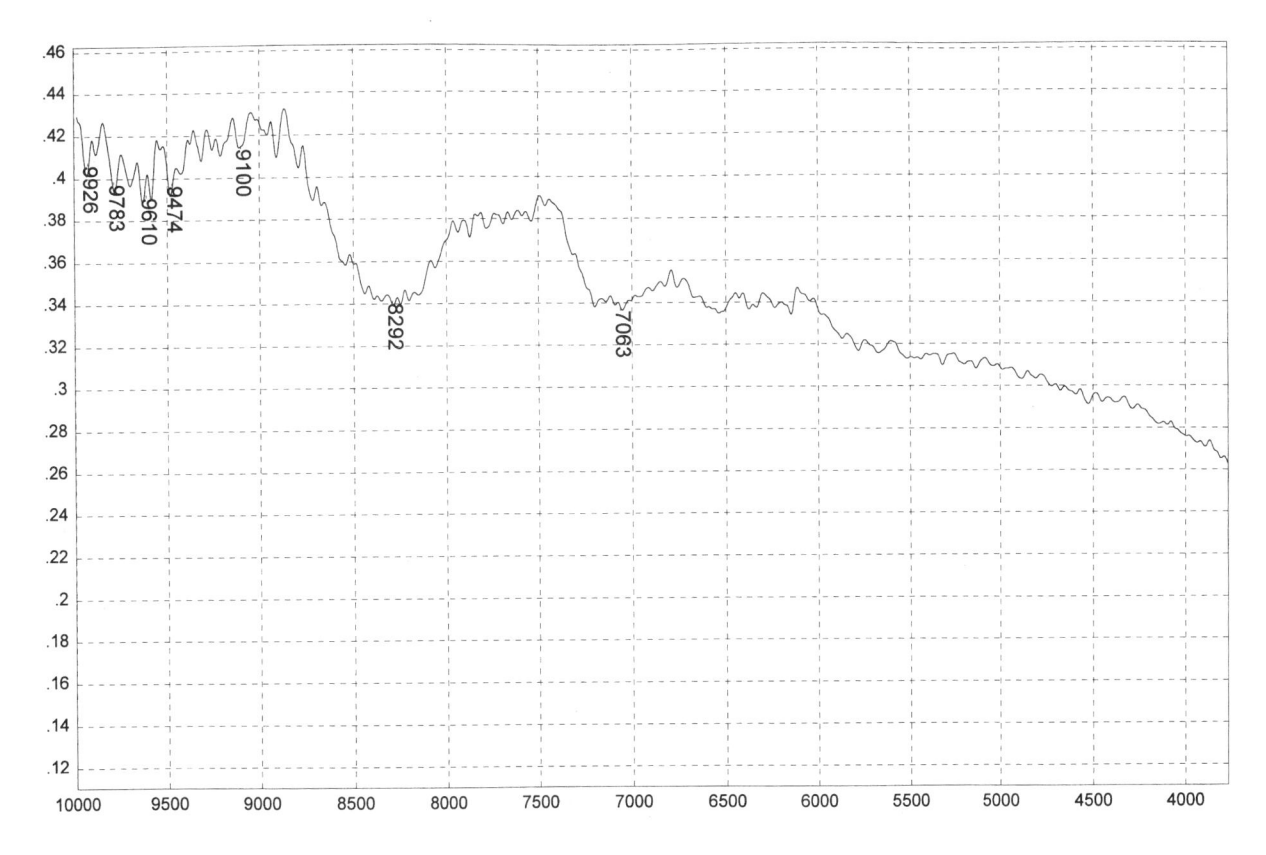

866 Nylon 11 (Polyundecanoamide) - pellets

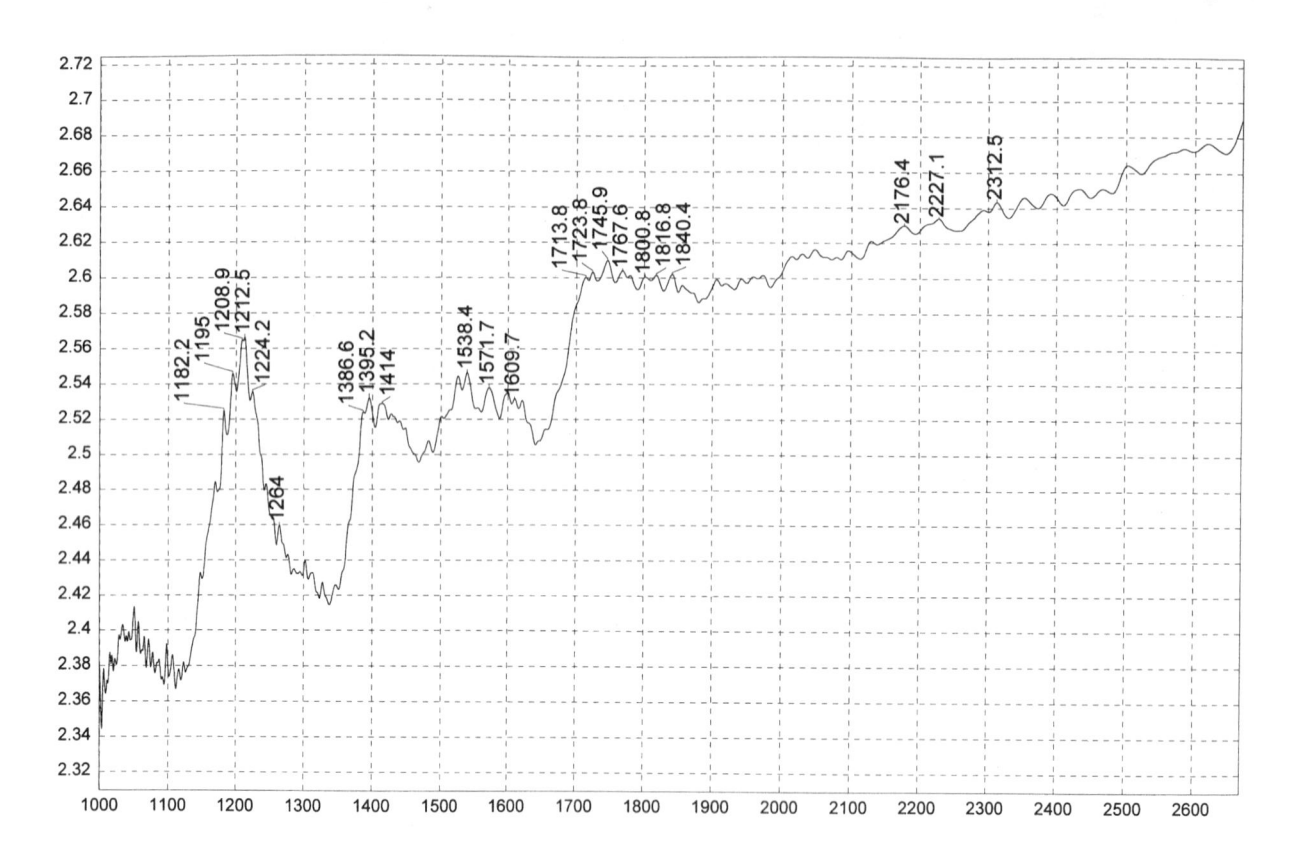

867

Nylon 12 (Polylaurylactam) - pellets

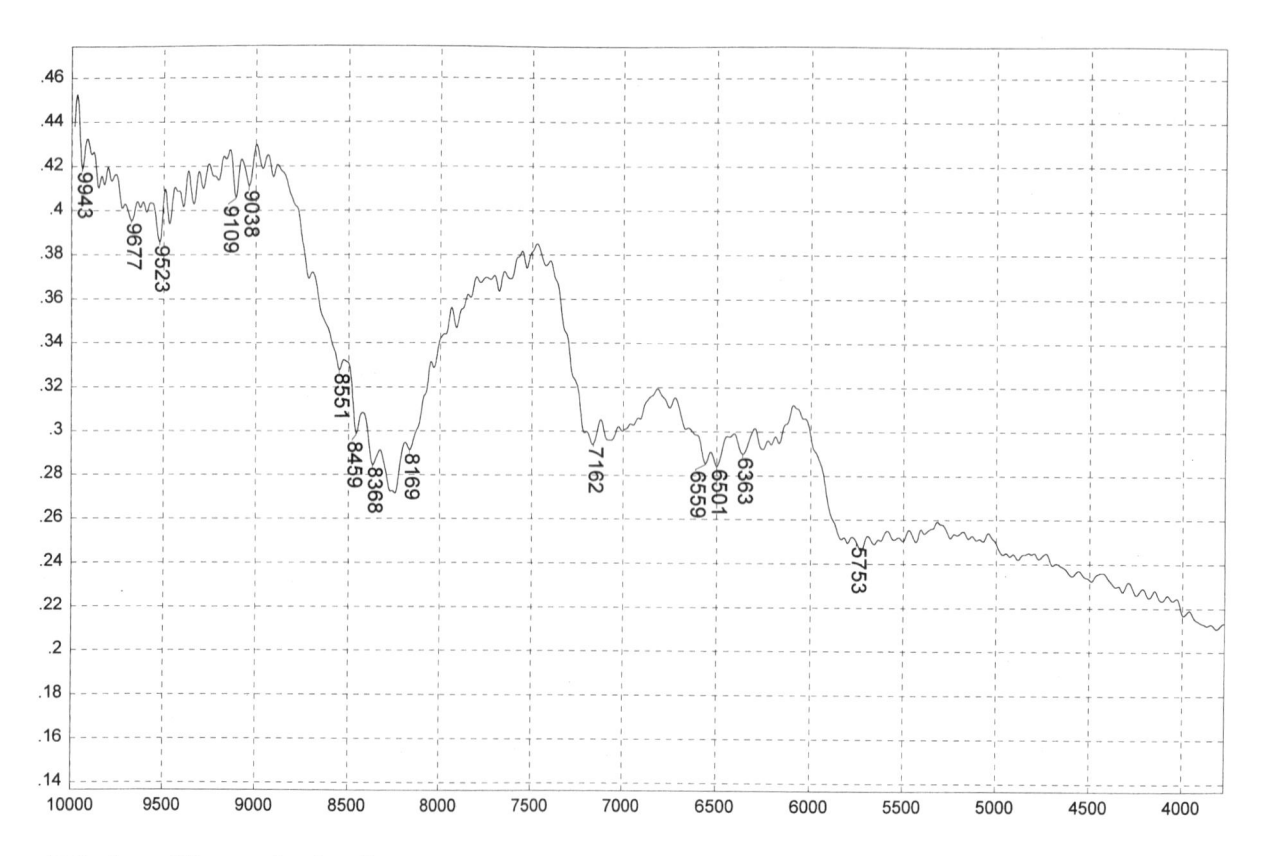

868

Nylon 12 (Polylaurylactam) - pellets

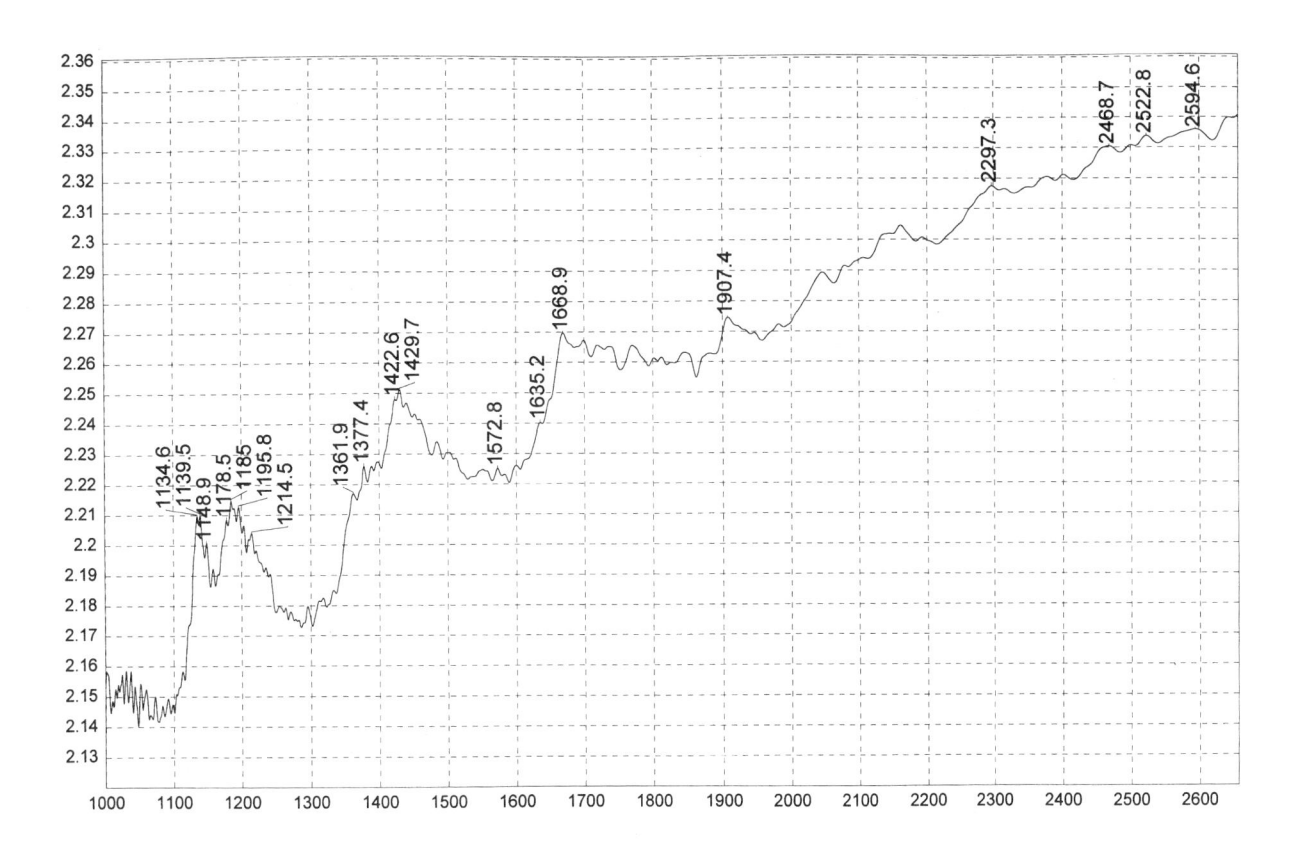

Phenoxy resin - pellets (869)

Phenoxy resin - pellets (870)

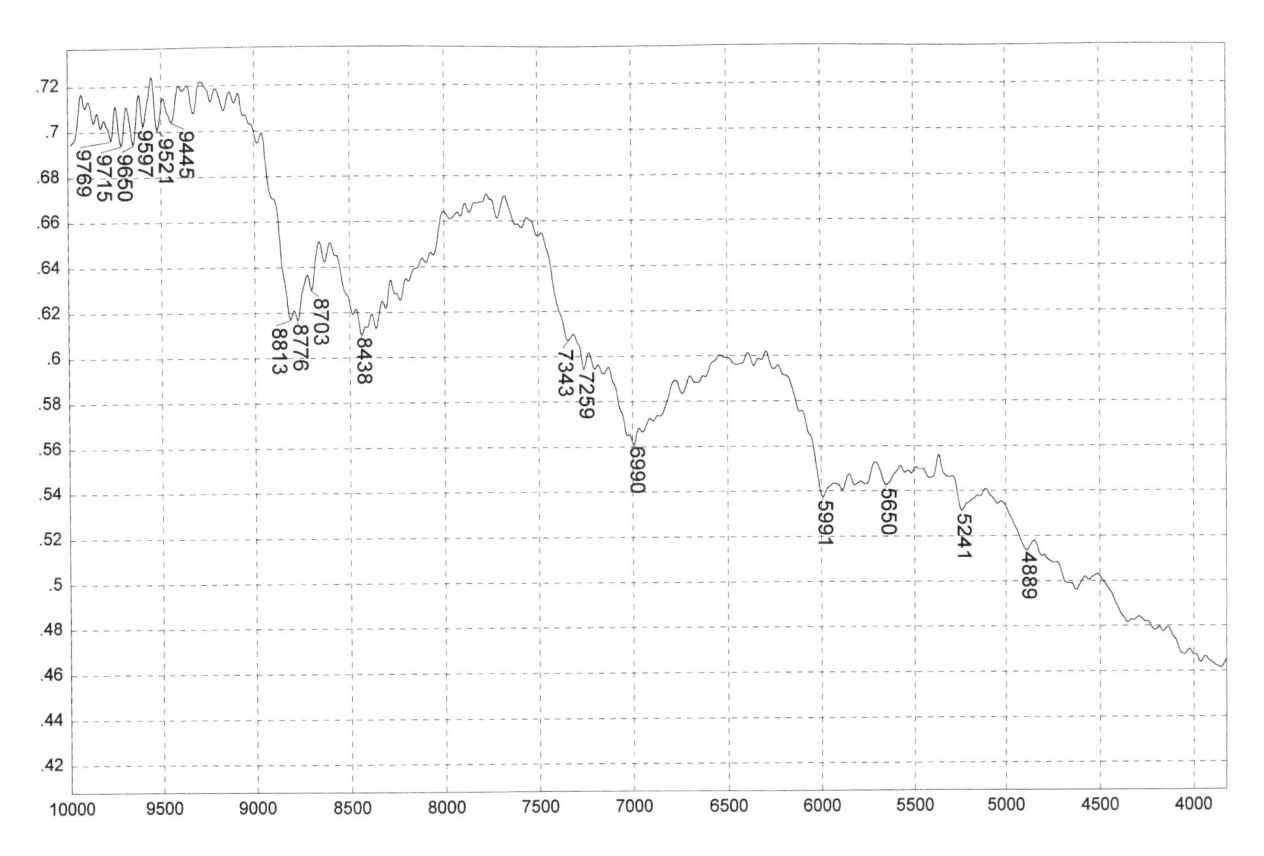

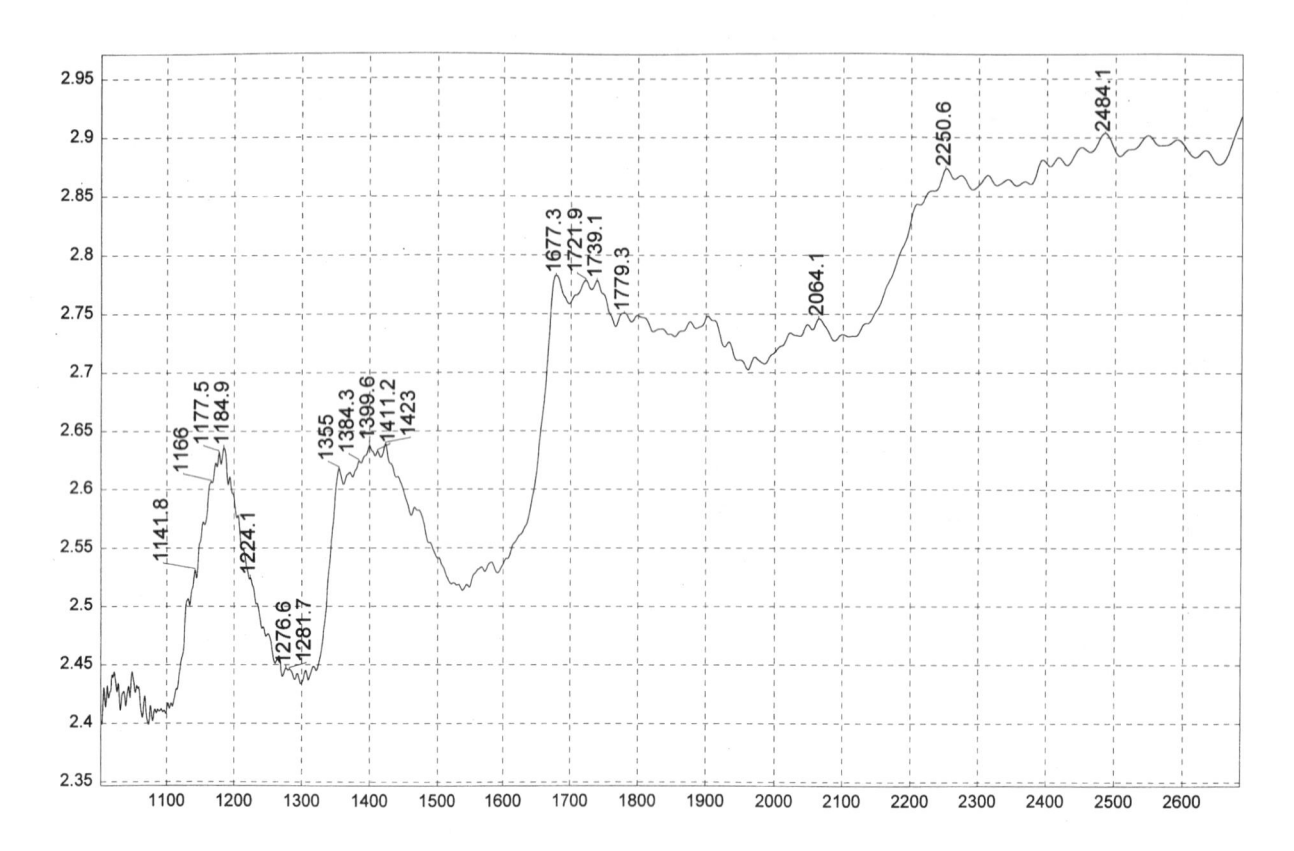

871 Polyacetal - pellets

872 Polyacetal - pellets

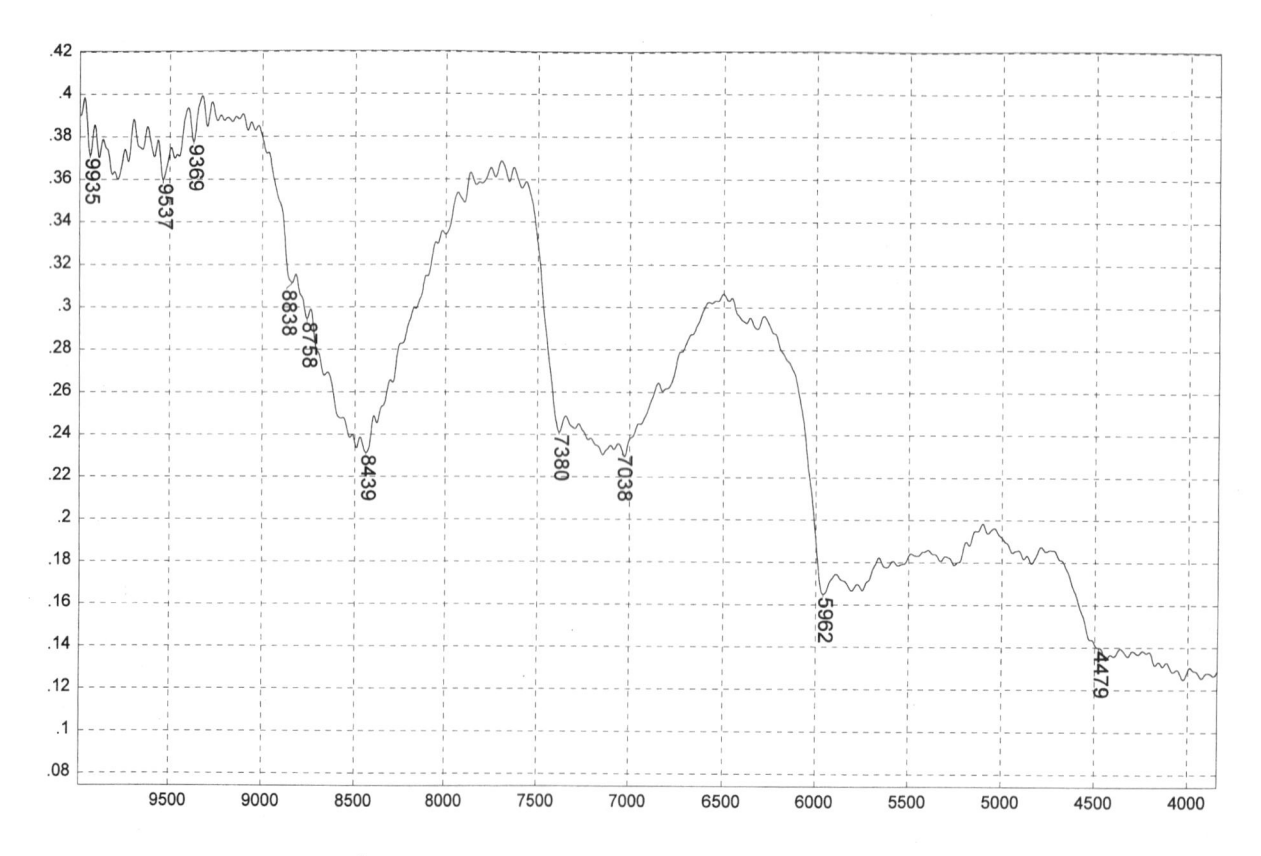

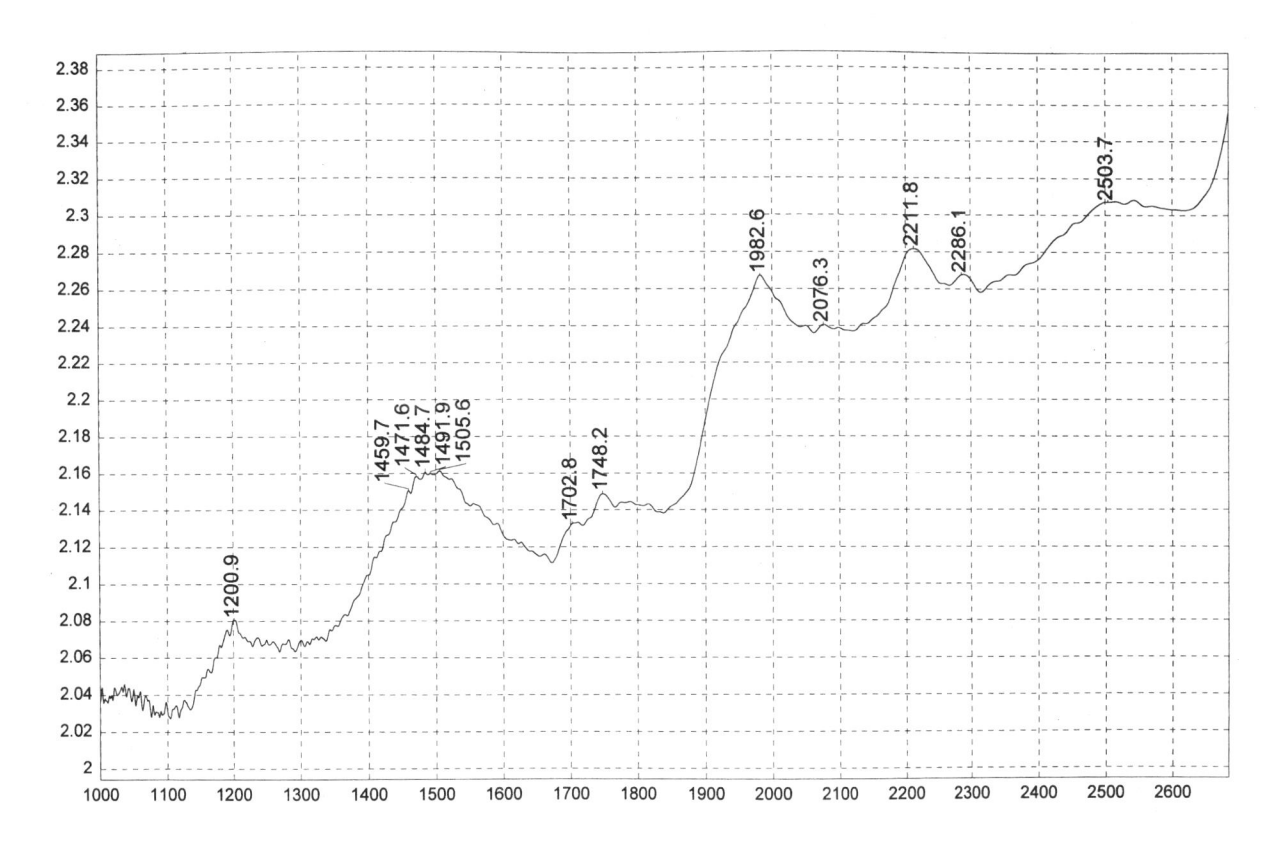

Absorbance / Nanometers

873   Polyacrylamide

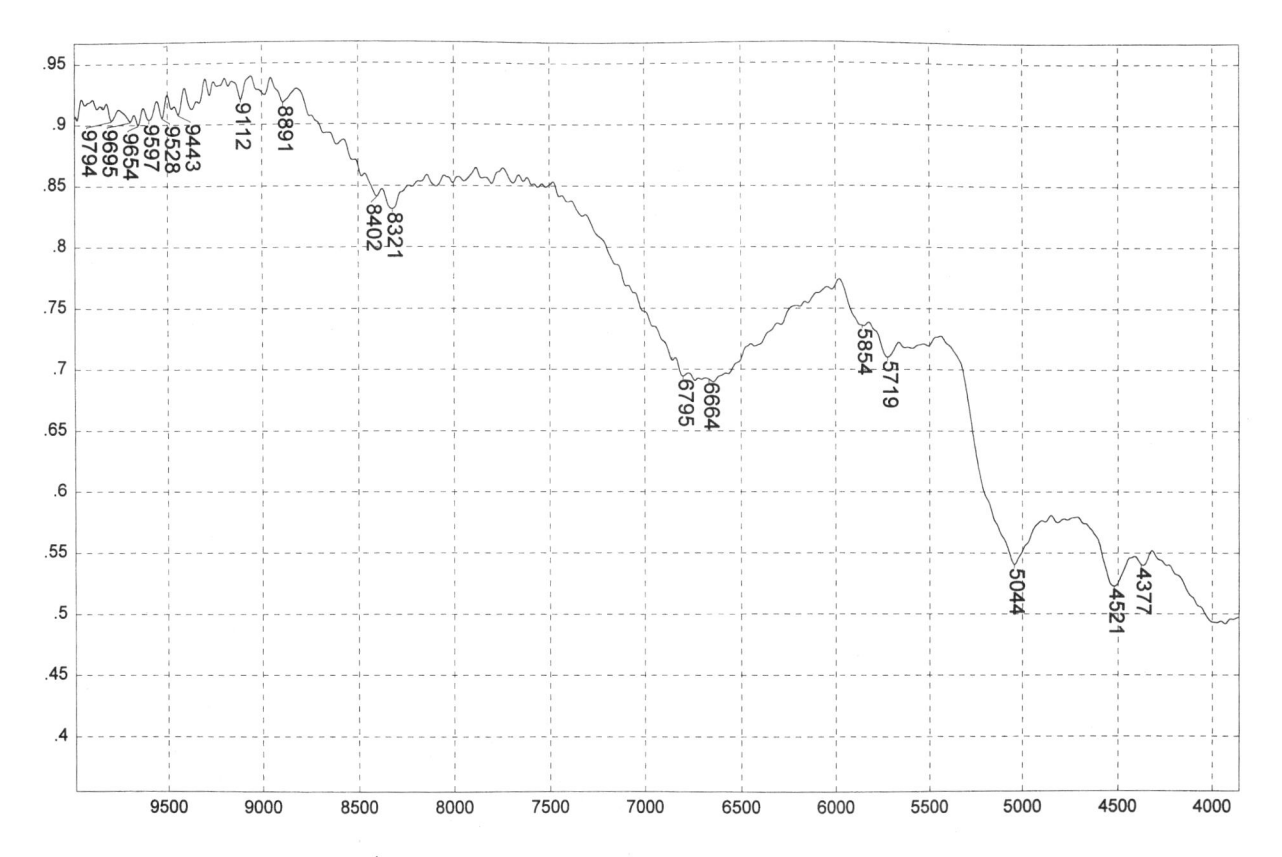

Reflectance / Wavenumber (cm⁻¹)

874   Polyacrylamide

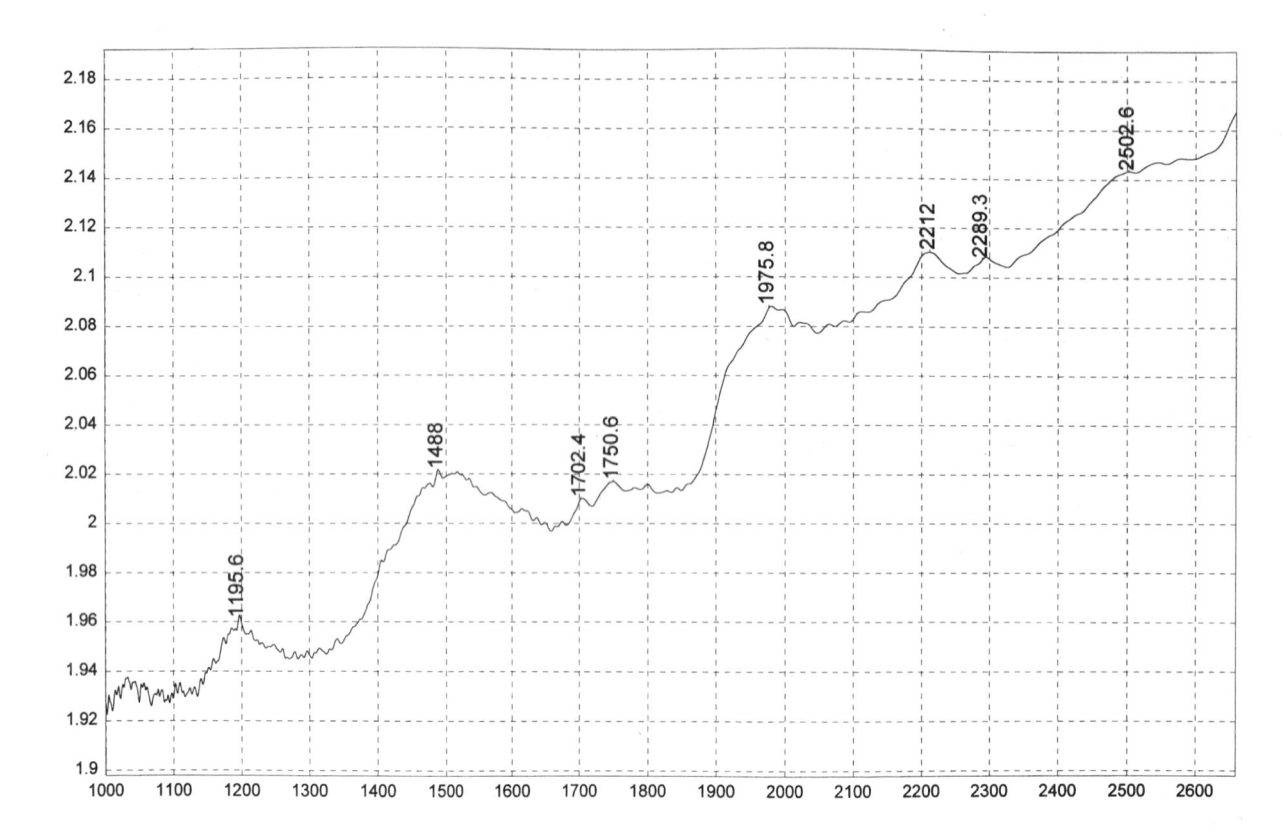

875 Polyacrylamide, carboxyl modified (Low content)

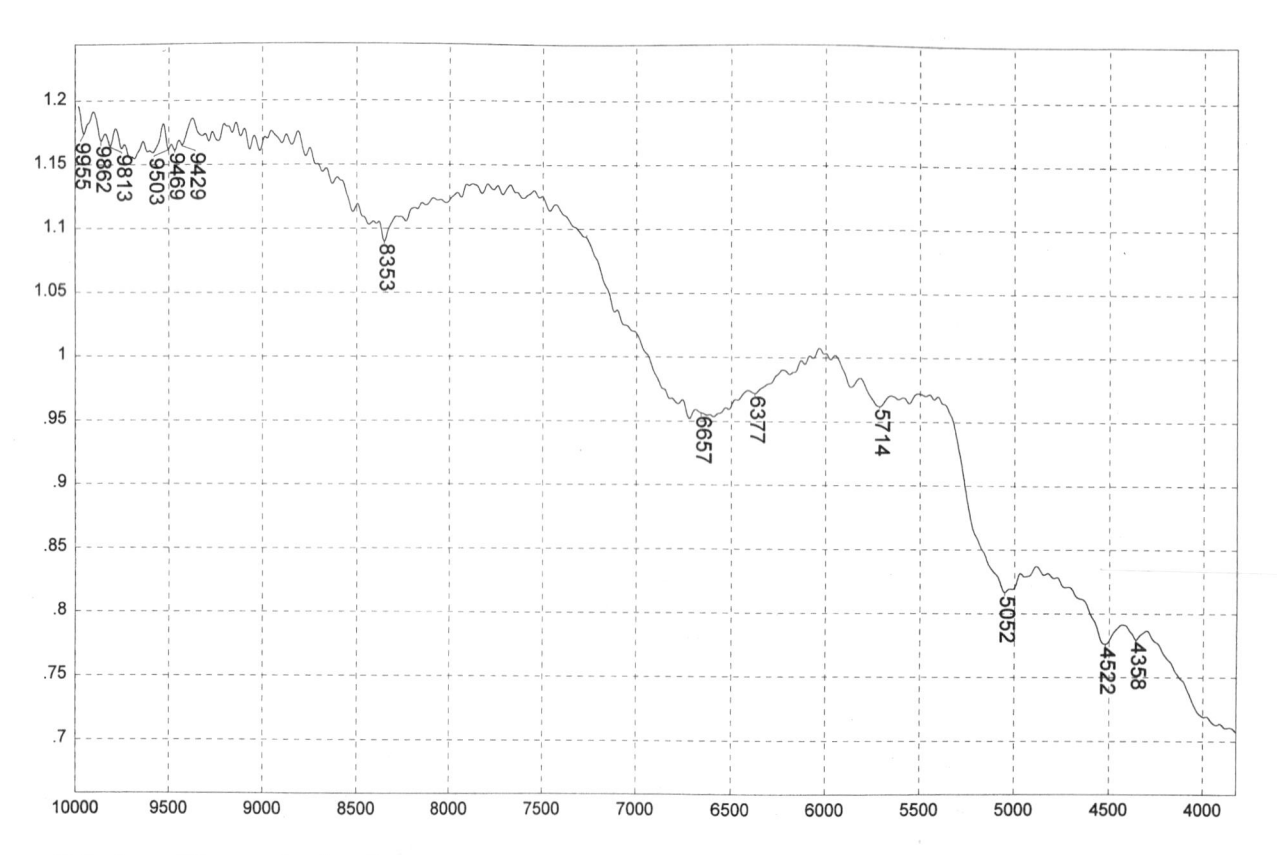

876 Polyacrylamide, carboxyl modified (Low content)

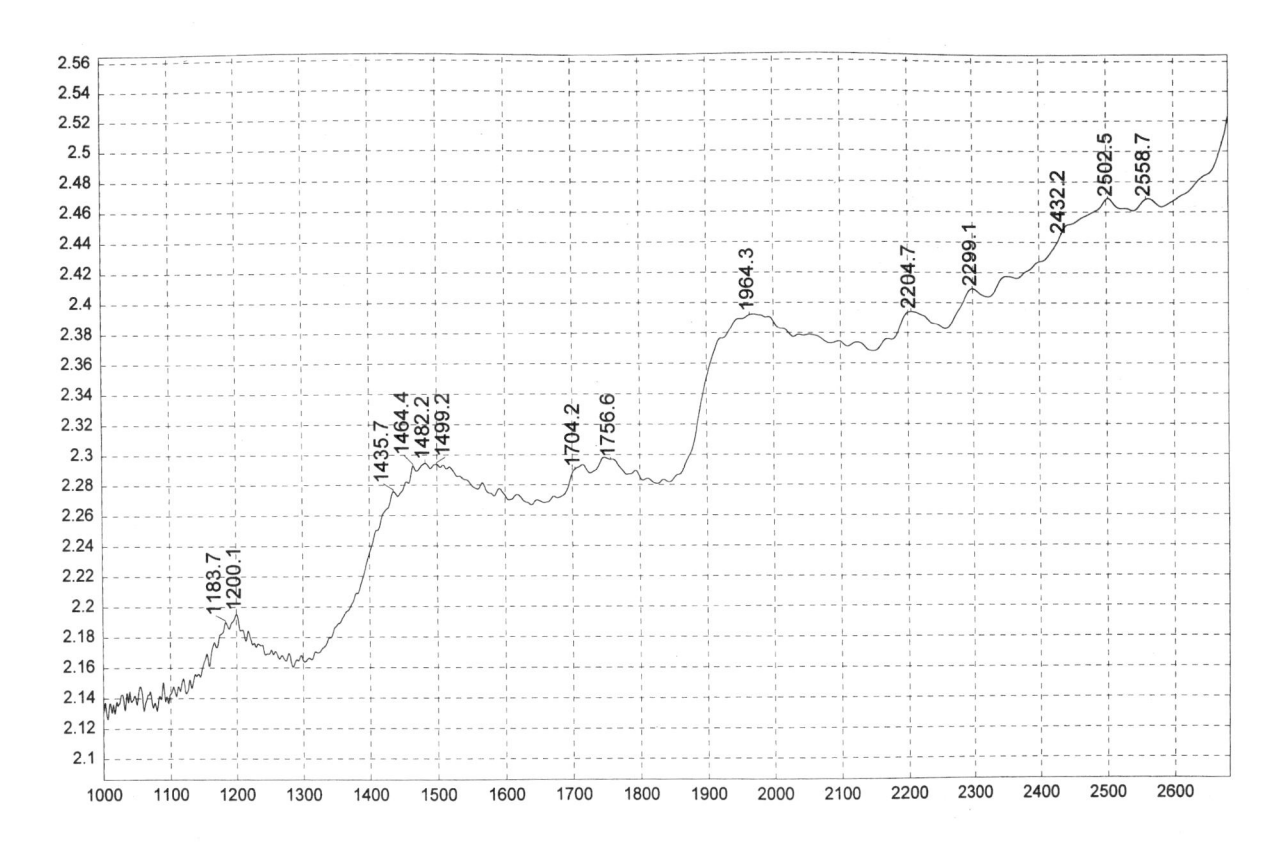

Absorbance / Nanometers

877 Polyacrylamide, carboxyl modified (High content)

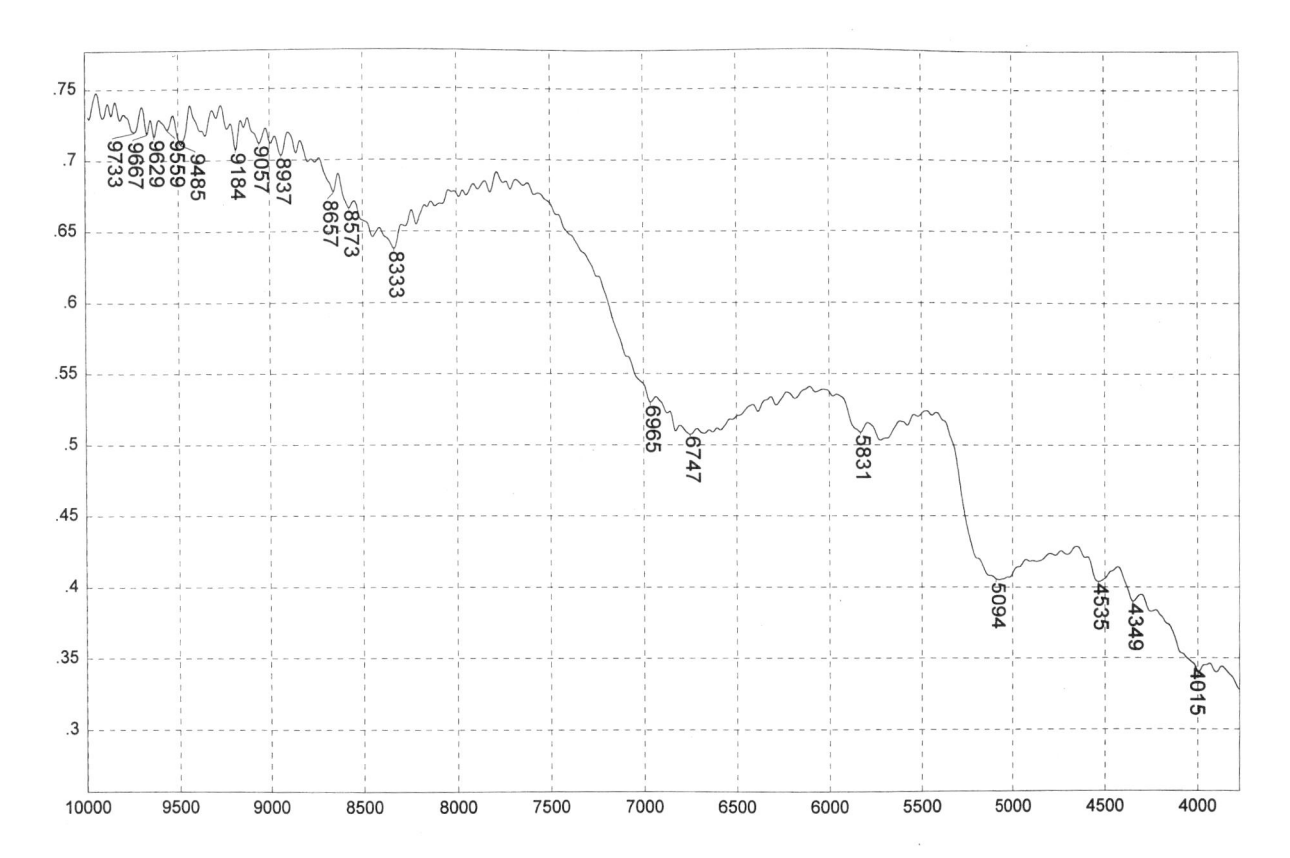

Reflectance / Wavenumber (cm⁻¹)

878 Polyacrylamide, carboxyl modified (High content)

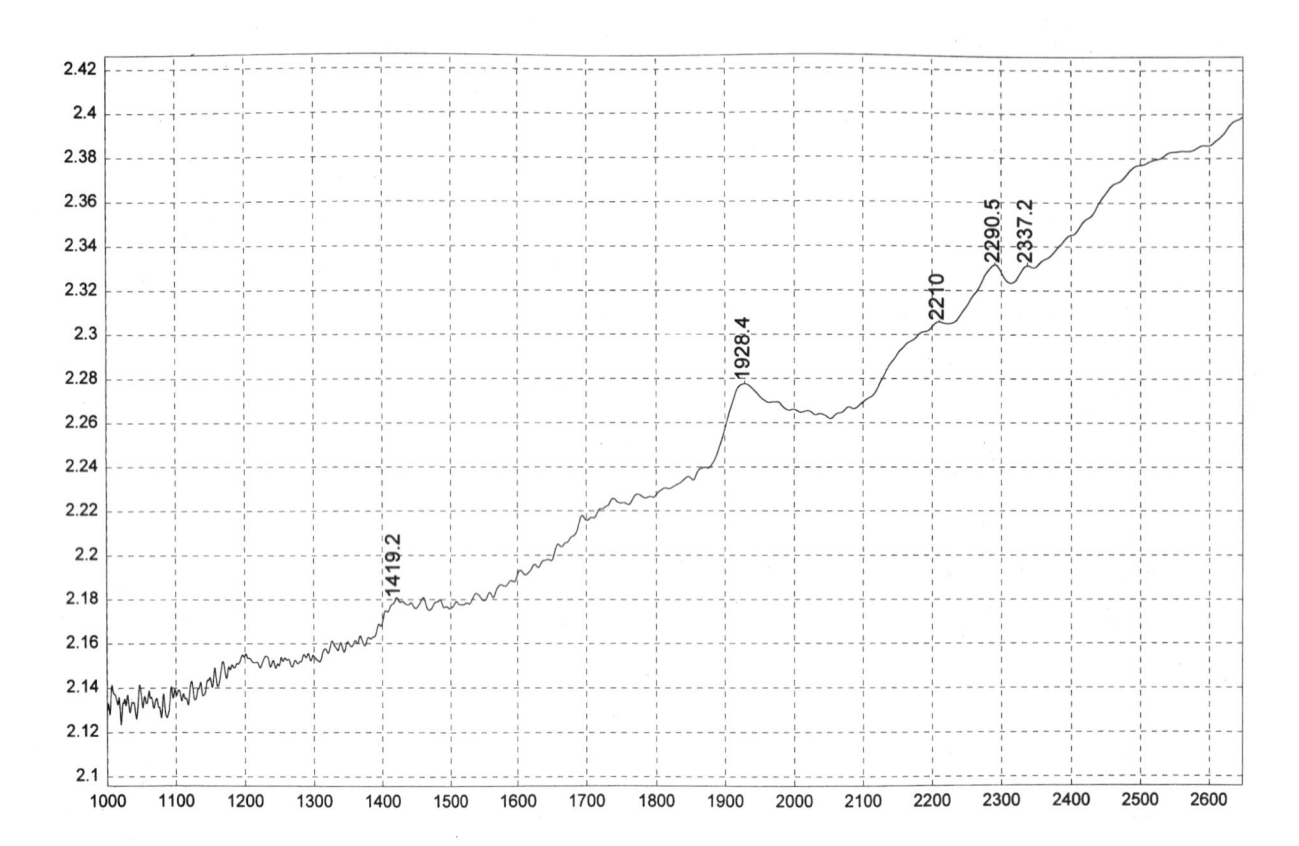

Absorbance / Nanometers

879 Poly(acrylic acid)

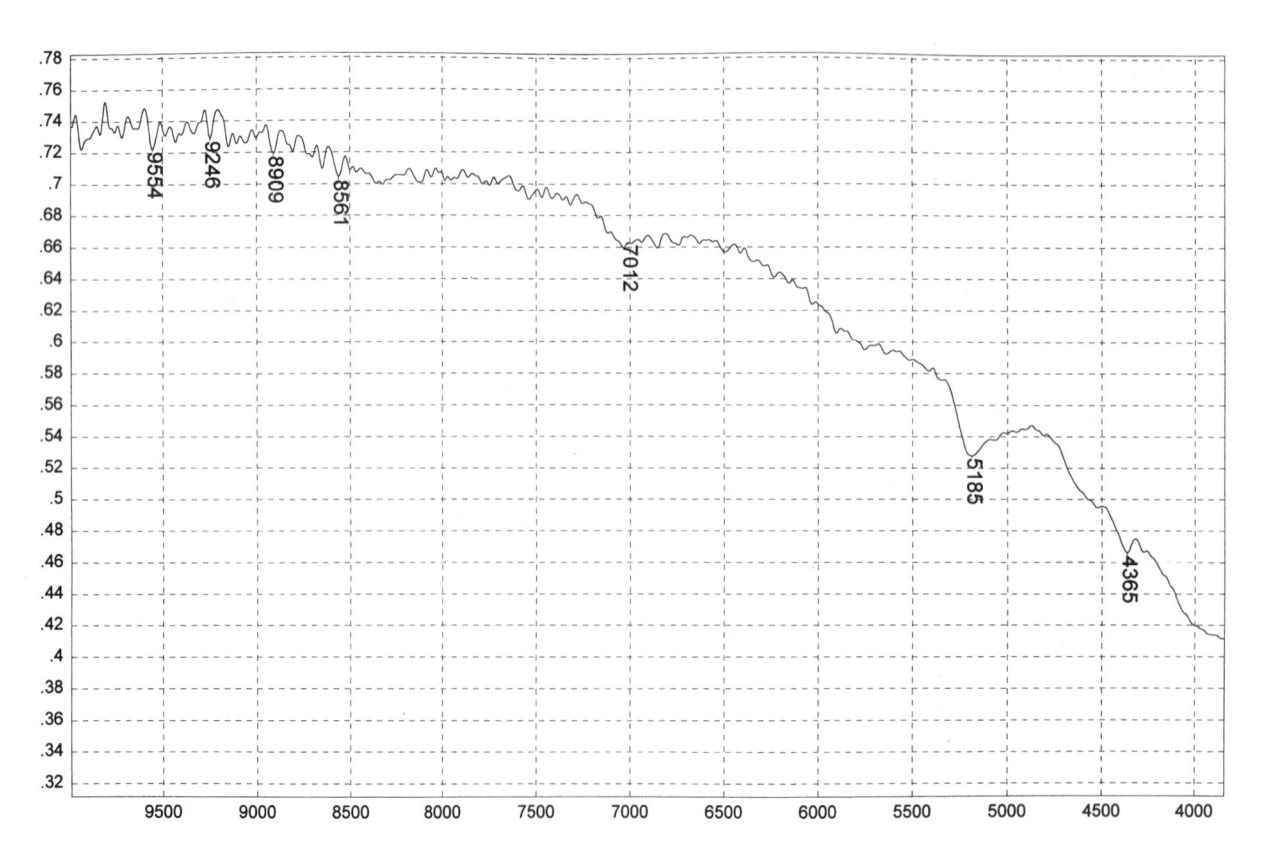

Reflectance / Wavenumber (cm⁻¹)

880 Poly(acrylic acid)

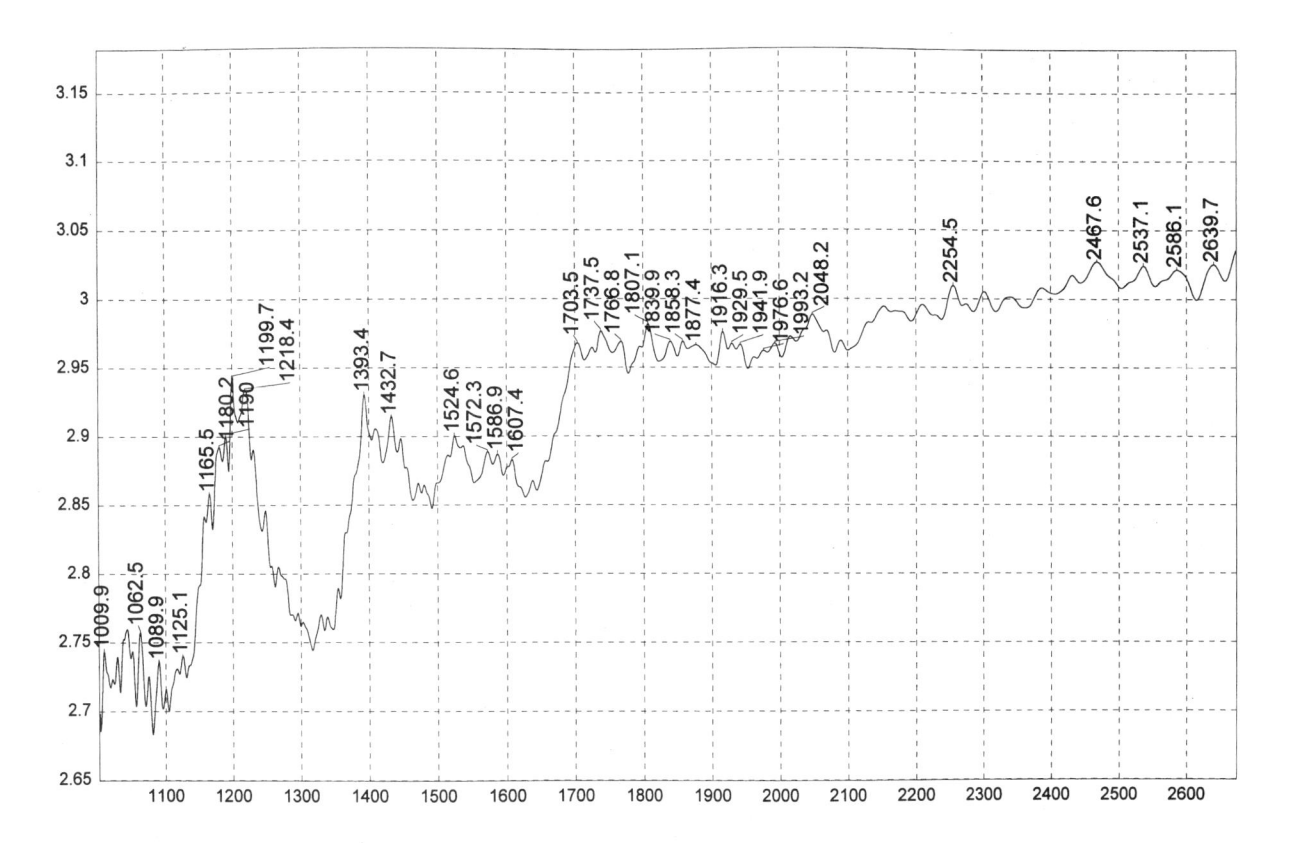

Absorbance / Nanometers

881   **Polyamide resin - pellets**

Reflectance / Wavenumber (cm⁻¹)

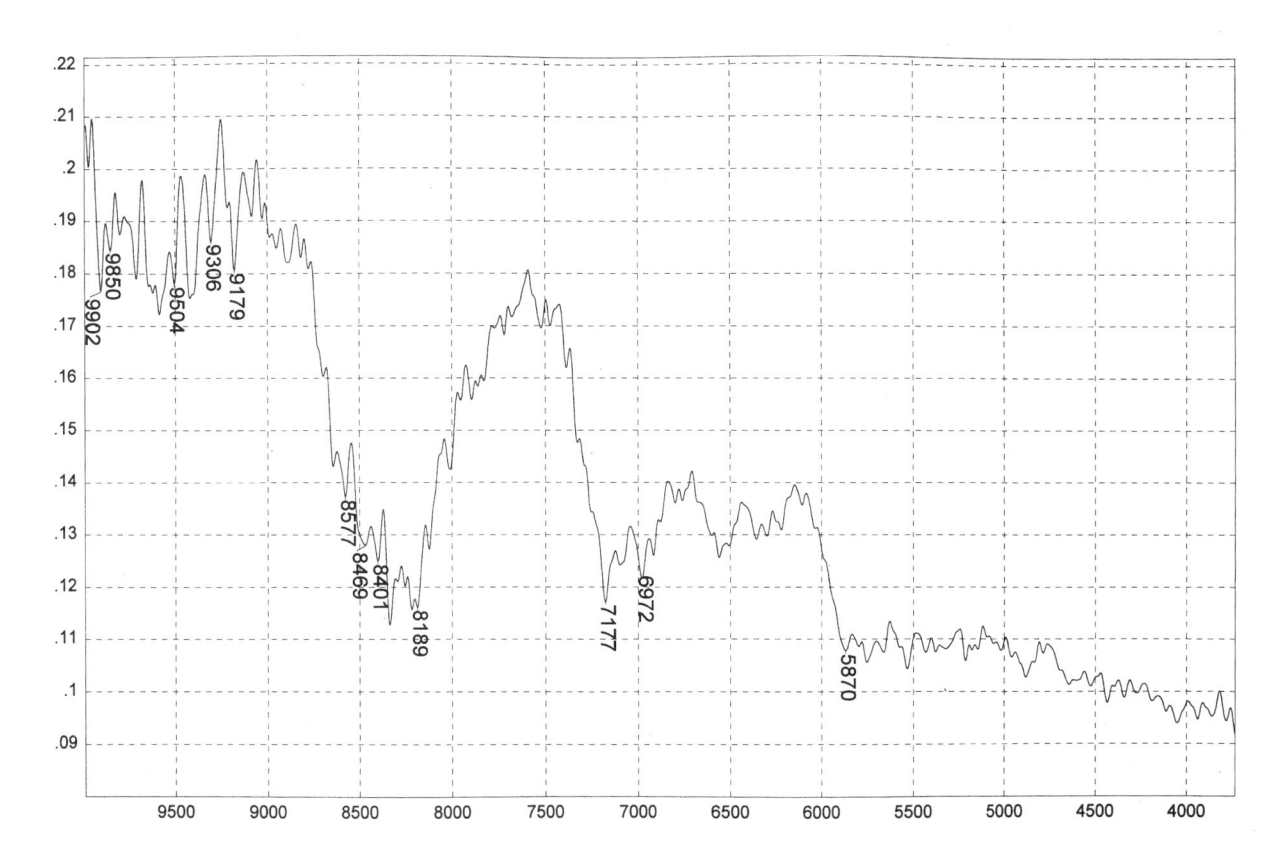

882   **Polyamide resin - pellets**

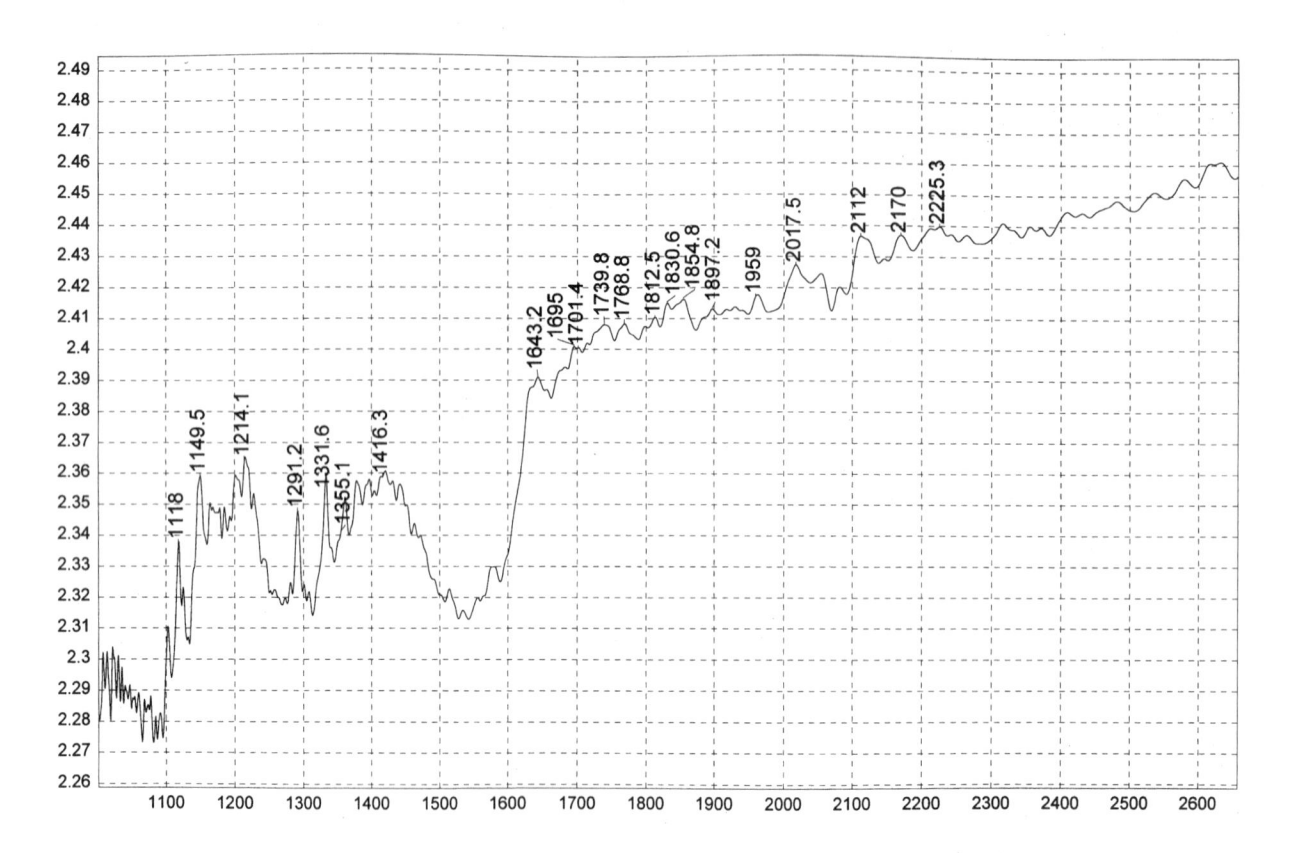

Absorbance / Nanometers

883 1,2-Polybutadiene - pellets

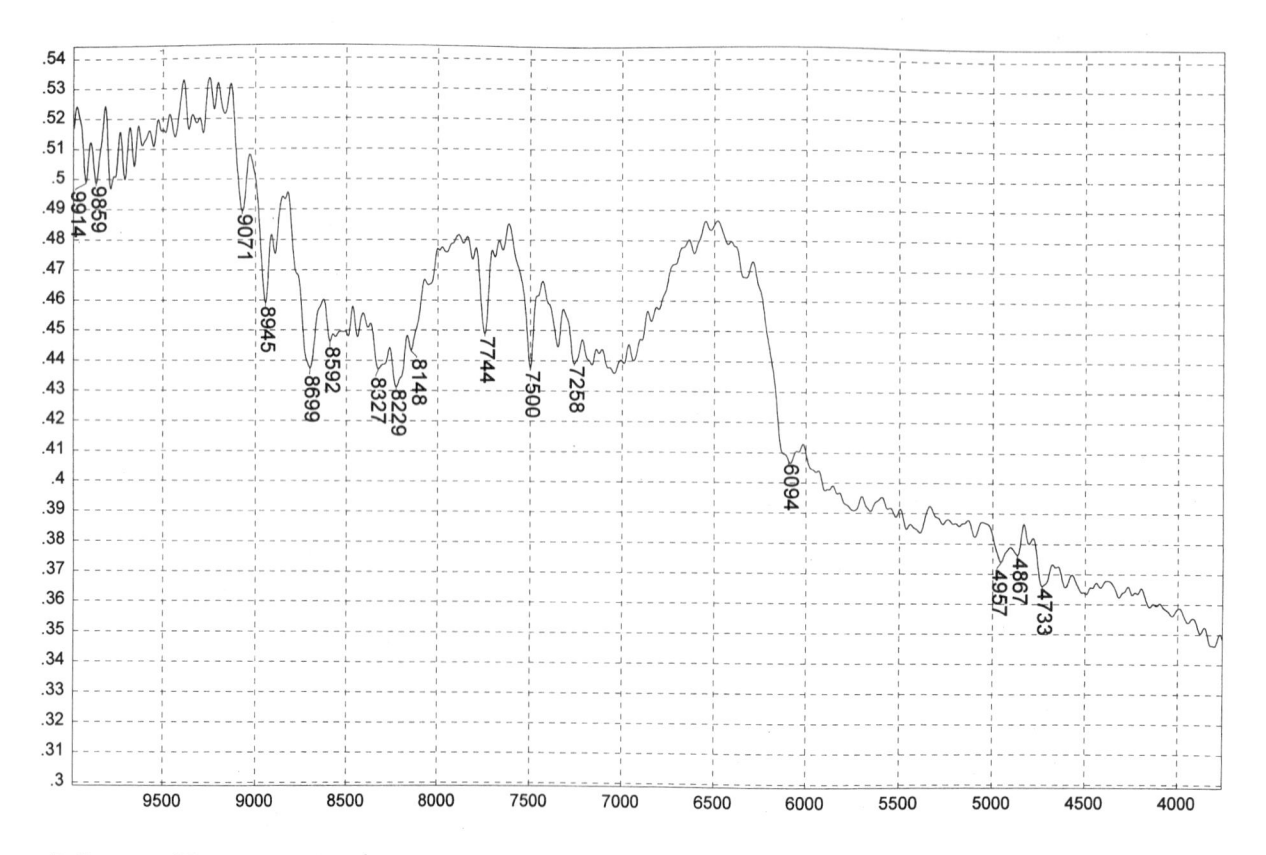

Reflectance / Wavenumber (cm^{-1})

884 1,2-Polybutadiene - pellets

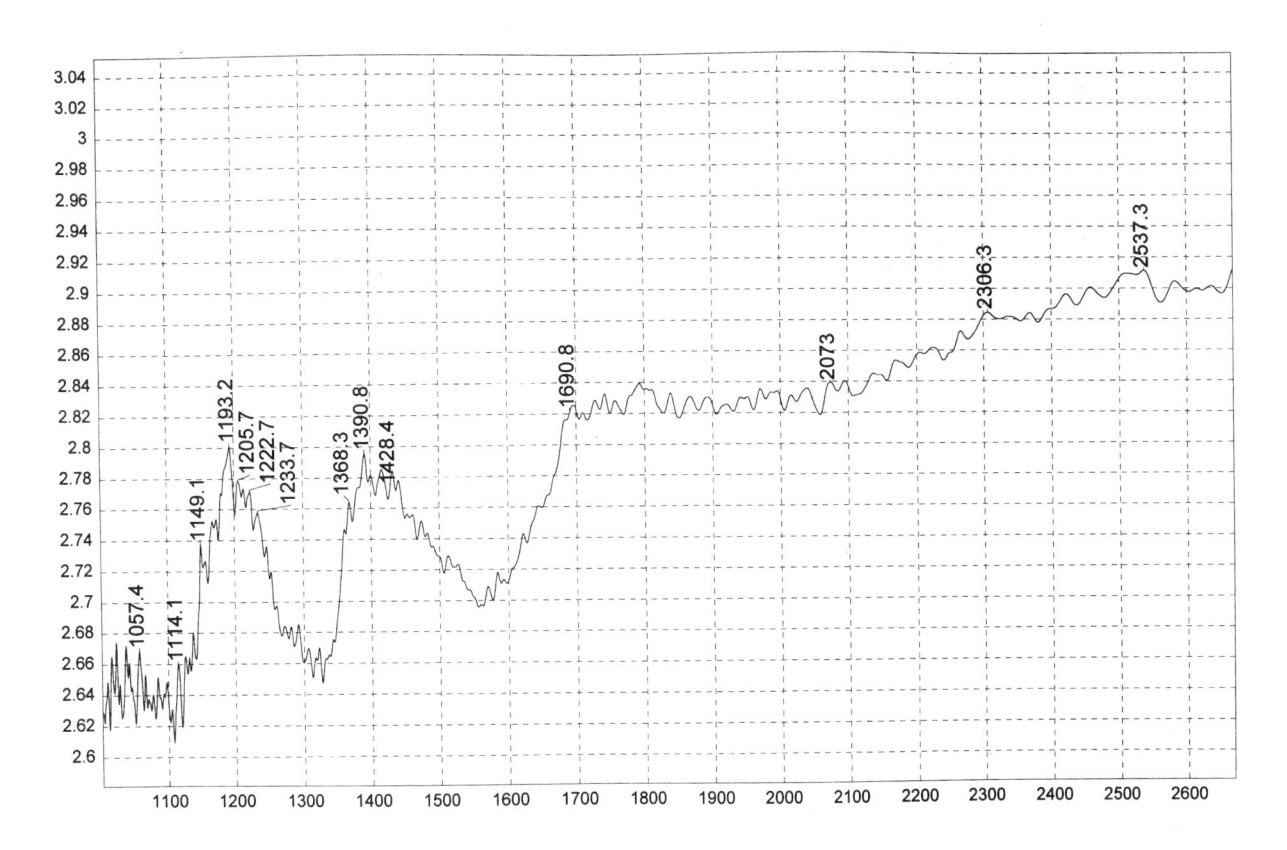

Absorbance / Nanometers

885   Poly(1-butene), Isotactic - pellets

Reflectance / Wavenumber (cm⁻¹)

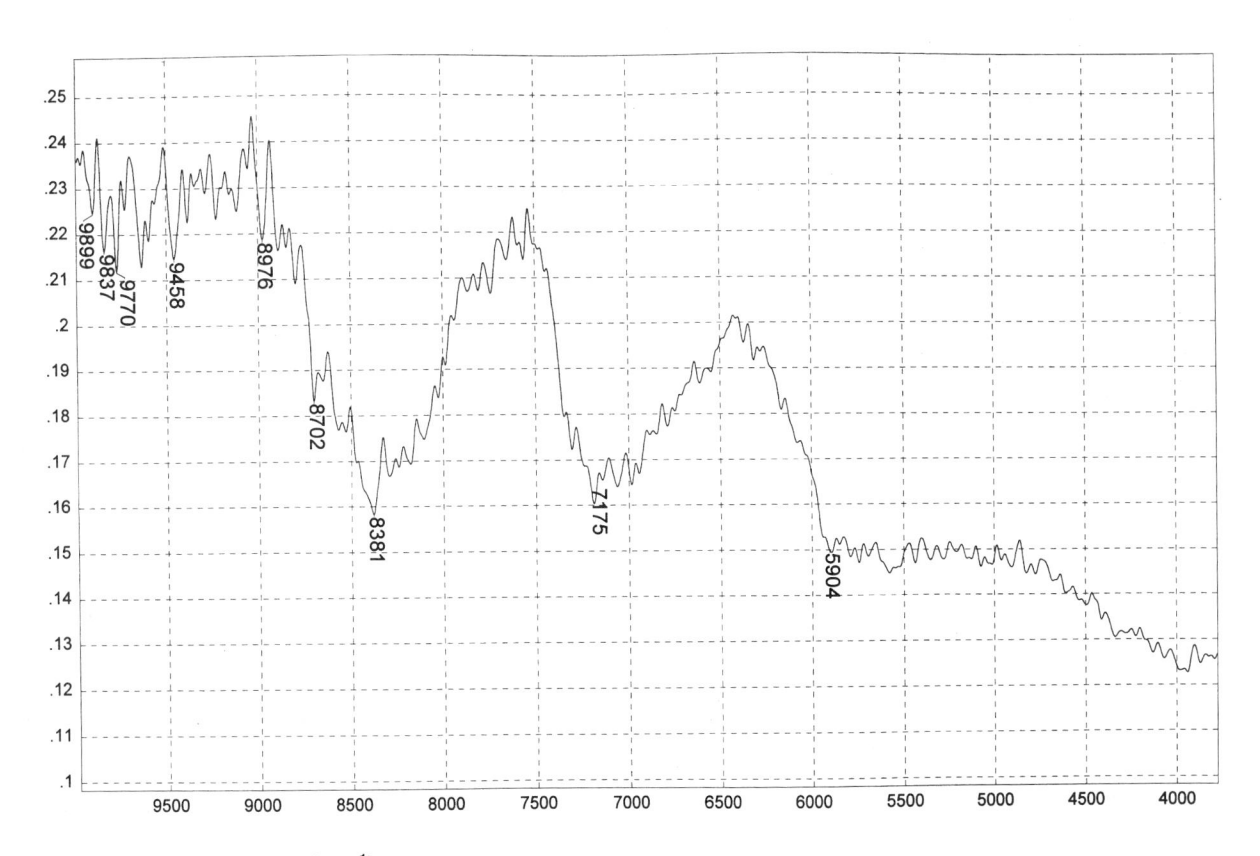

886   Poly(1-butene), Isotactic - pellets

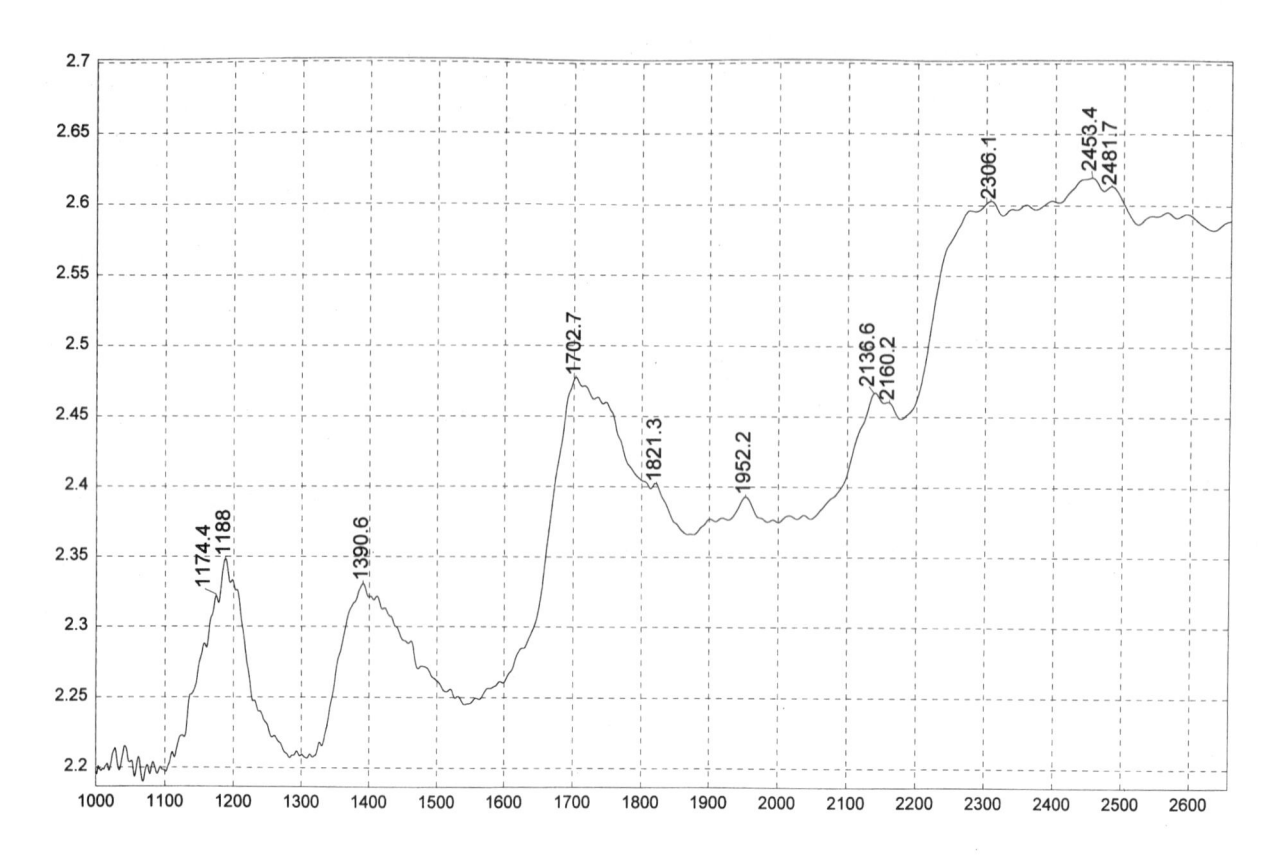

Absorbance / Nanometers

| 887 | Poly(n-butyl methacrylate) |

Reflectance / Wavenumber (cm⁻¹)

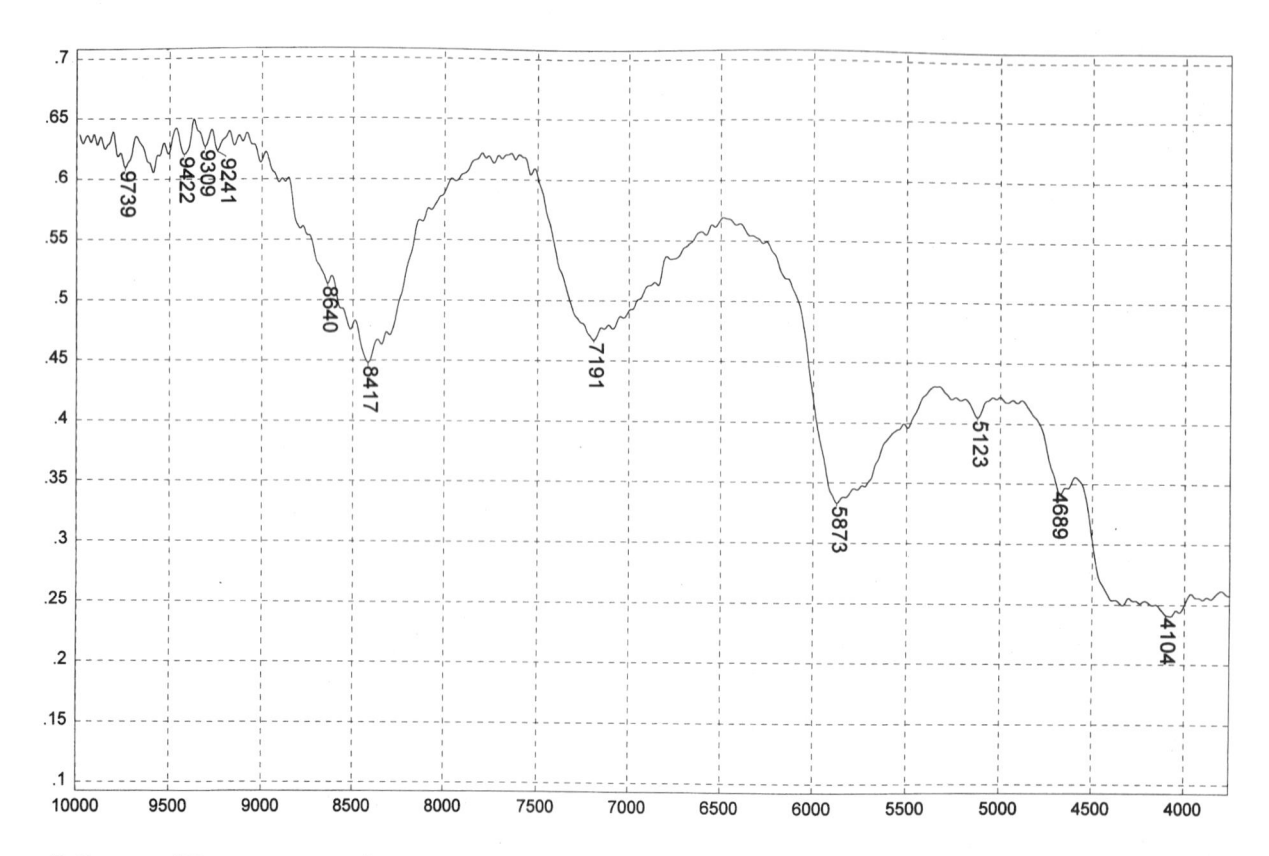

| 888 | Poly(n-butyl methacrylate) |

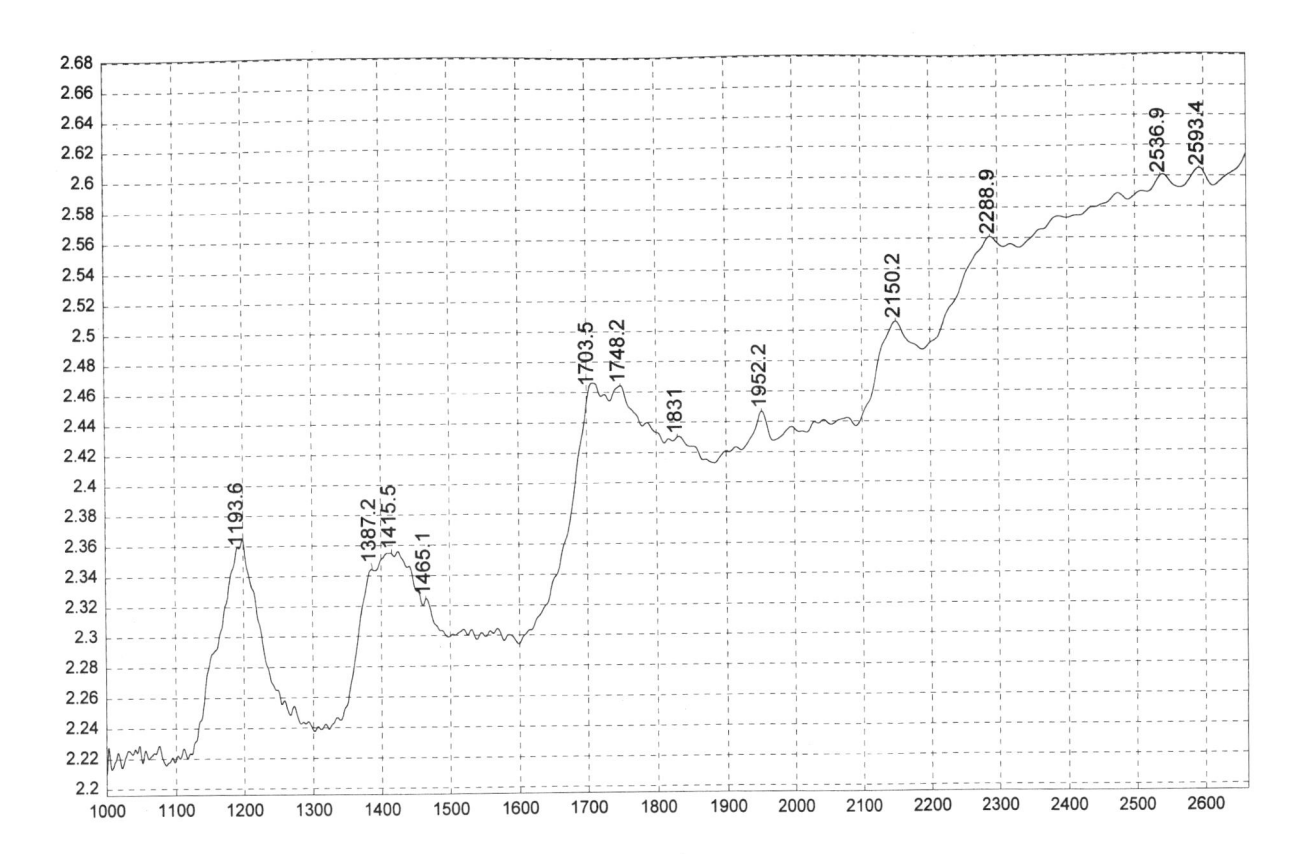

Absorbance / Nanometers

889　　　　　Polycaprolactone - pellets

Reflectance / Wavenumber (cm⁻¹)

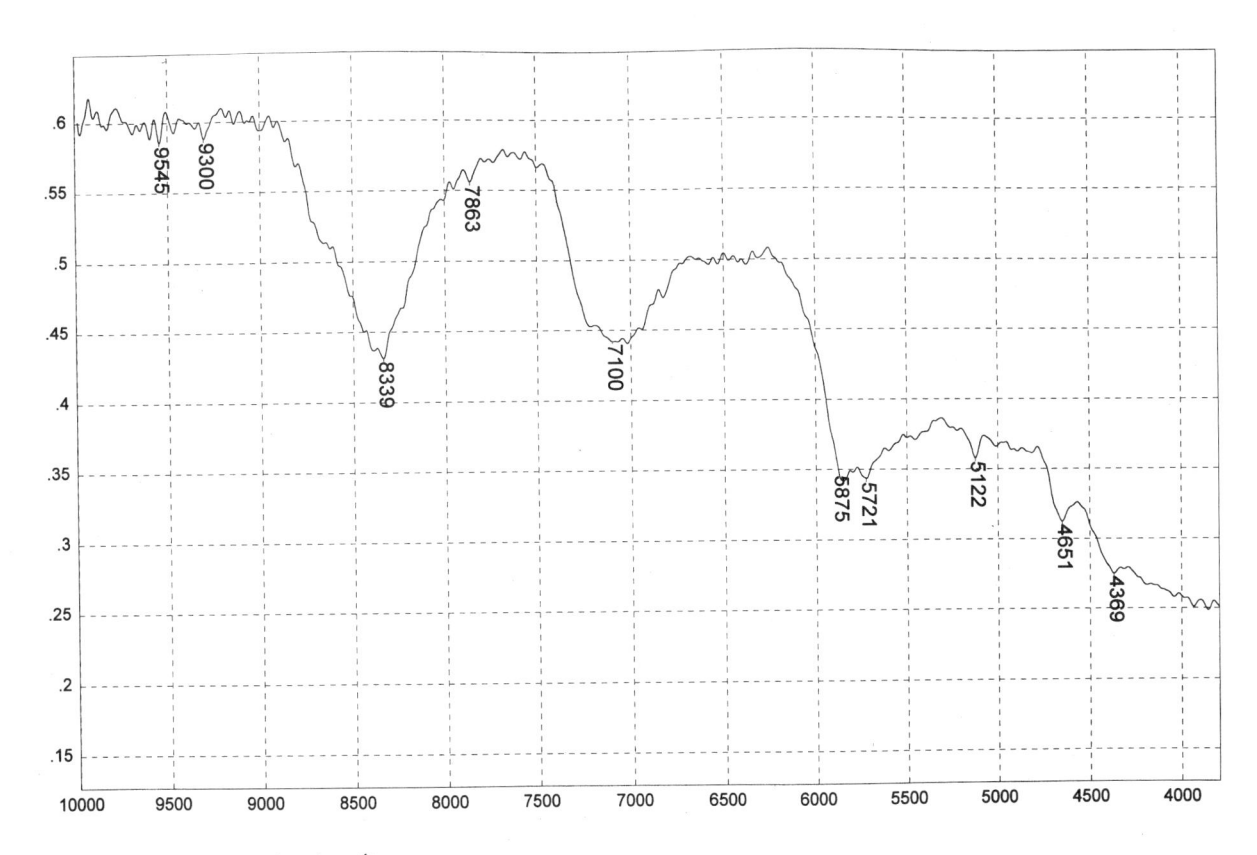

890　　　　　Polycaprolactone - pellets

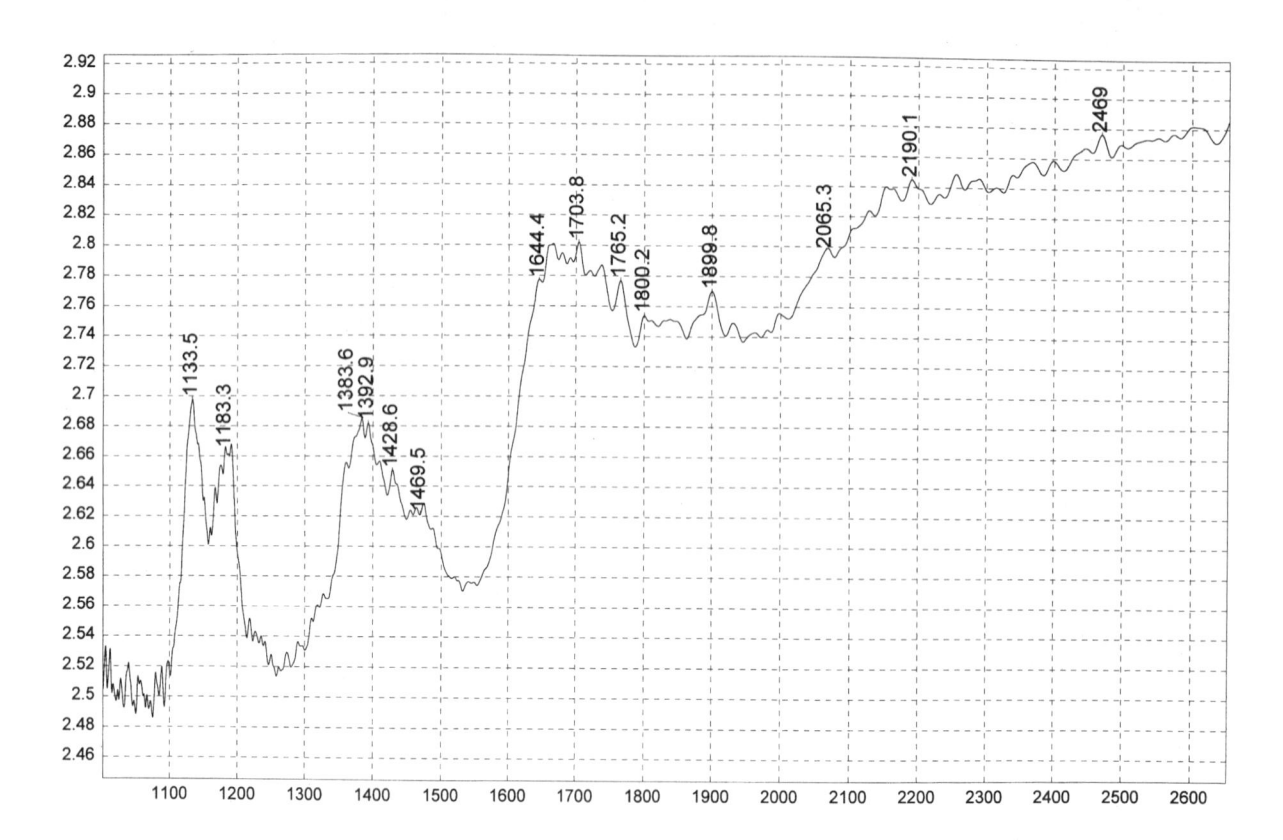

Absorbance / Nanometers

891 Polycarbonate Resin - pellets

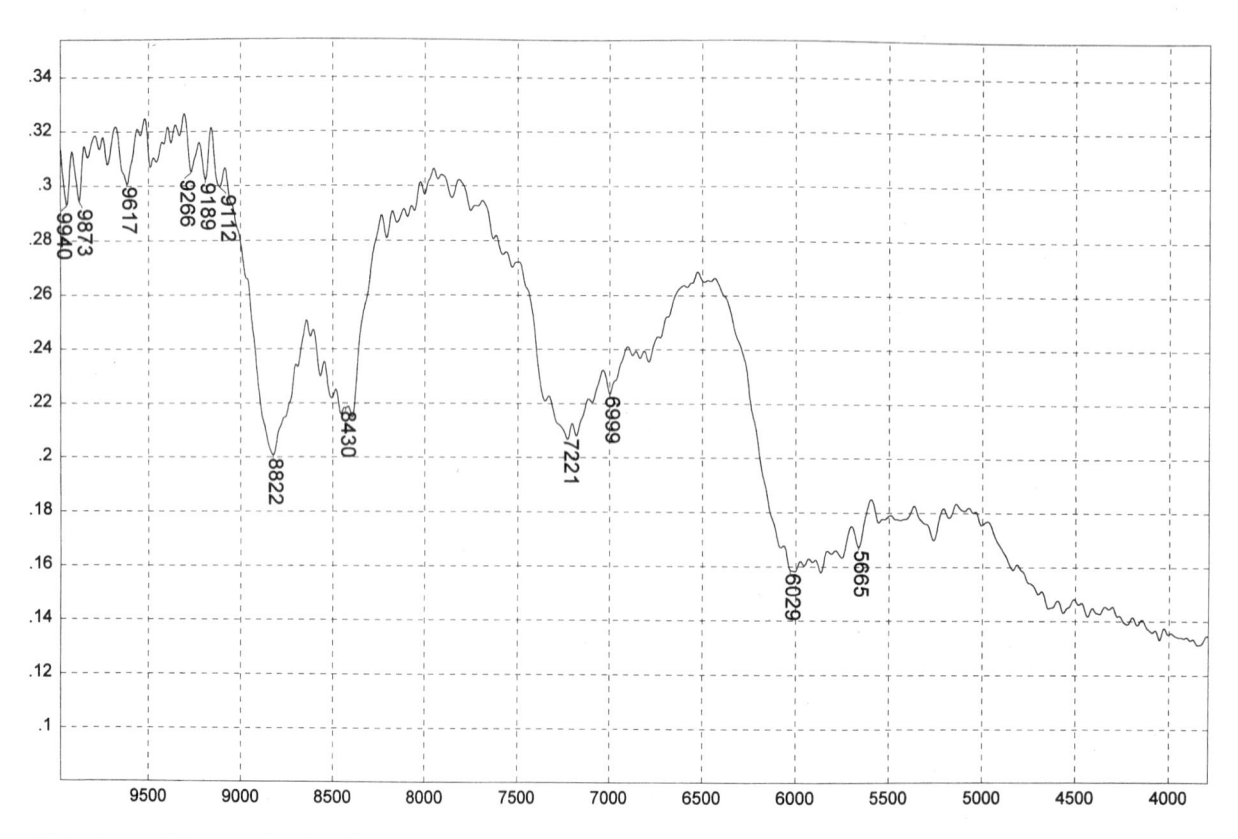

Reflectance / Wavenumber (cm⁻¹)

892 Polycarbonate Resin - pellets

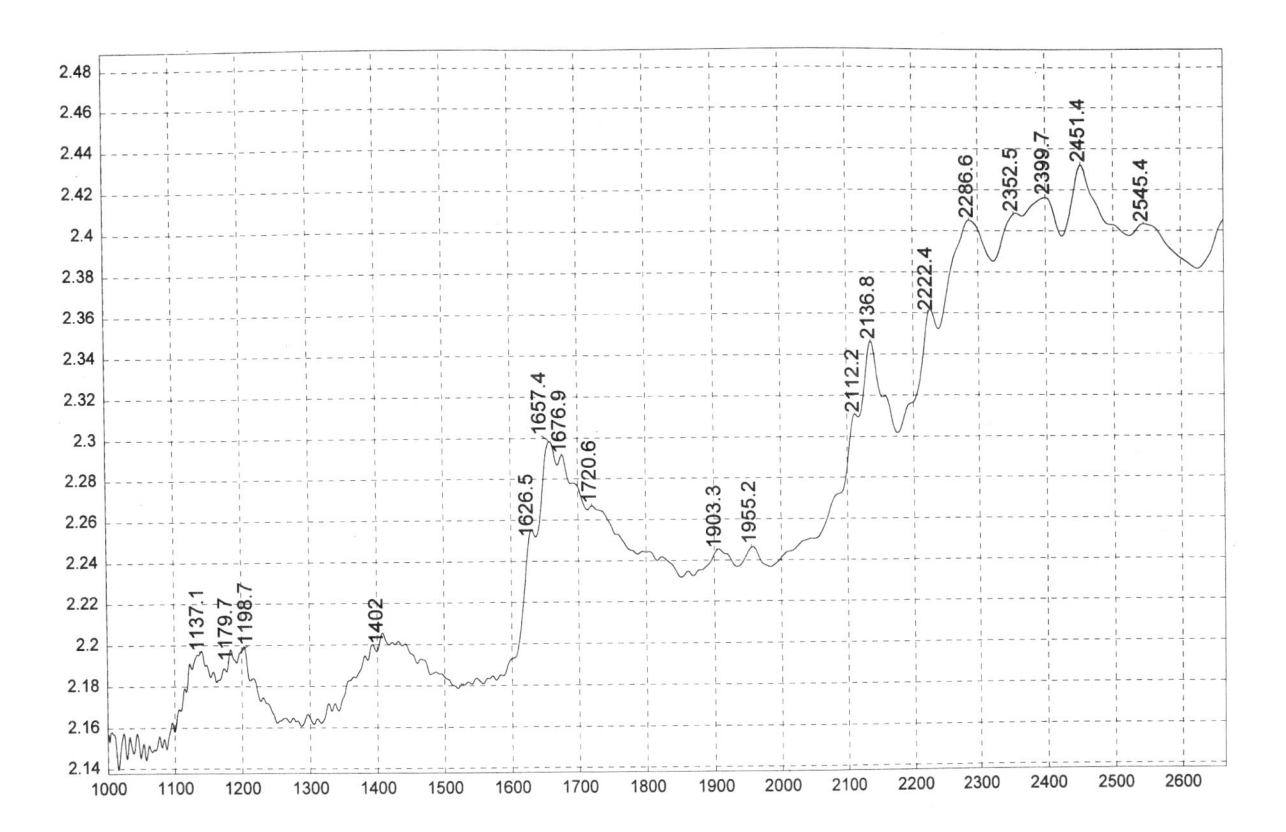

Absorbance / Nanometers

893   **Poly(diallyl isophthalate)**

Reflectance / Wavenumber (cm⁻¹)

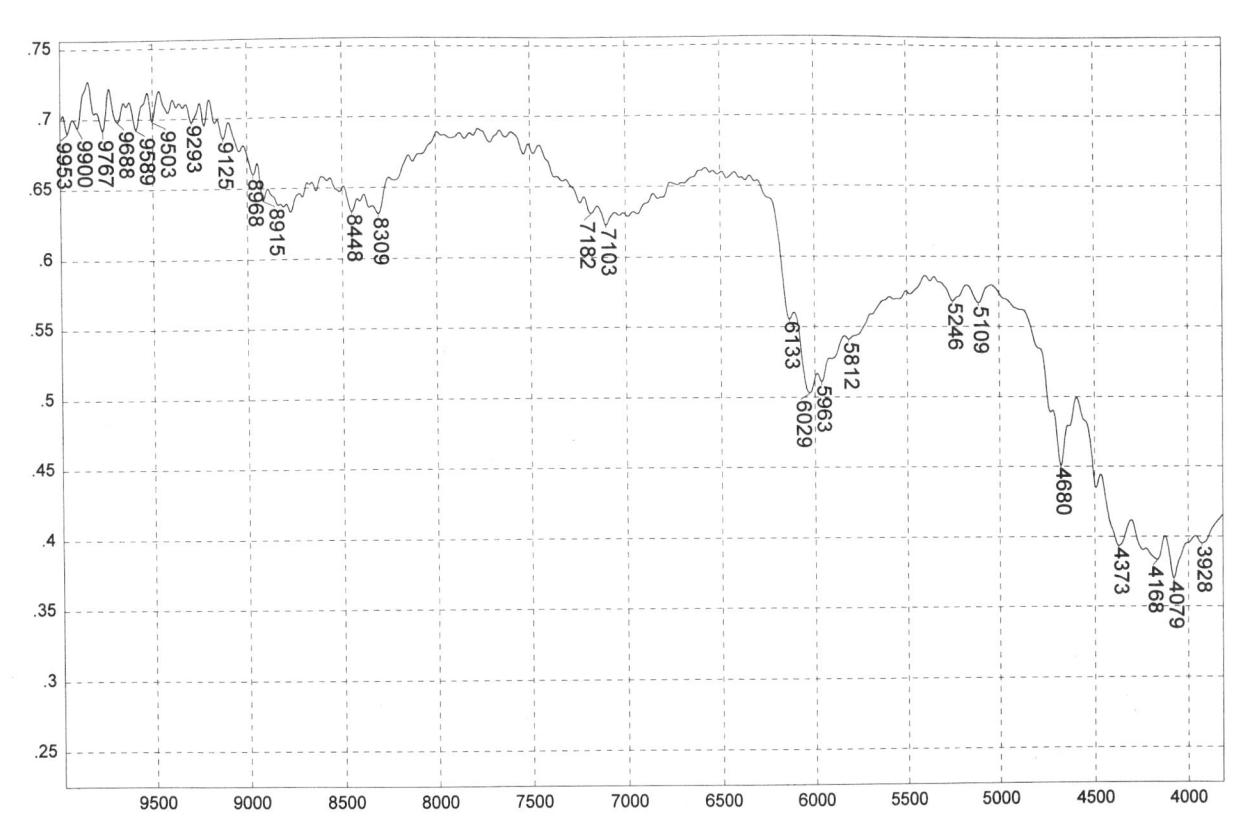

894   **Poly(diallyl isophthalate)**

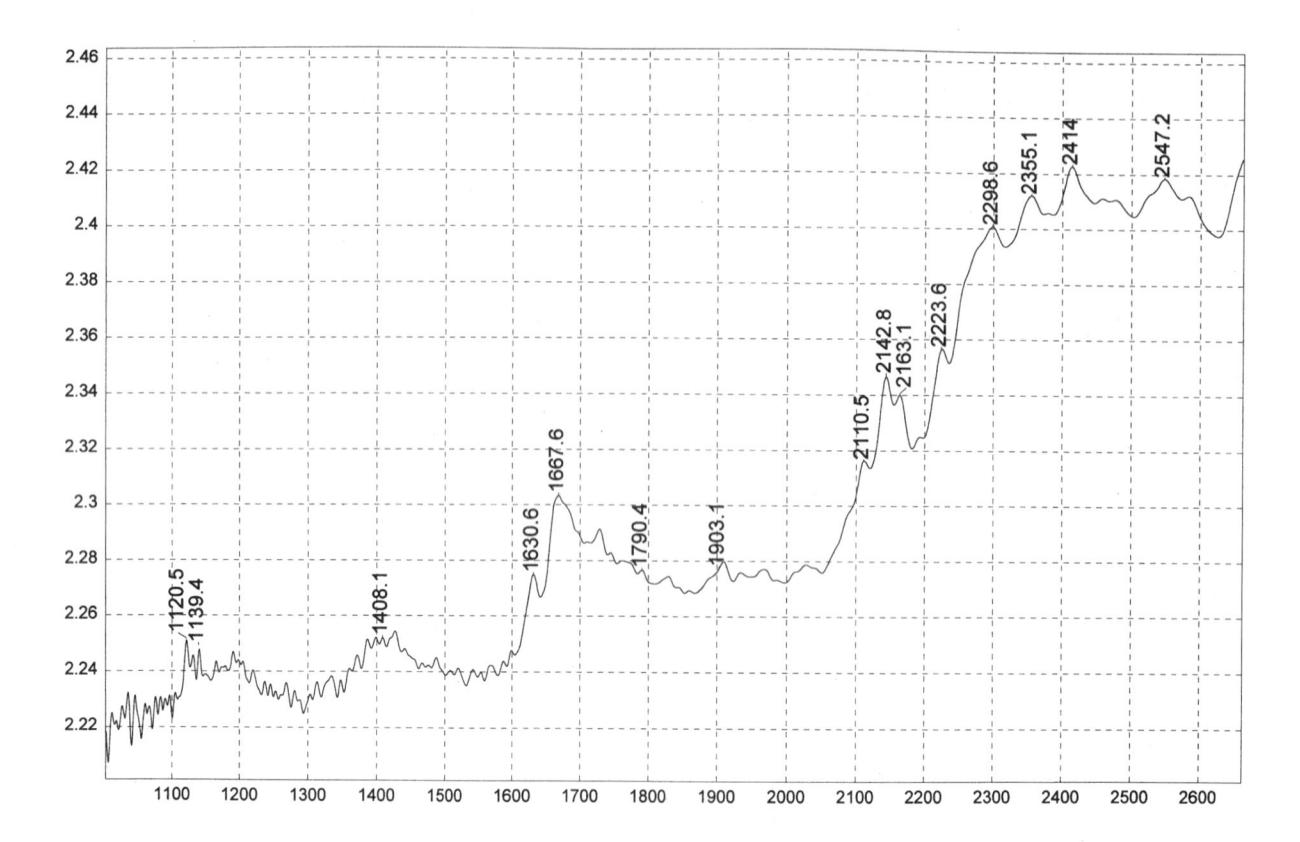

Absorbance / Nanometers

895

Poly(diallyl phthalate)

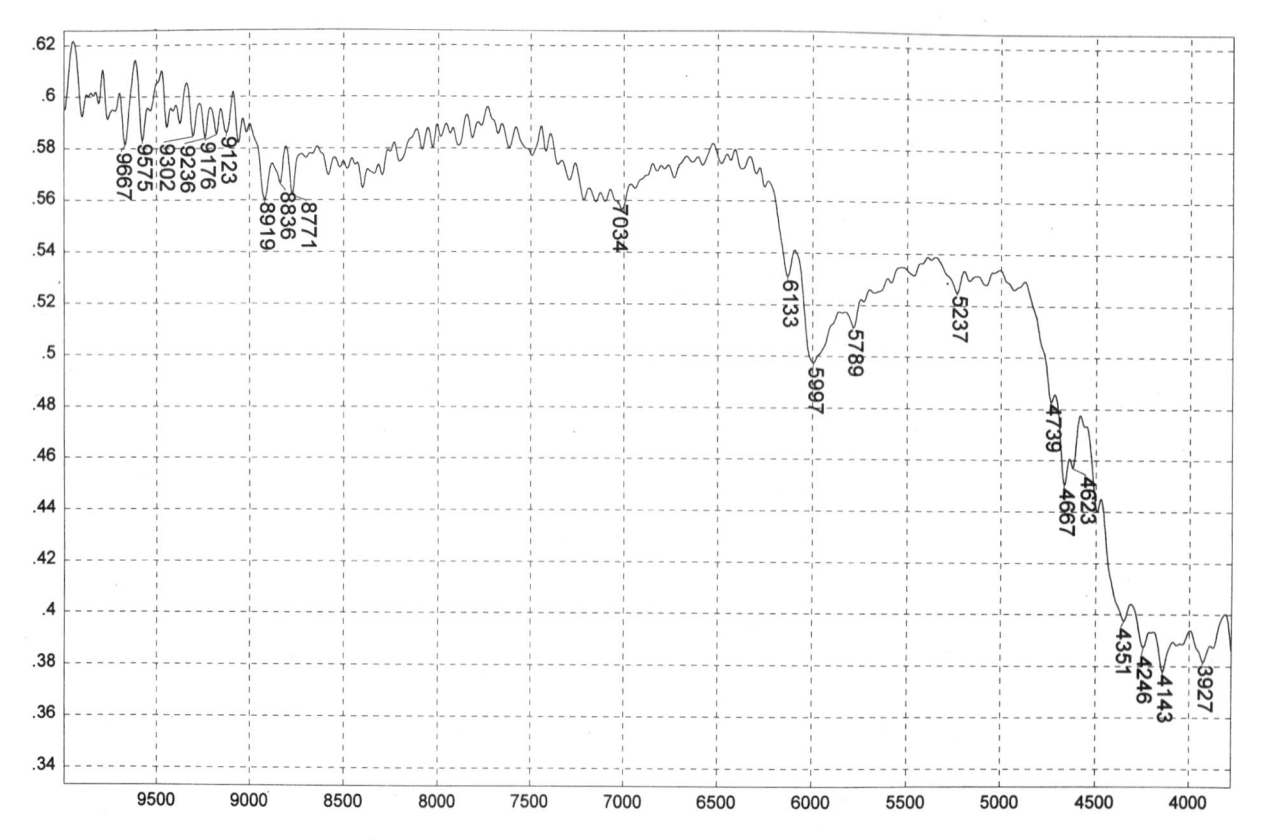

Reflectance / Wavenumber (cm⁻¹)

896

Poly(diallyl phthalate)

448

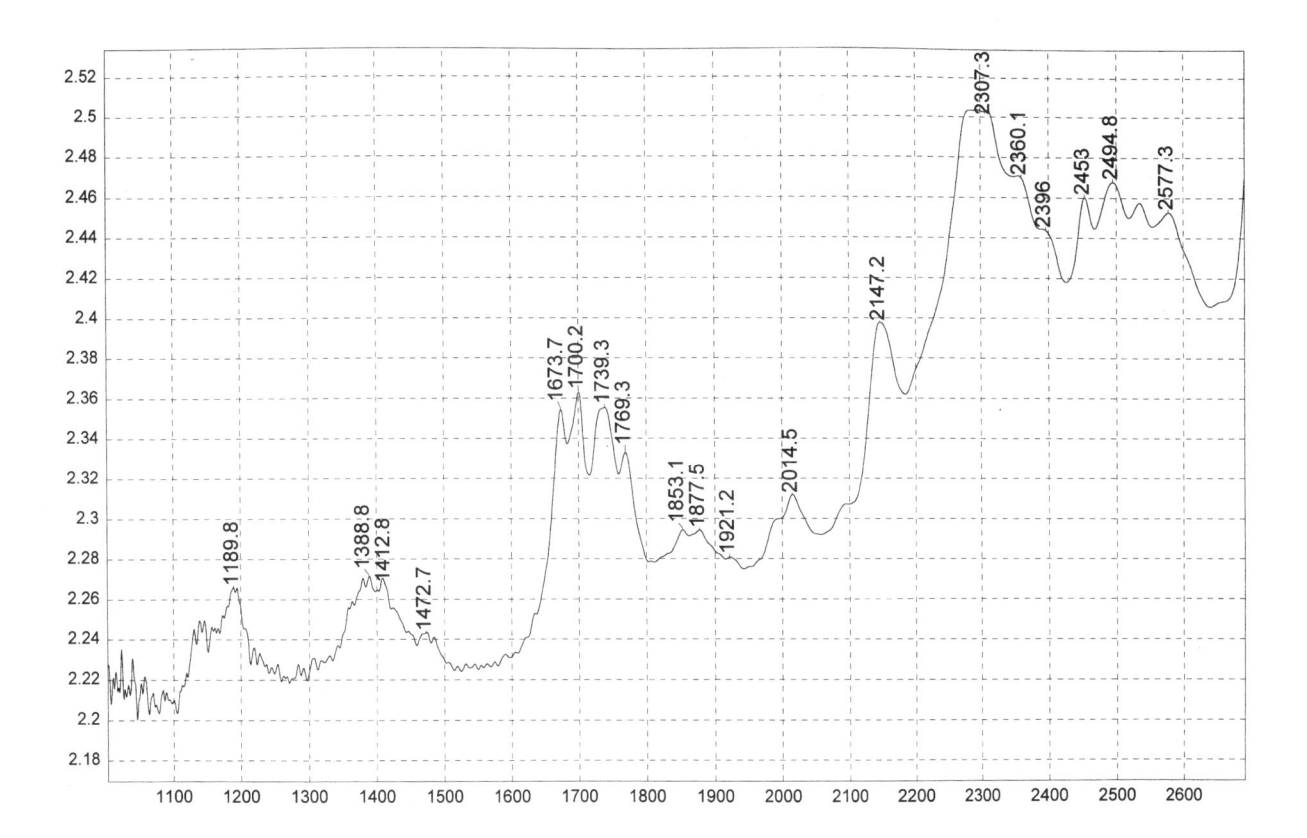

Poly(2,6-dimethyl-p-phenylene oxide)

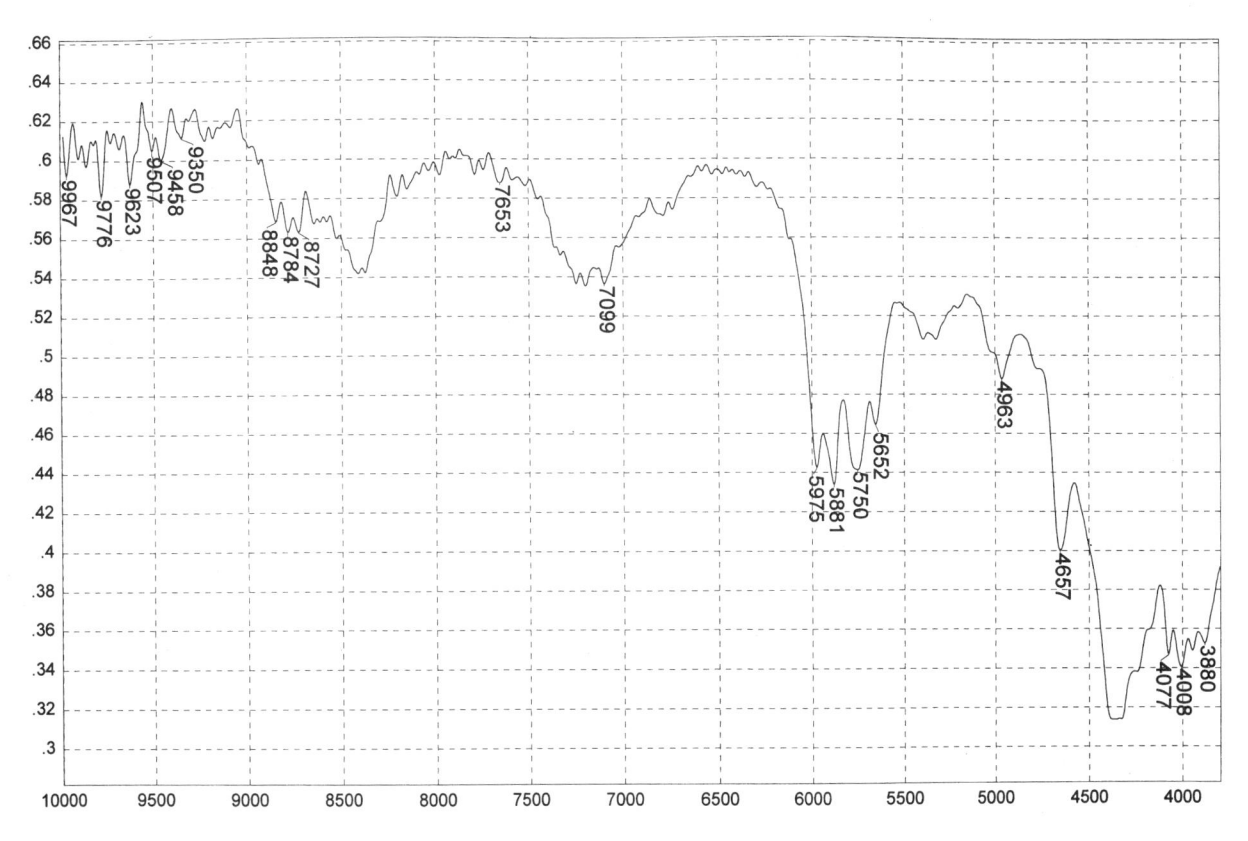

Poly(2,6-dimethyl-p-phenylene oxide)

449

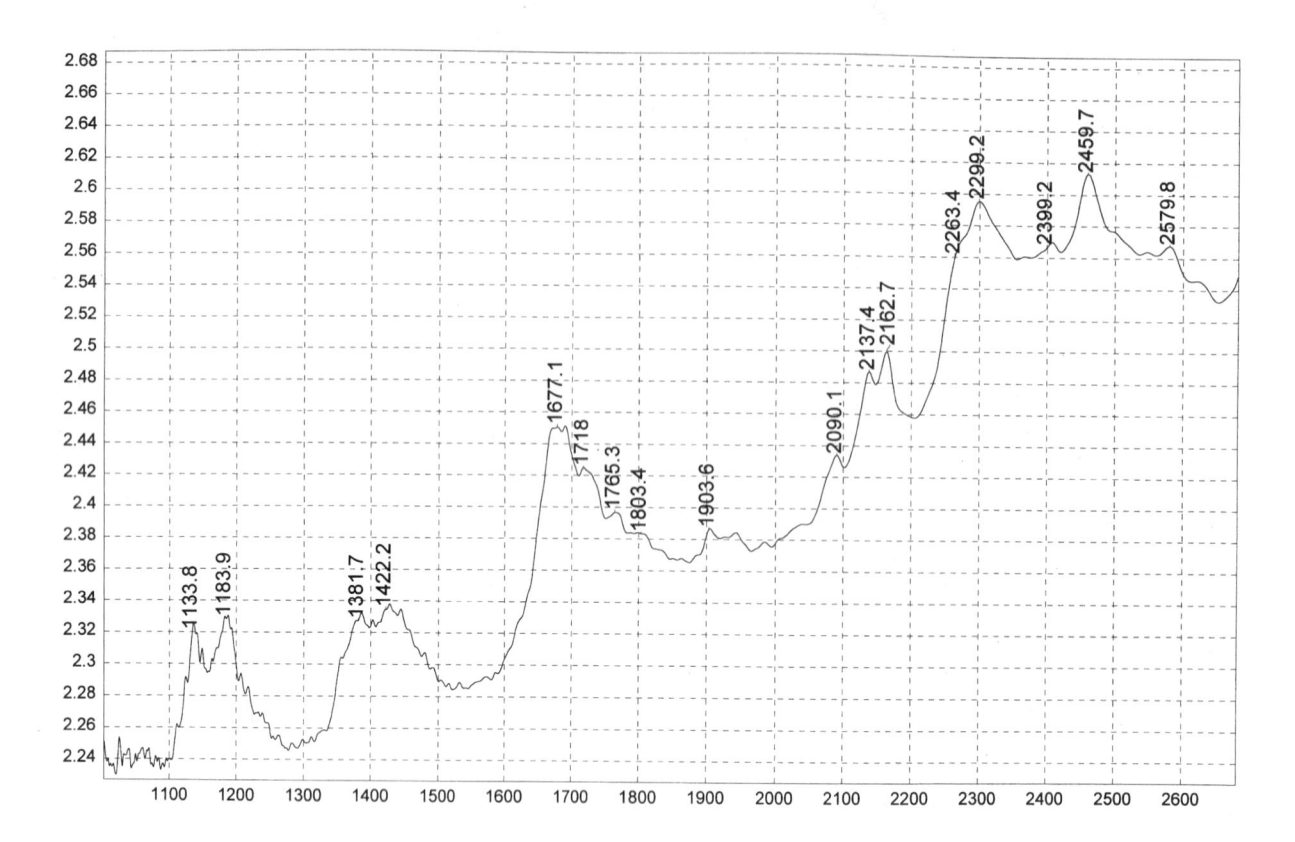

Absorbance / Nanometers

| 899 | Poly(4,4-dipropoxy-2,2-diphenyl propane fumarate) |

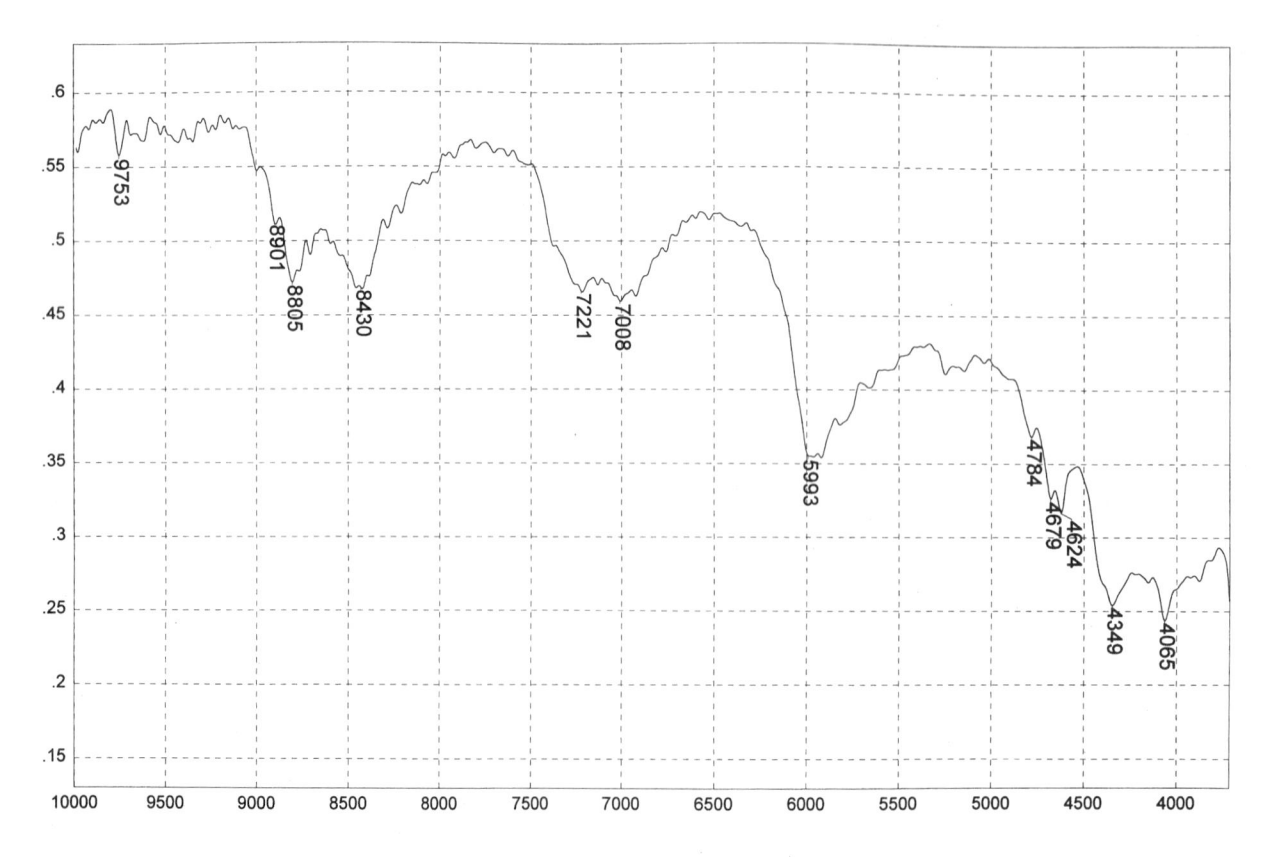

Reflectance / Wavenumber (cm⁻¹)

| 900 | Poly(4,4-dipropoxy-2,2-diphenyl propane fumarate) |

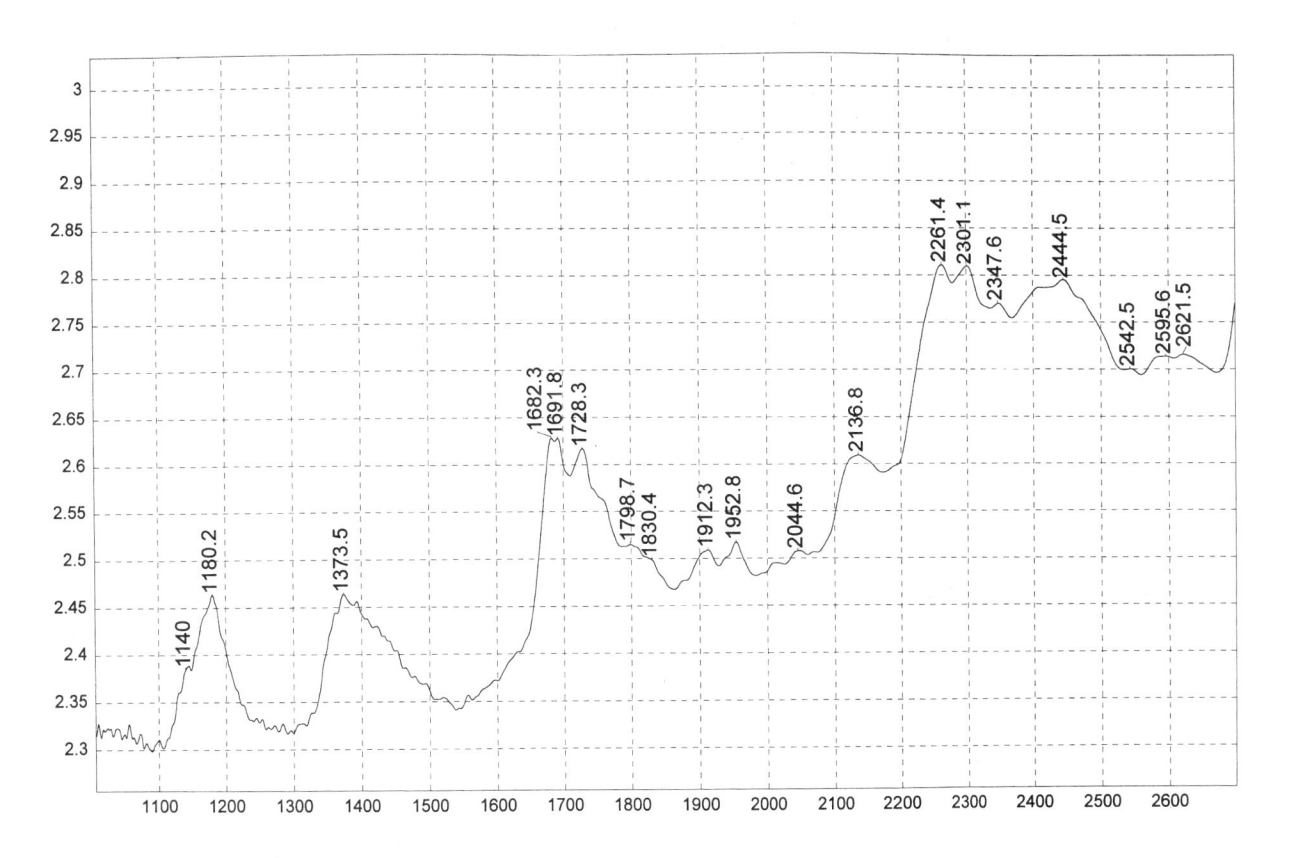

901   Poly(ethyl methacrylate)

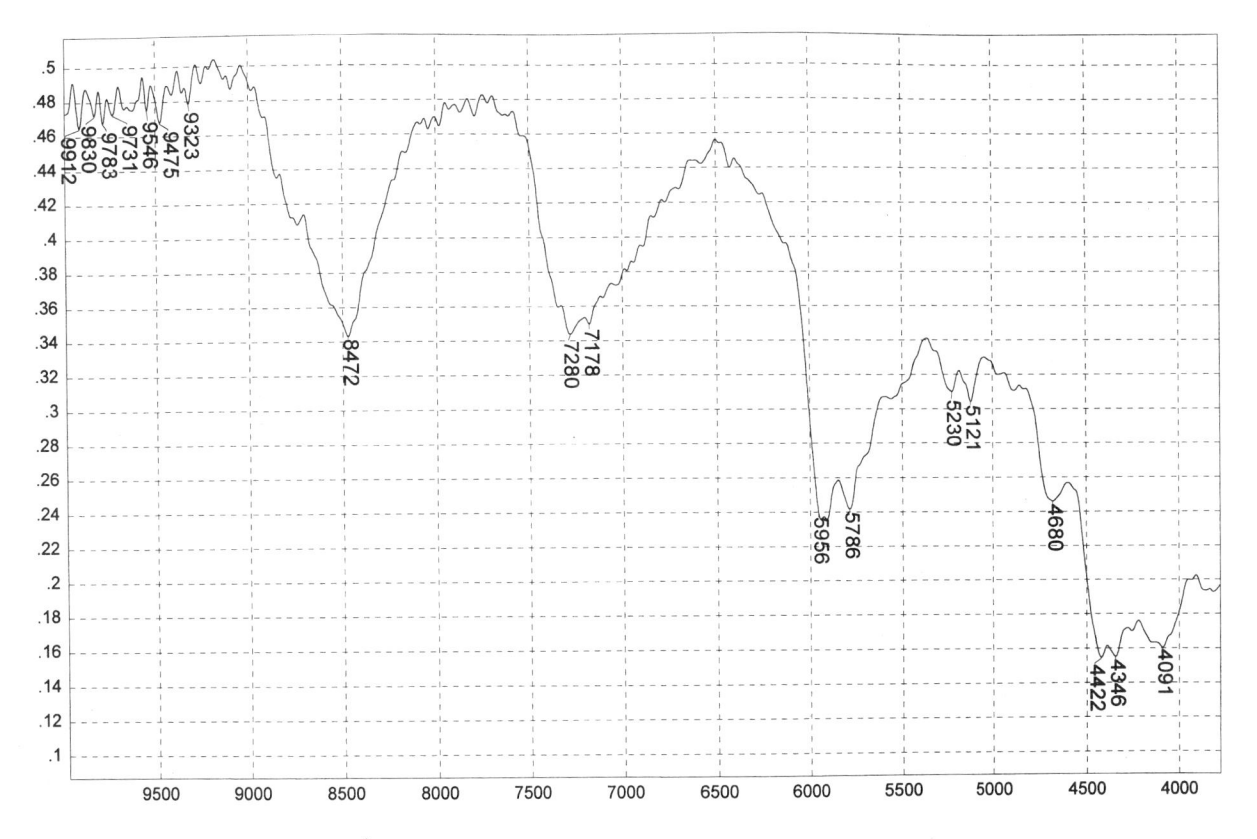

902   Poly(ethyl methacrylate)

451

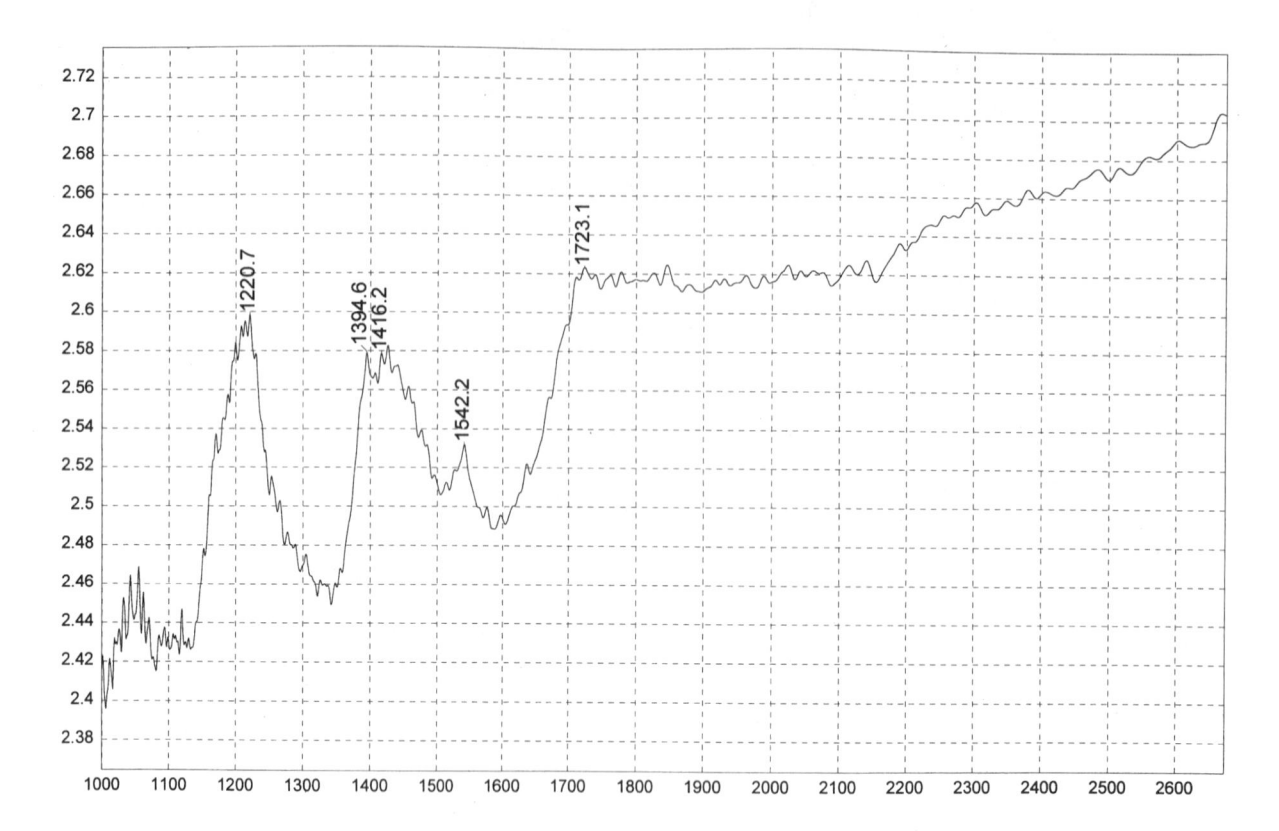

903 Polyethylene, High density - pellets

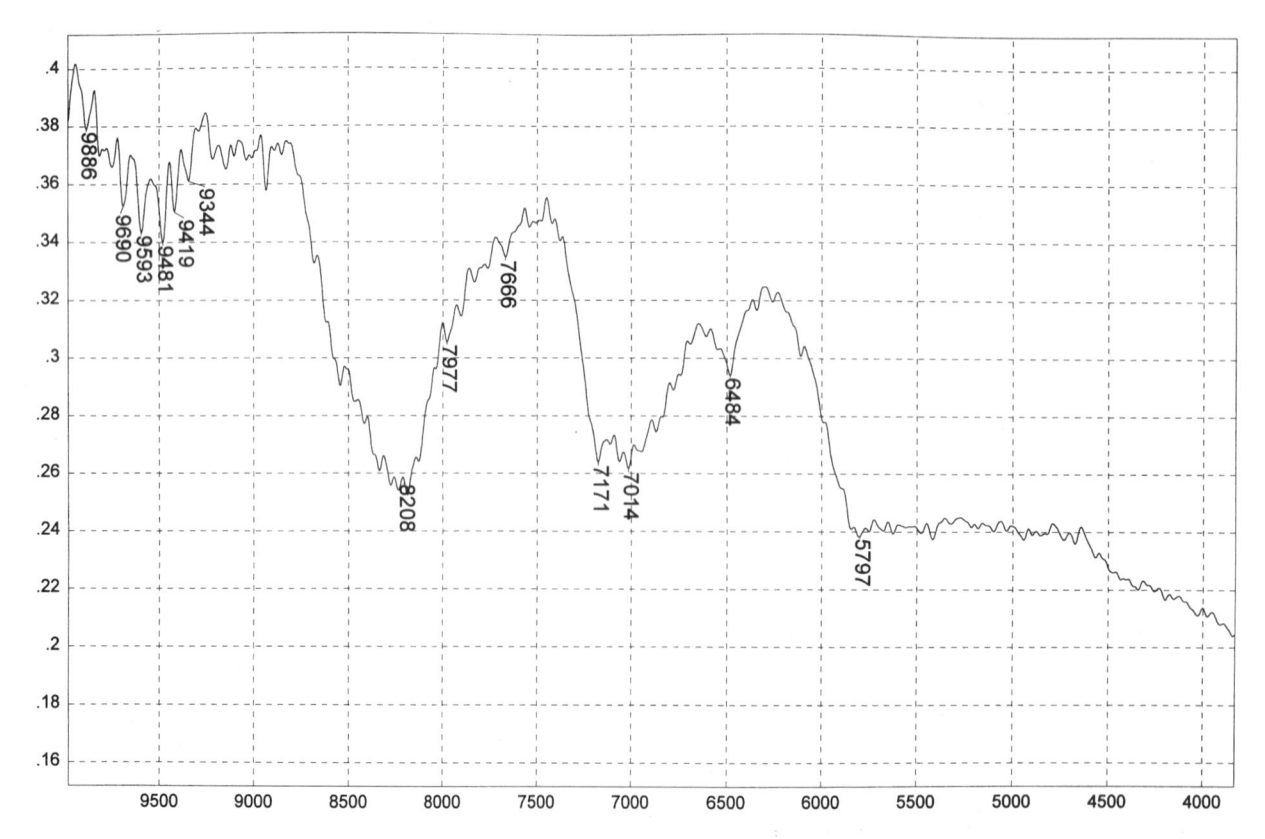

904 Polyethylene, High density - pellets

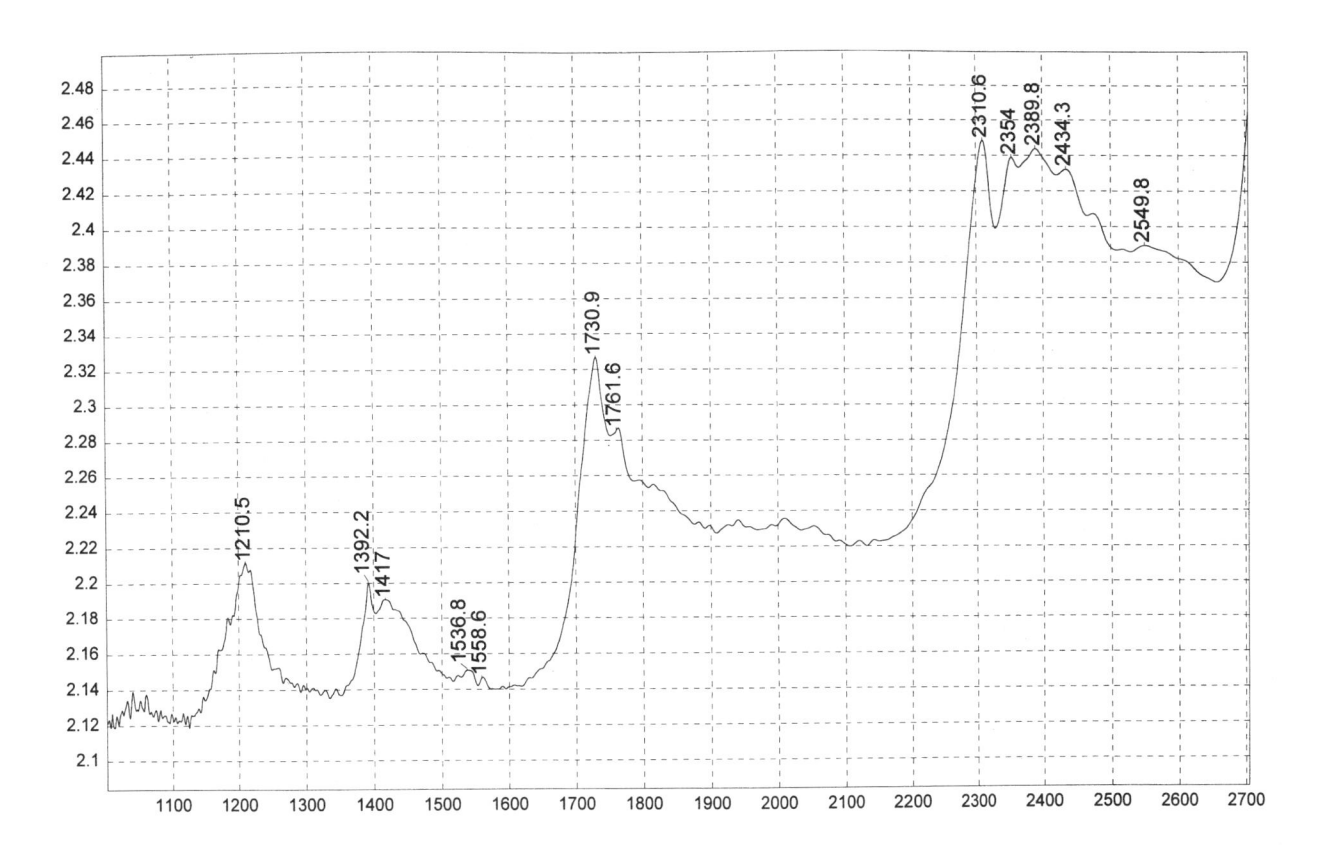

Absorbance / Nanometers

| 905 | Polyethylene, chlorinated (25% Cl) |

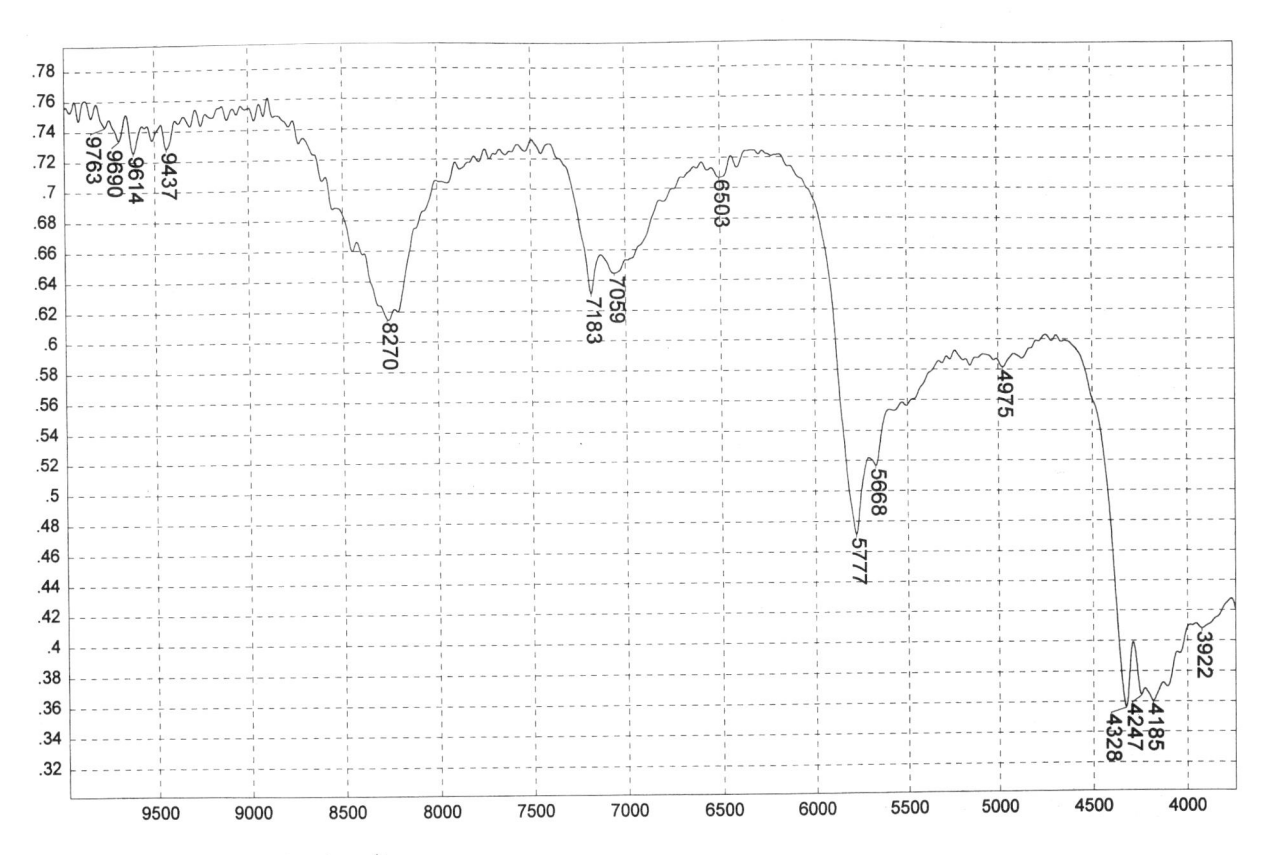

Reflectance / Wavenumber (cm⁻¹)

| 906 | Polyethylene, chlorinated (25% Cl) |

453

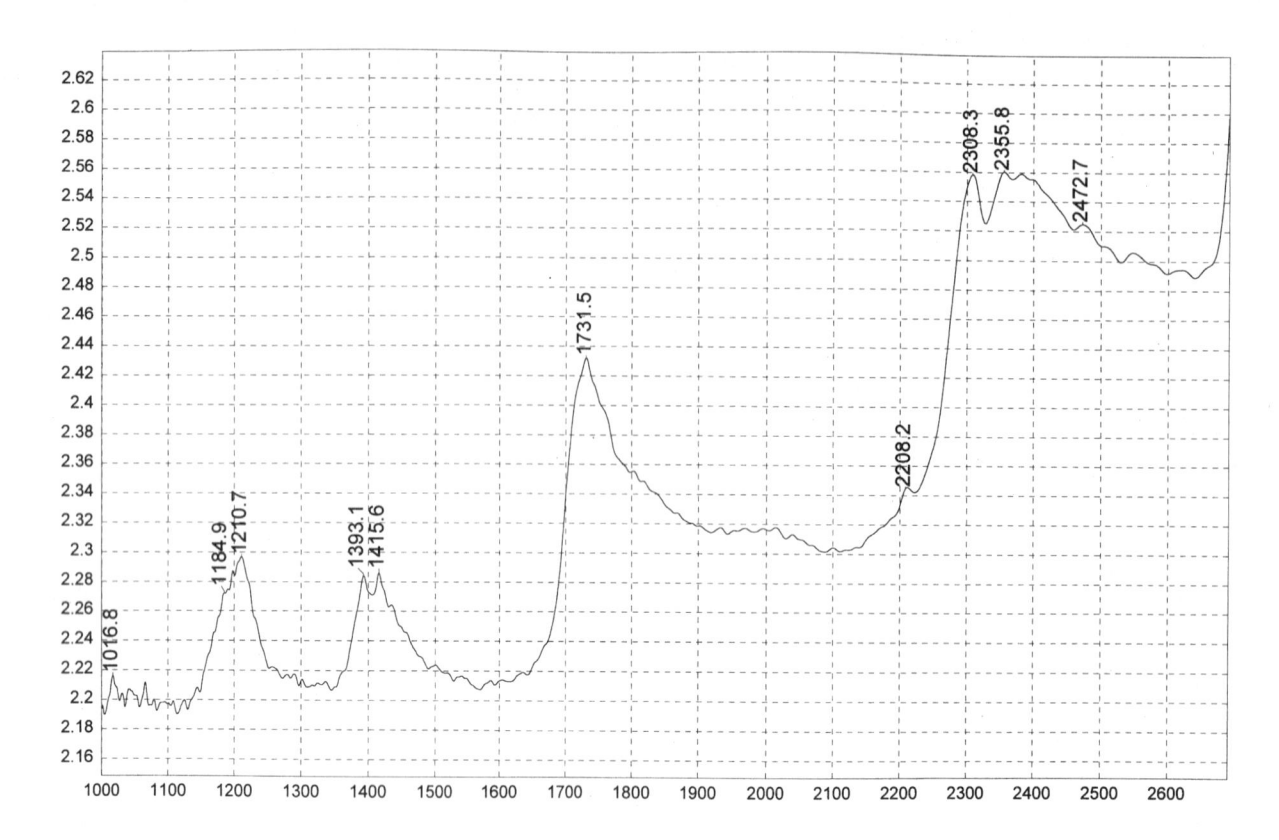

Absorbance / Nanometers

| 907 | Polyethylene, chlorinated (36% Cl) |

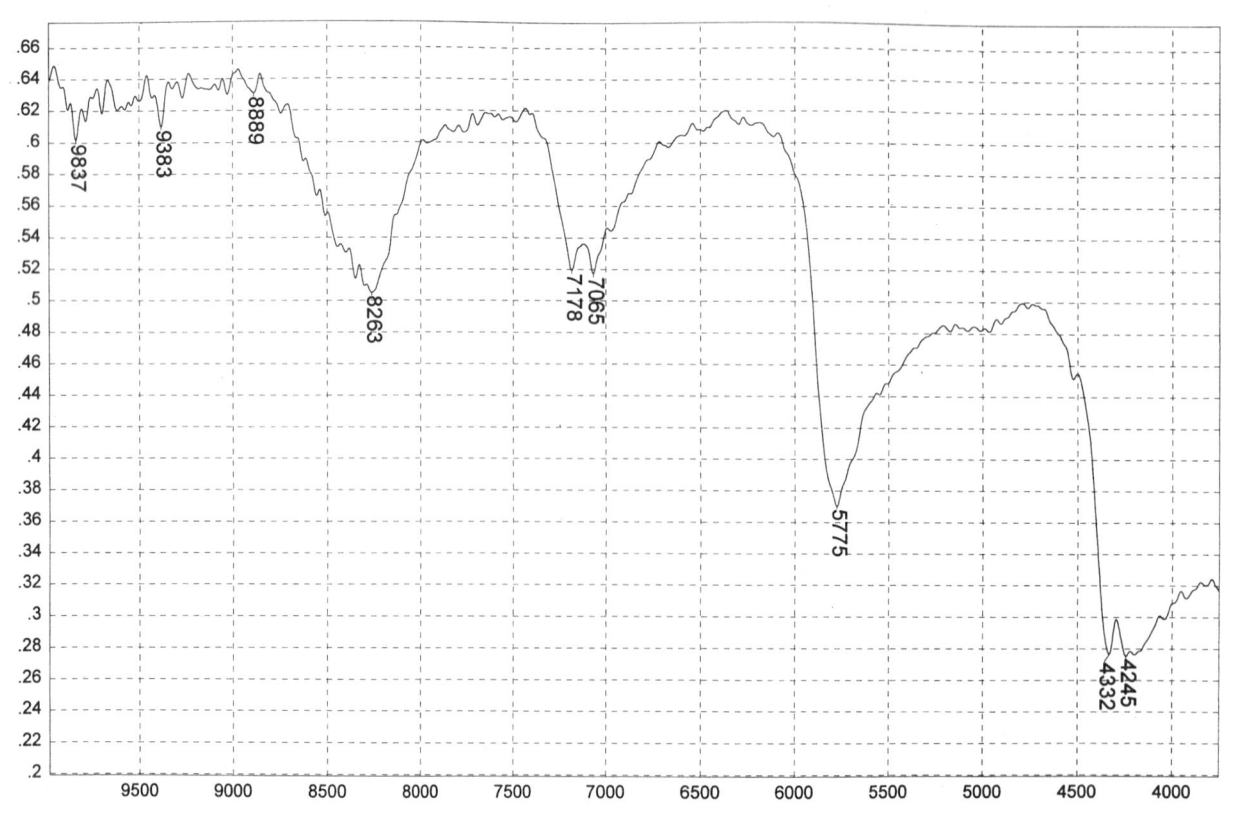

Reflectance / Wavenumber (cm⁻¹)

| 908 | Polyethylene, chlorinated (36% Cl) |

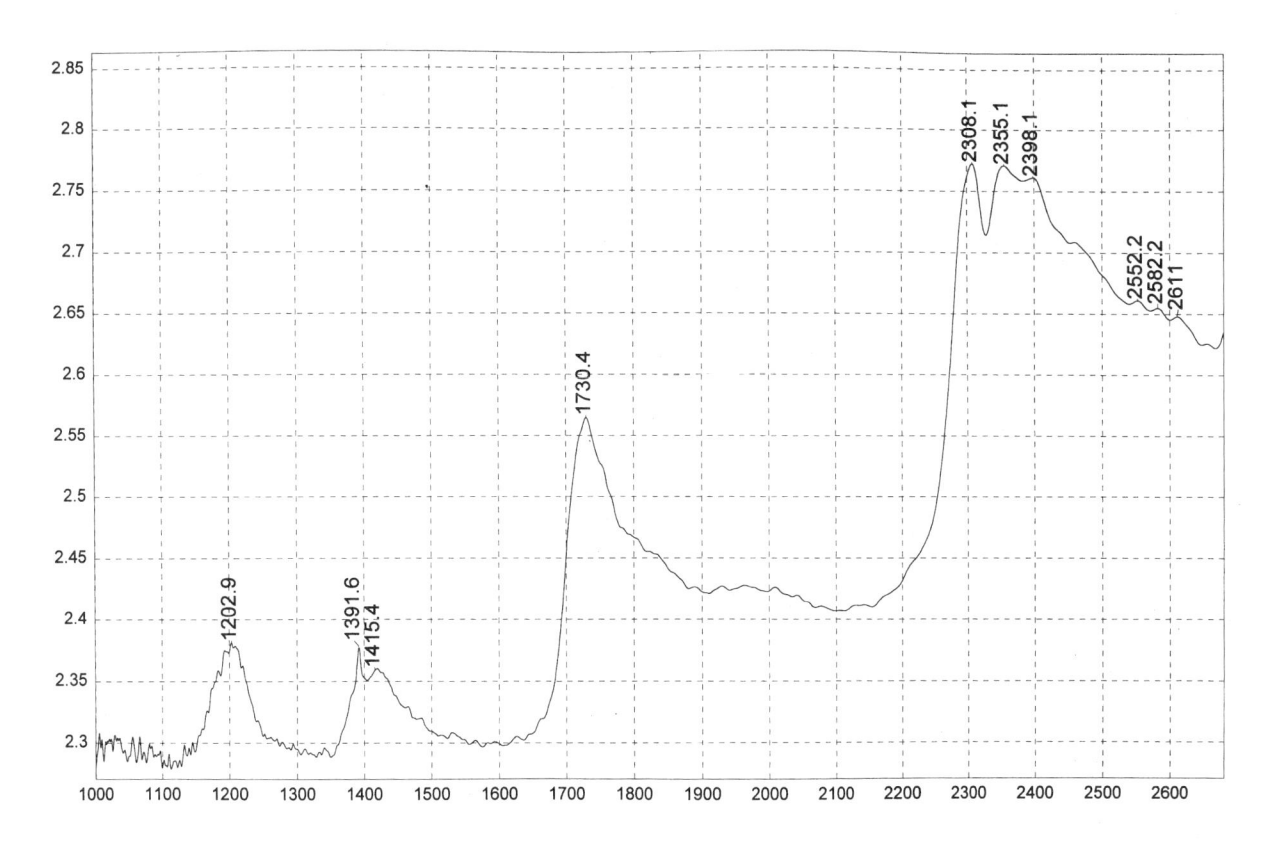

Absorbance / Nanometers

909   Polyethylene, chlorinated (42% Cl)

Reflectance / Wavenumber (cm⁻¹)

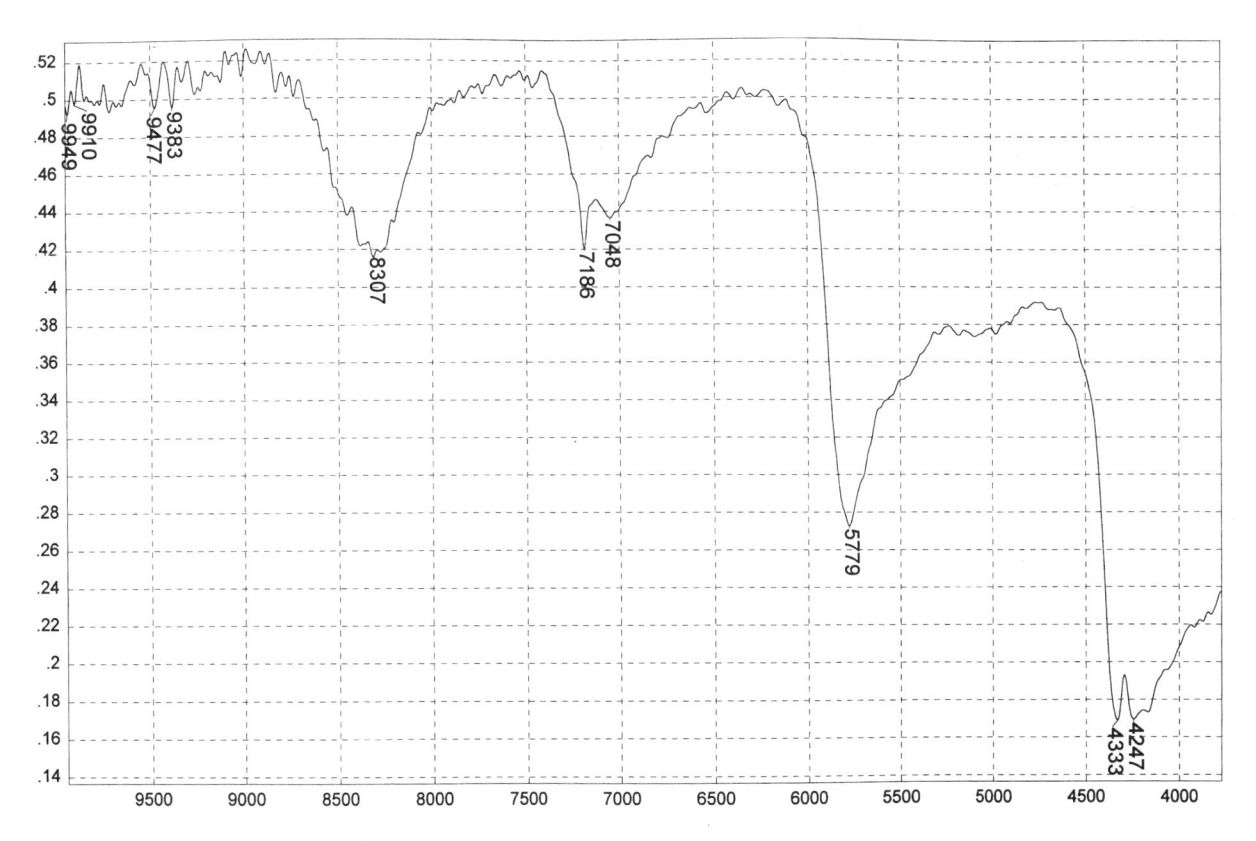

910   Polyethylene, chlorinated (42% Cl)

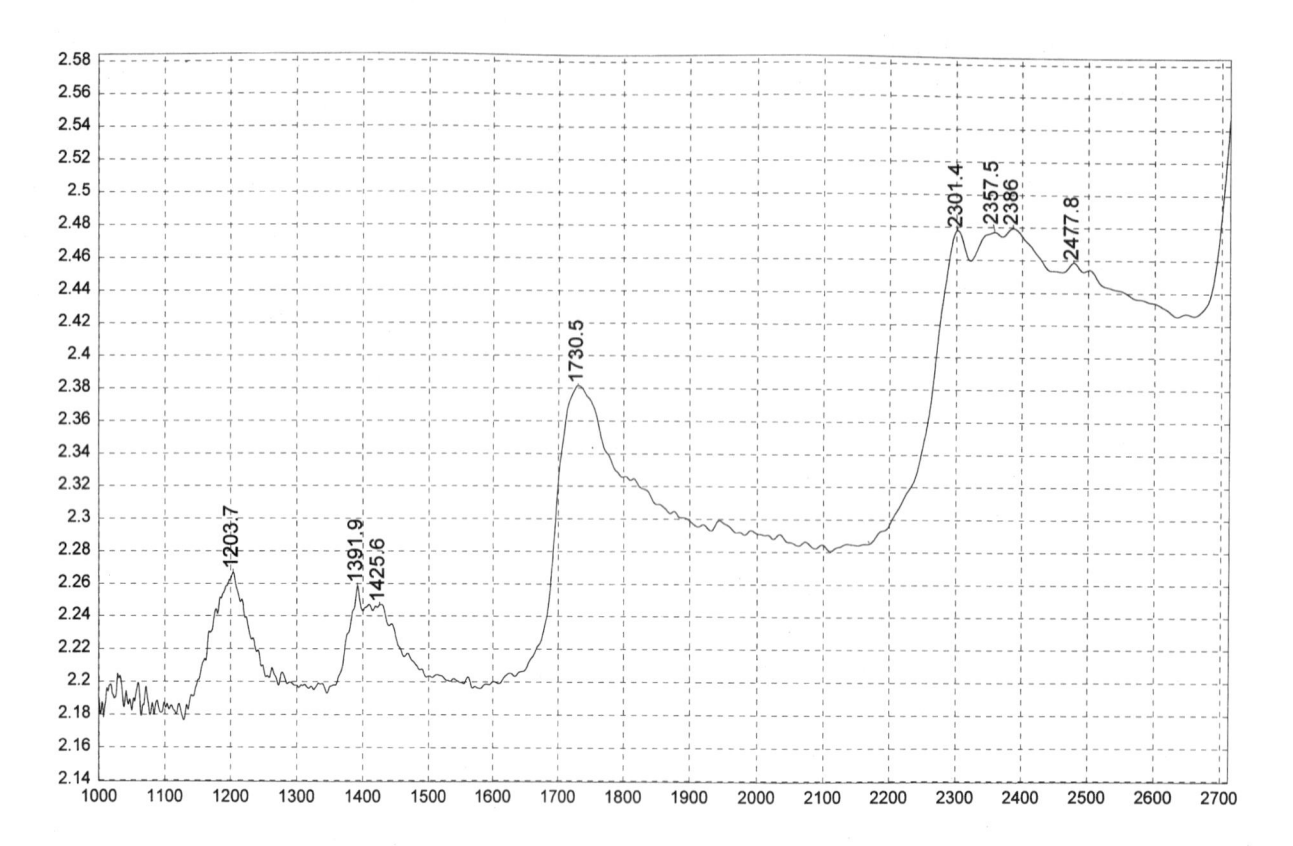

911 Polyethylene, chlorinated (48% Cl)

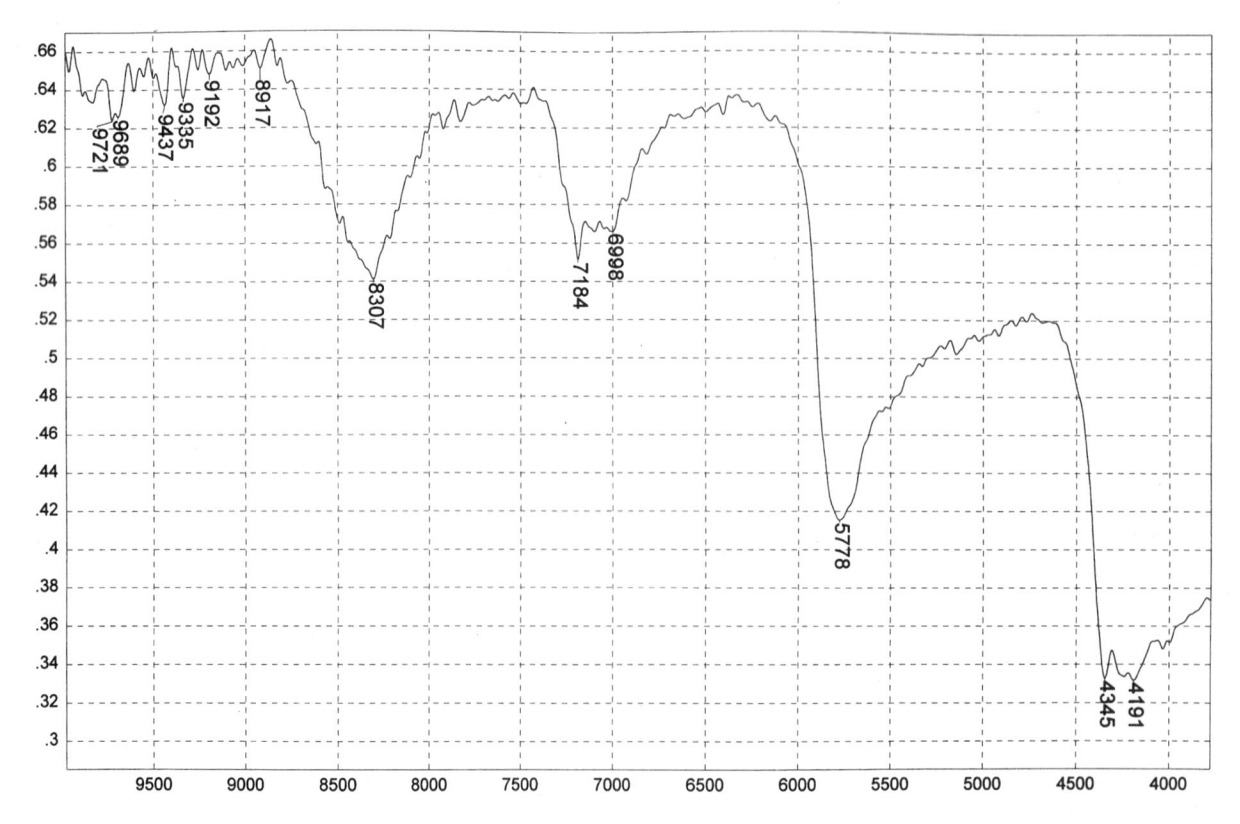

912 Polyethylene, chlorinated (48% Cl)

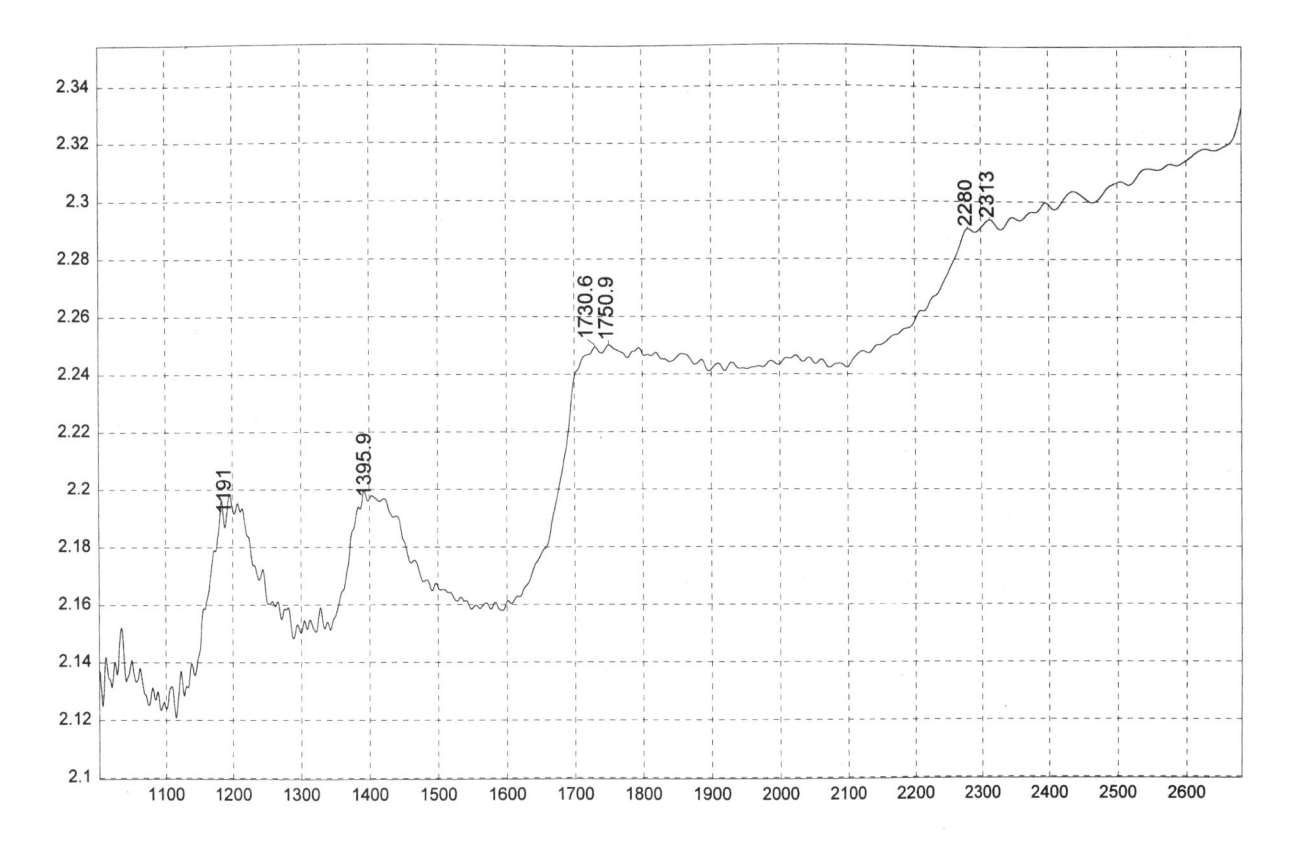

Absorbance / Nanometers

913   Polyethylene, chlorosulfonated - pellets

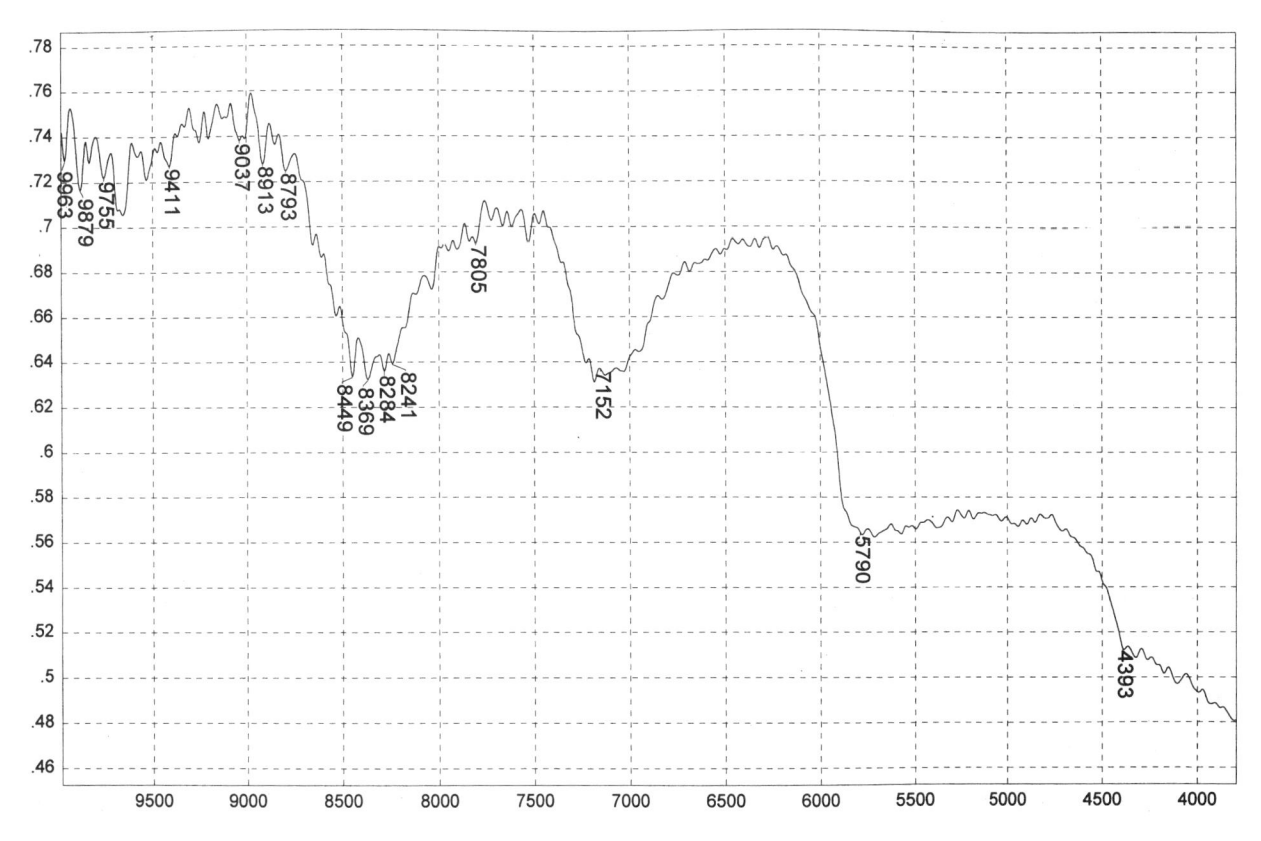

Reflectance / Wavenumber (cm⁻¹)

914   Polyethylene, chlorosulfonated - pellets

Absorbance / Nanometers

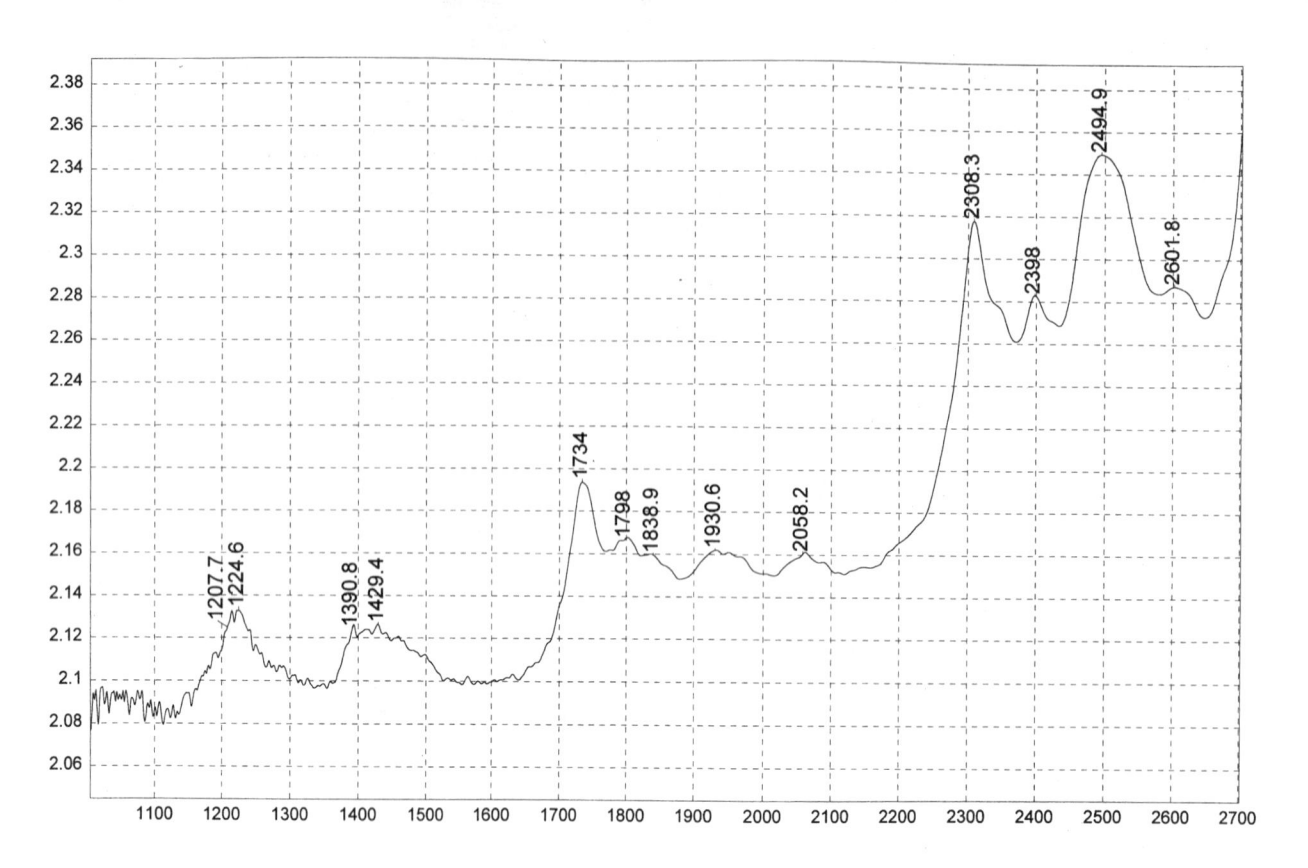

915

Poly(ethylene oxide)

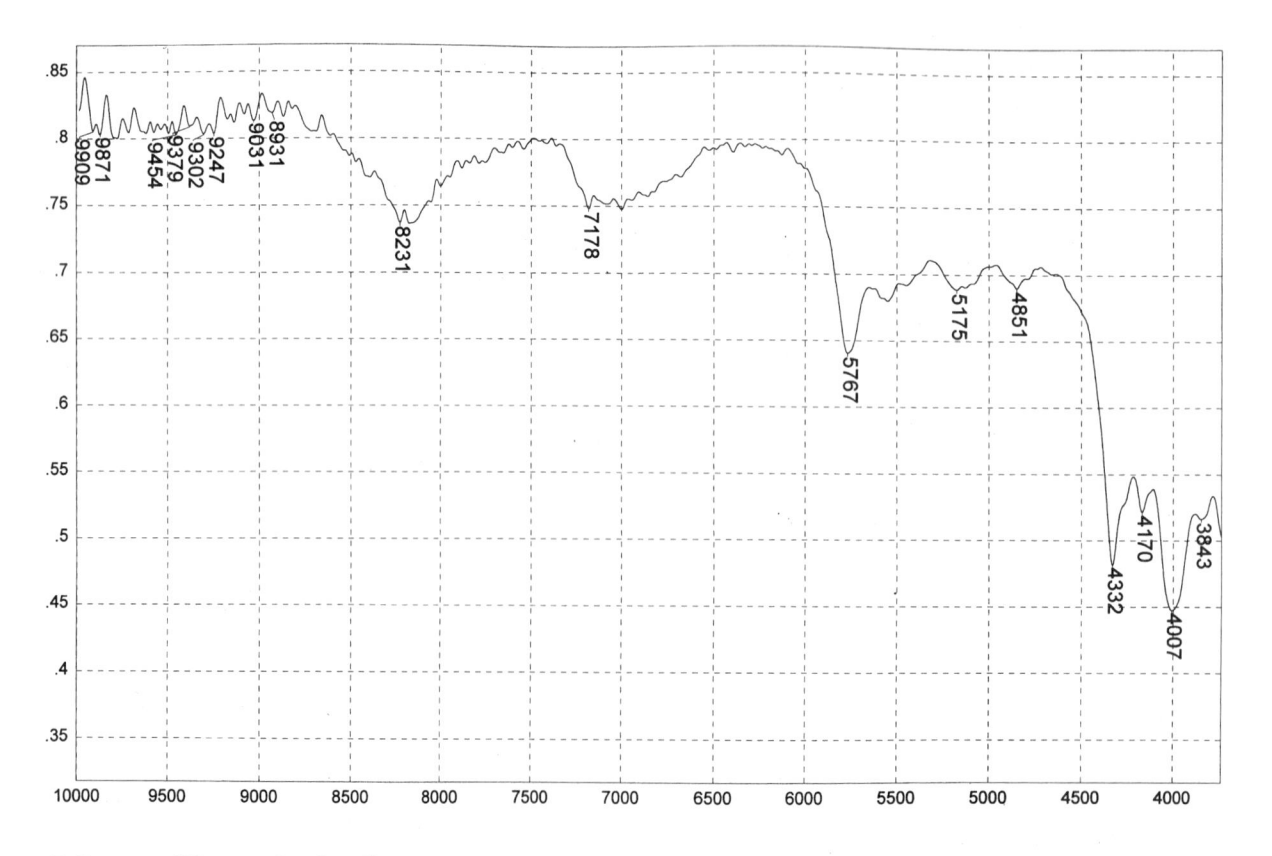

Reflectance / Wavenumber (cm⁻¹)

916

Poly(ethylene oxide)

Absorbance / Nanometers

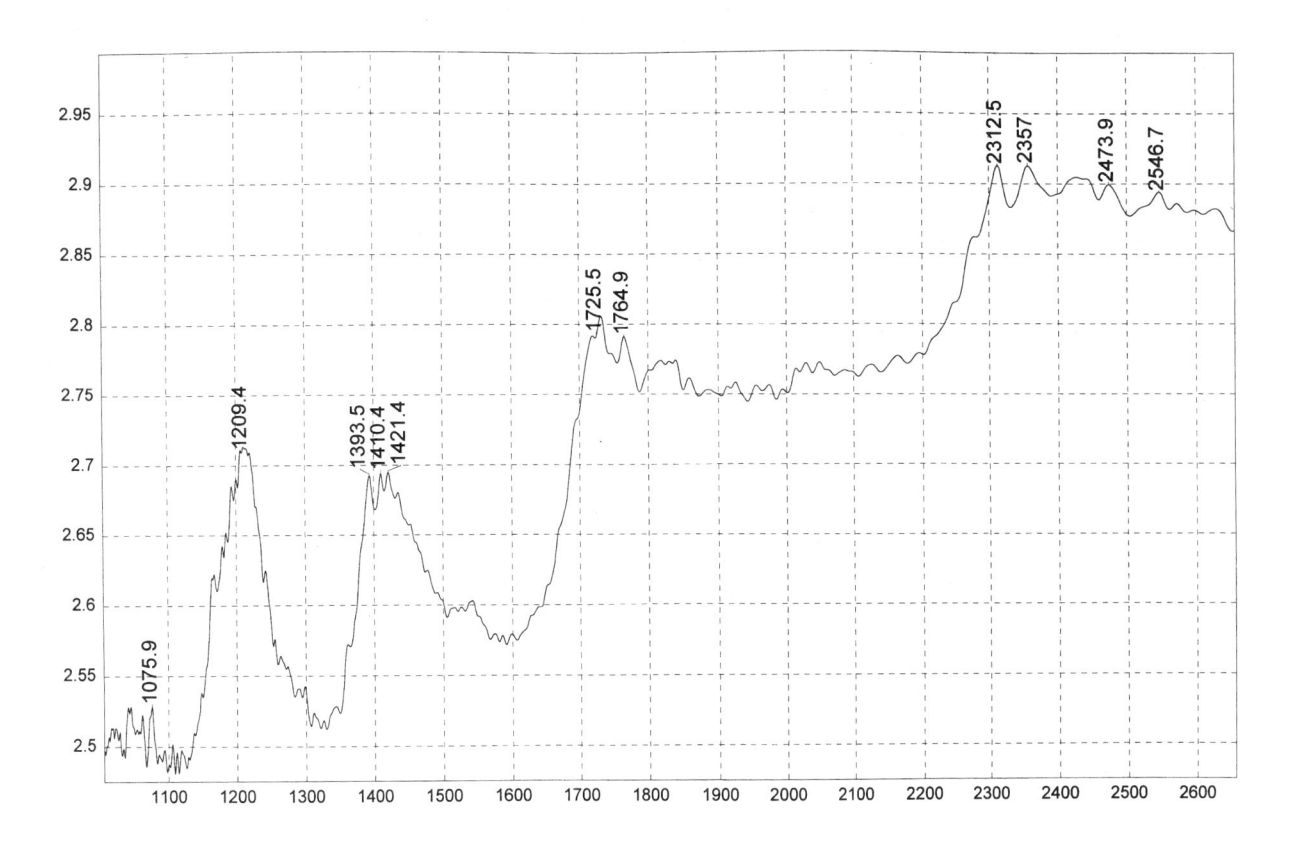

917

Polyethylene, oxidized - pellets

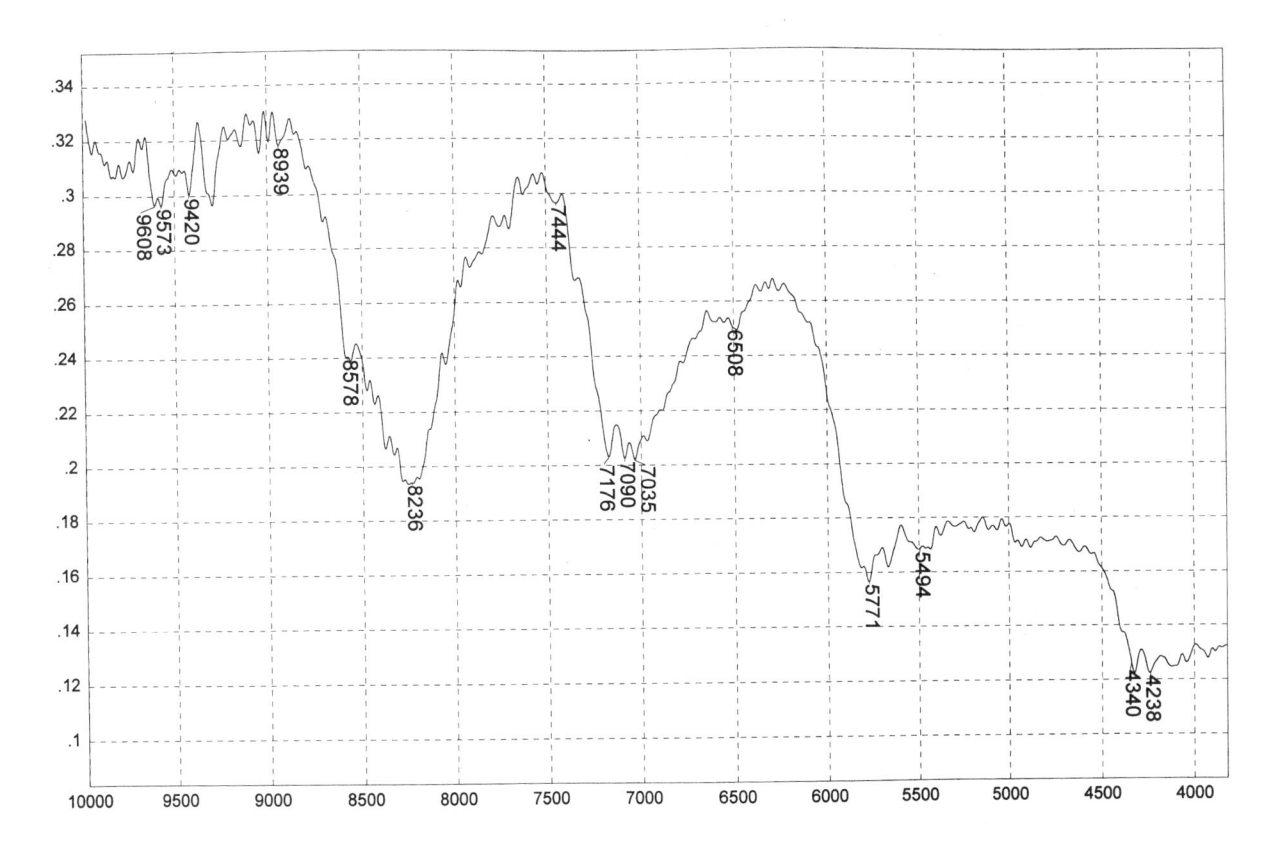

Reflectance / Wavenumber (cm^{-1})

918

Polyethylene, oxidized - pellets

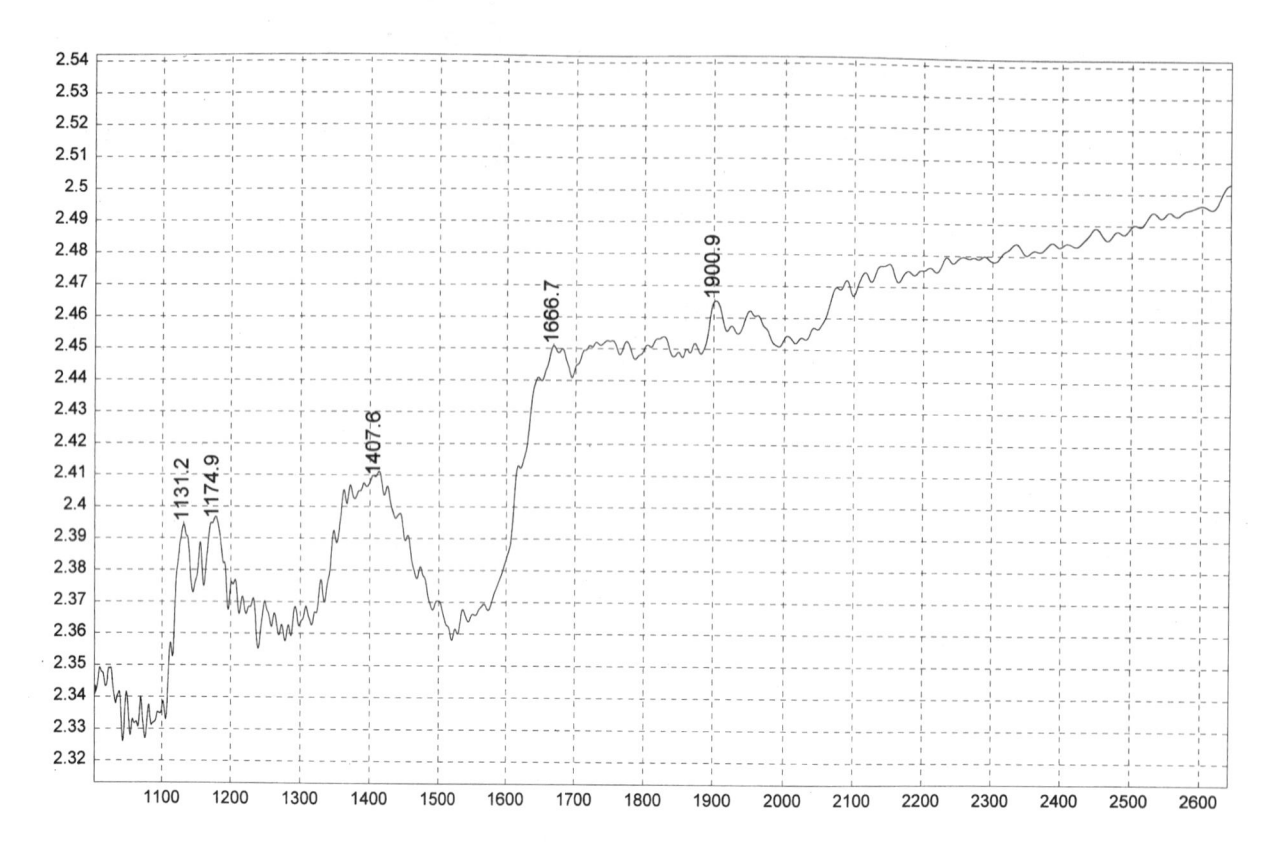

919 Poly(ethylene terephthalate) - pellets

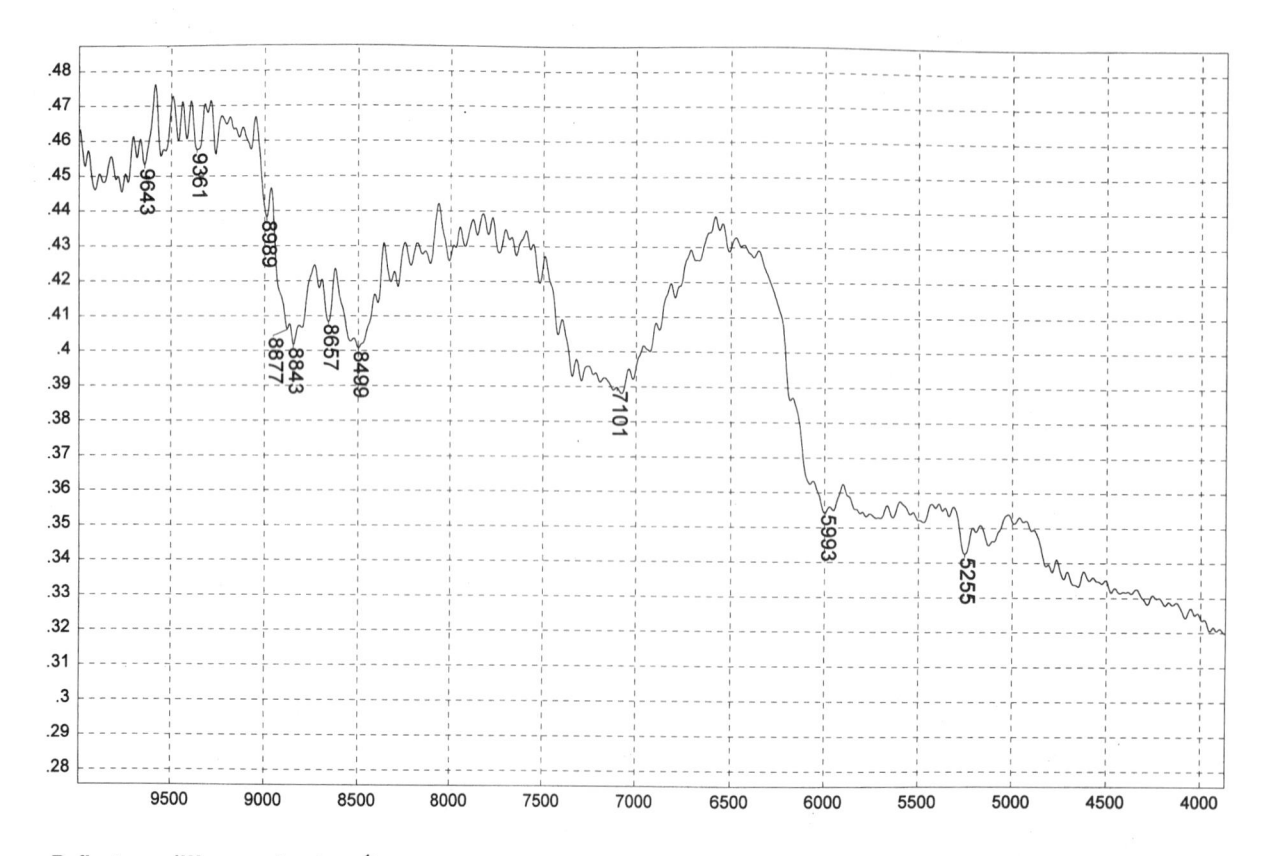

920 Poly(ethylene terephthalate) - pellets

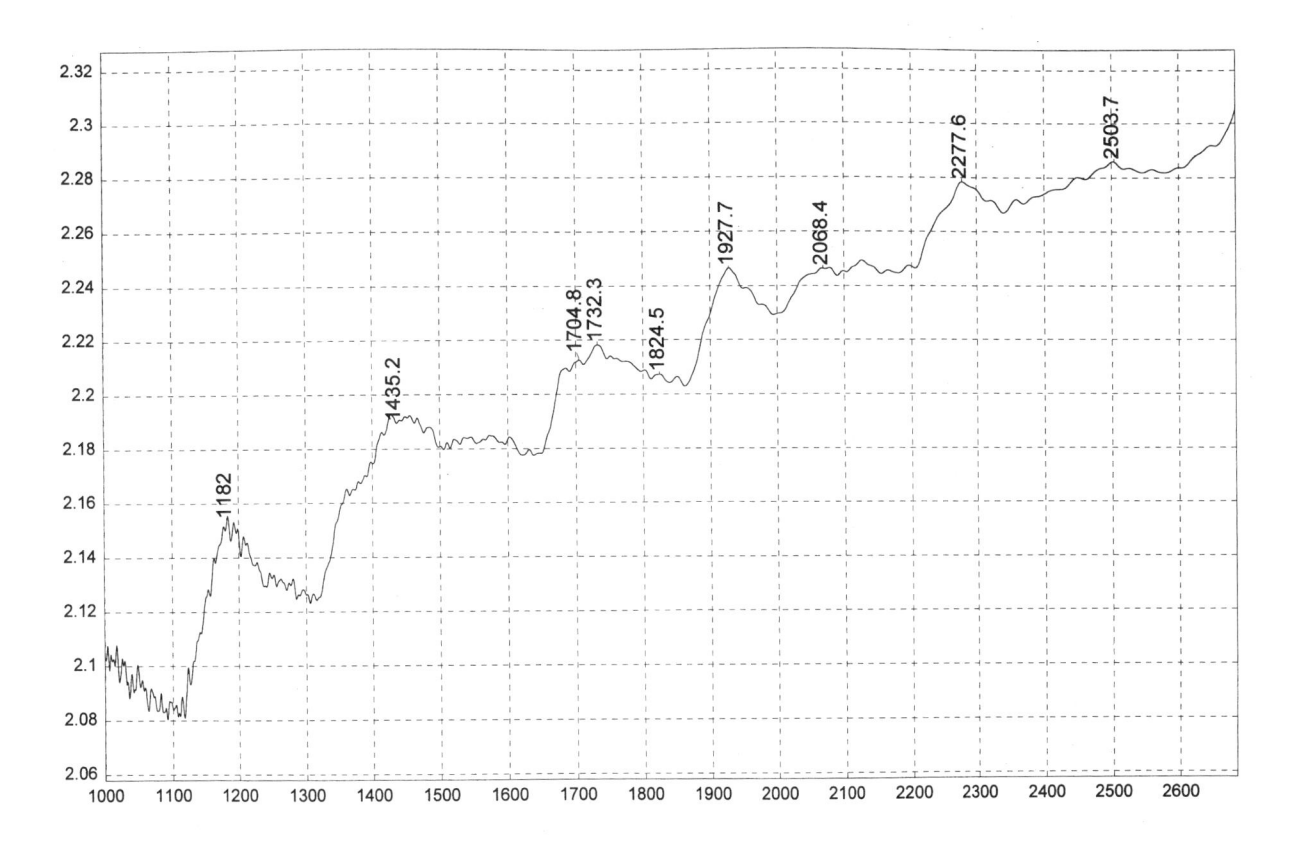

Absorbance / Nanometers

921   **Poly(2-hydroxyethyl methacrylate) - pellets**

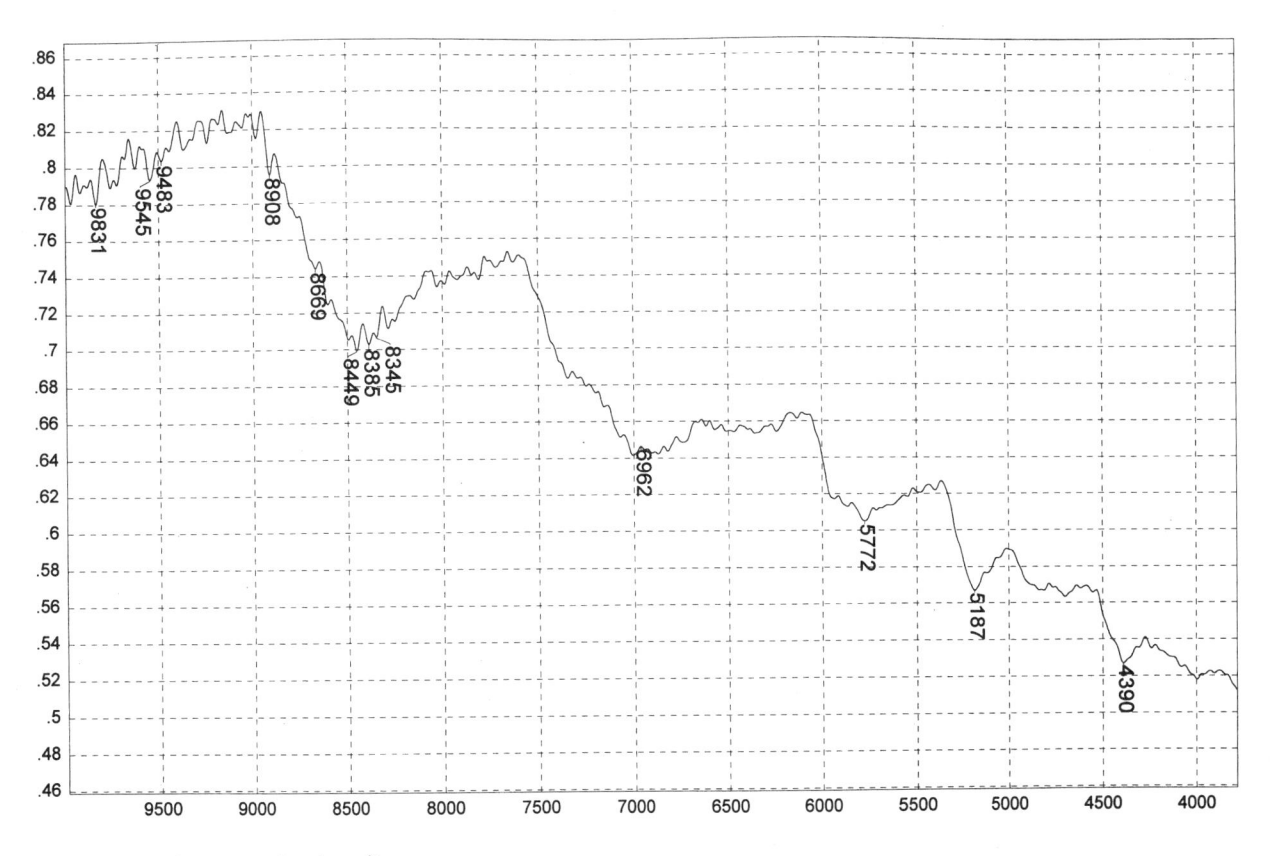

Reflectance / Wavenumber (cm⁻¹)

922   **Poly(2-hydroxyethyl methacrylate) - pellets**

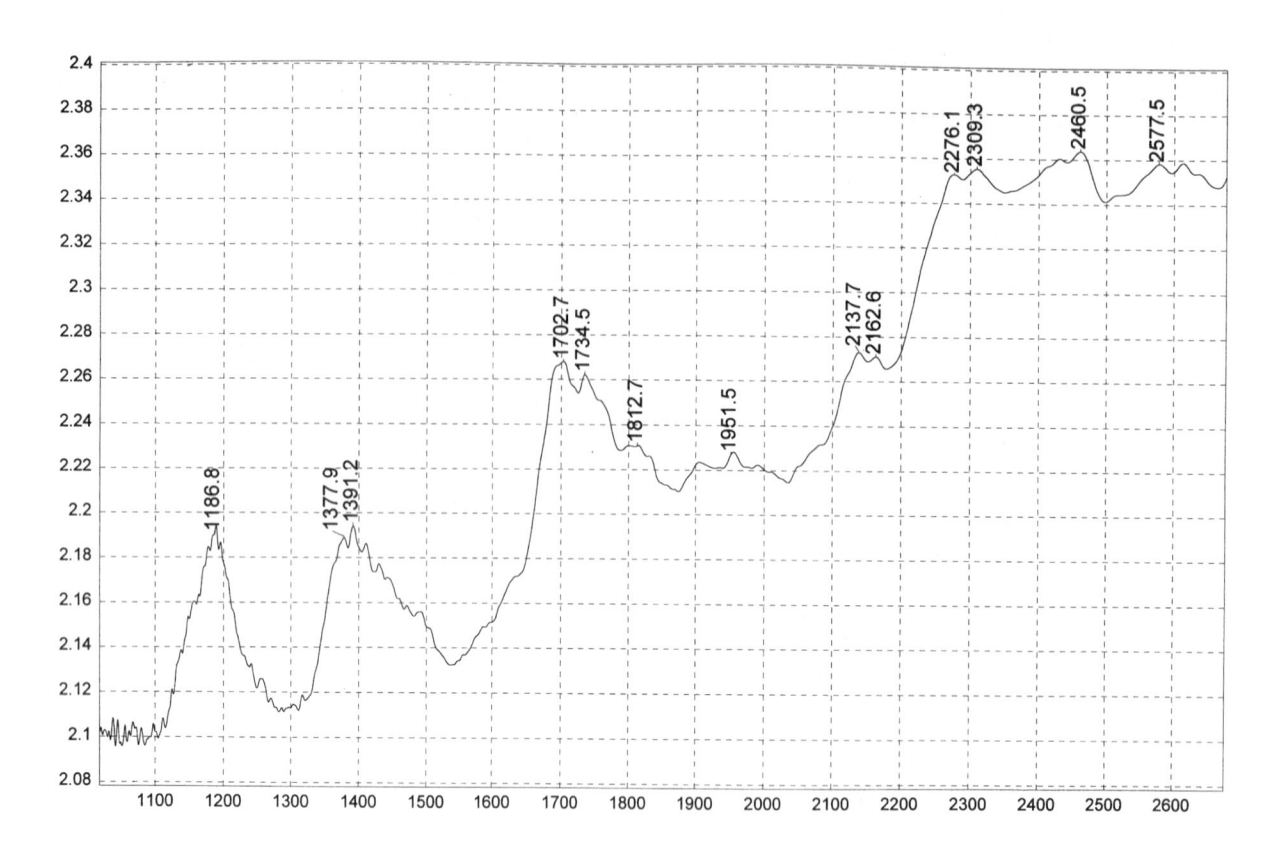

Absorbance / Nanometers

923   Poly(isobutyl methacrylate)

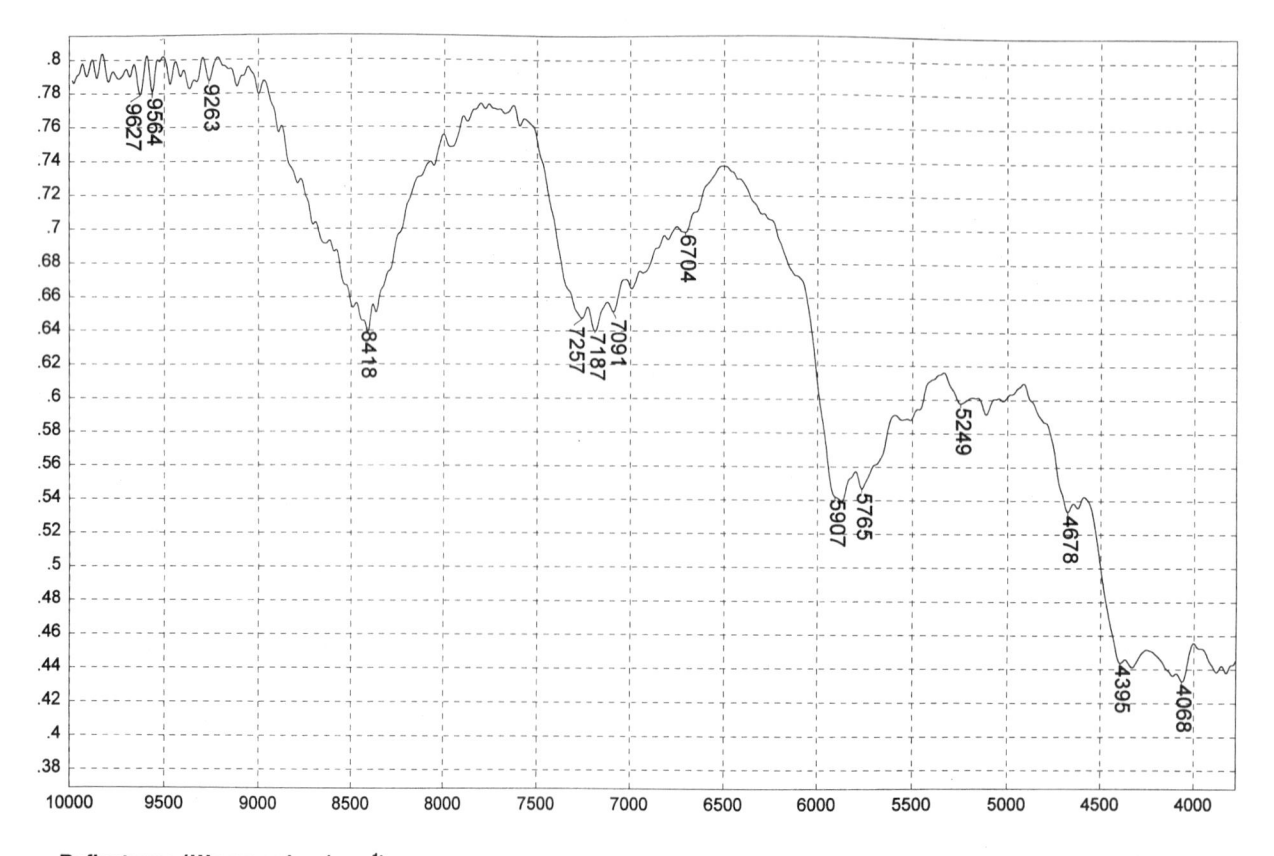

Reflectance / Wavenumber (cm⁻¹)

924   Poly(isobutyl methacrylate)

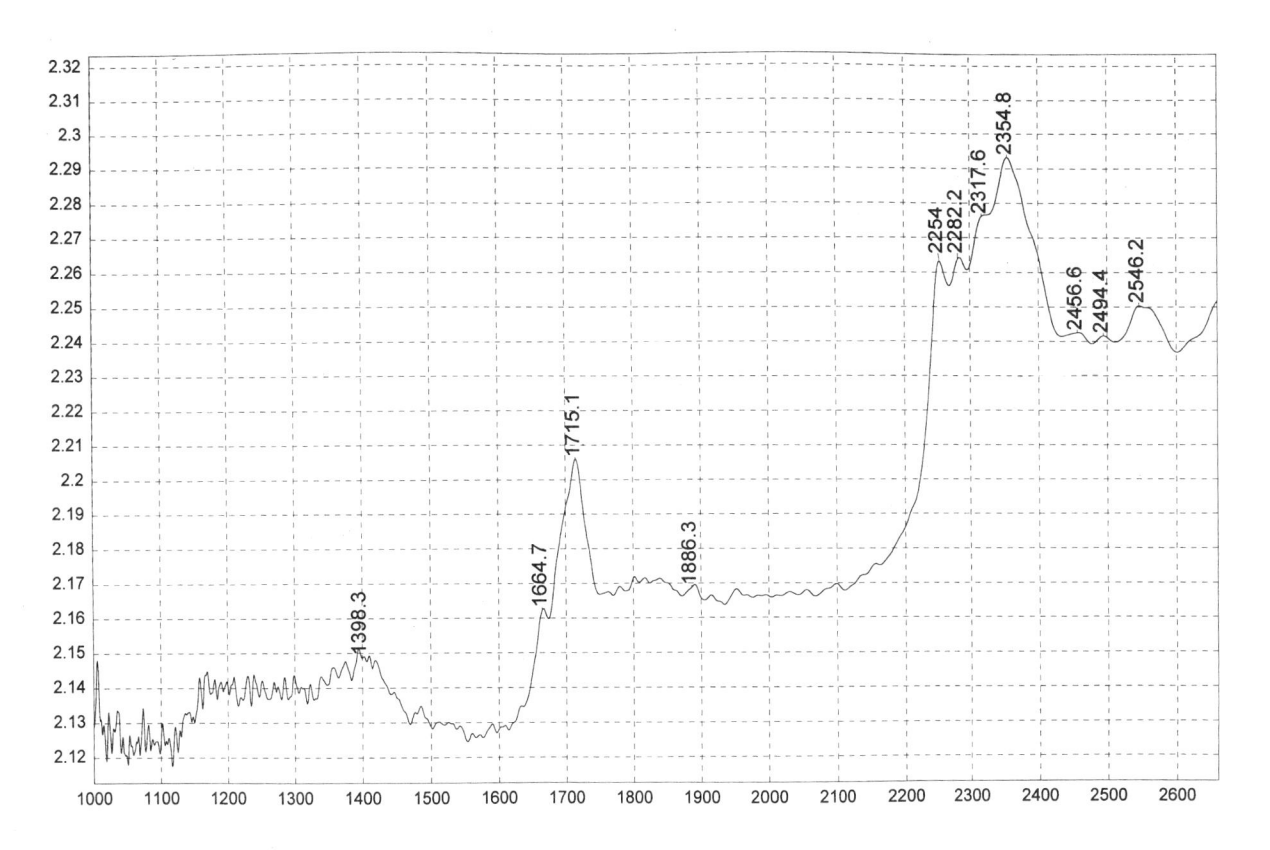

Absorbance / Nanometers

| 925 | **Polyisoprene, chlorinated** |

Reflectance / Wavenumber (cm⁻¹)

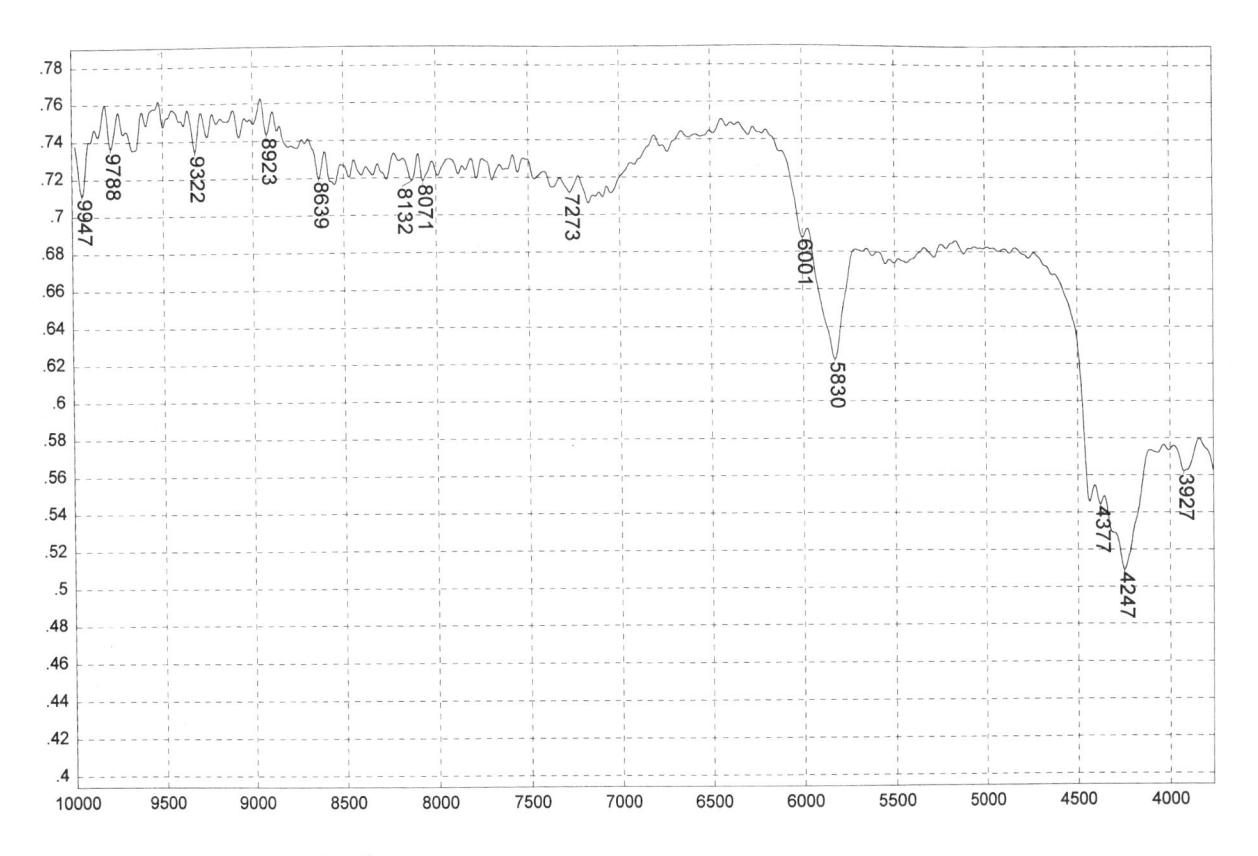

| 926 | **Polyisoprene, chlorinated** |

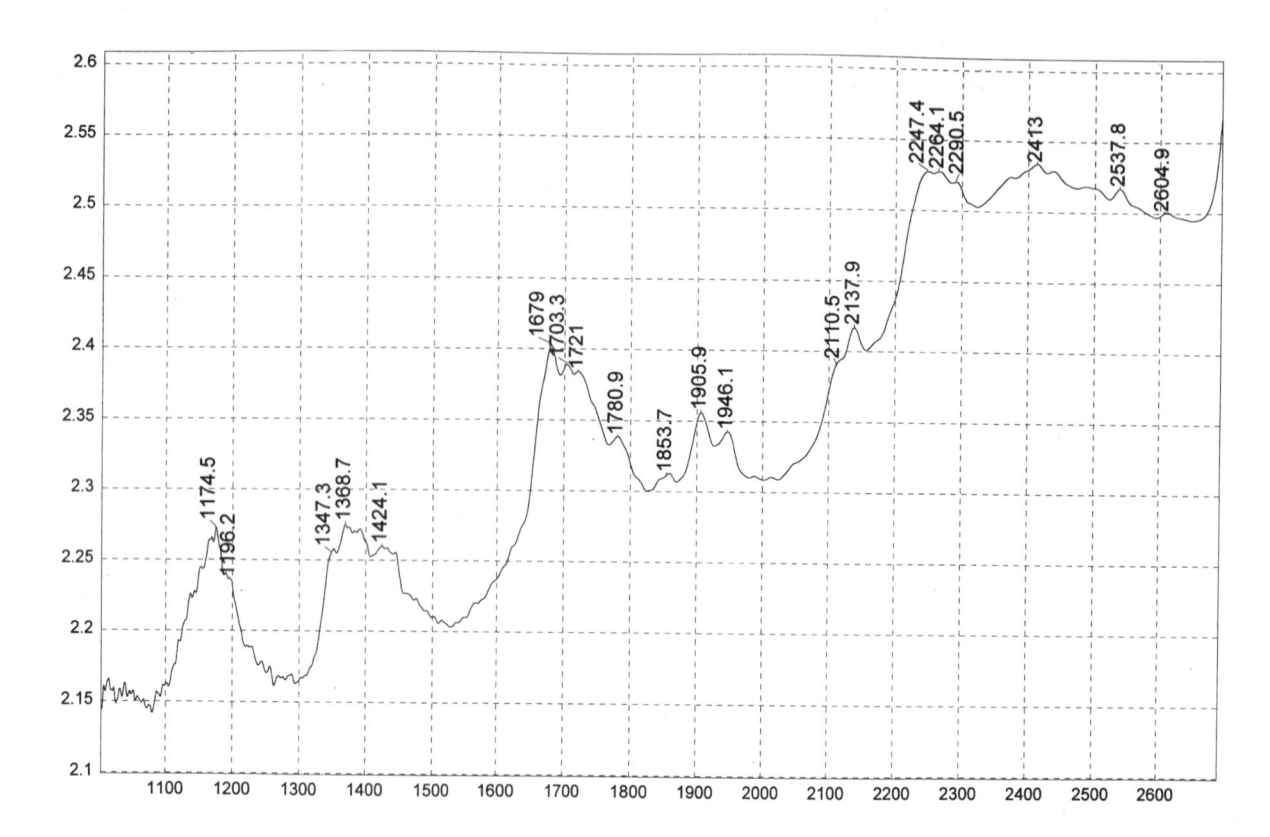

927 Poly(methyl methacrylate)

Absorbance / Nanometers

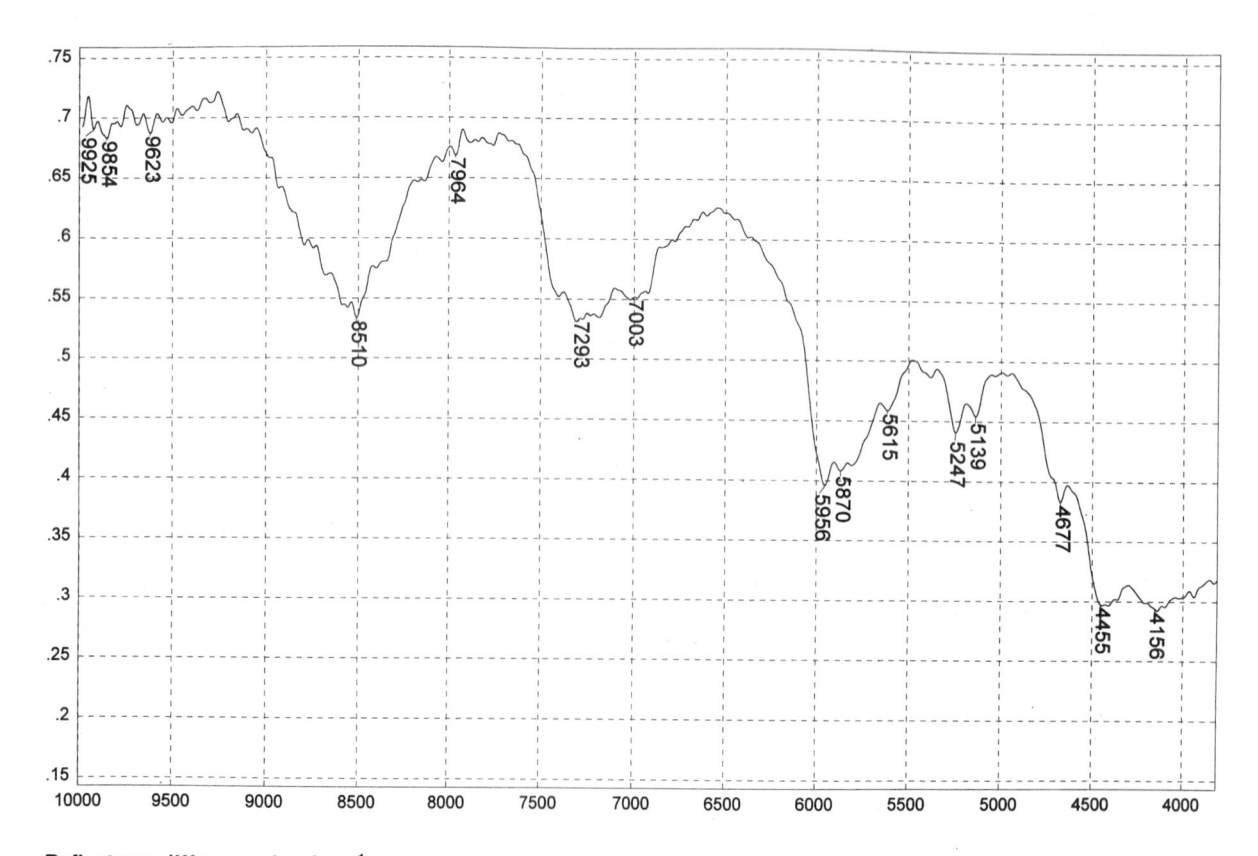

928 Poly(methyl methacrylate)

Reflectance / Wavenumber (cm⁻¹)

464

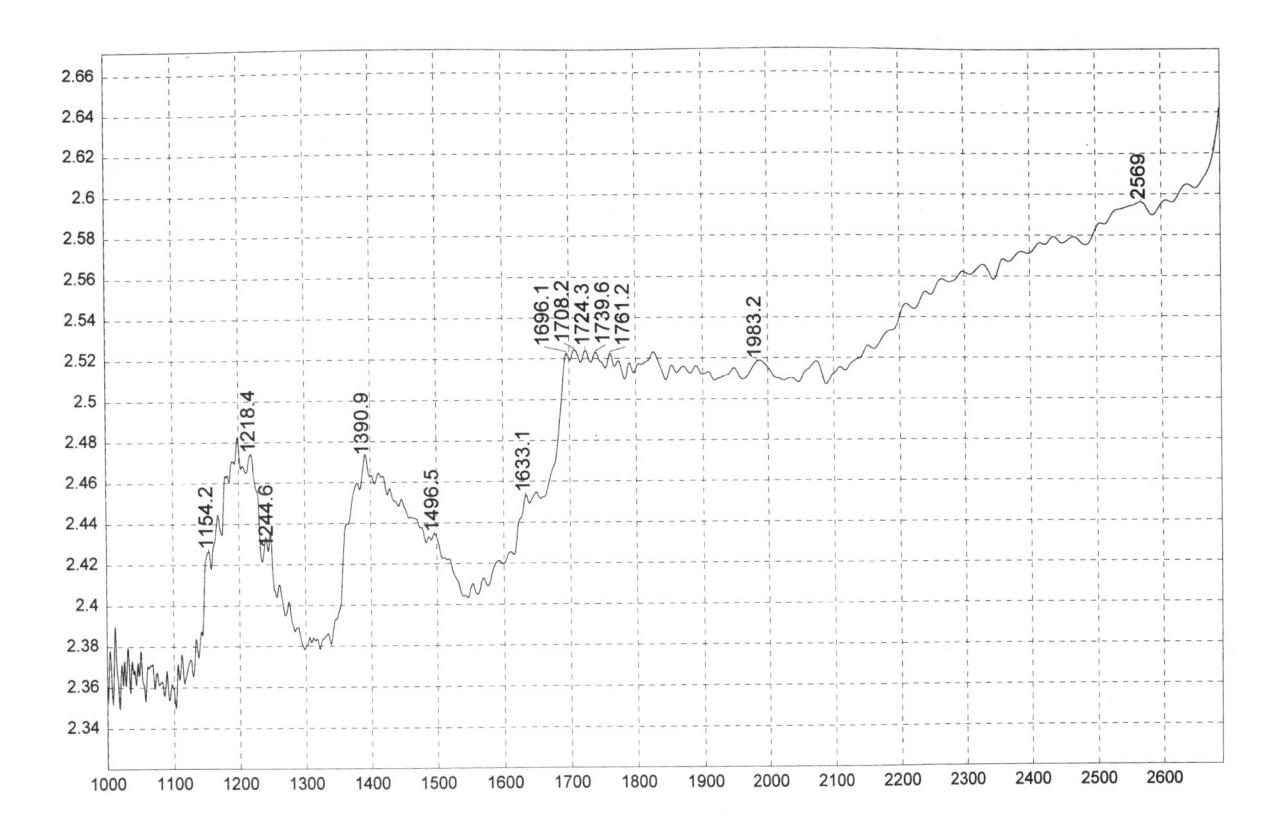

Poly(4-methyl-1-pentene) - pellets

929

Poly(4-methyl-1-pentene) - pellets

930

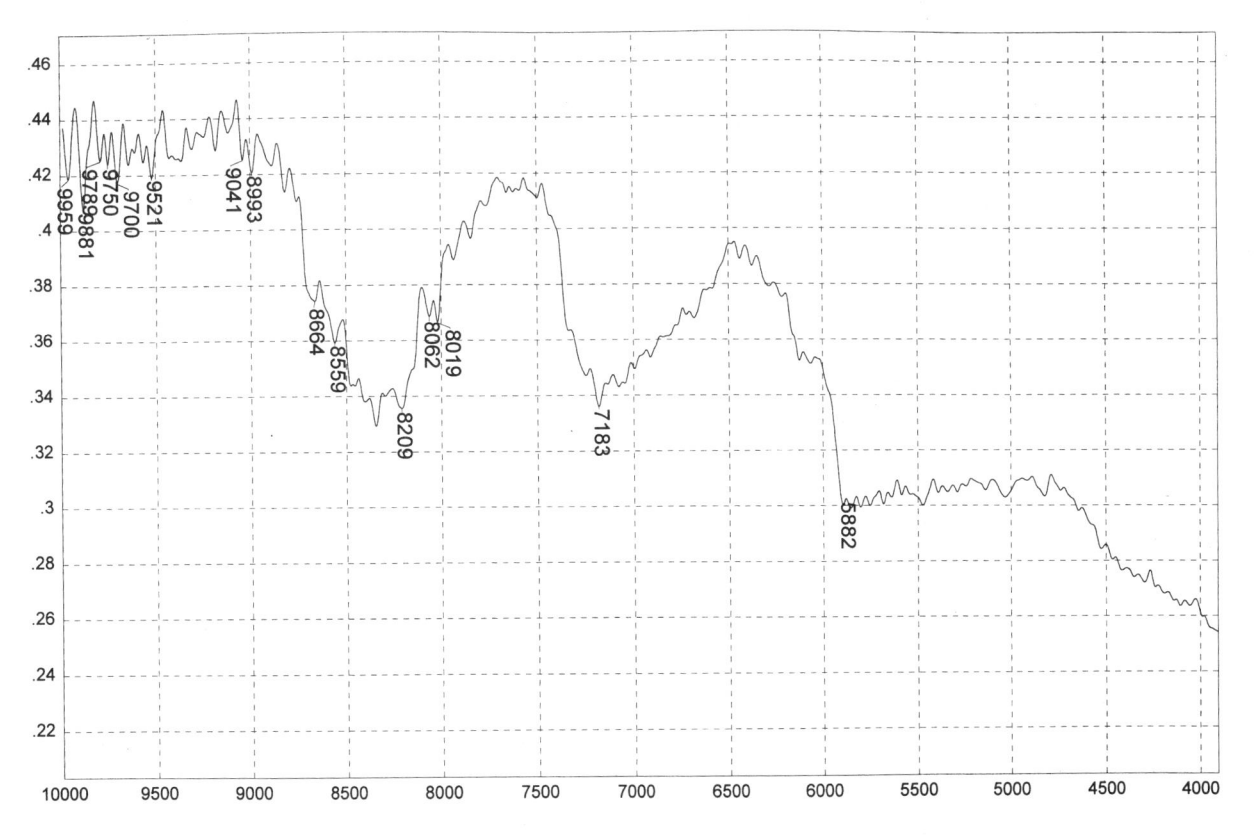

465

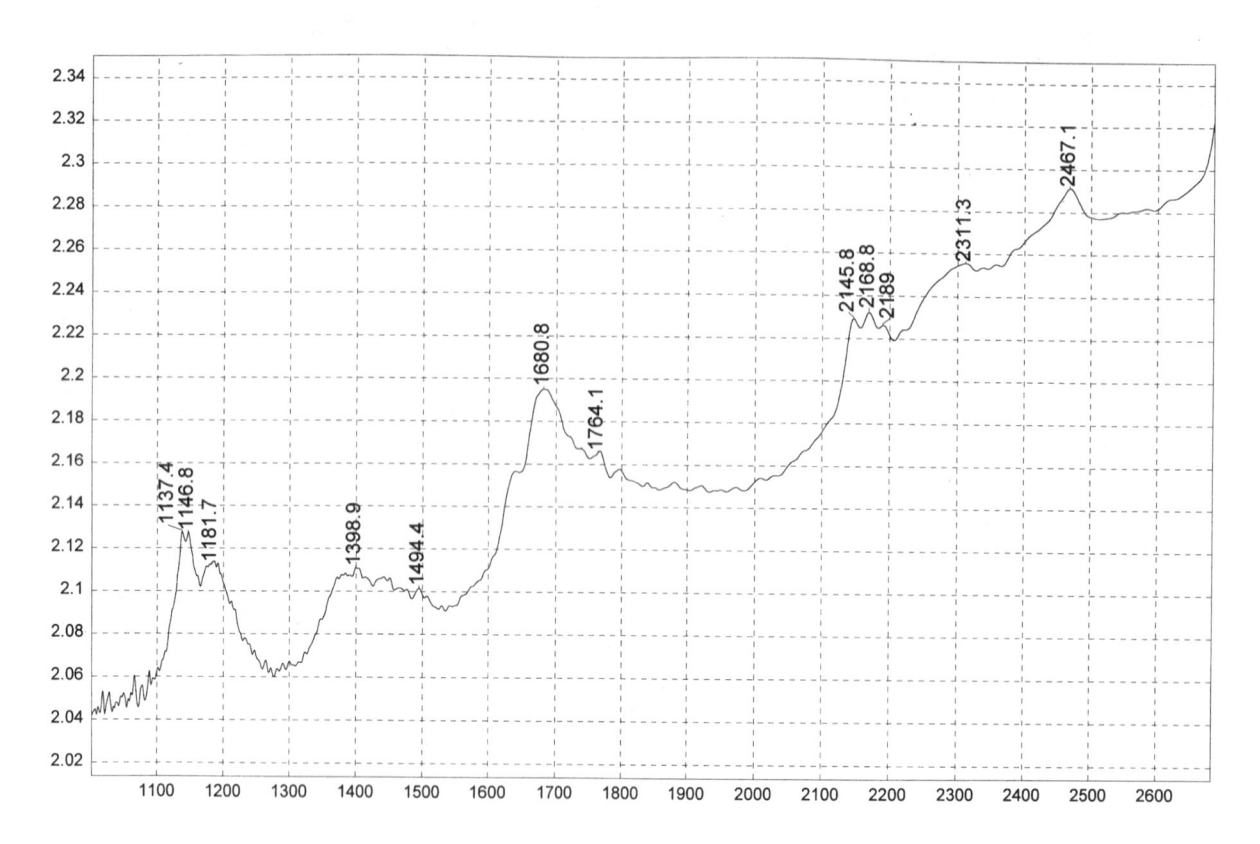

931   Poly(alpha-methylstyrene) - pellets

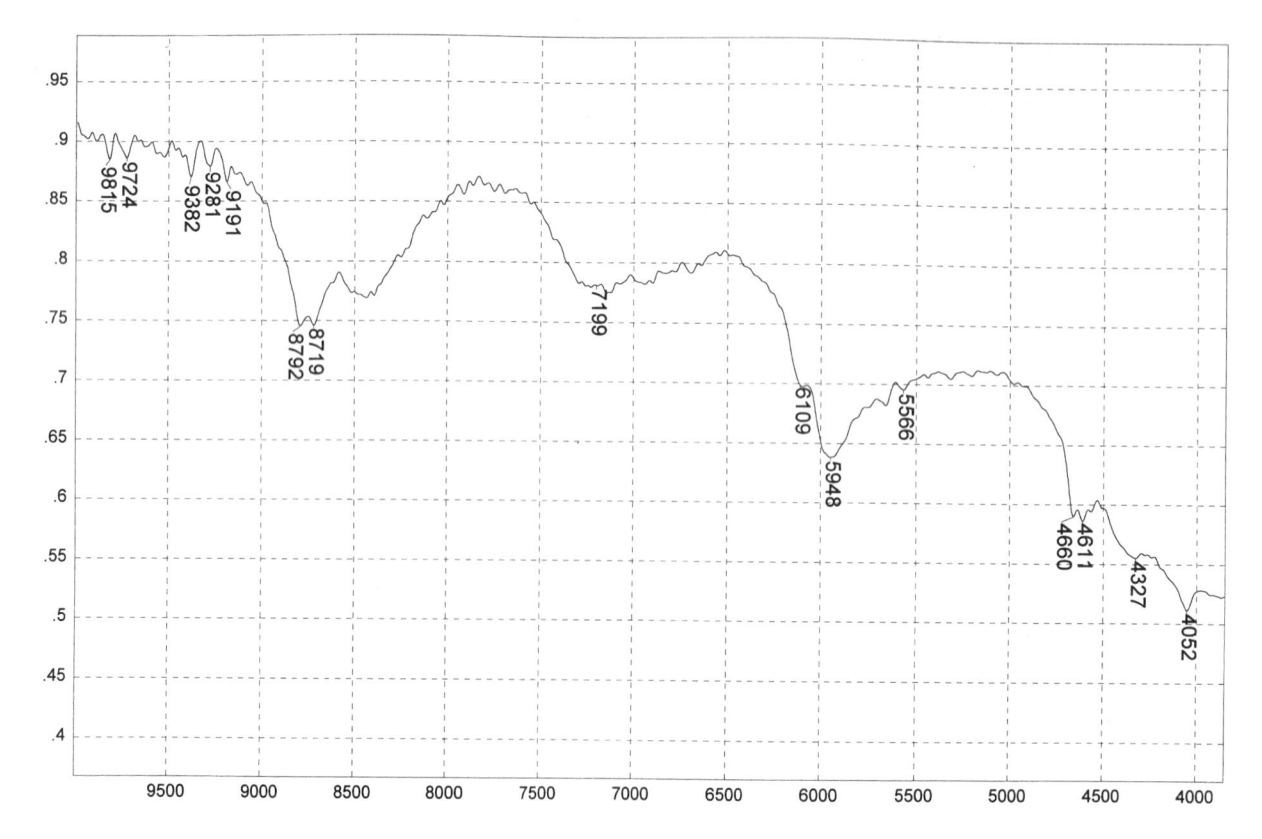

932   Poly(alpha-methylstyrene) - pellets

466

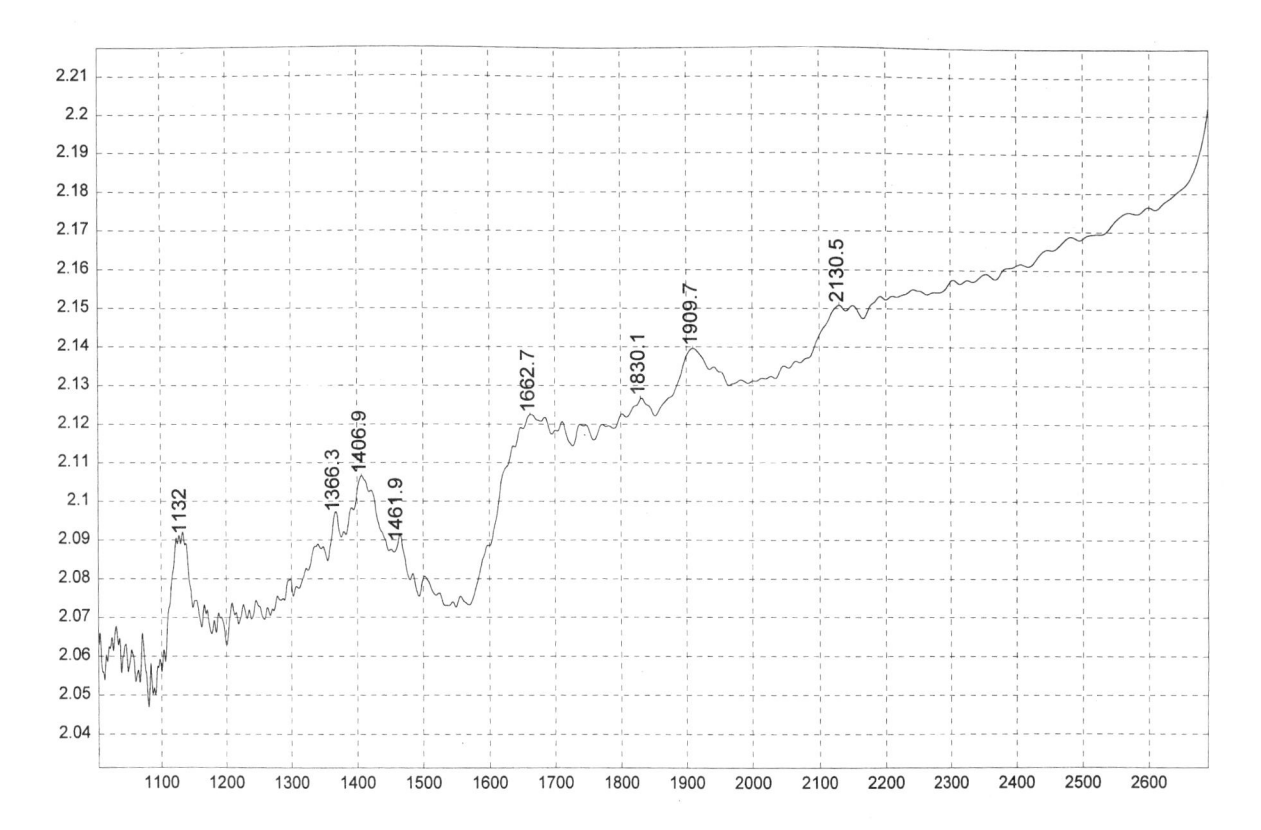

Absorbance / Nanometers

| 933 | **Poly(p-phenylene ether-sulphone) - pellets** |

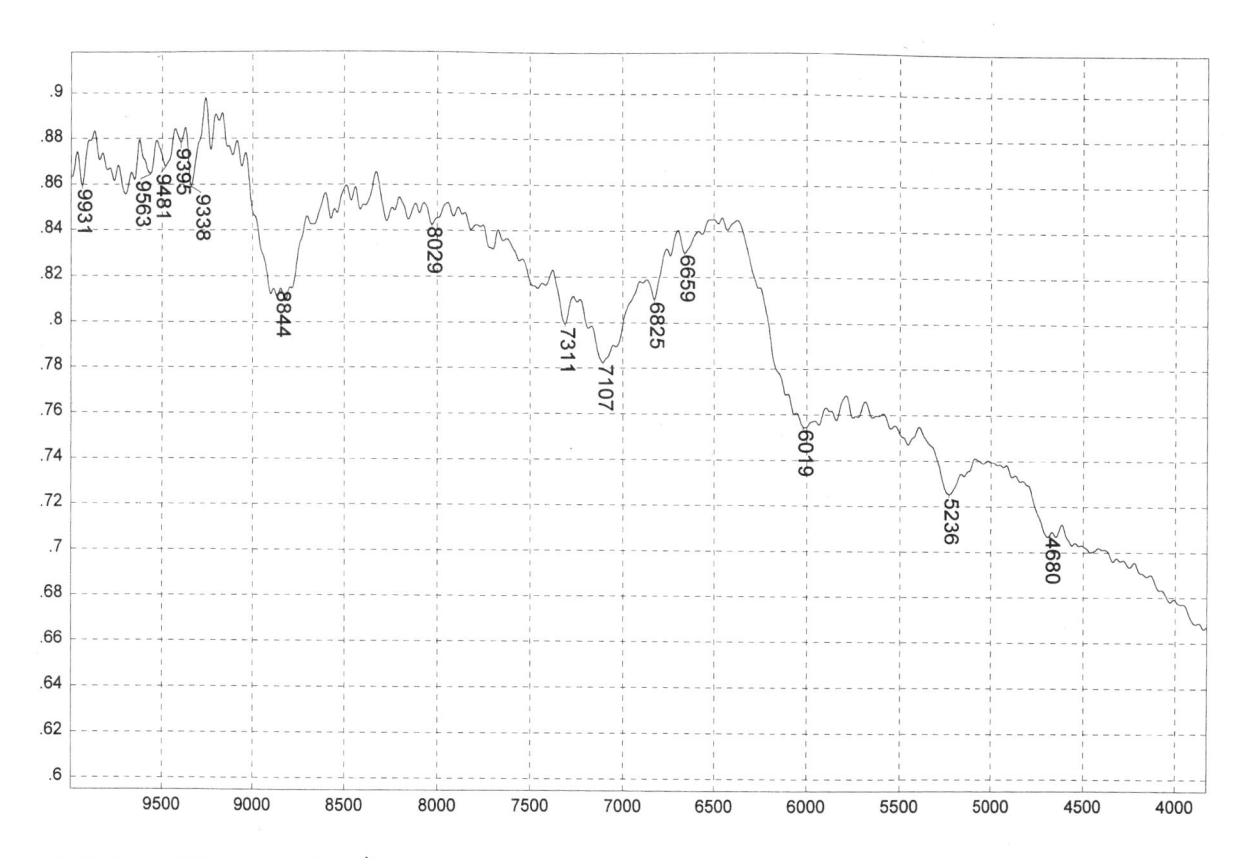

Reflectance / Wavenumber (cm⁻¹)

| 934 | **Poly(p-phenylene ether-sulphone) - pellets** |

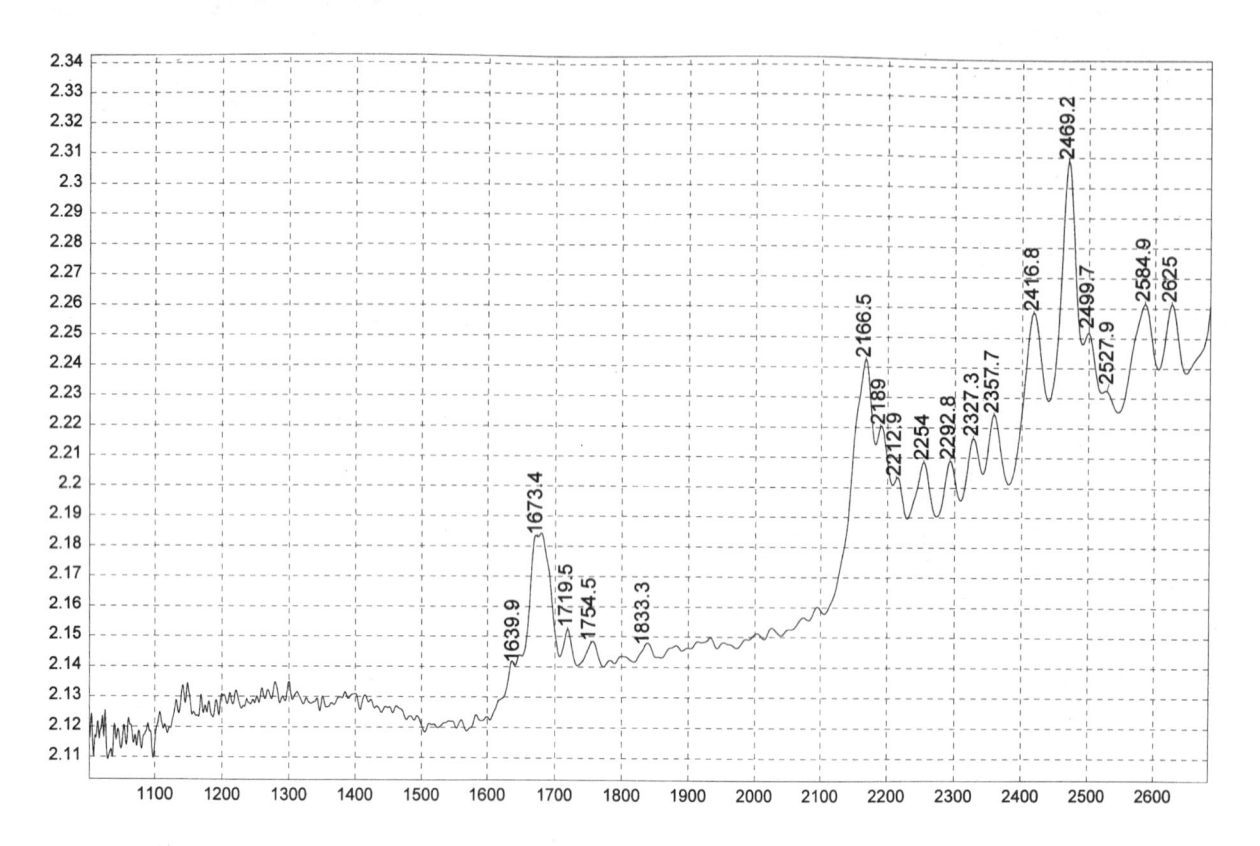

Absorbance / Nanometers

935   Poly(phenylene sulfide)

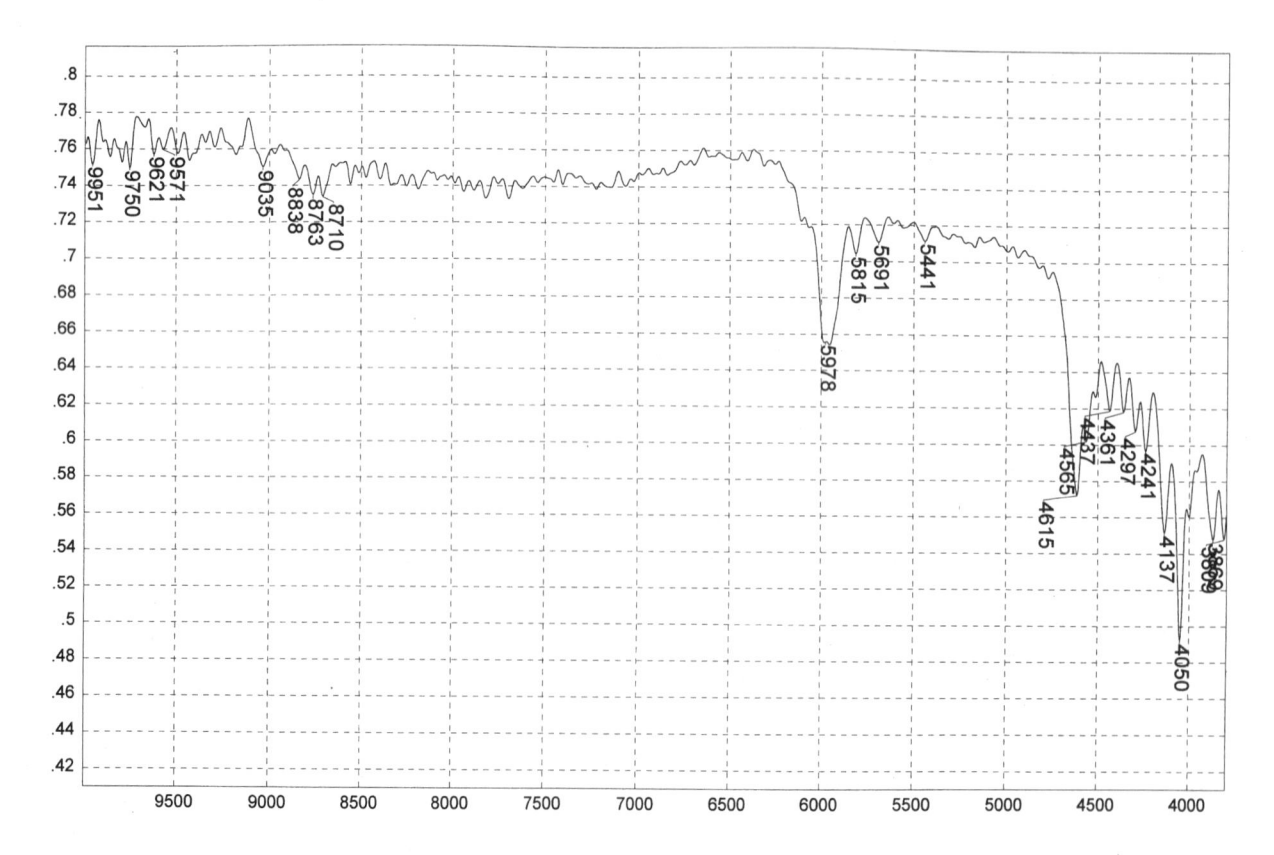

Reflectance / Wavenumber (cm^{-1})

936   Poly(phenylene sulfide)

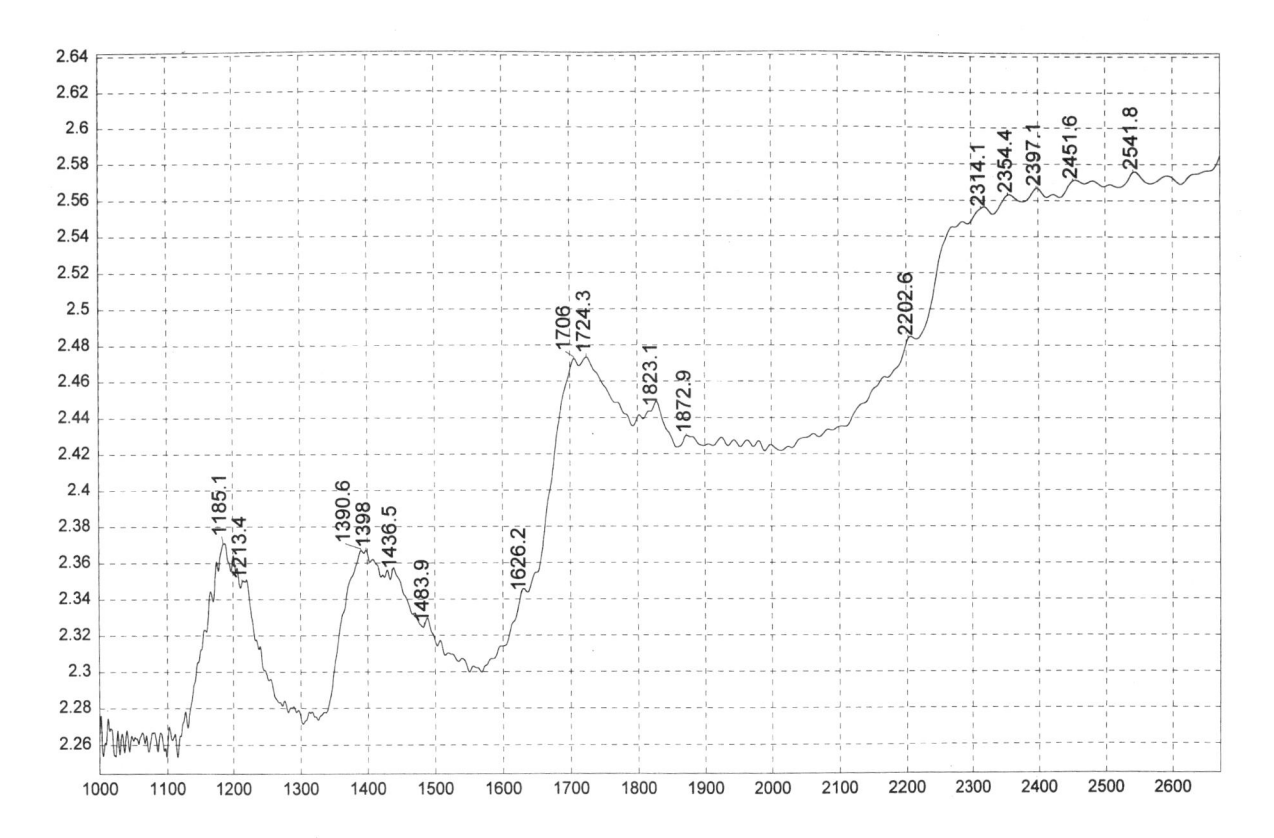

Absorbance / Nanometers

937   **Polypropylene, isotactic, chlorinated - pellets**

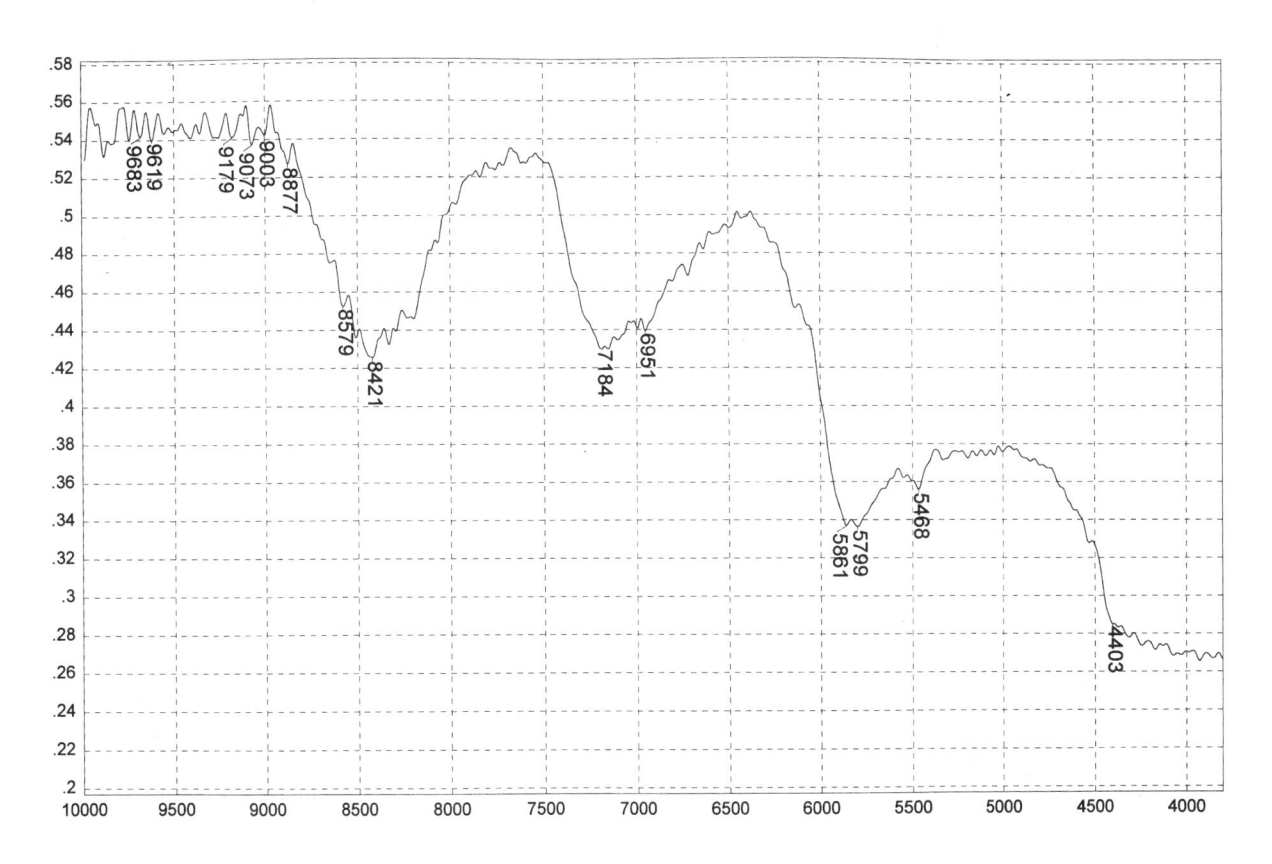

Reflectance / Wavenumber (cm^{-1})

938   **Polypropylene, isotactic, chlorinated - pellets**

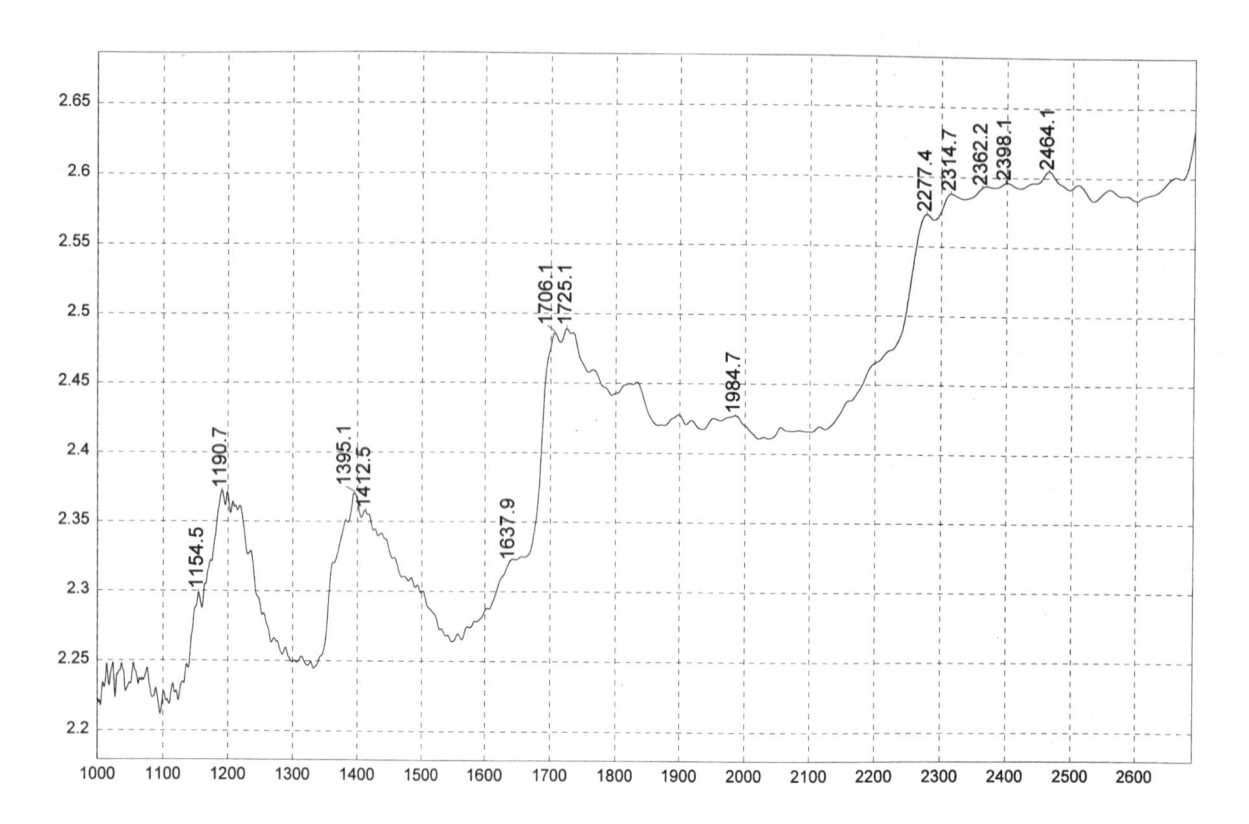

Absorbance / Nanometers

| 939 | Polypropylene, isotactic |

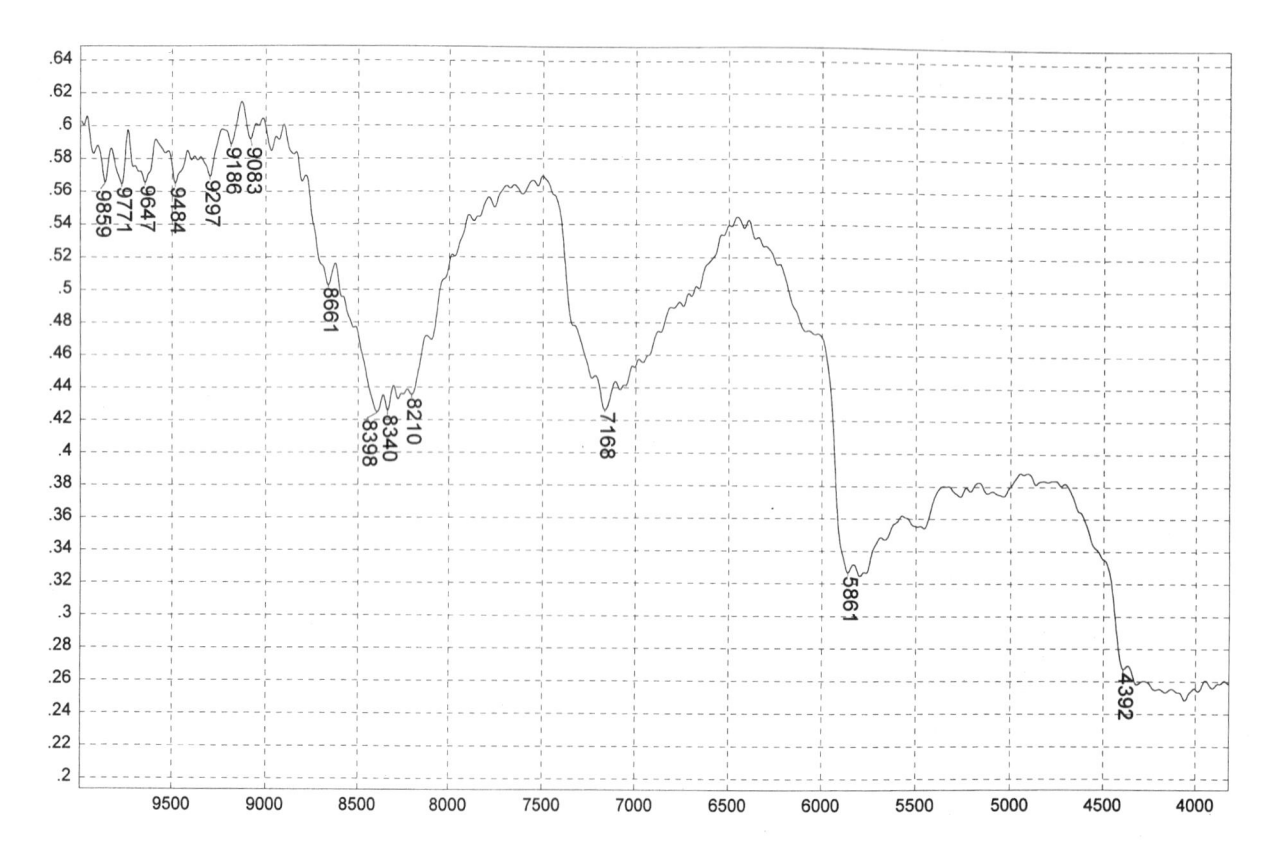

Reflectance / Wavenumber (cm⁻¹)

| 940 | Polypropylene, isotactic |

470

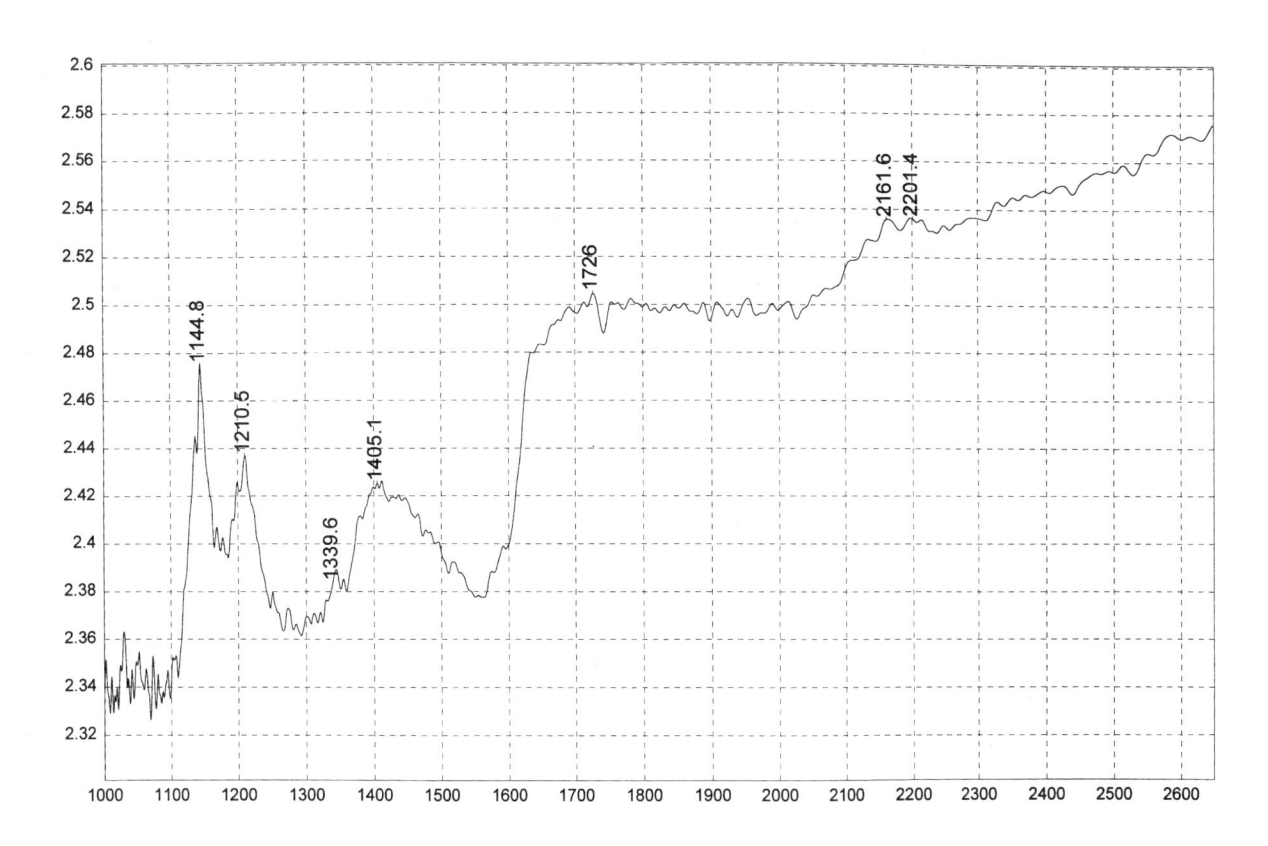

Absorbance / Nanometers

941   **Polystyrene - pellets**

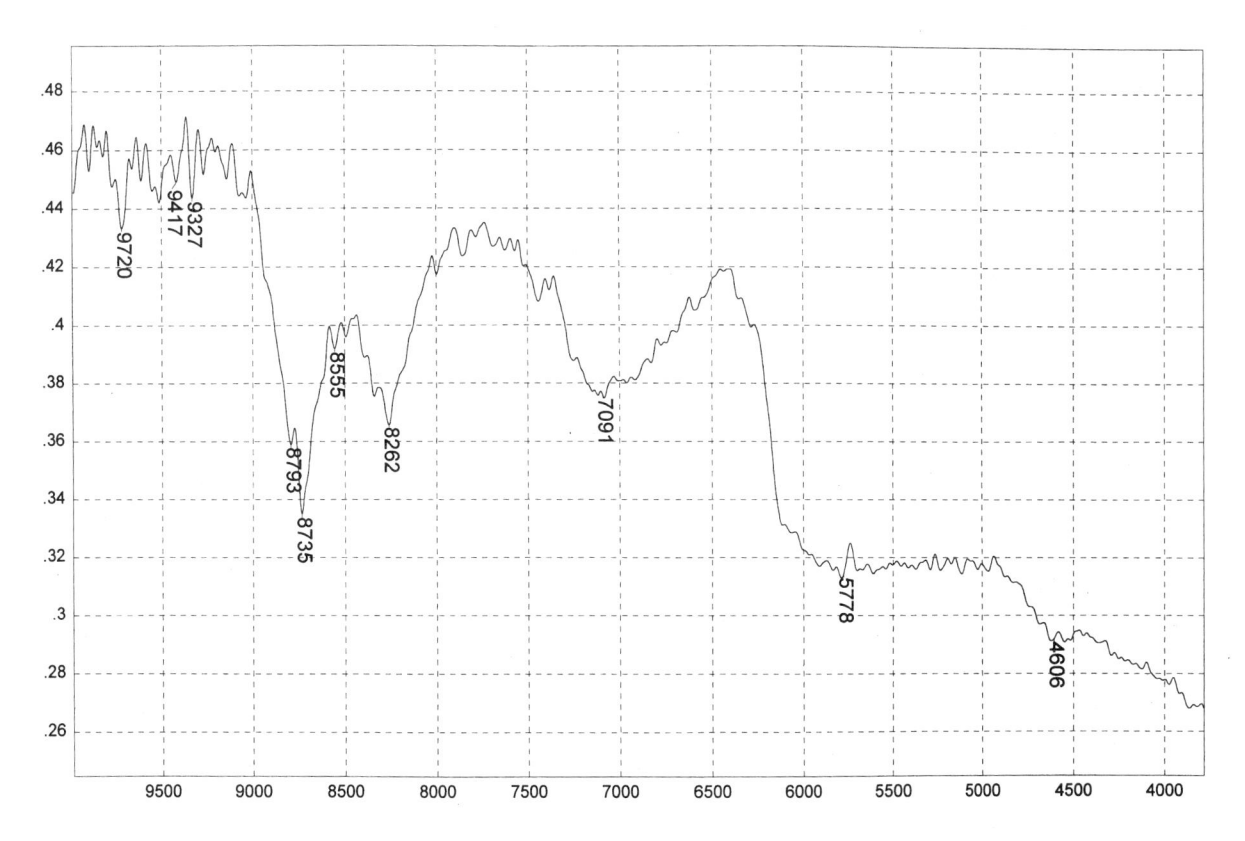

Reflectance / Wavenumber (cm⁻¹)

942   **Polystyrene - pellets**

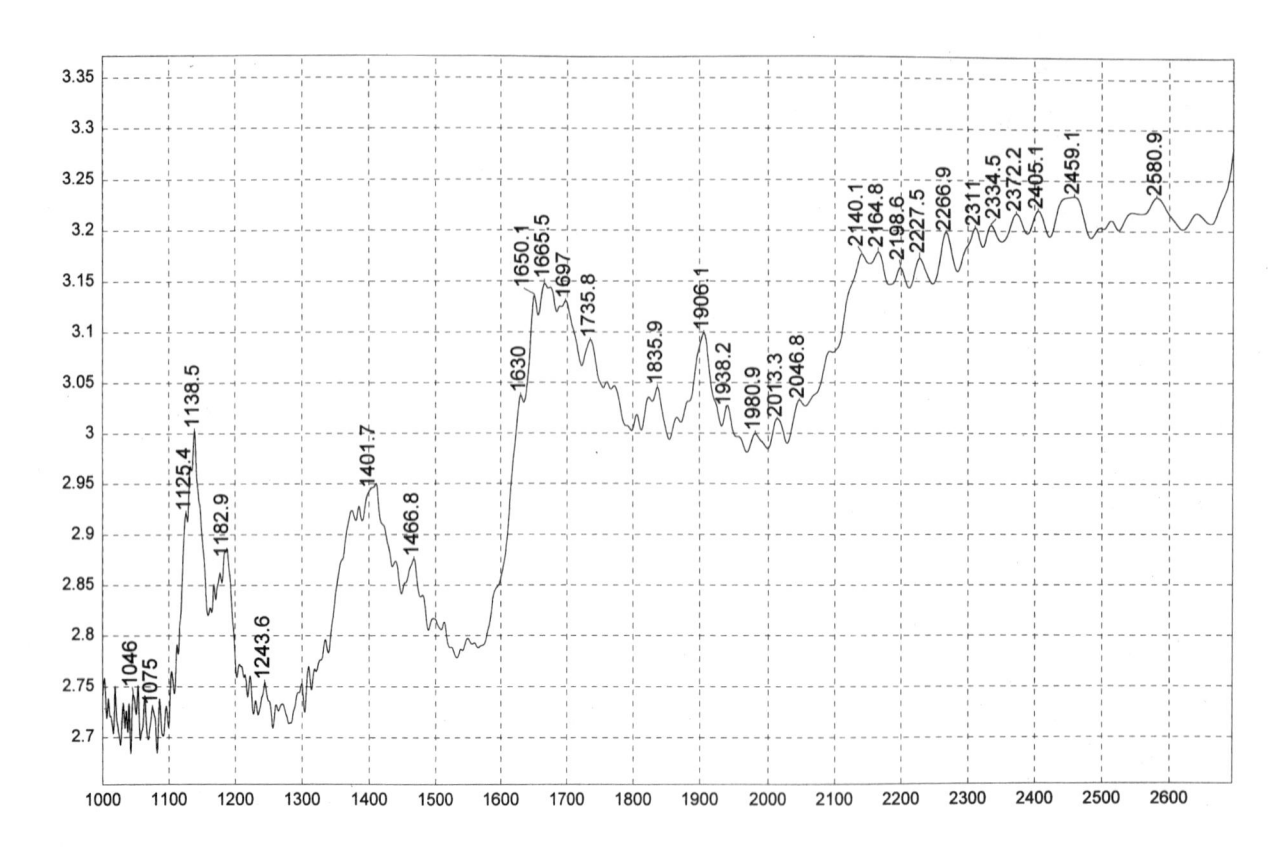

943 Polysulfone resin - pellets

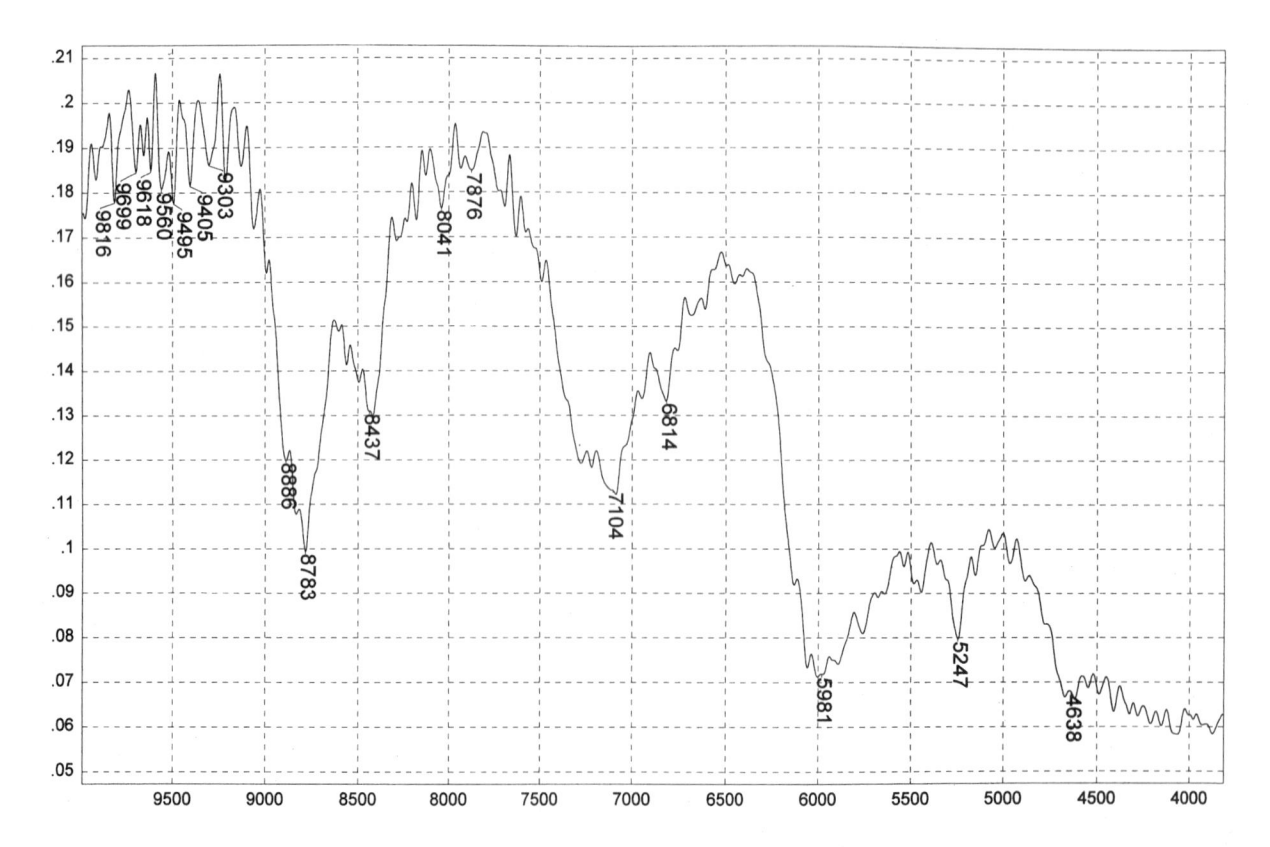

944 Polysulfone resin - pellets

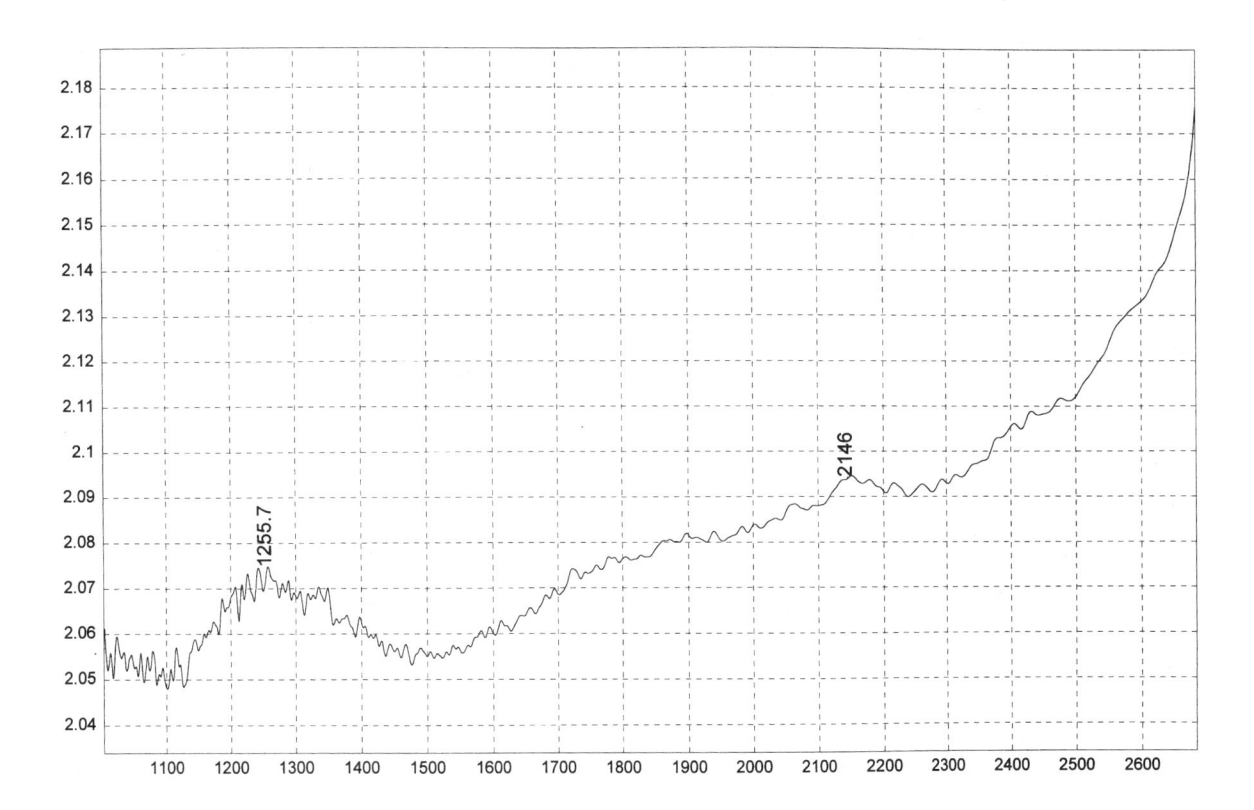

Absorbance / Nanometers

945 Poly(tetrafluoroethylene)

Reflectance / Wavenumber (cm^{-1})

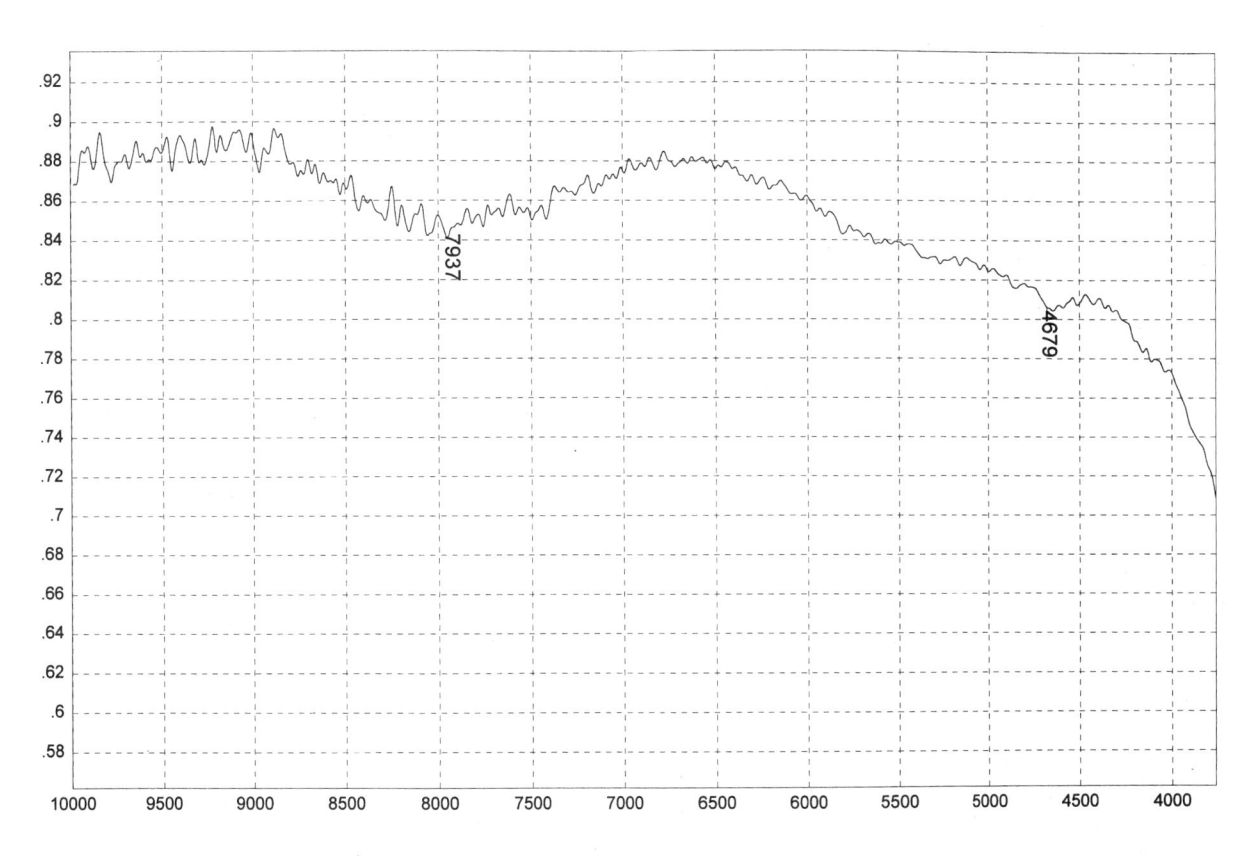

946 Poly(tetrafluoroethylene)

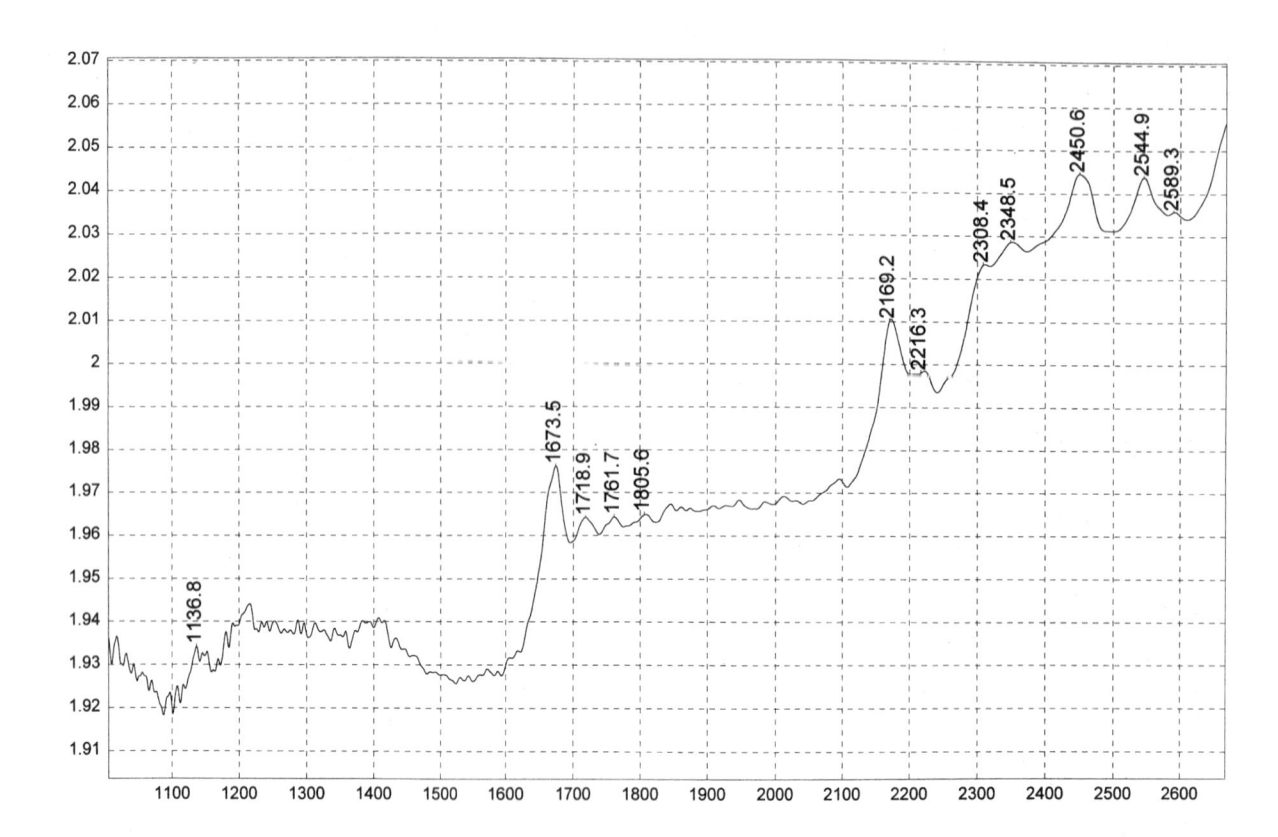

Absorbance / Nanometers

947 Poly(2,4,6-tribromostyrene)

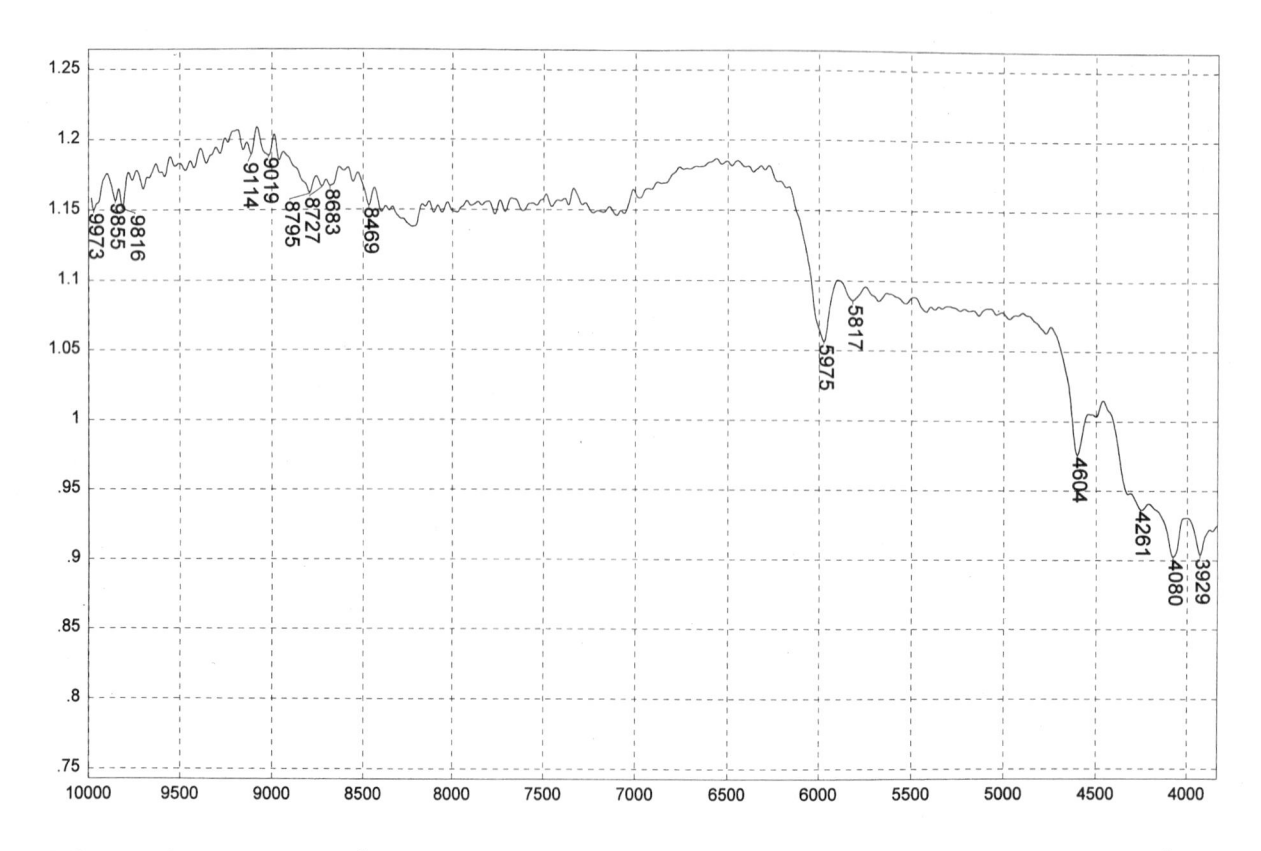

Reflectance / Wavenumber (cm⁻¹)

948 Poly(2,4,6-tribromostyrene)

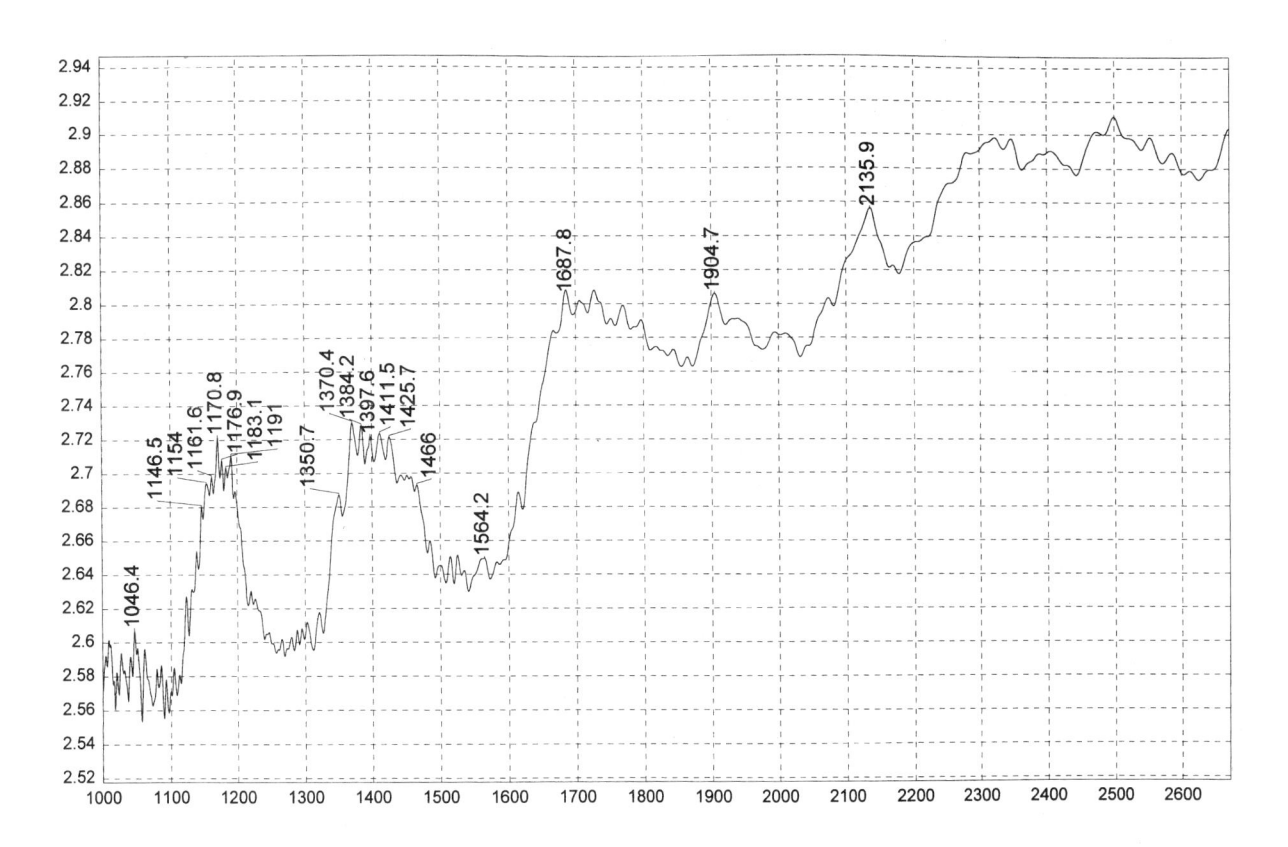

Absorbance / Nanometers

| 949 | **Poly(vinyl acetate) - pellets** |

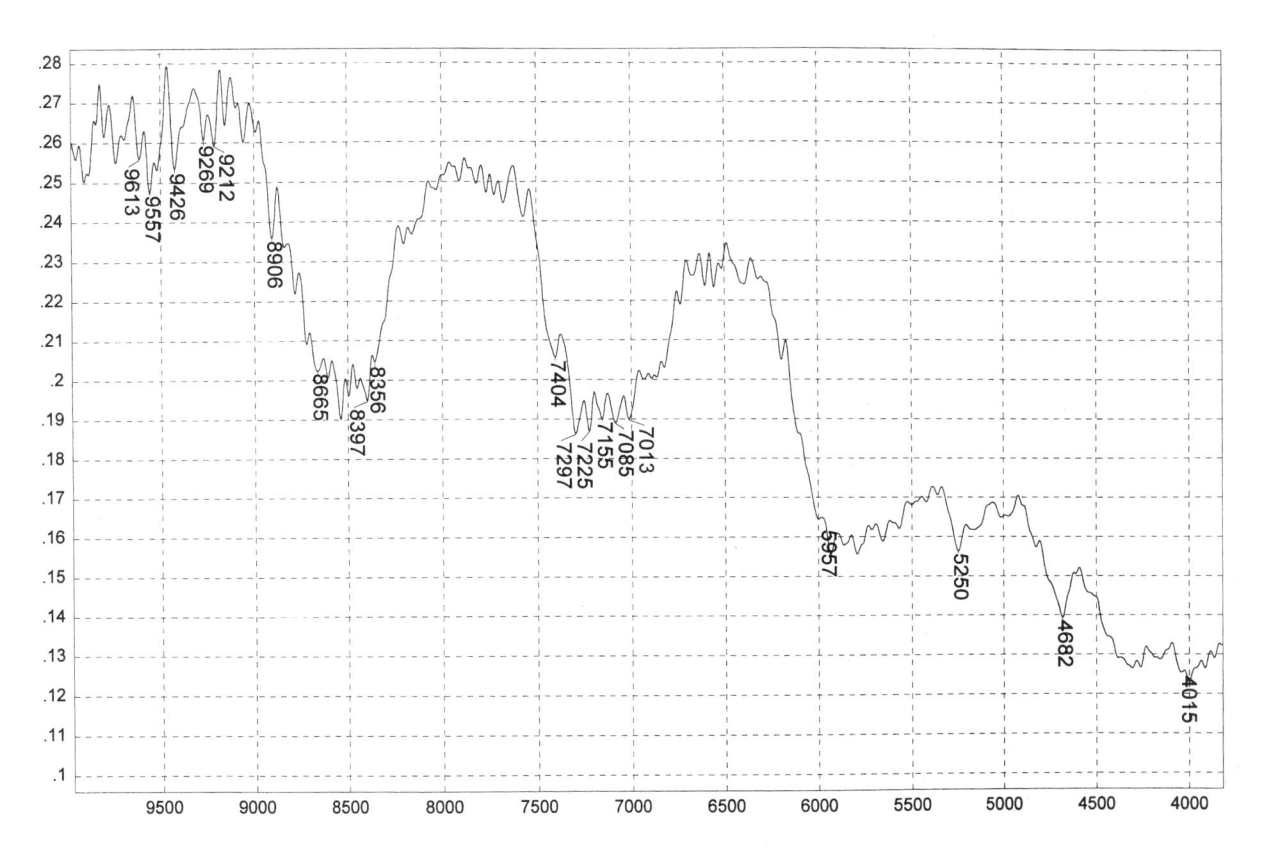

Reflectance / Wavenumber (cm⁻¹)

| 950 | **Poly(vinyl acetate) - pellets** |

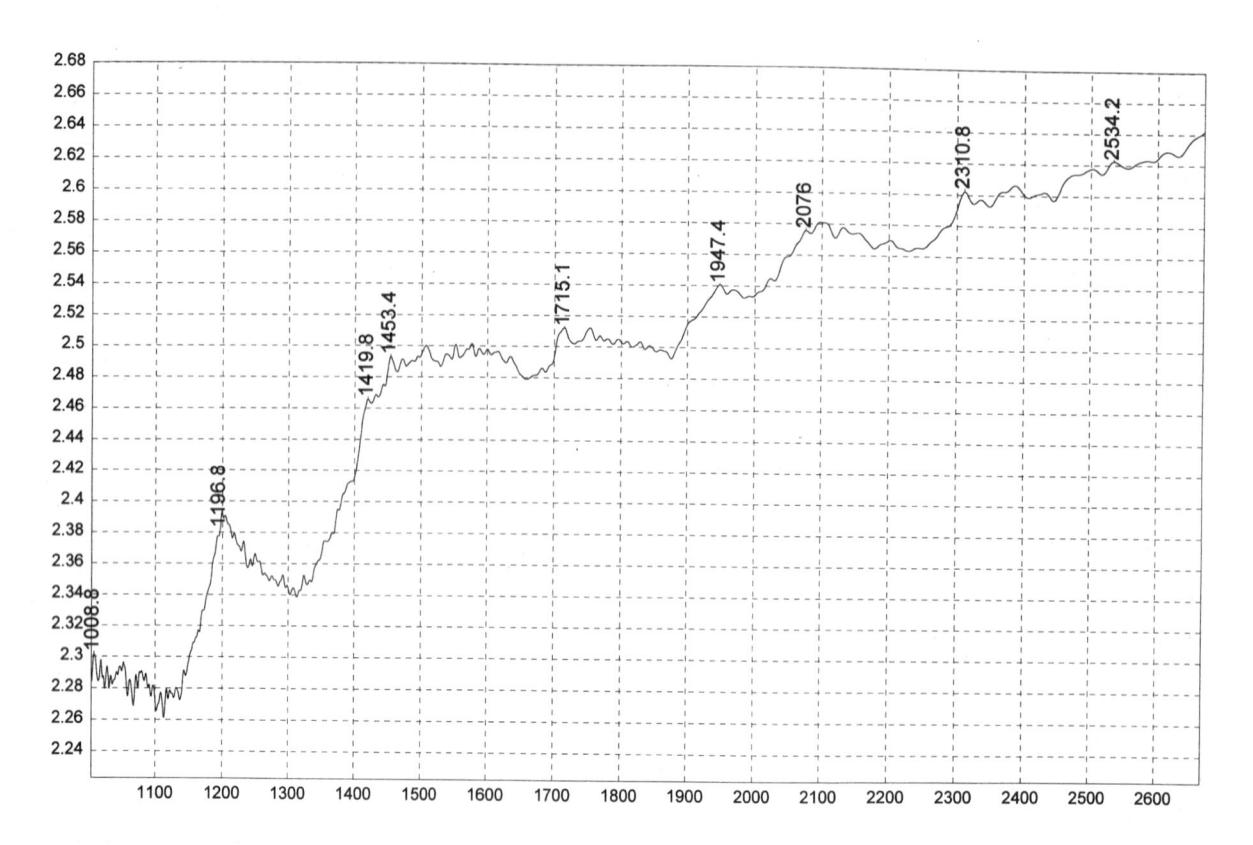

951 Poly(vinyl alcohol), 100% hydrolyzed - pellets

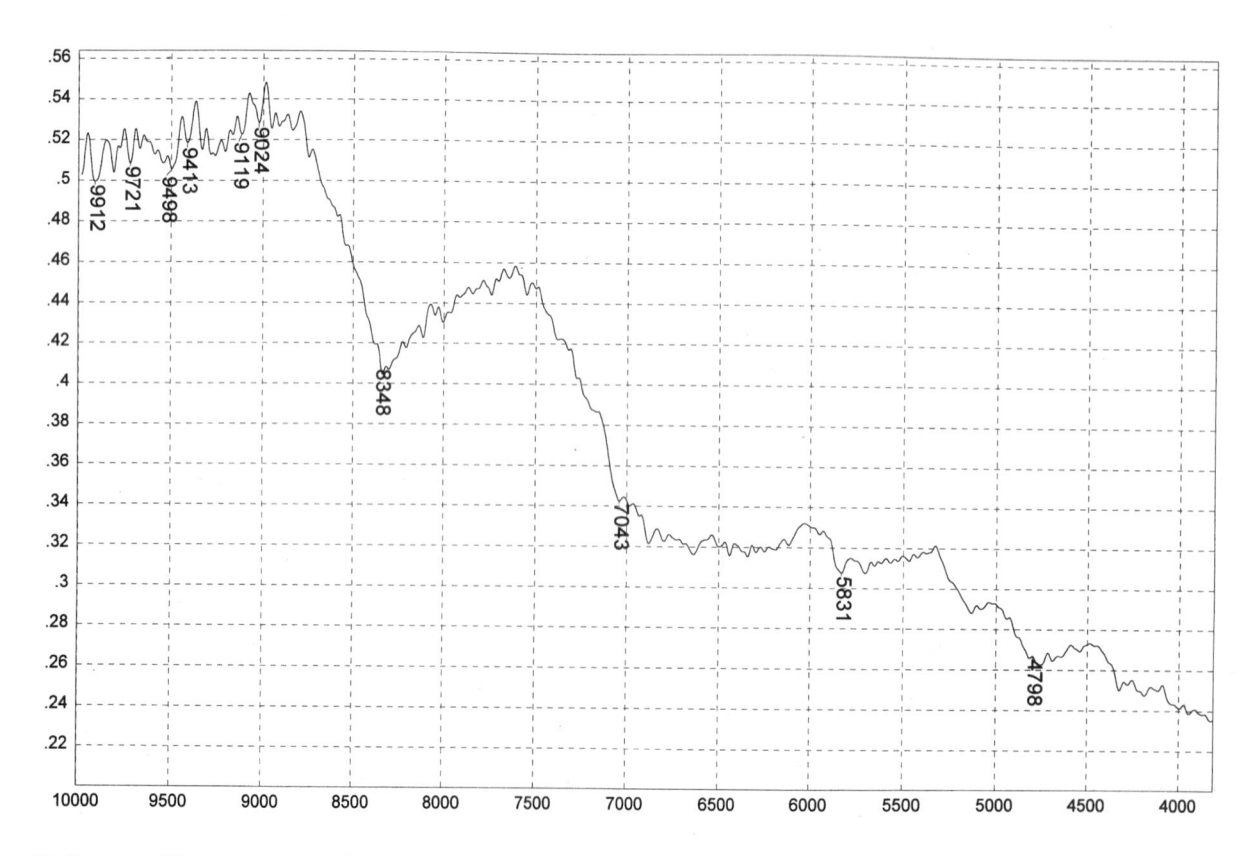

952 Poly(vinyl alcohol), 100% hydrolyzed - pellets

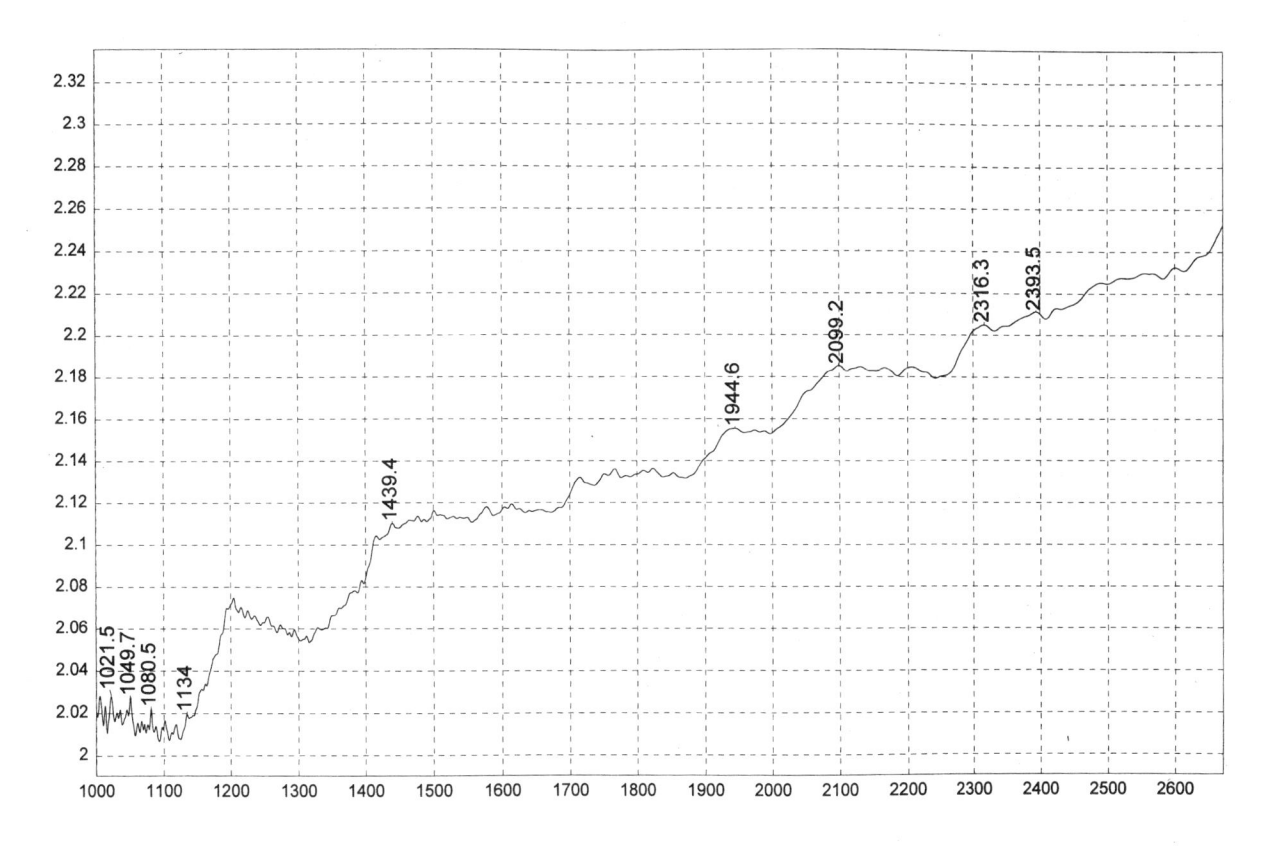

Absorbance / Nanometers

| 953 | Poly(vinyl alcohol), 98% hydrolyzed - pellets |

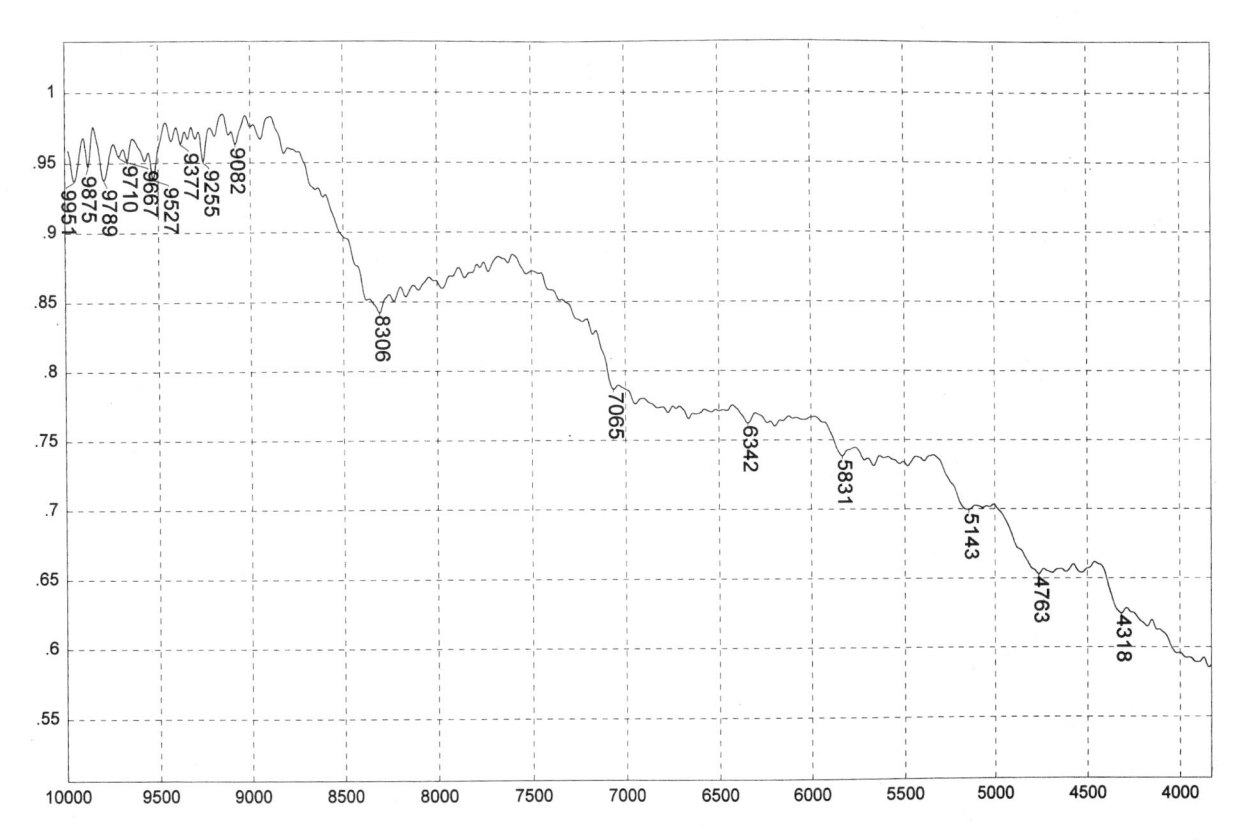

Reflectance / Wavenumber (cm⁻¹)

| 954 | Poly(vinyl alcohol), 98% hydrolyzed - pellets |

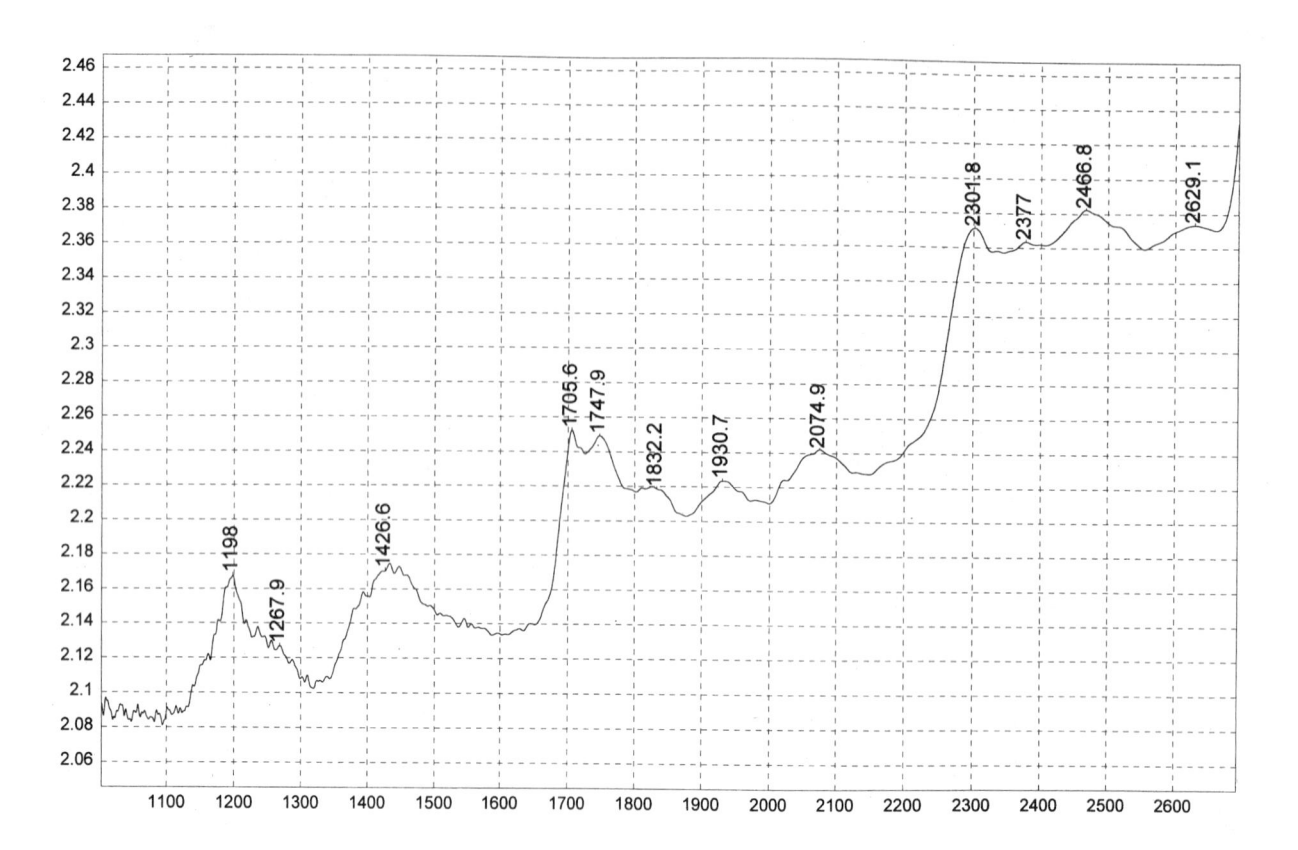

Absorbance / Nanometers

| 955 | Poly(vinyl butyral) |

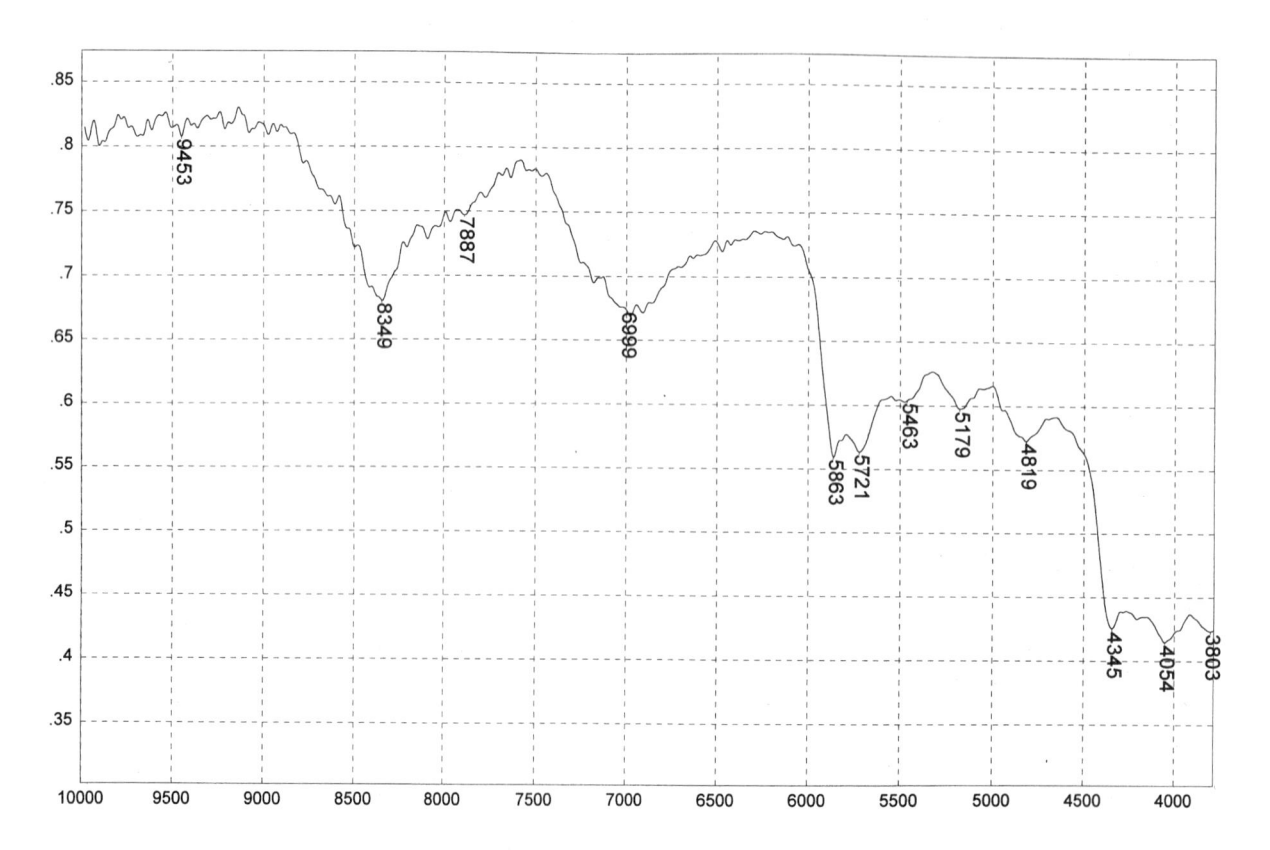

Reflectance / Wavenumber (cm⁻¹)

| 956 | Poly(vinyl butyral) |

478

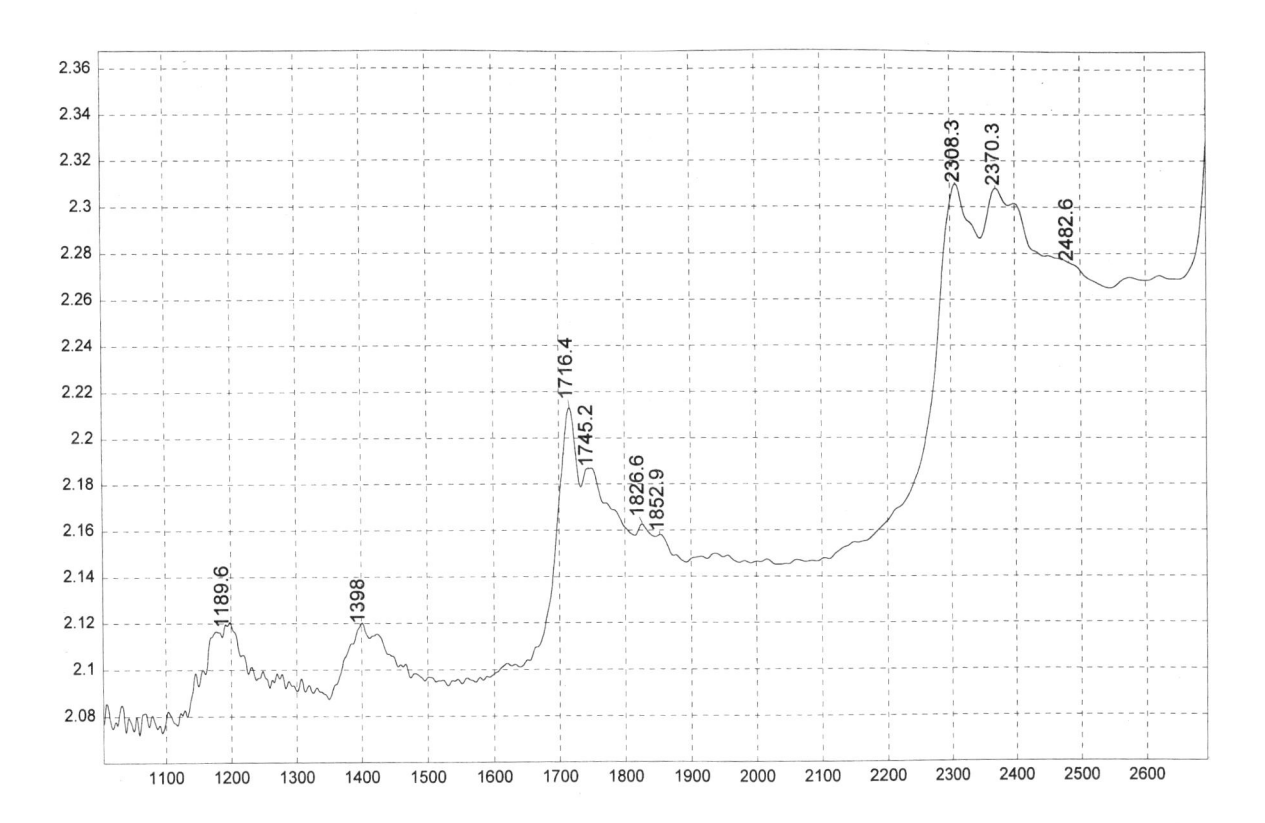

Poly(vinyl chloride)

Poly(vinyl chloride)

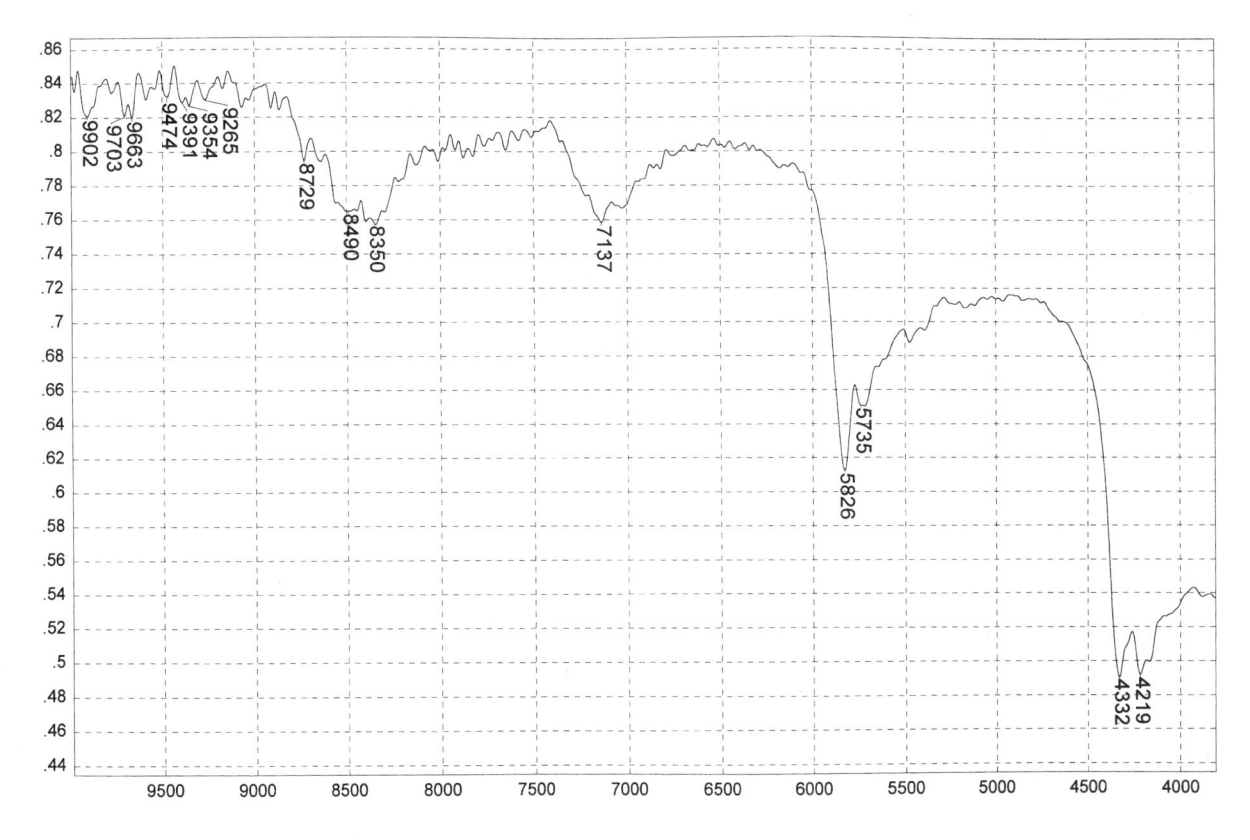

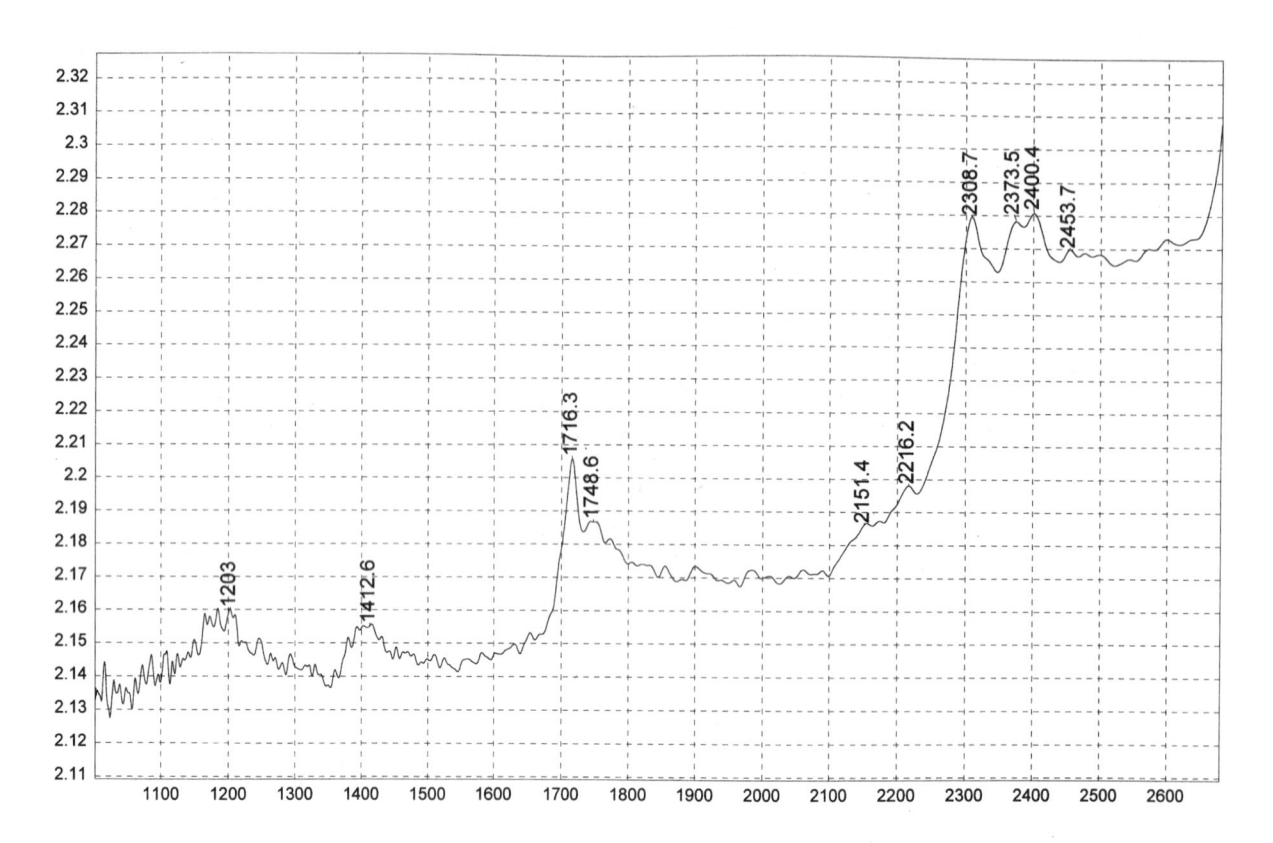

Absorbance / Nanometers

959 Poly(vinyl chloride), carboxylated

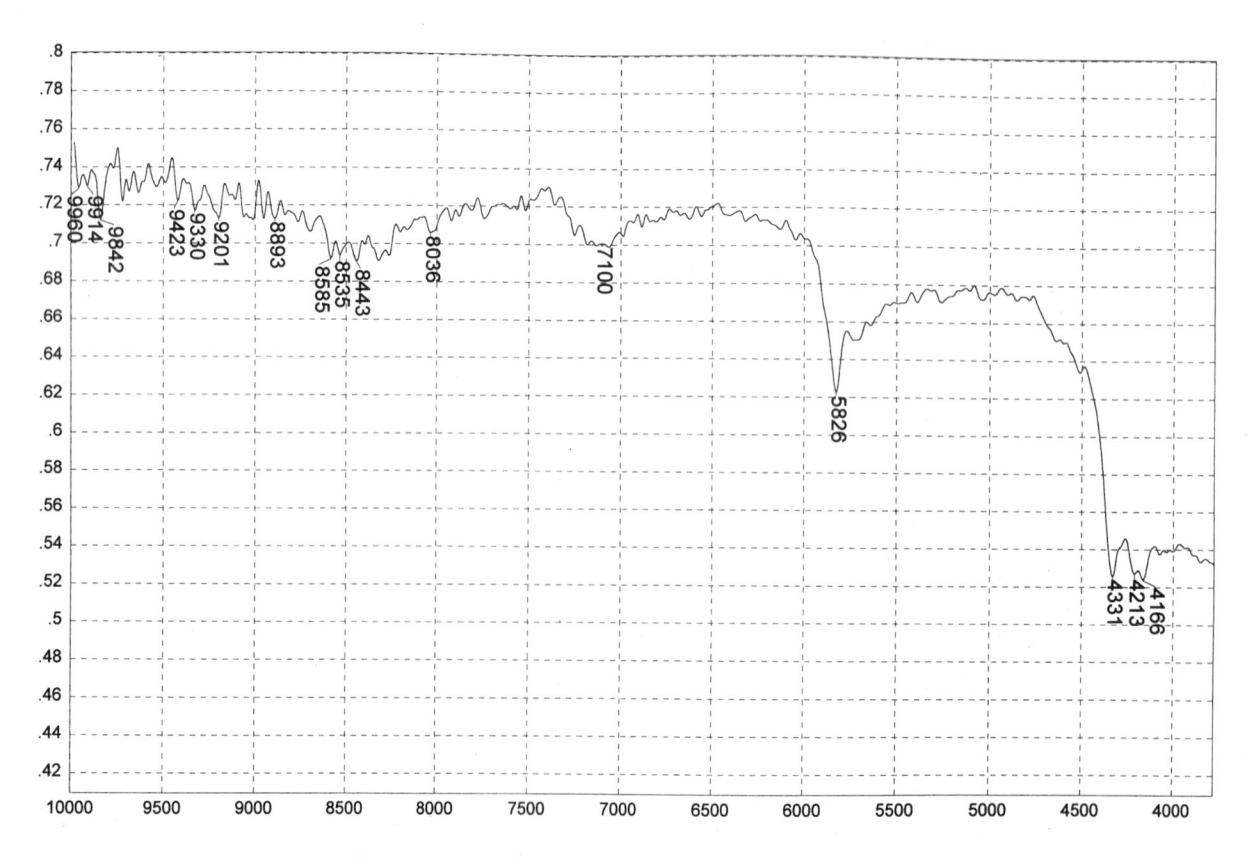

Reflectance / Wavenumber (cm⁻¹)

960 Poly(vinyl chloride), carboxylated

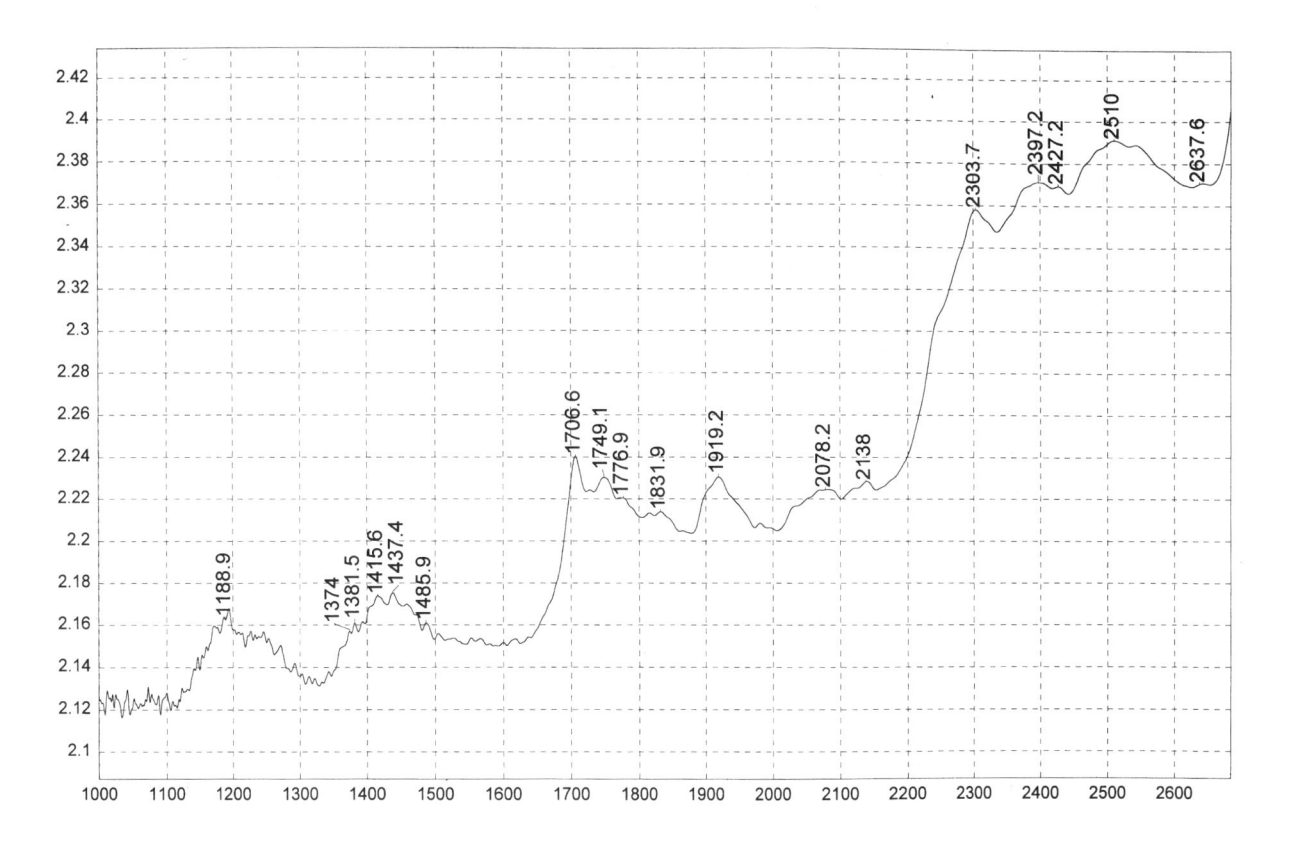

Absorbance / Nanometers

961 Poly(vinyl formal)

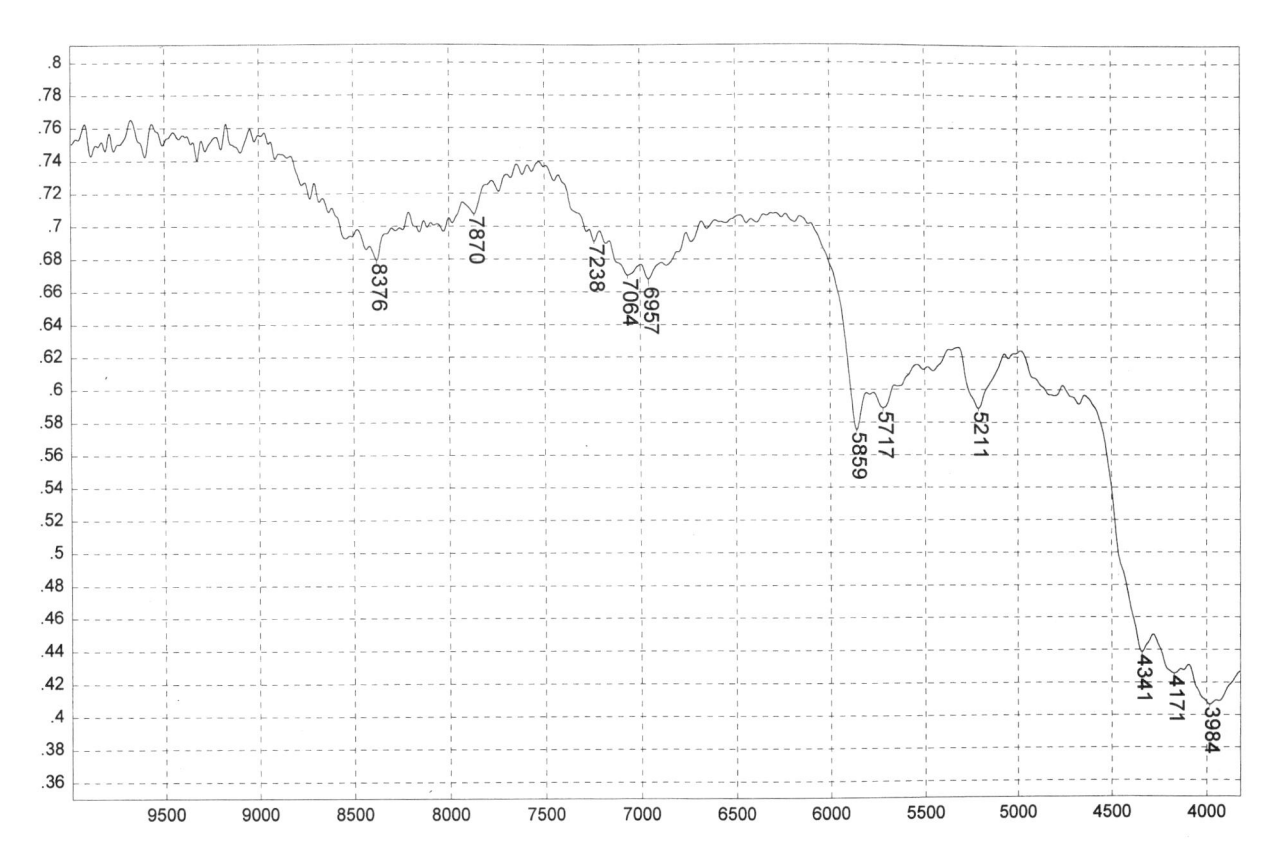

Reflectance / Wavenumber (cm⁻¹)

962 Poly(vinyl formal)

Absorbance / Nanometers

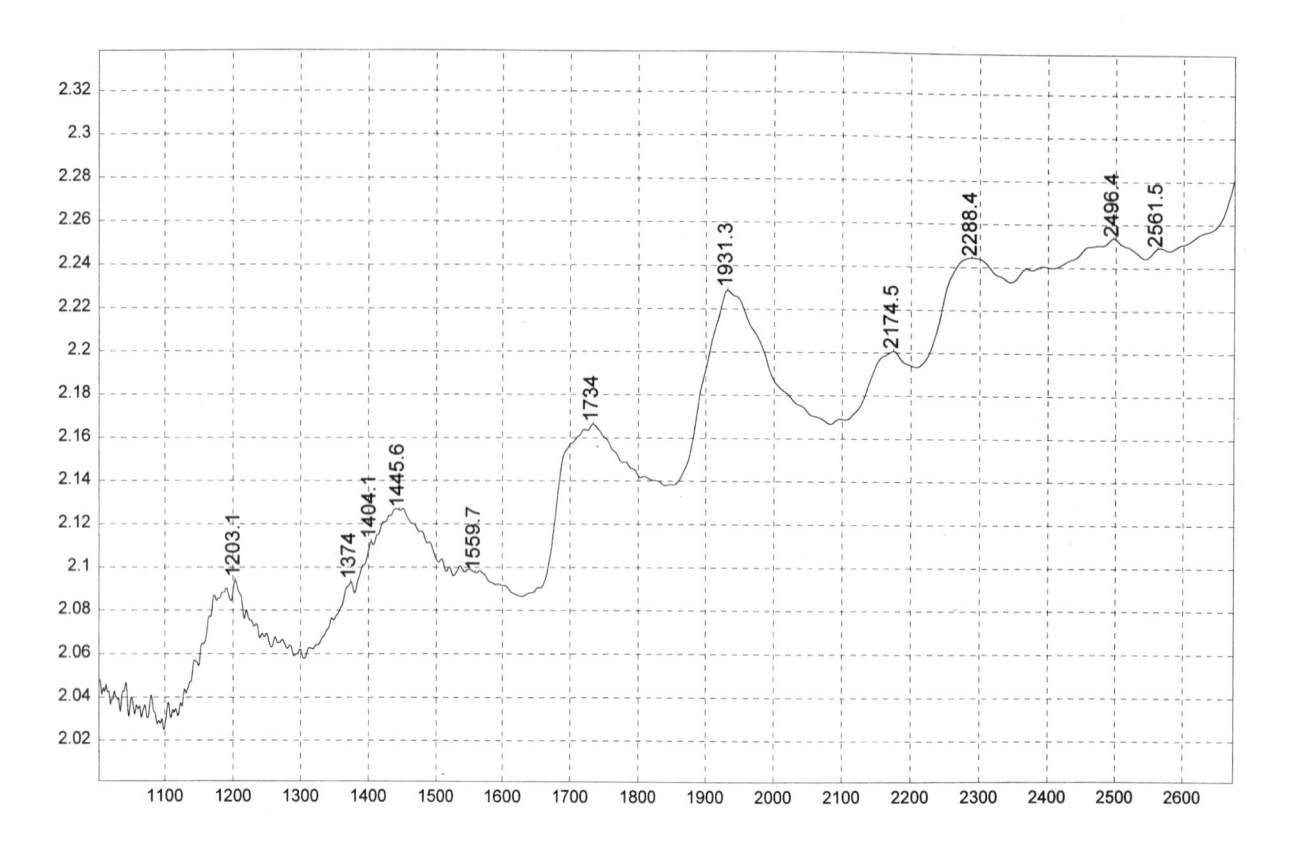

963

Poly(vinyl pyrrolidone)

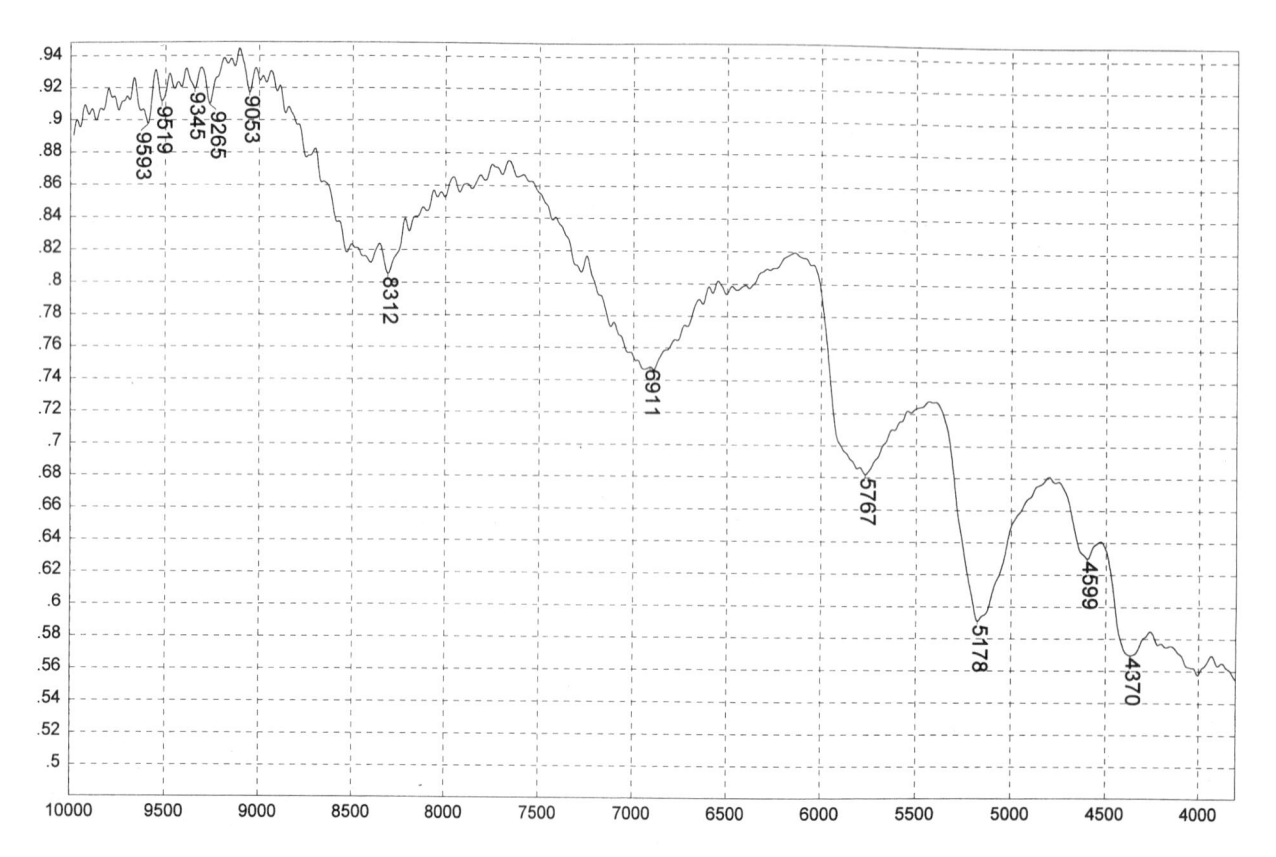

Reflectance / Wavenumber (cm⁻¹)

964

Poly(vinyl pyrrolidone)

Absorbance / Nanometers

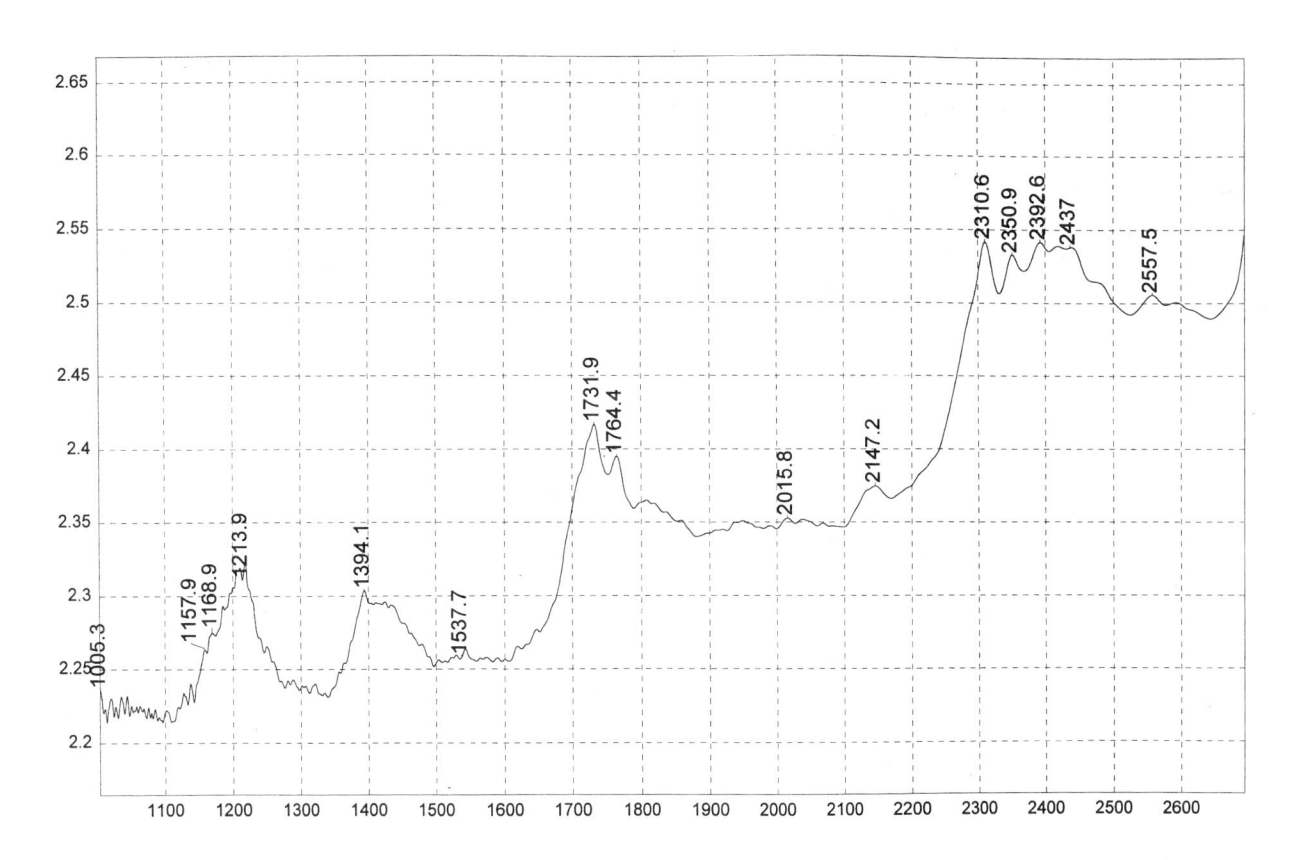

965

Poly(vinyl stearate)

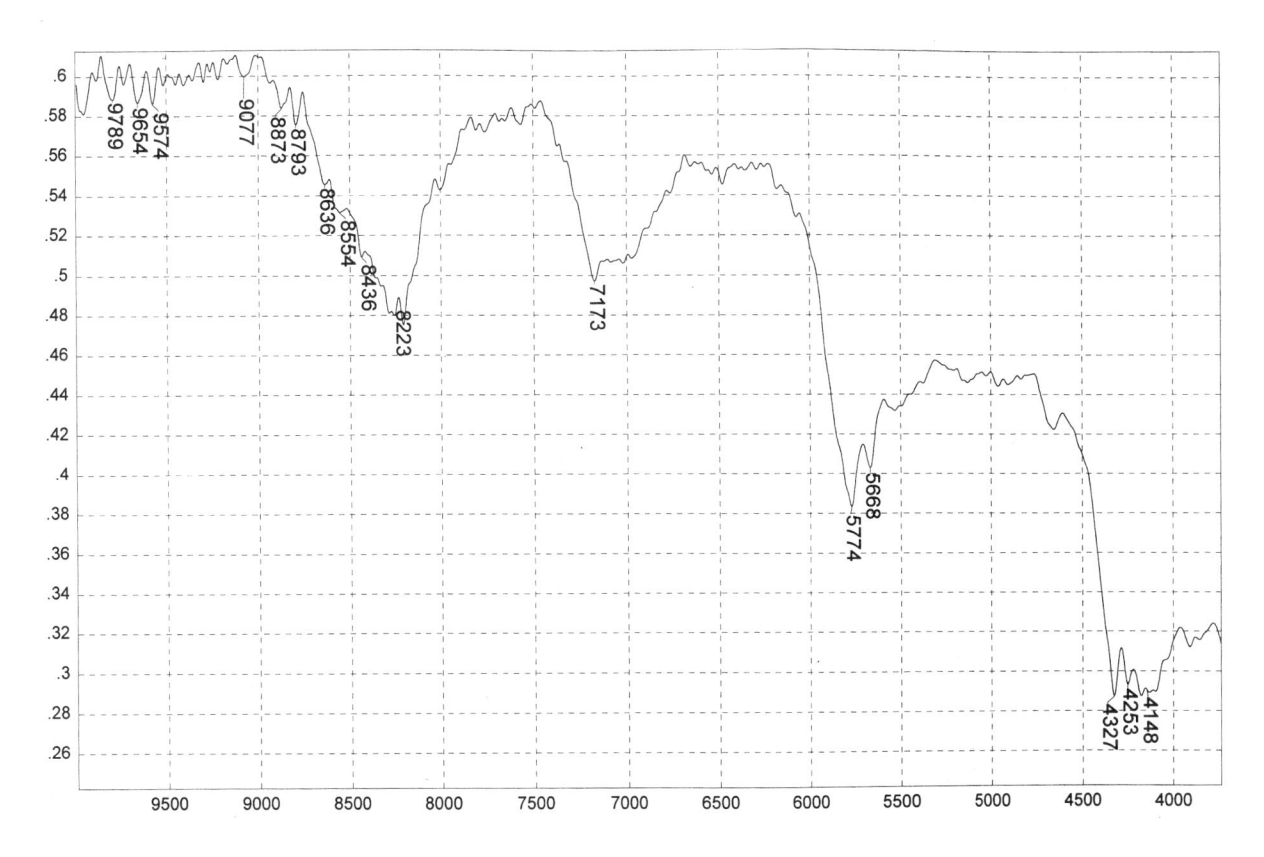

Reflectance / Wavenumber (cm⁻¹)

966

Poly(vinyl stearate)

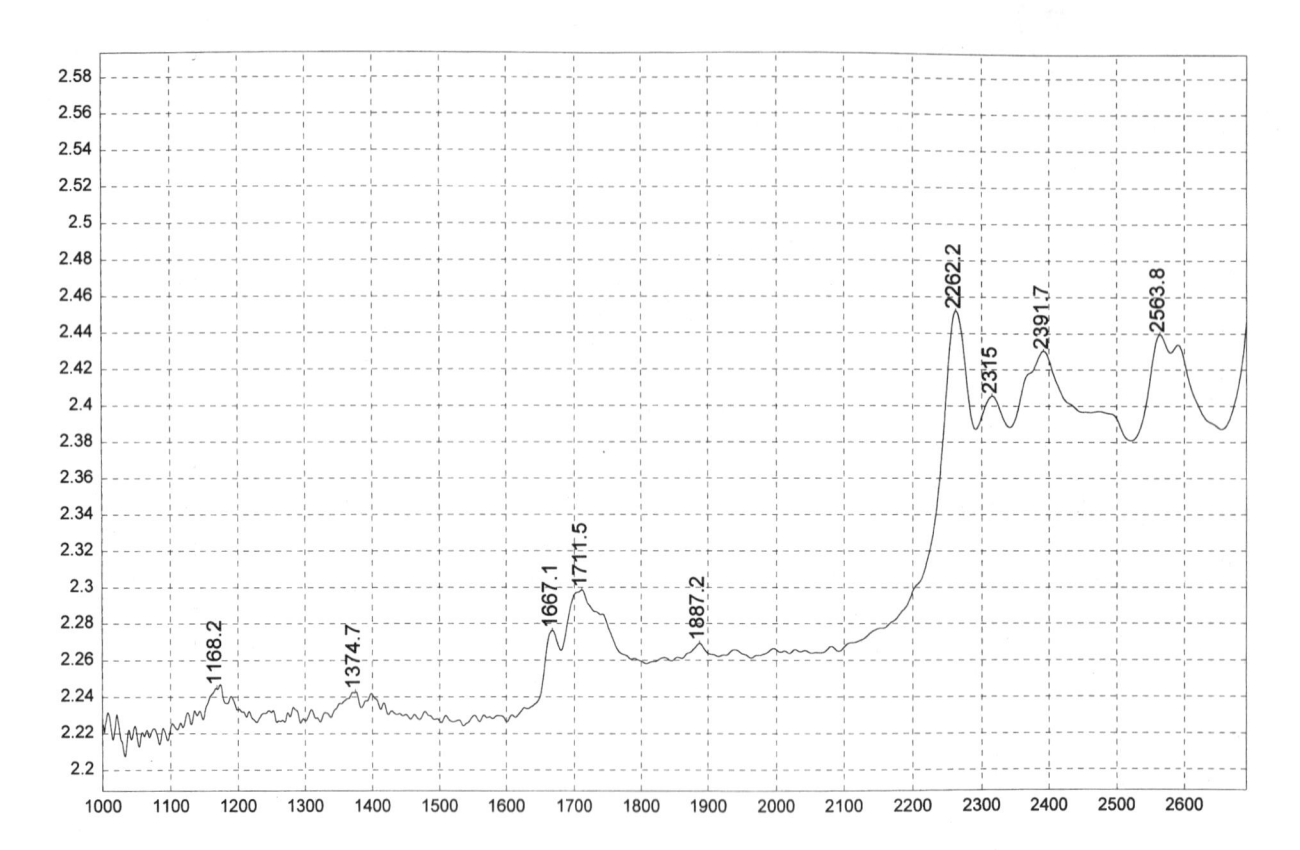

Absorbance / Nanometers

967 **Poly(vinylidene fluoride)**

Reflectance / Wavenumber (cm⁻¹)

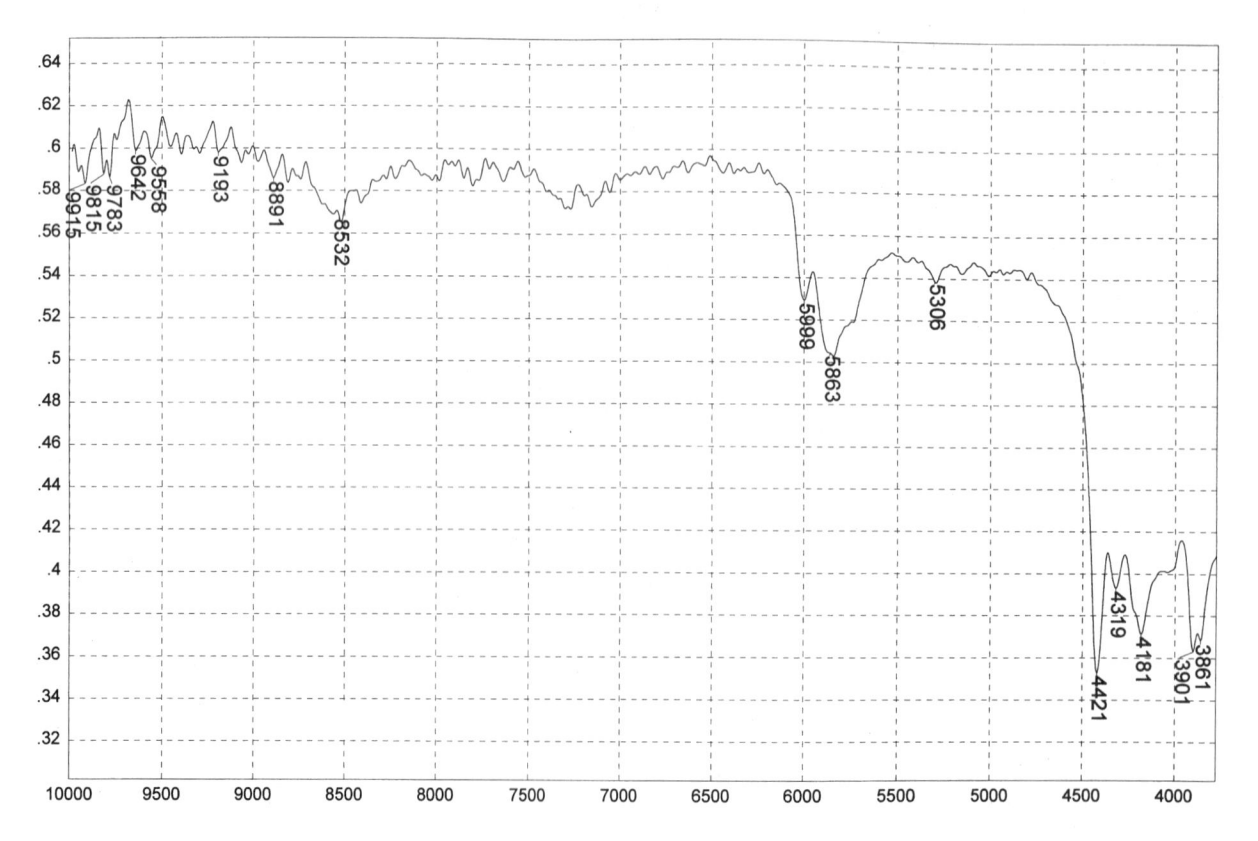

968 **Poly(vinylidene fluoride)**

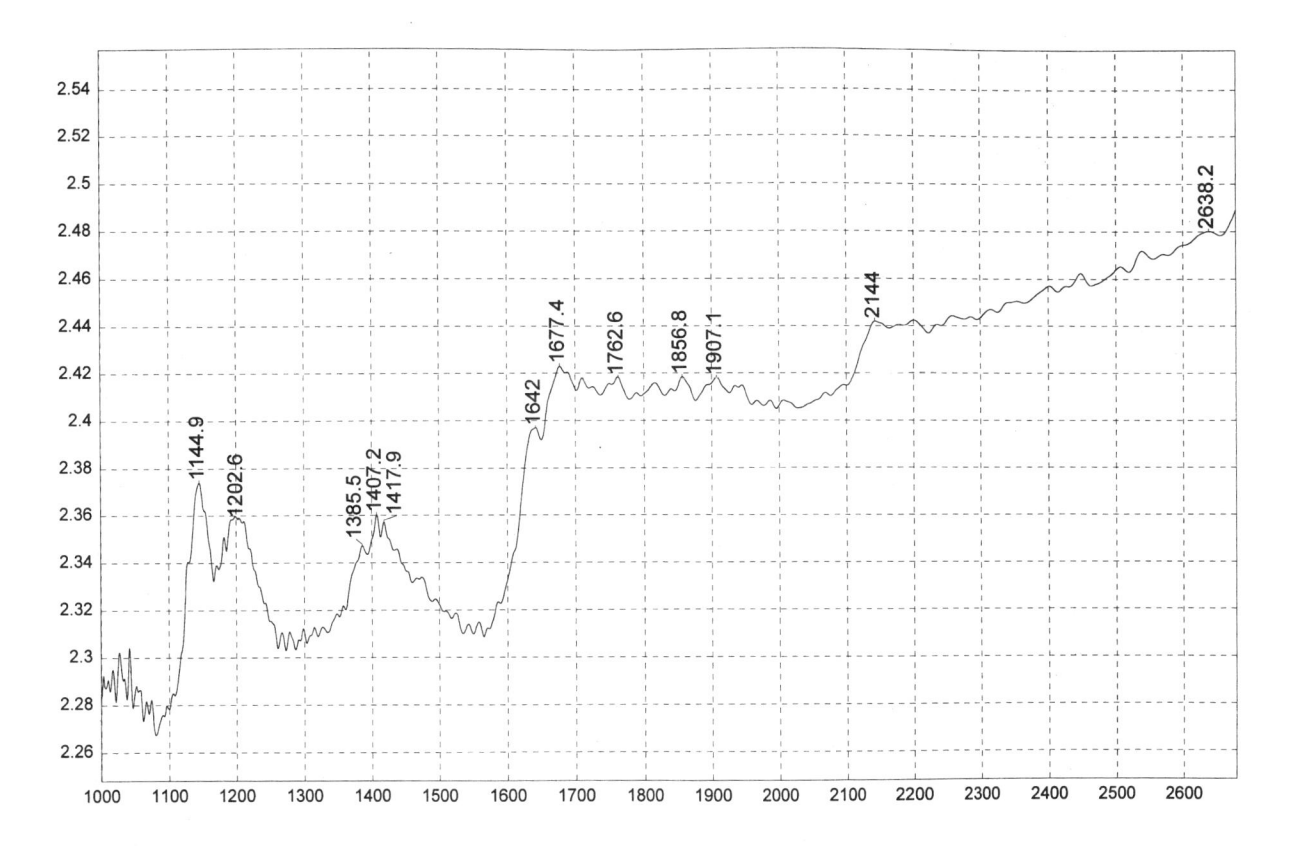

969 Styrene/acrylonitrile, 75/25 copolymer - pellets

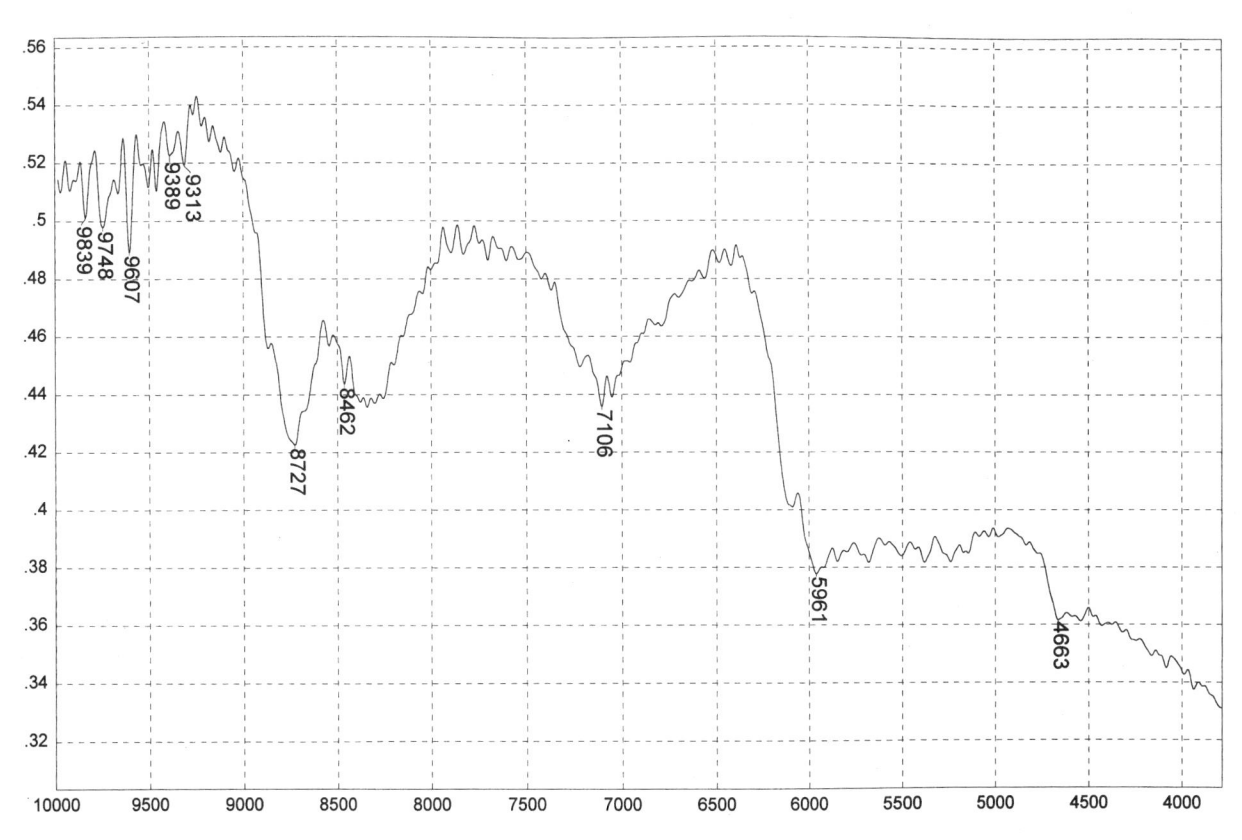

970 Styrene/acrylonitrile, 75/25 copolymer - pellets

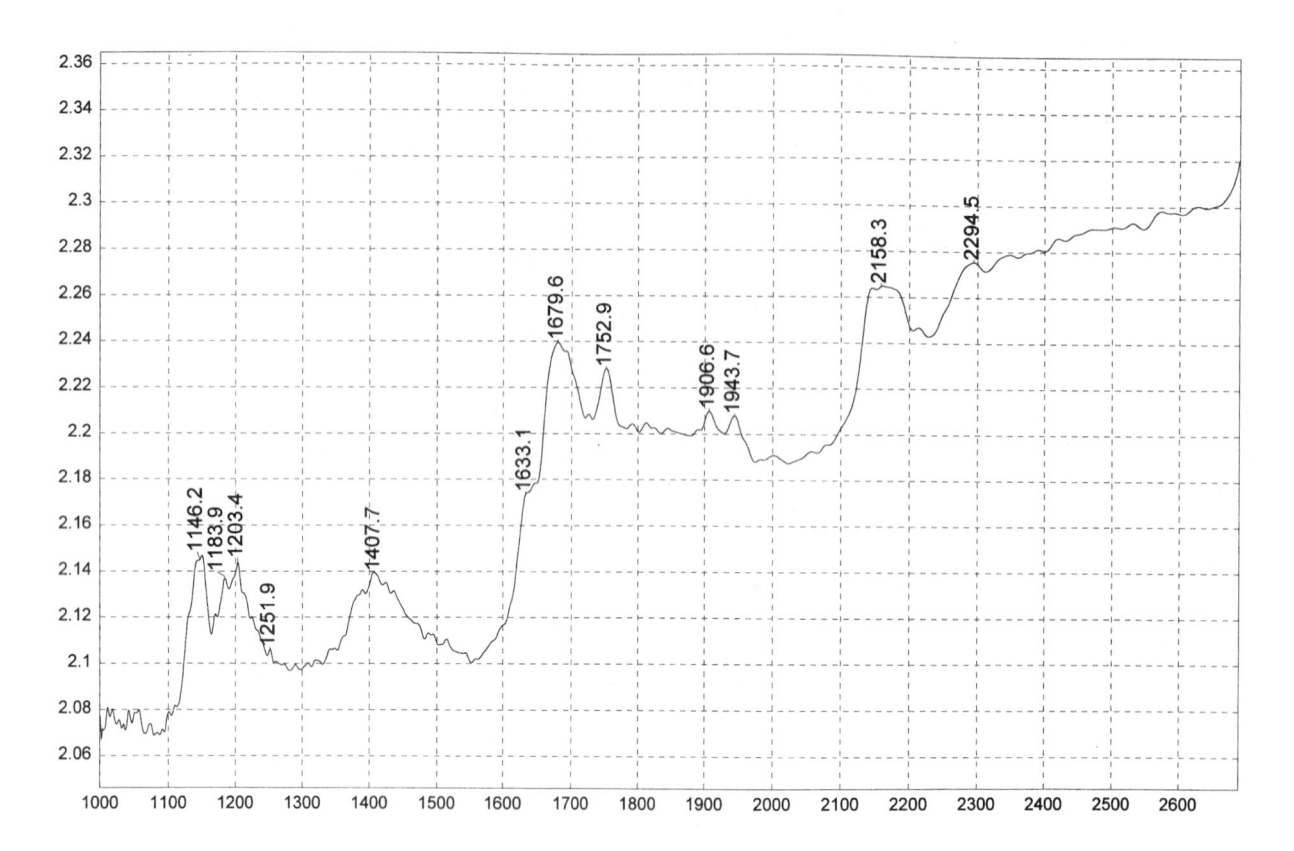

971 Styrene/acrylonitrile, 70/30 copolymer - pellets

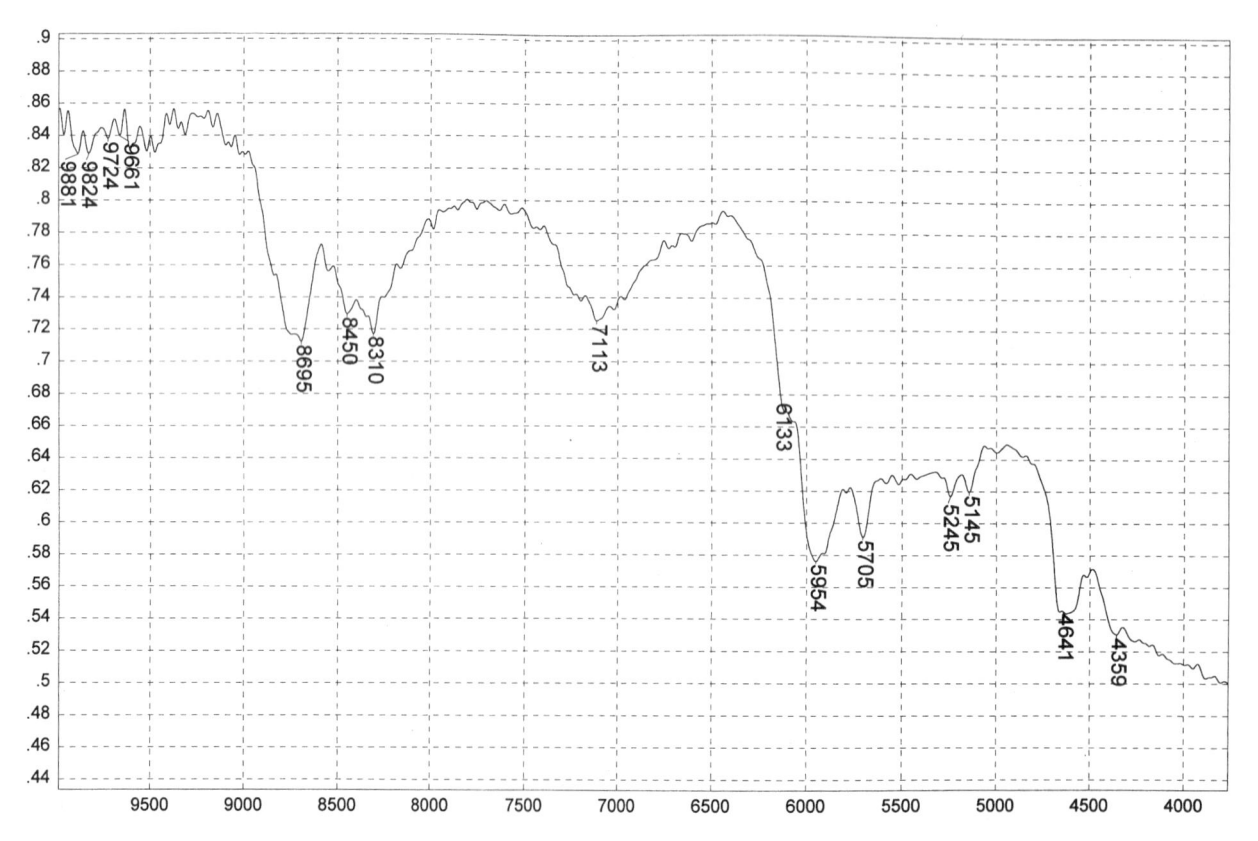

972 Styrene/acrylonitrile, 70/30 copolymer - pellets

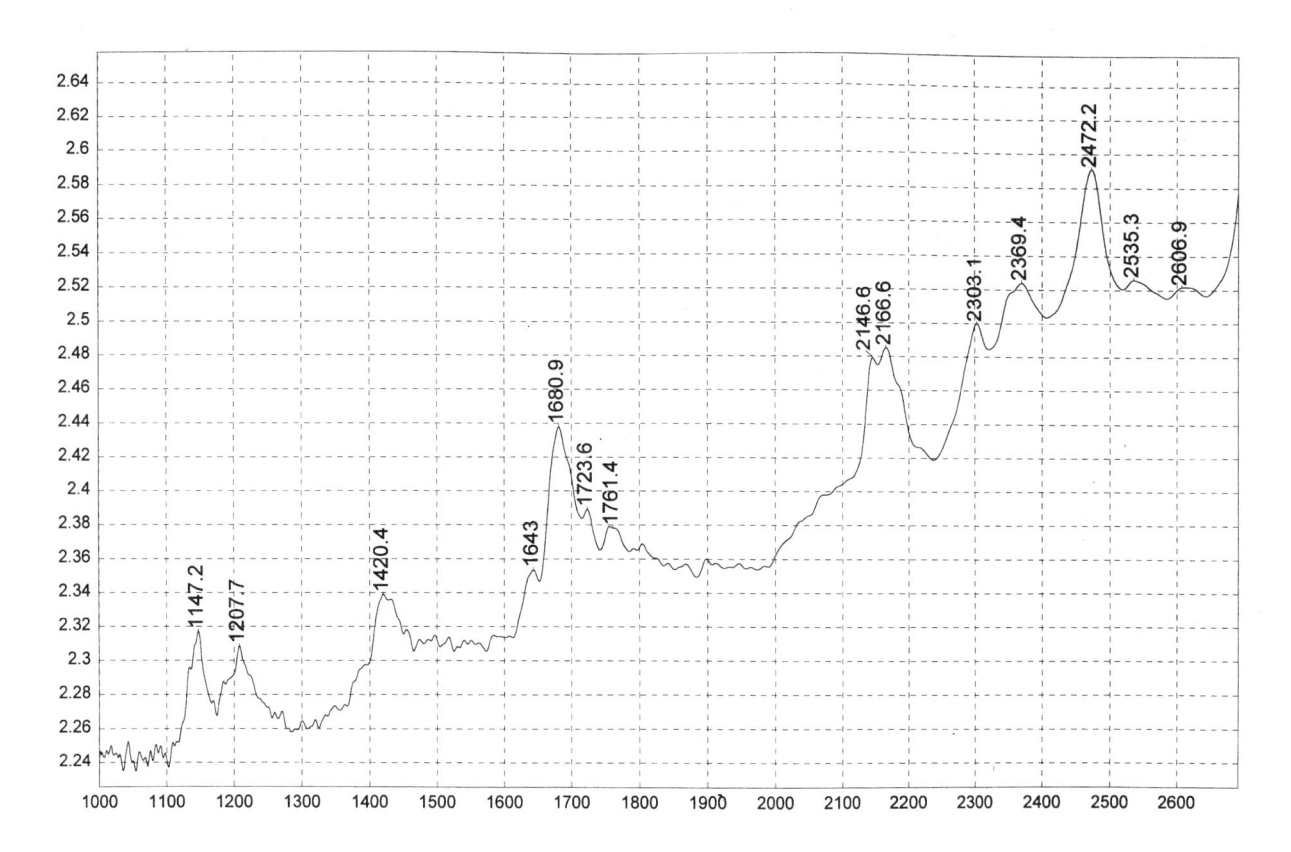

Absorbance / Nanometers

973 Styrene/allyl alcohol copolymer

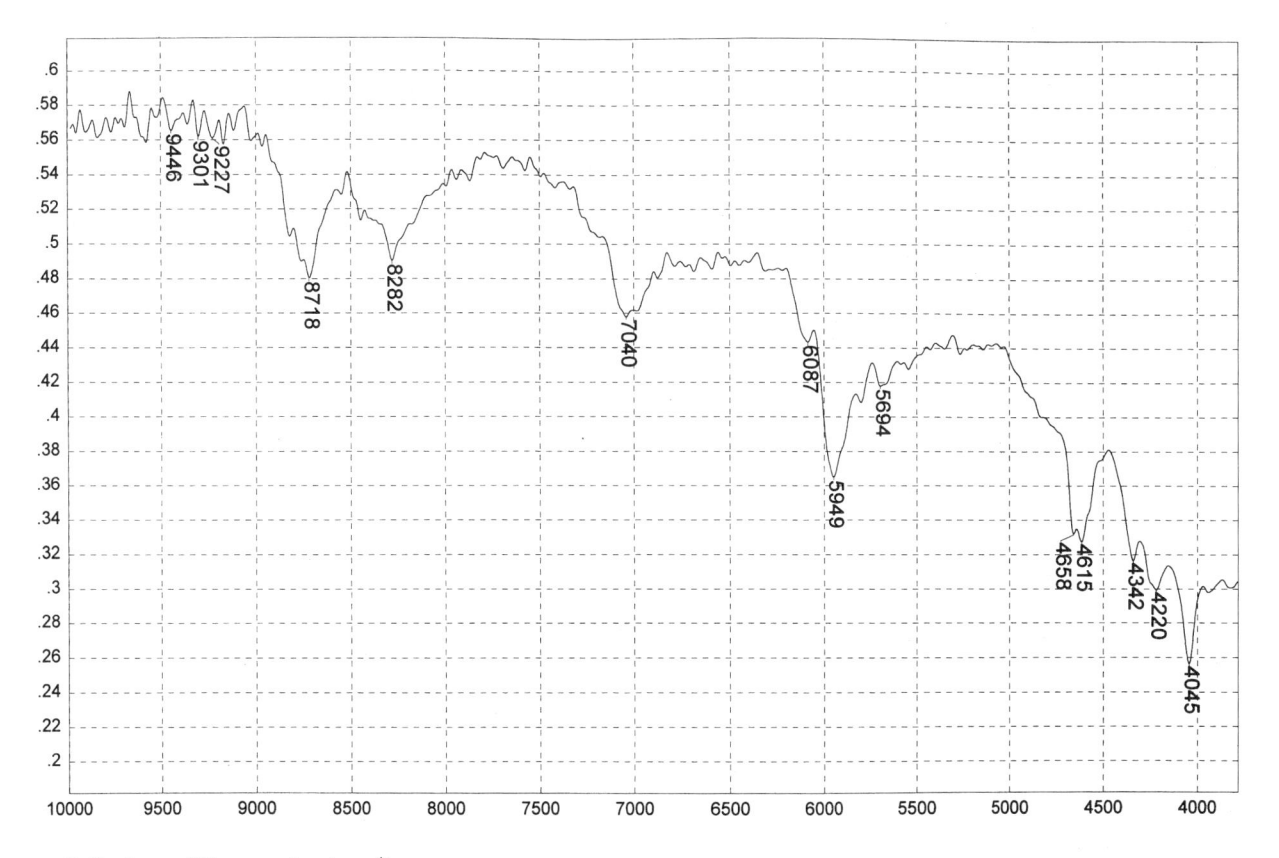

Reflectance / Wavenumber (cm^{-1})

974 Styrene/allyl alcohol copolymer

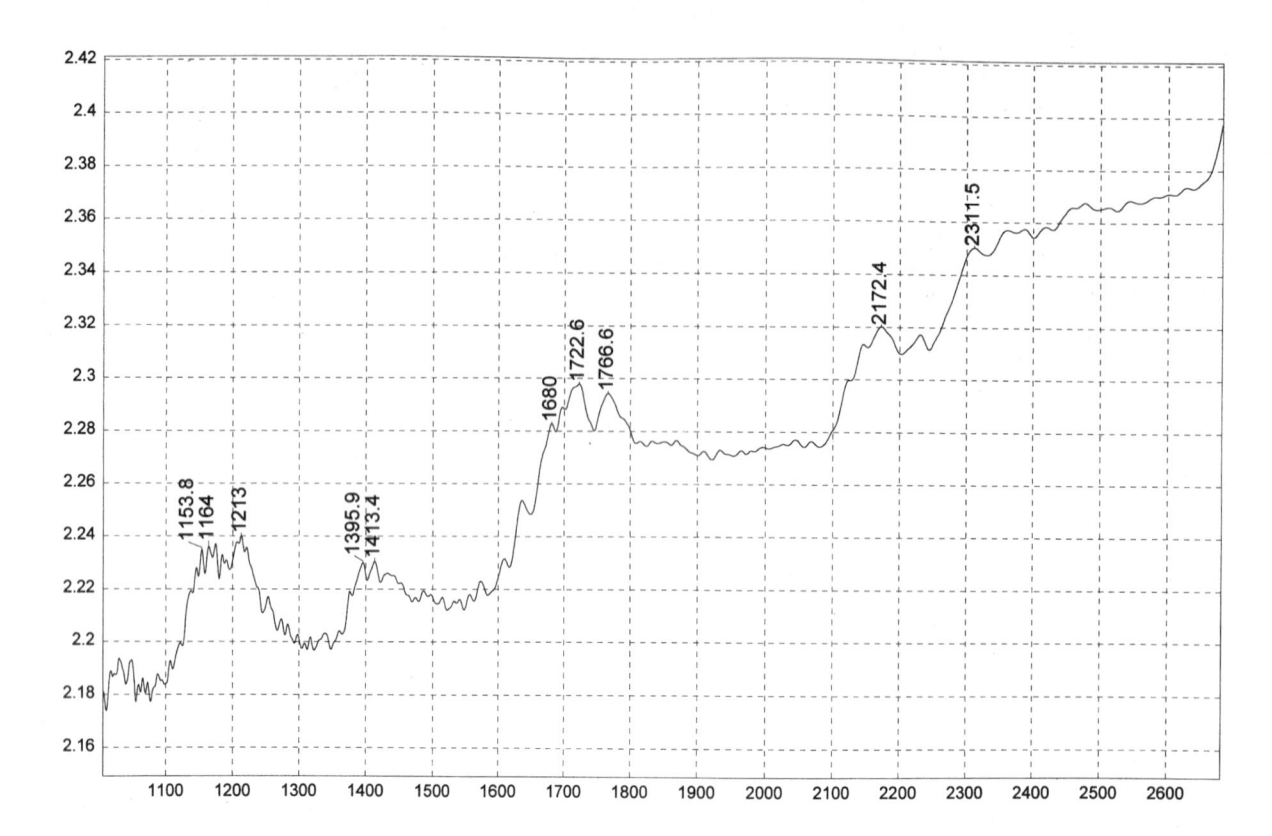

975 Styrene/butadiene, ABA Block copolymer - pellets

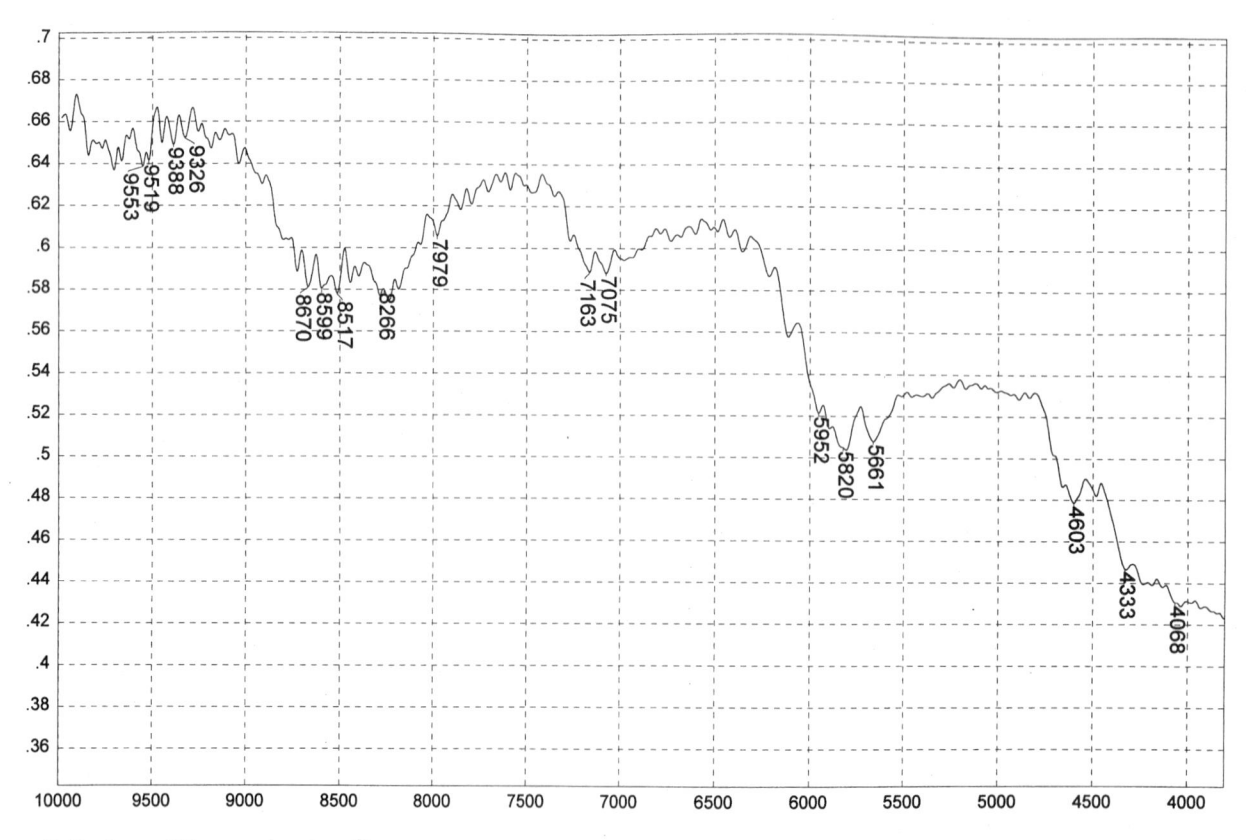

976 Styrene/butadiene, ABA Block copolymer - pellets

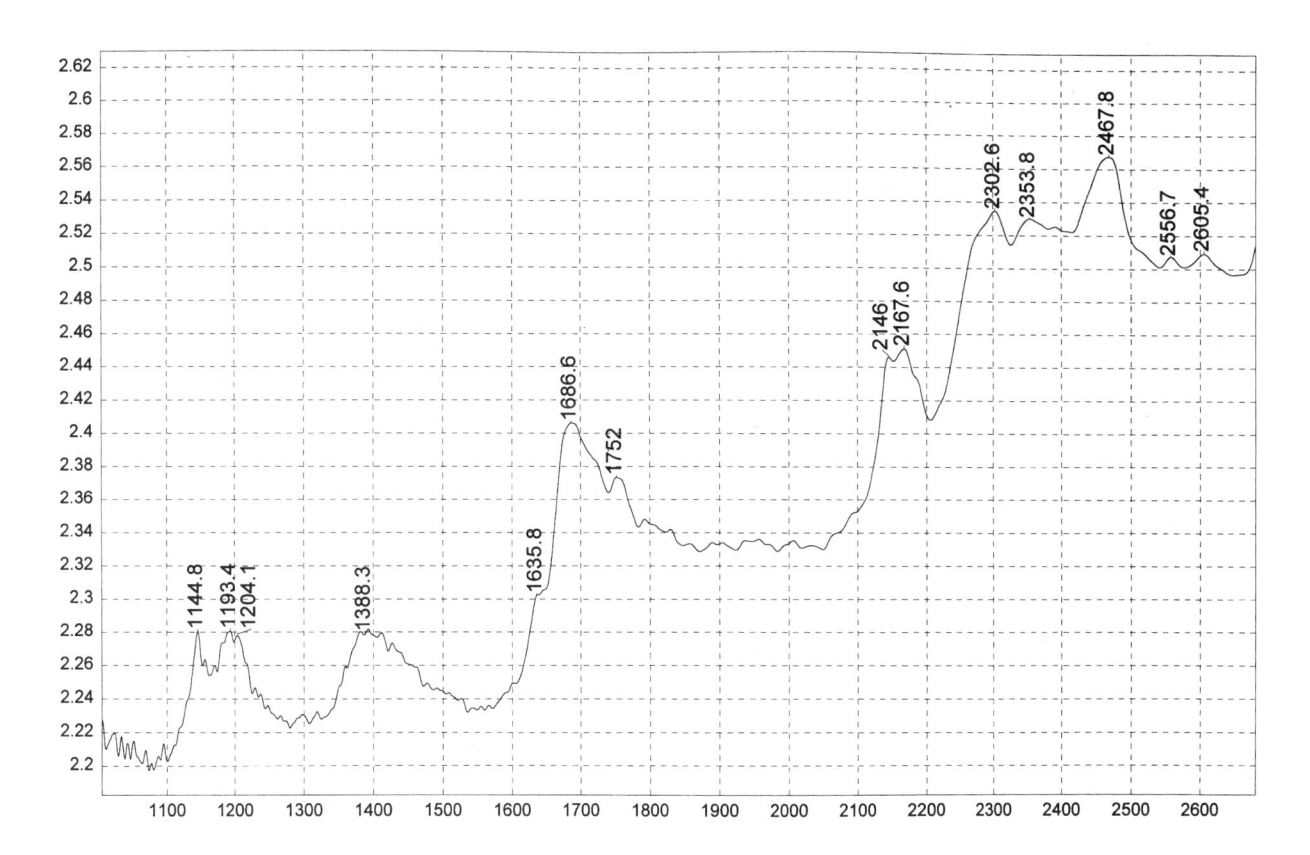

Absorbance / Nanometers

977 Styrene/butyl methacrylate copolymer

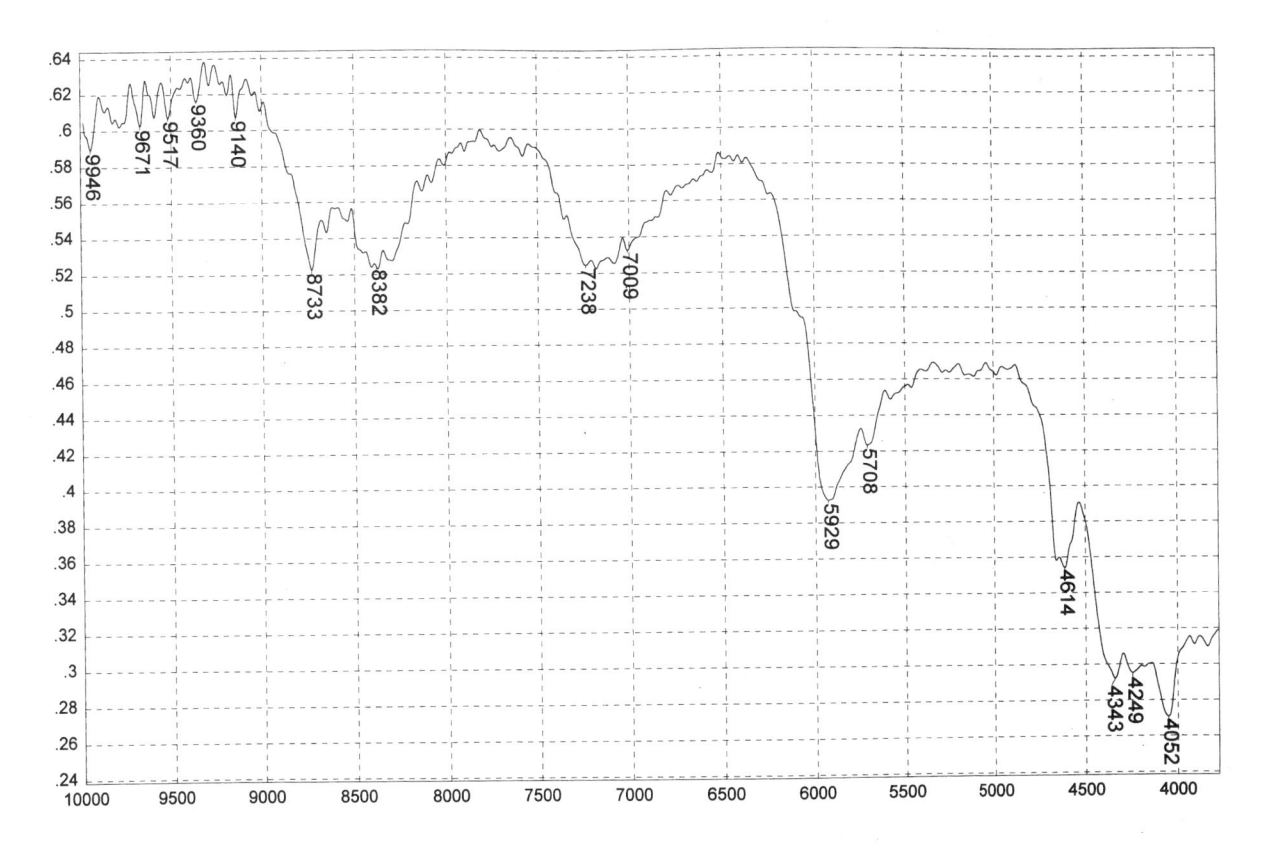

Reflectance / Wavenumber (cm⁻¹)

978 Styrene/butyl methacrylate copolymer

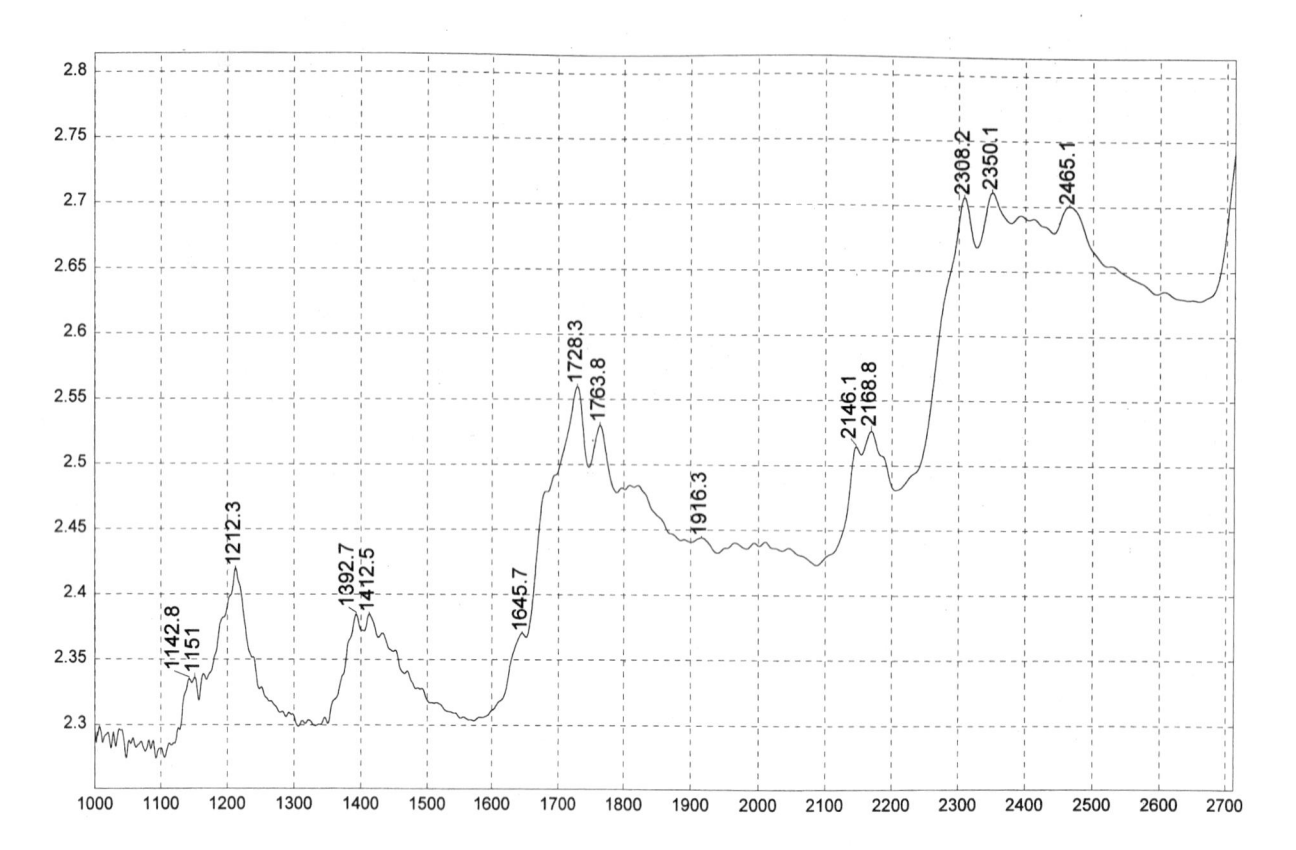

Absorbance / Nanometers

979 Styrene/ethylene/butylene, ABA Block copolymer - pellets

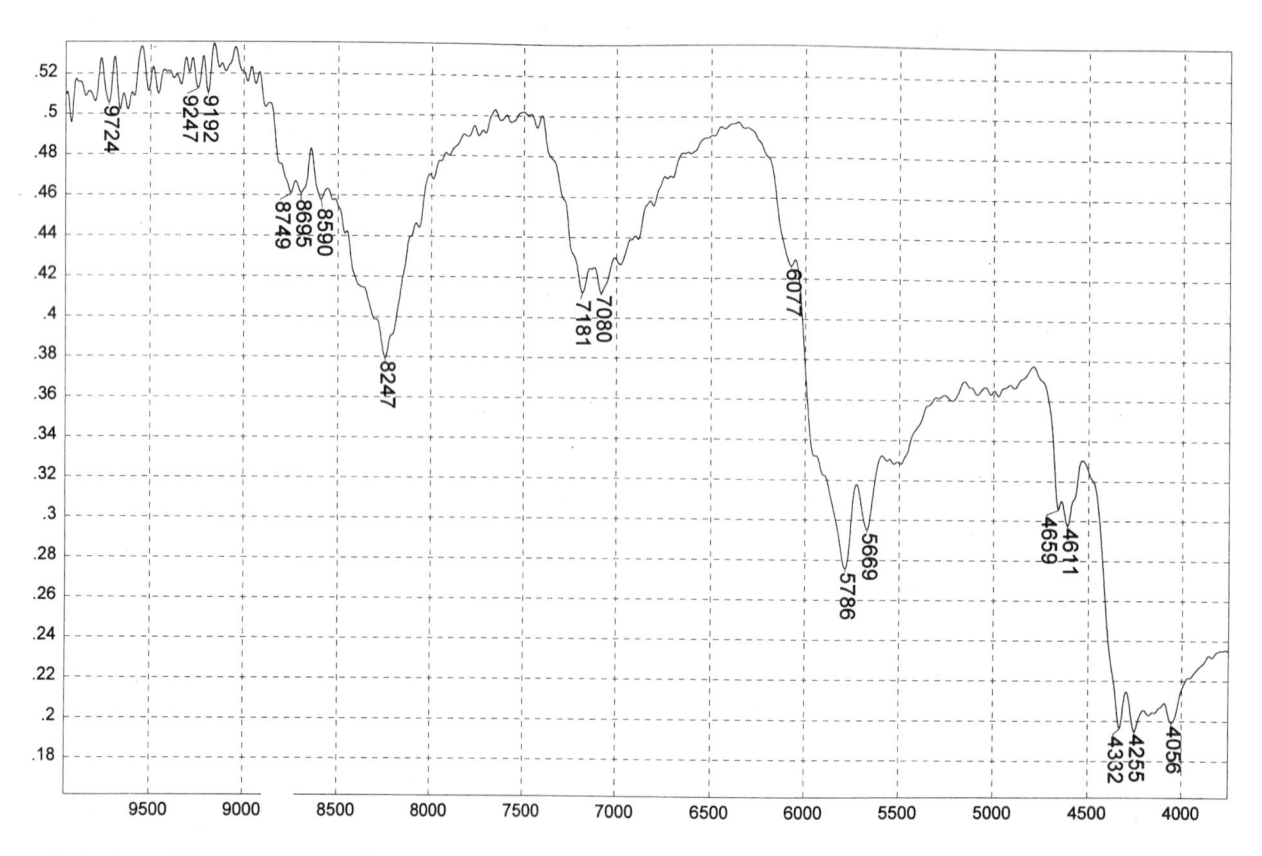

Reflectance / Wavenumber (cm⁻¹)

980 Styrene/ethylene/butylene, ABA Block copolymer - pellets

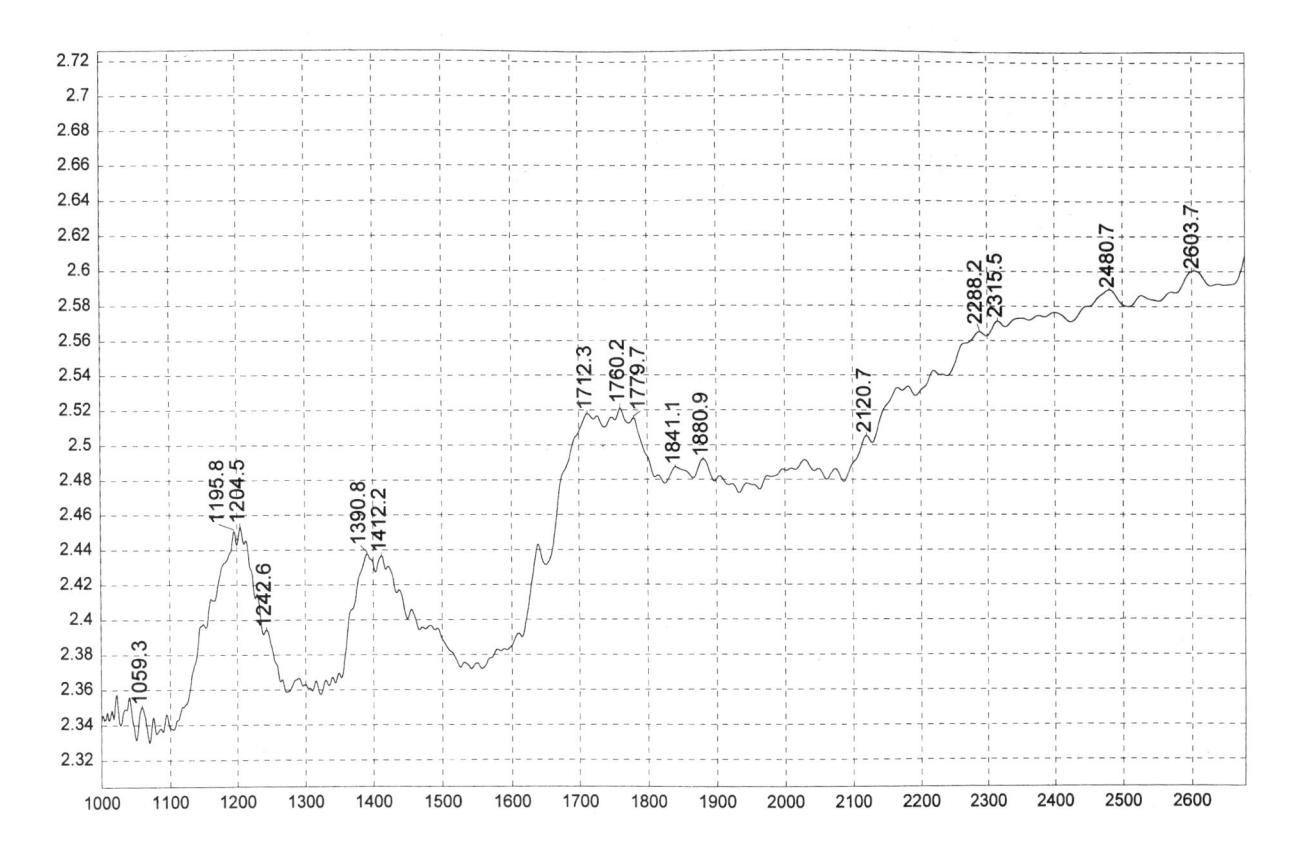

981 Styrene/isoprene, ABA Block copolymer - pellets

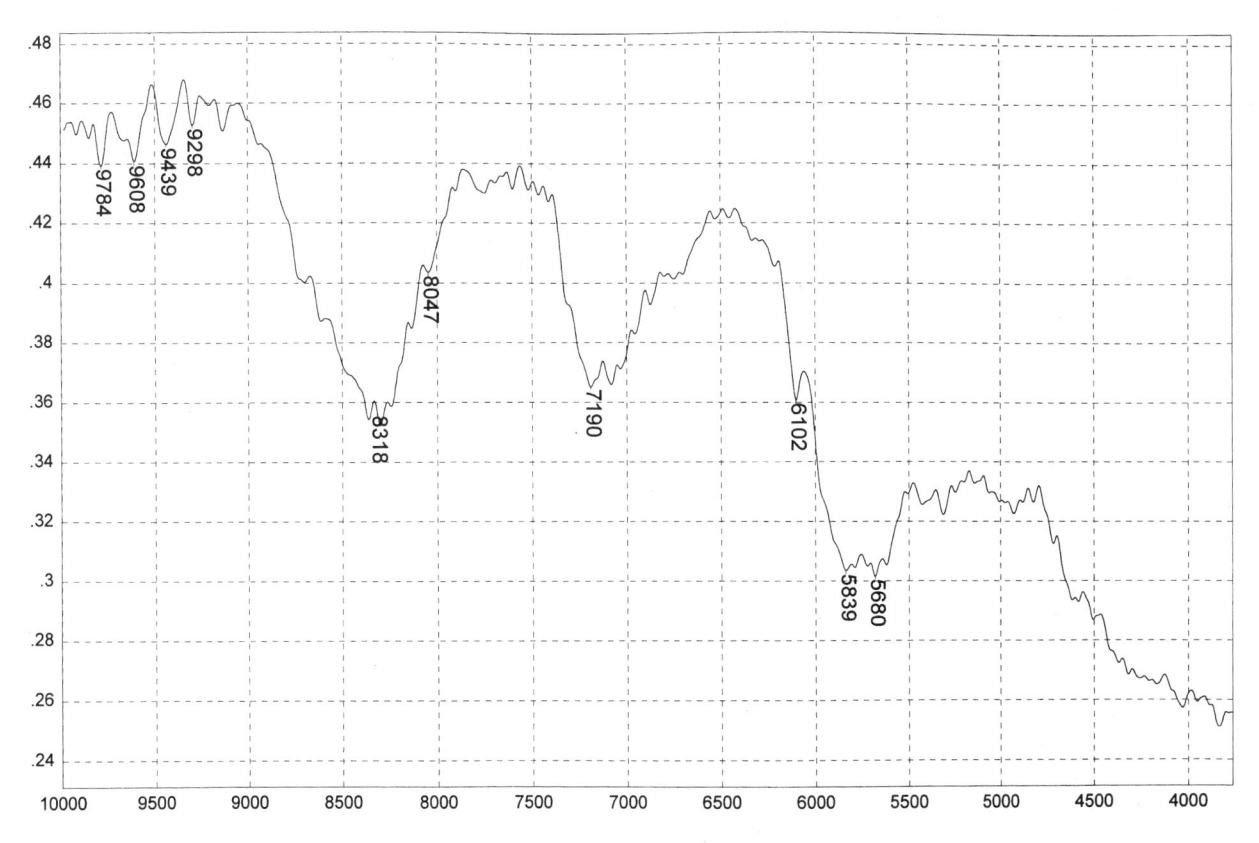

982 Styrene/isoprene, ABA Block copolymer - pellets

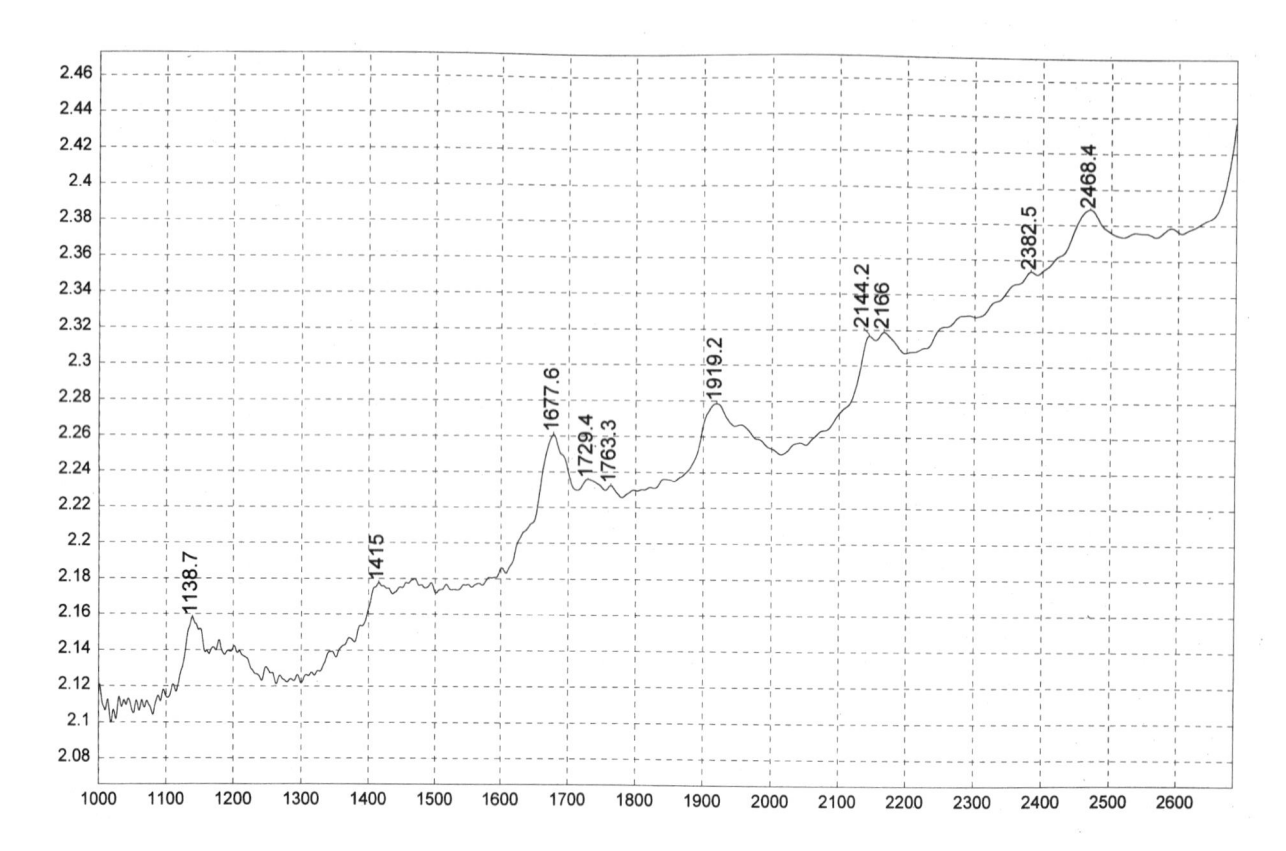

Absorbance / Nanometers

983   Styrene/maleic anhydride, 50/50 copolymer

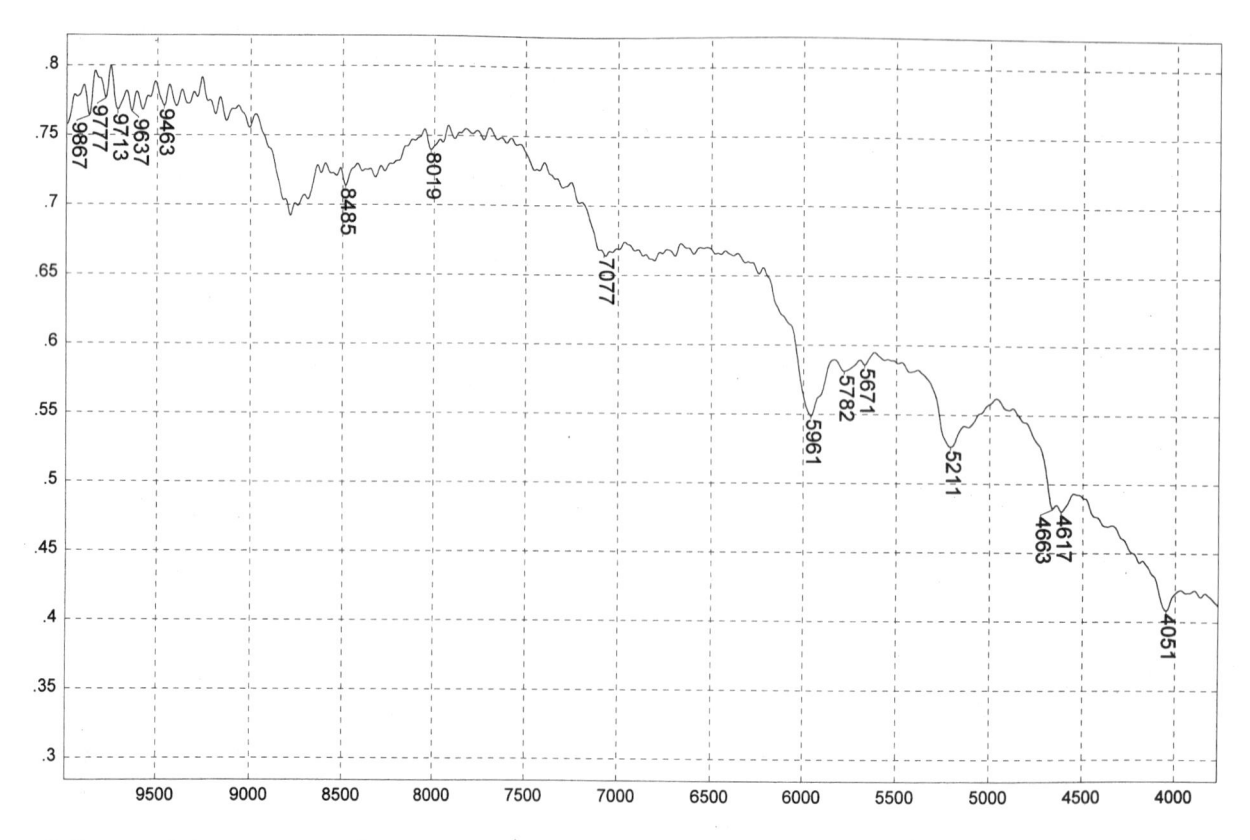

Reflectance / Wavenumber (cm⁻¹)

984   Styrene/maleic anhydride, 50/50 copolymer

Absorbance / Nanometers

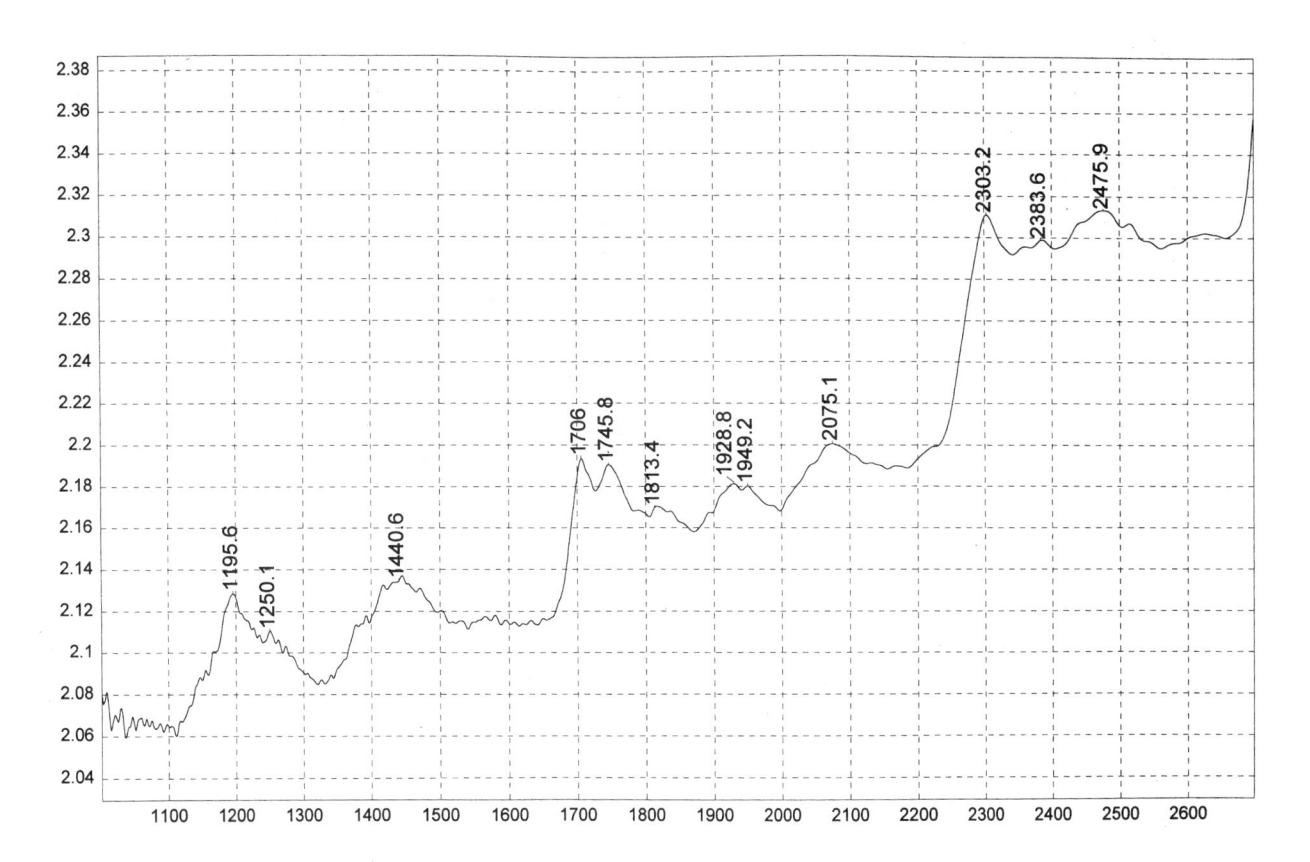

985 **Vinyl alcohol/vinyl butyral copolymer (80% vinyl butyral)**

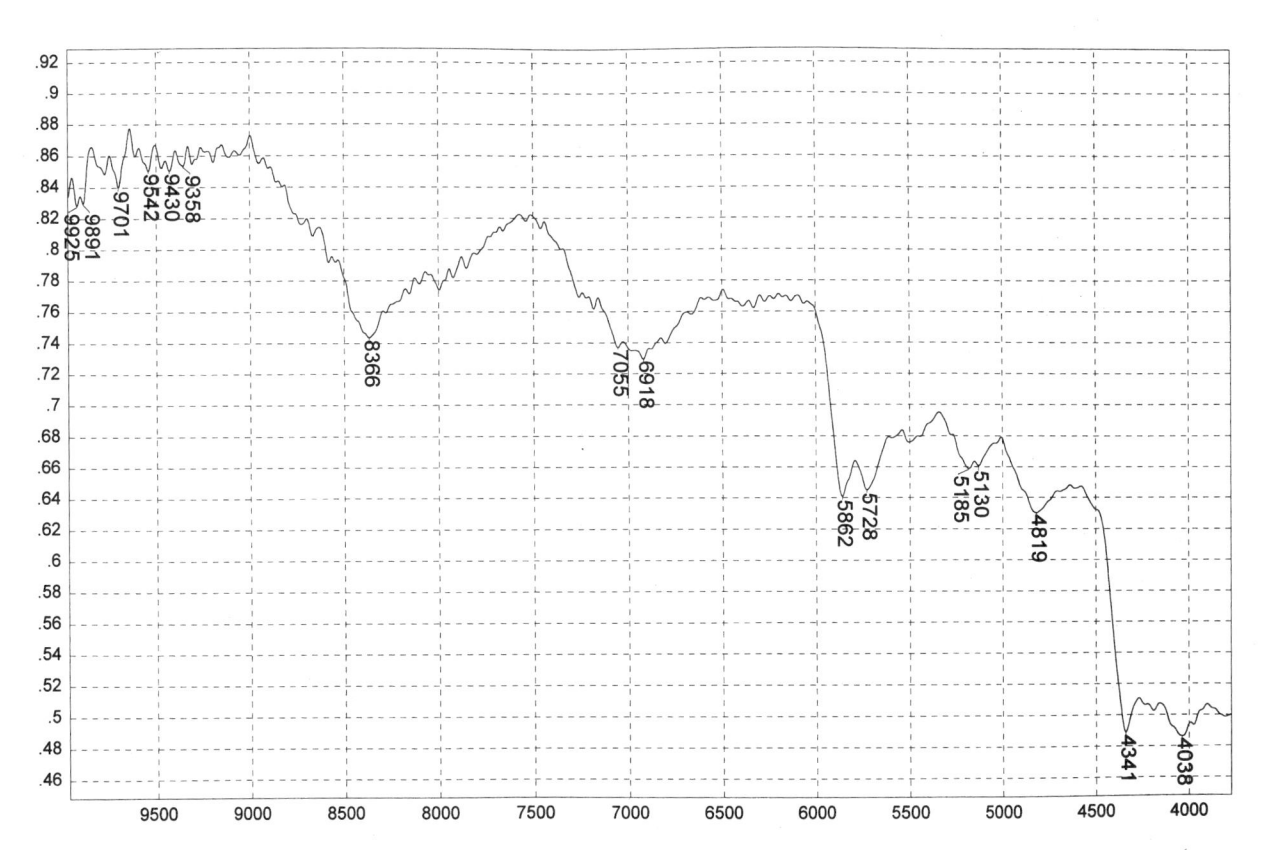

Reflectance / Wavenumber (cm^{-1})

986 **Vinyl alcohol/vinyl butyral copolymer (80% vinyl butyral)**

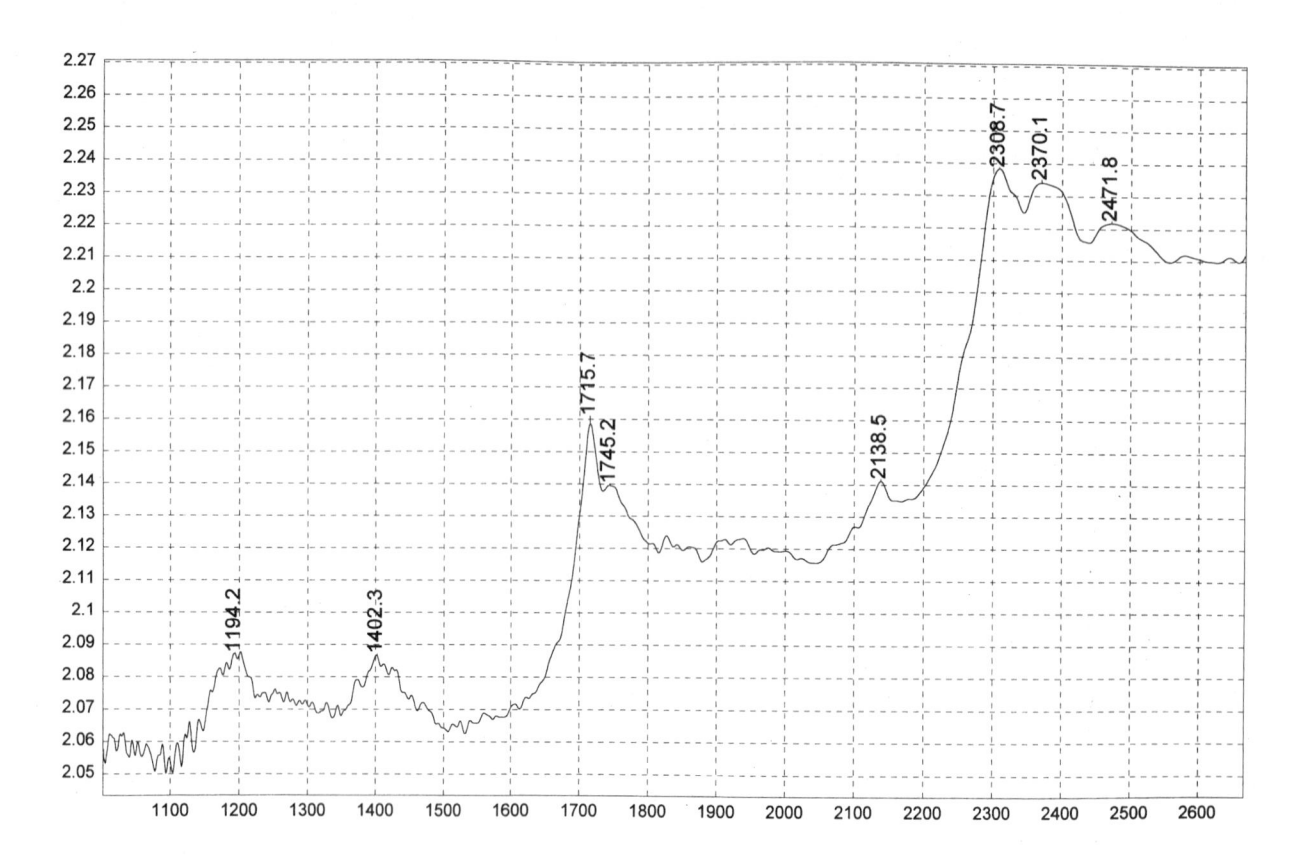

987 Vinyl chloride/vinyl acetate copolymer (81% vinyl chloride)

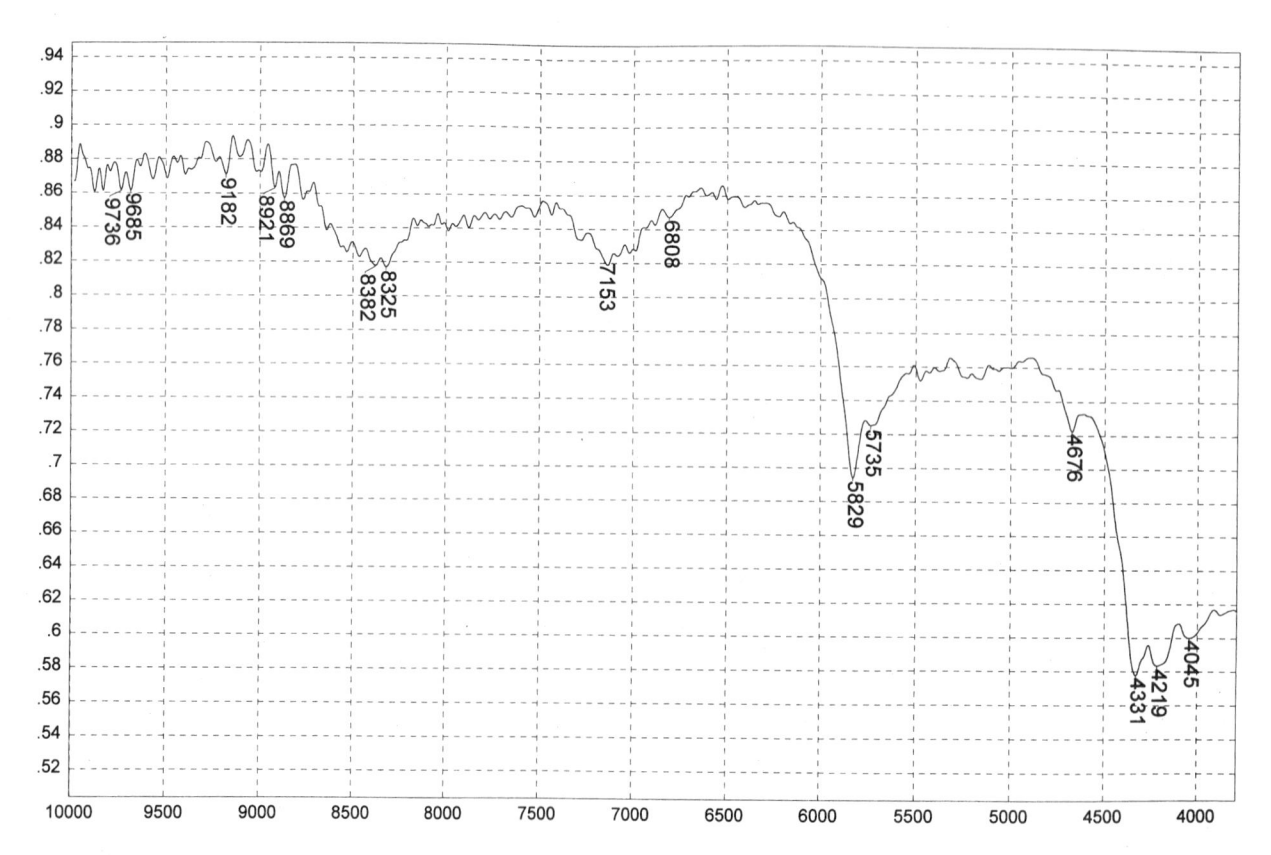

988 Vinyl chloride/vinyl acetate copolymer (81% vinyl chloride)

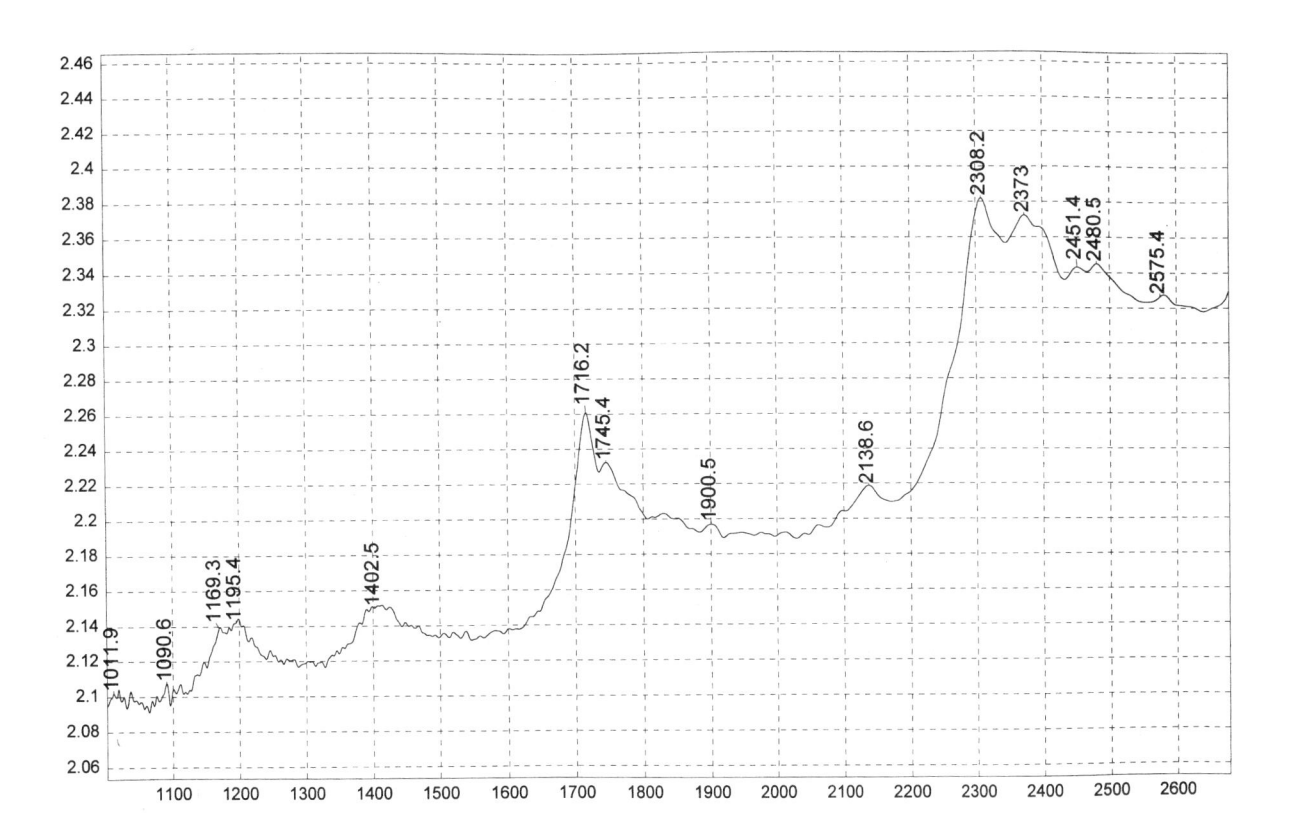

989 Vinyl chloride/vinyl acetate copolymer (88% vinyl chloride)

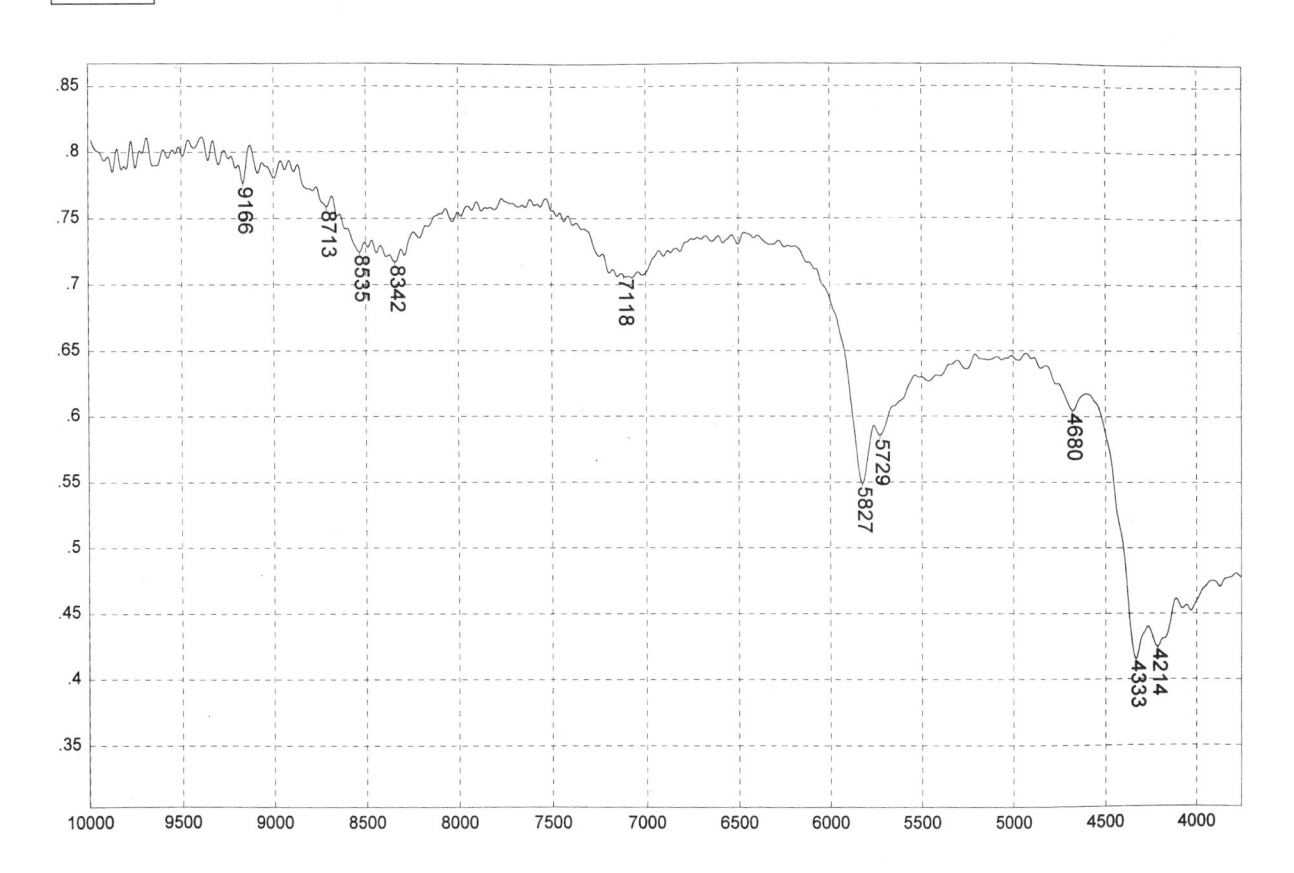

990 Vinyl chloride/vinyl acetate copolymer (88% vinyl chloride)

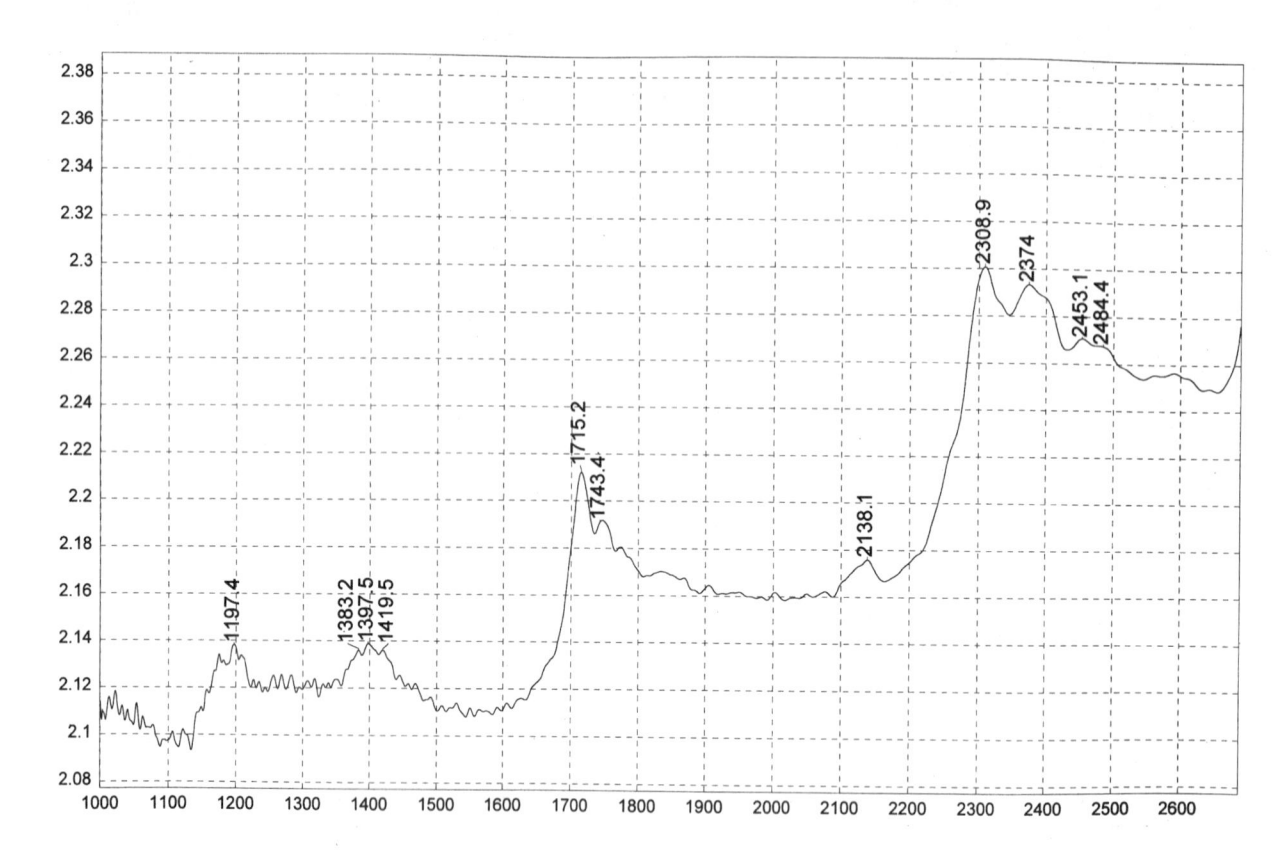

Absorbance / Nanometers

991 | Vinyl chloride/vinyl acetate copolymer (90% vinyl chloride)

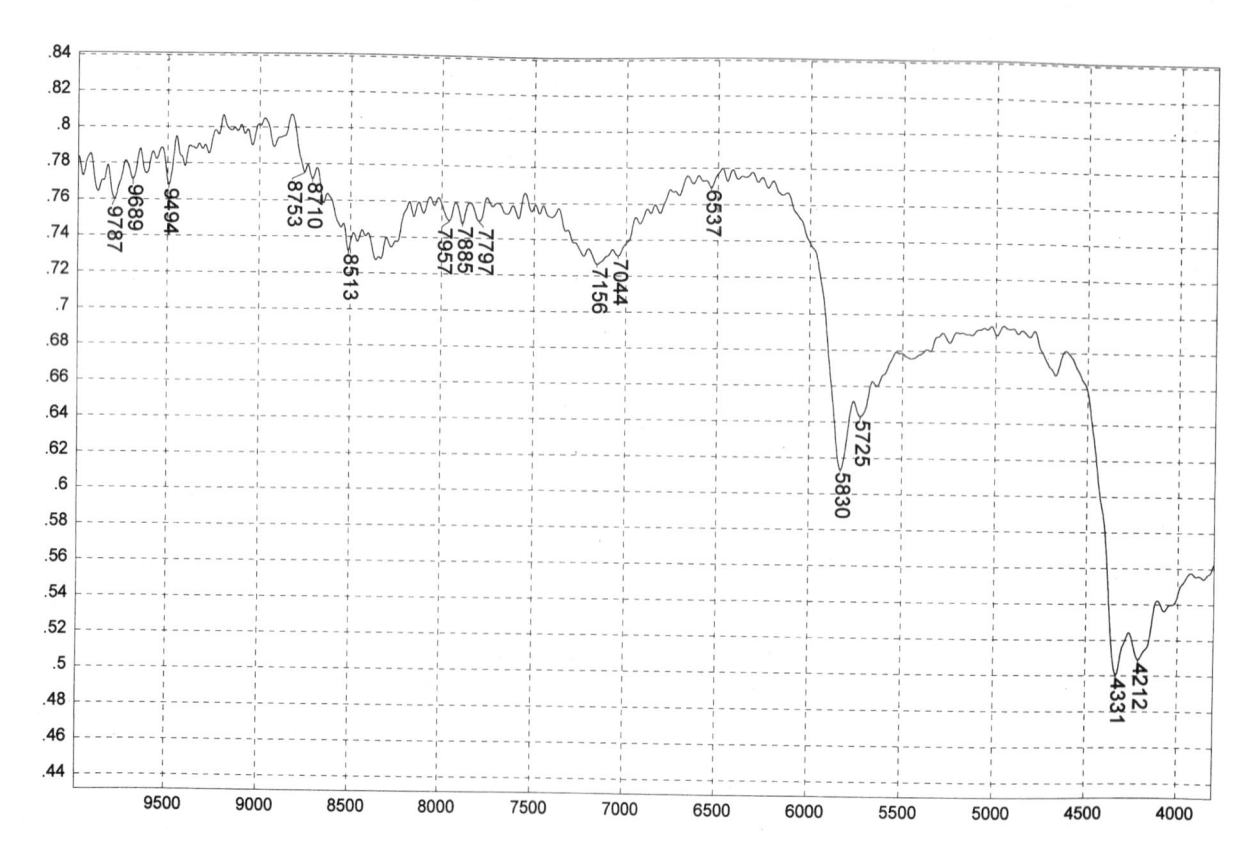

Reflectance / Wavenumber (cm⁻¹)

992 | Vinyl chloride/vinyl acetate copolymer (90% vinyl chloride)

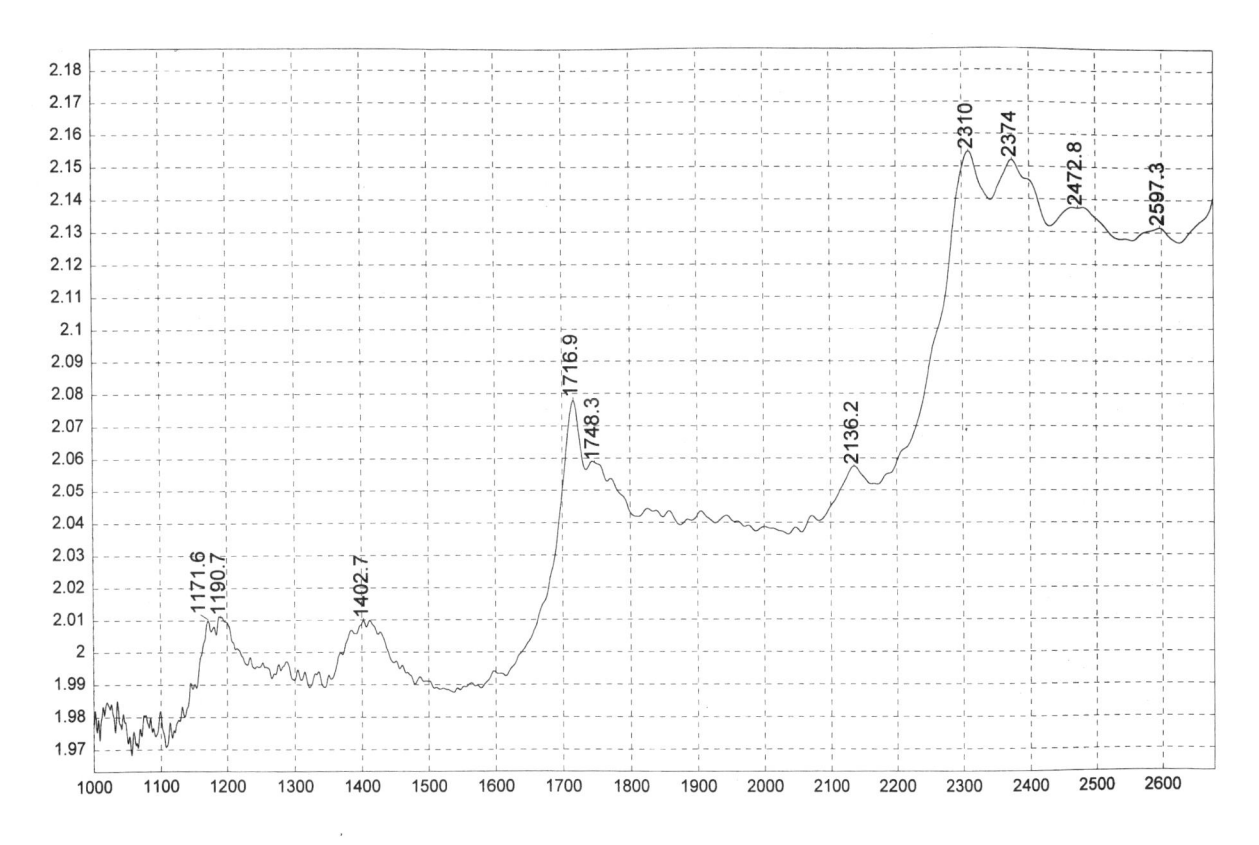

Absorbance / Nanometers

| 993 | Vinyl chloride/vinyl acetate copolymer carboxylated (86% vinyl chloride) |

Reflectance / Wavenumber (cm⁻¹)

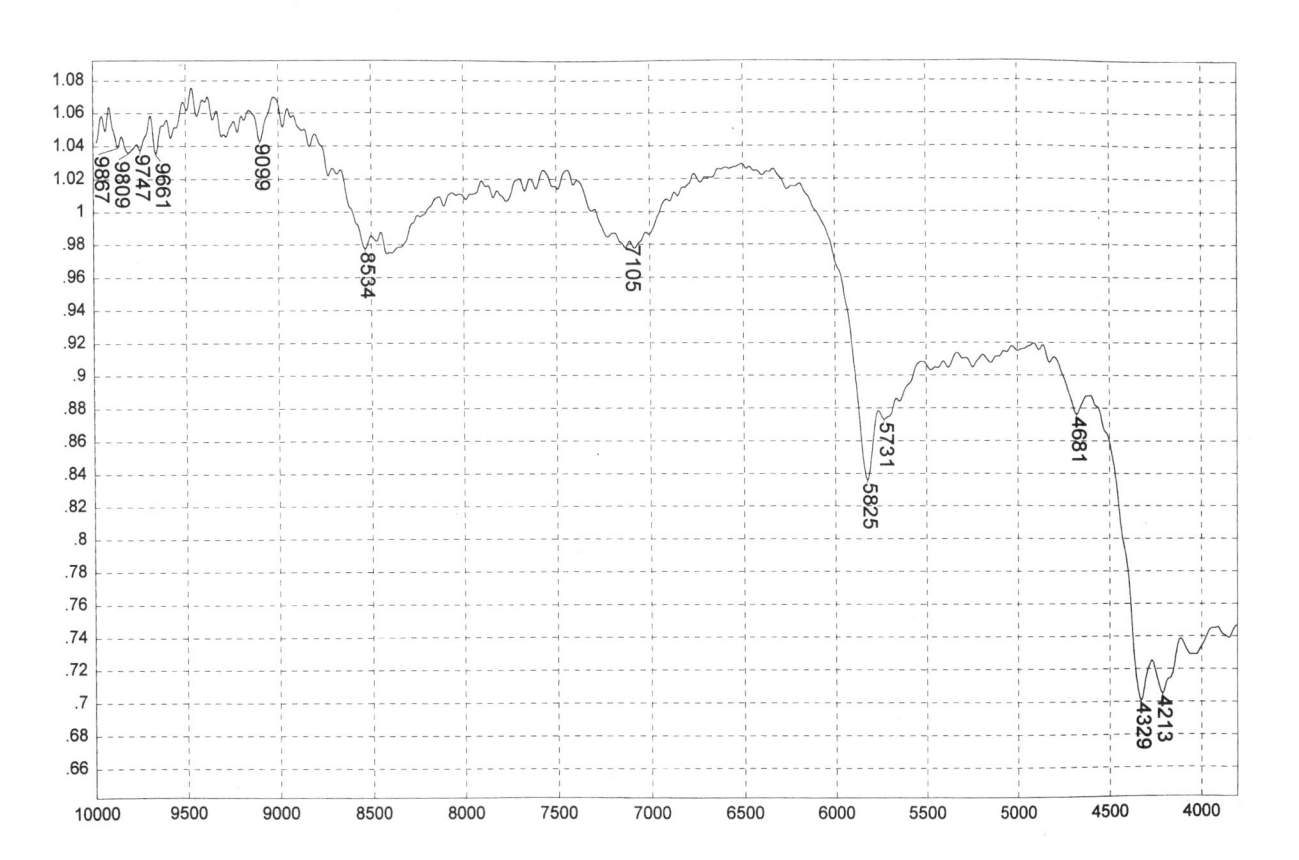

| 994 | Vinyl chloride/vinyl acetate copolymer carboxylated (86% vinyl chloride) |

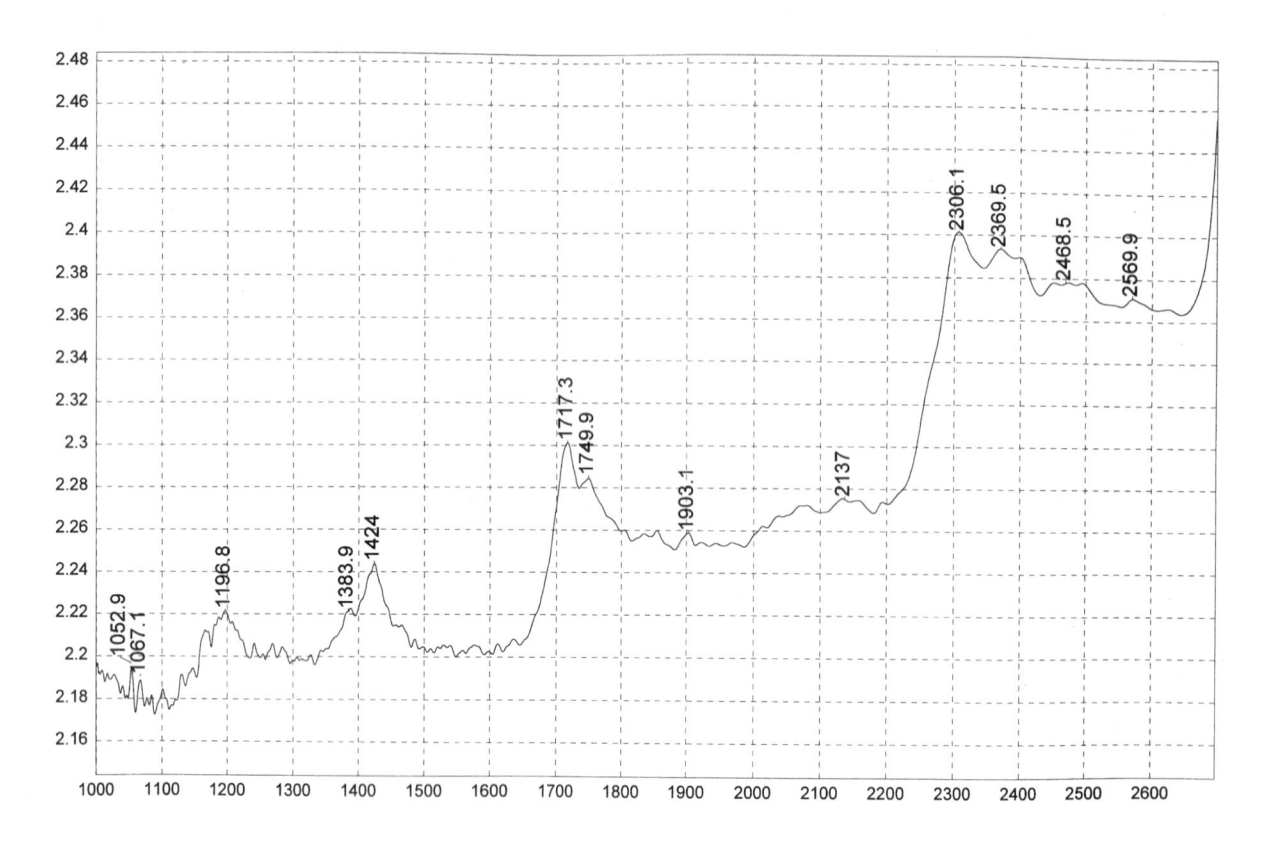

995 Vinyl chloride/vinyl acetate/hydroxypropyl acrylate terpolymer (80% vinyl chloride)

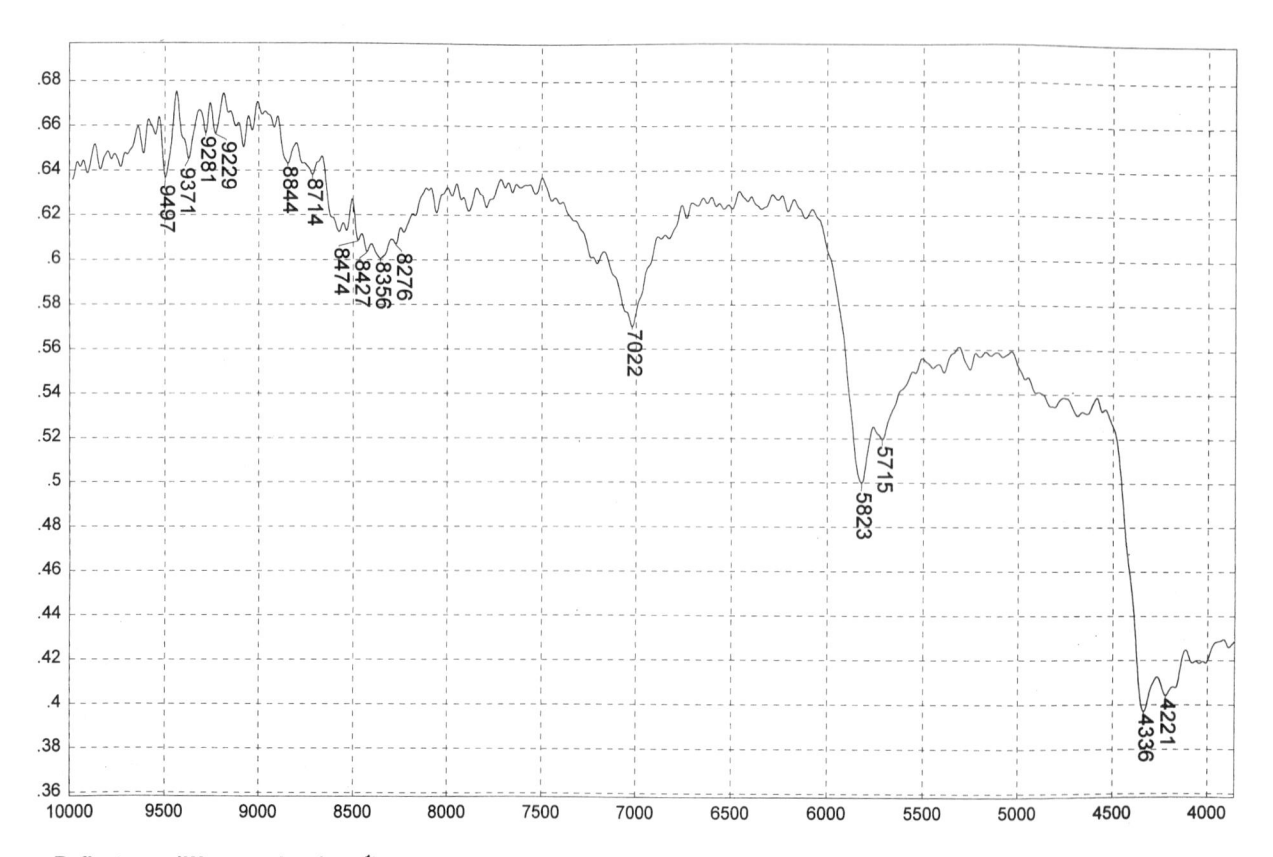

996 Vinyl chloride/vinyl acetate/hydroxypropyl acrylate terpolymer (80% vinyl chloride)

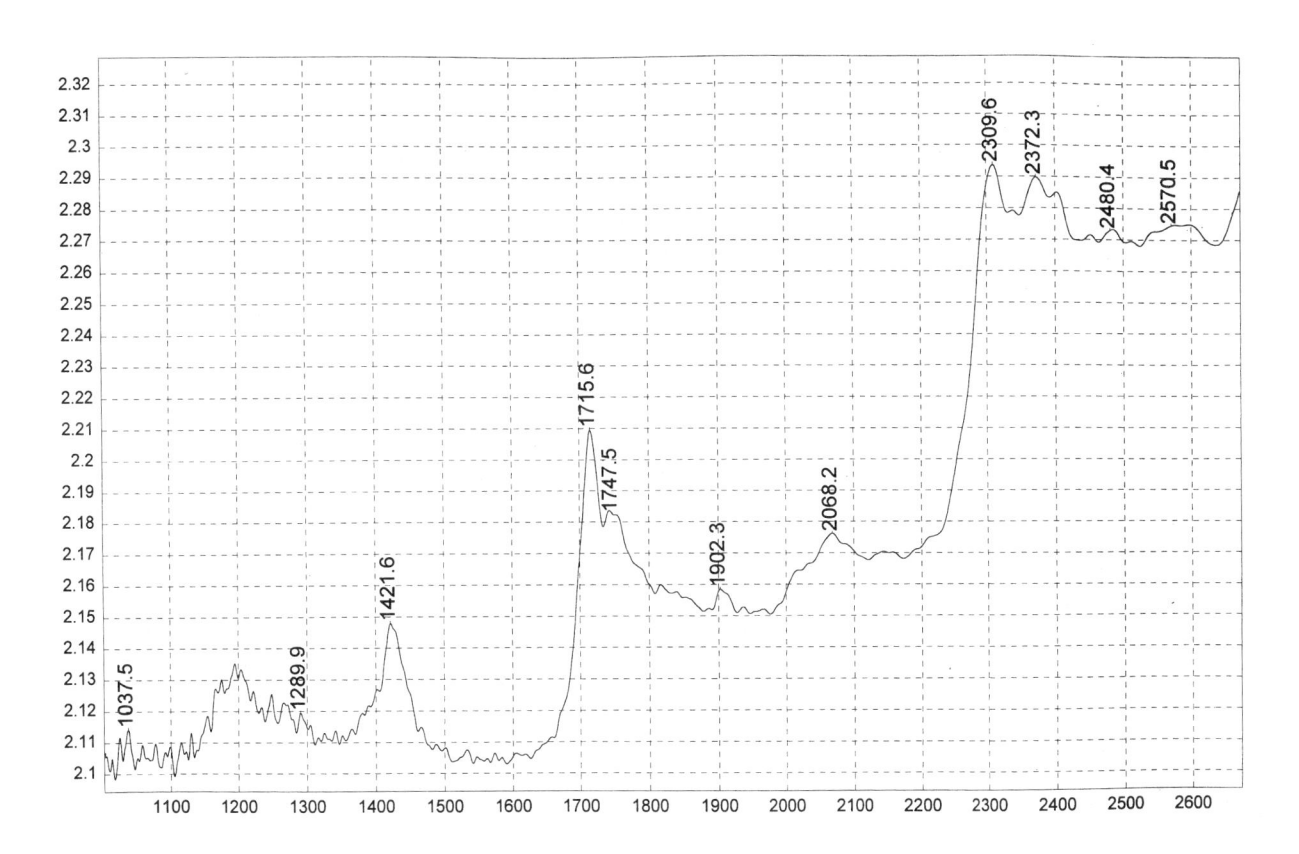

Absorbance / Nanometers

997 Vinyl chloride/vinyl acetate/vinyl alcohol terpolymer (91% vinyl chloride)

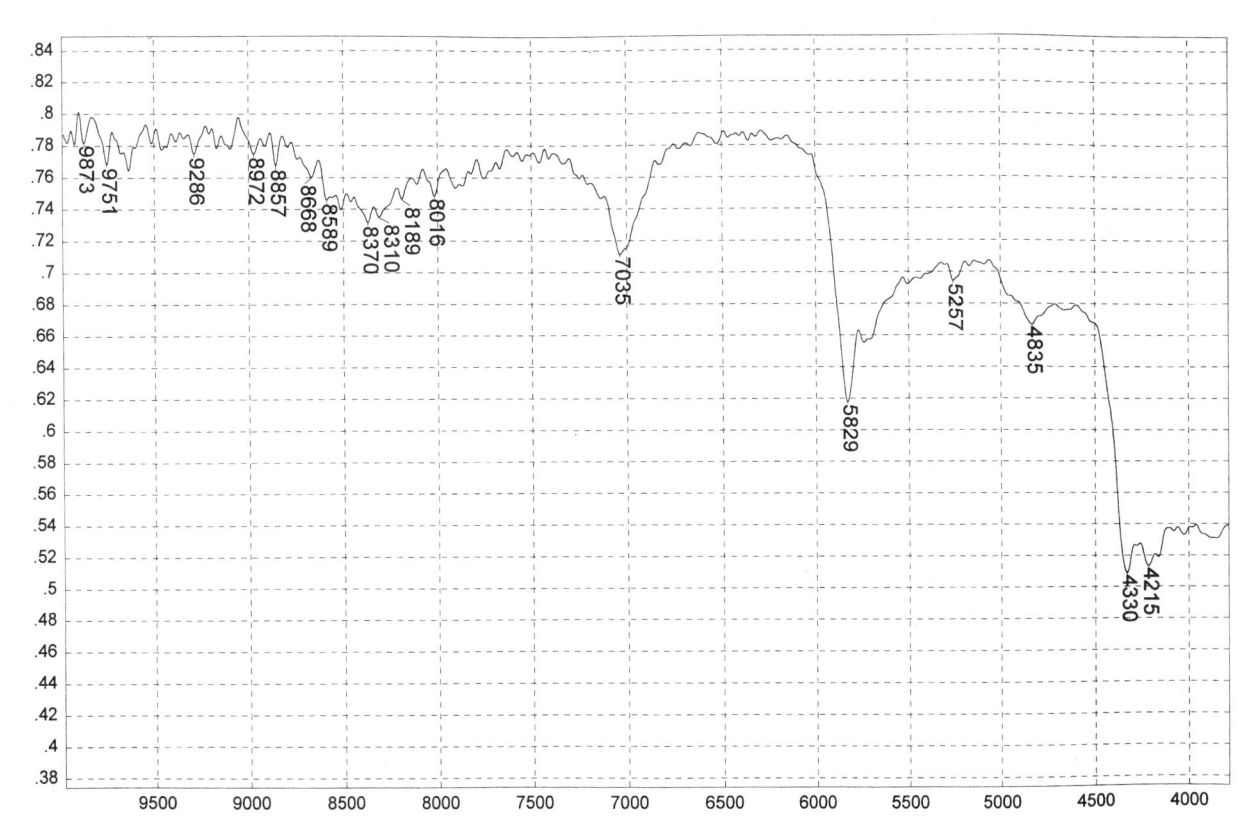

Reflectance / Wavenumber (cm^{-1})

998 Vinyl chloride/vinyl acetate/vinyl alcohol terpolymer (91% vinyl chloride)

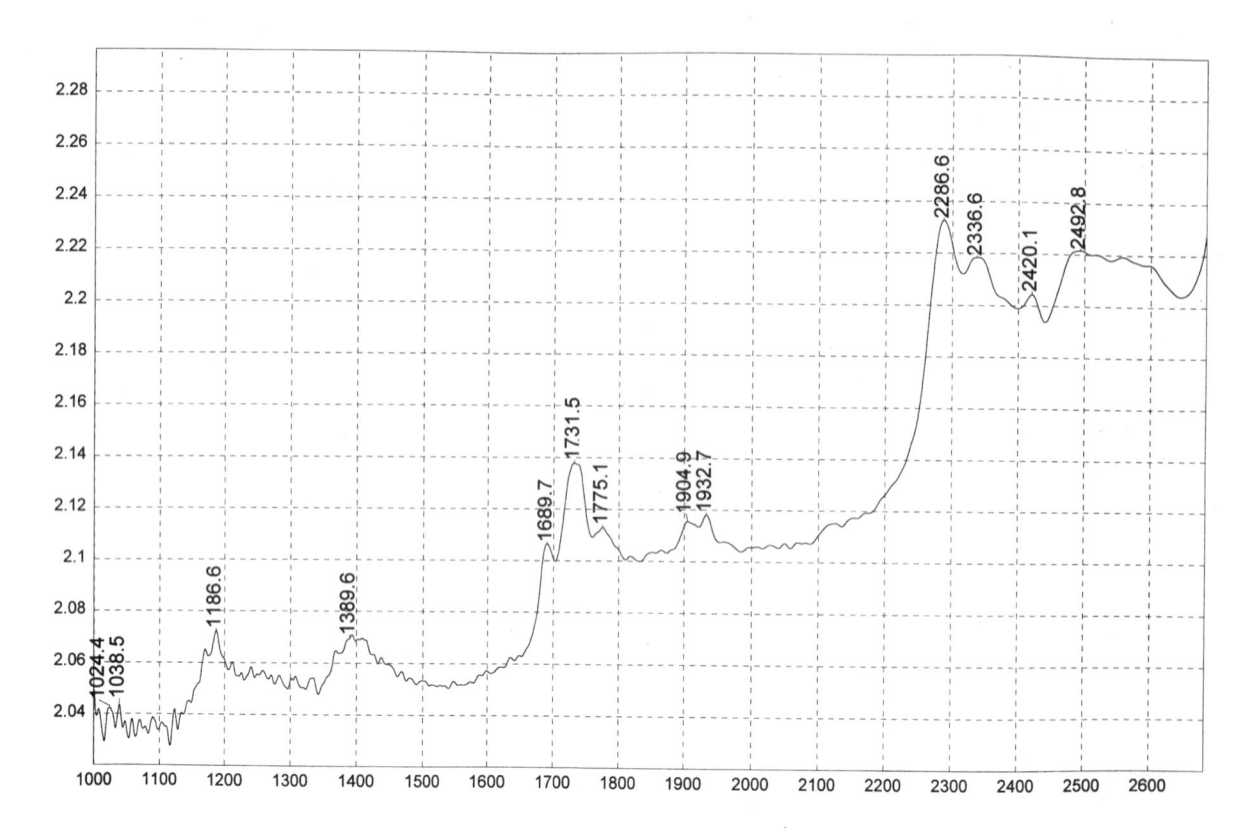

999 Vinylidene chloride/acrylonitrile copolymer (20% acrylonitrile)

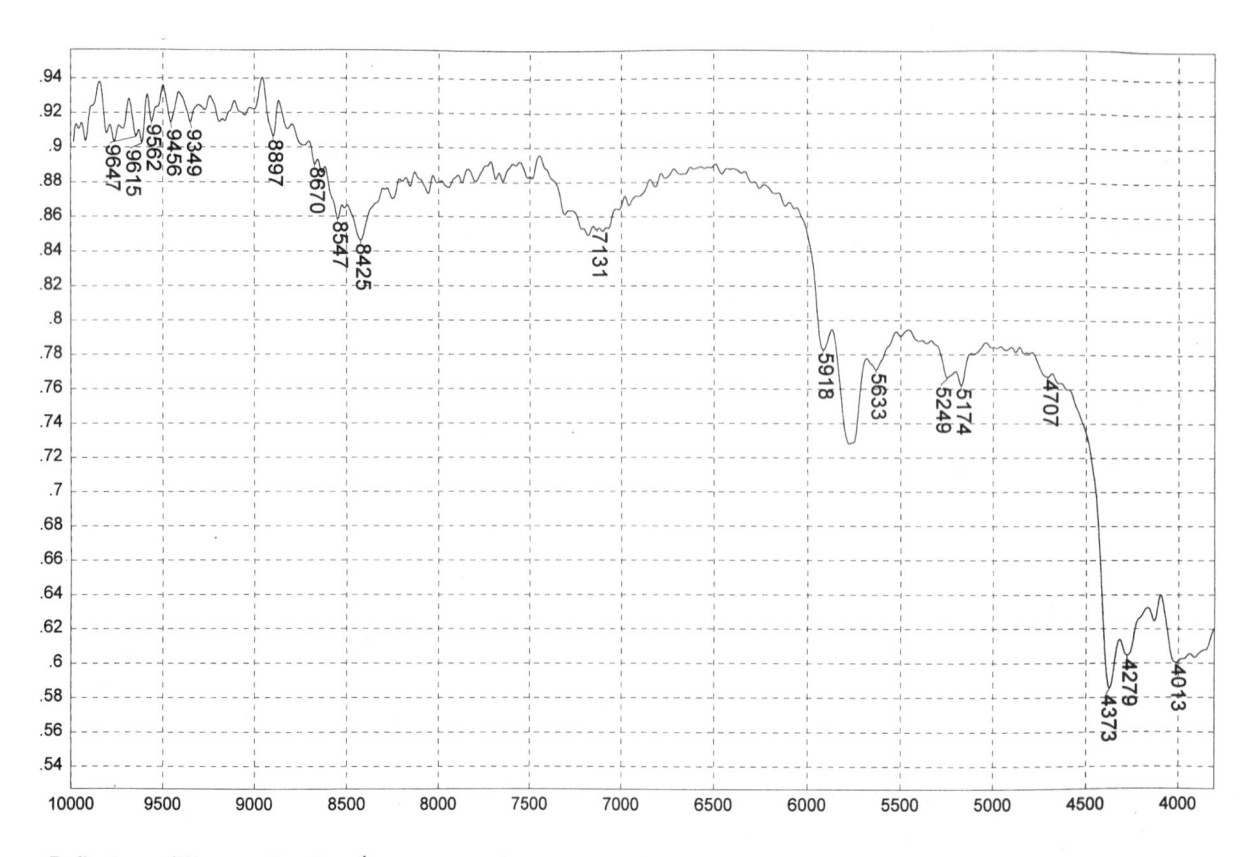

1000 Vinylidene chloride/acrylonitrile copolymer (20% acrylonitrile)

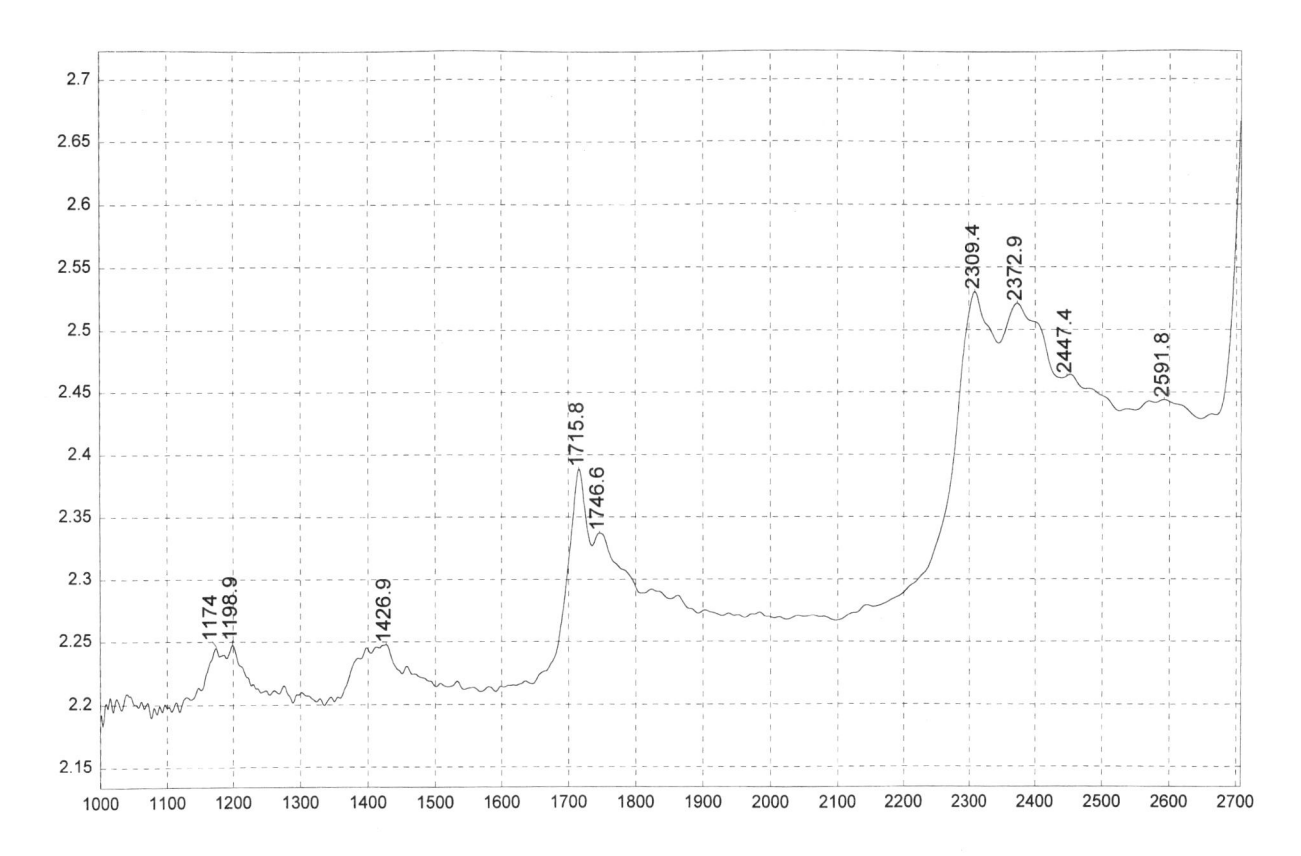

1001 Vinylidine chloride/vinyl chloride copolymer (5% vinylidene chloride)

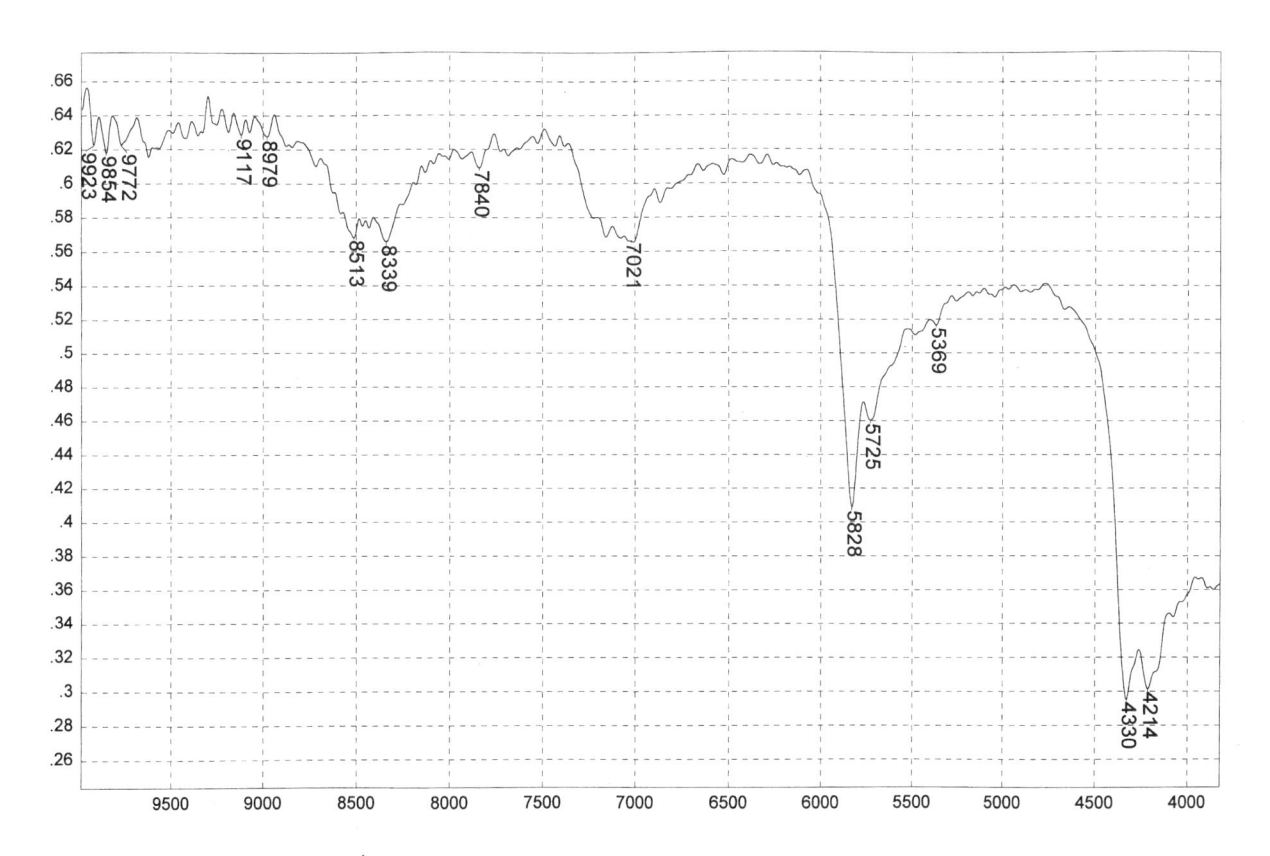

1002 Vinylidine chloride/vinyl chloride copolymer (5% vinylidene chloride)

1003 N-Vinyl pyrrolidone/vinyl acetate copolymer

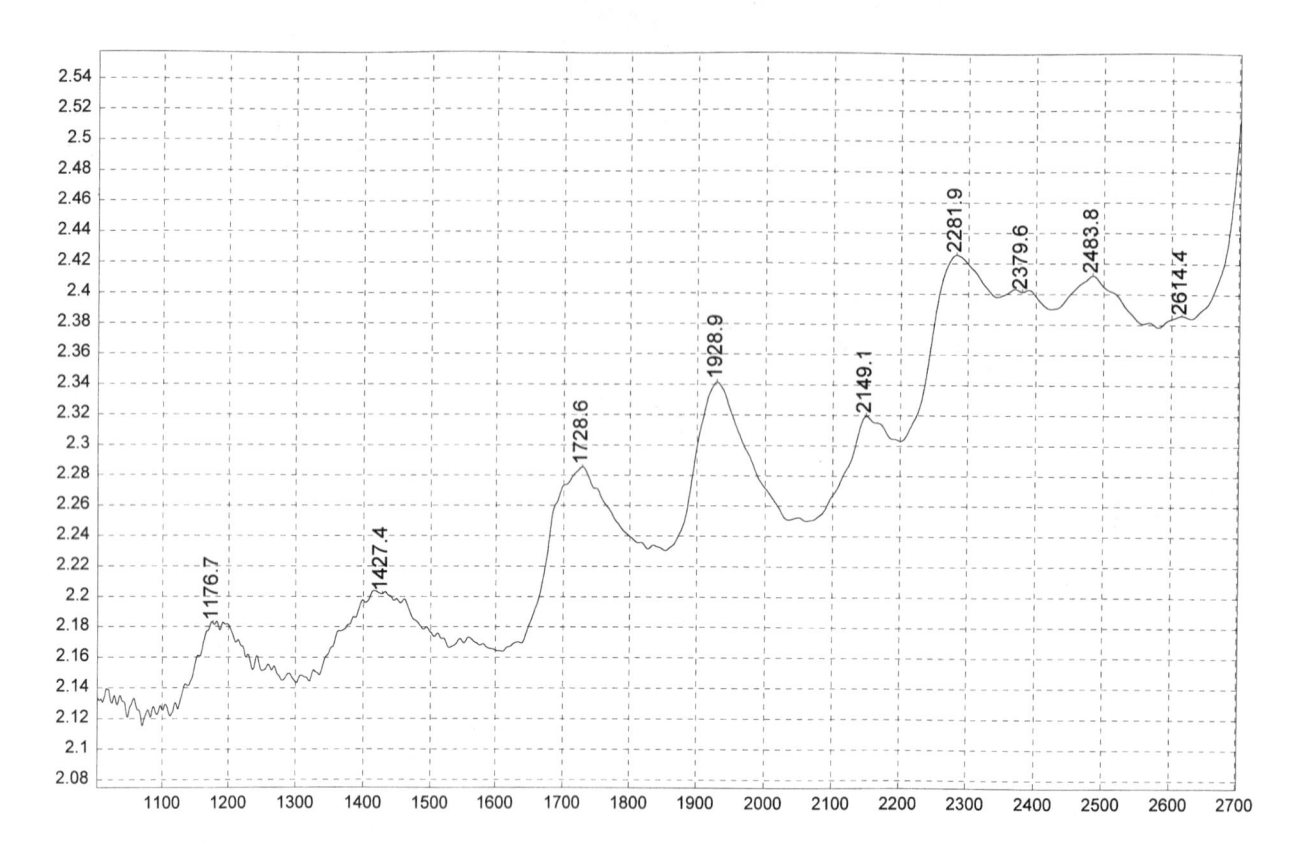

Absorbance / Nanometers

1004 N-Vinyl pyrrolidone/vinyl acetate copolymer

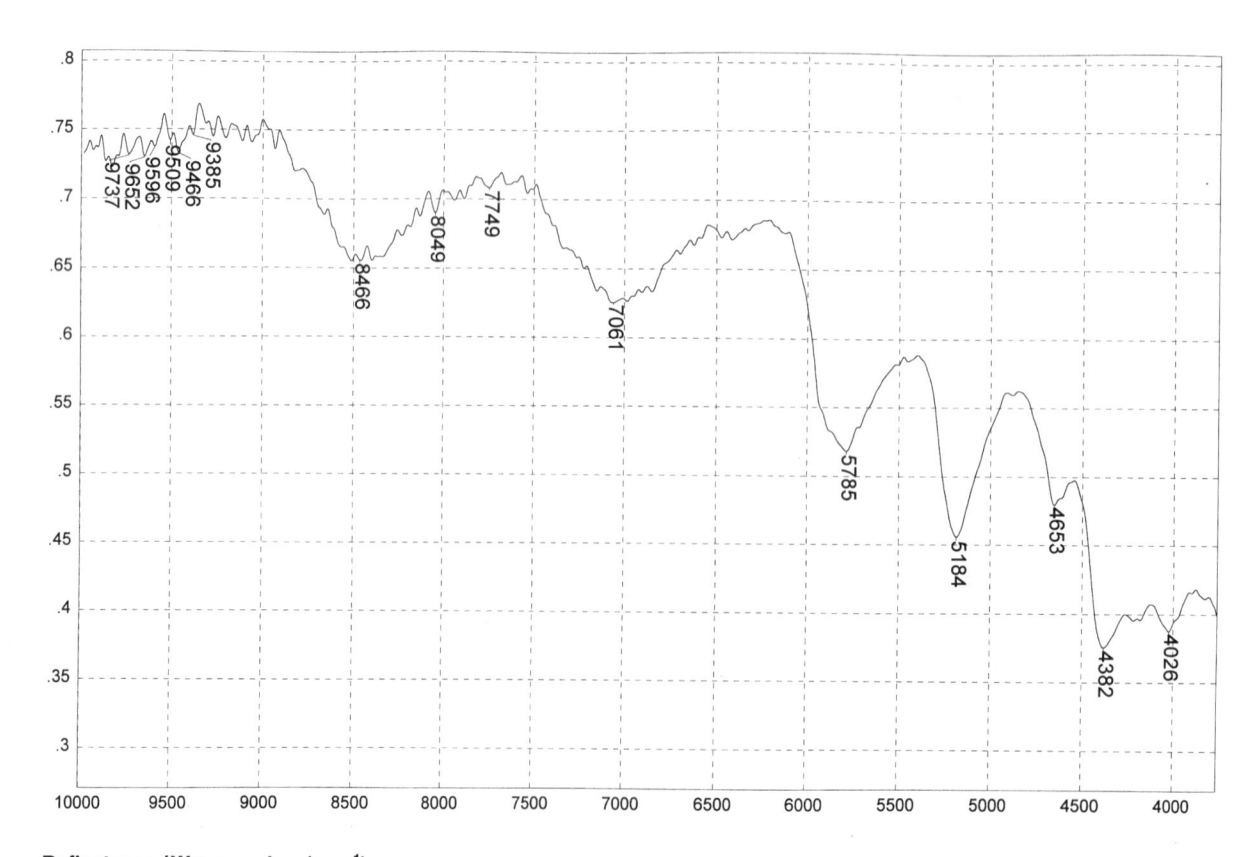

Reflectance / Wavenumber (cm^{-1})

1005 Zein, purified

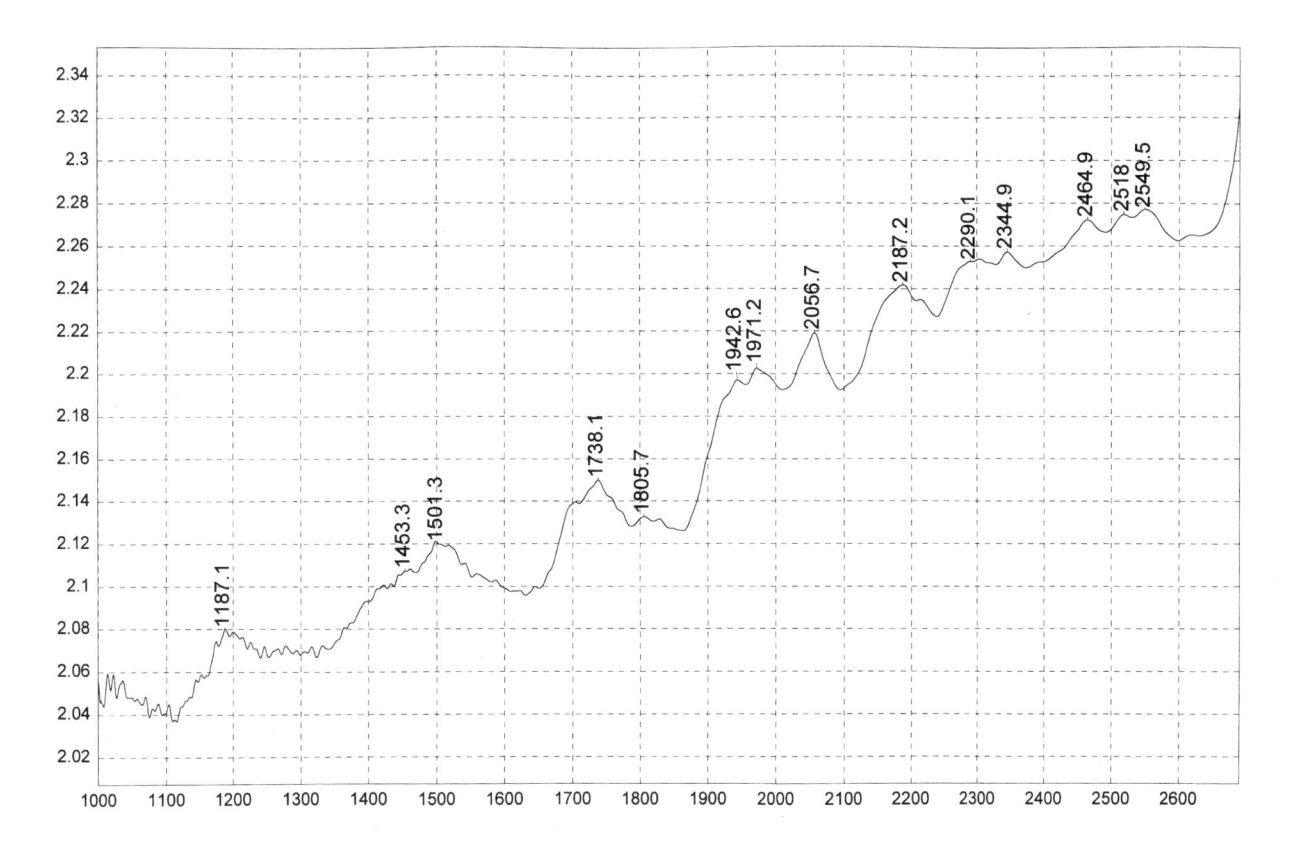

1006 Zein, purified

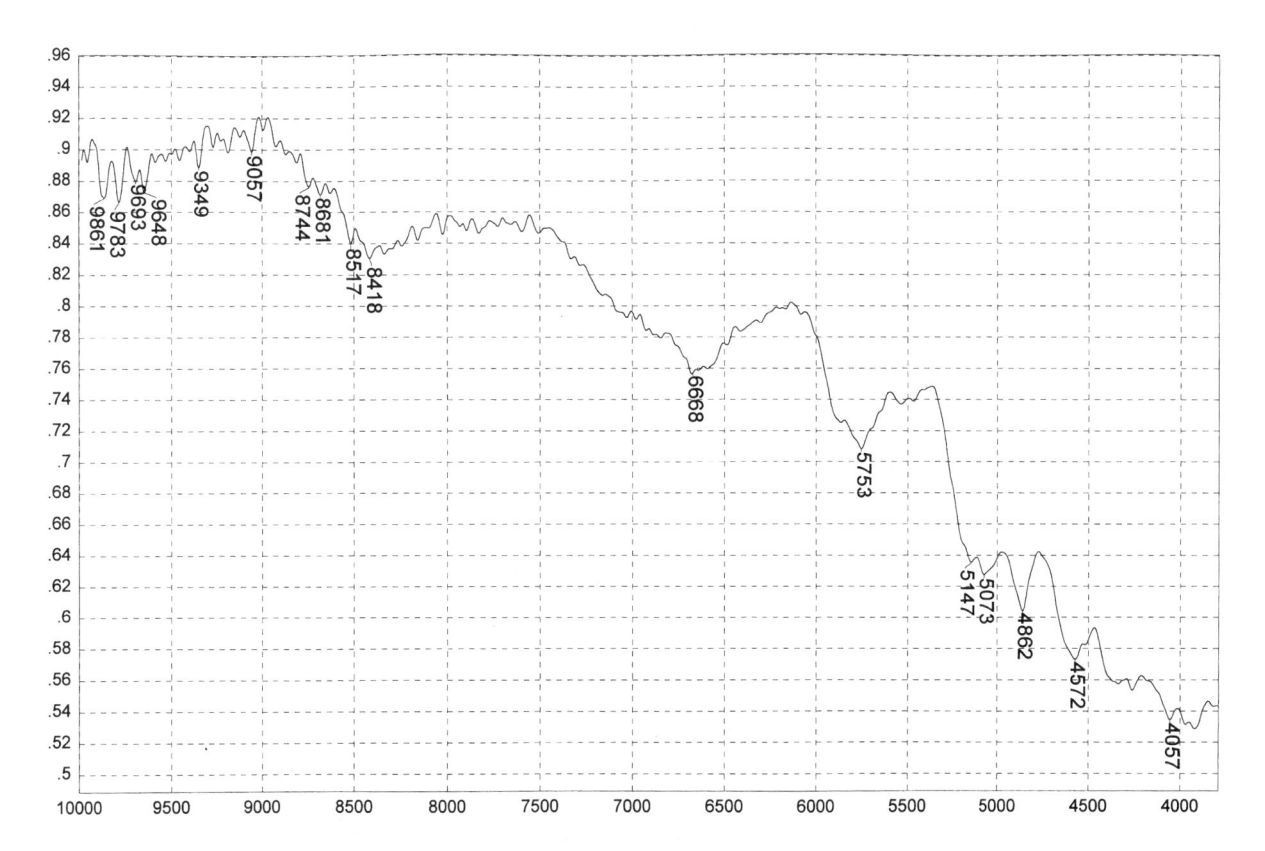

ISBN 0-12-763562-9